ENVIRONMENT

环境概论

[美] 彼得 · H. 雷文/大卫 · M. 哈森扎尔/玛丽 · 凯瑟琳 · 哈戈尔/南茜 · Y. 吉夫特/ 琳达 · R. 伯格 著
Peter H. Raven　David M. Hassenzahl　Mary Catherine Hager　Nancy Y. Gift　Linda R. Berg

姜智芹 ———————— 译　王佳存 ———————— 校

江苏人民出版社

图书在版编目（CIP）数据

环境概论/（美）彼得·H. 雷文等著；姜智芹译
.--南京：江苏人民出版社，2021.5
书名原文：Environment
ISBN 978-7-214-23415-5

Ⅰ.①环… Ⅱ.①彼… ②姜… Ⅲ.①环境科学-普及读物 Ⅳ.①X-49

中国版本图书馆CIP数据核字（2019）第092408号

Environment (9th Edition) by Peter H. Raven ISBN: RH/1-118-87582-6

江苏省版权局著作权合同登记号：图字10-2015-317号

书　　名　环境概论
著　　者　［美］彼得·H. 雷文　大卫·M. 哈森扎尔　玛丽·凯瑟琳·哈戈尔
　　　　　南茜·Y. 吉夫特　琳达·R. 伯格
译　　者　姜智芹
审　　校　王佳存
责任编辑　强　薇
特约编辑　沈红霞
装帧设计　潇　枫
出版发行　江苏人民出版社
地　　址　南京市湖南路1号A楼，邮编：210009
网　　址　http：//www.jspph.com
照　　排　江苏凤凰制版有限公司
印　　刷　江苏扬中印刷有限公司
开　　本　880毫米×1230毫米　1/16
印　　张　33.25　插页　1
字　　数　1250千字
版　　次　2021年5月第1版
印　　次　2021年5月第1次印刷
标准书号　ISBN 978-7-214-23415-5
定　　价　148.00元

（江苏人民出版社图书凡印装错误可向承印厂调换）

前 言

当今世界，人们一生都要面临的环境挑战呈现出看似矛盾的特点。一方面，这些挑战越来越全球化，另一方面，又越来越本地化。一种能源资源在开采的过程中可能会危及一个珍稀物种，在使用以后可能会危及全球公共健康，比如煤燃烧产生的汞会排放到海洋里。改善我们的环境状况，要求我们了解我们自己所做出的选择是怎样影响空气、水、土壤和有机物及其之间的相互关系的。科学是获得上述知识最恰当、最有效的措施。因此，学生学习能源、气候变化和其他环境问题背后的科学就非常重要，这不仅是因为他们今后将会对能源和气候变化问题做出决定，还因为如果不有效地解决这些问题，他们将经历和承担其带来的严重后果。

对于环境科学来说，环境可持续性这一综合性概念如今越来越重要。可持续性是本书《环境概论》的核心主题，贯穿于每个章节。不过，我们对环境知道得越多，就越来越意识到环境不同要素之间的相互作用是繁多和复杂的。因此，本书《环境概论》的第二个重要主题是环境系统。对于管理现存的问题、避免未来的问题和改善我们生活的世界，了解一个要素的改变如何影响其他的过程、地域和生物是非常必要的。

本书开篇伊始就向学生介绍当前的环境问题，这些问题有着多个维度，没有简单的解决方案。我们首先从科学、历史、伦理、政府和经济方面考察环境科学的基本知识，为学生提供理论基础，让他们在此基础上学习本书中的其他内容。接着，我们探讨那些支配自然世界的基本生态原则，分析人类活动影响环境的多种方式。后面的章节将详细考察人类活动的影响，包括人口过剩、能源生产和消费、自然资源枯竭、污染等。在《环境概论》中，我们分专章讨论食品、能源、气候变化等问题，进一步强调环境诸系统之间的相互影响。

在介绍环境问题时，我们避免想当然的乐观主义，同时，我们认为新闻媒介广泛报道的关于环境灾难的悲观预测也是不可取的。与此相反，我们鼓励学生在了解和应对今天以及明天的环境挑战方面发挥积极、正面的作用。

雷文、哈森扎尔、哈戈尔、吉夫特以及伯格撰写的《环境概论》可作为科学专业和非科学专业本科生的入门教材。尽管对所有专业的学生都适用，但是《环境概论》特别适用于教育、新闻、政府和政治、商业以及传统科学领域的学生。我们在编著本书时假定学生以前对环境科学知识了解得很少，重要的生态概念和生态过程都用简单、准确的语言进行介绍。

本书作者对各章内容进行了大量研究，特别是为了获得最新的数据付出了艰苦的努力。由于环境问题和发展趋势仍在继续发生变化，因此，使用这一新版的老师和学生将大受裨益。

《环境概论》融合了很多不同学科、不同知识，比如生物学、地理学、化学、地质学、物理学、经济学、社会学、自然资源管理、法律和政治的重要知识。由于环境科学是一门跨学科的专业，因此，本书可为不同院系开设的环境科学课程使用，包括（但不限于）生物、地质、地理和农业等。

作为《环境概论》的第九版，本书新增加的内容是对食品和环境的重视，包括由本书编写组新成员南茜・Y.吉夫特大幅改写的“食品”专章、自始至终对食物系统的高度关注以及每章都提出让学生思考对他们产生影响的食物和环境挑战。同样，本书作者之一玛丽・凯瑟琳・哈戈尔带来了生态系统、种群生物学和水生态学等领域的专业知识。所有这一切都增强了我们的能力，用明白晓畅和饶有兴趣的方式向读者呈现组成我们环境的复杂系统。

《环境概论》的教学特色

精心制定教学计划，帮助学生掌握学习材料，一直是《环境概论》教材的特色。第九版秉承传统，继续改进学习工具，帮助学生学习重要材料并用于日常生活。本书的教学特色如下：

每章介绍 通过讲述有关当今最紧迫环境问题的故事，说明该章的一些概念。

食物思考 此版新增加内容，主要特色是每章都让学生思考与食物系统有关的问题。

身边的环境 每章的开头都提出一个发人深思的问题，将该章介绍的广泛主题与学生能够调查的本地问题和资源结合起来。

学习目标 每部分的开头都明确要求学生本章必须掌握的知识。

复习题 每部分的末尾提出问题，检验学生是否达到了学习目标。

环境信息 向学生提供相关环境案例的附加主题材料。

校园环境信息 向学生提供近期学校和学生开展的改善环境的信息。

迎接挑战 介绍环境保护的成功故事。

你可以有所作为 提出开展特别行动或改变某些生活方式的建议，让学生改善环境。

图表和表格 提供该章节参考的完整数据来源，总结和梳理重要的信息。

重点术语表 每章都有，提供该章最重要术语的简要定义。

案例聚焦 介绍大量环境科学领域解决重大问题的深度案例研究。

能源和气候变化 突出介绍能源与（或）气候变化与该章主题之间的关系。这一内容很容易通过图符来找到，这个图符是一个叠加于太阳之上的简易荧光灯，如果该章讨论能源和气候变化，还会配有重要的表格和图解以及思考题。

通过重点术语复习学习目标 再次强调本章的学习目标，复习本章的学习材料。每部分小结中以黑体字的形式提供关键术语，包括重要词汇，让学生在了解相关概念的背景下学习词汇。

重点思考和复习题 很多问题是本版新有的，鼓励学生进行重点思考，突出重要概念和应用。每章中至少提出一个系统性问题，还至少提出一个与该章内容相关的气候与能源问题。每章都增加了看图回答问题。

参考读物 每章参考资料的目录都放在了网上，为学生进一步学习提供参考建议。

第九版的主要变化

第九版的变化和更新较多，无法全部在前言里一一备述，不过每章中的一些主要变化如下：

第一章“环境科学和可持续性概述”，增加了对食品系统和可持续性的介绍，增加了关于可再生能源与不可再生能源的内容。

第二章“环境法律、经济和伦理”，增加了有关食品和区划政策的内容。

第三章“生态系统和能源”，更新了关于人类如何影响北极食物网的讨论。

第四章“生态系统与物理环境”，突出介绍了最近发生的破坏性强的龙卷风和热带气旋事件，新增了红树林保护所在地区不受台风袭击的证据。

第五章 “生态系统和生命有机体”，扩展了逻辑种群增长部分，强调了可持续生产与虫害控制的重要性。

第六章“世界上主要的生态系统”，增加了生物圈中生态系统生产力之间的联系，以及与那些生物圈中人类食物可用性的关联。

第七章“人类健康与环境毒理学”，增加了对传染病的介绍，包括埃博拉病毒、HIV/AIDS、小儿麻痹症。

第八章“人口”，更新了关于全球AIDS、移民、人口老化和其他相关人口问题的讨论。

第九章“城市环境”，进一步强调了城市土地利用及其与粮食生产之间的关系，减少了关于发达城市中心/欠发达城市中心之间差异的分析。

第十章“能源消费”，增加了关于粮食和能源消费的材料，增加了关于燃料电池汽车和插电式混合动力汽车的新图片。

第十一章“化石燃料”，反映了美国国内能源生产的转变，包括天然气进口大幅下降、水力裂解技术不断发展、国内石油产量大幅增加。

第十二章“可再生能源与核电”，包括福岛第一核电站熔化的详细信息，更新了关于生物燃料的介绍。

第十三章“水：有限的资源”，包括关于密西西比河洪水的介绍以及对洪涝防治的详细评价，增加了新的关于气候变化以及非洲南部作物的环境信息，介绍了美国目前干旱和含水层枯竭的态势以及最新世界可用清洁水数据和全球水冲突新案例。

第十四章“土壤资源”，分析了生物动力农业，增加了关于菌根的信息。

第十五章“矿产资源”，提供了新的关于冲突矿物的环境信息，重新审视了工业化和矿物消费之间的关联。

第十六章“生物资源”，包括最新的关于已知和濒危物种的数据，更新了关于地球生物多样性热点的数据，提出了应对入侵物种的新办法，增加了关于栖息地恢复的校园环境信息。

第十七章“土地资源”，更新了国家公园信息，在食物思考板块讨论了雨林水果的收获问题。

第十八章“粮食资源”，如上所述，是本版更新改动最大的部分，特别侧重讨论城市农业发展、绿色房顶、粮食不安全讨论以及政策与饥饿的关系，新增加了“种植阿巴拉契亚”部分。

第十九章“空气污染”，更新了关于东南亚空气污染的介绍，重新编排了关于臭氧、酸沉降、室内空气污染的学习目标。

第二十章“全球气候变化”，根据联合国政府间气候变化专门委员会的最新报告，更新了数据和图表。

第二十一章"水污染"，更新了全部数据，增加了与能源相关的水污染的新例子，更新了关于废水中药物的讨论。

第二十二章"病虫害管理"，扩大了关于菜园中农达除草剂、GM作物、Bt以及虫害防治的讨论。

第二十三章"固体和危险废物"，更新了全章的数据，包括目前关于电子垃圾产生和立法以及美国循环项目趋势的数据。

第二十四章"明天的世界"，更加注重于解决方案和期望，增加了有关旺加里·马塔伊的材料。

致谢

《环境概论》的撰写和出版涉及作者团队之间，以及作者团队与家人、专家学者之间的诸多交流与合作。我们深切感谢编辑、同事和同学的宝贵支持和帮助。在我们苦于反复修改和面临交稿期限的时候，我们特别感谢家人的理解、支持和鼓励。

本书的撰写是一个巨大的工程，但是由于约翰·威立父子出版公司（John Wiley & Sons Ltd.）编辑和制作员工的出色工作，这本书的写作成为一项愉快的任务。我们感谢出版商佩特拉·雷克特（Petra Recter）和执行主编瑞安·弗莱西弗（Ryan Flahive）的支持、热情和建议。我们还要感谢高级产品设计师杰拉尔丁·奥斯纳图（Geraldine Osnato）在开发辅助读物和媒介材料方面所做的监管和协调工作。

我们感谢市场部经理苏珊娜·博切特（Suzanne Bochet）卓越的市场开发和销售工作。感谢丽萨·吉（Lisa Gee）在图片寻找方面的贡献，她帮助我们找到了与文字配套的完美照片。感谢高级设计师玛德琳·乐苏尔（Madelyn Lesure）对本书的艺术设计以及高级产品编辑桑德拉·杜马斯（Sandra Dumas）在保持本书编辑制作顺利进行方面所付出的努力。我们的同事和学生提供了宝贵的建议，在我们撰写《环境概论》中发挥了重要作用。对于使用本书的老师和同学，我们致以谢意，并希望得到你们的意见和建议。您可以通过约翰·威立父子出版公司的编辑与我们联系，他们会把你们的意见转告我们。您指出的任何错误都会在以后的印刷中得以改正，您的建议会在未来的新版修改中被吸纳。

《环境概论》的成功在很大程度上归功于很多教授和专家的贡献，他们在本书写作的不同阶段阅读了书稿，提供了宝贵的改进建议。当然，前八版的审读专家做出的重要贡献依然是本书成功的重要因素。

作者介绍

彼得·H. 雷文（Peter H. Raven）

世界最主要的植物学家之一，从事生态保护和生物多样性研究工作近50年，担任密苏里植物园园长（现为荣誉园长），在位于圣路易斯的华盛顿大学担任植物学教授，为华盛顿大学建设了一个集园艺展示、教育和研究为一体的世界一流科研机构。雷文博士被《时代》杂志誉为“地球的英雄”，主持多项全球科研项目，保护濒危物种，积极倡导生态保护和可持续环境。

雷文博士是国家地理学会理事，曾担任美国科学促进协会（AAAS）会长。获得多个奖项，包括在2001年获得美国科学成就最高奖“国家科学奖章”、日本“国际生物奖”、比利时“生命研究院环境奖”、“沃尔沃环境奖”、“泰勒环境成就奖”、“笹川环境奖”。他还担任古根海姆基金会和麦克阿瑟基金会董事。

大卫·M. 哈森扎尔（David M. Hassenzahl）

加州州立大学理学院院长，可持续性与风险分析领域国际知名学者。主要研究、教学和社会活动的重点是将科学研究成果转化为公共决策，特别是强调对不确定性的管理、解读和阐释。近30年来致力于研究气候变化、有毒化学物质、核材料、公共健康，在世界各地做学术报告，为公共、私营或非营利组织决策提供支持。

哈森扎尔博士曾担任查塔姆大学（Chatham University）法尔克可持续学院首任院长、内华达大学拉斯维加斯分校环境研究系主任。获加州大学伯克利分校环境科学与古生物学学士学位，获普林斯顿大学科学、技术和环境政策博士学位。

作为美国国家科学与环境理事会的高级研究员，哈森扎尔博士的研究工作得到国家科学基金和国家航空航天局的支持。获得风险分析协会优秀教育家奖和内华达大学拉斯维加斯分校优秀教学奖。

玛丽·凯瑟琳·哈戈尔（Mary Catherine Hager）

生命科学和地球科学领域专业科普作家、编辑。在弗吉尼亚大学获得环境科学与生物学学士双学位，在佐治亚大学获得动物学硕士学位。哈戈尔女士曾在一家环境咨询公司担任编辑，在一家科学出版社担任高级编辑。20多年来，主要面向大学生撰写和编辑环境科学、生物学和生态学教材。另外，在环境贸易杂志发表过论文，编辑出版了联邦和州政府关于湿地保护评价的报告。哈戈尔女士的写作和编辑追求是其科学训练、好奇心以及热爱阅读与积极交流的自然结果。

南茜·Y. 吉夫特（Nancy Y. Gift）

肯塔基伯利尔学院康普顿可持续性研究所主任，热爱与可持续性相关的课程教学。讲授妇女大自然写作、一年级写作、基金申请写作、生态学、杂草科学、可持续农业、非裔美国农民史、环境数学等。一直从事可持续性与环境科学概论教学。出版了两部关于杂草在健康草坪中的作用的著作。担任《农业经济》副编审。在哈佛大学获得生物学学士学位，在肯塔基大学获得作物与土壤科学硕士学位，在康奈尔大学获得作物科学博士学位。

吉夫特博士目前与同事一起致力于多学科研究，促进将可持续性研究纳入更多的学科。由于在跨学科教学中的优秀表现，曾获得查塔姆大学布尔（Buhl）人文教授奖。曾在芝加哥大学讲授环境生物学课程。从事科研之前，曾在康奈尔阿诺特森林保护区当过夏季森林工人，担任过苹果储存实验室技术员、动物疾病流行病学数据分析师、可持续杂草管理培训讲师。

琳达·R. 伯格（Linda R. Berg）

在教学和教材编写方面多次获奖。在马里兰大学获得学士、硕士和博士学位，研究领域为佛罗里达沼泽地和保护生物学。

伯格博士曾在马里兰大学从事教学科研工作近20年，其后在佛罗里达圣彼得堡学院工作了10年。讲授环境科学概论、生物学和植物学课程，多次获得教学和服务奖。伯格博士还获得很多国家和地方奖项，包括美国国家科学教师协会大学科学教学创新奖、国家首都地区残疾学生服务奖、华盛顿科学院大学科学教学奖。

作为专业的科学研究者，伯格博士撰写或合作撰写了多部大学知名科学教材。她的写作反映了她的教学风格和对科学的热爱。

目　录

第十三章 水：有限的资源 250

第十四章 土壤资源 273

第十五章 矿产资源 291

第十六章 生物资源 310

第十七章 土地资源 332

第十八章 粮食资源 353

第十九章 空气污染 373

第二十章 全球气候变化 398

第二十一章 水污染 415

第一章

工业化养鸡需要很多投入，包括饲料、供暖、空调和常用抗生素以及加速增长的激素，还会产生各种废物，如果没有处理或管理，就会导致空气污染和水污染。

环境科学与可持续性概述

了解人类与全球环境复杂关系最好的方式之一是把食物作为一面镜子。文化、价格、个人口味以及食物的丰俭程度等，常常决定着我们对食品的选择。不过，我们很少会想到一份具体的菜肴是如何来到我们的盘子里的，也很少会想到制作这份菜肴会对环境产生怎样的影响。

以简单的鸡肉三明治为例。为了做面包，面包店需要农场生产的小麦，而小麦生产需要大量的要素投入（土地、灌溉用水、肥料、农药）和机械投入（通常是柴油卡车和拖拉机）。开垦土地以发展农业会取代原生植物，驱赶原生动物。农业生产使用的过量化肥和农药会排放到河流里，最终流向海洋。柴油燃烧会将污染物释放到大气中。小麦收获以后，就会被送到加工厂，被磨成面粉。这需要另外的能量，从而产生很多有机废弃物。然后，小麦面粉被送到面包烘焙店，加上水、糖、酵母、玉米糖浆、维生素、矿物质、防腐剂、油和其他配料，制成面包。面包的每一种配料也是需要加工和运输的。制作好的面包用塑料袋包装好，分送到离小麦生产地数百或数千英里以外的商店和餐馆。每一个环节都需要能量，都增加包装，都产生固体和液体废物。包装材料以及没有吃掉或损坏的面包通常被扔进垃圾箱，最终被送到垃圾填埋场。

商业化养鸡对环境的影响更大，因为需要种植鸡饲料并把它加工后送到养殖场（见图片）。鸡的饲养、加工、烹饪、包装和分送等，都需要能量和资料投入，同时带来污染和废物。而且，为了长得更快，鸡和其他动物在饲养过程中常常被喂食抗生素。这会导致疾病抗药性，抗生素也会破坏自然生态系统。

如果不吃这种鸡肉三明治，还有更多可持续性的选择。小麦和其他粮食以及鸡在种植、养殖方面可以采用对环境影响小的方法。在消费地附近种植粮食所需的运输能源大为减少，通过另外的虫害管理方式可以降低对农药和抗生素的需求，实行散装和把废弃食物做成堆肥可以缩减甚至消除填埋的需要。但是，即便采用这些办法，食品的生产和加工依然需要土地、水、能源和其他投入。

几千年来，人类培育发展了农业。为此，我们改变了生态系统，砍伐了森林，移动了河道，使一些植物和动物灭绝。同时，我们也帮助了一些植物和动物，包括小麦和鸡，但也帮助了老鼠和蟑螂，使它们成为优势种群。我们的农业发展还推动了气候变化，气候变化进而迫使我们调整我们的食物生产方式。从两个三明治中做出选择很简单，但是这样的简单选择可能对环境产生深远的影响，了解这一点，将使我们开启学习人类和环境之间关系的旅程。

身边的环境

在你生活的地方，粮食是在哪儿种的？由谁种的？看看你的橱柜和冰箱里，你吃的食物大部分是哪儿种的？由谁种的？如果改为当地食品，对你的饮食和食品花费将会有怎样的影响？

人类对环境的影响

学习目标

- 解释人类活动如何影响全球系统。
- 描述人类发展的主要因素及其如何影响环境和可持续性。

地球特别适合于生命。水对于生命极为重要，它不仅是生命有机体的重要组成因素，也是影响生命的外部环境因素。地球上3/4的表面都被水覆盖。地球的温度适于居住，既不像水星和金星那样太热，也不像火星和外部行星那样太冷。地球接收适量的阳光，足够进行光合作用，为地球上栖居的几乎所有生命形式提供支持。我们的大气层以气体的形式环绕着地球，为生物提供必需的氧气和二氧化碳。在陆地，土壤由岩石演化而来，为植物提供支持和矿物质。在地质作用下，山峰凸起并在漫长的岁月里侵蚀风化，影响着天气模式，提供着矿物质，在温暖的月份中由于冰雪融化流向低地而储存着淡水。湖泊和池塘、江河与溪流、湿地、地下储水层，向地球上的生物提供淡水。

地球丰富的自然资源为众多生物的演化提供着大环境。生命在地球上已存在了大约38亿年。尽管按照现在的标准衡量，早期的地球不适于居住，但依然为初期生命形式的发生和演化提供了必需的原材料和能量。随着时间的推移，这些早期的细胞有的演变成简单的多细胞生物，比如早期的植物、动物和真菌。现在，栖息在地球上的生命物种有几百万。关于地球生物多样性，一个有代表性的说法是涵盖肠道细菌、草履虫、毒蘑菇、叶蝉、刺梨仙人掌、海马、山茱萸、天使鱼、雏菊、蚊子、北美脂松、北极熊、绒毛蛛猴和走鹃（图1.1）。

图1.1 一只雄性大走鹃衔着一只刚捕获的沙漠针蜥。地球上充满着生命，每一种生物都和很多其他生物联系在一起，包括人类。本图摄于新墨西哥州。

大约10万年前，这在地球45亿年的历史上只是一瞬间，非洲现代人的出现成为生命演化的革命性里程碑。脑容量的扩大和交流能力的提高使我们人类成为成功的物种。伴随时间的推移，我们人类的数量增加，我们扩大了在地球上的活动范围，并通过我们的足迹和技术越来越多地影响着环境。这些技术使得世界上的很多人住进了安装着照明和空调的大楼，享受有效的医疗，乘坐高速的交通工具，有着源源不断的食物供应。这种情况在北美、西欧和日本尤其如此，在中国、印度、南美和部分非洲地区，越来越多的城市居民也享用同样的财富和物品。

当今时代，人类是影响地球环境变化最主要的因素。不断增加的人口和不断增加的对能源、材料和土地的开发利用，改变了自然系统，从而满足我们的需求和欲望。我们的活动消耗的地球资源越来越多，地球上富饶的土壤、清洁的水源和可呼吸的空气等资源虽然丰富，但也是有限的。对自然系统的改变破坏了很多生态系统，毁灭了生态系统中的数十万珍稀物种。越来越多的证据表明，人类活动造成的气候变化以破坏性的方式改变了自然环境。人类活动正在破坏全球**系统**（systems）。

本书介绍人类对环境的主要影响，提出更好地管理这些影响的方式，同时也强调，任何一种选择都可能产生新的影响。最为重要的是，本书解释了尽量减少人类对地球影响的价值。我们以及我们子孙后代的生活和幸福，依赖于我们有效管理地球环境资源的能力。

人口数量增长

图1.2是一幅北美地区的夜间卫星图，包括美国、墨西哥和加拿大，展示了大约4.7亿人口的家园。图中的小亮点代表着城市，位于东北海岸的纽约等大都市都闪烁着灯光。

引发所有其他环境问题的，是这幅图片所显示的生活在这一地区的庞大人口，这一问题将其他所有问题都连接在一起。根据联合国的数据，1950年，世界上只有8个城市的人口超过500万，最大的是纽约，人口为1230万。到了2011年，日本的东京有1780万居民，在大东京地区生活的人口有3720万。世界十大城市的人口加起来超过2亿（见表9.1）。

2011年，全球人口数量经历了一个重要的里程碑，70亿。这一数字不仅大得令人费解，而且是在一个较短的时间内增长到这么大的。1960年，全世界人口只有30亿（图1.3）。1975年，人口达到40亿。到了1999年，人口达到60亿。目前生活在我们星球上的72亿人消费着大量的食物和水，使用着大量的能源和原料，产生着大量的垃圾和废物。

系统：相互影响并以整体发挥作用的要素集合。

图1.2　北美夜间卫星图。这幅图显示了美国、墨西哥和加拿大最主要的城市和都市地区。

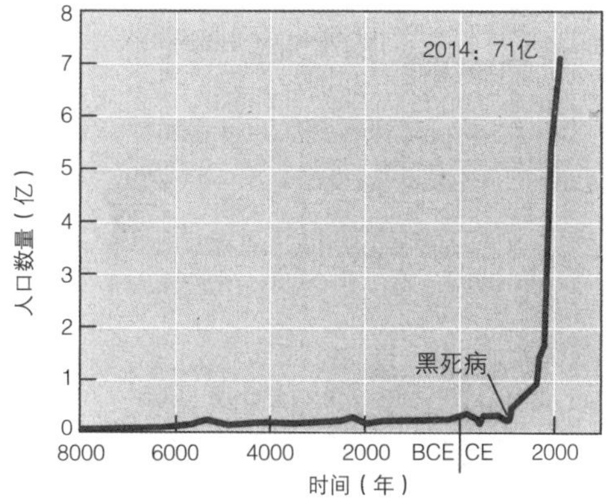

图1.3　人口增长。人口数量达到10亿（1800年）花了数千年时间，但是达到20亿（1930年）只花了130年，达到30亿（1960 年）仅仅花了30年，达到40亿（1975年）仅仅花了15年，达到50亿（1987年）仅仅花了12年，达到60亿（1999年）仅仅花了12年，达到70亿（2012年）仅仅花了13年。（人口参考局）

尽管很多国家实行计划生育，但是人口增长率并没有发生很快的变化。在21世纪，全球人口还将要增加几十亿。因此，即便我们继续关注人口增长带来的影响，即便我们的解决方案也是有效的，但是未来几十年可能依然会笼罩着悲剧的阴云。很多人的生活条件可能恶化得相当严重。

在全球范围内，几乎每两人中就有一人生活在极度**贫困**（poverty）之中（图1.4）。衡量贫困的标准是人均收入每天低于2美元。目前，有25亿人口，大约占全球总数的40%，生活处于贫困水平。与贫困相关的是人口寿命低、婴儿死亡率高、文盲以及没有适当的医疗服务、安全饮用水和均衡营养。根据联合国粮农组织的报告，至少有10亿人（很多是儿童）缺乏健康、富裕生活所需要的食物。

图1.4　印度孟买的贫民窟。世界上很多人生活在极度贫困之中。与贫困相关的一个趋势是越来越多的穷人从农村迁移到城市。其结果是，生活在城市或城市周边的贫困人口大量增加。

多数人口统计学家（研究人口数量的人）期望世界人口数量在本世纪末以前稳定下来。从世界范围看，婴儿出生率已经下降到平均每个家庭3个孩子，这一出生率在未来几十年还可能继续下降。根据专家预测，基于出生率的下降速度，到21世纪末，全世界人口将达到大约83亿至109亿（见图8.3）。

没有人知道地球是否能无限期地支撑这么多人口。在我们所必须完成的任务中，有一件是在不危害支撑我

贫困：食物、衣物、住所、教育或医疗等基本需求不能使人们满足的状况。

们的自然资源的前提下，养活比现有人口数量大很多的全球人口。我们实现这一目标的能力将决定我们子孙后代的生活质量。

发展、环境和可持续性

直到最近，人口统计学家将世界不同国家区分为高度发达国家、中等发达国家和欠发达国家。美国、加拿大、日本和大多数欧洲国家是**高度发达国家**（highly developed countries），占世界人口的19%，但其经济活动占全球的50%以上。这种背景下的发展主要是基于本国自己的财富。世界上最穷的国家，包括孟加拉国、肯尼亚、尼加拉瓜，被认为是**欠发达国家**（less developed countries, LDCs）。欠发达国家的廉价、不熟练劳动力很丰富，但是投资的资本很缺乏。多数欠发达国家的经济以农业为主，常常只种植一种或几种作物。其结果是，作物歉收或该作物的世界粮价下跌对于这些国家的经济来说就是一场灾难。饥饿、疾病和文盲是欠发达国家的普遍现象。

然而，最近几十年，在以前的欠发达国家，比如中国、印度、巴西和墨西哥，很多城市居民的财富有了显著的增长。这些国家的收入差距很大，意味着其他城市居民和多数农村人口依然很贫困，没有小汽车、电、淡水和现代医学技术。因此，一个国家的全部财富或收入并不能有效地反映那个国家的人民是否生活幸福。更为恰当的评价措施包括人均收入每天2美元以上、使用淡水和电或者受教育人口占全部人口的比例。

复习题

1. 举出一个全球系统的例子。
2. 一个国家的全部财富和收入差距，与可持续性有着怎样的联系?

人口、资源与环境

学习目标

- 区分可再生资源和不可再生资源。
- 解释人口和富裕程度对消费的影响。
- 解释“生态足迹”。
- 描述决定人类对环境影响的三个最重要的因素。

人口增长、自然资源利用和环境退化之间的关系非常复杂。我们将从本章起详细讨论资源管理和环境问题，但是现在，让我们思考下面两个有用的概述：1. 单一个体生存所需要的资源很少，但是快速增加的人口会危及甚至耗尽当地的土壤、森林和其他自然资源（图1.5a）。2. 在高度发达国家，个人资源需求非常大，远远超过生存所需要的资源。富裕国家人口的消费可以在全球范围内耗尽资源，损害环境（图1.5b）。

（a）住房不断扩大的趋势导致多种方式消费的增加：供暖和空调需要更多的能量，家与家之间通行的距离更远，房子里的家具摆设更多。

（b）“小房子”运动旨在简化个人生活，从而降低消费。小房子居民没有放置物品的空间，因此在购物上必须更加精打细算。

图1.5　自然资源的消费。

资源类型

研究人类对环境的影响，重要的是区分两类自然资源：可再生资源和不可再生资源（图1.6）。不可再生资

高度发达国家：有着复杂工业基础、人口增长率低、人均收入高的国家。

欠发达国家：工业化水平低、出生率高、婴儿死亡率高、人均收入低（相对于高度发达国家）的发展中国家。

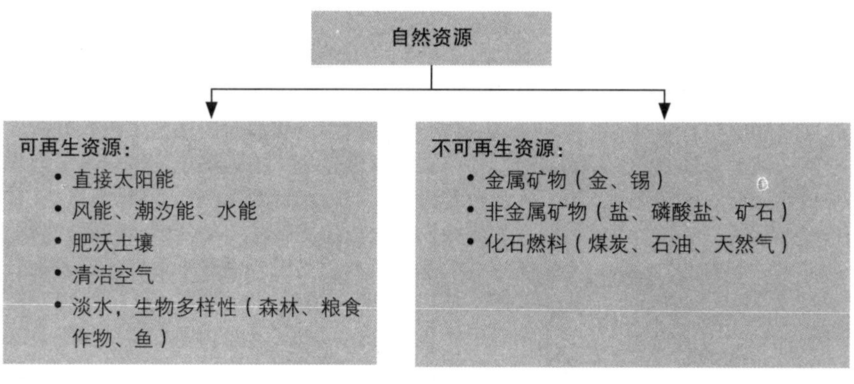

图1.6　自然资源。不可再生资源是在相当长的地质年代形成的，随着应用会逐渐减少。可再生资源可以（但不是总能够）在相对较短的时间内得到补充更新，本书后面的章节将会讨论，多数可再生资源来源于太阳能。

源（nonrenewable resources）包括矿物质（比如铝、铜、铀）和化石燃料（煤炭、石油和天然气），其供应是有限的，会因使用而殆尽。在人类时间刻度的相当长时间内，通过自然过程不可能重新补充不可再生资源，比如化石燃料，其形成过程需要数百万年的时间。

除了人口，影响不可再生资源使用的其他因素还包括资源开采、加工的效率，以及不同人群的需求或消费量。美国、加拿大和其他高度发达国家的人们消费世界多数的不可再生资源。但是，地球的不可再生资源供应是有限度的，迟早有一天会用完。随着时间的推移，技术进步可能为一些不可再生资源提供新的替代品。减缓人口增长和消费速度将为开发这些替代品赢得时间。

可再生资源（renewable resources）的一些例子有树木、鱼类、肥沃的农业土壤和淡水。大自然以相对较快的速度（从几天到几百年）对这些资源进行补充更新，只要不是在短时期过度开采，就可以永久地利用它们。在发展中国家，森林、鱼群、农田是特别重要的可再生资源，因为这些资源能够提供食物。事实上，发展中国家的很多人是靠农业糊口养家的农民。

人口的快速增长会导致可再生资源的过度开发。比如，大量的贫困人口必然到山坡或热带雨林等不适合发展农业的地方去种植庄稼。尽管这种做法在短期内可以满足食物需要，但从长期来看是不行的。这些地方的土地被开垦种植庄稼以后，其农业生产力会很快下降，进而发生严重的环境退化。可再生资源通常只是潜在的可再生资源，必须以可持续的方式使用，从而给这些资源进行更新或自我补充的时间。

在发展中国家，人口增长对自然资源的影响尤其大。发展中国家的经济增长常常是与自然资源的开发利用联系在一起的，通常是将这些自然资源出口到高度发达国家。发展中国家面临着短期内为不断增长的人口提供支撑（购买食品或还债）而开发自然资源抑或为子孙后代保护那些资源的艰难抉择。

值得指出的是，美国、加拿大和其他高度发达国家的经济增长和发展是通过资源开发，甚至在有些情况下是通过毁灭资源而实现的。这些高度发达国家的持续经济增长现在很大程度上依赖于从欠发达国家进口这些资源。高度发达国家经济增长的原因之一是世界上可再生资源与不可再生资源的不均衡分布。很多非常贫穷的国家，比如埃塞俄比亚，只有极为有限的化石资源。

资源消费

消费（consumption）是人对物资材料和能源的利用。消费既是经济行为，也是社会行为。通过消费，消费者可以获得认同感以及在群体中的地位。广告竭力把消费宣传成获得幸福的一种方式。西方文化鼓励远远超出生存需要的支出和消费。

总的来说，高度发达国家的人们是奢侈的消费者，他们使用的资源远远超过按人口比例所得的份额。高度发达国家的一个孩子对环境退化和资源枯竭的影响，比发展中国家的12个或更多的孩子都大。很多自然资源被用来为高度发达国家提供汽车、空调、一次性尿布、手机、DVD播放器、计算机、衣服、报纸、运动鞋、家具、船和其他生活享受用品。不过，这些消费品仅仅代表生产和运输它们所需全部物资和能源的一小部分。根据一家设在华盛顿哥伦比亚特区的民间研究机构——世界观察研究所（Worldwatch Institute）的分析，美国每年消费近100亿吨物资。高度发达国家远超比例地消费资源对自然资源和环境的影响，与发展中国家人口爆炸的影响一样大或者更大。

不可持续的消费　如果基于资源禀赋的需求水平危害了环境，或者将资源消耗到降低子孙后代生活质量的程度，那么这个国家的消费就是不可持续的。如果比较发展中国家和高度发达国家的人对环境的影响，我们就会发现，不可持续的消费在两种情况下发生。第一，环境质量下降和资源枯竭可能是由人口太多所致，尽管这些人的人均资源消费并不高。这是很多发展中国家目前面临的状况。

第二，在高度发达国家，如果个人消费的资源远远超过生存所必需的限度，那么就会导致不可持续的消费。这两种不可持续的消费有着同样的影响：污染、环境退化以及资源枯竭。很多富有的高度发达国家，包括美国、加拿大、日本以及多数欧洲国家，其消费都是不可持续的：高度发达国家的人口占全世界人口的比例不到20%，但是他们消费的资源却超过全部资源的一半。

根据世界观察研究所的统计，高度发达国家消费的资源占全部资源的比例如下：

- 86%的铝
- 76%的木材
- 68%的能源
- 61%的肉
- 42%的淡水

这些国家还产生全世界75%的污染和垃圾。

生态足迹

环境科学家马蒂斯·瓦克尔纳格尔（Mathis Wackernagel）和威廉·瑞斯（William Rees）提出了生态足迹的概念，帮助人们更加直观地了解所使用的环境情况。每个人都有一个生态足迹（ecological footprint），即在持续的基础上向一个人提供食品、木材、能源、水、住房、衣服、交通以及废物处理所需要的生产性土地、淡水和海洋的总和。由世界自然基金会全球生态足迹网络和伦敦动物学会联合发布的《地球生命力报告2010》称，大约从1975年开始，人类所消费的生产性土地、水和其他资源已经超过了地球所能支持的数量（图1.7）。2010年，人类的消费超出地球所能提供量的约50%，这是不可持续的消费速度。

根据《地球生命力报告》测算，地球有大约114亿公顷（282亿英亩）的生产性土地和水域。如果除以全球人口数量，我们就可以看到每个人大约能分到1.6公顷（4.0英亩）的份额。然而，当前全球人均生态足迹大约是2.7公顷（6.7英亩），这就意味着地球存在生态超载（ecological overshoot）。我们周围很多生态超载所带来的短期后果有：森林毁坏、耕地退化、生物多样性丧失、海洋鱼类减少、当地水资源短缺、污染增加。从长远看，如果我们不严肃解决自然资源的消费问题，将会出现灾难性的后果。要么是人均消费下降，要么是人口数量下降，或者两者都下降。

在发展中国家印度，人均生态足迹是0.9公顷（2.2英亩）。从人口数量来说，印度是世界第二大国，因此即便人均生态足迹低，但是整个国家的生态足迹高：9.863亿公顷（图1.8）。在法国，人均生态足迹是4.9公顷（12.1英亩），尽管人均生态足迹高，但是法国作为一个国家的生态足迹是2.981亿公顷，低于印度，这是因为其人口数量比印度小很多。在美国这个世界第三大国家，人均生态足迹为7.9公顷（19.5英亩），整个国家的生态足迹达到24.57亿公顷。如果世界上所有的人都效仿北美人的生活方式并达到北美人的平均消费水平，在没有技术变革的情况下，我们还将需要另外4个地球大小的星球。

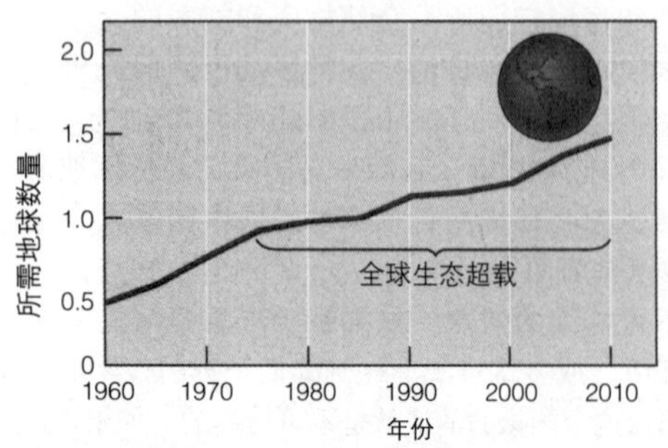

图1.7 全球生态超载。地球的生态足迹随着时间的推移而扩大。到2010年，人类的自然资源消耗量已达到1.5个地球的供给量，这种情况是不可持续的。（数据来源：世界自然基金会《地球生命力报告2010》）

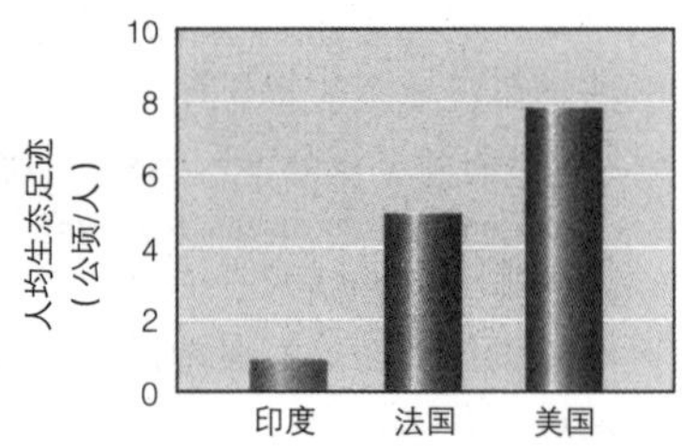

（a）印度、法国和美国的人均生态足迹。比如为了满足个人的资源需求，每个印度人需要0.9公顷（2.2英亩）具有生产力的土地和海洋。

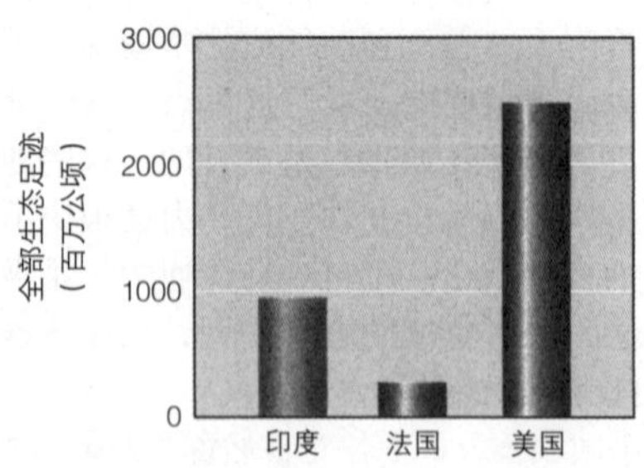

（b）印度、法国和美国的全部生态足迹。尽管人均生态足迹低，但印度作为一个国家有着很高的生态足迹，因为其人口庞大。如果世界上的每一个人都有着北美人的平均消费水平，那么将需要5个地球的资源和地盘。

图1.8 生态足迹。（数据来自世界自然基金会《地球生命力报告2012》）

随着发展中国家经济的增长和生活水平的提高，这些国家正有越来越多的人购买消费品。每年在亚洲销售的汽车比北美和西欧加起来还多。这些新的消费者可能没有达到高度发达国家的平均消费水平，但是其消费对环境产生的影响越来越大。比如，发展中国家城市中心的汽车交通造成的空气污染非常严重，而且逐年加剧。在这些城市，与空气污染有关的健康问题带来了数百万美元的损失。当今社会的挑战之一是为发展中国家新的消费者（以及我们自己）提供污染少、消耗少的交通工具。

IPAT 模型

一般来说，人们早晨打开水龙头刷牙的时候并不会去想水是从哪儿来的，也不会去想从河里引水或从地下取水会对环境产生怎样的影响。同样，多数北美人在打开电灯开关或启动汽车时也不会去想能源来自哪里。我们没有意识到我们每天使用的产品的所有材料都来自地球，我们更没有想到这些材料最终会返回到地球，其中很多是以垃圾填埋的方式回到地球。

人类对环境的这些影响很难评估。在计算确定环境影响（*I*）时，需要使用三个最重要的要素：

1. 人口的数量（*P*）
2. 财富消耗，人均消费或资源的数量（*A*）
3. 用来获得和消费资源的技术所产生的环境影响（需要的资源以及产生的废物）（*T*）

这些要素的关系可以这样表达：

$$I=P\times A\times T$$

在科学上，**模型**（model）是描述一个系统行为的正式语句。生物学家保罗·艾里奇（Paul Ehrlich）和物理学家约翰·霍尔德伦（John Holdren）在20世纪70年代首次提出了*IPAT*模型，揭示了环境影响及其背后因素之间的数学关系。

比如，如果要确定汽车排出的温室气体CO_2对环境的影响，那么就用人口数量乘以人均汽车拥有量（财富消耗/人均消费），再乘以平均每辆汽车年CO_2排出量（技术影响）。这一模型说明，尽管提高汽车能效和开发更清洁的技术将减少污染和环境退化，但是如果对人口数量和人均消费也进行控制，那么环境的污染和退化将会有更大幅度的降低。

尽管*IPAT*公式有用，但必须要谨慎使用，部分原因是我们常常不了解某个特定技术对复杂环境系统所造成的全部环境影响。汽车不仅和CO_2排放造成的全球变暖有关，而且和当地的空气污染（尾气排放）、水污染（机油和防冻剂的不恰当处理）、固体废物（将不能循环的汽车零部件丢弃到垃圾填埋坑中）有关。目前，全球有6亿多辆汽车，而且数量还在快速增长。

*IPAT*公式中的三个要素在不断发生变化，相互产生影响。虽然某一特定资源的消费会增加，但是技术进步可能降低消费增加带来的环境影响。比如，与20年前相比，现在的家庭平均拥有的电视和电脑要多（财富消耗增长），家庭数量也多（人口增长），但是，这些新的家电很多采用平板显示器，生产所需的材料要少，使用所需的能源也少（更加节能的技术）。因此，消费趋势和消费者的选择会对环境的影响起作用。

同样，美国新型汽车和轻型卡车（SUV、面包车、皮卡）的平均油耗效率从1988年的每加仑22.1英里，下降到21世纪初的每加仑20.4英里，部分原因是SUV的流行。除了比汽车耗油多，SUV的排放量也大。最近，混合动力汽车帮助提高了燃油效率（图1.9）。这种趋势和不确定性使得*IPAT*公式在进行长期预测时有着一定的局限性。

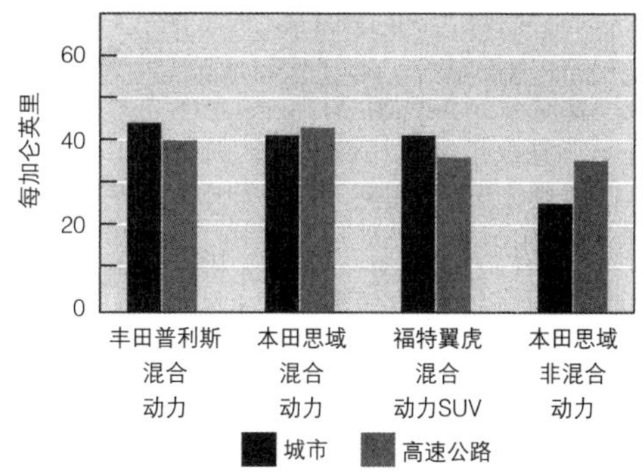

图1.9　节能混合动力汽车。图中显示的是2014年三款混合动力汽车在城市里和高速公路上每加仑所行驶的英里数。（美国能源部）

由于*IPAT*公式能帮助我们认识或了解消费及其对环境的影响，因此具有很大的价值。美国科学院国家研究理事会①提出了我们必须研究的课题：什么样的消费对环境产生的破坏力最大？社会上什么群体对最严重的环境破坏负有责任？我们如何改变那些破坏环境的群体行为？解决这些问题将需要数年的时间，但是研究的结果将帮助政府和企业决策者制定政策措施，培养消费者形成对环境负责任的消费模式。我们最终的目的是减少消

模型：对系统的表达，描述系统的存在方式，预测系统中一个部分的变化如何影响其他部分。

① 国家研究理事会是一家由知名学者组成的民间、非营利性学会，由美国科学院负责组织管理，主要任务是就科学技术的复杂问题向政府提供咨询建议。

费，以便我们现在的行为不会牺牲我们子孙后代使用和享受地球财富的权利。

复习题

1. 可再生资源和不可再生资源的区别是什么？
2. 人口增长和财富消耗与自然资源枯竭有着怎样的关系？
3. 什么是生态足迹？
4. *IPAT*模型揭示了什么？

可持续性

学习目标

- 解释可持续性。
- 了解加勒特·哈丁所描述的中世纪欧洲公地悲剧与当今公共池塘资源。
- 简述可持续发展。

本书最重要的概念之一是**可持续性**（sustainability）。可持续的世界指的是人类实现经济发展和资源公平分配的世界，在这个世界上，人类社会对维持生命的自然系统（比如沃土、水和空气）的压力不会导致环境退化。如果环境能够被可持续地利用，那么人类在满足现有需要时就不会危及子孙后代的幸福（图1.10）。环境可持续性可以在很多层面实现，包括个人、社区、地区、全国、全球不同层面。

- 我们的行动能够影响自然生态系统的健康和福利，包括所有生物。
- 地球的资源供应不是无穷无尽的，我们对资源的利用受到生态能力局限性的制约，取决于淡水等可再生资源恢复补充从而满足未来需要的速度。
- 我们对产品的消费会使环境和社会付出代价，这些代价远高于我们购买该产品的价格。
- 可持续性要求人类在全球范围内采取统一的、合作的措施。

很多研究环境问题的专家认为，人类社会由于以下行为而没有实现可持续运行：

- 我们开采化石燃料等不可再生资源，好像这些资源可以无限制的供应。
- 我们消费淡水和森林等可再生资源的速度高于自然系统恢复补充的速度（图1.11）。
- 我们用毒素污染环境，好像环境吸收、消化毒素的能力是无限的。
- 小部分人口占据使用大部分地球资源。
- 尽管地球养活我们、承载我们、消化我们产生的垃圾的能力是有限度的，但我们的人口数量依旧在增长。

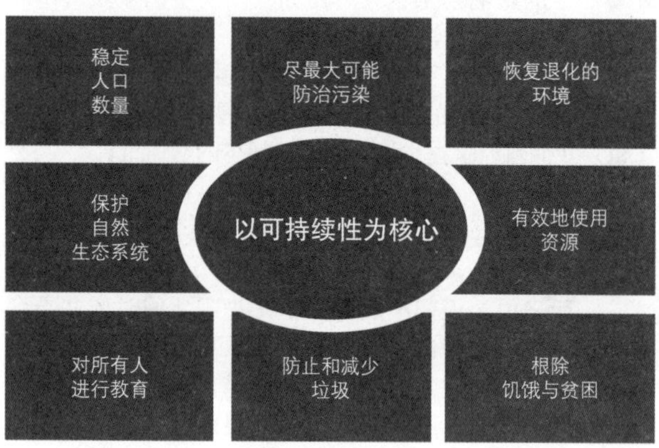

图1.10　可持续性。可持续性要求以长远的视角保护人类的福利和自然资源，正如图中所示。

如果不加制止，这些行为将危害地球的生命支持系统，以致最终不可能恢复。如果农业土地、鱼类和淡水等主要的资源被消耗到难以很快恢复的地步，那么人类就要承受巨大的牺牲。因此，可持续地管理这些资源的意义远远大于保护环境，可持续性能给人类带来福祉。

图1.11　一名伐木工砍下一片山坡森林中的最后一棵树。森林砍伐破坏了森林生物的生存环境，加快了山地陡坡的土壤侵蚀。本图摄于加拿大。

乍看起来，这些问题似乎很简单。我们为什么不减少消费、改进技术、限制人口增长呢？答案是，各种各样相互影响的生态的、社会的和经济的因素使得解决方案变得复杂化。我们对环境的运行规律以及人类的选择所产生的环境影响认识得还不够，这是可持续发展问题

可持续性：在不牺牲环境支持未来人口能力的情况下满足当今人口经济和社会需求的能力。

难以解决的主要原因。对于环境与人类之间很多交互作用的影响，我们尚不清楚或难以预测，因而，从总体上说，我们不知道在没有更多了解这些影响的情况下是否应该采取改正行动。

可持续性和公地悲剧

加勒特·哈丁（Garrett Hardin，1915—2003）是加州大学圣巴巴拉分校的人类生态学教授，撰写了有关人类环境困境的论著。1968年，他在《科学》杂志发表了经典论文“公地悲剧”。他认为，我们之所以不能解决很多环境问题，是因为存在着短期的个人福利与长期的环境可持续性和社会福利之间的矛盾。

哈丁使用公地这一概念来说明这一矛盾。在中世纪的欧洲，一个村庄的村民共享一片牧场，称为“公地”，每个牧民都可以到公地放牧。如果村民不能合作管理这片公地，那么每个人就会把自己更多的牲畜赶到牧场放牧。如果每个牧民都这样做，那么牧场就会因为过度放牧而毁掉，整个村庄都会付出代价。因此，一块管理不善的公地最终将不可避免地被依赖它生存的人们所毁坏。

哈丁认为，公地最终毁坏所带来的结果之一将是土地的私有化，因为当每个人都拥有一片土地的时候，他才能保护那片土地不被过度放牧，那样才符合他的最大利益。哈丁认为公地毁坏的第二个结果是政府拥有并管理这些资源，因为政府有权力对资源使用者施加管理规定，这样就保护了公地。

哈丁的论文在发表后几十年里引发了大量的研究。概括来说，学者形成共识的是：自治公地，也就是现在的**公共池塘资源**（common-pool resources）的退化，对紧密团结的社区来说根本就不是一个问题。事实上，社会学家比尔·弗洛伊登伯格（Bill Freudenberg）指出，中世纪的公地管理得很成功，但是在私有化之后就退化了。经济学家埃莉诺·奥斯特罗姆（Elinor Ostrum）在研究中证实，公共池塘资源可以通过具有共同利益的群体、强有力的地方治理和强化的社区责任心来实现可持续管理。

如果我们的思考从本地资源一直扩展到地区资源和全球公共池塘资源，那么可持续地管理资源的挑战就会变得更加复杂。在当今世界，哈丁的寓言故事已经延续到全球的层面。现代的公地正在遭受越来越大的环境压力（比如第二十章关于气候变化的讨论）。公共池塘资源不是哪个人、哪个行政区或国家所拥有的，因而很容易被过度使用。尽管资源的开采利用会给少数人带来利益，但是地球上的每一个人都要为资源开采利用所带来的环境代价买单。

为了避免公共池塘资源的短期退化，确保其长期健康发展，我们的世界需要有效的法律和经济政策。由于解决全球环境问题不像一些地方问题那样简单或急迫，所以我们没有采取迅速的修复措施。多数的环境问题都不可避免地与其他生存问题联系在一起，比如贫困、人口过剩、社会不公正等，这些问题都不是一个国家所能解决的。由于需要众多的人组织起来，形成资源有限的共识并实施法律法规，因此创建公共池塘资源的全球法律体系异常复杂。而且，不同人员之间的文化和经济差别使得找到解决方案更具挑战性。

很明显，所有的人、企业和政府，都必须有强烈的**参与性**（stewardship），也就是可持续地关怀我们地球的共同责任。如果我们要消除贫困、稳定人口数量并为子孙后代保护环境和资源，那么在国际层面的合作和承诺就是非常必要的。

全球可持续发展计划

1987年，世界环境与发展委员会发布了一个开创性的报告《我们共同的未来》（见第二十四章）。几年以后，在1992年，来自世界多数国家的代表齐聚巴西里约热内卢，参加联合国环境与发展大会。与会代表审议了在国际层面上存在的环境问题：地球大气和海洋的污染与退化、生物种群数量和种类的减少、森林的毁坏等。

另外，出席里约热内卢大会的代表通过了《21世纪议程》，这是一个**可持续发展**（sustainable development）的行动计划，提出未来经济发展，特别是发展中国家的经济发展，要与环境保护统一起来。可持续发展的目标在改善全世界人们生活条件的同时，维护环境的健康，不过度开发自然资源，不产生过度污染。实现真正的可持续发展，有三个要素是必需的：环境合理性、经济可行性、社会公平性。使用可持续性作为环境管理的一项指导原则要求我们思考这三个要素作为一个复杂、相互联结的系统的一部分，是如何相互作用的（图1.12）。

公共池塘资源：我们环境中所有人都可以使用，但个人又可以不负责任的部分，包括大气和气候、淡水、森林、野生动物和海洋鱼类。

参与性：可持续地关怀我们地球的共同责任。

可持续发展：根据布伦特兰（Brundtland）报告，可持续发展是一种既能满足当代人的需要，又不会对后代人满足其生存的能力构成危害的新型社会发展模式。

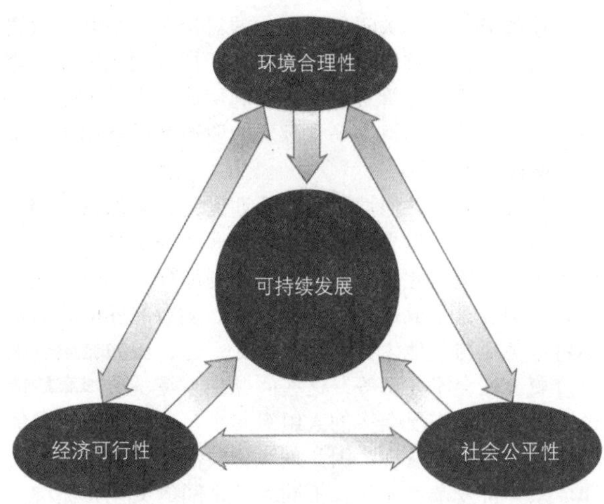

图1.12 可持续发展，一个系统理念。把可持续发展作为环境管理的一项组织原则要求我们认识到经济发展、社会公正和环境在很多方面以复杂的方式联系在一起。我们必须考虑经济决策是否损害了环境或耗尽了自然资源，必须考虑资源管理决策是否符合社会公平，必须考虑社会决策是否影响了当前和后代的经济发展机会。

如果在经济发展中切实应用环境可持续性的原则，那么将会给人口政策、农业、工业、经济、能源利用等诸多领域带来很多变化。2000年，189个国家的代表参加了联合国千年峰会，承诺在实现“千年发展目标”方面建立全球伙伴关系（见第八章）。

尽管召开了这些国际峰会，我们在改善贫困人口的生活质量、解决世界最严重的环境问题方面仅取得了有限的进展。很多国家的政府将注意力从高度重视环境转向了恐怖主义、国际局势恶化以及经济问题严重等其他挑战。但同时，对于诸如全球气候变化等重要环境问题的科学警告越来越多。

尽管在国际层面缺乏显著的成效，一些国家、省州和城市在环境治理方面却取得了重大的进展。很多国家颁布实施了更为严厉的空气污染法律，包括取消含铅汽油等。100多个国家成立了可持续发展委员会。致力于推动承担环境责任的公司联合创立了世界可持续发展工商理事会。世界银行向发展中国家提供贷款，在全世界投入了数十亿美元，用于实施可持续发展项目。

复习题

1. 什么是可持续性?
2. 什么是公地悲剧?
3. 可持续发展的三个要素是什么?

环境科学

学习目标

- 解释环境科学，简述地球系统在环境科学中的作用。
- 概述科学方法。

环境科学（environmental science）涉及包括人口、地球自然资源和环境污染在内的相互联系的多个领域。环境科学综合了很多学科的知识，包括生物学、地理学、化学、地质学、物理学、经济学、社会学、人口学（关于人口的研究）、文化人类学、自然资源管理、农业、工程、法律、政治和伦理。生态学（ecology）是生物学的一个分支，主要研究生物与环境之间的相互关系，是环境科学的基本工具。

环境科学家试图建立自然界运转的基本原则。他们使用这些原则开发解决环境问题的可行性方案，这些解决方案尽可能多地以科学知识为基础。总得来说，环境问题很复杂，我们对它们的了解通常比我们所希望的要少。环境科学家经常在对其研究的系统还没有完全了解的情况下，就被询问并希望给出确凿一致的答案。其结果是，他们常常也只能是根据可能性而不是根据准确的数据提供建议。

本书中讨论的很多环境问题都很严重，但是环境科学并不是悲观地简单列举出环境问题并对黯淡的未来进行预测。恰恰相反，本书的焦点以及我们作为个人和世界公民的焦点，应该是辨识、了解、寻找更好的方法，管理人类活动施加给环境资源和环境系统的压力。

地球系统和环境科学

环境科学和很多其他科学最激动人心的一个方面，是解答出由很多相互作用的部分所组成的系统是如何以整体形式发挥作用的。正如在本章开篇中所讨论的，地球的气候是一个系统，这一个系统又是由更小的、相互依存的系统组成的，比如大气和海洋。这些更小的系统在整个气候系统中相互关联、相互作用。

与单个部分或环节注重细节相比，系统观点为了解全面过程提供了宽阔的视角。一个在城市开车上下班的人可能对汽车引擎产生的CO_2非常熟悉，但这并不能说他自然而然地了解数百万排放CO_2的汽车对全球环境造成的影响。因此，采用系统的观点能够帮助科学家获得有价

环境科学：关于人类与其他生物同无生命物理环境之间关系的跨学科研究。

值的知识，这些知识并不总是显而易见的，不是单从了解系统内的个体部分就能获得的。

而且，问题通常是由于没有系统思考而产生的。比如，如果公司决定烧掉废油从而避免泄露到地下水中，那么所造成的污染就会从地下水转到空气中。系统的观点会要求公司高管思考两种处理方法之间的平衡，甚至更为重要的是，首先考虑采取避免产生废油的替代措施。

环境科学家经常用模型来描述环境系统内部以及不同环境系统之间的相互作用。很多模型采用计算机模拟，展现了各种竞争要素的总体影响，用数字术语描述一个环境系统。模型有助于我们了解现在的状况如何从过去发展而来或者预测将来可能发生的事件，包括我们今天做出的决策或选择所带来的长远影响。模型还可以引发关于环境的新问题。（附录Ⅲ包括建模介绍。）

包括一个群落的生物及其物理环境的自然系统被称为生态系统。在生态系统中，生物过程（比如光合作用）与物理和化学过程相互作用，促进大气中气体的合成、从太阳到生物的能量转化、废物的循环以及对环境变化的响应。自然生态系统是我们环境可持续性理念的基础。

生态系统可以组成越来越大的系统，这些系统相互发生作用（第三章讨论）。从全球层面上看，有地球系统，包括地球气候、大气、陆地、海岸带和海洋。环境科学家用系统的观点试图了解人类活动如何改变全球环境的参数，比如温度、空气中CO_2的浓度、土地植被、沿岸海水中氮含量的变化以及海洋鱼类资源的下降。

地球系统的很多部分都处于一种稳定的状态，或者更确切地说，处于动态平衡（dynamic equilibrium）状态，其中一个方向变动的幅度正好与相反方向变动的幅度相等。如果系统的一个部分导致另一个部分的变化，就发生了反馈。反馈可以是负反馈，也可以是正反馈。在负反馈系统（negative feedback system）中，某种条件下的变化会引发对抗或反转对变化条件的反应（图1.13a）。负反馈机制旨在动态平衡中保持一个未受干扰的系统。比如，以池塘里的鱼为例，如果鱼的数量增加，那么可吃的食物就会下降，只有少量的鱼生存下来，因此，鱼的数量下降。

在正反馈系统（positive feedback system）中，某种条件下的变化会引发加剧变化条件的反应（图1.13b）。正反馈机制会导致出现原有条件下的更大变化。对于已经受到干扰的系统来说，正反馈可能带来破坏性极大的后果。比如，极地和冰川地区冰的融化可能导致裸露的陆地吸收更多的太阳热能，进而加速冰的融化。在本书中你会看到，自然环境中有着很多负反馈和正反馈机制。

科学是一个过程

成功解决任何环境问题的关键是认真仔细地评价条件、原因和结果。科学是管理和生产信息的系统，是开展这种评价最有效的方式。清楚地理解科学是什么以及科学不是什么，非常重要。很多人认为科学是知识的总和，是关于自然界的事实以及寻找这些事实之间关系的集合。然而，科学还是一个动态过程，是调查研究自然世界的系统方式。科学家努力利用普通科学规律（也称为自然规律）描述我们复杂的世界。然后，科学规律被用来提出预测、解决问题或提供新的见解。

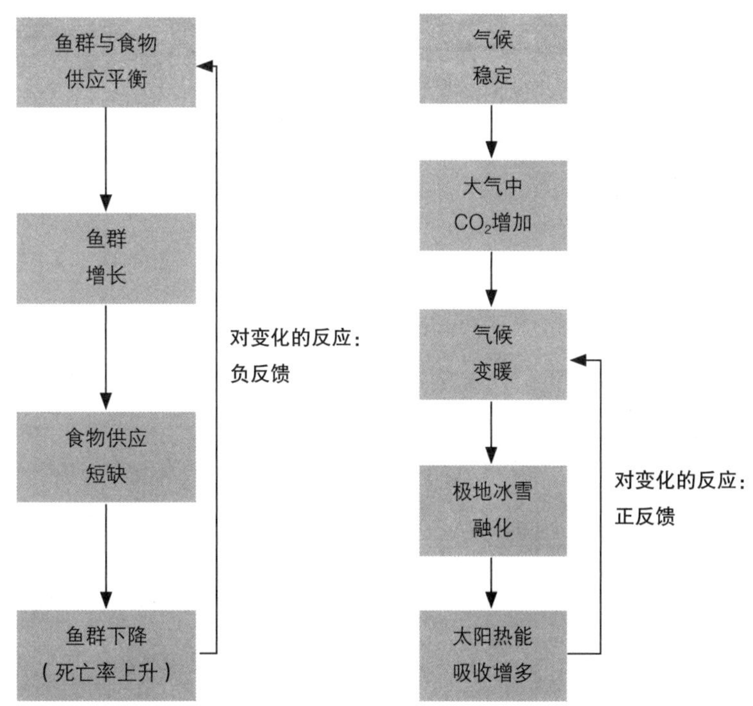

（a）负反馈。在这个简化的例子中，鱼群数量与食物供应的最初平衡最终得以恢复。因此，在负反馈系统中，对变化的反应抵消了发生的变化。

（b）正反馈。在这个简化的正反馈例子中，对变化的反应增加或扩大了从原有出发点的偏离程度。

图1.13　反馈系统。

科学家收集客观数据（data），它们是科学赖以开展的信息。通过观察和实验收集数据，然后进行分析或解释。结论是从这些收集到的数据中推导出来的，不是基于信仰、情感或本能。

科学家在科学刊物上发表他们的科学发现，其他科学家进行检验并提出批评。通过重复性（repeatability）检验新成果的有效性是科学的必要条件，当其他科学家重复观察和试验时，必须得到同样的结果。其他科学家的严谨检验会揭示任何结果或解释中的错误，这些错误可以进行公开的讨论。因此，随着时间的推移，科学不断地进行自我更正（self-correcting）。

科学中不存在绝对的必然性或普遍的一致性。科学是一项未竟的事业，通常被接受的理论必须在新发现的数据中接受新的评价。科学家从来不能说对某个东西知道了“终极的答案”，因为科学认知一直在变化。然而，这并不妨碍我们用环境科学现有的知识进行环境决策。科学代表最好的信息，因此就代表做出基于事实的决策的最好机会。

不确定性并不意味着科学结论是无效的。大量的证据表明抽烟和肺癌有关系，但是，我们不能绝对确定地说哪个抽烟者将会得肺癌，不过这种不确定性并不意味着抽烟和肺癌之间没有关系。在已有证据的基础上，我们说抽烟的人得癌症的风险比不抽烟的人大，我们可以非常确信地说，抽烟的人患癌症的几率要比不抽烟的人大很多。

重要的是，科学不能告诉我们面临环境挑战时应该做什么，只能告诉我们采取不同的选择会看到的不同的结果。如果我们使用了农药，而农药最终被排放到海洋或改变气候的温室气体中，那将发生什么后果？对于这类问题，科学比宗教或政治偏好能给我们提供更好的指导。但是，在我们分析水禽的丧失或气候的变化是否值得换取我们通过喷洒农药或燃烧化石燃料所得到的利益时，价值观、政治、宗教和文化一定起决定作用。

科学方法　科学家用来回答问题或解决困难的既定程序统称为**科学方法**（scientific method）（图1.14）。尽管科学方法包括的内容有很多，但基本包括以下五个步骤：

1. 明确问题或自然界中还没有得到解释的现象。问题明确后，开始相关的科学文献查找，确定已知的信息。
2. 提出假设（hypothesis）或有根据的推测，以解释问题。好的假设可以提出能够被证实以及可能被证误的预测。根据同样的事实数据常常可以提出几种不同的假设，每一种假设都必须验证。
3. 设计和进行实验，以验证假设。实验包括收集数据并仔细观察和测量。科学中的很多创新都与实验设计相关，这些实验能够摈除竞争性假设造成

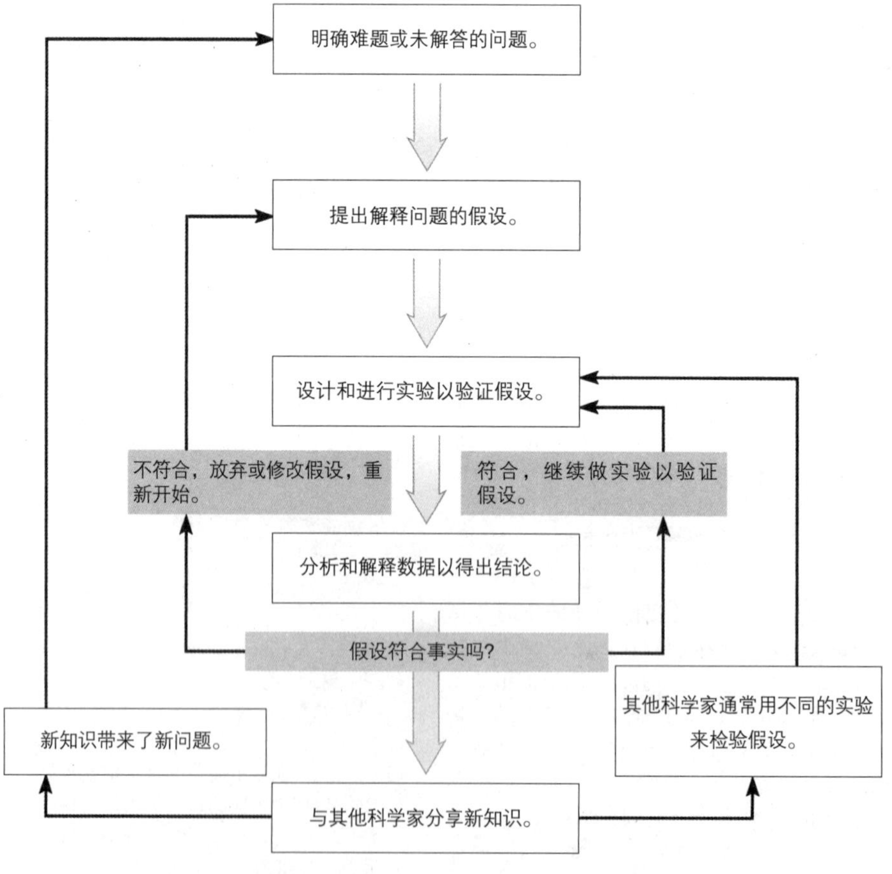

图1.14　科学方法。科学方法的基本步骤见图中方框部分显示。科学研究工作极少以这么简易的方式进行，另外的研究路径见图中灰底部分显示。

科学方法：科学家通过提出假设并采取实验方式证明假设从而解决问题的措施。

的疑惑。科学过程从来不“证明”什么，而是说明另外的假设是错误的或虚假的，直至最后剩下唯一的最有道理的假设。

4. 分析和解释数据，以得出结论。实验结果与假设中的预测一致吗？也就是说，数据支持或者反对假设吗？根据所观察到的数据是否对假设进行修正或放弃？
5. 分享新知识。通过科学期刊发表论文或撰写专著以及在学术会议上发布研究成果，可以让其他人了解和批评所采用的方法以及得到的科学发现，从而使其他人重复科学实验或设计进行新的实验，以进一步证实或证误这项研究。

尽管科学方法常常被描述为一个线性的过程，其实，科学极少是像科学方法所显示的那样简易平白或整齐划一。好的科学研究通过明确问题、提出假设和设计实验促进知识的创新和开拓。科学知识在测试和舛误中前行。很多的创新点子最后无疾而终，在知识的深化过程中常常出现暂时的挫折或方向的改变。科学知识的拓展往往很偶然，“真正的科学美景”是慢慢从令人困惑的、有时是相互矛盾的细节中演化出来的。

新闻媒体常常把科学工作错误地宣传为刚刚被发现的“新事实”。随后，另外的质疑最初研究真实性的“新事实”就会被报道。如果读一读这些新闻报道所依据的科学论文，就会发现科学家是根据他们自己的数据做出暂时的结论。科学是从完全不确定性到较少不确定性，而不是从确定性到更大的确定性。随着时间的推移，科学让人对自然有更加深入的了解，尽管科学从来没有“证明”什么。

多数情况下，有很多因素影响科学家研究的过程。每一个影响过程的因素是一个变量（variable）。理想状态下，为了评估关于某一给定变量的假设，我们做实验的时候要让所有其他的变量保持稳定，以避免混淆和误导我们。检验关于一个变量的假设，需要并行做两种实验。在实验组（experimental group）中，我们用已知的方式改变那个被选择的变量。在控制组（control group）中，我们不改变那个变量。在所有其他方面，这两个组都一样。然后我们会问：“如果有不同，那么这两个组结果的不同是什么？”任何不同都是那个变量影响的结果，因为所有其他的变量都是一样的。环境科学的很多挑战就在于设计形成控制组，然后成功地把一个变量从所有其他变量中分离开来。

理论　理论解释科学规律。理论（theory）是对无数假设的综合解释，每个假设都有大量的观察、实验支持并受到同行专家的评估。理论对以前看似没有关联的数据进行提炼和简化。好的理论是随着新知识不断被认知而发展起来的。它预测新的数据并揭示大量自然现象之间新的关系。

理论简化和阐明了我们对自然界的理解，因为它显示了不同类别数据之间的联系。理论是科学的重要基础，是对我们最能确定的事物的解释。这个定义与普通公众关于“理论”的认识是截然不同的，公众在使用“理论”这个词时往往暗指缺乏认知或只是猜测，比如，“我有一个关于其他星球生命存在的理论”。在本书中，“理论”这个词在使用时一直采用其科学上的含义，指的是广泛认知的、条理清楚的、证据充足的解释。

科学中没有绝对的真理，只有不同程度的不确定性。科学是在新证据不断发现的进程中持续演进的，科学结论总是暂时的或不确定的。未来实验的结果总是有可能颠覆以前通行的理论，从而形成新的或修正的更好地解释自然界科学规律的理论。

气候变化：假设和理论　当今环境科学领域的一个主流理论是化石燃料燃烧释放的二氧化碳（CO_2）和其他气体导致了并将继续导致地球气候的变化。不过，非常明显的是，气候是一个复杂的系统，在长期的变化中有着很多的变量。我们没有办法做这样一个实验，以验证一百年来温室气体的排放导致全球气温升高的假设。了解气候变化需要我们观察正在发生什么，并将所观察到的与现有理论预测要发生的进行比较，最后根据新的观察修正我们的理论。气候变化的理论是依据物理学、化学、海洋学、大气科学、天文学和其他科学领域的知识得出的。

气候变化理论的很多内容可以直接进行检验（图1.15）。比如，科学家验证了我们称之为温室气体的一些气体能够吸收能量（能量吸收是一个可变量）的假设。在一个这样的实验中，科学家在同样的容器里注入空气，不同容器的CO_2浓度不同，然后加热。他们发现，CO_2浓度大的容器温度升得高。当然，这样的实验并不能证明CO_2吸热，但依然能让人相信这一假设是有一定道理的。事实上，人们知道CO_2吸热已经有一个多世纪了。

气候科学家将这些关于温室气体的实验数据与我们所了解的自然变化、太阳变化以及冰层和地球表层的反射率等其他气候要素的知识结合起来，建立了一个气候变化的理论。这一理论有不确定性，但是提出了预测，随着温室气体浓度的增加，全球大气温度将上升，海平面将抬升，降水模式将改变，冰川和冰盖将融化（图1.16）。正如我们在第二十章所讲，通过观察已经证实了这一普遍理论，同时，我们还将进一步改进这一理论并对未来做出更加可信的预测。气候变化理论没有告诉我们怎样做才能避免气候变化，只是告诉我们采取不同的对策可能会带来什么不同的结果。

图1.15 气候变化分析。这个设备是一个长期项目的一部分，是在追踪研究阿拉斯加冻原融化带来的二氧化碳（一种温室气体）排放情况。

图1.16 冰山融化。水从冰山中流出，该冰山曾是格陵兰岛伊卢利萨特（Ilulisat Kangerlua）冰川的一部分。在整个地质年代，随着冰山脱离冰川，有越来越多的证据显示冰川融化的速度在过去100年里大幅加快。

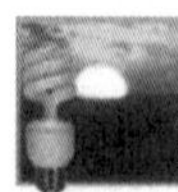

气候变暖可以释放二氧化碳，二氧化碳也可以促进气候变暖。这是一个正反馈的例子还是负反馈的例子？

复习题

1. 什么是环境科学？环境科学中为什么系统观点非常重要？
2. 科学方法的步骤有哪些？科学过程通常遵循这些步骤吗？为什么？

应对环境问题

学习目标

- 列举并简要描述应对环境问题的5个阶段。
- 简要描述华盛顿湖20世纪50年代的污染问题以及如何解决的历史。

我们已经讲了科学的力量和局限，也就是科学能做什么以及科学不能做什么。在本书后面各章考察环境问题之前，让我们思考有助于解决这些问题的要素。科学的作用是什么？如果我们永远达不到科学上的完全确定性，那么，在哪一点上可以得出足以进行行动的科学结论？谁来决策？交易的成本是多少？

应对环境问题

简要来说，应对环境问题有5个阶段（图1.17）：

1. 科学评估。应对任何环境问题的第一个阶段是科学评估，即收集信息。首先确定问题，然后收集数据，接着进行实验或模拟。

2. 风险分析。根据科学调查的结果，我们可以分析任其自然或进行干预所带来的潜在结果，所谓干预就是，如果采取一项特定行动，会带来什么后果，包括这个行动可能造成的任何不利后果。换句话说，需要考虑一种或多种（更正或清理）补救措施的风险。
3. 公众教育与参与。公众参与与承诺是应对多数环境问题的重要组成部分。公众既是知识源，也是价值源，很多个人和集体都对决策发挥一定作用。通常来说，如果有机会从一开始就参与，人们还是愿意联手解决一个问题的。
4. 政治行动。受影响的政治团体选择并实施行动计划。理想状态下，科学提供关于能够做什么的信息，但是，在政治过程中，选择行动计划时对信息的解读常常是意见分歧很大。通常情况下，人们认为应该做的事会影响到他们对科学和科学家的信任。
5. 长远评价。任何行动的结果都应该进行认真的监督，既要看环境问题是否已解决，又要看环境问题的解决是否改进了最初的评估和分析模型。

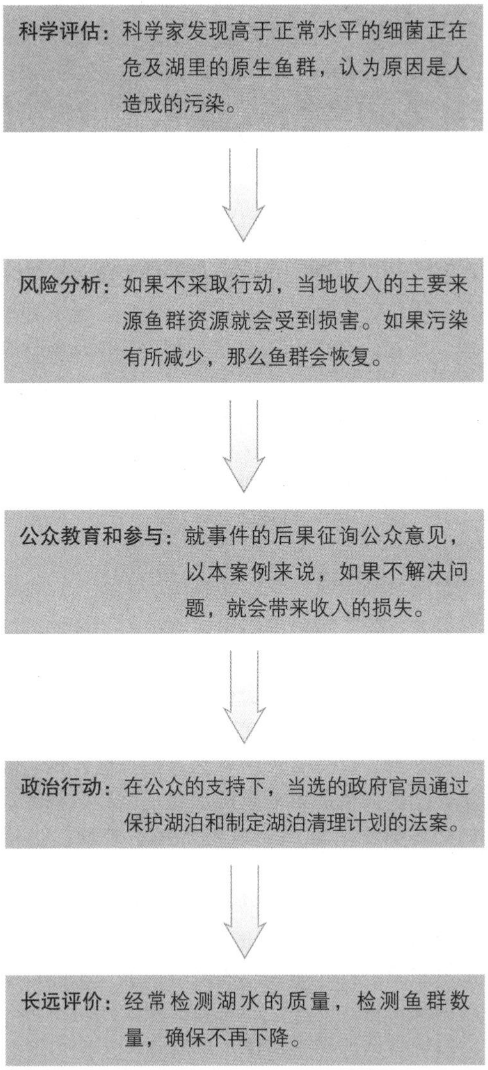

科学评估：科学家发现高于正常水平的细菌正在危及湖里的原生鱼群，认为原因是人造成的污染。

风险分析：如果不采取行动，当地收入的主要来源鱼群资源就会受到损害。如果污染有所减少，那么鱼群会恢复。

公众教育和参与：就事件的后果征询公众意见，以本案例来说，如果不解决问题，就会带来收入的损失。

政治行动：在公众的支持下，当选的政府官员通过保护湖泊和制定湖泊清理计划的法案。

长远评价：经常检测湖水的质量，检测鱼群数量，确保不再下降。

图1.17 应对环境问题。这五个阶段提供了应对环境问题的基本框架，比如上述假定的案例。解决环境问题很少能通过这样简易的方式实现。

这5个阶段代表了系统应对环境问题的理想方法。在实际生活中，应对环境问题很少这样直白简易和循规蹈矩，特别是区域性或全球层面的环境问题，或者是根据新的规定承担治理费用的人不是那些受益人的时候。经常的情况是，公众知道了一个问题，而这个问题还没有真正认清之前就引发了如何解决的讨论。而且，直到第2、第3甚至是第4阶段，也就是需要做出决策的阶段，我们都不知道所需要的科学信息，因此，我们不得不请科学家开展新的研究。

为了显示这5个阶段在理想状态下的运行情况，我们下面介绍一个相对简单的环境问题，这就是20世纪50年代发现并解决的华盛顿湖污染问题。与我们今天面临的很多环境问题不同，这个问题诊断和解决起来都相对容易。

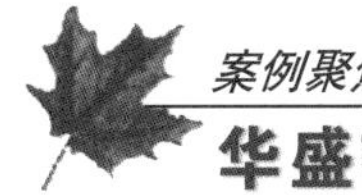

案例聚焦

华盛顿湖

华盛顿湖是位于西雅图东边的一座很大、很深的淡水湖（图1.18）。20世纪上半叶，西雅图都市区从皮吉特湾（Puget Sound）海岸往东向湖区扩展，使得华盛顿湖面临的环境压力越来越大。从1941年到1945年，湖的周围建设了10个城市污水处理厂，每个处理厂将原污水进行处理，对有机物质进行分解，然后将经处理的污水排到湖中。到20世纪50年代中期，湖里已经排放了大量的工业废水。

华盛顿大学的科学家首先注意到这些排放对华盛顿湖的影响。他们的研究表明湖里生长着大量的蓝藻菌（进行光合作用的细菌）。蓝藻菌需要充足的营养，比如氮和磷，像华盛顿湖那样的深水湖通常没有很多溶解的营养。丝状蓝藻的增加表明华盛顿湖的水质下降。

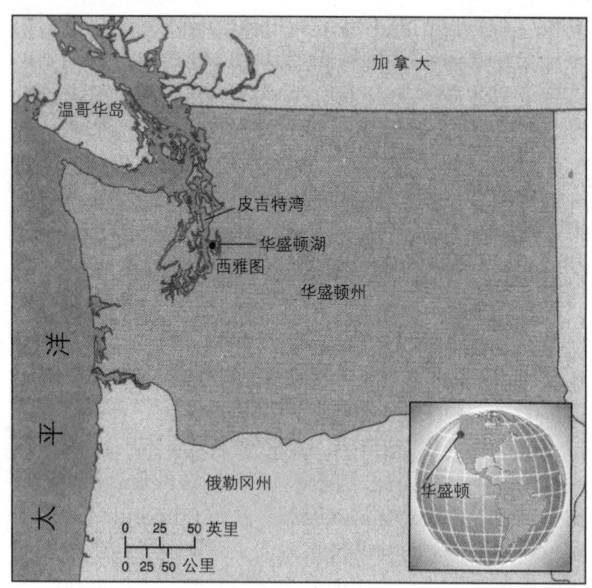

图1.18 华盛顿湖。这个大的淡水湖是华盛顿州西雅图市东边的边界。

1955年，华盛顿污染控制委员会（Washington Pollution Control Commission）参考科学家的研究成果，认为处理过的污水提高了溶解营养的水平，达到了严重污染的程度。污水处理并没有消除很多化学物质，特别是磷，这是洗涤剂的主要成分。聚成一团的蓝藻在湖的水面上形成了恶臭的蓝绿色浮沫。分解蓝藻的细菌出现爆发性繁殖，消耗大量的氧气，直到最后湖水再也支持不了鱼和小型无脊椎动物等需氧生物。

对环境问题的科学评估证实了所存在的问题，提出了切实可行的观察措施，制定了解决方案。科学家预测，华盛顿湖水质的下降是可以挽回的，如果停止污染，湖水质量会慢慢恢复。为挽救水质，他们制定了三个必需的步骤：

1. 对华盛顿湖周围很多郊区进行综合区域规划；
2. 彻底杜绝向湖里排放废水；
3. 研究找出引起蓝藻生长的关键营养物质。

建议不再向华盛顿湖排放废水是一回事，而制定实施可接受的恢复方案是另一回事。对污水进一步处理可以清除掉一些营养物质，但全部清除掉是不现实的。那么，还有一种方案是把污水排放到其他地方，但是又能排放到哪儿呢？在这种情况下，政府官员们决定将处理过的废水排放到皮吉特湾。根据这一计划，在湖周围兴建了一圈排水沟，收集处理过的废水并进行进一步处理，然后排放到皮吉特湾。

进一步处理废水的计划主要是将对皮吉特湾造成的环境影响降低到最低程度。根据测算，经进一步处理的废水不会对皮吉特湾广袤的水域产生多少影响。而且，皮吉特湾中的磷不像华盛顿湖中的磷那样加速蓝藻的生长。皮吉特湾中光合细菌和蓝藻在很大程度上受到潮汐的限制，潮汐将水混合后把那些小的生物冲刷到深水中，由于没有足够的光而不能快速繁殖。

尽管华盛顿污染控制委员会得出了湖水污染的结论，但是当地的卫生健康部门并不认为需要采取应急的措施。公众行动需要进一步的宣传教育，科学家发挥了关键性的作用。他们撰写文章，向公众解释什么是营养富集以及它会导致什么问题。随着当地报纸刊发表这些文章，普通公众的认识提高了。

湖区清理是非常严重的政治问题，因为没有现成的地区间机制能够使得很多不同的区域联合开展污水处理等行动。1957年底，华盛顿州立法机关通过了一个法案，允许西雅图地区就组建拥有水供应、污水处理、垃圾处理、交通、公园和规划等6项职能的区域政府进行公民投票。公民投票失败了，很明显是因为城市投票人认为这一计划是为了城市支出而增加他们的税。一个顾问委员会立即提交了一份修正案，限制处理投票人的污水。整个夏天，人们围绕华盛顿湖的未来进行了广泛的讨论。最后投票统计的时候，修正后的湖区污染治理法案以高票通过。

法案通过的时候，华盛顿湖污染治理计划是美国当时规模最大、投资最多的污染控制工程。该地区的每个家庭都必须为兴建巨大的绕湖污水主管道、收集污水和排放到皮吉特湾支付另外的税。与此同时，华盛顿湖进一步恶化，湖水能见度从1950年的4米（12英尺）下降到1962年的不到1米（3英尺），因为湖水被蓝藻遮蔽了。1963年，湖区周围的第一家污水处理厂开始将污水排放到新的污水管道。此后，其他的污水处理厂也依次效仿，直到1968年，最后一个污水处理厂把污水排放到污水管道。华盛顿湖的状况开始改善（图1.19）。

几年时间，华盛顿湖的湖水能见度就恢复到正常水平，但蓝藻一直到1970年才最终消失。到1975年，华盛顿湖恢复正常，今天，即便是在湖区人口增长的情况下，华盛顿湖依然湖水清澈。继续保护水质需要有一个系统的视角，污染治理不仅仅是清除废水，还包括减少产生废水的战略，比如促进水循环利用和减少石油以及其他工业废水的措施。

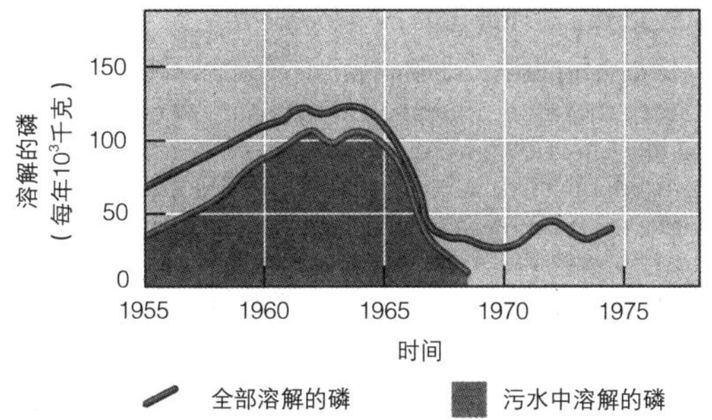

（a）1955年到1974年华盛顿湖溶解的磷。随着污水中溶解的磷（阴影区域）数量下降，华盛顿湖中溶解的磷的水平也下降了。

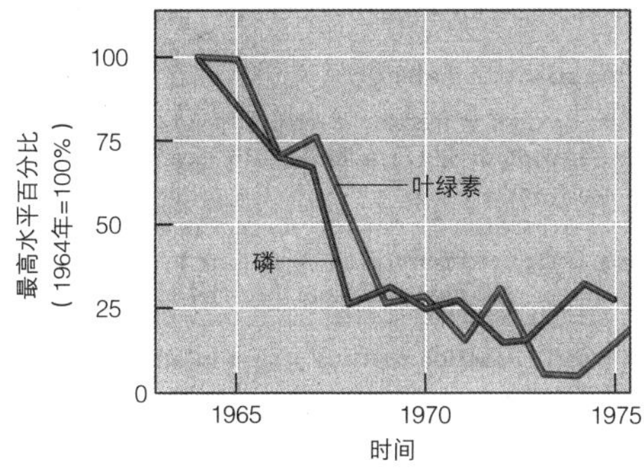

（b）1964年到1975年华盛顿湖恢复时期蓝藻的生长情况，根据对参与光合作用的色素，也就是叶绿素数量间接统计测算。随着湖中磷数量的下降，蓝藻（也就是叶绿素的含量）的数量也下降。

图1.19 华盛顿湖营养物质与蓝藻生长对比图。（选自W. T. Edmondson, *The Uses of Ecology: Lake Washington and Beyond*［《生态学的用途：华盛顿湖及其他》］，华盛顿大学出版社［1991］）

环境信息

绿色屋顶

完全或部分覆盖着植物和土壤的屋顶称为绿色屋顶。绿色屋顶也叫生态屋顶，能够提供几个方面的环境好处。比如，植物和土壤是有效的绝缘体，冬天减少供暖费用，夏天减少空调费用。屋顶的微生态系统过滤了雨水中的污染物，减少了流入下水道的雨水。在城市，即便是在高楼上，绿色屋顶能提供野生生物栖息地。有着多个绿色屋顶的城市能够提供栖息地"落脚石"，帮助迁徙的鸟儿和昆虫不受伤害地通过这座城市。绿色屋顶还能提供本地食物资源（见第十八章），有些餐馆已经开始用屋顶花园种植香草、蔬菜，甚至养蜂。绿色屋顶还可以为生活或工作在大楼里的人们提供室外场所，使得城市更多地具有大自然的特色。

美国最大的单个绿色屋顶位于密歇根迪尔伯恩市的福特汽车公司总装配厂，上面种了9种不同的耐寒植物，不怎么需要或者根本不需要管理，能吸收过量的雨水。这些雨水还要经过一系列湿地，从而在流入胭脂河（Rouge River）之前就得到了自然净化，为福特公司节省了大量的水处理费用。

复习题

1. 解决环境问题的步骤有哪些？
2. 20世纪50年代华盛顿湖的污染问题是什么？怎么解决的？

通过重点术语复习学习目标

- **解释人类活动如何影响全球系统。**

地球包括很多物理和生物系统，其丰富的资源使很多形式的生命繁衍生息。通过我们的人口增长和技术，人类开发利用了这些资源，使环境处于危险的境地。

- **描述人类发展的主导因素以及它们是如何影响环境和可持续性的。**

人类发展的主导因素与财富相关，比如能够使用能源和医疗技术。从历史上说，高度发达国家的人口不到全球的20%，却占有了50%以上的资源。欠发达国家（LDCs）是那些贫困率高、工业化水平低、人口出生率高、婴儿死亡率高、人均收入低（相对于高度发达国家）的发展中国家。世界上越来越多的国家，比如中国和印度，开始有混合型的发展，一些城市居民拥有大量的财富，而其他城市居民和大多数农村居民生活在贫困之中。

- **区分可再生资源与不可再生资源之间的不同。**

可再生资源是指那些自然能够相当快地恢复（从几天到几个世纪）、只要不在短时间内过度开发就能永久利用的资源。不可再生资源是那些供应量有限、由于应用而枯竭的资源。

- **解释人口和财富对消费的影响。**

随着人口的增长，人们基本的食物、住房和清洁水需求可能超过其生活地区的支撑能力。当个人消费大大超越这些基本需求的时候，这个地区的资源支撑能力将以更快的速度被超过。不管是哪一种情况，耗尽不可再生资源和可再生资源的消费，都是不可持续的。

- **解释生态足迹。**

个人的生态足迹是指在持续的基础上向一个人提供食品、木材、能源、水、住房、衣服、交通以及废物处理所需要的生产性土地、淡水和海洋的总和。

- **描述决定人类影响环境的最重要的三个要素。**

环境影响（I）的模型有三个要素：人口数量（P）；人均财富消耗（A），即人均消费或人均使用资源的数量；用来获得和消费那些资源的技术所产生的环境影响（T）。这个模型用一个公式来表示环境影响以及影响环境的各要素之间的关系：

$$I=P\times A\times T$$

- **解释可持续性。**

可持续性是指在不牺牲环境支持未来人口能力的情况下满足当今人口对自然资源的需求的能力；换句话说，就是人类无限期管理自然资源的能力，不因人类社会对维持生命的自然系统造成的压力而导致环境质量下降。

- **解释加勒特·哈丁所描述的中世纪欧洲公地悲剧和今天公共池塘资源之间的联系。**

加勒特·哈丁认为，我们之所以不能解决很多环境问题，是因为存在着短期的个人福利与长期的环境可持续性和社会福利之间的矛盾。在当今世界，哈丁的寓言在全球层面有着特别的关联。公共池塘资源是我们的环境中所有人都可以使用但个人又可以不负责任的部分，包括大气和气候、淡水、森林、野生动物和海洋鱼类。

- **简要描述可持续发展。**

可持续发展是一种既能满足当代人的需要，又不对后代人满足其生存能力构成危害的新型社会发展模式。环境合理性、经济可行性、社会公平性这三个要素相互作用，促进可持续发展。

- **解释环境科学并简要描述地球系统在环境科学中的作用。**

环境科学是关于人类与其他生物、无生命物理环境之间关系的跨学科研究。环境科学家研究系统，每个系统都是由相互作用并以整体发挥作用的要素集合。包含一个群落生物及其物理环境的自然系统被称为生态系统。生态系统可以组成越来越大的系统，这些系统相互发生作用。从全球层面上看，有地球系统，包括地球气候、大气、陆地、海岸带和海洋。

- **概述科学方法。**

科学方法是科学家通过提出假设并采取试验方式证明假设从而解决问题的措施。科学方法包括的内容很多，基本包括这些步骤：明确问题或还没有得到解释的现象；提出假设；设计和进行实验，以验证假设；分析和解释数据；与其他人分享结论。

- **列举并描述应对环境问题的五个阶段。**

1. 科学评估，收集相关环境问题的信息。
2. 风险分析，评估治理带来的影响。
3. 公众教育与参与，让公众了解科学评估和风险分析的结果。
4. 政治行动，通过选举或任命的官员实施具体的环境治理行动。
5. 长远评价，监督检查环境治理行动的效果。

- **简要描述20世纪50年代华盛顿湖的污染问题及其解决办法。**

华盛顿湖污染治理是应对相对简单的环境问题的成功案例。由于工业废水的排放，华盛顿湖的营养水平提高，达到了支持蓝藻爆发生长的平衡点。通过另一种方式的污水排放，解决了华盛顿湖的污染问题。

重点思考和复习题

1. 解释为什么美国一个孩子对环境的影响比发展中国家的12个甚至更多的孩子对环境的影响还要大？
2. 你认为世界能够无限期地维持现有72亿的人口吗？为什么？
3. 在高度发达国家，人口数量推动的消费比富裕程度推动的消费大吗？在欠发达国家呢？请解释差别。
4. 在本章，我们说现有全球生态足迹是人均2.7公顷（6.7英亩）。你认为15年后会增长、下降还是维持不变？请解释你的答案。
5. 生态足迹和*IPAT*模型有何相似之处？你认为哪一个概

念更容易理解？

6. 解释这个与环境可持续性相关的谚语：我们不是从祖先那里继承地球，而是从我们的子孙后代那里借来的。
7. 除本章提到的例子外，再举一个公共池塘资源的例子。
8. 解释为什么经济财富、环境和伦理都对可持续发展起作用。
9. 举出一个地球系统的例子。
10. 托马斯·亨利·赫胥黎曾写道：“科学的大悲剧是，丑陋的事实扼杀了美丽的假设。”请根据你学到的关于科学本质的知识，解释赫胥黎要说明什么。
11. 在本章中，模型这个术语被定义为描述一种状况的正式语句，可以被用来预测将来发生的事件。根据这一定义，模型和假设是一回事吗？请解释你的答案。
12. 有人希望科学家在回答环境问题时给出简明、确切的答案。请解释为什么这是不可能的，并解释其对做出应对气候变化决策的含义。
13. 即便我们都知道农药对健康有负面影响，但是在做出是否允许农民喷洒农药的决策时依然很困难。请解释为什么这么困难。
14. 请按顺序排列下列应对环境问题的阶段并简要逐一解释：长远评价、公众教育和参与、风险分析、科学评估、政治行动。
15. 在环境科学中，系统这个术语的定义是什么？
16. 我们今天所做的关于能源使用和气候变化的决策会以什么方式对下一代产生影响？请解释你的答案。
17. 观察下图。该图显示了世界最穷国家和最富国家之间的财富差距。

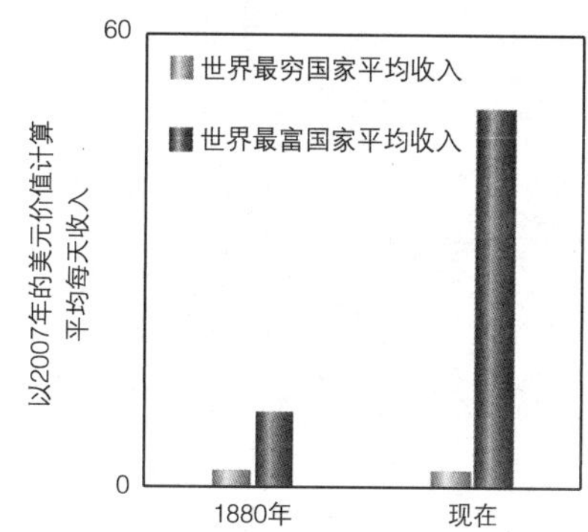

a. 从19世纪80年代到现在，财富分配发生了怎样的变化？请解释这种不同。
b. 根据该图的发展趋势，预测100年后情况会怎样。
c. 有些经济学家认为我们现在的发展道路是不可持续的。图中的数据与这一观点相符吗？请解释你的答案。

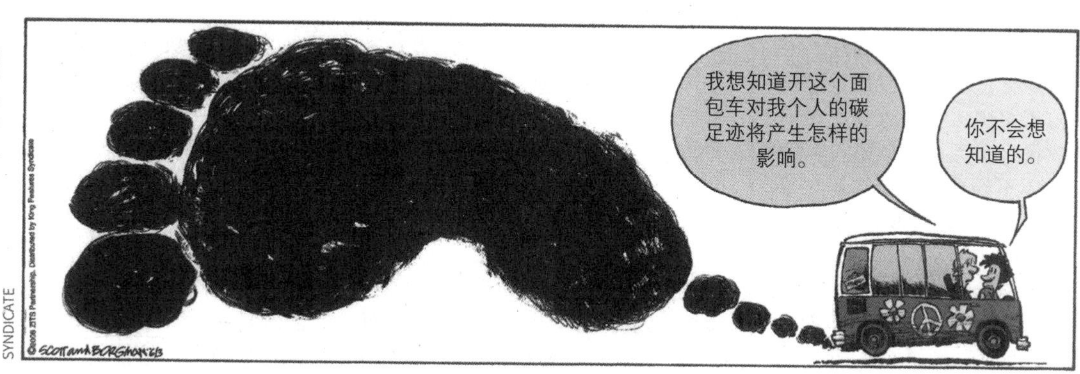

食物思考

用一周的时间，记录下你吃的食物。你的食物从哪儿来？是如何包装的？有你自己生产的吗？或者你知道生产食物的人吗？你能否只吃距离你家100公里以内生产的食品？500公里以内的有吗？请解释这样做的好处和挑战。

第二章

环境法律、经济学和伦理

北方斑林鸮。这一稀有物种（Strix occidentalis caurina）主要栖息在从北加州到南英属哥伦比亚的太平洋西北海岸的原始森林里。保护斑林鸮的栖息地惠及生活在同一环境的很多其他物种。

20世纪80年代末，美国西部的俄勒冈州、华盛顿州和北加州就环保问题开始争论并一直持续到今天，争论的内容是数千个就业岗位以及大片原始针叶松林和栖息在森林里生物的未来。用北方斑林鸮来作为这场论争的标志，是因为斑林鸮的生存依赖于这片森林栖息地的完整（见图片）。

原始森林是从来没有砍伐过的森林。由于美国多数的森林都在不同时期砍伐过，因此，硕果仅存的原始森林还不到10%，而且还在减少。美国大部分原始森林位于太平洋西北沿岸和阿拉斯加州。

原始森林为很多物种提供栖息地，包括北方斑林鸮和其他40种濒危或受威胁物种。《美国濒危物种法案》（Endangered Species Act）的条款要求政府保护濒危物种的栖息地，根据这一法律，法院在1991年停止了约120万公顷（300万亩）斑林鸮栖息地上的森林砍伐活动。木材业对停止命令提出抗议，称如果停止林木砍伐，将损失几千个工作岗位。

然而，情况远比简单的要工作还是要环境复杂得多。从1977年到1987年，俄勒冈州的国家森林砍伐增长了15%以上，同时，由于木材业的自动化程度提高，减少了大约12, 000个工作岗位。到了20世纪80年代，林木砍伐业继续发展，按照当时的速度发展下去，差不多到2000年就会伐尽大部分原始森林。

通过《1994年西北森林计划》（1994 Northwest Forest Plan），美国联邦政府帮助一些伐木工人在别的行业就业，雇用数百名过去的伐木工人恢复被砍伐森林的集水区和大马哈鱼栖息地。这一计划和此前国会、政府部门的行动共同保护了75%左右的联邦森林地区，保护了集水区和北方斑林鸮以及其他几百个物种。华盛顿州、俄勒冈州和北加州的联邦森林砍伐后再度恢复，但只达到20世纪80年代1/5左右的水平。

林木砍伐利益集团对这一计划耿耿于怀，试图反对或修正法案，但没有成功。环保组织也不满意，在1999年起诉负责管理联邦土地原始森林砍伐的美国森林管理局（U. S. Forest Service）和土地管理局（Bureau of Land Management），指责其没有很好地执行西北森林计划。法官予以支持，认为这两个部门在批准砍伐计划前要调查当地的濒危或受威胁物种的情况。美国森林管理局一直进行这些调查，直到2004年由于机构调整等原因才停止。

在2008年年中，为了回应木材业的诉讼，美国鱼类和野生动植物管理局（Fish and Wildlife Service）发布了新的管理计划，提出将栖息地保护区减少23%。批评者立即反对，称这一决策忽视了鱼类和野生动植物管理局科学家的意见。2009年年中，西北森林计划再次成为国家治理政策。

面临其他威胁，弱势物种也会变成濒危物种。2013年，美国鱼类和野生动植物管理局批准一项计划，把横斑林鸮从北方斑林鸮的栖息地迁走。横斑林鸮的老家在东部森林，现在已抢占了北方斑林鸮曾经主宰的家园。

本章将考察美国的环境历史和政府、经济以及伦理在环境管理中的作用。

身边的环境

调查你所在社区的一个引起争论的环境问题。那个问题是否被描述为环境与经济的PK？你觉得那样说公平吗？

美国环境史简述

学习目标

- 概述美国环境的历史。
- 描述下列人员对环境的贡献：乔治·帕金斯·马什、西奥多·罗斯福、基福德·平肖、约翰·缪尔、奥尔多·利奥波德、华莱士·斯特格纳、雷切尔·卡森以及保罗·艾里奇。
- 区分功利环境保护主义者和以生物中心环境保护主义者之间的不同。

从1607年在弗吉尼亚詹姆斯镇建立第一个英国永久殖民地开始，美国最初200年的历史都是环境广泛开发的历史。土地、森林、野生生物、肥沃的土地、干净的水和其他资源都很廉价，而且似乎无穷无尽。早期的欧洲殖民者们并没有想到，北美大地丰富的自然资源有朝一日会变得稀缺。在18世纪和19世纪，多数美国人都有一个边疆态度（frontier attitude），这种态度体现了尽快征服和开发利用大自然的强烈愿望。虽然会担心资源的耗尽和退化，但这种担心只是昙花一现，很少采取保护措施，因为广袤的北美大陆让他们感觉永远都会有充足的资源。

保护森林

不过百年的时间，美国东部地区的大片森林被夷为平地，19世纪60年代内战结束不久，伐木者开始以更快的速度砍伐中西部的森林。在40年时间里，他们砍伐的森林面积相当于欧洲，砍光了明尼苏达州、密歇根州和威斯康星州的原始森林（图2.1）。到1897年，密歇根的锯木厂加工了1600亿板英尺的白松，整个州剩余的白松还不足60亿板英尺。

在19世纪，美国很多的自然主义者开始呼吁保护自然资源。约翰·詹姆斯·奥杜邦（John James Audubon，1785—1851）绘制了生活在自然状态下的鸟类和其他动物的图像，生动逼真。他的作品基于细致的实地观察，引起了公众对北美野生生物的广泛兴趣。亨利·戴维·梭罗（Henry David Thoreau，1817—1862）是美国著名的作家，曾在马萨诸塞州康科德城（Concord）附近的瓦尔登湖畔生活了两年，在那里认真观察自然，思考人们如何简化自己的生活方式，从而与大自然和谐统一。乔治·帕金斯·马什（George Perkins Marsh，1801—1882）在一生中的不同时期当过农场主、从事过语言学研究、担任过外交官，截至今日最为人称道的是他的著作《人与自然》（*Man and Nature*），该书阐述了人与自然系统的相互关系，是最先提出人是全球环境变化的始作俑者的学者之一。马什游历甚广，《人与自然》的部分内容就是基于他对不同地区环境破坏的观察而写出的，比如中东（Middle East）和他的家乡佛蒙特（Vermont）。

图2.1 **1884年的森林砍伐。**这片巨大的伐木堆位于明尼苏达州泰勒斯·福思（Taylors Falls）附近的圣克罗伊河（St. Croix River）上。

1875年，一些热心公共事业的人士组成了美国森林协会（American Forestry Association），目的是影响公众的意见，反对大规模地破坏美国的森林。16年以后，在1891年，美国国会通过《一般修正法案》（General Revision Act），赋予美国总统在联邦土地上设立森林保护区的权力。本杰明·哈里森（Benjamin Harrison，1833—1901）、格罗弗·克利夫兰（Grover Cleveland，1837—1908）以及西奥多·罗斯福（Theodore Roosevelt，1858—1919）根据这一法律使得1740万公顷（4300万英亩）的森林免于砍伐，被保护的森林主要是在美国西部。

1907年，愤怒的西北部地区的议员推动通过了一个法案，取消了总统建立森林保护区的权力。西奥多·罗斯福是环境保护运动的重要推动者，针对取消建立森林保护区的法案，他批准了21个新的国家森林保护区，占地650万公顷（1600万英亩），然后他签署了那个取消建立森林保护区的法案使之成为法律，该法律将禁止他和未来的总统设立新的森林保护区。

罗斯福总统任命基福德·平肖（Gifford Pinchot，1865—1946）为第一任美国森林管理局局长。罗斯福和平肖两人都是**功利环境保护主义者**（utilitarian conservationists），认为森林应该为人所用，比如提供就业。平肖支持扩大国家森林保护区以及科学管理，比如只以森林能够恢复的速度砍伐树木。今天，国家森林管理实现着从提供生物栖息地到休闲娱乐到伐木到畜牧等多个目的。

建立和保护国家公园以及保护区

一些蒙大拿探险者报告黄石河峡谷和瀑布的自然美

功利环境保护主义者：由于自然资源的实用性而重视并精心、理智开发利用自然资源的人。

景之后，美国国会在1872年批准建立了世界上第一个国家公园——黄石国家公园（Yellowstone National Park），现包括爱达荷州、蒙大拿州和怀俄明州的一部分。1890年，《优胜美地国家公园法案》（Yosemite National Park Bill）在国会通过，在加利福尼亚州建立了优胜美地国家公园（Yosemite National Park）和巨杉国家公园（Sequoia National Park），这在很大程度上要归功于一个人，他就是美国自然学家和作家约翰·缪尔（John Muir，1838—1914）（图2.2）。缪尔是**生物中心环境保护主义者**（biocentric preservationist），他创立了塞拉俱乐部（Serra Club），这是一家美国全国性环保组织，目前在很多环境问题上依然很活跃。

图2.2　西奥多·罗斯福（左）与约翰·缪尔。这幅照片摄于加利福尼亚州优胜美地山谷上的冰川点。

1906年，美国国会通过《古迹法》（Antiquities Act），授权总统在南达科他的荒原（Badland）等具有科学、历史或史前重要价值的地方建立国家保护区。到1916年，美国军方管理着13个国家公园和20个国家保护区。（今天，国家公园管理局管理着58个国家公园和73个国家保护区。）

一些涉及国家公园保护的环境争论资料已经遗失。约翰·缪尔及其创立的塞拉俱乐部曾就在赫奇赫奇峡谷建设拦河大坝以及兴建水库与旧金山市政府进行过较量（图2.3），赫奇赫奇峡谷位于优胜美地国家公园内，与优胜美地山谷一样美丽。1913年，美国国会批准建设这个拦河大坝。

这些争论激发了更好地保护国家公园的强烈情感，美国国会1916年批准创建国家公园管理局（National Park Service），负责管理国家公园和保护区，让公众在享受美景的同时而“不损害”它们。正是这一条款引发了另一场论争的不同结果。这场论争发生在20世纪50年代，双方是环境保护主义者和大坝建设者，他们对在恐龙国家保护区内兴建大坝持不同意见。没有人否认，400英尺深的水库淹没峡谷将“损害”它。环境保护主义者的胜利确立了“使用但不损害”的条款，从而成为美国国家公园和保护区法律保护的坚实支柱。今天，是否恢复赫奇赫奇峡谷的讨论依然在进行之中，根据加州政府测算，恢复将花费100亿美元。

20世纪中期的环境保护

在大萧条时期，美国联邦政府资助了很多环境保护项目，以便为失业者创造就业岗位。在富兰克林·罗斯福（Franklin Roosevelt，1882—1945）执政时期，成立了平民环境保护团（Civilian Conservation Corps），雇用了17.5万人在国家公园和保护区内种树、整修道路、兴建防洪堤坝以及从事其他保护自然资源的活动。

在20世纪30年代的旱灾时期，风暴将美国南部大平

图2.3　优胜美地赫奇赫奇峡谷。国会批准建设水库大坝向旧金山供水前（左）和后（右）的赫奇赫奇峡谷（Hetch Hetchy Valley）一览图（国家档案馆，WallacceKleck/Terraphotgrahics/BPS）。

生物中心环境保护主义者：由于相信所有生命形式都值得尊敬和关爱而保护自然的人。

原（Great Plains）部分地区的很多表层土壤刮走，迫使很多农民放弃自己的农场，不得不到外地找工作（见第十四章）。这种美国沙尘暴（American Dust Bowl）警醒了政府水土保持的必要性。1935年，罗斯福总统成立了土壤保护管理局（Soil Conservation Service）。

奥尔多·利奥波德（Aldo Leopold，1886—1948）是一名生物学家，研究野生生物，在20世纪中后期的环境保护运动中显露出远见卓识。他于1933年出版了《游戏管理》（*Game Management*）一书，支持对运动武器和弹药增加赋税并用于野生生物的管理和研究，最终推动这一法案在1937年通过。利奥波德还以哲学的思考撰写了有关人类和自然的关系以及保护原始荒野地区的文章。他的《沙乡年鉴》（*A Sand County Almanac*）于1949年出版。在这部著作中，利奥波德令人信服地提出了“土地道德”的观点以及这种道德所需要的付出。

奥尔多·利奥波德对美国很多思想家和作家产生了深远影响，包括华莱士·斯特格纳（Wallace Stegner，1909—1993）。斯特格纳在1962年创作了著名的“荒野散文”，制作了全国荒野土地清单并寄给一个委员会，最终促进1964年通过了《荒野法案》（Wilderness Act）。斯特格纳写道：

> 作为一个人，如果我们任由仅存的荒野被毁坏；如果我们允许最后的原始森林变成连环图画杂志和花花绿绿的香烟盒；如果我们把残存的几个野生动物赶进动物园或赶尽杀绝；如果我们污染掉最后的清洁空气和最后的清澈溪流，用我们修整的道路打破最后的一丝宁静，以致我们美国人在自己的国家再也不能摆脱嘈杂的惊扰，不能摆脱人类以及汽车产生的废物、废气的恶臭；那么我们的某种良知已经离我们而去。即使我们只不过是到荒野的边上去看一眼，我们也需要那片亲近我们的荒野。因为，荒野是慰藉我们心灵的一种方式，让我们感知到我们作为生物的存在，让我们感觉到自己是地球希望的一部分。

20世纪60年代，公众关于污染和资源质量的忧虑意识开始增强，在很大程度上是由于海洋生物学家雷切尔·卡森（Rachel Carson, 1907—1964）的功劳。卡森撰写了很多关于包括人类在内的生命有机体和自然环境之间相互关系的著作（图2.4）。她最著名的作品《寂静的春天》（*Silent Spring*）出版于1962年。在这部著作中，卡森反对农药的滥施滥用。

《寂静的春天》使公众了解了DDT和其他农药的滥用所带来的危害，包括毒死野生生命、污染食品供应链。最终，不断提高的公众意识促使了一些农药的禁用。大约在这一时期，媒体开始增加关于环境事件的报道，包括纽约市因空气污染而导致数百人死亡（1963），因伊利湖水污染而关闭沙滩和鱼群死亡（1965），以及宾夕法尼亚州的一条溪流由于洗涤剂泡沫而污染（1966）等。

图2.4　雷切尔·卡森。卡森的书《寂静的春天》预示着环境运动的开始。本图摄于缅因州，1962年。

1968年，当地球上的人口“只有”35亿（2011年达到70亿）的时候，生态学家保罗·艾里奇出版了《人口爆炸》（*The Population Bomb*）一书，描绘了地球为支持这一庞大人口而必然遭受的不可避免的环境损害，包括土壤流失、地下水枯竭、生物灭绝等。艾里奇的书引发了公众关于人口过剩以及如何有效应对的争论。本章后面还要讨论，艾里奇的“环境世界观”（Environmental Worldview）影响了他的思想，即世界只有大约10亿人口时才能舒适地生活。

20世纪末期的环境运动

1970年以前，环境保护主义者（environmentalist）的声音在美国主要是通过塞拉俱乐部和全国野生动植物联合会（National Wildlife Federation）等社团组织发出的。直到1970年春天，来自威斯康星州的前参议员盖洛德·尼尔森（Gaylord Nelson）敦促哈佛大学研究生丹尼斯·海斯（Denis Hayes）组织第一个全国性的“地球日”活动。这一活动唤醒了美国民众关于人口增长、资源过度开发、污染和环境退化的环境意识。在1970年的地球日这一天，美国大约有2000万人通过植树、清扫道路与河岸、游行等活动，展现了他们对保护环境质量的响应。（图2.5列举了1970年地球日以后主要环境事件）

第一个地球日之后的几年时间里，环境意识以及每个人都可以修复地球创伤的信念变成了一个普遍的、流行的运动。音乐家宣传表达他们对环境的关心，世界很多宗教组织支持保护濒危物种等环境主题。

截至1990年的地球日，环境运动遍及全球，标志着环境意识的快速提高，141个国家的约2亿人以各种方式开展活动，提高公众对个人保护环境重要性的认识。地球日成为全世界一个广受关注的事件，多年来每年都突出一个主题，比如“全球思考、本地行动”（Think Globally, Act Locally）（1990年）、“气候变化的面孔”（The Face of Climate Change）（2013年，图2.6）。

1970年代	1980年代	1990年代	2000年代	2010年代
1970年，美国数百万人集会庆祝第一个地球日。	1982年，《海洋法公约》通过，保护海洋资源。	1990年，第一次政府间气候变化专门委员会评估报告发布，提出全球变暖警告。	2000年，《关于持久性有机污染物公约》签署，要求淘汰某些高毒性化学物质。	2010年，墨西哥湾石油“深水地平线”（Deepwater Horizon）钻井平台造成美国历史上最大的原油泄漏事件。
1972年，科学家报告，瑞典大部分的酸雨来自其他国家。	1984年，印度农药厂发生世界上最严重的工业事故，造成数千人伤亡。	1991年，海湾战争期间科威特发生世界上最严重的原油泄漏。	2001年，第三次政府间气候变化专门委员会评估报告发布，提出有充分证据证明过去50年里，人类对全球变暖负有主要责任。	2010年，在墨西哥坎昆会议上，190多个国家的代表达成共识，监测和减少温室气体排放。
1973年，《濒危野生动植物国际贸易公约》签订，保护濒危物种。	1985年，科学家发现并测量了南极上空臭氧洞的大小。	1992年，联合国环境与发展大会（地球峰会）在巴西召开。	2001年，布什总统决定，美国不签署京都议定书，该议定书要求减少CO_2排放，以应对全球变暖。	2011年，美国航空航天局全球气温数据显示2010年是历史记录上的最热年份。
1974年，含氯氟烃被首次假定为造成臭氧稀薄的原因。	1986年，苏联切尔诺贝利核电站发生了截至当时最严重的核事故。	1994年，国际人口与发展大会在埃及召开。	2002年，西班牙海岸原油泄漏增强了人们对海洋脆弱性的认识。	2011年，日本发生海啸，造成严重损害并导致福岛第一核电站核反应堆核泄漏。
1976年，意大利一家农药厂发生工业事件，排放二噁英（有毒化学物质）。	1986年，国际捕鲸委员会宣布禁止商业捕鲸。	1995年，第二次政府间气候变化专门委员会评估报告发布，提出人对全球变暖影响的警告。	2004年，欧洲发生有记录以来最大的热浪，凸显气候变化的威胁。	2013年，在南太平洋发现一个“垃圾区”，至少覆盖70万平方千米的海洋表面。
1979年，宾州三英里岛核电厂发生美国历史上最严重的核事故。	1987年，蒙特利尔议定书要求国际社会淘汰有关消耗臭氧层物质的生产和使用。	1997年，森林火灾造成有史以来最严重的破坏，印度尼西亚遭受重创。	2007年，第四次政府间气候变化专门委员会评估报告发布，提出全球变暖“很有可能”是人类活动导致的。	2013年，环保署开始管理火电厂的温室气体排放。
	1989年，埃克森·瓦尔迪兹（Exxon Valdez）号油轮油箱漏油，造成了美国历史上最大的泄漏事故。	1999年，世界人口数量达到60亿。	2008年，美国最高法院裁定，环保署必须监管CO_2。	2014年，第五次政府间气候变化专门委员会评估报告发布，提出有更多的证据证明人类活动导致气候变化。

图2.5 1970年至今的主要环境事件

复习题

1. 美国环境运动中首先关注的是森林保护还是污染?
2. 描述个人如何影响美国的环境历史或政策。
3. 解释功利环境保护主义者和生物中心环境保护主义者在对待环境政策方面的不同态度。

图2.6 2013年地球日。 玛利亚·马丁内兹的优秀学生和学校老师、职员等一起种下一棵树，作为2013年地球日活动的一个内容。

美国的环境立法

学习目标

- 解释为什么《国家环境政策法》是美国环境法律的基石。
- 解释《环境影响报告书》是怎样为环境提供强大保护的。

20世纪60年代末，很多美国民众对政府信息封闭越来越失望，很多人不相信企业会关心公共利益。这种广泛的社会变革，包括反对越南战争和抵制种族主义政策，也反映在对环境的态度上。在诸如1969年加州圣巴巴拉海岸石油泄漏等影响广泛的生态灾难和广大民众倾力支持的地球日运动的推动下，美国于1970年成立了环境保护署（Environmental Protection Agency, EPA），通过了《国家环境政策法》（National Environmental Policy Act, NEPA）。NEPA的一个重要条款要求联邦政府研究投资兴建高速公路或大坝等每一个行动对环境的影响。NEPA为编制详细的**《环境影响报告书》**（Environmental Impact Statements, EISs）提供了基础，任何给联邦政府的行动意见或立法建议都要附上EISs，这些EISs帮助联邦官员进行科学决策。每一个EISs必须包括以下内容：

1. 建议的性质及其必要性。
2. 该建议的环境影响，包括建议实施后带来的短期和长期以及任何有害的环境影响。（图2.7）
3. 减少有害影响的其他建议，提出减少项目影响的措施。

EISs程序中一个必需的步骤是征求公众意见，一般来说，公众会对项目及其环境影响提出非常广泛的意见。根据NEPA，成立了环境质量委员会（Council on Environmental Quality），主要职责是监督EISs的实施并直接向总统报告。这个委员会没有执法权力，一开始的时候，NEPA被认为是一个只行好事的法案，与其说是管理政策，不如说是美好意愿的表达。

在之后的几年里，环境保护主义者将一些人、公司和联邦政府部门起诉到法院，要求他们出具EISs并用其阻止相关项目。法院裁定，项目实施方必须提供完备的EISs文件，全面分析拟实施项目对土壤、水和生物的环境影响。法院还要求公众也必须能够查阅到EISs。这些裁决使得法律发挥重大作用，特别是关于公众审查的要求，给联邦政府部门重视EISs的意见施加了巨大的压力。

NEPA实现了美国环境保护的变革。除了监督联邦政府的高速公路建设、洪涝和土壤侵蚀控制、军事项目和其他公共工程外，联邦政府部门监管美国将近1/3的土地。联邦拥有的土地蕴藏着大量的化石燃料和矿产储备，包括数百万公顷的公共牧场、公共森林，这些都属于NEPA监督范围。与很多其他国家一样，现在美国很多州和地方政府在实施公共项目时（有时是私有项目）也要求EISs。

NEPA经历40年的实施和8届政府的实践后发生了很大的变化，但是其重视公众意见的基本精神保留了下来。尽管几乎所有人都认为NEPA有助于联邦政府减少其活动和项目的环境危害，但还是有不同的声音。环境保护主义者批评EISs有时内容不完全，只包括一些看起来有吸引力的备用方案，或者在决策时完全忽视EISs。其他批评者认为EISs延误了重要项目（“分析带来的瘫痪”），因为EISs涉及的内容太多，需要准备的时间太长，而且常常成为诉讼的靶子。

1970年以来的环境政策

尽管1970年以前就有很多管理环境问题的法律，但今天运行的法律体系在很大程度上都是20世纪70年代制定的。国会通过了很多涉及面很宽的环境法律，比如濒危物种、清洁水、清洁空气、能源保护、危险性废物、

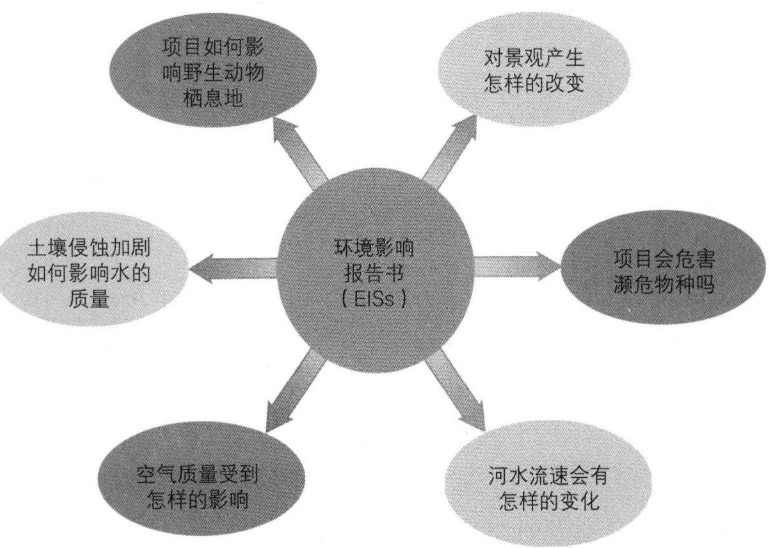

图2.7 **环境影响报告书**。这些详细的报告帮助联邦机构和公众思考建议实施的项目对环境的影响。如果预期的影响大，那么决策者会因为压力采取其他替代方案。

《环境影响报告书》：分析项目实施或替代项目对环境的潜在影响以及预期有害影响的综述性文件，法律特别规定公共和（或）私有项目都需要提供。

农药等（表2.1）。这些法律极大地加强了联邦政府对污染的管理，通过严厉、健全的法律体系改善环境质量。很多环境法律的条款允许个人将环境违法者告上法庭，而不管其是私有企业还是政府部门及其所属单位。这些个人的诉讼对于环境法律的执行起到了重要的作用。

20世纪80年代早期，里根总统试图改变重视环境的态势，任命重视经济发展的安·戈萨奇（Ann Gorsuch）担任环保署署长，并让环保署的很多高级职位空置。由于国会和公众的强烈反应，美国反而出台了更多的环境法律。戈萨奇被曾担任环保署第一任署长的威廉·拉克尔肖斯（William Ruckleshaus）替代，拉克尔肖斯在建立环保署权威和信任方面贡献很大，广受尊重，他实施了合理有序的环境管理措施，避免了环境管理或紧或松的“钟摆”现象。

表2.1 美国联邦政府的部分重要环保法律

一般性法律：
《信息自由法》（Freedom of Information Act of 1966）
《国家环境政策法》（National Environmental Policy Act of 1969）
《国家环境教育法》（National Environmental Education Act of 1990）

能源和可再生能源保护：
《能源政策与保护法》（Energy Policy and Conservation Act of 1975）
《西北电力法》（Northwest Power Act of 1980）
《国家家电节能法》（National Appliance Energy Conservation Act of 1987）
《能源政策法》（Energy Policy Act of 1992）
《美国复苏和再投资法》（American Recovery and Reinvestment Act of 2008）

野生生物保护：
《鱼类和野生动物法》（Fish and Wildlife Act of 1956）
《溯河产卵鱼保护法》（Anadromous Fish Conservation Act of 1965）
《海狗法》（Fur Seal Act of 1966）
《国家野生动物救助系统法》（National Wildlife Refuge System Act of 1966）
《物种保护法》（Species Conservation Act of 1966）
《海洋哺乳动物保护法》（Marine Mammal Protection Act of 1972）
《海洋保护、研究与禁渔区法》（Marine Protection, Research, and Sanctuaries Act of 1972）
《濒危物种法》（Endangered Species Act of 1973）
《联邦有害杂草法》（Federal Noxious Weed Act of 1974）
《马格努森渔业保护和管理法》（Magnuson Fishery Conservation and Management Act of 1976）
《鲸鱼养护和保护研究法》（Whale Conservation and Protection Act of 1976）
《鱼类和野生动物改进法》（Fish and Wildlife Improvement Act of 1978）
《鱼类和野生动物保护法》（Fish and Wildlife Conservation Act of 1980）
《海狗法修正案》（Fur Seal Act Amendments of 1983）
《野生鸟类保护法》（Wild Bird Conservation Act of 1992）
《国家入侵物种法》（National Invasive Species Act of 1996）

土地保护：
《一般修正法》（General Revision Act of 1891）
《泰勒牧场法》（Taylor Grazing Act of 1934）
《土壤保护法》（Soil Conservation Act of 1935）
《多重利用持续生产法》（Multiple Use Sustained Yield Act of 1960）
《荒野法》（Wilderness Act of 1964）
《土地和水保护基金法》（Land and Water Conservation Fund Act of 1965）
《野生与风景河流法》（Wild and Scenic Rivers Act of 1968）
《国家步道系统法》（National Trails System Act of 1968）
《海岸带管理法》（Coastal Zone Management Act of 1972）
《国家保护区管理法》（National Reserves Management Act of 1974）
《森林与牧场可再生资源法》（Forest and Rangeland Renewable Resources Act of 1974）
《联邦土地政策与管理法》（Federal Land Policy and Management Act of 1976）
《国家森林管理法》（National Forest Management Act of 1976）
《土壤和水资源保护法》（Soil and Water Resources Conservation Act of 1977）
《露天采矿控制与复垦法》（Surface Mining Control and Reclamation Act of 1977）
《公共牧场改善法》（Public Rangelands Improvement Act of 1978）
《南极保护法》（Antarctic Conservation Act of 1978）
《濒危美国荒野法》（Endangered American Wilderness Act of 1978）
《阿拉斯加国家土地资源保护法》（Alaska National Interest Lands Act of 1980）
《海岸沙坝资源法》（Coastal Barrier Resources Act of 1982）
《紧急湿地资源法》（Emergency Wetlands Resources Act of 1986）
《北美湿地保护法》（North American Wetlands Conservation Act of 1989）
《加利福尼亚沙漠保护法》（California Desert Protection Act of 1994）
《食品、保护和能源法》（Food, Conservation, and Energy Act of 2008）（最新版本的《农场法》，20世纪30年代以来每5年左右修订一次并更名）

空气质量和噪音控制：
《噪音控制法》（Noise Control Act of 1965）
《清洁空气法》（Clean Air Act of 1970）
《安静社区法》（Quiet Communities Act of 1978）
《石棉危害及应急反应法》（Asbestos Hazard and Emergency Response Act of 1986）
《清洁空气法修正案》（Clean Air Act Amendments of 1990）

水治理和管理：
《废弃物法》（Refuse Act of 1899）
《水资源研究法》（Water Resources Research Act of 1964）
《水资源规划法》（Water Resources Planning Act of 1965）
《清洁水法》（Clean Water Act of 1972）
《海洋倾废法》（Ocean Dumping Act of 1972）
《安全饮用水法》（Safe Drinking Water Act of 1974）
《国家海洋污染规划法》（National Ocean Pollution Planning Act of 1978）
《水资源开发法》（Water Resources Development Act of 1986）National
《大湖有毒物质控制协议》（Great Lakes Toxic Substance Control Agreement of 1986）
《水质量法》（Water Quality Act of 1978）（《清洁水法》修正案）（Amendment of Clean Water Act）
《海洋倾废禁止法》（Ocean Dumping Ban Act of 1988）
《海洋法》（Oceans Act of 2000）

农药控制：
《食品、药品与化妆品法》（Food, Drug, and Cosmetics Act of 1938）
《联邦杀虫剂、杀真菌剂、灭鼠剂法》（Federal Insecticide, Fungicide, and Rodenticide Act of 1947）
《食品质量保护法》（Food Quality Protection Act of 1996）

固体和危险废物管理：
《固体废物处理法》（Solid Waste Disposal Act of 1965）
《资源恢复法》（Resource Recovery Act of 1970）
《危险物质运输法》（Hazardous Materials Transportation Act of 1975）
《有毒物质控制法》（Toxic Substances Control Act of 1976）
《资源保护与恢复法》（Resource Conservation and Recovery Act of 1976）
《低辐射性废料政策法》（Low-Level Radioactive Policy Act of 1980）
《综合环境响应、补偿和责任（超级基金）法》（Comprehensive Environmental Response, Compensation, and Liability [“Superfund”] Act of 1980）
《核废料政策法》（Nuclear Waste Policy Act of 1982）
《危险和固体废物修正案》（Hazardous and Solid Waste Amendments Act of 1984）
《超级基金修正与再授权法》（Superfund Amendments and Reauthorization Act of 1986）
《医疗废物跟踪法》（Medical Waste Tracking Act of 1988）
《海洋塑料污染控制法》（Marine Plastic Pollution Control Act of 1987）
《石油污染法》（Oil Pollution Act of 1990）
《污染防治法》（Pollution Prevention Act of 1990）
《州或地方固体废物计划》（State or Regional Solid Waste Plans [RCRA Subtitle D] of 1991）

1980年以来，美国新的重大环境立法速度慢了下来，但是通过政府行政规章和司法程序，美国依然制定了新的环境政策。1994年，克林顿总统签署行政令，要求在所有管理行动中考虑环境公正。克林顿和小布什政府时期环境政策的特点是在环境管理规定中更多地进行盈亏分析。

与减少人类活动对环境的影响相比，小布什政府更为重视开发利用环境资源。从2000年到2008年，美国没有颁布新的重大环境法律，一些土地使用的规定，比如保护斑林鸮栖息地的规定，在执行中大为宽松。而且，在有些情况下还禁止州政府颁布、实施比联邦政府更为严格的环境规定，加利福尼亚州和其他13个州由于尝试实行新的汽车和轻型卡车油耗标准而备受关注。奥巴马政府执政后首先采取的措施之一就是改变这一禁止规定。

小布什执政时期，有一个著名的司法案例。马萨诸塞州提起诉讼，要求EPA根据《清洁空气法》（Clean Air Act, CAA）开展温室气体执法管理。EPA答复了两条：1. CAA不是管理气候变化的法律；2. 气候变化是全球性问题，提出地方性甚至全国性解决方案根本不起作用，因此依据CAA管理气候变化不妥。不过，最高法院却不这么认为，裁定温室气体是排放到空气中的污染物，会对公众的健康或幸福带来危害，同时认定EPA关于不应该管理温室气体的说辞与CAA的规定不相符，因为EPA承认温室气体促进了气候变化。

EPA通常是根据环境法律的条款制定具体的管理规定。管理规定实施前要经过几轮公开征求意见，请有关方面陈述观点，EPA要对所有这些意见进行反馈。接下来，白宫管理与预算办公室（Office of Management and Budget）要审核新的管理规定。EPA提出的一些管理规定必须进行盈亏分析，而其他的（包括根据《清洁空气法》制定的管理规定）则不需要考虑对经济的影响。环境管理规定的执行与实施往往由州政府负责，只是州政府必须向EPA提交如何达到管理目标和标准的详细计划。目前，EPA负责监管影响着个人、企业、社区和州的数千页的环境管理规定。

环境法律并不总是能达到预期的目的。1977年颁布的《清洁空气法》要求火电厂在烟囱上安装昂贵的净化器，以清除排放中的二氧化硫，但是有个例外条款，就是高烟囱不用安装（图2.8）。这一法律漏洞导致了高烟囱的普及，使整个东北地区产生了酸雨。第十九章介绍的1990年《清洁空气法修正案》用了很长时间才解决了这一缺陷。另外，很多环境规定并没有有效地执行。根据图兰法学院奥利弗·霍克（Oliver Houck）研究，《清洁空气法》等环境法律的执行率大约为50%。

尽管存在不足，美国环境立法从总体上产生了良好的效果。1970年以来：

1. 建立了23个国家公园，国家荒野保存系统保护的土地现在达到4300多万公顷（1.07亿英亩）。
2. 数百万公顷土壤侵蚀的土地已经实现退耕，使土壤侵蚀减少60%以上。
3. 很多以前的濒危物种的状况比1970年大有改善，美国短吻鳄、加州灰鲸、秃鹰、褐色鹈鹕等物种恢复良好，可以从濒危物种名单中去除。（然而，其他数十个物种，比如海牛、象牙喙啄木鸟、北极熊、肯氏龟等1970年以来数量下降或灭绝。）
4. 建筑物、汽车和消费产品的节能与保护技术大大改进。

尽管还有很长的路要走，但是控制污染的措施还是特别成功的。根据EPA最新的《环境报告》（2008年）：

1. 6种主要空气污染物的排放及其在大气中的浓度1970年以来至少下降了25%，其中铅的下降幅度更大。（二氧化碳排放继续升高。）
2. 1990年以来，酸雨的主要成分湿硫酸盐的水平下降了大约33%。

图2.8 高烟囱。火电厂这种排放二氧化硫的高烟囱不受1977年《清洁空气法》条款的限制。

3. 2008年，美国92%的人口从社区供水系统中获得饮用水，并符合EPA的标准，而在1993年，这一比例大约为75%。
4. 2014年，45%的城市固体废物被燃烧发电或被制成堆肥或循环利用，而在20世纪60年代，这一比例只有6%。虽然城市固体废物总量大大增加，但是填埋的数量一直大致保持在1980年的水平。
5. 2007年，根据EPA的报告，93%的危险废物处理场地实现了对人的污染的控制，而在2000年，这一比例为37%。

然而，不是所有的环境变化都是正面的。在一些大城市，比如休斯敦和拉斯维加斯，空气质量从大约2000年后开始下降。尽管技术进步减少了工业和产品的环境污染，但是人口的增长超过了技术进步的步伐（参考第一章的*IPAT*模型）。而且，尽管对气候变化的关注程度提高，但是美国和国际社会并没有制定有效的政策。未来的环境改进还需要更为完善的战略措施，既包括技术上的，也包括行动上的。

复习题

1. 哪部法律是美国环境法律体系的基石？为什么？
2. 通过实行环境管理规定，美国环境有了怎样的改善？

经济和环境

学习目标

- 解释经济学家为什么倾向于用经济方法解决环境问题。
- 描述命令与控制管理规定、基于激励措施的管理规定和成本效益分析。
- 给出两个国民收入账户不能完全反映国家经济活动的原因。

经济学（economics）研究人们如何运用有限的资源满足无限的需求。经济学家将关于个人和组织行为的假设与包括发展假设、测试模型、分析观察和数据在内的分析工具结合起来，他们试图了解个人、企业和政府分配其资源方式所带来的影响。

研究环境问题的经济学家必须持系统的观点。比如，诺贝尔奖获得者经济学家阿马蒂亚·森（Amartya Sen）研究环境、贫困、民族主义、性别、政府结构等相互关联的课题（图2.9）。这种研究需要重视环境、社会、健康和幸福之间复杂的相互作用。

经济学，特别是应用于公共政策的经济学，秉持几个理念。第一，经济学是实用的，这就意味着所有的商品和服务，包括环境提供的一切，对人都是有价值的，而这些价值都可以转换成一些通用的货币。因此，在美国这样的市场经济国家，商品和服务具有美元价值，其价值决定于愿意为此付钱的人所给出的价格。

这就引出了第二个理念，**理性决策者模型**（rational actor model）。经济学家对所有的个人有两个推断。一是每个人对商品和服务有不同的喜好，经济学家称之为**效用**（utility）；二是每个人都能够而且会以某种方式花费有限的资源（金钱和时间）以换取最大的效用。

第三，在理想的经济活动中，资源得到有效的分配。经济学家用“效率”这个词描述不同的个人从有限的资源中获得最大的商品和服务。比如，如果A商业计划是用一定数量的物力和人力生产9辆汽车，而B商业计划是使用同样的资源能够生产10辆同样的汽车，那么，B商业计划就是更有效的，从而获得成功。对经济学家来说，如果几个环节中的一个出现市场失灵，那么就会出现环境问题，如有外部性和无效率。

如果商品和服务的生产者不需要支付所有的生产成本，那么就发生了**外部性**（externality）。比如，铁匠铺的隔壁是洗衣店，如果铁匠铺的炉灰落到洗衣店，那么洗衣店的老板就需要清洗，而且将这些费用转嫁到顾客那里。在这一点上，铁匠铺对洗衣店及其顾客带来了负外部性，因为洗衣店及其顾客支付了铁匠铺运行的部分费用。

一个简单的解决方案，也是一些经济学家所主张的，就是厘清权利和责任。如果铁匠无权排放烟灰，那

图2.9 **诺贝尔奖获得者阿马蒂亚·森。**经济学家阿马蒂亚·森的工作包括批评对环境的经济评价的传统推测，提出重视环境、社会、健康和幸福的复杂而系统的本质。

理性决策者模型：在经济学里，推定所有个人以实现个人效用最大化的方式消费其有限的资源。

效用：经济学术语，指的是个人从一些商品或服务中获得的利益。理性行为者努力使效用最大化。

外部性：在经济学里，一个公司不需要支付与产品生产相关的所有费用所带来的影响（通常是负影响）。

么洗衣店就可以要求对额外的支出进行赔偿。那么，铁匠就会有几个选择，比如，关闭铁匠铺、找到控制烟尘的办法或者向洗衣店支付另外的费用。最有效的解决方案是每一方花的钱都最少。如果铁匠铺关张每年损失1万美元，安装烟尘控制设备每年花费200美元，支付洗衣店费用每年500美元，那么铁匠应该选择安装烟尘控制设备。即便是铁匠铺有权排放烟尘，这个方案也是最好的，因为洗衣店老板会愿意支付铁匠200美元烟尘控制设备费，而不愿花费500美元刷洗洗衣店。

遗憾的是，大多数的环境外部性不像洗衣店/铁匠铺这个例子那么简单。通常情况下，污染者很多，受影响的人也很多。一个小城可能有5000辆汽车，每一辆都产生不同的污染，影响着1万名居民。污染造成的伤害可能和污染排放的时间有关，也可能和污染排放的地点有关。即便我们能够评估这些伤害，但是让每一个司机赔偿受汽车排放影响的每一个人是不可能的。就气候变化来说，问题甚至更加极端，有数十亿的人既排放温室气体，又同时受温室气体的影响。

就多个污染者的情况来说，也有一些经济性的解决方案，这些方案都基于有效或者最优污染量（optional amount of pollution）理论。在这个最优平衡点上，社会减少污染的支出正好与污染给社会带来的好处相等。为了寻找这个最优平衡点，我们提出污染边际支出（marginal cost of pollution）的概念，指的是小部分另外污染所造成的支出。确定污染边际成本需要评估污染给健康、财产、农业和审美造成的伤害。污染也会减少生态系统服务（见表5.1），生态系统服务（ecosystem services）指的是人获得的生态利益，包括自然系统提供的清洁水和新鲜空气。确定污染边际成本一般来说不是个容易的过程。

同样的，污染减少边际成本（marginal cost of abatement）指的是减少（减缓）小部分另外的污染所需要的支出。纸浆厂没有处理的废水包含各种各样的化学物质和悬浮的木纤维。过滤木纤维的费用低，只要求机械筛滤。然而，去除无机化学物质的费用可能会很高（见第二十一章）。与去除少量化学物质带来的社会好处相比，过滤悬浮木纤维的社会好处相对较高。如果我们坚持纸浆厂只能排放绝对纯净的水，那么纸的价格就会变得非常高。

图2.10 显示了污染边际成本和减少污染边际成本如何形成污染最优量。下降的曲线代表减少污染边际成本，上升的曲线代表污染边际成本。当污染量高的时候，减少污染的费用就相对较低。同样，当污染量低的时候，减少污染的费用就高，在这种情况下，污染治理的社会效益就低。污染边际成本和减少污染边际成本相等的时候（两条曲线交叉的点），污染就处于最优水平，在这种情况下，经济系统就是有效的，也就是说，增加或减少污染，社会都会承担更多牺牲。如果纸浆厂在最优水平运行，那么其在污染控制设备上多花1美元，带给社会的好处就会减少1美元。

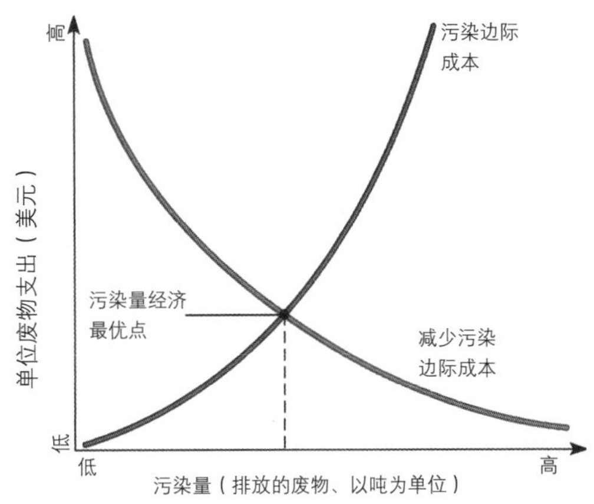

图2.10　经济优化和污染。本图体现了有效市场下污染的经济最优水平。上升的曲线代表的是不同水平下的污染造成的损害成本。随着污染的增加，社会成本（指人类健康和被损害的环境）迅速增加。下降的曲线代表的是将污染减少到较低、危害较小水平的成本。这两条曲线交叉的地方是经济最优点，这个点不论朝哪个方向移动（更多或更少污染）都会导致总体社会好处的降低。

在不受管理的经济系统中是很难发现经济最优点的。在不受管理的市场，污染的人或企业一定是只支付一小部分污染成本。因此，污染者（私有支出）面临的污染边际成本要比整个社会面临的污染边际成本低得多。这可从图2.11看出，该图包括两个污染边际成本曲线，左边的那条上升曲线是社会污染边际成本，包括污染者面对的那一部分。右边的上升曲线是私有污染边际支出，是由污染者支付的那一部分污染边际成本。在没有管理的情况下，污染的数量将取决于私有污染边际支出与减少污染边际支出相等的那个点。从社会的角度看，在这个交叉点上造成的污染要比最优点多。

污染控制的战略

为解决环境外部性问题，经济学家倾向于基于市场的解决方案。历史上看，很多环境规定都是命令与控制（command and control）性的解决方案。这意味着EPA或其他政府部门要求企业安装某个特别的设备，限制向水、空气或土壤中排放污染物。由于这一管理规定，企业常常反对说，这不利于开发低成本的替代方案，从而用更少的钱达到同等控制污染的水平。

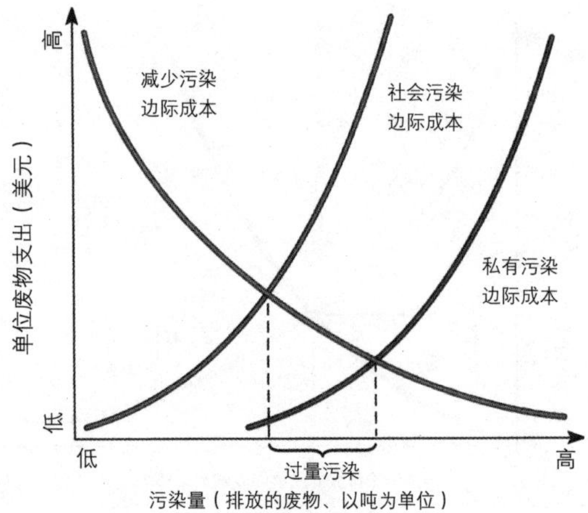

图2.11 不同边际成本导致的无效率。本图显示了社会面临的污染边际成本（左边的上升曲线）、污染者面临的污染边际成本（右边的上升曲线）以及减少污染边际成本（下降曲线）。达到私有污染边际成本和减少污染边际成本的交叉点，污染者就会产生污染。从社会角度看，在这个交叉点上，造成的污染要比最优点多。

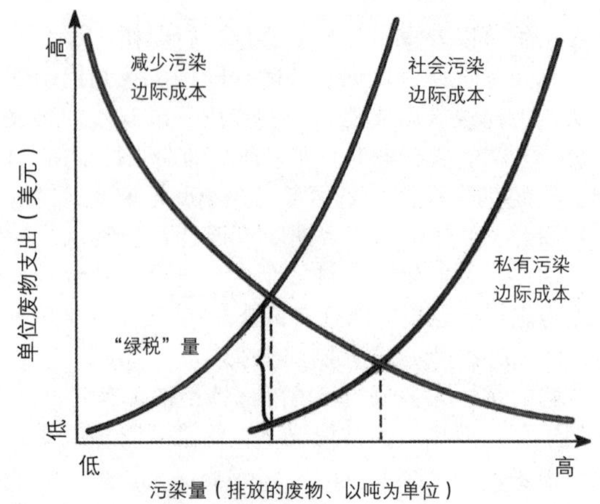

图2.12 "绿税"的纠正效应。本图显示了社会面临的污染边际成本（左边的上升曲线）、污染者面临的污染边际成本（右边的上升曲线）以及减少污染边际成本（下降曲线）。污染者会被课税，额度是私有污染边际成本和社会污染边际成本的差。结果是，整个私有边际成本的曲线是上升的。如果该税设计得好，污染者所面对的边际成本将等同于社会的污染边际成本。

命令与控制管理规定可能造成污染水平或高于或低于经济最优水平，由于这个原因，经济学家不怎么支持这一办法。因此，多数经济学家，不管他们是持激进的还是保守的观点，都倾向于实行基于激励措施的管理规定（incentive-based regulations）。有两种基于激励措施的管理规定已经取得一定程度的政策成功：环境税和交易许可证。成本效益分析（cost-effectiveness analysis）是比较不同环境管理规定的、基于盈亏分析的措施。

管理污染的一个通行的激励措施，特别是在欧洲，是向污染者征收排放费（emission charge）。其实，这个费就是一种污染税。经济学家建议用这种"绿税"对市场中的扭曲进行修正，因为市场价格并没有包括开车、伐树或污染溪流的外部成本。这种税的目的是迫使污染者支付全部的污染成本。如果税率制定得准确，那么私有污染边际成本与社会污染边际成本是相等的。图2.12反映了这一点。

考虑到产品和活动对环境的破坏因素，很多欧洲国家调整税率。德国提高了汽油、民用燃料油和天然气的税率，同时降低了收入税。这样造成的一个结果是拼车的增加。不过，也有人担心，有些国家不实行类似的能源税，那么德国的能源密集型产业是否会保持竞争力？荷兰对天然气、电、燃油和民用燃料油征税，鼓励提高能源效率，同时降低收入税以抵消增加的个人税负，由此带来的结果是电和燃料的使用减少了。芬兰实施了二氧化碳税。瑞典对碳和硫征税，同时降低收入税。这些税费增加了污染或过度使用资源的成本。由于通过返还或减少其他税费冲抵了新增税负，因此这些绿税通常是收入中立的。

如果税率确定在准确的水平，那么消费者会对为减少污染或消费征收的排放费用所造成的成本增加做出反应。然而，明确税率的经济最优水平会很困难，对污染的征税几乎总是设定得比较低，以致达不到规范个人或公司行为的目的。征收这类税很困难，特别是在美国，因为人们反对为他们认为"免费"的东西交税，他们甚至怀疑这种税的收入中立性。

环境税的设计是为了明确和解决社会污染边际成本，交易许可证（tradable permits）则是要明确和解决污染的最优点问题。政府确定一个污染控制总量，然后发放一批交易许可证（有时称作市场化废物排放许可证），允许持有者排放一定数量的特定污染物，比如二氧化硫。许可证拥有者可以决定自己排放污染物还是卖掉许可证。一旦建立了交易许可证市场，那些容易减排的企业就会加入，将其许可证卖给那些达不到减排要求的企业。

交易许可证还可用来慢慢地减少排放。1990年《清洁空气法修正案》包括一个通过向火电厂发放交易许可证减少导致酸雨的二氧化硫的计划。允许污染的量随着每次的交易而下降。这种方法很有效。二氧化硫的减排提前实现，成本只有最初计划预算的大约50%。

成本效益分析是一个越来越普遍的管理工具。成本效益分析不是设定最优污染水平，而是提出这样的问题，"如果我们实行这样的管理，那么获得这样的结果需要多少成本？"在这里，结果是指挽救的生命或所挽救生命生存的时间。因此，挽救一个生命花费5000美元的管理行动就比花费1万美元的行动更受青睐。这种方法可以用来比较多种解决方案，比如禁用农药、要求汽车安装催化式排气净化器等。

对环境经济学的批评

以经济手段进行环境管理所招致的批评有两类。第一，很难评估污染造成的环境损害以及减少污染的真正成本。污染对人和自然的影响是极不确定的。我们常常不知道农药在消灭害虫方面的有效性，也不知道某种农药是否危害人类。如果我们不了解生态系统服务的经济价值，那么这些服务就可能会被低估。给生活质量或对自然美造成的损害确定一个价值标签会引起聚讼不休（图2.13）。在后面的几章你会看到，环境内部的关系网是复杂微妙的，环境系统可能比表面看起来更容易受到污染的危害。如果最优污染点是高度不可确定的，那么，发放的许可证要么太多，要么太少，确定的绿税要么太高，要么太低。

第二，我们并不是都同意经济是解决环境问题的适当决策工具。经济学可能没有考虑难以预料的环境灾难的风险，也没有考虑随着时间推移而出现的动态变化。实用经济学不考虑公平，因此即便是社会整体上富裕了，有些人还是可能会穷困潦倒。很多人不信任用经济方法管理环境，因为这些方法与工业集团有着紧密的联系。经济学家根据人们所能做的事情或支付的费用而设定价格。这就意味着一条未被破坏的原始状态下的溪流的存在，不会对经济评估产生多少影响。另外，经济学认为，如果挽救一个物种经济上不划算，我们就不应该去做。这种理念与很多宗教信仰和伦理道德都存在冲突。

图2.13　西班牙科鲁尼亚的农业、林业和优美的风景。环境的价值取决于一个复杂、相互关联的系统中的很多因素。这些因素包括审美、休闲、农业、房地产和生态系统服务。准确地评估图中环境的金钱价值可能很难或者根本不可能。

经济资源、环境与国民收入账户

我们很多经济财富来自大自然，而不是人造的资产，因此，我们应该把自然资源和环境的使用及滥用包括在国民收入账户之内。国民收入账户（national income account）代表着一个国家特定年份的全部收入，使用的两个测量方法是国内生产总值（GDP）和国内生产净值（NDP）。GDP和NDP都对国家的经济状况进行测算并用于制定重要的政策。

遗憾的是，现有国民收入账户的做法是错误的、不完全的，因为没有考虑环境的因素。至少有两个重要的概念问题影响了国民收入账户目前处理自然资源和环境经济使用的方式。这些问题包括污染控制的成本和效益，以及自然资本耗尽。自然资本指的是维持生命有机体的地球资源和过程（图2.14）。

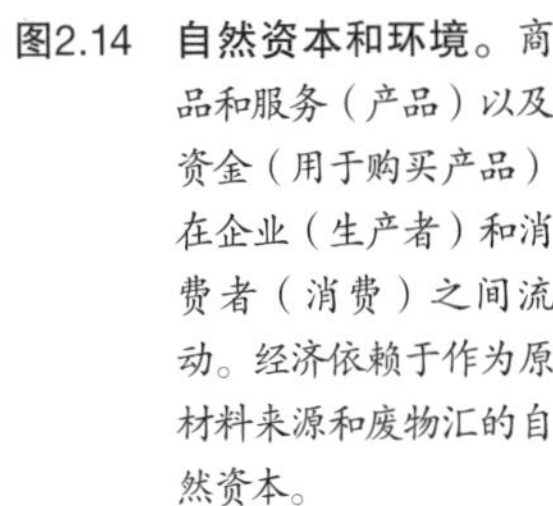

图2.14　自然资本和环境。商品和服务（产品）以及资金（用于购买产品）在企业（生产者）和消费者（消费）之间流动。经济依赖于作为原材料来源和废物汇的自然资本。

自然资源耗尽　如果一个公司生产产品（产出）并在生产过程中消耗一定数量的原料和设备，那么，这个公司的产出就被计算为GDP的一部分，但是在计算NDP时会减去资本的折旧贬值。因此，NDP是减去所使用资本后的经济生产净值。相比之下，石油公司从地下开采出石油后，石油的价值被计算为国家GDP的一部分，而NDP中并没有减去所消耗的不可再生资源。

国家层面控制污染的成本和效益　假定一个公司有以下选择：一个是，它产生1亿美元的产值，并在生产中排放垃圾，污染当地的河流。另一个是，它对垃圾进行妥善处理以避免污染，但只能得到9000万美元的产值。在现有的国民收入账户规则下，如果公司选择污染，那么它对GDP的贡献要大（1亿美元而不是9000万美元）。国民收入账户对一条清澈的河流不赋予明确的价值。在一个理想的账户体系中，环境恶化的经济成本（自然资本的损失）应该从计算公司对GDP的贡献中减掉，同时，公司改善环境的活动所产生的世界经济价值应该被加进GDP，因为这些活动提供了实在的经济利益。

讨论国民收入账户关于资源耗尽与污染的表现可能使这些重要的问题显得琐碎平白。但是，由于GDP和相关的统计数据被用来进行政策分析，抽象的数据测算问题可能会产生重大的影响。经济发展专家对一些贫困国家拼命增加GDP、过度开发自然资本和损坏环境的做法深表忧虑。如果“隐藏”的资源和开发成本被明确地计入经济增长的官方测算数据，那么，危害环境的政策可能会有所改变。

同样，在工业化国家，关于环境的政治争论有时会强调污染防治措施对GDP的影响，而不是对整个经济健康发展的影响。更多地考虑环境质量可能会将这些争论聚焦到更为相关的问题，比如对任何一个环境建议来说，其效益（经济的和非经济的）是否会超过成本？应对的方法是用更为综合的国民收入计算方式来替代GDP和NDP，将自然资源消耗与经济活动的环境成本都纳入到计算之中。

与GDP一同使用的一个工具是环境绩效指数（EPI），评估一个国家对环境和资源管理的承诺。在2010年的EPI中，美国在参与评估的163个国家中位列第61，远低于大多数欧洲国家的位次。多数非洲国家位于下半区。表2.2体现了部分国家2010年EPI的位次。

我们考察了政府和经济学在应对环境问题上的作用，特别分析了美国的情况。现在，让我们考察中欧、东欧的环境破坏情况，这个环境问题与政府和经济政策都有着紧密的联系。

表2.2　部分国家环境绩效指数得分和排名

国家	2010 EPI得分	2010EPI排名*
新西兰	73.4	15
瑞典	86.0	4
芬兰	74.7	12
英国	74.2	14
加拿大	66.4	46
日本	72.5	20
冰岛	93.5	1
哥斯达黎加	86.4	3
美国	63.5	61
墨西哥	67.3	43
中国	49.0	121
塞拉利昂	32.1	163
印度	48.3	123
尼日尔	37.6	158

在北美国家中，加拿大排名最高。排名最低的国家在撒哈拉沙漠以南的非洲地区。

*163个国家

来源：www.yale.edu/epi

案例聚焦

中欧、东欧的环境问题

苏联和中欧、东欧国家20世纪80年代末解体后留下了环境严重破坏的遗产（图2.15）。解体前的几十年里，自然资本的价值一直被忽视。不经处理的污水和化学物质严重毒害了水，甚至连工业使用的标准都达不到，更

图2.15　苏联和中欧、东欧国家的污染问题。位于萨克森（Saxony）州埃斯彭海因（Espenhain）附近的这段河流漂浮着一层化学废物。背景中的火电厂是污染土壤、地表水和地下水的诸多来源之一。苏联和中欧、东欧国家有着数千个这样的地方，这是不顾环境而快速工业化的结果。本图摄于20世纪90年代末。

别说是饮用了。不明化学物质从垃圾堆渗透出来，进入周围的土壤和水，而在附近，化学物质侵蚀的土地中就种着水果和蔬菜。电厂向空气中排放烟尘和二氧化硫，持续不断地产生着化学尘雾。由于空气污染和酸雨，大楼和雕塑受到腐蚀，树林全部死亡。尽管大量使用农药和化肥，粮食产量依然下降。世界上污染最严重的地区之一就是“黑三角”，包括前东德、捷克共和国北部以及波兰西南部的交界地区。

很多中欧、东欧国家的人患有哮喘、肺气肿、慢性支气管炎和其他由于呼吸污秽、刺鼻的空气而导致的呼吸性疾病。多数波兰儿童10岁的时候就会患慢性呼吸疾病或心脏病。癌症、流产和婴儿出生缺陷的发病率很高。东欧国家人们的平均寿命仍然大大低于其他工业化国家，2011年是71岁，比西欧国家人们的平均寿命小10岁。

在中欧、东欧国家，经济发展的假设是高产量和经济自足，而不顾及对环境和自然资源的危害，因此这些国家的污染在很大程度上都听之任之。满足工业生产指标总是优先于环境保护，即便是这种生产不带来利润。由于清洁空气、水和土壤都没有被赋予经济价值，因此，污染是行得通的。政府不惜以牺牲对环境更加友好的服务业为代价，支持火电、化工、冶金和大型机械等重工业发展。其结果是，中欧、东欧国家出现了过度工业化，建立了大量的缺乏污染治理设备的老旧工厂。

中欧、东欧国家不鼓励可以减少污染的自然保护。企业和个人都没有节约能源的积极性，因为能源补贴和缺乏竞争使得发电厂能够提供远低于实际成本的电能。

直到最近，随着向市场经济的转型，中欧、东欧国家的政府面临着改善环境的巨大压力。尽管转型中的政府没有把环境作为第一优先重点，但是有几个国家已经借鉴美国和西欧过去几十年的经验制定了环境政策。然而，专家预测，清除遗留的污染问题还需要几十年的时间。要花费多少钱？数字会很惊人。比如，根据联合国的一个测算，改善前东德环境的花费将达到3000亿美元，这代表着20世纪60年代、70年代和80年代所付出的自然资本的成本。今天，东欧国家正在为他们父辈对环境的忽视而付出代价。

前苏联阵营中几个国家的环境正在慢慢改善。有些国家，比如匈牙利、波兰和捷克共和国，在向市场经济转型方面比较成功，在环境治理方面投入了充足的经费。拉脱维亚、立陶宛和斯洛伐克在2010年EPI评估排行榜上名次排在美国前面。在其他国家，比如罗马尼亚、保加利亚，市场经济的转型一直不顺利，经济复苏缓慢。由于财政困难，环境问题不得不排在政治和经济改革的后面。

校园环境信息

绿色高等教育

美国很多高等院校的学生不仅在教室里能够接受环境教育，还开始发现校园里存在的环境问题，然后制定和实施解决方案。这些做法取得了巨大的成功，要求把校园看作是一个系统，需要教职员工和学生的合作。现实校园中的环境状况变成了教育的机会。知名的案例如下：

- 2010年比赛日挑战（Game Day Challenge）。77所高等院校参加，在本校足球比赛主场期间，分拣处理2500吨垃圾，避免送到垃圾填埋场处理。
- 位于拉斯维加斯的内华达大学雷贝尔循环项目（Rebel Recycling Program）。接收校外材料并在宿舍腾空期间收集可再利用材料。这个项目来自一个环境专业学生的毕业论文，该学生依然在从事这个项目。
- 数百个校园参与美国高等院校校长气候承诺活动。
- 受缅因州鲍登学院师生联合开展“微尺度”试验的影响，在全美国化学实验室中开展减少危险废物活动。

总体来说，学生的环境保护工作包括全国校园80%的循环利用项目，通过23个校园的环境保护项目每年节省将近1700万美元，这些环境保护项目涉及交通、能源和水保护、再利用和再循环、堆肥等。校园生态项目协会等组织与国家野生动物联合会、塞拉学生联盟、校园气候挑战协会、美国高等教育可持续发展协会等密切联系，反映了美国高校教育中环境教育水平的提高。

（见www.aashe.org）

复习题

1. 在经济学家看来，什么是“有效”管理？
2. 命令与控制管理规定什么时候比基于经济学的政策更有效或更无效？
3. EPI测算哪些GNP不测算的数据？

环境公平

学习目标

- 解释环境公平以及为什么气候变化是一个环境公平问题。

几十年来，越来越多的人认识到，农村和城市地区的低收入和少数族裔居住区面临着更加严峻的环境威胁，比如污染、危险废物设施比拥有的公园、绿树和清洁空气等环境便利和设施少得多。同时，那些社区的人在规划中，包括进行工业选址、卫生垃圾填埋以及主要交通线路选择的决策中，没有发言权。从20世纪70年代末开始，克拉克·亚特兰大大学的环境社会学教授罗伯特·布拉德（Robert Bullard）分析论证了休斯敦的不公平模式。比如，布拉德发现休斯敦的8个废物焚化炉有6个建在黑人居住区较为低廉的土地上。

另外，低收入社区的人通常是缺乏影响健康的其他要素，比如高质量的医疗保健、新鲜的食物和受教育的机会。很多少数族裔地区哮喘发病率高，这就提供了暴露于环境污染物所导致或加剧健康问题的例子。很少有研究考察环境污染物与其他社会经济因素是怎样通过相互作用导致健康问题的，已有的研究往往也没有得出暴露于环境污染物会导致贫穷和少数族裔居住区健康问题的结论。

1997年，一项对旧金山湾景猎人角（Bayview-Hunters Point）地区居民的健康研究发现，那里慢性病的住院率比加州的平均住院率高将近4倍。湾景猎人角受到严重污染，那里有700个危险废物处理厂，325个地下储油罐和2个超级基金基地（综合环境响应、补偿和责任法实施基地）。目前，没有科学证据证明被污染的环境应该对贫困和少数族裔地区的健康问题负有何种程度的责任。已取得的进展是，苍鹭头公园合作伙伴的生态中心从EPA获得2010年环境公平成就奖，为湾景猎人角的居民建设了一个环境公平教育中心（图2.16）。

环境公平和伦理问题

诸如在哪里选址建设危险废物填埋场等环境决策有着重要的伦理维度。最基本的伦理困境是贫困、没有选举权的穷人的权利PK富裕、有势力的富人的权利。在这些决策中，哪些人的权利应该优先考虑？**环境公平**（environmental justice）的挑战是发现并采取尊重所有人、包括未出生人口的公正解决方案。从伦理的角度看，环境公平是一项基本的人权。尽管我们过去可能没有完全摈除环境的不公正性，今天我们有道义上的责任来避免环境不公正，以便污染的负面效应不会有差别地影响社会的任何一部分。

基于对这种顾虑的响应，社会基层开展了越来越多的环境公平运动，成为推动变革的强大力量。环境公平运动的推动者呼吁特别重视清除位于低收入居民区的危险废物处理厂，既包括城市里的，也包括农村地区的。很多环境公平组织根据他们所在社会阶层的内在“公平正义”提出他们的要求，其他的组织希望科学发挥作用，还有人提出加大对环境污染物造成的人类疾病的研究。

环境公平：不论年龄、种族、性别、社会阶层或其他因素，每个人享有的环境保护、不受环境危害的权利。

图2.16　湾景猎人角。这个建筑项目是旧区改造最后部分中的一个。

联邦层面的环境公平

1994年，克林顿总统签署行政令，要求所有联邦政府部门在确定危险废物处理设施建设地址时不能歧视贫困和少数族裔社区。作为对克林顿总统行政令的第一次落实，美国核管理委员会（NRC）1997年拒绝了在路易斯安那州北部两个少数族裔居住区附近建设一个铀加工厂的申请。核管会认为该申请在选址时考虑了种族因素，因为放弃了所有其他在白人居住区建设铀加工厂的选址。NRC的这一决定发出了一个信号，这就是美国政府要保护社会弱势群体的权利。

国际层面的环境公平

环境公平既适用于个人，也适用于国家（图2.17）。尽管可以采取环境友好的方式减少和处理废物，但是工

图2.17　国家环境公平。抗议者向环境公平迈进。本图摄于萨尔瓦多。

业化国家依然有时选择把废物运到其他国家（随着工业化国家实行更加严厉的环境标准，在本国处理危险废物要比运送到发展中国家花费大，因为发展中国家的资产价值和劳动力费用都低）。有些废物出口是为了进行合法的循环利用，而有些出口则纯粹是为了处理垃圾。

20世纪80年代，美国、加拿大、日本和欧盟固体和危险废物的出口是广受争议的。非洲、中南美洲以及亚太地区和中欧、东欧国家常常进口危险废物以换取硬通货。1989年，联合国环境规划署制定了一个协议《巴塞尔公约》（Basel Convention），禁止危险废物的国际运输。起初，这个公约允许向先前得到进口国许可的国家以及转运途径国家出口运输危险废物。1995年，《巴塞尔公约》进行修正，禁止工业化国家向发展中国家出口任何危险废物。

1996年，在高等教育可持续发展促进协会召开的会议上，学者比尔·麦克吉本（Bill McKibben）认为，气候变化不仅是一个环境公平问题，而且是"有史以来最大的社会公平问题"，气候变化比历史上其他任何问题都体现着利益（世界上小部分富人使用化石燃料）和风险（气候变化给世界大部分穷人带来有害影响）最不公平的分配。

复习题

1. 环境公平是个本地问题还是国际问题？或是兼而有之？请解释。

环境伦理学、价值观和世界观

学习目标

- 解释环境伦理学。
- 解释环境世界观，讨论西部世界观和深层生态世界观的主要含义。

我们现在将注意力转向不同个人和社会的世界观，以及这些世界观如何影响我们理解和解决可持续性的能力问题。伦理学（ethics）是哲学的一个分支，从人类价值的逻辑应用演化而来。这些价值（values）是个人或社会认为重要的或值得遵守的原则。价值不是静态的，而是随着社会、文化、政治和经济的发展而变化的。伦理学帮助我们决定哪种形式的行为在道德上是可以接受的还是不可以接受的，是正确的还是错误的。不论哪种人类活动，只要涉及智力判断和自愿行为，伦理学都发挥一定的作用。当价值出现冲突时，伦理学帮助我们选择哪一种价值更好些，或更值得一些。

环境伦理学

环境伦理学（Environmental ethics）研究那些决定人类如何与自然环境发生联系的道德价值。环境伦理学家思考的问题有：我们在决定自然资源的命运包括其他物种的命运时，应该发挥怎样的作用；我们是否应该发展一门短期作为个人可以接受、长期作为人类和地球可以接受的环境伦理学。这些都是极为困难的知识问题，涉及政治、经济、社会和个人的交易平衡。

环境伦理学不仅思考当代人的权利，包括个人和集体的权利，而且思考后代人的权利（图2.18）。环境伦理学的这一内容极其重要，因为今天活动和技术的影响正在改变着环境。在有些情况下，这些影响可能持续数百年，甚至数千年。解决环境伦理学的问题使我们处于一个更好的位置，通过利用科学、政府政策和经济学获得长远的环境可持续性。

环境伦理学：应用伦理学的一个分支，研究环境责任的道德基础和这种环境责任的合理程度。

图2.18　多利草甸荒野国家保护区。美国已经选择保护了很多地区，比如位于西弗吉尼亚州的多利草甸荒野国家保护区，以便后代也能观赏、享用。

环境世界观

我们每一个人都有自己独特的世界观（worldview），这个世界观根据我们共同认可的基本的价值判断，帮助我们认识世界，了解我们在世界上的位置和作用，分辨决定正确和错误的行为。这些世界观会产生不同的行为和生活方式，有的可能会与环境可持续性相一致，有些则可能不会。一些世界观持有共同的基本信仰，而其他的则相互抵牾。在一个社会中被认为符合伦理的世界观，在另一个社会中可能被认为是不负责任的，甚至是亵渎的。下面是两个极端的、互相对立的**环境世界观**（environmental worldview）：西部世界观和深层生态世界观。这两种世界观固然有着较为宽泛的意义，但是位于一系列与全球可持续性问题相关的世界观的两端，每一种世界观都以截然不同的方式看待环境责任。

西部世界观（Western worldview），也被称为扩张主义世界观，是以人为中心的、实用主义的。这种观念反映了18世纪边疆态度的信仰，是一种尽快征服和开发自然的欲望。西部世界观还崇尚个人的内在权利、财富的积累、无限制地消费商品和服务以便获得物质享受。根据西部世界观，人类对自己负有主要的责任，因此应该负责管理好自然资源，以便为人类社会带来福祉。因此，任何关于环境的问题都是由人类利益衍生出来的。

环境信息

宗教和环境

在很多宗教信仰和组织中，目前已经形成了新的对环境问题的承诺。世界上很多主要的宗教在宗教会议以及自然环境会议上开展合作。下面是几个例子。

- 2000年，1000多名宗教领袖在宗教和精神领袖千年世界和平峰会上集会，保护环境是讨论的主要话题。
- 2001年，联合国环境规划署和伊朗共和国举办宗教、文化和环境国际研讨会，探讨防止环境退化的问题。
- 2006年，福音气候计划，包括美国传统上保守的福音基督教会，把全球变暖作为一个重要的宗教问题，要求对后代给予指导并引起其注意。
- 2010年，巴哈伊社会和经济发展大会集中讨论宗教在应对全球环境挑战中的作用。
- 2014年，罗马天主教皇弗朗西斯一世（Pope Francis I）认为气候变化是一个“道德问题”。
- 2014年4月3日，美国福音基督教会集会，举行关于气候变化“祈祷和行动日”。

深层生态世界观（deep ecology worldview）包括一系列不同的观点，可以追溯到20世纪70年代，主要基于已逝的挪威哲学家阿伦·奈斯（Arne Naess）和其他一些人的著作。正如阿伦·奈斯在其《生态、社区和生活方式》（*Ecology, Community, and Lifestyle*）中所阐述的，深层生态学的原则是：

1. 所有的生命都有内在的价值。非人类的生命形式的价值并不取决于其满足人类需要的有用性。
2. 生命形式的丰富性和多样性推动地球上人类和非人类的生命繁荣旺盛。
3. 人类除非为了满足基本需要，否则无权减少这种生命的丰富性和多样性。
4. 目前，人类对非人类世界的干扰是过分的，并且这种情况正在迅速恶化。

环境世界观：帮助我们了解环境如何运行以及了解我们在环境中的位置和正确与错误环境行为的世界观。

西部世界观：一种关于我们在世界上的位置的观念，认为人类优越于自然，可以对自然资源进行无限制的利用，促进经济增长，扩大工业基础，从而造福社会。

深层生态世界观：一种关于我们在世界上的位置的观念，认为人类应该与自然和谐相处，对生命给予精神上的尊重，相信人和所有其他物种具有同等的价值。

5. 人类生活和文化的繁荣与人口数量的大量减少是一致的。非人类生活的繁荣也需要这样的减少。
6. 实现生活条件的大幅改善，必须进行经济、技术和意识形态等结构的变革。
7. 人们思想的发展变化主要是追求高的生活质量，而不是坚持追求高的生活标准。
8. 那些同意上述观点的人有责任和义务去尝试实现必要的变化。

与西部世界观相比，深层生态世界观在对待人类和环境的关系方面体现了重大的转变。深层生态世界观强调，所有形式的生命都有生存的权利，人类没有什么特权，也不应该和其他生物区别对待。人类不仅对自己有义务，而且对环境也有义务。深层生态世界观倡导大幅度控制人口增长，它不赞成回到一个没有今天技术进步的社会，而是建议我们深刻反思现有技术的使用方式以及替代措施。它要求个人和社会分享与自然界相联系的内在精神品质。

现在，多数人既不完全赞同西部世界观，也不完全赞同深层生态世界观。西部世界观强调人类在大千世界中作为万物之主的重要性。与此相对照的是，深层生态世界观是以生命为中心的，把人类看作是其中的一个物种。如果每个人都按照西部世界观消费高水平的商品和服务，那么地球的自然资源将支撑不了70亿人。另一方面，如果所有的人都完全遵循深层生态世界观的信条，那么就会放弃很多的物质享受和现代技术带来的好处。

深层生态世界观眼中的世界只能支撑一小部分现存人口（回顾第一章关于生态足迹的讨论）。这些环境世界观尽管广泛采用还不实际，但是记住它们还是有用的，在本书后面的章节里，会帮助考察不同的环境问题。同时，思考一下自己的世界观并与其他人交流讨论。仔细倾听了解别人的世界观，可能与你的大有不同。思考导致行动，行动导致结果。你自己的世界观所带来的短期和长期结果是什么？如果我们希望环境对我们、其他生物甚至是对后代来说是可持续的，那么我们必须培育发展一个长远的、关注环境的世界观，并将之嵌入到我们的文化之中。

复习题

1. 什么环境伦理学?
2. 什么是世界观？西部世界观和深层生态世界观有什么区别?

通过重点术语复习学习目标

- **概述美国的环境历史。**

美国历史的前两百年是广泛进行环境开发的年代。在整个17世纪和18世纪初期，美国人把自然主要看作是可以利用的资源。19世纪，自然主义者开始关注保护自然资源。最早的资源保护法律主要涉及的是保护土地，包括森林、公园和保护区。20世纪末，环境意识大大增强，一系列环境法律颁布出台。

- **描述下列人员对环境的贡献：乔治·帕金斯·马什、西奥多·罗斯福、基福德·平肖、约翰·缪尔、奥尔多·利奥波德、华莱士·斯特格纳、雷切尔·卡森，以及保罗·艾里奇。**

乔治·帕金斯·马什撰写著作，认为人是全球环境变化的推动者。西奥多·罗斯福任命基福德·平肖为美国森林管理局第一任局长。平肖支持扩大国家森林保护区以及科学管理森林。在自然主义者约翰·缪尔的积极努力下，建设了优胜美地国家公园和巨杉国家公园。奥尔多·利奥波德在《沙乡年鉴》中描写了人类和自然的关系。华莱士·斯特格纳支持通过了1964年的《荒野法》。雷切尔·卡森出版了《寂静的春天》，警醒公众不加控制地使用农药的危险。保罗·艾里奇出版了《人口爆炸》，提高人们对人口过剩危险的认识。

- **区分功利环境保护主义者和生物中心环境保护主义者之间的不同。**

功利环境保护主义者重视自然资源的价值，因为这些资源具有实用性，但是又主张在利用这些资源时谨慎小心。生物中心环境保护主义者主张保护自然，相信所有形式的生命都应该得到尊重和考虑。

- **解释《国家环境政策法》为什么是美国环境法律的基石。**

《国家环境政策法》（NEPA）在1970年颁布实行，提出联邦政府必须考虑任何一个联邦行动的环境影响，比如兴建高速公路或大坝。NEPA成立了环境质量委员会，监督执行环境影响报告书（EISs），并直接报告总统。

- **解释环境影响报告书如何为环境提供了强大的保护。**

通过要求向公众开放EISs并接受公众审查，NEPA对美国的环境起到了强大的保护作用。NEPA支持公民个人对环境违法者提出诉讼，不管违法者是企业还是政府属单位，如果不遵守环境法，公民都可以把其告上法庭。

- **解释为什么经济学家在解决环境问题上倾向于采用经济解决方案。**

经济学家认定，个人在追求效用最大化的时候是理性行为者。根据这一推定，由个人组成的社会群体在行为上会带来经济有效性，这是最大的社会利益。效率低的解决方案在减少污染上的花费比污染造成的损失有时多，有时少。

- **描述命令与控制管理规定、基于激励措施的管理规定和成本效益分析。**

政府通常使用命令与控制管理规定，出台需要特定技术的污染控制法律。基于激励措施的管理规定主要是建立污染排放目标，通过激励政策鼓励企业减排。成本效益分析是一个经济工具，用于评估实现某个目标需要付出的成本，比如挽救一个生命。

- **给出国民收入账户没有完全反映国家经济成效的两个原因。**

国民收入账户对一个国家给定年份的全国商品和服务收入进行测算。外部性是人们在购买或出售商品时没有直接计算在内的对环境的伤害或造成的社会成本。目前，国家收入账户没有包括自然资本耗尽和经济活动的环境成本这两种情况的外部性估算。

- **解释环境公平，说明为什么气候变化是一个环境公平问题。**

环境公平是每一个人获得保护、不受环境危害的权利，与年龄、种族、性别、社会地位或其他因素无关。化石燃料的使用促进了气候变化，而化石燃料使用所带来的福利主要由世界上的富人所享用，气候变化所带来的风险却由更广大的穷人来分担。

- **解释环境伦理学。**

环境伦理学是应用伦理学的分支，研究环境责任的道德基础和这种环境责任的合理程度。环境伦理学家研究人类如何与自然环境相处。

- **解释环境世界观，讨论西部世界观和深层生态世界观的主要含义。**

环境世界观是帮助我们认识世界，了解我们在世界上的位置和作用，分辨决定正确和错误的行为的世界观。西部世界观认为，在世界上人类具有优越性，应该主导自然，不加限制地使用自然资源，加速经济增长，扩大工业基础。深层生态世界观认为人类应该与自然和谐相处，注重对所有生命的精神尊重，相信人类和其他物种具有同等的价值。

重点思考和复习题

1. 简要描述以下各个方面的美国环境历史：森林保护、设立和保护国家公园以及保护区、20世纪中期的环境保护、20世纪末的环境运动。
2. 描述下列其中两个人对环境的贡献：乔治·帕金斯·马什、西奥多·罗斯福、基福德·平肖、约翰·缪尔、奥尔多·利奥波德、华莱士·斯特格纳、雷切尔·卡森，以及保罗·艾里奇。
3. 如果你是国会议员，应对以下问题你会提出什么法案？
   a. 一个大型卫生填埋场的有毒物质污染一些农村饮用水井。
   b. 一个相邻州的火电厂造成酸雨，危害了你所在州的树木。伐木工人和林务官员非常不满。
   c. 全球变暖导致的海平面升高对海滨的财产造成威胁。
4. 解释《国家环境政策法》为什么是美国环境法律的基石。提出几个有效和无效的案例。
5. 根据你在本章所学到的知识，你认为经济是环境的一部分吗？或者环境是经济的一部分？请解释你的答案。
6. 2010年石油平台坍塌后造成墨西哥湾石油泄漏，国会开始考虑制定管理深海石油钻探的新法律。你认为命令与控制管理规定与以激励措施为基础的管理规定哪个更有效。请解释。
7. 用经济措施进行环境管理能够恰当地解释说明组成环境的复杂的、互动的系统吗？为什么？
8. 不论是环境运动主义者还是工业集团，都有人对环境绩效指数提出批评。根据在本章所学到的，给每一方提出一些反驳的建议。
9. 经济方案能够解决环境公平问题吗？请解释你的回答。
10. 你同意还是不同意气候变化是环境公平的说法？请解释你的立场。
11. 描述环境破坏在苏联和中欧、东欧国家与自然资本的关系。
12. 下列表述反映了西部世界观还是深层生态世界观？抑或两者都是？
   a. 物种存在的目的是让人使用。

b. 所有的生物，包括人类，都是相互联系、相互依存的。
c. 人类和自然和谐共处。
d. 人类是超级物种，凌驾于其他物种之上。
e. 人类应该保护自然。
f. 自然应该被使用，不应该被保护。
g. 经济增长有助于地球支持扩大的人口。
h. 人类有权改变环境以造福社会。
i. 所有形式的生命都有内在的价值，都有生存的权利。

13. 这幅卡通画要说明什么？你认为这幅画是何时发表的？

食物思考

几十年以前，城市的很多人在家里种植蔬菜、养殖动物。不过，现在城市的很多地方法律禁止饲养家畜家禽，甚至禁止种植蔬菜。如果你生活在农村，研究你所在地区或附近乡镇关于种植、养殖的地方性法律。法律允许在家里种植、养殖什么？在城市地区种植蔬菜、养殖动物以满足个人消费会带来怎样的环境影响？

第三章

生态系统和能源

切萨皮克湾盐沼的大米草（Spartina）。

美国东海岸切萨皮克湾（Chesapeake Bay）的一个盐沼里生活着各种各样的生物，这些生物以不同的方式相互影响、相互依存。这个海湾是个入海口，河里的淡水通过这个半封闭的水体流入大海。入海口是复杂的系统，受潮汐的影响，慢慢会从无盐的淡水变成咸的海水。在切萨皮克湾，这种变化导致在靠近河流的地方形成了淡水沼泽、在海湾的中部地区形成了半咸的沼泽（含有适当的盐分）、在海湾靠近大海的地方形成了海水沼泽。

切萨皮克湾盐沼包括被水淹没的大米草草甸（见图片）。由于含盐量高以及潮汐泛滥，这里的环境极富挑战性，只有少量的植物能够生存。大米草和微小的藻类（光合水生生物）直接被一些动物吃掉，这些动物死后，其尸体又会为其他盐沼栖居者提供食物。

在盐沼，有两类生物数量特别丰富，分别是昆虫和鸟类。昆虫，特别是蚊子和马蝇，数量以几百万计。栖息在盐沼的鸟类包括海滨沙鹀、笑鸥、长嘴秧鸡等。盐沼里还生活着很多其他物种。大量的无脊椎动物，比如虾、龙虾、螃蟹、藤壶、软体虫、蛤以及蜗牛，都栖息在环绕着大米草的水中。它们在这儿觅食，躲避被掠食者吃掉，并繁衍生息。

切萨皮克湾的沼泽还是很多海洋鱼类重要的繁殖地，比如斑点海鳟鱼、细须石首鱼、条纹鲈鱼、蓝鱼等。这些鱼类主要在远海带产卵，然后幼鱼进入入海口并在那儿生长、成熟。

盐沼里几乎没有两栖动物，因为海水会使它们的皮肤干燥，但是有几种爬行动物，比如北部钻纹龟（半水栖海龟），却适应了下来。这种龟或者在阳光下晒太阳，或者在水中觅食，蜗牛、螃蟹、软体虫、昆虫和鱼都是它的食物。尽管盐沼附近的陆地上生活着各种各样的蛇，但是适应盐水而生存下来的只有以捕鱼为生的北部水蛇。

草甸田鼠是生活在盐沼里的一种很小的啮齿动物。草甸田鼠是游泳健将，不分白天黑夜地在盐沼中游窜，主要吃昆虫和大米草的叶子、根茎。

除了这些可以看到的植物和动物，盐沼里还有看不见的微观世界，有无数的藻类、原生动物、真菌和细菌。如果再考虑这些生物所面临的环境挑战，就会清楚地了解盐沼生态系统的复杂性。

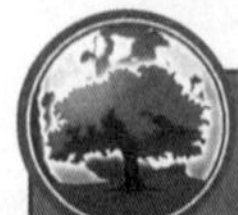

身边的环境

近年来，由于沉积物、废水和陆地化肥对海湾污染的加剧，切萨皮克湾的水质开始恶化。在你生活的附近，找一片水体，它有同样类似的污染问题吗？为什么？

生态学是什么

学习目标

- 解释生态学。
- 区分下列不同的生态层次：种群、群落、生态系统、景观、生物圈。

恩斯特·海克尔（Ernst Haeckel）是19世纪的科学家，他提出了**生态学**（ecology）概念，并用ecology来命名。*eco*源于希腊词，意思是“房子”，*logy*也源于希腊词，意思是“研究”。因此，ecology从字源上看意思是“研究某个人的房子”。研究的环境，也就是某人的房子，包括两个部分，分别是：生物环境（有生命的），包括所有的生物；非生物环境（无生命的或物理的），包括生存的空间、温度、阳光、土壤、风和降水等（图3.1）。

生态学家研究生命有机体与其物理环境之间高度复杂的关系网，研究的领域包括但不限于：生物为什么是这样而不是那样分布？为什么有些物种比其他物种更丰富？不同生物在环境中的生态作用有着怎样的不同？生物及其环境之间的相互作用是如何帮助维持我们生活的世界的总体健康的？

图3.1　**切萨皮克湾一个盐沼中的生物环境和非生物环境的组成成分**。图中显示的是退潮时的淤泥滩。非生物（无生命的）环境组成成分标为浅灰色，生物（有生命的）环境组成成分标为深灰色。

生态学：对生物之间相互关系和生物与其环境之间相互关系的系统研究。

生态学研究的内容侧重于当地还是全球、特殊还是一般，这取决于科学家要回答什么样的问题。一个生态学家可能研究森林里某个橡树物种的温度或阳光需求，另一个生态学家可能研究生活在那片森林里的所有生物，还有一个生态学家可能研究森林与周围环境之间的营养流动。

生态学是生物科学中研究内容最宽泛的领域，与其他任何一种生物学科都有联系。大学里的生态学将传统上不是生物学内容的课程联系在一起。地质学和地球科学对于生态学极其重要，特别是对研究地球物理环境的生态学家尤其如此。化学和物理也很重要，比如，在本章中，化学知识对于理解光合作用非常必要，物理学的原理阐明了热力学定律等。人类是生物有机体，我们的活动对生态产生影响。即便是经济学和政治对生态也有深远的影响，这一点在第二章已讨论过。

生态学在整个生物世界的组织结构中占据什么样的位置？生态学家最感兴趣的是生物组织的层级，这些层级包括或高于单个生命有机体的层级（图3.2）。同一**物种**（species）的个体组成**种群**（population）。种群生态学家可能研究一个种群的北极熊或一个种群的沼泽草。种群生态学问题将在第五章讨论，人口问题将在第八章和第九章讨论，物种问题将在第十六章进一步讨论。

种群组成**群落**（community）。生态科学家根据生活在其中的物种的数量和种类，以及彼此间的相互关系，确定该群落的特征。群落生态学家可能研究一个高山草甸群落或一个珊瑚礁群落（图3.3）不同生物体之间的相互作用，包括捕食关系（谁吃谁）。

生态系统（ecosystem）比群落的含义更广，包括一个群落内所有生物之间的相互作用和生物及其非生物环境之间的相互作用。就像其他的系统一样，生态系统包括形成一个统一整体的多个相互作用、不可分割的组成成分和过程。不管是陆生的，还是水生的，生态系统都是某地所有生物、物理、化学成分所组成的复杂的、相互作用的能源流动和物质循环的网络。生态系统科学家可能研究能量、营养、有机物质（含碳的）以及水是如何影响生活在沙漠生态系统、森林或海岸生态系统中的生物的。

物种：一组相类似的生物，其成员在自然状态下自由交配产子，实现繁衍生息；一个物种的成员一般来说不与另一个物种的成员交配产子。

种群：一组同物种的、同时生活在同一区域的生物。

群落：包括同时生活在同一区域并相互影响的不同物种的所有种群的自然集合。

生态系统：群落及其物理环境。

图3.2 **生态组织的层级。**生态学家研究从个体生物到生物圈的生态组织的层级。

生态系统科学家的终极目标是了解生态系统是如何发挥作用的。这不是一个简单的任务，但很重要，这是因为生态系统的各个过程共同控制调整着对人类和所有其他生物生存至关重要的水、碳、氮、磷和硫的全球循环。随着人类因为自己的需要而越来越多地改变生态系统，生态系统的自然功能发生了变化，我们必须了解这些变化是否对我们的生命支持系统的可持续性产生了影响。

景观生态学（landscape ecology）是生态学的一个分支，研究更大区域上的生态过程。景观生态学家考察一个特定地区不同生态系统之间的联系。比如，一个简单的**景观**（landscape）包括一个森林生态系统及其附近的一个池塘生态系统。这两个生态系统之间的一个联系可能是大蓝鹭，这种鸟沿着池塘浅水地方捕食鱼、青蛙、昆虫、甲壳动物以及蛇，但是它们常常将自己的巢穴筑在附近森林幽静的树顶上并在那里抚育幼鸟。因此，景观要有更大的土地面积，包括几个生态系统。

图3.3 **珊瑚礁群落。**珊瑚礁的物种数量最多，是最复杂的水生群落。这个墨西哥海岸加勒比海中的珊瑚礁近景如图所示，有一条绿色的海鳝、几条黄仿石鲈以及几种珊瑚。目前，在世界范围内，很多珊瑚礁都受到全球气候变化的威胁。怎样才能保护它们不受气温升高的影响呢？

生物圈（biosphere）中的生物，包括地球上群落、生态系统和景观中的生物，既彼此相互依存，也依赖于地球的物理环境，包括大气圈、水圈和岩石圈（图3.4）。大气圈（atmosphere）是环绕地球的气体层；水圈（hydrosphere）为地球提供水，包括液体水和固体水、淡水和咸水、地下水和地表水。岩石圈（lithosphere）是地球地表上的土壤和岩石。研究生物圈的生态学家考察地球大气、土地、水和生物之间的全球性的相互关系。

生物圈充满着生命。这些生物从哪儿获得生命的能量？它们如何使用这些能量？让我们考察能量对于生物的重要性，只有环境持续不断地提供能量，生物才能生存下去。本书后面的许多章中，我们还会考察能量的重要性，因为其与人类的活动密切相关。

复习题

1. 什么是生态学？
2. 群落和生态系统的区别是什么？生态系统和景观的区别是什么？

景观：包括几个相互作用的生态系统的区域。

生物圈：地球上包括所有生命有机体的大气、海洋、地表、土壤。

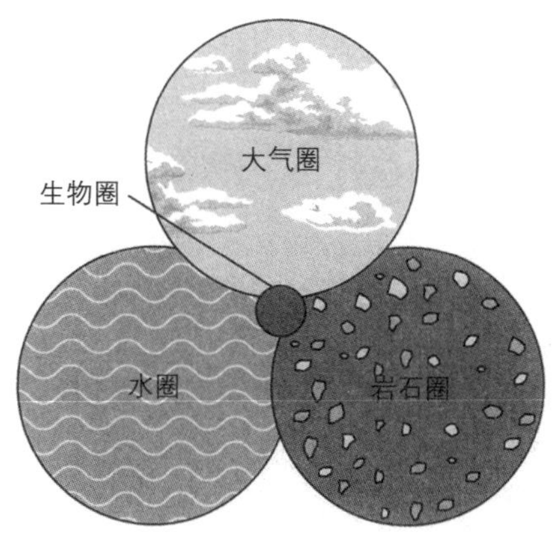

（a）地球的4个圈，相互交叉，是一个相互关联的部分组成的一个系统。

（b）在这幅摄于菲律宾帕拉湾岛（Palawan Island）的图像里，大气圈包括一片积云，表明空气是温暖的、潮湿的。参差不齐的岩石是由火山熔岩而形成的，随着岁月的流逝而受到侵蚀，它代表的是岩石圈。浅水代表的是水圈。生物圈包括绿色的植被和小船中的人以及水中阴影里清晰可见的珊瑚礁。

图3.4　地球的4个圈层

生命的能量

学习目标

- 掌握能量的定义，解释其与功和热的关系。
- 举例说明势能和动能的不同。
- 区分开放系统和封闭系统。
- 阐述热力学第一定律和第二定律，讨论其与生物的关系。
- 概述光合作用和细胞呼吸的反应，并对比两种化学过程的不同。

能量（energy）是做功的能力。在生物中，任何生物功，比如生长、移动、繁衍、维护和修复损坏的组织等，都需要能量。能量以不同的方式存在，有化学能、放射能、热能、机械能、核能、电能。化学能（chemical energy）是储存在分子键中的能量，比如食物包括化学能，即生物利用化学键断裂和形成时释放的能量。辐射能（radiant energy）是通过电磁波传导的能量，比如无线电波、可见光以及X射线（图3.5）。太阳能（solar energy）是来自太阳的辐射能，包括紫外线、可见光、红外线。热能（thermal energy）是从一个高温物体（热源）流动到一个低温物体（热汇）的热的能量。机械能（mechanical energy）是涉及物质运动的能量。包含在原子核中的一些物质可以转换成核能（nuclear energy）。电能（electrical energy）是带电粒子流动的能量。本书的学习中会遇到这些形式的能量。

生物学家一般用功的单位（千焦，kJ）或热的单位（千卡，kcal）来表示能量。1千卡就是将1千克水升温1℃所需的能量，等于4.184kJ。营养学家使用千卡这个单位表示我们所吃食物含有的能量。

能量存在的形式是势能（potential energy）或动能（kinetic energy）。拉弓搭箭的时候就有势能，弓的势能等于射手拉弓所做的功（图3.6）。一旦弓弦放开，势能就转换为动能。同样，草地田鼠吃的大米草在分子键中储存着化学势能，随着细胞呼吸将大米草的分子键进行断裂，这种势能就转化成动能和热，草甸田鼠就可以在盐沼里游来游去。能量从一种形式变成另一种形式。

研究能量及其转换的学问被称为热力学（thermodynamics）。在热力学中，科学家使用“系统”（system）这个词表示一组原子、分子或者被研究的物体。[①]宇宙中系统以外的东西被称为“环境”（surroundings）。封闭系统（closed system）是自足的，也就是说，不与环境进行能量交换（图3.7）[②]。在自然界中，封闭系统很罕见。与此相反，开放系统（open system）与环境进行能量交换。本书将讨论很多种开放系统。比如，城市是个开放系统，有能量输入（也有食物、水、消费品的输入）。城市系统的输出包括能量（也有商品、废水和固体废物的输出）。在全球尺度下，地球是个开放系统，依赖于太阳源源不断的能量供应。

不管系统是开放的还是封闭的，宇宙中的一切都适用于能量的两条定律：热力学第一定律和第二定律。

① 热力学中“系统”的含义与环境科学中“系统”的含义（相互影响并作为一个整体发挥作用的要求总和）是不同的。

② 在热力学中，“孤立系统”与环境既不交换能量，也不交换物质。

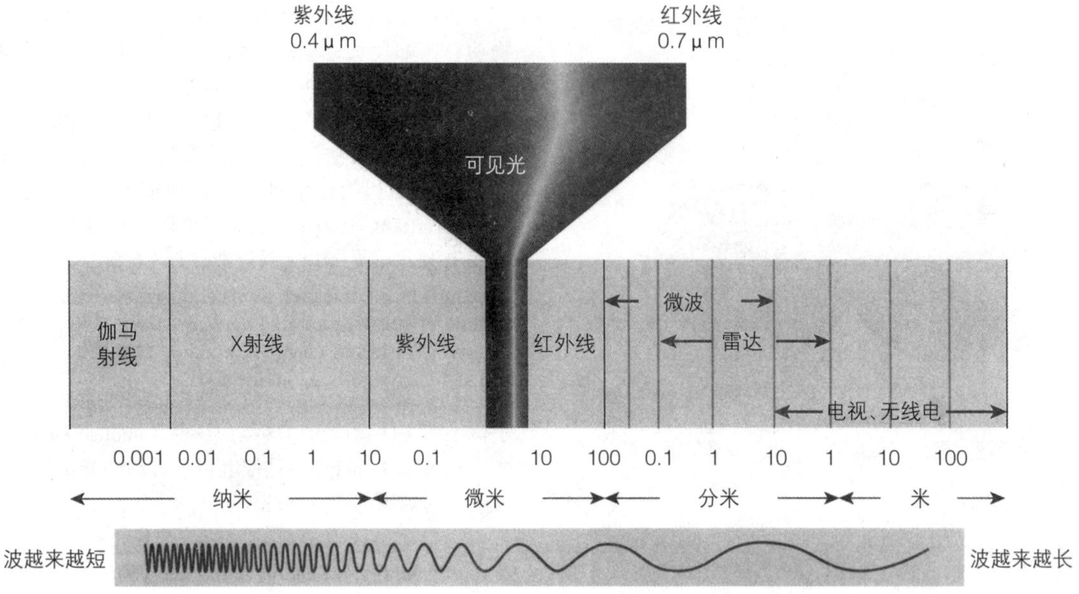

图3.5 电磁波谱。波长最短的是伽马射线，波长最长的是电视和无线电波。可见光位于紫外线和红外线之间。

图3.6 势能和动能。势能储存在所拉的弓里（如图），箭射向靶子的时候就转换成动能。本图摄于2008年北京奥运会。

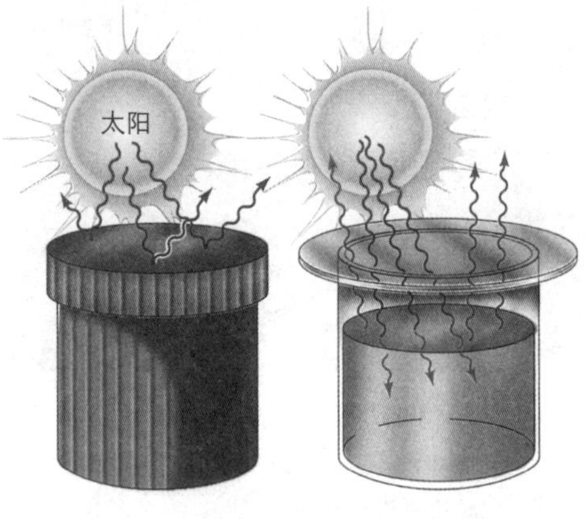

（a）封闭系统。封闭系统与环境之间不交换能量。暖水瓶是一个封闭系统。自然界中封闭系统很少见。

（b）开放系统。开放系统和环境之间交换能量。地球是开放系统，从太阳接收能量，这一能量最终会离开地球，消逝在太空中。

图3.7 与能量有关的封闭系统和开放系统。

热力学第一定律

根据**热力学第一定律**（first law of thermodynamics），生物可以从环境中吸收能量，也可以向环境中释放能量，但是生物及环境中的能量总和是恒定不变的。据我们所知，宇宙大约150亿到200亿年形成时的能量与目前宇宙中存在的能量是相等的，这是将在宇宙中永远存在的所有能量。同样，任何系统及其环境中的能量都是恒定的。一个系统可以从所在的环境中吸收能量，也可以向所在的环境释放能量，但是系统及其所在的环境的能量总和是永远不变的。

热力学第一定律明确说明，生物不能创造自己生存所需要的能量。与此相反，生物必须从其所在的环境中获取能量，才能用来生物做功，实现能量从一种形式向另一种形式的转换。在光合作用中，植物从太阳中吸收辐射能量，并转换成化学能，储存在碳水化合物（糖）分子键中。同样，有些化学能后来可能被食用植物的动物转换成机械能，使得动物能够行走、奔跑、跳跃、滑

热力学第一定律：能量不能被创造，也不能被消灭，它可以从一种形式转换成另一种形式。

行、飞翔或者游泳。

热力学第二定律

每次能量转换时，都会有一些能量转换成热能，释放到温度更低的环境中。任何生物都不能再次使用这种能量进行做功，从生物的观点看，这些能量“损失”掉了。如果从热力学的观点看，能量并没有“损失”，因为它依然存在于周围的物理环境中。同样，食用粮食使我们能够行走或奔跑，但这并没有毁灭储存在粮食分子中的化学能量。我们走路或跑步以后，能量会以热的形式依旧存在于环境之中。

根据**热力学第二定律**（second law of thermodynamics），宇宙中可用来做功的能量会随着时间的流逝而减少。热力学第二定律与第一定律是一致的，也就是说，宇宙中的总能量不因时间的流逝而减少。但是，宇宙中可以用来做功的能量随着时间的流逝而减少。

低效的能量发散性更大，或者所说是混乱的。熵（entropy）就是对这种无序或混乱状态的测量，有序的、可用的能量的熵是低的，而无序的能量的熵就高，比如热能。熵在宇宙中通过所有的自然过程持续增长，而且是不可逆的。因此，解释热力学第二定律的另一个说法是，一个系统中的熵，或者是混乱无序，随着时间的推移而增长。

热力学第二定律的一个含义是，由于很多能量以热能的形式散逸而导致熵的增长，因此，任何能量转换过程都不能达到100%的效率（本文中“效率”[efficiency]这个词指的是每次能量输入所形成的有用功的数量）。汽车引擎将汽油的化学能转换成机械能，转换效率在20%到30%之间。也就是说，最初储存在汽油分子化学键中的能量只有20%到30%被实际转换成了机械能或功。在我们的细胞中，新陈代谢的能量使用效率大约是40%，其他的能量都以热能的形式释放到环境中。

生物是高度有序的，乍看起来好像不适用于热力学第二定律。随着生物的发育和成长，它们会保持高水平的有序状态，不会变得更加无序。然而，只有在持续不断的能量输入条件下，生物才能在时间的推移中一直维持这种有序状态。这就是为什么植物必须进行光合作用，而动物必须进食。在把热力学第二定律应用到生命有机体时，还必须要考虑生物的环境。植物终其一生都在吸收太阳能，进行光合作用，并持续不断地分解光合作用的产品以满足自己的能量需求，同时将热量释放到环境之中。同样，动物进食，通过消化食物满足自己的能量需求，也把热量释放到环境之中。如果考虑到生物及其所在的环境，两个热力学定律都可以满足。

热力学第二定律：能量从一种形式转换到另一种形式的过程中，有些能量会退变成热，以低效的形式消逝在环境之中。

光合作用和细胞呼吸

能量以碳化合物的形式储存在生命体中。光合作用（photosynthesis）是一种生物过程，从太阳中捕获光能并将之转换成化学能，储存在碳水化合物（糖）分子中（图3.8）。光合色素，比如为植物提供绿色的叶绿素，吸收辐射能。这种能量被用来将二氧化碳（CO_2）和水（H_2O）制造成碳水化合物葡萄糖（$C_6H_{12}O_6$），这一过程中还释放氧气（O_2）。

光合作用：

$$6CO_2 + 12H_2O + \text{辐射能} \rightarrow C_6H_{12}O_6 + 6H_2O + 6O_2$$

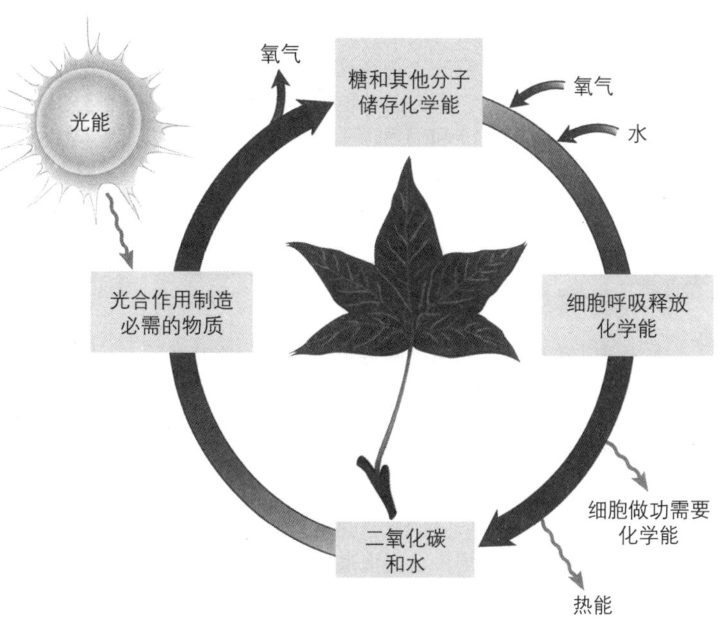

图3.8　光合作用和细胞呼吸形成一个系统。这些过程在生命有机体的细胞中持续不断地进行。能量流动不是循环的，能量以辐射能的形式进入生命有机体，以热能的形式离开并进入环境。如果大气中与气候变暖相关的CO_2的含量增加，那么，光合作用和细胞呼吸哪个过程大量增加会有助于减少气候变暖？请解释你的回答。

光合作用的化学公式可以这样读：6个二氧化碳分子加上12个水分子，再加上光能，可以用来生产1个葡萄糖分子加上6个水分子加上6个氧分子。（见附录I，基础化学复习）

植物、一些细菌和藻类进行光合作用，这是几乎所有生命都必需的一个过程。光合作用向生物提供碳水化合物分子所携带的充足的能量，这些能量一旦有需要就可以使用，而且还可以从一种生物转换到另一种生物，比如，从植物到吃植物的生物。氧气是光合作用的副产品，很多生物在分解葡萄糖或类似食物以获取能量时需要氧气。

植物储存在碳水化合物和其他分子里的化学能可以通过细胞呼吸（cellular respiration）在植物、动物或其他生物的细胞中释放。在有氧细胞呼吸（aerobic respiration）中，葡萄糖等分子通过氧气和水被分解为二氧化碳和水，同时释放能量（见图3.8）。

有氧细胞呼吸：

$$C_6H_{12}O_6 + 6O_2 + 6H_2O \rightarrow 6CO_2 + 12H_2O + \text{能量}$$

通过细胞呼吸，储存在葡萄糖和其他食物分子中的化学能可以被细胞用来生物做功，比如运动、求偶、生长新的细胞和组织。所有的生物，包括绿色植物，都需要呼吸以获得能量。有些生物在这一过程中不需要氧气。生活在水淹的土地、不流动的池塘、动物肠管以及深海热液口的厌氧（anaerobic）细菌在无氧的状况下可以进行呼吸。

案例聚焦

没有太阳的生命

太阳是几乎所有生态系统的能量来源。一个有名的例外是20世纪70年代末发现的，在东太平洋的深海里有很多热液口（hydrothermal vent），海水渗透进去，被下面的放射性岩石加热。地球上的水携带有无机化合物，包括硫化氢（H_2S）。

尽管没有光合作用所需的光，热液口支持形成了一个丰富的生态系统，与周围深海海底的“沙漠”形成了对比。巨大的、血红的管虫将近3米（10英尺）长，大量聚集在热液口周围（图3.9）。热液口周围的其他生物还有虾、蟹、蛤、藤壶、贻贝等。

科学家起初不知道生活在这种黑暗环境下的物种最终的能量来源是什么。多数深海生态系统依赖于漂浮在

图3.9 热液口生态系统。生活在这些管虫组织中的细菌从硫化氢中吸取能量，制造有机化合物。这些管虫缺乏消化系统，依赖细菌提供的有机化合物和从周围水域中流过来的物质。图中清晰可见的还有一些螃蟹（白色）。

海面的有机物质，也就是说，它们依赖的能量来源于光合作用。但是热液口生态系统的生物特别密集地簇拥在一起，有着巨大的生命力，不可能依赖偶然碰上的海面漂浮的有机物质，而且这些热液口生态系统已经在数百个地方被发现。

这些海洋绿洲食物网（food web）的基础包括能在高温的水中（超过200℃，393°F）生存、繁殖的某些细菌。这些细菌如果不是在这种极端的压力下，就不会存在于液体中。它们从功能上来说是生产者，但并不进行光合作用。相反，它们通过化合作用（chemosynthesis）从无机原材料中获得能量并制造碳水化合物分子。化合细菌拥有酶（有机催化剂），可以使无机硫化氢分子与氧发生反应，从而制造水和硫或硫酸盐。这种化学反应为深海热液口的细菌和其他生物提供能量。很多热液口的生物通过直接滤食吃掉这些细菌，其他的，比如那些巨大的管虫，从生活在体内的化合细菌那里获得能量。

复习题

1. 区分能量、功和热的不同。
2. 储藏在大坝后的水是势能的例子还是动能的例子？怎样才能使水转换成另一种方式的能？
3. 兔子是封闭系统还是开放系统？为什么？
4. 当煤在发电厂燃烧发电时，只有3%的能量转换成灯泡中的电能。其他97%的能量到哪儿去了？用热力学定律解释你的答案。
5. 区分光合作用和细胞呼吸。哪些生物进行这两种过程？

生态系统中的能量流动

学习目标

- 掌握能量流动、营养级、食物网的定义。
- 概述能量是如何在食物网中流动的，并在你的解释中使用生产者、消费者和分解者等概念。
- 描述典型的数量金字塔、生物量金字塔和能量金字塔。
- 区分总初级生产力、净初级生产力的不同，讨论人类对后者的影响。

除了热液口等几个生态系统外，能量是以辐射能（阳光）进入生态系统的，其中有些生态系统通过植物光合作用吸收这一辐射能。现在，这种能量以化学能的形式储藏在葡萄糖等有机分子键中。为了获得能量，动物吃植物，或猎食那些吃植物的动物。所有的生物，包括植物、动物以及微生物，为了从有机分子那里获得能量，都需要呼吸。当细胞呼吸将这些分子分解开的时候，能量就可以做功了，比如修复组织、产生体热或繁衍再生。功完成后，能量就离开生物体，以热的形式进入环境（回顾热力学第二定律）。最后，这种热消失在太空中。一旦生物使用了能量，这个能量别的生物就不能使用了。这种能量的运动就是**能量流动**（energy flow）。

生产者、消费者和分解者

根据获得营养的方式，生态系统中的生物分为三类：生产者、消费者、分解者（图3.10）。几乎所有的生态系统都有这三种类别的生物，彼此之间有着直接或间接的紧密联系。

生产者（producer），也叫自养者（autotroph，希腊词*auto*是“自己”的意思；*tropho*是“营养”的意思），一般是用太阳的能量从CO_2和水等单一无机物质中制造有机分子。换句话说，多数生产者进行光合作用。生产者将自己制造的化学物质储存到自己体内，变成其他生物潜在的食物来源。陆地上最重要的生产者是植物，而在水生环境中，藻类和一些细菌是重要的生产者。在本章简介里讨论的盐沼生态系统中，大米草、藻类和光合细菌都是重要的生产者。

动物是消费者（consumer），它们把其他生物的尸体作为食物能量的来源。消费者也被称为异养生物（heterotroph，希腊词*heter*的意思是“不同的”；*tropho*的意思是“营养”）。以生产者为食的消费者是一级消费者（primary consumer）或食草动物。兔子和鹿是一级消费者，盐沼生态系统中吃藻类的一种蜗牛也是一级消费者。

二级消费者（secondary consumer）以一级消费者为食，三级消费者（tertiary consumer）以二级消费者为食，比如，老鼠吃植物，蛇吃老鼠，鹰吃蛇。二级消费

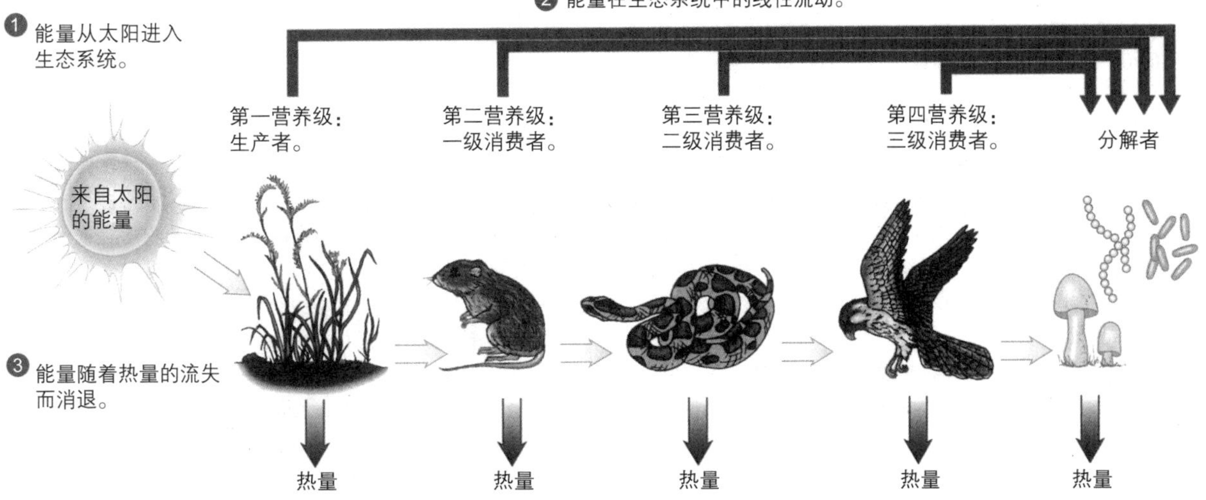

图3.10　能量在生产者、消费者和分解者之间的流动。通过光合作用，生产者利用从太阳光那里获得的能量制造有机分子。消费者吃掉生产者或其他消费者以后获得能量。分解者，比如细菌和真菌，从生产者和消费者的粪便和有机残体物质中获得能量。在每次能量转换过程中，生物系统都会损失一些能量，这些能量以热能的形式散逸在环境之中。

能量流动：能量在生态系统中向一个方向的运动。

者和三级消费者都是吃肉的食肉动物（carnivore），以其他动物为食。狮子、蜥蜴和蜘蛛都是典型的食肉动物，盐沼生态系统中的北部钻纹龟和北部水蛇也是。其他消费者被称为杂食动物（omnivore），吃各种各样的生物，既有动物，也有植物。熊、猪和人都是杂食动物的例子，盐沼生态系统中的草甸田鼠，既吃昆虫，也吃大米草，也是一种杂食动物。

有些消费者被称为腐食动物（detritus feeder）或食碎屑动物（detritivore），它们吃的是腐烂的有机质，包括动物的残体、树叶和粪便。这些腐食动物，比如蜗牛、螃蟹、蛤蚌和软体虫，在水生环境中特别多，它们钻进水底的淤泥中，觅食那里积存的有机物质。沼泽蟹是盐沼生态系统中的腐食动物。蚯蚓、白蚁、甲虫、千足虫是陆生腐食动物。事实上，蚯蚓是在土壤中觅食前行，消化土壤中包含的大量有机物质。腐食动物和微生物分解者一道分解生物残体和废物。

分解者（decomposer）也叫腐食营养者（saprotroph，希腊词*sapro*的意思是“腐烂的”，*tropho*的意思是“营养”），是异养生物，它们分解死亡的有机物质并用以给自己提供能量。它们主要是释放简单的无机分子（比如，CO2）和矿物盐，生产者可以再度使用。细菌和真菌是重要的分解者，比如，在分解朽木的时候，代谢糖的真菌首先侵入木头，消化简单的碳水化合物，比如葡萄糖和麦芽糖。当这些碳水化合物耗尽的时候，其他真菌往往在腹部携带共生菌的白蚁的帮助下，分解木头主要的碳水化合物纤维素，从而完成对木头的消化分解。

诸如切萨皮克湾盐沼这样的生态系统里有着多种多样的生产者、消费者和分解者，它们都在生态系统中发挥着不可或缺的作用。生产者为群落提供食物和氧气。消费者维持生产者和分解者之间的平衡。腐食动物和分解者对于任何生态系统的长期生存都是必需的，因为没有它们，死亡的生物和废物将会无限制地累积。如果没有微生物分解者，那么，钾、氮、磷等重要的元素就会被永远禁锢在死亡的生物体内，不会为新一代的生物所利用。

能量流动的路径：生态系统中谁吃谁

在生态系统中，能量流动在食物链（food chain）中发生，食物中的能量从一种生物流动到生物链条上的下一种生物（见图3.10），食物链中的每一层或“链”就是一个营养级（trophic level）（回顾一下，希腊词*tropho*的意思是“营养”）。根据能量从能量源转换过来的次数，每个生物都会处于一个营养级。生产者（进行光合作用的生物）形成第一营养级，一级消费者（食草动物）是第二营养级，二级消费者（食肉动物）是第三营养级，以此类推。在食品链的每个层级上，都有分解者，它们从食物链上所有成员的残体和废物中呼吸有机分子。

自然界中很少有简单的食物链，因为没有多少生物只吃一种生物。更为典型的是，生态系统中能量和物质的流动与每个生物食物选择的范围有关。在一个平均复杂度的生态系统中，还可能会发生另外不同的能量流动的路径，比如，吃兔子的鹰与吃蛇的鹰的能量流动路径是不相同的。食物网（food web）是生态系统中更为现实的能量和物质流动模型（图3.11）。食物网有助于我们形象地了解一个群落中的摄食关系。

关于生态系统中的能量流动，最重要的是要记住，它是线性的，或单一方向的。能量只要还没有被生物做功用完，就会沿着生物链或食物网从一种生物流动到另一种生物。一旦生物用完了能量，那么能量就以热的形式消失了，再也不能被生态系统中的其他生物所用了。

案例聚焦

人类如何影响南极地区的食物网

尽管南极洲周围的冰水看起来不是一个适宜的生存环境，但是那里发现了一个复杂的食物网。这个食物网的基础是微小的光合藻类，它们大量地存在于清澈透明、营养丰富的水中，一种小的、形状像虾一样的磷虾（krill）种群很大，以这种海洋藻类为食（图3.12a）。磷虾进而支持很多形体更大的动物。磷虾的一个主要消费者是须鲸，它们在冰冷的水中滤食磷虾。须鲸包括蓝鲸、露脊鲸和驼背鲸（图3.12b）。鱿鱼和鱼类也大量捕食磷虾。这些动物进而又被其他肉食动物猎食，比如抹香鲸之类的锯齿鲸、海象、豹海豹、王企鹅、帝企鹅以及信天翁和海燕等鸟类。

与对大多数其他生态系统产生影响一样，人类也对南极食物网产生了影响。捕鲸业还没发展起来的时候，须鲸消费了巨量的磷虾。1986年全球禁捕大型鲸鱼令实施以前，捕鲸业使得南极洲水域中的大型须鲸逐渐减少。由于以磷虾为食的须鲸的减少，磷虾成为其他动物的美食，不过磷虾的种群数量增长受到限制，部分原因是缺乏先前由须鲸残体和废物提供的营养。

现在商业捕鲸得到了管理，大型须鲸的种群数量有望慢慢增长，似乎其他一些物种也会增长。不过，南半球多数须鲸的种群数量依然只是捕鲸业发展以前的一部分，须鲸是否能重新回到过去食物网中消费磷虾的主导位置还是个未知数。生物学家将继续监测南极食物网的变化情况和须鲸种群的恢复情况。

图3.11　东部一个落叶森林边缘的食物网。与自然界中真实的情况相比，这个食物网大大地简化了。几个物种被归纳为一个种类，比如“蜘蛛”和“真菌”，其他的物种没有包括进去，食物网中的很多链条没有标出。

南极洲上空大气圈平流层中的臭氧层稀薄，可能将对整个南极食物网带来长期的影响。臭氧稀薄导致更多的太阳紫外线穿透大气层，到达地球表面。紫外线携带的能量比可见光要多，能够分解一些对生物作用很重要的分子的化学键，比如脱氧核糖核酸（DNA）。科学家担心，南极臭氧层稀薄会危害形成南大洋食物网基础的藻类。越来越多的紫外线穿透南极洲周围的水面，藻类的生产力已经下降，其原因可能是过多地暴露在紫外线之下。（平流层臭氧耗尽的问题将在第十九章详细讨论）

导致南极某些种群数量下降的另一个原因是与人类活动密切相关的全球气候变化。近几十年来，随着南极周围水温的提高，很多地区在冬天形成的浮冰越来越

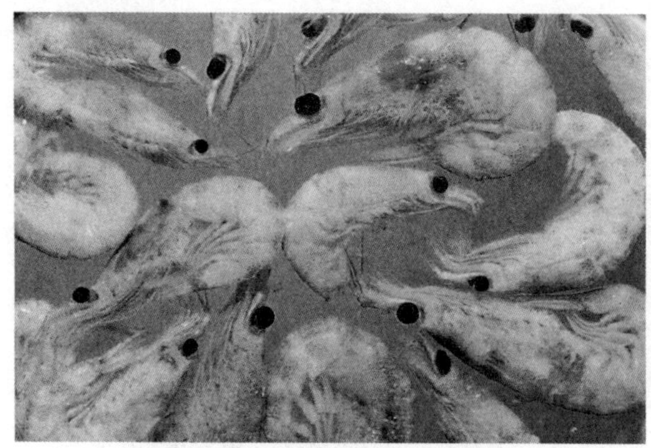

（a）磷虾是一种形状像虾的小型生物，种群数量大，捕食浮冰中和浮冰周围的光合藻类。

（b）鲸鱼、鱿鱼、鱼类捕食大量的磷虾。图中显示的是驼背鲸在南极捕食。

图3.12 南极食物网。

少，夏季无冰的日子也越来越多。大量的藻类都是生活在浮冰里及浮冰周围，为磷虾提供主要的食物供应，磷虾也在浮冰周围繁殖。浮冰数量多年低于平均水平，意味着藻类减少，这也意味着磷虾的繁殖减少。而且，研究人员发现，与温度升高相关的海洋酸化给磷虾带来了直接的危害。科学家已经证实，磷虾种群数量的减少影响了企鹅和海狗繁殖交配的质量，这些企鹅和海狗在温暖的冬季拼命寻找食物。科学家担心，气候变化将继续减少浮冰的数量，增加海洋的酸化，从而引起食物网的震动。（全球气候变化，包括对南极阿德利企鹅的影响，将在第二十章讨论）。

使这一问题变得更为复杂的是，一些渔民已经开始捕猎磷虾，并做成干鱼粉，以发展水产业（第十八章讨论）。科学家深感忧虑的是，人类捕猎磷虾的行为可能给很多以磷虾为食的海洋动物带来威胁。

生态金字塔

能量流动的一个重要特点是大部分能量在从食物链或食物网的一个营养级转到另一个营养级时遵循热力学第二定律，消散在环境之中。生态金字塔（ecological pyramid）能够形象地表示每一营养级的相对能量价值。生态金字塔主要有三种形式：数量金字塔、生物量金字塔和能量金字塔。

数量金字塔（pyramid of numbers）显示特定生态系统中每一营养级生物的数量，金字塔塔底面积大的地方，其生物数量就大（图3.13）。在多数数量金字塔中，食物链底部的生物数量是最丰富的，营养级越高，生物数量就越少。比如，在南极食物网中，藻类数量比以藻类为食的磷虾数量大得多，同样，磷虾的数量比捕食磷虾的须鲸、鱿鱼和鱼的数量大。

在分解者、寄生生物和树栖食草昆虫以及其他类似生物中，还可以经常发现倒金字塔，也就是说，处于高一级营养级生物的数量大于低一级营养级生物的数量。比如，一棵树可以为数千个吃树叶的昆虫提供食物。数量金字塔的用途比较有限，因为它们通常不表明每一营养级的生物量，也不表明从一个营养级转到另一个营养级的能量多少。

图3.13 数量金字塔。 这个金字塔展现的是一个假定的温带草原地区的情况。在图中，10,000颗草本植物支持10只老鼠，后者支持一只食肉鸟。根据每个营养级的生物数量，数量金字塔没有其他生态金字塔那样有用，它没有提供不同层级营养级之间的生物量差异或能量关系的信息。（注：图中没有显示分解者。）

生物量金字塔（pyramid of biomass）表明生态系统中每一营养级的全部生物量。生物量（biomass）是对生命物质总量的量度测算，显示某一特定时期所固定的能量的总数。生物量的计量单位不止一种，可以总量计算，也可以干重或活重计算。一般情形下，在生物量金字塔中，生物量随着营养级的升高而减少（图3.14）。比如，如果营养级每递增一级就减少90%的生物量，那么10,000千克草应该支持1000千克蚱蜢，这1000千克蚱蜢支持100千克蟾蜍。生物量90%的递减率只是为了说明的方便，自然界中生物量的实际递减率千差万别。不过，根据这一逻辑，以蟾蜍为食的蛇的生物量最多只有大约10千克。从这一简单的梳理中可以看到，尽管食肉动物不吃植物，但实际上它们的生存需要大量的植物。

能量金字塔（pyramid of energy）表明生态系统中每个营养级中生物量所含能量的多少，一般用每年每平方米每千卡来表示（图3.15）。这些金字塔的能量塔底总是大，并随着营养级的递升而逐步变小。能量金字塔显示，大部分能量在从一个营养级到另一个营养级流动的过程中散逸在环境之中。只有少量的能量从一个营养级流动到另一个营养级，因为位于低一级营养级的生物要使用能量做功，一些能量还以热量的形式流失。（请记住，由于热力学第二定律，生物过程没有一个达到100%的效率。）能量金字塔可以解释为什么营养级的层级数量那么少，由于每一营养级能量的大量减少，所以食物网的层级链就很短。（见第十八章“你可以有所作为：素餐”，讨论人的饮食习惯与食物链和营养级的关系）。

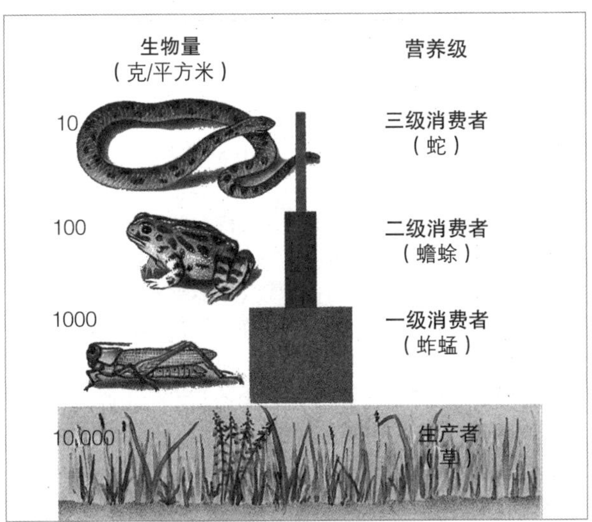

图3.14　生物量金字塔。这个金字塔展现的是一个假定的温带草原地区的情况。根据每一营养级中的生物量，生物量金字塔通常呈现金字塔的形状，塔底面积大，随着营养级层级的升高，生物量所占的面积逐渐减少。（注：图中没有显示分解者。）

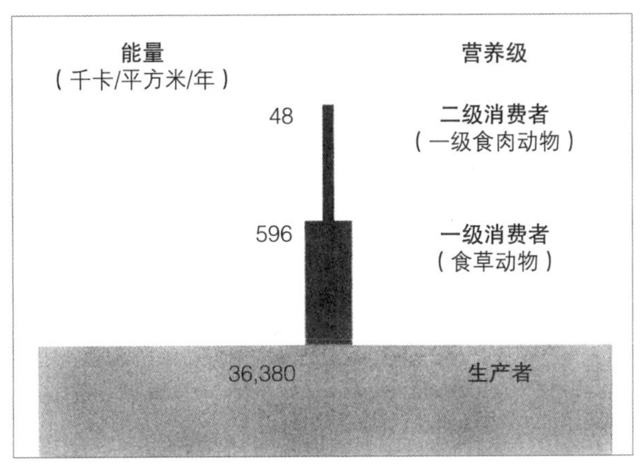

图3.15　能量金字塔。这个金字塔表明佐治亚一个盐沼里每一营养级中生物量所含的能量的大小以及流动到另一个营养级的能量的大小。需要注意的是，可用能量之所以在从一个营养级流动到另一个营养级的过程中大量流失，是因为能量用于自身新陈代谢以及热量散失。（注：图中没有显示分解者。生产者36,380千卡/平方米/年，表示的是总初级生产力（GPP），后面将讨论。）（引自J. M. Teal, “Energy Flow in the Salt Marsh Ecosytem of Georgia” [《佐治亚盐沼生态系统中的能量流动》], *Ecology*, Vol.43, 1962。）

环 境 信 息

卫星改善生物量测算

为了控制气候变暖，国际社会正在考察减少二氧化碳排放的不同方式。一个可能的办法是发达国家向热带地区的发展中国家提供经费，通过保护热带森林来弥补其碳排放。（如果森林砍伐或燃烧，树木中所含的碳就会以二氧化碳的形式释放到大气中。）然而，为了实施这一政策，我们必须对森林里所含的生物量进行准确的测算。

2009年，来自几个研究小组的科学家根据卫星数据首次发布了世界热带雨林的生物量测算，卫星精确度为1 km。通过这些测算，科学家可以进一步改进他们的成果，集中研究森林砍伐的最新动向，甚至可以研究那些小规模的森林砍伐行动。因此，科学家和政策制定者可以更准确地了解生物量所固定的碳的变化情况。不过，其他森林研究者还强调了进行实地群落监测的重要性，促进当地人们参与保护他们的森林。

生态系统生产力

生态系统**总初级生产力**（gross primary productivity, GPP）指的是光合作用中捕获的能量的大小。（总初级生产力和净初级生产力都是指初级的，是因为植物在食物网中位于第一营养级。）

当然，植物通过细胞呼吸获得的能量还要满足自己的需要，这就要消费光合作用所产生的一些能量。植物细胞呼吸后依然留存在植物组织中的能量称为**净初级生产力**（net primary productivity, NPP）。也就是说，NPP是植物细胞呼吸分解后所剩余的生物量，代表的是这种有机物质实际进入植物组织中用于生长的量。

净初级生产力（单位面积单位时间的植物生长=总初级生产力（单位面积单位时间的全部光合作用）－植物细胞呼吸（单位面积单位时间）

GPP和NPP都可以用每单位面积单位时间能量单位表达（每年每平方米光合作用所固定的千卡能量），也可以用干重来表达（每年每平方米嵌入到组织中的碳的克数）。

只有NPP所代表的能量才能作为生态系统消费者的食物。消费者将这些能量大部分用于细胞呼吸，以收缩肌肉（获得食物和避免其他猎食动物）和维持、修复细胞及组织。用于自身生长和种属繁殖的能量统称为次级生产力。任何限制生态系统初级生产力的环境因素，比如长时期的干旱，也会限制消费者的次级生产力。

不同生态系统的生产力大相径庭（图3.16）。在陆地上，热带雨林的NPP最高，可能是因为那里的降雨丰沛，温度适宜，阳光充足。在冻原上，气候寒冷严酷；在沙漠里，缺水严重，它们是陆地生产力最低下的生态系统。湿地包括沼泽、水洼与河口地区，将陆生环境和水生环境连接在一起，也具有很强的生产力。水生环境中生产力最强的生态系统是藻类床和珊瑚礁。尽管海洋里有着丰富的生产者，由于面积太大，海洋的NPP价值很低，一些海洋公海地区缺乏营养矿物质，从而使得该海域的生产力极低，成为海洋沙漠。（地球主要的水生和陆生生态系统将在第六章讨论。）

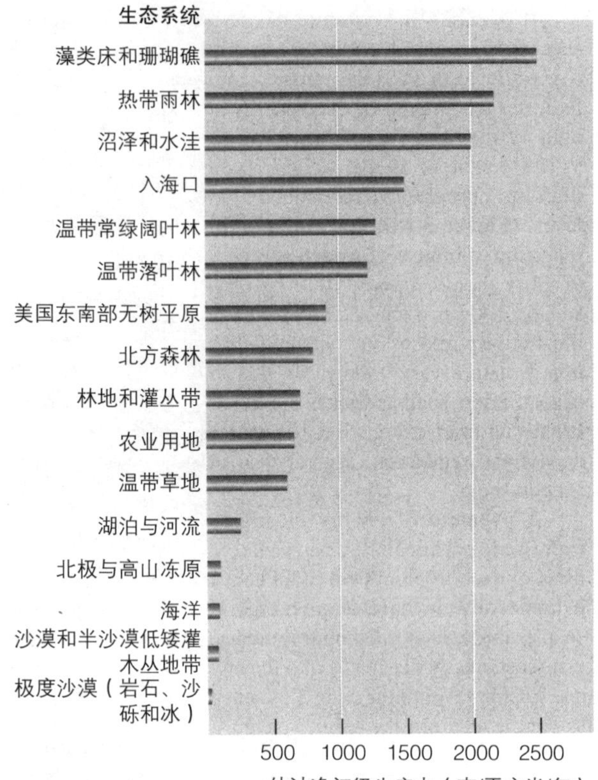

图3.16 部分生态系统估计年净初级生产力（NPP）。NPP用每年每平方米的干物质的克重来表示。（引自R. H. Whittaker, *Communities and Ecosystems* [《群落与生态系统》], 2nd edition, New York: Macmillan [1975]。）

人类对净初级生产力的影响

人类消费的地球资源比其他数百万物种中的任何一种消费的资源都大得多。1986年斯坦福大学的皮特·维塔塞克（Peter Vitousek）及其同事计算出人类占用了多少NPP，也就是说这些NPP不能转移到其他生物。如果考虑到人类的直接和间接影响，维塔塞克估计人类使用了陆地生态系统32%的年度NPP。如果考虑到我们人类仅占地球所有消费者全部生物量的大约0.5%，那么，就会看到这是一个巨大的数量。

2001年，杜克大学的斯图尔特·罗斯塔尔（Stuart Rojstaczer）及其同事重新考察了维塔塞克的开创性研究。他在研究中使用了当代的数据，这些数据很多是卫星数据，比维塔塞克的数据更加准确。根据罗斯塔尔的最低保守测算，人类占用的基于陆地的年度NPP的比例为32%。尽管使用的计算方法不同，但得出的结论是相似的。

2007年，维也纳的克拉根福大学的亨斯·尔波（K. Heinz Erb）及其同事将占据地球陆地资源97%的农业和渔业数据输入到一个计算模型里，结果显示人类使用了地球陆地食物、饲料（畜禽用）和木材等NPP的大约25%。

当然，这些研究提供给我们的只是测算评估，而不是实际的价值。不过，给我们的信息是简单明了的。人类对全球生产力的使用与其他物种的能量需要产生了竞争。由于我们使用了那么多的世界生产力，可能导致很

总初级生产力：植物在特定阶段捕获和吸收的光合能量的总和。
净初级生产力：减去细胞呼吸能量损耗以后的生产力。

多物种灭绝，其中有些对人类还有很大的用途。人类对全球NPP的消费可能会对地球支持人类和非人类生物带来严重的威胁。如果我们希望我们的星球可持续地运行下去，我们必须与其他生物一起分享地球的光合作用产品，也就是NPP。

复习题

1. 什么是食物网?
2. 能量是怎样在包括生产者、消费者和分解者的食物网中流动的?
3. 什么是能量金字塔?
4. 什么是总初级生产力? 什么是净初级生产力?

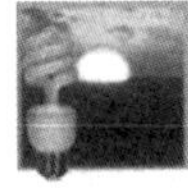

能源与气候变化

人类使用的NPP

你已经了解，人类使用了地球NPP的绝大部分，剩下的部分供地球所有其他的生物使用。在我们应对CO_2升高和全球气候变化的过程中，我们可能还会无意地提高我们使用NPP的比例。比如，思考一下我们的能源需求和全球气候变化之间的联系：越来越多地把生物量作为一种能源的来源。生物量，比如玉米，可以通过化学反应生成汽车使用的酒精燃料。生物量通常被认为是环境友好的能量来源，因为它不会造成大气中CO_2的升高。（种植玉米从大气中吸收CO_2，而燃烧使用玉米制成的燃料则要向大气中排放CO_2。见图。）但是，如果详细考察生物量就会发现，它对环境也不是那么友好的。如果我们大规模地种植玉米以及其他生物量作物并生产燃料，那么，我们就会占用更大份额的全球NPP，留给其他生物的就会更少。在某种程度上，我们对全球NPP的使用将对支持我们的地球系统造成损害。的确，我们可能已经超出了可以可持续消费的NPP。

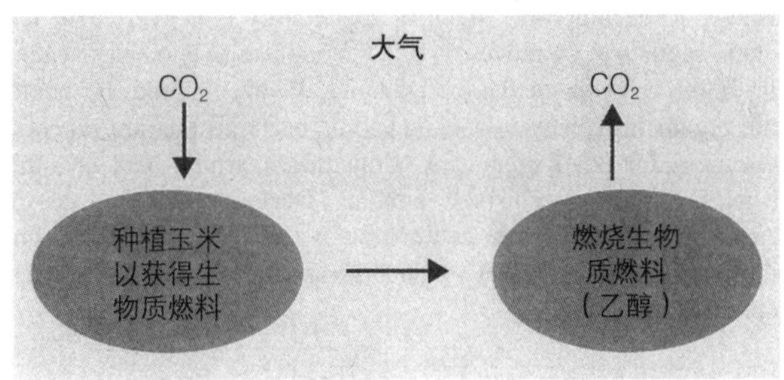

以生物质（玉米）形式储存的碳。

通过重点术语复习学习目标

- **解释生态学。**

  生态学是对生物之间相互关系以及生物与非生物环境之间关系的研究。

- **区分下列生态层次：种群、群落、生态系统、景观、生物圈。**

  种群是同一时间生活在同一地区的同一物种的一组生物。群落是同一时间在一个地区生活和相互影响的不同物种的所有种群的自然集合。生态系统是群落及其物理系统。生物圈是大气、海洋、地表和土壤中包含生命有机体的部分。

- **掌握能量的定义，并说明它与功和热的关系。**

  能量是做功的能力。能量可以从一种形式转换到另一种形式，但通常以热量的形式进行测量，热量的单位是千卡（kcal）。

- **用一个例子说明势能和动能的不同。**

  势能是储存的能量，动能是运动的能量。以弓和箭为例，势能储存在拉的弓里，随着弓弦的放开和箭射向靶子，势能转换成动能。

- **区分开放系统和封闭系统。**

  在热力学中，系统是指一组原子、分子或者被研究的物体，宇宙中系统外的部分成为环境。封闭系统是自足的，也就是说，不与环境交换能量。与此相反，开放系统与环境交换能量。

- **概述热力学第一定律和第二定律，讨论这些定律与生物的关系。**

  根据热力学第一定律，能量既不能被创造，也不能被消灭，尽管它可以从一种形式转换成另一种形式。根据热力学第二定律，能量从一种形式转换成另一种形式的过程中，有些能量会衰减为热能，不能为其他生物所用，被排放到环境中。第一定律解释为什么生物不能生产能量但必须不断地从环境中获取能量，第二定律解释为什么获取能量的过程没有100%的效率。

- **写出光合作用和细胞呼吸的反应公式，并进行比较。**

光合作用：

$$6CO_2 + 12H_2O + \text{辐射能} \rightarrow C_6H_{12}O_6 + 6H_2O + 6O_2$$

细胞呼吸：

$$C_6H_{12}O_6 + 6O_2 + 6H_2O \rightarrow 6CO_2 + 12H_2O + \text{能量}$$

植物、藻类和一些细菌通过光合作用获取辐射能，并把其中一部分以化学能的方式储存在碳水化合物分子中。所有的生物通过细胞呼吸获取碳水化合物和其他分子中的能量，在细胞呼吸中，葡萄糖等分子被分解并释放能量。

- **解释能量流动、营养级和食物网。**

能量流动是能量在生态系统中单一方向的流动。营养级是生物在食物链中所处的位置，是由该生物的摄食与被摄食关系决定的。食物网是相互连接的食物链网络，将生态系统中的所有生物都连接在一起。

- **概述能量在食物网中的流动过程，并在解释中说明生产者、消费者和分解者的概念。**

生态系统中的能量流动是线性的，从太阳到消费者再到分解者。根据热力学第二定律，能量从一种生物转化到下一种生物的时候，大部分能量被转换成不可用的热。生产者是光合生物（植物、藻类和一些细菌），是其他生物潜在的食物来源。消费者以其他生物为食，几乎都是动物。分解者以生物残体和有机废物为食，将它们降解为简单的无机材料，以便生产者可以使用这些无机材料制造出更多的有机材料。

- **描述典型的数量金字塔、生物量金字塔和能量金字塔。**

数量金字塔显示每一营养级上的生物数量。生物量是对生命物质总量的数量估算，表示的是某一特定时间所固定的能量的大小。生物量金字塔展示每一营养级上的生物量总量。能量金字塔展示的是每一营养级生物量中的能量大小。

- **区分总初级生产力和净初级生产力，并讨论人类对后者的影响。**

总初级生产力（GPP）是光合作用在给定期限内捕获和吸收的能量。净初级生产力（NPP）是减去细胞呼吸损耗后的生产力。科学家估计，人类使用的NPP占全球的32%。人类在使用全球生产力方面与其他物种的能量需要形成了竞争。

重点思考和复习题

1. 画一个包括切萨皮克湾盐沼生物的食物网。
2. 解释生态学。生态学家在切萨皮克湾盐沼会考察哪两个问题？
3. 种群生态学家和景观生态学家哪个会更愿意研究宽范围的环境和土地管理问题？请解释你的答案。
4. 什么是能量？下列形式的能量对生态系统中的生物起着怎样的重要作用？（a）辐射能，（b）机械能，（c）化学能。
5. 列举两个关于势能的例子，并分别说出如何转换成动能。
6. 下图是开放系统还是封闭系统？请解释你的答案。

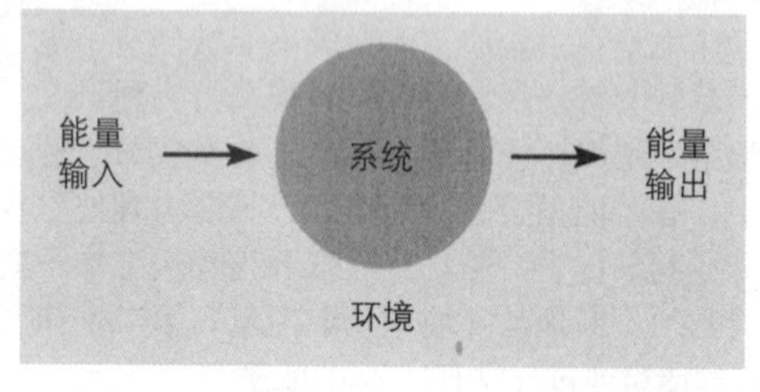

7. 热力学第一定律与汽车行驶有何关系？
8. 列举一个从有序逐渐变成无序的自然过程。
9. 光合作用与细胞呼吸有何联系？写出这两个过程的公式。
10. 与食物链比起来，为什么食物网的概念更重要？
11. 你能构建一个只包括生产者和消费者的平衡的生态系统吗？只有消费者和分解者的生态系统呢？只有生产者和分解者的生态系统呢？请解释你的答案。
12. 有一个简单的生态系统，包括一株灌木、一个虫子、一只鸟和土壤微生物，请找出生产者、一级消费者、二级消费者、分解者。哪些生物进行光合作用？哪些进行细胞呼吸？哪些向环境中释放热量？
13. 列举一个呈倒置数量金字塔的食物链，也就是说处于高一级的生物的数量比低一级的生物的数量多。
14. 有没有可能出现倒置的能量金字塔？为什么？
15. 概述能量金字塔与热力学第二定律之间的联系。

16. 什么是NPP？人类对全球NPP产生影响吗？如果是，怎样产生影响？如果不是，为什么？
17. 用玉米生产的酒精燃料常常被认为是气候友好型能源。请解释为什么大规模地提高玉米产量将对生态系统产生负面甚至是毁灭性的影响。 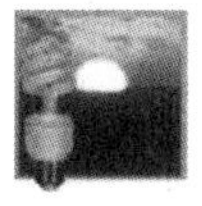
18. 你如何解释这幅漫画？晚饭会吃什么？请结合下面给出的“食物思考”回答这一问题。

我想吃位于食物链上低端的食品。

食物思考

你和一位朋友在餐馆吃午饭，一人吃的是主厨沙拉，另一个吃的是特制汉堡。制作汉堡用的土地和农业资源要比制作沙拉用得多。用生态金字塔来解释这种差别，明确制作两种食品所涉及的步骤。你自己做饭的时候考虑过这些步骤吗？

第四章

生态系统和物理环境

哈巴德·布鲁克实验林里的集水渠。生态学家研究溪流与河流系统时使用集水渠（或拦河坝）测量流经流域的水的径流量以及水中的矿物质含量。

能量流动和营养循环等生态系统过程以及空气污染、森林砍伐以及土地用途变化等自然和人的影响可以在实验室进行室内研究，也可以在野外进行实地研究。有些生态系统的研究具有特别的价值，因为这些研究是长期的。哈巴德•布鲁克实验林（Hubbard Brook Experimental Forest, HBEF）占地3100公顷（7750英亩），是位于新罕布什尔州白山国家森林中的一个保护区，从20世纪50年代末开始一直到现在，都是很多课题的研究基地，主要研究水文学（比如降水、地表径流、地下水流动）、生物学、地质学、森林呼吸以及相关的水生生态系统。HBEF是美国国家科学基金的26个长期生态研究基地之一。

HBEF的实验一般是基于实地观察。比如，1970年对蝾螈的种群数量进行过调查，近年来又进行了重新调查。其他的研究还包括一些控制性实验。1978年，科学家向HBEF中的一条小溪流中加了些稀释的硫酸，目的是研究酸化的影响。他们将这条溪流与另外一条没有加硫酸的相似的溪流进行化学和生物比较。这种实验很有实际价值，因为酸沉降是一种空气污染，已经在发达国家导致了众多的湖泊与河流酸化。

HBEF开展的另一类研究是河流生态系统中森林砍伐（deforestation）的影响，人们把大片的森林砍伐掉以后发展农业或作其他用途。森林砍伐以后，流入河流的水以及矿物质就会大量增加。图中的V槽坝叫集水渠，建在谷底的一条小溪上，目的是让科学家测量水流量和流经生态系统的化学成分含量。这种水流测量一般是在两个不同的生态系统中进行，其中，一个生态系统作为标准进行对照，另一个生态系统作为实验使用。

这些研究显示，森林砍伐导致了土壤侵蚀和必需矿物质的流失，带来土壤肥力的下降。夏天流经森林砍伐地带溪流的水温高于流经有森林覆盖地区溪流的水温。很多溪流中的生物不适应森林砍伐以后的生活环境，部分原因是它们更加适应较低的温度。HBEF开展得详细的生态系统研究对于我们实际了解如何保护水质、野生动物栖息地和商品林都有重要意义。生态系统管理（ecosystem management）强调生态保护，重视恢复和保持整个生态系统的品质，而不是保护某一单个物种，这种生态系统管理需要对生态系统进行详细的研究。

本章考察地球作为一个复杂系统的物理组成部分，考察地球生态系统与所有生命赖以生存的非生命、物理环境的相互作用与联系。我们将聚焦于物质的循环、太阳辐射、大气、海洋、天气和气候（包括飓风）以及地球内部发生的过程（包括引起地震、海啸和火山爆发的活动）。

身边的环境

在你家附近寻找一个受到人的活动影响的、需要生态系统管理的生态系统。是怎样的土地用途变化影响了这个特定生态系统？

生态系统中的物质循环

学习目标

- 描述下列生物地球化学循环的主要过程：碳、氮、磷、硫、水。

第三章描述了能量在生态系统中的单一方向的流动。与此相对照的是，作为生物组成材料的物质在系统内以多种方式进行循环，可以从生态系统的一个部分循环到另一个部分，也可以从一种生物循环到另一种生物，还可以从生命有机体循环到非生命环境，然后再循环回来（图4.1）。这些生物地球化学循环（biogeochemical cycle）涉及生物、地质、化学间的相互作用。

在所有生物地球化学循环中，五种物质的循环最具代表性，分别是：碳、氮、磷、硫和水。这五种循环对于生物特别重要，因为这些物质组成细胞的化合物。碳、氮和硫是形成气体化合物的元素，水也是容易蒸发的化合物，在这四种循环中，元素可以长距离地在大气中相对自由地流动。磷不能形成气体化合物，因此，这个元素只能在当地进行相对自由地循环流动。不论是在当地尺度还是全球尺度，人类都对这些循环产生影响，我们将对这些循环逐个考察并进行讨论。

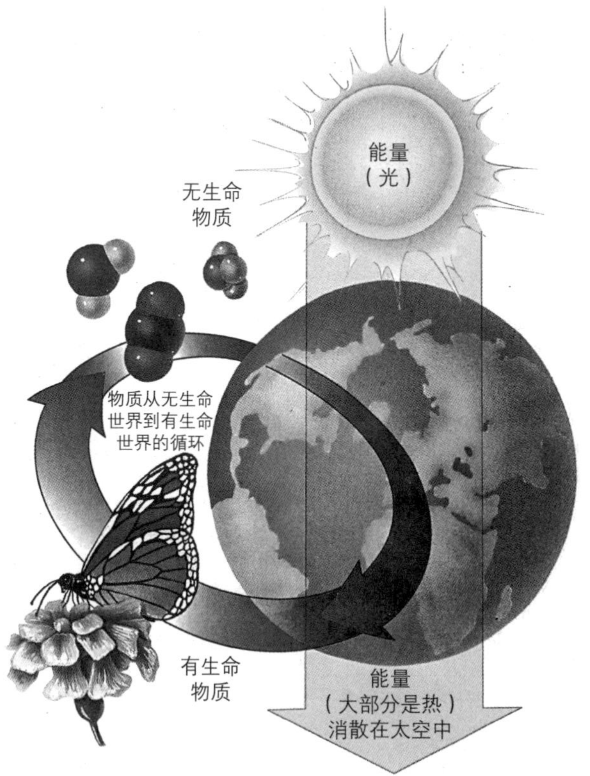

图4.1　地球的能量与物质系统。尽管能量在生态系统中单方向流动，物质却可以持续地从生态系统中的无生命部分到有生命部分进行循环往复。

碳循环

蛋白质、碳水化合物以及其他的生命所需要的分子都包含碳，因此，生物必须拥有适量的碳。碳在大气中以二氧化碳（CO_2）气体的形式存在；在海洋中以多种形式存在，可以是溶解的二氧化碳，也可以是源于腐烂过程中溶解的有机碳，溶解的二氧化碳以碳酸盐（CO_3^{2-}）和重碳酸盐（HCO_3^-）的形式存在。碳还存在于沉积岩中，比如石灰岩，主要包括碳酸钙（$CaCO_3$）（见第十五章关于岩石循环的讨论）。碳在生物和无生命环境中的全球运动就是**碳循环**（carbon cycle），其中无生命环境包括大气、海洋和沉积岩（图4.2）。

通过光合作用，植物、藻类和某些细菌从空气中获取CO_2并把它固定到化学化合物中，比如糖。植物用糖制造其他化合物。因此，光合作用将碳从无生命环境中嵌入到生产者的生物化合物中。这些化合物通常被生产者用作制造化合物、被消费者用作食物生产者，或者被分解者用作分解生产者或消费者残体进行细胞呼吸的养料。因此，细胞呼吸又把CO_2送回大气。水生生态系统中也发生同样的碳循环，碳在水生生物和溶解在水中的二氧化碳之间进行循环。

有时，生物分子中的碳在很长时间里没有循环到无生命环境中。大量的碳储存在树木中，在那里停留数百年或者更长的时间。而且，几百万年以前，古代被掩埋时还没有完全腐烂的树木形成了巨大的煤层。同样，单细胞海洋生物的有机化合物可能形成了地下石油和天然气，在漫长的地质年代积累形成了油田和气田。煤炭、石油和天然气被称为化石燃料（fossil fuel），因为它们是由古代生物的遗骸形成的，是碳化合物的巨量沉积，是数百万年前光合作用的最终产品（见第十一章）。煤炭、石油、天然气和木材中的碳通过燃烧（combustion）或氧化回到大气中。在燃烧过程中，有机分子被迅速氧化，与氧结合，变成CO_2和水，同时释放出热和光。

碳—硅酸盐循环　在长达数百万年的地质年代尺度上，碳循环和硅循环相互作用，形成碳—硅酸盐循环（carbon-silicate cycle）。循环的第一步涉及化学风化过程（weathering process）。大气中的CO_2溶解到雨水里形成碳酸（H_2CO_3），这是一种弱酸。随着弱酸性的雨水流经土壤，碳酸分解形成氢离子（H^+）和重碳酸盐离

碳循环：碳从环境到生物有机体然后再回到环境的全球流动。

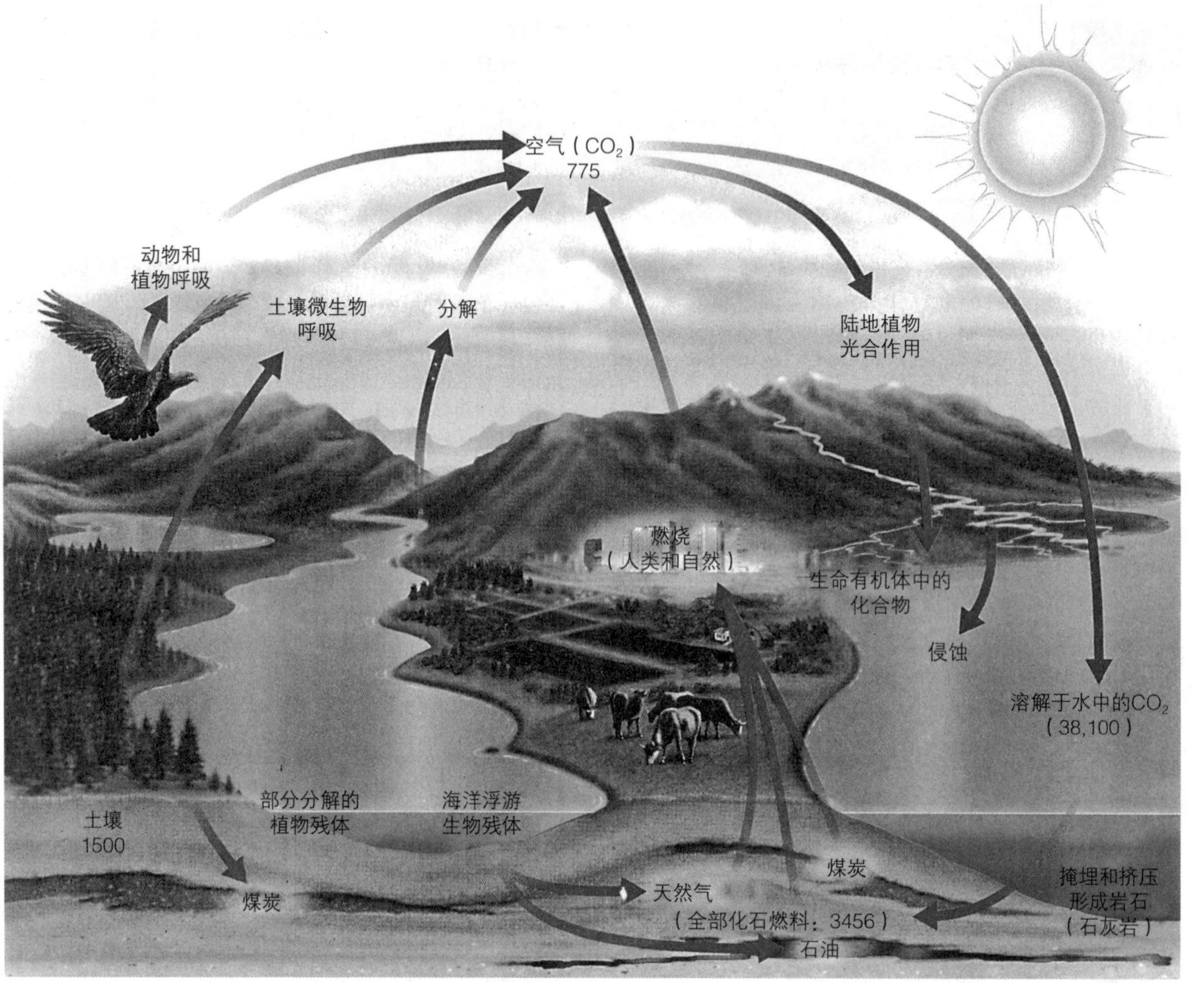

图4.2　碳循环。沉积岩石和化石燃料几乎包括地球已估计的所有10^{23}克的碳。图中显示的全球碳预算中一些碳库的数值单位是10^{15}克碳，比如，土壤中的碳含量估计为1500×10^{15}克。碳循环是怎样影响全球气候变化的？（二氧化碳信息分析中心，基于橡树岭国家实验室W.M.Post的数据。）

子（HCO_3^-）。氢离子进入到长石等富含硅酸盐的矿物质中，改变其化学结构，释放出钙离子（Ca^{2+}）。钙离子和重碳酸盐离子被冲进地表水，最终流入海洋。

海洋微生物将Ca^{2+}和HCO_3^-吸收到它们的外壳中。这些生物死后，它们的壳就会沉到海底，被沉积物覆盖，形成几千米厚的碳酸钙沉积层。这些沉积层最终会粘附形成一种沉积岩——“石灰岩”。地球的地壳是活跃的，在几百万年的时间里，海底的沉积岩会抬升成为陆地表层。比如，珠穆朗玛峰就是由沉积岩组成的。在地质抬高过程中暴露出来的石灰岩会在化学和物理的风化作用下慢慢侵蚀，将CO_2送回水体和大气中，使之再度参与碳循环。

另一种循环方式是俯冲的地质过程（本章后面还要讨论）掩埋了碳酸盐沉积层。随着深层地下温度和压力的升高，一些沉积物会融化，释放出CO_2，并伴随火山喷发出来，进入大气层。

人类对碳循环的影响　人类活动越来越多地干扰生物地球化学循环的平衡，包括碳循环的平衡。18世纪末以来，随着工业革命的到来，工业社会使用了大量的能源，其中多数能源是通过燃烧煤炭、石油和天然气等化石燃料获得的。这种趋势以及大规模地燃烧木材和大面积地焚烧热带森林，将沉积在地下的碳排放到大气中。在18世纪，CO_2占大气的比例为0.029%，现在则达到了0.04%，有些科学家预测本世纪末将达到0.06%（是工业化前的2倍）。很多研究表明，大气中CO_2含量的升高（见图20.2）是人类活动的结果，导致了全球气候变化。

全球气候变化包括气温升高、海平面抬升、降水模式改变、森林火灾增加、洪涝、干旱、热浪、生物灭绝、农业破坏等。气候变化已经开始迫使人迁移离开海岸地区，最终将有数百万人被重新安置。

氮循环

对于所有的生物来说，氮都是很关键的，因为它是蛋白质与核酸（比如，DNA）等生物分子的必要成分。显而易见，生物中如果缺少氮，简直是不可想象的。大气中78%的成分是氮气（N_2），一个含有2个原子的分子。但是，每一个氮分子都是很稳定的（它有3个共价键将2个原子连接起来），因此一般不与其他元素结合。大气中的氮必须首先进行分解，氮原子才能与其他元素结合形成蛋白质和核酸。**氮循环**（nitrogen cycle）就是氮元素在无生命环境与生物之间的流动，共有5个步骤：固氮、硝化、吸收、氨化、去氮（图4.3）。除了吸收这一环节，细菌都不参与氮循环过程。

氮循环的第一步是固氮（nitrogen fixation），指的是将气体的氮变成氨（NH_3）。这一步骤的得名来自于将氮气固定成生物可以使用的形式的过程；被固定的氮指的是与氢、氧或碳进行化学结合的氮。燃烧化石燃料、火山爆发、雷电和工业过程都可以为分解大气中的氮提供足够的能量，从而固定相当数量的氮。固氮细菌，包括蓝细菌，可以在土壤和水生环境中进行生物固氮，它们用固氮酶裂解大气中的氮，然后用氢与氮进行结合。固

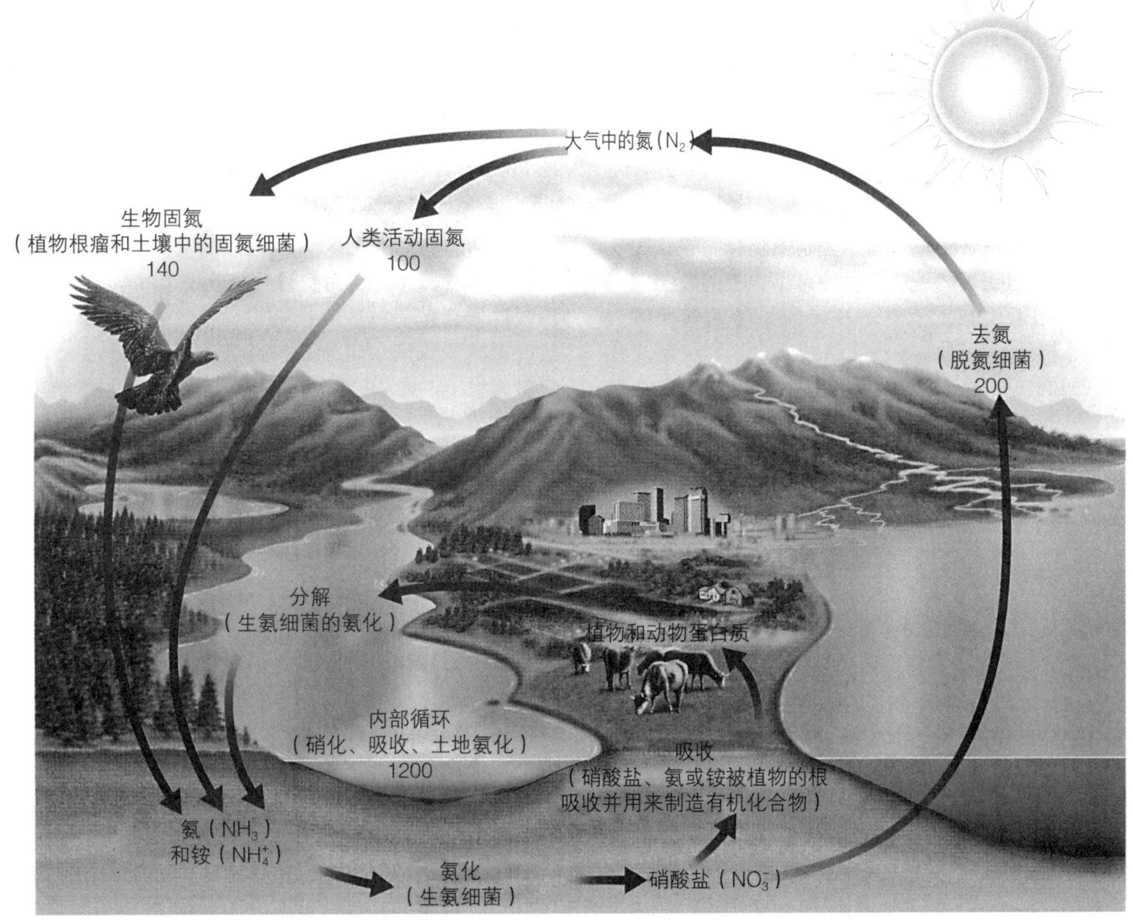

图4.3　氮循环。大气是最大的氮库，容量为4×10^{21}克。图中显示的全球氮预算中一些氮库的数值单位是每年10^{12}克氮，比如，每年人类固氮数量估计为100×10^{12}克氮。（数据引自W. H. Schlesinger，*Biogeochemistry: An Analysis of Global Change*［《生物地球化学：全球变化分析》］, 2nd Edition, Academic Press, San Diego, 1997，综合其他几个来源的信息。）

氮循环：氮从自然环境到生命有机体并且再返回自然环境的全球流动。

氮酶只在没有氧气的情况下才能发挥作用，使用固氮酶的细菌必须以某种方式隔绝氧气。

一些固氮细菌生活在部分植物根部的无氧软泥层中。其他重要的固氮细菌，比如根瘤菌，生活在大豆、豌豆以及一些木本植物根茎上特殊的突出结节部分或根瘤中（见第五章关于共生关系的讨论）。根瘤菌和其宿主植物的关系是共生的。细菌从植物中获得碳水化合物，植物从根瘤菌中获得可以使用的氮。在水生环境中，蓝细菌完成大部分的固氮任务。纤维状的蓝细菌有着特别的无氧细胞，可以充当固氮的场所。

将氨（NH_3）或铵（NH_4^+，由水与氨反应而形成）转换成硝酸盐（NO_3^-）的过程就是硝化（nitrification）。土壤细菌进行硝化，这一过程包括两个阶段，首先，土壤细菌把氨或铵变成亚硝酸盐（NO_2^-）；然后，其他的土壤细菌使亚硝酸盐发生氧化，变成硝酸盐。硝化过程为这些被称为硝化细菌的细菌提供能量。

在吸收（assimilation）过程中，植物的根吸收硝酸盐（NO_3^-）、氨（NH_3）或铵（NO_4^+），并将这些分子中的氮摄入植物蛋白质和核酸中。当动物吃了植物纤维后，它们就通过进食植物氮化合物（氨基酸）并将之转换成动物化合物（蛋白质）而吸收了氮。

氨化（ammonification）是将生物氮化合物转化为氨（NH_3）或铵（NO_4^+）离子。当生物排出含氮的废物时，比如在生产尿素（在尿液中）和尿酸（鸟的粪便中）时，氨化过程就开始了。这些物质和死亡生物中的氮化合物一起被分解，将氮以氨的形式释放到无生命环境中。在土壤和水生环境中从事这一过程的细菌叫氨化细菌。通过氨化过程产生的氨进入氮循环，再一次适用于硝化和吸收的过程。

去氮（denitrification）是将硝酸盐（NO_3^-）转换为氮气。反硝化细菌将固氮和硝化细菌的过程倒过来，把氮排放到大气中。反硝化细菌喜好生活和生长在少氧或无氧的地方。比如，在地下水位附近的土壤深处这个近乎无氧的环境中常常可以发现反硝化细菌。

人类活动产生的氮循环变化。从系统的观点看，人类活动打破了全球氮循环的平衡。在20世纪，人类使进入全球氮循环的固氮翻了一番，主要是因为大量使用含有固氮的肥料。各种不同的科学证据表明，氮富集化的陆地生态系统中的植物物种数量比没有氮富集化的陆地生态系统要少。

降水把氮肥冲刷到江河、湖泊和海岸地区，促进了那里藻类的生长。藻类死亡后，细菌会把它们分解，从而使水的溶解氧减少，导致很多鱼类和其他水生生物窒息而死。由于肥料流失带来过多的氮和其他营养物质，全世界大约150个海岸地区形成了很大的贫氧死亡区。（第二十一章讨论墨西哥湾的死亡区。）另外，化肥中的硝酸盐可以通过淋洗（溶解并冲刷），穿透土壤，污染地下水。很多人饮用地下水，而饮用被硝酸盐污染的地下水是危险的，特别是对于婴儿和孩子。硝酸盐降低孩子血液的携氧能力。

人类影响氮循环的另一个活动是燃烧化石燃料 比如，汽车燃烧化石燃料时，所产生的高温会将一些氮气转换成氮氧化物（nitrogen oxides），形成光化学烟雾（photochemical smog），混合了不同的空气污染物，对植物组织造成伤害，使眼睛发炎难受，引起呼吸道疾病。氮氧化物与空气中的水发生反应，形成酸并以酸沉降（acid deposition）的形式离开大气，导致地表水（湖泊和溪流）和土壤的pH值降低（见第十九章）。酸沉降与水生生态系统中植物和动物种群减少有关，它改变了陆地上土壤的化学性质。

磷循环

磷不在气态阶段形成化合物，因此基本不进入大气（除非发生沙尘暴）。在**磷循环**（phosphorus cycle）中，磷从陆地沉积到海洋，然后再返回到陆地（图4.4）。

当水流过磷灰石和其他含磷的矿物质时，水会慢慢地剥蚀其表面并带走无机磷酸盐分子（PO_4^{3-}）。含磷矿物质侵蚀后会把磷释放到土壤中，植物的根就以无机磷酸盐的形式吸收磷。磷酸盐一旦进入到细胞就会被嵌入到生物分子中，比如核酸和ATP（三磷酸腺苷，细胞里能量转换反应中一种重要的有机化合物）。尽管有些地方的饮用水中含有相当数量的无机磷酸盐，但是动物还是从所吃的食物中获取多数所需要的磷酸盐。分解者排出的磷成为土壤无机磷酸盐库的一部分，被植物再利用。与碳、氮和其他生物地球化学循环一样，磷在食物网中的运动是通过一种生物吃掉另一种生物来实现的。

水生环境中的磷循环与陆地环境大致相同。溶解的磷通过藻类和植物的吸收、消化进入水生环境，然后被浮游生物和体型大的海洋生物消费。这些浮游生物等又被各种各样的鱼类和软体动物吃掉。最后，分解废物和生物尸体的分解者把无机磷排解到水里，从而被水中生产者再次利用。

磷酸盐可能会从生物循环中消失。江河溪流把一些磷酸盐从陆地带到海洋，这些磷酸盐可能沉积在海底数百万年。地质升高过程可能有一天会使这些海底沉积物暴露出来，形成新的地表面，然后磷酸盐再一次侵蚀。

水生食物网中一小部分的磷酸盐会返回到陆地。海

磷循环：磷从环境到生命有机体然后再回到环境的全球流动。

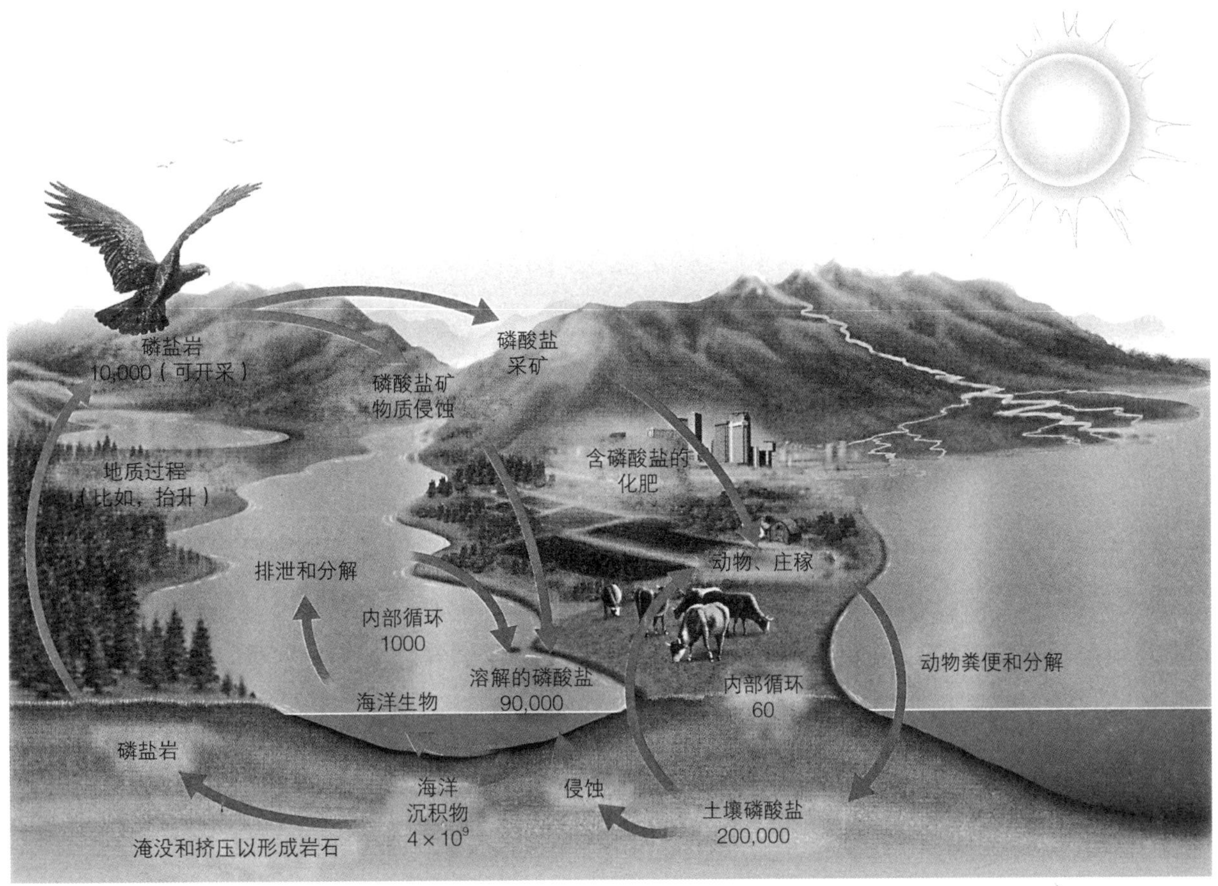

图4.4 磷循环。图中显示的全球磷预算中的单位是每年10^{12}克磷，比如，每年约有60×10^{12}克磷参与从土壤到陆生生物然后再返回的循环。（数据引自W. H. Schlesinger, *Biogeochemistry*: *An Analysis of Global Change* [《生物地球化学：全球变化分析》], 2nd Edition, Academic Press, San Diego, 1997, 综合其他几个来源的信息。）

鸟吃了鱼和其他海洋生物以后可能会在栖息的地方排便，海鸟粪含有大量的磷酸盐和硝酸盐。一旦到了陆地，这些矿物质可以被植物的根部吸收。海鸟粪中的磷酸盐可能是以这种方式进入陆地食物网，尽管数量很少。

人类活动产生的磷循环变化 人类活动对磷循环的影响是，加速了磷从陆地上的长期流失。比如，艾奥瓦（Iowa）州种植的玉米含有从土壤中吸收的磷，可能会育肥伊利诺伊（Illinois）养殖场的牛。一部分磷会以养殖场废物的形式排出，最终被冲刷流入密西西比河里。人们吃了牛肉后，更多的磷酸盐从人的粪便中排出，通过卫生间厕所冲到下水道系统中。由于废水处理几乎不清除磷酸盐，因此磷酸盐会导致河流、湖泊和海岸水域出现水质问题。从实际的效果看，陆地上冲刷流入到海洋的磷永久地从陆地生态系统磷循环中（以及人进一步使用）流失了，因为它会在海洋里停留数百万年。而且，磷在一些水生生态系统中是一种需要限制的营养。因此，如果化肥废物或废水中的磷过量，会导致水的富营养化，从而引起可怕的变化（回顾第一章关于华盛顿湖的讨论）。“迎接挑战：从废水中回收磷”考察了一种保存磷的方式。

迎接挑战

从废水中回收磷

磷是农业生产中使用的化肥的关键组成成分。如果没有磷，我们就不能提高粮食产量以满足不断增长的人口的粮食需求。目前，磷盐岩开采的速度大于自然恢复的过程。如果我们继续以现有的速度消费磷，那么在22世纪初就会开采殆尽。

保护磷的一个方法是循环利用。很多磷酸盐开采的初衷是生产化肥，但最终使用过后却存在于人和动物制造的废水中。在污水处理厂，当细菌用于降解废水中的有机物质的时候，一种沉积物就会从溶液中沉淀分离出来。这种沉淀物叫鸟粪石，包含磷、镁和铵，都是重要的植物营养。然而，鸟粪石是一种黏性很强的、粘在管道上并堵塞管道的固体物。加拿大英属哥伦比亚大学的土木工程师唐纳德·马维尼克（Donald Mavinic）与奥斯塔拉营养恢复技术公司（Ostara Nutrient Recovery Technologies）等几家企业合作，开发了有效去除鸟粪石并在污水处理过程中回收磷的技术。这种磷是小的白色颗粒，被冠以“绿色晶体”（Crystal Green）的商标而推向市场（图a）。由于这一贡献，马维尼克和他的企业同事被授予2010年加拿大协同创新奖（Canadian Synergy Award for Innovation）。

2014年底，加拿大、美国、英国有7家商业污水处理厂生产这种绿色晶体，这些污水处理厂分别位于英国伯克郡（Berkshire）的斯劳（Slough）、加拿大萨斯喀彻温省（Saskatchwan）的萨斯卡通（Saskatoon）、美国俄勒冈州的波特兰（Portland）、弗吉尼亚州的萨福克（Suffolk）、宾夕法尼亚州的约克（York）以及威斯康星州的麦迪森（Madison）。还有一些处理厂现在处于设计规划阶段，最为知名的一个在芝加哥，它将是世界上最大的营养回收厂，还有一个将在荷兰建设。这种过程将清理被污染的水（比如，约克和萨福克所处理的废水都排入切萨皮克湾），并生产可以出售的产品。比如，在约克污水处理厂，这种颗粒被卖给JR皮特斯公司（JR Peters, Inc.）。它是一家宾夕法尼亚化肥企业，将颗粒与其他植物营养混合起来，贴上“杰克的绿色晶体经典肥料”（Jack’s ClassiCote with Crystal Green）标签后出售（图b）。

这是一个经济上可行、能够解决过去严重水污染问题的案例。在这样的系统中，一家公司的废物可以为另一家企业带来利润，是一个可持续制造的例子（见第十五章）。

（a）绿色晶体的结晶状颗粒（小的像珍珠一样的颗粒），一种可再生的、缓释的化肥。从化学成分上看，这种颗粒包含5%的氮、28%的磷和10%的镁。

（b）用绿色晶体做成的化肥。绿色晶体中的磷是缓释性的，意味着能更多地被植物的根吸收，污染水道的磷也就减少了。

硫循环

科学家依然在研究全球**硫循环**（sulfur cycle）的运动过程。大多数硫储存在地下沉积岩和矿物质中（比如，石膏和无水石膏），在岁月的侵蚀下将含硫化合物释放到海洋中（图4.5）。大气中的硫来自海洋和陆地。海水的浪花将硫酸盐（SO_4^{2-}）送到空气中，其过程与森林火灾和沙尘暴一样（沙漠土壤中含有丰富的硫酸钙[$CaSO_4$]）。火山爆发喷射的气体有硫化氢（H_2S）和硫氧化物（SO_X），其中硫化氢是一种带有臭鸡蛋味道的气体。硫氧化物包括一种呛人、酸味刺鼻的气体二氧化硫（SO_2）和三氧化硫（SO_3）。

大气中的硫所占比例很小，而且存在时间短，因为大气中的硫化合物是活性的。硫化氢与氧发生反应生成

硫循环：硫从环境到生命有机体然后再回到环境的全球流动。

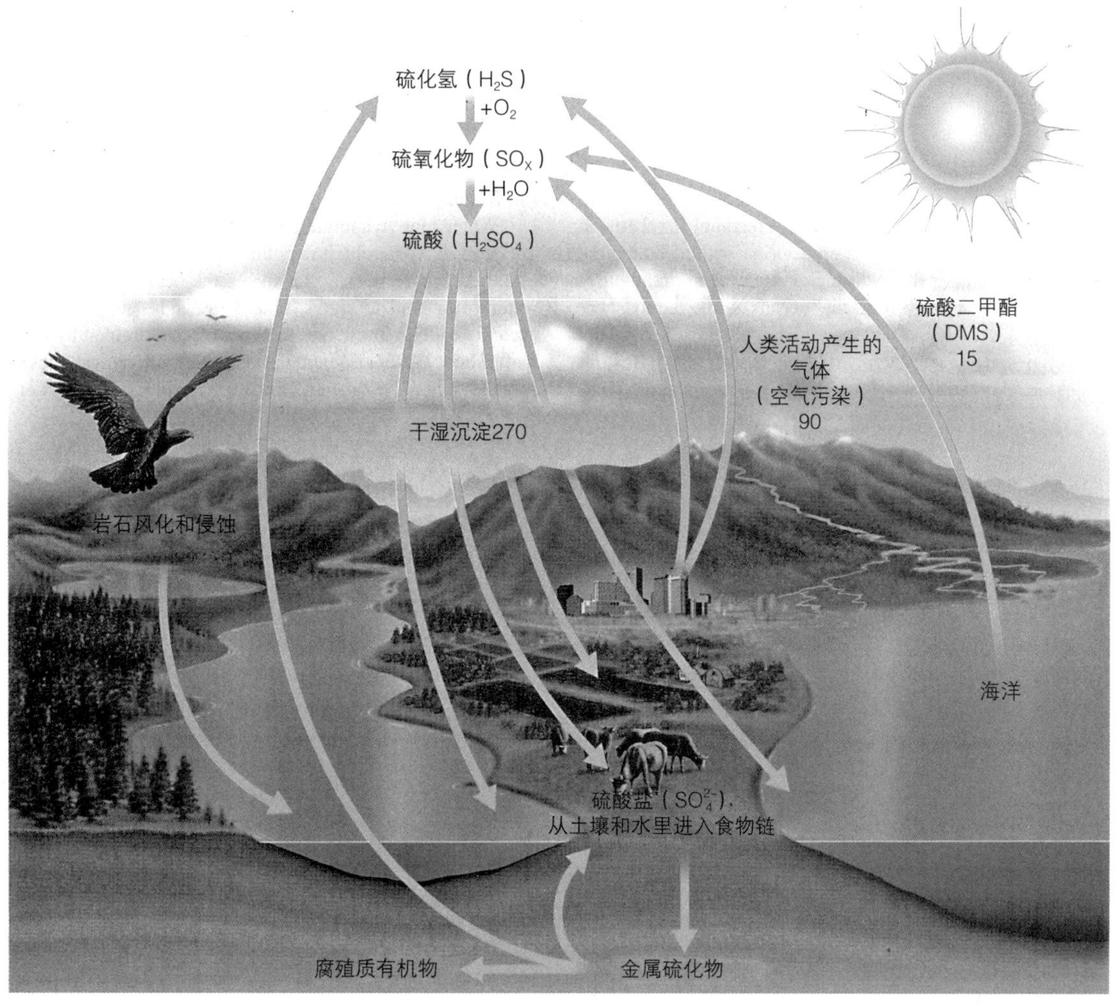

图4.5 硫循环。沉积岩是地球最大的硫库，容量为7440×10^{18}克硫。排名第二的硫库是海洋，容量为1280×10^{18}克硫。图中显示的全球硫预算中的单位是每年10^{12}克硫，比如，海洋每年以硫酸二甲酯气体的形式约释放15×10^{12}克的硫。（数据引自W. H. Schlesinger, *Biogeochemistry: An Analysis of Global Change*［《生物地球化学：全球变化分析》］, 2nd Edition, Academic Press, San Diego, 1997, 综合其他几个来源的信息）

硫氧化物，硫氧化物与水反应生成硫酸（H_2SO_4）。尽管空气中存在的硫化合物数量相对较少，但是每年进出大气的硫还是相当多的。

一小部分的硫存在于生物有机体中，是蛋白质的必要组成成分。植物的根吸收硫酸盐（SO_4^{2-}）并进行消化，把硫置于植物蛋白质中。动物吸收硫的方式是吃掉植物蛋白质并转化为动物蛋白质。在海洋里，一些海洋藻类大量释放出一种化合物，细菌可以把这种化合物转化成硫酸二甲酯或DMS（CH_3SCH_3），DMS气味辛辣刺鼻，被释放到大气中，有助于将云中的水汽凝结成水滴，从而对天气和气候产生影响。在大气中，DMS被转换成硫酸盐，这种物质大多数储存在海洋中。

与氮循环一样，细菌推动着硫循环。在淡水湿地、潮汐滩地、水淹土壤等这些缺氧的环境中，某些细菌将硫酸盐转换成硫化氢气体，被释放到大气中，或者转换成金属硫化物，被储存在岩石里。在缺氧的情况下，其他细菌可以进行一种古老的光合作用，这种光合作用用硫化氢替代水。有氧气的地方，驻留菌将硫化物氧化变成硫酸盐。

人类活动产生的硫循环变化 煤炭和石油都含有硫，其中石油中的硫含量少一些。当电厂、工厂、汽车燃烧使用这些燃料时，二氧化硫被排放到大气中，这是导致酸沉积的主要原因。铜、铅、锌等含硫的金属矿石熔炼期间，也会排出二氧化硫。近年来，一些国家通过净化烟囱气体、清除硫氧化物等减少污染的措施，已经降低了硫排放的数量。全球硫排放在2006年达到峰值，然后在2006年和2011年期间开始下降，部分原因是中国采取了新的控制措施，欧洲和北美的硫排放也下降了。

水循环

没有水就没有生命，水构成了大多数生物质量的重要组成部分。所有的生命形式，从细菌到植物、动物，都把水当作化学反应的媒质，以及细胞内部和细胞之间运载物质的媒质。在**水循环**（hydrological cycle）中，水持续不断地进行着从海洋到大气到陆地然后再回到海洋的流动，为陆地生物提供可再生的纯净水供应，促进海洋、陆地和大气中水的平衡（图4.6）。水以雨、雪、雨夹雪或者冰雹等降水的形式从大气中进入陆地和海洋。水从海洋表面以及陆地上土壤、溪流、江河与湖泊等蒸发以后，就会在大气中形成云。另外，蒸腾作用（transpiration），也就是陆地植物释放流失的水汽，同样增加了大气中的水含量。植物根部从土壤中吸收的大约97%的水分都被输送到叶子，然后从树叶那里蒸腾释放出去。

水可能从陆地上蒸发，然后再直接进入大气。还有一种方式是，水可能从江河溪流经入海口归于海洋，实现淡水与海水的汇合。水从陆地到江河、湖泊、湿地以致最终到海洋的运动过程称为径流（runoff），径流经过的区域称为流域（watershed）。水还会渗透或者渗漏，经土壤和

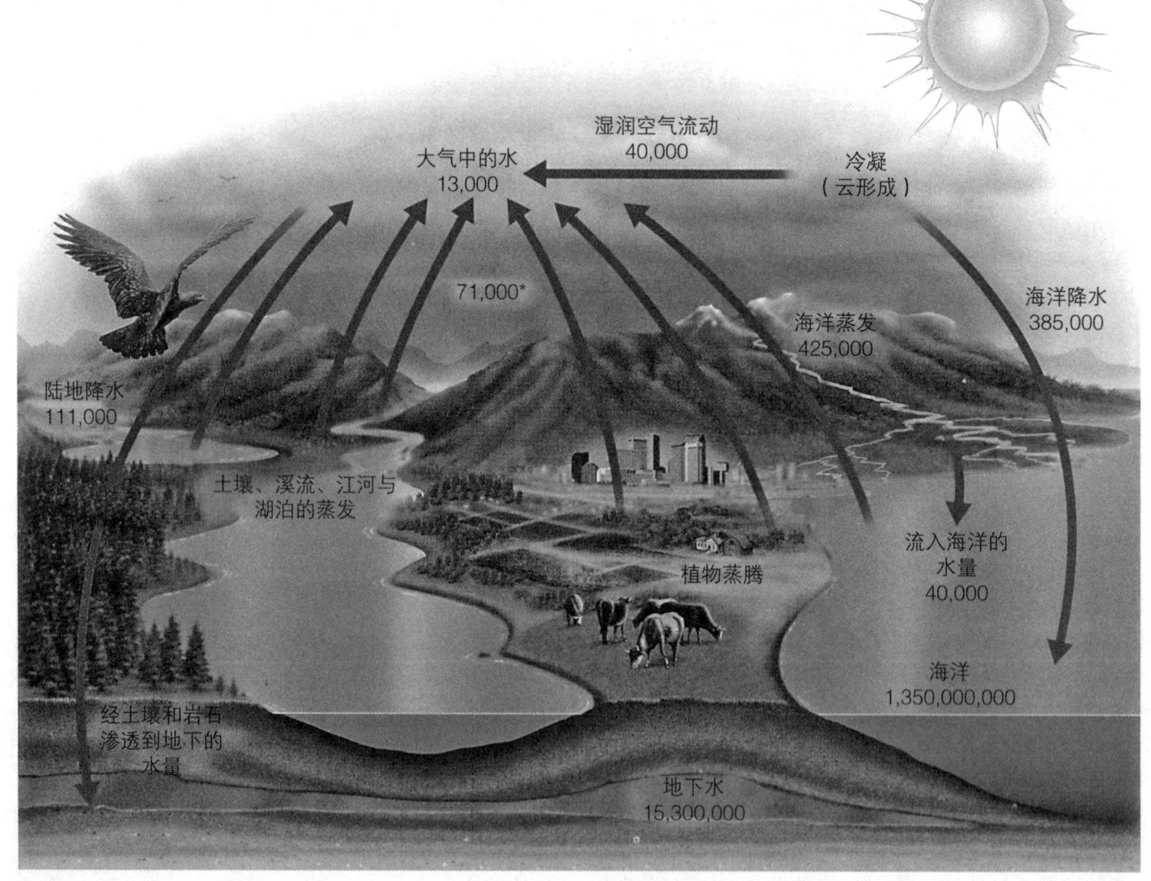

图4.6　水循环。图中显示的全球水预算中的储存单位是立方千米，循环流动（图中箭头所示）的单位是立方千米/每年。图中星号标示的数量（71,000立方千米/每年）包括植物蒸腾和从土壤、溪流、江河、湖泊蒸发的水量。（数据引自W. H. Schlesinger, *Biogeochemistry: An Analysis of Global Change*［《生物地球化学：全球变化分析》］, 2nd Edition, Academic Press, San Diego, 1997, 综合其他几个来源的信息。）

水循环：水从环境到生命有机体，然后再回到环境的全球流动。

岩石进入地下，成为地下水（groundwater），成为储存在地下洞穴和岩石缝隙中的淡水。地下水可能会在地下储存数百年甚至上万年，但是最终会为土壤、植物、溪流、江河与海洋提供水源。

不论是固体、液体或气体的物理形式，还是所在的位置，每一个水分子都在水循环中进行完整的流动。每年地球和大气之间循环的水的数量非常大，每年进入大气的水大约为389,500立方千米。这些水将近3/4会以降水的形式进入海洋，其他的落到陆地。

人类活动产生的水循环变化 一些研究显示，空气污染可能减弱全球水循环。**气溶胶**（aerosols）是大部分由硫酸盐、硝酸盐、碳、矿物质粉尘、烟灰等组成的细小空气污染颗粒，主要是化石燃料燃烧和森林火灾产生的。一旦进入大气，气溶胶就会加速空气中阳光光线的扩散和吸收，导致云雾的形成。气溶胶中形成的云雾不大容易以降水的形式释放其水容量。根据这一情况，科学家认为气溶胶影响某些地区的降雨数量和质量。CO_2导致的气候变化也通过增加冰川和极地冰盖融化速度以及提高某些地区的降水而改变全球水循环。

我们已经探讨了生命物质如何依赖无生命环境提供能量和必要物质（在生物地球化学循环中）。下面让我们考虑物理环境影响生物的另外5种情况：太阳辐射、大气、海洋、天气和气候、内部地质过程。

复习题

1. 光合作用、细胞呼吸和燃烧在碳循环中发挥什么作用？
2. 氮循环的5个步骤是什么？
3. 磷循环与碳、氮和硫循环的不同是什么？
4. 大气中发现了什么样的含硫气体？

太阳辐射

学习目标

• 概述太阳能量对地球温度的影响，包括不同地表平面反射率对地球温度的影响。

太阳使得地球的生命变为可能，它温暖了地球，包括地球上的大气，为地球提供了适于生活、居住、栖息的温度。如果没有太阳的能量，地球温度将接近绝对零度（-273° C），所有的水，甚至海洋中的水都会冰冻。太阳为水循环、碳循环以及其他生物地球化学循环提供能量，是气候的决定性因素。光合生物获取太阳能量，并用来制造几乎所有形式的生命都需要的食物分子。我们大多数的燃料，包括木材、石油、煤炭和天然气，都代表着光合生物捕获的太阳能量。没有太阳，几乎所有的生命都要停止。

太阳的能量来自一次巨大的核聚变反应，以电磁辐射的形式，特别是以可见光以及红外线、紫外线等人的眼睛看不见的光的形式发射到太空中（见图3.5）。在太阳发射的全部能量中，大约十亿分之一的能量照射到我们的大气，在这一极小部分的能量中，又有很小的一部分为生物圈运行提供动力。

云、大气和地球表面（特别是雪、冰和海洋）将照射到地球上的太阳辐射（也称日射量）的30%反射回去（图4.7），其中地球表面反射回去的辐射要少一些。冰川和冰层的**反射率**（albedo）很高，能将照射到其表面80%到90%的太阳光反射回去。在另一个极端条件下，沥青路面和建筑物的反射率则很低，只有10%到15%左右，而海洋和森林的反射率仅有5%。

正如图4.7所示，照射到地球上的剩余70%的太阳辐射能被吸收并促进水循环、推动风和洋流、实现光合作用、维持地表温度。最终，所有这些能量都会由于持续不断地将长波红外能（热）散逸辐射到太空中而流失。

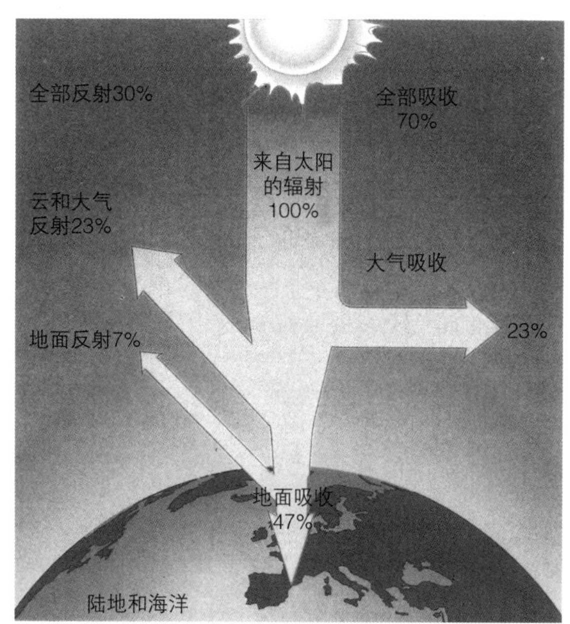

图4.7 抵达地球的太阳辐射的命运。多数的太阳能量永远到达不了地球。到达地球的太阳能温暖地球表面、推动水循环和其他生物地球化学循环、制造我们的气候、通过光合作用几乎为所有生物提供动力。（数据引自K. E. Trenberth, J. T. Fasullo, and J. Kiehl, “Earth’s Global Energy Budget” [《地球的全球能量预算》], *American Meteorological Society*, March 2009。）

反射率：地球表面对太阳能量的反照率，通常用百分比表示。

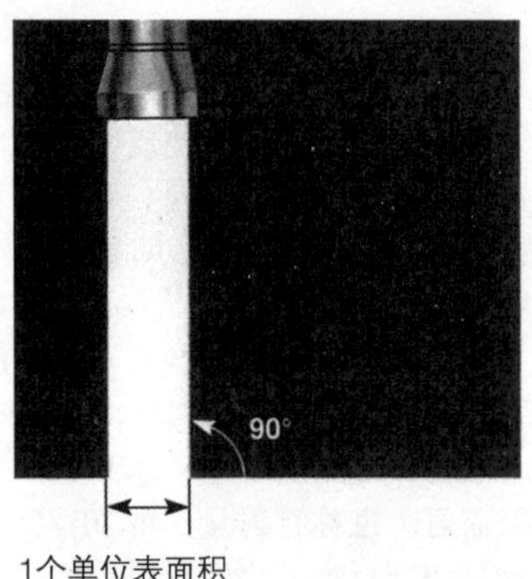

1个单位表面积

（a）1个单位的光集中照射于1个单位表面积之上。

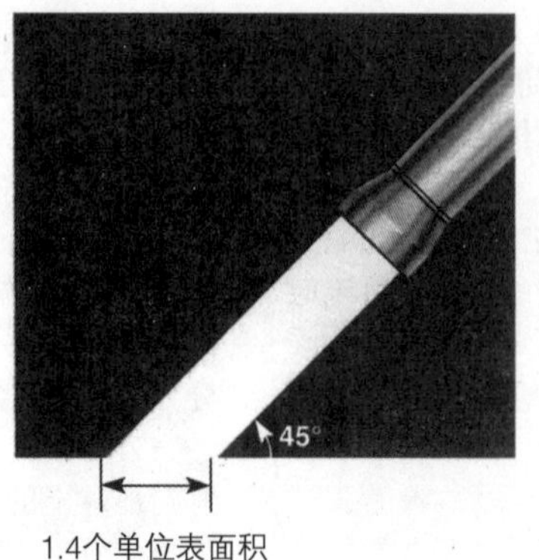

1.4个单位表面积

（b）1个单位的光散射于1.4个单位表面积之上。

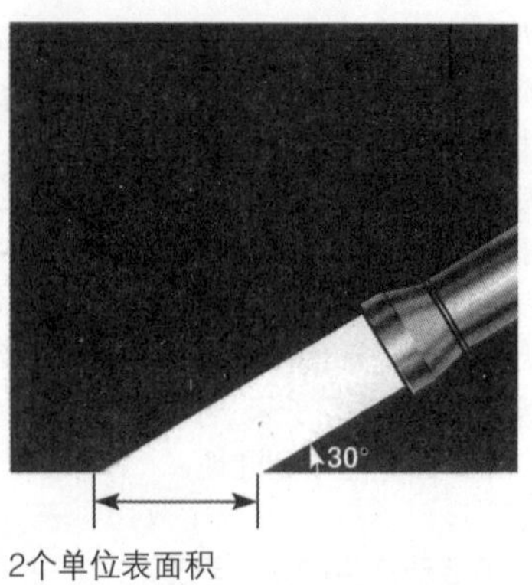

2个单位表面积

（c）1个单位的光散射于2个单位表面积之上。

图4.8　太阳强度和纬度。地球是个球体并围绕轴心倾斜，由于这个原因，从一个地方到另一个地方，太阳光线照射地球的角度是不同的。太阳光线（以手电光代表）直射到赤道附近，地球表面的太阳光最为聚集（如a）。随着辐射角度的变化（见b和c），到达地球表面的阳光越来越倾斜，同样数量的阳光照射的地表面积越来越大。

温度随着纬度而变化

由于太阳能量不能在同一时间到达所有的地点，因此就产生了地球温度的变化。地球的球体形状以及向轴心倾斜造成了接收太阳能量的不同。

倾斜的主要影响是太阳光线照射的角度不同，那么所照射到的地球表面的面积就不同（图4.8）。平均来说，太阳光在赤道附近是直射，能量更加聚集，产生的温度最高。在纬度高的地区，太阳光照射得就较为倾斜，从而照射到更大的面积。而且，倾斜进入两极附近大气层的阳光所穿越的空气层，要比照射到赤道附近的太阳光所穿越的空气层要厚得多。这导致更多的太阳能量被散射并被反射回太空，由此进一步降低了两极附近地区的温度。因此，到达极地地区的太阳能量是散射的，温度不高。

温度随着季节而变化

季节主要是由地球轴心倾斜所决定的。如果在地球轨道平面垂直划一条直线，就会发现地球轴心的倾斜度为23.5°。在半年时间里（3月21日到9月22日），北半球向太阳倾斜，在另外的半年时间里（9月22日到3月21日），北半球就偏离太阳（图4.9）。同一时期，南半球的倾斜状况恰恰相反。北半球的夏天正好是南半球的冬天。

复习题

1. 太阳是怎样影响不同纬度的温度的？为什么？
2. 什么是反射率？

N
春分
3月21日
S
夏至
6月21日
冬至
12月21日
光照循环
太阳
白天
黑夜
黑夜
白天
地球轨道
北极圈
秋分9月22日

图4.9　季节更替。地球在围绕太阳旋转时一直保持同样的倾斜度。太阳光线在冬天照射北半球会较为倾斜，在夏天会更为直接。在南半球，太阳光线在冬天是斜射的，此时的北半球是夏天。在赤道上，从3月21日到9月22日，太阳光线基本上都是直射的。

大气

学习目标

- 描述地球大气层的4个层级：对流层、平流层、中间层、热层。
- 讨论太阳能量和科里奥利效应在促进大气流动中的作用。

大气层是围绕着地球的、看不见的一层气体。氧气（21%）和氮气（78%）是大气层中最主要的气体，占干空气的比例约为99%。其他的气体，比如氩、二氧化碳、氖和氦，组成剩下的1%的气体。另外，水汽以及各种各样的空气污染物，比如甲烷、臭氧、沙尘、微生物和含氯氟烃（CFCs），也在空气中存在。随着大气层向太空的延伸，密度越来越稀薄，因此，由于重力的作用，大气中的物质大多数都在地球表面附近（图4.10）。

大气层发挥着几个重要的生态作用。它保护地球表面不受多数太阳紫外线光和X光的辐射，不受来自太空宇宙射线的致命辐射。如果没有大气层的这个庇佑，多数生命将不复存在。大气层虽然阻隔高能量辐射进入地球，但是允许可见光和一些红外线光的穿透，从而给地球表面和低层大气带来温暖。大气层和太阳能量的交互作用推动着天气和气候的变化。

生物的生存依赖大气层，但是生物维护着并在某些情况下改变着大气的构成。在数千万年的时间里，光合生物将一度富含二氧化碳的大气层转化成氮元素含量第一、氧元素含量第二的大气层。制氧的光合作用和用氧的细胞呼吸之间的平衡维持着目前的氧水平。

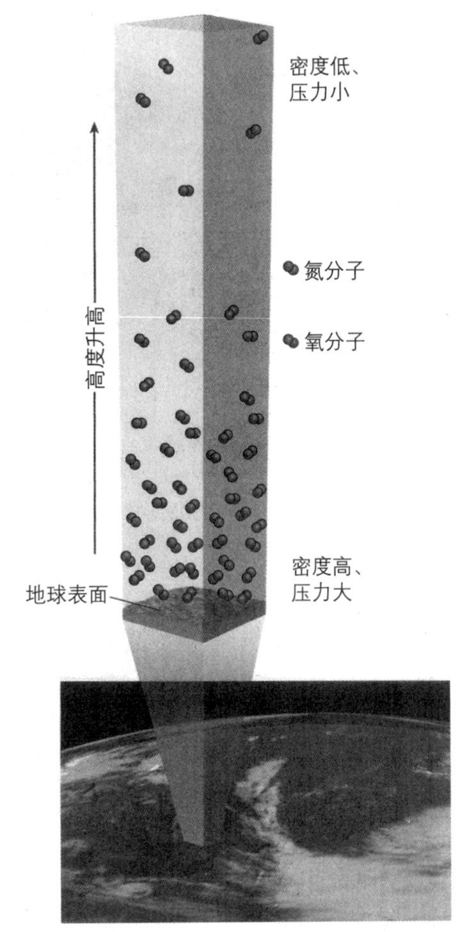

图4.10 大气层的密度。地球的大气层随着海拔的升高其密度和压力减小。由于重力的作用，空气中更多的分子被吸引到地球表面附近。

大气层的层级

大气层有四个层级，分别是对流层、平流层、中间层和热层（图4.11）。这几个层级高度不同，而且因为高度和季节的不同，温度也不同。**对流层**（troposphere）从地球表面往上延伸大约12公里（7.5英里）。海拔每升高1公里，对流层的温度就下降大约6℃（11°F）。天气，包括飓风、风暴和大部分云都发生在对流层。

在大气层中，对流层上面是**平流层**（stratosphere），那里有平稳流动的风，但没有湍流。平流层中的水很少，低平流层的温度或多或少变化不大（-45℃至-75℃），商业飞行在这个高度进行。平流层距地球表面在12公里至50公里（7.5英里至30英里），含有一层对生命至关重要的臭氧，因为臭氧层吸收了很多对人有害的太阳紫外线辐射。由于臭氧层吸收了紫外线辐射，因此空气受到加热，温度随着平流层高度的增加而上升。

中间层（mesosphere）是直接位于平流层上面的那层大气，距离地面在50公里至80公里（30英里至50英里）。中间层的温度不断降低，直到大气中的最低温度负138°C。

热层（thermosphere）距离地球表面在80公里至480公里（50英里至300英里），温度非常高。热层中稀薄空气的气体吸收X射线和短波紫外线辐射。这种吸收使得热层中的分子以极快的速度运行，并在运行过程中将温度升高到1000℃或更高。当来自太阳的带电粒子碰到热层中的氧或氮分子时，就会产生极光，展示出一种在黑暗极地上空色彩斑斓的光。热层对于长距离通讯很重要，因为它可以不借助于卫星，就能将发射出去的无线电波反射回地球。

对流层：最靠近地球表面的大气层。

平流层：紧接着对流层上面的大气层。

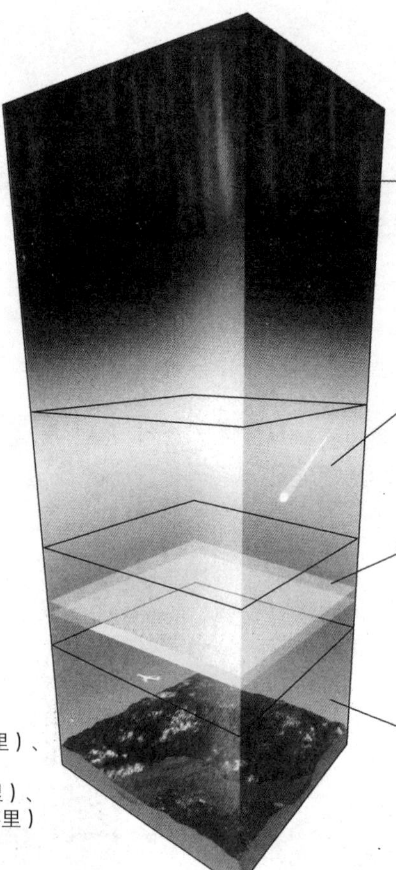

图4.11　大气的层级。对流层离地球表面最近，上面是平流层，再往上依次是中间层和热层。

大气层的循环

从更大范围来说，抵达地球不同地方的太阳能量是不同的，由此而造成了温度的差异，这种差异构成了大气流动的动力。赤道附近温暖的地表面加热了与其接触的空气，使得这种空气膨胀并上升，这一过程称为对流（图4.12）。随着热空气的上升，空气的温度就会降低，然后空气再度下沉。很多空气几乎是刚离开就又回流到原地，但是留下的热空气会分开并向极地两个方向流动。空气在南北纬度30度附近变冷，下沉到地球表面。这种下降的空气也是分开并在地球表面上空沿两个方向流动。相似的热空气上升运动以及随后的向极地流动发生在远离赤道的高纬度上。在极地，寒冷的极地空气下降，并向低纬度流动，一般是在位于同时流向极地的热空气层下面。空气的持续运动将赤道的热转换到极地，随着空气的返回，又使得所经过的地区温度下降。这种不间断的周转往复调节着地球表面上空的温度。

地面风　除了全球性流动模式，大气还进行着复杂的平面运动，一般称之为风（wind）。风的本质，包括风的爆发、旋流以及平息，都很难理解或预测。风可能部分源于大气压力的不同和地球的旋转。

大气中的气体有重量，向海平面施加的压力为1013毫巴左右。气压是变动的，随着高度、温度和湿度的不同而改变。风一般是从气压高的地区吹向气压低的地区，气压高和气压低地区的压差越大，风的强度就越大。

地球的旋转影响着风向。地球从西向东旋转，使得地表面风形成东西向的运动，从而偏离其直线路径。运动的空气如果是在北半球，就会向右改变方向；如果是在南半球，就会向左改变方向（图4.13）。这种偏离是**科里奥利效应**（Coriolis effect）的结果。越是纬度高的地

科里奥利效应：地球旋转的影响，使得流动（空气和水）在北半球向右偏离，在南半球向左偏离。

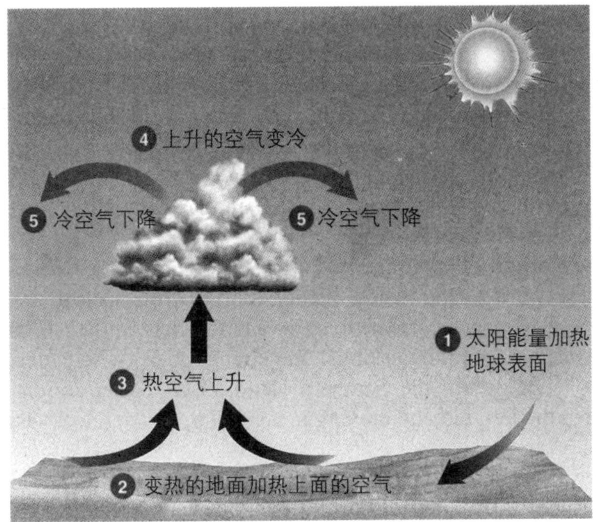

（a）在大气对流中，地表的温度升高加热了空气，导致密度小、温度高的空气的上升。这种对流过程最终导致气流混合了大气中较暖和较冷的部分。

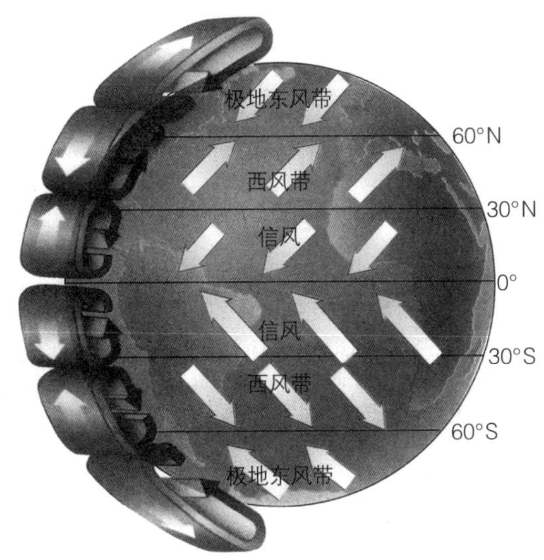

（b）大气流动将赤道的热量携带到极地（左边）。加热后的空气从赤道升高，向极地流动，并在流动过程中变冷，因此很多空气在两个半球纬度约30度的地方下降。纬度越高，空气流动就越复杂。

图4.12　大气流动

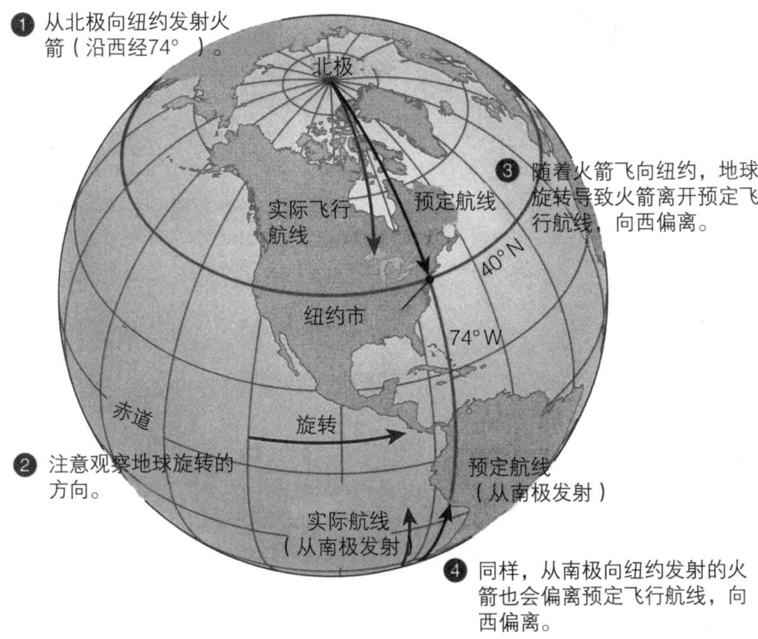

图4.13　科里奥利效应。从北极看，科里奥利效应好像是使风和洋流向右偏离。从南极看，好像是向左偏离。（引自A. F. Arbogast, *Discovering Physical Geography*［《发现物理地理》］, Hoboken, NJ: John Wiley& Sons, Inc., 2007。）

方，科里奥利效应就越大，在赤道地区的效应几乎可以忽略不计。赤道地区东向或西向的空气运动不会偏离它的路径。

大气层中有3种**盛行风**（prevailing wind）（图4.12b）。一般从北极附近由东北或从南极附近由东南刮的盛行风叫极地东风带（polar easterly）。一般从北半球西南中纬度或南半球西北中纬度刮的风叫西风带（westerly）。一般从北半球东北或南半球东南刮的赤道风叫信风（trade wind）。

复习题

1. 大气层中最外面的是哪一层？大气层中哪一层有可以吸收很多太阳紫外线辐射的臭氧？
2. 决定大气流动的基本力量是什么？

盛行风：基本上持续不断地刮的主要地面风。

全球海洋

学习目标

- 讨论太阳能量和科里奥利效应在促进全球水流动模式、包括环流中的作用。
- 解释厄尔尼诺和拉尼娜，描述它们的影响。

全球海洋是一个环绕着大陆的巨型咸水水体，几乎覆盖地球3/4的表面。它是一个单一的、连绵不断的水体，但是地理学家根据将它们分开的大陆，把这个水体分为4部分：太平洋、大西洋、印度洋和北冰洋。太平洋最大，覆盖地球表面1/3的面积，拥有地球一半以上的水量。

海洋中的水流模式

在盛行风持续不断地驱动下，海洋表面会出现洋流（current）（图4.14）。盛行风还制造环流（gyre），即环绕整个海洋的大型洋流。在北大西洋，热带信风向西吹，而中纬度上的西风带向东吹。这就在北大西洋形成了一个顺时针环流，也就是说，信风在热带北大西洋产生了西向的北大西洋赤道洋流。当这个洋流到达北美大陆的时候，就发生向北偏离，开始受到西风带的影响。因此，这一洋流在中纬度一直向东流，直到抵达欧洲大陆。然后，一部分水流转向极地，一部分水流转向赤道。往赤道的水流再次受到信风的影响，产生环流。尽管海洋表层洋流和风运动的方向一致，但这一原则也有着很多变数。

正如对风产生影响一样，科里奥利效应对海洋表层洋流也产生着影响。地球从西向东的旋转导致海洋表层洋流在北半球向右偏离，有助于形成一个环绕的、顺时针的洋流模式。在南半球，洋流则向左偏离，流动的模式是环绕的、逆时针的。

大陆的位置影响海洋流动。海洋在地球上的分布不是均衡的，南半球的水量比北半球多（图4.15）。南半球环绕南极的水流称为南大洋，几乎没有大陆的阻碍。

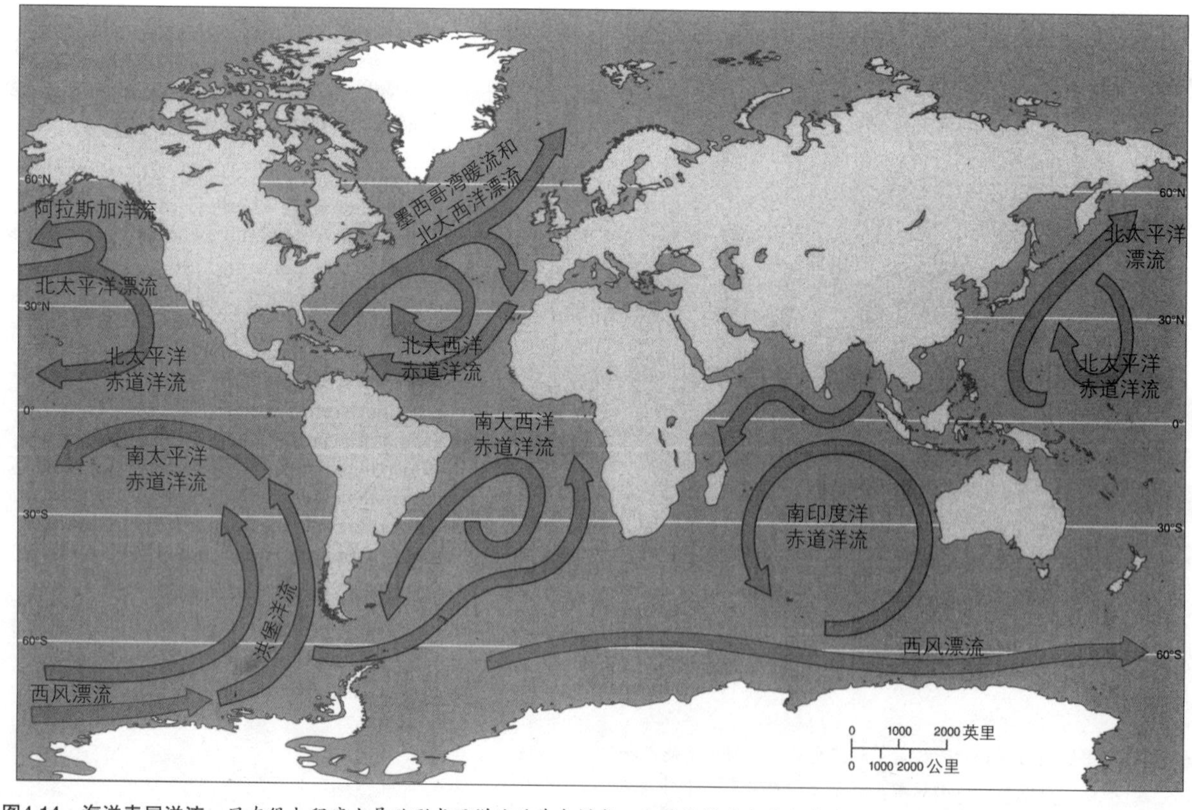

图4.14　海洋表层洋流。风在很大程度上导致形成了洋流的基本模式。主要的洋流在北半球是顺时针的，在南半球是逆时针的，受到科里奥利效应的部分影响。

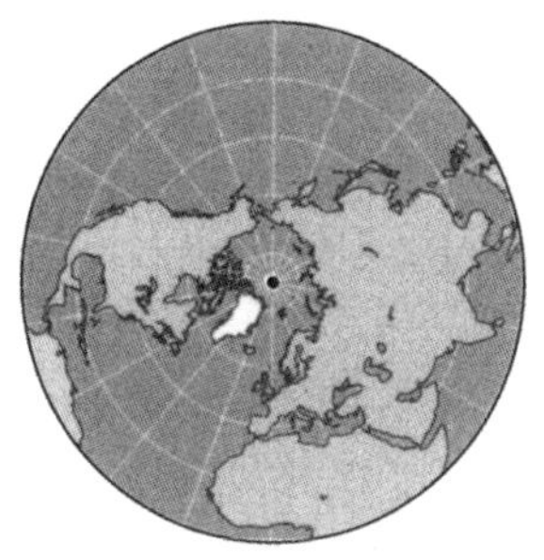

（a）从北极看北半球。

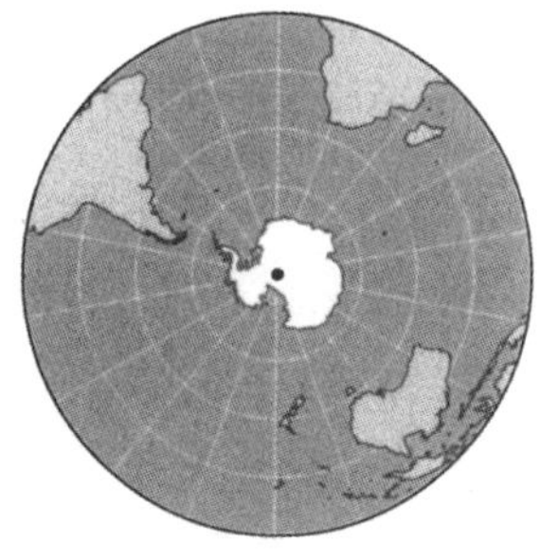

（b）从南极看南半球。在南半球，洋流以环绕的方式更加自由地流动。

图4.15　北半球和南半球的大洋和大陆

海水的垂向混合运动

海水的不同密度（单位体积的质量）影响着深海洋流。冷的咸水要比温度高的、盐度小的水密度大。（水温高于4℃时，水的密度随着温度的下降而升高。）较冷的咸海水下沉，在温度高、盐度小的海水下流动，产生了大洋深处的洋流。深海洋流常常与表层洋流流动的方向不同，速度也不一样，部分原因是科里奥利效应在深海的影响更大。图4.16显示了海洋表层洋流和深层洋流的环流情况，其中深层洋流也就是海洋传输带（ocean conveyor belt），将海洋深处的冷的咸水从高纬度输送到低纬度。大西洋从北冰洋那里得到冷的深层海水，而太平洋和印度洋则从南极洲周围的水域得到冷的深层海水。

海洋传输带影响着区域的气候，也可能影响着全球的气候。随着墨西哥湾暖流和北大西洋漂流（见图4.14）灌入北大西洋，它们将大量的热从热带输送到欧洲。随着浅层洋流将热量转移到大气，海水密度增加，进而下沉。在北大西洋向南流的深层洋流，平均温度要比向北流的浅层洋流的平均温度低8°C（14°F）。

海底沉积物和格陵兰冰的证据表明，海洋传输带在相对较短的时间内（几年到几十年）从一个平衡状态转换到另一个平衡状态。目前的海洋传输带在11,000到12,000年之前进行了重组。在这一时期，转换到北大西洋的热量停止了，全球温度下降，北美和欧洲都经历了极度严寒的状况。这种气候大转换的真正原因和影响目前还不清楚，但是很多科学家担心，人类活动可能会无意识地影响了海洋传输带与全球气候之间的联系。随着全球变暖导致格陵兰冰的融化，北大西洋的深层大循环可能会中断。（融化的冰会稀释冰冷的咸海水以致海水不下沉。）有些科学家提出，这种变化可能导致北欧出现

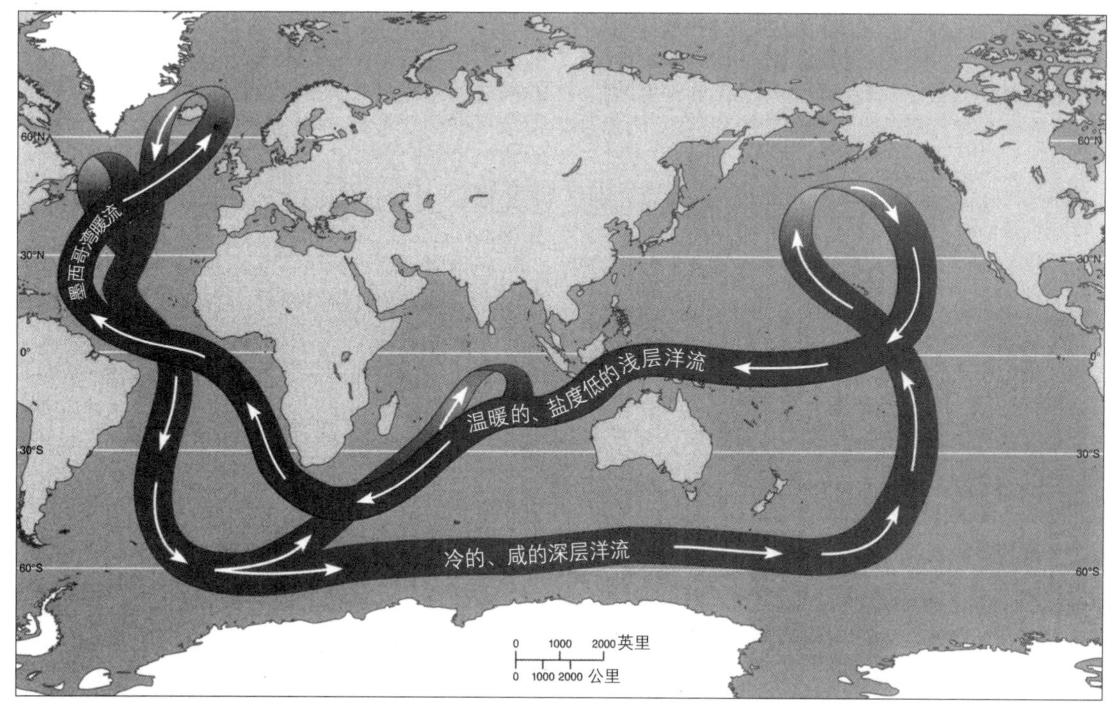

图4.16　海洋传输带。这个循环带包括温暖的浅层洋流和冰冷的深层洋流。这个海洋传输带为欧洲带来了相当温暖的气候。这个海洋传输带的任何变化都可能引起全球气候的变化。气候变暖能否引发欧洲的微型冰河期？（引自W. S. Broecker, "The Great Ocean Conveyor"［"大洋传输带"］, *Oceanography*, Vol. 4, 1991。）

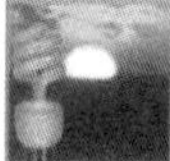

一个微型冰河期。海洋学家正在使用不同深度的锚系设备测量大西洋的环流情况，从而更好地了解这种现象。

海洋与大气的相互作用

海洋与大气有着紧密的联系，大气中的风影响着洋流，海洋中的热影响着大气的流动。海洋与大气相互作用最为突出的例子是**厄尔尼诺南方涛动**（ENSO，简称厄尔尼诺）事件，导致出现很多跨年度（从一个年头到另一个年头）的气候异常变化。

正常情况下，西向的信风阻止高温度的水流向澳大利亚附近的西太平洋。然而，每隔3到7年，信风减弱，温暖的水域向东扩展，一直到南美，从而提高了东太平洋海面的温度。这一区域正常向西流的洋流就会减缓速度，或完全停止，甚至倒转方向，向东流去。这种现象叫“厄尔尼诺”，在西班牙语中指的是圣婴，因为这股暖流通常就在圣诞节前抵达秘鲁海岸的渔场。厄尔尼诺一般持续一到二年。

厄尔尼诺能够摧毁南美的渔业。正常情况下，冰冷的、营养丰富的深层海水大约在水下40米（130英尺），那儿有着被分解的死亡水生生物，这些海水在强信风（图4.17）的部分影响下，会沿着海岸翻涌（upwell）上来。在厄尔尼诺事件期间，这种冰冷的、富含营养的深层海水位于东太平洋海面以下大约152米（500英尺），温暖的海面温度和无力的信风阻碍了冰冷海水的翻涌上升。由于海面缺乏营养，鳀和其他海洋鱼类的种群数量严重减少。在厄尔尼诺现象发生的1982年到1983年，鳀种群数量减少99%，这是有记录以来最严重的事件之一。然而，其他物种，比如虾和扇贝，在厄尔尼诺事件期间，其种群数量大幅增长。

厄尔尼诺改变了全球空气流动，将一些非正常的、有时甚至是危险的天气带到远离赤道太平洋的地区（图4.18）。根据一项估计，1997年至1998年期间发生的厄尔尼诺事件是最严重的一次，导致2万多人死亡，全世界财产损失330亿美元，给美国西部地区带来强降雪，给加拿大东部地区带来大冰雹，给秘鲁、厄瓜多尔、加利福尼亚州、亚利桑那州和西欧带来暴雨并造成洪涝，给得克萨斯州、澳大利亚和印度尼西亚带来干旱。厄尔尼诺导致的干旱对印度尼西亚造成了极为严重的损害，使得野火，特别是很多为开垦农业土地而进行的烧荒失去控制，烧毁了大片区域，面积有新泽西州那么大。

气候科学家观测和监测海面温度和风，以更好地了解和预测厄尔尼诺事件。通过TAO/TRITON 浮标阵列（TAO/TRITON array）项目，在热带太平洋部署了70个锚泊浮标。这些仪器设备收集正常状态和厄尔尼诺条件下的海洋和天气数据。卫星把这些数据传给岸上的科学家，以便能提前6个月预测厄尔尼诺事件。这种预测为政府应对与厄尔尼诺现象相关的极端天气提供了时间。尽管气候科学家很难预测全球气候变化如何影响厄尔尼诺，但是，澳大利亚的科学家最近开发的一些模型显示，随着气候变化的发生，特别严重的厄尔尼诺事件发生的频率可能翻番。

拉尼娜（La Niña） 厄尔尼诺不是影响热带太平洋唯一的周期性海洋温度事件。当东太平洋的海面温度变得异常低、西向信风变得异常强的时候，就会发生拉尼娜（西班牙语中为“女孩”）现象。这种现象常常在厄尔尼诺事件之后发生，被认为是海洋温度自然律动的一部分。

1998年春天，东太平洋的海面温度在短短20天内下降了6°C（12°F）。与厄尔尼诺一样，拉尼娜也影响着全球的天气模式，但是它的影响更难预测。在美国沿海，拉尼娜都带来了突出的影响，最典型的变化有：太平洋西北部的冬天比往常湿度大，东南地区的天气温度更高，西南地区天气干旱。在拉尼娜事件期间，大西洋飓风更猛，发生的频率更大。

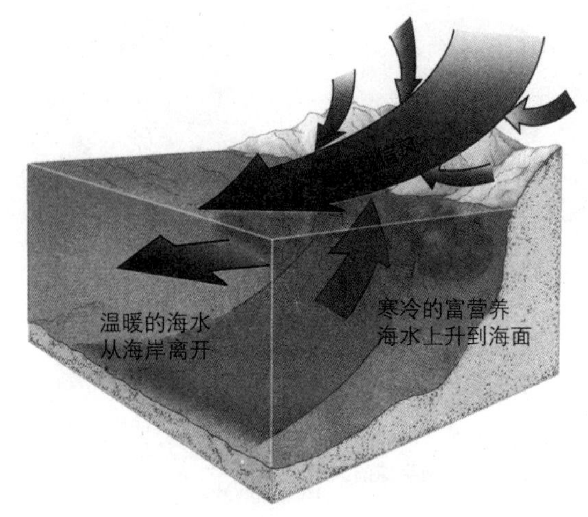

图4.17 翻涌。翻涌指的是海洋深处的海水上升到海面，发生在美国南部海岸的太平洋。翻涌的海水为微小的藻类提供了营养，藻类进而支持了复杂的食物网。在厄尔尼诺事件发生期间，海岸翻涌大为减弱，暂时减少了鱼类种群数量。

厄尔尼诺南方涛动：赤道地区东太平洋表面水周期性的、大范围的变暖现象，对海洋和大气流动都有影响。

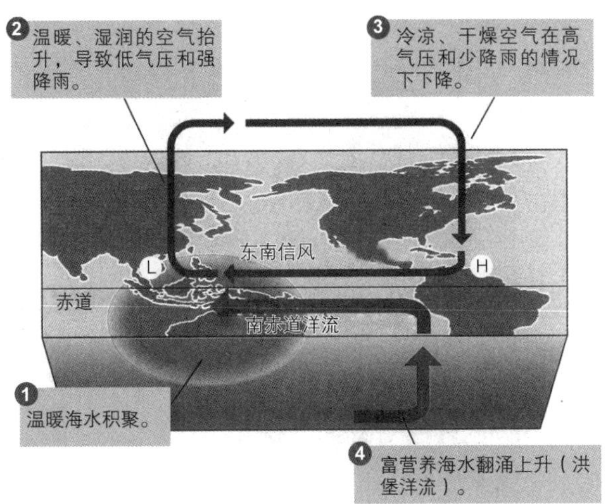

（a）**正常气候状况。**厄尔尼诺事件源于大气环流与太平洋表层洋流之间的关系。当强劲东向水流推动温暖海水进入西太平洋时，就会形成正常气候状况。

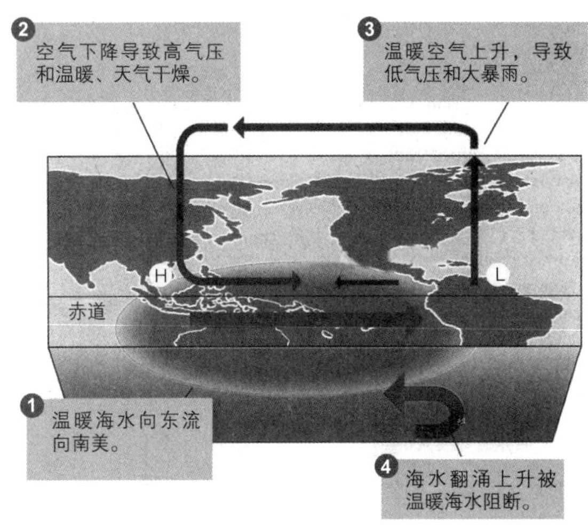

（b）**厄尔尼诺状况。**当东向水流减弱时，就会发生厄尔尼诺事件，温暖海水就会聚集在美国南部海岸。注意降水和气压系统位置的关系。在厄尔尼诺事件期间，美国沿海北部地区在冬天特别暖和，南部地区要冰冷和湿润得多。

图4.18　厄尔尼诺南方涛动（ENSO）。厄尔尼诺事件大大改变了很多远离太平洋的地区的气候。

复习题

1. 太阳的能量、盛行风、海洋表层洋流有着怎样的联系？
2. 什么是厄尔尼诺南方涛动？对全球的影响有哪些？

天气与气候

学习目标

- 区分天气与气候的不同，简要讨论区域降水差异。
- 对照龙卷风与热带气旋的不同。

天气（weather）指的是特定地点、特定时间里大气的状况，包括温度、气压、降雨、云量、湿度和风。从这个小时到下个小时，从今天到明天，天气都在发生变化。气候（climate）指的是在几年时间内一定地方发生的天气模式。

决定一个地方气候最重要的两个因素是温度和降水，其中温度包括平均温度和极端温度，降水包括平均降水、季节分布和变化情况。影响气候的其他因素还有风、湿度、雾、云层。根据所在的层级、高度和密度，云能够吸收或反射太阳光，能够截留往外散逸的热量，云影响气候的细节现在还没有真正搞清楚。在有些地方，闪电也是影响气候的重要因素，因为闪电可能引起火灾。

气候因素的日间变化、昼夜变化、季节变化是气候影响生物的重要方面。纬度、高度、地形地貌、植被情况、距离海洋的远近、在陆地或大陆上的位置等，都会影响温度、降水以及气候的其他方面。与快速变化的天气不同，气候通常要数百年或数千年才发生缓慢变化。

地球上有很多种气候，由于每种气候都已稳定存在了很多年，因此，生物已经适应了这些气候。地球上孕育了很多种生物，部分原因是有各种各样的气候，从寒冷、冰雪覆盖的极地气候到酷热、几乎每天都下雨的热带气候。德国生物学家和气象学家弗拉迪米尔•柯本（Wladimir Köppen）在20世纪初创立了使用最为广泛的气候分类体系。图4.19显示的是根据柯本体系改进的世界气候地图。气候区可分为6个：湿润赤道、干旱、湿润温带、湿润寒带、寒冷极地以及高原气候，每个气候区还可以再分为不同的气候类型。比如，湿润温带气候可分为3类：非干旱季节、干旱冬季、干旱夏季。

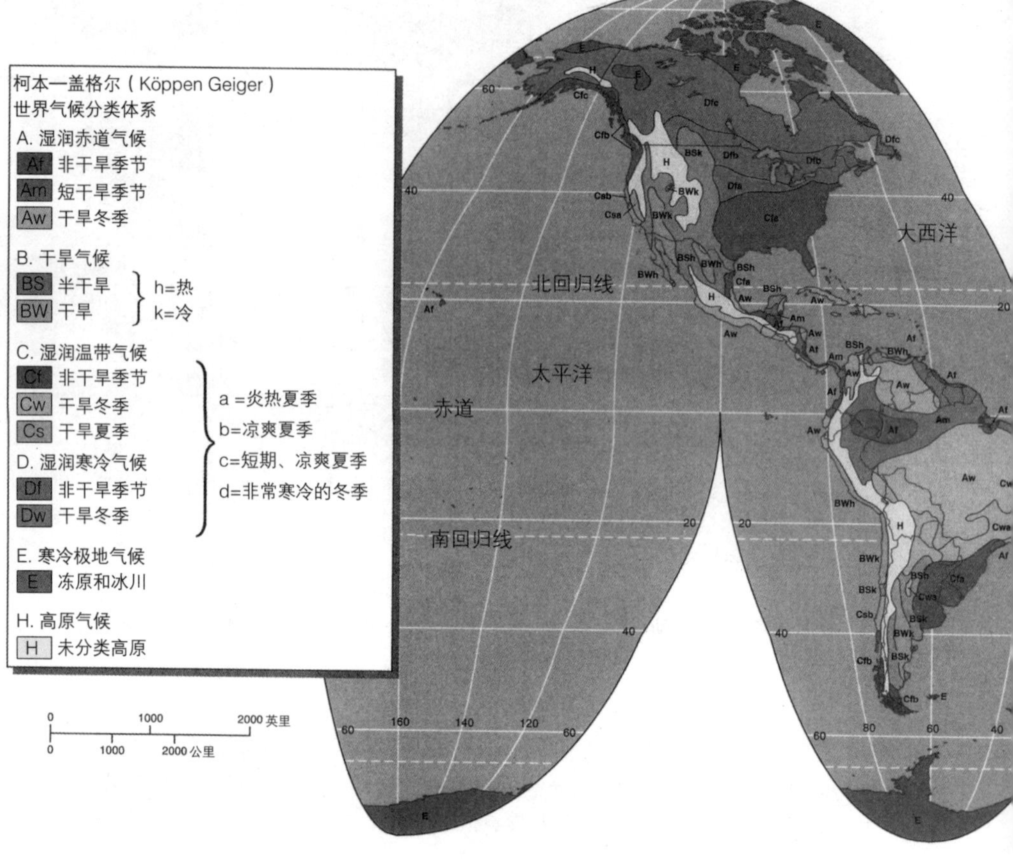

图4.19 气候区。本地图上的分界线并不表示气候的突然变化。恰恰相反，它们表示从一个气候区向另一个气候区的过渡区。如果考虑全球气候变化的因素，再过50年左右，柯本的气候区地图很有可能需要修正（根据柯本气候体系）。

降水

降水指的是大气中任何一种形式的水的降落，比如雨、雪、雨夹雪、冰雹。不同地方的降水量存在着很大不同，对现有生物的分布和种类有着重要的影响。地球上最干旱的地区之一是智利的阿塔卡马沙漠（Atacama Desert），平均年降水量只有0.05厘米。而夏威夷的瓦埃莱尔山（Mount. Waialeale）则是世界上最湿的地方，平均年降水量为1200厘米。

降水量的不同是由几个因素造成的。赤道一些地区丰沛的降雨主要是源于湿度大的空气被抬升到赤道上空。赤道地区海洋表面的温度高，导致蒸发的水分大，盛行风将湿度大的空气吹过赤道地区上空。陆地表面接受太阳光后温度会升高，加热陆地上空的空气，从而使湿润空气上升。随着空气的上升，温度开始下降，空气的持水能力也在下降（冷空气的持水能力小于暖空气）。当空气达到饱和点以后，就再也不能保持多一点的水分，于是，水就从云端以降水的形式被释放出来。空气最终还要从赤道两边南回归线和北回归线附近的地方返回地球（分别是北纬23.5度和南纬23.5度），到那时候，空气中的水分大部分都以降水的形式回到了地球，干空气也要返回赤道。这种干空气对海洋产生不了什么生物影响，但是对陆地却会产生一定的影响，由于缺乏水分，形成了一些热带大沙漠，比如撒哈拉沙漠。

在大陆上空的长时间流动会使空气干燥。在大陆迎风（风吹来的一边）海岸的附近，降雨就丰沛。在温带地区，大陆内地通常很干旱，因为这些地方远离海洋，而海洋能补充从其上面经过的空气中水分的含量。

高山迫使空气上升，并去除湿润空气中的水分。随着高度抬升，空气开始变冷，形成云，然后下雨，主要是降在迎风的山坡。随着空气在山的另一边下降，它的温度升高，因此减小了空气中剩余水分形成降水的机会。这种情况发生在北美西海岸，降雨落在靠近海岸的西山坡。背离盛行风的另一端山坡上的干旱土地，就北美西海岸情况来说，就是山峦的东面，形成了**雨影**（rain shadow）（图4.20）。

雨影：发生在山峦背风一边的干旱状况，通常是区域性的，湿润空气在通过山峦时丧失了大部分水分。

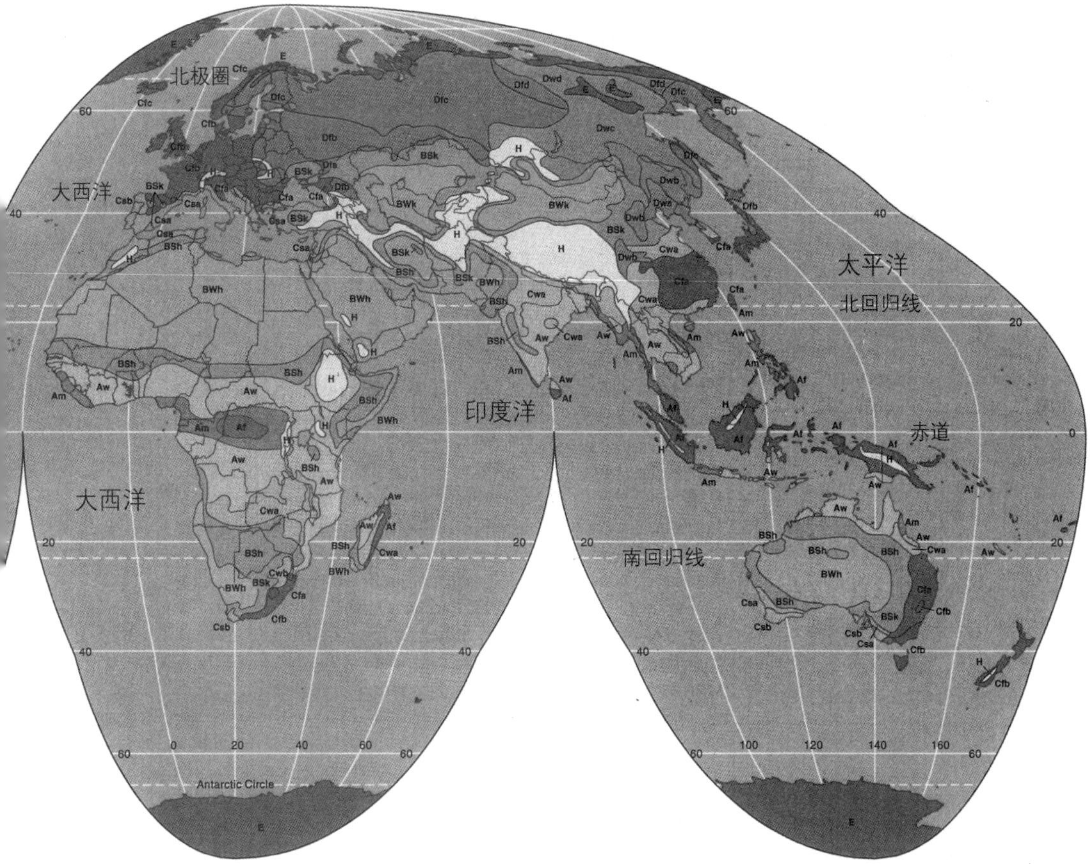

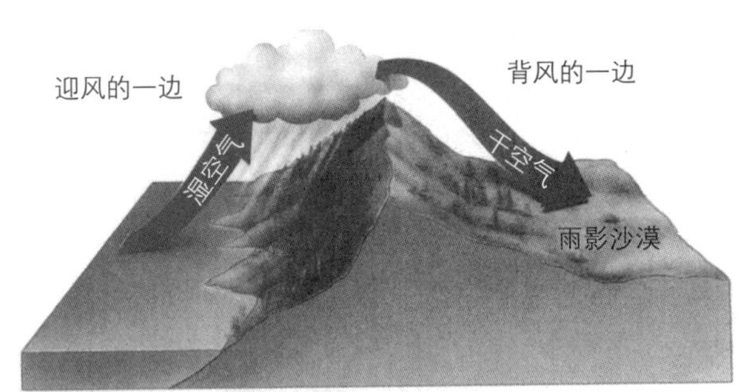

图4.20　雨影。盛行风将温暖、湿润的空气从迎风的一边吹上来。随着空气温度的下降，就发生降雨，因此，干空气从背风的一边下降。

龙卷风

龙卷风是一种强劲的空气旋转漏斗，通常与大雷雨联系在一起。当一团冷干空气遇到温湿空气，就会在云层的下端产生一个强有力的旋转上升气流。这个旋转的漏斗一旦从云层下降并触及地面，就形成了龙卷风。强龙卷风的风速可达到每小时480公里（每小时300英里）。龙卷风在水平幅度上可达1米到3.2公里（2英里）不等；可以持续几秒，也可以持续几个小时；可以只刮几米远，也可以肆虐320多公里（200英里）。

从对当地的影响看，龙卷风比任何其他的风暴聚集的能量都强大，可以摧毁大楼、桥梁和货运火车，还可以造成人员伤亡。在20世纪，美国死于龙卷风的人有10,000多名。2011年春天发生的龙卷风是美国大气海洋局（NOAA）有记录以来破坏最严重的龙卷风之一，横扫美国东南部，席卷了从俄克拉何马到弗吉尼亚的广大区域，造成300多人死亡。尽管其他国家也发生龙卷风，但是美国发生的次数比其他地方都多。龙卷风在春季最为常见，这时，北极的冷空气与墨西哥湾洋流的暖空气交锋。在美国大平原地区、中西部各州以及沿墨西哥湾各州，龙卷风尤为常见。

热带气旋

热带气旋（tropical cyclone）是巨大的、风速迅疾的、旋转式热带风暴，风速至少达到每小时118公里（每小时73英里）。最强大的热带气旋风速可达每小时250公里以上（每小时155英里）。随着强劲的风裹挟着赤道海洋温暖海面上空的湿气并开始在地球自转的影响下打转，气旋就形成了。这种打转造成了一个巨大的螺旋式向上翻转的云团，空气也随之向上涌动（图4.21）。这种天气现象在大西洋称为飓风，在太平洋称为台风，在印度洋称为气旋，热带气旋在夏季和秋季海洋温度最高的时候最为常见。

热带气旋登陆后会带来毁灭性的影响，与强风比起来，气旋掀起的汹涌海浪造成的危害更大，浪高可达7.5米（25英尺）。风暴大潮会引起财产和生命损失。有些飓风会带来暴雨。米奇飓风（Hurricane Mitch）是至少200年来西半球发生的最严重的一次，于1998年袭击中美洲大西洋海岸，在随后引发的洪涝和山体滑坡中造成10,000多人死亡。2013年11月，台风海燕肆虐东南亚，在菲律宾有6000多人丧生。海燕（在菲律宾称之为Yolanda）是历史上记录的登陆最强的热带气旋。

有些年份发生的飓风次数比其他年份多。2005年是有记录以来大西洋飓风最活跃的一年，发生了28次被命名的热带风暴，其中15次为飓风，包括飓风卡特里娜（Hurricane Katrina）。（热带风暴的风速在每小时63公里到117公里之间[每小时39英里到72英里之间]，而飓风的风速则达到每小时118公里[每小时73英里]或更高。）影响北大西洋飓风形成的因素包括西非的降水和东太平洋地区的水温。如果非洲西部萨赫勒地区的雨季比平常雨水多（图4.22），那么就可能形成更多的飓风，就像厄尔尼诺的影响一样，导致太平洋的水温下降。

有些气候学家提出假设，从撒哈拉沙漠吹过大西洋的沙尘可能压制了加勒比海和西大西洋上的飓风。2006年，大西洋全年没有形成飓风，北非干旱的天气和强劲的风暴在飓风季节开始之际就把大量的沙尘吹过大西洋，遮蔽了一些阳光，降低了空气和水的温度。而且，干燥的沙尘以及将沙尘吹过大西洋的迅疾风暴可能压制了飓风的形成。2013年，也发生了类似的事件，出现了一个沉静的大西洋飓风季节。

1970年以来，热带气旋形成的强度大为提高。全球大气模式和风的垂直切变等几种因素以复杂的方式相互发生作用，增加了热带气旋的强度。然而，最近的证据表明，海洋表面温度是最重要的因素，这就意味着，随着全球气候变暖，热带气旋会变得越来越强烈（见第二十章）。

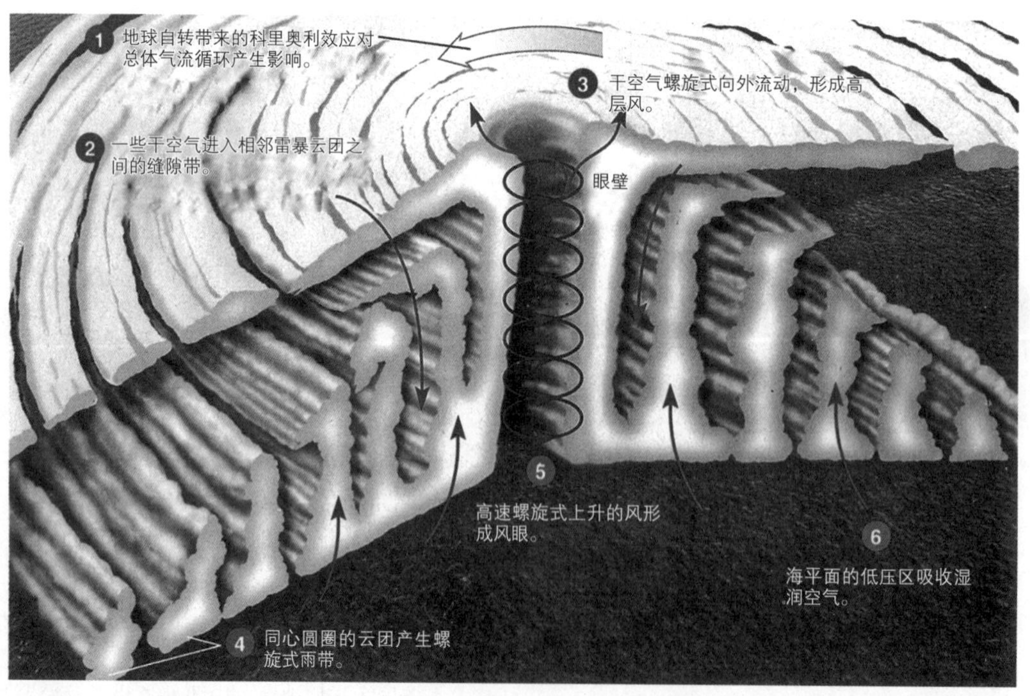

图4.21 气旋的结构。这些编号1—6的气旋过程全都是同时发生的。科学家认为随着地球气候的继续变暖，气旋变得越来越强。

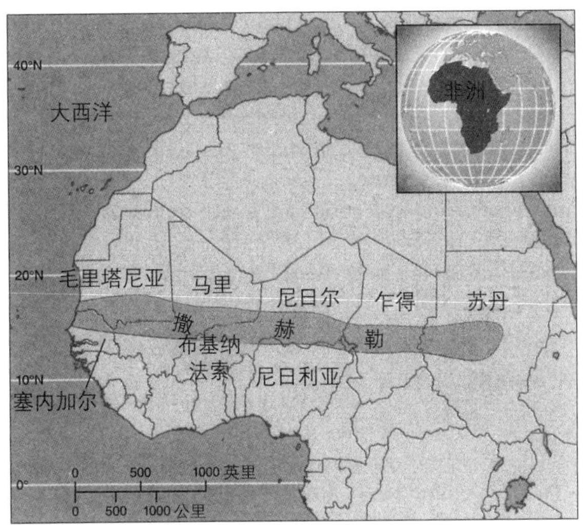

图4.22　非洲撒赫勒地区。这一地区是北部撒哈拉沙漠和南部湿润热带雨林的过渡带。在20世纪70年代到90年代期间，撒赫勒经历了一次严重的干旱。

案例聚焦

卡特里娜飓风

卡特里娜飓风（Hurricane Katrina）在2005年8月沿路易斯安那州、密西西比州、阿拉巴马州登陆北中湾（north-central Gulf）海岸，是美国历史上破坏性最大的风暴之一。这次飓风引发的风暴潮对新奥尔良（New Orleans）和这一地区的其他沿海城市造成了严重的损失。汹涌高涨的浪潮造成堤坝和运河崩塌，淹没了新奥尔良及其周围80%的地区。

多数人都已了解卡特里娜带来的财产和生命损失。我们这儿集中考察一下人类活动对新奥尔良地区的地理和地质进行了怎样的改变，以致破坏了自然系统的平衡，加剧了风暴的损害。这个讨论也适用于世界上很多位于河流三角洲的城市，这些城市在风暴和洪涝面前一样显得脆弱。

密西西比河（Mississippi River）三角洲历经千年淤泥沉积才在入海口形成了现在的样子。新奥尔良是个理想的工业发展地，也是进行海运、河运商业开发的理想城市，但是，城市的开发破坏了三角洲演化的进程。多年来，由于城市处于海平面甚至海平面之下，因此工程师建设了运河系统以帮助航运，修筑了堤坝以控制洪涝。运河使得海水倒灌入侵，杀死了淡水沼泽里的植物。堤坝杜绝了淤泥堆积，洪水退去以后，那些淤泥都阻拦在堤坝后面。（现在，淤泥被排放到墨西哥湾。）在自然条件下，这些淤泥沉积将会补充和维护三角洲，形成海岸湿地。

随着城市的发展，湿地上呈现出新的面貌，曾经的长沼、水道、沼泽等被疏浚和填埋。这些海岸湿地在被破坏前会给风暴潮引发的洪涝提供一定的防护。我们并不是说，如果路易斯安那州的湿地保护完整，新奥尔良就一定不会遭受卡特里娜那个级别的飓风带来的损失。不过，如果这些湿地没有受到大规模的改变，它们可能会吸收储存风暴潮带来的很多洪水，从而减少一定的损害。

卡特里娜飓风重创新奥尔良的另一个原因是：这个城市已经下陷很多年了，主要是因为建在疏松的淤泥沉积之上（地下没有基岩）。很多科学家还认为这种地基下陷是由开采地下丰富的自然资源引起的。随着地下水、石油和天然气的开发利用，陆地开始压缩收紧，使得城市下移。新奥尔良和周边海岸地区平均每年下陷11毫米。同时，海平面每年升高1—2.5毫米，有些科学家预测海平面升高的速度还会加快，其部分原因是人类活动导致的气候变化。

复习题

1. 如何区分天气和气候？影响气候的两个最重要因素是什么？
2. 区分龙卷风和热带气旋的不同。

内部地质过程

学习目标

- 解释板块构造学，阐释其与地震和火山爆发之间的关系。

地球这个星球包括不同的层级，每一层级有着不同的构造和岩石强度（图4.23）。最外面的一层是坚硬的岩石层，被称为岩石圈（lithosphere），由7个大板块和若干小板块构成，这些板块在**岩流圈**（asthenosphere）之上浮动，岩流圈位于地幔区域，那里的岩石变得很热并软化。地球上的各个大陆就位于这些板块之上。随着这些板块的平移，地球上的大陆改变了各自的相对位置。板块构造学（plate tectonics）研究的是地球岩石圈的运动，也就是说，这些板块的运动。

板块构造学：对岩石圈板块在岩流圈之上运动过程的研究。

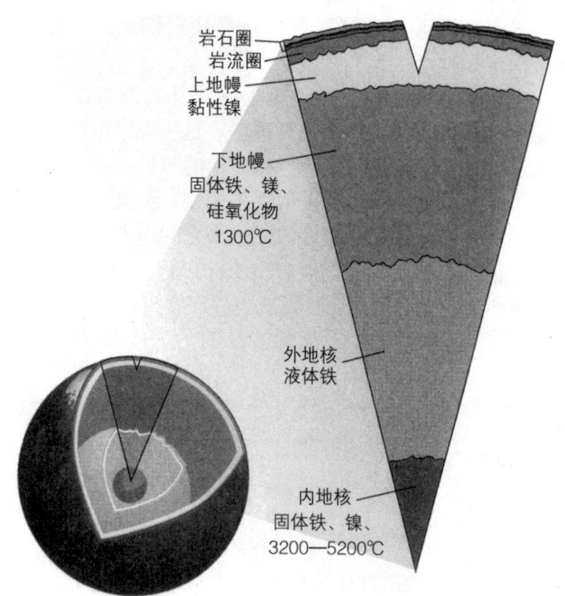

图4.23 地球的内部构造。地球切面显示了不同成分和强度组成的层级。

两个板块接触的地方称为板块边界（plate boundary），是地质活动密集强烈的地区。板块边界的类型有三种，分别是：离散边界、会聚边界、转换边界。这三种边界在陆地上和海洋中都有分布。两个板块在离散板块边界（divergent plate boundary）分开。当两个板块分开时，在中间地带就会从地幔中升起一个熔岩脊。随着两个板块分离得越来越远，这个脊就不断扩大，在两个板块分离的地方形成了大洋中脊，由于熔岩在大洋中脊沿线不断地累积，大西洋便不断扩大。

两个板块在会聚板块边界（convergent plate boundary）碰撞时，其中一个板块有时在俯冲过程（subduction）中会下沉到另一个板块下面。这种会聚碰撞还会形成山峦，喜马拉雅山就是在印度板块撞击亚洲板块时形成的。在转换板块边界（transform plate boundary），板块平行移动，但方向相反。在陆地上，这种边界常常很明显，沿着地质断裂带，由于侵蚀作用，往往会形成一个狭长的山谷。

在板块边界，地震和火山较为频繁。旧金山的地震多，华盛顿州圣海伦山的火山爆发多，这两个地方都位于两个板块相连的地方。

地震

地球内部的力量有时会冲击、碰撞岩石圈中的岩石。岩石会吸收消化这些能量，但只能是一段时间，而不是永久地吸收消化。随着这些能量的积累，带来的压力会非常大，以致岩石会突然移动或爆裂。这些能量会以地震波（seismic waves）的形式释放出来，很快通过岩石引起各个方向的震动，导致形成自然界中威力最大的事件之一“地震”。大多数地震发生在地质断裂带（fault），引起岩石破裂折断，出现或上或下、或前或后、或左或右的移动。断裂带通常位于板块边界。

比如，加勒比地区是地震多发区，原因是北美、南美和加勒比板块的运动。波多黎各（Puerto Rico）、牙买加（Jamaica）、多米尼加共和国（Dominican Republic）、马提尼克岛（Martinique）和瓜德罗普岛（Guadeloupe）以前发生过7级以上的地震。2010年1月，一个矩震级达7级的地震在离海地（Haiti）首都太子港（Port-au-Prince）大约25公里（16英里）远的地区发生（本节将讨论的矩震级），造成大约23万人死亡，成为有记录以来最严重的地震之一。这些人大多数死于建筑质量差的房屋的结构性倒塌，大约100万人的房屋被摧毁，成为难民。

地震开始的地方一般离地表都很远，称为震源（图4.24）。震源正上方的地表就是地震的震中。当地震波到达地面的时候，会引起大地震动。楼房和桥梁会倒塌，道路会断裂。用来测量地震波的一个工具是地震图，帮助地震学家（研究地震的科学家）确定地震从哪儿开始、强度有多大、持续时间有多长等。1935年，加州地

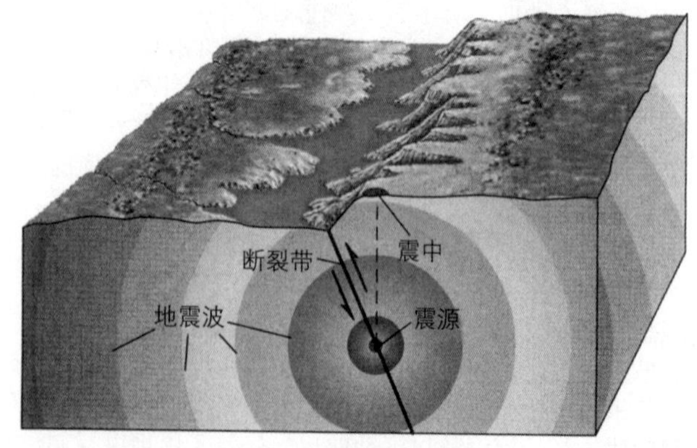

图4.24 地震。板块沿断裂带突然往相反方向移动时就发生地震。板块移动会引发地震波，并透过地壳发射出来。

质学家查尔斯•里克特（Charles Richter）发明了“里氏震级”，成为一种测量地震释放能量级别的震级标度。里氏震级上的每一个单位都代表比下一个单位所释放的能量大30倍。比如，里氏8级的地震所释放的能量比7级地震强30倍，比6级地震强900倍。里氏震级使得地震的比较变得非常容易，但是往往会低估大地震的能量。

尽管公众对里氏震级较为熟悉，但是地震学家并不经常用它。就和测量一个人的数据有几种方法一样（比如，身高、体重和脂肪含量），测量地震级别的方法也有几个。大多数地震学家在测量地震级别时使用一个更加准确的标度“矩震级”，特别是测量那些大于里氏6.5级的地震。矩震级测算的是地震发生时所释放的全部能量大小。

地震学家每年记录的地震有100多万次，有些是大地震，大多数都很小，感觉不到，是大约里氏2级的地震。里氏5级的地震往往就会带来财产损失。平均来看，每5年就会发生一次里氏8级或以上的大地震，这种震级的地震通常会引起巨大的财产损坏和大量的人员伤亡。很少人是直接死于地震波，大多数人死于房屋倒塌或天然气管道破裂而引发的火灾。

山体滑坡和海啸是地震所带来的一些副作用。山体滑坡（landslide）是岩石、土壤和其他堆积物的崩塌并顺着山坡迅速滑落。2008年，中国四川省的一个山区发生了一次强地震，这次大地震以及随后的高强度余震引发了大规模的山体滑坡和大量房屋的倒塌，造成7万人死亡，150多万人的房屋被毁。

海啸（tsunami）是水下地震、火山爆发或山体滑坡等引发的巨大的海洋浪潮，在水中以每小时750公里（450英里）的速度猛烈推进。尽管海啸在海洋深水中只有大约1米高，但是到了岸边，可以掀起30米（100英尺）高的巨浪，足有10层楼那样高，这时往往离最初地震引发海啸的地方非常远了。海啸已经导致成千上万的人死亡。2004年，印度洋中碰撞的板块引发海啸，造成南亚和非洲23万多人死亡。海啸不仅带来灾难性的生命损失和财产损坏，还会对环境造成广泛的危害。海水在海啸带动下可以进入内陆3公里（1.9英里），污染了土壤和地下水。被掀翻损坏的汽车、卡车和船只中的石油、汽油污染了土地，毒害了野生生物。珊瑚礁和其他海岸栖息地也被破坏或摧毁。

2011年3月，一次8.9级的地震袭击日本，是日本历史上最强的一次，也引发了灾难性的海啸。这次地震引发的其他海啸，还肆虐了几个环太平洋国家的海岸地区，尽管造成的损失比日本要小一些。日本死于这次海啸的人数以千计，如果日本不是应对地震灾害准备最好的国家之一，那么受到的损失将会更大。日本位于几个构造板块的地震活动交汇带上。（见第十一章关于地震对日本核电站损害的讨论。）

环境信息

亚洲的红树林和自然灾害

人们很少听说过树林会救人的性命，但这的确是2004年12月印度洋海啸中发生的事实。世界自然保护联盟（World Conservation Union）比较了斯里兰卡两个海岸村庄的死亡情况，一个村庄有着茂盛的红树林，一个村庄的红树林全都被砍伐。（红树林常常被砍伐，用以建造旅游胜地或发展水产设施。）有着完整红树林植被的那个村死于海啸的人只有2人，而另一个村庄死亡的人将近6000人。同样，2013年11月海燕飓风袭击菲律宾，在红树林恢复种植的地方所造成的损害要比红树林被砍伐掉的地方少很多。这些红树林所提供的宝贵的生态系统服务之一是充当抵御风暴潮和海啸的屏障。正是基于这些信息，很多亚洲国家开始在一些森林被砍伐掉的海岸地区重新种植红树林。

火山

地球构造板块在岩流圈烫热、稀软岩石上的运动引发了大多数的火山活动。在有些地方，岩石达到了熔点，就形成了熔岩囊，也就是岩浆（magma）。当一个板块在另一个相邻板块下面运动或与另一个相邻板块分离的时候，岩浆可能会升至地表层，常常形成火山。岩浆到达地表后成为熔岩（lava）。

火山在三种地方发生：俯冲带、扩张板块、热点之上。太平洋洋底的俯冲带已经在亚洲和美洲地区导致了数百次火山爆发，被这些地区的人称为“火环”（ring of fire）。扩张延伸的板块也能形成火山，冰岛就是在大西洋中脊形成的火山岛。夏威夷岛也是一个火山爆发地区，但不是形成于板块边界。这个火山岛链的形成是因为太平洋板块经过一个热点（hot spot），即一股上升的岩浆从地球岩石地幔深处流出并经地壳的一个出口喷发出来（图4.25）。

20世纪最大的火山喷发出现于1991年，菲律宾的皮纳图博火山（Mount Pinatubo）发生爆炸式大喷发。尽管疏散了20多万人，仍有338人死亡，大多数死于房屋倒塌，厚厚的火山灰覆盖了这一地区。皮纳图博火山喷发时产生的火山云绵延约48公里（30英里）。我们已经习惯于听到人类活动影响气候，但是，很多重大的自然现象，比如火山，也影响着全球气候。皮纳图博火山爆发后，将岩浆和火山灰喷向大气中，阻隔了很多阳光，使得全球温度在一年左右的时间里都有少许的下降。

复习题

1. 什么是板块构造学和板块边界?
2. 地震和火山一般在哪里发生? 为什么?

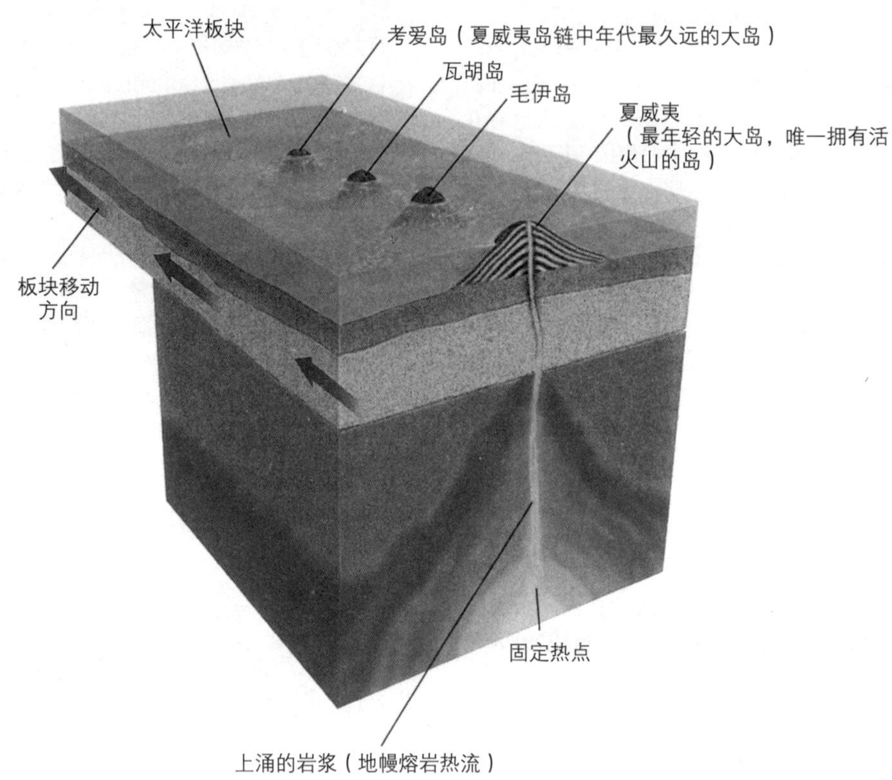

图4.25 夏威夷热点。热点并不移动，因为它处于上升熔岩柱的顶端。随着太平洋板块在热点上的移动，火山岛就形成了。考爱岛是历史最久远的岛，而夏威夷岛则是最年轻的。

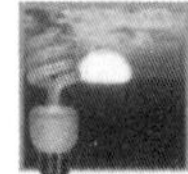

能源与气候变化

碳循环

正如我们在本章一开始所讨论的，人类活动越来越多地打破碳循环的平衡。随着人类化石能源需求的增长，温室气体CO_2的排放也在增加。这意味着数百万年期间捕获的碳通过燃烧（而不是细胞呼吸）在几个世纪的时间里被排放出来。植物不能通过光合作用很快地捕获这种碳并阻止大气中二氧化碳浓度的增长。我们只能通过减少排放来降低CO_2增长的速度。

很多传统上依赖化石能源的国家正在制定和实施能够大量减少温室气体排放的政策。然而，截至目前，那些排放CO_2最多的国家，比如美国，还没有在联邦层面制定规定，所有美国的措施要么是自愿的，要么是在州一级层次的。另外，全球温室气体大约一半是由中国、印度等快速工业化的国家所排放的。因此，稳定大气中CO_2的含量，需要本世纪所有国家所有人的努力。

通过重点术语复习学习目标

- **描述下列每个生物地球化学循环的主要步骤：碳、氮、磷、硫、水。**

1. 在碳循环中，碳以二氧化碳（CO_2）的形式进入到植物、藻类和蓝细菌中，通过光合作用被嵌入有机分子中。通过植物、吃掉植物的动物以及分解者的细胞呼吸，CO_2回到大气，再一次为生产者所使用。燃烧和风化也将CO_2返回到大气中。

2. 在氮循环中，固氮是将氮气转换为氨。硝化是将氨或铵转化为硝酸盐。吸收是通过植物将硝酸盐、氨或铵生物转化为含氮的化合物，植物蛋白质向动物蛋白质的转化也是吸收的一部分。氨化是将有机氮转化为氨和铵离子。去氮是将硝酸盐转化为氮气。

3. 磷循环中没有生物上重要的气体化合物。磷经过岩石侵蚀而变为无机磷酸盐，植物从土壤中将其吸收。动物从其食物中获取磷，分解者将无机磷酸盐释放到环境中。

4. 在硫循环中，多数硫以岩石或海洋中溶解硫的形式存在。含硫气体包括硫化氢、硫氧化物和二甲基硫醚（DMS），在大气中只是一小部分，而且存留时间不长。还有少部分硫存在于有机生物的蛋白质内。细菌促进硫循环。

5. 水循环一直持续不断地为生命提供必需的水，涉及水在陆地、大气和生物之间的交换。水以蒸发和蒸腾的方式进入大气，然后以降水的方式离开大气。在陆地上，水流向江河湖海或流入地下。地下水储存于地下洞穴和岩石缝隙中。

- **概述太阳能量对地球温度的影响，包括不同地面反射率对地球温度的影响。**

在到达地球的太阳能量中，30%被立即反射回去，剩下的70%被吸收。反射率是地球表面对太阳能量的反照率，通常用百分比表示。冰川和冰层的反射率高，海洋和森林的反射率低。最终，所有吸收的太阳能量都会以红外线（热）的形式进入太空。地球大致的球形形状和轴心的倾斜使得太阳能量在赤道附近是直射，在高纬度的地方是散射。

- **描述地球大气的4个层级：对流层、平流层、中间层、热层。**

对流层是最靠近地球表面的大气层，天气变化发生在对流层。平流层是紧接着对流层之上的大气层，包含一个臭氧层，吸收了很多有害的太阳紫外线。中间层是平流层之上的大气层，在大气中的温度最低。热层的温度逐渐升高，因为那里的空气分子吸收高能量的X射线和短波紫外线。

- **讨论太阳能量和科里奥利效应在促进大气流动中的作用。**

到达地球不同地点的太阳能量存在着差异，这在很大程度上促进着大气流动。大气热量从赤道向极地的转移产生了热空气向极地的运动以及冷空气向赤道的运动，从而对气候进行着调节。大气还显示风的复杂水平运动，部分原因是大气压力的不同和科里奥利效应的影响。科里奥利效应是地球自转的影响，使得流动体（空气和水）在北半球向右偏离，在南半球向左偏离。

- **讨论太阳能量和科里奥利效应在促进全球水流动模式、包括环流中的作用。**

海洋表层洋流在很大程度上是由盛行风引起的，而盛行风则是由太阳能量产生的。影响洋流的其他因素还有科里奥利效应、大陆的位置和水的不同密度。环流是大规模的、环绕海洋的洋流系统，往往覆盖整个海洋。深海洋流通常与表层洋流的方向不同，速度也不一样。目前的浅层洋流和深层洋流循环一般被通俗地称为海洋传输带，对区域气候产生着影响，对全球气候也可能产生影响。

- **解释厄尔尼诺南方涛动（ENSO）和拉尼娜的含义，描述一些它们的影响。**

厄尔尼诺南方涛动（ENSO）是赤道地区东太平洋表面水周期性地、大范围地变暖现象，对海洋和大气流动模式都产生影响。ENSO会导致远离赤道的太平洋地区的天气异常。在拉尼娜事件期间，东太平洋的海面温度变得异常低。

- **区分天气和气候，简要讨论地区降水差别。**

天气指的是特定地点、特定时间大气的状况，气候指的是在几年时间内特定地方发生的天气状况的典型模式。温度和降水在很大程度上决定一个地区的气候。热空气经过海洋上空时吸收水分，温度下降，这种情况下降水丰沛，比如高山迫使湿润的热空气上升。

- **对照龙卷风和热带气旋的不同。**

龙卷风是一种强劲的空气旋转漏斗，通常与大雷雨相联系。热带气旋是巨大的、风速迅疾的、旋转式热带风暴。这种天气现象在大西洋称为飓风，在太平洋称为台风，在印度洋称为气旋。

- **解释板块构造学并解释其与地震和火山爆发之间的关系。**

板块构造学是对岩石圈板块在岩流圈之上运动过程的研究。地球的岩石圈（最外面的岩石层）包括7大板块和一些小的板块。随着板块的水平移动，大陆就会变动其相对位置。板块边界是地质活动密集发生的地区，比如造山运动、火山以及地震。

重点思考和复习题

1. 简要描述哈巴德·布鲁克实验林（HBEF）开展的一些长期生态研究项目。HBEF森林砍伐研究中所观察到的环境影响有哪些？
2. 什么是生物地球化学循环？为什么物质循环对生命的延续是必要的？
3. HBEF的森林砍伐会对涉及那个生态系统的生物地球化学循环产生怎样的改变？
4. 描述生物如何参与下列生物地球化学循环：碳、氮、磷、硫、水。
5. 氮循环的基本流动路径是什么？
6. 地质学家或物理地理学者将硫循环描述为沉积路径。你如何理解？
7. 解释地球的温度为什么随着纬度和季节的变化而变化。冬奥会一般在2月举办，为什么不可能在新西兰的山区中举办？
8. 大气最下面的两层是什么？至少列举出它们之间的两个不同。
9. 描述大气流动的一般走向。
10. 什么是环流？环流是怎样产生的？
11. ENSO是如何影响大陆气候的？
12. 哪些环境因素会导致产生极端降水地区，比如雨林和沙漠？
13. 地球全球平均地面温度系统可以用下图表示，请解释这个系统中的每个部分。

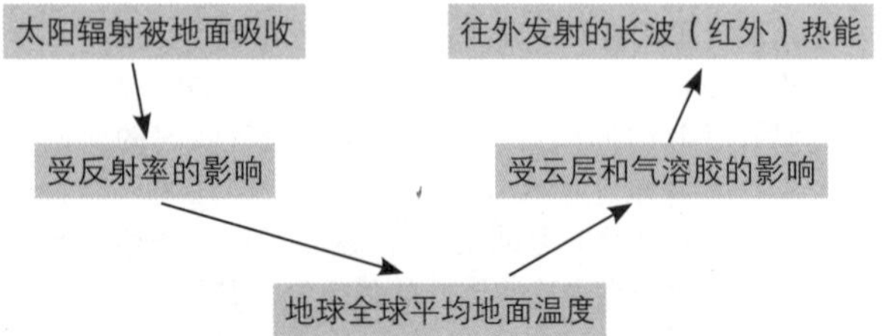

14. 龙卷风与热带气旋有哪些相同之处？区别是什么？
15. 说出地震和火山位置与板块构造学之间的关系。
16. 考察下列这些过去几十年在北极水系统中已经证实的变化。请预测这些变化对北大西洋盐度可能产生的影响。

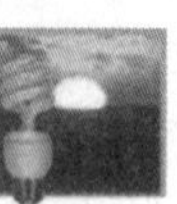

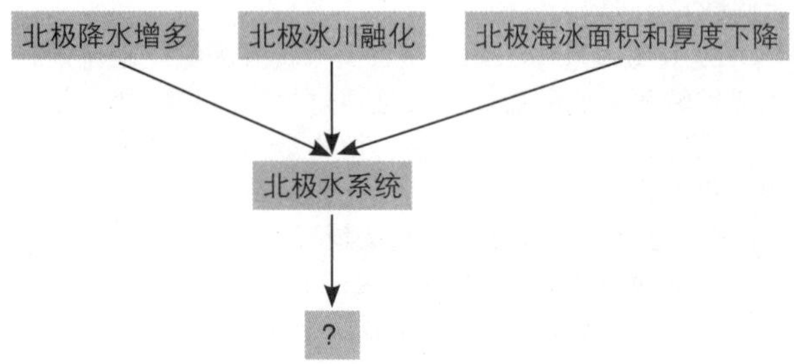

17. ENSO的哪些影响使得下面的漫画风趣诙谐？

漫画家鲍勃·比尔曼（Bob Bierman）画，版权归西蒙弗拉斯大学（Simon Fraser University）所有。

食物思考

你规整了一小片园地，决定种些豌豆、西红柿和绿辣椒。你的园艺才能和努力将对生物地球化学循环产生哪些影响？哪些循环和你的蔬菜园有着怎样的关联？你对园中植物的选择能否决定你的花园在循环中所起的作用？

第五章

生态系统和生命有机体

灰狼（Canus lupus）。这是黄石灰狼，摄于峡谷村附近，2008年。摄影者为莫里·帕克（Molly Pack）。

灰狼最初生活在从北墨西哥到格陵兰的北美广袤地区中，但是后来被捕杀、下毒、射猎，以致在多数地方都已灭绝。到了1960年，美国48个州仅存的灰狼就只有明尼苏达州的少数种群了。

根据美国《濒危物种法》（Endangered Species Act, ESA）的条款，灰狼在1974年被列入濒危名单。很多科学家建议重新引进灰狼，但是这一意见20多年来一直没有被采纳。从1995年开始，美国鱼类和野生动植物管理局（U. S. Fish and Wildlife Service, FWS）在加拿大捕获了几只灰狼，并把它们放养在怀俄明州的黄石国家公园里。这一种群在那里繁衍生息，已经增长到几百只了（见图片）。

生物学家继续研究灰狼引进对黄石生态系统的影响。灰狼捕食麋鹿，有时也吃黑尾鹿、驼鹿和野牛。在黄石的一些地区，狼群的猎食有助于减少黄石麋鹿的种群数量，在狼回归以前，黄石的麋鹿一直是很多的。如果麋鹿的数量管理不当，那么它们就会过度啃食它们的栖息地，在严寒的冬天就得有数千只饿死。

黄石麋鹿种群数量的减少和再分配减轻了对颤杨、柳树、三角叶杨和其他植物过度啃食的巨大压力，特别是在那些麋鹿看不见狼群逼近或不能很快逃脱的地方。由于植物的更加繁茂和种类增多，河狸、雪兔等食草动物的数量增加，进而支持了狐狸、獾和貂等小型食肉动物。随着柳树和三角叶杨的增多，溪流的水质与河岸的完整得到进一步保护，因此鳟鱼的数量也增加了。

灰狼狼群还减少了草原狼的数量，使得被草原狼捕食的动物的数量有了增加，比如地松鼠、金花鼠和叉角羚（草原狼捕食幼鹿）。食腐动物，比如渡鸦、喜鹊、秃鹰、狼獾和熊（包括棕熊和黑熊），都能从灰狼所剩下的猎物中分一些残羹。研究者将继续研究，如果像狼这样的顶级捕食者回归到自然环境中去，那么会发生什么？

对狼的重新引进依然有争议。附近的农场主表示反对，因为他们的生活依赖于牲畜，需要保证其安全，不受猎食者的捕杀。为此，农场主得到允许，可以射杀那些攻击牛、羊的狼，联邦政府的官员可以驱除对人或牲畜产生威胁的任何一只狼。环境组织“野生动物保护者”（Defenders of Wildlife）正与牲畜主人一道，制定一些不致命的措施，减少狼群攻击牲畜的机会。

现在，美国大陆有5,500多只狼，灰狼已经从联邦保护濒危动物名单中去除。蒙大拿、爱达荷等州已经制定了保持狼群数量的管理计划。

一个生态系统不论是像黄石公园那样大，还是像路边排水沟那样小，其中的生物都相互发生作用，适应着环境的变化。本章主要讨论复杂种群和群落中的群落结构及其多样性。

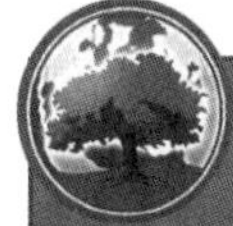

身边的环境

在网上调研，找出你所在地区2种最大的食肉动物。它们是濒危动物抑或受威胁动物吗？它们给牲畜抑或农业带来威胁吗？

进化：种群如何在时间岁月中变化

学习目标

- 掌握进化的定义。
- 解释查尔斯·达尔文所提出的物竞天择的四个进化前提。
- 确定生命有机体的主要域和界。

黄石公园的许多植物、动物、真菌和微生物都来自哪儿？与今天活着的所有生物种类一样，它们被认为是通过**进化**（evolution）过程从更早的物种繁衍下来的。进化的概念可以追溯到亚里士多德时期（Aristotle, 公元前384—322），但是19世纪的博物学家查尔斯·达尔文（Charles Darwin）提出了物竞天择（natural selection）的理论，今天的科学界依然接受这种进化机制。你会看到，环境在达尔文的物竞天择进化机制理论中发挥着关键作用。

达尔文认为，从这一代到下一代，在一个给定环境中有利于生存的遗传特质会保持下来，而那些不利于生存的会被去除掉。其结果就是适应（adaptation），也就是对种群的进化改进，从而提高每个个体在其生活的环境中成功生存和繁殖的机会。

物竞天择

达尔文在他1859年出版的里程碑式著作《物种起源》（*The Origin of Species by Means of Natural Selection*）中提出了**物竞天择**的进化理论。从那以后，科学家积累了大量的观察和实验，支持达尔文的理论。尽管生物学家不完全同意某些进化发生的过程，但是物竞天择的进化理论是富有远见卓识的。

由于物竞天择，种群随着时间而变化，在代代繁衍中，优质因素累积和增加，劣质因素减少或消失。物竞天择的进化源自4个自然条件：高繁殖能力、遗传变异、种群增长限制、随环境而变化的成功繁衍。

1. 高繁殖能力。每个物种繁殖的数量比成熟长大的数量多。

2. 遗传变异。种群中的个体显示变异。有些遗传特质能够改善个体的生存和成功繁殖的机会（比如伪装）。物竞天择进化所必需的变异一定要遗传下来，以便传递给下一代。

3. 种群增长限制，或生存竞争。对于一个种群来说，只有那么多的食物、水、光、生存空间等等，因此，生物之间要相互竞争，争取获得有限的资源。种群增长的其他限制还包括捕食动物和疾病。

4. 随环境而变化的成功繁衍。繁殖是物竞天择的关键。适应性最强的个体繁殖最成功，而适应性差的个体不是早死，就是繁殖率低或生育的幼崽存活率低。在有些情况下，随着时间的推移，在地理上完全隔绝的种群（常常是有微小差别的环境）会积累起足够多的变异，从而产生新的物种。

查尔斯·达尔文曾作为博物学家搭船进行了环绕地球的航行考察长达5年，期间形成了物竞天择的思想。在厄瓜多尔海岸加拉帕戈斯群岛（Galápagos Islands）的一次延期停留中，他研究了每个岛上的植物和动物，包括14个种类的雀科鸣鸟。每个种类都有特殊性，有着不同于其他种类的特别的生活方式，也不同于南美大陆上的那些雀科鸣鸟。尽管这些雀科鸣鸟在颜色和总体体型大小方面很类似，但在喙的外形和大小方面有着明显的差异，这些鸟的喙被用来啄食不同的食物（图5.1）。达尔文认识到，加拉帕戈斯群岛14个种类的雀科鸣鸟均来自一个共同的祖先，这个祖先是最早迁徙定居于远离南美大陆的加拉帕戈斯群岛的一个小的种群的雀科鸣鸟。随着代代繁衍生息，生存下来的雀科鸣鸟经历了自然选择，更能适应当地的环境，包括啄食特殊的食物。科学家将继续对这些鸟的进化进行深入的研究。

现代进化综合理论

达尔文物竞天择进化理论的一个假设是，生物个体将特征遗传给下一代。然而，达尔文解释不了这种遗传为什么会发生以及为什么一个种群内会有个体差异。从20世纪30年代和40年代开始，生物学家将遗传学的基本原则和达尔文的物竞天择理论结合起来，形成了统一的进化解释，被称为现代进化综合理论（modern synthesis）。在这样的语境下，综合理论指的是将几种以前的理论形成一个统一的整体。今天，现代进化综合理论包括我们在基因、分类、化石、发展生物学和生态学方面扩展的知识。

现代进化综合理论用突变（mutation），也就是基因核苷酸基础序列或脱氧核糖核酸（DNA）的变化，来解释达尔文观察到的种群后代中的变异。突变理论提供了进化过程中物竞天择所依赖的基因变异。一些新的特征可能是有利的，而其他的特征可能是有害的或者根本没什么影响。随着物竞天择，好的特征在一个种群中保留了下来，因为这样的特征能够让拥有该特征的种群更好地生存、繁荣和繁殖。与此相反，那些让个体不能很好

进化：在一种生物种群中随着时间而发生的累积基因变化；进化可以解释自然界中所显示的物种分布性和丰富性的多种模式。

物竞天择：适应性强的个体更能够生存和繁衍，增加其在种群中的比例，这些个体将那些能更好地适应环境条件的基因特质汇聚起来。

图5.1　达尔文的雀科鸣鸟。这些鸟的喙大小和形状都不相同，与其食物有关。1973年以来，彼得（Peter）、罗斯玛丽·格兰特（Rosemary Grant）和其他学者的长期研究已经证实和扩展了达尔文关于加拉帕戈斯群岛雀科鸣鸟自然选择进化的观察。

地适应环境的特征就会在种群中消失。

现代进化综合理论主导了很多生物学家的思想和研究，带来了很多新的发现，进一步证实了物竞天择的进化理论。有大量的证据支持进化理论，其中多数都不在本书所能讨论的范围之内。这些证据包括来自生物地理学（生物地理位置的研究）、分子生物学、化石记录以及基本结构相似性的观察（图5.2）。另外，进化假说也进行了实验证明。

生物多样性进化：生命的结构

生物学家将生物进行逻辑分类，以便了解地球上繁衍生息的生命的多样性。几百年来，生物学家把生物分为两个大的类别：植物和动物。然而，随着显微镜的发展，非常明显的是，许多生物既不能归入植物界，也不好归入动物界。比如，细菌有着原核细胞结构，缺乏核膜包被的细胞器，没有细胞核。这一特征将细菌与所有其他生物区分开来，比植物和动物之间的不同还要大，也更为基本，因为动物和植物都有相似的细胞结构。因此，细菌既不是植物，也不是动物。

（a）翼龙化石。注意这个会飞的爬行动物的第四个长指骨。翼龙翅膀包括加长指骨支撑的坚硬的皮肤。其他的指骨有爪。

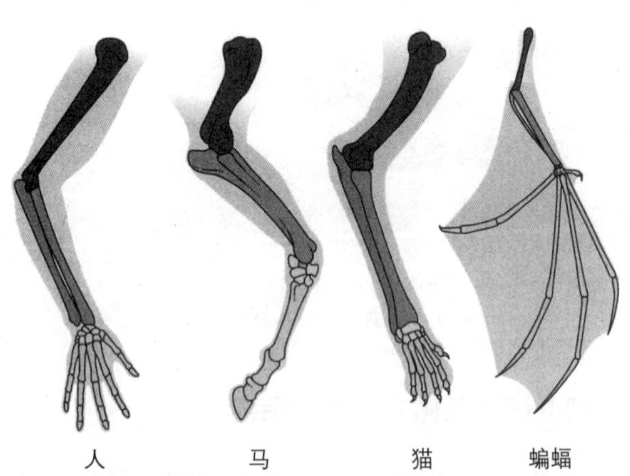

（b）不同生物的相似性显示它们是有关联的。这四个前肢有基本的相似性，表明尽管这些骨头的比例随着各个生物的生活方式而改变，但是其前肢的基本结构保持不变。这种结构相似性充分说明，这些动物有着共同的祖先。

图5.2　进化的证据。

原核生物分为两组，有着非常明显的不同特征，可以分为两个界：古细菌界（Archaea）和细菌界（Bacteria）（图5.3）。古细菌通常生活在缺氧的环境中，一般较能适应艰苦的环境，包括热泉（像黄石公园的老忠实泉）、盐池和热液口（见第三章案例聚焦：没有太阳的生命。）。其余的原核生物数以千计，从种类上来说，统称为细菌。真核生物是有真核细胞的生物，分为四个界：植物、动物、原生生物、真菌，所有这一切都被认为是真核生物（Eukarya）。真核细胞内部结构级别高，包括细胞核、叶绿体（在光合细胞中）、线粒体。

有些生物学家提出的理论认为，叶绿体和线粒体曾经都是原核生物，与早期的真核生物有着互利共生的关系。即便不能说大多数，也有很多真核生物仍然与原核生物有一定关系（见本章后面关于互利共生的讨论）。健康的人类消化系统是很多种有益细菌的家园。我们的主粮之一豆类食物就与细菌形成了互利共生关系，细菌帮助植物从土壤中获取氮。

真核生物分为四个界。单细胞或相当简单的多细胞真核生物，比如藻类、原生动物、黏液菌、水霉，都是原生生物界的成员。另外，有三组特别的多细胞生物——真菌、植物和动物，都是从原生生物独立演化而来的。真菌界、植物界、动物界的营养来源以及其他特征都不相同。真菌（霉菌和酵母菌）将消化酶分泌到食物中，然后吸收预先食用的营养。植物利用辐射能量，通过光合作用制造食物分子。动物进食食物，然后在体内进行消化。

尽管科学家总的来说已经清晰地认识到两个物种什么时候有着密切的联系，认识到一个物种内部的关系，但是在更高层次的关系，比如在界这个层次上，还有待于进一步研究。譬如，绿藻是与植物相似的原生生物，但是与其他的原生生物比如粘菌、褐藻，并没有密切的联系。随着对基因进化认识的提高，我们会更加深入地了解地球上生命的详细历史。

我们已经看到进化随着时间的推移会带来种群的变化，因此现在应该研究种群层面的生物。而且，研究其他物种的种群能够提供对影响人口变化的生物原则的深刻洞察。（人口将在第八章和第九章详细讨论。）

复习题

1. 生物学家对进化的定义是什么？
2. 达尔文物竞天择进化的四个前提是什么？
3. 生命的主要界有哪些？从三个界中各举出一个例子。

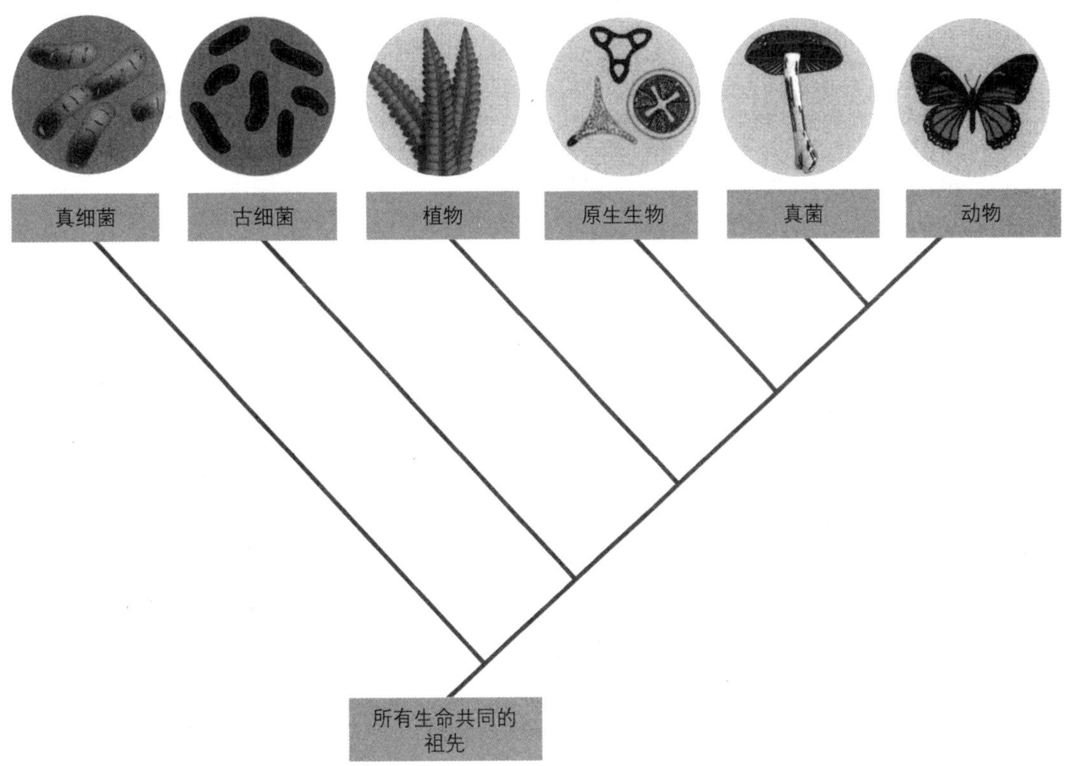

图5.3　一个简化的生命形式种系发展史。解读这张图，需要从下面开始，那里是所有生命形式的共同祖先，往上沿着主线（右手边）看各个分叉点。真细菌是第一个从其他生物中进化出来的，然后是古细菌。真核生物（植物、动物、真菌）在进化史上出现得晚。

种群生态学的原则

学习目标

- 掌握种群的定义，解释产生种群数量变化的四个因素。
- 用内禀增长率、指数种群增长、承载力解释J型和S型增长曲线的不同。
- 区分影响种群数量的密度制约因素和非密度制约因素，分别举出例子。
- 掌握存活率的定义，描述Ⅰ型、Ⅱ型、Ⅲ型存活曲线。
- 掌握集合种群的定义，区分源生境和汇生境的不同。

同一时间生活在同一地区的某个物种的个体是一个更大组织的组成部分，这个组织叫**种群**（population）。一个种群中的成员显示着不同于其他种群的明显特征。属于种群共同特征但不属于种群个体特征的是种群密度、出生率和死亡率以及年龄结构。

种群生态学（population ecology）是生物学的分支，研究一个地区发现的某种特定物种的数量以及这些数量是怎样和为什么随着时间而变化（或者保持固定不变）的。种群生态学家试图了解所有种群共同的种群演进过程，他们研究种群如何对环境进行响应，比如种群中的个体如何争夺食物或其他资源，猎食、疾病和其他环境压力如何影响种群。一个种群，不管是细菌还是枫树抑或长颈鹿，由于这种环境压力，不可能无限地增长。

对于环境科学来说，种群的其他重要方面还包括它们的繁殖成功或失败（也就是说，灭绝）以及种群如何影响群落和生态系统的正常功能。从事林业、农业（作物科学）和野生动物管理等应用科学研究的科学家必须了解种群生态，以便有效地管理具有重要经济价值的种群，比如森林树木、农田庄稼、狩猎动物、鱼类等。对濒危物种种群动态的了解在防止其灭绝方面起着关键作用。了解害虫种群的动态有助于防止其增长到损害庄稼的程度。

种群：同一时间生活在同一地区的同一物种的一组个体。

种群密度

如果单纯看种群本身，那么它的大小能够告诉我们的相当少。只有在种群边界清晰确定以后，种群大小才有意义，比如100公顷（250英亩）土地有1000只老鼠与1个厨房中有1000只老鼠是大为不同的。通常情况下，如果一个种群个体数量太多，就很难进行全部研究。因此，就采取抽样研究，然后用密度这一术语来表达种群的情况。比如，可以抽样研究每平方米草坪蒲公英的数量、每升池塘水中水蚤的数量、每平方厘米白菜叶上甘蓝蚜的数量。种群密度（population density）就是特定时间单位面积或体积某个物种的个体数量。

种群大小是怎样变化的

种群，不管是向日葵还是鹰抑或人类，都会随时间而发生变化。从全球范围看，引起这种变化的要素有两个：个体繁殖后代的速度（出生率）和生物死亡的速度（死亡率）（图5.4a）。就人类来说，出生率（b）通常是每年每1000人中出生的人数，死亡率（d）是每年每1000人中死亡的人数。

一个种群的**增长率**（growth rate, r）等于出生率（b）减去死亡率（d）。增长率也叫人口的自然增长（natural increase）。

$$r = b - d$$

例如，10,000人中每年出生200人（也就是说，根据通常数据，每1000人中出生20人），每年死亡100人（也就是，每1000人死亡10人）。

$$r = \underbrace{20/1000}_{b} - \underbrace{10/1000}_{d}$$

$r = 0.02 - 0.01 = 0.01$，或者，每年1/100

如果种群中个体出生的数量比死亡的数量多，那么r就是个正值，种群数量就会增加。如果死亡的数量比出生的数量多，那么r就是个负值，种群数量就会减少。如果r值等于零，那么出生和死亡数相等，尽管有着持续的出生和死亡，但是种群大小保持不变。

除了出生率和死亡率，扩散（dispersal）或者从一个区域、一个国家向另一个区域、国家的流动，也是研究当地种群大小变化时所要考虑的。扩散有两种：迁入（immigration, i），指的是个体进入一个种群，增加其数量；迁出（emigration, e），指的是个体离开一个种群，减少其数量。一个当地种群的增长率必须考虑出生率（b）、死亡率（d）、迁入（i）和迁出（e）（图5.4b）。增长率等于出生率减去死亡率，然后再加上迁入减去迁出的值：

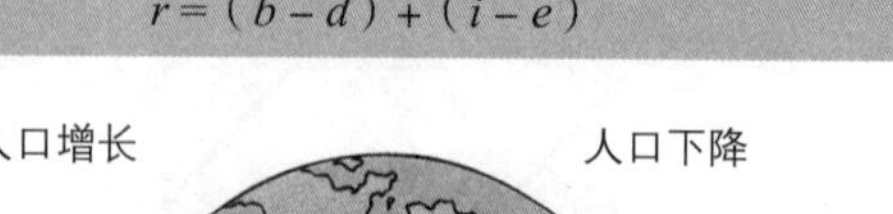

$$r = (b - d) + (i - e)$$

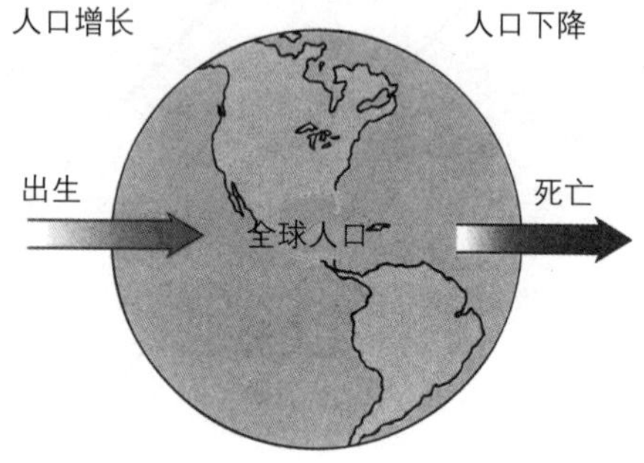

（a）在全球尺度上，人口的变化是出生和死亡造成的。

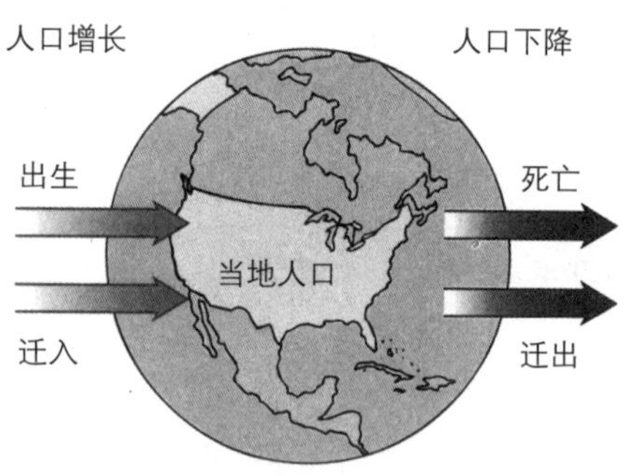

（b）在当地尺度上，以美国为例，人口数量受出生、死亡、迁入、迁出的影响

图5.4 影响人口数量的因素

比如，一个有着10,000个体的种群，在一个特定年份中，出生数是100（根据通常数据，每1000中有10个出生），死亡数是50（每1000中有5个死亡），迁入数是10（每1000中有1个），迁出数是100（每1000中有10个），那么这个种群的增长率是：

$$r = (\underbrace{10/1000}_{b} - \underbrace{5/1000}_{d}) + (\underbrace{1/1000}_{i} - \underbrace{10/1000}_{e})$$

$$r = (0.010 - 0.005) + (0.001 - 0.010)$$

$r = 0.005 - 0.009 = -0.004$，或者，每年$-0.4\%$

这个种群的大小是增长还是下降了呢？

增长率（r）：种群大小变化的速度，以每年百分比表示。

最大种群增长

在理想条件下，一个种群的最大增长率是**内禀增长率**（也称为生物潜能）。不同的物种有着不同的内禀增长率（intrinsic rate of increase），影响某一特定物种内禀增长率的因素有几种，包括开始繁殖的年龄、育龄时间跨度、一生生产的次数、每次生产后代的个数。这些因素被称为种群生活史特征（life history characteristics），决定着某一特定物种的内禀出生率是高还是低。

一般来说，大型生物，比如蓝鲸和大象，其内禀增长率最低，而微生物的内禀增长率最高。在理想状态下（也就是说，有着无限资源的环境），某种细菌可以每30分钟分裂一次，进行繁殖。以这样的增长率，一个细菌在仅仅10小时内就可以将种群数量增长到100多万个（图5.5a），在15个小时内就可使种群数量超过10亿。如果画一个种群数量和时间对比图，可以得到一个**指数式种群增长**（exponential population growth）的J型曲线（图5.5b）。当种群呈指数增长时，种群越大增长得越快。

时间（小时）	细菌个数
0	1
0.5	2
1.0	4
1.5	8
2.0	16
2.5	32
3.0	64
3.5	128
4.0	256
4.5	512
5.0	1,024
5.5	2,048
6.0	4,096
6.5	8,192
7.0	16,384
7.5	32,768
8.0	65,536
8.5	131,072
9.0	262,144
9.5	524,288
10.0	1,048,576

（a）当细菌持续分裂时，它们的增长就是指数级。这个数据图设定的是零死亡率，但是即便有一定的细菌死亡率，这种指数增长依然会发生，只不过增长得慢一些。

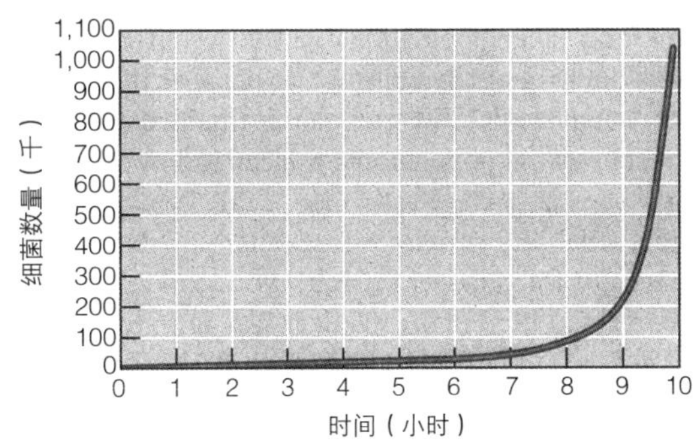

（b）如果把这些数据制成图例，可以看到呈J型的指数式种群增长曲线

图5.5　指数式种群增长

指数增长的一个常见例子是固定利率的银行储蓄账户，比如说利率为2%，一直会累计增长（也就是复利）。假定你既不增加存款，也不取款，那么你账户中的钱一开始增长得较慢，但随着时间的推移，会增长得越来越快，账户余额就会增加。指数式种群增长也是如此。一个小的种群一开始的指数增长比较慢，但随着种群数量的扩大，其增长过程会越来越快。生态学家用本章末的公式预测特定种群的种群水平和增长速度。

不论哪个物种，种群以内禀增长速度成长时，种群大小与时间的对比图都会形成同样形状的曲线，唯一的变量是时间。达到某一个数量级，海豚种群需要的时间比细菌种群需要的时间长（因为海豚没有细菌繁殖得快）。但是只要增长速度保持不变，两个种群将一直呈指数增长。

环境阻力和承载力

某些种群可能在一个短时间内呈现指数增长。指数式种群增长在细菌和原生生物以及某些昆虫种群中以试验的方式被展示过。不过，生物是不能以内禀增长率进行无限繁殖的，因为环境设定了限度，统称为环境阻力（environmental resistance）。环境阻力包括一些不利的环境条件，比如食物、水、栖息地和其他必要资源是有限的（由竞争加剧所导致），另外还有疾病与猎食所施加的限制。

还是用前面的例子说明，我们发现，细菌不会在无限的时间内进行无限的繁殖，因为它们会消耗完食物和空间，有毒的废物会累积在它们附近。随着数量的增加，细菌会更加受到寄生生物和捕食者的青睐（种群密度高促使病毒等易传染性生物在种群个体中传播，也使得捕食者更容易捕获种群个体）。随着环境的恶化，它们的出生率（b）会下降，死亡率（d）会增加。环境条件会恶化到一个d超过b的点，这时种群数量就会减少。因此，一个种群的个体数量是由支撑它的环境的能力所控

内禀增长率：种群在资源不受限制时所实现的指数增长。

指数式种群增长：最优条件下允许种群在一段时间内持续不断地繁殖而实现的加速增长。

制的。随着种群个体数量的增加，环境的阻力也会增加，就会限制种群的发展。环境阻力是负反馈机制（negative feedback mechanism）的明显例子，也就是，某些条件的变化会导致对变化的条件进行对抗、倒转的反应。

对快速增长的种群所发生的负反馈最终会减缓种群增长的速度，直至趋近零。这种情况发生在抵达环境承载力或接近环境承载力水平的时候，**承载力**（carrying capacity, K）是环境支持种群能力的限度。在自然界中，承载力是动态的，随着季节等环境的变化而变化。比如，一次长时间的干旱会减少一个地区植物生长的数量，这种变化进而降低对鹿和其他食草动物的承载力。

俄罗斯生态学家G. F. 高斯（G. F. Gause）在20世纪30年代开展了一项试验，在试管中培育了大草履虫物种的种群。他每天提供有限的食物（细菌），并不时更换营养基，以避免新陈代谢废物的累积。在这样的条件下，大草履虫的种群一开始呈指数增长，但是增长率很快下降为零，种群大小保持稳定。这种典型的种群成长模式从理论上看适用于大多数野生生物，比如海洋鱼类（图5.6a），当然，种群生态学的学生可能会观察到这一普通模式的很多变异。所有的种群在个体数量达到最高而且每个个体都有充足的繁殖机会时会成长得最好，但如果种群个体数量很低以致资源短缺也不会成为阻碍的时候，种群也能很好地增长。

如果给一个长期受环境阻力影响的种群画一幅图（图5.6b），就会看到一个具有S型特征的逻辑种群增长（logistic population growth）曲线。这条曲线显示，一开始是大约呈指数增长（J型曲线一开始的形状，那时环境阻力低），当种群处于环境一半承载力的时候，增长速度达到顶峰，然后随着接近环境承载力，增长曲线逐渐放平。在逻辑种群增长中，种群增长的速度与现存资源的数量有关系，竞争导致种群增长受限。尽管逻辑种群增长大大简化了多数种群随着时间而变化的过程，但是与实验室进行的一些种群研究以及在自然界中开展的一些研究是相符的。

不管是坏的物种，还是好的物种，如果进行成功的管理，就需要了解逻辑种群增长。比如，如果我们知道一种可食用鱼的承载力，那么我们就可以计算它的最大**可持续获得量**（sustainable harvest），即每年捕获的、不减少其总体种群规模的鱼的数量（见本章末的公式）。如果鱼的种群位于总承载力的一半位置而且达到了最大种群增长速度，那么这个最大可持续捕鱼量是可行的。作为对比，在害虫防治中，将害虫种群保持在最大增长速度之下，能促进防治措施需要的最小化。另外，如果我们使得害虫承载力最小化，那么防治的需要性就会降低。比如，没有食品残渣和滴水的厨房对于老鼠和蟑螂的承载力将会很低。如果一个城市通过繁殖最小化（通过捕捉并结扎方式）来管理野生猫，那么野生猫种群的增长率就会降低，使得野生猫的种群控制变得更加容易。逻辑种群增长公式在管理有益和有害生物方面都有十分广泛的应用。

一个种群极少像图5.6所显示的那样稳定在K（承载力）点上，可能会暂时高于K点，然后再回到承载力点或承载力点以下。有时，一个冲破K点的种群会经历种群崩溃（population crash），突然从高的种群密度降到低的种群密度。这种突然变化在细菌、浮游动物和其他资源耗尽的种群中经常可见。而且，K点也不是必然恒定的，食物供应、气候或水的变化会导致一个栖息地的资源更加

（a）一群马鲹

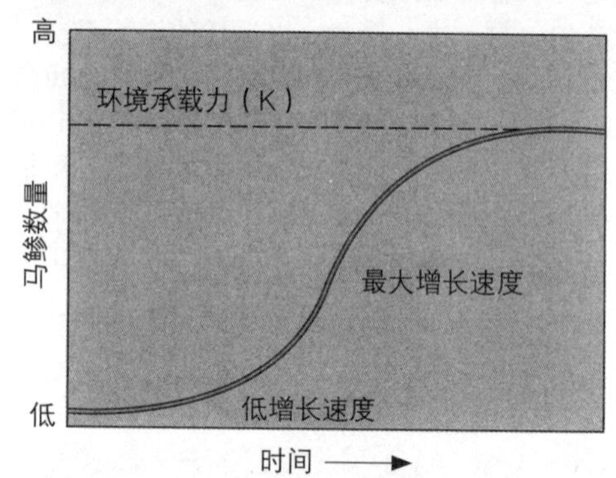

（b）每一个栖息地，不论是大是小，都有对生物的承载力。种群小的时候成长得较慢，但是它的成长会加速（最大增长速度），直到达到环境阻力（食物、繁育地点和栖息地的限制等），迫使增长再次减速，促使种群接近承载力（K）并保持平稳发展。很多海洋鱼类被过度捕捞，因此鱼的种群正处于这条增长曲线的低谷，种群增量速度很低。最大的可持续捕鱼限额可以设定在鱼群种群位于K点中间的数量。

图5.6　逻辑种群增长

承载力：在环境没有发生变化的情况下，某个特定环境能够长期支持某一特定物种的最多个体数量。

可持续获得量：每年在不减少总体种群数量的前提下从一个种群获得的个体数量。

（a）阿拉斯加海岸白令海峡普里比洛夫群岛的一个岛上的一只幼小的驯鹿（*Rangifer tarandus*）。

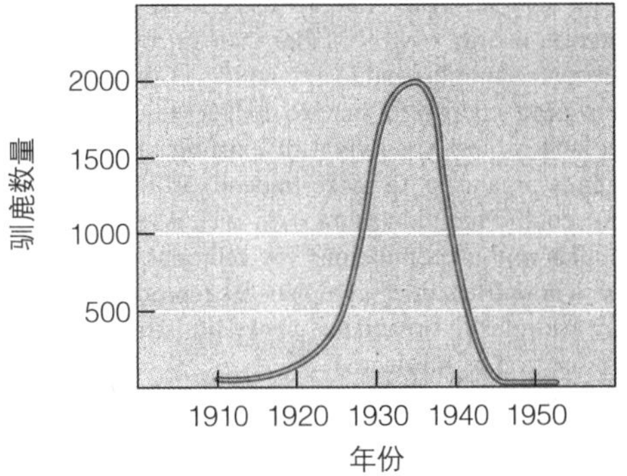

（b）驯鹿经历了快速的种群增长，然后，随着过多的驯鹿损害了环境，种群数量急速下降。（见V. C. Scheffer, "The Rise and Fall of a Reindeer Herd" [《一个驯鹿群的兴起和衰落》], *Science Month*, Vol. 73, 1951。）

图5.7 一个种群的崩溃

丰富或更加贫瘠。承载力下降会带来种群崩溃。

冬季草料的多少在很大程度上决定了生活在北部寒冷地区的驯鹿的承载力。1910年，一小群共26只驯鹿被引进到阿拉斯加普里比洛夫群岛（Pribilof Islands）的一个岛上（图5.7），这个种群在大约25年的时间里呈指数增长，直到达到大约2000只，远远大于该岛的支持能力，特别是在冬天。这些驯鹿吃光了岛上的植物，直至岛上植物几近消亡殆尽。后来，在10多年的时间里，随着大量驯鹿饿死，岛上的驯鹿数量锐减到8只，只有最初引进数量的1/3，不到数量鼎盛时期的1%。驯鹿过度啃食的北极和亚北极植物的恢复需要10年到20年，在那个时间里，对驯鹿的承载力会大大降低。

影响种群大小的因素

影响种群大小的自然机制可以分为两类：密度制约因素和非密度制约因素。由于物种的不同，这两类因素的重要性有着不同的变化，大多数情况下，它们可能相互作用，同时决定一个种群的大小。

密度制约因素 某些环境因素，比如捕食，对密度大的种群的影响很大。譬如，如果一个池塘的青蛙种群密度大，那么水鸟之类的捕食者就会聚集过来捕食青蛙，直到池塘里的青蛙数量大大减少。如果种群密度的变化改变了环境因素对种群的影响，那么这个环境因素就是**密度制约因素**（density-dependent factor）。随着种群密度的增加，密度制约因素一般会通过提高死亡率和（或）降低出生率来减缓种群的增长。因此，随着种群数量离K点越来越近，密度制约因素对种群增长率的负面作用就会增强，直至种群增长接近于零。反过来，如果种群密度下降到K点以下，密度制约因素就会导致种群增长。因此，密度制约因素一般会使种群保持一个接近环境承载力的相对稳定的规模。（当然，环境也在不断变化，这些变化会继续影响承载力的大小。）

捕食、疾病和竞争是密度制约因素的范例。随着种群密度的增加，捕食者可能更容易找到猎物。种群密度高的时候，种群中的个体相互接触得更加频繁，传播感染传染性病菌的机会就增加。随着种群密度的增加，对生存空间、食物、栖息地、水、矿物质和阳光等资源的竞争会更加激烈。随着种群密度的减少，就会产生相反的情况。捕食者更难发现它们的猎物，寄生物难以从一个宿主传送到另一个宿主，种群成员之间对生存空间和食物等资源的竞争也会减弱。

多数关于密度制约的研究是在实验室条件下开展的，除了一个密度制约因素，所有其他的密度制约因素（以及非密度制约因素）都被控制。自然状态下的种群会暴露于复杂的变量环境之中，而且在不停地发生变化，因此很难评价某个密度制约因素（或非密度制约因素）所起的相对作用。

密度制约和繁荣—崩溃的种群循环 旅鼠是生活在北半球较冷地区的一种小型啮齿动物。旅鼠种群数量相对周期性地每三到四年都会先大量增加，然后大幅下降，周而复始（图5.8）。这种种群数量的循环波动常常被描述为繁荣—崩溃循环。雪地兔和红松鸡等其他种类也有着类似的循环性的种群波动。

这种种群波动的真正原因现在还不是很清楚，但是很多假设都涉及密度制约因素。黄鼬、北极狐、猎鸥（吃旅鼠的北极鸟）等是旅鼠的天敌，它们的种群密度可能因为被猎食动物密度的增加而增加。随着更多的捕猎者捕食丰富的猎物，猎物种群的数量就下降了。另一个可能是，一个巨大的猎物种群超出了食物供应的范围。最近关于旅鼠数量循环的研究表明，旅鼠种群的崩

密度制约因素：随着种群密度变化而影响种群变化的环境因素。

（a）生活在北极冻原的褐色旅鼠（*Lemmus trimucronatus*）。

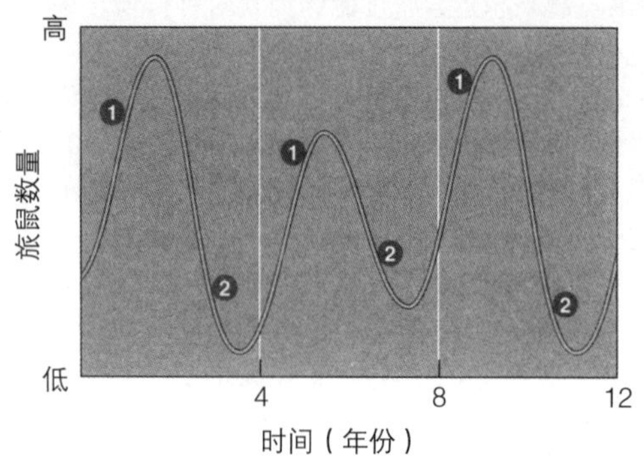

（b）这个假定图表显示了旅鼠种群波动的循环性特征，虽然进行了深入的研究，但还没有被真正地了解。当种群增长并达到高点的时候（标明为1），密度制约因素就会愈加强烈，种群增长率就会下降，种群数量不久就会减少。当种群数量低并下降的时候（标明为2），密度制约因素就会显得宽松，不久，种群数量降至最低点，然后开始上升。

图5.8 旅鼠种群波动

溃是因为它们把当地所有的植物都吃光了，不是因为捕猎者吃了它们。看起来猎物种群可能受到捕猎者的制约，也可能不受捕猎者的制约，而更有可能的是捕猎者种群是受猎物的制约的。

非密度制约因素 **非密度制约因素**（density-independent factor）主要是非生物性的。严霜、暴风雪、飓风或火灾等随机偶然的天气事件可能导致一个种群数量的极端和非正常的减少，这与种群大小无关，因此在很大程度上都是非密度制约因素。

考虑一个在北极环境中影响蚊子种群的非密度制约因素。这些昆虫每个夏天都繁衍好几代，到季节末达到了很高的种群密度。蚊子不缺乏食物，也不缺乏繁殖后代的池塘。恰恰是冬天的来临终结了高速增长的蚊子种群。没有一个成年蚊子能够熬过冬天，全部种群将在来年夏天从几个卵和冬眠的幼虫重新成长。冬天天气的到来和严寒是影响北极蚊子种群的非密度制约因素。

非密度制约因素：影响种群大小但不受种群密度影响的环境因素。

繁殖策略

每个物种都有适应其繁殖模式的独特生活模式。很多年过去了，一株年幼的木兰还没有开花结籽，而只是一个季节，小麦就可以完成从种子生长、开花到死亡的过程。一对黑眉信天翁每年都可以产下一只幼鸟，而一对灰头信天翁两年（每隔一年）才能产下一只幼鸟。生物学家试图了解这些不同种群生存史策略（life history strategies）的适应性意义。

由于进化涉及将基因遗传到下一代，我们可以想象，繁殖的最大化是最好的生存策略。一种生物的性成熟越早，它的后代就会越多，其后代继续早繁殖、多生育，看起来就会成为最成功的生物。这个生物的所有能量都用于繁殖，因此似乎是传递了最多的基因物质。然而，采用这个策略的生物没有将一点能量用于确保它自己的生存。动物使用能量猎捕食物，植物使用能量长得比周围的植物更高（以便获得足够的阳光）并延长根系（以获得养分）。生物需要能量以便生存的时间更长，既要继续繁殖，又要确保已有后代的生存。因此，大自然要求生物在使用能量中做出权衡。成功的生物个体必须做到作为个体和种群（繁殖）所要求做的。对那些生存策略强调繁殖成功的生物，我们认为是*r*选择；对那些生存策略强调长期生存的生物，我们认为是*K*选择。

被描述为*r*选择（*r* selection）的种群具有种群成长率高的特质，回忆一下，*r*指的是成长率。这样的生物有一个高的*r*，被称为*r*策略者或*r*选择物种。很多*r*选择物种的典型特质是形体小、性早熟、生命短、产卵多、父母关爱少或没有等，它们通常也是机会主义者，生活在变化多端、暂时的、难以预测的环境中，长期生存的可能性很低。*r*选择物种最典型的例子是老鼠、蚊子等昆虫和蒲公英等常见杂草。

在被描述为*K*选择（*K* selection）的种群里，种群特质是将在环境中生存的几率最大化，使得个体数量接近于环境的承载力（*K*）。这些生物被称为*K*策略者或*K*选择物种，不大量繁殖子孙后代。它们的典型特质是寿命长、成长慢、繁殖迟、体型大、生育率低。红树林被分类为*K*选择物种。作为典型*K*选择物种的黄褐色猫头鹰、大象和其他动物特别重视对幼崽的抚育。其他*K*选择物种还包括生命周期长的植物，例如龙舌兰或加州红树林。*K*选择物种一般出现在相对持久或稳定的环境中，它们在那里有着较强的竞争力。

存活率

生态学家建构植物和动物生命表（life table），显示这些植物和动物一生中不同时期的个体生存率。保险公司一开始也制定生命表，以决定收取多少保费。生命表显示的是客户年龄与客户支付保险费的寿命的可能性之间的关系。

存活率（survivorship）是某一特定种群每个年龄段生存的个体的比例。图5.9是生态学家认可的三种主要存活曲线的图表。在I型存活曲线中，正如人类和大象所展示的，幼崽（即未到繁殖期的个体）以及那些在生殖期的个体存活的可能性很高。随着年龄的增长，存活的可能性降低，死亡在生命的后期集中发生。

在Ⅲ型存活曲线中，死亡的可能性在生命初期最大，那些能够避免早期死亡的个体一般都会有很高的存活可能性。就动物来说，Ⅲ型存活曲线是很多鱼类和牡蛎的特征。小牡蛎在成年以前要经历3个自由浮游幼虫阶段，然后才能定居下来，隐藏在坚硬的壳中。这些牡蛎幼虫在猎食者面前极度脆弱，很少有活到成年的。

Ⅱ型存活曲线处于Ⅰ型存活曲线和Ⅲ型存活曲线之间，存活的概率不随年龄而变化。所有年龄阶段的死亡率都是一样的，形成一个线性的下降存活率。这种恒定的存活率可能源于必需的随机事件，这些事件会导致种群数量毫无年龄差别地死亡。这种年龄和存活率之间的关系相当罕见，有些蜥蜴属于Ⅱ型存活率。

三条存活率曲线都是大体上的，没有几个种群完全符合其中一条。有些物种在生命早期有一种类型的存活曲线，在成年后有另一种存活曲线。人类的存活曲线取决于某个给定地区或国家的公共卫生、战争、社会经济条件。

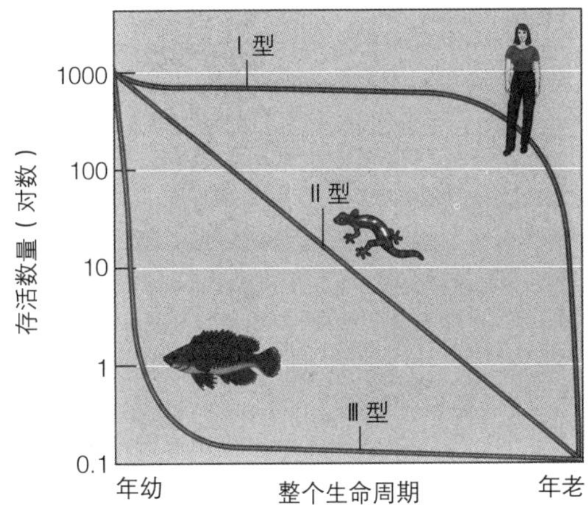

图5.9　存活率。这些概括的存活曲线展示了物种的理想存活曲线，其中有的种群死亡主要集中在繁育生殖期后（Ⅰ型），有的在各个年龄阶段平均分布（Ⅱ型），有的集中在幼年（Ⅲ型）。尽管人类、蜥蜴和鱼类分别代表了一种类型，但是生物有一定的变化性。有些地区的婴儿死亡率相对较高，其生存曲线可能呈现为不同存活曲线的混合。

存活率：一个种群中个体存活到一定年龄的概率。

集合种群

与景观中分布着一个大的种群不同的是，在明显不同的斑块生境（habitat patch）中生存着以当地种群形式存在的很多物种。每个当地种群都有着体现自己特征的出生率、死亡率、迁入率和迁出率。种群个体成员之间偶尔扩散交流（disperse）（迁入和迁出）的一组当地种群称为**集合种群**（metapolulation）。比如，在大烟山（Great Smoky Mountains）的一个山地景观中，有三个当地种群组成了铁杉集合种群（图5.10）。

景观中之所以会出现不同当地种群的分布，是因为存在着海拔、温度、降雨量、土壤湿度、土壤中矿物质含量等方面的差异。那些能够提高栖居在其中的生物个体生存和繁殖成功率的生境被称为源生境（source habitat）。源种群一般来说比生存条件差的生境中的种群密度大，源生境中过剩的个体会向另一个生境扩散。

低质量的生境被称为汇生境（sink habitat），其中当地种群的出生率比死亡率低。如果没有其他生境中生物个体的迁入，这个汇种群数量就会减少直至灭绝。如果一个当地汇种群灭绝，源生境中的生物个体就可能会过一段时间重新移植到空置的生境。因此，源生境和汇生境就通过移入和移出而联系起来。

为了更好地满足道路、家庭、工厂、农业耕地和伐木的需要，人类正在使得现有生境发生碎片化，随着人类对景观的改变，集合种群变得越来越普遍。因此，集

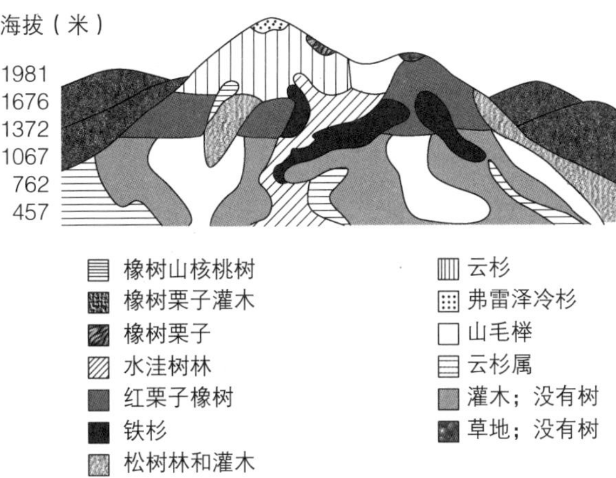

图5.10　集合种群。大烟山国家公园西坡上的植被分布显示了景观地区不同生态组合的特征。气候变化如何影响这些集合种群？（引自R. H. Whittaker, "Vegetation of the Great Smoky Mountains"［《大烟山的植被》］, *Ecological Monographs*, Vol. 26, 1956。）

集合种群：在一个景观格局中明显不同的斑块生境中分布的一组当地种群的集合。

合种群，特别是当它与濒危物种和受威胁物种相联系的时候，已经成为保护生物学的一个重要研究领域。

复习题

1. 下列每个要素对种群大小有何影响：出生率、死亡率、迁入、迁出？
2. 内禀增长率和承载力是如何形成J型和S型种群增长曲线的？
3. 列举两个密度制约因素影响种群增长的例子。列出两个非密度制约因素影响种群增长的例子。
4. 三个主要的存活曲线是什么？
5. 集合种群与当地种群的区别是什么？

生物群落

学习目标

- 描述促进形成生物生态位的要素。
- 掌握竞争的定义，说明竞争排他与资源分配之间的联系。
- 解释共生现象，区分互利共生、偏利共生、寄生现象的不同。
- 掌握猎食的定义，描述自然选择对于猎食者—猎物关系的影响。
- 掌握关键种的定义，讨论狼这一关键种。

以种群和集体种群方式大量聚集在一起的生物组成群落。群落（community）这个词在生物学上的含义比日常使用时宽泛得多，对生物学家来说，群落指的是同一时间在同一地点生活和相互作用的不同种群生物的联合。

一个群落中的生物以多种方式相互依存。物种之间竞争食物、水、生存空间和其他资源。（在这一背景下，资源指的是任何环境中能满足某个物种需要的任何东西。）有些生物杀死另一些生物。有些生物与其他生物彼此之间形成密切的关系，而与其他物种之间仅仅有一点的关联。正如在第三章所讨论的，每个生物都在群落中发挥生产者、消费者或分解者中的一种作用。发现生活在一个群落中的生物的正面和负面、直接和间接的相互作用，是群落生物学家的目标之一。

群落在大小上差别很大，缺乏确切的边界，极少是完全隔绝的。群落之间以各种方式相互作用、相互影响，尽管有些相互作用不是很明显。而且，群落就像俄罗斯套娃一样可以依次套叠，也就是说，一个群落可以生存在另一个群落之内。一处森林是一个群落，但是森林中的一块朽木也是一个群落。随着一棵倒地树木的一系列腐烂过程，昆虫、植物和真菌都会侵入（图5.11）。

对于生物的生存来说，无生命环境与有生命环境一样重要。矿物质、空气、水和阳光都是蜜蜂生存环境中的一部分，就像授粉的花和汲取的蜜一样重要。生物群落及其无生命环境形成生态系统（第四章考察了生态系统的无生命环境）。生态系统也可以包括人类管理的生物群落，比如农场。

生态位

下面我们学习一个给定物种在其群落中的生活方式。对一个物种的生态描述一般包括：1. 是生产者、消费者还是分解者？2. 它与其他物种形成的共生类别。3. 是捕食者还是猎物抑或都是？4. 与它竞争的其他物种是什么？不过，如果要画一幅完整的物种生态图，还需要其他的详细信息。

在一个生态系统的结构和功能中，每一种生物都有其自己的作用或**生态位**（ecological niche）。生态位涉及生物生存的所有方面，包括生物生存、健康成长和繁殖所需要的全部物理的、化学的和生物的因素。除此以外，生态位还包括生物生活的当地环境，也就是它的栖息地（habitat）。生物的生态位还包括阳光、温度和湿度等这些环境的非生命组成成分与生物的相互作用以及对生物的影响。

一种生物的生态位可能看起来比实际上要广泛得多。换句话说，生物具有比实际情况利用更多环境资源或生活在更大范围栖息地的潜力。这个潜在的、理想的生物生态位，就是它的基础生态位（fundamental niche），但是，与其他物种的竞争等不同的因素常常使其部分功能游离于基础生态位。一种生物实际上形成的生活方式以及实际上使用的资源构成了它的实际生态位（realized niche）。

用一个例子就可以明晰基础生态位和实际生态位之间的差别。绿色变色龙是生活在佛罗里达和美国其他东南州的一种本地蜥蜴，白天栖息在树木、灌木、墙或者篱笆里，坐等昆虫和蜘蛛等猎物（图5.12a）。过去，这些小蜥蜴在佛罗里达到处都有。几年以前，一个相关的物种，褐色变色龙从古巴被引进到佛罗里达南部，很快就大量繁殖起来（图5.12b）。突然之间，绿色变色龙就变得稀少起来，很明显是由于被个头稍大的褐色蜥蜴在竞争中赶出了栖息地。通过仔细调查发现，绿色变色龙依然生活在附近，不过，现在基本上是吃湿地里的植物和看起来不明显的树冠。

绿色变色龙基础生态位的栖息地包括树干和树冠、房子外墙以及很多其他地方。当褐色变色龙建立起自己的种群以后，它们就会把绿色变色龙赶走，只给它们留下了湿地和树冠这些栖息地。因此，绿色变色龙的实际

生态位：生物对环境的适应、对资源的使用以及所属生命类型的总和。

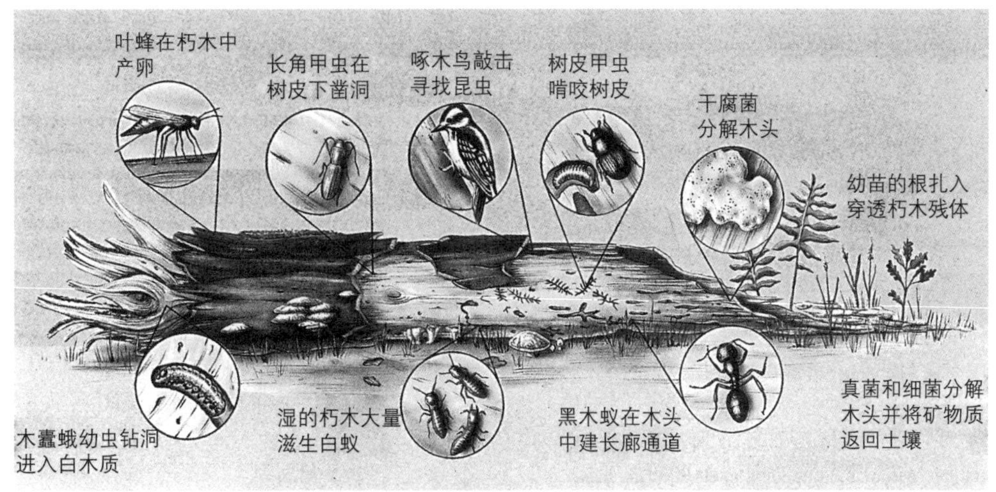

图5.11　一个朽木群落。食腐质者和分解者食用一根朽木，其间充斥着各种各样的细菌、真菌、动物和植物。

（a）绿色变色龙（*Anolis carolinensis*）是佛罗里达土生土长的动物。

（b）褐色变色龙（*Anolis sagrei*）被引进到佛罗里达。

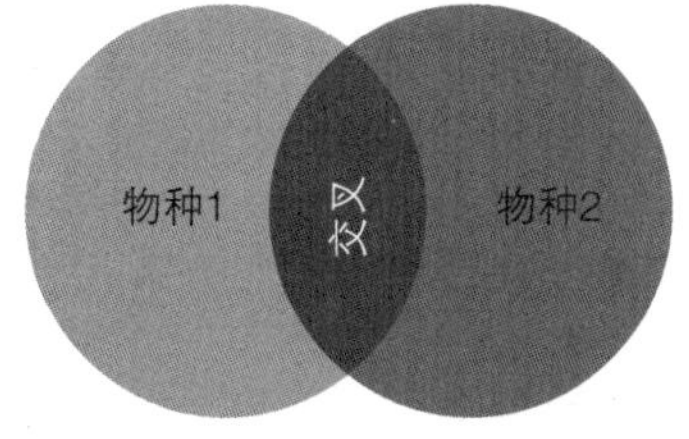

（c）两种蜥蜴的基础生态位有部分交叉，物种1是绿色变色龙的，物种2是褐色变色龙的。

（d）褐色变色龙在竞争中战胜了绿色变色龙，限制了绿色变色龙的基础生态位，交叉的地方大大减少。

图5.12　竞争对生物实际生态位的影响。

生态位由于竞争的结果变得小很多（图5.12c, d）。自然群落包括无数物种，很多物种之间都在某种程度上呈现一种竞争关系，这些物种之间的相互作用形成了每一个物种的实际生态位。

全面描述一种生物的生态位将涉及一系列必需的、可能的资源。在任何一个栖息地，只有一部分资源可能会出现短缺。生活在湖里的鱼需要水，但是湖里的水通常是丰富的，一般不会制约鱼群增长的能力。然而，要找到最佳的产卵地可能会受到限制。从数量上制约种群轻易生存或大量生长的必要但不充足的资源，被称为**限制性资源**（limiting resource）。

限制性资源：任何一种环境资源，由于它的稀缺或处于不利水平，限制了生物的生态位。

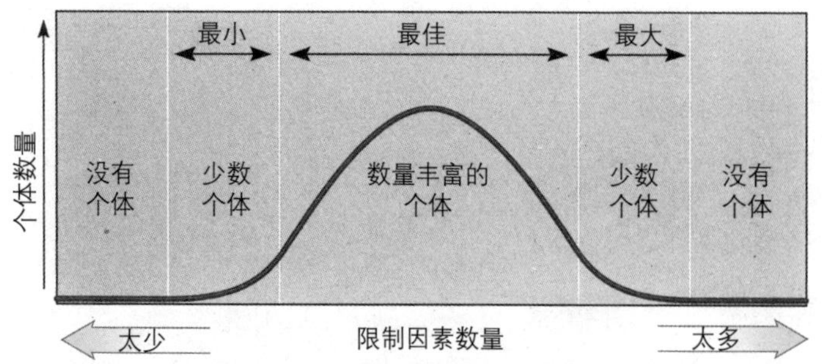

图5.13　限制性资源。任何一种超过生物承受力或小于最小必要量的环境要素会对生物形成限制。

科学家已经调查研究的多数限制性资源都是一些简单的变量，比如土壤中矿物质含量、温度的极端化、降雨的数量。这些调查研究已经揭示出，任何一种资源，如果超出了生物的承受能力或在数量上小于生物生存的最小需要量，那么就会限制那种生物在生态系统中的出现（图5.13）。

没有一种生物能够独立于其他生物而存在。我们现在来学习一个生态系统内物种之间所发生的三种主要相互关系类型：竞争、共生和捕食。

竞争

当两个或更多生物个体试图使用食物、水、居所、生存空间或阳光等必要的公共资源时，就会发生**竞争**（competition）。在环境中，资源供应通常都是有限的，一个个体的使用就意味着其他个体使用的减少。如果茂密森林中的一棵树长得比周围的树高，那么它吸收的阳光就多，附近树木所能吸收的阳光就少。竞争可以在一个种群中的个体之间发生（种内竞争，intraspecific competition），也可以在不同的物种之间发生（种间竞争，interspecific competition，图5.14）。

生态学家传统上都假定竞争是决定群落里物种数量和每个种群大小最重要的因素。现在，生态学家认识到竞争只是影响群落结构众多因素中的一个。而且，竞争也不一直是简单、直接的相互作用。生活在一个松树林中的众多有花植物一般来说会与针叶树竞争土壤中的水分和营养物等资源。这些花产生的蜜可以被其他昆虫物种所消费，这些吃花蜜的昆虫也捕食那些吃松针的昆虫，因此减少了以松针为食的昆虫的数量。如果有花植物从群落中移走，针叶树会因为有花植物不再与它们争夺必要资源而生长得更快吗？或者由于杂食性昆虫减少而导致的吃松针昆虫的增加会阻碍针叶树的生长吗？

关于移走一个竞争性物种对森林物种的长期影响，目前所做的研究还很少。长期的影响可能是细微的、间接的、难以估量的。它们可能会降低或抵消资源竞争的副作用。

竞争排他与资源分配　如果两个物种相似，比如绿色变色龙和褐色变色龙，它们的基础生态位可能会有交叉重合。不过，很多生物学家认为，没有哪两个物种会无限地在同一个

竞争：在一个生态系统内争夺同一个资源（比如食物或生存空间）的生物之间的相互作用。

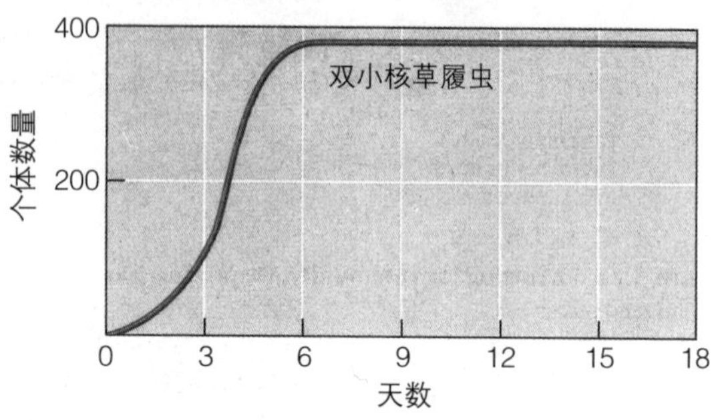

（a）独立环境下生长的双小核草履虫（*P. aurelia*）种群（单一物种环境）

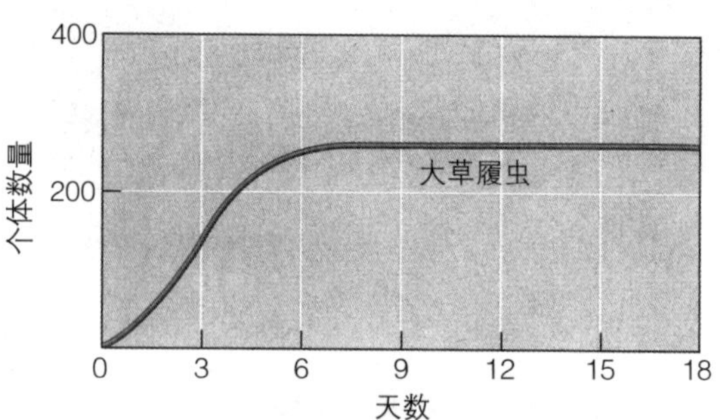

（b）独立环境下生长的大草履虫（*P. caudatum*）种群

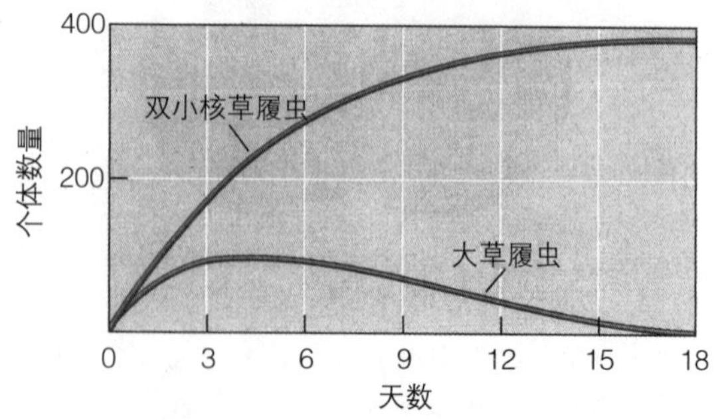

（c）生活在混合环境中的两个种群，彼此相互竞争，双小核草履虫在竞争中击败了大草履虫，使大草履虫几近灭绝。

（数据引自G. F. Gause, *The Struggle for Existence* [《生存的竞争》], Baltimore: Williams & Wilkins, 1934。）

图5.14　种内竞争

群落里占用同一个生态位，因为最终会发生竞争排他（competition exclusion）现象。在竞争排他现象中，一个物种会通过双方竞争（种内竞争）排除掉另一个物种的部分生态位。尽管物种之间竞争一些必要的资源时可能不进行激烈的、全方位的竞争性相互作用，但是生态位完全相同的两个物种是不可能共存的。只有两个物种重叠的生态位消除以后，才能发生共存。在上面那个蜥蜴的例子中，随着褐色变色龙将绿色变色龙赶出了先前的大多数栖息地，两个物种之间的直接竞争才算消弭，绿色变色龙可以生存的地方仅剩下湿地植物和树冠。

竞争对所有资源有限的物种都会产生不利的影响，可能会导致一个或多个物种在竞争中消失。自然选择应该青睐每个物种中那些避免或至少减少竞争的生物个体。在资源分配（resource partitioning）中，共生物种的实际生态位在一个或多个方面有着差别。他们收集了很多动物中资源分配的证据，比如对中美洲和南美洲热带森林的研究，显示出共生于同一个栖息地的食果鸟类、灵长目动物和蝙蝠所吃的食物几乎没有交叉重叠。尽管水果是几百个这类物种的首要食物，但是水果的丰富性和多样性使得不同物种所吃的水果有了分化，因此减少了竞争。

资源分配还可以包括进食的时间、进食的地点、巢穴地以及生物生态位的其他方面。罗伯特·麦克阿瑟（Robert MacArthur）对北美五种鸣鸟物种进行的研究成为资源分配的经典案例（图5.15）。

共生现象

在**共生现象**（symbiosis）中，一个物种的个体通常与另一个物种的个体生活在一起，或以另一个物种的个体为生。至少有一个物种，有时是双方，使用另一方的资源。共生现象中的伙伴称为共生生物（symbionts），处于共生关系中的生物可能受惠于这种共生关系，也可能不受影响，也可能受害于这种共生关系。共生现象发生在所有生命的域和界中。

共生现象是两个相互作用的物种共同进化（coevolution）的结果。有花植物及其动物授粉者有着共生关系，是一种完美的共同进化的典范。植物的根深植于地下，在繁衍后代时缺乏动物的移动性。很多有花植物就依赖动物帮助它们繁殖。蜜蜂、甲虫、鸟、蝙蝠和其他动物都从一种植物向另一种植物传播植物的雌性繁殖单位，即花粉粒，从而为植物提供了流动性。这是怎么发生的呢?

在这些关系孕育形成的数百万年时间里，有花植物以几种方式进化，吸引动物授粉者，对授粉者的报偿之一是提供食物——花蜜（一种多糖溶液）和花粉。植物常常提供特别适合一种授粉者食用的食物。蜜蜂授粉的花的糖浆通常含有30%到50%的糖，其浓度正好是蜜蜂酿蜜所需要的。如果花蜜中的糖度低，那么蜜蜂就不会来采蜜。蜜蜂还用花粉制造蜜蜂食料，这是一种喂养幼蜂的花蜜和花粉的混合营养物。

植物以多种方式吸引动物授粉者的注意，大多数和颜色与气味有关。鲜艳的花瓣从视觉上吸引授粉者，就像霓虹标志或金色拱门吸引一个饥饿的人到餐馆一样。昆虫有着高度发达的味觉，很多昆虫传播的花粉都有着强烈的味道，人类也一样喜欢。有几种特别的花，味道很不好。腐殖质植物开出模拟腐肉气味的花。喜好腐殖质的苍蝇在找地方产卵时就被这些花吸引过来，从而在这个过程中传播了花粉。

（a）黄腰白喉林莺

（b）栗胸林莺

（c）栗颊林莺

（d）黑喉绿林莺

（e）橙胸林莺

图5.15 资源分配。在罗伯特·麦克阿瑟研究的五种北美蜂鸟物种中，鸣鸟的生态位一开始似乎是一样的。然而，麦克阿瑟认为每个物种的个体在针叶树中进食的地点是不同的（以白色标明）。另外，它们在树冠层的飞翔也是不同的，觅食不同的昆虫，归巢的时间也有些微的不同。（引自R. H. MacArthur, “Population Ecology of Some Warblers of Northeastern Coniferous Forests” [《东北针叶树林中几种鸣鸟的种群生态》], *Ecology*, Vol. 39, 1958。）

共生现象：两个或多个物种个体之间的任何亲密关系或联合，包括互利共生、偏利共生、寄生现象。

图5.16 授粉器的共同进化。南部双领花蜜鸟（*Cinnyrus chellybeus*）有着弯弯的、纤细的喙，与芦荟花达成了完美的一致。芦荟花的红颜色吸引了花蜜鸟的注意。

在植物忙于进化获得吸引授粉者技能的时候，动物授粉者也共同进化拥有了专门的技能，使自己的身体和行为方式有助于授粉以及获得作为回报的花蜜和花粉。通过共同进化，大黄蜂拥有了毛茸茸的身体，以便获取和承载具有黏性的花粉，并将它们从一朵花运送至另一朵花。某些鸟类长长的、弯曲的嘴，非常适合那些管状的、内含花蜜的花，也是共同进化的结果（图5.16）。

数千个甚至是数百万个源于共同进化的共生关系可以分为三类：互利共生、偏利共生、寄生现象。

互利共生 在互利共生（mutualism）中，生活在紧密关系中的不同物种彼此之间相互受惠。固氮细菌根瘤菌属和豆科植物（比如豌豆、蚕豆和三叶草等植物）之间相互依存的联系就是互利共生的一个代表。固氮细菌生活在豆科植物根部的根瘤中，为植物提供其需要的所有的氮，豆科植物为固氮细菌共生体提供糖。

互利共生的另外一个例子是造礁珊瑚动物和微小藻类之间的联合关系。这些共生的藻类称为虫黄藻（zooxanthellae），生活在珊瑚细胞内部，并在那里进行光合作用，为珊瑚提供碳和氮化合物以及氧气。虫黄藻对珊瑚生长具有促进作用，可以使碳酸钙骨架在珊瑚身体周围生长得更快。反过来，珊瑚为虫黄藻提供氨等排泄物，藻类利用这些废物为双方制造氮化合物。

菌根（mycorrhizae）是真菌和大约80%植物的根之间的互利共生关系。真菌生长在植物根附近和根里面以及周围的土壤里，从土壤中吸收并向植物提供必需的矿物质，特别是磷（图5.17）。作为回报，植物向真菌提供光合作用产生的食物。在菌根关系中，植物生长得很旺盛，能够更好地应对干旱、土壤温度升高等环境应激源（environmental stressor）。事实上，如果没有与真菌形成正常的菌根关系，有些植物就不能在自然条件下生存下来。

菌根很难在试验背景下进行培养，大多数作物缺乏菌根联系，使它们与一些杂草比起来处于劣势。在如何培养与作物的菌根联系方面还需要做很多的研究，这种研究能够帮助减少施用化肥的需要。

偏利共生 偏利共生（commensalism）是两种不同物种之间的联合，其中一方受益，另一方不受影响。偏利共生的一个例子是群居昆虫和与群居昆虫生活在一起的食腐动物之间的关系。比如，某种蠹虫永远和列队行走的行军蚁共同行动，分享掠食所捕获的丰富食物。从蠹虫那里，行军蚁既没有明显受益，也没有受害。

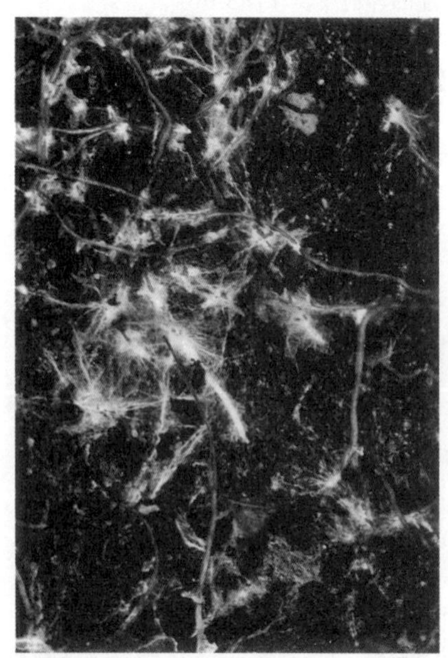

图5.17 互利共生。菌根（*Scleroderma geaster*）密密麻麻地缠绕着一棵桉树的根。桉树是高耐旱的树，也许是因为菌根帮助它缓冲减轻了环境压力，菌根从树中获得食物。

互利共生：合作双方都受益的共生关系。

偏利共生：一方受益，另一方既不受害也不受益的一种共生关系。

偏利共生的另一个例子是热带树和诸多附生植物（epiphyte）之间的关系，附生植物是更小的植物，比如苔藓、兰花、凤梨、蕨类植物等，生活在树枝的树皮上（图5.18）。附生植物依附在树上，但是并不直接从树那里获得营养或水分。它通过在树上的位置获得适量的阳光、水（在雨水从树枝上滴下时）以及必需的营养矿物质（雨水从树叶中冲刷下来的）。因此，附生植物从这种联合关系中受益，而树也没有受到不利的影响。（如果附生植物遮蔽宿主的叶子不能获得阳光，那么就损害了寄主。如果发生这种情况，这种关系就不是偏利共生。）

寄生现象　在**寄生现象**（parasitism）中，一种生物，也就是寄生物（parasite），从另一种生物，也就是宿主（host）那里获得营养。尽管寄生物可能削弱宿主，但极少杀死它。有些寄生物，比如壁虱，生活在宿主体外（图5.19）。其他寄生物，比如绦虫，生活在宿主体内。寄生现象是一种成功的生活方式，仅在人的体内或身体上就生活着100多种寄生物。

很多寄生物并不导致疾病。导致疾病甚至有时导致寄主死亡的寄生物被称为病原体（pathogen）。很多植物都会发生由一种细菌导致的冠瘿病，每年给观赏性植物和农作物带来数百万美元的损失。冠瘿病细菌生活在土壤废物（有机废物）中，通过昆虫造成的细小伤口进入植物，常常在植物的根颈（在树干和树根之间，在土壤表面或表面附近）引起菌瘿或肿瘤样的生长。尽管植物很少死于冠瘿病，但会衰弱很多，生长得更慢，并常常死于其他病原体。

捕食

捕食者杀死其他生物并以它们为食。**捕食**（predation）包括动物吃其他动物（食肉动物与食草动物的相互作用）和动物吃植物（食草动物与生产者的相互作用）。捕食带来了捕食者策略和被捕食者策略的共同进化，捕食者捕获猎物的方法更有效，被捕食者逃脱猎杀的方法更好。效率高的捕食者有选择地对其猎物施加强大的力量，随着时间的推移，猎物物种可能进化了减少被猎食可能性的某种技能。猎物获得反捕猎措施反过来会对捕猎者施加强有力的影响。

与猎食者—猎物相关的适应性包括猎食策略（追击和伏击）和猎物策略（植物防卫和动物防卫）。在阅读这些描述时，请记住，这样的策略不是被猎食者和猎物各自“选择”的。由于基因突变的结果，一个种群里会无意中形成新的特质，这些特质会在自然选择中保留下来。

寄生现象：一种生物受惠而另一种生物受到不良影响的共生关系。
捕食：一个物种（猎物）被另一个物种（猎食者）的消费。

图5.18　偏利共生。附生植物是依附在树干或树枝上生长的小型植物。这株兰花（*Phalaenopsis sumatrana*）生长在马来西亚一个山区雨林的树上。

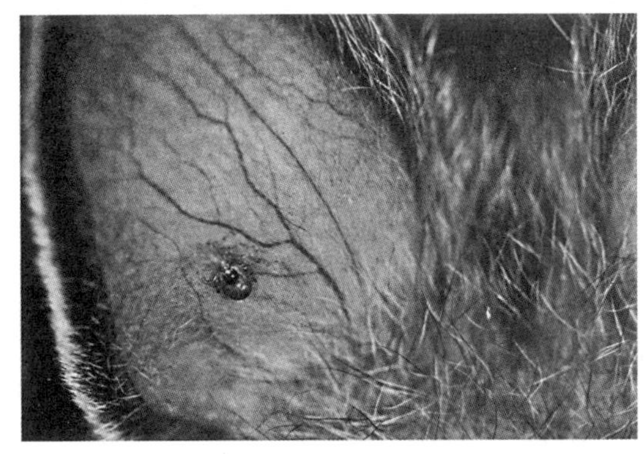

图5.19　寄生现象。兔子耳朵里的壁虱。

图5.20　捕食。逆戟鲸在阿拉斯加结队捕猎。这种合作行为提高了猎食成功率。

追击和伏击　壁虎看到蜘蛛，会向它猛然袭击。逆戟鲸（虎鲸）结队捕杀，常常将三文鱼或金枪鱼赶到一个小海湾，以便能够更容易猎食它们（图5.20）。任何提高猎食效率的特质，比如壁虎的速度或逆戟鲸的智慧，都会有利于猎食者追击它们的猎物。由于这些食肉动物必须在追击猎物的过程中间很快地处理信息，因此它们的大脑相对于身体来说一般就比那些被追击的猎物的大脑要大一些。

伏击是捕获猎物的另一种有效方式。秋麒麟蜘蛛与它所躲藏其中的白花或黄花的颜色是一样的。这种伪装术使得那些采蜜的粗心昆虫没有注意到蜘蛛，即便是看到也来不及逃了。吸引（attract）猎物的捕食者在伏击方面具有特别有效的效果。比如，一个被称作琵琶鱼的深海鱼群在靠近嘴的地方拥有杆状的发光诱饵，以吸引猎物。

植物对食草动物的防御 植物不能通过逃跑躲避猎食者，但是它们进化拥有了保护它们不被吃掉的适应性功能。荆棘、毛刺、粗糙坚硬的树叶，甚至树叶上厚厚的蜡都使得食草动物不愿意吃那些植物。其他植物产生系列保护性化学物质，使得食草动物感到味同嚼蜡，甚至对食草动物有毒。比如，烟草中的尼古丁在杀虫方面很有效，是很多商业性杀虫剂的常见原料。乳草属植物产生致命的生物碱和强心苷，除了一小部分昆虫外，对其他所有动物都具有化学毒性。

动物的防御技能 很多动物，比如土拨鼠，通过跑到地下洞穴中逃离猎食者。其他动物也有机械性防御措施，比如豪猪的刺和水龟的甲壳。有些动物实行群居，比如一群羚羊、一群蜜蜂、一群凤尾鱼或一群鸽子。这种社会行为降低了捕食者在它们不知晓的情况下猎捕它们的可能性，群居动物有很多眼睛、耳朵、鼻子，共同瞭望、监听、嗅闻猎食者。

在动物猎物中，化学性防御很常见。南美箭毒蛙的皮上拥有毒腺，它明亮的警戒色（warning coloration）让经验丰富的猎食者望而却步。曾经尝试猎食毒蛙的蛇或其他动物不会重复自己的错误。有些昆虫进化获得了适应乳草属植物毒素的能力，结果是，它们吃了乳草属植物而没有被毒死，反而是毒素在它们的身体组织里累积，变得对猎食者有毒（图5.21）。这些昆虫避免了与其他食草昆虫的竞争，因为很少有昆虫能够抵御乳草属植物毒素。猎食者学会了避开这些昆虫，这些昆虫常常身着多种鲜艳颜色的混合，比如红色、橙色、白色和黑色。无独有偶的是，人类在警示性标示中也使用黄色、红色和黑色，我们本能地理解，这些颜色意味着“危险”。植物采用的防御食草动物的措施事实上已经转变成食草动物防御食肉动物的措施。

有些动物将自己混合进周围环境以躲避捕食者。动物的这种行为常常促进形成了隐蔽色（cryptic coloration）。小海马给自己染上柳珊瑚的颜色，达到以假乱真的程度，以致这种生物直到1970年才被发现，当时，有位动物学家在他放在水族馆的珊瑚中发现了它（图5.22）。生物在进化中延续和强化了这种伪装术。

图5.21 警戒色。毒毛虫幼虫，它的毒素来自乳草属植物中的强心苷，它用经典的警戒色宣示自己的毒素，从而避免了被捕食。

关键种

某些物种对于维持它们所在的群落比其他物种更为关键。这些物种称为**关键种**（keystone species），对于决定大自然和整个生态系统的结构至关重要，也就是说，对于自然的物种组成和生态系统功能至关重要。如果关键种消失，那么就会很明显地看到其他物种对它的依赖或所受到的重大影响。关键种通常来说不是生态系统中数量最丰富的物种。

确定和保护关键种是生物保护学家的重要目标，因为如果一个关键种从生态系统中消失，那么这个生态系统中的很多其他生物可能会变得更多、更少甚或消失。关键种的一个例子是顶级捕食者，比如本章开头所讨论的灰狼。在灰狼被捕猎殆尽的地方，麋鹿、驼鹿和其他食草动物呈现爆发性增长。随着这些食草动物啃光了植被，许多植物物种承受不了这种被啃食的压力，就消失了。很多更小的动物，比如昆虫，也从生态系统中消失了，因为它们赖以生存的植物没有以前丰富了。因此，灰狼的消失给生态系统带来了生物多样性的大大减少。

及至今日，依然没有多少长期研究能够标明关键种，并确定它们的本性和数量对其栖息的生态系统的影响。另外，还亟需开展一些研究，为关键种在保护生物学中的重要性提供确确实实的信息。

关键种：一个物种——通常是猎食者，对一个群落产生了超越其相对数量所产生的重大影响。

图5.22　隐蔽色。小海马（*Hippocampus bargibanti*）大约有小指甲那么大，在柳珊瑚（*Muricella*）中几乎是无形的。

复习题

1. 什么是生态位？
2. 竞争排他的原则是什么？资源分配的原则是什么？
3. 什么是共生现象？三种共生现象是哪些？
4. 描述进化是如何影响捕食者—猎物关系的？
5. 什么是关键种？我们为什么认为狼是关键种？

群落中的物种丰富度

学习目标

- 描述与高物种丰富度相联系的因素。
- 举出几个生态系统服务的例子。

不同群落的**物种丰富度**（species richness）差别很大。热带雨林和珊瑚礁是物种丰富度极高的群落的例子。与此相反，地理上隔绝的岛屿和高山的物种丰富度却很低。决定一个群落中物种数量的因素是什么？有几个因素看起来比较明显：潜在生态位很丰富、靠近相邻群落的边缘、地理隔绝、一种物种主导其他物种、栖息紧张、地质历史等。

物种丰富度与潜在生态位的丰富有关系。复杂群落比简单群落提供的潜在生态位大。比如，在对加州灌木荆棘丛栖息地的研究中发现，那些结构复杂的植被向鸟儿提供的食物种类和藏匿地点要比结构简单的群落提供得多（图5.23）。

相邻群落边缘处的物种丰富度通常比群落中心要大。之所以存在这种丰富性，是因为群落交错区包含相邻群落所有或大多数的生态位以及交错区所独有的生态位，群落交错区（ecotone）是两个或多个群落相连的过渡区域。

物种丰富度与群落的地理隔绝呈负相关。被隔绝的岛屿群落比大陆上相似环境中的群落在物种数量上要少很多。这种多样性的缺乏，部分原因是很多物种很难到达并成功在岛上生存繁衍。有时，由于意外事件，或者由于岛屿、高山等隔离的环境，一些物种在当地灭绝了，灭绝的物种很难进行恢复。隔绝的地区一般都很小，潜在生态位比其他地方少。

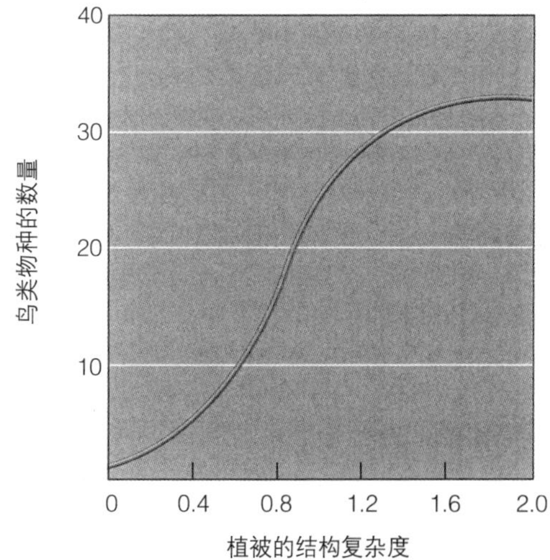

图5.23　群落复杂度对物种丰富度的影响。随着加州灌木荆棘丛结构复杂度的提高，那个栖息地的鸟类的物种丰富度也在提高。（引自M. L. Cody and J. M. Diamond eds., *Ecology and Evolution of Communities*［《生态和群落进化》］, Harvard University, Cambridge, 1975。）

物种丰富度：一个群落中物种的数量。

如果有一个物种在群落中占据主导地位，那么物种丰富度就会降低，因为这个主导物种会消耗更大比例的资源，从而排挤掉其他物种。生态学家詹姆斯·H. 布朗（James H. Brown）及其在新墨西哥大学的同事从1977年就在亚利桑那州东南部的奇瓦瓦沙漠（Chihuahuan Desert）中开始了长期的实验，研究物种竞争和物种多样性。在一次实验中，科学家用篱笆围住了他们研究的区域，然后在篱笆上挖开洞，让小的啮齿动物进出，但是不让大一点的更格卢鼠进来。三种主导物种都是更格卢鼠，由于从几块地上移走了它们，因此其他啮齿动物的多样性大大增强。这种增强源于食物竞争的减少和栖息地的变化，因为随着更格卢鼠的离开，草类物种的丰富性也大大增强。

总体来说，物种丰富度与栖息地的环境紧张呈负相关。只有那些适应极端环境条件的物种才能生活在环境紧张的群落中。与附近未受污染破坏的溪流相比，一条污染严重的溪流的物种丰富度更低。同样，高纬度（远离赤道）、处于严酷气候条件下的群落的物种丰富度，要比低纬度（距离赤道近）、气候温和条件下群落的物种丰富度低。尽管赤道国家哥伦比亚（Colombia）、厄瓜多尔（Ecuador）、秘鲁（Peru）仅占地球陆地面积的2%，但它们拥有45,000种本地生长的植物物种。美国和加拿大大陆有着大得多的陆地面积，但本地生长的植物物种只有19,000种。厄瓜多尔一个国家就有1300多种土生鸟类物种，是美国和加拿大土生鸟类物种之和的两倍。

地质历史对物种丰富度有着极大的影响。热带雨林可能是古老、稳定的群落，在地球演化历史中没有经历多少气候变化。在此期间，热带雨林进化了无数的物种，没有经历可致物种灭绝的突发性的气候变化。与此相反，在地球的演化历史上，随着气候的交替变冷变热，冰川反复不断地影响着温带和北极地区。比如，冰川最近消弭的地方，物种丰富度很低，因为没有多少物种会有机会进入那儿并在那里繁衍生息。科学家预测，未来的气候变化将会减少物种丰富度。

物种丰富度、生态系统服务和群落稳定性

生态学家和生态保护学家围绕物种灭绝是否威胁生态系统的正常功能和稳定性进行了长期的争论。这个问题具有重大的现实意义，因为生态系统为人类社会提供很多环境福利（表5.1）。生态保护学家认为，物种丰富度大的生态系统比物种丰富度小的生态系统提供的**生态系统服务**（ecosystem service）好。

生态系统服务：生态系统向人类提供的重要环境福利，包括呼吸的清洁空气、饮用的清洁水、种植作物的肥沃土壤。

表5.1 生态系统服务

生态系统	生态系统提供的服务
森林	•净化空气和水 •产生和维护土壤 •吸收二氧化碳（碳储存） •提供野生生物栖息地 •为人类提供木材和休闲
淡水系统（江河、溪流、湖泊、地下水）	•调节水流，减少洪涝 •减少和去除污染物 •提供野生生物栖息地 •为人类提供饮用水和灌溉水 •提供交通运输走廊 •水力发电 •提供娱乐消遣
草地	•净化水和空气 •产生和维护土壤 •吸收二氧化碳（碳储存） •提供野生生物栖息地 •为人类提供牲畜和休闲
海岸	•提供风暴缓冲区 •减缓和清除污染物 •提供野生生物栖息地，包括为幼小海洋物种提供食物和遮蔽地 •为人类提供食物、海港、交通运输线路和休闲娱乐
可持续农业生态系统	•生产和维护土壤 •吸收二氧化碳（碳储存） •为鸟类、昆虫授粉者、土壤生物提供野生生物栖息地 •为人类提供食物和纤维作物

National Assessment Synthesis Team, U. S. Global Change Research Program, Climate Impacts in the United States, Cambridge University Press, 2001, p. 527.

传统上说，多数生态学家认为群落稳定性（community stability），也就是没有变化，是群落复杂性的结果。稳定性是抗阻和回弹的后果。抗阻（resistance）是群落抵御环境干扰的能力，所谓环境干扰是自然或人破坏群落的事件。回弹（resilience）是群落迅速恢复到环境干扰以前的状态。物种丰富度高的群落可能在这方面做得更好，也就是说，比物种丰富度低的群落有着更大的抗阻力和回弹力。遵循可持续发展规律的农民能够种植很多种作物，一个原因是物种丰富度增加以后，就减少了作物被食用的风险以及早霜或冰雹环境干扰的影响。

根据这一观点，物种丰富度越高，某一物种的重要性就越是降低。在群落内多种交互作用下，任何单一的干扰都不可能破坏生态系统中众多的要素，导致系统功能的重大改变。关于这种假设的证据包括以下事实：农田里群落

的物种多样性低，而自然群落中物种丰富度高，结果是农田害虫大爆发的现象比自然环境中要常见得多。

目前明尼苏达大学的大卫·蒂尔曼（David Tilman）和艾奥瓦大学的约翰·唐宁（John Downing）正在开展的研究强化了物种丰富度与群落稳定性之间的关系。在最初的研究中，他们用7年的时间建立并观察了207块明尼苏达草地。研究期间，明尼苏达州发生了50年来最严重的干旱（1987—1988）。生物学家发现，那些植物物种丰富的地块比物种少的地块损失小，恢复得也快。更多的研究也支持这些结论，显示出在非干旱年份物种丰富度对群落稳定性也产生同样的影响。欧洲开展的类似草地研究工作也支持物种丰富度与生态系统功能之间的关联。不过，可持续农业生态系统是人造的，因此与其他生态系统有着本质的不同。可持续农业将在第十八章讨论。

案例聚焦

作为生态系统的花园

一个郊区或城市花园就是一个群落，既为人，也为野生生物提供支持。当然，花园里的植物既为人提供食物，也为害虫提供食物。花园植物间的空间为杂草（典型的r选择物种）提供了生长的生态位，这些杂草与花园植物争夺阳光、养分和水，而其他杂草，比如马齿苋（*Portulacca oleracea*）本身也是人可以享用的营养食物。园丁可以用覆盖物控制杂草生长，使阳光成为限制杂草种子发芽的资源，在蔬菜植物之间留下空间以避免过度的种内竞争。很多草本植物和杂草以花蜜和花粉的形式为成年寄生胡蜂提供食物，这些胡峰将卵产在西红柿天蛾毛虫（*Manduca quinquemaculata*）等幼虫中，从而杀死毛虫，控制了虫害，提供了生态系统服务。

有些鸟，比如乌鸦，是花园害虫，而蓝色鸣鸟、嘲鸫和其他鸣鸟通过捕食有助于控制虫害。花园土壤中包含非生命物质以及细菌、蚯蚓、线虫纲动物、真菌、病毒和昆虫等，从园丁的角度看，每一种都可能是害虫或益虫。每个物种的种群密度取决于密度制约因素（适量的营养和水）和非密度制约因素（严霜）。园丁如果能够监测害虫种群并利用自然捕食者和寄生物使它们处于最大增长速度，那么受到的损失就会很小。

园丁依靠的是互利共生关系：根瘤菌和豆类植物之间的互利共生有助于增加土壤中的氮，蜜蜂与有花植物之间的互利共生能够确保西红柿、辣椒和茄子有个好收成。园丁可能通过在花园中种植不同的植物实现资源的分配，这些植物既有块根类农作物和低矮绿色植物，也有枝繁叶茂的西红柿和高杆的玉米（图5.24）。这种物种丰富度还有助于减少干旱等环境紧张的影响，因为不同的花园植物在生长季节对水的需求在时间上是不同的。

图5.24 一个花园生态系统。园丁在收获她的胡萝卜。图中植物的高度和蔬菜的密度都不同。

复习题

1. 决定物种丰富度的两个因素是什么？各举一个例子。
2. 什么是生态系统服务？描述森林能提供的一些生态系统服务。

群落发展

学习目标

- 解释生态演替，区分原生演替和次生演替的不同。

一个群落是通过一系列物种慢慢发展起来的。群落随着时间而发展的过程叫生态演替（ecological succession），或简称为演替（succession），涉及一个阶段的物种被不同的物种所替代。某些最初栖居一个地区的生物在时间的进程中被其他生物所替代，而后者再过一段时间又被其他的生物替代。

引起演替的具体机制目前还不清楚。在有些情况下，早期的物种以某种方式改善了环境，使得后来的物种更容易定居。常常是，演替开始的时候都是r选择物种，繁殖得很快，然后通过竞争被K选择物种所替代，这些K选择物种生长得慢，体型大。

生态学家起初认为演替将不可避免地导致出现稳定、持久的群落，比如森林，称之为顶极群落（climax community）。但是最近，这个传统观点已经不受人们青睐。“顶极”森林表面的稳定性可能是相对于人的生命周期来说，树木存活多长时间的结果。成熟的“顶极”群落不是处于永久稳定的状态，而是处于持续变动的状态。随着时间的推移，尽管一个成熟的森林群落总体外貌保持不变，但它的物种构成和每个物种的相对数量都在发生变化。

生态演替通常描述为生长在一个地区的植物在物种构成上的变化，尽管演替的每个阶段都可能有着当时典型的动物和其他生物物种。生态演替涉及的时间尺度是十年、百年或千年，不是进化时间尺度所涉及的百万年。

原生演替

原生演替（primary succession）是在以前从没有生物栖居的环境中开始的生态演替，它发生的时候还没有土壤。原生演替发生的典型环境是裸露的岩石表面和沙丘，比如刚刚形成的火山熔浆以及冰川刮净的岩石（图5.25）。

裸露岩石上的原生演替　尽管各地的具体情况不同，但是在裸露的岩石上，地衣常常是先锋群落（pioneer community）中最重要的元素，先锋群落是原生演替阶段发展的第一个群落。地衣分泌出酸，帮助分解岩石，开始形成土壤。随着时间的推移，苔藓和抗旱的蕨类植物可能会替代地衣群落，然后是粗壮的草本植物。一旦积累了足够多的土壤，草本植物可能会被低矮的灌木所替代，然后通过几个明显的阶段被森林大树所替代。裸露岩石上从先锋群落到森林群落的原生演替一般沿着这样的顺序进行：地衣→苔藓→草→灌木→树。

沙丘上的原生演替　有些湖泊和海岸有着因风和水堆积、侵蚀而形成的大量沙丘。首先，这些沙丘受到风的吹蚀，环境恶劣，白天温度高，夜晚温度低，而且还缺乏植物所需要的某些营养矿物质。其结果是，很少有植物能够适应沙丘的环境条件。

亨利·考尔斯（Henry Cowles）在19世纪80年代提出了演替这一概念，研究了密歇根湖岸山丘的演替过程。自从上一次冰期以来，密歇根湖（Lake Michigan）一直在逐渐缩小，暴露出新的沙丘，显示了不同阶段生物栖居的情况。

原生演替：先前没有生物栖居的环境中随着时间而发生的物种构成上的变化。

（a）冰川退去以后，裸露的岩石上最先出现地衣，然后出现苔藓和小灌木。

（b）后来，这个地区开始长出矮树和灌木。

（c）再到后来，云杉主导这个群落。

图5.25　冰碛上的原生演替。在过去200年的时间里，阿拉斯加冰川湾（Glacier Bay）的冰川退去。尽管这些照片不是在同一个地方拍摄的，但它们显示了冰碛上（冰川所沉积下来的岩石、沙砾、沙石）原生演替的一些阶段。气候变化可能会对冰川冰碛生态系统产生怎样的影响呢？

在五大湖地区，草本植物是沙丘最常见的先锋植物，它们的根深扎在沙丘里，随着上面长满草本植物，沙丘在草的根系作用下得到稳固。在这一时期，连片成形的灌木可能会入侵，更进一步稳固沙丘。后来，灌木被杨树（三叶杨）替代，若干年后后者又被松树所替代，最终占据这片地方的是橡树。土壤的肥力依然很低，其结果是其他的森林树木再也不能替代橡树。五大湖周围沙丘上原生演替的过程可以总结如下：草本植物→灌木→杨树（三叶杨）→松树→橡树。

次生演替

次生演替（Secondary succession）是早期群落全部或部分损毁后发生的环境生态更替。砍伐殆尽的森林、森林大火烧毁后裸露的地面以及被遗弃的农田，都是次生演替发生的常见地点。农民开垦土地种植作物时就为次生演替创造了空间。

1988年夏天，野火烧毁了黄石国家公园大约1/3的面积。这次自然灾害为生物学家研究曾经是森林地区的次生演替提供了机会。大火过后，灰烬覆盖着森林地面，尽管大多数的树木依然挺立着，但是已经烧焦、死亡了。黄石公园的次生演替迅速发生，不到一年的时间，就长出了猪牙花和其他草本植物，覆盖了被烧过的大部分地面。大火过后十年，一片及膝高甚至到胸部那样高的幼龄黑松林就占据主导了这片土地，还长出了道格拉斯冷杉（Douglas fir）幼苗。生物学家继续监测黄石次生演替进程中发生的变化。

弃耕地演替　生物学家对废弃农地的次生演替进行了大量的研究。在单一的地块上，次生演替需要100多年的时间，但是研究者可以在经历不同时期演替的同一地区，通过观察不同的地块，来研究弃耕地演替的整体过程。生物学家可以调查县税收记录来了解每个地块废弃的时间。

一系列处于不同演替阶段的群落定居在北卡罗来纳州的废弃农田里（图5.26）。农田耕作停止后的第一年，一年生植物的马唐草占据那片土地。第二年，一种更大的草加拿大乍蓬生长超过了马唐草，成为优势种。加拿大乍蓬优势种的地位没有超过一年，因为腐烂的加拿大乍蓬的根抑制妨碍了幼龄加拿大乍蓬的生长。另外，与其他在第三年建群的植物相比，加拿大乍蓬的竞争力并不强。弃耕后的第三年，其他杂草，比如扫帚菜、豚草和紫菀，开始建群。尤其是，扫帚菜在竞争中超过紫菀，因为扫帚菜耐旱，而紫菀不耐旱。

次生演替：一些干扰摧毁已有植被后发生的物种构成的变化，土壤已经存在。

环境信息

关于蜜蜂死亡之谜的新进展

美国的蜜蜂为坚果、水果和蔬菜等大约90种商业作物进行授粉。2006年以来，美国养蜂业损失了30%到90%的蜂群，因为成年蜜蜂突然大量死亡，被称为蜂群崩溃错乱症（colony collapse disorder，CCD）。造成蜜蜂大量死亡的原因一直是个谜。蜂群里面或附近找不到死亡的蜜蜂，因此就不能进行尸体解剖。研究人员一开始调查了导致CCD发生的很多可能原因，从寄生虫到天气。有些证据显示，可能不止一个因素在起作用。

2010年，昆虫学家发表了研究结果，认为CCD和两个寄生物有关系，这两个寄生物一个是病毒，一个是真菌。如果只有病毒出现，没有真菌，那么有些蜜蜂会生病，但是整个种群不会崩溃。同样，如果只有真菌出现，没有病毒，那么蜜蜂种群也不会崩溃。但是，如果这两个寄生物同时出现，那么结果通常就是完全毁灭。草坪和农业上使用一些农药来控制啃食草根的蛴螬，这些农药也被怀疑会减弱蜜蜂的巡航和免疫系统。人们可以用无毒的生物控制方法来控制蛴螬，通过在草坪上种植三叶草以及其他生长速度慢的宽叶植物来实现蛴螬的最小化。

在5到15年的时间里，弃耕地中的主导植物是松树，比如短叶松和厚皮刺果松。通过土壤肥料的累积，比如松针和树枝，松树创造了新的条件，使得早期优势植物的重要性降低。在接下来的大约一个世纪里，松树将主导权让给硬树木，比如橡树。橡树取代松树主要是基于松树带来的环境变化。松树废物导致土壤变化，比如提高了涵养水分的能力，这是幼龄橡树苗生长所必需的。而且，硬树木树苗比松树苗更耐阴凉。在美国东南部废弃农田上的次生演替发生的顺序依次是：马唐草→加拿大乍蓬→扫帚菜和其他杂草→松树→硬质树木。

复习题

1. 什么是生态演替？
2. 原生演替和次生演替的区别是什么？

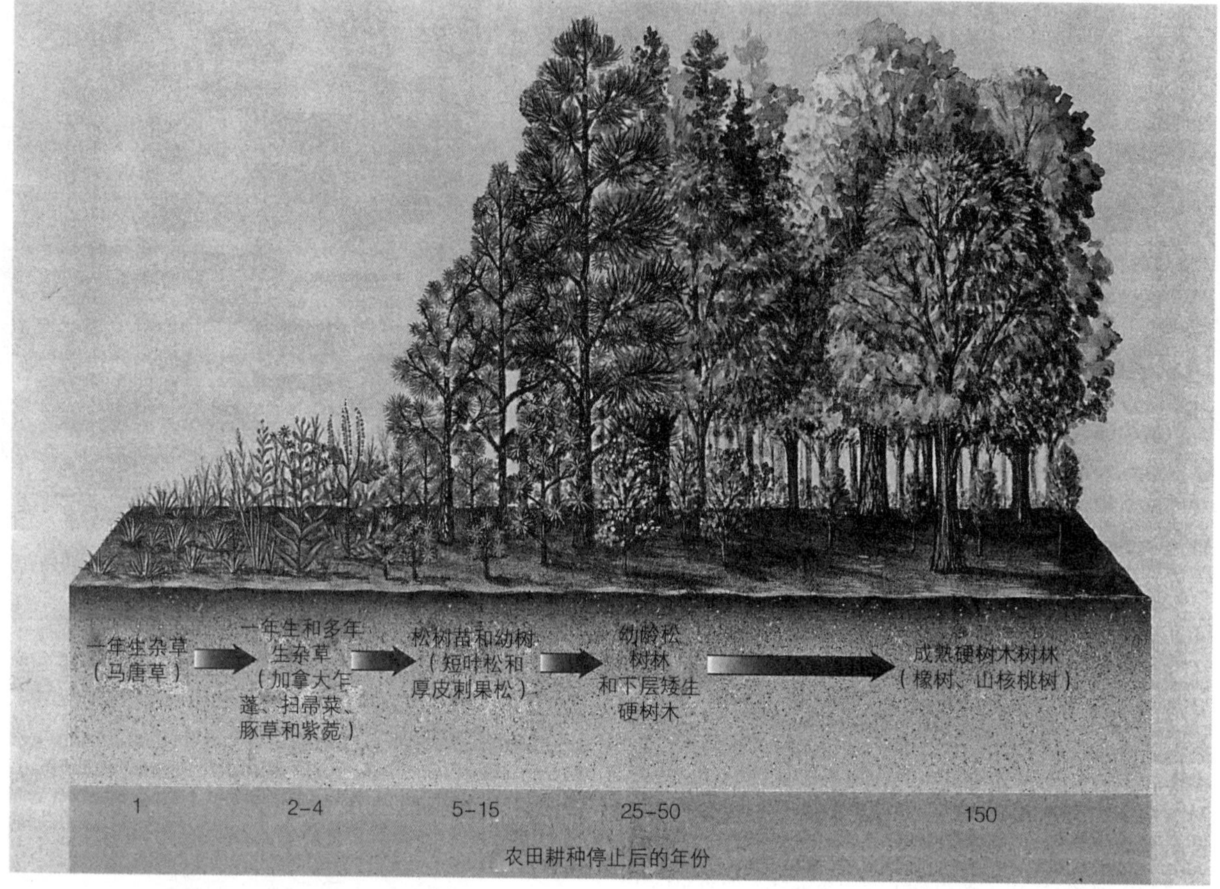

图5.26　北卡罗来纳州废弃农田上的次生演替

通过重点术语复习学习目标

- **掌握进化的定义。**

进化是在一种生物种群中随着时间的演进而发生的累积基因变化，进化可以解释自然界中所显示的多种模式。

- **解释查尔斯·达尔文提出的物竞天择进化的四个前提。**

物竞天择是适应性更强的生物个体更有可能生存和繁衍以及扩大其在种群中比例的过程，这些生物个体拥有更能适应环境条件的基因特质。查尔斯·达尔文提出的物竞天择有四个前提。

1. 每个物种繁殖的数量比成熟长大的数量大。
2. 种群中的个体在其特质中显示出遗传变异。
3. 生物之间相互竞争生存所必需的资源。
4. 那些汇聚最好基因特质的个体最有可能生存和繁殖，将基因特征传递给下一代。

- **明确生命有机体的主要类别。**

生物可以分为六个主要类别：古细菌界、细菌界、原生生物界（藻类、原生动物、黏液菌、水霉）、真菌界（霉菌和酵母菌）、植物界、动物界。

- **掌握种群的定义，解释产生种群大小变化的四个因素。**

种群是同一时间生活在同一地区的一组同一物种的个体。增长率（r）是种群大小变化的速度，用每年百分比表示。在全球尺度上（当扩散不考虑这个因素时），增长率（r）取决于出生率（b）和死亡率（d）：$r=b-d$。迁出（e）指的是个体离开一个地区的数量，迁入（i）指的是个体进入一个地区的数量，迁入与迁出对一个当地种群的大小和增长率产生影响。对一个当地种群（当把扩散这个因素考虑在内时）来说，$r=(b-d)+(i-e)$。

- **运用内禀增长率、指数种群增长、承载力来解释J型和S型增长曲线的不同。**

内禀增长率是一个种群在理想条件下的指数增长。指数种群增长是在最优条件下允许一个时期内持续繁殖从而实现的种群加速增长。承载力（K）是指在环境没有变化的情况下，某个特定环境能够支持某一特定物种的最多个体数量。尽管有着持续繁殖速度的种群在有限时间内（J曲线）呈指数种群增长，但是增长速度最终要下降到零甚至变成负数。S型曲线显示起步阶段增长慢（当种群小的时候），此后便是指数增长阶段，然后随着达到环境承载力进入平稳阶段。

- **区分影响种群大小的密度制约和非密度制约因素，分别举出例子。**

密度制约因素是随着种群密度变化而影响种群变化的环境因素，比如捕食、疾病和竞争。非密度制约因素是影响种群大小但不受种群密度影响的环境因素，比如飓风和火灾。

- **掌握存活率的定义，描述Ⅰ型、Ⅱ型、Ⅲ型存活曲线。**

存活率是一个种群中个体存活到一定年龄的概率。一般来说，有三种存活曲线。在Ⅰ型存活曲线中，老年的死亡率最高。在Ⅲ型存活曲线中，年幼的死亡率最高。在Ⅱ型存活曲线中，死亡平均分布于各个年龄阶段。

- **掌握集合种群的定义，区分源生境和汇生境的不同。**

很多物种以集合种群的形式存在，集合种群是在一个景观格局中明显不同的斑块生境中分布的一组当地种群的集合。源生境是当地繁殖成功大于死亡的首选之地。汇生境是低质量的栖息地，其中的个体可能会遭致死亡，或者即便是生存下来，繁殖成功率也很低。

- **描述促进形成生物生态位的因素。**

一种生物的生态位是其对环境的适应、对资源的使用以及所属生命类型的总和，是生物在一个复杂生命系统和无生命系统中的地位和作用。

- **掌握竞争的定义，概述竞争排他和资源分配的概念。**

竞争是在一个生态系统内争夺同一个资源（比如食物或生存空间）的生物之间的相互作用。很多生物学家认为，没有哪两个物种会无限地在同一个群落里占用同样的生态位。在竞争排他现象中，一个物种会在有限资源的竞争中排挤掉另一个物种。有些物种通过资源分配减少竞争，各自使用不同的资源。

- **解释共生现象，区分互利共生、偏利共生、寄生现象的不同。**

共生现象是两个或多个物种个体之间的任何亲密关系或联合。互利共生是合作双方都受益的共生关系。偏利共生是一方受益，另一方既不受害也不受益的共生关系。寄生现象是一种生物受惠而另一种生物受到不良影响的共生关系。

- **掌握猎食的定义，描述自然选择对于猎食者—猎物关系的影响。**

猎食是一个物种（猎物）被另一个物种（猎食者）的消费。在捕食者和被捕食者的共同进化中，捕食者进化获得了更有效地捕获猎物的方法，被捕食者进化获得了更好地逃脱猎食的方法。

- **掌握关键种的定义，讨论狼这一关键种。**

关键种是一个物种，通常是猎食者，对一个群落产生了超越其相对数量所产生的重大影响。关键种的一个例子是灰狼。在灰狼被捕猎殆尽的地方，麋鹿、驼鹿和其他食草动物等种群增长。随着这些食草动物啃光了植被，许多植物物种就消失了。很多更小的动物，比如昆虫和鳟鱼，物种数量减少，因为它们赖以生存的植物没有以前丰富了。因此，灰狼的消失给生态系统带来了生物多样性的大大减少。

- **描述与高物种丰富度相联系的因素。**

物种丰富度是一个群落中物种的数量。如果潜在生态位很丰富，栖息地靠近相邻群落的边缘，群落没有被地理隔绝或面临严峻的栖息紧张，没有发生一种物种主导其他物种的现象，群落地质历史悠久，那么物种的丰富度就通常是高的。

- **举出几个生态系统服务的例子。**

生态系统服务是生态系统向人类提供的重要环境福利，包括呼吸的清洁空气、饮用的清洁水、种植作物的肥沃土壤。

- **解释生态演替，区分原生演替和次生演替的不同。**

生态演替是一个群落对另一个群落整齐有序的替代。原生演替是先前没有生物栖居的环境中随着时间的演进而发生的物种构成上的变化。次生演替是干扰、摧毁已有植被后发生的物种构成上的变化。

重点思考和复习题

1. 查尔斯·达尔文曾说过："生存下来的物种，既不是最强壮的，也不是最聪慧的，而是那些最能够适应改变的。"这句话与进化的定义有着怎样的联系？
2. 在交配季节，雄长颈鹿用脖子相互击打，以决定谁最强壮并与雌长颈鹿交配。运用达尔文物竞天择的进化理论，解释长脖子可能发生的进化。
3. 真核生物和原核生物的区别是什么？
4. 下列因素在决定种群生长中有着怎样的联系：出生率、死亡率、迁入、迁入。
5. 画一张图，说明更新补充营养基试管中培养的细菌种群的长期生长曲线。再画一张图，说明没有更新补充营养基试管中培养的细菌种群的生长曲线。解释二者的不同。
6. 飓风、疾病和竞争，哪个（些）是密度制约因素？为什么？
7. 动物存活率与r选择和K选择有着怎样的联系？
8. 从出生率和死亡率的角度考虑，源生境和汇生境的不同是什么？
9. 什么是生物的生态位？为什么实际生态位通常要比基础生态位窄或更受限制？
10. 我们现在所占据的人类基础生态位是哪些部分？你认为过去200年里我们的实际生态位是否发生了变化。为什么？
11. 沙漠中对动物和植物最有可能的限制性资源是什么？限制性资源与竞争有着怎样的关系？请解释你的回答。
12. 在图5.22中，你认为小海马和柳珊瑚之间存在着哪种共生关系，互利共生、偏利共生还是捕食？请解释你的回答。
13. 捕食与生态系统中的能量流动概念有着怎样的联系（有关内容见第三章）？
14. 有些生物学家认为保护关键种有助于保护生态系统中的生物多样性。请解释。
15. 不同群落的物种丰富度为什么不一样？
16. 森林能够提供哪些生态系统服务？
17. 描述一个次生演替的例子，在描述时首先介绍此前受到的特别干扰。
18. 画一幅带有三个同心圆的图，每个圆都标上物种、生态系统和群落之间的关系。如果在你画的简单系统上再加上共生关系、捕食和竞争，应该把它们放在哪个（些）圆里？
19. 研究下图，确定从1970年到2000年脊椎动物生物多样性的总体趋势。社会生物学家E. O. 威尔逊（Wilson）说，造成这种趋势的有五个因素：栖息地丧失、物种入侵、污染、人口增长、过度消费。这些因素各与能源使用和（或）气候变化有着怎样的联系？

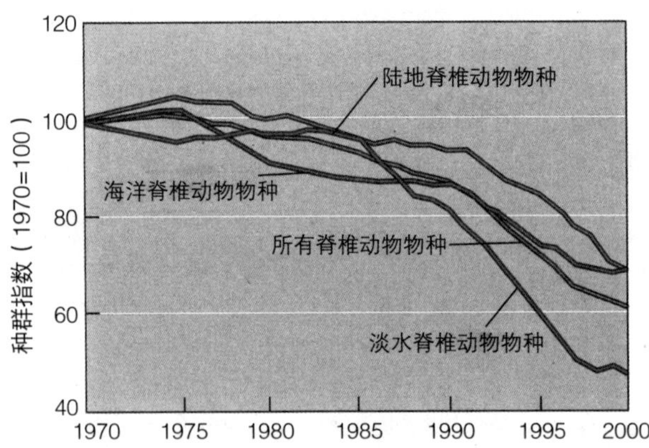

（引自Millennium Ecosystem Assessment [千年生态系统评价], *Ecosystems and Human Well-Being: Biodiversity Syntheis* [《生态系统和人类福利：生物多样性合成》], Washington, D.C: World Resources Institute [2005]。）

食物思考

杂草生态学

杂草，特别是先锋r选择物种，生长得很快，繁殖力很旺盛。

在农业方面，杂草会妨害粮食生产。如果了解生态系统，那么将有助于农民更有效地管理杂草。通过培育健康的土壤，农民鼓励细菌、真菌、昆虫等种群的生长，它们把杂草种子当作食物。如果水是一种限制性资源，农民可能只浇灌庄稼陇里的庄稼，不让陇之间的杂草接触到水。如果我们知道杂草是先锋物种，那么我们怎样利用这一知识帮助我们管理花园中的杂草？

指数和逻辑种群增长公式

在指数种群增长中，任何时候（t）种群中的个体数量（N）都可以用公式1来表示：

$$(1)\ N_t = N_0 * e^{rt}$$

在这个公式中，N_t代表t时间时的种群，N_0代表初始时的种群，e是自然对数常数（~2.718），r是种群自然增长率，t是增长开始以来的时间。

在任何时候，学生都可以计算在下一个间隔种群增长了多少。种群增长的情况可以用公式2来计算：

$$(2)\ dN / dt = r * N$$

在这个公式中，dN/dt代表的是任何时候种群增加的个体数量。在上面的细菌增长表中，r=1，意味着每个时间间隔种群数量都翻倍。

尽管逻辑增长公式比指数增长公式更加复杂，但学生仍然可以比较容易地用公式3计算出任何规模的种群增长情况：

$$(3)\ dN / dt = r * N * (1 - N / K)$$

正如在公式2中，种群的变化与当时的种群规模水平N和种群增长速度r，都是成比例的，但是当种群规模水平N接近承载力K的时候，这种比例会下降。如果N规模大，那么（1—N/K）就会接近零，如果N规模超过K，那么（1—N/K）就会变成负数，意味着种群规模将减小。但是，如果N规模小，那么（1—N/K）就接近1，种群就会像指数增长模式那样增长，至少是增长到种群数量N接近于承载力（K）的水平。

第六章

世界上主要的生态系统

澳大利亚维多利亚博贡高原附近的森林大火灰烬和耀眼阳光。

野火是草地、灌木和森林地区燃烧的意外之火。不管是闪电引起的还是人为造成的，野火通常都是一个强大的环境力量。那些最容易着火的地区有雨季，然后是长时间的旱季。在雨季，植被生长、积聚，然后在旱季枯死干透，非常容易着火。美国西部有着容易发生大火的广袤地区，在野火高峰季节，每天能发生几百次大火（见图片）。

早在人类出现以前，火就是自然环境的组成部分，我们本章将讨论的很多陆地生态系统中的植物已经适应了火。非洲的热带稀树大草原、加州的灌木荆棘丛、北美的大草原、美国南部的松树林等，就是一些适应火的生态系统。比如，火通过清除掉对火敏感的硬木树种帮助草成为草地上的优势植物。适应野火的草在地下的根和芽不受火的影响，当大火烧死空中部分（地面之上）以后，未受影响的地下部分将长出新枝。大果栎、西黄松等适应火的树木有着厚厚的、耐火的树皮，段叶松等其他树木则依靠火来打开它们的松果，从而释放它们的种子。

气候变化影响着降雨模式，一般来说是导致形成更严重的干旱。由于气候变化的部分原因，美国西部和世界其他地方发生了越来越多、越来越严重的火灾。由于春季和夏季气温的升高，野火季节变得越来越长，越来越干燥，导致雪山融化得更快。

人类的干预影响着野火发生的频率和严重程度。如果阻止一个适应火的生态系统发生火灾，那么有机废物（比如树枝和小树）就会堆积。一旦燃起大火，火苗就会越烧越旺，串烧到上面的树冠，就形成树冠火。这种大火火苗冲天，火借风势，引燃附近的树林。美国西部地区最近发生的很多大火，部分原因是由于几十年的火灾压制造成的。现在很多地区依然继续实行火灾压制措施，因为在火灾适应生态系统里和周围兴建了花费越来越大的房屋。

计划烧除法（prescribed burning）是一种生态管理工具，可以在受控条件下有计划地燃烧有机堆积物，避免有机物堆积到构成威胁的程度。计划烧除法还可以压制对火敏感的树木，因此维持了自然的火灾适应生态系统。火管理专家认为，计划烧除法能够减少损害，但不能防止所有火灾。

在本章，我们将考察地球主要的生态系统，既包括水生生态系统，也包括陆地生态系统。我们将考虑物理环境，比如野火的存在或缺席，对每个生态系统产生的影响。

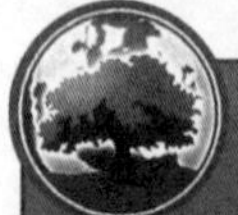

身边的环境

今天，很多野火发生在以前不常见的地方。通过网上调查，找出去年你所在的地区发生了几次野火。有几次野火带来了严重后果？你所在的地区采用计划烧除法管理生态系统了吗？

地球主要的生物群落区

学习目标

- 解释生物群落区，概述九个主要的地球生物群落区：冻原、北方森林、温带雨林、温带落叶林、温带草原、灌木丛、沙漠、稀树大草原和热带雨林。
- 找出每个生物群落区中人类食用的一种食物。
- 解释海拔和纬度不同的生态系统中的相同和变化。

基于温度和降水的差别，地球上有很多种气候（climate）。特色不同的生物已经适应了各自所在的气候。**生物群落区**（biome）是一个较大的区域，含有很多相互作用的生态系统（另见世界主要气候图4.19和世界主要土壤类型的图14.8）。在地球生态学中，生物群落区一般认为是生态组织的上一个层次，在层级上高于群落、生态系统和景观。

在极地附近，温度一般是首要的气候因素（有时被认为是一种限制性资源，见第五章），而在温带和热带地区，降水要比温度重要得多（图6.1）。极地地区的白天很短，甚至在冬天根本就没有白天。除了热带雨林地面或极地地区等某些环境，大多数的生物群落区都有相对充足的阳光。生物群落区敏感的其他非生命因素还包括极端温度、快速温度变化、大火、洪涝、干旱和强风。

我们现在来学习九个主要的生物群落区以及人类是如何影响它们的：冻原、北方森林、温带雨林、温带落叶林、温带草原、灌木丛、沙漠、稀树大草原和热带雨林。

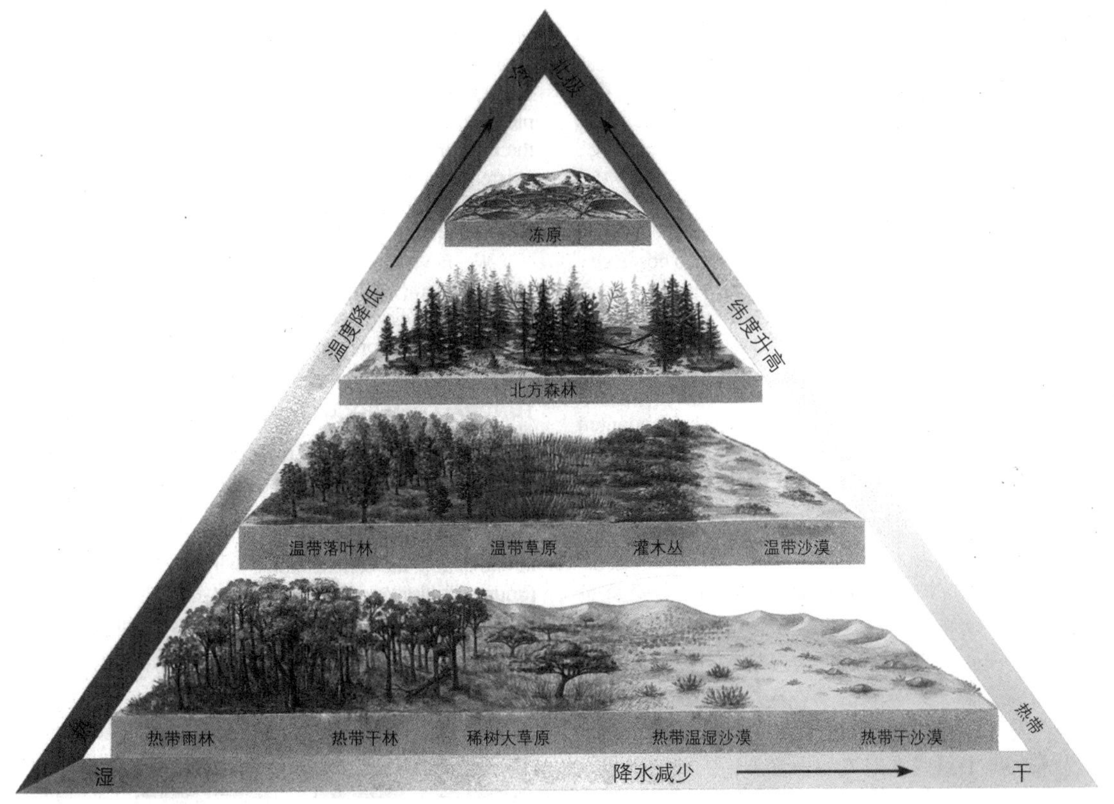

图6.1　温度和降水。生物群落区的分别主要是源于两个气候因素：温度和降水。在高纬度地区，温度最重要。在温带和热带地区，降水是决定群落组成的主要因素。（参照L. Holdridge, *Life Zone Ecoylog* [《生命带生态学》], Tropical Science Center, San Jose, Costa Rica, 1967。）

生物群落区：一个大的、界限相对分明的陆地区域，不管是在世界上哪个地方，都有着相似的气候、土壤、植物和动物。
冻原：远在北方的无树生物群落区，包括地衣和苔藓等小植物覆盖的沼泽平原，有着严酷的、非常寒冷的冬天和极其短暂的夏天。

冻原：远在北方的冰冷沼泽平原

冻原（tundra）（也称作北极冻原）出现在纬度极北的地方，积雪发生季节性融化（图6.2）。南半球没有类似北极冻原那样的生物群落区，因为在相对应的纬度上没有陆地。高山冻原（alpine tundra）是相类似的生态系统，位于高海拔的山上，高于林木线。高山冻原在任何纬度都可能出现，甚至是在热带地区。

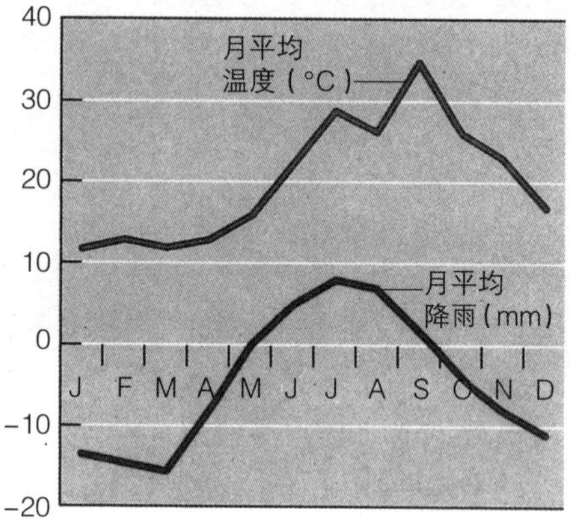

图6.2　北极冻原。只有小的、坚硬的植物生长在环绕北冰洋的极北生物群落区中。照片摄于格陵兰。气候图表显示了格陵兰伊卢利萨特（Ilulissat）的月温度和降水数据。气候表提供了不同气候的有用比较。一年中格陵兰的冻原有几个月在零度或零度以上？如果气候变暖持续下去，这幅气候图表50年后会发生什么变化？

北极冻原有着漫长、严酷的冬天和短暂的夏天。在生长季节，冻原的温度相对较高。尽管生长季节短（根据地点不同，在50到160天之间），但是白天很长。很多冻原地区的降水少（每年10—25厘米，4—10英寸），大多数是在夏季。

大多数冻原的土壤在地质上都很年轻，因为这些土壤是上一次冰期以后冰川退去才形成的。（在上一次冰期时代，冰川的冰覆盖地球大约29%的陆地，17,000年前左右，冰川的冰开始退去。今天，冰川的冰覆盖地球大约10%的陆地。）冻原的土壤通常营养贫瘠，缺乏死树叶和树枝树干、动物粪便以及生物残体等有机堆积物。尽管冻原土壤表面在夏天会融化，但是有着一层永久冻土（permafrost），这层永久冻土在深度和厚度上有着不同变化。在夏天，冻原土壤的上层解冻部分常常浸满着水，因为永久冻土阻碍水的流动。永久冻土限制根系发展的深度，因此阻碍了大多数树木物种的建群定居。有限的降水加上低温，这个平原（表面特征）和永久冻土层呈现了一个宽阔而浅层的湖泊水塘、缓缓溪流和沼泽泥塘的景观。

冻原的物种丰富度（species richness，不同物种的数量）和初级生产力（primary productivity，能量积聚的速度，见第三章生态系统生产力部分）都很低。很少有植物物种生存在那里，但是个别物种常常可以在那里大量地存在。苔藓、地衣（比如石蕊）、草以及像草一样的莎草主导着冻原。在被保护地区，除了常见的矮柳树、矮桦树和其他矮小的树木，冻原上基本见不到树木或灌木。一般来说，冻原植物很少高于30厘米（12英寸）。

冻原上终年活动的动物包括旅鼠、田鼠、黄鼬、北极狐、雪地兔子、雷鸟、雪鸮和麝牛。这些动物已经适应北极的极寒，进化了厚厚的皮毛。旅鼠、田鼠、雪地兔子和麝牛整个冬天消费植物物质，而黄鼬、北极狐、雷鸟、雪鸮则是出色的猎食者，捕食旅鼠和其他小型食草动物。在夏天，驯鹿向北迁徙，来到冻原啃食莎草、草地和矮柳。十几种鸟类物种夏天也向北迁徙，在北极筑巢，食用丰富的昆虫。夏天有着大量的蚊子、黑蝇和鹿虻。

冻原一旦被破坏就很难恢复再生，即便是在其间远足，也能对其造成伤害。石油和天然气开发以及军事用途已经给北极冻原的很多地区造成了长期的损害，可能会持续几百年（见第十一章，案例聚焦：北极国家野生动物保护）。在冻原地区，一般来说不能发展农业，生活在冻原地区的人们主要靠捕鱼和打猎摄取营养。

气候变化开始对北极冻原产生影响。随着永久冻土的融化，针叶树（有树冠的常绿植物）正在取代冻原植被，它们的光反射率低于雪、冰或者冻原植被，会导致变暖加剧，成为正反馈机制（positive feedback mechanism）的一个例子。另外，永久冻土线正在向北移动，是气候变暖强度加大的另一个后果。甲烷是一种温室气体，本来是被固定储存在永久冻土中，随着永久冻土的融化，也释放到大气中，从而进一步加快了气候变化。

北方森林：北部的针叶林

就在冻原的南边，存在着**北方森林**（boreal forest）（也称泰加群落，指的是针叶林地带）。北方森林绵延经过北美和欧洲，覆盖大约11%的地球陆地（图6.3）。南半球没有与北方森林相类似的生物群落，正如北极冻原一样，在相应的南半球纬度上没有陆地。

尽管不像冻原那样严酷，但是北部森林的冬天依然是极度严寒和酷冷。北部森林的生长季节要比冻原长一点，每年降水很少，大约是50厘米（20英寸），土壤呈典型酸性，矿物质贫乏，地表面覆盖着厚厚的一层被部分分解的松针和云杉松针。永久冻土呈斑驳块状分布，即便能看到，也都通常在深深的土壤下面。北方森林在凹面低洼处积满着水，有无数的水塘、湖泊，是上一个冰期时代冰层冲刷碾磨而形成的。

尽管山杨、白桦等落叶树（秋天落叶的树木）可能形成较为明显的规模，但是黑云杉和白云杉、香脂冷杉、美洲落叶松和其他针叶松占据主导着北方森林。针叶松有很多耐寒的适应性，比如像针一样的树叶，表面积最小，减少水分流失。这样的适应性使得针叶松能够度过北方因为上冻而根系不能吸收水分的冬季。

北方森林的动物包括驯鹿、狼、熊和驼鹿等体型较大的物种，其中驯鹿是从冻原迁徙过来越冬的。大多数哺乳动物都是中型到小型的，比如啮齿动物、兔子以及猞猁、黑貂、水貂等长着毛皮的猎食者。大多数鸟类夏天聚集在这儿，但是到了冬天就迁徙到更暖和的地方。野生生物生态学家估计，美国和加拿大的鸟每3只中就有1只到北方森林度过自己的哺育季节，那里昆虫很丰富。但是除了在北方森林的南部地区，几乎就没有两栖动物和爬行动物。

北方森林的大部分地区不适于发展农业，因为生长季节短，土壤矿物质贫瘠。不过，北方森林可以生产方材、用来造纸的制浆木材、动物毛皮和其他森林制品。现在，北方森林是世界上工业木材和木质纤维的主要来源，已经出现了大规模的森林砍伐。采矿、天然气和石油开采、农业都造成了北方森林的损失。（见第十七章关于这一生物群落区森林砍伐的讨论。）与冻原一样，生活在北方森林生物群落区中的人们依赖动物提供营养，尽管这一地区的松果、灌木的浆果以及香蒲等一些湿地植物物种也能为人们的膳食提供营养补充。

温带雨林：繁茂的温带森林

温带雨林（temperate rain forest）生长在北美的西北海岸，澳大利亚东南部和南美南部也有分布。这种生物群落区的年降水量很大，超过127厘米（50英寸），而且浓密的海岸云雾中聚集的水汽也增加了这一地区的水分。温带雨林靠近海岸，对温度进行调节，从而使得季节性的变化不大，冬天温暖，夏天凉爽。温带雨林土壤营养相对贫乏，尽管土壤中的有机物含量可能很高。松针和降落的大块树枝以及倒地的树干会在地面上堆积，但是要花很多年才能朽烂并将营养矿物质释放到土壤中。

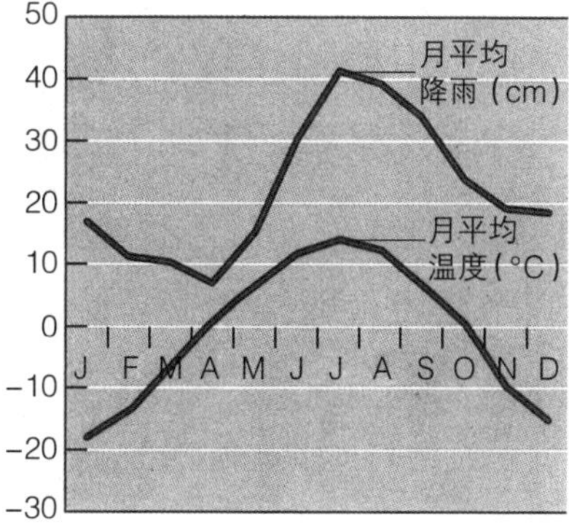

图6.3 北方森林。这些针叶林生长在紧靠冻土的北半球的寒冷地区。摄于秋季加拿大的育空（Yukon）。气候图表显示了加拿大育空地区白马市（Whitehorse）的月温度和降水数据。月平均降水是怎样随着月平均温度而变化的？

北方森林：北半球位于冻原以南的针叶林地区（比如松树、云杉和冷杉）。

温带雨林：针叶林生态群落区，天气凉爽，雾浓，降水量大。

北美温带雨林的主导植物是大型常绿植物，比如西部铁杉、道格拉斯氏杉、西部铅笔柏、西特喀云杉和西部香柏（图6.4）。温带雨林的附生植物（见第五章偏利共生）特别丰富，那些小的植物攀附在大树的树干和树枝上。这个生物群落区的附生植物主要是苔藓、石松、地衣和蕨类植物，它们也都可以覆盖地面。松鼠、树鼠、黑尾鹿、麋鹿、众多的鸟类、几种两栖动物和爬行动物都是温带雨林的常见动物。人类可食用的植物物种包括香蒲、过火草、美莓和大荨麻，这个生物群落区还有很多可食用的蘑菇。

温带雨林木材储量丰富，为我们提供了木材和纸浆木材，也是从物种丰富度上看世界最复杂的生态系统之一。当伐木工业砍掉老龄林以后，企业都会以单一栽培（monoculture，一个物种）的树木在砍伐过的地区植树造林，实现40年到100年成熟砍伐的循环。老龄林一旦被伐光，就再也不会有机会通过演替进行重新生长。华盛顿州、俄勒冈州和北加州还有一小部分原始老龄温带雨林保持原样，没有被破坏。这些稳定的森林生态系统为很多物种提供了生物栖息地，包括大约40种濒危和受威胁物种。在第二章的介绍里曾探讨太平洋西北海岸的原始森林问题。老龄林还为溪流和江河里鱼类栖息地提供了支持，很多太平洋西北海岸的鱼类，比如银大马哈鱼、大鳞大麻哈鱼，都是对人类来说价值极高、营养极为丰富的食物资源。

温带落叶林：掉落叶子的树

温带落叶林（temperate deciduous forest）适合生长在夏季炎热、冬季寒冷的温带地区，该地区的年降水在大约70到150厘米（30到60英寸）。最为典型的是，温带落叶林的土壤包括富含有机物质的表土和一个厚厚的、富含黏土的底层。随着有机物质的腐烂，矿物质离子被释放出来。没有被树根吸收的离子就会滤析（leach）到黏土里。

温带落叶林里的树木形成一个茂密的冠层，覆盖着幼树和灌木。宽叶的硬树木，比如橡树、山核桃树、枫树和山毛榉，主导着美国东北部、中东部地区的温带落叶林（图6.5）。这些树每年都掉一次叶子。在南部地区的温带落叶林中，宽树叶的常绿树木，比如木兰，会增多。从历史上看，美国栗子树是东部落叶林中人类和野生生物的重要食物资源。这个生物群落区的食物树种包括坚果（山核桃树、山毛榉）、水果（木瓜）、糖枫（糖浆）和檫木（茶）。很多林下植物，从浆果（蓝莓、黑莓）到根茎（人参、姜）等，也是落叶林中人类重要的食物来源。生活在温带落叶林中的人们享有很高的食物多样性，这都是所在区域的生态系统提供的。

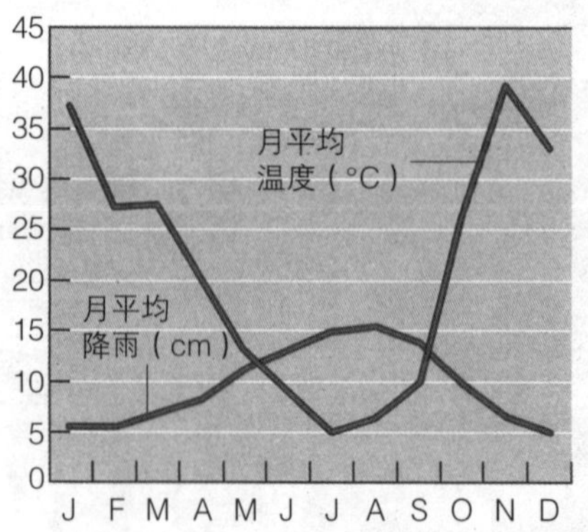

图6.4 温带雨林。这个温带生物群落区有着大量的降水，特别是在冬季。摄于华盛顿州奥林匹克国家公园（Olympic National Park）。气候图表显示了奥林匹克国家公园的月温度和降水数据。这个生物群落区月平均温度的幅度是多少？与北方森林的月平均温度的幅度相比会怎样？（数据引自“天气频道”）

温带落叶林：发生在温带地区、降水量较为丰富的森林生物群落区。

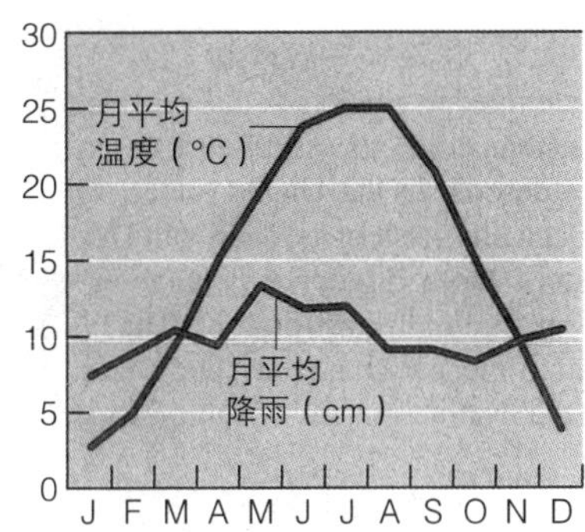

图6.5　温带落叶林。丰富而多样的落叶树木生产了坚果、水果和种子，为大量的食草昆虫和鸟类提供了食物。秋天，叶子掉落到地上，为土壤中的食腐动物提供食物。照片摄于肯塔基的伯利亚学院森林。气候图表显示了肯塔基伯利亚的月温度和降水数据。这个生物群落区月平均温度的幅度是多少？与北方森林的月平均温度的幅度相比会怎样？（数据引自“天气频道”）

温带落叶林最初有美洲狮、狼、野牛等大型哺乳动物和鹿、郊狼、熊、大量小型哺乳动物和鸟。现在，美洲狮、狼、野牛等大型哺乳动物在温带落叶林再难觅踪影。在欧洲和北美，森林砍伐、农田开垦、植树造林、城市发展已经破坏了大量的原始温带落叶林。在再生的地方，温带落叶林常常处于半自然状态，受到休闲娱乐、杂草入侵、饲草采集、林木砍伐等因素的制约。很多森林生物已经在这些回归的森林中成功地重新定居下来。

从世界范围看，落叶林是首先转化为农业用途的群落区之一。在欧洲和亚洲，很多最初生长落叶林的土壤被使用传统农业方法耕作了几千年，没有造成土壤肥力大量丧失。在20世纪，集约化农业被大量推广，与过度放牧、森林砍伐一起导致了一些农业土地的退化。自二战结束以来，农田遭受了大量的破坏（见第十七、十八章）。

草原：温带的草的海洋

在**温带草原**（temperate grasslands），夏天热，冬天冷，降雨经常不期而至，年降雨量平均在25到75厘米（10到30英寸）。草原土壤含有大量的有机物质，因为很多草的地面部分每年冬天或在大火中都会死掉，形成土壤有机物的组成部分，而草根和茎（地下的主干）则存活下来。草的根和茎最终也会死掉，成为土壤的有机物质。很多草是草皮制作要素，也就是说，它们的根和茎会形成一个厚厚的、持续相连的地下草垫。虽然树木不在江河溪流附近就难以生长，草则不然，它们大量生长在深厚、肥沃的土壤中。周期性的野火有助于维持草成为草原的主导植物。

湿润的温带草原，或者高杆草大草原（tallgrass prairies），出现在美国的伊利诺伊州、艾奥瓦州、内布拉斯加州、堪萨斯州和其他中西部州的部分地区。有几个物种的草在有利的条件下长得如骑在马背上的人一样高，主导着高杆草大草原。这种土地一开始生活着成群的食草动物，比如叉角麋鹿和野牛。主要的猎食者是狼，尽管在更稀疏、更干旱的地方也有郊狼出没。更小的动物包括草原土拨鼠及其猎食者（狐狸、黑脚白鼬和各种各样的食肉禽）、松鸡、蛇、蜥蜴等爬行动物和大量的昆虫。

在温带草原中，矮杆草大草原（shortgrass prairies）比前面描述的湿润温带草原降水少，但是比沙漠降水多。在美国，矮杆草大草原出现在蒙大拿、南达科他州西半部和其他中西部州的部分地区（图6.6）。长得及膝高或矮一点的草是矮草大草原的优势种，没有湿润草原的草那样茂盛稠密，有时会有部分土壤裸露出来。矮杆草大草原的土生草都是耐寒的。

北美草原，特别是高杆大草原，非常适于农业发展，90%以上的草原在刀耕火种下已经消失，残存的草原也被分割得零零散散，以致在中西部的任何地方都难以看到欧洲殖民者到来以前美国土著人经历的生活图景。今天，高杆大草原被认为是北美最稀少罕见的生物群落区，这种群落区肥沃的土壤使得北美中西部、乌克兰和其他湿润温带草地变成了世界的粮仓，因为它们为玉米、小麦等作物提供了理想的生长条件，当然，玉米和

温带草原：夏天热、冬天冷、降雨比温带落叶林少的生物群落区。

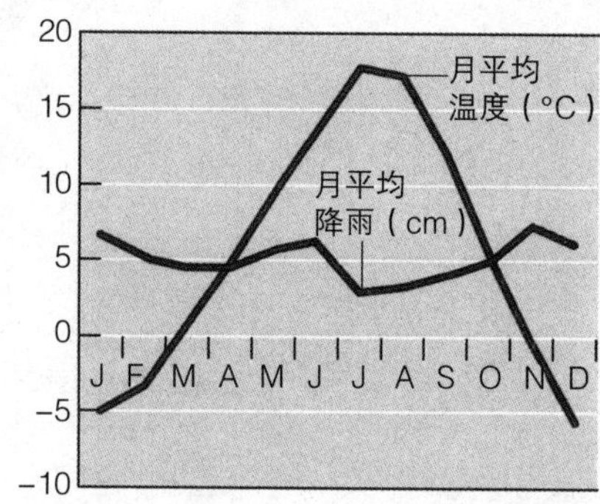

图6.6　温带草原。这些野牛生活在达科他州的矮草大草原上。气候图表显示了蒙大拿州国家野牛保护区的月温度和降水数据。温度会怎样影响夏天的水供应？（数据引自"天气频道"）

小麦也是禾本科的。同时，当一年生作物替代多年生植物以后，季节性裸露的土壤就很难抵御侵蚀的危险。比如，20世纪30年代的沙尘暴发生时，因为干旱，耕作、收成后的土地裸露着土壤，暴风将大量的美国草原土壤刮向天空，一直远飘到欧洲。很多生态学家和农业科学家正在研究草原怎样才能更加持续地支持粮食作物的增长。

灌木丛：常绿灌木和小树的植丛

一些山地温带环境冬天温和，降雨丰富，夏天炎热、干燥，这种气候被称为地中海式气候（Mediterranean climate），环地中海地区、北美西南地区、澳大利亚西南和南部地区、智利中部和南非西南部都是地中海式气候。在南加州的山坡上，这种地中海式群落就是人们熟知的**灌木丛**（chaparral）。灌木丛的土壤一般情况下不肥沃，这种环境经常发生自然性火灾，特别是在夏末和秋天。

虽然位于世界上不同的地区，但灌木植物看起来高度相似，即便个体物种不是同一个。灌木丛群落区通常生长着茂密的常绿灌木，但也有矮的、耐旱的松树或矮橡树，大约在1到3米（3.3到9.9英尺）高（图6.7）。在多雨的冬季，灌木丛群落区郁郁葱葱，赏心悦目，但是在夏天植物则处于蛰伏状态。树木和灌木一般长着坚硬、短小、皮革状的叶子，避免水分的损失。

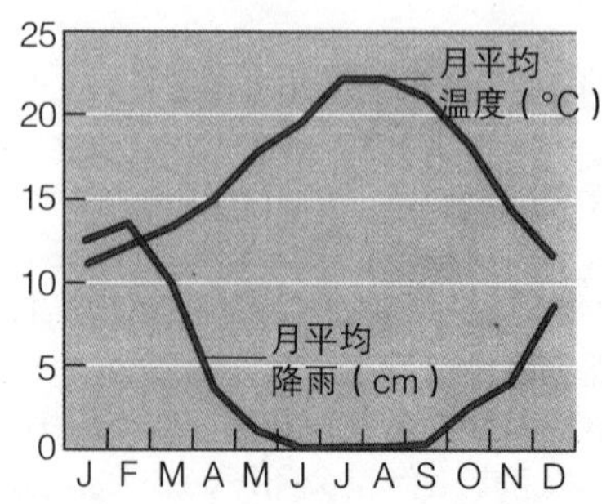

图6.7　灌木丛。这块加州的灌木丛是一个适应大火的栖息地。气候图表显示了圣塔尼兹山谷（Santa Ynez Valley）的月温度和降水数据。降雨和温度是怎样共同导致提高夏季火灾可能性的呢？（数据引自"天气频道"）

灌木丛：有着温和、潮湿冬天和炎热、干燥夏天的生物群落区，典型植被是小叶常绿灌木和小树。

这种群落区的很多植物都是火灾适应型的，在大火过后的日子里生长得最好，因为大火释放了被焚烧的植物中的营养矿物质。大火并没有杀死很多植物的地下根茎部分和种子，在吸收新的、必需的营养矿物质后，植物在冬天的雨水中生机勃发。灌木丛中常见的动物有黑尾鹿、树鼠、金花鼠、蜥蜴和多种鸟类。

灌木丛景观大多不适于发展农业，尽管有些树（橄榄树、角豆树）特别适合在灌木丛土壤中生长。葡萄也可以在灌木丛地区枝繁叶茂，因为葡萄不耐真菌病，而真菌病在干旱环境下是不会爆发的。就牲畜来说，绵羊和山羊比牛更适合于这种景观和植被，因为它们的蹄子对脆弱土壤的伤害小。

发生在加州灌木丛群落区的大火给人类造成了巨大损失，烧毁了建在山地灌木丛景观中的价值不菲的家园（见环境信息）。遗憾的是，防止发生自然火灾的措施有时会引起回火。灌木植被的根深扎在土壤中，如果把灌木丛拔除，就会引起其他问题，这些地区的冬天雨季有时会发生泥石流。

环境信息

用山羊防火

加州每年发生大约6000次森林火灾，森林防火成本越来越高，危险性也越来越大，因为很多人在易于着火的灌木丛群落区兴建房屋。但是有一点，那里的地形陡峭，消防队员常常不能使用机械化设备，必须使用直升机运输才能到达火灾现场。由于担心计划烧除法失去控制，当地政府，比如奥克兰、伯克利、马利布，越来越多地采用技术含量低的方法，以减少大火的燃料，这种方法就是山羊。

一群350只山羊在大约一天的时间里内可以啃食掉整整一公顷的茂密灌木，但是利用山羊防火的话，需要很好地组织和支持。首先，植物学家必须进行实地考察，在小树和珍稀或濒危植物周围扎下篱笆，避免山羊啃食它们。

山羊是火灾管理的有力工具，因为它们喜欢吃木质灌木和深埋在地下的根，这些正是导致灾难性大火的真正燃料。山羊啃食过的地方即使发生火灾也非常容易控制。

沙漠：干旱的生命区

沙漠（desert）是干旱地区，在温带（寒冷沙漠）和亚热带地区（温暖沙漠）都有。沙漠地区大气中水蒸气含量小，导致每天温度出现极热和极冷，使得温度在24小时的短时间内就会发生巨大变化。沙漠降水一般每年不到25厘米（10英寸），根据降水的不同，沙漠也有不同的类型。由于植被稀疏，沙漠土壤的有机物质含量低，但是矿物质含量高，特别是氯酸钠盐（NaCl）、碳酸钙（$CaCO_3$）和硫酸钙（$CaSO_4$）。在有些地区，比如犹他州（Utah）和内华达州（Nevada），某些矿物质的含量达到对很多植物有毒的地步。锂是电池和医药产业中应用很广的重要元素，在一些沙漠中已有发现，比如智利北部的阿塔卡马沙漠（Atacama Desert）。

沙漠中植被覆盖的面积很稀少，因此很多土壤都是裸露的。多年生（生长超过2年的植物）和一年生植物（在一个生长季节完成生命循环的植物）在沙漠中都有。然而，只是在降雨后才能常常见到。北美沙漠植物包括仙人掌、丝兰、约书亚树和蒿属植物（图6.8）。

沙漠里的动植物特别能适应环境的要求，植物的叶子变小或根本没有，目的是保持水分。像巨人柱那样的仙人掌，它的茎干呈手风琴形状散开，以便储藏水分，进行光合作用；叶子已演变成脊柱，以防御食草动物。其他的沙漠植物一年大部分时间里叶子都是掉落的，只在短暂的潮湿季节才生长。很多沙漠植物都长出了脊柱、荆棘或毒素，以抵御食物和水缺乏环境中常常出现的巨大啃食压力。

沙漠动物体型一般都很小。在白天的酷热中，它们躲在树荫下或定时返回巢穴，夜间则出来觅食。除了适应沙漠环境的昆虫外，还有一些沙漠两栖动物（青蛙和蟾蜍）和很多沙漠爬行动物，比如沙漠龟、沙漠美洲鬣蜥、钝尾毒蜥和莫哈韦响尾蛇。沙漠哺乳动物包括非洲和亚洲沙漠的沙鼠、跳鼠等啮齿动物以及北美沙漠的更格卢鼠。北美沙漠中还有黑尾鹿、长耳大野兔，非洲沙漠中有大羚羊，澳大利亚沙漠中有袋鼠。非洲耳廓狐等食肉动物和一些食肉禽类，特别是猫头鹰，主要捕食啮齿动物和长耳大野兔。在一年中最干旱的日子里，很多沙漠昆虫、两栖动物、爬行动物和哺乳动物都打洞钻入地下，不怎么活动。

一些民族，比如纳瓦霍人（Navaho）和普韦布洛人（Pueblo），一直依靠沙漠农业生存。如果使用保存的降雨而不是地下水浇灌庄稼，沙漠地区的农业是最可持续

沙漠：由于降水缺乏而限制植物生长的生物群落区，既出现在温带地区，也出现在亚热带地区。

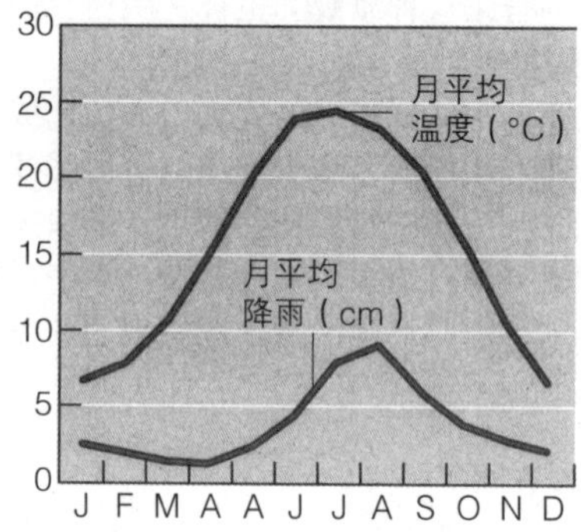

图6.8 沙漠。这株龙舌兰（Agave americana）正在墨西哥卡尔斯巴德洞穴（Carlsbad Cavern）附近开着花，时值5月。这种植物长着肉质叶子，上面覆盖着蜡层，减少水分流失。气候图表显示了卡尔斯巴德峡谷的月温度和降水数据。如果植物开花和结籽期间水分需求量最大，你认为它在沙漠中什么时候会开花？（数据引自“天气频道”）

的。有些玉米和豆科植物相对耐旱，珍珠粟和高粱需水少，使得它们在一些沙漠地区得到成功种植。羊比牛耐旱得多，能在一些沙漠中饲养。

人以多种方式改变了北美沙漠，开着越野车穿过沙漠的人给环境带来了伤害。一旦沙漠的表土受到干扰，就会更加容易发生土壤侵蚀，植物就会减少，不能很好地支持本地动物。由于偷猎，一些仙人掌和沙漠龟已变得极为稀少。建在沙漠中的房子、工厂和农场需要从远方运来大量的水。很多沙漠城市地下水消耗增加，导致地下水位下降。美国沙漠的地下含水层枯竭问题在亚利桑那州南部和新墨西哥西南部都特别严峻。

稀树大草原：热带草原

稀树大草原（savanna）位于降雨少或季节性降雨、干旱时间长的地区。热带稀树大草原的气温全年变化不大，季节由降雨确定，不是像温带草原那样由温度来确定，它的年降雨量在76到150厘米（30到60英寸）。稀树大草原的土壤中必需营养矿物质含量有点低，部分原因是它具有强大的渗滤性，也就是说，很多营养矿物质从表土中渗透到地下了。稀树大草原的土壤经常是铝含量很丰富，因为铝不容易渗滤，在有些地方，铝的含量达到对很多植物有毒的地步。尽管非洲稀树大草原最为知名，但是在美国南部和澳大利亚北部也有分布。

稀树大草原有着大片的草原，间或生长着金合欢等树木，它们长满荆棘，抵御着食草动物。树和草都具有适应火的特征，比如拥有发达的地下根系，使它们能够度过季节性干旱和周期性大火。

非洲稀树大草原上生活着数量可观的有蹄类哺乳动物，比如角马、羚羊、长颈鹿、斑马和大象（图6.9）。狮子和鬣狗等大型猎食者捕杀和猎食这些有蹄的哺乳动物。在那些降雨季节性变化的地区，牧群和兽群可能每年都迁徙。

稀树大草原正在迅速地被改变成牛和其他家养牲畜的牧场，替代了大群的野生动物。1970年以来，巴西中部的塞拉多（Cerrado）稀树大草原有一半已经变成了农田和牧场。非洲的问题更尖锐，因为那里的人口增长速度最快。在有些地方，严重的过度放牧（见第十七章）

稀树大草原：稀疏分布着树木和树丛的热带草原。

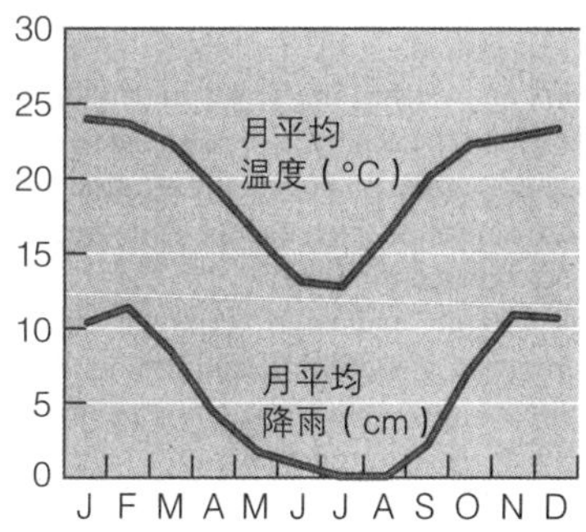

图6.9　稀树大草原。大林羚（*Tragelaphus strepsiceros*）是栖息在草原生物群落区的众多食草动物之一。这些林羚摄于南非。气候图表显示了南非比勒陀利亚（Pretoria）的月温度和降水数据。在哪些月份稀树大草原对过度放牧最敏感？（数据引自“天气频道”）

和砍伐柴火导致稀树大草原变成了沙漠，出现了沙漠化（desertification）过程。

热带雨林：繁茂的赤道森林

热带雨林（tropical rain forest）出现在终年温暖、几乎每天都降雨的地方，年降雨量在200到450厘米（80到180英寸）。很多降雨来自当地循环的水，这些水通过树木的蒸腾（植物中水分蒸发流失）进入到大气当中。

热带雨林通常发生在那些拥有年代久远、高度风化、矿物质贫乏的土壤的地区。这种土壤里很少堆积有机物质，因为细菌、真菌和吃腐殖质的蚂蚁以及白蚁迅速地就将有机废物分解了。植物根系和菌根很快从分解物质中吸收营养矿物质。因此，热带雨林中的营养矿物质与其说来自土壤，不如说来自植被。热带雨林在中美洲、南美洲、非洲和东南亚都有发现（见图17.10）。

热带雨林生产力很强，也就是说，植物通过光合作用捕获了很多能量。在所有生物群落区中，热带雨林的物种丰富度和多样性最是无与伦比的。在热带雨林里行走几百米不会遇到两棵同一种类的树。热带雨林的树是典型的常绿有花植物（图6.10），它们的根很浅，集中在靠近地表的根垫中，这些根垫几乎捕获和吸收了树叶和废物腐烂过程中所释放的所有营养矿物质。膨胀的基底或托架称为板状根（buttress），用力量支撑着树的挺拔，帮助浅根的广泛扩展。

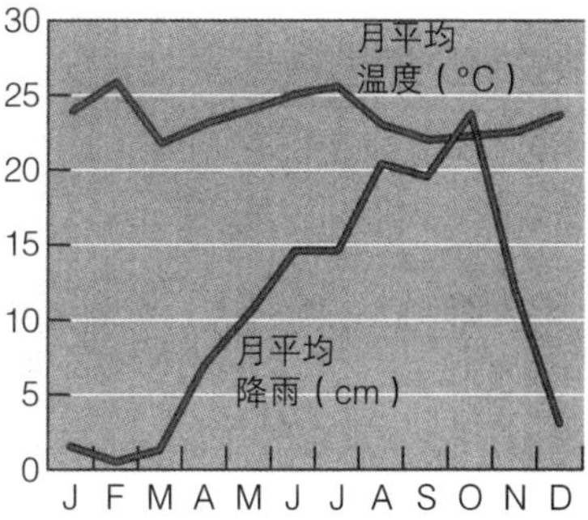

图6.10　热带雨林。这块哥斯达黎加雨林跨越北美洲大陆分水岭。气候图表显示了哥斯达黎加圣罗莎国家公园（Santa Rosa National Park）的月温度和降水数据。很多雨林的树叶有着光滑的叶面。这种光滑的外层在雨季和旱季有着怎样的帮助？（布里吉德·木罗伊[Brigid Mulloy]，数据引自“天气频道”）

热带雨林：茂密、物种丰富的生物群落区，终年气候温暖湿润。

完全发育的热带雨林至少有3级，或3层植物。最上层包括少量的、特别高的树形成的树顶，直接暴露于阳光之下。中间的一层高度在30到40米（100到130英尺），形成了一个连绵遮蔽的树冠层，只有少量的阳光穿透，支持稀疏的下一层植物。热带雨林最下面一层的植物只能获得2%到3%的阳光，生长着那些专门在林荫下谋生的更小的植物以及大树的幼龄树苗。除了靠近河岸或树倒地后空出的地方，热带雨林的植被在地面这一层并不茂密。

热带雨林的树木支持着大量的附生植物群落的生长，比如蕨类植物、苔藓、兰花和凤梨科植物（回顾第五章关于附生植物的讨论）。附生植物生长在它们宿主的枝杈间、树皮上甚至是叶子上。

藤本植物（木质热带藤蔓植物）大致有人的大腿那样粗，沿着巨大的雨林树木的树枝盘旋生长。一旦到达树冠层，藤本植物就从一棵树的上层攀附到另一棵树的上层，将树的树冠连接起来，为很多树冠居民提供了通道。藤本植物和草本植物为许多栖息在树上的动物提供花蜜和水果。

如果不算细菌和其他栖居在土壤的生物，热带雨林中大多数生物生活在上层树冠中，雨林动物包括地球上数量最多的昆虫、爬行动物、两栖动物。鸟类通常是色彩艳丽，多姿多彩的。比如鹦鹉，专门吃某些水果，而别的，比如蜂鸟和太阳鸟（图5.16），则食用花蜜。多数雨林哺乳动物，比如树懒和猴子，只生活在树上，极少下到地面。当然，一些大型的、在地面生活的哺乳动物，比如大象，在热带雨林中也有。

尽管热带雨林有着丰富的食物种类，比如棕榈果、香蕉、浆果，但每一种的数量都不多，香蕉和浆果类植物是不可能持续的。生物学家知道，很多雨林物种甚至在人们认识它们、科学地研究它们之前就灭绝了。（见第十七章关于热带雨林损毁的生态影响的讨论。）

垂直分区：山区植被分布

从生态系统角度看，登山远足就和到北极旅行一样（图6.11）。之所以会出现这种海拔—纬度的相似性，是因为随着海拔的升高，温度开始下降，正如人们向北极旅行时温度的下降那样。土壤变得贫瘠，因为风和水将死去的植物物质在变成有机物之前就排到了山下。

比如，在科罗拉多州（Colorado），一座山的山下覆盖着落叶林，每个秋天都落叶，随着海拔的升高，气候越来越冷，越来越严酷，可以发现一片次高山针叶林（subalpine forest），很像北方森林。海拔再升高，气

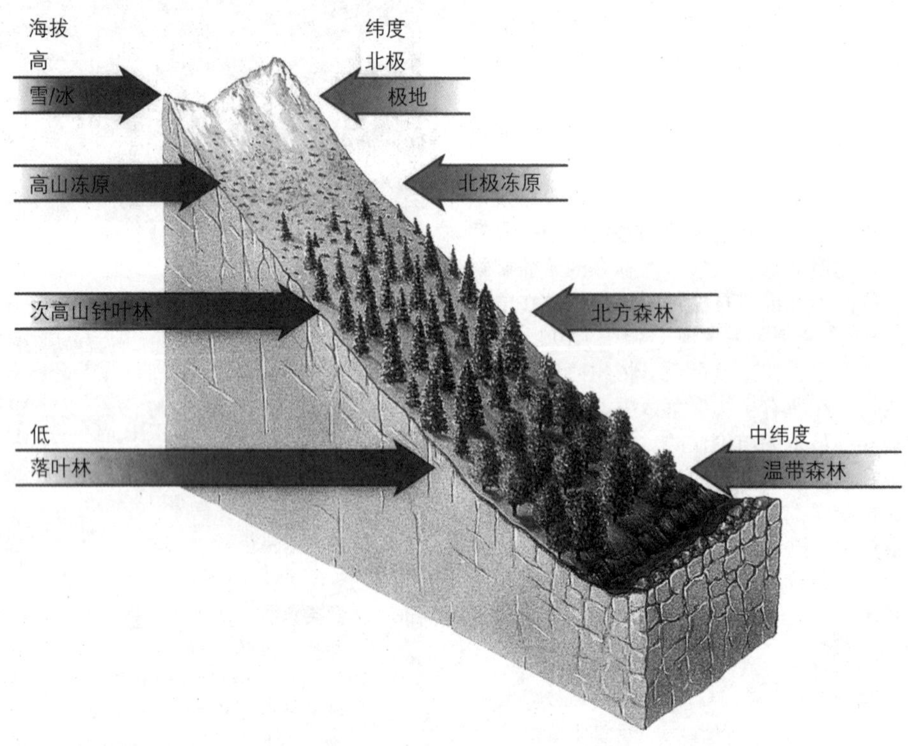

图6.11 海拔和纬度分区的比较。山的海拔越高，温度越低，产生了类似北方森林和冻原生物群落区的生态系统。

候变得更冷，就会出现高山冻原，其植被包括草、莎草和小型丛生植物，为了与北极冻原区别，称之为高山冻原。山顶上可能还有终年不化的冰和雪盖，类似极地的环境。

高海拔和高纬度之间重要的环境差别影响着各地生物的类型。高山冻原普遍缺乏永久冻土，降雨比北极冻原多。温带山区的高海拔地区没有随季节的变化像高纬度地区的生物群落区那样形成极昼。而且，在高海拔地区，太阳辐射的强度大于高纬度地区的太阳辐射强度，太阳光线穿过的大气少，比高纬度地区过滤的紫外线（UV）少，暴露于UV的辐射多。因为这些不同，有些农业在高海拔地区是可以发展的，但在高纬度地区就不可行，比如，很多土豆在秘鲁安第斯山脉（Peruvian Andes）的小块土地上已经种植了好几代。

气候变化威胁着高山地区。随着气候的变暖，很多植物和动物物种正在进行垂直迁徙，也就是迁到更冷的地方。然而，垂直迁徙受到高山高度的限制。有些高山物种现在已经局部灭绝，因为它们所适应的气候区位于远高于山顶的海拔地区。

复习题

1. 什么是生物群落区？每种重要的陆地生物群落区的形成需要哪些气候和土壤因素？
2. 哪一种生物群落区最适宜于农业？请解释你的回答。
3. 植被是怎样随着海拔和纬度升高而变化的？

水生生态系统

学习目标

- 总结影响水生生态系统的重要环境因素。
- 概述八个水生生态系统：流水生态系统、静水生态系统、淡水湿地、入海口、潮间带、底栖环境、浅海区、大洋区。
- 至少明确每个水生生态系统提供的一种生态系统服务。

水生生物区与陆地生物群落区几乎在每个方面都不相同。一般说来，水环境下的温度变化较小，因为水本身就调节温度。在水生生态系统中，水显然不是一个重要的限制性因素，而光经常是一个限制性因素。

水生态学中最基本的分别可能就是淡水环境和咸水环境。盐度（salinity）是水体中氯化钠（NaCl）等溶解盐的浓度，影响着水生生态系统中生物的种类，正如溶解氧含量的影响一样。水极大地阻碍着光的透射。浮游光合生物停留在水面附近，扎根于水底的植物则只能生活在浅水地区。另外，在某些水生环境中，必要营养矿物质的缺乏也限制了生物的数量和分布。水生生态系统物种构成的其他非生命决定因素包括温度、pH值、海浪和潮汐的升起及退落。

水生生态系统包括三种主要的生态类别的生物：自由漂浮的浮游生物、强健有力的自游生物和蛰伏海底的底栖生物。浮游生物（plankton）一般是体型小的微生物，游泳移动能力相对较弱，在多数情况下，它们是随波逐流。浮游生物不能远距离水平移动，但是有些物种每天可以长距离地上下移动，根据每日时间和各个季节的不同停留在不同的深度。

浮游动物一般可以再分为两个主要类别：浮游植物和浮游动物。浮游植物（phytoplankton）是自由浮动的光合藻类和蓝细菌，它们形成了大多数水生食物链的基础。浮游动物（zooplankton）是那些不能进行光合作用的生物，包括原生动物（像动物的原生生物）、微小的像虾一样的甲壳动物以及很多海洋动物的幼龄阶段（未成熟）。在水生食物网中，浮游动物以藻类和蓝细菌为食，进而又被新孵化出的鱼和其他小型水生生物所捕食。

自游生物（nekton）是个体大、更强壮的游泳生物，比如鱼、龟和鲸。底栖生物（benthos）是栖息在海底的生物，固定在一个位置上（海绵、牡蛎和藤壶）、钻进泥沙中（虫、蛤以及海参）或者只是在海底活动（龙虾、水生昆虫幼虫、海蛇尾）。

淡水生态系统

淡水生态系统包括江河与溪流（流水生态系统）、湖泊和池塘（静水生态系统）、沼泽和湿地（淡水湿地）。每个淡水生态系统都有着特别的非生命条件和典型的生物。尽管淡水生态系统占据地球表面的比例相对较小（大约2%），但是他们在水循环中发挥重要的作用，帮助降雨循环，从地表径流流向海洋（见第四章关于水循环的讨论）。大的淡水水体调节着附近陆地的每日和季节温度变化。淡水栖息地为很多生物提供了家园。

江河与溪流：流水生态系统　流水生态系统（flowing-water ecosystem）的特质在源（水流开始的地方）和口（水流进入到另一个水体的地方）之间有着很大的变化（图6.13）。源头溪流（headwater stream）是一条河的源头，水流小，通常是水浅、凉爽、流速快、含氧量高，这样的溪流提供高品质的饮用水，尽管当地景观很少能支持高密度的人口。与此相反，从源头而下的河流下游越来越宽，越来越深，河水浑浊（含有悬浮颗粒），不再像源头那样清爽，流速减缓，含氧量减少。尽管需要进行水质处

流水生态系统：是诸如江河或溪流那样的淡水生态系统，水以河流的形式流动。

a.

c.

b.

图6.12　流水生态系统。在加拿大落基山脉（Canadian Rockies），水流从山顶冰川的雪雾中开始（a），通过源头溪流（b），然后汇入江河，最后在海岸的入海口汇入海洋（c）。（照片摄于英属哥伦比亚的悠鹤国家公园[Yoho National Park]、跃马大道[Kicking Horse Pass]和英属哥伦比亚的维多利亚市[Victoria]。）

理才能提供安全的饮用水，但是河流还是更为可靠的水源。沿着江河与溪流，地下水从水底的淤泥中涌现冒出。这种当地水源的注入调节着水的温度，因此相比流水生态系统附近的地方，水的温度夏天要低一些，冬天要高一些。

在一条河流的生态系统中，不同的环境条件会形成很多不同的栖息地。河流系统可以看作一个单一的生态系统，但从源头到河口又有着不同梯度的物理特色，这一理论被称为河流连续体概念（river continuum concept）。这种梯度使得栖居在河流系统不同部分的生物有着可以预见的变化。比如，流速快的河流里面的生物可能会有这样的适应性变化：进化了钩子或吸盘，以便固定在岩石上不被水冲走。黑蝇的幼虫就在腹部的底端进化了一个吸板。有些溪流中的生物，比如未成熟的扁泥甲科虫（water-penny beetle），可能会有扁平的身体，以便滑进岩石下或岩石间。鱼类则进化成流线型，肌肉强壮，能够在激流中游动。大的、流速缓慢的河里的生物不需要有这样的适应性，尽管同样具有流线型的身体，以便在河里游动的时候减少阻力。

与其他淡水生态系统不同的是，江河与溪流依赖陆地获得大部分能量。在源头溪流，几乎所有的能量摄入都来自腐质废物，比如被风和地表径流从陆地带到溪流中的枯死的树叶。到了下游，河流里有了更多的生产者，在获得能量方面对腐质废物的依赖要比源头溪流少一点。

人类活动给江河溪流带来几种不利的影响。来自工业、农业、城市和草地的污染改变了河流的物理环境，下游的污染源改变了非生命组成成分。大坝使得河水囤积，淹没了大片土地，形成了水库，损坏了陆生环境。大坝以下，曾经奔涌的河流时常会减小为涓涓细流，改变了水的温度、淤泥的冲刷、三角洲的补充，阻碍了鱼群的迁徙。（见第十二章关于大坝环境影响的讨论。）

湖泊与池塘：静水生态系统　成带现象（zonation）是**静水生态系统**（standing-water ecosystem）的特点。一

静水生态系统：被陆地环绕、不流动的一片淡水水体，通常是一个湖泊或池塘。

图6.13　一个大湖中的成带现象。沿岸带是沿湖边的浅水区。湖心带是离开湖岸的开阔的、阳光照射到的水区。深底带位于湖心带下面，阳光照射不到。

个大湖有三个带：沿岸带、湖心带、深底带（图6.13）。沿岸带（littoral zone）是沿着湖岸或池塘岸边水浅的地方，光可以到达底部。挺水植物，比如香蒲、黑三棱，以及几种深水水生植物和藻类，都生活在沿岸带。沿岸带是湖泊中生产力最强的部分（光合作用最强），部分原因是从周围陆地获得了营养投入，促进了水生植物和藻类的生长。海岸带的动物包括青蛙和它们的蝌蚪、龟、虫、小龙虾和其他甲壳动物、昆虫幼虫以及很多鱼类，比如河鲈、鲤鱼和鲈鱼。水表面的栖息者包括水黾科昆虫、鼓虫，它们生活在静水里。静水生态系统对人类非常有用，既向人类提供淡水，又向人类提供休闲娱乐可能。

湖心带（limnetic zone）是沿岸带以外的开阔地带，也就是说，远离岸边，而且向下延伸到阳光照射最远、能够进行光合作用的地方。湖心带里的主要生物是微小的浮游植物和浮游动物，体型大的鱼大部分时间待在湖心带，尽管它们会到沿岸带捕食和繁殖。由于水深，湖心带很少有植物生长。

最深的带是深底带（profondal zone），位于大湖湖心带的下面，规模小的湖泊和池塘一般没有深底带。阳光照射不到深底带，植物和藻类都不在那儿生长。食物从沿岸带和湖心带下沉到深底带，细菌分解那些到达深底带的死亡生物和其他有机物质，耗尽了氧气，释放了含在有机物质中的营养矿物。但是，这些营养矿物不能有效地进行循环，因为没有生产者吸收并将这些物质嵌入到食物网中。因此，深底带既富含矿物质，又厌氧（没有氧气），除了厌氧细菌，没有生物定居在那里。

人类对湖泊和池塘产生了影响，包括富营养化（eutrophication），即一片水体的植物和藻类无机营养的富集化，比如氮和磷。尽管富营养化可以是自然过程，但是人类活动常常使它加速。比如，由于农业化肥的使用和处理废水或未处理废水的排放，水中的营养水平提高。土壤侵蚀也增加了湖泊和池塘中的营养含量。随着富营养化的发生，水中生活的生物数量和种类都会发生变化。湖泊富营养化将在第二十一章详细讨论（见图21.2）。

温带湖的热分层和对流　根据阳光照射的远近对大的温带湖进行的分层，在热分层（thermal stratification）的情况下会更加突出，热分层就是温度随着水的深度而大幅变化。夏日阳光照射温暖了湖面，使得表面湖水的密度降低，因此发生热分层。（水的密度在4℃时最大，高于或低于这个温度，水的密度就会下降。）在夏天，清凉的、密度大的湖水处于湖底，被温度突然转换的温跃层（thermocline）分开，上面是温暖的、密度小的湖水（图6.14a）。温度和氧气（温度低的水溶解的氧气多）的季节性分布影响着湖里鱼的分布。

在温带湖，秋天温度的下降引起秋季对流（fall turnover），即不同层次湖水的混合（图6.14b）。（这样的对流在热带不常见，因为那里的季节性温度变化不明显。）随着湖面水温的降低，密度会增加，最终会置换下面密度低、水温高的矿物质丰富的湖水。然后，温度高的水会升至湖面，并依次变冷而再下沉。这一冷却和下沉过程持续不断，直到湖水达到一个相同的温度。

冬天到来时，湖面温度可能低于4°C，4°C是水密度最大的温度，如果温度继续下降，就会结冰。冰在0°C形成，密度小于湖水，因此在湖面生成，湖底的水比湖面的冰温度高。

在春季，随着冰的融化和湖面水温达到4°C，湖泊发生春季对流（spring turnover）。湖面水再度下沉到湖底，湖底水再度回到湖面，造成了水层的混合。到了夏天，热分层再一次发生。在春季和秋季对流中，深处、营养丰富的水与湖面、营养贫乏的水混合，将必要的营养矿物质带到湖面，将充满氧气的湖水送到湖底。大量的必要营养矿物质骤然汇聚湖面，促进了海藻和蓝细菌

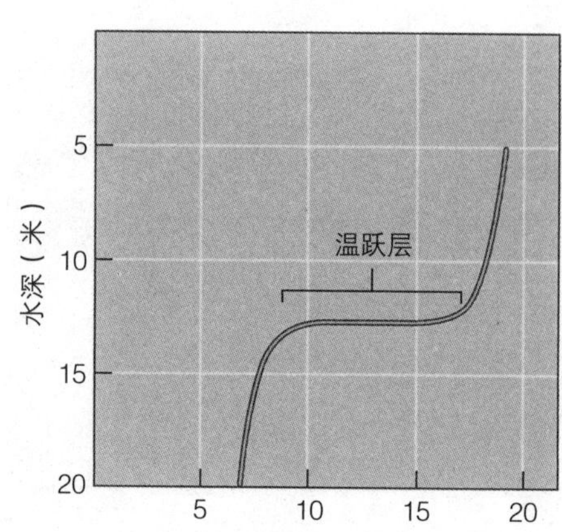

（a）夏天，温度随着深度而变化。在上面的暖水层和下面的冷水层之间会发生急剧的温度转换，出现温跃层。

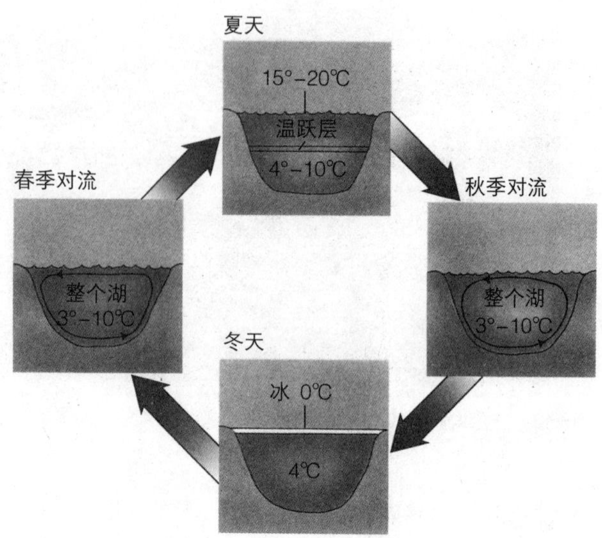

（b）在秋季和春季对流期间，上层湖水和下层湖水的混合将氧气带到缺氧的湖底，将营养矿物质带到矿物质贫乏的湖面。在夏季，暖水层会在凉的、深的水上面形成，不会发生对流，因此不会有氧气送到深层水中，而那里的氧气含量已经下降。

图6.14 温带湖的热分层。

种群的生长，在春季和秋季形成了暂时的水华（bloom）（种群爆发）。（赤潮等有害藻类爆发将在第七章讨论。）

草本类沼泽和木本类沼泽：淡水湿地 **淡水湿地**（fresh wetland）包括草本类沼泽和木本类沼泽，其中草本类沼泽中主要生长着草类植物，木本类沼泽中主要生长着木本类植物或灌木（图6.15）。淡水湿地包括硬木滩地树林（沿江河溪流周期性被淹没的低洼地）、草原坑池（上一次冰期末冰层融化形成的小而浅的池塘洼地）和泥炭沼（主要生长着泥炭藓的泥煤堆积湿地）。湿地土壤被水浸泡，在不同的时期内都是无氧的。大多数湿地土壤有着丰富的有机物质堆积，部分原因是因为厌氧条件阻碍了分解。

湿地植物具有很强的生产力，为众多生物提供充足的食物。湿地是迁徙水禽和很多其他鸟类以及河狸、水獭、麝鼠、垂钓鱼等理想的野生生物栖息地。河水暴涨冲击河岸的时候，湿地可以成为泄洪地，因此实现了天然的洪涝控制。洪水储存在湿地，然后再慢慢回流到河里，使得河流全年保持稳定的流速。湿地还是地下水补给区。湿地最重要的作用之一是通过捕获和过滤淹没土壤中的污染物而帮助净化水质。这些重要的环境功能被称为生态系统服务（ecosystem service）（见表5.1）。

曾经有一段时间，湿地被认为是荒地，可以填平或排光里面的水，因此兴建了农场、房屋和工业厂房。由于湿地是蚊子的温床，因此被认为会影响公众健康。今天，湿地提供的关键生态系统服务已经得到广泛认可。但是，尽管有法律保护，湿地依然受到农业、污染、筑坝、城市和郊区发展的威胁。在美国的很多地区，我们继续丧失湿地（图6.16，另见第十七章）。

图6.15 淡水湿地。这个位于佛罗里达盐泉（Salt Springs）附近的湖周围都是湿地。树木和其他植物已经适应了根部长期在水中浸泡、土壤氧含量低的生存条件。

淡水湿地：一年中至少几个月由浅层淡水覆盖的陆地，有着典型的土壤和耐水的植物。

“我们是受保护物种和濒危物种，但是当我看到人的时候，我不知道他是在保护我们还是在危及我们。”

图6.16　湿地和濒危物种面临的共同威胁有哪些？

案例聚焦

大沼泽地

位于美国佛罗里达州最南端的大沼泽地是一个辽阔的、以克拉莎草为主要植物的湿地，间或点缀着小片的树林。曾有一个时期，这个“草河”从奥基乔比湖（Lake Okeechobee）以大片的淡水水面缓慢地向南移动，进入佛罗里达湾（图6.17）。大沼泽地是野生生物的庇护所，比如鳄鱼、蛇、豹、水獭、浣熊以及数千种涉水鸟类和食肉猛禽，还为很多食用鱼和商业价值高的鱼类提供养殖基地。详细描述该地区自然奇迹的经典环境著作是道格拉斯（Marjory Stoneman Douglas）1947年撰写的《大沼泽地：草河》（*The Everglades:River of Grass*）。大沼泽地最南端的部分现在已被列为国家公园。

今天的大沼泽地大约有最初面积的一半大，面临着很多严峻的环境问题。近几十年来，大沼泽地大部分水

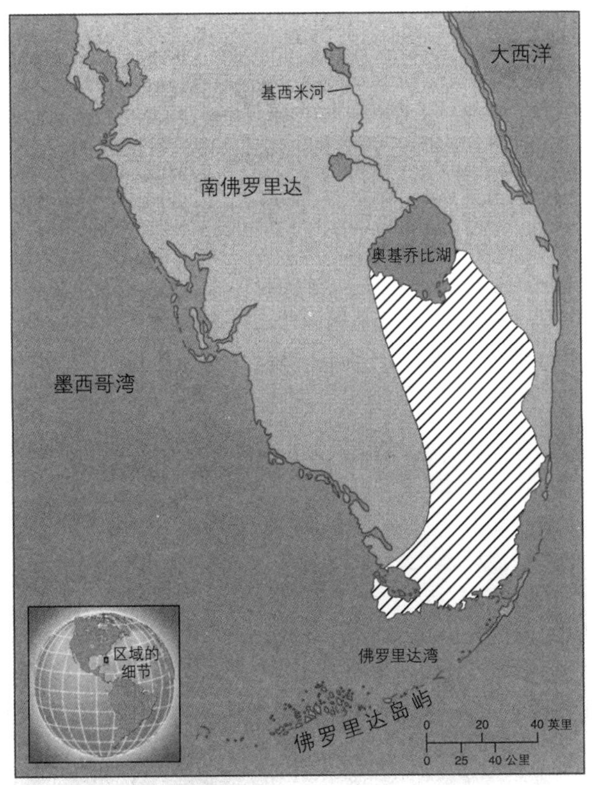

（a）大沼泽地的最初范围。

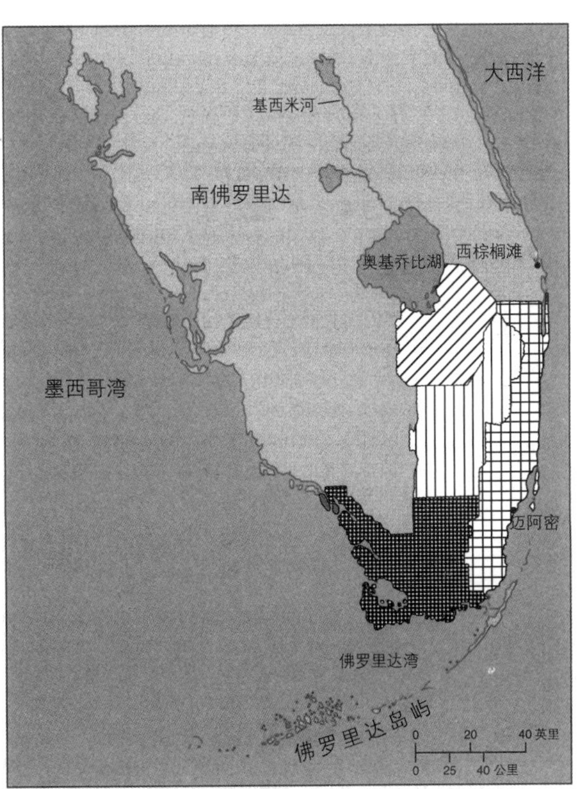

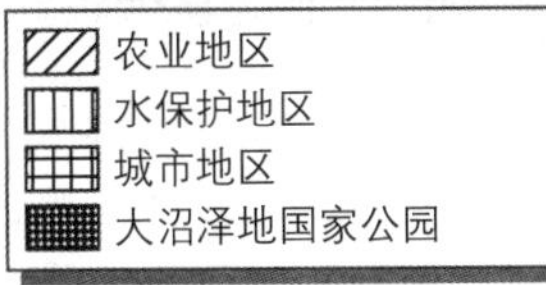

（b）今天的大沼泽地。

图6.17　佛罗里达大沼泽地。

鸟种群下降了93%，已成为50种濒危或受威胁物种的保护地，里面的入侵物种越来越多。总体来说，今天的大沼泽地面临着两个主要问题，这两个问题与其他问题都有关系，这就是水的来源越来越少，而且被农业排放的营养矿物质所污染。

在最开始的时候，大沼泽地的水营养贫乏。在暴雨季节，奥基乔比湖湖水暴涨，越过湖岸形成了湿地，提供了生物栖息地，向大沼泽地注入水源。但是，1928年，一次飓风袭击湖区，造成很多人死亡，工程兵团（Army Corps of Engineers）沿湖的东岸兴建了胡佛大堤（Hoover Dike）。胡佛大堤解决了洪涝问题，但也阻止了奥基乔比湖的湖水注入大沼泽地。大沼泽地排水管理区兴建了四条运河，在奥基乔比湖以南疏浚了214,000公顷（530,000英亩）的土地，后来被开发成了农田。农业使用的化肥和农药进入大沼泽地，改变了当地植物群落。磷的危害特别大，因为它促进了非本地生香蒲的生长，使得香蒲侵害了本地生长的克拉莎草，破坏了水流。

1947年，几次热带风暴在佛罗里达南部造成洪涝，工程兵团兴建了严密的水利系统，包括运河、堤岸和泵站，以防止洪涝，疏浚洪水，向南部佛罗里达供水。这些工程将多余的水排入大西洋，而不是大沼泽地，结果是土地越来越干涸，促进了东海岸城市的发展和农业向大沼泽地的扩张。因此，80多年的水利工程项目减少了流向大沼泽地的水量，而且流入大沼泽地的水也被农业排放所污染。城市化已经导致栖息地的丧失，加剧了大沼泽地问题的恶化。

1996年，佛罗里达州和美国政府计划实施大规模的恢复工程，改变数十年来人类影响所带来的损害。这一“大沼泽地综合恢复计划”（The Comprehensive Everglades Restoration Plan）将向大沼泽地和佛罗里达南部快速增长的人口提供清洁的淡水。随着计划的实施，科学家必须开展大量的研究。另外，大自然保护协会（Nature Conservancy）正在和佛罗里达南部众多的土地拥有者协商，改进农场和农业发展方式，促进提高水的数量和质量。如何更好地恢复更加自然的水流、抵御外来物种入侵以及重建本地土生物种，依然存在着很多问题。

入海口：淡水和海水相遇的地方

海洋与陆地相连的地方可以出现几种生态系统：岩石海岸、沙滩、潮汐间泥沼或**入海口**（estuary）。入海口的水位随着潮涨潮落而变化，盐度随着潮汐循环、时间和降雨而波动。在入海口内，盐度从河口的淡水到海洋的咸水逐渐发生变化。入海口生物必须经受温度、盐度和光照深度的日间、季节和年度的明显变动。

入海口是世界上最肥沃的生态系统之一，比相连的海洋和上面的淡水河流的生产力都强大。这种高水平的生产力是由以下四个因素带来的：

1. 陆地的营养成分被携带到江河和溪流里，最后流到入海口。
2. 潮汐作用使得营养快速流动，有助于清除废物。
3. 大量的阳光照射、穿透进浅水层。
4. 大量的植物形成密集的光合地毯（photosynthetic carpet），可以在物理上捕获腐质废物，形成腐殖质食物网的基础。

很多物种，包括商业上重要的鱼类和贝类动物，都游到入海口并在那里腐烂植物的保护下度过它们的育龄阶段。

温带入海口通常包括盐沼（salt marsh），是一种耐盐草本植物主导定居的浅水湿地（见第三章介绍部分的图片）。对于不了解情况的人来说，盐沼常常看起来是没有价值的、空荡荡的陆地延伸，因此被当作垃圾堆，受到严重污染，或者用疏浚的泥土等材料填平后形成人造陆地，在上面建了楼房和厂房。大量的入海口环境及其提供的生态系统服务，比如生物栖息地、拦截淤积和捕获污染物、地下水供应、风暴缓冲等，都是这样丧失了。（盐沼从风暴中吸收大量能量，因此能够防止其他地方的洪涝灾害。）根据环保署的资料，美国的入海口处于一般到差的状况，东北地区和墨西哥湾的入海口问题最为严重。

红树林（mangrove forest）相当于热带的盐沼，覆盖着大约70%的热带海岸（图6.18）。与盐沼一样，红树林提供着宝贵的生态系统服务，它们虬龙盘结的树根是几种商业价值高的鱼类和贝类动物的繁殖地和养育所，比如蓝蟹、虾、胭脂鱼和斑点海鳟。靠近珊瑚礁的地方有的红

图6.18 红树林。红树林（*Rhizophora mangle*）有着支撑树木的支柱样的根。这些树根扎在深深的水里和退潮后暴露的泥潭里。很多动物生活在红树林根系的保护之下。摄于伯利兹（Belize）。

入海口：部分被陆地包围、与开阔海洋相连、从河里得到大量淡水供给的海岸水体。

树林多，有的红树林少，生物学家对此进行研究，了解红树林附近珊瑚礁上商业性捕捞的黄尾笛鲷数量。有研究表明，红树林多的地区，珊瑚礁上的黄尾笛鲷生物量大，是红树林少的地区珊瑚礁上黄尾笛鲷生物量的两倍。（回顾第三章，生物量是对生命物质量或数量的评估。）

红树林的树枝是很多鸟类的巢窝，比如鹈鹕、鹭、白鹭、玫瑰琵鹭。红树林的根固定了水下淹没的土壤，因此防止了海岸侵蚀，为飓风等海洋风暴的袭击提供了屏障。在疏散波动能和控制热带风暴洪涝方面，红树林甚至比混凝土海堤还有效。遗憾的是，由于海岸的开发、不可持续的砍伐和水产业的发展，红树林受到严重冲击（见图18.8）。有些国家，比如菲律宾、孟加拉国、几内亚比绍，已经损失了70%甚至更多的红树林。

海洋生态系统

尽管湖泊和海洋在很多方面是相似的，但也有很多物理性的不同。即便是最深的湖泊，在深度上也不能与海沟相比，海沟的深度可达阳光照射的海面以下6公里以上（3.6英里）。潮汐和洋流对海洋施加了深远影响。太阳和月亮的引力每天都在海岸线产生两次潮涨潮落，但是潮汐的高度随着季节、当地地形和月亮盈亏（满月时产生高潮）而变化。

很多国家的科学家使用多种工具研究海洋的地质、生物和物理因素，有些浮标被用来确定海洋表面的温度和风速，其他的浮标下沉到2公里（1.2英里）以下，然后再回到水面，向卫星提供深水数据。锚系浮标被链条固定在海底的一个点上，测量浪高、洋流速度和二氧化碳浓度。光纤电缆收集洋底的数据，比如关于地壳动力学的数据。船只提供各种信息，包括从抽样采集海洋生物到使用声纳绘制洋底地图。卫星有助于追踪海冰、石油泄漏和藻类爆发等。尽管科学家从很多方面监测海洋，海洋世界的很多东西仍然是个谜。雷切尔•卡森今天最为知名的是她的《寂静的春天》，小说描述了杀虫剂的影响，她在《海之边》（*The Edge of the Sea*）、《我们周围的海洋》（*The Sea Around Us*）、《海风之下》（*Under the Sea-Wind*）等书中还用诗一般的语言介绍了海洋的神秘和科学研究。

广袤的海洋环境可以再分为几个生物带：潮间带，生物沿着海岸在高潮和低潮之间生活的区域；底栖环境，生物生活在海底或海底以下的区域；水层环境，生物在水中生活的区域（图6.19）。水层环境可以根据水深进一步分为两个区：浅海区和海洋区。海洋由浅海区和海洋区组成，其中浅海区包括靠近海岸的浅水区，海洋区为海洋的其余部分，包括200米以上深度的水域。

潮间带：陆地和海洋的连接区　尽管光照充足、营养丰富、氧气充沛使得**潮间带**（intertidal zone）成为生物生产力很高的栖息地，但这一区域也是紧张的区域。如

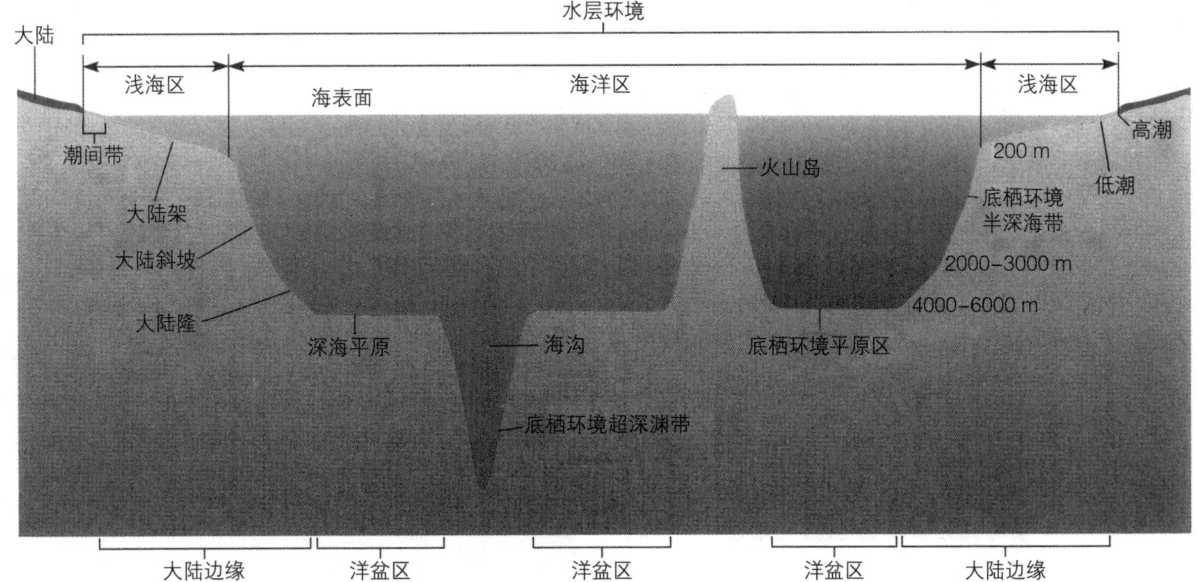

图6.19　海洋的分带。海洋有三个主要生物带：潮间带、底栖环境、水层环境。水层环境包括浅海区和海洋区，浅海区覆盖从海岸到200米深的洋底面积，海洋区覆盖水深超过200米的洋底面积。洋底不是平坦的，有山峦、山谷、峡谷、海山、海脊和海沟。（洋底的坡度不像图中标示的那样陡峭，为了节省篇幅，有所夸大。）

潮间带：高潮和低潮之间的海岸线地区。

果潮间带海滩是沙质的，那么其间的生物必须面对、适应不断移动变换的环境，这种环境有吞噬它们的危险，且不能保护它们不受海浪的袭击。因此，大多数沙中栖居的生物，比如沙蟹，就持续不断地、积极地在沙中挖洞，它们通常没有适应干旱或暴露于阳光下的出色生存本领，因为它们随着潮汐在海滩上涨落起伏。

岩石海岸为海草和海洋哺乳动物提供了优良的住所，但在高潮到来浸入水中的时候会暴露于海浪的冲击，在低潮退去的时候会暴露于空气中，受到蒸发干燥和温度变化的侵扰（图6.20）。典型的岩石海岸生物有自己保持湿度的方式，比如，如果有壳，会将之关闭，有的会将身体紧紧地依附在岩石上。贻贝用脚上的腺分泌出粗壮、像丝线一样的锚，藤壶也有特别的腺，分泌出一种粘度很强的在水中硬化的胶。岩石海岸潮间带海藻，比如岩石海草（*Fucus*），通常有着厚厚的、黏性的外衣，即便暴露于空气中也是慢慢变干，柔软的身体不会被海浪轻易地折断。一些岩石海岸生物在低潮时躲藏在洞穴中、岩石下或裂缝中，有些小的螃蟹沿着海潮线奔跑。

不管是岩石海岸还是沙滩海岸，潮间带都会吸收抵消飓风、台风等风暴的很多力量。因此开发海滩、建设住房和娱乐设施尽管很有诱惑力，但很明显需要大量的投入，并且不断地进行重建。

底栖环境：海草床、海带林以及珊瑚礁 大部分**底栖环境**（benthic environment）包括沉积物（多数是沙和泥），很多动物，比如虫、蛤，在那里打洞做窝。海洋沉积物中的细菌很常见，有的生活在洋底下面2.5公里（1.5英里）多深的沉积物中。

图6.20 潮间带。一个沙滩潮间带，图中有一种生物，是带着气囊的海草，在下一个潮汐到来之前可以很惬意地生活。另外还有一种生物，是僧帽水母（*Portuguese man o'war*），被退潮搁浅在海滩上。

底栖环境：海洋洋底，从潮间带一直延伸到深海海沟的区域。

底栖环境中更深的部分分为三个带，从浅到深分别是：半深海带、深海底带、超深渊带。半深海底栖带（bathyal benthic zone）是从200米到4000米（650英尺到2.5英里）深的底栖环境，深海底栖带（abyssal benthic zone）是从4000米到6000米（2.5到3.7英里）深的环境，而超深渊底栖带（hadal benthic zone）从6000米一直延伸到最深的海沟底部。（第三章“案例聚焦：没有太阳的生命”中介绍了底栖环境中深海里不同寻常的生物。）这儿，我们描述一下生产力特别强的浅层底栖群落：海草床、海带林和珊瑚礁。

海草床 海草（sea grasses）是有花植物，完全适应浸没在盐海水的生态环境，它们只生长在深10米（33英尺）的浅水中，有着充足的阳光进行有效的光合作用。大片集中的海草床出现在平静的温带、亚热带和热带水域中（图6.21）。鳗草是北美海岸分布最为广泛的海草，世界上最大的鳗草床位于阿拉斯加半岛的伊泽姆别克潟湖（Izembek Lagoon）中。加勒比海最常见的海草是粉丝藻和龟草。

海草的初级生产力很高，对于浅水海洋地区有着重要的生态意义。它们的根和根状茎有助于固定沉积物，减少水面侵蚀。海草向很多海洋生物提供食物和栖息地，包括扇贝和螃蟹。在温带水域，鸭子和鹅吃海草，而在热带水域，海牛、海龟、鹦鹉鱼、欧鲟和海胆也吃海草。这些食草动物仅消费5%的海草，剩余的95%最终都进入腐质食物网，在死亡以后被分解。分解细菌进而又成为蝼蛄虾、海蚯蚓和胭脂鱼（一种鱼）等多种动物的食物。

海带林 有的海带（Kelps）长达60米（200英尺），是最大的褐色藻类（图6.22），在北半球和南半球凉爽的温带海域中最为常见。它们在岩石海岸相对浅的水域

图6.21 海草床。西班牙阿尔梅里亚（Almeria）海草床上的一个双壳软体动物。海草形成地下水中草地，对于很多生物来说都是特别重要的生态栖息地和食物来源。注意有很多小的附生藻类和无脊椎动物附着在海草叶上。

图6.22　海带林。这些水下“森林”为很多水生生物提供支持。摄于加州海岸。

中（大约25米深，或者82英尺）特别丰富，能够进行光合作用，是海带林生态系统的初级食物生产者。海带林为很多海洋动物提供栖息地。管虫、海绵、海参、蛤、蟹、鱼、海獭都在海藻叶中栖身庇护。有些动物吃海带叶，但是海带主要还是在腐质食物网中被消费。分解海带残体的细菌为海绵、被囊动物、虫、蛤和蜗牛提供食物。海带床支持的生物多样性几乎与珊瑚礁不相上下。

珊瑚礁　珊瑚礁是由不断累积的碳酸钙（$CaCO_3$）形成的，一般见于温暖（通常大于21° C）、浅层海水中。珊瑚礁活着的那部分必须生活在阳光能透射的浅水中。有些珊瑚礁由红色珊瑚藻构成，需要阳光进行光合作用。大多数珊瑚礁是数百万的微小珊瑚动物的栖息地，其中大量的虫黄藻（zooxanthellae）需要阳光，它们是生活在珊瑚动物组织内进行光合作用的共生藻类。除了从虫黄藻那里获得食物，珊瑚动物还在夜间用刺一样的触角通过麻痹在附近游逛的浮游动物和小动物来捕获食物。珊瑚礁所在的水域通常营养贫乏，但是其他因素都有利于提高生产力，包括虫黄藻、适宜的温度和终年的阳光。

珊瑚礁生长很慢，因为珊瑚生物要在以前死去的无数生物碳酸钙遗骸上慢慢建造。根据它们的结构和地质特征，珊瑚礁分为三种：岸礁、环礁、堡礁（图6.23）。最常见的珊瑚礁类型是岸礁。岸礁（fringing reef）直接连着火山岛海岸或与陆地海岸相连，没有潟湖。环礁（atoll）是一个环形的珊瑚礁，环绕着水体安静的中央潟湖，在淹没火山口的顶端形成。在太平洋和印度洋，已经发现了300多个环礁，而大西洋的地质与太平洋和印度洋都不相同，没有发现几个环礁。开放水域的潟湖将堡礁（barrier reef）与附近的陆地分开。世界上最大的堡礁是大堡礁（Great Barrier Reef），长度近2000公里（1200多英里），宽达100公里（62英里），位于澳大利亚东北海岸。第二大珊瑚堡礁是墨西哥（Mexico）、洪都拉斯（Honduras）、伯利兹（Belize）海岸加勒比海中的中美洲珊瑚礁（Mesoamerican Reef）。

珊瑚礁生态系统是所有海洋环境中最丰富多样的，包括数千种鱼类和无脊椎动物，比如砗磲、蜗牛、海胆、海星、海绵、扁虫、海蛇尾、柳珊瑚、虾以及刺龙虾等。大堡礁仅占有0.1%的海洋表面面积，但是那儿生活着世界上8%的鱼类。大堡礁竞争很激烈，特别是生长所需要的阳光和空间。根据美国海洋与大气局（NOAA）的统计，依靠珊瑚礁生活的鱼类为世界至少10亿人提供丰富的蛋白质。

尽管珊瑚礁多出现在浅层、热带水域，但也有很多种不同的珊瑚礁位于冷水水域中。冷水珊瑚礁可位于大陆架、大陆坡以及海山中，水深在50米到6公里（164英尺到将近4英里）。这些珊瑚礁大部分生活在永久的黑暗中。与进行光合作用的虫黄藻不同的是，这些珊瑚依

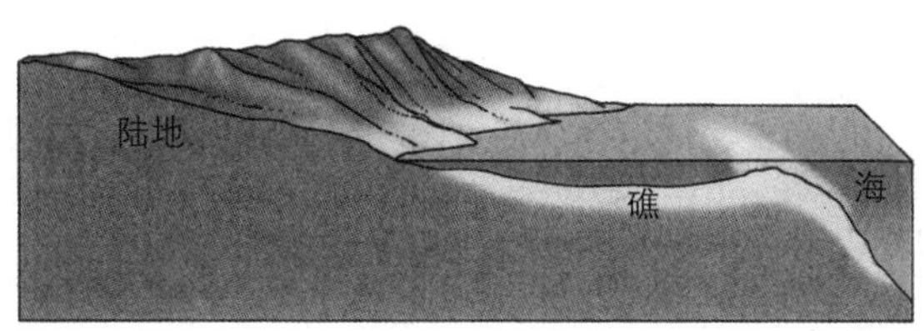

（a）岸礁

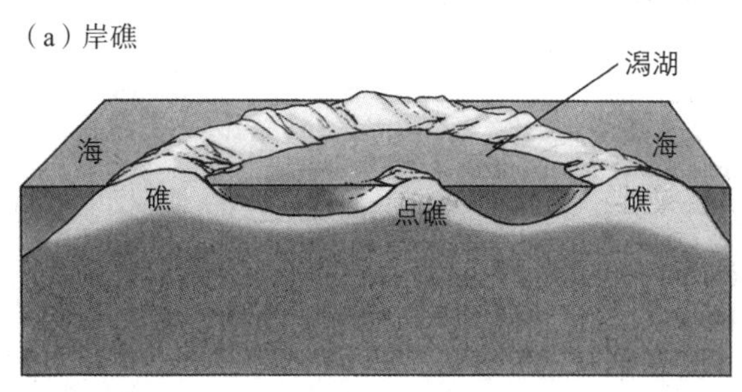

（b）环礁

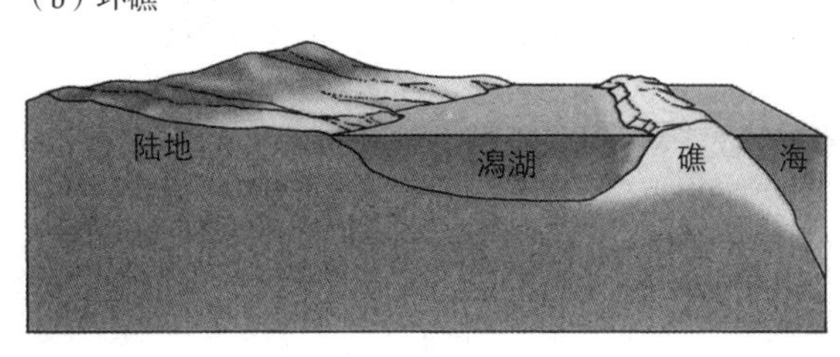

（c）堡礁

图6.23　珊瑚礁种类。

靠捕获猎物来获取食物。与人们更为熟悉的浅水珊瑚一样，冷水珊瑚礁也是生物多样性的温床。截至目前，科学家已经发现了3300多种冷水珊瑚。

珊瑚礁具有重要的生态意义，因为它们既为很多海洋生物提供栖息地，也保护海岸线不受海潮侵蚀。它们向人类提供食物、药物和休闲/旅游收入。

人类对珊瑚礁的影响 尽管珊瑚礁是重要的生态系统，但是它们正在退化，受到损坏。在109个拥有大型珊瑚礁的国家中，90个国家正在损害珊瑚礁。根据全球珊瑚礁监测网络（Global Coral Reef Monitoring Network）最新的报告，由于当地人的压力，多数珊瑚礁（61%）面临着中度到严重的威胁，尽管一些地区（夏威夷、澳大利亚）在保护珊瑚礁方面做得比其他国家好，但依然有近20%的珊瑚礁受到威胁。

我们是怎样伤害珊瑚礁的？在一些地区，因为内陆森林砍伐而造成的下游泥沙冲刷给珊瑚礁蒙上了一层沉积物，窒息了珊瑚礁。除了海岸径流带来的污染，过度捕捞、用炸药或氰化物捕鱼、疾病和珊瑚白化都是严重的威胁。土地垦殖、旅游开发、石油泄漏、船只搁浅、船舶走锚、飓风损害、海洋倾废以及珊瑚作为建筑材料的开采，都对珊瑚礁造成了伤害。冷水珊瑚礁受到石油钻探、海底采矿以及水底拖网等的威胁。

20世纪80年代末期以来，热带大西洋和太平洋里的珊瑚发生大面积的白化现象，受到压力的珊瑚驱除体内的虫黄藻，颜色变得越来越苍白甚或变成了白色。最有可能的环境压力因素是海水温度升高（水温高于平均1℃就能导致白化）以及由于二氧化碳溶解浓度高而导致的海洋酸度提高。尽管很多珊瑚礁还没有从白化中恢复过来，但有些已经恢复。珊瑚与虫黄藻的关系极为复杂，但也具有弹性。研究表明，珊瑚可能在损失高达75%的虫黄藻的情况下不会对礁造成伤害。珊瑚有一个"秘密的仓库"储存虫黄藻，虽然不会立即显现，但会在珊瑚礁白化的时候对其进行恢复。而且，珊瑚拥有几种虫黄藻，可能会在一种虫黄藻放弃它的时候，用另外一种拯救它。（有些物种的虫黄藻比另一些更具有抗紧张力。）海水在自然状态下是偏碱性的，如果变成酸性的，那么珊瑚动物的碳酸钙骨骼（以及蟹、牡蛎、蛤和许多其他物种的壳）就会变薄，在极端的情况下，会完全溶解掉。

水层环境：广袤的海洋系统 水层环境（pelagic environment）包括所有的海水，从海岸线到最深的海沟，根据水深和光照程度再分为几个生物带。水层环境中的上层形成光亮带（euphotic zone），从海洋表面最多延伸到水下150米（488英尺）处，有着最为清澈明亮的海水。充足的阳光照射透过光亮带，为光合作用提供支持。大量的浮游植物，特别是冷水中的硅藻和温水中的沟鞭毛藻，通过光合作用生产食物，形成海洋食物网的基础。海洋系统在全球温度随着季节变化的情况下起着缓冲带的作用。

水层环境两个主要的类别是浅海区和海洋区。

浅海区（neritic province）是覆盖大陆架的水域，生活在浅海区的生物都是浮游生物和自泳生物。在浅海区，浮游动物（包括微小的甲壳动物、栉水母、有孔虫等原生生物、藤壶幼虫、海胆、虫和蟹）捕食浮游植物。浮游动物被那些吃浮游生物的自泳生物消费，比如青鱼、沙丁鱼、乌贼、须鲸和蝠鲼。这些自泳生物进而又会成为食肉自泳生物的口中之物，比如鲨鱼、齿鲸、金枪鱼和鼠海豚（图6.24）。自泳生物多数活动于较浅的浅水区（不到60米深，或195英尺），这里离它们的食物较近。

海洋区（oceanic province）是最大的海洋环境，包括大约75%的海洋水域，覆盖除大陆架以外的所有水域，大部分海洋区被粗略地描述为深海（deep sea）。（海洋平均深度为4公里，2英里以上。）除了海洋表面的水，海洋区所有的水温度都很低，流体静压很高，完全没有阳光。这些环境条件终年都是一成不变的。

海洋区深水里的大部分生物依赖海雪（marine snow），海雪是从海洋上层、有光的水域沉降到深海生物栖息地的有机絮凝物。这个目前知之甚少的深海区域中的生物王国有滤食动物、食腐动物或食肉动物，很多是无脊椎动物，其中有些体型巨大。大乌贼如果将它的触角计算在内，可以长达13米（43英尺）。

图6.24 浅海区的自游动物。一条鼠海豚从新西兰北岛附近的太平洋中跃出水面。

水层环境：所有的海水，包括从海岸线到最深的海沟。

浅海区：水层环境中从海岸到200米（650英尺）深的水域。

海洋区：水层环境中水深超过200米（650英尺）的水域。

图6.25 热液口群落。东太平洋海隆热液口的巨型管虫（*Riftia pachyptila*）和偏顶蛤（*Bathymodiolus thermophilus*）。这个群落生活在海底的一片黑暗中，但是通过与来自热液口的热进行化能合成作用（功能像光合作用一样），能够生产出食物。

海洋区的深海鱼类非常适应黑暗、高压和食物稀缺。由于不经常遇到食物，因此这里的生物一旦有食物就会尽可能多地进食。由于已经适应浮游或缓缓游动，海洋区的动物通常减少了骨骼和肌肉量。这些动物有很多长着发光的器官，以便于相互寻找交配或捕获食物。龙鱼每只眼的下面长着一个闪着红光的袋，由于其他生活在海洋深处的物种看不到红光，因此，龙鱼可以藉此发现周围的生物，而自己却不被其他生物看到。（多数海洋深处的动物本身就是发光生物，发出一种绿蓝的光。）

然而，一些深海生物是生产者，利用热液口的热量作为能量来源，进行类似光合作用的化能合成作用。生活在热液口的生物有蛤、贻贝、管虫以及生活在管虫体内与之共生的细菌（图6.25）。其他生物，比如藤壶，也在管虫的庇佑下生活在这些热液口地区。

国家海洋保护区 美国在沿大西洋、太平洋和墨西哥湾地区划定建设了国家海洋保护区（national marine sanctuaries），以最大限度地减少人类的影响，保护独一无二的自然资源和历史遗产。这些入海口保护区包括加州海岸的海带林、佛罗里达礁群的珊瑚礁、大陆架的渔场、深海海底峡谷，以及具有历史价值的沉船和其他保护区（图6.26）。

国家海洋保护区计划（National Marine Sanctuary Program）由美国国家海洋与大气局（NOAA）负责实施，具体管理这些海洋保护区。与很多联邦土地一样，这些保护区在管理上有多种目的，包括资源保护、休闲娱乐、教育、部分资源开采、科学研究以及船只救援打捞。尽管设定了几个禁渔区（no-take zone），也就是说禁止一切捕鱼和收集生物资源活动，但是多数保护区是允许商业捕鱼的。几项最近的研究显示，这些禁渔区促进了鱼群个体数量的增加和鱼类物种丰富度的提高（禁渔区比附近捕鱼区的物种多20%到30%。这些保护区具有溢出效应，也就是说，它们促进了附近鱼群的增长。

国家海洋保护区系统包括14个保护区，其中13个是国家海洋保护区，1个是国家保护区。2006年，乔治•W.布什总统批准，在西北夏威夷岛屿及其周围水域建立世界上最大的海洋保护区，将这片几乎与加州一样大的地区作为国家保护区。联邦层面的批准建立为管理和保护这片区域提供了长久的经费保障。这个保护区是数千种海鸟、鱼类、哺乳动物和珊瑚礁的家园。

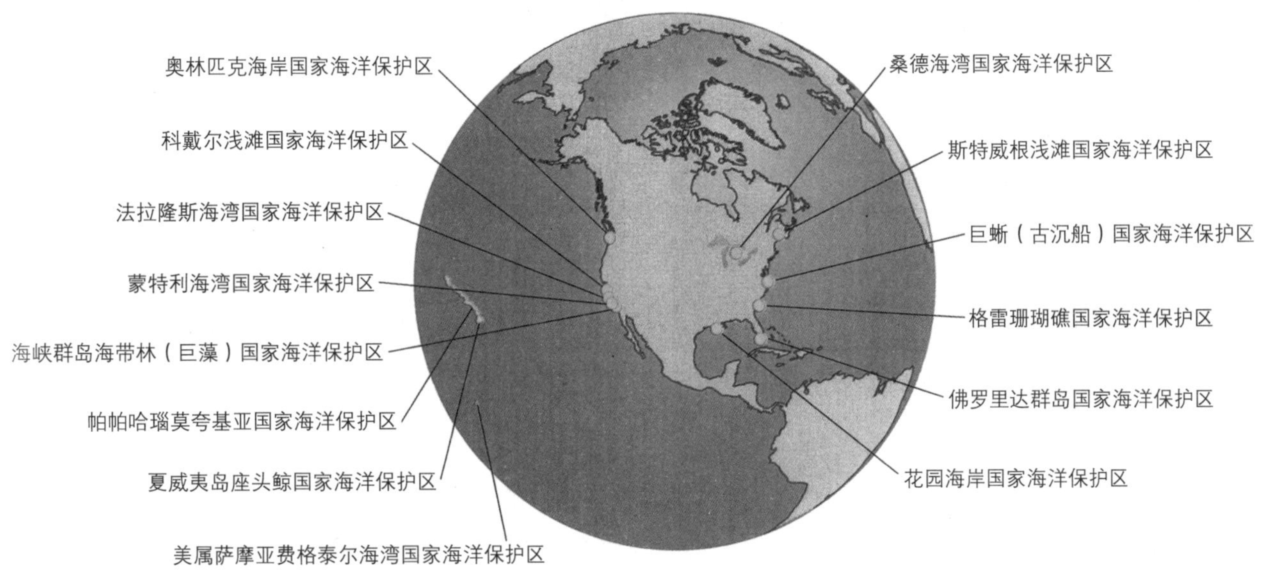

图6.26 国家海洋保护区（NOAA）。

人类对海洋的影响　海洋如此广袤，以致很难形象化地显示人类的活动是如何伤害它的。不过，伤害的确存在（图6.27）。海岸旅游度假设施、城市、工业和工业的发展改变或摧毁了很多海岸生态系统，包括红树林、盐沼、海草床和珊瑚礁。海岸和海洋生态系统受到来自陆地、入海的河水以及通过降雨进入海洋的大气污染物的污染。人类排放废水中致病病毒和细菌污染毒害了贝类动物等海洋食物，对公众健康形成了越来越严重的威胁。数百万吨的垃圾，包括塑料、渔网、包装材料等，被倾倒进海岸和海洋生态系统，有些垃圾对海洋生物形成威胁甚至致其死亡。海洋中看不到的污染物还包括来自农业和工业的化肥、农药、重金属和合成化合物。

由于泄漏石油与其他有害物，海上采矿和石油开采对海洋区造成了污染。数百万船只将油污的压舱水和其他废物倒进浅海区和海洋区中。捕鱼已经高度机械化，新的技术能够发现目标区域的每一条鱼并进行捕获。采扇贝船和虾网在底栖环境下拖行，只需拖行一次就会破坏整个群落。

非点源污染（陆地排放）　比如农业排放（化肥、农药、牲畜粪便）污染了水。

物种入侵　比如船舶压载水中含有外来蟹、贻贝、虫和鱼类。

过度捕捞　比如很多经济鱼类物种的种群数量严重减少。

混获　比如渔民无意间捕获杀死海豚、海龟和海鸟。

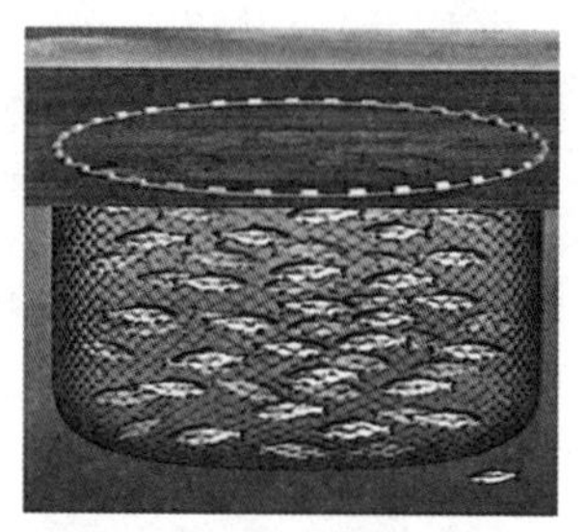

水产业　比如产生了废物，引起海水污染，伤害了海洋生物；使用野生鱼喂养养殖鱼。

点源污染　比如游轮倾倒废水、生活污水、舱底含油污水。

海岸开发　比如开发商破坏了重要的海岸栖息地，比如盐沼和红树林沼泽。

栖息地损坏　比如拖网（沿着海底拖拉的捕鱼设备）破坏栖息地。

气候变化　比如珊瑚对温度升高和海洋酸化特别脆弱。

图6.27　海洋面临的主要威胁。你认为2010年发生在墨西哥湾的深海地平面石油泄漏属于哪种威胁。（引自S. R. Palumbi, *Marine Reserves: A Tool for Ecosystem Management and Conservation*［《海洋保护区：生态系统管理和保护的工具》］, Pew Oceans Commission, 2003, pp. 15-16。）

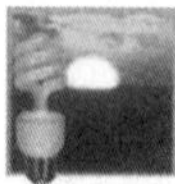

环保组织和政府部门对这些问题研究了好多年，提出了大量保护和管理海洋资源的建议。比如，从2002年到2003年，由科学家、经济学家、渔民和其他专家组成的皮优海洋委员会（Pew Oceans Commission）通过一系列共七项研究，证实了海洋问题的严重性。

美国海洋政策委员会（U. S. Commission on Ocean Policy）2004年发布的报告是美国35年来第一次对联邦海洋政策进行综合性评估分析，建议通过健全政策和增加资金投入，进一步改善海洋和海岸环境。

实施这些建议将需要数十亿美元的投入，也需要数十年的时间来实现。

复习题

1. 在确定海洋环境下的生物种类方面，最重要的环境因素是什么？
2. 如何区分淡水湿地和入海口？如何区分流水生态系统和静水生态系统？如何区分浅海区和海洋区？
3. 列出每个海洋生态系统提供的一种生态系统服务。

通过重点术语复习学习目标

- **解释生物群落区，概述9个主要陆生生物群落区：冻原、北方森林、温带雨林、温带落叶林、温带草原、灌木丛、沙漠、稀树大草原和热带雨林。**

生物群落区是一个大的、界限相对分明的陆地区域，不管在世界上哪个地方，生物群落区内有着相似的气候、土壤、植物和动物。冻原是远在北方的无树生物群落区，包括地衣和苔藓等小植物覆盖的沼泽平原，有着严寒的冬天和极短的夏天。北方森林是北半球位于冻原以南的针叶森林地区（比如松树、云杉和冷杉），位于冻原以南地区。温带雨林是针叶生物群落区，天气凉、雾气大、降雨多。温带落叶林是位于温带地区、有着适当降水的森林生物群落区。温带草原是夏天热、冬天冷、降雨比温带落叶林少的生物群落区。灌木丛是有着温和、潮湿的冬天和炎热、干燥的夏天的生物群落区，典型植被是小叶常绿灌木和小树。沙漠是降水少并因此限制植物生长的生物群落区，位于温带和亚热带地区。稀树大草原是稀疏分布着树木和树丛的热带草原。热带雨林是一个茂密、物种丰富的生物群落区，终年气候温暖湿润。

- **至少列举一种所讨论过的每个生物群落区的人类食物。**

动物蛋白质来自捕鱼和狩猎，是北极冻原和北方森林最主要的食物来源，尽管北极的夏天也有植物生长。温带雨林孕育了可以食用的蘑菇、香蒲和浆果，比如美莓。落叶林中生长着山核桃、美洲山核桃和栗子等坚果和木瓜等水果。草原生物群落区生长着茂盛的一年生和多年生的草。灌木丛能够提供葡萄园和橄榄果园。稀树大草原最适于食草动物放牧，包括野生和家养食草动物。热带雨林生态系统提供很多种类的水果（香蕉、巴西莓）、可食用植物和野生动物。

- **解释海拔和纬度不同的生态系统中的相同与变化。**

在爬山（海拔升高）和北极旅行（纬度升高）过程中，可以遇到相似的生态系统。这种海拔—纬度相似性之所以发生，是因为随着爬山高度的增加，温度会下降，正如向北极旅行纬度升高所经历的温度下降一样。

- **总结影响水生生态系统的重要环境因素。**

在海洋生态系统中，重要的环境因素包括盐度、氧溶解量、光合作用的光照量。

- **简述8个水生生态系统：流水生态系统、静水生态系统、淡水湿地、入海口、潮间带、底栖环境、浅海区、大洋区。**

流水生态系统是诸如江河或溪流那样的淡水生态系统，水以河流的形式流动。静水生态系统是被陆地环绕、不流动的一片淡水水体，通常是一个湖泊或池塘。淡水湿地是一年中至少几个月由浅层淡水覆盖的陆地，有着典型的土壤和耐水植物。入海口是部分被陆地包围、与开阔海洋相连、从河里得到大量淡水供给的海岸水体。4个重要的海洋环境是潮间带、底栖环境、浅海区、大洋区。潮间带是高潮和低潮之间的海岸线地区。底栖环境是海洋洋底，从潮间带一直延伸到深海海沟的区域。水层环境包括所有的海水，从海岸到最深的海沟，可以根据水深和光照再分为浅海区和海洋区。浅水区是水层环境中从海岸到200米（650英尺）深的水域。海洋区是水层环境中水深超过200米（650英尺）的水域。

- **至少列举每个水生生态系统提供的一种生态系统服务。**

流水生态系统为很多人提供淡水饮用水，静水生态系统提供水生生物栖息地和休闲娱乐的机会。湿地和入海口这两种生态系统都在大暴雨和大风暴袭来时为土地提供保护。潮间带为娱乐旅游提供机会，在飓风和台风来临时为土地提供保护。底栖环境（海草、海带林和珊瑚礁）等地区具有丰富的生物多样性，为众多商业价值高的鱼类生长提供支持。小螃蟹以及青鱼、沙丁鱼、乌贼在幼时都生活在浅海区。多数商业价值高的鱼类生活在海洋区。浅海区和海洋区都为调节陆地气候变化提供帮助。

重点思考和复习题

1. 在确定一个地区的生物群落区特征方面，最重要的两个气候因素是什么？
2. 就冻原为什么物种丰富度低给出一个可能的理由。
3. 描述本章讨论的森林生物群落区的代表性生物：北方森林、温带落叶林、温带雨林、热带雨林。
4. 下面给出的信息描述的是本章讨论的哪一种生物群落区？请解释你的回答。

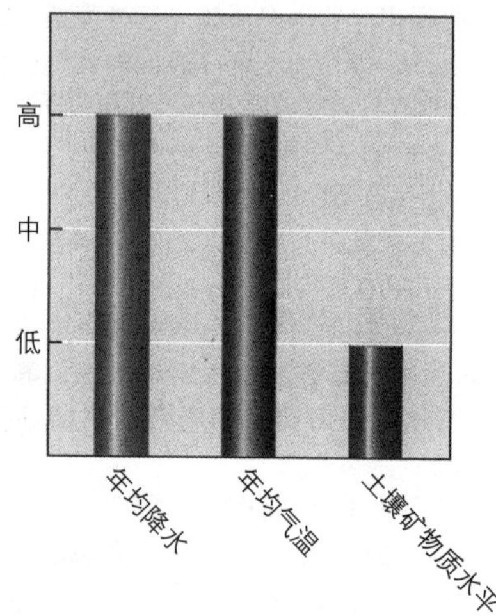

5. 你生活在哪一种生物群落区？如果你所生活的生物群落区与本章所描述的不相符，你如何解释这种不同？
6. 哪一种生物群落区最适于农业？为什么其他那些生物群落区不适于农业？
7. 在不适于农业发展的生物群落区，人类的自然食物来源是什么？
8. 你认为哪一种生物群落区目前面临源自人类活动最紧迫、最大的威胁？为什么？
9. 从山脚走到山顶，你会发现怎样的植被变化？
10. 影响水生生态系统的两个非生命因素是什么？
11. 请解释淡水湿地在净化水的过程中的作用。
12. 如果你泛舟于切萨皮克海湾，那么你处于哪一种水生生态系统？如果在大沼泽地国家公园中间，又会是怎样的生态系统？
13. 哪一种水生生态系统常常被比为热带雨林？为什么？
14. 最大的海洋环境是哪一个？有哪些特色？
15. 下图中显示的海洋区哪一个是下列生物的家园：龙虾、珊瑚、贻贝、鼠海豚、龙鱼。生活在水层环境的生物中，哪些最有可能在浅海发现或在海洋区发现？请解释你的回答。

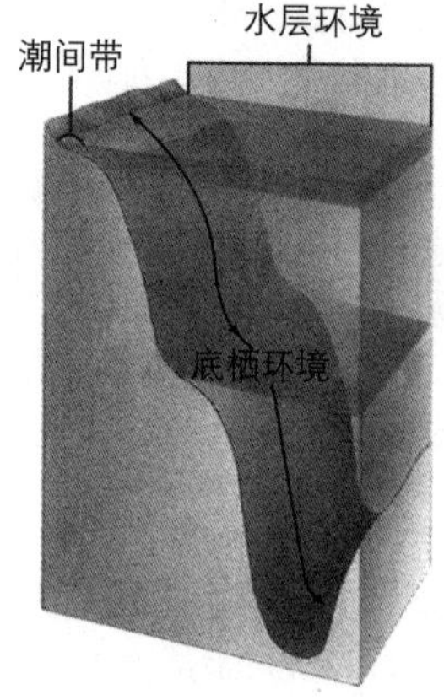

16. 如果在河流湍急的河上兴建一个大坝，对河中的生物将会产生怎样的影响？请解释。
17. 解释珊瑚礁是怎样受到人类活动影响的？
18. 简单讨论海洋中人类导致的两个主要问题。
19. 科学家报告说，近年来，热带海洋里水的盐度增加，而极地海洋里水的盐度降低。你认为这些变化的可能的解释是什么。

食物思考

在下一个世纪，温度和降水的变化将降低一些地区的农业生产力。这幅图显示了全球各地农业生产力可能会发生的变化。选择一个你感兴趣的地区，调研该地区粮食生产力可能会发生怎样的变化。随着粮食生产力的变化，人口和贸易会发生怎样的变化？

气候变化对农业生产的影响

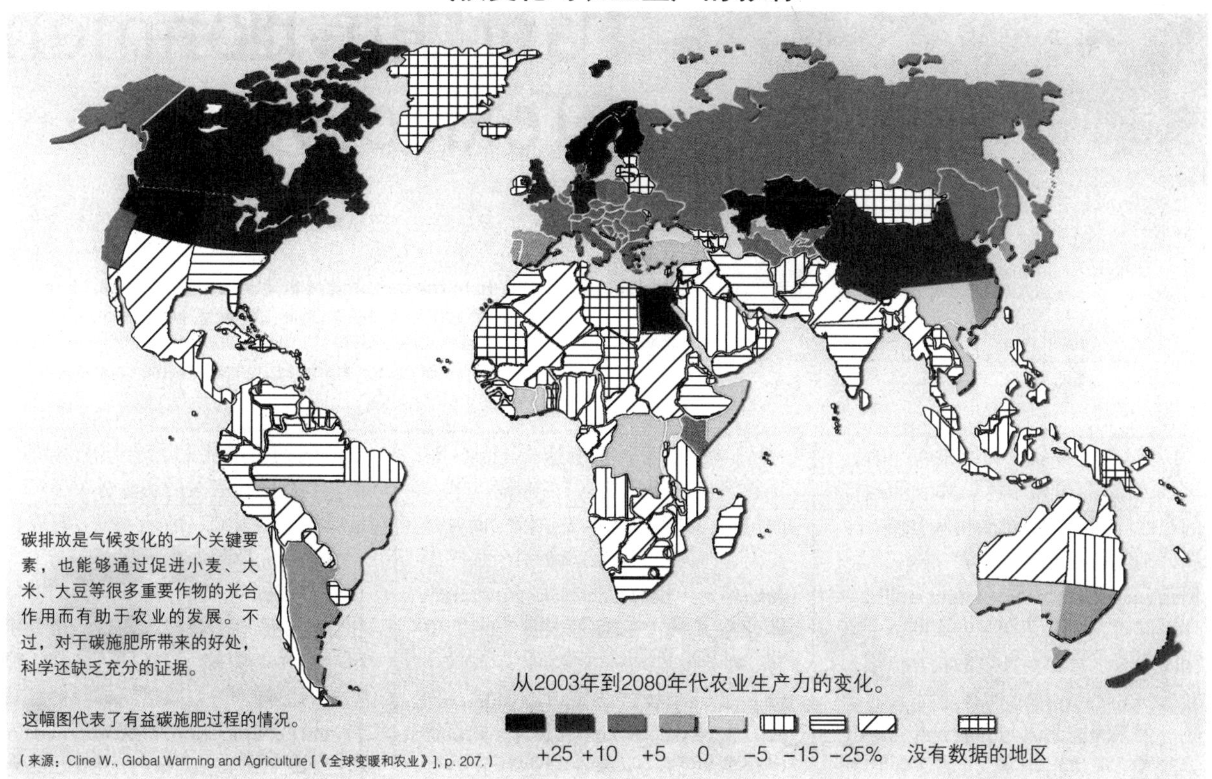

（来源：Cline W., Global Warming and Agriculture［《全球变暖和农业》］, p. 207.）

第七章

人类健康与环境毒理学

早晨停在一所小学外面的汽车。现在，越来越多的孩子由家长开车送去上学，而在过去，大多数的孩子步行或骑自行车上学。这种看起来简单的生活方式的选择，比如开车送孩子上学，而不是让他们走着上学，可能会对他们的健康产生重要影响。

人们在思考环境和健康问题时，常常会聚焦于污染和农药这样的东西。当然，有毒的物质会使人生病，确实有必要减少或者去除它们。但是，在美国，污染只是人类健康与环境健康之间关系众多方面的一个方面。个人、社会与环境的相互作用，对于人的身体和精神健康都有着影响。如果考虑到人与环境是作为一个系统整体在发生作用，那么我们就会更好地了解系统中哪个地方的变化或如何变化能够改进人类和环境的健康。

比如，美国今天很多城郊的孩子由家长开车送去上学，而几十年前则是步行或骑自行车去上学（见图片）。尽管这点变化很微小，但它代表着孩子与环境之间相互作用的巨大改变。他们形成了将会伴随其终生的行为习惯，对长期健康有着重大的影响，包括运动量减少、污染增加、事故风险加大、丧失了与自然和物理世界的相互作用。

考虑一下，一所典型的美国城郊学校有一千名学生，即便是只有1/3的学生由家长开车送去上学，这个数字也是很高的，有300辆汽车、面包车、SUV和皮卡去学校，而且是在同一时间。大量的汽车对于那些走路的孩子（以及他们的父母、兄弟姐妹或祖父母）都有着人身安全的威胁，特别是在司机因乘车人、其他司机和手机而转移注意力的时候。而且，每天学校还没开始上课，数百辆燃烧汽油的汽车就在附近行驶、加速，升高了孩子们活动区域的污染水平。最后，很多一直由家长开车送去上学的孩子错失了感受天气在每天和每个季节的变化，更看不到昆虫、蜘蛛和蜗牛等动物以及树木、绿草的美妙世界。

乘车上学的孩子本来每天可以走一英里左右，他们失去了用其他方式不能完成的轻松体力活动。孩童时期的缺乏运动与成年后的肥胖症有着关联，这种肥胖症又会与高血压、高胆固醇和低水平的高密度脂蛋白（HDLs，“好”的胆固醇）有关。这些状况将危害血管，增加中风、心脏病和肾衰竭的风险。Ⅱ型糖尿病是很危险的医学疾病，也与肥胖症有关。与肥胖症有关的还有骨关节炎、结肠癌、胆囊癌、前列腺癌、肾癌、子宫颈癌、卵巢癌和子宫癌。

在过去的一百年里，人类的寿命和总体健康有了显著改善，这得益于医药和营养改善、对疾病病因和治疗方法的更好理解以及贫困的降低。然而，最近的研究显示，在美国贫困人口特别是贫困妇女人口中，寿命已经下降。了解人类健康与自然、物理以及现存环境之间的系统关系，对于未来改善人类的健康具有关键的作用。

在本章，我们将探讨高度发达国家和发展中国家影响健康和疾病的因素。在后面的几章中，我们还要讨论一系列环境和人类健康相互作用的相关问题。

身边的环境

在你的日常生活中，为了减少使用化石能源和改善你的健康，你愿意对你的每日安排做出怎样的改变？

人类健康

学习目标

- 比较高度发达国家与欠发达国家之间的健康问题。
- 解释地方病和新发疾病之间的不同。

衡量一个国家人类健康的两个指标是寿命（life expectancy）（人能活多久）和婴儿死亡率（infant mortality）（1岁之前有多少婴儿死亡），这些健康指标形象地展示着不同国家健康的对比情况。在日本，妇女平均寿命是86岁，男人是79岁；婴儿死亡率是2.6，也就是说每1千个新生婴儿中1岁以内死亡的不到3人。与此形成对照的是，在东非国家赞比亚，妇女平均寿命是42岁，男人是41岁，千名婴儿死亡率是70，也就是说，赞比亚7%的婴儿还没到1岁就死亡了。

这两个国家之间为什么会有这么大的差异？日本孩子得到好的医疗保健，包括疫苗接种，在成长和发育过程中有着充足的营养。日本妇女人均生育1个或2个孩子，在怀孕期间吃得好，必要时进行休息，需要时得到医疗检查。随着日本人年龄的增长，他们会罹患与年老相关的慢性退化性疾病，但是他们可以获得高质量的医疗、保健和康复。日本人均每年医疗花费550美元。

赞比亚则是另一种情况。很多赞比亚儿童没有接受疫苗，在正常成长和发育过程中营养不良。2007年，15%的赞比亚儿童达不到标准体重（相较于2001年的28%，已有所下降）。赞比亚妇女可能会生5到6个孩子，由于生孩子的原因身体状况普遍较差。由于没有孕期检查，赞比亚妇女在孩子生产期间面临着极大的死亡危险。而且，她们所生的孩子有1个或更多在婴儿阶段就死亡了。赞比亚人均每年医疗花费5美元。由于缺乏治疗以及与年龄增长相关的慢性退化性疾病，那些有幸度过中年的赞比亚人常常过早去世了。

高度发达国家和发展中国家之间健康与医疗保健的差别反映了不同生活方式和贫困程度的影响（图7.1）。在发展中国家，大约有1.46亿儿童达不到体重标准，每年有300万人死亡。同时，全世界有10多亿人超重（与10亿营养不良的人形成对比），有3亿人是肥胖症患者。在北美和欧洲的高度发达国家，每年大约有50万人将死于与肥胖症相关的疾病。

高度发达国家的健康问题

从很多方面看，美国和其他高度发达国家的人们健康状况良好。20世纪卫生条件的改善减少了很多疾病，比如伤寒、霍乱和腹泻，这些都是以前致人生病甚至造成死亡的疾病。很多儿童疾病，比如麻疹、小儿麻痹症、腮腺炎，已经得到控制。在1900年，美国人的平均寿命是女性51岁、男性48岁。今天，美国人的平均寿命是女性80岁、男性75岁。

图7.1　孟加拉国的卫生所。这个卫生所向利达难民营（Leda refugee camp）里的没有国籍的穆斯林罗兴亚人（Rohingya）提供多方面的服务。

1900年，在美国导致死亡的三个主要原因是肺炎和流行性感冒、肺结核、胃炎和大肠炎（腹泻），这些都是微生物引起的传染病。现在美国导致死亡的三大杀手是冠心病（心脏和血管病）、癌症、慢性阻塞性肺部疾病（肺病），都是非传染性的健康问题，与老龄化有关。美国有相当一部分人过早死亡是饮食不当、缺乏锻炼和抽烟导致的。2008年的一项研究显示，这些因素使美国人的寿命减少，其中180个最穷县的妇女和11个县的男人减少了1.3年。

尽管美国老年人大约6人中就有1人营养不足，但缺乏营养在美国并不普遍。不过，有两类营养失调代表着越来越严重的健康威胁。很多美国人食用了大量的维生素、纤维素和营养物质。而且，美国人的典型饮食中包含了太多的卡路里，引起了突出的肥胖症问题。

保健专家使用体质指数（body mass index, BMI）来确定一个人是否超重或得了肥胖症。为了计算你的BMI，将你的重量乘以703，然后除以你的身高（英寸）的平方：

$$BMI=（体重\times 703）\div 身高^2$$

比如，如果你身高5英尺、体重130磅，那么：130×703=91,390。5英尺等于60英寸，60的平方是3600。现在你可以做除法：91,390÷3600=25.4

- 如果你的BMI等于或小于18.5，那么你达不到标准体重。
- 如果你的BMI在18.5和24.9之间，那么你拥有健康的体重。

- 如果你的BMI在25和29.9之间，那么你超重。
- 如果你的BMI等于或大于30，那么你得了肥胖症。

根据这些指南，一个人的BMI如果是26.7，那么他是超重的，但不是肥胖症患者。

发展中国家的健康问题

关于发展中国家的健康和福利问题，既有好消息，也有坏消息。**地方病**（endemic disease）是在一个地区或国家持续存在的疾病，在发展中国家，很多地方病正在得到治理或根除。在相对发达的国家，卫生和饮用水供应的逐步改善减少了霍乱等腹泻性疾病的发生。在大多数国家，群众免疫项目已经消灭了天花，减少了小儿麻痹症、黄热、麻疹和白喉的危险（见“迎接挑战：全球小儿麻痹症的根除”）。尽管有这些成就，营养不良、不安全的水、糟糕的卫生条件、空气污染依然在很多欠发达国家很突出（图7.2）。而且，研究发现，与发达国家有关的很多不健康的生活方式，包括抽烟、肥胖症和糖尿病，在欠发达国家也越来越普遍。表7.1列举了10项世界卫生组织认为的全球范围内与疾病有关的最重要的事实。

尽管世界范围内人的总体寿命已经增长到69岁，4个世界上最穷的国家（赞比亚、津巴布韦、莱索托和阿富汗）的人的寿命依然是45岁或更低。HIV/AIDS虽然在世界很多国家得到医疗治疗，但依然导致博茨瓦纳（Botswana）、莱索托（Lesotho）、斯威士兰（Swaziland）和津巴布韦（Zimbabwe）等非洲国家人的寿命减少了20多年。从全球看，2011年有3400万人感染HIV/AIDS，其中250万人是在那一年新感染HIV/AIDS的。

图7.2　工人在厄立特里亚（Eritrea）的阿萨伯（Asab）焚烧垃圾。在很多发展中国家，垃圾分类和焚烧时大多不采用或很少采用防护设备。工人冒着受感染、伤害和毒气暴露的风险。

地方病：在一个地区或人群中持续发生的、在流行性和强度上常常有所差别的疾病。

表7.1　有关全球疾病的10个事实

1. 2012年，大约有660万儿童在5岁以内死亡。
2. 心血管疾病是世界人口死亡的头号杀手。
3. HIV/AIDS是非洲撒哈拉沙漠以南地区人口死亡的首要原因。
4. 人口老化导致了癌症和心脏病发病率的升高。
5. 肺癌是世界上导致死亡最常见的癌症。
6. 妊娠并发症占全球育龄期妇女死亡人数的比例接近15%，其中99%的死亡发生在发展中国家。
7. 抑郁症等精神障碍是全球范围内造成残疾的20个主要原因之一。
8. 听力丧失、视觉问题和精神障碍是残疾最常见的原因。
9. 世界上将近10%的成年人患有糖尿病。
10. 过去10年来，大约75%的影响人类的新传染疾病是由动物或动物产品的细菌、病毒和其他病原体引起的。

来源：World Heath Organization, Global Burden of Disease Study [《全球疾病负担研究》], December 2013.

根据世界卫生组织的统计，5岁以下儿童每年有1000万死亡，其中大部分不用花多少钱治疗就可以救活。儿童死亡率在非洲特别高，有14个国家现在的儿童死亡率比1990年还高。发展中国家导致儿童死亡的原因包括营养不良、下呼吸道疾病、腹泻性疾病以及疟疾。在撒哈拉以南的非洲，HIV/AIDS是导致很多幼小生命死亡的重要原因。

新发疾病和再发疾病

曾经有一个时期，人们错误地认为所有的传染病要么已经被控制，要么不久就会得到控制。我们现在知道，这不是真的。新发疾病（emerging disease）是人类以前没有发现的传染性疾病，最为典型的是从动物宿主传染到人类身上来。获得性免疫功能丧失综合征（AIDS）显示我们为什么关注新发疾病：已经有大约3600万人死于HIV/AIDS，现在依然有3400万人感染这种疾病（见第八章引言介绍）。流行病学家认为HIV病毒早在100年前就从非人类的灵长目动物传染到人类，可能是人在屠杀或吃黑猩猩的时候，血液受到了感染（图7.3）。目前，有一个国际医疗人员网络，正在寻找并努力防止从猴子向人类传染的疾病。

其他新发疾病包括莱姆病（Lyme disease）、西尼罗病毒（West Nile virus）、克雅氏病（Creutzfeld-Jakob，人类的疯牛病）、SARS、埃博拉病毒（Ebola）和猴痘（monkeypox）。另外，流行性感冒每年都会有新的毒株，其中有些比其他的更加致命。为了成功控制新发疾

迎接挑战

全球消灭小儿麻痹症

20世纪，全球在消灭由病毒引起的某些传染病方面取得了显著进展。天花曾一度在很多国家流行，现在已经在全世界绝迹，小儿麻痹症（更准确的称呼应该是脊髓灰质炎）在北美、南美、欧洲、澳大利亚和亚洲很多地区已被根除。

5岁以下的儿童是小儿麻痹症的主要受害者，病毒是通过被感染的饮用水传播的。小儿麻痹症病毒攻击人的中枢系统（脑和脊髓），导致瘫痪，甚至在某些情况下造成死亡。第一种小儿麻痹症疫苗是在20世纪50年代开发的，通常是口服，完全保护婴儿需要服用4粒，5岁以下的儿童需要增服。

1988年，小儿麻痹症在125个国家发生流行病。从那以后，世界卫生组织（WHO）在全球积极开展消灭小儿麻痹症的行动。比如，在埃及发现了一例小儿麻痹症患者以后，立即给至少100万儿童使用了疫苗。印度也取得了明显成绩，2002年发生小儿麻痹症流行病以后，给1亿儿童进行了疫苗预防。2013年，全世界发生的小儿麻痹症患者不到500例，而2008年大约有1600例。

在非洲，健康专家在小儿麻痹症高发期同时开展年度疫苗接种。然而，在2003年，非洲消灭小儿麻痹症的工作出现了较大倒退，尼日利亚的卡诺州（State of Kano）因为担心小儿麻痹症疫苗安全停止了疫苗接种，由此引发了小儿麻痹症爆发，再次感染了以前曾消灭小儿麻痹症的地区。小儿麻痹症还从尼日利亚北部向其他非洲国家蔓延，包括苏丹、中非共和国、尼日尔、乍得、马里、象牙海岸、喀麦隆、布基纳法索、圭亚那、贝宁、博茨瓦纳、埃及和埃塞俄比亚，造成了多年来最严重的流行病爆发。

2004年，尼日利亚卫生官员找到新的疫苗供货渠道以后，恢复了卡诺州的疫苗接种工作，还与附近国家一起同步进行疫苗行动，控制小儿麻痹症病毒在尼日利亚的传播。这次疫苗接种停止后的迅速反弹形象地说明，在国内和国际层面都必须采取严肃的行动，才能使小儿麻痹症成为第二个全球消灭的流行病。

病，流行病学家必须搞清症状、明确致病原并向政府公共卫生健康部门报告。对此，政府公共卫生健康官员必须隔离那些有相关症状的人，并追踪与病人有接触的所有人员。同时，医疗研究人员制定治疗策略，积极确定并根除疾病源。

图7.3 丛林肉。在非洲和其他地区的许多地方，蛋白质缺乏，猴子和其他丛林肉就成为很多食物中的必要部分。猎捕和售卖丛林肉极大地将捕猎者、售卖者和其他人暴露于新的疾病感染威胁之下。本图摄于加蓬（Gabon）。

再发疾病（reemerging disease）是过去曾经存在、由于种种原因又再次爆发或在地理上蔓延的传染性疾病。最严重的再发疾病是肺结核。携带HIV/AIDS病毒的人更加容易感染肺结核，因为他们的免疫系统受到破坏。因此，HIV/AIDS的流行加速了肺结核病的爆发。肺结核与贫困相联系，城市贫困人口的增加也促进了肺结核病的发生。其他严重的再发性疾病有黄热病、疟疾和登革热。

肺结核和其他疾病增加的一个原因是抗药性细菌株的演化，有两个因素导致抗药性细菌（antibiotic-resistant bacteria）。第一，过量使用抗生素。人们服用了不必要的抗生素，加速了抗药性细菌株的演化。农业上对抗生素的大量使用也可能导致出现了这个问题。

第二，在有些情况下，抗生素使用量不够，以致没有完全消灭细菌株，有几种细菌依然存活，而且相对具有一定的抗药性。这种情况可能在社会层面上发生，由于几个人没有得到治疗，从而导致细菌种群存活生长；也可能在个人尺度上发生，因为这个人没有服用完医生处方的抗生素，不完全遵守医嘱会导致一些最具抗药性的细菌存活生长。

健康专家已经发现了传染病爆发或再爆发的主要因素，择其要者如下：

- 传染性生物的演化，使得它们在动物和人宿主之间传播；
- 传染性生物中抗药性的演化；
- 城市化以及与此相关的人口密度过大和卫生状况差；
- 老年人口增加，更加容易受到传染；

- 污染、环境退化和天气模式变化；
- 国际旅行和贸易的增长；
- 贫困和社会不公。

案例聚焦

流行性感冒的过去和未来

流行性感冒病毒数百年来对人类健康一直是个威胁，每年都会有一种或更多的毒株出现并在感冒季节迅速在全球蔓延，通常从秋末爆发并延续整个冬季。一般来说，美国一年有5%到20%的人感染感冒病毒，症状包括从轻微头痛到剧烈的肌肉痛、消化和呼吸问题以及高烧，每年大约有36,000人死于感冒。

与此形成对照的是，在1918—1919年感冒流行季节，出现了一种特别厉害的毒株，造成美国85万多人死亡，将近全国人口1亿人的1%。1918—1919年感冒流行季节正值一战结束，灾难深重，饱受饥饿和缺医少药之苦，同时正赶上前所未有的人员全球流动时代。1918年感冒流行的不同寻常之处在于，这种毒株对健康人和儿童、老人以及体弱者的致死性是同样的，这是与大多数毒株所不同的。

人可以接种感冒疫苗，但是成功的接种首先需要研究人员预测哪一种感冒毒株将会出现，这样才能成功地为每一个需要的人准备充足的疫苗，然后将疫苗分配给所有人员。近年来，越来越多的65岁或以上的人接种感冒疫苗（根据最新的记录，2008—2009年感冒流行季节，有66%的老人得到接种）。然而，在19岁到49岁的人群中，只有33%的人在同一时间接种感冒疫苗，这就意味着像1918—1919年感冒流行季节中那样类似的毒株可能具有毁灭性。而且，这样的毒株可以很容易地通过空气在全世界传播，保罗·艾里奇在他1968年出版的著作《人口爆炸》（*Population Bomb*）一书中对这一景象已有描述。

近年来人们的另一个关注点是流感病毒从鸟、猪或其他物种到人的感染。流行病（pandemic）是一种可以几乎传播到世界上任何一个地方的疾病，可能会传染几乎每一个人。禽流感是一种在鸟类中常见的毒株，人一般很难感染，因为这种病毒通常是从鸟传染到人，而不是人与人之间传染。但是，极端的情况是，人一旦感染，就会有很高的死亡率。流行病学家的一个主要担忧是，可能进化出一种很容易在人与人之间进行传播的毒株，这可能涉及某一单个基因的突变。一次禽流感爆发可能在一年内造成数百万甚至数十亿人死亡。

2009年爆发的猪流感表明，这一疾病在全球范围内可以快速地传播，该病毒发源于墨西哥，2009年4月第一次发现，到5月初，就传播到几十个国家，到了6月，就被认定为流行病。2009年猪流感（由于蛋白质特性而被称为H1N1）是一种人、鸟和猪感冒基因物质的混合体，可以从人传染到人，也可以在猪和人之间传播。有两个因素防止了2009年猪流感的大爆发。首先，国际社会迅速响应，限制了它的传播，公共卫生官员有充分的准备时间治疗受感染者。第二，毒株不像一开始看起来那样传染性强。尽管如此，2009年那次猪流感爆发依然导致14,000多人死亡。

复习题

1. 日本妇女的平均寿命是多少？赞比亚的妇女呢？请解释这种差别。
2. 新发疾病和地方病之间的不同是什么？

环境污染和疾病

学习目标

- 总结与环境中显示出持久性、生物累积和生物放大性的化学物质相关的问题。
- 概述一些数据，这些数据显示人类使用的某些化学物质还可能导致动物以及人类自己的内分泌紊乱。

康奈尔大学研究人员2007年的一项研究显示，全世界高达40%的死亡与污染有关。尽管如此，常常很难在环境污染与疾病之间建立一种直接的联系（图7.4），有些疾病与某些污染物的关系是较为清楚的，比如氡与肺癌之间的关联（见第十九章）或者铅与神经系统紊乱的关系（见第二十一章）。然而，对于很多污染物来说，证据都是很不确定的，科学家只能推测污染物和某种特定疾病之间有一定的关联。建立直接因果关系的困难之一是其他因素，比如人的基因构成、饮食模式、运动水平以及抽烟习惯等，都使问题变得异常复杂。

其他情况还包括，社会中某个人群比另一些人更加容易受到环境污染物的不利影响。儿童对污染特别敏感，本章将对此进行讨论。其他对污染敏感的人还包括老人和患有慢性疾病以及免疫系统受损的人（比如HIV/AIDS感染者或那些通过化疗治疗癌症的人）。另外，生活在贫困地区的人常常暴露于更大的污染之中。

环境污染物的几个特征使得它们对于环境和人类健康特别危险。第一，有些有毒化学物质可以在环境中长久地存在、累积并在食物网中放大它们的浓度。第二，有多种多样的污染物影响人的内分泌系统，而内分泌系统是产生荷尔蒙（hormone）的，调节着人身体机能的很多方面。

污染物对空气、水、土壤和食物产生污染（植物和动物）→ 人通过吸入、饮用、进食和皮肤接触污染物受到污染 → 暴露于污染之中可能会产生不利于健康的影响

图7.4　环境中污染的路径。（环保署）

环境污染物的持久性、生物累积与生物放大

有些毒性物质显示着持久性、生物累积和生物放大性的特征，这些物质包括某些农药（比如DDT或二氯二苯三氯乙烷）、放射性同位素、重金属（比如铅和汞）、阻燃剂（比如PBDEs或多溴联苯醚）以及工业化学物质（比如二噁英、PCBs也即多氯联苯）。

农药DDT对很多鸟类物种的影响首先显示了这些化学物质的危害性。猎鹰、鹈鹕、秃鹰、鹗和很多其他鸟类对于DDT的微量使用都很敏感。大量的研究证据证明，DDT对鸟类的影响之一是，鸟蛋的蛋壳特别薄，非常脆，通常会在孵化期间被打破，导致幼鸟的死亡。1972年，美国禁止DDT的使用，从那以后，很多鸟的繁殖成功率大为改善（图7.5）。

DDT的持久性、生物累积和生物放大性这三个特征对鸟类产生了影响。有些农药需要很多年才能被分解为毒性较小的形式。合成农药的**持久性**（persistence）是其新的（不是自然界中发现的）化学结构的结果。细菌等自然界中的分解者还没有进化出分解很多合成农药的方法，因此这些农药就累积在环境和食物网之中。

如果农药没有被新陈代谢（被分解）或被生物排出，那么就会被储藏起来，通常是被储存在脂肪组织中。随着时间的推移，生物就会形成**生物累积**（bioaccumulate），或生物浓缩（bioconcentrate），在体内积累浓度很高的农药。

处于更高食物网层级的生物在体内积累的农药浓度，要比低层级食物网中生物体内的农药浓度高，这种农药随着依次穿过食物网层级而逐渐增加称为**生物放大**（biological magnification），或生物扩大（biological amplification）。

如果列举一个持久性农药生物放大的例子，可以研究长岛一个盐沼中的食物链，有几年为了控制蚊子而喷洒了DDT。这个食物链是：藻类和浮游生物→虾→美洲鳗→大西洋颌针鱼→环嘴鸥（图7.6）。水中DDT的浓度很低，只有0.00005%（ppm）。藻类和其他浮游生物的DDT含量要高很多，为0.04ppm。捕食浮游生物的虾将农

持久性：某些化学物质极度稳定，需要很多年通过自然过程才能分解成简单形式。

生物累积：某种持久性有毒物质在生物体内，通常是在脂肪组织中的积累，比如，某些农药。

生物放大：有毒化学物质浓度在更高食物网层级的生物体内的提高，比如PCBs、重金属、某些农药。

（a）一只秃鹰正在喂养它的孩子。大多数人知道几十年前秃鹰就处于物种灭绝的边缘。不过，大多数人并不知道秃鹰回归背后的科学研究。

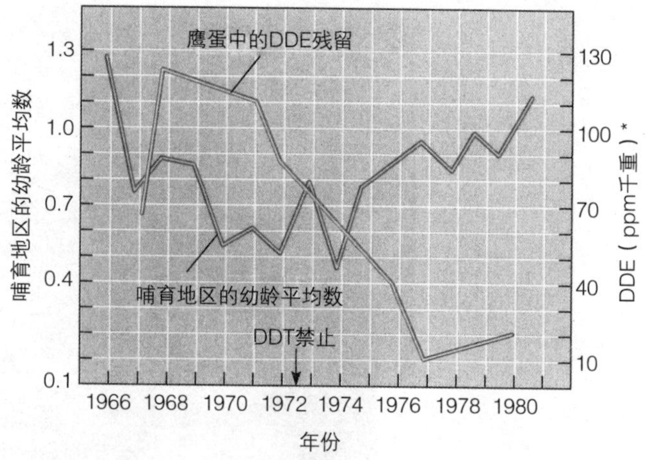

*DDT在鸟的体内转换为DDE。

（b）比较秃鹰蛋中DDT含量与成功孵化幼鸟的数量。DDT在1972年被禁止使用。注意DDT水平降低以后繁殖成功率的提高。（DDE是DDT的衍生。）（根据J. W. Grier授权重印，“Ban of DDT and Subsequent Recovery of Reporduction in Bald Eagles”［《DDT的禁用与秃鹰繁殖的恢复》］, AAAS, 1982。）

图7.5 DDT对鸟类的影响

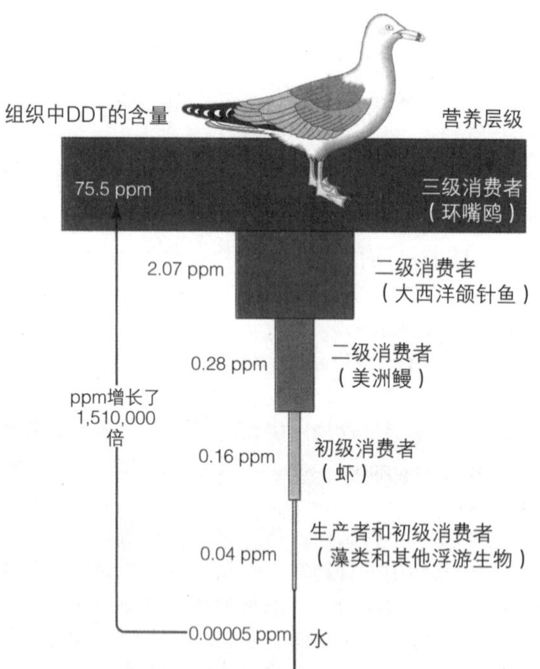

图7.6 **长岛盐沼中DDT的生物放大。** 注意DDT含量是以百万分之一的单位表示的，随着DDT在食物链中从生产者向消费者的流动，各种生物组织中的DDT浓度不断增加。位于食物链顶端的环嘴鸥组织中的DDT浓度比水中的DDT浓度高150万倍。（引自G. M. Woodwell, C. F. Worster Jr., and P. A. Isaacson, “DDT Residues in an East Coast Sanctuary”［《一个东部入海口的DDT残留》］, *Science*, Vol. 156, May 12, 1957。）

药累积在自己组织里，浓度达到0.06ppm。鳗鱼吃掉带有农药的虾，将农药浓度增加到0.28ppm，大西洋颌针鱼猎食鳗鱼后的DTT浓度为2.07ppm。位于食物链顶端的食肉动物环嘴鸥在捕食这些受污染的鱼之后，体内的DDT水平达到75.5ppm。尽管这个例子只涉及位于食物链顶端的一只鸟，但是所有的食肉动物，从鸟类到人类，都面临着来自生物放大的危险。由于这种危险，美国现在批准的农药都要进行检验，以确保其在环境中不会持久存在和积累，超过环境所能接受的水平。

内分泌干扰物

越来越多的证据表明，数十种工业和农业化学物质还是**内分泌干扰物**（endocrine disrupter），它们很多都有持久性、生物累积和生物放大的特质。这些化学物质很多在美国已不再使用，包括含氯的工业化合物PCBs和二噁英，重金属和汞，DDT、开蓬、氯丹和硫丹等一些农药剂，阻燃剂（PBDEs），苯二甲酸和双酚A等一些塑料以及塑料添加剂。

激素是生物分泌的化学信使，分泌量极微小，其作用是调节管理生物的生长、繁殖和其他重要的化学功能。有些内分泌干扰物模仿一种女性荷尔蒙，也就是雌

内分泌干扰物： 模拟或影响人类和野生生物内分泌系统作用的化学物质。

性激素，将错误的信号发给身体，干扰生殖系统的正常功能。由于人类男性和女性以及许多其他物种产生雌激素，因此，模仿雌激素的内分泌干扰物可能影响两性的发育。其他的内分泌干扰物会通过模仿雌激素以外的其他激素来妨碍扰乱内分泌系统，比如雄性激素（男性荷尔蒙，比如睾丸酮）和甲状腺激素。与激素一样，内分泌干扰物在含量极微小的情况下都很活跃，因此，可能很小的剂量都会对人类健康造成重大的影响。

很多内分泌干扰物可能都会改变某些动物物种雄性和雌性的生殖与繁育。有充足的证据表明，鱼类、青蛙、鸟类、乌龟和鳄鱼等爬行动物、北极熊和水獭等哺乳动物以及其他动物在暴露于这些环境污染物以后，显示出生殖繁育的紊乱，常常会导致出现不生育的情况。

1980年的一次化学物质喷洒污染了佛罗里达的第三大湖阿波普卡湖（Lake Apopka），污染物是DDT和其他具有雌激素特质的农业化学物质。生活在湖里的雄性鳄鱼在湖水污染后的数年里睾丸酮水平很低，而雌性激素的水平则有所提高，生殖器官常常变得雌性化或者变得异常小。湖中鳄鱼蛋的死亡率极高，鳄鱼的种群数量有很多年一直在减少（图7.7）。

人类也可能处于内分泌干扰物的威胁之下，因为生殖紊乱、不孕不育、荷尔蒙相关的癌症（比如睾丸癌、乳腺癌）等案例似乎在增加。从1938年以来，有60多项研究的结果显示，很多国家包括美国将近15,000名男人的精子数量在1940年到1990年期间下降了50%。尽管让卵受精只需要一个精子，但是随着精子数量的下降，不孕不育症在增加。不过，科学家不确定这种明显的下降是否与环境因素有关联。

一些苯二甲酸是化妆品、香水、指甲油、药物和普通塑料的配料，与婴儿出生缺陷、生殖异常等有着关联，那些含有苯二甲酸的普通塑料广泛用于食品包装、玩具和家用产品。在实验动物研究中，老鼠被喂食大量的苯二甲酸，结果显示，这些化合物对胎儿发育带来危害，特别是危害生殖器官。就人而言，暴露于某些苯二甲酸可能与20世纪70年代出现的尿道下裂有关，这是一种出生缺陷，新生儿的尿道口位于生殖器的下侧，而不是正常的顶端。某些苯二甲酸还可能与年轻姑娘，特别是6岁到24岁之间姑娘的早熟发育率提高有关。根据国家毒理学项目中心的人类生殖风险评价，其他苯二甲酸的影响较小。

双酚A（Bisphenol, BPA）是用于生产很多硬塑料聚碳酸酯产品的化学物质，包括婴儿奶瓶、玩具和运动饮料容器。几项关于动物的研究和少量关于人的研究表明，BPA是一种内分泌干扰物。不过，现在还不清楚的是：产品中有多少BPA被我们的身体吸收以及那种剂量的吸收会对我们造成多大的影响。由此，BPA一直是处于监管焦点的化学物质，加利福尼亚州政府、加拿大政府和欧盟都禁止在制造婴儿奶瓶中使用BPA，而美国和澳大利亚的政府监管者则没有禁止。

（a）一只小美洲鳄鱼（*Alligator mississippiensis*）刚从蛋中孵化出来，这只蛋是佛罗里达大学研究人员从阿波普卡湖带回来的。很多孵出的小鳄鱼的生殖系统都有异常。这只小鳄鱼可能不会留下自己的后代。

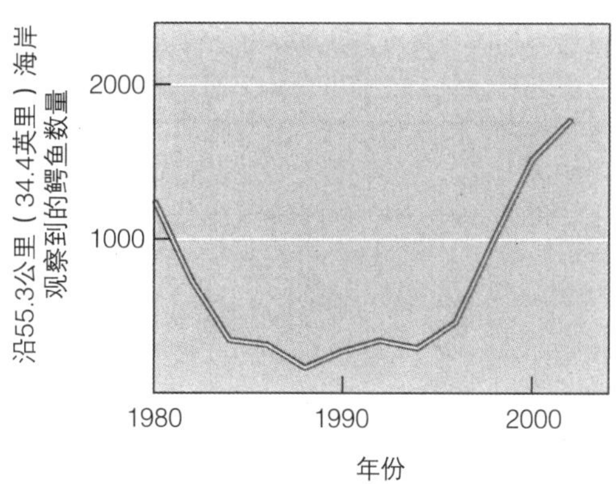

（b）1980年化学物质喷洒后阿波普卡湖的幼年鳄鱼种群数量。（化学物质喷洒恰恰发生于1980年调查之前。）（数据引自A. R. Woodward, Florida Fish and Wildlife Conservation Commission [佛罗里达鱼类和野生动物保护委员会]。）

图7.6　阿波普卡湖（Lake Apopka）的鳄鱼

美国疾控中心（CDC）的一份关于美国人口抽样调查的报告显示了27种不同的环境化学物质，包括重金属、烟草中的尼古丁、农药、塑料，这些化学物质很多都被认为是内分泌干扰物。每一个参加者的体内都发现有几乎所有的化学物质，而且含量比预期的高。由于科学家以前从来没有测量过人体内28种化学物质中的24种，因此这项研究不能说明各种环境化学物质的含量在增长还是在下降。不过，这项研究为将来研究美国人口暴露于这些化合物的情况并进行比较提供了一个很好的基础（CDC计划继续这项实验），同时还向确定这些化学物质是否是现代疾病的隐藏原因，抑或仅仅是现代社会一个无害的副产品迈出了第一步。

那时，我们还不能确定环境内分泌干扰物与人类健康问题有明确的关联，因为我们做的关于人的研究还很有限。只有对人暴露于内分泌干扰物进行充分的研究，我们才能准确地知道每种化学物质对不同群体的具体影响程度。进行这项评价所面对的复杂性在于，人还暴露于我们所食用植物中含有的自然界的模仿激素的物质。比如，豆腐和豆浆等豆类食物中都含有自然雌激素。

美国国会1996年颁布了《食品质量保护法》（Food Quality Protection Act）和《安全饮用水法》（Safe Drinking Water Act）修正案，要求美国环保署（EPA）制定规划，提出优先重点，检测数千种化学物质干扰内分泌系统的可能性。在第一轮测试当中，主要检测了化学物质是否与五种不同的内分泌受体发生相互作用。（人体在细胞内部和外部形成了特殊的受体，受体上附着特别的激素。一旦一个激素附着在一个受体上面，就会引发细胞内部的其他变化。）化学测试如果呈阳性，也就是说，能够附着在一个或多个受体上面，那么还需要进行一系列的测试，以便确定是否有危害以及对生殖和其他生物功能造成了怎样的危害。这些测试可能需要数年才能完成，将揭示人类和动物暴露于内分泌干扰物的水平以及这种暴露带来的影响。（有毒化学物质包括几种内分泌干扰物的影响，将在本章中讨论。）

复习题

1. 持久性、生物累积和生物放大之间的区别是什么？这些化学特质是如何相互联系的？
2. 1980年那次阿波普卡湖化学物质喷洒对鳄鱼的影响是什么？

确定环境污染对健康的影响

学习目标

- 解释有毒物质，区分急性毒性与慢性毒性之间的不同。
- 描述剂量—反应曲线如何有助于确定环境污染物对健康的影响。
- 讨论农药对儿童的风险。

人的身体在环境中暴露于很多种化学物质，我们呼吸的空气、饮用的水、吃的食物中既有自然化学物质，也有合成化学物质。所有的化学物质，即便是诸如氯酸钠（精制食盐）那样的“安全”化学物质，如果暴露的程度足够高，也是有毒的。1岁的孩子如果吃掉2汤勺精制食盐就会死亡，精制食盐对于心脏病或肾病患者也是有害的。

对**有毒物质**（toxicant）或有毒化学物质的研究称为毒理学（toxicology），主要研究有毒物对生物的影响以及防止或减少不利影响的方式，比如开发制定适当的处置或暴露指南。

暴露于有毒物而产生的影响可能会立即出现（急性毒性），也可能延迟出现（慢性毒性）。**急性毒性**（acute toxicity）带来的影响从眩晕恶心到死亡不等，在暴露于某种化学物质的当时到几天内发生。与此不同的是，**慢性毒性**（chronic toxicity）指的是在长期、低水平地暴露于化学物质后，一般对细胞（包括癌细胞）或重要的器官，比如肾脏或肝脏带来危害。毒理学家对慢性毒性的了解远比对急性毒性的了解少，部分原因是慢性毒性的症状常常和其他慢性病的症状很相像。

我们测量毒性的标准是依据不同剂量有毒物质所产生的不利影响。有毒物质的剂量（dose）是指进入一个暴露生物体内的数量，反应（response）是指暴露于一定剂量所带来的危害的类型和程度。一个剂量可能导致死亡（致死剂量），也可能导致伤害但不至于死亡（亚致死剂量）。致死剂量通常以每千克身体重量所含多少毫克有毒物质来表示，随生物的年龄、性别、健康、新陈代谢、基因组成以及剂量使用的方式（是一次使用还是在一段时间内使用）而变化。基于对自杀者和意外中毒者的记录，人类对于很多有毒物质的致死剂量都很清楚。

明确有毒物质

科学家用于确定急性毒性的一个方法是在实验动物身上使用不同剂量的有毒物质，测量计算反应情况，并用这些数据预测对人的化学影响。致死50%实验动物的剂量称为致死剂量50%（lethal dose-50%），或半数致死量LD_{50}，通常用千克体重所含多少毫克化学有毒物质来表示。LD_{50}与化学物质的急性毒性呈反比例关系，LD_{50}越小，化学物质的毒性越大，反过来，LD_{50}越大，化学物质的毒性越小（表7.2）。世界上每年制造数千种新的合成化学物质，所有这些新物质的LD_{50}会被进行测定，作为评估它们毒性潜能的一种方式。一般认为，一种化学物质的LD_{50}如果在几种实验动物实验测试以后所测定的值低，那么对人就是有毒性的。

有效剂量50%（effective dose-50%），或半数有效量

有毒物质：对人类健康有着不利影响的化学物质。
急性毒性：暴露于一种有毒物质之后短时期内产生的不利影响。
慢性毒性：暴露于某种有毒物质后经过一段时间或长期暴露于有毒物质所产生的不利影响。

表7.2　部分化学物质的LD_{50}值

化学物质	LD_{50}（毫克/千克）*
阿司匹林	1750
乙醇	1000
吗啡	500
咖啡因	200
海洛因	150
铅	20
可卡因	17.5
氰化钠	10.0
尼古丁	2.0
士的宁	0.8

*根据老鼠口服的记录

ED_{50}，被广泛用来评估生物的反应，比如怀孕动物胎儿的发育不良现象、酶活动减少情况、毛发脱落情况等。ED_{50}会使50%的实验动物显示出实验中的反应。

毒理学的一个特征是，一个人的基因可以促进形成他对某一特定有毒物质的反应。国家环境科学研究所（National Institute of Environmental Health Science）已经识别明确了几百个环境易感基因（environmental susceptibility gene），这些基因的微妙差别会影响身体如何对有毒物质进行新陈代谢，从而使得有毒物质毒性变强或变弱，其他基因变体使得某些有毒物质与基因分子DNA有力地结合或者不那么有力地结合。（一般来说，有毒物质若与我们的DNA结合，会导致糟糕的后果。）基因变异是决定有些人多年抽烟后患肺癌而其他人不患肺癌的最重要的因素之一。比如，研究人员已经发现，P450基因（对一种酶进行编码）中的变异决定着身体如何对烟草中的一些致癌化学物质进行新陈代谢。

从传统上看，癌症是毒理学评估的主要疾病，因为很多人关心环境中的致癌化学物质，因为癌症是那样令人恐惧。环境污染物与好几种其他严重的疾病有关联，比如出生缺陷、免疫反应损坏、生殖问题、神经系统或其他身体系统损坏等。尽管癌症不是有毒物质产生或加重的唯一疾病，但是，我们还是聚焦于与癌症有关的风险评价。非癌症隐患的风险评价，比如肝病、肾病或神经系统的疾病，与癌症风险评价是相似的。

毒理学（toxicology）和**流行病学**（epidemiology）是确定一种化学物质是否会导致癌症的最常用的两个方法。毒理学家将老鼠等实验动物暴露于不同剂量的化学物质，然后看这些动物是否会感染癌症。流行病学家研究人暴露于同一种化学物质的历史数据，然后看暴露的

表7.3　暴露于某个化学物质的假定数据库

实验动物数	患癌症动物数	剂量（毫克/千克/天）	患癌可能性 *
50	0	0.0	0
50	2	5.0	0.04
50	6	10.0	0.12
50	22	20.0	0.44

*某一剂量的患癌可能性是那个剂量水平下患癌症的动物数量，除以全部暴露于那个剂量的动物数量后得出的数值。

人是否显示出癌症患病几率的升高。这两种方法各有其长处和短处，但即便是两种方法一起使用，也只能是对某种化学物质致癌潜能的粗略估计。

毒理学的优势是实验剂量可以测量，每次实验可以用精确的剂量。通常情况是把2组、3组或4组动物暴露于不同的数量或剂量，包括一组不暴露于化学物质的对照组。实验结束后（对老鼠来说大约是两年），对动物进行解剖，记录下来每组中患肿瘤动物与没患肿瘤动物的比率。这被用来确定此种化学物质的剂量—反应曲线。通过比较体重和新陈代谢效率，实验剂量被转换为“同等的人的剂量”。表7.3描述了假设的毒理学数据库。

有几种不确定性限制了动物实验研究与人的对比。首先，实验中剂量水平偏高，远远高于人在实际环境中所面临的剂量，因此，从高剂量效果来推断低剂量效果可能是不准确的。推断（extrapolation）就是从已知剂量的影响来估算假定剂量的预期影响。第二，人和实验动物可能以不同的方式处理那种化学物质。第三，实验动物只生活2年，而人的寿命大约在70岁到80岁。最后，人暴露于化学物质的时间是零星的，而且可能会暴露于各种各样的化学物质中，这些物质之间可能会相互放大，也可能相互抵消。

流行病学研究的优势是，他们研究的对象是实际暴露于化学物质的人。理想状态下，一个人群（cohort）暴露于化学物质，与没有暴露于化学物质的另一批人进行比较。比如，在各种工业背景下暴露于苯的一组人比没有暴露于苯的另一组人患白血病的比率要明显高出很多。

流行病学有几个局限。第一，通常情况下很难建构或评估历史剂量。第二，可能存在复杂性因素，比如工人还可能暴露于其他没有记录过的化学物质。第三，同一工业背景下的人，就苯这个案例来说，都是健康男性，年龄在18岁到60岁之间，但是他们对实验化学物质的反应可能与其他人是不同的，比如儿童和孕妇。

流行病学可能比毒理学更具代表性，但是毒理学比流行病学通常更精确。理想状态下，流行病学数据和毒

毒理学：对有毒化学物质影响人类健康的研究。

流行病学：关于有毒化学物质和疾病对人口影响的研究。

表7.4 流行病学研究和毒理学研究的优势和劣势

流行病学	毒理学	优势
以人为对象	主要以动物为对象	流行病学
暴露于多种化学物质	暴露于单一化学物质	毒理学
回溯的（往后看）	前瞻的（往前看）	毒理学
随机剂量范围	特定剂量范围	毒理学
估计的剂量	给予的剂量	流行病学
暴露群体基因不同	暴露群体基因相同	
样本数量100到10,000	样本大小10到100	流行病学
暴露群体的风险接近或稍高于背景值	暴露群体的风险远高于背景值	毒理学

来源：D. M. Hassenzahl and A. Finkel, "Risk Assessment for Environmental and Occupational Health"[《环境和职业健康的风险评价》], in Heggenhougen and Quah, *International Encyclopedia of Public Health*, 2008.

理学数据结合起来可以对癌症原因提供一个非常清晰的解释。在苯这个案例中，动物实验确认了流行病学关于苯是致癌物的发现，但并没有增加我们对苯的毒性的了解。表7.4比较了流行病学和毒理学的优势和劣势。

剂量—反应关系 剂量—反应曲线（dose-response curve）显示了不同剂量对实验动物的影响（图7.8）。科学家首先测试高剂量的效果，然后依次减少，直至到达阈值（threshold）水平，也就是没有不良测试反应的最大剂量（或者有不良测试反应的最小剂量）。毒理学家通常认为低于阈值水平的剂量不会对生物产生影响，因此是安全的。

很多化学物质在小剂量的情况下是人和动物所必需的，但在高剂量的情况下是有毒的。维生素D就是一个很好的例子。我们知道人体需要维生素D，以便更好地吸收钙和磷，但是太多或太少都会引起各种症状，包括消化问题。因此维生素D与健康的剂量—反应关系就是U型的。虽然化学物质在低剂量时候的生物影响难以评估，但是有些证据证明，很多化学物质，包括一些农药和镉等痕量金属，在小剂量的情况下都是健康有益的，但在高剂量的情况下是危险的。

这种反应称为毒物兴奋效应（hormesis），发生于低剂量致毒因素对生物体有益而高剂量致毒因素对生物体有害的情况下。图7.9的蓝线描述了毒物兴奋效应情况。在这个假定的数据图中，暴露于相对小剂量的化学物质的动物患肿瘤的可能性比那些对照组患肿瘤的可能性更低，而暴露于高剂量水平的动物明显有着更高的患肿瘤可能性。因此，很有可能有一个阈值（也就是说，低于某种浓度，化学物质不会引起癌症），也有可能化学物质在低剂量水平会导致肿瘤，但还不足以在仅有的几个实验动物中显现出来，还有可能是，化学物质有着毒物兴奋效应的影响，会以某种方式抑制肿瘤。

有些证据显示，电离辐射作为一种与核废料和氡相关的辐射，可能有着毒物兴奋效应的影响，然而，多数辐射专家认为，尽管毒物兴奋效应是可能的，但更有可能的是即便是在很低的剂量下，辐射也是可能导致癌症的。

化学混合物 人类经常暴露于不同的混合在一起的化合物，就像汽车尾气中有混合化合物一样，烟雾中也含有混合化合物。不过，由于这样那样的原因，大多数毒理学研究都是关于单一化学物质的，没有对混合化合

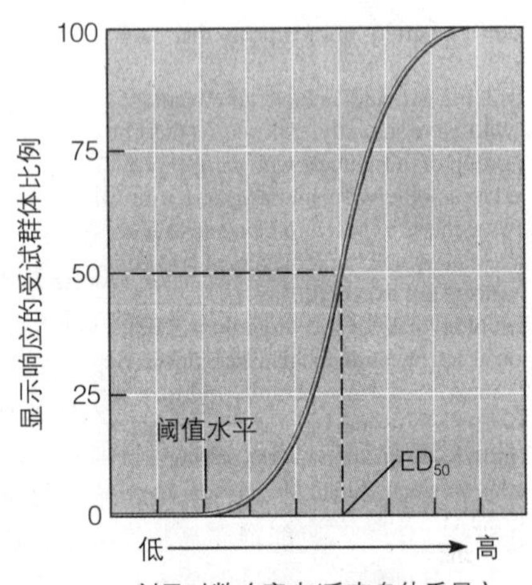

（a）这个假定的剂量—反应曲线显示了经典毒理学的两个推定。第一，随着剂量的增加，生物响应会增加。第二，有一个安全剂量，也就是说，有毒物质不会引起响应的剂量水平。只有超过某个阈值水平，才能产生有害的响应。

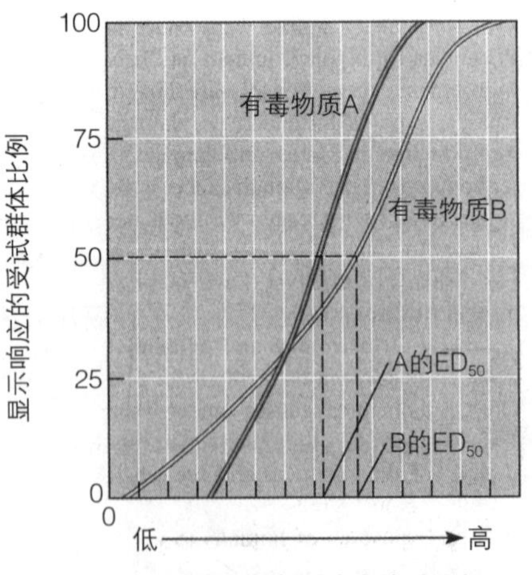

（b）两个假定的有毒物质A和B的剂量—反应曲线。在这个例子中，有毒物质A的ED_{50}比B的ED_{50}低。在低剂量情况下，有毒物质B的毒性比有毒物质A的毒性大。

图7.8 剂量—反应曲线

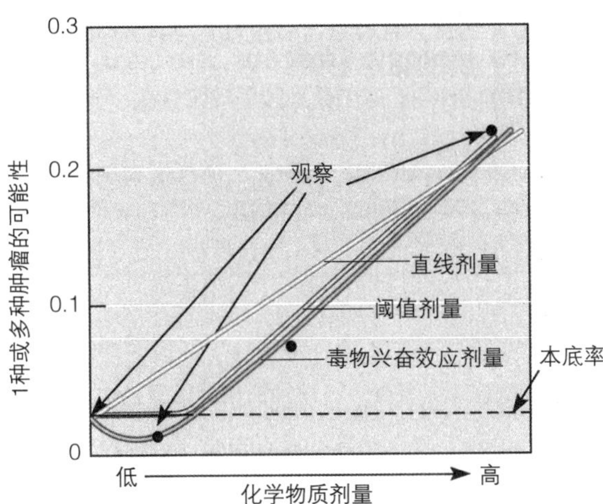

图7.9 剂量—反应曲线关系对比。通常来说，在确定一种化学物质的影响时，只进行几点观察就够了。在这种情况下，对于化学物质和低剂量对健康的影响之间的关系，可能有不止一个合理的解释。就本图而言，少量的化学物质看起来会降低肿瘤个数，这可能是真正的影响，也可能是随机性的影响。你认为哪一种剂量—反应曲线最能解释这些观察结果，直线、阈值还是毒物兴奋效应？

物进行研究。化合物混合以后以多种方式相互作用，增大了风险评价的复杂度。而且，现在有着太多的混合化合物有待于评价。

化合物混合以相加、协同、拮抗等方式相互发生作用。当化合物混合出现相加作用（additive）时，所引起的效应是混合物中每个成分的效应相加，正是所期望的效应。如果一个化学物质的毒性水平是1，那么与另一个毒性水平是1的化学物质混合后，新的混合化合物的毒性水平就是2。协同性（synergistic）的化学混合有着比预期大的效应，两种化学物质，虽然每种的毒性水平是1，但混合以后的毒性水平可能是3。化学混合物如果产生拮抗作用（antagonistic），那么其混合后的效应低于预期效应，比如，两种化学物质，每种的毒性水平是1，但混合后的毒性水平可能是1.3。

如果化学混合物的毒理学研究不足，那么科学家如何才能确定化学混合物的毒性效应？风险评价者通常采取相加作用来计算化学混合物的毒性风险，也就是说，将每一种已知的化合物的毒性效应增加到混合物上。这样一种方法通常会低估混合物的风险，但也可能高估混合物的风险，在目前看来也是最好的不得已而为之的办法。另外的评估办法现在还不现实，还需要进行数年或数十年的大量研究，需要经过规划、投入和完成之后才能实现。

儿童和化学暴露

与成年人相比，儿童对大多数化学物质更加敏感，因为他们的身体还处于发育阶段，在应对有毒物质方面没有多少抵抗力。而且，由于儿童比成年人体重低，同样的化学物质剂量可能毒性更强。以100毫克/千克的LD_{50}有毒物质为例，1个体重11.3千克（25磅）的儿童的半数致死剂量是100×11.3=1130毫克，如果这种化学物质是液体，那么还不足1茶匙的1/4。与此相比较，1个体重68千克（150磅）的成年人的半数致死剂量是6800毫克，或者略少于2茶匙。因此，我们必须保护儿童，避免他们暴露于环境化学物质之下，因为对儿童的有毒剂量远比成年人的有毒剂量小。

近年来，人们对家用杀虫剂对儿童健康的影响给予了更多关注，因为看起来家用杀虫剂对儿童的威胁比对成年人大得多。比如，儿童喜欢在房中地板和屋外草坪上玩，那里的杀虫剂残留的浓度比其他地方高得多。而且，儿童，特别是在很小的时候，更容易把东西放在嘴里。

EPA估计，至少75%的美国家庭使用杀虫剂产品，包括杀虫药带、诱饵盒、害虫炸弹、灭蚤颈圈、宠物杀虫洗发水、气雾剂、洗衣液和洗衣粉。家用杀虫剂有好几千种，包含有300多种活性组分和2500多种农药助剂。每年，美国毒药控制中心收到的家用杀虫剂暴露与可能中毒的报告有13万多次，其中一半以上涉及儿童。

环境信息

没有动物的毒理学

关于我们为什么希望不用实验动物来确定化学物质的毒性，有几种原因。管理者担心，因为这样的研究会需要很长时间（对大鼠和小鼠来说至少2年），其研究结果在确定毒性与人类健康的关联方面可能会依然留下问题。化学物质生产者担心这种研究的投入费用和研究结果的不确定性。很多人会倾向于认为把动物暴露于可能具有毒性的化学物质是不道德的。

国家研究理事会（National Research Council）最近一次专家论坛建议将试管里的细胞实验与我们不断增加的关于化学物质之间相互作用的知识结合起来。这种方法能让科学家确定毒性路径并通过毒性路径了解某种化学物质可能会（或不会）对生命细胞和组织造成的伤害。已经有几百种化学物质利用这种技术进行了测试。毒性路径研究在美国以外也是优先研究重点，至2013年，欧洲化妆品公司必须在不依赖动物实验的前提下展示其生产的安全性。

画一个人
（由4岁儿童来画）

山丘的孩子

54个月的女孩

（a）很少暴露于农药的学龄前儿童大多数能够画一个可以识别的人的形状。

山谷的孩子

54个月的女孩

（b）生活在大量使用农药的农业地区的学龄前儿童，大多数只能画一些无意义的线条和圆圈。

图7.10　**农药暴露对学龄前儿童的影响。**在墨西哥索诺拉（Sonora）的一项研究发现，印第安雅基人学龄前儿童由于暴露于农药的程度不同，在运动技能方面有着差别。这些孩子被要求画一个人的图像，图中显示的是两组代表性作品，都是4岁半的女孩画的。

科学研究越来越支持这一假定，即暴露于农药可能会影响婴儿、幼儿和学龄前儿童的智力和运动技能。有一项研究1998年发表于《环境健康问题》（*Envivionmental Health Perspective*）上面，该研究比较了两组生活在农村地区的印第安雅基人学龄前儿童，他们都在墨西哥西北地区，有着相似的基因背景、饮食、水矿物质含量、文化模式和社会行为。这两组孩子的主要不同在于是否暴露于农药，一组孩子所生活的农业地区（山谷）经常使用农药（每个作物周期喷洒45次），而另一组孩子所生活的非农业地区（山丘）很少使用农药。当被要求画一幅关于人的图画时，低农药地区的17个孩子大部分能画出一个可以认得出的人的形状，而高农药地区的34个孩子大多数画的是没有意义的线条和圆圈（图7.10）。

加州萨莱纳斯母亲与儿童健康评价中心（Center for Health Asseesment of Mothers and Children of Salinas）的一项研究发现，孕妇暴露于农药会对她们的孩子产生长期的影响，通过对600名孕妇长达10年的研究，发现了孕妇暴露于农药与幼儿智力发育迟缓和身体发育紊乱之间的关联。这类研究将继续调查了解其他方面的影响，目前已经开始了一个更大的项目，对10,000个人进行追踪调查。

复习题

1. 什么是急性毒性？什么是慢性毒性？
2. 有毒化学物质是怎样辨明的？
3. 为什么儿童对农药等环境污染物更敏感？

生态毒理学：研究对群落和生态系统的有毒影响

学习目标

- 讨论DDT对鸟类影响的发现是如何导致回飞镖程式替代稀释程式的。
- 解释生态毒理学，解释为什么生态毒理学知识对人的健康至关重要。

人们曾经这样想，事实上有些人依然这样做，“解决污染的办法就是稀释”。这种所谓的稀释程式（dilution paradigm）意味着你可以将污染排放到环境中，然后被环境充分稀释，从而不造成危害。我们今天知道这种稀释程式一般来说是无效的，本书中有大量的稀释项目失败的例子，比如，在第一章中介绍的向华盛顿湖排放废水造成的严重水污染问题。从人类健康的角度来看，一个更为严重的案例是拉夫运河（Love Canal）事件，拉夫运河是纽约州的一个小型生活社区，因为一个化工厂向其附近填埋场倾倒有毒废物而受到污染（见第二十三章）。公允地说，该化工厂倾倒废物的时候（1942—1953年），稀释程式仍然被广泛的接受。然而，稀释程式的失效给生活在拉夫运河社区的人们带来了灾难，使得他们不得不舍弃家园，很多人在离开受污染的家乡后发生了健康问题。

今天，几乎所有的环境科学家都拒绝稀释程式，赞成回飞镖程式（boomerang paradigm），这种程式的理念是：你扔出去的东西会返回来伤害你。在几次污染事件广为宣传并引起公众关注以后，20世纪下半叶开始采用回飞镖程式。在这些事件中，较为知名的是在位于食物网顶端的鸟类体内发现了积存的DDT农药，这一发现的意义非常明确，即DDT是不可接受的，不仅给生态系统健康带来威胁，而且对人类健康也是潜在威胁。

由于DDT对环境的影响以及DDT所引发的很多其他环境问题，一个新的科学领域生态毒理学应运而生。**生态毒理学**（ecotoxicology）也叫环境毒理学（environmental toxicology），是毒理学研究领域的延伸。毒理学以对人的研究为中心，生态毒理学也是如此，因为人制造出污染物，对环境造成了不利影响。

生态毒理学的研究范围很宽，从个体生物细胞中的分子相互作用，到对种群（比如本地物种灭绝）、群落和生态系统（比如物种丰富度的丧失）与生物圈（比如全球气候变化）进行研究。生态毒理学知识的扩展为了解人类健康和自然系统健康之间的关系提供了诸多案例。

生态毒理学：对生物圈中污染物及其对生态环境有害影响的研究。

生态毒理学有助于决策者对很多影响我们以及我们所依赖的生态系统的工业和技术“进步”进行成本和效益分析。然而，多数环境管理者目前所依据的是单一物种的数据。科学家才刚刚开始收集那些决定种群、群落、生态系统以及更高层次自然系统境况的数据。获得更高层次的信息将会非常复杂，因为，（1）自然系统暴露于很多环境应激源（导致环境负担加重的变化）；（2）自然系统必须经过长期的评价才能确定重要的发展趋势；（3）结果必须非常清楚，以便政策制定者和公众进行评价。

案例聚焦
海洋和人类健康

海洋对我们来说很重要，它既是我们的食物来源，又是造福人类健康的自然化学物质的来源，这些化学物质在很多领域都大有用途，比如新兴药物、营养补品、农业农药、化妆品等等。发现和开发有益海洋化合物还处于起步阶段。海绵、珊瑚、软体动物、海洋藻类和海洋细菌都是海洋里的生物，在提供自然化学物质方面具有很大的潜力。除了作为食物和其他产品的来源，海洋还从人类主导的陆地上吸纳很多废弃物。

海洋微生物的负面健康影响　海洋微生物在海洋环境的任何地方都会自然地存在。平均来说，每毫升海水中就有1百万个细菌和1千万个病毒。这些微生物通常正常发挥它们的生态作用（比如分解），不会给人类带来重大的问题。然而，现在人类的活动开始对海洋产生明显的影响，包括陆地营养排放的增加与海洋温度的小幅上升。这些变化正在引起致病微生物，特别是那些对人类健康形成重大威胁的微生物的数量和分布增加。比如，如果人的免疫系统因为饮用或食用含有致病微生物的水、鱼或贝壳动物（比如贻贝或蛤）而受到破坏，那么人可能就会得病甚至死亡。这些海洋中的致病微生物与人的废水或牲畜废物排放有关。不过，关于人类导致的污染与海洋系统中致病微生物增加之间的关联，还需要做进一步的研究。

科学家已经在孟加拉国观察到水生细菌引起的霍乱爆发与孟加拉湾海岸水温升高之间的关联，这一关联是间接的。很明显，温度升高促进了微小浮游生物的生长，浮游生物又为霍乱细菌的成长提供了理想条件。潮汐将这些被污染的水带到河里，这些河流提供饮用水源，因此增加了当地人口中爆发霍乱的危险。

某些物种的有害藻类大密度地繁殖生长，称为赤潮（red tide）。当一些有颜色的海洋藻类爆发性生长的时候，其数量的丰富性就会将海水染成橙色、红色或褐色（图7.11）。这种赤潮可能会引起严重的环境危害，损害人类和动物的健康。有些形成赤潮的藻类物种分泌毒素，攻击鱼类的神经系统，导致鱼类的大面积死亡。鸬鹚等水禽如果吃了被污染的鱼就会受到损害，有时会发生死亡。这种毒素还会随着食物网一直延伸积累到哺乳动物和人身上。1997年，100多只僧海豹死于西非海岸的藻类毒素，占这一濒危物种的1/3。人类如果食用了藻类毒素，健康也会受到影响，这种毒素一般通过生物累积储存在贝壳动物或鱼身上。即便是无毒的藻类物种也会在爆发时造成破坏，它们会遮蔽海洋植物生长的阳光，扰乱食物网的活力。

图7.11　赤潮。大量有毒藻类的出现染红了海水。本图摄于澳大利亚卡奔塔利亚湾（Gulf of Carpentaria）。

没有人知道赤潮是由什么引起的，这种环境异常越来越常见，也越来越严重，但是很多科学家认为海岸污染应该难辞其咎。排放到海岸地区的废水和农业废物包含着越来越多的氮和磷，这两种营养物都会加速藻类的生长。海洋温度的变化，导致出现了全球变暖，可能也是引发藻类爆发的原因。另外，佛罗里达海岸水域赤潮爆发与非洲尘暴的到来之间可能存在着一定的关联。这些尘暴有时从大西洋吹来，丰富了水中的铁含量，看起来可能引发藻类爆发。

由于我们不知道是什么引起了赤潮，所以现在没有什么控制措施能够避免赤潮爆发或解答发生赤潮后如何治理。不过，诸如卫星监测和天气追踪系统等技术可以对可能引发赤潮爆发的条件进行更好的预测。

复习题

1. 哪一个环境灾难极大地促进了回飞镖程式替代稀释程式？
2. 什么是生态毒理学？

决策和不确定性：风险评价

学习目标

- 掌握风险的定义，解释风险评价如何有助于确定不利的健康影响。
- 解释风险信息如何改进环境决策。
- 解释生态风险评价。

本章里我们讨论了人类健康和环境面临的不同**风险**（risk）。我们每个人每天都要做出很多风险管理的决定，其中多数都是基于本能、习惯和经验。我们做出的这些决定都很有效，因为毕竟我们没有因为做出决定而受到伤害或遭遇死亡。

但是，环境和健康决策常常影响着很多人，最好的决策并不总是基于本能而做出的。风险分析（risk analysis）就是用来组织思考复杂环境系统的一个工具。当我们从系统的角度思考风险的时候，就可以决定下面哪些做法是最有效的：

- 改变我们的行为以避免特别的风险。
- 限制某一特别**隐患**（hazard）与我们接触的程度。
- 限制隐患伤害我们的程度。
- 如果隐患导致了伤害，提供某种弥补或补偿。

比如，汽车交通事故带来伤害的风险。我们可以对城市重新进行设计，使人在距离居住地点不远的地方工作。我们可以建立规章制度，明确开车的速度或靠左行驶还是靠右行驶。我们可以要求使用安全带和安全气囊以使交通事故中的人不会受伤得那么厉害。最后，我们可以购买保险以补偿受到的损失、失去的时间以及遭受的伤害。风险分析还使我们思考不同行为之间的平衡，比如我们可以骑自行车而不开车，这会花更多时间，交通事故风险也高，但我们可以从运动中获得一些健康好处。

作为决策工具的风险信息

风险管理（risk management）是明确、评估和减少风险的过程。风险评价（risk assessment）涉及使用统计方法来量化某一特定行为的风险，以便将这些风险与其他风险进行比较。在不利健康影响的风险评价中涉及4个步骤，在图7.12中进行了总结。

❶ 明确隐患
暴露于这种物质导致比如癌症或出生缺陷等不利健康影响的可能性会增加吗?

❷ 剂量—反应评价
暴露数量（剂量）与不利健康影响的严重性之间有什么关系？暴露于小剂量的人可能显示不出症状，而暴露于大剂量就会导致生病。

❸ 暴露评价
人暴露于被怀疑物质的强度、频率与时间是多少？人居住的地方与物质排放的关系也要考虑。

❹ 风险表征
个体或种群出现不利健康影响的可能性有多大？风险表征对剂量—反应评价、暴露评价的数据进行评估。风险表征表明，墨西哥裔美国人比其他人暴露于农药的风险大，因为他们中很多人都是农业工人（见图片和表格）。

农业工人暴露于农药等化学物质的程度远高于平均暴露值。（Sisse Brimberg/National Geographic Image Collection）

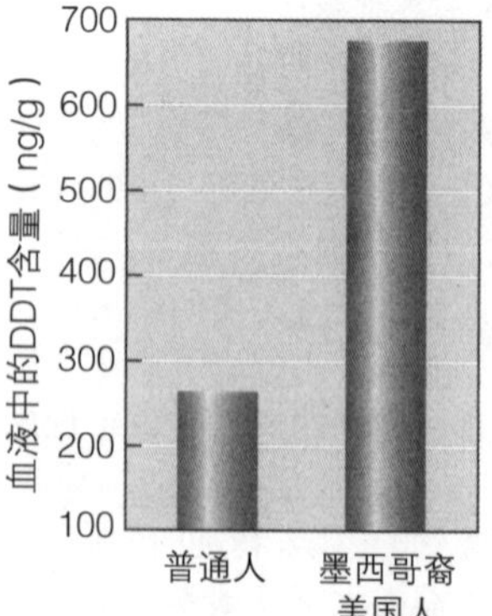

图7.12　不利健康影响风险评价的四个步骤。（引自*Science and Judgement in Risk Assessment*［《风险评价中的科学与判断》］, Washington, DC, National Academy Press, 1994。）

风险： 因为某些暴露或条件而产生特别不利影响的可能性。

隐患： 具有导致潜在伤害的某种状况。

表7.5　可能导致美国人死亡部分的原因

死亡原因	一年可能性*	一生可能性*
心血管病	300人有1人（3.3×10^{-3}）	4人有1人（2.5×10^{-1}）
各种类型的癌症	510人有1人（2.0×10^{-3}）	7人有1人（1.4×10^{-1}）
汽车交通事故	6700人有1人（1.5×10^{-4}）	88人有1人（1.1×10^{-2}）
自杀	9200人有1人（1.1×10^{-4}）	120人有1人（8.3×10^{-3}）
谋杀	18,000人有1人（5.6×10^{-5}）	240人有1人（4.2×10^{-3}）
因公死亡	48,000人有1人（2.1×10^{-5}）	620人有1人（1.6×10^{-3}）
浴盆溺亡	840,000人有1人（1.1×10^{-6}）	11,000人有1人（9.1×10^{-5}）
飓风	3,000,000人有1人（3.3×10^{-7}）	39,000人有1人（2.6×10^{-5}）
商业飞行	3,100,000人有1人（3.2×10^{-7}）	40,000人有1人（2.5×10^{-5}）
黄蜂、马蜂	6,100,000人有1人（1.6×10^{-7}）	80,000人有1人（1.3×10^{-5}）

*括号中表明风险可能性
死亡可能性由L. 博格（L. Berg）根据多种数据来源计算出来。

风险是以某些副作用或者事件发生的可能性，乘以发生后的影响（死亡、受伤、经济损失）来计算的。风险一般用分数来描述，如从0（不会发生）到1（一定发生）。比如，根据美国癌症学会（American Cancer Society）的统计，在2002年，大约有17万抽烟的美国人死于癌症，这就可以转换为0.00059（也就是说，5.9×10^{-4}）的死亡可能性。表7.5囊括了美国导致死亡的部分可能原因。注意，这些是人口估计，有着很大的不确定性，大多数在人口分布上都不均衡（即工作中的死亡只发生在受雇人员中间，有些工作的风险性远大于其他工作）。

风险评价可用于多种方式的环境管理。政府管理机关可以制定一个“最大风险”标准。比如，EPA可以决定在城市饮用水中，人们面临的风险不应该超过百万分之一的三氯乙烯（TCE，一种常见污染物）单位。如果我们知道了TCE的**致癌潜力**（cancer potency）以及平均每个人饮用的水量，那么我们就可以计算出TCE的最大可摄入量。

另一方面，风险管理者可能关心的是与现有或历史上暴露相联系的预期风险。比如，一个公司可能想知道，需要预算拨出多少经费才能支付与暴露于石棉的建筑工人相关的医疗费用。确切地指出哪个工人会感染尘肺病（一种与长期暴露于石棉相关的肺病）是不可能的，但是，我们能对一个大的群体中感染疾病的人数进行估计。

与风险的测估价值相比，我们的很多风险决策更需要我们信任管理风险的个人和组织。比如，很多人不信任核工业，这就意味着不管核工业对核事故的风险评价有多么准确，都无济于事。我们对风险可控（比如驾车或吃饭）的担忧要比对风险不可控（比如农药污染）的担忧少，我们对恐惧的担忧（死于癌症）比不恐惧的担忧（骑自行车）多。因此，有效的风险管理不只是基于风险计算本身，还必须考虑本能、信任和社会条件。

成本—效益分析和风险　风险评价是成本—效益分析的重要内容（见第二章）。在成本—效益分析中，一些减少风险的管理规定的预估成本，要和风险减少相关的潜在效益进行比较。成本—效益分析是帮助决策者制定环境法规的重要机制，但是其分析也只能依据已有的数据和推断。企业对控制污染的成本估计常常数倍于实际支出。1971年，在是否取消含铅汽油的争论中，石油工业预测在转换期每年需要支出70亿美元，但每年实际费用不超过5亿美元。

尽管在预算成本和实际支出之间会出现大的偏差，但是成本—效益分析中的成本部分相对于健康和环境受益方面更加容易计算出来。估算在工厂里安装空气污染控制设备的支出是相对容易的，但是怎样才能对减少空气污染的效益贴上一张价格标签？减少呼吸道疾病对儿童和老人这两类对空气污染敏感的人的价值是多少？清洁空气值多少钱？

成本—效益分析中的另一个问题是基于这种分析的风险评价远不够完美。即便是最好的风险评价也是基于推测，一旦这种推测发生变化，将极大地改变对风险的评估。风险评价是一门不确定性的科学。成本—效益分析和风险评价在评估和应对解决环境问题中有一定作用，但决策者在制定新的政府规章时必须认识到这些方法的局限性。

预警原则　你可能听说过“1盎司的预防胜过1镑的治疗”的说法。这一说法是政策的核心，很多政治家和环境运动主义者都倡导**预警原则**（precautionary

---

致癌潜力：与暴露于一定单位的某种化学物的增加相联系的预期癌症增加的估计。

预警原则：在科学无法确定但可能存在未知风险的情况下，不采取行动或发布产品的理念。

principle）。按照预警原则，如果怀疑一项新技术或化学产品威胁健康或环境，即便危险的范围不确定，我们也应该采取预防性措施。

如果新的证据证明其比开始认为的危险性大，预警原则也适用于现有技术。当观察和实验显示含氯氟烃（CFCs）对平流层的臭氧层有害时，预警原则让多数国家禁止使用这种化合物。禁止后的科学研究为这种做法提供了支持。

对很多人来说，如果科学与风险评价不能为政策制定者提供明确的答案，那么预警原则就是一个常识。预警原则使得举证的责任落到新技术或新产品开发者身上，他们必须展示安全性，解除人们的理性质疑。

尽管预警原则在欧盟和美国以及其他国家已经被引入决策机制，但依然有一些反对者。有些科学家认为，这种做法对科学的作用提出了挑战，使得决策在没有科学参与的情况下得以制定。成本—效益分析的支持者提出，预警原则的成本可能会极高，或者使得我们禁止使用那些比已有技术还要安全得多的新技术。

有些批评者认为预警原则的定义不明确，会减少贸易和限制技术创新。比如，有几个欧洲国家禁止从美国和加拿大进口牛肉，因为这两个国家使用增长激素，以使得牛长得更快。欧洲人声称，增长激素会对吃牛肉的人造成伤害，但是自从1989年牛肉禁止进口措施生效以来，一直被广泛地认为是为了保护本地的牛肉工业。

纳米技术的迅速发展是预警原则可能有用的另一个领域。纳米技术（nanotechnology）就是生成制造超小尺度原子或分子的材料和工具（图7.13），在很多领域中的应用越来越普遍，从化妆品到废水处理到电子工业。因为其极小的尺度，纳米材料（nanomaterials）可能会对环境有利，因为它们比传统制造业需要的原材料要少。

然而，纳米尺度（1纳米等于10亿分子1米）颗粒有着很大的潜在但又高度不可知的健康、安全和环境方面的风险。出于对这种高度不可知性的担忧，一些政策制定者坚持认为应该采用预警原则，在确认安全性以前避免使用纳米技术。EPA已经决定监管这些可能对环境产生不利影响的纳米材料，当然产品安全举证的责任将落到出售纳米技术的公司身上。

部分风险归因 根据一项评估，每年有15万人的死亡与气候变化对健康的影响有关，这一数字到2030年将达到30万。然而，在气候变化和其他环境案例中，常常很难将疾病、伤害或死亡归咎于某一特别的环境原因。2011年9月11日纽约双子塔倒塌后进入的第一批应急人员（警察、消防队员和医务工作者）所遇到的情况即是如此，他们暴露于大量的空气污染物之中，现在很多人饱受癌症和其他疾病之苦。尽管我们有充足的理由认为在空气污染物中的暴露增加了患病几率，但是很难说哪一种疾病是因为暴露而产生的，哪一种疾病如果没有暴露就不会发生。这给那些第一批应急人员带来了困境，因为不清楚到底该由谁来负责治疗他们。

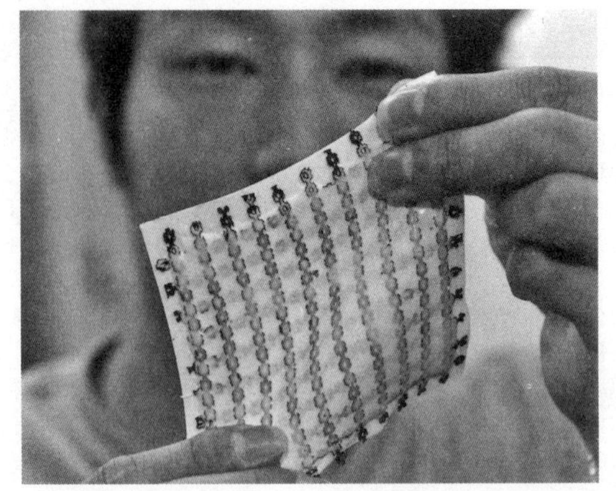

图7.13 纳米技术。日本东京大学的研究人员西岗关谷（Tsuyoshi Sekitani）2008年8月11日在东京大学的实验室中展示一片含有碳纳米管的柔性薄片，可以在硅塑（白色基底）上导电（黑色部分）。

应对这种不确定性的一个方法是部分风险归因（fractional risk attribution）。这种方法区分两种或多种不同的可能致病、致死原因中各个的可能性。比如，如果一群人在某些暴露以后癌症的发病率翻了一倍，那么，根据部分风险归因，我们就会将50%的对癌症的“指责”归咎于那个暴露。我们不能说哪一种癌症是暴露导致的，但是我们可以说如果没有暴露，一半的癌症就不会发生。

这种理念在处理气候变化问题上特别有用，因为很难说某个特定天气事件是由气候变化引起的。有充分的证据说明，近年来记录的雨、热、旱、飓风和其他天气事件是由气候变化导致的，但是不能说如果没有气候变化就不会发生某例死亡。我们常常可以推测如果没有气候变化可能发生的各种极端事件的数量，并与实际发生的事件数量进行对比，以此来估计可归因于气候变化的那部分死亡（以及财产损失、伤害和疾病）。

风险与均衡 对我们健康的一些威胁，特别是环境中有毒化学物的威胁，非常引人注目，而其他威胁，尽管从风险评价的角度看很大，却往往不引人注意。关于风险事件和风险状况的媒体报道常常受到休闲需要以及了解能力的限制，多数记者没有科学或风险评价的专业训练。因此，在媒体上受到最大关注的风险可能还没有那些报道少的事件的风险大。

这并不意味着我们应该忽视人类带到环境里的化学物质，也不意味着我们应该低估那些新闻媒体有时不无煽情的报道。这些报道对于推动政府部门尽可能地保护我们远离技术和工业世界的危险发挥着重要作用，它们反映着人们对工业和政府管理风险以及进而改善情况能力的不信任。量化风险是减少风险的重要一步，但是同样重要的是不管风险大小，都要理解人们为什么以及怎样应对风险。

生态风险评价

EPA和其他联邦以及州政府环境监管部门越来越多地尝试使用评价人类健康风险的方法来评估生态系统健康，实施这种生态风险评价（ecological risk assessment, ERA）已经有详细的操作指南。尽管这项工作一开始只是生态毒理学的延伸，但是生态风险评价覆盖更大范围的对生态系统的影响，在具体内容上包括对大量植物和动物暴露于应激源（潜在不利条件）的评价以及与这些应激源相关的影响范围的评价。

这样的分析很难，因为影响可能在很宽的尺度上发生，从某个当地的单个动物或植物到一个更大地区的生态群落。就人导致的环境应激源带来的隐患和暴露水平而言，生态影响的范围就涉及从好的影响到坏的影响，或者从可接受的影响到不可接受的影响。环境决策中的科学知识使用充满着不确定性，因为很多生态影响没有被完全了解或者难以测量。一个现实的需要是量化环境系统的风险，制定应对不确定性的策略。

ERA越来越多地被用来管理流域（watershed）的多重威胁。比如，中国的黄河三角洲包括八个明显的生态系统（盐碱蓬草海滩、芦苇沼泽、淡水水体、树林和草地、虾池和盐田、稻田、旱田、人居住区）（图7.14）。这些生态系统面临着很多应激源，包括农业用水灌溉、干旱、风暴、洪涝、石油泄漏。这个区域的ERA认为，有一些地区面临着负面影响的最大可能性，管理者目前正在运用这些信息优先开展三角洲的风险减少活动。

图7.14　黄河三角洲。中国的黄河三角洲地区具有很高的生产力和丰富多样的生态系统，面临着多种人为的应激源。生态风险评价已经指导管理者确定和应对那些最脆弱的地区。

复习题

1. 什么是风险评价?
2. 成本—效益分析与预警原则有着怎样的不同?
3. 什么时候进行生态风险评价?

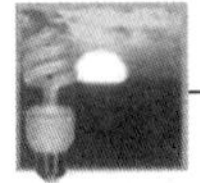

能源与气候变化

慢性疾病与急性疾病

尽管气候变化已经开始导致人的死亡和疾病，但是具体的数字是高度不确定的。与其他危险一样，与气候变化有关的死亡和疾病包括急性和慢性影响两种。急性影响包括2006年欧洲热浪和2010年美国热浪、卡特里娜飓风和艾可飓风等极端天气、2008年加州森林火灾等引起的死亡（见图）。慢性影响包括热带疾病的扩展和空气过敏原的增加。不是所有的健康影响都是负面的，比如，温和的冬季可能导致流感发病率的降低。

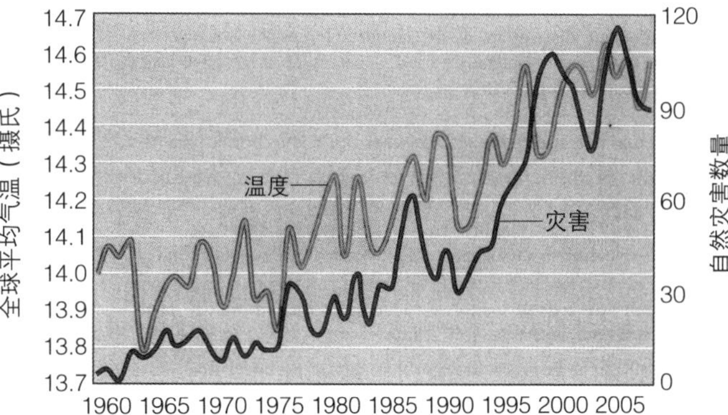

全球平均气温和与热有关的自然灾害，1960—2010。

这幅图显示，与热相关的自然灾害（比如热浪和干旱）数量在过去50年里不断增长。2010年与热有关的自然灾害与1960年相比是怎样的比率？与1975年的比率呢？

通过重点术语复习学习目标

- **比较高度发达国家与欠发达国家之间的健康问题。**

冠心病、癌症、慢性阻塞性肺部疾病是美国和其他高度发达国家的健康问题，这些疾病很多都是与老年有关的慢性疾病，部分是生活方式导致的，涉及饮食、运动和抽烟。在发展中国家，儿童死亡率特别高，导致儿童死亡的主要原因有营养不良、腹泻和疟疾。

- **解释地方病和新发疾病之间的不同。**

地方病是在一个地区或人群中持续发生的疾病，有些地方病，比如天花和小儿麻痹症，已经在全世界范围内得到控制，而其他的地方病依然常见。新发疾病是那些对人类来说相对新的疾病，因为每年流行的感冒毒株不同，因此，流行性感冒常常被认为是新发疾病。AIDS病在几年前是新发疾病，但是现在已成为很多地区的地方病。

- **总结与环境中显示出持久性、生物累积和生物放大性的化学物质相关的问题。**

显示出持久性的化学物质具有高度的稳定性，需要很多年通过自然过程才能分解成简单的形式。生物累积是某种持久性有毒物质在生物体内，通常是在脂肪组织中的积累，比如某些农药。生物放大是有毒化学物质浓度在更高食物网层级的生物体内组织中的提高，比如PCBs、重金属、某些农药。

- **概述一些数据，这些数据显示人类使用的某些化学物质还可能导致动物包括人类自己的内分泌紊乱。**

1980年的一次化学物质喷洒污染了佛罗里达的第三大湖阿波普卡湖（Lake Apopka），污染物是DDT和其他具有雌激素特质的农业化学物质。生活在湖里的雄性鳄鱼在湖水污染后的数年里睾丸酮水平很低，而雌性激素的水平则有所提高，生殖器官常常变得雌性化或者变得异常小。湖中鳄鱼蛋的死亡率极高，在很多年里减少了鳄鱼的种群数量。人类也可能处于内分泌干扰物的威胁之下，因为生殖紊乱、不孕不育、荷尔蒙相关的癌症（比如睾丸癌、乳腺癌）等案例似乎在增加。

- **解释有毒物质，区分急性毒性与慢性毒性之间的不同。**

有毒物质是对人类健康有着不利影响的化学物质。急性毒性是暴露于一种有毒物质之后短时期内产生的不利影响。慢性毒性是暴露于某种有毒物质经过一段时间后或长期暴露于有毒物质所产生的不利影响。

- **描述剂量—反应曲线如何有助于确定环境污染物对健康的影响。**

剂量—反应曲线是一个图表，显示不同剂量在实验生物群体中所起的影响。科学家首先测试高剂量的影响，然后依次减少到阈值水平。

- **讨论农药对儿童的风险。**

关于家用农药暴露和可能中毒的报告有一半以上涉及儿童。一些研究显示，暴露于农药可能会影响婴儿、幼儿、学龄前儿童的智力和运动技能。

- **讨论DDT对鸟类影响的发现是如何导致回飞镖程式替代稀释程式的。**

程式是普遍接受的理解方式，在对世界某些领域如何运转方面形成共识。根据稀释程式，“解决污染的方法是稀释”。环境科学家拒绝稀释程式，赞成回飞镖程式，这种程式的理念是：你扔出去的东西会回来伤害你。这种回飞镖程式在发现DDT累积处于食物网顶端的鸟体内以后被采纳，给人的启示是：不论是对生态系统健康的威胁，还是对人类健康的潜在威胁，DDT都是不可接受的。

- **解释生态毒理学，解释为什么生态毒理学知识对人的健康至关重要。**

生态毒理学是对生物圈中污染物及其对生态环境有害影响的研究。生态毒理学有助于决策者对很多影响我们以及我们所依赖的生态系统的工业和技术“进步”进行成本和效益分析。

- **掌握风险的定义，解释风险评价如何有助于确定不利的健康影响。**

风险是因为某些暴露或条件所产生特别不利影响的可能性。风险评价是评估那些可能性和影响的过程。风险评价如果恰当地实施，会提供一种风险或系列风险的可能性和严重性。

- **解释风险信息如何改进环境决策。**

风险信息可以用在几种不同的决策方法上。在风险管理中，风险被评价和描述，政策措施被选定，以降低已知的风险。风险可以作为成本—效益分析的要素。与某一特定产品风险评价相关的不确定性可能导致我们采取预警原则，从而避免一个不确定的但是可能不利的结果。部分风险归因使我们根据导致结果产生的可能的化学物质，来分配不利影响所应负的责任，即便是个别案例的原因不能确定。

- **解释生态风险评价。**

生态风险评价是评估系列人类活动导致产生的应激源的生态影响过程。

重点思考和复习题

1. 导致美国人口死亡三个最主要的原因是什么？它们和生活方式有着怎样的关联？
2. 为什么公共卫生研究者对与发达国家有关的健康问题“出口”到欠发达国家感到担忧？
3. 与欠发达国家相比，高度发达国家婴儿死亡率低的原因是什么？
4. 在全球范围内消灭的第一种病毒性疾病是什么？卫生官员希望不久消灭哪一种疾病？
5. 什么是地方病？为什么地方病的潜在危害让那么多的公共健康官员困扰？
6. 区分持久性、生物累积和生物放大的不同。
7. 急性毒性和慢性毒性有何不同？
8. 什么是剂量—反应曲线？如果实验信息是关于高剂量的，那么这条曲线能够告诉我们什么关于低剂量影响的信息？
9. 毒理学和流行病学之间的主要区别是什么？它们在哪些方面是相同的？当两个方法导致不同的结论时，决策者可能做出怎样的反应？
10. 描述确定一种化学物质是否会导致癌症的常用方法。
11. 从两个选项中选出一个完成下列句子，然后解释你的选择：关于环境污染物对健康影响的不确定性（是/不是）风险缺乏的同义词。
12. 使用成本—效益风险、预警原则和部分风险归因，分析下列各种情况，哪个更恰当？请解释你的答案。
    a. 管理与火电厂排放的汞相关的风险；
    b. 补偿20年前在工作中暴露于化学物质而患癌症的病人；
    c. 为2050年与气候变化相关的疾病做准备；
    d. 制定化妆品和医药使用纳米材料的新政策；
    e. 为将来从动物可能传染到人的疾病做准备。
13. 人的健康风险评价与环境健康的生态风险评价有何相似之处？它们有着怎样的不同？
14. 你认为世界变暖会改进还是恶化人的健康？请解释你的答案。
15. 下图显示出美国儿童的健康状况与家庭收入、教育密切相关。环境是与家庭收入相关的一个因素吗？是与教育有关的一个因素吗？请解释。

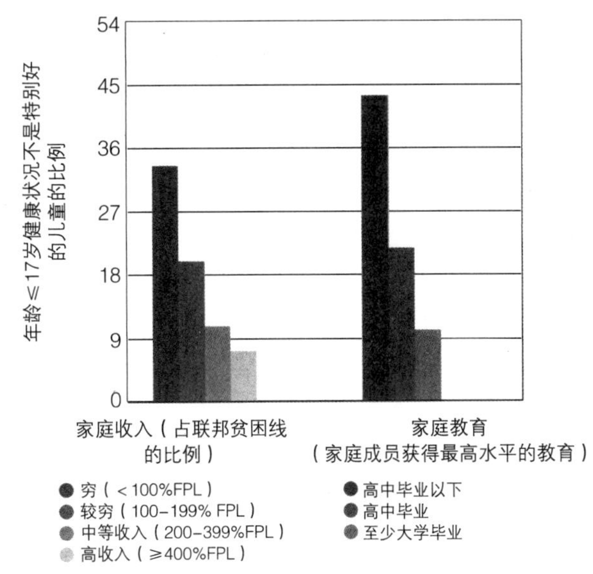

美国家庭收入、教育和儿童的健康。

食物思考

在20世纪上半叶，美国军队不得不拒绝一大批应征入伍的人，因为他们达不到标准体重。为此，美国政府制定实施了一个政策，向数百万的美国人提供食物。到了20世纪末，军队开始拒绝新的报名参军的人，因为他们超重。讨论一下卡路里摄入与饮食的关系。你所在的地区，政府资助的食品计划促进健康饮食了吗？请解释。

第八章

人口

HIV/AIDS孤儿。南非约翰内斯堡爱心好友之源孤儿院（Chubby Chumbs Fountain of Love）的孤儿正在吃午饭。这些儿童大部分是AIDS孤儿或HIV阳性患者，或两者都是。

在所有大陆中，非洲的人口增长最为迅速，大部分人口集中在撒哈拉沙漠以南的非洲地区，专家预测，到2025年，那里的人口将增长到13亿，到2050年将有可能翻番。

尽管有这样惊人的增长，很多人口专家在20世纪90年代和21世纪初降低了他们对撒哈拉以南非洲人口增长速度的估计。令人悲哀的是，这种估计的降低是因为获得性免疫缺损综合征（AIDS）和人类免疫缺陷病毒（HIV）肆虐撒哈拉以南非洲地区的很多国家。联合国HIV/AIDS项目估计，世界上3500万感染HIV/AIDS的成年人和儿童中，有2500万生活在撒哈拉以南非洲（根据最新的统计数据）。从世界范围看，每年新感染HIV的病人有230万，其中大约70%来自撒哈拉以南非洲。这一地区大约有1500万儿童因为其父母感染AIDS而失去父亲或母亲或双亲（见图片）。很多AIDS孤儿没有得到相应的教育、医疗或营养。

尽管全球在扩大HIV/AIDS治疗方面取得了显著进展，但是撒哈拉以南非洲的国家依然经历着很高的HIV/AIDS死亡率，成为非洲人口死亡最主要的原因。HIV/AIDS的高死亡率导致很多非洲国家人口寿命降低。比如，在斯威士兰（Swaziland），平均寿命从20世纪80年代末高峰时期的大约60岁降低到2013年的49岁。非洲的AIDS危机除了减少寿命外还有很多的冲击。HIV/AIDS的流行威胁着当地的经济稳定和社会支持系统，破坏颠覆了医疗保健体系。由于HIV/AIDS感染，农业劳动力丧失，有些国家的饥饿问题异常严重。联合国估计，到2020年，AIDS将导致南部非洲至少20%的农业劳动力死亡。劳动力短缺变得十分普遍，外资投入减缓，因为很多投资者担心工人中的高感染率。

好消息是治疗HIV/AIDS的抗逆转录病毒疗法（鸡尾酒疗法）的普及在全球取得了进展。从2005年到2012年，接受这一治疗的人数增加了两倍。2012年，生活在低收入和中等收入国家的HIV/AIDS病人大约有61%得到治疗，其中包括撒哈拉以南非洲68%的HIV/AIDS患者。HIV/AIDS死亡人数和新增病例每年都在下降，人均寿命也有一定提高。随着HIV/AIDS治疗的改善，人口专家希望这些撒哈拉以南非洲的国家能够集中改善计划生育，控制人口出生率。

HIV/AIDS只是影响人口的一个因素，在这一章，我们将重点介绍人口的现状。

身边的环境

对于HIV感染者来说，“安全性行为”意味着什么？你认为你所在学校的大多数学生关心HIV感染吗。为什么？

人口统计的科学

学习目标

- 解释人口统计学，总结人口增长的历史。
- 认识托马斯·马尔萨斯，简述其人口增长的思想并解释他的思想为什么正确或为什么不正确。
- 解释为什么不可能准确地回答地球能支持多少人，也就是地球对人类的承载力这个问题。

人口统计学（demography）是关于人口结构和增长的科学，人口数据的应用被称为人口统计数据（demographics）。

看图8.1，该图显示了人口增长情况，再回看一下第五章的图5.5，可以比较两个不同的曲线。图8.1中的指数式人口增长的J曲线特征反映了我们人口数量每新增10亿人所需要的时间。人口数量达到10亿人花费了几千年的时间，这一里程碑出现于大约1800年，此后，又花了130年，人口达到20亿（1930年），又花了30年达到30亿（1960年），又花了15年达到40亿（1975年），又花了12年达到50亿（1987年），又花了12年达到60亿（1999年），又花了12年达到70亿（2011年）。

首先认识到人口数量不能无限增长的学者之一是英国经济学家托马斯·马尔萨斯（Thomas Malthus，1766—1834年），他指出，人口增长不可能一直是令人期待的，与当时以及现在很多人的观点相左，他认为人口增长的速度比食物供给的速度快。在他看来，人口增长难以避免的影响是饥馑、疾病和战争。自从马尔萨斯提出该理论以来，人口数量从大约10亿增长到70亿。

乍一看，马尔萨斯似乎是错的。我们人口的持续增长是因为科技进步使得食品生产保持了与人口的同步增长。但马尔萨斯可能最终将证明他是正确的，因为我们不知道我们的食物增长是否是可持续的。我们的粮食生产增长是否以牺牲环境、降低土地满足后代需求的生产能力为代价？事实上，我们至今无法判定马尔萨斯是错误的还是正确的。

当前和未来的人口数量

我们这个世界的人口在2012年是71亿，从2012年到2013年增长了大约9700万人。这一增长不是出生率（b）提高所导致的。事实上，过去200年来，世界人口出生率一直是下降的。与此相反，人口增长是因为死亡率（d）

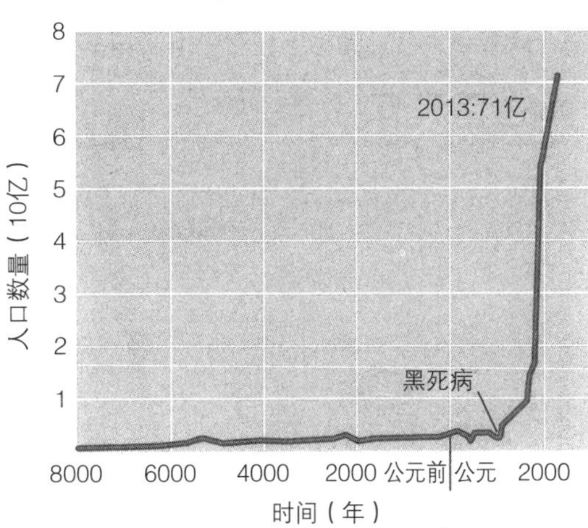

图8.1　人口增长。在过去1000年间，人口呈指数增长。人口专家预测，在21世纪，人口将保持稳定，可能会形成某些物种发展中的S型曲线。（黑死病指的是一次毁灭性疾病，可能是腹股沟淋巴结鼠疫，在14世纪造成欧洲和亚洲大量人员死亡。）（人口咨询局）

的大幅降低，这主要是因为食品生产增加、医疗保健改善、水质和卫生状况改进，提高了全球大多数人的寿命。

尽管我们的人口继续增长，但世界人口增长率（*r*）在过去几年里一直在下降，从20世纪60年代中期高峰时期的每年2.2%下降到2013年的1.2%。联合国和世界银行的人口专家认为，增长率将继续慢慢下降，直至零增长，也就是出生率等于死亡率。如果发生这种稳定的情况，非常清楚的是，人口增长将呈现S曲线，而不是J曲线。专家认为，零人口增长将在21世纪末发生。（你可能想参照第五章的*r*、*b*、*d*以及J、S曲线。）

联合国定期发布对21世纪人口的预测。2012年版的报告预测，2050年，人口将达到83亿（“低”预测）与109亿（“高”预测）之间，最有可能达到96亿（“中”预测；图8.2）。这些预测既考虑了低生育水平，也考虑了HIV/AIDS的高死亡率。低生育率会产生年龄老化，2013年世界人口65岁以上人的比例大约是8%，还有可能继续升高。（人口老化将在本章后面讨论。）这样的人口预测是“要是—又怎样”之类的看法，如果给定出生率、死亡率、移民的未来趋势，那么一个地区未来几年的人口数量就可以计算出来。

任何人口增长预测中的主要未知因素是地球的**承载力**（carrying capacity）。大多数已发布的估计认为，地球能支持的人口数量在40亿到160亿之间。这些估计差别很大，取决于依据什么样的生活、资源生产和消费、技术

人口统计学：社会科学的应用分支，主要研究人口数据，提供不同国家或人群的人口信息。

承载力：某个特定环境在没有变化的情况下能够无限期支持一个种群的最大个体数量。

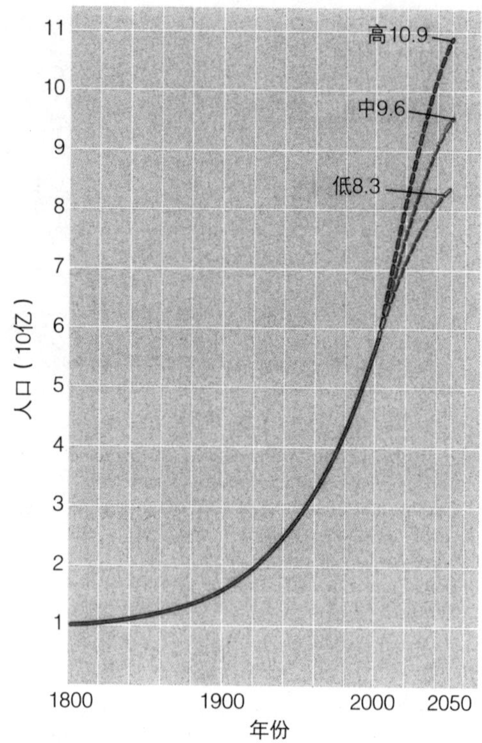

图8.2 到2050年的人口预测。在2012年，联合国修正了其对2050年人口的预测，每个预测都是基于不同的出生率。中预测人口数量是96亿。从现在到2050年不断增长的人口数量将会怎样影响全球的能源使用？（数据引自《世纪人口预测》，2012年修订版，联合国人口司。）

创新、垃圾制造等标准。如果我们希望所有人的物质生活都达到与高度发达国家生活方式同等的高水平，那么很明显，地球所支持的人口数量要比仅高于生存水平的人口数量少很多。地球的人类承载力不是简单地由环境约束决定的，在承载力评价中必须考虑人的选择和价值等因素。

人口迁移

跨国境的人口迁移是一个世界性现象，在过去几十年愈演愈烈。人们移民的目的是为了找工作、提高生活水平，或者是逃避战争或躲避种族、宗教、国家、政治观点方面的迫害，还有的是与已经移民的其他家庭成员团圆。人口的增长促进了移民增长，专家预测在未来30年左右还会增长。

环境状况的恶化和就业竞争的增强都是由人口的不可持续增长引发的，可能会进一步加速国际移民。大多数国际移民去往附近国家，因此，每个大陆都有着自己的国际移民特色。比如，在北美，进入美国的大量非法移民来自墨西哥和中美洲，已经成为一个争议不断的政治问题。在欧盟，很多来自摩洛哥和前南斯拉夫、土耳其的打工人员无意中成为永久居民，本地人和非本地人之间的文化差异依旧是引人关注的问题。

有时，经济、政治或环境问题迫使很多人离开自己的家园。根据联合国难民事务高级专员公署（UH High Commssioner for Refugees）的统计，截至2012年底（最新数据），有1540万名国际难民。目前，难民数量多的国家包括阿富汗、索马里、伊拉克、叙利亚阿拉伯共和国以及苏丹。截至2014年底，叙利亚人将超过阿富汗人成为世界最大的难民国，人数将超过400万。大多数难民逃到邻国，很多人被安置进难民集中营，那儿经常是拥挤不堪，有时也不卫生。

复习题

1. 描述过去200年来的人口增长。
2. 托马斯·马尔萨斯是谁？他的人口增长观点是什么？
3. 在确定地球人类承载力时，为什么不能只考虑人口数量？还必须考虑其他什么因素？

国家人口数据统计

学习目标

- 解释高度发达国家和发展中国家在婴儿死亡率、全部出生率和年龄结构等人口特色上有怎样的不同。
- 解释人口增长惯性是怎样起作用的。

世界人口数据体现着总体发展趋势，但是它并不表征人口的其他重要方面，比如国与国之间的人口差异（表8.1）。

表8.1 世界人口最多的10个国家

国家	2013年人口（百万）	人口密度（每平方千米）
中国	1357	142
印度	1277	388
美国	316	33
印度尼西亚	249	130
巴西	196	23
巴基斯坦	191	230
尼日利亚	174	1
孟加拉国	157	1087
俄罗斯	143	8
日本	127	337

来源：人口咨询局

正如在第一章中所介绍的，不是所有国家都有着同样的人口增长率。国家可以根据增长率、工业化程度和相对繁荣程度分为两类：高度发达国家和发展中国家（表8.2）。不过，这些分类可能太过简单，比如，没有考虑国家内部的不同特色，但是这些分类依然有助于展示人口增长中的差别。

分类中属于高度发达国家（或发达国家）的美国、加拿大、法国、德国、瑞典、澳大利亚和日本等与其他国家比起来人口增长率低，工业化程度高（图8.3）。高度发达国家的人口出生率在全世界最低。事实上，德国等有些国家的出生率甚至低于需要维持人口的程度，在人口数量上有些微减少。

高度发达国家的**婴儿死亡率**（infant mortality rate）低，美国2013年的婴儿死亡率是5.9，而全球婴儿死亡率为40。高度发达国家寿命长（美国79岁，全球70岁），人均GNI PPP（国民生产总值购买力）高（美国50,610美元，全球11,690美元）。人均GNI PPP是国民生产总值购买力除以年中时的人口数量所得出的值，表明某一个国家在美国能够购买的产品和服务数量。也许是因为人均GNI PPP高，高度发达国家还有着很高的能源消费率与废物生产率。

发展中国家还可以再分为两类：适度发达国家和欠发达国家。墨西哥、土耳其、泰国、印度和大多数南美国家是适度发达国家（moderately developed country）的典型代表。这些国家的出生率和婴儿死亡率都比高度发达国家高，但是呈下降趋势。适度发达国家具有中等工

表8.2　发达国家与发展中国家2013年人口数据比较

	发达国家	发展中国家	
	（高度发达国家） 美国	（中等发达国家） 委内瑞拉	（欠发达国家） 埃塞俄比亚
生育率	1.9	2.4	4.8
人口变化预测，2013—2050*	1.3	1.4	2.0
婴儿死亡率	5.9/千人	11.6/千人	52/千人
寿命	79岁	75岁	62岁
人均GNI PPP（2012，美元）**	50,610	13,120	1,140
使用现代避孕措施的妇女	73%	62%	27%

*包括出生率、死亡率和移民等估计，2050年的人口根据2013年基数推算。
**GNI PPP=国民生产总值购买力
来源：人口咨询局

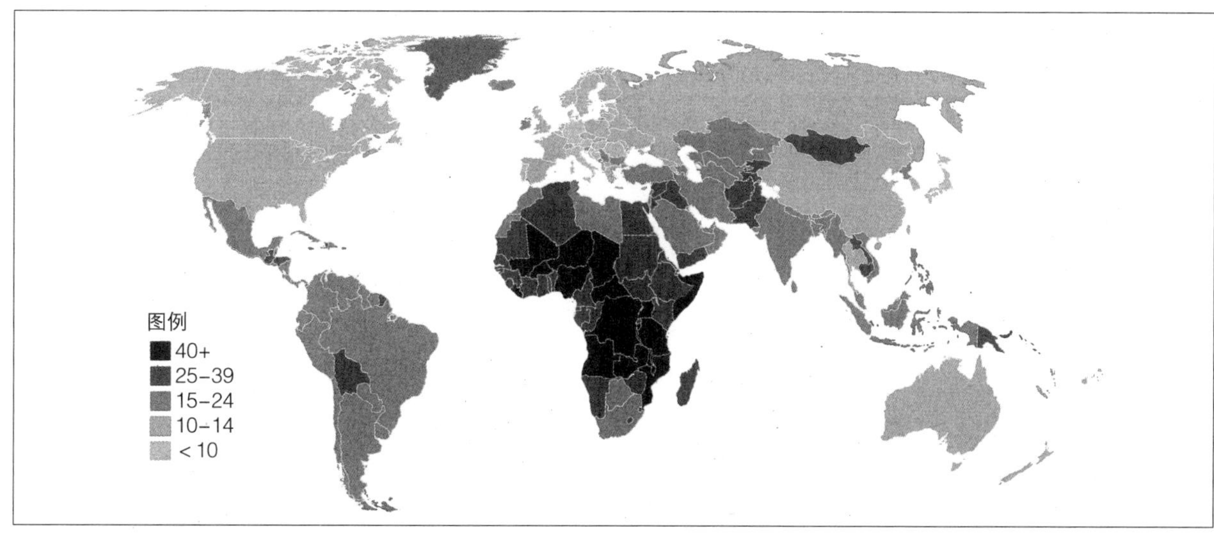

图8.3　2013年的世界出生率。数字显示的是1000名人口中的出生人数。欧洲国家的出生率最低，非洲国家的出生率最高。（人口咨询局）

婴儿死亡率：每1000名初生婴儿中的婴儿死亡数量（1岁以下）。

业化水平，其人均GNI PPP低于高度发达国家。欠发达国家（less developed country）包括孟加拉国、尼日尔、埃塞俄比亚、老挝、柬埔寨等，出生率最高，婴儿死亡率最高，寿命最短，人均GNI PPP最低。同时，这些国家的化石能源利用率和废物产生率也较低。

人口更替水平生育率（replacement-level fertility）是一对夫妇必须繁育从而“替代”他们的下一代的数量，通常为2.1个孩子。这一数字大于2，是因为有些婴儿与孩子还没有长到成熟繁育年龄就夭折了。从世界范围看，**总生育率**（total fetility rate, TFR）现在是2.5，高于替代水平。

人口阶段

1945年，普林斯顿大学人口学家弗兰克·诺特斯坦（Frank Notestein）根据其对欧洲工业化和城市化过程的观察发现了人口增长的四个阶段（图8.4）。在这些阶段中，欧洲从相对高的出生率和死亡率转为相对低的出生率和死亡率。目前，所有高度发达国家和具有较为先进经济发展的适度发达国家都经历了这一过程，或人口转型（demographic transition）。人口学者一般认为欠发达国家随着工业化的实现也会经历同样的人口转型。

在第一阶段即前工业阶段（preindustrial stage），出生和死亡率都高，人口以适度的速度增长。尽管妇女生育很多孩子，但死亡率高。不断发生的饥馑、瘟疫和战争也增加了死亡率。因此，人口增长缓慢或暂时下降。如果我们用芬兰来展示这四个人口发展阶段，那么从第一批居民定居芬兰到18世纪末为第一阶段。

进入工业社会，随着医疗的改善和高质量食物、水供应的增加，人口转型开始了第二阶段，称为过渡阶段（transitional stage），有着较低的死亡率。人口快速增长，原因是出生率依然很高。在19世纪中叶，芬兰处于第二个人口转型阶段。

第三个人口转型阶段是工业化阶段（industrial stage），其特点是出生率下降，并在工业化进程中的某个点发生。尽管死亡率相对较低，但出生率的下降减慢了人口的增长。芬兰在1900年代初经历了这一阶段。

低出生率和低死亡率是第四阶段的特征，称为后工业阶段（postindustrial stage）。在重工业国家中，人们受教育程度高，生活更加富裕，他们倾向于小家庭，开始限制家庭规模。在第四阶段，人口增长缓慢或根本不增长。这就是目前这类高度发达国家的情况，这些国家包括美国、加拿大、澳大利亚、日本和欧洲，还有芬兰。

在第四阶段，高度发达国家的人口为什么会保持稳定？出生率下降与生活水平改善有关，尽管还不知道是社会经济条件改善导致了出生率的下降还是出生率的下降导致了社会经济条件的改善。也许两者都是对的。高度发达国家出生率下降的另一个原因是家庭计划服务水平提高。影响出生率的其他社会经济因素还有教育程度，特别是妇女教育程度的提高，以及社会的城市化。我们将在第九章详细讨论这些因素。

我们不知道低出生率在经历第四阶段后是否会持续。低出生率可能是对工业化、城市化社会的经济社会因素的响应，或者是对高度发达国家妇女角色作用变化的响应。在未来，男人和女人社会经济地位的不可预见的变化可能会使出生率发生变化。比如，2009年的一项研究结果发布在《自然》杂志上，认为如果超过了经济发展的某个水平，生育率就会上升，至少是在某些高度发达国家。

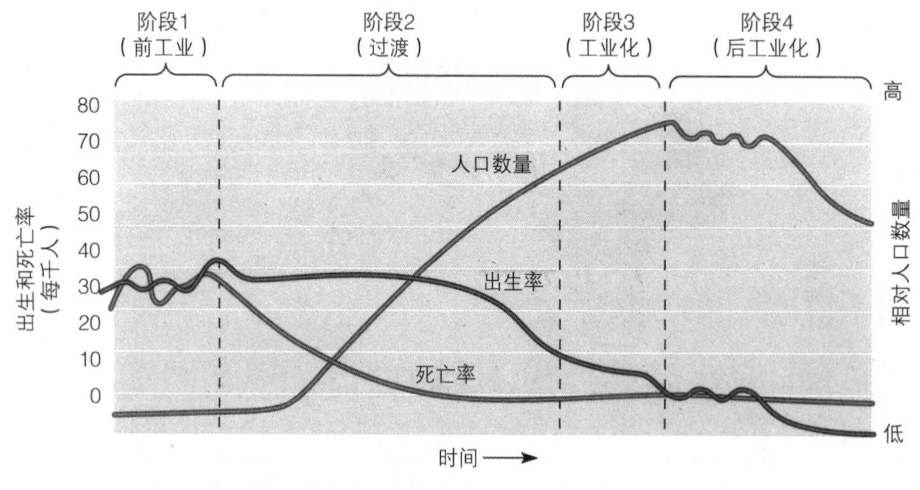

图8.4 人口转型。人口转型包括4个统计阶段，随着社会的工业化进程，一个国家的人口要经历这4个阶段。注意一开始死亡率下降，然后出生率下降。

总生育率：在现有人口出生率情况下，每个妇女所生的孩子的平均数。

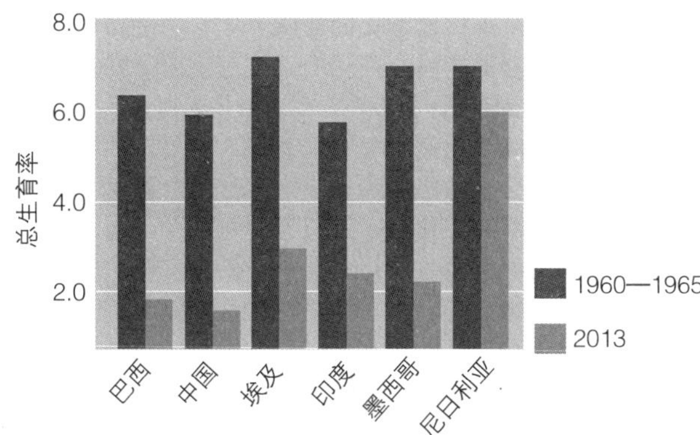

图8.5 部分发展中国家的生育率变化。（人口咨询局）

很多发展中国家的人口正在趋向稳定。图8.5显示，在有些发展中国家，从20世纪60年代到2013年，总生育率下降了。发展中国家的总生育率从1970年的每个妇女6.1个孩子下降到2013年的2.6个孩子。尽管这些国家的生育率下降，但是大多数国家的生育率依然超过更替水平生育率。因此，这些国家的人口依然在增长。即便是生育率与更替水平生育率持平，人口增长还要持续一段时间。为了了解为什么会这样，让我们来分析一下不同国家的年龄结构。

年龄结构

预测一个国家人口的未来增长，需要了解其**年龄结构**（age structure），也就是不同年龄阶段人的分布情况。在年龄结构图中，会显示男人和女人在每个年龄段从出生到死亡的数量。

年龄结构图的总体形状会表明人口是增长、稳定还是下降。一个人口增长速度高的国家的年龄结构图由于生育率高，因此就像一个金字塔形状（图8.6a），比如埃塞俄比亚或危地马拉。未来人口增长的可能性很大，因为占比例最大的人口处于童年阶段（0到14岁）。正的**人口增长惯性**（population growth momentum）之所以存在，是因为当这些孩子长大以后，他们会成为下一代的父母，而这一代的父母群体比上一代大。即便是这个国家的生育率下降到替代水平（也就是说，新一代夫妇的家庭成员比其父母时代的家庭成员少），人口依然会增长一段时间。人口增长惯性，可以是正的，也可以是负的，这解释了现存年龄分布如何影响未来人口增长。

与此相反，年龄结构图基数越来越小的国家，其人口增长缓慢，或保持稳定甚至下降，表明占比例较小的人口将成为下一代的父母（图8.6b、c）。一个稳定人口数量的年龄结构图既不出现人口增长，也不出现人口下降，表明处于前生育阶段和生育阶段的人口数量大致是相同的。稳定的人口中占比例较大的是老人，也就是那些处于后生育阶段的人，他们比快速增长的人口群体中处于后生育阶段的人数量多。在人口数量缩小的国家中，处于前生育阶段的人群数量小于处于生育阶段或后生育阶段的人群数量。俄罗斯、乌克兰和德国就是人口缓慢缩小的国家。

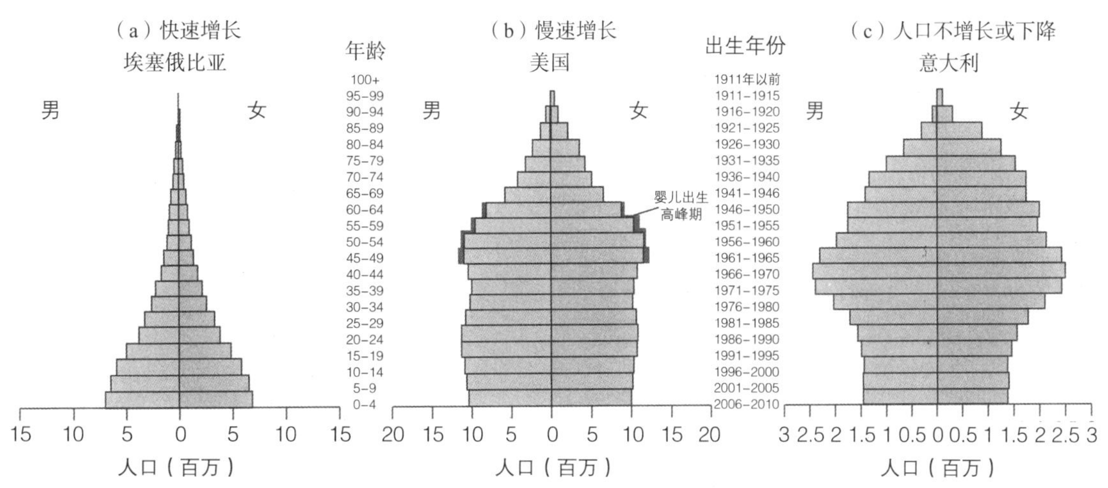

图8.6 年龄结构图。图中显示了（a）人口快速增长国家（埃塞俄比亚）、（b）人口慢速增长国家（美国）和（c）人口不增长国家（意大利）或下降国家的情况。这些年龄结构图表明，埃塞俄比亚那样的国家比高度发达国家有着更高的年轻人比例。由此带来的结果是：欠发达国家今后将比高度发达国家有着更高的人口增长率。（联合国经济和社会司人口处）

年龄结构：每个年龄段人口的数量和比例。

人口增长惯性：基于现有年龄结构的人口未来增长或下降的趋势。

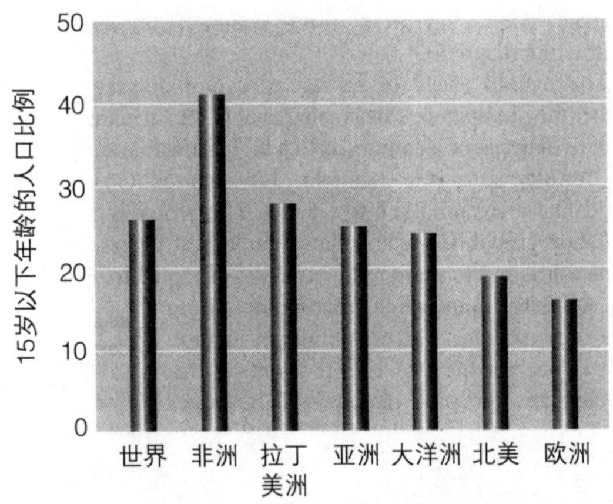

（a）2013年不同地区15岁以下年龄人口的比例。这个比例越高，这一人群成长到生育年龄时造成人口增长的可能性就越大。

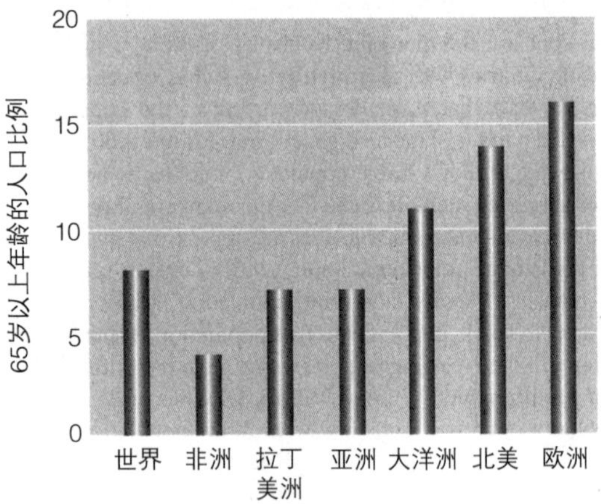

（b）2013年65岁以上年龄人口的比例。低生育率导致人口老龄化。

图8.7 世界不同地区前生育阶段的人口和老年人口。（人口咨询局）

据估计，全球人口中26%的人小于15岁（图8.7a）。当这些人进入生育年龄后，他们会带来人口增长率的提高。即便是出生率不提高，仅仅是因为这些人都要生育孩子，就会使人口增长率提高。

1950年以来，世界人口增加大多数发生在发展中国家，其原因就是年轻人所占年龄结构比例大，并高于更替生育水平的生育率。1950年，67%的世界人口来自非洲、亚洲（不含日本）和拉丁美洲的发展中国家。从1950年到现在，世界人口数量翻了一番还多，但是大多数增长来自发展中国家。由此而来的另外一个数据是：2013年，欠发达国家（包括中国）的人口已占全球人口的82.6%。21世纪期间大部分人口增长将出现在发展中国家，主要原因也是年轻人在年龄结构中的比例大。

年龄结构：人口老龄化的影响 生育率下降对社会和经济有着深远的影响，因为随着生育率的下降，老年人口的比例会增加（图8.7b）。在老龄化人口中，患有慢性病或残疾症的人比例会加大，这些人需要更多的医疗保健和其他社会服务。因为老年人创造的财富少（大多数已经退休或不能工作），人口老龄化减少了国家的劳动生产力，增加了税收负担，加剧了社会安全、医保和养老系统的紧张局势。（总体来说，这些系统是“现收现付”，也就是现在的人支付已退休人员的福利，未来的人支付现在工作的人的退休福利。）

以日本为例，日本人的寿命最长，男性80岁，女性86岁。日本的人口因为生育率低而下降（2013年为1.4）。日本领导人非常担忧没有充足的年轻人支持日本越来越增长的老年人口。为了应对劳动力问题，日本开始实行激励政策，鼓励老年人延长退休时间，有些日本老年人已经开始从事一些非传统的工作，以增加工作时间（图8.8）

俄罗斯的生育率不高（2013年为1.7），联合国人口处预测，到2050年，俄罗斯的人口将减少到1.324亿（2013年人口为1.435亿）。与很多人口减少的国家一样，俄罗斯制定出台激励政策，鼓励年轻人多生孩子，这些政策包括休产假、在母亲回到工作岗位后帮助支付孩子照管费用等。

鉴于世界人口继续增长，很多人口学家认为制定鼓励妇女多生孩子的激励措施不是一个好的办法。毕竟，

图8.8 日本的老年工人。日本上胜镇（Kamikatsu）的人口主要是老人，其中很多人选择继续就业。当地一个繁荣的产业是收集装饰性树叶并卖给餐饮业，这个产业的主体是老年女性。

如果一个国家的出生率增加了，那么不仅增加全球人口，而且会促进未来人口的老龄化。

一个国家人口年龄结构的变化会带来很多社会问题（比如犯罪），这些问题乍看起来可能与年龄结构没有直接联系。社会学家通过观察认识到，在老年社会中，犯罪率会下降。大多数犯罪涉及18岁到24岁之间的年轻人，在老龄化社会中，这些年轻的成年人占的人口比例小。根据美国人口普查局，在20世纪90年代末，美国的暴力犯罪率有所减少，美国人口的老龄化被认为至少是一个因素。（与所有社会问题一样，犯罪的原因很复杂。）

因此，人口老龄化提供了一个混装着好处与问题的袋子。没有哪个国家以前遇到过老龄化问题，我们也不知道老龄化社会将怎样运行。尽管有着不确定性，多数政策分析家认为老年人口比例高的国家可能会提高退休年龄（通过制定鼓励65岁以上人工作的激励措施），降低老年人的福利。另外，由于老年人的福利将极有可能随着时间下降，专家建议年轻人应该在事业初期就为退休而积极存钱，而不是在孩子长大成人以后再进行储蓄。

复习题

1. 什么是总生育率？你为什么认为莫桑比克的总生育率比瑞典的高？
2. 什么是人口增长惯性？

人口和生活质量

学习目标

- 简述承载力与农业生产力之间的关系。
- 简述人口与长期饥饿和粮食不安全之间的关系。
- 描述经济发展与人口增长的关系。

随着时间的推移，满足所有人的基本需要（均衡的饮食、清洁的水和体面的住房）将变得越来越困难，特别是在那些人口不稳定的国家。大约12%的世界人口生活在不发达国家，如果人口增长持续下去，这些国家中很多到2050年就会实现人口翻番。

不发达国家持续人口增长所导致的社会、政治和经济问题有时会引起国内暴乱和政治动荡。这样的暴力冲突不可避免地会影响那些已经达到人口稳定和高生活标准的国家。由于这个原因，人口增长不管是在哪儿发生，都是全世界所关注的问题。

随着人口数量在21世纪的增长，环境退化、饥饿、贫困、经济衰退、城市恶化、健康等问题将继续对我们形成挑战。在撒哈拉以南非洲等环境脆弱的干旱地区生活的人越来越多，他们的食物需求已经因为放牧和作物种植导致了土地的过度使用。如果土地过度使用与长期的干旱连在一起，那么曾经的沃土就会出现农业生产力的下降，也就是说，土地承载力下降。尽管重新垦殖这些干旱的土地是可能的，但是这片土地上生活的大量人口和他们的牲畜将使得再度垦殖变得非常困难。（关于与环境阻力有关的承载力在第五章中进行了介绍。）

没有人知道地球是否能可持续地支持96亿人，该数字是联合国预测到2050年的中人口数量（见图8.2）。甚至还不清楚地球是否能可持续地支持我们现有的71亿人。我们没有办法量化地球对人口的承载力，部分原因是我们对自然资源和环境的影响所涉及的远不只有人口因素。

为了评估地球对人类的承载力，我们必须对我们的生活质量进行一定的设定。我们能否假定世界上每个人都应该达到现在美国人的同样生活标准？如果是这样，那么地球所支持的人口数量要比仅满足最低的食物、衣物和住所需求要少得多。而且，我们不知道未来的技术是否会彻底改变地球的可持续人口数量。我们可能已经达到或超过了承载力，现在所面临的环境问题可能会导致全球人口增长的停止或大幅下降。

人口和长期饥饿

粮食安全（food security）是人们在生活中没有饥饿或担忧挨饿的状态。世界上有很多人——10多亿人，没有粮食安全。这些人没有充足的粮食维持生存，在世界的一些地区，人们特别是儿童，依然在挨饿（图8.9）。

根据联合国粮农组织（FAO）的统计，有86个国家被认为是低收入和粮食缺乏国家。南亚和撒哈拉以南非洲是世界上粮食不安全最严重的两个地区。在粮食不安全状态下生活的人们面临着饥饿的威胁。从世界范围看，FAO估计有20亿人由于贫困、干旱或内乱等原因经常面临**粮食不安全**（food insecurity）的状况。

每年饿死的数百万人大多不是灾荒（famine）造成的。饥馑通常是由坏天气（干旱和洪涝）、虫害爆发、武装冲突（导致社会和政治结构的崩溃）或其他灾难引起的。灾荒一旦发生，一般会受到广泛的新闻报道，每年灾荒造成的饥饿人口占全部饥饿人口的5%到10%之间。剩下的90%到95%死于饥饿的人都是长期饥饿造成的，在世界新闻报道上没有引起多大的注意。

慢性饥饿、人口、贫困和环境问题相互交织，但是人们在寻求解决长期饥饿最有效的办法方面没有形成共识。很多政治家和经济学家认为，解决世界粮食问题最好的办法是促进那些不能提供适量粮食供应的国家

粮食不安全：人们在慢性饥饿和缺乏营养状况下生活的情况。

图8.9 饥饿。一个苏丹小男孩在一个医疗慈善机构兴办的食品发放中心因为饥饿而倒在地上。人口增长并不是导致世界上所有人口粮食不足的唯一原因。在苏丹，主要的原因是内乱不断。

的**经济发展**（economic development）。经济发展包括改善道路、扩大偏远农村地区的电网、兴建学校和诊所、扩大通讯网络，如果这个国家有稳定的民主政府，那么这是最有效的办法。

这一建议的思路是，经济发展将为生活在那些国家的人们提供适宜的技术，以增加他们的粮食生产，或提高他们的粮食购买力。一个国家一旦取得这些成绩，其总生育率就会下降，有助于缓解人口问题。（贫困和饥饿将在第十八章和二十四章继续讨论。）

持续人口增长的经济影响

经济发展与人口增长的关系很难评估，人口增长影响经济发展，经济发展也影响人口增长，但是二者相互间影响的程度还不清楚。有些经济学家认为，人口增长刺激经济发展和技术创新，其他经济学家则认为快速扩张的人口阻碍经济发展的努力。有一份观察报告支持了后者的观点，现在大多数重大技术成果出现于那些人口增长速度缓慢到中速的国家。

人口的大量增加会阻碍经济发展吗？研究不发达、饥饿、贫困、环境问题和快速人口发展等全球问题相互作用的专家得出的结论是：仅仅人口稳定这一要素不能消除其他世界问题。然而，对于大多数发展中国家而言，经济发展将会受惠于人口增长下降。人口稳定不能保证更高的生活水平，但是可能会促进经济发展，并由此提高生活水平。

复习题

1. 农业生产力和承载力有着怎样的关系?
2. 人口增长和长期饥饿有着怎样的关系?
3. 人口增长与经济发展有着怎样的关系?

降低总生育率

学习目标

- 明确文化的定义，解释总生育率和文化价值之间有着怎样的联系。
- 明确性别不平等的定义，解释妇女的社会和经济地位与总生育率之间有着怎样的联系。
- 解释家庭规划服务怎样影响着总生育率。

从一个地方搬迁到另一个地方曾经是解决不可持续人口增长问题的办法，但是现在不行了。作为一个物种，我们的触角已经伸向了世界各个角落，地球上再也没有剩下资源丰富、能够支持人口大量增长的土地了。由于显而易见的原因，提高死亡率以控制人口数量根本不可以接受。很明显，控制我们人口增长的途径是减少人口的出生。文化传统、妇女的社会和经济地位以及计划生育都影响着总生育率。

文化与生育率

一个社会的价值和习俗，也就是什么被认为是对的、重要的以及对一个人有何期许等，都是**文化**（culture）的内容。一个社会的文化包括其语言、信仰、精神等，对于规范人的行为有着强大的影响。这种规范是内在自省的，也就是自己控制自己的行为。

性别是文化的重要组成部分。不同的社会有着不同的性别期待，也就是说，期望男人和女人扮演不同的角色，发挥不同的作用。在拉丁美洲的部分地区，男人要干农活；而在撒哈拉以南非洲地区，农活都是由女人干。关于生育率和文化，一对夫妻生育孩子的数量常常由所在社会的文化传统决定。

高生育率是很多文化的传统，多生孩子的动机由于文化不同而各有差异，但是一个主要的原因是婴儿和儿童的死亡率高。对于一个要繁衍的社会群体而言，必须保证有足够的孩子成长到生育年龄。如果婴儿和儿童死亡率高，那么必须由高生育率来弥补。尽管世界婴儿和儿童死亡率已经下降，但是受文化影响的生育率还需要

经济发展：一个国家经济的扩展，在很多人看来是提高生活水平的最好办法。

文化：特定阶段某个人群的思想和习俗，会随着时间从一代传到下一代。

很长时间才能降下来。父母必须有足够的自信，他们已经生的孩子一定能够生存下来，这样他们才不会生更多的孩子。生育率下降慢的另一个原因是文化上的，改变任何传统的东西，包括大家庭，通常需要很长时间。

在有些发展中国家，高生育率的原因是孩子在经济和社会中的重要作用。在有些社会，孩子通常在农场或商业等自家的企业里工作，这些企业是家庭生计的来源（图8.10）。孩子成年后，会为他们年迈的父母养老送终。

国际劳工组织（ILO）估计，尽管近年来童工在世界范围内已经减少，但是2012年，年龄在5岁到14岁的童工依然有大约1.44亿（ILO不把从事家务活当作工作计算在内），占全部儿童数量的11.8%。这些孩子几乎都来自发展中国家，大约有3800万童工干的是危险性工作，比如采矿和建筑，常常患有慢性健康疾病，这些疾病是由于暴露于危险、不卫生的工地条件而导致的。长时间工作的孩子没有童年时代，也没有接受什么教育。

与此相反，高度发达国家的儿童不是劳动力的来源，因为他们被送去上学，因为工业化社会不需要那么多的劳动力。而且，高度发达国家为老年人提供很多经济和社会服务，因此，照料他们的负担没有全部落到其子女身上。

图8.10 **干活的儿童**。这个墨西哥小男孩帮助他的家人干农活，把咖啡豆铺开晒干。在发展中国家，总生育率高的部分原因是儿童习惯上可以帮助家里干活。大一点的孩子可以挣钱，增加家庭收入。

很多文化对男孩的看重大于女孩。在这些社会，生育儿子多的母亲有着很高的地位，生儿子的社会压力使得总生育率保持较高的水平。比如，印度的印度教传统上要求父母死后必须埋在儿子身边，因此生儿子在今天的印度依然有着深深的文化影响。

宗教信仰是影响总生育率（TFRs）的另一个文化因素。美国的几项研究解释了天主教、清教和犹太教之间TFRs的差异。总起来说，天主教妇女的TFRs高于清教或犹太教妇女，没有宗教信仰的妇女的TFRs最低。然而，所观察到的TFRs的不同可能不仅仅由于宗教信仰的不同。其他因素，比如种族（某个宗教与特定种族有关）和居住地（某个宗教与城市或农村生活有关），都使得任何综合性解释复杂化。

妇女的社会和经济地位

大多数社会存在**性别不平等**（gender inequality）现象，尽管男女之间差异的程度在不同的文化中也有不同。与男人相比，性别不平等包括妇女的政治、社会、经济和健康地位低。比如，更多的妇女生活在贫困之中，特别是在发展中国家。在大多数国家，不能保证妇女法律权利、教育、就业和收入或政治参与的同等地位。

因为儿子比女儿更受看重，因此女孩子常常被留在家里干活，而不是送到学校上学。在多数发展中国家，女性的文盲率高于男性（图8.11）。然而，近些年，世界各国在提高女人和男人文化水平和缩小性别差距方面还是取得了很大的进展，年轻男女比老年人受教育的人数大为增加。

从世界范围看，2010年大约有3200万女孩没有获得接受小学教育的机会，尽管已经取得了进展，在1999年，没有接受小学教育的女孩子为6400万。不过，截至2010年，全世界只有1/3的国家报告实现了中小学教育的男女平等。教育中的性别平等（gender parity）是每一个孩子的权利，不管是男孩还是女孩，都有上学的权利。女孩上中学的比例小于男孩。在非洲，所有国家上中学的女孩都不超过总数一半，在有些国家，上中学的女孩只有2%到5%。

法律、习俗、缺乏教育常常将妇女限制在低技能、低收入的工作上。在这样的社会，婚姻常常是妇女获得社会地位和经济安全的唯一途径。因此，影响高总生育率的最重要的因素可能是很多社会中的妇女地位低。解决不可持续人口增长的一个重要办法是改善妇女的社会和经济地位。下面，我们将考察婚姻年龄和教育机会，特别是妇女的婚姻年龄和教育机会对生育率的影响。

结婚年龄和生育率 总生育率受到妇女结婚平均年

性别不平等：导致妇女不能拥有和男人一样的权利、机会或待遇的社会建构。

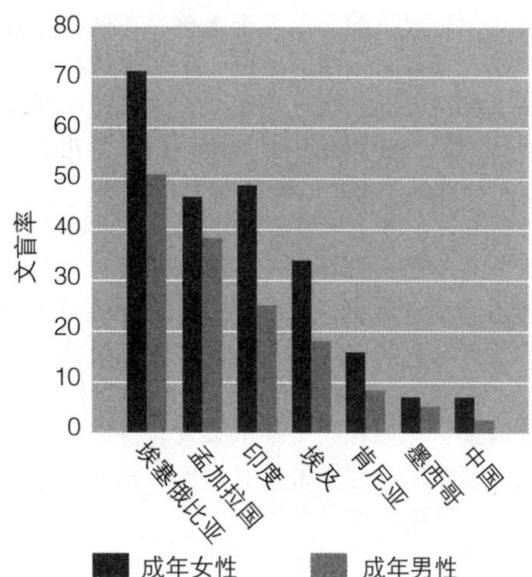

图8.11 部分发展中国家男女文盲比例。妇女文盲比例比男人高。（引自《CIA世界百科全书2011》）

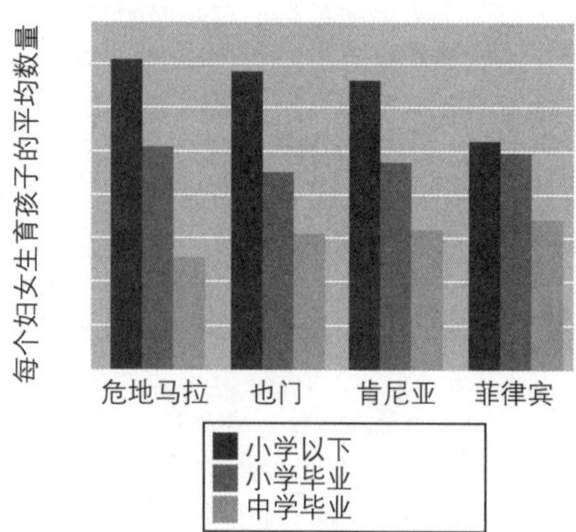

图8.12 教育与生育率。妇女接受教育的程度影响着总生育率（TFR）。本图显示几个发展中国家不同教育水平的妇女的TFRs。（引自E. Murphy, and D. Carr, *Powerful Partners: Adolescent Girls' Education and Delayed Childbearing*［《强有力的合作者：青春期女孩的教育与晚育》］, Population Reference Bureau, 2007。）

龄的影响，结婚年龄是其所生活的社会的法律和习俗决定的。结婚的妇女比不结婚的妇女更容易生孩子，妇女结婚越早，生的孩子可能就越多。

妇女结婚的比例和结婚的平均年龄在不同的社会有着很大的差别，但是通常情况下，结婚年龄与总生育率之间有着一定的关联。比如，在巴基斯坦，妇女结婚的平均年龄是17岁，TFR是3.8，与此相反，丹麦妇女结婚的平均年龄是32，TFR是1.7。

教育机会和生育率 在几乎所有社会，受到更多教育的妇女一般结婚晚，生孩子少。十几个国家的研究显示，妇女接受教育的程度与总生育率有着紧密的关联（图8.12）。

教育提高女人知道如何控制生育的可能性，也向女人提供改善家庭健康的知识，从而使婴儿和儿童死亡率下降。肯尼亚的一项研究显示，没有接受教育的妇女生的孩子在5岁前的死亡率是10.9%，而受到小学教育的妇女生的孩子的死亡率是7.2%，受到中学教育的妇女生的孩子的死亡率是6.4%。

教育增加了妇女的选择，除了生孩子外，她们通过教育获得了取得社会地位的新路径。教育可能还对总生育率有着间接的影响。受教育的孩子提高自己生活水平的机会大，部分原因是他们有更多的就业机会。认识到这一点的父母可能更愿意投资孩子教育，而不是生育更多不能提供教育的孩子。有着更好教育的人具备挣更多钱的能力，这可能是小家庭与家庭收入增加相关的原因之一。

家庭规划服务

社会经济因素可能鼓励人们追求小的家庭，但是如果没有合适的**家庭规划服务**（family planning services），降低生育率也很难成为现实。传统上，家庭规划服务侧重于母婴健康，包括产前检查、防止婴儿和母亲死亡或残疾。然而，由于性别不平等和文化制约，很多妇女如果没有配偶的支持是不能保证其生殖健康的。对发展中国家的妇女调查显示，很多说不想再生孩子的妇女依然没有采取任何形式的避孕措施。问及为什么不采取避孕措施时，这些妇女通常的回答是：她们的丈夫还想要孩子。

多数国家的政府认识到教育人们基本的母婴保健的重要性（图8.13）。在降低生育率方面取得较大成功的发展中国家将其成绩归功于有效的家庭规划服务项目。产前保健和合适的怀孕生子间隔使得女人更健康。反过来，更加健康的母亲生出了更加健康的婴儿，减少了婴儿死亡。从全球看，使用家庭规划服务限制家庭规模的妇女的比例，从20世纪60年代的不足10%增长到现在的56%。然而，由于人口增长，没有使用家庭规划服务的妇女的实际数量还是有所增加。

家庭规划服务向那些希望控制生孩子的数量以及间隔生孩子时间的人，提供生理学和避孕知识,同时也提供实际的避孕工具（图8.14）。如果精心设计并符合当地的社会、文化信仰，那么家庭规划服务项目是非常有效的。家庭规划服务不是试图强迫人们限制家庭规模，而是希望说服人们相信，小家庭（以及促进形成小家庭的避孕措施）是可以接受和令人艳羡的。

家庭规划服务：帮助男人和女人限制家庭规模、保障个人健康权利、改善他（她）们及其子女生活质量的服务。

使用避孕措施与降低总生育率有着密切的联系。在加拿大、美国和北欧，总生育率处于更替或更替以下水平，处于生育期年龄的结婚妇女使用避孕措施的比例大于70%。在避孕措施完善的发展中国家，生育率开始下降。比如，研究显示，31个发展中国家生育率下降，90%的原因是知识增加和避孕措施完备。自从20世纪70年代，东亚和拉丁美洲国家在使用现代避孕措施方面有了大幅提高，这些地区的出生率相应地有所下降。在避孕措施实施不好的地区，比如一些非洲地区，出生率下降很少或根本没有下降。

复习题

1. 总生育率高与某些文化中孩子在经济中的作用有着怎样的关系？
2. 影响高TFRs最重要的单个要素是什么？
3. 家庭规划服务怎样影响TFR？

政府政策和生育率

学习目标

- 比较中国政府和墨西哥政府减缓人口增长的措施。
- 解释墨西哥人口增长中人口增长惯性的作用。
- 至少描述四项联合国千年峰会上提出的千年发展目标。

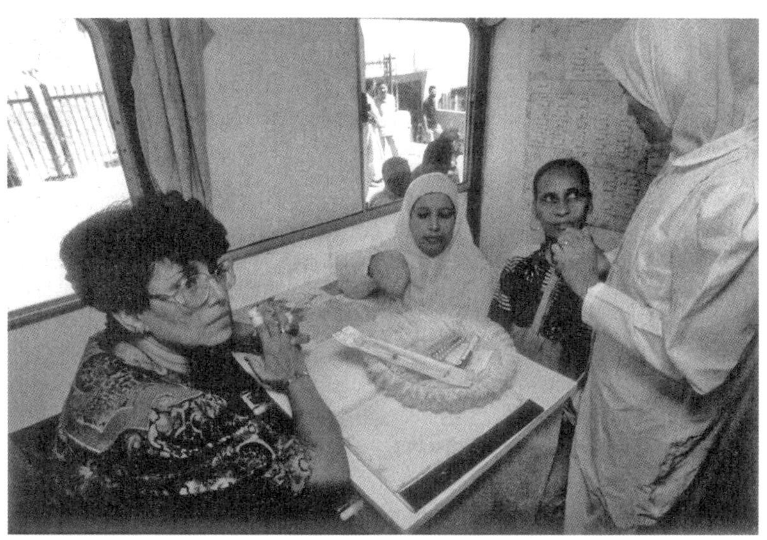

图8.13　家庭规划服务。埃及农村乡镇斯奴里斯（Sinnuris）的妇女学习家庭规划和计划生育等知识。

在孕育和养育孩子方面，政府参与的机制已经很好地建立起来。法律规定了可以结婚的最低年龄和义务教育的时间。政府可以将其预算的一部分用于家庭规划服务、教育、医疗保健、老年安全、奖励小家庭或大家庭。税收结构，包括基于家庭人员数量的额外收费或资助，对生育率产生着影响。

近年来，非洲、亚洲、拉丁美洲和加勒比地区的至少78个发展中国家开始重视限制人口增长，并制定了实现这一目标的政策，比如经济奖励和惩罚。多数国家资助计划生育项目，很多项目与医疗保健、教育、经济发展以及提高妇女地位结合在一起。联合国人口行动基金（UN Fund for Population Activities）支持了很多这类活动。

中国和墨西哥：控制人口增长措施的对比

中国人口在2013年达到13.6亿，是世界上人口最多的国家，超过了所有高度发达国家人口的总和。中国政府认识到人口增长速度必须下降，否则生活质量就得下降，因此从1971年就开始积极开展计划生育，要求晚婚，增大孩子出生间隙，将每个家庭孩子数量限制为2个。

1979年，中国开始实施更为严厉的人口政策，推动进入第三个人口转型阶段，制定出台了鼓励晚婚和独生子女的激励措施（图8.15），当地政府具体负责实现这一目标。签署承诺生一个孩子的夫妇可以享受孩子医疗、入学就读、经费奖励、优惠住房、退休金等方面的激励政策。同时，还实行了惩罚措施，如果生了二胎，就会被罚款，取消已享受的所有优惠政策。

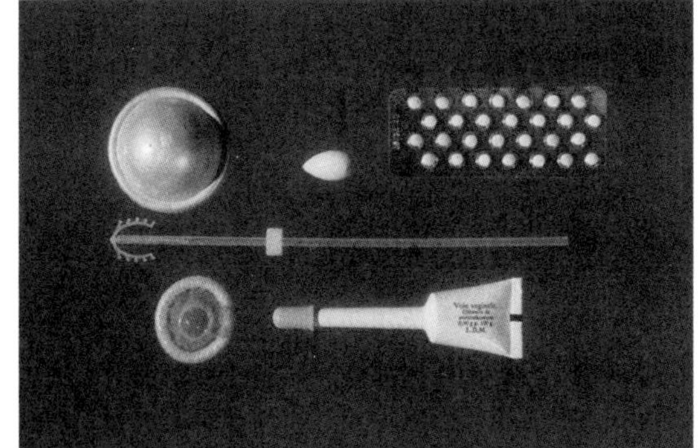

图8.14　一些常用的避孕药。

图8.14 中国的独生子女政策。 中国的广告牌宣传一孩化家庭。注意广告牌上的父母与独生女儿非常幸福，改变重视男孩的传统。

中国积极的人口政策带来了世界人口生育率的迅速、大幅度下降，生育率从1970年的5.8下降到1981年的2.1。然而，这种人口政策备受争议和指责，因为损害了个人选择的自由。在有些情况下，部分乡镇政府强迫怀二胎的妇女去流产。

而且，中国近年来出现了男女比例不协调的现象（2000年男女比例为120:100），资料显示，很多有生男期待的父母流产或遗弃女婴。在中国传统上，儿子可以延续香火，是父母年老以后的安全保障。人口学家推测，到21世纪中叶，达到结婚年龄的男性将超过适龄结婚女性100万人。

2013年中国的TFR为1.5，独生子女政策在中国的农村有所放松，那里生活着47%的中国人口。中国近年来的人口控制主要靠教育和宣传，很少再使用惩罚措施。另外，中国政府一直实施一项“关爱女孩”（Care for Girls）的行动，通过立法提高女孩的权利（比如继承）。中国培训人口专家，将人口政策的内容增加到中小学教育的课程中。

墨西哥2013年的人口达到1.176亿，是拉丁美洲人口排名第二的国家。（巴西第一，人口1.955亿。）墨西哥人口增长势头强劲，因为30%的人口都小于15岁。即便是出生率低，正人口增长惯性也会导致未来人口增长，因为大量的年轻人会结婚生子。不过，墨西哥的人口政策与中国大相径庭。

传统上，墨西哥政府支持人口快速增长，但是在20世纪60年代末，政府对快速增长的人口感到震惊。1974年，墨西哥政府采取了几项措施降低人口增长率，比如教育改革、家庭规划、医疗保健。这些措施恰逢时机，因为墨西哥妇女已经开始不愿意听从倡导人口增长的前政府和天主教的指令，自己在黑市上购买避孕工具。墨西哥在降低生育率上取得了很大成功，生育率从1970年的6.7降低到2013年的2.2。

墨西哥的人口目标包括人口稳定和地区平衡发展，其城市人口占全部人口的78%，大多数生活在墨西哥城。尽管墨西哥与其他发展中国家相比已经大部分实现了城市化，但是其基于城市的工业经济还不能吸纳大部分劳动力。（根据国际劳工组织墨西哥办公室的统计，墨西哥每年新增劳动力130万人。）墨西哥的失业率高，很多墨西哥人通过合法与非法渠道向美国移民。

墨西哥近来在人口控制方面的政策措施包括开展多媒体宣传。有影响的电视台和广播电台都播放有关家庭规划的消息，比如“小家庭生活更好”。政府还发放关于家庭规划的小册子，在公立学校的课程中增加关于人口教育的内容。社会工作者接受关于家庭规划的培训，并作为其受教育的一部分。

案例聚焦

千年发展目标

2000年，189个国家的首脑在联合国千年峰会上讨论如何解决世界贫困人口问题，承诺参与全球伙伴关系，实施一项行动计划，即千年发展目标（Millennium Development Goals, MDGs），与本章讨论的人口问题有着直接或间接的关系。尽管MDGs很崇高远大，但每个目标都是可以实现的，每个目标都有具体可衡量的指标，可以用来检查进展情况。

- 目标1：消灭极端饥饿和贫穷。目标包括到2015年实现每日生活不到1美元（后调整为1.25美元）的人口减少一半，饥饿的人口减少一半。多数分析家认为，达到这一目标需要大力实施计划生育，控制人口不可持续地增长。
- 目标2：普及小学教育。所有男孩和女孩，不论生活在哪里都能完成全部初等教育课程（从1年级到5年级）。实现这一目标的关键是限制家庭规模，因为大家庭的孩子更不容易入学，比小家庭的孩子更有可能退学。
- 目标3：促进两性平等并赋予妇女权利。性别平等（gender equality）意味着男人和女人在社会上有着同样的权利和影响。实现这一目标的关键之一是所有妇女都有权利决定是否生孩子以及什么时候生孩子。目标3也是基于消除教育中的性别不平等。
- 目标4：降低儿童死亡率。目标是5岁以下儿童的死亡率降低2/3。研究显示，如果实行同样的医疗保健，上个孩子出生后18个月内出生的婴儿死亡率，是36个月后出生的婴儿的死亡率的2到4倍。孩子出生间隔加大才能实现这一目标，实行计划生育和性别平等是延长生育间隔的关键。

- 目标5：改善产妇保健。到2015年，产妇死亡率要减少2/3。根据世界卫生组织的统计，通过参加家庭规划服务每年可以避免15万孕妇死亡。家庭规划服务将通过减少意外怀孕和不安全流产的数量来改善孕妇的健康状况。
- 目标6：应对HIV/AIDS、疟疾和其他疾病。减少HIV/AIDS、疟疾和其他重大疾病的传播。比如，使用避孕套可以通过避免意外怀孕间接地减少母婴之间的HIV/AIDS感染。
- 目标7：确保环境的可持续能力。这是一个多方面的目标，包括扭转环境资源的流失、将无法持续获得安全饮用水和基本卫生设施的人口比例减半、改善至少1亿贫民窟居民的生活（见第九章和二十四章）。目标7既侧重减缓发展中国家人口增长带来的越来越大的环境压力，又解决高度发达国家人们生活的消费模式问题。
- 目标8：建立全球经济发展伙伴关系。MDGs金融方面的内容包括在这一目标当中，包括提出减少发展中国家的外债、为年轻人创造生产性的就业岗位、为发展中国家提供买得起的药品。

为了实现这些目标，国际社会付出了前所未有的努力。很多目标已经实现或正在实现。比如，生活在极度贫困中的人口数量已经减少了一半，从1990年占总人口的47%减少到2010年的22%，缺乏安全饮用水的人口比例也下降了一半。但是，这些艰巨的难题还需要复杂的解决方案。正如前联合国秘书长安南（Kofi A. Annnam）所言，“培训教师、护士和工程师，建设道路、学校和医院，发展能够创造就业和收入的小企业、大企业，需要时间”。这些目标激励我们所有的人要在改善人类状况方面尽我们自己的力量（见“迎接挑战：贫困行动实验室”）。

复习题

1. 中国和墨西哥在减缓人口增长方面的成功和失败是什么?
2. 人口增长惯性如何影响墨西哥的人口增长?
3. 什么是千年发展目标?

环 境 信 息

千年村项目

有时，对贫困人口的国际援助并不能到达他们；有时，援助是零星的，所提供的暂时的、救急性的援助在钱花完以后就失去了效果。千年村项目（MVP）是战胜贫困的另外一种方法。非洲的国家和地方政府、哥伦比亚大学地球研究所、各种各样的援助团体和其他参与机构等，共同与非洲农村的部分社区合作，帮助他们实现千年发展目标。MVP已经对40万人产生了影响，涉及撒哈拉以南非洲的10个国家，这些得到援助的人生活在79个村子的12个族群里，代表着非洲的12个农业生态区和农场系统。这些村庄都位于粮食不安全地区，5岁以下儿童至少有20%达不到体重标准。

MVP的独到之处在于通过协作方式参与到农业、营养、健康、教育、能源、水和环境中。项目首先是对现有条件进行详细的评价，包括确定最需要参与的内容以及提供一个未来评价可以用来检查项目效果的基点。项目涉及社区主导的经济发展，基本的考虑是，如果教给非洲农场社区知识，并同时向其提供可以改善农业生产力、健康和教育的技术，就可以提高那儿人们的生活水平。项目至少提供5年帮助，在5年期间，援助人员将改善生活的管理技能传授给村民们。

迎接挑战

贫困行动实验室

贫困是一个复杂的、看起来非常棘手的问题，与很多因素都有关，比如经济不发达、缺乏教育、性别不平等、土地退化等。提供资源并帮助贫困人口提高生活水平至关重要，但是，最有效的花钱方式是什么?

2003年，麻省理工学院的几个经济学教授发起启动贾米尔贫困行动实验室（Jameel Poverty Action Lab, J-PAL），从科学的角度开展积极的、随机的社会和反贫困项目的实验。J-PAL实验是可控的实验，效仿的是医药公司评估新药安全性的随机实验模式。科学实验的结果旨在帮助穷人向非政府组织、国际组织和其他团体的政策制定者提供信息，促进制定对减少贫困更加有效的项目。

在全球范围内，有十几个实验正在进行或已经完成。比如，在印度，对那些数学和识字能力欠缺的贫困小学生给予特别的帮助，指派指导老师与分成小组的孩子（10—20个学生）共同学习两年的时间。大部分指导老师是当地年轻的妇女，中学毕业不久。我们把没有指导老师的在校学生作为比较对象。根据成绩测试，那些有指导老师辅导的、成绩差的学生比作为比较的在校学生的成绩高很多，特别是在数学方面。令人惊奇的是，这些学生比那些使用计算机辅助学习系统的学生，成绩还要好，而且那些学生单独辅导，花钱又多。聘用年轻指导老师的费用低，使得印度其他学区也开始在学校里扩大实施这一项目。

在肯尼亚，一项随机实验围绕向学生提供免费寄生虫祛除治疗和寄生虫防治教育是否能够改善总体健康、营养和教育进展状况进行测试。结果显示，孩子接受寄生虫祛除治疗后不再经常生病，入学率提高了25%。而且，由于学生的寄生虫祛除减少了虫卵向其他人员的传播，整个社区的健康状况大有改善。

研究者认为，寄生虫祛除的费用远比其他希望提高入学率的项目的费用少得多。J-PAL已经被扩展到用于研究美国和欧洲其他项目的有效性。比如，在目前进行的一项关于高失业率特别是年轻人失业率的研究中，具有较低社会经济背景的大学生被随机分为实验组或参考对照组。实验组的学生接受辅导，参与研讨，并与其他同学互动。研究者希望了解，这样参与介入是否会改进年轻人的就业状况。

实现人口稳定

学习目标

- 解释个人如何采用自愿简朴化的生活方式来减少人口增长的影响。

在这一章，我们介绍了人口问题如何加剧全球问题，包括慢性饥饿、贫困和经济不发达。如果我们想有效地解决这些严重的问题，人口稳定至关重要。

我们已经讨论了很多发展中国家如何才能降低人口增长率的途径。改进公共健康，提高平均教育水平，特别是提高妇女的教育水平，为妇女提供更多的就业机会对于控制人口增长非常关键。所有这一切都依赖于社区和政府的参与。

高度发达国家必须面对自己的人口问题，特别是富裕人口不可持续消费带来的环境代价（图8.16）。应该制定政策支持减少资源的使用、扩大物质材料的再利用和循环使用、摈弃一次性使用的思想认识。这些政策将显示，高度发达国家在国内外都非常重视快速人口增长和不可持续消费的问题。

在个人层面上，高度发达国家的人应该检讨自己的消费习惯，采取措施减少消费。减少物质消费的个人努力有时称为**自愿简朴化**（voluntary simplicity），如果很多人采用这种生活方式，那将会非常有效，可能还会影响其他人减少不必要的消费。从一种基于财富累积和花钱买东西的生活方式，转向一种自愿简朴化的生活方式被称为生活简单化（downshifting）。

自愿简朴化不只是生活节约，它对钱能买到的东西有着更少的欲望。每一个减少消费的人都会造福于环境（见第一章关于生态足迹的讨论）。由于需要的钱少，

图8.16 商场购物。就个人而言，美国消费的商品比世界上任何一个国家都多。美国人口多，2013年达到3.16亿，使得不可持续的消费成为更大的问题。本图摄于新泽西联盟市（Union）。消费与能源利用有着怎样的联系?

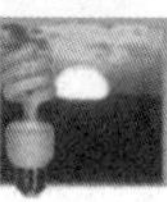

自愿简朴化：需求少、花费少的生活方式。

很多追求简单生活的人就可以少工作。倡导践行自愿简朴化生活的人认为，他们的生活方式给他们的“东西”少，但是时间多，这些时间可用来做义工，感受大自然，享受亲情。

买东西之前，追求简单生活的人会自问是否真的需要。一种追求物质的生活方式，比如车库里有2辆或3辆车、炉子上烤着牛排、每个房间里都有电视、生活中拥有奢侈品等，可能会带来短时间的满足。从长远看，这样的生活方式没有像了解社会、与其他人进行有意义的交流互动、帮助改进家庭和社区等生活方式更加充实。主要的一点是，衡量生活富足的标准不是自己拥有什么，而是为其他人做了什么。

复习题

1. 自愿简朴化如何减少人口增长的影响？

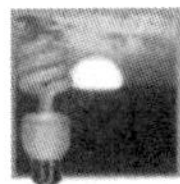

能源与气候变化

人口

越来越多的科学证据表明，气候变化与二氧化碳排放增加有关，大部分排放是由化石能源燃烧引起的，比如煤炭、石油和天然气。能源、气候和人口等很多因素相互发生作用，特别是考虑到某些具体国家的发展趋势的时候。比如，相对于美国等高度发达国家（图表a），中国的人均CO_2排放很低，但是，中国的工业化进程很快，而工业化会增加CO_2的排放。中国快速的经济发展与巨大的人口数量（超过13亿）导致中国CO_2年排放总量超过了美国（图表b）。中国有着丰富的煤炭资源储备，随着经济的发展，煤炭已成为重要的资源来源。由于煤炭燃烧比其他的能源产生的单位能量CO_2排放多，因此，中国的单位能量CO_2排放也高于美国。

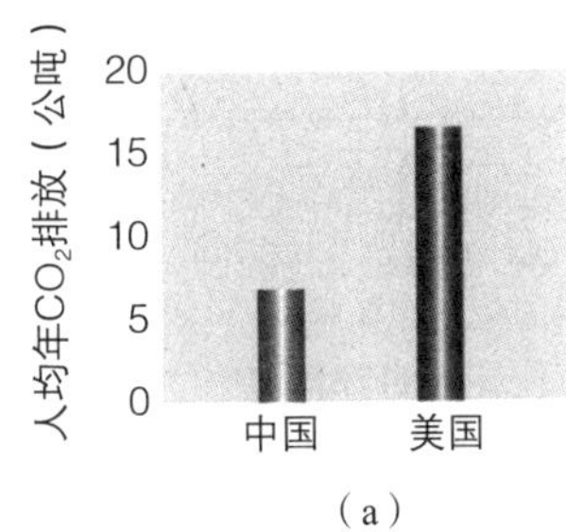

（a）

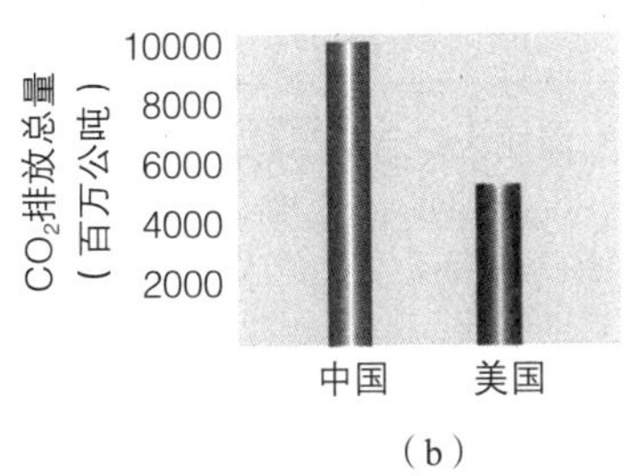

（b）

数据引自PBL荷兰环境评价署：《2013年全球CO_2排放趋势报告》。

通过重点术语复习学习目标

- **解释人口统计学，总结人口增长的历史。**

人口统计学是社会科学的应用分支，主要研究人口数据，提供不同国家或人群的人口信息。尽管人口数量达到10亿人花费了几千年的时间，但是达到20亿（1930年）仅花了130年，达到30亿（1960年）仅花了30年，达到40亿（1975年）仅花了15年，达到50亿（1987年）仅花了12年，达到60亿（1999年）仅花了12年，达到70亿（2011年）仅花了12年。世界人口持续增长，但是自20世纪60年代中期以后世界人口增长率（r）已经下降。

- **认识托马斯·马尔萨斯，简述其人口增长的思想并解释他的思想为什么正确或为什么不正确。**

托马斯·马尔萨斯是19世纪英国的经济学家，他认为如果人口增长的速度比食物供给的速度快，就会导致饥馑、疾病和战争。有些人认为马尔萨斯是错的，部分原因是科技进步已经使得粮食生产与人口增长保持了同步发展。可能最终事实会证明马尔萨斯是正确的，因为我们不知道我们的食物增长是否是可持续的。

- **解释为什么不可能准确地回答地球能支持多少人，也就是地球对人类的承载力这个问题。**

承载力是某个特定环境在没有变化的情况下能够无限期支持一个种群的最大个体数量。对地区能承载多少人口的估计差别很大，取决于依据什么样的生活、资源生产和消费、技术创新、垃圾产出等标准。如果我们希望所有人的物质生活都达到与高度发达国家生活方式同等的高水平，那么很明显，地球所支持的人口数量要比仅高于生存水平的人口数量少很多。

- **解释高度发达国家和发展中国家在婴儿死亡率、全部出生率和年龄结构等人口特色上有怎样的不同。**

婴儿死亡率是每1000名初生婴儿中的婴儿死亡数量

（1岁以下）。总生育率（TFR）是在现有人口出生率情况下，每个妇女生的孩子的平均数。年龄结构是人口中每个年龄段人的数量和比例。高度发达国家的婴儿死亡率最低，总生育率最低，年龄结构中老年人最多。发展中国家的婴儿死亡率最高，总生育率最高，年龄结构中年轻人最多。

- **解释人口增长惯性是怎样起作用的。**

人口增长惯性是基于现有年龄结构的人口未来增长或下降的趋势。如果占人口比例最大的人群处于前生育阶段，那么一个国家在达到更替水平生育率的情况下依然保持人口增长。

- **简述承载力与农业生产力之间的关系。**

土地过度使用常常与长期的干旱连在一起，如果发生这种现象，那么曾经的沃土就会出现农业生产力的下降，也就是说，土地承载力下降。

- **简述人口与长期饥饿与粮食不安全之间的关系。**

人口的快速增长会加剧人类的很多问题，比如饥饿。粮食不安全是人们在慢性饥饿和缺乏营养状况下生活的情况。粮食最短缺的国家通常有着最高的TFRs。

- **描述经济发展与人口增长之间的关系。**

经济发展是一个国家经济的扩展，在很多人看来是提高生活水平的最好办法。大多数经济学家认为减慢人口增长将促进经济发展。

- **明确文化的定义，解释总生育率和文化价值之间有着怎样的联系。**

文化包括特定阶段某个人群的思想和习俗，会随着时间从一代传到下一代。TFR和文化之间的关系很复杂，影响高TFRs的主要因素有四个：婴儿和儿童死亡率高、孩子在某些文化中的重要社会和经济作用、很多社会中妇女的地位低、缺乏健康和家庭规划服务。文化对所有这些因素都产生影响。

- **明确性别不平等的定义，了解妇女的社会和经济地位与总生育率之间有着怎样的联系。**

性别不平等是导致妇女不能拥有和男人一样的权利、机会或待遇的社会建构。影响高TFRs的最重要的单一要素是妇女在很多社会中地位低。

- **解释家庭规划服务怎样影响着总生育率。**

家庭规划服务是帮助男人和女人限制家庭规模、保障个人健康权利和改善自己及其孩子的服务。有家庭规划服务的地方，TFRs一般就会降低。

- **比较中国政府和墨西哥政府减缓人口增长的措施。**

1979年，为了降低TFR，中国开始强制实施一孩化政策。现在，这项政策在农村已经放松，主要办法是教育和公众宣传。1974年，为了降低人口增长速度，墨西哥政府采取几项措施，比如教育改革、家庭规划和医疗保健。墨西哥最近控制人口增长的措施包括多媒体宣传。

- **解释墨西哥人口增长中人口增长惯性的作用。**

即便是出生率降低，墨西哥的正人口增长惯性将会使得人口继续增长，因为大量的墨西哥年轻妇女会结婚生子。

- **至少描述四项联合国千年峰会上提出的千年发展目标。**

联合国千年峰会形成了全球伙伴关系，实施一项行动计划，即千年发展目标（MDGs），主要是消灭极端贫穷和饥饿、普及小学教育、促进性别平等并赋予妇女权利、降低儿童死亡率、改善产妇保健、应对HIV/AIDS和疟疾以及其他疾病、确保环境的可持续能力、建立全球经济发展伙伴关系。

- **解释个人如何采用自愿简朴化的生活方式来减少人口增长的影响。**

自愿简朴化是一种涉及减少需求和消费的生活方式，每个降低不必要消费的人都会减少人口增长带来的影响。

重点思考和复习题

1. 导致撒哈拉以南非洲AIDS病大量爆发的因素有哪些？这种增长趋势正在逆转的迹象有哪些？
2. 什么是人口统计学？
3. 你出生时的人口是多少？你父母出生的时候呢？
4. 有人认为，马尔萨斯关于人口增长超过环境承载能力的说法会在全球尺度上发生。这种情况会在发展中国家发生吗？高度发达国家呢？
5. 为什么将承载力的生物学概念直接应用到人口上会那样困难？
6. 什么是总生育率和婴儿死亡率？哪些国家的总生育率最高？哪些国家的婴儿死亡率最高？
7. 下图中，哪个人口曲线更有可能出现正人口增长惯性？

哪个更有可能出现负人口增长惯性？请解释你的答案。

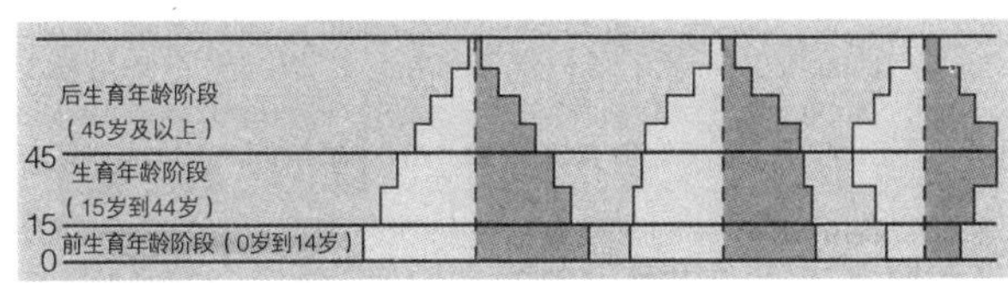

8. 地球的承载力与土地退化和农业生产力有着怎样的关系？
9. 什么是粮食不安全？世界哪些地区的粮食不安全性最大？
10. 人口增长与经济发展有着怎样的关系？
11. 文化价值如何影响出生率？举例说明。
12. 什么是自愿简朴化？与资源消费有着怎样的联系？
13. 什么是家庭规划？如果要降低出生率，那么家庭规划服务项目必须考虑哪些因素？
14. 中国是世界第二大经济体，有很多高度工业化的地区，但是依然被划为发展中国家，在很大程度上是因为其人均GNI PPP低。本章描述的哪些挑战有可能中国也会遇到？
15. 墨西哥为什么有着正人口增长惯性？
16. 全世界的国家都渴望实现的四个千年发展目标是什么？你认为能实现吗？为什么？

17. 这张照片显示了一个教室里的尼日利亚学生。这所学校的男孩子为什么比女孩子多？出生率与妇女教育机会有着怎样的联系？
18. 讨论这一论述：现在的人口危机导致或加剧了所有环境问题，包括能源和气候变化。

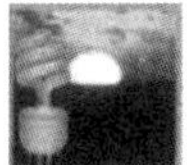

食物思考

访问千年村网站，调查村庄里很多过去和现在进行的项目所解决的食品问题。千年村中为结束饥饿和提供可持续粮食供应而开展的工作中所解决的主要问题是什么？这些问题与你所在社区向饥饿人群提供一个稳定和健康的粮食供应所面临的挑战有着怎样的不同？

第九章

城市环境

内华达州拉斯维加斯。拉斯维加斯是一个由更小的相互关联的系统组成的复杂系统，包括人口、水、食品、交通和气候系统。

人们常常会惊讶地了解到拉斯维加斯最初吸引人的地方是它的水。拉斯维加斯是南部派尤特人（Paiutes）数百年来使用的一口泉水的所在地。17世纪，在圣达菲贸易通道（Santa Fe Trail）上行走的商旅开始在拉斯维加斯驻足停留。第一个永久居住点开始于20世纪初，当时的铁路建设把拉斯维加斯作为一个加水站。拉斯维加斯慢慢发展起来，直至在科罗拉多河上兴建了胡夫大坝（Hoover Dam），拉斯维加斯有了更为充足的水源供应。大约从1935年起，这个城市开始快速发展。现在，拉斯维加斯有居民180万人，拉斯维加斯城及周围的山谷面临着很多挑战，成为需要运用系统观点（systems perspective）解决环境问题的代表（见图片）。

拉斯维加斯的水利用是一个重要的环境问题。内华达与其他西部州争夺科罗拉多河的水。在内华达州内部，拉斯维加斯等城市地区也与农业有着争水的矛盾。拉斯维加斯每年只有大约10厘米（4英寸）的降水，而且常常下得急，因此洪涝也是一个问题。由于硬化路面不渗水，因此雨水顺着街道和人行道流走而不是渗透到地下。水流将路上的油污、农家院子里的牲畜粪便、高尔夫球场里的化肥冲刷带到米德湖（Lake Mead）里，那个湖是拉斯维加斯最主要的饮用水源。这一被污染的径流增加了水处理的需求。

与多数城市地区一样，拉斯维加斯有着众多的快餐、饭店和小卖部。然而，新鲜食品依然很贵，种植蔬菜需要土地，而土地正是许多城市居民所缺乏的。一个解决方案是社区菜园，在一个中心居住区开辟一块土地，由很多人合作管理。维加斯之根（Vagas Roots）是一家社区菜园组织，既支持食品生产，也支持社区联络。城市农业帮助城市居民改进食品获得途径，提高了食品质量。

交通系统的变化也影响着水的系统，为了满足拉斯维加斯日益增长的家庭需求，新建了很多柏油路，扩大了不渗水地面的面积。随着汽车、卡车的增多，空气质量越来越差。而且，道路建设也增加了空气污染，因为尘土从挖开的地面被随风吹起。逆温层（第十九章）吸附这些污染物，使得它们在大气层中停留数日。

气候变化也威胁着拉斯维加斯。气候模型预测，今后几十年，美国西南部将出现温度升高、降雪减少。温度升高将扩大空调的需求，同时水资源供应将下降，而空调是主要的能源应用。

在这一章，我们将考察城市人口和趋势，以便能更好地了解充满活力的、人口密集的、被称作城市的系统。在全球范围内，人们越来越多地聚集在城市里，人口学家预测，到2050年，城市居民将占全部人口的2/3。很多城市将没有能力向快速增加的人口提供清洁水、适当住房、新学校等基本的服务。有效地规划持续快速增长的城市，需要了解人口增长、地区气候、食物获取、交通、水利用和能源需求等因素之间的相互作用。

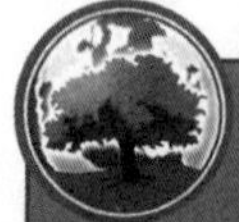

身边的环境

你所在的社区人口有多少？就环境问题而言，你如何将你的社区与拉斯维加斯进行比较？

人口与城市化

学习目标

- 解释城市化，描述农村和城市人口分布的趋势。
- 区分大城市和城市群的不同。
- 描述一些与大型城市地区快速发展相关的问题。

三次城市变革改变了人类社会。在第一次城市变革中，大约从公元前8000年到公元前2000年，人们第一次进入城市，这次城市变革恰逢农业时代的到来。第二次城市变革发生于大约1700年到1950年，恰逢工业革命。随着商业替代农业成为人们谋生的主要方式，现代城市得到发展并创造辉煌。随着城市越来越富裕，城市移民增加，更多的人蜂拥而来，希望抓住城市经济发展提供的机遇。因此，城市的人口有了大幅增加。

第三次城市变革当前正方兴未艾，与前两次不同的是，全世界范围内的城市都在经历着历史上最快速的人口增长，特别是在亚洲和南半球。而且，城市移民的速度使得前两次相形见绌。

2008年，世界人口进入一个里程碑，人类历史上第一次出现了这样的情形，半数人口生活在城市地区（图9.1）。城市增长的幅度非常惊人，在1950年，城市的人口还不足全部的30%。

农村地区、城镇和城市人口的地理分布从社会、环境和经济方面极大地影响着人口增长。欧洲人第一次在北美定居的时候，大多数人口都是生活在农村地区的农民。今天，生活在农村的美国人最多占17%，生活在城市的人占83%。**城市化**（urbanization）涉及人们从农村向城市的流动，也包括将农村地区改变为城市。

建设一个城市地区或城市需要多少人？不同的国家有着不同的答案，可能是集中居住在一个地方的100个家庭，也可能是有着5万居民的人口。在丹麦，250人就可以具备成为城市的资格，而在希腊，一个城市的人口要1万人或以上。根据美国人口普查局的数据，有着2500人或以上的地方就可以成为城市地区。

农村和城市地区的一个主要区别不是有多少人居住在那儿，而是有多少人在那儿谋生。大多数居住在农村地区的人从事的职业与管理自然资源有关，比如捕鱼、伐木、种田等。在城市地区，大部分人的工作与自然资源没有直接关系。

城市的增长以农业人口的付出为代价，有以下几个原因。随着农业机械化的发展，越来越少的农民可以养活越来越多的人，直接从事农业的人越来越少。由于土地所有制（land tenure），穷人常常不得不搬迁到城市里。在很多国家，少部分富人拥有大多数土地，而贫穷的农民不拥有土地。妇女和少数民族有时也没有权利拥有土地。另外，在战争年代，土地所有权受到政治和军事冲突的威胁。从传统上说，城市提供了更多类型的工作，因为城市是工业发展、基础设施建设、教育和文化机会以及技术进步的所在地。

城市人口的特点

就规模大小、气候、文化和经济发展来说，每个城市都是独一无二的（图9.2）。城市人口的基本特点之一是种族、民族、宗教和社会经济地位比农村地区的人口复杂得多。生活在城市地区的人一般比周围农村的人年轻，城市人口结构中年轻人比例大不是因为出生率高，而是因为很多农村地区的年轻人向城市流动。

城市和农村地区常常有着不同的男女比例。在非洲很多国家，男人到城市去找工作，而妇女倾向于在农村照管农田和孩子。在那些妇女不能拥有农场和土地的国家，城市常常吸引的是年轻姑娘，而不是年轻小伙。有些农村地区的妇女从中学毕业后没有什么就业机会，因此就迁移到城市里。

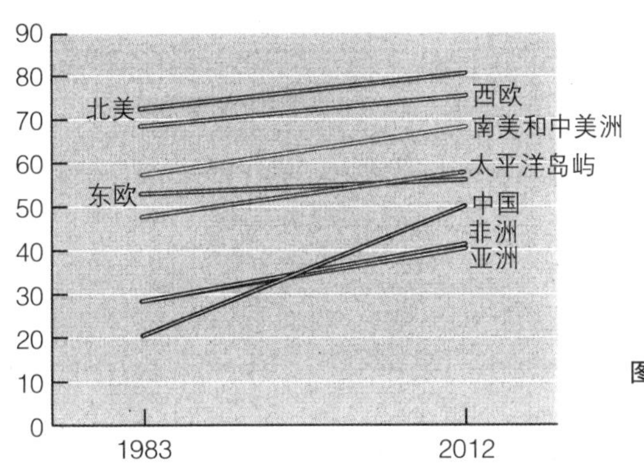

图9.1 1983—2012年，全球范围内人口从农村向城市的流动。在大多数地区，50%以上的人口生活在城市地区。亚洲和非洲依然是农村人口占多数，尽管城市人口每年都在增长。注意中国人口从农村向城市的高速迁移，最近城市人口达到50%的里程碑。（数据引自世界银行）

城市化：越来越多的人口从农村地区迁到人口密集城市的过程。

图9.2　加拿大温哥华（Vancouver）。温哥华是加拿大最重要的太平洋海岸海港城市。温哥华天气湿润，冬季雨量大，以风景怡人的公园和花园著称。大温哥华地区人口230万，包括很多移民，特别是从中国、印度、菲律宾、台湾和朝鲜来的大量移民。

城市化趋势

城市化是世界性现象。根据人口咨询局（PRB）的数据，现在世界上一半以上的人口生活在城市地区，而且城市人口比例每年都在上升。（PRB把拥有2000人或以上的镇当作城市。）与农村相比，高度发达国家生活在城市中的人口比例比发展中国家的比例高。

2012年，根据世界银行的数据，西欧、北美和中东（图9.1）的城市居民占全部人口的比例为75%，但是非洲和南亚生活在城市的人口仅占40%。截至2012年，中国一半的人口生活在城市地区，城市人口的比例还在上升。

尽管从比例上看，非洲和很多东南亚国家更多的人依然生活在农村地区，但是那儿的城市化在快速发展。比如，印度尼西亚的城市人口从1983年全国人口的24%上升到2012年的51%。1975年，世界最大的10个城市中有4个位于拉丁美洲或东南亚国家，分别是墨西哥城、圣保罗、布宜诺斯艾利斯、加尔各答。在2011年，世界最大的10个城市中有8个位于拉丁美洲或东南亚国家，分别是德里、墨西哥城、上海、圣保罗、孟买、北京、达卡、加尔各答（表9.1）。

根据联合国的统计，2012年21%以上的世界人口生活在拥有100万居民的大城市中，这一比例每3年增长大约1个百分点。**大城市**（megacity）的数量和规模也在增加。在很多地方，不同的城市地区已经融合成**城市群**（urban agglomeration）（图9.3）。一个例子是日本的东京—横滨—大阪—神户城市群，生活着大约5000万人。其他的特大城市包括首尔、雅加达、德里、马尼拉、上海、卡拉奇。纽约、墨西哥城和圣保罗是西半球10个最大城市中的3个。

世界100个最大的城市中，大约有一半在亚洲。孟买是亚洲城市人口增长的代表，人口从1975年的71万人增长到2007年的1970万人，从当时的世界第15大城市变成第7大城市。到2025年，孟买的人口将增长到2660万，成为世界第4大城市。

城市化在欧洲和北美也在增长，但是速度要慢得

表9.1　世界10个最大的城市

1975	2011	2025（预测）
日本东京，26.6*	日本东京，37.2	日本东京，38.7
美国纽约—纽瓦克，15.9	印度德里，22.7	印度德里，32.9
墨西哥墨西哥城，10.7	墨西哥墨西哥城，20.4	墨西哥墨西哥城，28.4
日本大阪神户，9.8	美国纽约—纽瓦克，20.4	印度孟买，26.6
巴西圣保罗，9.6	中国上海，20.2	墨西哥墨西哥城，24.6
美国洛杉矶，8.9	巴西圣保罗，19.9	美国纽约—纽瓦克，23.6
阿根廷布宜诺斯艾利斯，8.7	印度孟买，19.7	巴西圣保罗，23.2
法国巴黎，8.6	中国北京，15.6	孟加拉国达卡，22.9
印度加尔各答，7.9	孟加拉国达卡，15.4	中国北京，22.6
俄罗斯莫斯科，7.6	印度加尔各答，14.4	巴基斯坦卡拉奇，20.2

*人口单位：百万

来源：“Urban Agglomerations 2011”［《2011年城市群》］, U. N. Population Division Department of Economic and Social Affairs [联合国经济和社会事务司人口处].

大城市：人口超过1000万的城市。

城市群：包括几个相邻城市或大城市以及周边发达郊区的城市化核心区。

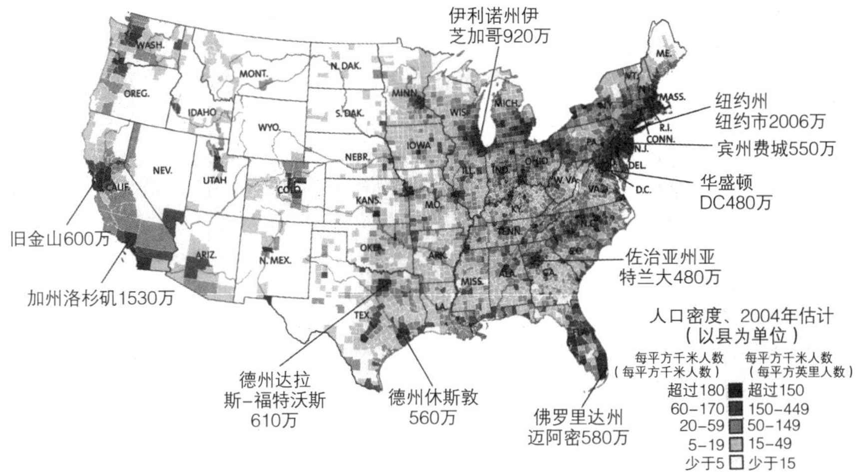

图9.3 美国城市群。这张图显示了美国有关县的人口密度。美国最大的10个城市群是根据2014年的人口确定的。（地图引自deBlij, H. J. and R. M. Downs, *College Atlas of the World*［《世界大学地图》］, National Geographic Society, 2007, p. 87，美国十大城市群引自《世界城市地区》第10版，2014年3月。）

多。比如，美国城市人口占全国人口的比例从1983年的74%增长到2012年的83%。在美国，大部分城市移民发生在过去150年里，当时城市有着广泛的工业劳动力需求，又恰恰赶上农业劳动力需求的下降。美国城市的增长在很长时期都很慢，使得水净化、污水处理、教育和适当的住房等重要的城市服务与农村人口的流入保持了同步。中国城市的基础设施有时超前于人口流动，政府富有远见地为新工厂需要的工人建起了住房和其他必要的服务设施。

与此形成对照的是，有些城市地区的发展缺乏规划，经常导致大量的城市无房户或粗制滥造的临时住房。比如，在印度，80%的污水直接排到水道中，导致地表水和地下水的严重污染。城市地区由于缺乏足够的基础设施给人带来一系列问题，比如无家可归、粮食不安全、居高不下的城市失业率、越来越多的城市暴力、环境退化、越来越多的水和空气污染、水质差或水资源短缺、污水和废物处理等。城市的快速增长造成了学校、医院和交通系统的紧张。

图9.4 临时搭建房居住区。像南非德班（Durban）这样的不合标准、低质量的住房在许多城市很常见。这些房子建在陡峭的山坡上，能找到什么材料就用什么材料搭建。像这样的临时搭建房居住区经常缺自来水、卫生的厕所和电。

低劣住房（贫民窟和临时搭建住房）是发展中国家的关键问题（图9.4）。临时搭建房非法占用了建房的土地，不能得到清洁水、污水处理、垃圾回收、道路兴建、警察或消防等方面的城市服务。很多临时搭建房建在不适宜建房的土地上，比如高山上，在降雨季节，泥石流是一大危险。临时搭建房还很不安全，因为它们总是面临着被拆迁的风险。根据联合国的数据，在大多数发展中国家，临时搭建房居住区大约生活着城市全部人口的1/3，有10亿多人生活在被认为是贫民窟的地区。

环境信息

欠发达国家的城市

根据联合国人类居住项目，下面是欠发达国家城市的一些事实：

- 每4个城市居民家庭中就有1家生活在贫困之中。
- 很多儿童，大约5.8%，在5岁以前死亡。
- 发展中国家大约2/3的城市不进行污水（废水）处理。
- 1/3到1/2的固体废物（垃圾）不进行收集。
- 将近1/3的城市存在被警察认为是危险的区域。
- 3/4的欠发达国家法律明文规定，人们有居住合适住房的权利，尽管这些法律经常得不到实施。1/4的欠发达国家有法律禁止妇女拥有财产或获得抵押贷款。
- 发展中国家城市中最普遍的交通形式是公共汽车。

每个国家都有城市居民缺乏住房的情况。城市学者估计，美国大约有60万无家可归的人，其中1/3没有栖身之处（图9.5）。在印度加尔各答，城市官员估计，每天夜里有70万无家可归的人睡在大街上，尽管其他组织预测这一数字要高得多。

图9.5 无家可归者。美国无家可归者常常用一些个人物品盖在身上，比如一个睡袋，或随便什么东西，比如一个纸板。在美国，35%的无家可归者是有着孩子的家庭，30%的遭受家庭暴力，将近1/4（23%）是退伍军人。

复习题

1. 什么是城市化？现在世界什么地方的城市化速度最快？
2. 什么是大城市？什么是城市群？
3. 大城市地区在快速发展中会遇到一些什么问题？

作为生态系统的城市

学习目标

- 解释怎样从生态系统的角度分析城市。
- 描述褐色地带和食品沙漠。
- 区分城市热岛和尘盖。
- 解释紧凑型发展。

正如我们在本章介绍拉斯维加斯时所讨论的，城市是十分复杂的系统。很多城市社会学家采用生态系统的方法去更好地理解城市的功能和随着时间而发生的改变。在第三章里，生态系统（ecosystem）指的是生物群落及其非生命和物理环境相互作用的系统。把城市地区作为**城市生态系统**（urban ecosystem）来研究有助于我们更好地了解物质循环和能量流动等生态系统服务是如何连接城市人口及其周围环境的。

城市生态系统：在更大的生态系统背景下研究的混杂、不断变化的城市地区。

城市生态学（urban ecology）使用自然科学和社会科学两种方法研究城市进程、趋势和模式。城市生态学家从四个方面研究这些进程、趋势和模式：人口、组织、环境和技术。他们用这四个单词的首字母POET来指称这些领域。

人口（population）指的是人的数量，引起人口变化的因素（出生、死亡、移入、移出），城市按人口年龄、性别、种族的构成。组织（organization）指的是城市的社会结构，包括经济政策、政府构成、社会层级。环境（environment）包括城市是位于河流附近或沙漠等自然环境还是道路、桥梁、建筑物等城市的物理环境（图9.6）。环境还包括人类导致的自然环境的变化，比如空气和水污染。技术（technology）指的是直接影响城市环境的人类发明，比如人工水渠，将水远距离地引到位于干旱环境中的城市；比如空调能让人们在炎热、潮湿的城市中舒适地生活。

这四个方面（POET）并不是各自独立地发挥作用，而是相互联系在一起，就像自然生态系统的各个部分一样相互作用。比如，POET的各个部分都需要能量。设计得好的城市系统会对整个系统的能源效率产生重大影响，包括知道整个城市的正常运行需要多少能量。

亚利桑那凤凰城：对城市生态系统的长期研究

国家科学基金建立了26个长期生态研究（LTER）基地，广泛收集不同生态系统比如沙漠、山川、湖泊和森林的数据，有两个LTER基地位于城市，分别是巴尔的摩（Baltimore）和凤凰城（Phoenix），这两个基地改变了研究生态的传统方法。随着大多数美国人集中在城市生活，研究人员在思考人类对城市环境的影响时面临着一个空白。与所有其他LTER项目一样，巴尔的摩和凤凰城项目涉及长期的生态系统健康评价。城市研究的重点是人类生活对生态的影响，而不是人类之间的相互作用。

很多关于城市生态系统研究的问题与其他LTER基地相同，比如植物和动物种群的变化以及重大事件的影响，譬如火灾、干旱和飓风。对于城市项目来说，研究内容更为复杂，因为进出城市的水、能源、资源、资金和人口的流动联系在一起（图9.7）。在有些情况下，政治权力与特定（富裕）社区更好的环境质量联系在一起。

研究人员正在进入新的领域以解答城市背景下关于生态系统更广泛的问题。比如，城市化如何改变沙漠生态系统的水循环？当地气候如何影响城市环境中的生态系统服务？人们对与气候相关的生态系统服务怎样看待？在城市环境中更多地恢复自然栖息地将怎样增加生物多样性？城市生态学知识将提高公众的意识，并最终影响到决策。

（a）犹他州公园城市全貌。所有其他图像都是根据这幅图放大、剪裁的。

（b）混合使用（商业、工业和居住）

（c）独户居住区

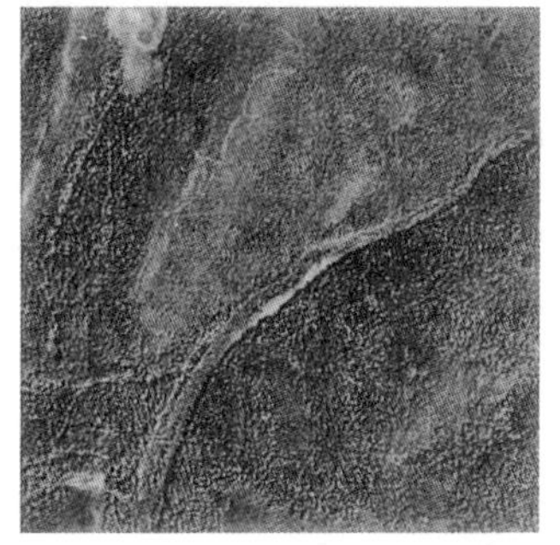

（d）未开发（自然）空地

图9.6　土地使用模式卫星图。城市土地使用显示了不同的模式，注意每幅图中被平整地面的比例。

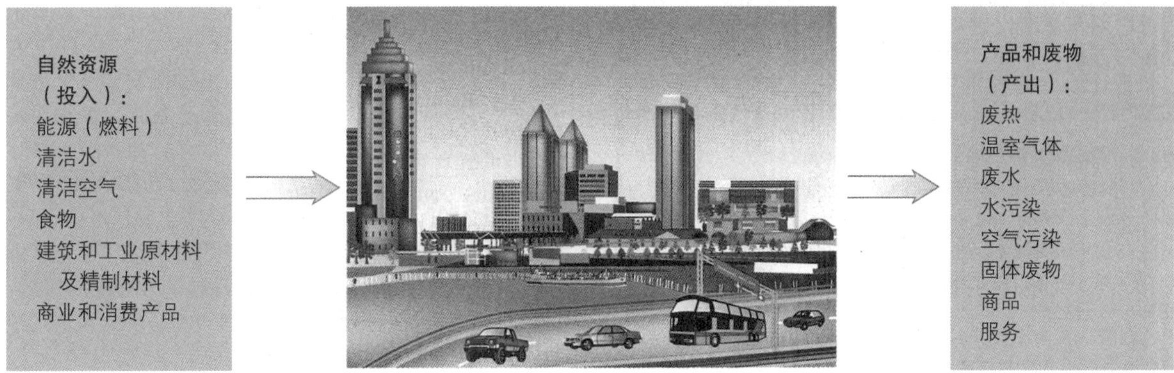

图9.7　作为活力系统的城市。与自然生态系统一样，城市是开放的系统。城市环境中的人口需要周围农村地区的投入以及向周围地区排出其产出。这幅图中没有显示的是城市系统里的材料和能量的内部循环。气候变化怎样影响城市系统的投入和产出呢？

与城市有关的环境问题

如果不把城市对自然环境的影响考虑在内，那么城市作为生态系统的概念是不完全的。不断扩张的城市地区影响着土地的利用模式，通过郊区发展侵入到森林、湿地、沙漠或农业地区的农田，摧毁了野生动物栖息地，或使得这些栖息地支离破碎。比如，芝加哥、波士顿和新奥尔良的很大部分原来都是湿地。当城市里建起休闲公园后，原有的生态系统常常就再也回不来了。比如，芝加哥城市周围环绕着一大片森林保护区，但这些地方的生态系统以前是草原，而不是森林。

多数城市都有着各种被废弃的**褐色地带**（brownfield）。同时，郊区还在继续向外扩张，吞噬着自然地区和农田。褐色地带可以再利用，但是再利用起来非常复杂，因为很多地带堆放着环境污染物，重新开发褐色地带之前必须进行清除。（第二十三章讨论的超级基金地块被高浓度的有害废物污染，但不被视为褐色地带。）

褐色地带代表着重要的潜在土地资源。宾夕法尼亚州的匹兹堡在开发利用一度是钢厂和肉品包装中心的褐色地带方面最为知名。这些曾经的褐色地带有几块上面现在是居住、休闲和商业区（图9.8）。

尽管我们经常想象城市里有着各种各样的生活便利，比如食品店，但是有些城市缺乏这些特色。较为贫困的社区常常没有健康食品零售点和农贸市场，相反却有着相对多的加油站、便利店和快餐店。缺乏有营养、高质量食品的社区称为**食品沙漠**（food desert），这些社区的居民患有与营养有关的疾病的可能性很高，比如肥胖症、糖尿病和心脏病。

图9.8　匹兹堡的褐色地带再开发。华盛顿陆地（以前叫荷岛）上最初有着锯木厂、牲畜围场和宾州铁路。20世纪70年代，大部分工业撤离该地，20世纪80年代对这片褐色地带重新进行开发。现在，华盛顿陆地集住宅、商业和休闲娱乐于一体，还有着通往匹兹堡市中心的便捷自行车道。

褐色地带：被废弃的、闲置的工厂、仓库和（或）由于可能的污染而影响再开发利用的城市居住区。

食品沙漠：低质量、加工食品比营养价值高、新鲜食品更容易获得的社区。

城市中的大楼和柏油路覆盖了吸纳雨水的土壤，影响了水的流动。为此，城市建立了雨水排水系统，处理被有机废物（垃圾、动物粪便等）、汽油、农药和化肥、重金属等污染的雨水（见图21.10）。在美国多数城市，城市污水要在清洁处理后才能排入附近的水道。然而，在很多城市，大量的降雨会超过处理厂的水处理能力，导致未处理城市径流的排放。发生这种情况时，被污染的水流会毒害城市边缘以外很远的水体。很多城市建在河流三角洲或海岸地区，使得它们在洪涝面前很脆弱，特别是在随着气候变化海平面升高和风暴强度增加的时候。

美国城市中的大部分人员不得不往返十几英里，穿过交通拥挤的街道，从生活的郊区来到工作的市中心。由于郊区公共交通服务不健全，因此汽车是必要的，从而完成每天周而复始枯燥的往返。这种高度依赖汽车并以此作为我们主要交通工具的方式，增加了空气污染，导致了其他环境问题。

城市地区中高密度的汽车、工厂和商业导致了空气排放的累积，包括细微颗粒（尘）、硫氧化物、碳氧化物、氮氧化物和挥发性有机化合物等。在那些没有空气污染法律的国家，城市的空气污染最严重。在墨西哥城，空气污染很重，以致在每学年的很多日子里学生都不允许到外面玩。尽管很多国家通过颁布法律在减少空气污染方面取得了进展，但是很多城市的大气中依然含有高于健康或法律规定的污染物。

城市热岛　人口密集地区的街道、屋顶和停车场在白天吸收大量的太阳辐射，在夜间向大气层释放热量。人类的燃料燃烧等活动在城市也是高度聚集。因此，城市地区的空气比周围郊区和农村地区的空气要热，被称为**城市热岛**（urban heat island）（图9.9）。

城市热岛影响着当地的空气流动和天气状况，特别是在夏季增加了城市上空（或位于它下风口的地区）的暴风雨数量。城市上空热气流的上升产生了低压单元，从周围吸纳进冷空气。热空气在上升的过程中，开始逐步冷却，导致水蒸气凝结形成云层，然后再产生大暴雨。城市热岛的密度可以通过绿色屋顶（见第十八章照片）大大降低，主要是利用植物调节温度，吸收建筑物房顶上多余的水。

城市热岛的空气流动模式导致了污染物的聚集，特别是细微颗粒，在城市上空形成了**尘盖**（dust dome）（9.10a）。污染物在尘盖中集中的原因是空气对流（即热空气的垂直流动）将污染物抬升到空中，在城市热岛产生的稳定空气质量的作用下停留在大气中。如果风速加快，

城市热岛：在人口密度高的地区的当地热量聚集。

尘盖：环绕城市地区并包括很多空气污染的热空气盖。

尘盖就会顺风从城市上空移开，被污染的空气就会被风吹散到农村地区（9.10 b）。刚到城市的人会看到尘盖，特别是当尘盖与褐色烟雾一起发生的时候，汽车、工业企业和刈草机中的氮氧化物与阳光相互作用，就会形成烟雾。

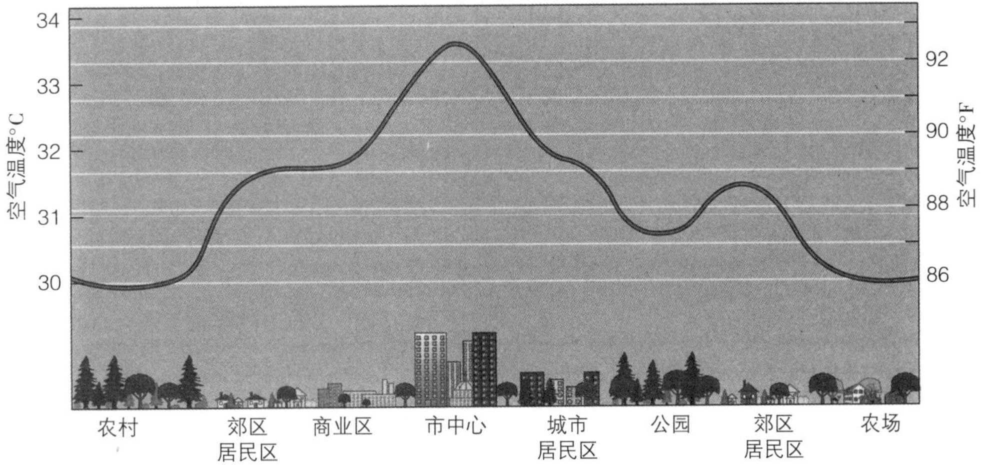

图9.9　城市热岛。这幅图显示了一个夏天的下午温度变化的情况。与周围的农村地区相比，城市的热岛非常突出。注意公园对当地温度的影响。建筑物上空的温度升高可以通过绿色屋顶实现大幅降低或消除。

（a）空气处于稳定状态时会在城市上空形成污染物尘盖。

（b）风速增加后，污染物随着风向离开城市。

图9.10　尘盖。

噪音污染　声音在很大或令人不适的时候，特别是导致物理或心理伤害的时候，被称为噪音污染（noise pollution）。空气中传播的大部分噪音是人造成的。从火车到卡车到汽艇，这些机动车产生大量的噪音。电动刈草机、飞过头顶的飞机、树叶吹动机、链锯、手提钻、开着隆隆音响的汽车、拥挤的交通等都产生室外噪音，冲击着我们的耳膜。洗碗机、垃圾压缩机、洗衣机、电视和音响等室内噪音增大了噪音的分贝。

长期暴露于噪音中会损害听力。除了听力损害外，噪音还增加心脏病几率，分散学生注意力，导致肌肉紧张等。证据显示，长期暴露于高分贝噪音会导致永久性的血管缩窄，增高血压，导致心脏病。其他与噪音有关的生理影响包括偏头痛、恶心呕吐、眩晕、胃溃疡。噪音污染还会引起心理紧张。

很明显，减少噪音就会减少噪音污染，噪音可以通过多种方式减少，包括从限制在繁忙城市街道上使用大喇叭和鸣笛到限制使用工程车辆、真空清洗机、手提钻和其他噪音工具，从而少制造噪音。解决噪音的工程方法是可行的，但是常常避免使用，因为使用者会使用更大的电能，从而引起新的噪音。在噪音制造者和人之间树立隔离装置也有助于控制噪音。噪音隔离装置的一个例子是沿着车流量大的高速公路竖立的噪音屏障物。街道树等植物也有助于吸纳噪音。

城市化给环境带来的好处

城市化会为环境带来实际的好处，这些好处可能会超过其不利的方面。一个规划科学合理的城市通过减少交通带来的污染和保护农村地区，可以使环境受惠。解决城市增长问题的一个方案是**紧凑型发展**（compact development），更有效地利用土地。随着人们步行、骑自行车、乘坐公交或轻轨等公共交通去上班和购物，对

紧凑型发展：高层、多单元住宅楼毗邻商场和工作地点并通过公共交通相连的城市设计。

汽车的依赖及其带来的污染就会减少。由于紧凑型发展需要的停车场和公路少，因此有更多的空间可以用来建设公园、空地、住房和商业设施。紧凑型发展使得城市更加宜居，更多的人愿意住在那儿。

俄勒冈州波特兰市（Portland）提供了紧凑型发展的典范。尽管波特兰需要应对很多问题，但是市政府制定了有效的土地利用政策，对开发哪儿、如何发展等做出了具体规定。城市更多地向内发展，利用褐色地带，而不是一味向外扩张，到郊区开发新的土地。尽管汽车依然是波特兰的主要交通工具，但是城市的公共交通系统已经成为当地交通规划中的重要组成部分。公共交通系统包括轻轨、公交（很多线路的公交车每15分钟1趟）、自行车道和人行道，成为替代汽车的交通方式。政府还鼓励雇主向员工提供公交卡，而不是代付停车费。对公共交通的重视促进了轻轨和公交沿线的商业与住宅区发展，但并没有导致向郊区延伸。城市集体农场有助于保护适当的土地用于农业生产，从而有助于减少食品长途运输的需求。

复习题

1. 如何从生态系统的角度对城市进行系统分析？
2. 什么是褐色地带？
3. 现有的哪类商业类型在食品沙漠中通常是缺失的？
4. 城市为什么与城市热岛和尘盖相联系？
5. 什么是紧凑型发展？

城市土地利用规划

学习目标

- 讨论土地利用规划中分区的用途。
- 解释城市交通基础设施怎样影响着城市发展。
- 解释郊区蔓延，讨论郊区蔓延导致或加剧的问题。

很多城市的土地使用是基于经济的考虑。税收用来支付道路、学校、水处理厂、监狱和垃圾卡车等城市基础设施的费用。城市中心也就是中央商务区，一般来说税率最高。附近的居民区要比中央商务区的税率低，但是税收依然很高。因此，很多距离中央商务区不远的住宅楼都是高层建筑，里面建有小的公寓或个人产权公寓，虽然整幢楼的产权税高，但是个人分摊下来就少很多。环绕这些住宅楼并远离城市中心的地方发展了土地密集型的低税率商业，或者通过税收支持发展的产业，比如高尔夫球道、墓地、水处理厂、垃圾填埋场等等。公园和其他空地在各种土地使用中穿插其间。生活在郊区的人们常常远离中央商务区，支付的税少，但是交通支出较高。

城市中央商务区附近税收高，意味着只有更为富裕的人才能住在城里，但是北美多数城市也有贫困社区，住房选择不多，没有或很少有绿地，一般是学校教学质量差、公共服务少。原因很复杂，随着城市工业化程度的提高，更加富裕的人们搬到郊区，以躲避噪音和污染，将穷人留在城市里面。尽管穷人付不起高的税率，但是也承受不了较多的交通支出。在人口密集的居住区生活，人们可以好几个家庭分担税收，从总体上减少个人的税负。住房中产阶级化（gentrification）指的是富有的人重新回到经过装修的老的、曾经破旧的家园，有时会使得城市的穷人不得不离开，因为他们再也付不起房产税或租住在被中产阶级化或绅士化的小区里。

社会科学家研究了影响城市发展的因素。比如，英国地理学家大卫·哈维（David Harvey）在20世纪70年代对马里兰州巴尔的摩市进行了详细分析。他根据收入和种族把巴尔的摩的房地产分为不同的区域。哈维发现，金融机构和政府部门不是协调统一地为不同的社区服务。比如，银行不愿意将钱借给城市里的穷人买房子，更愿意借给住在更为富裕的社区的人们。因此，投资资本家在住房市场上的歧视影响了买卖的活力。也许是由于房产税低的原因，政府的服务，比如消防、警察、公共交通等，可能在不怎么富裕的社区里没有很好地提供。哈维的结论是：房地产投资和政府项目及服务在很大程度上决定了一个社区是可居住的还是衰败的，甚至是最终被遗弃的。政治和经济两方面的因素影响了**土地利用规划**（land-use planning）。城市不能作为分割的主体而单独存在，它们是更大的政治组织的一部分，包括县、州或省、国家，所有这一切都影响着城市发展。

城市主要通过分区来管理土地的使用，将整个城市分为不同的使用区（use zones），每个使用区被限制特定的土地用途，比如商业、居住、农场或工业（见图9.6）。这些分类常常又进行更细的分类。比如，居住区可能分为单一家庭居住区和多个家庭居住区（公寓）。财产所有者只要满足财产所在区的要求，就可以根据自己的需要进行开发。这些规定通常很具体，规定了建筑的高度、建筑物的走向以及建筑物的用途等。

由于分区管理，城市在很大程度上形成了工业园区、购物中心、居住区等不同的区域。很多城市地区的分区法律禁止环境友好的行为，比如禁止建造菜园、在外面晾晒衣服、在屋前种植草地作为草坪、养鸡等。

交通和城市发展

交通与土地使用有着难以分割的联系，因为城市一般沿着公共交通路线扩容发展。历史上某个时期的交通

土地利用规划：某一给定区域决定最有效利用土地的过程。

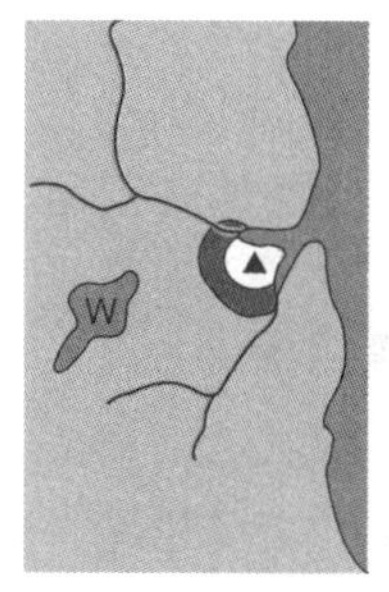

（a）从18世纪到19世纪50年代。

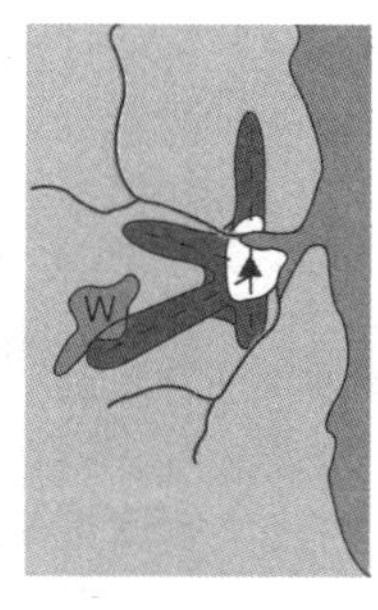

（b）从19世纪70年代到20世纪最初10年。

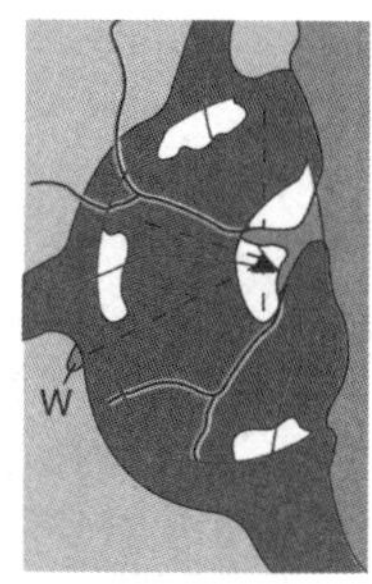

（c）20世纪。

涂色部分说明：

水	居住区	▲ 中央商务区
未开发土地	--- 铁路和有轨线路	Ⓦ 湿地
商业区	— 州际和外环路	

图9.11 交通和城市空间形式的关系。城市沿着交通线路向外发展。在20世纪，汽车极大地扩大了郊区化，这些郊区建设主要沿着道路和公路两旁，为汽车提供服务。（引自Kaplan,Wheeler, and Holley, *Urban Geography* [《城市地理学》], Hoboken, NJ: John Wiley & Sons, Inc. 2004。）

图9.12 公交快速交通。在这个系统内，哥伦比亚博格塔（Bogotá）的人们通过移动传送带抵离公交站点。他们在有顶蓬的公交站牌等车（背景上可以看到）。公交车通行速度快，因为小汽车禁止在公交车道行驶。

种类对城市的空间结构有着一定的影响。图9.11显示了北美东海岸一个假定城市的扩展。从18世纪到19世纪50年代，城市的交通限于步行、马车和船（图9.11a）。公共交通基础设施投入很大，不过由此带来的整体经济效益差不多是建设汽车道路设施的2倍。

技术进步使得固定交通线路（铁路和有轨电车）在19世纪70年代到20世纪最初10年之间从中央商务区延伸到城市以外（图9.11b）。人们可以快捷而便宜地走出城市的限制。房地产开发商开始在过去不可能进入的地方建设住宅区。第一个郊区围绕着火车站聚集而成，使得城市的向外扩张像一个海星的图案。不过，城市依然相对封闭，比如，在20世纪20年代，平均通勤里程只有大约1.5英里。

汽车和卡车永远改变了城市，扩大了空间规模。随着20世纪汽车时代的到来，政府适应时代的要求支持道路建设，通过道路的完善，扩大了先前城市扩张"胳膊"之间的广大地区的发展（图9.11c）。州际公路系统和城市外环线的建设兴起于20世纪50年代，进一步促进了城市中央商务区向外发展。今天，很多人生活在远离工作岗位的郊区，每天单程开车20英里或以上是非常普遍的事。

随着城市的持续扩展，在城市系统内有效地把人从一个地方输送到另一个地方变得更加富有挑战性。公路造成了污染和交通堵塞，而轻轨系统需要多年才能建成，而且非常昂贵。有些城市开发了公交快速交通系统，以便更快地输送更多的人。公交汽车有着专门用于公共交通的通道（图9.12），如果没有这样的专门通道，公交出行就不令人满意，因为公交车可能像其他车辆一样被堵在城市里。但是乘公交车的人要与其他人共享车内空间，在不同的站点停靠，而且也得精心计划，以便在公交车不能按时到达的时候，准时到达工作地点。

郊区蔓延

城市化及其相伴而来的**郊区蔓延**（suburban sprawl）影响着土地利用，已经引发了新的关注（图9.13）。二战以前，工作岗位和家庭住处都在城市里，但是在20世纪40年代和50年代期间，工作和住处开始从城市中心转移到郊区。新的住宅和工业以及办公大楼开始在城市周围的农村土地上兴建，同时建设的还有郊区基础设施，包括新的道路、购物中心、学校等等。

城市的进一步发展扩大了城郊，越来越多地扩张到周围农村的土地上，导致湿地流失、生物栖息地流失、空气污染和水污染等环境问题。同时，依旧停留在城里和旧郊区的人们发现他们是房地产贬值、教育投入减少、与郊区就业岗位越来越隔绝的牺牲者。土地利用的模式近年来已经实现集约化，扩大了老社区与新社区之间的经济差距。过去几十年，大多数美国城市的土地开发速度超过了人口增长速度，尤其是底特律，存在城市大楼和建筑地块闲置的紧迫问题，这些闲置都不能为必需的城市基础设施建设提供税收支持。

地区规划涉及政府和企业负责人、环境主义者、城市中心发展倡导者、郊区居民和农场主，这些规划迫切

郊区蔓延：城市边缘的空地以及开发的土地，那里的人口密度低。

图9.13　郊区蔓延。宾州费城外面的郊区蔓延空中鸟瞰。这些住宅都不位于公交站、商场和餐馆的步行距离之内，大部分缺乏蔬菜花园。

需要决定在哪儿进行新的开发、哪儿不能进行开发。而且，大多数城市地区需要对已经开发的土地进行更加有效的利用，包括中央城区。大亚特兰大地区就是郊区蔓延快速发展极为典型的一个例子。在20世纪90年代和21世纪初，大片住房、购物中心、商业公园、畅通道路等平均每周会替代周围500公顷的农场和森林。现在，大亚特兰大地区绵延175公里（110英里）长，几乎是1990年的两倍，郊区蔓延面积为1750平方千米（700平方英里）。

同时，亚特兰大已经成为一个蓬勃发展的城市中心花园社区，利用很多空地兴建了蔬菜花园，生产的蔬菜既提供给慈善机构食物赈济处，也提供给其他居民。城市花园有助于缓解粮食不安全问题（图9.14，见第十八章），这个粮食不安全问题曾因城市发展吞噬周围农场而变得更为严重。

美国公民对于郊区蔓延无限制的增长越来越关注，至少有15个州制定出台了综合性的、关于全州增长管理的法律。比如，马里兰州制定了一个智能增长计划，促进需要发展的地区的发展，同时也保护高度开发地区的空地。智能增长（smart growth）是整合土地用途（商业、制造业、娱乐、花园、各种住房）的城市规划和交通战略。

智能增长涵盖紧凑型发展，建立从一个地方到另一个地方可以步行的社区，保护空地、农场和重要的环境区域。因为人们生活在工作和购物场所附近，因此持续扩大公路系统的需求就得到缓解。智能增长要求从“大处着眼”，从长计议，而不是只要有可能就开发一块一

图9.14　城市花园。屋顶或城市空地上种植的蔬菜可能不会提供大量的卡路里，但是能够极大地提高营养质量。

块的土地。弗吉尼亚州的阿灵顿、明尼苏达州的明尼阿波利斯—圣保罗就是采取智能增长政策的两个案例。

尽管智能增长将发展的重点转为减少交通拥挤和改善环境质量，但也不是解决城市地区人口增长的最终方案。科罗拉多大学的阿尔·巴特勒特（Al Bartlett）指出，随着人口的继续增加，即便是促进智能增长的发展也是令人担忧的。

复习题

1. 分区制如何有助于管理城市土地使用?
2. 交通和土地利用有着怎样的联系?
3. 什么是郊区蔓延?

让城市更加可持续

学习目标

- 至少列出理想的可持续发展城市的五个特征。
- 解释城市规划者在设计巴西城市库里提巴时是如何融入环境可持续发展理念的。

多数环境科学家认为，从均衡角度看，城市化程度提高比同样多的人住在农村和郊区对环境更有好处。然而，挑战是如何通过更好的设计使这些城市更加可持续和更加宜居。同时，城市的快速发展正在使很多城市的现有基础设施不堪重负，导致城市服务的缺乏和环境的退化。

假定要为10万人设计一个**可持续城市**（sustainable city），它需要具备什么特色？规划者必须把城市设定成这样一个系统：一个因素的改变，比如增加人口密度，都会影响城市系统的其他部分，因为像人口密度增加就意味着住房、食品、公共交通和（或）停车场、供暖空调能源利用等需求的扩大。市长和城市管理委员会不能

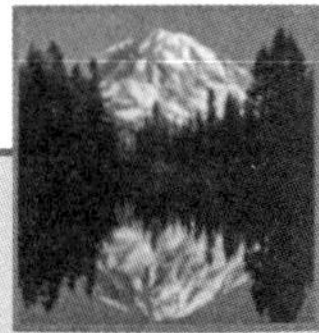

迎接挑战

绿色建筑

位于俄亥俄州克利夫兰附近欧柏林学院（Oberlin College）的亚当·约瑟夫·路易斯环境研究中心（Adam Joseph Lewis Center for Environmental Studies）是建筑环境领域可持续发展的早期案例之一。这个建筑完成于2000年，获得了绿色建筑奖，包括能源保护、室内空气改善、水保护、建筑材料循环或再利用等环境考虑。路易斯中心在设计上被当作一个像森林或池塘的自然生态系统，可以从阳光那里获得能量，产生的废物几乎都能回收或再利用。

设计先进的土壤源热泵从地下24个地热井里面获得热量，向大楼里的供热和空调系统提供部分能源。屋顶上安装了一排光伏（PV）电池，收集太阳能源，满足大楼的电力需要。有太阳的日子，光伏电池发的电大楼用不完，就卖给俄亥俄电网。在冬季多云的日子，大楼从电网购买所需要的能量。

大楼通过安装三层玻璃的窗户节约能源，使得太阳光进入大楼并在冬天防止热量流失、在夏天避免热量吸入。大楼的教室里装有运动监测器，在教室没有人的时候会启动关闭灯光和通风系统。

大楼里的洗涮和卫生用水通过一个活动的机器（living machine）进行净化和循环利用。这一有机系统包括一系列含有细菌、水生生物和植物的水罐。随着水在不同水罐中流动，这些微生物相互作用，清除有机废物、氮和磷等营养、致病生物。水净化后就会被储藏，然后用于大楼的卫生冲刷。

大礼堂的隔音板是用农业秸秆废料制造的，资源中心的计算机桌是用老校区保龄球道的废旧材料打造的。大楼使用的所有新木材都来自于附近的树林，这些树林在砍伐后可以实现可持续再生。大楼使用的所有钢架都是循环利用钢。教室里的地毯以方块的形式铺设，以便容易更换、拆除，而且地毯用旧损坏以后，不送到垃圾填埋场，而是回收到制造商，在那里循环回炉成“新地毯”。

大楼周围的景观也进行了精心设计，以突出各种各样的自然和文化生态系统。由于欧柏林学院的学生大多来自城市地区，这些景观向学生提供了室外的教室，让学生亲近自然环境。欧柏林学院所在的地区最初大多是沼泽和落叶林。现在，沿着大楼的一边，建设了一个湿地，为青蛙、蜻蜓等昆虫、鸣鸟提供栖息地。沿着大楼的另一边，种植了本地森林树木。苹果、梨等果园和花园、温室也都是景观的一部分。果园附近是一个蓄水池，收集储存屋顶流下来的降水以便再利用。欧柏林市与欧柏林市学院一起将学校景观的特色延伸到校园之外。

绿色建筑。欧柏林学院亚当·约瑟夫·路易斯环境研究中心是生态设计的完美案例。它使用的能源仅占一般新大楼的大约20%。

可持续城市：有着宜居环境、经济发展强劲、社区的社会和文化意识强的城市，可持续发展城市促进现有城市居民及后代的福利和幸福。

只是简单地做出改变。根据社会科学家的观点，最有效的城市、地区和国家政府是民主的、听取公众意见的，应鼓励当地民众一起应对解决当地的问题。

城市在降低能源消费、资源利用和废物制造方面有着很大的潜力。可持续发展城市的设计应该通过更有效地使用能源和其他资源、制定建筑和汽车以及电器能效标准等减少能源消费（见迎接挑战：绿色建筑）。可持续发展城市应该尽可能多地使用太阳能或其他形式的可再生能源。城市里将种植新鲜蔬菜，即便是行道树都能为城市居民提供健康的食品。

一个可持续发展城市将通过废物中材料的再利用和循环利用减少污染和废物。纸、塑料、易拉罐等很多城市的固体垃圾将被循环利用，从而减少原材料的消费。庭院中的废物将被分解，用于滋养公共土地的土壤。废水处理将在大型污水处理池中使用植物，甚至为了获得更好的效果，在沼泽中种植植物，同时还能为野生生物提供栖息地。

可持续发展城市在设计中应该具有大片的绿地，为野生生物提供栖息地，从而支持生物多样性。绿地还会为城市居民提供娱乐休闲场所，如果当地有绿地的存在，人们更愿意出来运动休闲。人是自然界的一部分，城市居民常常忘了这一点。自然界对我们的生存非常重要，但是城市生活可能不仅导致我们对自然界的偏颇认识，而且还导致我们产生工程和技术能够解决一切环境问题的错误认识。另外，大量的证据表明，与开阔地带的互动对健康是有益处的，在绿色空间度过闲暇的好处既有身体上的，也有心理上的。绿色空间还是河流或滨海附近一块理想的陆地，尽管可能在洪涝面前很脆弱，不利于长期发展。

可持续发展城市应该是以人为中心的，而不是以汽车为中心的（图9.15）。人们在城市里出行应该步行或骑自行车，道远的时候乘公共交通。汽车的使用将被限制，限制的方法可能是某些街道禁止汽车通行，推动公共交通更加便利、干净、便宜。限制汽车使用将减少化石燃料的燃烧和汽车引起的空气污染。

在这样的可持续发展城市中生活的人会自己种植一些食物，比如在房顶花园、窗台花盆、温室和社区花园中。房顶花园由于不会受到破坏，因此特别流行。目前，全世界城市中大约15%的食品是城市农场提供的，这一比例还会增加。德国柏林有8万多城市农民。在加纳阿克拉（Accra），90%的新鲜食品是在城市里自己生产的。被废弃的土地和褐色地带将被清理，得到有效、安全的利用，因此减少城市向农场、湿地和森林等附近农村地区的扩张。

具备我们刚才讨论的可持续发展所有特色的城市现在还没有。但是，很多建筑师，比如德国的阿尔伯特·斯皮尔（Albert Speer Jr.），已经开始强调可持续发展

图9.15 西班牙巴塞罗那，一个以人为中心的城市。在巴塞罗那市中心，兰布拉（Ramblas）行人大道就是一个以人为中心的地方。巴塞罗那还有可持续发展城市的其他特色，比如绿色空间、城市农业和公共交通。

建筑和城市规划。世界上的很多城市都有特别的促进可持续发展的项目，创造了独特的案例。俄勒冈的波特兰和宾州的费城（本章所讨论的）是北美城市的例子，展示了可持续发展的一些特色。发展中国家的很多城市也取得了进展，其中一个例子是巴西的库里提巴（Curitiba）。

案例聚焦

巴西的库里提巴

库里提巴是巴西的一座城市，人口310万，是紧凑型发展的范例。库里提巴的城市官员和规划者在公共交通、交通管理、土地使用规划、废物减少和循环利用、社区宜居性等方面取得了显著的成就。

这座城市开发了便宜、高效的快速公交系统，使用清洁、现代的汽车，建立了专门的高速公交通道（图9.16）。高密度的开发主要限制在公交汽车线路的沿线，鼓励人口聚集在具有公共交通的区域。每天，大约有200万人使用库里提巴的快速公交系统。从1975年以来，库里提巴的人口增长了3倍多，但是交通拥挤状况在下降。库里提巴的交通拥挤的情况少，拥有更加清洁的空气，这两个方面都是紧凑型发展的目标。与其他城市车辆堵塞的街道相比，库里提巴市中心是一条“大步行道”（calcadao），包括49条人行道，与公交车站、公园和自行车道连接在一起。

库里提巴是巴西第一个使用特别的低污染燃料的城市，这种燃料包含柴油、乙醇和豆提取物。除了燃烧更为清洁，这种燃料还为农村种植大豆和蔗糖（用来制造乙醇）的人们带来经济福利。据估计，每生产1百万升乙

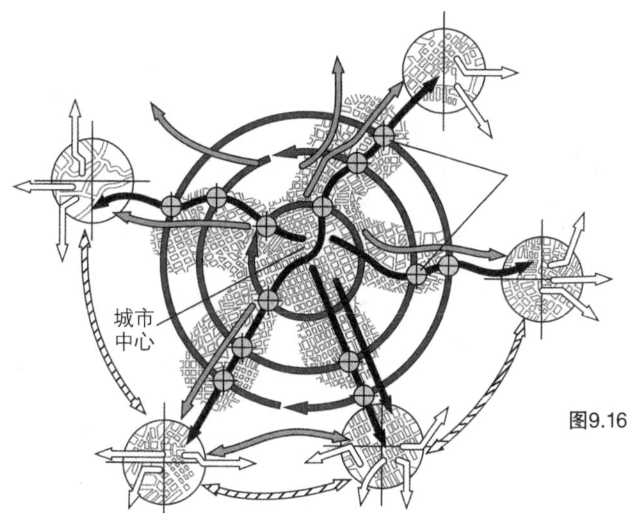

图9.16　巴西库里提巴。库里提巴的公交网络，总体安排像一个轮子的辐条，集中开发建设公交线路沿线，避免周围的农村土地被开发利用。

醇，可以新增加50个就业岗位。

过去几十年来，库里提巴购买了城市沿河容易受洪涝淹没的房地产，并将之改建为相互连通的公园，上面有纵横交错的自行车道。这一行动减少了洪涝损害，使人均绿地空间从1950年的0.5平米增加到现在的50平米，考虑到同时期库里提巴人口的快速增长，这是一项非常了不起的成就。

库里提巴富于创造性的另一个例子是劳动密集型垃圾收购计划，通过这项计划，穷人可以用装满垃圾的袋子换公交车卡、剩余食品（鸡蛋、黄油、大米和大豆），或者学校学生记事本。这一计划鼓励人们在未规划的环绕城市的郊区蔓延地区（那里没有卡车收集垃圾）捡拾垃圾。与大多数城市相比，库里提巴比向郊区蔓延地区提供了更多的服务，如积极提供清洁水、处理污水、开通公交线路等，公交服务使得那里的居民可以到城市中找工作。

这些变化不是一夜之间发生的。与库里提巴一样，多数城市在几十年的时间里可以得到脱胎换骨的改变，更好地利用空间，减少对汽车的依赖。城市规划者和当地政府越来越多地采取措施，为未来提供可持续发展的福利。

复习题

1. 可持续发展城市有哪些特色？
2. 为什么巴西库里提巴是可持续发展的范例？

通过重点术语复习学习目标

- **解释城市化，描述农村和城市人口分布的趋势。**

城市化是越来越多的人口从农村地区迁移到人口密集城市的过程。随着一个国家经济的发展，生活在城市中的人口比例会增加。在发展中国家，多数人生活在农村地区，但是那里的城市化进程在加快。

- **区分大城市和城市群的不同。**

大城市是人口超过1000万的城市。在有些地方，相互独立的城市地区逐渐融合成为城市群，成为一个包括几个相邻城市或大城市以及周边发达郊区的城市化的核心区。

- **描述一些与大型城市地区快速发展相关的问题。**

城市的快速发展常常超过城市提供基本服务的能力。带来的挑战包括低劣的住房、贫困、失业率高、污染、水资源缺乏、污水、废物处理。城市的快速发展还造成学校、医疗和交通系统的紧张。

- **解释怎样从生态系统的角度分析城市。**

城市生态系统是在更广泛的生态系统背景下对城市地区的研究。城市生态学是对城市趋势和模式的研究，主要研究四个相互关联的方面：人口、组织、环境和技术（POET）。人口指的是人的数量、引起人口变化的因素、城市按人的年龄和性别以及种族的构成。组织指的是城市的社会结构，包括经济政策、政府构成、社会层级。环境包括自然环境和城市的物理环境，比如道路、桥梁和建筑。技术指的是直接影响城市环境的人类发明。

- **描述褐色地带和食品沙漠。**

褐色地带是城市里被废弃的、闲置的工厂、仓库和（或）过去因为使用而可能污染的住宅区。食品沙漠是快餐店和便利店比健康食品零售点和农贸市场多的地区。一般情况下，在这些地区，高度加工的食物比新鲜食品更容易买到。

- **区分城市热岛和尘盖。**

城市热岛是在人口密度高的地区当地热量聚集。尘盖是环绕城市地区并包括很多空气污染的热空气盖。

- **解释紧凑型发展。**

紧凑型发展是高层、多单元住宅楼毗邻商场和工作地点，并通过公共交通相连的城市设计。

- **讨论土地利用规划中分区制的用途。**

土地利用规划是某一给定区域决定最有效利用土地的过程。城市主要通过分区制管理土地的使用，将整个城市分为不同的使用区，每个使用区被限制特定的土地用途，比如商业、居住、农场或工业。分区制在很大程度上导致形成了不同的工业园区、购物中心、公寓区和其他土地利用区。

- **解释城市交通基础设施怎样影响着城市发展。**

交通与土地使用有着难以分割的联系，因为随着城市的发展，它们一般沿着公共交通路线扩展。汽车和卡车扩大了城市的空间规模。州际公路系统和城市外环线的建设进一步促进了城市中央商务区向外发展。

- **解释郊区蔓延，讨论郊区蔓延导致或加剧的问题。**

郊区蔓延是城市边缘一片片空置的以及开发的土地，郊区蔓延地区的人口密度低。郊区蔓延扩张到周围农村的土地，导致湿地流失、生物栖息地流失、空气污染和水污染等环境问题。

- **至少列出理想的可持续发展城市的五个特征。**

可持续发展城市有着宜居的环境，经济发展强劲，社区文化和社会意识高，可持续发展城市促进现有城市居民和后代的福利和幸福。可持续发展城市制定了清晰的、内聚力强的政策，使得政府部门对城市进行有效的管理。可持续发展城市通过材料再利用和循环使用减少污染和废物。可持续发展城市有着大片的绿色空间。可持续发展城市以人为中心，而不是以汽车为中心。

- **解释城市规划者在设计巴西城市库里提巴时是如何融入环境可持续发展理念的。**

库里提巴开发了便宜、高效的快速公交系统，使用清洁、现代的汽车，建立了专门的高速公交通道。高密度的发展主要限制在公交汽车线路沿线，鼓励人口聚集在具有公共交通的区域。库里提巴使用一种污染特别低的燃料，这种燃料包含柴油、乙醇和大豆提取物。过去几十年来，库里提巴购买了城市沿河容易受洪涝淹没的房地产，并将之改建为相互连接的公园，上面有纵横交错的自行车道。这一行动减少了洪涝损害，增加了人均绿地空间。

重点思考和复习题

1. 哪些国家的城市化程度最高？城市化程度最低的呢？今天大片地区是农村的国家的城市化趋势是什么？
2. 一般来说，一个国家的城市化程度越高，贫困程度就越低。请对这一现象进行解释。
3. 什么是城市群？请举出一个例子。
4. 为什么图9.3显示的美国的城市群每个都被认为是一个功能系统？
5. 快速城市化带来的问题有哪些？
6. 为什么很多建筑质量低劣的居住区建在洪涝区或陡峭山坡上？
7. 城市生态学家研究的四个方面的内容是什么？
8. 什么是褐色地带？为什么再开发利用褐色地带具有挑战性？
9. 什么是城市热岛？什么是尘盖？
10. 土地利用规划如何促进紧凑型发展？
11. 为什么好的治理对于扩大城市的可持续发展如此重要？
12. 看这幅漫画。这幅漫画如何代表美国的城市食品？

13. 交通如何影响着城市的空间结构?
14. 巴西库里提巴城市设计是如何体现可持续发展理念的?
15. 下图显示了基于21世纪城市化水平对印度CO_2排放的推测。为什么城市化水平高会导致更多的CO_2排放?如果不降低能源消费，印度如何才能减少CO_2排放（随着印度经济的发展，这是必要的）?

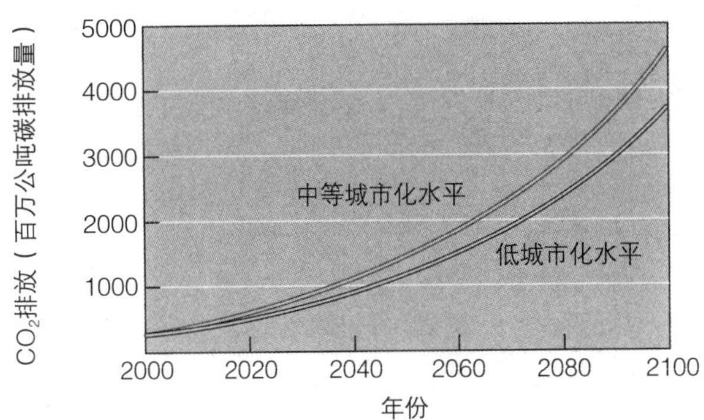

（数据引自L. Jiang, in Jiang, M. H. Young, and K. Hardee, "Population, Urbanization, and the Environment"［《人口、城市化和环境》］, *World Watch*, September/October 2008。）

食物思考

城市农业

城市农业对于很多缺乏新鲜食品的成年人和儿童是有利的，同时，这些人可以从种植菜园的体力劳动锻炼中受益。在小规模的鱼菜共生系统中，可以养鱼，这种养殖方式在威斯康星州密尔沃基可以看到，也是威尔·阿伦（Will Allen）城市农业计划"种植的力量"的一部分。

撒哈拉以南非洲地区的城市农业更为常见，部分原因是城市居民多是最近从农业地区搬迁过来的。比如，在坦桑尼亚的达累斯萨拉姆（Dar es Salaam），很多家庭的附近种植着咖啡、香蕉和其他水果。在赞比亚，城市里也可以饲养牲畜、种植庄稼，导致了一些问题（死亡动物尸体以及动物粪便的处置），同时也提供了一些解决方案，比如改善了儿童的营养状况。研究一下你所在地区的城市农业法情况。哪些活动是允许的？哪些活动是被禁止的?

第十章

能源消费

纽约欧米茄可持续生活中心（Omega Center for Sustainable Living）的生活大楼。这幢大楼由BNIM设计，获得了美国建筑设计研究院2011年度奖，除了利用自己现场产生的能源外，不需要任何其他能源。图中的温室既是装饰，也是废水处理系统的一部分。

多数能源利用可以划分为三类：交通、工业（包括农业）、建筑。在高度发达国家，这三个领域的能源利用大致均衡。随着技术进步，三个领域的能源消费量可以减少，最近的发展显示，设计建造除了太阳能源而不需要其他能源的商业和住宅大楼是可能的。

建筑师和工程师不断地挑战着节能实践和技术的限制。纽约欧米茄可持续生活中心代表着绿色设计的希望（见图片），它完工于2009年，在不需要电网能源的情况下已经运行了多年。自然过滤系统和精心设计的湿地不仅处理大楼的废水，还处理欧米茄校区其他地方的废水。这幢大楼是第一个获得LEED白金级和生活建筑证书的建筑。

LEED（能源和环境设计领袖）认证是美国绿色建筑委员会（U. S. Green Building Council）在1998年首次开发推行的，已经改变了数千幢建筑的设计方法。典型的获得LEED认证的大楼使用的能源比传统设计的大楼少得多，为大楼使用者提供的生活和工作条件更好。为了达到不同的标准（从基本级到白金级），一幢大楼必须具有能源、材料和室内空气质量等方面可持续发展设计的特色。

尽管LEED认证在大楼完工后颁发，但是很多设计者的新目标是展示建筑的特色，其设计的大楼随着时间的推移将展示设计中的所有功能，其中一个方面是“生活建筑挑战”（Living Building Challenge），要求是所有的能源都是现场产生于可再生资源，所有废水都是现场利用自然过程进行处理，在建设或运行过程中完全不使用有害材料或化学品。生活建筑认证要在大楼成功运转至少1年后才能颁发。截至目前，有6幢大楼得到这个新标准的认可，一批新的建筑项目处于设计或建设阶段。

建设者如果只是单纯获得绿色设计特色，就没必要获得认证，因为很多建筑设计师在实践中积极满足LEED或生活建筑标准，现在已经成为行业中的常态。但是，符合标准，并不断地扩展和改进那些标准，有助于建筑师了解建筑的真正意义以及下一步的机会在哪里。

可持续发展设计的一个挑战是：可能比传统建筑的预算高很多。不过，在有些情况下，改进后的设计会比传统建筑要便宜，而在其他情况下，设计和建设费用的增加部分要大于大楼使用中所降低的能源和水处理费用。但是，很难量化改善健康、减少化石能源燃烧造成的污染以及降低对进口能源依赖所带来的收益。

在这一章，我们将考察如何使用能源以及如何通过保护能源和提高能效最大限度地减少能源使用。我们考察两种形式的能源使用：电和氢。在利用资源产生电能和氢能方面可能是环境友好型的，也可能是对环境有害的，这要根据产生能量的资源来判断。在接下来的两章中，我们将介绍不可再生能源（化石能和核能）以及可再生能源（太阳能、风能、水能、地热能、潮汐能）。

身边的环境

如果有，你所在学校新大楼的建设需要什么样的能源标准?

能源消费与政策

学习目标

- 解释能源集中于一个来源的重要性。
- 描述全球能源利用。

很多能源来源最近被描述成清洁来源，包括煤、太阳和核能。然而，没有哪一种能源来源是清洁的，不同的能源来源各有其优势和劣势。在详细探讨与化石燃料、核、水电、风、太阳和其他能源资源相关的环境影响之前，我们从更广泛的角度看一下能源来源、消费和政策。

人类做的每一件事情都需要能量，我们使用能量搬运东西，建设各种房屋，对我们生活和工作的空间提供供暖、空调和照明。我们使用能量进行种植、浇灌、收获、加工、运输和储存食物。我们使用能量获取能源，比如钻探和开采石油、煤炭和铀，生产太阳能板，安装风能涡轮机等。

仅仅几百年前，几乎人们使用的所有能源都来自农业（包括木材、粪便、泥炭）、风或水。能源资源来自当地，人们的活动受到从当地获得能源数量的限制。与一桶汽油的能量相比，从同样一桶木材中获得的能量就小得多。

几千年前，火的发现、动物的驯化以及后来风能和航船的发明极大地提高了人们利用环境的能力，但是这些进展与我们从化石燃料、核能、大型水力发电、太阳能、风能和生物质方面获得的能量相比就显得微不足道。电能以及越来越多的氢能使我们可以从宽广的能源来源里集中大量有用的能量。然而，能源的集中也导致产生了大量的与能源有关的废物，包括热和系列污染物。

能源来源的优势方面应该考虑其集中度、可利用性、安全性、用途多样性等，劣势方面应该考虑其有毒性、环境破坏性以及成本。比如，原油是一种多用途的能源来源，易于运输并炼制成各种各样的燃料，包括柴油、航空燃料、汽油。我们可以在个人汽车里储存和使用汽油，尽管一旦泄漏或引燃就会造成严重的伤害和环境危害。同样，核材料在利用方面极度危险，它们不是多用途的，我们使用核材料主要是进行发电。不过，如果在设计和管理完好的反应堆中使用，核材料带来的环境危害要小于世界主要电能来源——煤炭。

原油和铀矿只在世界上几个地方发现有储量，但是世界上所有的地方都有太阳能。当然，反过来说，太阳能也有不利的一面，比如就有季节变化和每日变化，获得太阳能需要昂贵的设备，而且这些设备的生产对环境还是有害的。表10.1列举了主要能源资源的优势和劣势，在第十一章和第十二章将会分别进行详细的讨论。

能源消费

不同的国家每个人的能源消费有着明显的不同（图10.1）。富裕国家的居民人均能源消费远比贫穷国家的人均能源消费多。尽管2014年世界上生活在高度发达国家的人口不到全世界的20%，但是他们消费了全世界60%的商业性能源。

如果比较食品生产中的能源需求，就会看到不同国家之间的能源消费有差别。很多国家的农民依靠自己的体力能源或动物能源进行土地耕种和田间管理。与此形成对照的是，美国的农业使用消耗能源的机器，比如拖拉机、自动装货机、联合收割机。工业化的农业也依赖能源密集的化肥和农药。更大的能源投入是高度发达国家农业生产力高于发展中国家的原因。

世界能源消费自1982年以来每年都在增长。比如，从2009年到2010年[①]，全世界的能源消费增长了4.5%左右。然而，这种增长在世界上不是平均分配的。中国在过去十年里的能源消费翻了一番多。同样，印度现在比2004年的能源消费高70%。与此形成对照的是，美国、德国、日本的能源利用与十年前大致是一样的。

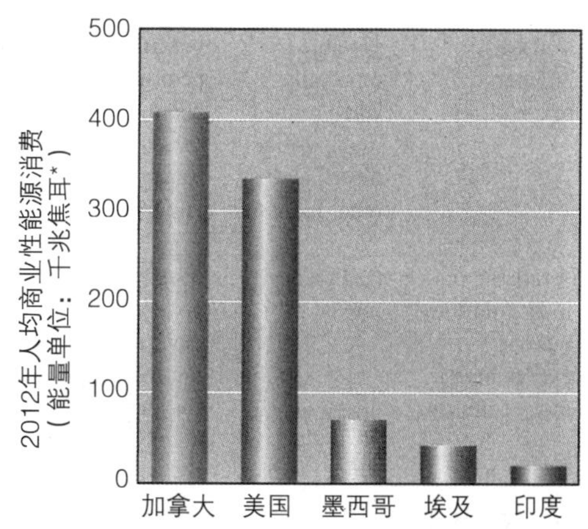

图10.1 2012年部分国家人均商业性能源消费。高度发达国家人均能源消费比发展中国家多得多。（美国能源部编制）

① 除非特别注明，本章所有能源数据都来自美国能源部的统计机构能源信息局，是最新的数据。

表10.1 几种主要能源来源的优势和劣势

来源	地理分布	运输便捷性	用途多样性	最坏的事件	每日污染（不是气候变化）	气候变化潜在影响	规模	可靠性
核裂变	铀矿只在有限的地方发现	燃料可以运输，但必须在固定地点使用	用于发电	反应堆故障和泄漏很少发生，但一旦发生会造成数千人死亡和长期污染	很低	建成以后很低	只有大规模电厂	可以一直运行
太阳光伏	广泛获得	受限	用于发电	风险低	低	很低	有弹性	每日和季节差异
水电	有限地方发现	不能移动	大部分用于发电，有时可以用作机械能	大坝坍塌稀见，但一旦发生会造成数千人死亡	低，但对上下游生态系统造成永久影响	建成以后很低	有弹性，但要看地点	可以一直运行
天然气	有限地方发现	可用管道或卡车输送，常常需要浓缩	用来供热、做饭、交通或工业	天然气工厂和管道很少爆炸，但一旦爆炸，可造成数百人死亡	化石能中最低，可以清洁燃烧	高	有弹性	可以一直运行
煤炭	有限地方发现	可以运输，但必须在固定地点使用	用于发电，供热和工业	火电厂事故有时会造成一些死亡	很难清洁燃烧，向空气、土地和水中释放硫、氮和烟尘	最高	有弹性	可以一直运行
石油	有限国家发现	运输高度便捷，特别是炼制成汽油、柴油和其他燃料后	用途高度多样，用于供热、做饭交通和工业	炼油厂事故会造成一些死亡	炼油很脏，汽油、柴油和其他燃料燃烧释放污染物	高	很有弹性	可以一直运行
风	多数国家拥有，但不是这些国家的所有地方都有	不能移动	大部分用于发电，但有时可用于机械能	风险低	低	低	有弹性	季节性、不可预测性
热能	多数国家拥有，但不是这些国家的所有地方都有	不能移动	用于发电，有时用于供热	风险低	低	低	通常中到大型规模	可以一直运行

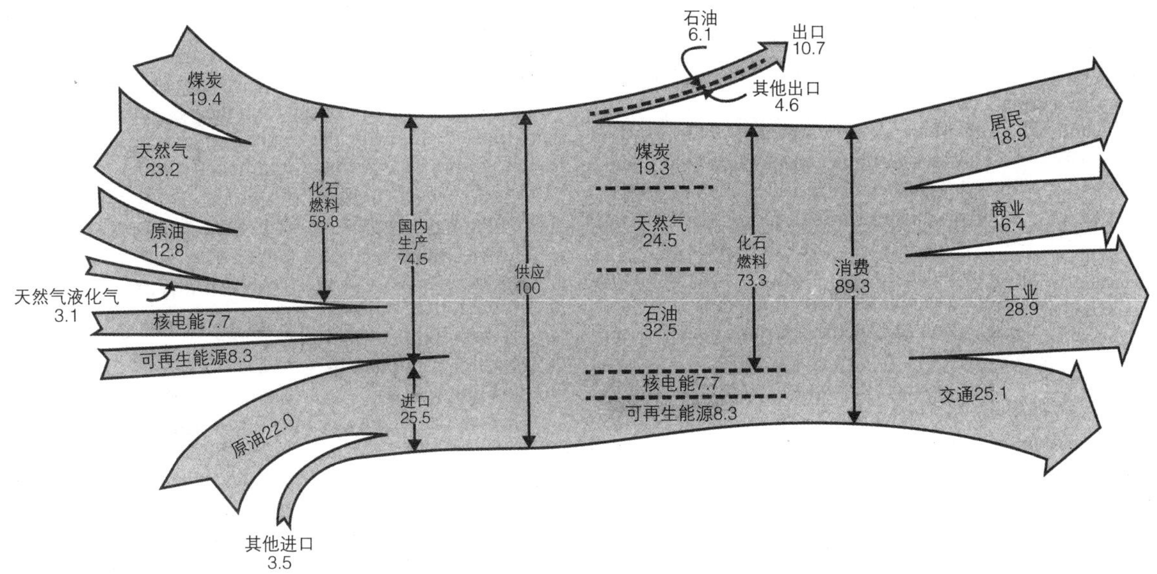

图10.2　美国的能源消费。这幅图提供了美国能源供应和使用的大量信息。左边的箭头表示能源供应的类别，包括国产（大约占供应总量的75%）和进口（大约占供应总量的25%）能源。能源使用情况在右边显示，分为居民、商业、工业和交通的使用。所有数字都是指全部供应的百分比。（引自美国能源部）

很多发展中国家的目标是提高生活水平，达到这一目标的方式是发展经济，这一过程通常伴随着人均能源消费的增加。另外，正如第八章中所讨论的，人口继续增加，这种人口增长大多数发生在发展中国家。

2011年是我们找到的精确数据最近的年份，全世界所有能源消费将近5400亿千兆焦（GJ）。美国消费了1030亿GJ，也就是全部能源消费的19%（比3年前的22%有所下降）。图10.2对美国2011年的能源供应和使用进行了总结，其中左边是资源，右边是使用。2011年，中国消费能源1160亿GJ（全世界的21%），肯尼亚消费能源2.3亿GJ（占全球的比例为0.2%）。2010年，中国在能源消费方面超过美国（见第二十章）。

不过，中国的人口比美国多很多，因此人均能源使用量就小得多。美国是世界人均能源消费最高的国家之一，每年人均56GJ，是中国的大约6倍，是肯尼亚的大约60倍。

复习题

1. 能源集中于一个来源会如何影响人们使用能源的方式?
2. 美国、中国、肯尼亚在全部能源消费方面有着怎样的不同?在人均能源消费方面呢?

能源效率和保护

学习目标

- 解释能源服务和能源效率之间的关系。
- 描述保护能源的一些有利和不利条件。

仅仅从人口增长这个角度看，人类能源需求将持续增加。而且，随着发展中国家提高生活水平，能源消费将继续增加。不过，随着能源变得更加昂贵，我们可以通过开发替代能源和需要更少能源的技术以及能源保护等，寻找获得交通、供热、做饭和建筑等能源服务（energy service）或者能源福利更好的方式。

作为一个能源保护和能源效率之间差异的例子，可以考虑一下汽车的汽油消费。提高**能源效率**（energy efficiency）的措施包括设计和制造更为节能的汽车，而**能源保护**（energy conservation）措施包括拼车和减少汽车旅行的次数。提高能效和保护能源都是为了同一个目标，即节约能源。

能源效率：使用更少的能源完成一个既定任务，比如开发新技术。
能源保护：使用更少的能源，比如减少能源的使用和废物。

很多能源专家认为，提高能效和保护能源是最具前景的能源“来源”，因为它们为未来节约了能源，为我们赢得了开发新的替代能源的时间。能效和保护比开发新来源或能源供应的成本都低，而且提高了经济的生产力。节能技术的采用创造了新的商业机会，包括研究、发展、制造以及这些技术的市场化。很多技术和实践都是已开发的，只是由于习惯和相对低廉的能源价格而推广普及得慢。

除了经济效益和能源资源节约，更大地提高能效和加强能源保护还能带来重要的环境福利。使用更加节能的电器可以每年减少CO_2排放数百万吨，从而减缓气候变化。能源保护和能效提高可以减少空气污染、酸雨和其他与能源生产与消费相关的环境危害。

能源效率

能源效率是对一种资源的可用能源转换成有用功的测量。总起来说，能源效率从0到100%不等。这就是说，我们可以一点都没有转换，也可以转换了一部分或者将给定资源的全部能源都转换成对我们有用的能源服务。比如，家庭做饭燃烧天然气的能源效率为接近100%，几乎将天然气包含的所有能量都转换成了炉子或锅灶中的热能。与此相对照，天然气发电的最高能效是60%左右。这就意味着，相比我们直接用天然气做饭，我们需要在同样的家里用将近两倍的天然气来发电然后再用来做饭。

当然，实际上，选择使用哪种做饭方式要复杂得多。我们要给需要的地方提供能源，这就意味着将天然气管道铺设到居民家，或铺设到发电厂然后再安装输电线传输电能。正如我们下面要讨论的，除了天然气，还可以用多种方式发电。我们通常在房子建造好或购买更换电器时需要做出这类决定，这就意味着要选择一种能使用10年或以上的能源方式。

回顾一下第三章的热力学第二定律。能量从一种形式转换成另一种形式的时候，一部分能量会变得无用，最常见的低值能源形式是热。如果你将手靠近点亮的灯泡，就会感到热，这是无效能量应用的例子。最初的资源中只有一部分能量可以转换成有用的光，而其他的都以热的形式浪费了。

自托马斯·爱迪生发明第一只白炽（发光的线）灯泡的100多年以来，照明的效率得到了大大提高。目前，白炽灯泡仅能将2%到3%的能量转换成有用的光，其他的97%到98%都以热的形式浪费掉了。与此对照的是，紧凑型荧光灯将电能转换成光能的效率可以达到10%左右，发光二极管（不常见，但越来越普及）的转换效率可以达到20%。

以全世界的照明使用为例，如果从白炽灯泡转换成紧凑型荧光灯，可以提高5倍能效，这就意味着获得同样的能源服务，但可以大幅减少能源的使用。紧凑型荧光灯的价格比白炽灯高，而且使用寿命也要长得多。在这种情况下，考虑一下成本回报时间是很有用的，买一只不同的灯泡，通过节能和更长的使用寿命来抵消多花的成本。对有些人来说，紧凑型荧光灯的另一个不利因素是，它发出的光可能不像白炽灯那样令人喜爱。但是，今天的紧凑型荧光灯质量比10年前提高了很多，这项技术还在继续进行改进。美国、澳大利亚和其他国家已经通过法律，限制售卖白炽灯。（见“你可以有所作为：家中的能源节约”，为家里节约能源提供更多的建议。）

能效更高的照明、电器、汽车、建筑和工艺的开发有助于高度发达国家降低能源消费，发展中国家也比过去采用了能效更高的技术。表10.2显示了过去30年多数国家的能源强度（energy intensity）已经下降，能源强度是每实现1美元GDP所使用的能源。比如，新的冷凝炉比传统的燃气炉减少能源消耗30%左右。“超级隔热”建筑比用标准方式绝缘的建筑节能70%到90%（图10.3）。

《国家电器能源保护法》（NAECA）确定了冰箱、制冷机、洗衣机、烘干机、洗碗机、房间空调、煤气灶/电灶（包括微波炉）的国家能效标准。根据一项估计，这些标准在2010年已使得美国的电能使用降低了7%，等于减少了51个火电厂。

NAECA要求电器制造商在所有新生产电器上贴上能源使用指导标签。这些黄标签显示着年度节约成本和提高能效水平。运用这一信息购买节能电器的消费者从电

表10.2 部分国家1980年、2006年、2012年能源强度比较

		能源强度*	
国家	1980	2006	2012
肯尼亚	4,437	3,393	2,695
印度	7,870	7,477	5,860
日本	7,834	6,492	5,313
墨西哥	6,052	6,116	5,209
法国	8,684	6,596	5,385
中国	37,279	13,780	10,872
美国	15,135	8,841	7,329
加拿大	18,701	13,097	10,661

*每2000美元GDP所含的百万英热。
来源：能源信息局

（a）一座超级隔热房子的部分特征。这座房子隔热非常好，而且不透气，冬天不需要壁炉，人体、灯泡、炉子和其他电器提供了几乎所有必需的热量。

（b）加拿大多伦多的一幢超级隔热办公大楼，在朝南的一边开有窗户，装着隔热玻璃。这幢大楼隔热效果好，没有使用壁炉。

图10.3 超级隔热建筑物。

费上可节约几百美元。

商业大楼的能源节约 能源成本常常占到一个公司运营预算的30%。与每隔几年就更新汽车不一样，建筑大楼常常要使用50年或100年，因此，在老式建筑物中办公的公司通常没有新的、节能技术的福利，如果这些企业投资节能改造，将产生较好的经济效益，在几年之内常常就能收回投入（表10.3）。加州能源委员会估计，“高效能大楼”使用的能源要减少20%，虽然在建造时每平方英尺多花3到5美元，但考虑到大楼的寿命，公司每平方

表10.3 部分商业大楼能效改进项目

项目	能源投资回报时间*	项目意料之外的好处**
照明能效（内华达邮政局）	6年	邮件分拣效率提高6%
照明能效（金属卤素灯）（华盛顿飞机总装厂）	2年	质量控制提高20%
照明能效（宾州电力公司通风区）	大约4年	旷工降低25%，生产率提高12%
照明能效和空调（威斯康星办公大楼）	0年（电厂折扣支付）能源节约大约为40%	工人劳动生产率提高16%
白天照明节能、被动式太阳能供热、热力恢复系统（阿姆斯特丹银行）	3个月	旷工降低15%

*所节约能源用于支付项目费用所需的时间

**照明质量和照明效率都有提高，带给工人更大的舒适性。

来源：落基山研究所

英尺可节省67美元。

现有建筑大楼能效的提高可以每平方英尺每年节省2美元。在一个成功的模式中，能源服务公司会对客户能提高多少能效进行详细的评价，然后提交解决方案并确保节能的数量。能源服务公司提供完成节能改造的投入，主要是完善改进现有的供热、通风和空调系统或者更换所有的窗户和照明系统。节省的能源费用用于支付能源服务公司垫付的改造投入，但是，一旦支付完能源服务公司的费用，客户就可以得到能源节约剩余的经济效益。

建筑大楼自己生产的能源与使用的能源一样多，甚至还多于使用的能源，这种大楼被称为零消耗建筑（zero-net-energy）。本章介绍部分中的欧米茄大楼就是一个例子。在美国各地，很多家庭通过改善隔热设备、减少能源服务需求、增加被动和主动式太阳能技术等，把他们的家改造成零消耗建筑（见第十二章）。尽管零消耗建筑现在还很稀少，投资回报时间常常不少于几十年，但是，那些进行这方面实验的人正在向未来的设计者和建设者提供知识和经验。

电力公司和能源效率 电力公司治理规定的调整使得电力公司在发电少的情况下可以挣更多的钱。这样的项目为节能提供了动力，发电厂也从而降低了导致环境问题的废气排放。

传统上，为了满足未来的电力需求，电力公司需要规划建设新的发电厂或从其他渠道购买电力。现在，这些电厂通过需求侧管理（demand-side management）避免了这些巨大的投入。一些电力公司支持能源保护和提高能效，给予安装节能技术的用户现金奖励。加州居民投票关闭位于兰乔塞科（Rancho Seco）的核电厂的时候，萨克拉门托市电力管理局（Sacramento Municipal Utility District）资助居民购买效能更高的冰箱，种植遮蔽房子的树木，从而降低空调支出。这些努力有助于电力公司减少用电需求。

有些电力公司向客户发送节能的紧凑型荧光灯泡、空调或其他电器，因此收取的电费稍高一些或收取一点使用费，但是提高的能效为电力公司和用户都带来了节约。电力公司卖的电少而挣的钱多，是因为不需要再投入资金额外发电以满足扩大的用电需求。用户节约电费是因为节能灯或节能电器使用的电少，这远远抵消了多出的价格。

根据美国节能经济委员会（American Council for an Energy-Efficient Economy），美国电厂本身就是提高能效的重要目标，是因为在发电过程中损失了大量的热能。如果把这些浪费的能源利用好，比如，通过热电联产，这个热能就可以很好地加以利用，从而保护了能源。提高能效的另一个办法是改进我们的电网，因为电能在传输过程中会损失10%左右的电力。为了实现这一目标，一些能源专家预测，未来的发电将在远离人口中心的地方进行，转换成超冷却的氢，然后通过地下超导管道进行运输。建设这类管道的技术还有待进一步开发。

交通中的能效 交通是提高能效的另一个领域，虽然取得了进展，但还有更多需要完善的地方。汽车提供的主要能源服务是快捷、舒适地将人和他们的东西（比如食品杂货和设备）从一个地方运送到另一个地方。然而，一加仑汽油包含的能量有很多以热的形式被浪费掉了。汽车引擎通过一系列小的、可控制的爆破进行发动，并在高温下运转，由于引擎只在能效高峰期运转，速度范围很窄，因此汽车在加速、减速和换挡时，很多能量就浪费了。此外，刹车（刹车片在即停即走的路况中变得很热）、轮胎同地面的摩擦会导致另外的能量流失。而且，汽车本身比开车和乘车人还重，意味着那些没有以热的形式浪费的能源被用来将金属、塑料和橡胶从一个地方运送到另一个地方。

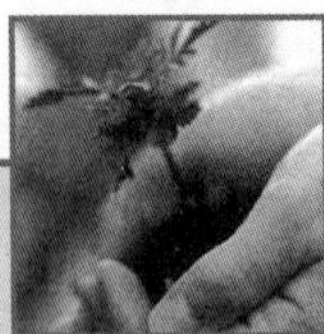

你可以有所作为

家中的能源节约

平均每家每年在电费上大约支付1600美元，这个费用通过采用节能技术可以大大降低。买新房时，聪明的买家会要求节能。尽管更为节能的房子可能会贵一点，但是根据所采用的技术，节省的电费在2到3年就会抵消多付的支出。收回节能投资以后，在家中度过的时间就意味着可观的能源节约。能效已经成为全国性的设计标准中的必要要素，也会成为今后住宅设计中的重要组成部分。

有些节能改进，比如加厚隔热墙，在建房子的时候比较容易安装。旧房子也可以进行其他方面的节能改造，从而降低供热费用，比如安装更厚的阁楼隔热层、安装防风暴外重窗和外重门、在窗户和门周围填补缝隙、更换效率低的电器和壁炉、增加热泵。

很多这类的改善达到了节能效果，有着类似空调的作用。通过实行空调管道隔热，特别是阁楼的空调管道的隔热；购置节能空调；在房子的南边和西边种植遮荫的落叶树，还可以达到更好的制冷效果。南边和西边窗户上的遮光帘和雨篷可以减少房子从环境中吸收热量。天花板上安装的风扇可以对空调产生补充作用，在温度计温度设置较高的情况下使得房间更为舒适。一定要将温度设置调整为天花板风扇模式，以便在夏天将热空气吸到天花板。

家里的其他节能措施还包括（见图）：

- 将白炽灯换为更加节能的紧凑型荧光灯。
- 安装一个可控制调节的温度计，可以减少供热和空调33%的费用。
- 将热水器的水温调低到140°F（有洗碗机）或120°F（没有洗碗机）。
- 安装流速慢的淋浴喷头和水笼头节流器，减少热水使用量。
- 清除能源“吸血鬼”，或那些即便不使用也要用电的电器。（康奈尔大学的研究人员发现，美国每年在电吸血鬼上浪费30亿美元。）

房主需要了解哪些节能改进方法才能达到最大限度的节能呢？除了阅读报纸和杂志上刊登的很多节能文章外，一个好的办法是对你家进行综合能源评估。多数的当地电力公司会派能源专家到你家进行评估，收一点钱或免费。通过评估，可以知道房子消费的总能源，了解有哪些热量损失（通过天花板、地板、墙或窗户）。在这个评价的基础上，能源专家会对如何降低你的供热和空调账单提供建议。

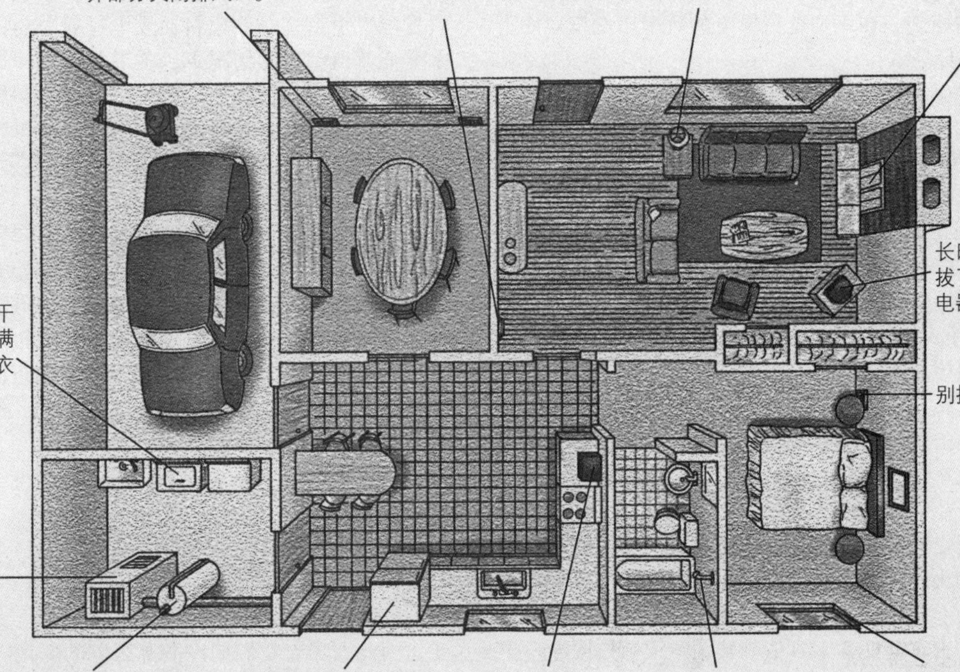

知道能量在哪儿流失就为改进提供了机会。通过适当地调整轮胎压力，可以节省相当的能量，因为减少了与地面的摩擦。使用更轻的材料来制造汽车主体、框架甚至发动机可以大大减轻汽车的重量。塑料比金属轻很多，但是缺乏强度、耐久性和很多重要零部件需要的抗热性。不过，已有很多技术正在改进，包括开发了陶瓷引擎部件（陶瓷可以耐高温）和凯夫拉（Kevlar）结构材料（凯夫拉强度很高）。陶瓷和凯夫拉这两种材料都比它们所替代的金属重量轻。最后，空气流动在与汽车摩擦时也形成大量的能量流失，多数汽车设计包括对最大限度减少风力阻力的各种测试。

现代汽车设计在其他方面也提高了效率。比如丰田普利斯（Toyota Prius）油电混合动力汽车的引擎即便是在汽车行驶的时候也不是一直在运转，只是在能源效率最高点或接近最高点时才工作。回馈制动系统在汽车减速时可以回收一部分能量。电动汽车运行时的温度比汽油引擎汽车低很多，而电动汽车所使用的电能主要来源于化石能源燃烧，在大型电厂发电的效率比汽车盖底下发电的效率更高。

现在降低能效的一个趋势是微型面包车、SUVs和轻型卡车的流行，这些车型的平均燃油效率都比轿车型汽车低。2007年，美国采用了新的标准，要求包括微型面包车、SUVs和轻型卡车在内的客用车平均燃油效率到2020年达到每加仑35英里，而2010年售出的汽车平均燃料效率为每加仑29.2英里（1978年售出的汽车平均燃料效率为每加仑19.9英里），现在的技术提供了更有燃料效率的汽车，有的可以达到每加仑100英里。

驾车习惯也影响能效。快速加速比平稳加速需要的能量多，变化速度比保持均衡的速度消耗的能量多。保持一个均衡的速度、选择恰当的变速装置（具有标准传递装置的汽车）、尽量少地采取走走停停的驾驶模式，可以节约大量的燃料。

在其他交通领域，能效也同样重要。新型飞机、轮船、卡车和火车都比过去的型号节能得多。更轻的零部件和更好的引擎设计是重要的创新。由于飞机、轮船、卡车和一些火车等交通工具依赖柴油、天然气或航空燃料等化石能源，因此，石油价格的升高激发了技术的改进。这些大型车辆的驾驶者参加培训，以便更有效地驾驶车辆。

工业中的能效 工业界在不断地寻找改进能源效率的方法。比如，造纸工业的技术改进使得现在造纸业使用的能源比几年前少许多。这种能效提高方面的节能为采用这些技术的公司带来了可观的利润。

过去20年里一项成熟的能源技术是热电联产（cogeneration），用同一种燃料生产两种形式的能源。热电联产（combined heat and power, CHP）从系统观点看是一个完美的实践，涉及在一些热力过程中（通常是天然气）的发电，发电以后剩余的温度较低的蒸汽被用来为建筑物或工业供热。在CHP中，全部转换效率（即产生的有效能量与使用的燃料能源之比）很高，因为一些通常情况下浪费的热能被利用了起来。

如果规模小，那么热电联产会很划算。标准CHP系统使得医院、工厂、大学校园和其他企业有效地利用蒸汽，否则就会浪费掉。在典型的CHP系统中，以传统方式发电，也就是一些燃料在发电过程中会提供热量，使水变成蒸汽。通常情况下，蒸汽被用来转动发电涡轮，在重新回到锅炉加热之前要进行冷却。在热电联产技术中，蒸汽被用来旋转涡轮后，在冷却并作为水返回锅炉前，就为建筑供热、做饭或操作机械等提供能量（图10.4）。

热电联产在大规模范围内也可以推广利用。美国最大的CHP系统之一是纽约奥斯威戈（Oswego）的一个“联合循环”天然气厂，为当地电力公司发电。这个发电厂使用的是天然气涡轮发电机，排出的气体温度至少有1000° C（1832° F），被用来为一家附近的企业生产高压蒸汽。与典型的火电厂33%的能效相比，纽约奥斯威戈热电联产的能源利用效率为54%。

能源保护

提高能效意味着使用少量的能源获得同样的能源服务，而能源保护通常意味着使用能源行为和实践的改变，因此意味着我们期许能源服务的变化。有些保护措施很简单，就是少用点。比如，在冬天通过降低室内温

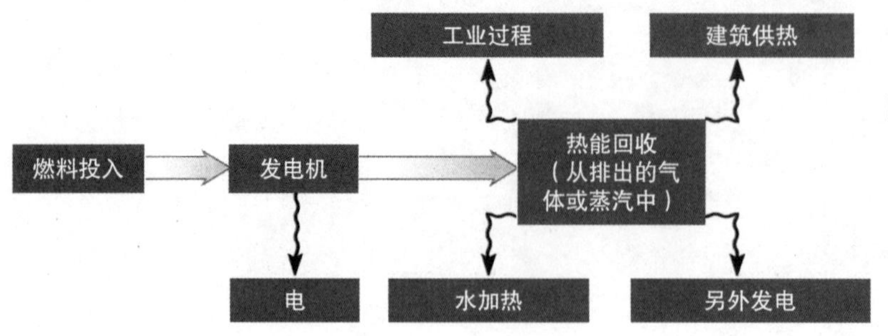

图10.4 **热电联产**。在一个热电联产的系统中，燃料燃烧通过发电机进行发电。产生的电能被电厂使用或卖给当地电力公司。产生的废热（剩下的热气体或蒸汽）被以多种形式回收利用，包括工业使用、建筑供热、水加热和另外发电。

度，我们在大楼供热方面就可以使用少量的能源。这种保护措施常常被批评为降低生活质量，其实，这大可不必。有些保护措施意味着从一种能源服务转换成另外一种能源服务，而效果完全一样。其他措施甚至可以提高生活质量。需要记住的是，生活质量也很有主观性，有人喜欢开体型大、马力大的车，远距离开车去兜风；有些人则喜欢开小点的车，而且只要可能就避免驾驶车辆。

在高度发达国家，交通领域有着能源保护的潜力，可以提高生活质量。人们常常每天在堵塞严重的交通路况中上下班开车2到3个小时。在很多情况下，改变上下班线路很困难，但是可以采取一些办法将上下班的时间减少，从而节省时间，又不影响白天上班。比如，可以提前或延迟上班时间，减少工作日子但延长每天时间，在家中或单位当地办事处办公。另外，对于上下班近的人，可以步行或骑自行车，这样既可以促进健康，也能减少能源使用。第七章的介绍部分谈到，对汽车和卡车依赖的增加对于美国公共大众的健康产生了明显的负面影响。

农业领域也有很多保护能源的机会。2012年的一项研究发现，美国4%的能源所生产的食物被浪费掉了，因此，更为精心地购买和管理食品也有着很大的能源保护潜力。同样，本地生产的食品和干货食品在运输上需要的能源比外地的食品和熟食要少。吃肉所消费的能量比吃蔬菜、水果和粮食所消费的能量要多。

同样的能源保护机会在家中和办公楼里也存在。比如，夜里和没人的时候，关闭不使用房间的取暖系统，调整温度计设置。房间不用的时候照明系统自动关闭。一些企业甚至鼓励穿季节性衣服，以便办公地点冬天温度可以低一些，夏天温度可以高一些。除了节省能源和经费，人们在上下班的时候会感到更舒适。

鼓励能源保护的一个方法是取消**补贴**（subsidy）。由于政府认为补贴对于经济有好处，因此补贴使得能源价格人为性地偏低。只有在价格真实反映能源成本的时候，包括生产、运输和使用能源导致的环境成本，能源才能被更为有效地使用。美国的汽油价格就没有真实反映汽油的真正成本，即使最近的使用价格有了很大提高，美国的汽油依然比其他国家便宜很多。2008年，西欧汽油的价格是美国的2倍（表10.4）。汽油价格低在客观上鼓励了更多的消费。今后几年，可能会实施一种更为切合实际的汽油价格，包括征税以抵消外部因素（第二章），从而鼓励人们购买能效高的汽车、拼车以及使用公共交通（表10.5）。

补贴：政府对企业或机构的支持（比如公共财政投入或减税），从而促进其开展活动。

表10.4 部分国家汽油价格比较（含税）

国家	正常汽油价格（美元/每加仑）		
	2001	2008	2013
美国	1.51	3.37	3.82
加拿大	1.78	4.34	4.76
墨西哥	2.46	3.04	3.22
土耳其	3.05	9.35	9.89
法国	3.58	7.70	7.76

来源：能源信息局

表10.5 不同种类交通的能源投入比较

交通方式	每人每英里能源投入（BTUs）*
汽车（只驾驶员一人）	6530
火车	3534
拼车	2230
上下班集体租用交通车	1094
公共汽车	939

*BTU代表的是英国热量单位，这个能源单位等于252卡路里或者1054焦耳。

复习题

1. 在照明方面如何用更少的能源获得同样的能源服务？在交通方面呢？
2. 能源保护什么时候会降低生活质量？什么时候会提高生活质量？

电、氢和能量储存

学习目标

- 解释为什么电是一种柔性形式的能量。
- 举例说明氢作为未来燃料来源可能发挥的作用。
- 描述能量储存的优势和劣势。

氢和电都是具有多种用途的二次能源，也就是说，它们不是在自然状态下发现的可用能源，但是可以从其他能源资源中转化而来。因此，它们可以是清洁的，也可以是污染的，这要依据转化为它们的燃料而确定。电已经使用了一个多世纪，还会在今后发挥更大的作用。氢可能成为未来的主要燃料，尽管至少10年内还不可能得到广泛应用。在需求小于生产能力的时候，我们常常要储存能源。

电

作为一种可用能源，电（electricity）是电线中电子的移动，也将继续是一种具有多种用途的能源，可以容易地转换为光、热或运动。电可以在精密的电子设备中以很小、很精确的数量进行释放，也可以足够的强度高速推动火车奔驰。

电几乎可以从任何一种能源资源转化而来。大多数情况下，当一种能源资源转动涡轮机（turbine），就会产生电。比如，可以燃烧煤，将水变成高温蒸汽，从而推动涡轮机转动，或者，水从大坝中经过涡轮机奔流而下。涡轮机转动发电机（generator），发电机中一团线圈缠绕着一块磁铁或者说是一块磁铁被裹在一团线圈中（图10.5）。转动导致电线中电子的移动，这种电子的移动就是电。电也可来自储存的化学能。一块电池包含化学能，当电线连接到电池的两端的时候，电子就从一极向另一极流动。

电线中单一方向的电子移动是直流电（direct current, DC），电线中来回快速移动的电子是交流电（alternating current, AC）。电流可以用来产生热量或为白炽灯泡提供能量。电可以用来为很多电子设备提供能量，包括荧光灯泡、电视、计算机。最后，电可以用来驱动电动汽车（motor），这是发电机的反向应用。在汽车上，电流应用于缠绕着磁铁的一团线圈，使得磁铁旋转。这种旋转可以被用作其他用途，比如转动汽车的传动轴或冰箱、空调的压缩机。

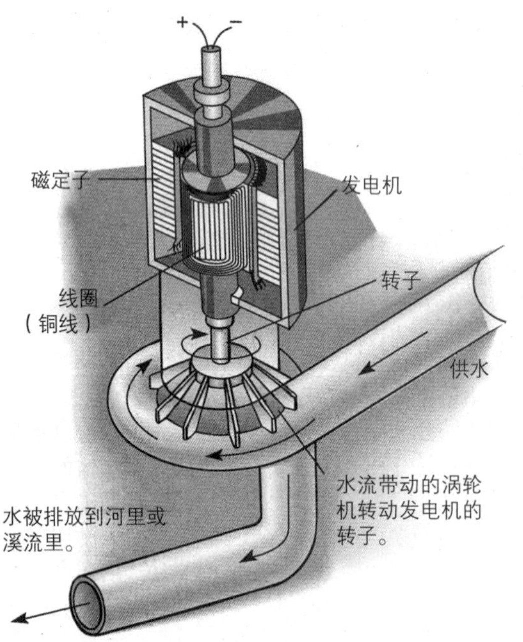

图10.5 涡轮发电机。流动的气体或液体（在本图中是水）转动涡轮机，就可进行发电。涡轮机连着一个转子，转子周围缠绕着铜线圈。铜线圈在磁定子里面转动，而磁定子不转。这使得电子在电线中流动，从而形成了电流。

早期的电力系统都是本地的，在一两个地方生产，服务的客户也不多，现在的电力传输线路从很多发电厂或其他来源获得电能并输送到用户，这些用户可能离发电厂有数百英里（见环境信息：智能电网）。与能源来源相联系的环境影响，离使用能源的人很远，这既有好的一面，也有不好的一面。比如，在亚利桑那农村地区燃烧煤炭发的电为洛杉矶的家庭、商业和工业提供电能，发电带来的污染发生在离人口集中居住区很远的地方，但是会给生活在煤炭燃烧地区或下风口地区的人、植物和动物带来伤害。

环境信息

智能电网

电力公司面临着很多与电力传输网相关的挑战。这些挑战包括发电成本高和用电高峰（peak demand）时段电力传输与分配设备的不堪重负，比如在夏季最炎热的下午。理想状态下，电力公司希望用电需求是均衡的，不管是每天从早到晚，还是春夏秋冬不同季节。电力公司管理用电需求的一个办法是通过智能电网（Smart Grid）。

智能电网包括电力公司计算机和用户设备以及电器之间的双向交流。比如，很多电力公司的用户如果允许其壁炉或空调接受调节以减少需求，那么会得到用电打折。其他用户准许把他们的洗碗机、热水器甚至是主要的工业设备远程进行关闭，从而平缓度过用电高峰。智能电网对于电力公司来说也越来越重要，因为它们使得用户更加容易为电力公司发电，比如，通过屋顶的太阳能板。智能电网技术使得电力公司平衡电力供应和用电需求，因此降低了成本，避免了破坏性的停电事件。

氢和燃料电池

氢是一种常见元素，水分子含有2个氢原子和1个氧原子。虽然水含有少量的化学能，但是有着2个氢原子（H_2）的氢分子却包含着大量的能量。H_2在室温状态下是一种气体，一旦与空气中丰富的O_2结合就会爆炸，释放出能量，形成水。在冷却到-253° C（-423° F）时，H_2就变成了液体，比气体状态下的H_2需要的空间少。

作为能源，氢既有优势，也有劣势。优势之一是，氢有很高的能量密度，可以与汽油或液化气（LNG）（见第十一章）相比。因此，与煤和核能不同，氢可

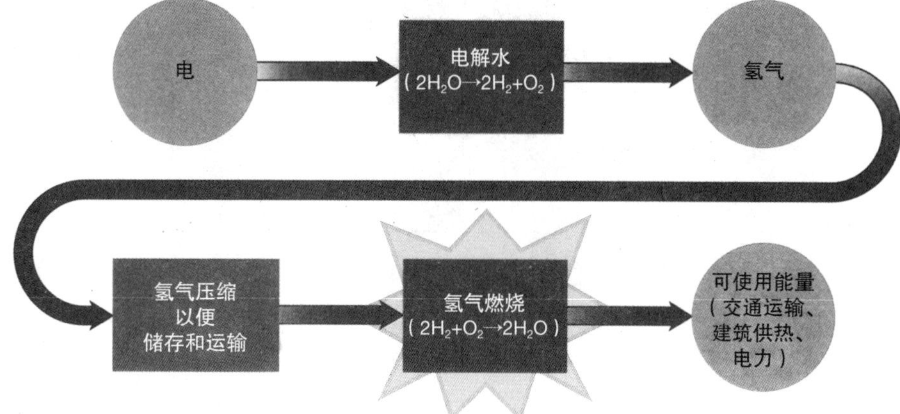

图10.6　电解。电将水分解的过程称为电解。这一过程产生氢气，代表着一种化学能。氢气压缩后，可以通过管道将氢气输送给用户。在与氧气燃烧后，氢气产生可用的能和水。

以替代汽油，用于汽车或其他形式的交通运输。还有一个优势是，氢可以通过任何电力资源进行生产。电解（electrolysis）是用电将水分解为O_2和H_2，这两种气体可以分别获得和储存（图10.6）。最后，当O_2与H_2一起燃烧时，这两种气体就变成可用的能源和水，没有温室气体，也没有其他污染物，只有相对少量的氮氧化物（见第十九章）。目前，美国大多数的氢是通过天然气制取的，这种方法比电解便宜很多，但是会产生相当数量的CO_2。

遗憾的是，H_2有几个劣势。它的易燃易爆性极强，意味着它必须仔细小心地进行储存、处理和运输。（当然，汽油也是这样，而且，与汽油相比，H_2的好处是比空气轻，汽油泄漏后会留在地面上蔓延。）而且，将水电解转化成氢的过程效率不高，因此，只有一小部分电能储存在氢键中。由于我们电能的主要来源依然是煤炭、天然气、水电和核能，因此用电来生产氢依然会产生与那些来源相关的所有环境问题。

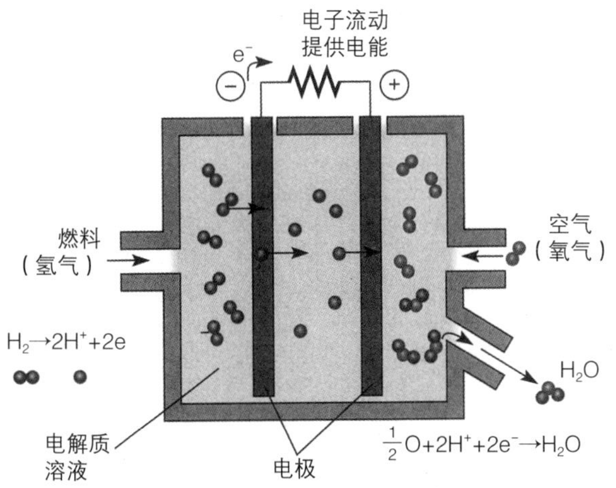

图10.7　氢燃料电池的横截面。氢通常通过电解制取。如果电解中的能源来源是可再生的，那么氢燃料中的化学能就可以认为是可再生的。

使用氢能最有前景的方法是燃料电池（fuel cell）。燃料电池是一块与普通电池相类似的电化学电池（图10.7）。与普通电池储存固定能量不同，燃料电池只要有燃料供应，就可以产生电能。燃料电池的反应物（氢气和氧气）是通过外部供给的，而普通电池的内部是包含电池反应物的。当氢气和氧气在燃料电池中发生反应时，就形成了水，能量也以电流的形式产生。纯氧气和氢气燃烧时，燃料电池效率最佳，但在很多情况下，是由空气来代替的（只有大约18%的氧气）。

燃料电池提供的能量有多种用途。燃料电池排在一起可以为建筑物或工厂提供电能。有些公司正在研发燃料电池的小型应用，生产小型燃料电池，来替代手机、笔记本电脑所用的电池。正如我们下面还要讨论的，燃料电池还可以用于汽车。

案例聚焦

用于交通运输的氢能和电能

由于交通运输占据世界上70%左右的石油利用，多数交通运输，不管是空中、陆路还是水路，都依赖化石燃料。从固定不动的发电厂捕捉CO_2是可能的，但从移动的车辆那里捕捉CO_2难度要大得多。因此，寻找车辆的替代能源成为很多国家的一个目标。

使用氢能作为车辆燃料的替代能源的技术一直在改进，但还不能普遍推广利用。氢燃料电池汽车（Hydrogen fuel cell vehicles, HFCVs）在一些企业和政府车队中已经开始使用。在公共交通领域使用的氢燃料汽车目前一箱燃料行驶距离不超过350公里（220英里），而正常商用汽车的最小距离是500公里（310英里）。图10.8中的汽车单次充氢可以行驶480公里左右（300英里）。本田公司2008年推出第一辆商用HFCV，其他几家汽车制造商也紧随其后，但是生产的数量依然很低。

图10.8 氢动力汽车。邮政工作人员阿尔多·瓦斯科斯（Aldo Vasquez）向一辆氢动力邮政车上装邮件，这些汽车将开始在尘沙峡谷（Sand Canyon）的欧文邮局（Irvine Post Office）试用。

如果H_2的供应不方便，那么拥有这样一辆汽车就不是特别有用。作为一个国家来说，需要开发建造像现有汽油、柴油加油站一样的全国性加氢基础设施。在2013年底，美国有100多个加氢站，其中1/3在加州。与此相比，任何一个大城市都会有数百或数千个加油站。

冰岛没有自己的化石燃料资源，计划建设世界上第一个氢燃料电池公交车队，利用现有的地热和水电资源制取氢燃料。这反映了燃料电池的另一个重大优势，不再依靠能源进口。如果我们大幅增加煤电并用于制氢，那么这种能源独立会带来环境代价。

其他一些技术也与HFCVs进行竞争，希望成为未来汽车和卡车的能源，我们也有可能看到，今后几十年，这些技术会整合在一起，成为道路上主要的车型。在美国，采用汽油和电能的混合动力汽车已经非常普遍（见第二十章），但是还有新的购车选择，包括纯电动汽车（pure electric vehicles, PEVs）和采用电能与另一种燃料结合的插入式混合电动汽车（plug-in hybrid vehicles, PHEVs）（图10.9）。当电能低的时候，PEVs 和PHEVs都可以通过常规的墙上插口进行充电。PEVs的缺点是，在必须充电的时候，它们可以继续行驶的距离非常短，因此没有PHEVs的用途广。不管怎样，这两种汽车都使我们可以继续使用汽车，而且采用的电能是来自风、太阳或核电的不含碳能源。电力研究院最近的一项研究表明，到2030年，道路上行驶的汽车40%可能是PHEVs。

最后，柔性燃料汽车（flexible fuel vehicles, FFVs）的开发与内燃机一样经历了很长时间，而且越来越引起人们的关注。FFVs不只是可以使用汽油，还可以使用乙醇、混合燃料或压缩天然气。FFVs也可以与混合动力或PHEV技术相结合。这将使消费者在不同燃料汽车之间进行选择。

图10.9 插入式混合电动汽车。纯电动和插入式混合电动汽车（PEHVs）与照片中的汽车相似，可以在家中正常的墙上插口上充电。电动汽车带来了燃料来源的多样性，因为任何一种电能来源都可以使用。通过纯电动汽车和PEHVs，风能、核能、水能和太阳能等都可以成为客车交通运输的重要能源来源，而目前，客车交通运输主要使用的是汽油。

能量储存

对于很多能源来说，常见的挑战是：当我们需要或想要的时候，能源却不在身边。有几种资源的能源，包括汽油、水力发电以及天然气，可以根据需求的变化容易地增加或减少。然而，不是所有的能源都这样便捷。有些能源，比如太阳能和风能，都是间断性的，也就是说，有时资源很丰富，其他时候则很稀少或者根本没有；这两种能源也是不可预测的。其他能源来源，特别是大型火电或核电厂，在恒定能量输出的情况下运转效率很高。但是不管是能源供应出现间断性或持续恒定性生产，都不能适应能量的需求（也有例外，比如沙漠夏日的阳光是温度最高的，空调的需求量也最大）。

解决电力生产和需求不对称的一个方法是将不使用的能量储存起来，以备需要时使用，现在已有很多这类能量储存技术。所有能量储存技术的缺点是：都小于100%的有效率。我们每次将能量从一种形式转换成另一种形式的时候，都会出现一些或很多可用能量的流失。比如，我们可以用电池为其他电池充电，但是，每次充电后，可用能量就会变少。

能量储存有很多选择形式，正如刚刚所讨论的，氢可以用来储存化学能。其他形式的能量储存包括势能、热能（热）、电化能、动能和超导磁铁。

使用势能的一个例子是抽水水电储能（pumped hydroelectric storage），将水抽到大坝后面的蓄水池中，

图10.10　大规模储能的硫钠电池。像这样的电池柜可以在用电需求低时用来储存大量的能量，在需求增加或其他供应减少时，进行能量释放。

一旦后来有需要，就可进行发电（第十二章）。抽水水电储能在美国很普遍，已经采用了将近一个世纪。抽水水电储能的有效率可以达到80%，也就是说，用于将水抽到上面水池中的80%能量后面可以转换成电能。

势能也是实行压缩空气储能（compressed air energy storage, CAES）方式背后的原理。当能量丰富时，可以用来在大型储罐中或者在自然或人造地理结构中压缩空气，比如地理结构可以是采矿挖空后的洞穴。一旦用电需求增加，可以通过一个小的出口释放空气，带动涡轮机发电，以产生电能。德国和阿拉巴马州的CAES工厂已经在运行，还有几家新工厂也将在今后几年投入运行，包括艾奥瓦储能公园（Iowa Stored Energy Park），这是和一家同样具有CAES功能的风电场合作开展的。

热能储能一般是在夏天大型建筑物中进行。夜里，当用电需求低时，可以用电对水或其他液体进行冷却。到了白天，这些被冷却的水就可用于大楼的降温。尽管不常见，但这种办法也可以在冬天使用。用电需求低的时候，就加热水，白天就用热水为大楼供暖。

电池是电化学储能最常见的形式。电池的大小和储能能力差异很大，从手表和助听器使用的电池到汽车使用的铅酸电池，甚至是电厂用来储能的巨型硫钠电池（图10.10）。电池的优点是它们非常稳定，储能时间长。但是，电池制造和保持起来很昂贵，因为它们含有高浓度的有害化学物质，处理或循环利用废旧的电池会造成环境问题（第二十三章）。氢的用途很大，包括可以储存来自很多能源的能量。

在动能储存（kinetic energy storage）系统中，电动机加速飞轮（一种重的、旋转的物体），达到很高的旋转速度。然后，运行发动机使之充当发电机，随着飞轮速度的减慢，将动能转换成电能，从而再次捕获能量。这种存储系统的劣势是，摩擦最终会以热的形式浪费掉很多动能。一些使用磁悬浮的并保存在真空中的试验飞轮速度可达每分钟5万转。

超导磁储能（superconducting magnetic energy storage, SMES）的优势是，在极低温度下，某些称为超导（superconductor）的材料几乎可以无限地保存电能。SMES的劣势是必须保存在液氮温度以下（-196° C或-321° F）。目前，只建设安装了几个商用SMES系统，主要是用于工业或稳定电网。不过，大型SMES项目将来可能用来储能。

复习题

1. 电能使用的方式有哪些?
2. 氢燃料电池有哪些用途?
3. 氢储能的优势和劣势有哪些? 电池呢? 飞轮呢?

能源政策

学习目标

- 讨论政策决策是怎样影响能源资源和技术开发的。

和其他任何国家一样，能源政策一直是美国的重要问题。而且，在过去几年里，能源政策在政治辩论中越来越受重视。制定协调统一的能源政策是由几个因素推动的。第一，能源是任何经济发展中的重要推动力。第二，能源供应是有限的，保持能源供应和开发替代能源需要长期的战略和投资。第三，能源的购买、生产和消费有着很大的环境隐患，如果没有政府的参与，很难解决。

任何一个国家的有效能源政策都有四个核心目标。这些目标只有从系统角度去考虑能源生产和消费的时候才能得到最完美的实现。由于人们本质上想要的不是能源，而是从能源中得到的服务，因此，有效的能源政策应该考虑在使用更少能源的情况下，如何保持或提高我们的生活质量。能源政策还应该做好保持能源安全的短期目标和未来拥有更好能源资源的长期目标的平衡。短期目标要求我们现在使用的能源具有安全性，长期目标要求我们使用的能源更加便宜、安全，对环境的危害更小。

目标1：提高能源效率和保护

过去几十年来，很多能源技术的效率有了改善。但是，尽管有这些成绩，全球能源利用依然在继续增长。从个人通过完善住房节能来节约民用燃料油，到多人拼车上下班节约汽油，到公司开发更加节能的产品，能源效率改善必须在更多方面取得新的进展。

经常出现的情况是：如果短期投入很大，而投资回收期很长，那么个人或公司投资那些减少能源利用的技术或产品就很难，公司极有可能收回不了投入研发节能技术的成本。在有些情况下，个人可能不了解能源成本或降低那些成本的机会。那么，有效能源政策的一个目的就是，为能源保护和提高能效提供长期的投资并让公众了解真正的能源成本和替代措施。

曾经实行的能源政策措施之一是在全国要求车速限制在每小时55英里，尽管引起争议，但却在1974年到1995年被列入美国法律。如果汽车车速达到每小时75英里，而不是每小时55英里，那么燃油消耗将提高50%。然而，很多美国人反对每小时55英里的限制，认为增加了旅行时间，而失去的时间对业务造成的损失比节能的收益要大。与此相反的是，多数城市和州政府实施规划政策，鼓励建设更宽阔、更畅通无阻的道路和高速公路，鼓励更多地使用车辆。

目标2：保证未来化石能源安全供应

综合性的国家能源战略包括环境友好地、负责任地开发国内化石能源，特别是天然气。关于国家能源战略这方面的考虑有三个要素：安全、经济和环境。石油是国际贸易商品，很大一部分石油产自少数几个国家。大量进口石油的国家（包括美国）都担心能源资源的安全性。石油是国际商品，因此任何国家提高石油产量都会增加全球供应，但是对那个国家自己的供应影响有限。

每一个人，包括环境主义者，都认识到可靠能源供应的必要性。保障未来化石能源安全供应，不管是国内的还是国外的，都是一个暂时的战略，因为化石能源是不可再生资源，不论我们如何提高能效，也不论我们如何进行保护，这些化石资源总有一天会用尽。在美国，保障短期能源安全供应的同时，应该开发长期的替代能源。

目标3：开发替代能源

有效的长期能源战略应该聚焦于确定、研究、开发廉价的、环境友好的、广泛存在的能源资源。其中一个例子是核能，如果没有美国和其他国家过去半个世纪的巨大投资，现在就不可能有商用的核电。在太阳能、风能和其他技术上的小规模投资也意味着，这些清洁能源没有像核能那样发展得那么快。对汽油或煤碳征税可以资助开展研发项目，赢得可持续的能源未来。

美国最近的政策变化使得个体电力消费者更加容易将电能卖给电网以及从电网购买电。早期安装屋顶太阳能板的个体不能加入电网，因为很难确保那些太阳能板发的电是否与电网的电具有一样的质量。然而，现代的太阳能板设计可以将电转换成与电网同样的形式。现在越来越多的消费者可以看到他们的电表往回走，因为他们可以给电网供电。

目标4：在不对环境造成更多损害的情况下实现以前的目标

如果某一特别能源来源被看作是能源政策的一个实际组成部分，我们必须权衡其造成的环境代价和带来的收益。任何一个国家都可以要求国内化石能源的开发利用必须尽可能多地考虑环境，这可能会使得那些化石能源燃料在国际市场上缺乏竞争力，但是会为那个国家的公民带来更高生活质量的福祉。

美国的一个选择是对每桶国产石油或每吨国产煤征收5美分的税，以此建立一个环境恢复基金，应对由于石油钻探或矿产开采、生产和精炼所造成的环境损害。同时，可以对从那些没有实施这类措施的国家进口的石油和煤征收相似的关税。

复习题

1. 本部分描述的四个目标是什么？
2. 政策决策如何影响能源技术的发展？

能源与气候变化

碳封存与电

碳封存，或者说是在碳进入大气之前从煤炭、石油和天然气的废物中将其清除，在大型的、固定的电厂要比从数千万小的、常常是移动的引擎中清除容易得多。由此，虽然依然是使用化石燃料（见图），但是电动汽车代表着减缓气候变化的一个机遇。当汽油在汽车、刈草机或者链锯中燃烧时，会转换成水、CO_2和其他化学物质。从废气中清除CO_2的技术是有可能的，但研发出来还需数年的时间。即便是那时，还不清楚是否清除CO_2后会引起能效的大幅下降。与此形成对照的是，虽然从电厂的排放气体中清除CO_2不是件简单的事，但是这样做的技术已经被开发出来了。如果我们既想避免出现大的气候变化，又想继续使用煤炭、石油和天然气，那么几乎可以肯定的是，增加对电的依赖性是必要的。

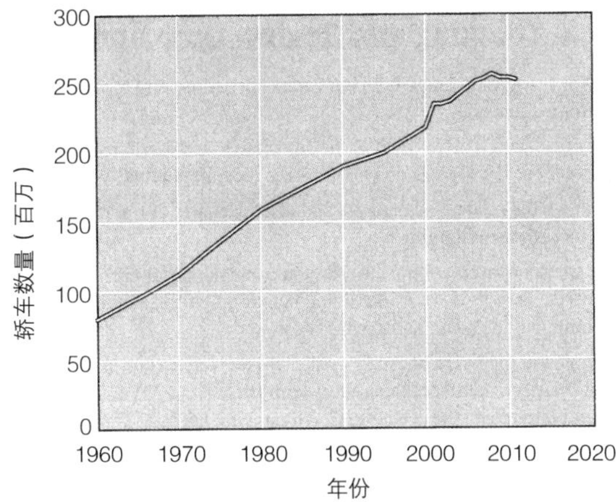

美国的轿车。美国的轿车数量从1960年的大约7400万辆已经大大增加了，那个时候的平均燃油效率是每加仑17英里，而2010年的车辆已达到2.7亿辆，平均燃油效率达到每加仑29.2英里。如果轿车数量继续以同样的速度增长并达到平均燃油效率每加仑35英里的目标，那么2020年所使用的汽油总数比2010年使用的汽油总数是多呢还是少呢？（联邦交通统计局）

通过重点术语复习学习目标

- **解释能源集中于一个来源的重要性。**

能源集中于一个来源决定了从一个给定数量或大量燃料中可以获取有用能量的数量。集中起来的燃料一般来说要比没有集中的燃料更容易运输和使用。现代交通运输、工业、农业和建筑依赖诸如煤炭和汽油那样的高集中性的燃料。

- **描述全球能源利用。**

世界上的能源利用并不是均衡分布的，只占世界20%的人口使用了全部商业能源的60%。几十年来，全球能源利用每年都在增长。一些高度发达国家在过去十年里能源使用的数量开始稳定。中国和印度的能源利用快速增长，尽管这些国家的人均能源利用低于美国等高度发达国家。

- **解释能源服务和能源效率之间的关系。**

能源服务是我们从能源使用中获得的利益，包括交通运输、工业、农业、商业、家庭能源利用。能源效率是我们将能源资源转换成能源服务的百分比。更加有效的实践和技术使我们从给定数量的能源资源中获得更多的能源服务。

- **描述保护能源的一些有利和不利条件。**

能源保护节省资金，减少污染，降低我们对国外能源资源的依赖。有些形式的保护，比如在冬天降低室内温度，被一些人看作是降低了生活质量。其他的能源保护措施，比如从驾车到步行的改变，既有优点（健康、省钱），也有不足（上下班时间长）。

- **解释为什么电是一种柔性形式的能量。**

电几乎可以从任何一种能源资源转化而来，传输起来相对容易，可以使用很小的量，也可以使用很大的量。最后，电可以有很多用途，从供暖、照明到电子，到交通运输。

- **举例说明氢作为未来燃料来源可能发挥的作用。**

氢能够从多种能源资源中制取，可以采取燃烧燃料或燃料电池的形式用于交通运输。因此，如果我们不再依赖化石能源，那么氢将很有可能成为未来主要的交通运输能源来源。氢还可以用来储能。

- **描述能量储存的优势和劣势。**

我们需要能源的时候，能源资源并不总是在我们身边。由于能源生产和消费时间上的差异，能量生产出来以后进行储存就很有用途，一旦有能量需求，就可随时释放。然而，大多数储能技术效率低，也就是说，随着每次的能量储存和释放，可用能量就会减少。储能技术包括势能、热能、化学能、电化学能、动能和超导磁能。

- **讨论政策决策是怎样影响能源资源和技术开发的。**

能源政策决策可以通过补贴支持某些资源开发但不补贴另一些资源开发以及通过资助研究并开发未来能源来源鼓励和限制特定能源资源的利用。政策决策可以影响采用哪些技术。最低汽车能效标准促进了能源保护。重点建设大型、无阻碍道路的规划促进了汽车的拥有量。

重点思考和复习题

1. 为什么既了解一个国家的人均能源使用又了解其全部能源利用很有用？
2. 看表10.1，你认为不同能源来源的哪些优势和劣势最为重要？为什么？
3. 荧光灯和白炽灯的相对优势和劣势各是什么？
4. 围绕下面你生活中的诸方面，列出你认为可以采用的能源保护措施：洗衣、照明、洗浴、做饭、买车、开车。
5. 如果你要采取长期的视角而不是短期的视角，那么问题4中所列的各项能源保护措施会有怎样的不同？做出这些改变容易吗？为什么？
6. 你居住、工作或上学的地方是用什么能源发电的？这种信息通常可以在电费单子或电力公司网站上看到。
7. 电和氢什么时候“气候中立”？使用煤炭发的电或制取的氢能够气候中立吗？为什么？
8. 你使用哪种形式的储能？这些形式的储能有哪些好处？
9. 美国的国家能源政策是什么？包括补贴吗？这些补贴促进提高能效和（或者）能源保护吗？
10. 德国联邦经济发展与合作部使用汽油政策将不同国家分为4类：（1）高补贴；（2）补贴；（3）征税；（4）高征税。下图是有代表性的国家2008年11月零售给消费者常规汽油的价格。你认为这些价格怎样影响着那些国家轿车的能源保护与能效提高？

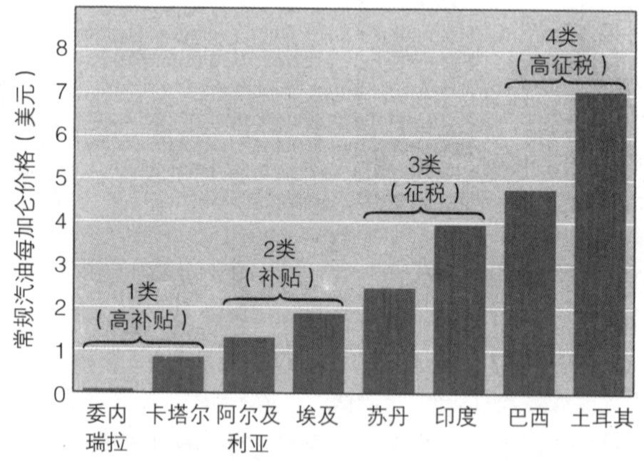

2008年11月部分国家常规汽油每加仑价格。（德国联邦经济发展与合作部）

食物思考

了解一下你吃的食物来自哪里。就不同食物来到你的盘子、碗、杯子或袋子所运输的距离，列一个表格。试着去找出这些食物是怎样收获、运输、加工和制作的。把这些食物运输到你这儿，需要哪些能源资源？为了减少生产制作食物所必需的能量，你需要改变饮食习惯吗？采取什么方法？

第十一章

化石燃料

墨西哥湾深水地平线钻井平台石油泄漏。

化石燃料的开采对公众健康的影响常常很难评估。2010年，深水地平线（Deepwater Horizon）钻井平台爆炸的时候，400多万桶原油泄漏进墨西哥湾（见图片）。爆炸本身造成了11名工人死亡，海下受损油井开始漏油，浮油沿美国南部海岸漂流蔓延，杀死了野生生物，导致了严重的生态危害。传统的风险分析随即进行，评估石油泄漏造成的直接损失。

这次石油泄漏对佛罗里达州、密西西比州、路易斯安那州海岸居民的影响不那么直接。最急迫的影响是由于污染关闭了海滩和渔场，从而会造成收入损失、宾馆空置、游船空闲以及很多服务业就业岗位的丧失。数千人的每日生计因此而被破坏，变得难以预料。

英国石油公司（British Petroleum）建立了基金，补偿经济损失。不过，虽然经济损失得到了补偿，社区的经济却遭到了改变。比如，游船、码头、捕鱼设备以及修补不再需要了。另外，我们知道石油泄漏事件造成的破坏和不确定性会导致人精神沮丧、酗酒、自杀以及其他精神健康方面的疾病。这次漏油事件的长期影响可能是巨大的，但是很多影响很难评价。

开采天然气也有同样的不确定性、破坏性以及难以测评的公众健康影响。我们在本章会看到，2007年，地质学家在美国东北部发现了一个巨大的天然气矿藏，位于地岩层中，被称为马塞勒斯页岩（Marcellus Shale）。页岩储量在地表下6000英尺，页岩气的开采会产生大量的废水，必须进行精心处理以便避免污染环境，包括农业和居民水资源。

尽管可能的废水泄漏的影响可以评估，但是当地社区和物理环境将受到更大的影响。卡车车队运送钻井开采设备和废水，将增加交通的拥挤状况，造成道路和桥梁的紧张。天然气开采声音很大，气味很浓，会影响附近的居民和农场。天然气开采离得太近的话，种植有机农业的农民会失去生产有机食品的资格。

矿物质和天然气开采总是有着广泛的影响，包括对社区的经济影响，比如就业和税收以及资源在全世界的使用。开采还可能对个人和社区造成重大的健康和环境影响，而这些人和社区很多都没有享受资源开采带来的福利。在这一章，我们将探讨化石燃料是如何形成的，我们怎样开发利用它们以及相关的环境影响。需要铭记的是，了解化石燃料的影响，好的和坏的，需要我们不仅考虑直接的利益和成本，还要考虑对环境和社会系统更宽泛的影响。

身边的环境

在你生活的附近，开采、炼制和储藏着什么能源资源？如果发生泄漏会对你的社区发生怎样的影响？

化石燃料

学习目标

- 解释化石燃料，区分煤炭、石油和天然气。
- 描述形成煤炭、石油和天然气的过程。
- 概述化石燃料与碳循环的关系。

化石燃料（fossil fuel）包括煤炭、石油和天然气，提供着北美80%以上的能源使用。化石燃料由压缩在无氧环境下的有机物残骸构成。化石燃料来自于数百万年前捕获太阳能量的光合作用（第三章）。

化石燃料是不可再生能源，地壳中的储量是有限的，这种能源供应会因为使用而枯竭。尽管自然过程依然在形成化石燃料，但演变太慢（以数百万年的尺度），不能够替代我们所使用的化石燃料储藏。化石燃料的形成与使用速度不一致，随着化石燃料的枯竭，我们将不得不寻求其他形式的能源。

化石燃料资源主要集中于少数几个国家。非洲以及除了几个国家以外的南美，几乎没有化石燃料资源。那些国家多数必须从其他地区购买石油或开发替代能源。这些办法哪个都需要大量的资金投入，而资金也是发展中国家一般情况下缺少的另一种资源。因此，全世界范围内拥有能源是一个很大的公平性问题。

化石燃料是如何形成的

3亿年前，地球上大部分时候的气候湿润温暖，大气中的二氧化碳含量很高。广袤的沼泽中生长着早已灭绝的植物物种，很多植物，比如木贼、蕨类植物和石松，都和树一样高大（图11.1）。

多数环境下，细菌和真菌等分解者在植物死后会很快地分解它们。然而，古代的一些沼泽植物死亡后，会被水覆盖，这就为死亡的植物提供了一层保护，不会被分解得很多，在缺氧的植物材料中，木腐菌不能进行分解，而在缺氧环境下活跃的厌氧细菌不会很快地分解木头。随着时间的推移，越来越多的死亡植物堆积起来，随着海平面的周期性变化，沉积物（受引力而沉积的矿物质颗粒）累积起来，在植物材料之上形成覆盖层。极漫长的时间过去以后，伴随掩埋的热量和压力将没有分解的植物材料转换成富含碳的岩石，被称为**煤炭**（coal），并将沉积层转换为沉积岩。很多年以后，地质隆起运动将这些沉积岩层抬升，从而越来越靠近地球表面。

图11.1　3.5亿年前美国中西北部的一个石炭纪森林

大量的微小海洋生物死亡并沉积在沉积层以后就形成了**石油**（oil）。随着这些生物的累积，对它们的分解耗尽了沉积层中的少量氧气，缺氧环境阻止了进一步分解。随着时间的推移，这些死亡的残体被覆盖并在沉积层中越埋越深。尽管我们不知道石油产生的基本化学反应过程，但是掩埋过程中导致的热量和压力可能促进了这些海洋生物残体向被称为石油的碳氢化合物的转换（包含碳和氢的分子）。

天然气（natural gas）主要包括最简单的碳氢化合物乙烷，其形成过程与石油基本一样，只是温度更高，一般高于100° C。在数百万年的时间里，随着生物残体被转化成石油或天然气，覆盖它们的沉积层被转化成沉积岩，包括砂岩和页岩。

化石燃料、碳循环和气候

化石燃料的燃烧代表着碳循环的结束，成为自然系统的一部分。通常情况下，太阳能和二氧化碳通过光合作用被捕获并储存数周或数年，然后被消耗和释放。然而，就化石燃料而言，能量和碳是数百万年中累积起来的，但是将在几百年中被释放掉。大气中的二氧化碳（CO_2）浓度从与相对较为寒冷气候有关的水平，迅速提高到与更加温暖气候有关的水平。

化石燃料：地壳中的可燃性沉积物，由数百万年前存在的史前生物残骸（化石）构成。煤炭、石油和天然气是化石燃料的三种形式。

煤：地壳中发现的黑色可燃性固体，主要成分是碳、水和痕量元素，形成于数百万年前生活的古代植物。

石油：地壳中发现的一种黏稠的、黄色到黑色的混合可燃性碳氢化合物液体，是由古代微小海洋生物的残体形成的。

天然气：地壳中发现的富含能量的混合碳氢化合物气体（主要是甲烷），通常与石油储藏一起存在。

大气中CO_2的均衡、海洋中溶解的CO_2、有机物质中的CO_2在数千年或数百万年的长时期里发生着变化。然而，在过去的一个世纪，我们通过消费化石燃料向大气中排放了大量的CO_2，以至地球上的CO_2平衡已经被打破。第二十章将探讨CO_2增加所造成的影响。

复习题

1. 什么是化石燃料？
2. 煤炭、石油和天然气是怎样形成的？
3. 化石燃料燃烧与大气中二氧化碳之间的关系是什么？

煤

学习目标

- 区分露天开采和地下开采的不同。
- 总结与用煤有关的环境问题。
- 解释资源回收和流化床燃烧。

尽管煤作为一种燃料已经用了几百年，但是直到18世纪才替代木材成为西方世界的主要燃料。从那以后，煤对人类历史产生了深远的影响。煤为蒸汽机提供了动力，为工业革命提供了能量。今天，发电厂用煤发电，重工业用煤炼钢。近年来，煤的消费大大增加，特别是在经济迅速增长的中国和印度，这两个国家都有很大的煤炭储量。

由于煤形成过程中所受到的压力以及温度的不同，煤可以分为不同的等级。在形成过程中，暴露于高温和高压的煤更为干燥，更为致密（因此也更硬），热值更高（也就是说，**能量密度**[energy density]更高）。褐煤、次烟煤、烟煤、无烟煤是最常见的四种等级的煤（表11.1）。

褐煤是一种软煤，颜色为褐色或褐黑色，有着软的、木质的质地。与其他类型的煤相比，褐煤潮湿，产生的热量少，常用于发电。美国西部发现了大量的褐煤储量，最大的褐煤产地是北达科他州（North Dakota）。

次烟煤是位于褐煤和烟煤之间的一个等级。与褐煤一样，次烟煤含有较低的热值和硫。美国的很多火电厂烧的是次烟煤，因为它的硫含量低。次烟煤的储量主要在阿拉斯加（Alaska）、蒙大拿（Montana）和怀俄明（Wyoming）等西部几个州。

烟煤是最常见的煤，也叫软煤，虽然它比褐煤和次烟煤都硬。烟煤的颜色为暗黑到亮黑，被称为暗煤。很多烟煤含有硫，如果没有污染控制设备，烟煤燃烧时会造成严重的环境问题。即便如此，发电厂还是大量地使用烟煤，因为它产生的热量高。在美国，烟煤的储量主要是在阿巴拉契亚（Appalachian）地区、大湖区（Greak Lakes）附近、密西西比河流域（Mississippi Valley）和得克萨斯（Texas）中部。

最高等级的煤是无烟煤，或硬煤，在形成过程中暴露于极高的温度之中。无烟煤颜色为黑色或深亮黑色，大多数燃烧时是干净的，在所有类型的煤中，无烟煤单位热释放中所含的污染物最少，因为不含有大量的硫。无烟煤在所有等级的煤中产热能力最强。美国的无烟煤大部分已经开采殆尽，剩余的储量基本都在密西西比河以东，特别是在宾夕法尼亚州（Pennsylvania）。煤通常以矿层的形式储藏在地下，厚度从2.5厘米（1英寸）到30多米（100英尺）不等。地质学家认为如果不是全部，那么大多数主要的煤储藏都已探明。因此，科学家关注的不是找到新煤矿，而是与煤有关的安全与环境问题，比如图11.2中的煤层燃烧。

煤储藏量

煤是储量最丰富的化石燃料，主要发现于北半球（图11.3）。最大的煤矿储量位于美国、俄罗斯、中国、澳大利亚、印度、德国和南非。美国占有世界大约20%的储量。根据世界资源研究所的数据，已知的世界煤炭储量按照现在的消费速度可以使用200年以上。而且，还有因为开采成本太高而现在没有开采的煤炭资源，它们

表11.1　不同种类煤的比较

煤的种类	褐煤	次烟煤	烟煤	无烟煤
颜色	深褐色	暗黑色	黑色	黑色
含水量（%）	45	20–30	5–15	4
相对硫含量	中	低	高	低
碳含量（%）	30	40	50–70	90
平均热值（BTU/磅）	6,000	9,000	13,000	14,000
2012年2000磅煤的价格（美元）	21.53	13.71	54.25	60.35

来源：美国能源部能源信息局、美国地质调查局。

能量密度：一种能源来源中一定数量所含有的能量大小。

图11.2 燃烧的煤层。距离地表附近的煤层有一个问题，就是特别容易燃烧，一个火星就可引燃整个煤层，在有些情况下还不可能扑灭。蒙古黑龙山（Black Dragon Mountain）煤矿的煤层燃烧向大气中释放了巨量的污染物。

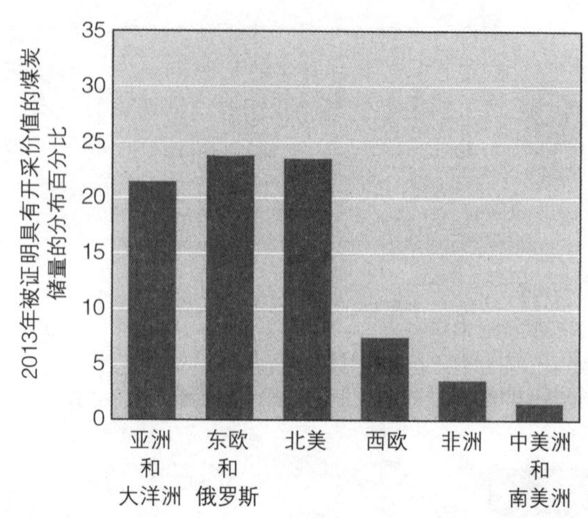

图11.3 煤炭储量的分布。数据显示的是2013年被证明具有开采价值的煤炭储量分布的百分比，也就是说，使用现有技术在目前经济条件下可以开采的煤的储量。世界上大多数的煤储藏在北半球。

有着巨大的潜力，可以提供充足的煤，供人类使用1000年，甚至更多年（按照现在的消费速度）。比如，有些煤层深埋在地壳内部5000多英尺深的地方。钻一口那么深的煤井所需的费用可能比采挖的煤的价格还要高。

煤矿开采

两种基本的煤矿是露天煤矿和地下煤矿。选择采用哪种煤矿取决于地表轮廓以及煤层相对于地表的位置。如果煤层在地表以下30米（100英尺）左右，那么通常采用**露天开采**（surface mining）（图11.4）。有一种露天开采叫作条带开采（strip mining），首先是挖掘一条沟进行采煤，将煤挖出地面，装到火车车厢或卡车里。然后再在与原来的沟平行的地方挖掘一条新沟，新沟的表土层被放到旧沟中，形成一个弃土堆，也就是堆起来的疏松岩石。挖掘壕沟需要使用推土机、大型铲土机、轮式挖土机等移除掉覆盖在煤层上面的土石。露天煤矿所采的煤占美国采煤总数的60%。

如果煤层深埋在地下或者从山腰露出的岩层深入地下，那么就需要**地下开采**（subsurface mining）。地下煤矿采的煤占美国采煤总数的40%。

露天开采：首先将土壤、底土以及覆盖岩石层（即剥离物）除掉，然后对地表附近的矿物质和能源资源进行开采。

地下开采：从深埋在地下的矿藏中对矿物质和能源资源进行开采。

与地下开采相比，露天开采有几个优点。露天开采通常投入少，矿工更为安全，一般是将所有的煤都采完。不过，露天煤矿对土地的损害比地下煤矿厉害得多，可能会导致出现一些严重的环境问题。

与煤有关的安全问题

尽管我们通常聚焦于采矿和燃煤造成的环境问题，但是在采煤过程中也有着很大的人身安全和健康风险。根据能源部（DOE）的统计，在20世纪，有90多万名矿工死于矿难，尽管在20世纪后半叶每年矿难死亡人数显著下降。矿工患肝癌和尘肺病的几率很高，如果患了尘肺病，肺的外围就会裹着吸入的煤灰，严重阻滞着肺和血液的氧气交换。据估计，这些病导致美国每年至少有2000名矿工死亡。

采矿对环境的影响

采煤，特别是露天采煤，对于环境有着很大的影响。在1977年《露天煤矿控制和复垦法案》（SMCRA）颁布实施以前，废弃的露天煤矿通常会留下一个很大的露天坑或壕沟。露天矿不再开采的工作面，也就是已经开挖的岩石层，有的高达30多米（100英尺），往往就裸露着，任由风吹雨打。从这些矿中排出的酸性和毒性矿物质水，以及被掩埋或侵蚀冲刷的表土，阻碍了大多数

图11.4　露天煤矿采煤。覆盖在煤层上面的植被、土壤和岩石都被移走，然后将煤从地下开采出来。本图摄于怀俄明州道格拉斯（Douglas）附近。

植物在土地上的自然恢复。河流被沉积物和**酸性矿山废水**（acid mine drainage）污染，这些酸性废水是雨水渗透裸露在煤矿废物中的硫化铁矿物质形成的。由于缺乏植被导致山体不稳固，因此会发生危险的山体滑坡。

我们能够恢复露天煤矿所开采的土地，从而防止这样的退化，使得土地在其他用途方面具有生产力，当然土地恢复是很昂贵的，在技术上也具有挑战性。SMCRA要求采煤企业恢复1977年以来因露天采煤而荒废的土地，要求对煤矿开采实行许可证管理并对土地复垦进行检查，禁止在国家公园、野生动物保护地、荒野和风景区河流、列入国家历史名录（National Register of Historic Places）的地方等敏感区域进行煤矿开采，要求1977年以前因露天采煤而废弃的土地（40多万公顷，100万英亩）通过使用煤炭企业上交的税收经费逐步进行恢复。

根据美国露天采煤办公室（U. S. Office of Surface Mining）的数据，在复垦最危险的废弃矿土地方面已经投入了15亿美元以上的资金，其中2/3的经费投入到宾夕法尼亚、肯塔基、西弗吉尼亚和怀俄明等四个州。不过，还有很多废弃的土地有待恢复，而这些废弃土地是否能够全部恢复是很令人怀疑的。

露天煤矿开采对于土地最具破坏性的形式之一是山顶剥离法（mountaintop removal）。硕大的拉铲挖掘机有一个高达20层楼的工作臂，将巨大的山顶削去，最终将整个山顶削平，露出下面的煤层。根据环境媒体服务组织（Environmental Media Services，EMS）的统计，山顶剥离采煤削平了西弗吉尼亚南部地区15%到25%的山头。

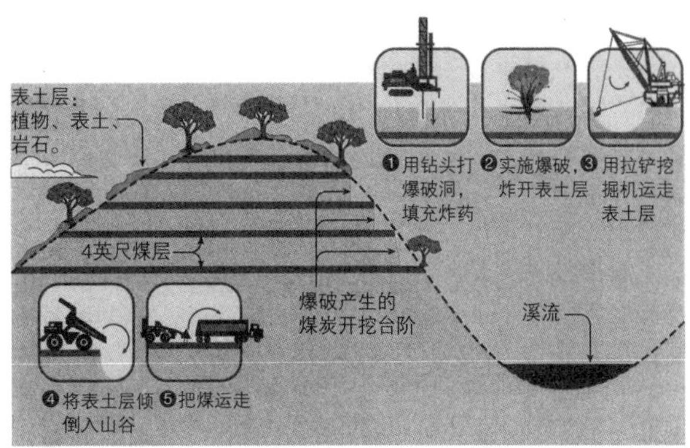

（a）煤矿开采前典型的山横断面。

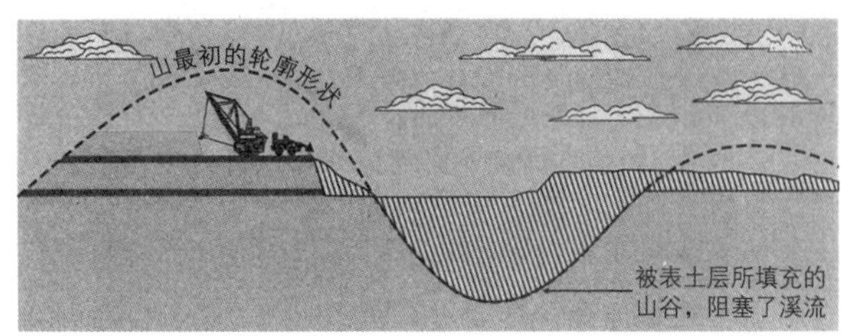

（b）山顶被移除后的横断面。

图11.5　铲平山顶开采煤炭。煤从山里运走后，当地的地形会发生变化。煤层之上的山顶部分被削平，倾倒入附近的山谷。然后，煤层被开采搬运。如果下面还有一个煤层，这一过程将重复进行。溪流被填埋，先是形成湖泊，然后再遭损坏，大量的砂石被冲刷到下游，裸露的土壤受到侵蚀。（引自 E. Reece, “Death of a Mountain” [《山峦之死》], *Harper's Magazine*, April 2005。）

山峦之间的山谷和溪流也荡然无存，堆满了从山顶削下来的乱石碎块。山顶剥离采煤在肯塔基、宾夕法尼亚、田纳西和弗吉尼亚等地也有发生。SMCRA专门有条款规定允许山顶剥离的采煤方法。1977年，SMCRA颁布实施的时候，山顶剥离采煤技术可以将沿着山脊的顶端煤层采挖掉。现在，山顶剥离采煤技术可以采挖16个煤层，从山脊一直采挖到山底（图11.5）。2014年，联邦上诉法院维持法庭裁决，允许EPA限制采用山顶剥离采煤技术，因为山顶采煤产生的废石塞满了山谷，这违反了《清洁水法》（Clean Water Act）的规定（废弃物掩埋溪流）。

燃烧煤炭对环境的影响

煤炭燃烧影响着空气和水质量，影响范围从当地（比如粉尘降落）到全球（气候变化和海洋酸化）。一般来说，产生同样多可以使用的能量，燃烧煤炭比燃烧

酸性矿山废水：从煤矿和金属矿中将硫酸和铅、砷以及镉等可溶物质冲刷到附近湖泊和溪流中所造成的污染。

石油和天然气造成更多的空气污染（包括CO_2）。煤通常含有汞，在燃烧过程中会将汞释放到大气中。汞非常容易从大气进入水和土地，并在那里累积起来，对人和其他生物造成伤害（见第十九章关于汞含量提高对人类健康危害的讨论）。在美国，火电厂排放的汞占全部空气排放汞的1/3。

很多烟煤含有硫和氮，一旦燃烧，就会向大气中释放硫氧化物（SO_2和SO_3）和氮氧化物（NO, NO_2, N_2O）。硫氧化物和氮氧化物（NO, NO_2）与水发生反应，形成酸，这些反应会导致形成**酸沉降**（acid deposition），包括酸雨。煤的燃烧造成酸沉降，特别是火电厂下风口的地方更为明显。正常的雨水偏微酸（pH5.6），但是在有些地区酸度的pH值达到2.1，和柠檬汁的浓度相当。湖泊溪流的酸化导致了水生种群数量的下降，与世界范围内的森林减少也有着关系（图11.6）。第十九章将详细讨论酸沉降和森林减少问题。

尽管发现和测算大气中的硫氧化物等污染物相对容易，但是追踪了解其真正的来源却特别困难。气流输送并疏散空气污染物，这些污染物在空气中会与其他污染物发生化学反应，从而发生改变。即便如此，还是可以清晰地看到，有些国家受到别的国家产生的空气污染物所造成的酸雨危害，因此，酸雨是一个国际性问题。

图11.6　田纳西州大烟山国家公园（Great Smoky Mountains National Park）克林曼斯峰（Clingmans Dome）中被酸雾致死的树木。

酸沉降：空气中的酸以降水（酸雨）或干性酸颗粒的形式降落到地面而形成的一种空气污染。

把煤炭变为更加洁净的燃料

我们常常听说洁净煤（clean coal）这个词，然而，即便是做到最清洁，煤依然有很多环境上的不足。净化器，或者脱硫系统，能把硫从电厂的排气口中去除。当被污染的空气通过净化器时，净化器中的化学物质会与空气污染物发生反应，使污染物沉积（沉淀）下来。现代净化器能够去除大烟囱中98%的硫和99%的颗粒性物质。脱硫系统造价昂贵，每千瓦装机花费50—80美元，大约占火电厂建设成本的10%—15%。

在石灰净化器中，通过喷洒水和石灰，实现对二氧化硫等酸性气体的中和，产生一种硫酸钙沉积物，形成一个新的处理难题（见图19.9d）。一座大型火电厂每年产生的硫酸钙沉积物可以在2.6平方千米（1平方英里）的地面上堆成0.3米（1英尺）高。尽管现在很多火电厂以填埋的方式处理这些沉积物，但是有些火电厂已经发现了这种物质的市场。在**资源回收**（resource recovery）中，这种沉积物被当作成一种市场产品，而不是被看作一种污染排放。有些发电厂将净化器沉积物中的硫酸钙出售给墙板生产制造商。（墙板传统上是由石膏制造的，石膏是含有硫酸钙的矿物质。）其他公司使用烟囱烟道中排出的飞灰，制造一种轻型混凝土，代替建筑工业中的木材。有些农民把硫酸钙当作一种土壤调节材料。由于硫酸钙中和了一些土壤中的酸，提高了土壤的持水能力，因此植物生长得更好。

1990年《清洁空气法修正案》（Clean Air Act Amendments）要求美国111家污染最严重的火电厂减排硫氧化物。通过执行这一法案，全国每年减排硫氧化物380万公吨，减少了25%左右。在《清洁空气法修正案》的第二个阶段，又有200多家发电厂减排SO_2，到2000年实现全国减排硫氧化物1000万公吨。

2000年以后，美国对火电厂SO_2排放设定了全国控制总量。发电厂曾每年排放氮氧化物720万吨，2000年后每年要减排260万吨。在煤炭燃烧方面，推广采用了几项新技术，最大限度地减少硫氧化物和氮氧化物排放，但是并没有减少CO_2的排放量。

流化床燃烧（fluidized-bed combustion）技术将粉碎的煤炭与石灰石颗粒混合起来，在高速气流中进行流化

资源回收：从排放废气或固体废物中清除硫或金属材料并作为市场产品进行出售的过程。

流化床燃烧：一种洁净煤技术，将被粉碎的煤和石灰石混合，从而中和燃烧过程中产生的酸性硫化物。

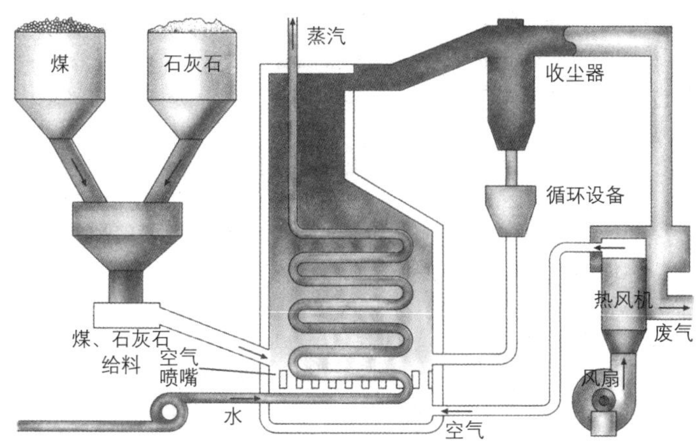

图11.7　煤的流化床燃烧。 粉碎的煤和石灰石悬浮在空气中。随着煤的燃烧，石灰石中和了煤中的多数硫氧化物。燃烧过程中产生的热将水变成蒸汽，为很多工业过程提供动力。

燃烧（图11.7）。流化床燃烧发生时的温度低于正常煤燃烧时的温度，因此产生的氮氧化物少。（高温情况下使得大气中的氮气和氧气结合，形成氮氧化物。）由于煤炭中的硫和石灰石中的钙发生反应，形成了硫酸钙并沉积下来，因此在燃烧过程中就将硫从煤中去除了，燃烧以后也不再需要净化器脱硫了。

美国现在有几家大型火电厂采用了流化床燃烧技术。1990年《清洁空气法修正案》制定了激励政策，支持企业采用更加清洁的技术，比如流化床燃烧技术。安装流化床燃烧技术的投入要比安装脱硫系统的投入要少一些。

煤和二氧化碳排放

2014年，美国最高法院裁定，EPA可以监管火电厂排出的二氧化碳。虽然实施这些管理规定还需要一些时间，但这可能意味着老（和污染严重的）火电厂的关闭。新的电厂可能会兴建，并安装有捕获和封存煤燃烧时排出的碳的装置。目前，**碳捕捉和封存**（carbon capture and storage, CCS）技术还没有进行较大规模的实验，德国的一个发电厂安装了实验装置，这家发电厂的规模只有正常火电厂的1/20左右，将为未来安装这类设备提供范例。

目前，还没有国家要求在新建发电厂中进行CCS。然而，建设发电厂并使得未来相对容易增加CCS设备，还是可能的。兴建发电厂时安装CCS设备投入较大，但是，如果将来法律规定必须进行CCS，那么对发电厂进行改型加装将花费更多的资金。在第二十章，我们将更加详细地探讨如何减少煤燃烧中碳的排放。

碳捕捉和封存： 从化石能源燃烧中捕获碳，并将碳封存在地下。

复习题

1. 煤矿露天开采和地下开采哪种形式更能集约利用土地?
2. 什么是酸性矿山废水和酸沉降?
3. 资源回收有哪些环境效益? 流化床燃烧技术的环境效益呢?

石油和天然气

学习目标

- 解释构造圈闭并举出两个例子。
- 解释石油峰值的含义，为什么它会引起我们的忧虑。
- 讨论使用石油和天然气带来的环境问题。
- 综述美国北冰洋国家野生动物保护区石油开采的持续争议。

尽管煤炭是美国20世纪初期最重要的能源来源，但是石油和天然气变得越来越重要，特别是20世纪30年代以后。之所以会出现这个变化，是因为与煤炭相比，石油和天然气用途更加广泛，运输更加便利，使用更加清洁。2009年，在美国的能源供应中，石油大约占37.3%，天然气占24.7%。比较起来，美国其他的能源供应包括煤（20.9%）、核能（8.8%）、可再生能源（8.3%）。从全球看，2012年，在全世界能源供应中，石油占33.1%，天然气占23.9%，其他主要能源包括煤（29.9%）、可再生能源（8.6%）和核能（4.5%）（图11.8）。

石油，或者原油，是一种包括数百种碳氢化合物的液体。在石油炼制过程中，根据不同的沸点，这些化合物被分为不同的产品，比如燃气、汽油、民用燃料油、柴油和沥青（图11.9）。石油还可以用来生产多种多样的石化产品，比如化肥、塑料、农药、药品、合成纤维等。

与石油不同的是，天然气仅包含几种不同的碳氢化合物：甲烷和少量乙烷、丙烷、丁烷。丙烷和丁烷从天然气

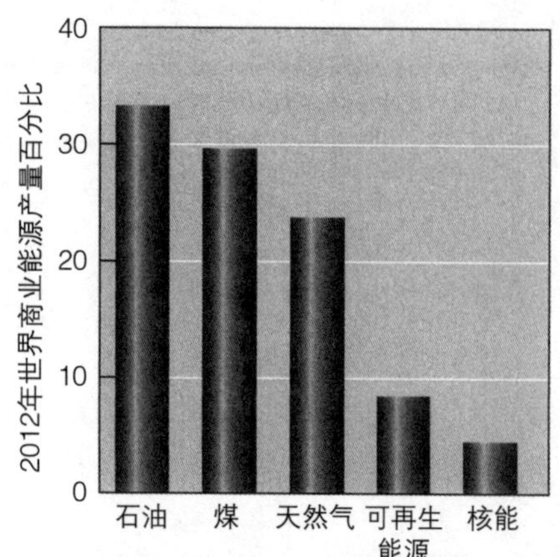

图11.8　2012年世界商业能源来源。作为商业能源来源，石油、煤、天然气具有特别重要的作用。其他能源包括地热、太阳能、风能、木材。

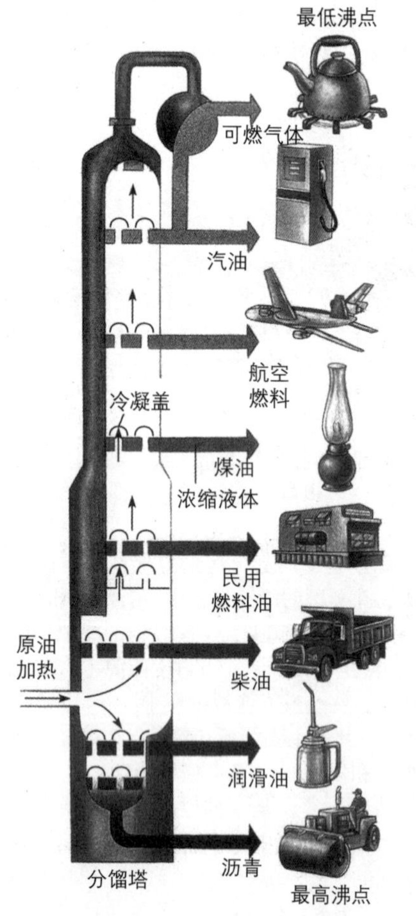

图11.9　石油精炼。根据不同的燃点，石油被分为很多种产品。在高30米（100英尺）左右的分馏塔中，石油经过加热进行分离。沸点越低，分馏塔中的化合物升得越高。

中分离出来，以液体的形式储藏在压力罐中，被称为液化石油气，主要用于农村地区的供暖和做饭。甲烷被用来为居民楼和商业大量供暖、为发电厂发电以及用于有机化学工业。

天然气在三个领域的使用越来越多：发电、交通运输和商业制冷。一个系统解决方案的例子是热电联产（cogeneration），即天然气被用来同时发电和生产蒸汽，排气口释放的热量提供能量生产蒸汽，从而实现供热（见图10.5）。使用天然气的热电联产系统提供相对清洁和有效的电能。

天然气可以作为卡车、公共汽车和轿车的燃料，相对汽油和柴油有着很大的环境优势。天然气汽车排放的碳氢化合物少93%，一氧化碳少90%，有毒气体少90%，而且几乎没有烟尘。使用天然气的发动机几乎和燃烧汽油的发动机一样。作为一种燃料，天然气比汽油便宜。个人可以在自己家里安装设备对天然气进行压缩。美国现在很多使用压缩天然气的汽车是车队，包括很多城市的天然气动力的公共汽车和西雅图以及华盛顿的出租车。

天然气是居民和商业空调系统的高效燃料，比如，在超级市场的除湿制冷系统中使用天然气，在超级市场中湿度控制和温度控制一样重要。餐馆也大量使用天然气为动力的除湿制冷系统。

天然气的主要不利因素是其储藏的地点常常远离使用的地方。由于天然气是气体形式，密度低于液体，因此在管道运输方面的花费要比石油多4倍。为了长距离地运输天然气，首先要对其进行压缩，形成液化天然气（LNG），然后用特别建造的冷藏船进行运输（图11.10）。

整个2007年，美国进口的液化天然气不断增加，到下半年的时候，每月最高达到28亿立方米左右。进口液化天然气的顾虑是加工处理进口天然气的4种设备可能满足不了未来发展的需要。但是，随着高压水砂破裂法开采天然气技术的普及，进口LNG的需要已经大大降低，2014年，每月进口LNG的数量下降到2.5亿立方米，与2001年的水平相当。

石油和天然气勘探

为了寻找新的石油和天然气储量，美国一直在进行地质勘探，石油和天然气通常在一个岩石层或多个岩石层下面同时被发现。（石油和天然气会向上抬升，直到抵达一个不能穿透的岩石层。）石油和天然气矿藏通常是在勘查**构造圈闭**（structural traps）时被间接发现的（图11.11）。

板块结构运动有时会导致沉积岩层隆起，呈拱形隆起

构造圈闭：圈闭石油或天然气的地下地质构造。

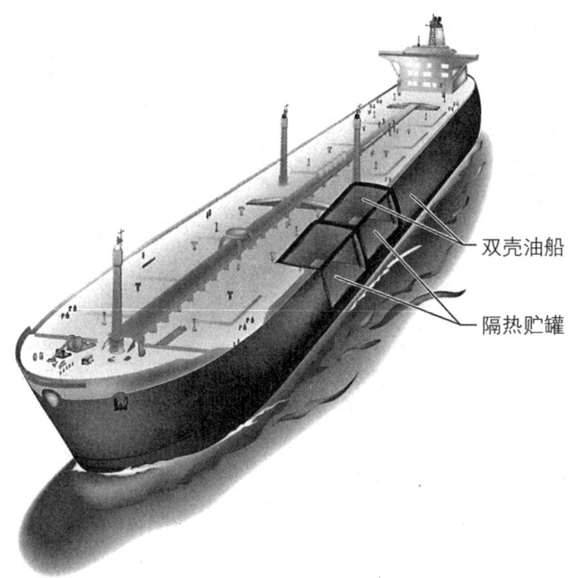

（a）液化天然气用油轮运输，油轮上装有大型、立式圆柱形油罐。

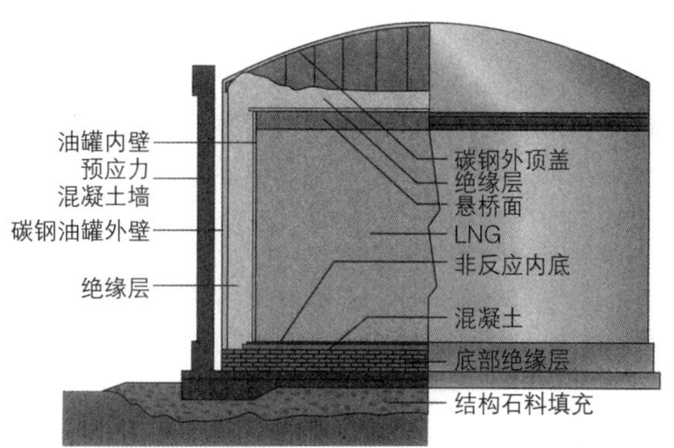

（b）在陆地上，液化天然气被储藏在双层绝缘罐中。重大LNG事故鲜有发生，随着LNG温度的升高，会形成气团，在温度很高时燃烧，但是气团比空气轻，在大约-105° C（-160° F）时就挥发消散了。

图11.10　液化天然气（LNG）油轮和油罐。由于天然气要在很低温度下才能液化，因此运输和储藏的温度要低于-150° C（-260° F）。

的岩层可能既包括多孔岩石，也包括不渗透岩石。如果不渗透岩石层覆盖在多孔岩石层上面，那么砂岩等矿源岩中的石油和天然气就会穿过多孔岩石层上升，直到累积在不渗透岩层的下面。

很多重要的石油和天然气矿藏（比如墨西哥湾的石油矿藏）的发现与盐丘、地下盐柱有关联。由于水的蒸发，当大量的盐在地球表面堆积形成时，就发展成为盐丘。所有的地表水都含有溶解盐，溶解在海水中的盐浓度高，可以品尝到重重的盐味，但是即便是淡水中也含有一

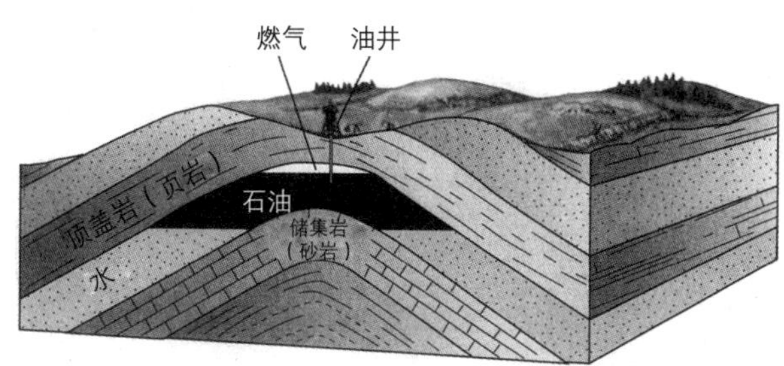

图11.11　构造圈闭。图中显示的是几种构造圈闭中最重要的一种。当沉积岩层弯曲，也就是向上隆起时，就形成这些圈闭。石油和天然气会通过砂岩等多孔储集岩渗透出来，在页岩顶盖等不渗透岩石层下面聚集起来。天然气汇聚于石油的上面，石油漂浮在地下水的上面。

些溶解盐。如果一个水体缺乏进入海洋的通道，就像内陆湖那样，那么，水中盐的浓度就会逐渐增加。（北美的大盐湖就是这样形成的一个咸水内陆水体的例子。尽管有三条河的河水流入大盐湖，但是湖水的减少仅靠蒸发，因此湖水的盐度很高，比海水的盐的浓度还高四倍。）

如果这样的湖干涸了，那么大量的盐层就会囤积下来，沉积层最终会覆盖在这些盐层上，在数百万年后演变为沉积岩。岩石层形成后，盐层由于比岩石的密度低，因此就会以柱状的形式抬升，形成盐丘。上升的盐丘和覆盖在它上面的岩石层一起，为石油和天然气提供了一个圈闭。

地质学家使用很多技术寻找可能包含石油或天然气的构造圈闭，一个办法是在地表上打试验洞，获得岩石样本。另一个办法是在地表进行爆破，测量地表下岩石层返回声波的强度。这些数据被用来确定是否存在构造圈闭。不过，很多构造圈闭并不含有石油或天然气。

三维地震技术可以用来绘制油田大小和深度的地图，提高地质学家进行石油和天然气钻探的成功率。另一些改进石油开采的新技术是水平钻井。传统的油井是垂直的，不能随地下含油的地质构造的轮廓而改变油井的走向。呈水平线开凿的油井则可以沿着地下含油地质构造的轮廓开采石油，采油量是垂直油井的三到五倍。

即便是利用新技术，石油和天然气勘探的成本仍然很高，为了发现构造圈闭而进行的基本地质分析就花费数百万美元。在确定石油或天然气矿藏之后，油井钻探和运行还需要花费数百万美元。但是，一旦石油和天然气开始生产，石油公司会很快收回投资成本。

石油和天然气储量

尽管每个大陆都有石油和天然气储量，但是分布并不均衡，大部分石油储量集中在相对密集的地区。含有

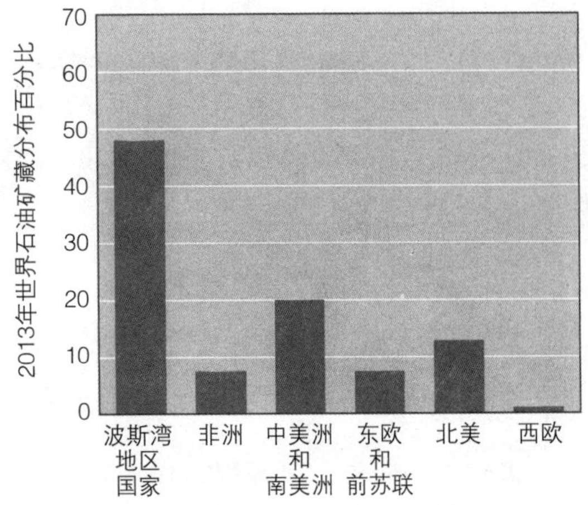

图11.12 石油储量分布。与世界其他地区相比，波斯湾地区以其弹丸之地含有世界已知石油储量的近50%。数据为2013年世界原油矿藏的地区比例。

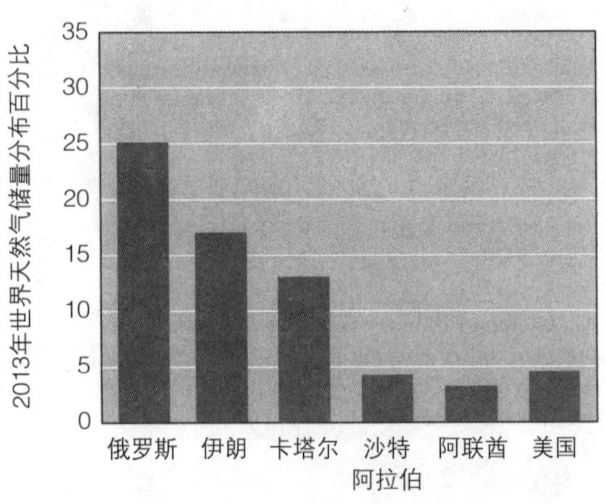

图11.13 天然气储量最大的六个国家。数据为2013年世界天然气储量的地区比例。俄罗斯和伊朗这两个国家占世界天然气储量的42%左右。

世界储量一半以上的巨型大油田位于波斯湾地区，包括伊朗、伊拉克、科威特、阿曼、卡塔尔、沙特阿拉伯、叙利亚、阿联酋和也门（图11.12）。另外，大油田还存在于委内瑞拉、俄罗斯、哈萨克斯坦、利比亚和美国（在阿拉斯加和墨西哥湾）。

世界已探明的可开采的天然气储量有40%以上位于俄罗斯和伊朗这两个国家（图11.13），美国的天然气储量大于西欧，北美天然气的使用比西欧更加普遍。加拿大和美国还出产煤层甲烷，这是一种与煤层相关的天然气。

在美国大陆，发现大的、新的常规油田是不大可能的。但是，页岩中的石油代表着一种扩展的石油资源（见下面关于页岩油开采的详细介绍）。在美国，页岩油几年前还极少开采，现在占国内石油供应的35%。从全球来看，页岩油占全部石油供应的10%左右。大型常规油田可能存在于环绕大陆相对平缓的水下地区的大陆架中和濒临大陆架的深水区中。尽管有海上风暴等问题以及重大石油泄漏的风险，很多国家还是开始进行海上石油开采。新的技术，比如钻井平台有足球场那么大，使得石油公司的钻井可以达到几千英尺深，以前被认为不可开采的海底油田也能够进行开采了。在墨西哥湾从得克萨斯州到阿拉巴马州紧靠大陆架的深水中，可能储藏有180亿桶（7560亿加仑）石油和天然气。在西非海岸和巴西海岸的大陆架，也储藏着大量的石油和天然气。石油公司目前使用远程控制的机器人进行水下设备和管道的安装与维护。环境主义者一般来说反对在外大陆架开采石油和天然气，因为重大石油泄漏会对海洋和海岸环境造成威胁。海岸工业，包括捕鱼和旅游，也反对在这些地区进行石油和天然气开采。

石油和天然气能够供应多久？很难推测世界什么时候会用完石油和天然气，但是根据有些估计，即便加上页岩油，石油生产的最高峰可能已经过去了，意思是全球资源在减少。同时，页岩储量可能意味着还有几十年可以使用丰富、廉价的天然气。

我们不知道还能发现多少石油和天然气矿藏，也不知道是否或者什么时候会有新的技术突破使得我们从已经发现的矿藏中开采出更多的燃料。就在10年前，页岩矿藏中的石油和天然气还极少进行开采。对于这些燃料能够延续多久的回答还依赖于世界上石油和天然气的消费是增加还是保持稳定抑或下降。经济因素也影响石油和天然气的使用和消费。随着资源储量的耗竭，价格将提高，这将减缓消费，刺激提高能效、寻找新的储量以及使用其他能源资源。

尽管最近的将来有着充足的石油供应，但是从长期看，我们将需要其他资源。在过去一个世纪的大部分时间里，美国一直有着丰富而廉价的石油供应，只是在20世纪70年代初期石油输出国组织（OPEC）限制全球石油供应的时候才出现短暂的紧张局面（图11.14）。不过，在今后的几十年里，剩下的石油储量开采将越来越困难，成本也越来越高。多数专家认为，我们会在21世纪某个时候开始遇到严重的石油供应问题。

图11.14 1973年一个加油站等待加油的长队。在1973年，美国遭遇短时间但令人难忘的石油短缺，原因是OPEC实施的石油限制政策。目前，尽管汽油价格变化很大，但一直能满足供应。这种满足供应的局面能持续多长时间还是个未知数，像这样排长队的情况将来可能会很常见。

有些专家认为全球石油生产已经达到**石油峰值**（peak oil），即开采石油量的最大点。目前，石油开采量的80%左右来自1973年以前发现的油田，这些油田大部分开始产量下降。这些分析家说，世界必须尽快开发其他的能源资源，因为即便是石油产量下降，全球能源需求将依然继续增加。

工业分析家一般来说更为乐观，他们认为，通过技术改进可以使我们从老油田开采更多的石油，而且他们对未开采的油页岩资源也抱乐观态度。新的技术可能会帮助我们从以前没有能力开采的油田里开采石油（比如深海油田），也可能使我们从天然气、煤和合成燃料（本章后面讨论）中生产石油。即便如此，最乐观的预测也是本世纪后期将迎来石油峰值。

天然气资源比石油丰富得多。专家估计，就以可开采的天然气储量来说，如果转换成液体燃料，将会等于5000亿到7700亿桶原油，在常规石油供应开始下降以后至少可以保持10年的生产增长。不过，如果全球对天然气的使用继续像最近几年那样增长，那么天然气供应持续的时间可能没有预计的那样长。

最近，世界各地在页岩构造中发现了大量的天然气储量。天然气开采的成本比我们一直使用的能源要高，对环境的破坏性也大，但是美国越来越多的地方已经开始开采页岩气（见“案例聚焦：马塞勒斯页岩”）。

案例聚焦

马塞勒斯页岩

在过去的几年里，美国已经探明的天然气储量大大增加，根据最近的资料，天然气储量从2001年的192万亿立方英尺（TCF）增长到2013年的2431TCF。这一增长主要归功于美国大型页岩矿藏中天然气的发现。比如，马塞勒斯页岩（Marcellus Shale）是在马里兰、纽约、宾夕法尼亚、俄亥俄、弗吉尼亚和西弗吉尼亚等六个州大部分地区和其他州的小部分地区发现的（图11.15）。美国48个大陆州有一半以上的州发现了大型页岩气矿藏。马塞勒斯页岩区可能拥有400TCF天然气，很多专家认为这一资源将减少对进口能源的依赖，为逐渐摆脱对环境污染严重的煤提供机会。

图11.15 马塞勒斯页岩。马塞勒斯页岩构造区位于6个州大部分和其他几个州的一部分地区，矿藏厚度在10米到120米不等，可能储藏有400万亿立方英尺的天然气。美国天然气产量的增加将如何影响我们的能源安全？我们对气候变化的影响呢？（来源：美国土地管理局）

石油峰值：又称为“哈伯特峰值”，是以美国地质学家哈伯特的名字命名的，他首次提出这一概念，指的是全球石油生产达到最大数量的那个点。

与砂岩结构中石油上面的天然气相比，页岩气的开采要困难得多。如果没有什么覆盖，天然气经常会释放到大气中。与此相反，页岩气必须从页岩中析出，也就是说，矿井打好后，需要将水打下去，并将页岩分离开（图11.16）。这一工艺被称为天然气**水力压裂法**（hydraulic fracturing，有时简称为压裂法），使用高压水打开或扩大缝隙，从而使天然气流动。水力压裂法产生带有高浓度盐和碳氢化合物的废水，这些废水还可能含有有毒金属和放射性元素铀。尽管正在研究开发实地进行废水循环的技术，但是现在处理废水的标准办法是将其打入地下。在很多地方，废水必须运到数百公里以外，才能到达合适的处理地点。

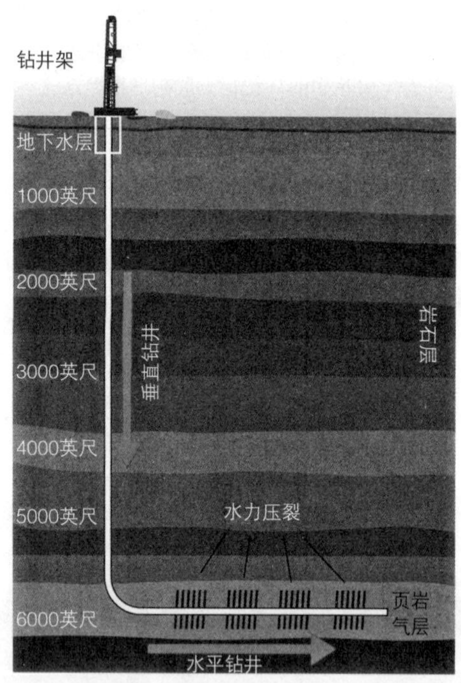

图11.16　水力压裂法。为了开采页岩中的天然气，首先钻一个深深的垂直井，然后向岩石层沿水平线打一个洞，再把水灌入井中。通过压力将天然气和其他碳氢化合物从页岩中裂解出来，从而将天然气从位于顶端的井口中排出。油井在穿越地下水层（位于地表附近细细的线条）的时候必须仔细规划，以便防止污染。

水力压裂法：在高压下使用化学物质和水将紧紧凝聚在页岩中的天然气开采出来的方法。

页岩气矿藏通常深埋在地下，比我们已经开采的其他资源深得多。这一难度加上从页岩中析出页岩气的挑战意味着钻凿油井、水力压裂、油井注水的强度更大，页岩油井之间必须比目前大多数天然气油井离得更近。因此，开采页岩气可能对环境和社会造成破坏性影响，因为页岩油井往往在社区、农场和敏感自然区域附近钻凿。即便正确地操作，页岩气开采也会发出噪音和浓烈气味，还有可能增加交通负担，对道路和桥梁带来不利的影响。水力压裂液体的溢出或泄漏可能会污染地下水或地表水。

随着对马塞勒斯页岩地区页岩气开采兴趣的提高，有关州和当地政府制定了很多政策和措施。纽约州和宾夕法尼亚州的政策形成了有趣的对照。两个州可开采的页岩气储量大致相等，纽约州政府非常谨慎，直到2014年依然禁止进行新的开采，与此不同的是，尽管宾夕法尼亚州的一些市政府限制开采页岩气，但是在2010年底就有1000多个油井，在2014年初，有6000多个油井。在有些地方，当地社区与钻探公司合作，为页岩气开采规划建设基础设施和交通运输管理，而在其他地方，当地社区和钻探公司的交流合作则存在很大争议。

全球石油需求和供应

石油市场的一个难题是：世界上主要的石油生产者不是主要的石油消费者。2012年，北美和西欧消费的石油占世界石油总数的41.8%（2006年的比例为50.0%），但是，这些国家仅生产世界24.4%的原油。与此形成对照的是，波斯湾地区消费的石油占世界石油总数的比例为8.6%，但生产的石油占全球原油总数的30.8%。美国目前消费的石油有1/3来自进口，10年前的进口量则占2/3。

石油消费和石油生产之间的不均衡今后可能会进一步加剧，因为波斯湾地区已探明石油储量远大于其他国家。以目前的开采速度，北美的石油储量将先于波斯湾国家几十年开采殆尽。波斯湾国家已探明石油储量占全世界的65%，以现在的开采速度可以持续产油100年。美国和其他国家对中东石油的依赖有着潜在的国际安全后果和经济方面的影响。

尽快地开采美国石油资源常常作为建议而提出，目的是减少对外国石油的依赖。比如，美国海岸地区和北冰洋野生动物保护区有着丰富的石油资源储量。但是，在全球市场上，国产石油与外国石油是难以区分的。因此，开采国内石油可能会增加短期石油供应，但不会对美国从国外购买石油的比例产生很大影响。

石油和天然气对环境的影响

与石油、天然气使用相关的环境问题有两类：燃料燃烧导致的问题和与获取石油（石油生产和运输）相关的问题。我们已经提到CO_2排放是化石燃料燃烧直接导致的结果。与煤一样，石油和天然气的燃烧产生CO_2。你的汽车每燃烧1加仑汽油就会将大约9千克（20磅）CO_2排放到大气中。随着CO_2在大气中的累积，它会为地球形成隔热层，阻碍热量反射回太空。现在的全球气候温度比冰期后的任何温暖时期都高，快速升高的全球气候对环境造成的影响可能会在将来给人类带来严重的灾难。

燃烧石油对环境的另一个负面影响是酸沉降。尽管石油燃烧不产生大量的硫氧化物，但是会产生氮氧化物，其中主要是由汽车汽油燃烧而产生的，占排放到大气中的氮氧化物总量的一半。（煤的燃烧所产生的氮氧化物占另一半。）氮氧化物导致酸沉降，同时会与未燃烧的汽油气体一起导致形成光化学烟雾。效率不高的引擎和燃烧柴油的汽车也会产生细微颗粒，那种小颗粒可以被人吸入体内，对肺造成伤害或致病（见第十九章）。

另一方面，天然气燃烧对大气的污染不像石油燃烧那样严重。相对来说，天然气是一种清洁、高效的能源，几乎不含有硫，硫是导致酸沉降的主要因素。而且，与石油和煤相比，天然气产生的CO_2少得多，碳氢化合物少，几乎不产生颗粒性物质。

石油和天然气生产中一个令人关注的问题是其通过输油管道或海洋油轮的长途运输过程中可能发生的环境伤害，一旦出现严重的泄漏事件，就会造成环境危机，特别是对海洋生态环境造成威胁。欧洲历史上最严重的石油泄漏事件之一发生在2002年，"威望"（Prestige）号油轮在西班牙海岸解体沉没，污染了数百公里的海岸线，使得当地大规模的渔业发展陷于停滞。

两次危害极大的石油泄漏事件发生在美国海岸，分别是墨西哥湾（Gulf of Mexico）和威廉王子海峡（Prince William Sound）。战争和内乱也会导致大规模的石油泄漏，包括1991年海湾战争期间发生最大规模的石油泄漏。

深水地平线石油泄漏。2010年4月22日，位于墨西哥湾的钻井平台深水地平线平台发生爆炸，随着平台的坍塌，钻井设备从马科多油井（Macondo oil well）分离开来。马科多油井深入海面以下1500米（大约6000英尺），距离美国南部海岸90公里（50英里）。大量的石油开始从油井中喷涌而出，在海底蔓延并漂浮到海面。英国石油公司（拥有该平台的公司）使用了多种办法，试图封堵井口。在多次尝试失败后，石油泄漏最终在2010年7月中旬才告停止。

在平台爆炸和石油泄漏停止的7月15日之前，大约有500万桶（2.1亿加仑）的石油从油井中喷出。由于比重比水轻，大部分泄漏的石油上升到水面，海风和洋流使得泄漏的石油大面积扩散。最多的时候，浮油覆盖的海面面积将近75,000平方千米（29,000平方英里）。5月初，泄漏的石油漂浮到密西西比南面的海岸，此后不久到达路易斯安那海岸（图11.17a）。有关方面采用了几种技术从海面和海岸清除浮油，包括部署了由6000多艘船只组成的船队进行浮油清理、燃烧和使用扩散剂等，扩散剂就像洗洁精那样可以防止浮油聚集。

深水平台在海平面之上至少300米（大约1000英尺），在墨西哥湾至少有127口深水油田。1990年，这些深水油田每天生产石油只有大约20,000桶，到了2007年，每天产油量达到将近100万桶。美国政府做出的一系列决定，使得这些地区可以不受《国家环境保护法》（National Environmental Protection Act）的约束，为很多这类石油开采开了绿灯（见第二章）。

深水石油开采中石油泄漏的几率比浅水石油开采大得多，原因有两个，一是钻凿油井和维持与油井的联系具有很大难度，二是从深水地平线爆炸事件来看，就目前而言在水下封堵石油泄漏口极度困难。防喷设备本来是设计用作在紧急状况下堵塞石油泄漏的，但是没有发挥作用。同样，很多尝试办法，比如封盖泄漏口、分流、切断、掩埋井口等，都失败了。

这次石油泄漏导致数千种植物、浮游生物、无脊柱动物、哺乳动物、鱼类和鸟类的死亡（图11.17b）。捕虾业是路易斯安那和密西西比海岸重要的产业，现在也被限制了，尽管一些非法捕虾活动还在继续。受影响的地区包括海洋保护区和湿地保护区。旅游业也被破坏，很多游客取消了行程，要么是因为沙滩上面覆盖了油污，要么是对沙滩污染的情况不确定。

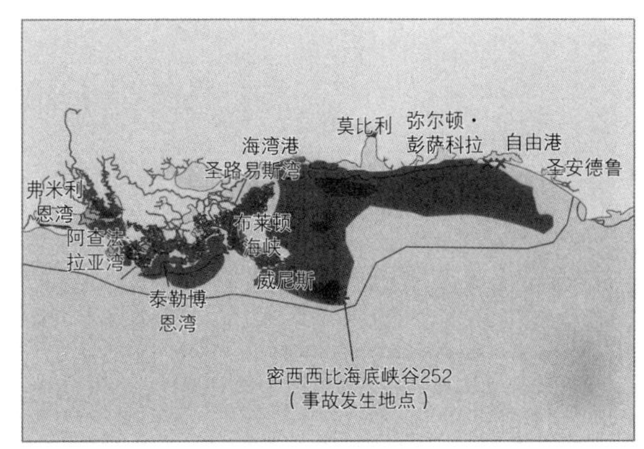

（a）2011年6月29日美国南部海岸石油泄漏情况，在这一天，石油泄漏对海岸的影响是最大的。

（b）受到石油泄漏伤害的鸟，很多生物都受到伤害。

图11.17 深水地平线石油泄漏。

（b）1989年埃克森·瓦尔迪兹号油轮漏油后，工人从立在阿拉斯加州埃利诺岛（Eleanor Island）山崖上的吊车升降台架喷洒热水，这里的山崖被泄漏的石油所污染。

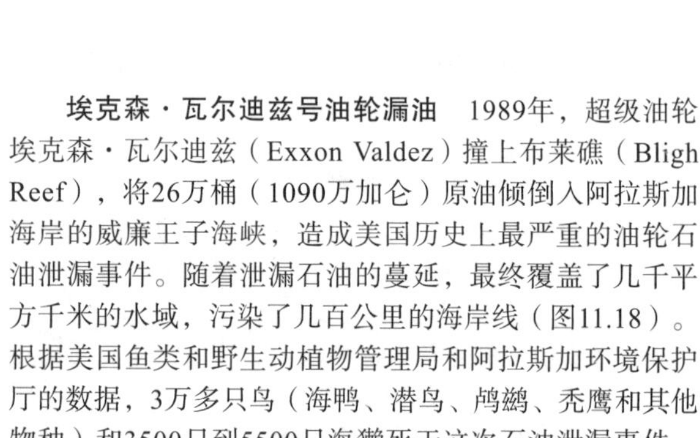

埃克森·瓦尔迪兹号油轮漏油 1989年，超级油轮埃克森·瓦尔迪兹（Exxon Valdez）撞上布莱礁（Bligh Reef），将26万桶（1090万加仑）原油倾倒入阿拉斯加海岸的威廉王子海峡，造成美国历史上最严重的油轮石油泄漏事件。随着泄漏石油的蔓延，最终覆盖了几千平方千米的水域，污染了几百公里的海岸线（图11.18）。根据美国鱼类和野生动植物管理局和阿拉斯加环境保护厅的数据，3万多只鸟（海鸭、潜鸟、鸬鹚、秃鹰和其他物种）和3500只到5500只海獭死于这次石油泄漏事件。这一地区的虎鲸、斑海豹种群数量减少，大马哈鱼洄游受到破坏，一整年不能进行捕鱼。

（c）石油泄漏情况（黑色箭头）。水流导致泄漏的石油迅速蔓延数百公里，杀死了无数动物，比如海獭和鸟类。北极国家野生动物保护区位于阿拉斯加东北部，紧邻跨阿拉斯加输油管道，这个管道从普拉德霍湾一直向南延伸至瓦尔迪兹。图中也标出了国家石油保护区——阿拉斯加。

（a）威廉王子海峡西南端巨大石油泄漏带空中鸟瞰图。

图11.18 1989年埃克森·瓦尔迪兹号油轮漏油。

石油泄漏的几个小时内，科学家就抵达现场，向埃克森公司和政府提出建议，采取最好的办法控制和清除油污。但是，采取任何实际的行动，都需要很长时间。最终，有将近12,000名工人参与油污清理，所做的工作包括机械化蒸汽清理和清洗，进一步造成了海岸生物的死亡，比如藤壶、蛤、贻贝、鳗草和生于海岸岩石上的海草。

1989年底，埃克森公司宣布泄漏石油清理工作“完成”，但是它遗留了很多问题，其中包括海岸线污染问题，特别是对岩石海岸、沼泽和泥滩的污染；对一些鸟类（比如潜鸟、丑鸭）和鱼类（比如海雀和岩鱼）以及哺乳动物（比如斑海豹）的持续危害；商业大马哈鱼捕捞量的减少等。

这次灾难带来的一个有利结果是1990年通过了《石油污染法》（Oil Pollution Act），建立了重大石油泄漏对自然资源危害的责任制度，包括建立了托管基金，在责任方不能清除油污的时候用于清除油污，对石油进行征税以筹集托管基金的经费。《石油污染法》要求2015年以后进入美国海域的所有油轮必须采用双壳船。如果埃克森·瓦尔迪兹号油轮是双壳船，这次灾难可能就不会发生，因为该油轮只是外层壳体被撞坏了。

全球最大的石油泄漏　世界上规模最大的石油泄漏发生于海湾战争期间的1991年，大约有600万桶（2.5亿加仑）原油被有意地倒入波斯湾，石油泄漏量是埃克森·瓦尔迪兹号油轮石油泄漏量的20多倍。很多油井被点火燃烧，大量的石油围绕着燃烧的油井流入沙漠之中。沿海岸线和沙漠中石油的清理工作一开始受到战争的阻碍。2001年，科威特开始实施大规模的修复工程，清理被石油污染的沙漠，这一工作进展缓慢，可能需要一个世纪或更长的时间才能彻底恢复该地区的原貌。

案例聚焦

北极国家野生动物保护区

在北极国家野生动物保护区（Arctic National Wildlife Refuge）是否进行石油开采一直是1980年以来要环境保护还是要经济发展的争论焦点，一方认为要保护珍稀生物和脆弱的自然环境，另一方认为应高度重视美国的石油供应。

这个保护区被称为美国的塞伦盖蒂大草原（Serengeti），是很多动物物种的家园，包括北极熊、北极狐、游隼、麝牛、野大白羊、狼獾、雪雁。它还是一大群迁徙动物豪猪驯鹿的繁殖地，这群豪猪、驯鹿有15万头以上。在这个冻原海岸平原地带上，主要的植物有苔藓、地衣、莎草、草、矮灌木和小型草本植物。在薄薄的表层土壤下面，是永久冻土层，含有永久不化的冻水。尽管生物多样性很丰富，但是冻原是一个极度脆弱的生态系统，部分原因是气候严酷。生活在这里的生物已经适应了它们的环境，但是任何外在的影响都会对它们造成伤害或致使它们死亡。因此，北极生物对人类的活动特别敏感脆弱。

北极国家野生动物保护区的历史　1960年，由于阿拉斯加东北部鲜明的野生动物特色，美国国会宣布将其作为保护区。1980年，国会将这片荒野地区进行扩大，形成了北极国家野生动物保护区。内政部被授权决定是否能在这一地区进行石油开采，但是任何勘探和开采活动都必须先获得国会的批准。

阿拉斯加石油泄漏事件之后的五年里，在北极国家野生动物保护区开采石油的声音逐渐沉寂，公众对石油公司提出了强烈的反对。然而，到了20世纪90年代中期，支持石油开采的利益集团开始表达更为强烈的声音，部分原因是：1994年，美国在历史上首次出现进口石油超过全国石油使用量的一半。尽管内政部认为在北极国家野生动物保护区内开采石油会危害该地区的生态系统，但是美国参议院和众议院通过了在该地区开采石油的法案。（克林顿总统否决了这一法案。）

2001年，乔治·W. 布什总统宣布支持对保护区的石油进行开采，但是，经过激烈的争论，参议院在2005年否决了这一提议，反对这样做。到了2008年，开发阿拉斯加石油资源以及海岸的各类资源再一次成为共和党施政纲领的优先重点，从某种程度上说，也是2012年总统选举的优先领域。

对北极国家野生动物保护区开采石油的支持和反对　支持者把经济发展作为开采保护区石油的主要理由。美国花费大量的能源预算从国外购买石油。如果对国内的石油进行开发，只需10年左右，就可以改善美国的贸易平衡，减少石油使用对国外的依赖。

石油公司急于开发这一地区，因为该地区位于普拉德霍湾，那里主要的大型石油矿藏即将开采殆尽。（截至目前，普拉德霍湾已经开采了140亿桶原油。）普拉德霍湾有着四通八达的工业设施支持石油生产，包括道路、管道、砾石垫和储油罐。普拉德霍湾石油产量在1985年达到高峰，从那以后产油量开始下降。因此，石油公司正在寻找能使用那些现成基础设施的新的采油地点。

保守主义者认为，石油开采会对阿拉斯加荒野地区敏感脆弱的自然平衡带来永久的威胁，而换来的却是暂时的石油供应。而且，他们指出，使用国产石油只是一个短期的解决办法，从长远看将导致对国外石油更大的依赖。他们建议投资开发可再生能源资源，加强能源保护，这才是解决能源问题的永久办法。

一些研究比如美国鱼类和野生动植物管理局的一项研究，记录了普拉德霍湾大量的栖息地损坏情况以及狼和北极熊种群数量减少情况。（顶级捕食动物通常对环境破坏比位于食物链较低端的生物更为敏感。）将北极被开发地区恢复到原来的自然状态在经济上行不通，因此北极地区的任何开发都会给自然环境带来持久的变化。

复习题

1. 列举两个构造圈闭的例子?
2. 为什么对石油峰值的估计会有不同?
3. 在能源利用上，与使用石油和天然气相关的三个环境问题是什么?
4. 关于北极国家野生动物保护区的争议是什么?

合成燃料和其他潜在的化石燃料资源

学习目标

- 解释合成燃料并区分沥青砂、油页岩、天然气水合物、液化煤和煤气的不同。
- 简述使用合成燃料带来的环境影响。

合成燃料（synfuel）是与石油或天然气有着相同化学构成的物质，一直被认为是未来化石燃料的来源。合成燃料包括沥青砂、油页岩、天然气水合物、液化煤和煤气。尽管合成燃料比石油和天然气成本高，但是随着燃料价格的攀高和技术的改进，合成燃料在经济上越来越具有竞争力。

沥青砂或油砂，是地下砂石矿藏，渗透着浓稠的、像柏油一样的沥青（bitumen）。深埋在地下沥青砂中的沥青如果不用蒸汽加热将其变成更具有流动性的液体，就不能开采上来。沥青一旦从油砂中析出，就必须像原油那样进行精炼。就燃料而言，世界沥青砂储量估计有世界石油储量的一半。主要的沥青砂储量位于委内瑞拉和加拿大的阿尔伯塔，估计有3000亿桶。加拿大的矿井一年从沥青砂中生产石油将近3000万桶。

美国西部开发的先锋看到用岩石砌成的壁炉着火并燃烧，于是发现了“含油的岩石”。油页岩就是含有多种碳氢化合物混合体的沉积岩，这种混合体通称为油原（kerogen）。油页岩粉碎加热后会析出里面的油，油原被开采出来后要进行炼制。只是在最近，从页岩中开采石油才变得划算。大型页岩储量位于澳大利亚、爱沙尼亚、巴西、瑞典、美国和中国。怀俄明、犹他和科罗拉多拥有着美国最大的页岩储量。与沥青砂一样，就燃料而言，油页岩储量也含有世界石油储量的一半。

天然气水合物（gas hydrates）也被称为甲烷水合物，是在地下深层有孔岩石中被冰覆盖的天然气。大量的天然气水合物发现于北极冻原，深埋在永久冻土下面，在大陆斜坡和大洋洋底的深海沉积物中，也发现了天然气水合物。由于成本的原因，美国石油公司直到最近才对从天然气水合物中开采天然气感兴趣。有几家石油公司目前正在研发开采天然气水合物的技术措施。拥有丰富天然气水合物储量的国家（比如俄罗斯）和常规化石燃料能源储量少的国家（比如日本）都实施了国家天然气水合物开发计划。

从煤里面可以生产一种像石油一样不含酒精的液体燃料，比固体煤的污染小，但是没有石油那样清洁。煤的液化（coal liquefaction）是二战前开发出来的技术，但是由于成本高，并没有替代汽油生产。技术进步降低了煤的液化成本。尽管与汽油相比，煤的液化在成本上不具竞争力，但是美国正在积极推进，希望在最近的将来扩大生产。

另一种合成燃料是煤的气化。从19世纪开始，煤气（coal gas）一直在生产。事实上，在20世纪石油和天然气推广使用以前，美国家庭一直主要使用煤气进行照明。煤的气化（coal gasification）就是通过煤与空气和蒸汽进行反应生产可燃烧的气体甲烷（图11.19）。美国已经兴建了几个将煤转换成煤气的示范发电厂。与固体煤相比，煤气的一个优势是煤气燃烧时和天然气一样洁净，不需要安装净化器，因为在煤的气化过程中，硫已经被除掉。与其他合成燃料一样，煤气目前比化石燃料贵。

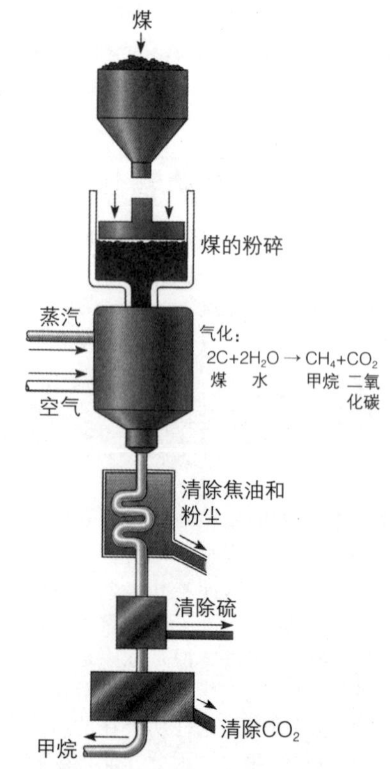

图11.19 煤的气化。图中显示的是将煤气化的一种方法，从煤中制取可燃烧的气体甲烷。关于煤的气化步骤，从图的顶端开始，往下依次进行。（引自 R. A. Hinrichs）

合成燃料：从煤或其他自然资源中合成并可以替代石油或天然气的液体或气体燃料。

合成燃料对环境的影响

尽管合成燃料是有前景的能源来源，但是它们与化石燃料一样有着同样不利于环境的影响。合成燃料燃烧时会向大气层排放大量的CO_2和其他污染物，因此会促进全球气候变暖和导致空气污染。有些合成燃料，比如煤气，在生产过程中需要大量的水，在干旱地区的使用受到限制，因为那里已经非常缺水了。另外，为了利用沥青砂和油页岩中的燃料，还要开挖大片的土地。

复习题

1. 不同的合成燃料是如何形成和制取的?
2. 与煤、石油和天然气相比，合成燃料的使用带来怎样的环境问题?

通过重点术语复习学习目标

- **解释化石燃料，区分煤炭、石油和天然气。**

化石燃料是地壳中的可燃性沉积物，由数百万年前存在的史前生物的残骸（化石）构成。化石燃料是不可再生能源，地壳中的储量是有限的，这种能源供应会因为使用而枯竭。煤是地壳中发现的黑色可燃性固体，形成于数百万年前生活的古代植物。石油是一种黏稠的、呈黄色到黑色的混合可燃性碳氢化合物液体。天然气是混合碳氢化合物气体（主要是乙烷），常常与石油储藏一起存在。

- **描述形成煤炭、石油和天然气的过程。**

当被部分分解的植物物质长久暴露于热和压力之下的时候，其中的水分被挤出，能量聚集于化学键中，就会形成煤。当无数的微小海洋生物死亡并累积在无氧沉积层中时，就会形成石油和天然气。

- **概述化石燃料与碳循环的联系。**

化石燃料中的能量是通过光合作用获取的，碳被捕获了很长时间，并在数百万年里被储藏在化石燃料中。在过去的100年里，很多碳通过燃料燃烧被排放到大气中，这一趋势在全球范围内不断加剧。

- **区分露天开采和地下开采的不同。**

露天开采指的是首先将土壤、底土以及覆盖岩石层除掉，然后对地表附近矿物质和能源资源进行开采。地下开采指的是从深埋在地下的矿藏中对矿物质和能源资源的开采。在美国，露天开采占煤矿开采的60%，地下开采占煤矿开采的40%。

- **总结与用煤有关的环境问题。**

露天开采破坏现有植被和表土。与所有化石燃料一样，煤的燃烧产生几种污染物，特别是产生大量的温室气体CO_2。酸性矿山废水和酸雨是与煤开采和燃烧相关的两种主要形式的污染。煤在燃烧时向大气中释放CO_2，导致全球气候变暖和海洋酸化。

- **解释资源回收和流化床燃烧。**

资源回收指的是从污染排放或固体废物中清除任何物质并作为市场产品进行出售的过程。流化床燃烧是一种洁净煤技术，将被粉碎的煤和石灰石混合，从而中和燃烧过程中产生的酸性硫化物。

- **解释构造圈闭并举出两个例子。**

构造圈闭是圈闭石油或天然气的地下地质构造。构造圈闭包括岩石层的向上弯曲隆起和盐丘（地下盐柱）。

- **解释石油峰值的含义，它为什么会引起我们的忧虑。**

石油峰值指的是全球石油生产达到最大数量的那个点。一旦超过了石油峰值，每年的产油量将会变少。据一些推测，我们刚刚过了石油峰值，根据另一些推测，石油峰值还要几十年才能到来。

- **讨论使用石油和天然气带来的环境问题。**

石油的勘探和开采对于环境敏感地区是个威胁。石油开采和运输过程中可能会发生石油泄漏，造成环境危机。利用水力压裂技术从页岩中开采天然气会造成大量被污染的废水，造成噪音和粉尘，开采设备和水的运输还会损坏基础设施。石油和天然气燃烧时会排放CO2，导致全球气候变暖。石油燃烧时会产生氮氧化物，从而导致酸沉降。

- **综述美国北极国家野生动物保护区石油开采的持续争议。**

支持在北极国家野生动物保护区开发石油的人认为，国内石油的开发将促进贸易的平衡，使我们在石油使用上减少对国外的依赖。保守主义者认为，石油开采对于阿拉斯加荒野地区敏感的自然平衡造成永久的威胁，换来的也只是暂时的（也可能是很小的）石油供应。

- **解释合成燃料并区分沥青砂、油页岩、天然气水合物、液化煤和煤气的不同。**

合成燃料是从煤或其他自然资源中合成并可以替代

石油或天然气的液体或气体燃料。沥青砂，或油砂，是地下砂石矿藏，渗透着浓稠的、像柏油一样的沥青。油页岩就是含有多种碳氢化合物混合体的沉积岩，这种混合体通称为油原。天然气水合物是在地下深层有孔岩石中被冰覆盖的天然气。煤浆是与油一样的液化燃料，是通过煤的液化产生的。另一种合成燃料是煤气，是煤的气化产品。

- **简述使用合成燃料带来的环境影响。**

合成燃料与化石燃料一样有着同样不利于环境的影响。合成燃料燃烧时会向大气层排放大量的CO_2和其他污染物，因此会促进全球气候变暖和导致空气污染。有些合成燃料，比如煤气，在生产过程中需要大量的水，在干旱地区的使用受到限制。为了利用沥青砂和油页岩中的燃料，还要开挖大片的土地。

重点思考和复习题

1. 描述三种主要化石燃料的优势和劣势。
2. 由于煤主要储藏在北半球，因此工业革命才可能集中于北半球爆发。煤和工业革命之间的关系是怎样的?
3. 在煤、石油和天然气中，单位可使用能量对气候变化影响最大的是哪种燃料?
4. 非洲的国家基本上没有丰富的煤、石油和天然气资源。对于这些国家经济发展的机会来说，这意味着什么?
5. 你认为下列哪种措施最能有效地减少美国的石油利用? 减少化石燃料补贴、改变城市设计、要求汽车提高能效。请做出解释。
6. 美国石油开采对短期美国石油供应有什么影响? 对长期石油供应的影响呢?
7. 从页岩中开采天然气和从砂岩中开采天然气有什么不同?
8. 根据你所了解的关于煤、石油和天然气的知识，你认为美国在未来20年应该开发哪种化石燃料资源? 请解释你的理由。
9. 请解释为什么美国能源部把煤描述为“美国能源实力的真正代表”。中国也是这样吗? 印度呢? 为什么?
10. 化石能源引起的负面环境影响哪一种是最严重的? 为什么?
11. 如果再发生一次能源危机，下面哪一种石油消费受到的影响最大? 发电、汽车、供暖和空调、工业。为什么?
12. 石油峰值对未来全球能源供应意味着什么?
13. 化石燃料和温室气体之间的关系是什么?
14. 你认为我们应该允许在美国海岸进行更多的石油开采吗? 为什么?
15. 有些环境分析人士认为伊拉克的很多冲突中一部分源于希望获得对伊拉克石油供应的控制。你认为有这种可能性吗? 请解释为什么。
16. 五种合成燃料是哪些? 为什么它们没有被大规模使用?
17. 区分流化床燃烧、煤的液化和煤的气化之间的不同。
18. 化石燃料是不可再生资源。为什么从系统的角度看这成了一个问题? (提示：不可逆的变化破坏系统的稳定性。)
19. 下图显示了美国、印度和中国未来的年度能源使用情况。每个国家在2015年和2035年期间将需要使用多少能源? 如果所有这些增长都来自于化石燃料，那么会对全球二氧化碳排放产生什么影响?

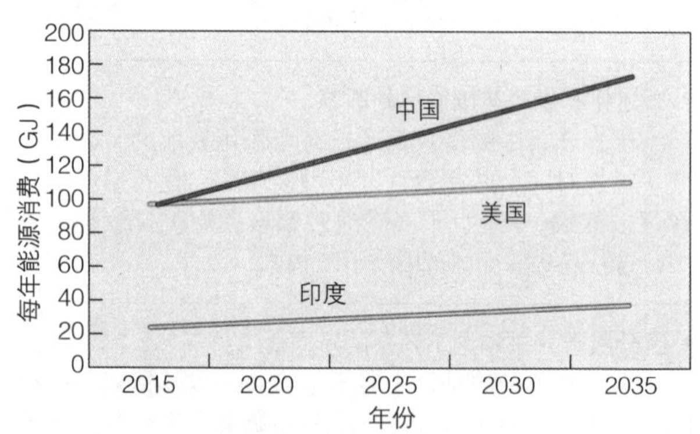

能源使用预测：中国、美国、印度。

食物思考

在其他章中，我们考察了能源资源在种植、灌溉、收获、加工和运输食物中的作用。但是化石燃料在农业发展中还发挥着另外一个重要作用，即原油是很多合成农药和化肥的基础，在此基础上得以实现大规模的食品生产。调查你所在地区或者你吃的食品中在食品生产方面农药和化肥的使用情况。为什么使用它们? 有没有什么替代措施? 哪些是以石油为基础生产的? 生产农药和化肥还有哪些其他来源?

第十二章

可再生能源和核能

肯尼亚农村地区太阳能电池板。图片中显示的电池板将太阳能转换成电能，可以储存在电池里，用来照明和为小型家电提供能量。

目前世界各国积极提高生活水平，所采取的路径之一是仿照美国等国家，大量、密集使用化石燃料。但是，从系统的角度看，这些国家最好先问一问："我们希望从能源中获得什么服务？我们应该关注哪些好的与坏的方面？"这种系统的角度可以使研究者思考世界不同国家的能源来源和能源使用。

在加州大学伯克利分校的再生能源与新能源实验室（RAEL），丹尼尔•卡曼（Daniel M. Kammen）教授和他的学生既研究这一课题，也提出和促进能源解决的方案。比如，他们发现在肯尼亚小规模太阳能电池板的市场需求很旺盛（见图片）。有几家公司出售成套设备，包括一个廉价的太阳能电池板和一块可充电的电池。电池在白天充电，可以用来为小型电器提供能量，比如收音机、电视、手电等。这种设备既不需要化石燃料发电机，也不需要昂贵的输电电线。从系统的角度看，小型太阳能电池板满足了肯尼亚农村的需要。

RAEL2013年的一个项目聚焦于马来西亚的沙捞越（Sarawak），研究报告发现，如果使用混合能源系统发电就会减少投入，混合能源系统包括小型水力发电、将谷壳转换成生物气（与天然气一样）、储藏电能的电池。他们的结论是：这样的系统比目前所使用的柴油发电机要好，要更为安全可靠，比大型水力发电对环境的破坏要小。

在那些不发展能源密集型经济的发展中国家，选择恰当的能源技术可能会有助于避免出现一些典型的高度发达国家能源密集型生活方式的崩溃。肯尼亚没有建设大型火电厂，而是采用了小型太阳能发电。其他地方，小型的风力发电、微型水电（小型水力发电系统）和其他技术可以避免建设庞大的、效率低的能源基础设施。这里的经验可以反过来给其他国家以启示：肯尼亚采用的太阳能电池板技术可以进行改进包装，在美国和其他依赖化石燃料的国家使用。

与几百万年前捕获太阳能的化石燃料一样，很多可再生能源的能量最初也是来自太阳能。风在很大程度上是由地球表面不同的热度推动的。水电依赖的是水的循环，低纬度地区水的蒸发导致高纬度地区的降水。生物质来源于生长的植物。

与此相对照，地热与核能的关系更为密切。地球内部的热传至地表，可以用来产生蒸汽。

在这一章中，我们将探讨各种可再生能源资源和核电。

身边的环境

你的学校自己从可再生资源中生产自己使用的能量吗？

直接太阳能

学习目标

- 区分主动式和被动式太阳能供暖的区别，了解各自是怎样使用的。
- 对照太阳能热发电和光伏电池板将太阳能转换成电能的优势和劣势。

太阳产生了巨大的能量，只有一小部分到达地球。太阳能与化石燃料、核燃料不同的是，它用之不竭。太阳能散射到整个地球，而不是像煤、石油和铀矿藏那样高度集中于某些地区。因此，为了使用太阳能的能源，我们必须收集它。

由于纬度、季节、时间和云层的不同，太阳辐射的强度有着不同的变化。低纬度地区距离赤道近，每年接收的太阳辐射比靠近北极和南极的地区接收的太阳辐射多。夏天接收的太阳辐射比冬天多，因为太阳在夏天是从头顶直射下来，而在冬天则更靠近地平线，是斜射。太阳高悬天空（中午）的时候太阳辐射要比太阳低垂（黎明或黄昏）的时候强度大。云层既散射入射光，也吸收一些太阳能量，从而减弱了太阳光的强度。美国西南部没有云层覆盖，纬度低，因此每年接收的太阳辐射量最大，而美国东北部接收的太阳辐射量最小（图12.1）。

直接使用太阳能的技术已有上千年了。比如，美国西南地区的传统土坯房屋在设计上就实现了冬暖夏凉（图12.2）。但是，很多现代建筑物在设计上是用天然气或电供热与制冷，没有考虑到直接用太阳能取暖（或遮荫从而在夏天避热）的优点。很多新的建筑物重新发现了传统建筑设计的节能好处。

图12.2 美国西南地区的土坯住房。美国西南地区数百年来一直使用土坯建造房屋，这类建筑材料在世界炎热、干旱地区也能看到。厚厚的墙和精心设计的窗户使得屋内的温度在白天晚上和不同季节都能保持相对稳定。

直接捕获使用太阳能的一个新技术案例是非洲、中美洲、印度和中国的农村地区大约有100万人使用太阳能灶具。最近设计的太阳能灶具将太阳光传输到灶具中，一块玻璃罩防止红外波（热）的传导，否则，红外波通常会从灶具中流失。装着食物的锅放置在黑色金属板上面的盒子里。太阳能灶具的温度可以达到180° C（350° F），能够煮、烤、炖、炒各种食物。在正常阳光

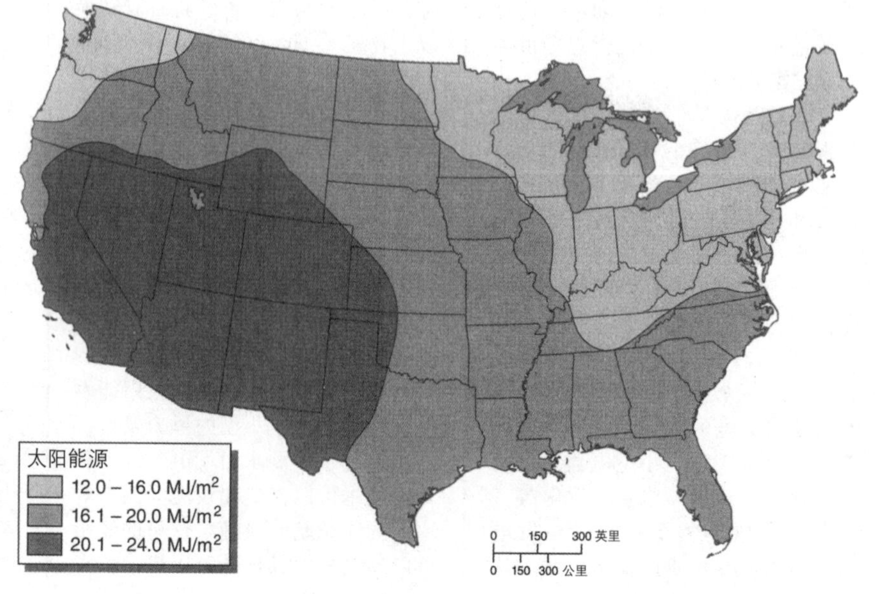

图12.1 美国太阳能源的分布。这个地图显示了一个太阳能集热器平均每天获得的太阳能（以每年为基础进行计算），集热器会因纬度的不同而有所倾斜。单位是每平方米兆焦。就全年太阳能收集而言，西南部是美国最好的地区。（美国能源部）

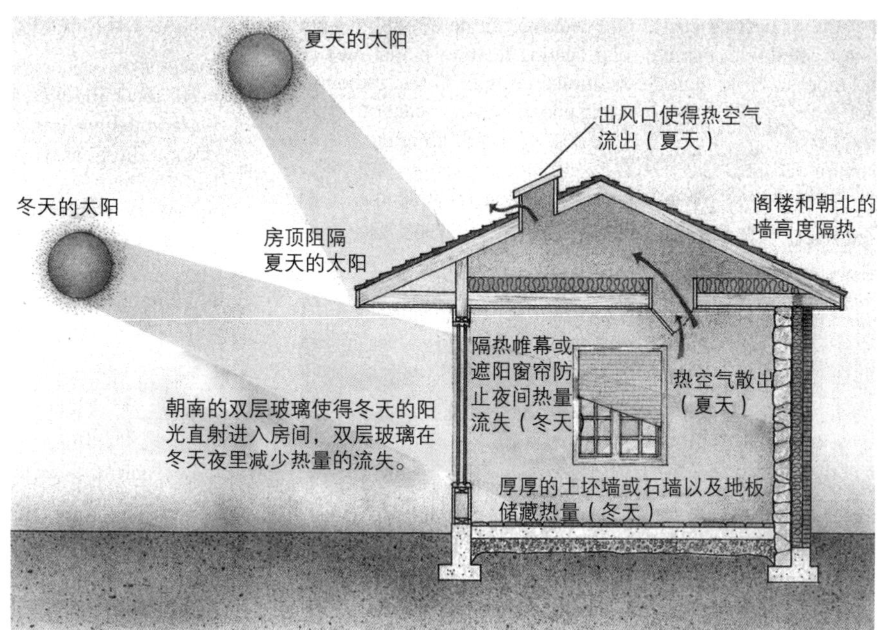

图12.3　被动式太阳能采暖系统的设计。被动式太阳能采暖系统是怎样减少气候变化的？

（a）这幢房子在设计上具备几个被动式太阳能采暖的特色。

下，一个人用2至4个小时可以烹制全家用餐。

建筑供暖和水

你可能注意到停在太阳下的汽车，如果车玻璃摇起来关闭，那么车里的空气就会比车外的空气热很多。同样，在冬季，暖房里的空气要比外面的空气温度高。之所以会出现温度升高现象，部分原因是阻隔里面空气的材料，比如玻璃，是光可穿透的，能够吸收可见光，但热不能穿透，可以阻止热的渗出。来自太阳的可见光穿透玻璃，使玻璃里面的物体表面温度升高，温度升高的物体进而发出红外射线（infrared radiation），即不可见的热波。热不能散发，原因是红外线不能穿透玻璃，玻璃里面的空气变得越来越热。

在**被动式太阳能采暖**（passive solar heating）系统中，太阳能不需要热泵或风机扩散热量就可以实现建筑供暖。被动式太阳能采暖系统在设计上有自己的特色（图12.3），实现冬暖夏凉。在北半球，朝南的大窗户在白天接收的太阳光比朝向其他方向的窗户接收的太阳光多。透过窗户照射进来的太阳光所提供的热能，被储藏在用混凝土或石头砌成的地板和墙里或者水箱中。这种储藏的热能通过对流自然地在整个建筑物中传送，这种空气循环的原理是热空气上升，冷空气下降。

安装有被动式太阳能采暖系统的建筑物必须进行很好地隔热，以便累积的热能才不致流失。根据建筑物的设计和位置，被动式太阳能采暖系统节约采暖支出50%。[①] 很多大楼在建造时没有安装被动式太阳能采暖系统，原

（b）在已有的住房外增加一个阳光间。

被动式太阳能采暖：不需要机械设备扩散而收集热能的利用太阳能的系统。

① 除非特别指出，本章引用的所有数据都来自美国能源部的统计机构能源信息署（EIA）。

因之一是建筑成本比传统大楼要高。通常情况下，如果几年内不能通过节能抵消建筑新增的费用，建筑商就不能收回安装被动式太阳能采暖系统的成本，即便这个大楼可能要使用几十年的时间。

在**主动式太阳能采暖**（active solar heating）系统中，房顶或地上安装了系列太阳能收集设备。最常见的太阳能收集设备是黑色金属盒或金属板（图12.4）。主动式太阳能采暖系统主要用来为水加热，或者是居家用，或者是游泳池用。太阳能集热器吸收的热量转化到金属箱管子中的液体上，然后再被泵入热量交换器中，从而将热能转化到热水箱里的水中。由于美国能源消费的8%用于为水加热，因此，主动式太阳能采暖系统在满足国家能源需求方面有很大的潜力。

利用主动式太阳能采暖系统为大楼供暖现在还没有像给水加热那样普遍，但是随着化石能源减少而导致的能源价格上涨，利用主动式太阳能采暖系统为大楼供暖可能会变得更加重要，虽然现在比常规方式的供暖要昂贵，但会变得越来越有竞争力。

太阳热能发电

集中太阳能源并用于加热液体的系统已经长期用于建筑和工业过程。在**太阳热能发电**（solar thermal electric generation）中，可以通过几种不同的方式进行发电。一个办法是收集太阳入射光，然后用镜子或透镜使阳光聚焦，将一种工作液体加热到高温。有一个这样的设计是通过计算机的导引，槽状的镜面随着太阳移动而调整焦距，将阳光聚焦于充满油的管子，并将油加热到390° C（735° F）（图12.5）。被加热的油循环进入一个储水系统，被用来将水变为高温蒸汽，转动涡轮从而发电。另外的方式是，热能被用来为斯特林发动机（Stirling engine）提供动力。汽缸中的液体膨胀，推动活塞转动主轴，从而提供机械能或发电。

美国大部分电都要并入电网，从而将电输送到任何需要的地方。太阳能资源发电的一个不足是只能在白天有阳光的时候进行。不过，在那些白天电需求最高的地区，这就不是一个严重的问题。目前世界上最大的太阳能热发电系统位于南加州的莫哈韦沙漠。

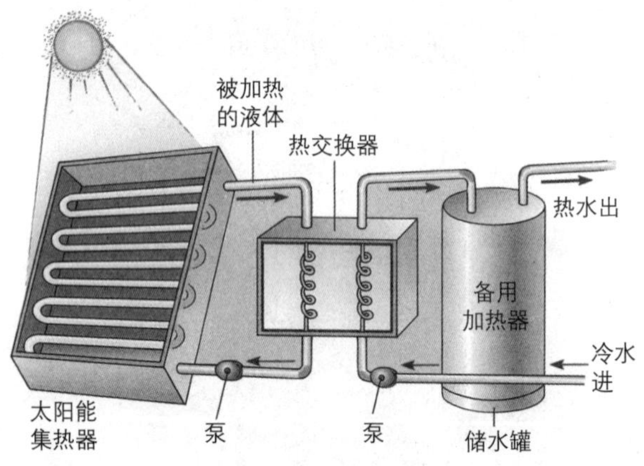

图12.4 主动式太阳能热水器。太阳能集热器被放置在屋顶上，每个太阳能集热器都是一个盒子，主要用黑色金属制造，上面覆盖着玻璃盖。阳光穿透玻璃进入盒子，加热里面的管子和管子里的液体。加热的液体使水升温，再通过使用电和天然气的备用加热器，将水加热到一定温度。太阳能家用热水器可以全年向家庭提供热水。

（a）加利福尼亚州的一家太阳能热发电厂使用槽式集热器将阳光聚焦到充满液体的管子上。

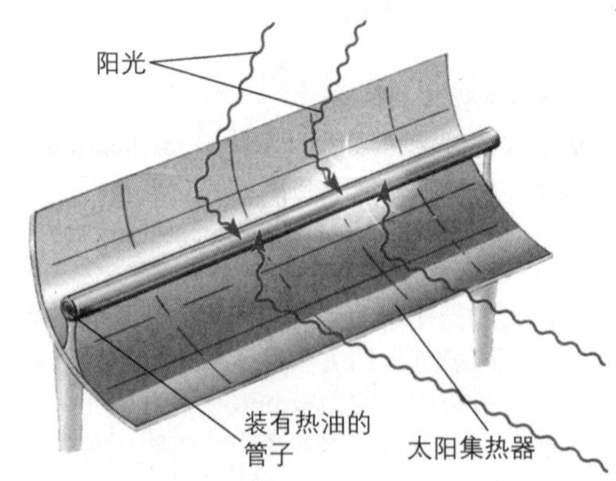

（b）已加热的油被泵进一个水箱，产生蒸汽并用以发电。为了简化，箭头显示阳光聚焦在几个点上，实际上阳光聚集在整个管子上。

图12.5 太阳热能发电

主动式太阳能采暖：通过系列集热器吸收太阳能并通过泵和风机扩散热能而利用太阳能的系统。

太阳热能发电：通过镜面或透镜集中太阳能加热液体管或转动斯特林发动机而发电的一种方法。

太阳热能系统比其他太阳能技术更加高效，因为它们是将太阳能源集中起来。随着工程、制造和建筑方法的改进，太阳热能可能是与化石燃料相比最具成本竞争力的能源。太阳热能发电厂发电的成本是每千瓦0.05美元到0.13美元（kWh），这一成本的下限与火电厂的成本相比是有竞争力的（表12.1比较了不同资源发电的成本）。随着技术的成熟，在今后十年里，这一成本还会下降。另外，太阳热能发电厂具有显著的环境效益，因为不会产生空气污染和酸雨，也不会导致全球气候变化。

光伏发电

光伏发电（photovoltaics, PV）包括**太阳能电池**（solar cell），目前为全世界提供21,000兆瓦（MW）以上的电能，这与21个大型核电厂相当，但是仅占全球电能的0.7%左右。光伏材料将太阳能直接转化成电能（图12.6），这些光伏材料通常安装在大型太阳能板上，即使多云和下雨天也能吸收阳光。

虽然制造光伏发电设备造成污染，但是在运行中，光伏发电不产生污染，也几乎不需要维护。光伏发电既可用于小型、便携的单元中，也可用于大型、多兆瓦级的电厂（图12.7）。我们目前的PV太阳能电池技术尽管已经用于为卫星、无人机、高速路信号灯、手表和计算器等提供动力，但是依然有一些限制，阻碍了大规模的发电利用。光伏太阳能电池在将太阳能转化成电能的过程中只有大约15%到18%的转换效率（尽管试验电池能达到40%），而且，大规模使用中所需要的太阳能电池板也要占用大量的土地。按照目前的转换效率，达到一个大型常规发电厂发电的电量，需要几千英亩的太阳能电池板来吸收足够的太阳能。

表12.1　2010年电厂发电成本

能源来源	发电成本（美分/每千瓦小时）*
水电	5–11
生物质	6–9
地热	5–10
风能	4–6
太阳热能	5–13
光伏（PV）	15–25
天然气	4–5
煤	4–6
核能	2–14

*发电与用电的单位是千瓦小时（kWh）。
比如，一个50瓦的灯泡点亮20小时使用1千瓦小时的电（50×20=1000瓦/小时=1kWh）。
来源：能源信息署

光伏发电：使用释放或吸收电子的材料层将阳光转换成电的方法。
太阳能电池：一个晶片或薄片固体材料，比如硅或者砷化镓，在通过与其他金属进行处理后，在吸收太阳能的时候可以发电，即实现电子的流动。

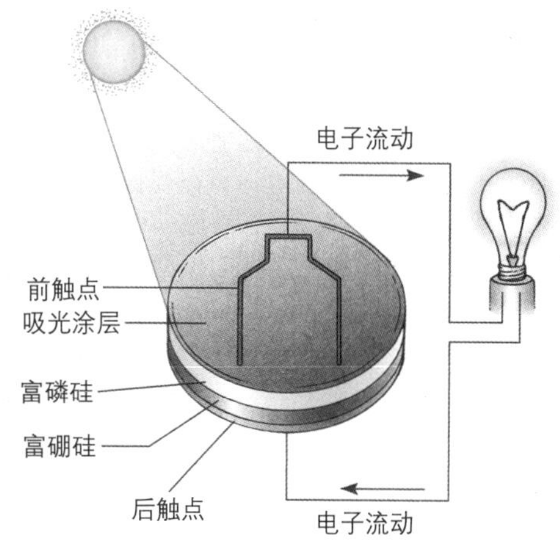

图12.6　光伏电池。光伏（PV）电池包含硅和其他材料。太阳光可以将电子从硅原子中激发出来。被激发出来的电子通过导线从PV电池中流动出来后，就形成了可用电能。

图12.7　光伏电池板。这些电池板十分划算，因为它们用于两个目的，既发电又用作停车场的车棚。

PV设备的一个好处是电力公司可以购置小部分组合式单元，在短期内就可以运行使用。一个电力公司可以购置PV组件，逐渐提高其发电能力，不再需要一下子投资数十亿美元或更多，也不需要花上十年或更多时间建设一座大型常规电厂。通过这种补充型方式，PV单元可以满足新增加的能源需求，比如在炎热的、阳光暴晒的日子为灌溉水泵提供能量。

在发电厂服务不到的偏远地区，比如发展中国家的农村地区，使用PV太阳能电池供电要比铺设电线经济得多。光伏是抽水、冷藏疫苗、磨面、电池充电、向农村地区家庭提供照明的能量选择。根据可持续电能研究院的数据，亚洲、拉丁美洲和非洲的100多万家庭在房顶上安装了PV太阳能电池板。有2个匹萨盒子大小的PV板就能够给一个农村家庭提供5盏灯泡、1个收音机和1台电视的充足电能。

过去40年来，生产制造PV组件的成本稳步下降，从1975年的每瓦将近90美元平均工厂价下降到2012年的每瓦0.9美元左右。用PV发电的成本要比天然气（每千瓦小时0.03到0.09美元）等其他资源高一点，但是与水电（每千瓦小时0.07美元）相比还是有一定的竞争力。

未来技术进步将使PV发电与常规能源资源相比更具价格竞争力。薄膜太阳能电池的生产制造便宜了很多，大大降低了成本。薄膜可以制造成柔性的薄片，契合进建筑材料之中，比如瓦、墙玻璃、屋顶板等。过去几年里，日本有12万多家庭安装了PV太阳能屋顶，加州到2018年将安装100万个太阳能屋顶。其他令人振奋的技术进展是染料敏化太阳能电池和纳米级PV技术。

复习题

1. 什么是主动式太阳能采暖？什么是被动式太阳能采暖？
2. 太阳热能发电的好处是什么？光伏（PV）太阳能电池呢？

间接太阳能

学习目标

- 掌握生物质的定义，解释为什么生物质是间接太阳能的例子，介绍它是如何利用的。
- 描述实现最佳利用风能和水能的地点，比较风能和水能的潜力。

木材和其他有机物质等**生物质**（biomass）的燃烧是间接太阳能的例子，因为绿色植物通过光合作用使用了太阳能，将太阳能储存在生物质里。风车或涡轮风机利用**风能**（wind energy）产生机械能或电能。蓄水拦河大坝发电是一种水电，是**水能**（hydropower）。水能之所以存在，是因为太阳能推动着水循环（见第四章）。

生物质能

生物质是人类知晓的最古老的燃料之一，包括速生植物和藻类作物、大田副产品、锯末和木片、动物粪便、木材等（图12.8）。生物质包含来自太阳辐射能的化学能，光合生物用以形成有机分子。生物质是一种可再生形式的能源，前提是使用的速度不要超过其生产的速度，如果过度使用生物质，就会导致出现森林枯竭和沙漠化（见第十七章）。生物质不能替代化石燃料。美国大陆全部光合作用所产生的能源只有他们现在使用能源的一半，而且这些能量不能用于其他用途，包括食品、纸和建筑材料。

生物质燃料可以是固体的，也可以是液体和气体的，燃烧后释放能量，木材等固体生物质直接燃烧获得能量。生物质，特别是薪柴、木炭（在无氧环境下加热聚集能量、去除水分后的木柴）、动物粪便（主要是未消化的植物纤维）、泥煤（部分是泥塘和沼泽里腐殖化的植物物质）等为世界提供了相当数量的能量。世界上至少一半的人口依靠生物质作为其主要的能量来源。在发展中国家，木材是做饭的主要燃料。生物质占美国能源生产的4%左右。来源于锯木厂、造纸厂和农副业中低成本废料形式的生物质，被发电厂用来发电，大约是76亿瓦（GW）。

将生物质特别是动物粪便，转化成生物气（biogas）是可行的。生物气一般由气体混合物（主要是甲烷）组成，像天然气一样储存和运输。生物气是一种清洁燃

图12.8 生物质。木柴是很多发展中国家的主要能源来源。使用木柴总是碳中和吗？为什么？

生物质：被用作燃料的植物物质，包括动物粪便中未消化的纤维。

风能：由于太阳加热空气而导致的地表空气流动所产生的电能或机械能。

水能：一种依靠水的流动或落差而产生机械能或电能的可再生能源。

料，在燃烧过程中比煤和生物质产生的污染物少。在印度和中国，几百万个家庭化的生物气化池用微生物分解家庭和农业废物来生产做饭与照明用的生物气。当生物气转化完成以后，剩余的固体物质从气化池中清除出去，被用作肥料。尽管生物气化池的技术相对简单，但是气化池内的条件，比如湿度和pH值，都必须认真监测，从而使得微生物细菌在最佳状态下生产生物气。

生物质可以转化成液体燃料，特别是甲醇（methanol，木精）和乙醇（ethanol，酒精），可以用在内燃机内。在世界很多地区，汽车燃料必须包含10%或更多的乙醇。生物柴油是从植物和动物油中制造的，越来越多地用作卡车、农用机械和船舶柴油发动机的替代燃料。这种油常常从餐馆地沟油中精炼而成（比如用来炸薯条的油），生物柴油在燃烧过程中比柴油燃料清洁。

尽管美国的一些能源公司用甘蔗、玉米或木质纤维转化成乙醇，但是其他公司对将农业和城市废物商业性地转化为乙醇更感兴趣。成本虽然高，但是一直在降低，越来越多的废物转化乙醇系统将要被研制建设。有几家公司正在建设工厂，将生物质（使用玉米秸秆、稻草、加工过的甘蔗纤维渣、下水道污泥）转化成乙醇。目前，乙醇生产具有盈利性，因为政府的补贴降低了乙醇生产成本。计划开发废物转化乙醇工艺的企业认为，它们一开始需要政府的补贴，但是最终会在没有政府帮助的情况下与汽油形成竞争。

液体生物质燃料的一大挑战是：生产它们需要大量的能源。而且，它们也不总是“气候中立”的，因为产生的CO_2可能比捕获的CO_2还要多。然而，最近的研究显示，使用美国大平原上的柳枝稷制造乙醇，每年储存在地下（根和根茎）的碳可能真的要比乙醇释放的碳多。柳枝稷还有另外一个好处：如果覆盖大面积的地区，它会减少土壤侵蚀，还能为受威胁的草原植物和动物物种提供栖息地。

使用生物质的好处 生物质是一种很吸引人的能源来源，因为它可以减少对化石燃料的依赖，还通常使用废物制造 ，因此减少了废物处理。生物质通常是通过燃烧产生能量，因此化石燃料燃烧的污染问题，特别是二氧化碳排放问题，在生物质燃烧过程中也不能完全避免。但是，与烟煤相比，生物质燃烧过程中排放的硫和剩余的灰烬都要少。通过增加植树，有可能抵消生物质燃烧释放到大气中的CO_2。随着树的光合作用，树吸收大气中的CO_2并将它固定在组成树木枝干的有机分子中，因此提供了一个碳“汇”。所以，如果能够用再生生物质替代所使用的生物质，就会实现大气中CO_2的零排放。

使用生物质的不足 使用生物质，特别是使用植物生物质，会带来几个问题。比如，生物质生产需要土地、水和能量。由于利用农业土地来种植能源作物会与种植粮食作物形成竞争，因此，如果将更多的土地用于能源生产，那么可能会减少粮食生产，造成粮食价格升高。另外，用于生产生物质的能源常常还需要使用一些化石燃料。

世界上至少一半的人口把生物质作为主要的能源来源。遗憾的是，在很多地区，人们燃烧木材的速度比种植树木的速度快。大量地使用木材以获取能量导致对环境的严重损害，包括土壤侵蚀、森林砍伐、沙漠化、空气污染（特别是室内燃烧）以及水供应退化。

作物残余是生物质的一个分类，包括玉米秸秆、小麦秸秆以及造纸厂和锯木厂的木头废料，越来越多地被用来获取能量。乍看上去，似乎作物残余如果收集起来进行燃烧是一个好的能量来源，因为这些作物残余通常在农业收获以后被遗留在农田里，它们毕竟是废弃的材料，最终会被分解掉。但是，从系统的角度看，留在农田里的作物残余通过培固土壤会防止土壤侵蚀，分解后所剩余的矿物质会使土地更加肥沃，有助于新作物的生长。如果所有的作物残余都从农田里清除掉，那么土地中的矿物质最终会枯竭，未来的生产力将下降。森林残余，也就是树木砍伐后留在地上的部分，也具有同样的生态作用。

风能

在过去10年里，风能每年增长20%到45%，是世界上增长最快的能源来源。风是由地球表面温度升高而引起的，是一种间接形式的太阳能。太阳的辐射能转化成机械能，是空气分子的运动。地球表面很多地区都有风，只是风向和强度有所不同。与直接的太阳能一样，风能也是高度分散的能源。利用风能进行发电有着很大的潜力，在满足我们的能源需求方面，风越来越重要。

新的涡轮风机特别大，有100米高，长长的叶片可以有效地获取风能（图12.9）。随着涡轮机体型越来越大，效率越来越高，风力发电的成本快速下降，从1980年的每千瓦小时0.40美元下降到2012年的每千瓦小时0.04美元到0.06美元。与很多常规能源相比，风能在成本上具有竞争力。技术进展特别是涡轮机，可以进行变速风力发电，可能会使风能在21世纪上半叶成为全球重要的电力来源。

在岛屿、海岸、山口和草原等风力持续的农村地区和偏远地区，风能使用效益最为明显。美国现在风能装机容量大约60GW，德国30GW左右。不过，德国的风能占全部电力的35%，而美国的风能仅占全国电力使用的8%左右。

世界上涡轮风机最集中的地方是目前位于加利福尼亚州内华达山脉南端的蒂哈查皮山口（Tehachapi

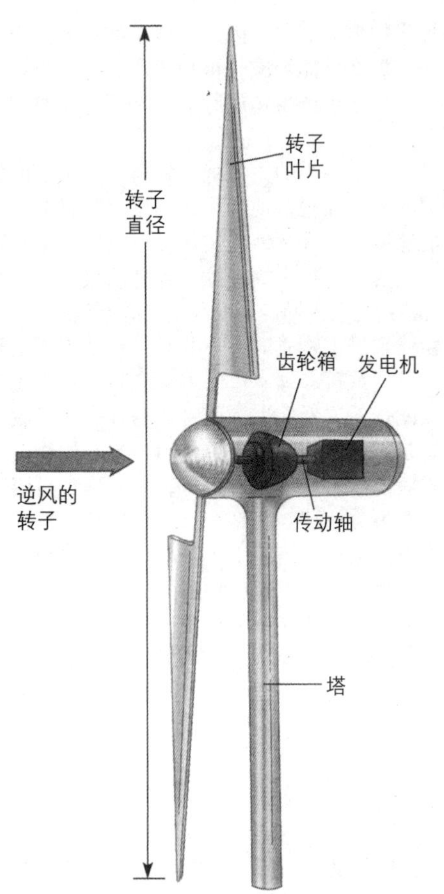

（a）这个基本的涡轮风机设计有一个横向的轴（横向指的是传动轴的方向）。气流导致涡轮机叶片转动，每分钟转动15到60圈（rpm）。随着叶片的转动，涡轮机内齿轮转动传动轴。这种转动产生电能，电能通过地下电缆传送到附近的发电厂。涡轮风机技术发展迅速，在设计上将会有很多革新。（图中的塔没有按照比例制图，实际上要高得多。）

（b）明尼苏达州水牛岭（Buffalo Ridge）上的涡轮风机，每个风机发的电可以供250个家庭使用。水牛岭从南达科他州穿越明尼苏达州一直延伸至艾奥瓦州，是理想的风电场地。

图12.9 风力发电

Pass）。在美国大陆，大规模风力发电最好的地区位于大草原。根据美国风能协会的数据，美国风能潜力最大的10个州是：北达科他、得克萨斯、堪萨斯、南达科他、蒙大拿、内布拉斯加、怀俄明、俄克拉何马、明尼苏达、艾奥瓦。事实上，如果全面地开发利用北达科他、得克萨斯、堪萨斯的风能，我们就能极大地满足整个美国的电力需求。美国在这些州和其他州实施了很多风能项目，目前，风能获取后可以并入地方电网，但是并入全国电网（比如，得克萨斯的风力发电可以供纽约市使用）还需要研发风能储存和输送新技术。

使用风能不会带来严重的环境问题，尽管有报告说鸟类和蝙蝠会撞上风机而死亡。加州能源委员会估计，在两年的时间里，有几百只鸟，其中很多是猛禽（捕食性鸟类），在加州阿尔塔蒙特山口（Altamont Pass）的7000个涡轮机附近死亡，大部分死亡是由于鸟撞击涡轮机造成的。后来的研究发现，阿尔塔蒙特山口是鸟类迁徙的主要通道。阿尔塔蒙特山口风电场实施了一些技术性的“修复”方法，比如给风机叶片漆上颜色以及防止鸟类在风塔上栖息的措施。美国还要求风电场在鸟类迁徙高峰季节关闭涡轮风机的运行。未来风电场场址的研究开发人员目前主动研究野生动物的迁徙规律，试图将风电场建在远离鸟类和蝙蝠迁徙的地方。

风能不产生废物，是一种清洁能源，不排放二氧化硫、二氧化碳以及氮氧化物。风能每产生1千瓦小时的电就能防止化石燃料向大气中排放0.5到1千克（1到2磅）的温室气体CO_2。风能利用最大的制约是成本和公众意见。风能研究和生产没有像核能和生物质那样得到过政府补贴，尽管如此，随着其他能源成本的增加，风能越来越具有竞争力。“邻避效应”（NIMBY），也就是“别建在我家后院”的观点（本章后面将讨论），发挥着复杂的作用，有些人认为风电场很有吸引力，而另一些人则认为风电场噪音大，有碍风景观瞻。

水电

水电是世界上主要的可再生电力来源，发电量和核电站相等。太阳能促进水循环，包括降水、陆地和水域水蒸发、植物蒸腾、排水和径流（见图4.6）。当水从高处流向低处的时候，我们就可以获得能量。一旦水从闸口喷涌而下，大坝所控制的势能就能转化为动能，从而转动涡轮机发电（图12.10）。在发电方面，水能比任何其他能源效率都高，大约90%的水能可以转化成电能。表12.2汇总了修筑大坝的理由和问题。

水力发电占全世界电力的19%左右，是用途最为广泛的太阳能形式。水力发电最多的10个国家依次为：加拿大、美国、巴西、中国、俄罗斯、挪威、日本、印度、瑞典和法国。美国大约有2200家水力发电厂，发电量占美国的8%到12%，是美国最主要的可再生能源来源。高度发达国家在大部分适宜的地方修建了大坝，而发展中国家不是这样。特别是在不发达的、水力没有开发的非洲和南美，水电是有着巨大潜力的电力来源。

尽管美国大多数传统水力发电厂都在使用，但是技术创新显示了扩大水电能力的前景。美国现有水坝中的97%没有发电，因为传统的水力发电技术仅适用于大型水坝，水流不仅急，而且流量大。新的技术可以利用小型的水坝进行发电。有几家公司现在制造的涡轮机，能够利用水量大、流速缓慢的河流或流量小的溪流进行发电。随着这些新技术的改进，在不建设新水坝的情况下，也可以增加水力发电的能力。

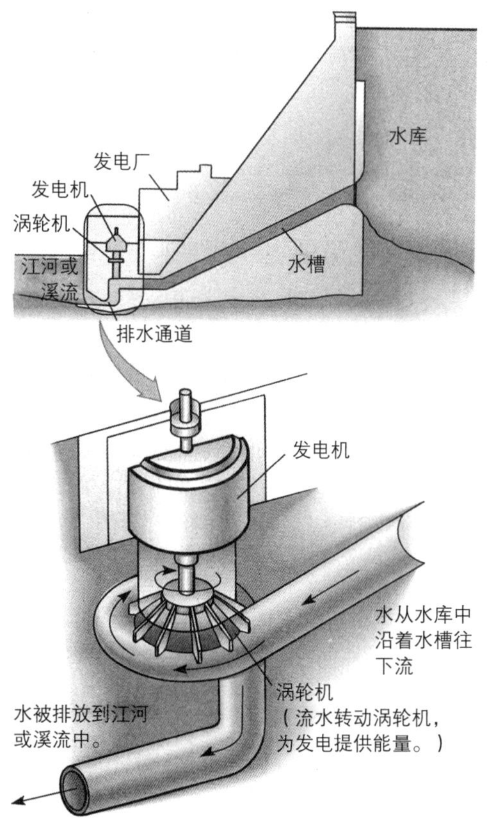

图12.10　水力发电。被控制的水流沿着水槽而下，转动涡轮机并发电。

表12.2　大坝的优点和缺点

修建大坝的理由	大坝导致的问题
发电	对下游的生态破坏
机械能	·泥沙阻隔在大坝
灌溉	·水源分流
航运	·鱼的洄游被阻止在大坝
防洪防涝	水库带来的生态破坏
商业捕鱼	·淹没栖息地
休闲娱乐	·泥沙堆积
·钓鱼	·如果有毒物质沉积就会带来污染
·游泳	人口安置
·划船	文化资源丧失
	一旦溃堤造成灾难性后果
	疾病
	地震
	水库水分的蒸发

水坝的影响　水电引起的一个问题是，水坝的建设会改变江河的自然流动。大坝会导致河流回水，淹没大片土地，形成水库，从而摧毁植物和动物栖息地。当地鱼类对大坝的建设特别敏感，因为原有的河流生态系统被改变了。鱼类的洄游产卵也被破坏了（见第十三章关于哥伦比亚河的讨论）。在大坝的下游，曾经湍急的河水变成了涓涓细流。农村的自然美景也受到影响，某些形式的荒野休闲一去不复返或者难以引起人们的兴趣，尽管大坝允许在水库里进行水上运动。

世界上至少有200座大型水坝与水库引起的地震有关，在大坝完成后的蓄水期间以及水库蓄水以后发生了地震。水库越大、蓄水越快，地震活动的强度就越大。一个地震不活跃的地方没有必要因为兴建水库而经受地震。

在干旱地区，水库的兴建会导致水分的大量蒸发，因为与原来的江河与溪流相比，水库的水面大，而且流速慢。因此，水分会大量流失，剩余的水盐分可能会增加。

如果水坝溃决，下游人们的生命和财产将受到威胁。另外，水生疾病比如血吸虫病，可能会在当地人口中传染蔓延。血吸虫病（schistosomiasis）是一种寄生虫引起的热带疾病，损害肝脏、泌尿系统、神经系统和肺。埃及一半的人口患有此病，在很大程度上是阿斯旺大坝引起的。阿斯旺大坝是1902年在尼罗河上修建的，目的是防洪，不过从1960年开始发电。（大坝后面的大型水库为寄生虫提供了栖息地，它生命的一部分是在水中度过的。人们在洗澡、游泳或赤脚在水岸上行走或者喝了被感染的水后，就会感染这种病。）

大坝的环境和社会影响对于居住在某些特定地区的人来说是不可接受的。法律规定防止或禁止在某些地区建设大坝。美国《荒野和景观河流法》（*Wild and Scenic Rivers Act*）禁止在某些河流上开发水电，尽管受这一法律保护的河流数量不到全部河流的1%。其他国家，比如挪威和瑞典，也有类似的法律。

大坝建设费用高，但是运行成本低。大坝的寿命是有限的，通常在50到200年，因为随着时间的推移，水库里会沉积泥沙，不能储存足够多的水以供发电。这些沉积的泥沙淤泥营养丰富，被阻隔在水库里，不能滋养下游的农田土壤。埃及阿斯旺大坝下游农业生产力的逐渐枯竭就很好地证明了这一点。现在，埃及依靠大量的化肥来维持尼罗河流域及其三角洲的农业生产。

案例聚焦

三峡大坝

几千年来，中国一直希望在长江上建设大坝。从历史上看，生活在长江流域的人们一直面对着旱涝灾年，有些年份很严重，以至很多人死于饥荒或洪涝。20世纪，水电发展的新契机使得在长江上修建大坝更加迫切。因此，在20世纪90年代，中国开始兴建三峡大坝（TGD），这座大坝的名字来自于632公里（412英里）长的水库要淹没的长江上游的三个峡谷。2003年，大坝完工；2008年底，大坝全面运行。

TGD实现了几个方面的目标。第一，发电18GW，相当于18个核电站或大型火电站。考虑到中国面临的严峻空气质量问题（见第十九章和二十章）以及对进口能源的依赖，这是一个巨大的成就。第二，下游的农业生产可以得到改善。（1998年，中国1/10的粮食产量因为洪涝而减产，而这是可以通过大坝来避免的。）另外，新的水库被用来改善航运，大型船只可以在水库的上游航行，还可以用来商业捕鱼和娱乐休闲。

然而，TGD也可能会出现与大坝建设相关的问题。至少有150万人被安置。大坝给一些物种带来威胁，比如稀有的长江江豚，尽管这一物种可能已经因为过度捕捞和污染而灭绝了。水库可能会因为上游的工业而受到严重污染，从而危害所淹没的地区。历史和文化珍宝，包括寺庙、古代悬棺、大量刻石，都被淹没了。另外，即便是下游的农业得到改善，上游数千亩的农田被淹没，再也不能用于农业生产。

中国一开始的投资较为困难，因为大坝设计、建设和效果方面都有着很大的不确定性。水生疾病，包括疟疾和血吸虫病，可能会增加。随着人们从库区搬离，整座整座的城市彻底拆毁和遗弃，一些有毒物质和人畜粪便还有可能没有处理，会污染新建的水库。泥沙问题或大坝建设后的淤泥沉积问题还没有完全解决。太多的泥沙将会让建大坝的主要理由打上折扣，比如灌溉、防洪、水电。

其他形式的间接太阳能利用

将来，其他形式的间接太阳能可能会变得重要起来。海浪是风引起的，也是太阳导致的，因此，海浪能也是一种间接的太阳能。与其他形式的流水一样，海浪能也能转动涡轮，因此可以用来发电。挪威、英国、日本和其他几个国家正在研究如何利用海浪发电。在苏格兰和葡萄牙海岸，目前运行着两个商业性海浪发电站。

我们将来可以用海洋的温度差来发电，海洋的深度不同，温度也不同。海洋表面的水温和深海的水温之间，温差可以达到24° C。海洋温差在热带地区最大，是太阳能加热海洋表面造成的。海洋热能转换（ocean thermal energy conversion，OTEC）技术就是利用这种温差来发电或为建筑物提供空调服务。第一家商用OTEC发电厂目前正在夏威夷岛的国家自然能源实验室兴建。随着技术的改进和其他能源资源成本的上升，海浪和OTEC可能会更有机会变得实用。

复习题

1. 什么是生物质？
2. 使用风能发电的优点和不足是什么？使用水力发电呢？

其他可再生能源来源

学习目标

- 描述地热能和潮汐能，这两种形式的可再生能源既不是直接太阳能，也不是间接太阳能。

地热能和潮汐能是可再生能源来源，但它们既不是直接太阳能，也不是间接太阳能。**地热能**（geothermal energy）是地球内部自然发生的热能。**潮汐能**（tidal energy）是高潮和低潮之间水位的变化导致的，可以在有限的范围内用来发电。

地热能

地热能是地球内部的自然热，源于地核内部的古老热量，是由大陆板块相互摩擦和放射性元素衰变引起

地热能：对地球内部能量的利用，可以用来供暖或发电。

的。地热能储量巨大，科学家估计地壳10公里以内所含的1%的热能就相当于我们地球所有石油和天然气资源所含能量的500倍。不过，地热能很难获取，不可能与风能、水能或太阳能形成竞争。

地热能一般和火山运动联系在一起。最近地质火山活动的地区包含着大量的地下热库。这些地区地下水的下流会使水加热，然后再上浮流动，直到被地壳中不可渗透的岩层所阻隔，从而形成热液储层（hydrothermal reservoir）。热液储层包含热水，也可能含有蒸汽，这要看液体的温度和压力而定。有些热水或蒸汽可能会窜出到地球表面，形成温泉或喷泉。数千年来，温泉一直被用来洗澡、做饭和供暖。

热液储层可以通过钻井开发利用，就像开采石油和天然气一样。一个使用办法是对水加热，然后为建筑物供暖。还有一个使用办法是将加热的液体抽到地球表面，其产生的蒸汽转动涡轮，带动发电机发电（图12.11）。

美国地热能发电能力大约为2.5GW，是世界上地热电能产量最大的国家，主要位于阿拉斯加、加利福尼亚、内华达、犹他和夏威夷等地热能丰富的地区。世界上最大的地热能发电厂是盖沙斯（The Geysers），位于北加利福尼亚州的一块地热田中，为170万个家庭提供电能。在地热能生产利用方面，其他重要的国家有菲律宾、意大利、日本、墨西哥、印度尼西亚和冰岛。目前，全球地热能发电能力大约是8GW。

冰岛是一个没有化石燃料或核能资源的国家，从地理位置看具有利用地热能得天独厚的优势。冰岛位于大西洋中脊，是两个大陆板块的交界地带，有着密集的火山活动，因此也有着可观的地热资源。冰岛利用地热发电，为2/3的家庭供暖。另外，冰岛人需要的大部分水果和蔬菜都是在地热温室中种植的。

与常规的基于化石燃料的能源技术相比，地热能被认为是环境友好型的资源，因为地热能仅排放一小部分空气污染物。与地热能相关的最常见的环境问题是排放硫化氢（H_2S）气体，这种气体来自大量溶解在蒸汽或热水中的矿物质和盐。有些地热库中含有大量的H_2S，为了符合空气标准，必须有所减少。空气污染控制措施非常有效，但会增加能源成本。还有一个与地热能有关的小问题是，随着温泉的水以及与温泉相连的地下热库中的水被排空，周围的土地可能会下沉或塌陷。尽管大多数地热田的实践证实这不是一个问题，但依然发生过几次。

地热能和水利用　用于从地热井中将热能转化到地面的水不是用之不竭的，有些地热能开发利用系统将使用的水全部注回到地下热库，从而保证可以几十年里从某个给定热库中抽取热能。其他的系统则消费一部分水，最终导致地下热库中水的枯竭。一个好的案例是盖沙斯地热田，在使用了将近40年后，尽管水消耗了一半左右，但盖沙斯地热田的地下岩石中仍然保存有大约95%的热能。

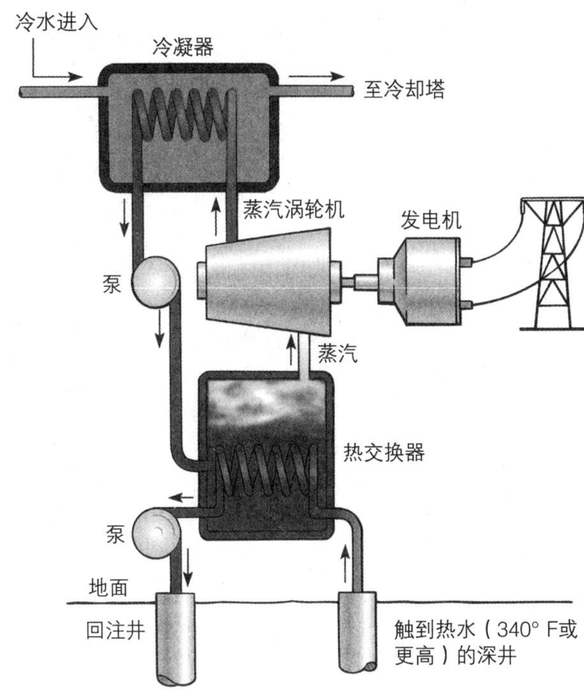

图12.11　**地热能**。图中显示的是地热发电厂的设计图。从地下泵入的高压热水在热交换器中产生蒸汽，蒸汽转动涡轮机并发电。用完之后，蒸汽被冷凝，然后循环使用。冷却的但依然有压力的水再次被注入地下，重新加热和利用。

来自酷热、干燥岩石的地热能　地热能的常规使用依赖于热液储层，也就是说地下水，从而将热量提取到地表上来。这些地热资源从地理分布上是受限制的，仅代表一小部分地热能。另一种利用地热能的办法是直接进入储藏在酷热、干燥岩石中的大量地热能。位于新墨西哥州的洛斯阿拉莫斯国家实验室（Los Alamos National Laboratory）的研究人员显示了向酷热、干燥岩石中钻探的可行性，使用水力压裂技术裂解岩石，然后将水循环注入裂解断层中，从而制造一个人造地下热库。加压的水从另一口井中回到地球表面，变成蒸汽，转动发电的涡轮。建设这一套系统的技术投入大，但是迟早这种技术会大大地扩展地热资源的范围和使用。

运用地热能为建筑物供暖和制冷　地热能越来越多地被用来为商业和住宅楼供暖和制冷。地热泵（geothermal heat pumps, GHPs）技术利用地表和地下（深度从1米到大约100米）温度的差。地下温度变化很小，与空气温度相比，夏天的地下温度很低，冬天的地下温度很高。GHPs在地下安装了管子，里面充满着循环的液体，以便冬天吸收自然界的热，这个时候的地球就是一个热源；在夏天将地上过多的热转移到地下，这个时候的地球就是一个热汇（图12.12）。几百英尺长的管子形成一个闭环，连接在一个热泵上，热泵促进热空气或冷空气的流动。为了提供另外的热水，可以进行改进，形成地热供暖系统。

目前，安装费用高限制了GHMs的推广利用。但是，随着绿色建筑的发展和燃料成本的提高，GHPs的商业和家庭使用正在增加。这一技术的优点是运行成本低、效率高，运行成本只有常规系统的一半。环保署（EPA）估计，GHPs是最有效的供暖系统，效率比其他供热方法高2至3倍，产生的二氧化碳排放最少。

潮汐能

潮汐是海洋和大海表面海水的交替升起和降落，一般每天发生两次，是月亮和太阳引力的结果。正常情况下，高潮和低潮之间的水位差大约是0.5米（1—2英尺）。在某些海湾较窄的沿海地区，高潮和低潮之间的

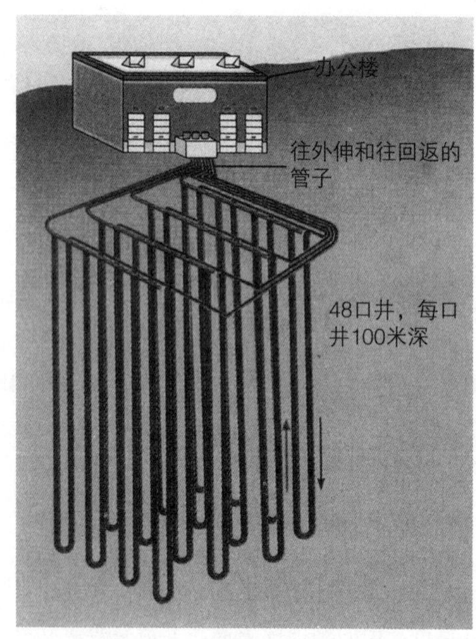

图12.12 **地热泵**。这个图显示的是马里兰州安纳波利斯的菲利普美林环境中心（Philip Merrill Environmental Center）使用的地热泵。穿过办公大楼和地下的管子形成一个封闭的环。在夏天，大楼里流出的热水从地下冷却后返回。在冬天，情况恰恰相反，大楼里流出的冷水从地下变暖后返回大楼。地下的温度终年保持恒温12.2° C（54° F）。

水位差非常大，位于新斯科舍（Nova Scotia）的芬迪湾（Bay of Fundy）有着世界上最大的潮汐，高潮和低潮之间的水位差达到16米（53英尺）。

与低潮相比，高潮包含着巨大的势能，这种**潮汐能**（tidal energy）可以被捕获（在海湾上修一个大坝或安装一个涡轮机，就像涡轮风机一样）并转换成电能。潮汐发电厂目前在法国、俄罗斯、中国和加拿大都有发电。不过，全球潮汐总发电量只有几个MW，在近期也不会有增长。

复习题

1. 使用地热能发电的赞成和反对意见是什么？使用潮汐能发电呢？

核能

学习目标

- 区分核能和化学能。
- 描述核燃料循环，包括浓缩过程。
- 解释核反应堆，描述一个典型的核电反应堆。

本章下面的部分将讨论**核能**（nuclear energy）及其在发电方面的作用。1905年，阿尔伯特·爱因斯坦（Albert Einstein）首次提出假设，用著名的方程式$E=mc^2$来描述质量与能量之间的关系，其中能量（E）等于质量（m）乘以光速（c）的平方。这就意味着，在核反应中，质量被转化成能量，在释放热能方面具有巨大的潜力。

作为获取能量的一种方式，核过程与从生物质和化石燃料中通过燃烧获取能量的方式有着本质的不同。燃烧是一种化学反应。在普通的化学反应中，一种元素的原子不会变成另一种元素的原子，也不会将它们的质量转化成能量。燃烧和其他化学反应中释放的能量来源于将原子聚集在一起的化学键的变化。化学键是电子之间的相互联系，普通的化学反应涉及电子的重新分布。

与此形成对照的是，核能涉及原子核的变化，原子核中一小部分物质被转换成巨大的能量。有两种核反应释放能量：核裂变和核聚变。核电站使用的过程就是**核裂变**（fission），某些元素的大原子分裂为两个小原子。为太阳和其他恒星提供能量的过程就是**核聚变**

潮汐能：依赖潮起潮落发电的一种可再生能源。

核能：核裂变或核聚变所释放的能量。

核裂变：一个原子核分裂成两个原子核，同时释放出巨大的能量。

（fusion），两个小原子结合组成另一个不同元素的大原子。在核裂变和核聚变中，最终产品的质量要小于开始时物质的质量，因为开始时物质的一小部分质量被转换成了能量。

核反应中每个原子产生的能量比两个原子之间化学键所产生的能量大10万倍。在核爆炸中，很多核裂变的能量是同时释放的，瞬间产生巨大能量的爆发，可以摧毁附近的一切东西。当核能用于发电时，核反应是受到控制的，而且是以热能的形式产生一小部分能量，然后再转换成电能。

所有的原子都是由带正电的质子、带负电的电子和不带电的中子组成的。质子和中子的质量基本相等，聚集在原子中心，形成原子核。与质子和中子相比，电子的质量很轻，而且在不同的区域围绕着原子核旋转。如果带正电的质子和带负电的电子数量相等，那么原子不显电性。

元素的原子质量（atomic mass）等于原子核中质子与中子质量的和。每个元素都有自己的原子序数（atomic number），也就是每个原子中质子的数量。与此相对照的是，每个给定元素的原子中中子的数量可能是有变化的，从而造成一个元素的原子核有着不同的原子质量。具有不同原子质量的同一种元素被称为同位素（isotope）。比如，普通的氢是最轻的元素，其每个原子核中包含一个质子，没有中子。氢的两个同位素是氘（deuterium）和氚（tritium），其中，氘的原子核中包含一个质子和一个中子，氚的原子核中包含一个质子和两个中子。很多同位素是稳定的，但是有些不稳定，不稳定的同位素称为放射性同位素（radioisotope），它们具有放射性，是因为同时发出射线（radiation），即含有粒子的能量形式。氢的唯一放射性同位素是氚。

随着放射性元素发出射线，它的原子核逐渐变成另一种不同的、稳定元素的原子核，这一过程被称为**放射性衰变**（radioactive decay）。比如，铀的一种同位素U-235的放射性原子核随着射线的释放，逐渐衰变为铅（Pb-207）。（铀-235是铀的一种同位素，原子质量为235。）每一种放射性同位素都有自己的衰变期。一半放射性物质变成另一种物质所需要的时间称为放射性半衰期（radioactive half-life）。不同放射性同位素的半衰期差别很大（表12.3）。碘（I-232）的半衰期只有2.4个小时，而氚的半衰期是12.3年，铀的一种同位素（U-234）的半衰期为25万年。

铀矿石是常规核电厂所使用的矿物质燃料，是不可再生资源，在地壳的沉积岩中只有很有限的储量。生产核电厂所利用的铀燃料的过程，也就是从铀开采到废料处理的过程，统称为**核燃料循环**（nuclear fuel cycle）（图12.13）。

铀的储量主要位于澳大利亚（占已知世界铀储量的20.4%）、美国（10.6%）、加拿大（9.9%）、南非（8.9%）。在美国，铀储量分布在怀俄明、得克萨斯、科罗拉多、新墨西哥和犹他州。铀矿石含有三种同位素：U-238（99.28%）、U-235（0.71%）、U-234（不到0.01%）。因为常规裂变反应中所使用的同位素U-235在铀矿中含量很少（不到1%），因此，铀矿石开采后必须进行提炼，将U235的浓度提高到至少3%，这一提炼过程称为**铀浓缩**（enrichment），是能量高密度的集聚。

铀浓缩以后，用于**核反应堆**（nuclear reactor）中的铀燃料被加工成二氧化铀的小型元件，每个元件包含的能量相当于一吨煤（图12.14a）。这些元件被放置在燃料棒（fuel rod）中，燃料棒是密封的管子，通常有4米长（大约13英尺）。然后燃料棒被排成立方体的燃料组件（fuel assemblies），一个组件通常由200个燃料棒组成（图12.14a）。一个标准的核反应堆包含150到250个燃料组件。

在核裂变中，U-235被中子轰击而产生裂变（图12.15）。当U-235的原子核被中子撞击时，就会吸收一个中子，从而变得不稳定，分裂为两个更小的原子，只有原来铀原子的一半大。在裂变过程中，铀原子核中会激

表12.3　一些与铀裂变相关的常见放射性同位素

同位素	半衰期（年）
碘-131	0.02（8.1天）
氙-133	0.04（15.3天）
铈-144	0.8
钌-106	1.0
氪-85	10.4
氚	12.3
锶-90	28
铯-137	30
镭-226	1,600
钚-240	6,600
钚-239	24,400
镎-237	2,130,000

核聚变：两个较轻原子核聚合成一个较重的原子核，同时释放出巨大的能量。

放射性衰变：能量粒子或射线从不稳定的原子核中的释放，包括带正电的α粒子、带负电的β粒子、高能射线和电磁伽马射线。

核燃料循环：涉及从核反应堆燃料的生产到放射性（核）废料处理的全过程。

铀浓缩：铀矿石开采后被提炼增强裂变物质U-235浓度的过程。

核反应堆：用于启动和维持一个受控的核裂变链条反应从而产生电能的一种工具设置。

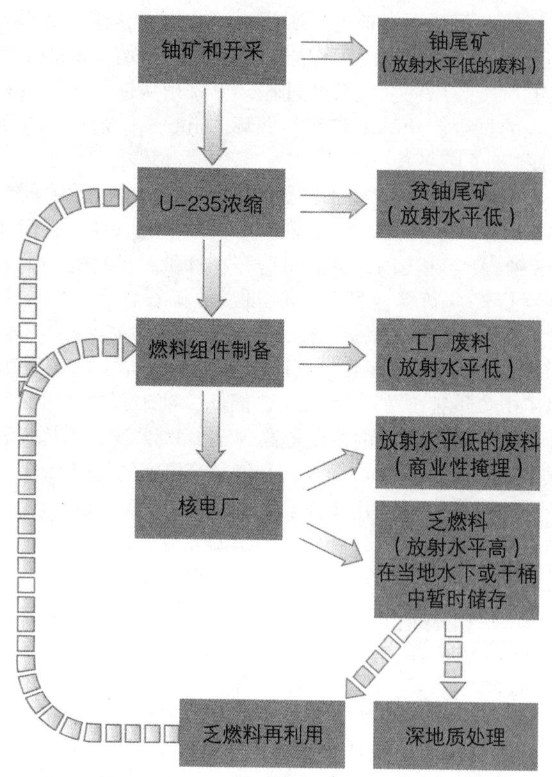

图12.13 核燃料循环，从开采到处理。图中左边显示了开采的铀如何变成核电站燃料的过程，右边显示了核燃料循环过程中放射性废料必须处理和处置的过程。断续的线表示目前还没有发生的处理步骤。1976年，出于经济和政治的考虑，美国停止了核燃料的再处理利用（乏燃料的再利用）。目前，对乏燃料作为核燃料进行再利用的国家只有日本、法国、俄罗斯、英国和印度。包括美国在内的几个国家正在对乏燃料的深地质处理进行研究。

（a）图中戴手套的手里显示的是二氧化铀元件，含有3%左右的U-235，这是核反应堆中的裂变燃料。每个元件含有的能量等于1吨煤。

（b）铀元件被装进长长的燃料棒中，燃料棒再被组装成立方体的燃料组件。

图12.14 铀燃料

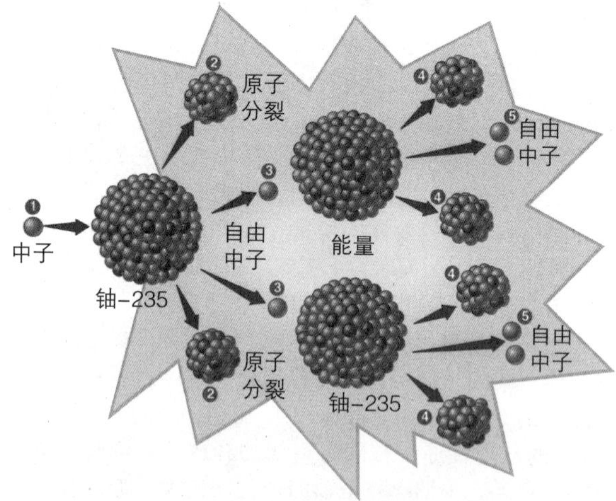

图12.15 核裂变。从图的左边起，中子①轰击铀-235（U-235）原子核，②导致分裂成两个更小的放射性原子碎片以及③激发出几个自由中子。这些自由中子轰击附近的U-235原子核，④导致其分裂，⑤释放出更多的自由中子，引起连锁反应。在U-235分裂中会产生众多不同的成对放射性原子碎片。

发出两个或三个中子，这些中子会与其他U-235原子发生撞击，随着原子的分裂会出现一系列的连锁反应，而新产生的更多中子又会与另外的U-235原子发生撞击。

U-235裂变释放出巨大的热能，被用来将水变成蒸汽，这些蒸汽再用来发电。因为裂变反应是可控的，因此发电是可能的，与此不同的是，核爆炸是对不可控裂变反应的利用。如果核电站的控制装置失效，也不会发生核爆炸那样的事件，因为核燃料只有3%到5%的U-235，而核爆炸级别的燃料至少要在20%以上，通常达到85%到90%的U-235。不可控的核裂变反应极少会发生，如果发生，将会产生巨量的热能。不过，核反应罐和巨大的混凝土建筑物会控制热能并防止放射线泄漏。

常规核裂变的发电

美国大约2/3的核电站使用的是压水反应堆，主要由四个部分组成：反应堆芯、蒸汽发生器、涡轮机、冷凝器（图12.16）。

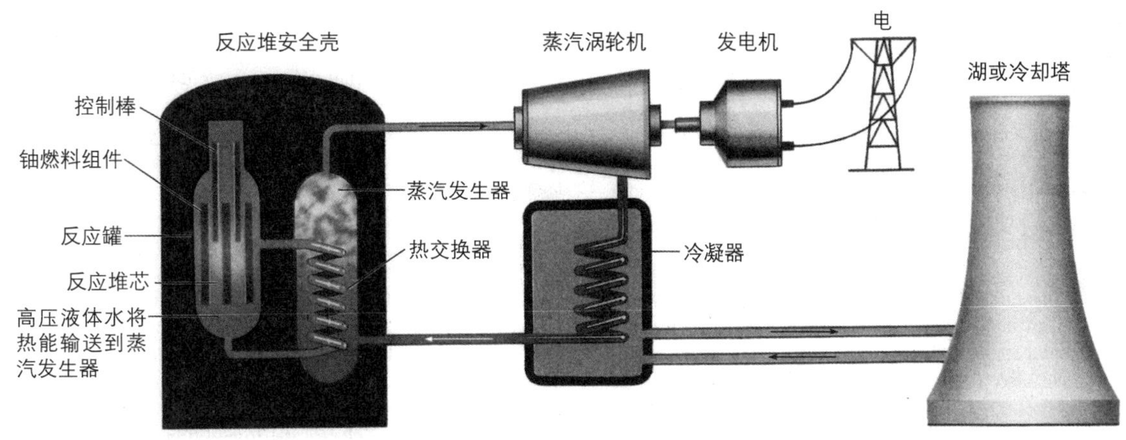

图12.16 压水反应堆。发生在核反应堆容器中的铀-235裂变产生热能，被用来在蒸汽发生器中制造蒸汽。蒸汽推动涡轮发电，然后离开涡轮机，并泵入冷凝器，然后再返回到蒸汽发生器。从冷凝器中将热水泵入湖里或冷却塔中，可以控制过多的热能。冷却以后，水再被泵入冷凝器。美国大约2/3的核电厂是这种类型的。

核裂变在核反应堆芯（reactor core）中进行，核裂变产生的热被用来加热蒸汽发生器（steam generator）中的液态水，制造蒸汽。涡轮机（turbine）使用蒸汽转动发电机，产生电能，冷凝器（condenser）冷却蒸汽，再把它转换为液体。

反应堆芯里面包括燃料组件，每一个燃料组件上面有一个用特别金属合金制成的控制棒（control rod），这个控制棒可以吸收中子。核电站操作人员操纵控制棒，使其在燃料组件中上下移动。如果控制棒上升离开燃料组件，那么自由中子就会撞击燃料棒中的铀原子，导致裂变发生。如果控制棒完全下降进入燃料组件，它就会吸收自由中子，铀裂变就不会发生。通过操控核裂变控制棒的位置，核电站工作人员就可以操纵准确数量的核裂变。

核裂变的增殖反应堆和混合氧化物燃料（MOX）

铀矿石大部分是U-238，不会发生裂变，是常规核裂变的废料。不过，在**增殖核裂变**（breeder nuclear fission）中，U-238可以转化成钚，即Pu-239。这是一种自然界中不存在的可裂变的同位素。增殖核裂变中释放的一些中子会从U-238中生产出钚。因此，与其所使用的裂变燃料相比，增殖反应堆产生的裂变燃料更多。这种Pu-239燃料被加工、浓缩，成为核燃料。

基于钚的增殖裂变由于可以使用U-238，因此，在利用铀矿石生产能量方面，就比使用U-235的核裂变所产生的能量大得多。如果算上地下的铀储量和现有放射性核废料，那么增殖裂变可以为整个美国提供好几百年的电力供应。

尽管增殖裂变听起来令人鼓舞，但有着安全和核武器扩散的顾虑。增殖反应堆使用液体钠作为冷却剂，而不是用水。钠是一种化学性质高度活跃的金属，与水在一起会发生爆炸性的反应，并在增殖反应堆中保存的高温空气中同时燃烧。如果出现这种冷却剂的流失，那么将会导致不可控制的反应，一定会炸开反应堆安全壳（containment building），将放射性物质排放到大气中。

另外，钚的化学性质与铀不同，它很容易加工成武器级的材料。随着其他国家开发核能，相对于加工提炼铀，增殖反应堆将使这些国家更加容易地秘密生产出炸弹级的钚。印度1974年进行了第一次核弹试验，使用的钚就来自其“民用”增殖反应堆发展项目。美国实施了第一次增殖反应试验，但其后就在卡特总统任职的1977年放弃了该项目。这一决定得到了后来历届美国总统的支持。

更为常见的，尤其是在欧洲，是使用**混合氧化物燃料**（mixed oxide fuel, MOX）的反应堆。对于MOX反应堆来说，主要是重新处理标准的基于铀的反应堆的**乏燃料**（spent fuel），然后将提炼的钚和U-235用作燃料。这一方法可以用来将核武器的一些钚与铀混合起来，并用它进行发电。MOX现在被用在欧洲大约30个反应堆中。通过“兆吨换兆瓦”（Megatons to Megawatts）计划，从2011年到2013年，美国就在核反应堆中融化了前苏联的大约17,000核弹头，利用它们作为MOX。

增殖核裂变：将不能裂变的U-238转换成可以裂变的Pu-239的一种核裂变。

混合氧化物燃料：一种核反应堆燃料，包含有氧化铀和氧化钚。钚来自从其他钚材料中被加工处理的乏燃料，包括拆卸掉的核弹头。

乏燃料：在核反应堆中经受过辐射照射、使用过的核燃料。

复习题

1. 化学能和核能之间的区别是什么?
2. 什么是核燃料循环?
3. 核反应堆是如何发电的?

核能的优点和不足

学习目标

- 讨论核能发电的优点和不足。
- 描述三里岛、切尔诺贝利、福岛第一核电站发生的核电站事故。

核能倡导者支持广泛采用核能的原因之一是，核能比化石燃料对环境的常规性影响小，特别是比煤对环境的影响小（表12.4，另见表10.1）。煤是一种极脏的燃料，火电造成的污染占美国全部污染的1/3以上。根据美国能源部能源信息署（EIA）的数据，煤和天然气发电厂排放的二氧化硫占全国总数的67%，排放的氮氧化物占全国总量的23%，排放的二氧化碳占全国排放总量的40%。

核电厂不直接向大气排放，是一种不含碳的电能。核电倡导者即便是最为保守的意见，也是认为我们在风能和太阳能等无碳能源技术更有效率、更低成本之前，应该使用核电能。核电反对者认为，核电和化石能燃料所遇到的问题是一样的，即大规模的技术有着不可预测的但又是大规模的影响。

核能不可能对我们对石油的依赖产生大的影响，因为美国只有3%的电能来自石油。然而，由于汽油目前是世界范围内交通运输的主要能源来源，因此很难捕获从汽车汽油发动机中释放的碳。如果国际社会决定限制温室气体排放，这看起来是可行的，如果汽油价格继续上升，那么，电动汽车将会在世界汽车消费中占有较大的比例。如果真的发生了这种情况，那么核电对于交通运输所做的贡献就会比现在大。

但是，核能会产生放射性废料，比如乏燃料。核电站还产生其他放射性废物，比如反应堆中的放射性冷却液体和气体。乏燃料和其他放射性废料具有很强的放射性，非常危险。这些废料都会对人的身体健康和自然环境带来很大的危害，因此必须进行特殊的储存和处理。

核电也不完全是气候中立的，因为在核电发电的几个环节中，从采矿到加工到处理，目前都需要相当数量的汽油和柴油。这就意味着，核能也间接地产生温室效应，大约每千瓦小时发电会产生2至6克碳，比化石能源发电产生的碳低大约2个数量级。另外，即便只替代美国目前使用的10%的化石能源，也需要将现有核电厂翻一番，而这需要长远的部署。

尽管倡导核电的人提出了很多我们缺乏核电的理由，但是最主要的问题是成本。遗憾的是，在这一问题上，很难确切知道核电的真正成本，大多数能源资源的成本也难以确定，因为很多政府实施了各种计划和激励措施，包括补贴。目前，一般来说，核电要比煤电、水电或者天然气发电成本高。不过，美国没有建设大坝的地方已经不多了，因此新的核电看起来比新的水电更有前景。过去几十年来，煤和天然气得到了大量的补贴，但这两种能源都会排放大量的二氧化碳。如果将间接的成本补贴和外在的二氧化碳排放考虑进去，核能看起来更具有竞争能力。

表12.4 1000MW火电厂和核电厂对环境的影响比较*

影响	煤	核（常规裂变）
土地使用	17,000英亩	1900英亩
每日燃料需求	9000吨/天	3千克/天
基于目前经济的燃料供给	几百年	100年，可能更长（如果使用增殖裂变，要长得多）
空气污染	根据污染控制情况，中度到严重。	低**
气候变化风险（二氧化碳排放）	严重	相当小**
放射性释放，常规	1居里	28,000居里
水污染	矿井里经常很严重	核废料处理场可能严重
灾难性事故风险	短期性地方风险	长期性风险，影响区域大
与核武器的关联	没有	有
每年职业死亡	0.5至5	0.1至1
风险的确定性	非常了解	高度不确定

*假定煤是露天开采，影响包括开采、加工、运输和转化。（1000MW电厂在发电负荷达到60%的情况下可以满足100万人城市的电力需求。）
**虽然核能发电不直接产生污染和二氧化碳，但是发电的很多步骤（比如开采、建设、废料处理）都需要燃料。

在20世纪40年代和50年代，美国政府对核能研究提供了大量的经费，资助力度远远大于其他非化石能源资源。然而，目前的核能成本核算中并没有考虑这一因素，因为这些经费是经济学家所说的沉没成本（sunk cost），是过去发生的支出，对于新的核电成本没有什么影响。美国政府从法律上承诺要从商业核电站中收回所有高放射水平的核废料，不过，这些公司支付的费用足以支付可预期的核废料移动和处理费用。

核能的支持者通常会拿法国作例子，法国的电能有78%来自核能，因为法国核电厂发的电比火电便宜27%。法国核电成本低，部分原因是法国所有核电厂使用的都是同一种设计。核能的支持者相信，美国也能达到同样的经济效率。核能的反对者不认可法国的例子，因为就像其他使用核能的国家一样，法国政府对核电工业给予了很大补贴。

总体来看，使用核能发电的成本是不确定的。新的核电厂每千瓦小时的电的费用大概在2美分到14美分之间，与此相比，新的火电厂每千瓦小时的电的费用大约在4美分到6美分之间。电费估计的不确定性源自如何确定发证许可、如何建设、燃料核废料的处理费用以及如何考虑补贴等因素。

核电厂的安全问题

尽管常规核电厂不会像原子弹那样爆炸，但是核电事故还是有可能会发生，非常危险的放射线会释放到环境中，给人带来灾难。在高温状态下，包裹铀燃料的金属可能会熔化，释放出放射线，这就是熔毁（meltdown）。而且，核反应堆中转化热的水在事故中可能会煮干，使得放射性物质污染大气。

在核工业看来，发生重大核事故的几率很小，但是由于种种原因，公众对风险认识的水平很高。核电风险是非自愿的，潜在的灾难性也很大。而且，很多人对于核工业不信任。一次事故的影响是巨大的，是威胁终生的，而且这些影响在事故发生以后立刻就会出现，还会延续很久。我们现在介绍3个大的核电事故，第一个发生在美国（三里岛），第二个发生在乌克兰的切尔诺贝利，第三个发生在日本的福岛第一核电站。

三里岛核电事故　美国历史上最严重的核反应堆事故1979年发生于宾夕法尼亚州的三里岛核电厂（Three Mile Island power plant），这一事故是人为失误和设计缺陷造成的。50%的反应堆芯熔毁，如果核燃料组件全部熔毁，那么危险的放射性物质就会被释放到周围的农村。幸运的是，反应堆安全壳几乎防止了堆芯材料释放的所有放射性物质发生外泄。尽管一小部分放射性物质进入到环境中，但是没有造成严重的破坏，也没有造成人员死亡。有一个课题对事故方圆10英里地区的植物进行了为期10年的研究，得出的结论是，癌症发生率在正常范围之内，癌症发生率和事故核辐射之间没有任何联系。很多其他研究也没有发现异常健康问题（不是压力增加）与事故之间的联系。

三里岛事故提高了公众对核电的认识，修复和重新打开运行三里岛的其他反应堆花了12年的时间和10亿美元的费用。这个事故发生后，由于公众的示威，美国核电建设速度减慢，而且取消了几个新建核电站的计划。

三里岛事故使得核工业强化了安全生产和培训的意识，制定了新的安全规定，包括更加频繁地进行安全检查、新的风险评价以及改进对核电站和周围社区的应急与疏散计划。这次事故的意义依然受到争议。核电倡导者认为，既然没有发生放射性物质外溢，那就是个成功的故事。反对者则认为，这次没有发生严重后果的唯一原因是运气，在任何情况下，都应该向公众保证，像三里岛那样的事故永远不能重演。

切尔诺贝利核电事故　最严重的两次核电站事故之一：1986年4月发生在切尔诺贝利核电站（Chernobyl plant），这个核电站位于当时的苏联，也就是现在的乌克兰。爆炸炸开了一个核反应堆，造成两名工人死亡，将大量的放射性物质排放到大气中。这次事故的影响不局限于核电站周围的地方，大量的放射性同位素很快蔓延至欧洲的大片地区。切尔诺贝利核电站事故已经影响了很多国家，还将继续产生影响。

事故发生后面临的首要任务是控制住爆炸发生后所引起的大火，避免其引燃核电站的其他反应堆。当地的消防队员非常英勇地控制住了大火，但是有6人受到高剂量的核辐射并因此死亡。根据世界卫生组织（WHO）的数据，到1986年7月底，有28名消防队员和核电站人员死于核辐射。另外，生活在核电站30公里（18.5英里）之内的116,000人很快被疏散和重新安置。

下一步要做的是，清理和控制核电站的放射性物质，以便不再扩散。即便是穿着保护服，工人们一次只能在辐射区停留几分钟。被损坏的反应堆安全壳厂房被混凝土掩埋，周围的乡村也进行了部分净化。受到高度核辐射的土壤被清除掉，建筑物和道路都进行了清洗，除掉降落在上面的放射性尘土。现在，核电站周围正在建设一个新的安全防护结构，防止外来人员进入，强化更多的净化措施。

尽管切尔诺贝利核电站边界处的清洗工作已经完成，但是乌克兰人依然面临着长期的问题。农场和森林污染导致了农业生产的减产，部分乌克兰地区的居民不能饮用当地的水或使用当地的产品。乌克兰放射医学科学中心（Ukrainian Scientific Center for Radiation Medicine）一直持续地监测着数千名切尔诺贝利核电站事故的病人的健康状况。

乌克兰情报署（Ukrainian Intelligence Agency）2003年的一份报告发现，有几个因素导致了这场灾难，包括违反安全规定、设计缺陷、建筑质量差以及操作失误。主要的设计缺陷是缺少一个安全壳，在功率低的情况下反应堆缺乏稳定性。这种形式的反应堆在北美和西欧都没有进行商业化使用，因为核工程师们认为太不安全，切尔诺贝利核电站事故那样的悲剧不会在现在使用的大多数反应堆中发生。俄罗斯和立陶宛依然有切尔诺贝利核电站那样的反应堆在运行，尽管切尔诺贝利核电站爆炸以后都对它们进行了安全改进。

人的失误也是造成这次灾难的重要原因。很多核电站操作人员缺乏科学或技术培训，在问题刚发生时的应对中出现了几次重大失误。作为切尔诺贝利核电站事故的教训，苏联政府制定了再培训计划，对所有核电站的操作人员进行培训，同时对现有反应堆增加了安全防范措施。不过，核电站的运行需要很多操作人员，人的失误将依然是个问题。

切尔诺贝利核电站事故一直令人不安的影响是核辐射扩散的路径难以预料（图12.17）。切尔诺贝利核电站的核辐射云将放射性微尘不均衡地洒落在欧洲和亚洲的一些地区，而其他地区则没有受到影响，这使得很难对未来可能发生的核事故进行应急响应。

多年来，切尔诺贝利核电站事故所造成的健康影响受到监测，死亡率似乎比最初预料的小得多，但是依然较高。事故发生后的10年里，流行病学家发现，暴露于切尔诺贝利放射性微尘的婴儿患白血病的几率升高，儿童患甲状腺癌和免疫异常症状的几率升高。将近40万成年人和100多万儿童得到政府的资助，治疗相关的健康问题。暴露于切尔诺贝利核电站核辐射的很多人饱受精神紧张、焦虑和压抑的痛苦，蒙受的经济和社会损失更是难以评估。

乳腺癌、胃癌和其他器官的癌症被认为是核辐射致亡的主要原因，但是这些疾病在普通人群中很普遍，很难确定哪些人的癌症死亡是因为切尔诺贝利核电站核辐射而造成的。在这次灾难发生后的30年间，关于癌症死亡的数字有很大的差异，估计的死亡数字在4000到20,000之间。之所以有这些差距，是因为关于核辐射的暴露剂量以及小剂量核辐射所产生的影响都没有可确定性。根据最近召开的电离辐射生物效应（BEIR Ⅶ）专家组会议，即便是很微小的电离辐射（ionizing radiation）也是有害的。不过，如果有一个安全剂量，或者低于安全剂量的辐射暴露不会引起癌症，那么，关于癌症死亡的数字就可能被大大夸大了。

核反应堆的设计师、工程师和管理者从这次切尔诺贝利核电站事故以及随后的清理与封固掩埋过程中学到了很多。医生对暴露于大剂量核辐射的人进行治疗的效果有了更多的了解。生物学家既了解了核物质在食物链中的运转过程，也了解了自然系统在大量的人突然离开一个区域后的变化过程。

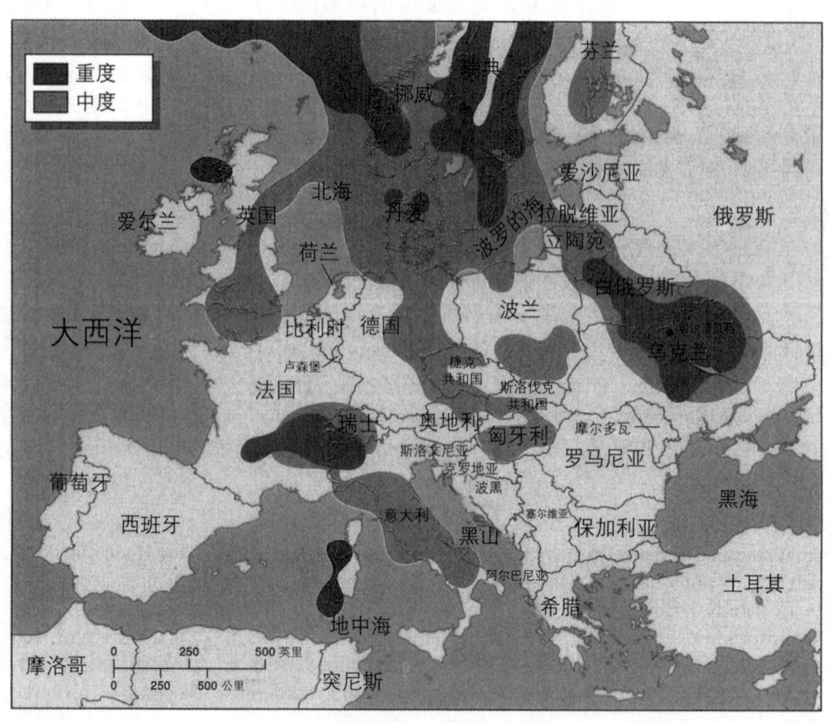

图12.17 切尔诺贝利核电站的放射性微尘降落地点。乌克兰、白俄罗斯、立陶宛、瑞典、挪威、法国、意大利和瑞士的部分地区受到事故造成的放射性微尘的严重影响。

福岛第一核电站事故　2011年3月11日，日本发生9.0级地震，在全国范围内造成了很大危害，而地震引起的海啸引发了更为长久的伤害，包括对福岛第一核电站（Fukushima Daiichi nuclear power station）造成严重损害。该核电厂位于日本的东北海岸，福岛地区是受海啸影响最严重的地区之一。

海啸摧毁了正常的电力供应和福岛第一核电站中向6个反应堆泵送冷却水的备用系统。由于没有冷却水，反应堆堆芯发生了熔化，至少发生了一次爆炸。当然，这不是核爆炸，而是由一个温度过高的反应罐中氢的累积造成的（图12.18）。整个核发电设备不仅不能再使用，而且数十年或数百年都可能对人是不安全的。

大量的放射性物质被释放到环境中，多数是被污染的冷却水，有的渗入地下，有的被有意排到海洋中。为了避免人对放射性物质的暴露，日本政府将核电站周围20公里以内的人进行疏散，同时建议30公里以内的人也进行疏散。最终，有40万人疏散到其他地区，很多人是永久性地离开了他们的家园。

根据世界卫生组织2013年2月的一份报告，2011年的这次核事故由于当时良好的风向条件，核辐射物质被很快地扩散，只有几个热点显示儿童患癌症以及妇女患甲状腺癌症的风险稍高一点。但是，在事故发生后就即刻进行的人员疏散中，依然导致1600人左右因为没有得到及时医治而死亡，同时也导致了疏散人口身体和心理的疲惫困乏，特别是老人。

另外，这次事故造成的经济影响是很大的。除了人口疏散费用，周围地区的农民和捕鱼船队失去了工作和家园，海啸造成的数千名日本人背井离乡使得这次事故造成的损失更大。事故发生后的持续检测发现，鱼的身体里放射性物质含量很高，导致韩国禁止进口日本的鱼和海产品。核电站本身被永久地关闭了，造成了数亿美元的经济损失。其他的损失还包括生命损失（几个工人在试图稳定反应堆的时候死亡，其他几个工人受到可致命剂量放射性物质的辐射）。与切尔诺贝利核电站事故一样，福岛第一核电站对人造成的伤害很多都和管理混乱相关，给人带来的很多紧张都和核辐射暴露的不确定性有关。

事故发生后的研究认为，核电设施应该提高设计水平，对这样级别的事故进行更好的准备，从而减少事故的影响，也能更好地进行应急反应。如何管理冷却水和其他放射性物质对该地区将继续是一个挑战，这次事故对陆地和海洋造成的辐射范围依然是个未知数。

公众和专家对于核能的态度

对于新建核电厂和确定高水平放射性废物永久掩埋地的挑战是：核能支持者与核能反对者陷入了一个相互不信任的恶性循环。在核能支持者提出建设核电厂或核废料处理措施后，一般都会出现“别建在我家后院”（NIMBY）的声音。在核能问题上，NIMBY多能占上风，部分原因是尽管专家认为核设施所在地是安全的，但是没有人能够保证100%的安全，也不能保证不会发生事故。

与NIMBY反对者相对应的态度是：很多赞成核能的倡导者和专家所持有的“非理性公众”（irrational public）信条以及工业界和政府所采取的DAD措施（“决定、宣布以及辩护”）。核试验历史上人在放射性物质下的暴露，直到20世纪70年代才为人所知的对核电安全的误读，以及在三里岛发生的“不可能”的核事故，引发了公众对核工业界以及政府监管者的不信任。这种不

图12.18　被损坏的福岛第一核电站。这幅照片是2011年3月34日由无人机拍摄的，显示了三号机组（左）和四号机组（右）的严重受损情况，可注意到核电站与海洋距离很近。

信任在与专家的互动中会被放大，因为专家常常不怎么了解公众反对的真正原因，在有效沟通化解风险方面也缺乏专业培训。碰到这种公众不信任的专家就会错误地将公众解读为非理性或无知。

遗憾的是，NIMBY、DAD及不信任背后的问题很难解决。有些核电支持者相信公众缺乏对核电的了解，因此一味地宣传、解释核电有多么“安全”。而公众则感到受到了欺骗，从而导致了更大的不信任和对专家意见的否定，然后，专家们再次将公众的意见解读为非理性或反科学的态度。

这种恶性循环一直在核能倡导者和反对者之间存在，倡导者长期误读公众反对意见的本质，反对者则是一切与核有关的事情都反对。打破这一恶性循环，对于实现核能的繁荣发展和成功地制定核废料处理计划，将是非常必要的。

复习题

1. 在发电过程中，燃煤发电和常规的核裂变发电在影响环境方面有着怎样的不同?
2. 宾夕法尼亚州三里岛、乌克兰切尔诺贝利、日本福岛第一核电站发生的核电站事故的影响有哪些?

放射性废物

学习目标

- 区分低水平放射性废物和高水平放射性废物。
- 解释就地储存和深地质处理的优点和不足。

放射性废物分为低水平放射性废物和高水平放射性废物。**低水平放射性废物**（low-level radioactive wastes）是核电厂、大学实验室以及医院和企业的核医疗部门所产生的，包括玻璃制品、工具、纸张、水或其他被放射性物质污染的材料。美国1980年通过的《低水平放射性废物政策法》（Low-Level Radioactive Waste Policy Act）特别要求，各州负责自己产生的核废料的处理，鼓励各州在1996年以前开发制造处理低水平放射性物质的设施。目前美国有三个州接收核废物，分别是华盛顿州、南卡罗莱纳州和犹他州。压缩低水平放射性核废物的新技术极大地减少了这些核废料场所要处理的核废物的量。

核裂变中所产生的主要**高水平放射性废物**（high-level radioactive wastes）是乏燃料棒和燃料组件。高水平放射性废物在乏燃料的再处理过程中也会产生。高水平放射性废物是在核电厂和核武器制造中产生的，是人类制造的最危险的废物之一。

燃料棒吸收中子，因此会形成放射性同位素，仅仅使用3年就会变成高水平放射性乏燃料。2010年，美国有37万立方的乏燃料，暂时储存在全国的65个核电厂。就世界范围来说，每年生产15,000公吨乏燃料。随着乏燃料放射性同位素的衰变，它们产生大量的热，对于生物来说是剧毒的，其放射性会持续几千年。这些乏燃料非常危险，需要进行专门的处理，必须保证对其安全储存几千年，直至其衰变到安全水平。

在未来的几十年里，核电很可能会大幅增加。从长远看，多数核废物专家认为深地质掩埋是最好的解决方案。

为了对核废物进行永久处理，国家研究理事会认为，高水平放射性废物应该深埋在地下进行储存。合适的储存地点必须具有地质稳定性，附近没有或很少有水流动，因为水会腐蚀含有核废物的容器，从而将核废物冲走。目前，美国还没有确定核废物的储存地点（见“案例聚焦：尤卡山”）。同时，放射性废物还在继续累积。多数商业性核电站自己就地在巨大的室内水池中储存所产生的乏燃料。乏燃料在水中至少储存几年是非常必要的，因为有些乏燃料的半衰期较短。不过，在水中储存乏燃料不是长久之计。

目前，越来越多的核废物正在从就地湿法储存向干桶储存（dry cask storage）转变。干桶储存法包括由混凝土和钢筋制成的大型圆筒，可以容纳10公吨以上的高水平放射性废物。有20多家商业性核电厂建造了干桶，由于未来地下储存的不确定性，很多其他的核电厂也承诺建设干桶（图12.19）。核电厂反对实行干桶储存有两个理由。第一，这样的设施建造成本极高。第二，核废物一旦转向干桶储存，那么要比在水中储存安全得多，因此，对核废物进行永久性地下掩埋储存的紧迫性就不那么强了。

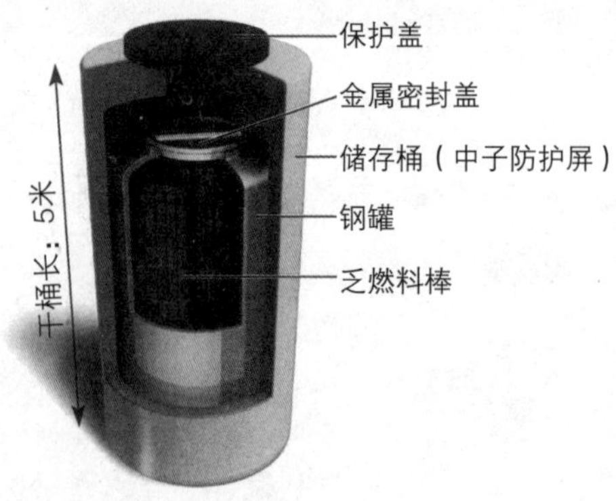

图12.19 储存乏燃料的干桶。每个干桶设计寿命至少40年，都会被严格监测，一旦发生泄漏就会被更换。

低水平放射性废物：发出小量电离辐射的放射性固体、液体或气体。

高水平放射性废物：发出大量电离辐射的放射性固体、液体或气体。

从世界范围看，多数国家承诺最终将对核废物进行深地质处理。不过，截至目前，还没有一个国家建立永久的掩埋地点。法国继续对乏燃料进行再处理，正在考察两个储存地点。日本和加拿大目前都没有确定可能进行乏燃料储存的地点。

半衰期短的核废物与高水平液体核废物

有些放射性废物是从裂变反应中直接产生的。铀-235是反应堆燃料，可能以几种不同的方式进行分裂，形成更小的原子，这些小原子很多都是放射性的。大部分物质，包括氪-85（半衰期10.4年）、锶-90（半衰期28年）、铯-137（半衰期30年），放射性半衰期都相对较短。在300到600年里，它们就会衰变到对人安全无害的程度。

具有相对较短半衰期的裂变物质的安全储存是人们关注的问题，因为裂变产生的这类半衰期短的物质的数量，比半衰期长的物质多得多。之所以存在健康隐患问题，是因为很多半衰期短的裂变物质与人类必需的营养物质很相似，会累积在人体内并在体内继续衰变，造成危害（见第七章关于生物累积的讨论）。有一种常见的裂变物质是锶-90，它与钙的化学性质很相似。如果锶-90从储存管理不善的放射性废物中进入到环境中，就可能进入人与动物的骨头和牙齿里，并替代钙。同样的道理，铯-137可能会替代身体内的钾，并累积在人的肌肉组织中，碘-131会累积在甲状腺中。

高水平放射性液体核废物也是非常危险的，性质不稳定，难以监测。由于这个原因，液体废物在储存以前通常被转换成固体形式。美国政府希望用巨大的玻璃或陶瓷块来储存高水平放射性液体，并在玻璃或陶瓷块外面再封装上不锈钢桶。玻璃或陶瓷含有硼，可以吸收中子，因此会防止储存块发生爆炸。将液体废物固化成固体的玻璃或陶瓷，这一方法被称为玻璃固化（vitrification），是欧洲通行的做法。美国从1996年开始制作玻璃块，尽管目前还没有确定储存这些有害玻璃块的永久地方。高水平放射性液体废物目前暂时储存在纽约、华盛顿州、爱达荷和南卡罗来纳的大型地下储存罐中。

案例聚焦
尤卡山

1954年，在第一家商业性核电站运行以前，美国政府决定负责处理与发电有关的所有高水平放射性废物。1982年，美国通过《核废物政策法》（Nuclear Waste Policy Act），要求在1998年前投入运行第一个核废物储存地点，还从法律上要求美国政府负有核废物所有权的责任。从1999年开始，美国实施核废物隔离示范计划

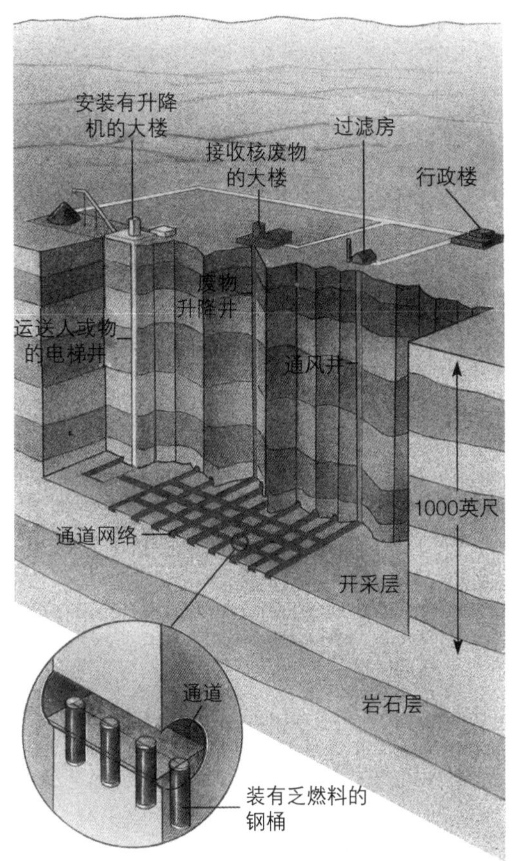

图12.20 尤卡山。 如果乏燃料储存在尤卡山，那么将是储存在山下300米深的致密火山岩石中，形成巨大的纵横交错的通道。装有高水平放射性废物的桶罐就可以储存在这些通道里。

（Waste Isolation Pilot Project, WIPP），将制造核武器所产生的放射性废物永久性地储存在新墨西哥州卡尔斯巴德（Carlsbad）附近地下深深的盐层中。但是，完成并运行高水平放射性民用核废物储存地的最后日期从1998年推迟至2010年，又被推迟至2017年，还有可能再次推迟。

根据《核废物政策法》1987年修正案，美国国会将内华达的尤卡山（Yucca Mountain）作为唯一的候选地，正式要求考虑在该地永久储存商用核电站产生的高水平放射性废物（图12.20）。尤卡山能够储存美国截至目前所产生的42,000多吨乏燃料以及至2025年前后所产生的乏燃料。到了那个时候，尤卡山可能会满负荷，那么就需要寻找确定一个新的地质储存地点。

美国能源部（DOE）投入数十亿美元研究在尤卡山储存乏燃料的地质可行性，结果表明，这个地点是安全的，至少从火山爆发和地震的角度看是安全的。但是，尤卡山储存乏燃料的可行性受到来自科学、管理、投入

成本、公众反对以及无休止争议的困扰，内华达州的居民反对选择他们的州作为放射性废物的储存地。2002年，尽管内华达州反对，国会最终批准了将尤卡山作为美国核废物储存地的选择。2004年，美国联邦法院决定，任何永久性的核废物掩埋都必须达到EPA规定的100万年的安全标准，比以前10,000年的安全标准有了很大提高。确保100万年的安全标准扩大了任何科学评价的可靠性。2008年，DOE正式递交申请，要求批准运行该设施的许可证，但是在奥巴马政府执政期间，这一申请被收回。有一段时间，核工业界曾权衡考虑是否递交诉状，要求继续申请核废物储存许可证。

尤卡山位于拉斯维加斯西北大约145公里（90英里），作为核废料储存地引起争议的部分原因是：靠近火山（上一次火山爆发可能发生于2万年前）和活跃的地震断裂带。尤卡山火山爆发的可能性目前认为是很小的（未来1万年里万分之一的几率）。关于地震的顾虑是：如果发生地震，会影响该地区，抬升地下水位，从而会导致放射性废物污染空气和地下水。对此，在1992年距尤卡山20公里左右（大约12英里）的地区发生5.6级地震的时候，科研人员进行了监测和研究，发现地震造成了地下水位1米的抬升。尤卡山地下水位位于山顶以下大约800米（2625英尺），因此，地震活动所造成的水位抬升在多数专家（不是所有专家）看来不是一个严重的问题。

从核反应堆和核武装制造地运输高水平放射性废物也是人们反对将尤卡山作为永久储存地的一个主要考虑。一般的运输距离为2300英里，有43个州需要将核废物运送到尤卡山，伊利诺伊、印第安纳、艾奥瓦、堪萨斯、密苏里、内布拉斯加、犹他、怀俄明等8个州将成为通往尤卡山的主要交通走廊。

在世界范围内，有20多个国家计划用地下深埋的办法储存其铀乏燃料，很多国家面临着公众反对所选储存地点的挑战。法国一直被认为是核能发电非常成功的国家，也没有能够选择出一个永久的储存地。瑞典在储存地点方面达成了明确协议，但前提是国家不再发展核电，不过随着能源需求和气候变化关注的提高，这一决定也进行了新的讨论。

核电厂的拆除

核电厂一开始给予的许可证是运行40年，但是美国核管会（Nuclear Regulatory Commission, NRC）后来又允许49个反应堆延长运行寿命20年。随着核电厂的老化，某些关键部分，比如反应罐，就会变得脆弱或被侵蚀。因此，核电厂如果希望延长运行时间，必须证明其安全系统和物理设施能够维持更长的时间。在核电设施使用寿命结束的时候，核电厂不是简单地被遗弃或拆毁，因为很多部件都已经被核辐射所污染。

目前，核电厂关闭有三个选择：储存、固封和拆除。如果旧的核电厂进行储存，那么核电公司要对其安全监管50到100年，有些放射性材料在这期间会发生衰变。放射性降低以后，核电厂的拆除将更加安全，尽管储存期间的核辐射意外泄漏依然是一个问题。

固封掩埋（entombment）指的是将整个核电厂永久性地封闭在混凝土中，多数专家都不认为这是一个可行的选择，因为封固掩埋至少需要保持1000年的完整。在这样长的时间里，可能会发生核辐射意外泄漏，我们也不能保证后代会检查和维护这些被封埋的“坟墓”。

核电厂停止运行后的第三个选择是在核电厂关闭后立即使之**退役**（decommission）。拆除核电厂的工人必需穿防护衣。核电厂的有些地方放射性太强，工人没有办法安全地进行拆除，不过现在机器人技术取得了进展，机器人已经具备了拆除这些危险部分的能力。核电厂拆除后，一小部分被运送到低水平放射性废物永久储存地点。

根据国际原子能机构（International Atomic Energy Agency）的数据，截至2010年，全世界有110家核电厂永久性退役（其中23家是美国的），很多核电厂接近退役时间。同样，截至2010年，全世界正在运行的145家核电厂已经有30年或以上（时间最长的两家核电厂为47年）。在美国，核电厂运行商必须在建厂时设立退役基金。

复习题

1. 什么是低水平放射性废物？它是如何处理的？什么是高水平放射性废物？目前，它是如何储存的？
2. 在尤卡山储存高水平放射性废物的优势是什么？劣势是什么？

核电的未来

学习目标

- 简述未来核电反应堆与现有核电厂的不同。

为了促进核能的发展，核电厂研究制定了应对解决与核电有关的安全和经济问题的计划，希望建设一系列“新一代”的核反应堆，从设计上要比现有反应堆安全100倍。核电厂的设计将实行标准化，而不是每个都进行新的设计，以便控制成本。法国对核电设计实行了标准化，因此大大降低了成本。这一计划呼吁改善核电厂的建设效率，进一步实现监管过程的规范化。

NRC已经认可了4个新的先进反应堆设计，正在审核

退役： 废旧核电厂关闭停运后进行拆除。

另外3个反应堆设计方案。核专家认为，新的裂变反应堆要比美国目前运行的核反应堆安全得多。新一代核电厂尽管规模更小、设计更简单、建设成本更低、运行更安全，但是依然会产生高水平放射性废物，与核武器也有着潜在的联系，不过它们几乎或完全不产生温室气体。

如果核电厂发电超过700MW，那么国际原子能机构会将它们划分为大型核电厂。最早的商业性核反应堆都很小，但是到了2012年末，在世界439家核电厂中，有305家是大型核电厂，剩下的134家是小型或中型核反应堆（SMRs）。未来SMRs很有可能将在全世界核反应堆中占有更大的比例。

SMRs有几个优点。第一，采用的新技术非常容易实现升级改造，也就是说，可以根据需要增大或变小。这些技术包括南非正在研究开发的球床模块反应堆（Pebble Bed Modular Reactor）和韩国、阿根廷正在研发的压水反应堆。从历史上看，多数核反应堆在设计上都是一个类型，就是大型反应堆。第二，在很多地方，由于能源需求和能源输送设施的限制，小型核反应堆更适合当地的需要。任何可能的核利用的繁荣发展可能都会包括很多小型核电设施，而不是几个大型核电厂。

核聚变（fusion）是为行星提供动力的原子反应，有朝一日可能会成为重要的能源来源。在核聚变中，两个较轻的原子核在高温和高压条件下结合在一起，形成一个更大的原子核。核聚变使得燃烧化石燃料产生的能量微不足道，30毫升（1盎司）的聚变燃料产生的能量相当于27万升（7万加仑）汽油。

氢的同位素是聚变的燃料。在一种核聚变反应中，氘和氚的原子核结合成氦，在结合过程中释放出巨大的热能，这个热能可以转换成电能。氘或重氢，存在于水中，能够相对容易地与正常的氢分开。氚具有放射性，自然中不存在这个元素，是人造的氢同位素，是通过中子轰击另一个元素锂而发生聚变反应所形成的。

遗憾的是，在实现核聚变的可控性方面，还存在很多技术难题。使原子结合需要特别高的温度（百万度）。截至目前，最好的核聚变实验产生的能量相当于用来加热燃料所需要能量的1/3。

另一个挑战是如何约束燃料。在极高温度下，一种气体可以分为带负电的电子和带正电的原子核，这种超高温的、电离的气体，被称为等离子体（plasma），具有扩张的特性。对等离子体进行约束非常必要，以便原子核彼此之间离得足够近，从而发生聚变，但是正常普通的容器是不行的，因为原子核一旦撞击容器的壁，就会失去很多能量，以致不能发生聚变。

复习题

1. 未来核电反应堆与现在的核电厂会有怎样的不同?

通过重点术语复习学习目标

- **区分主动式和被动式太阳能供暖的区别，了解各自是怎样使用的。**

被动式太阳能供暖是不需要机械设备（泵或风扇）扩散所收集的热能的太阳能利用系统。目前，美国大约7%的家庭安装有被动式太阳能采暖系统。主动式太阳能供暖是通过系列集热器吸收太阳能，并通过泵和风机扩散热能而利用太阳能的系统。主动式太阳能采暖系统被用来对水进行加热以及使用范围相对较小的场地加热。

- **对照太阳热能发电和光伏电池板将太阳能转换成电能的优势和劣势。**

太阳热能发电是通过镜面或透镜集中太阳能加热液体管进行发电的一种方法。与传统燃料相比，太阳热能发电还不具有成本竞争力，但是比其他直接太阳能技术更有效，而且不会产生空气污染，也不会带来酸雨或全球气候变化。光伏发电（PV）包括太阳能电池，太阳能电池是一种晶片或固体状态材料薄片，比如硅、砷化镓，用某种金属对它们进行处理，以便它们在吸收太阳能量的时候能够发电，也就是促进电子的流动。PV设备发电不产生污染，维护的成本极小，但是将太阳能转换为电能的效率只有10%到15%左右。

- **掌握生物质的定义，解释为什么生物质是间接太阳能的例子，介绍它是如何利用的。**

生物质含有被用作燃料的植物物质，是间接太阳能的例子，因为生物质包含光合作用产生的有机材料。生物质可以直接燃烧产生热或电，或者转化成固体（炭）、气体（生物气）、液体（甲醇和乙醇）燃料。生物质已经被大规模地用作能源，特别是在发展中国家。印度和中国已经建设了几百万个沼气池，从家庭和农业废物中生产沼气。

- **描述实现最佳利用风能和水能的地点，比较风能和水能的潜力。**

风能是由于太阳加热空气而导致的地表空气流动所产生的电能。利用风能发电具有很大的潜力，因为它是目前所有形式的太阳能中最具有竞争力的。在岛屿、海岸、山口和草原等风力持续的地区，风能使用效益最为明显。水电依赖于水的流动或降落来发电。在江河和溪流上筑坝是水力发电的主要形式。目前，水力发电占世界总电量的19%左右。水电引起的环境和社会问题包括对上游和下游生态的破坏、河水蒸发的增加、疾病和污染、库区人口搬迁和农田淹没。

- **描述地热能和潮汐能，这两种形式的可再生能源既不是直接太阳能，也不是间接太阳能。**

地热能是对地球内部能量的利用，可以用来供暖或发电。地热能可以从靠近地表的充满着热水的地下热库中获得。从地壳发热地区获得地热能的成熟技术包括钻井并将蒸汽或热水抽到地表。潮汐能是依赖潮起潮落发电的一种可再生能源，目前使用的范围很有限。

- **区分核能和化学能。**

在普通的化学反应中，一种元素的原子不会变成另一种元素的原子，也不会将它们的质量转化成能量。与此相反的是，核能是核裂变或核聚变所释放的能量。在核能中，原子核里很小的物质可以转化成巨大的能量。

- **描述核燃料循环，包括浓缩过程。**

核燃料循环是从核反应堆燃料的生产到放射性（核）废料处理的全过程。铀浓缩是铀矿石开采后被提炼增强裂变物质U-235浓度的过程。

- **解释核反应堆，描述一个典型的核电反应堆。**

核反应堆是用于启动和维持一个受控的核裂变链条反应从而产生电能的一种工具设置。典型的核反应堆包括一个堆芯，裂变在堆芯中发生；一个蒸汽发电机；一个涡轮机；一个冷凝器。反应堆芯包括充满二氧化铀元件的燃料棒。在每组燃料组件上面，安置着一个控制棒，可以在燃料组件中上下移动，从而产生所需要的核裂变。U-235裂变释放出的热将水变成蒸汽并用来发电。安全措施包括用钢筋混凝土建造的安全壳。常规核裂变使用的燃料是U-235，在浓缩后含有3%到5%的铀。乏燃料是在核反应堆中经受过辐射照射、使用过的核燃料。

- **讨论核能发电的优点和不足。**

核电是火电和天然气发电之外的另一种发电形式，火电和天然气发电都向大气中排放温室气体。赞成大规模采用核电的倡导者认为，核电特别是煤，比化石能源发电对环境的影响小。核能几乎不向大气中排放污染物，在提供电能的同时也不产生二氧化碳。不过，核能产生高水平放射性废物，比如乏燃料，每个使用核电的国家都在寻求确定一个永久的核废料处理场地。安全是核电厂的一个问题。

- **描述三里岛、切尔诺贝利、福岛第一核电站发生的核电站事故。**

美国历史上最严重的核反应堆事故在1979年发生于宾夕法尼亚州的三里岛核电厂，反应堆芯发生部分熔毁，但是，反应堆安全壳几乎防止了堆芯材料释放的所有放射性物质发生外泄。1986年，苏联的切尔诺贝利（现在是乌克兰）发生核反应堆事故，一两次爆炸炸开了一个核反应堆，将大量的放射性物质排放到大气中，造成了大面积的环境污染和严重的危害。2011年3月，受海啸影响，日本福岛第一核电站的三个核反应堆熔化并被洪水淹没。40多万人被疏散，核电事故及其辐射的影响将持续几十年的时间。

- **区分低水平放射性废物和高水平放射性废物。**

低水平放射性废物是发出小量电离辐射的放射性固体、液体或气体。高水平放射性废物是发出大量电离辐射的放射性固体、液体或气体。

- **解释就地储存和深地质处理的优点和不足。**

短期就地储存在液体里是很必要的，就和乏燃料棒的冷却一样。但是，乏燃料棒不能在液体中进行长期的安全储存。国家研究理事会认为，深地质储存是最安全的，是解决高水平放射性废物最安全的方案。如果不发放储存设施建设许可证，那么，用大型、昂贵的钢筋混凝土罐进行就地干桶储存将越来越普遍。

- **简述未来核电反应堆与现有核电厂的不同。**

与目前世界上使用的反应堆相比，下一代核电厂的规模更小、设计更简单、建设成本更低、运行更安全。NRC已经认可了四个新的先进反应堆设计，正在审核另外三个反应堆设计方案。核聚变也是一种能源来源，将核聚变发电变为现实还需要很多年的时间。

重点思考和复习题

1. 解释下面的说法：太阳能与化石燃料不同，在资源上是不受限制的，但是在技术上受到限制。
2. 生物质被认为是间接太阳能的一个例子，因为它是光合作用的结果。如果植物是能够进行光合作用的生物，那么为什么动物粪便也被认为是生物质？
3. 太阳能、热能、风能等不同形式的可再生能源的优势之一是：它们不造成大气中二氧化碳的净增长。生物质是这样吗？为什么？

4. 有些能源专家把大平原（Great Plains）当作“风能沙特阿拉伯”。请解释这一说法的含义。
5. 日本希望使用太阳能，但是缺乏建设大型太阳能发电厂的土地。你认为哪种太阳能技术最适合日本的需要？为什么？
6. 美国未来风能的潜力为什么比水能的潜力大？
7. 核能与化学能有着怎样的不同？
8. 核燃料循环中的主要步骤是什么？是真正的循环吗？请解释你的回答。
9. 增殖核裂变与常规核裂变有着怎样的不同？
10. 什么是乏燃料？
11. 开采和冶炼铀、建造核电厂、运输核废物等都需要化石燃料，这些化石燃料产生的污染（包括温室气体）应该算作核能的污染吗？为什么？
12. 放射性废物的处理是技术问题吗？是政治问题吗？
13. 美国未来几十年开发利用新的核电厂的赞成意见和反对意见有哪些？你认为哪个观点最令人信服？
14. 下边的图显示了2004年到2011年全球不同能源来源发电的增长比例。如果按照这样的比例增长下去，2020年的风能和太阳能占有多大的比例？2050年呢？

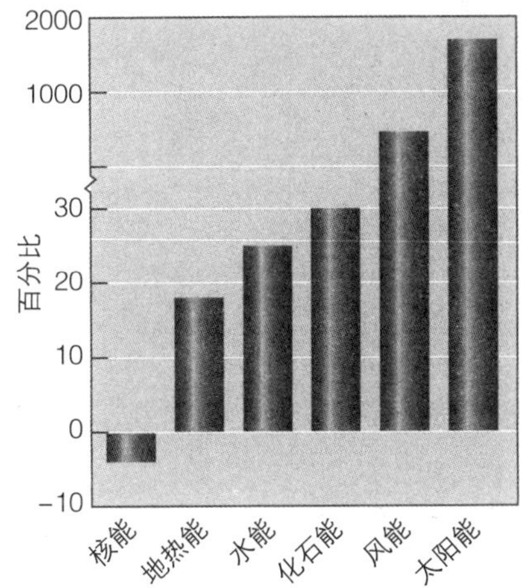

2004年到2011年全球不同能源来源发电的年均增长情况。

食物思考

在美国，用大量的玉米生产乙醇并用作汽车燃料引起了争议。争议的焦点之一是玉米可以用作人和动物的食品，也可用作生物质的能源来源。请调研这一问题。是否有证据证明使用玉米作为燃料会提高作为食品的玉米的价格？美国燃料玉米和食品玉米的产量各是多少？如果我们将已经用作食物油的玉米油变为生物柴油，这一问题会发生怎样的变化？

第十三章

水：有限的资源

尼日利亚拉各斯的水供应。照片中的妇女来自尼日利亚拉各斯，正在从社区水箱中用桶接水。在很多不发达国家，家庭使用的安全、清洁水受到限制，而且很贵。大城镇的贫困居民常常把大部分收入花在买水上，还要用同样有限的燃料将水烧开消毒。

在全世界，大约7.65亿人生活中没有充足的水，很多人每天使用的清洁水不到10升（2.6加仑左右）。从世界范围看，有的地方水的质量差，有的地方水的数量少，或者有的地方水的质量既差、数量又少。对于美国、加拿大和其他发达国家的多数人来说，这很难想象，因为他们有着丰富、清洁的水。美国人每天使用大约340升（90加仑）水，还常常用水浇灌植物、清洗汽车，而这些水可以达到安全饮用的水平。

联合国开发计划署（UNDP）估计，生活在尼日利亚拉各斯（Lagos）贫民窟的居民（见图片），花钱买水的费用是他们富裕邻居买同样数量水的费用的5到10倍。在有些地区，穷人20%的收入用在买水上。与此相比，这本教材的作者之一在水方面的费用只占其收入的0.15%。

从系统的角度分析可以有助于我们了解为什么在世界很多地区水的供应既不完全，又十分匮乏。以加拿大典型的小城镇为例。公共或私有自来水公司购买水，常常是从单一水源那里购买。自来水公司对水进行运输和净化，然后通过水泵和管道向用户供应。这个复杂的系统需要员工，需要计算机信息处理系统，需要与政府和其他公司以及用户的协调，需要供应水的能源，需要净化水的能源和化学物质等。全部投入很大，但是通过协调合作，每个人分担的费用相对较低。消费者以预期合理的价位获得了可信赖的水源供应。这一供水系统的不同环节有专家进行管理，他们都是令人信赖的。

如果将此与拉各斯贫民窟相比较，就会看到，那里的水供应也需要同样的系统：水必须进行净化、运输、购买、出售，所有这一切都需要人、能源和组织。但是，没有钱开发和维护基础设施，因此，水管里即便是有水，也是时断时续的。而且，当有水的时候，水也可能被人畜粪便污染。另一种方式是从零售商贩的水箱或水罐里买水，但是那些卖水的小贩不能保证每天都来，是不可预期的，水的质量也是无法期待的，水的价格也是每天都不一样。消费者买水后需要将水烧开，以便杀死里面的生物污染物，但是，这需要能源，而能源的供应也是有限的。

UNDP在其报告中建议，获得充足安全的水，也就是至少每天20升（5.2加仑）水，应该被列为基本的人权。在提供安全可靠的水方面，很多国家取得了很大进展，但是尼日利亚落在了后面。解决拉各斯面临的水问题，有以下几个方面建议：

- 降低向穷人供应的水价，建立水价与用水量同时增长的机制。
- 向水基础设施建设提供公共支出。
- 把水供应作为更广范围内消灭贫困的计划的一部分。
- 要求水供应者保证供水的持续性和安全性。

尽管地球上的水足够所有的人使用，但是水的配送和水质安全、全球人口增长、气候变化造成的水资源供应紧张等，都将使水供应成为我们今后几十年里面临的一个问题。

身边的环境

你饮用的水主要来源于哪里？

水的重要性

学习目标

- 描述水分子的结构并解释氢键是怎样在相邻水分子之间形成的。
- 描述地表水和地下水。

如果从外层空间看地球，就会发现地球与太阳系中的其他行星是不同的。地球看起来主要是蓝色的，这是因为水覆盖了地球3/4的表面。水对我们的星球有着巨大的影响，它帮助形成了大陆，调节着我们的气候，提供生物生存的环境。

没有水，地球上的生命就不可能存在。所有的生命形式，从单细胞的细菌到多细胞的植物和动物，都含有水。人的重量的70%左右都是水。我们的生存和生活都依赖水，我们喝水，用水做饭，在水上旅行，用水洗浴（图13.1）。我们还将大量的水用于农业、制造业、采矿业、能源生产和废物处理。

尽管地球有着丰富的水，但是97%左右的水都是咸水，不适合多数陆上生物使用。淡水的分布极不均衡，从而导致了严重的地区性水供应问题。在水的应用方面，顾此往往就会失彼，因此发生冲突。即便是在有着充足淡水资源的地方，也有着如何保持水质和水的数量的问题。

图13.1　印度砖厂的童工在用灌溉管道的水洗澡。

从世界范围看，淡水利用在增加，部分原因是人口在增长，还有部分原因是个人的用水在增多。人现在使用的水占地球可使用、可再生淡水的50%以上。随着人口增长、人类活动、气候变化对有限的水供应提出越来越高的需求，很多国家出现了水短缺问题。

水的性质

水是由H_2O分子构成的，每个水分子包含2个氢原子和1个氧原子。水的存在形式有三种：固态（冰）、液态和气态（水汽或蒸汽）。水分子是极性的（polar），也就是说，分子的一端带正电，另一端带负电（图13.2）。一个水分子带负电（氧）的一端被另一个水分子带正电（氢）的一端吸引，从而在两个分子之间形成氢键（hydrogen bond）。氢键是水的很多物理特性的基础，包括高融化/结冰点（0° C，32° F）、高沸点（100° C，212° F）。由于地球上多数地区的温度在0° C和100° C之间，因此，大部分水是以液体的形式存在，满足着生物的需要。

水吸收了大量的太阳的热，但是温度并没有升高很多。水的这种高热容特性使得海洋能够调节气候，特别是沿海地区的气候。海洋不会出现陆地上常见的大幅度的气温波动。

水必须吸收大量的热量才能挥发（vaporize），即从液体变为气体。当水蒸发的时候，就会带走热量并将热量释放到大气中，被称为汽化热（*heat of vaporization*）。因此，水的蒸发有降温的效果，这就是为什么皮肤出汗以后你的身体感到凉爽的原因。

水有时被称为“万能溶剂”。尽管这有点夸张，但确实是很多物质能够溶于水。在自然界中，水从来不是

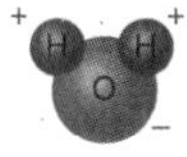

（a）每个水分子包括2个氢原子和1个氧原子。水分子是极性的，有着带正电和带负电的区域。

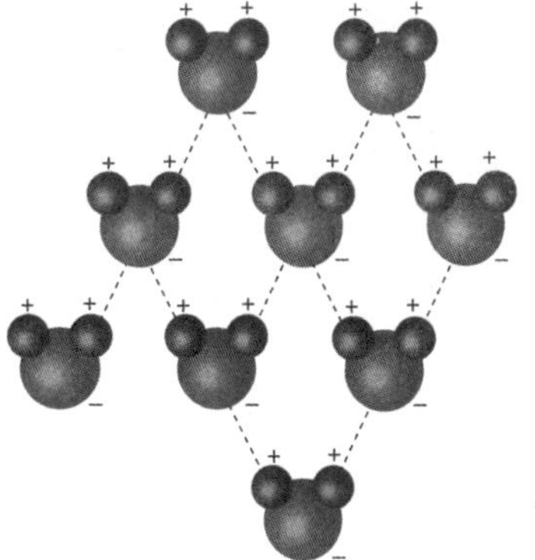

（b）极性导致一个水分子的正电区域和另一个水分子的负电区域之间形成氢键（由断续线所代表）。每个水分子可以和其他水分子形成4个氢键。

图13.2　水的化学性质。

完全纯净的，因为它含有来自大气的溶解的气体和来自陆地的溶解的矿物质盐。海水中含有大量的溶解盐，包括氯化钠、硫酸镁、硫酸钙和氯化钾（图13.3）。作为一种溶解能力强的溶剂，水有一个很大的缺点，很多污染物也都溶于水。

总体来说，水受热的时候膨胀，受凉的时候收缩。随着水温的降低，水会收缩，而且密度增大，直到温度达到4° C（39° F），在4° C的时候，水的密度最大。当水温低于4° C的时候，水的密度开始变小。冰（在0° C时）会在密度更大、温度稍高的液态水上漂浮。水的结冰是从上到下，而不是从下到上，水中生物可以在结冰的水面下生存。

水循环和我们的淡水供应

在水循环（hydrologic cycle）中，水在环境中持续不断地流动，从海洋到大气到陆地再回到海洋（见图4.6）。这种水循环的结果是达到海洋、陆地和大气中水的平衡。水循环持续地补充着我们陆地上的淡水供应，这对于陆地生物的生存来说是必需的。

地球上大约98%的水存在于海洋里，含有大量的溶解盐（图13.4）。海水太咸，人不能饮用，在其他多数情况下也不能使用。比如，如果你用海水浇灌你的花园，那么植物就会死亡。多数淡水都不易获得，因为它们要么是在极地或冰川中冰封着，要么是存在于大气或土壤中。湖泊、溪流、水湾、江河和地下水等仅占地球淡水的一小部分，大约为0.53%。

地表水（surface water）是地球表面江河溪流、湖泊、池塘、水库、湿地（wetland）中的水，湿地虽然是陆地，但至少一年中在有些时候是被水覆盖的。陆地上的降水**径流**（runoff）可以对地表水进行补充，尽管有限，但被认为是可再生的资源。**流域**（drainage basin）或水域（watershed）是某一江河或溪流所流经的陆地，流域在大小上变化很大，可以是不到1公里的小溪，也可能是像密西西比河那样的大河。表13.1列出了世界上流域最长的10条大河。

地球含有可以收集和储存水的地下构造。这些水最初源于降水，先是进入到土壤中，然后顺着砂石或岩石的裂缝和缝隙渗透，直到被不透水的岩层所阻隔，因此

地表水：留在地球陆地表面、没有渗透到土壤中的降水。

径流：淡水从降水（包括积雪融化）到江河、湖泊、湿地并最终到海洋的流动。

流域：江河或溪流流经的土地。

水965克
盐35克
其他0.20克
钾（K^+）0.38克
钙（Ca^{2+}）0.42克
镁（Mg^{2+}）1.3克
硫酸盐（SO_4^{2-}）2.7克
氯化物（Cl^-）19.3克
钠（Na^+）10.7克

图13.3 1千克（2.2磅）海水的化学成分构成。 海水中含有多种离子状态下的溶解盐。气候变化减少了冰盖和冰川中的淡水。这将对海水的构成产生怎样的影响？

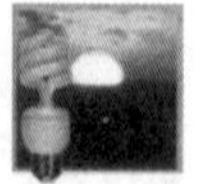

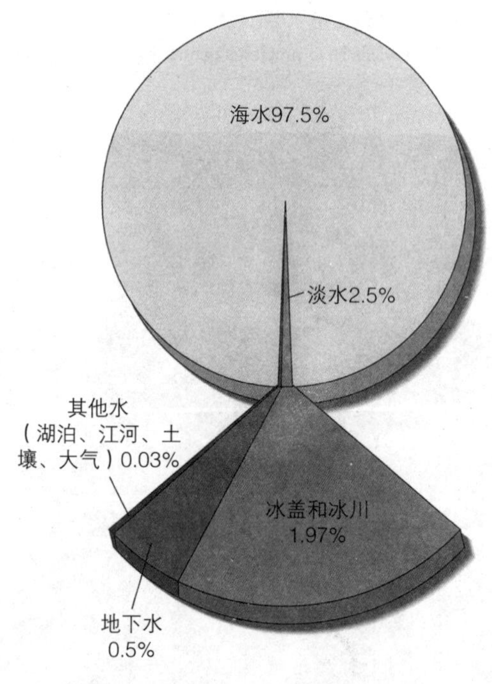

图13.4 水的分布。 尽管地球3/4的表面覆盖着水，但是能够为人类使用的还不到1%。多数水是咸的、冰冻的或者存在于不可能获取的土壤和大气里。

表13.1　世界最大的10个流域

河	所在地区	流域面积（千平方千米）
亚马孙河	南美洲	6145
刚果河	非洲	3731
尼罗河	非洲	3255
密西西比河	北美洲	3202
鄂毕河	亚洲	2972
巴拉那河	南美洲	2583
叶尼塞河	亚洲	2554
勒拿河	亚洲	2307
尼日尔河	非洲	2262
长江	亚洲	1722

来源：世界资源研究所“世界水资源”（2010年）。

就在那儿累积成**地下水**（groundwater）。地下水慢慢地穿过透水的沉积层或岩石，一般来说每天能穿过几毫米到几米不等。最后，地下水被排放到江河、湿地、泉或海洋里。因此，地表水和地下水是水循环中相互联系的部分。

含水层（aquifer）是地下蓄水层，分为潜水含水层和承压含水层（图13.5）。潜水含水层（unconfined aquifer）上面的岩石层是有孔的，陆地上的地表水可以直接向下渗透，进入潜水含水层。潜水含水层的上端就是**地下水位**（water table），上端以下就是饱含着水的地下层。由于降水量的不同，地下水位有着不同的变化。在沙漠地带，地下水位一般远在地表以下。与此相反，湖泊、溪流和湿地则和地下水位相连接。如果地下水位下降到井深以下，那么井就会干枯。

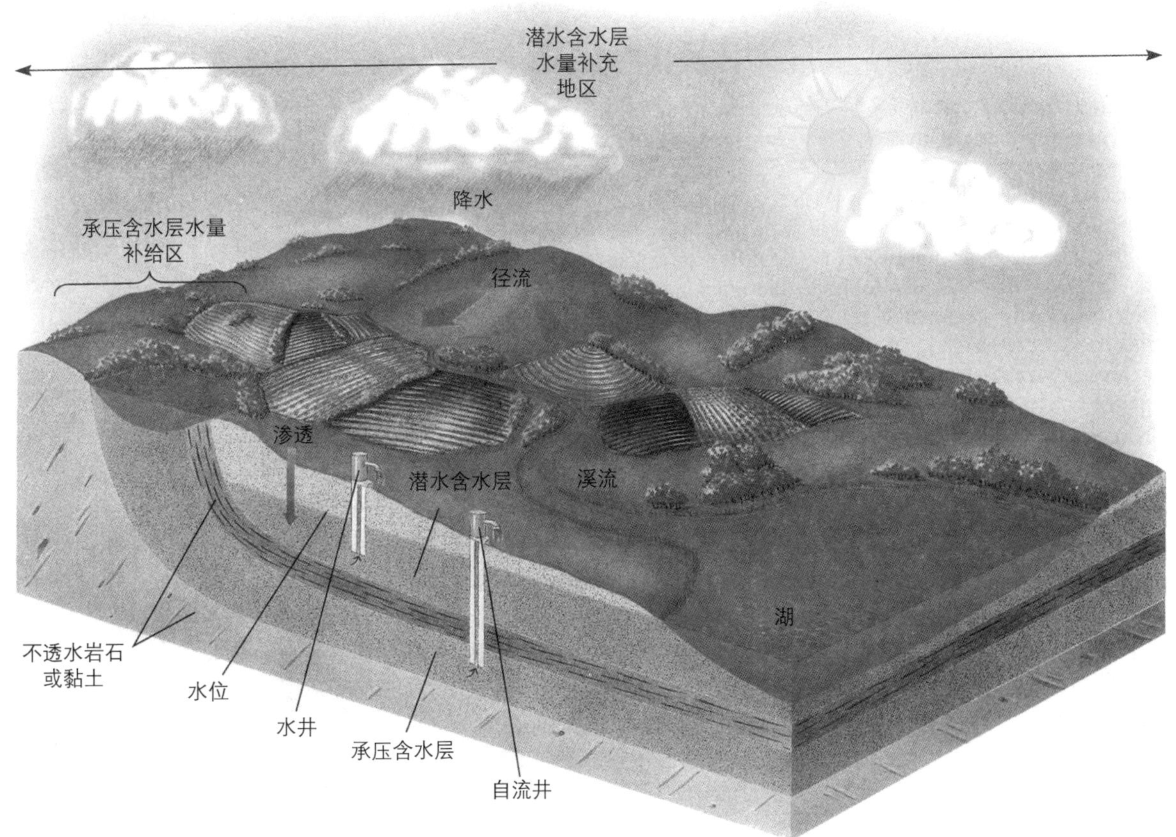

图13.5　地下水。地表水通过土壤和透水岩石渗透到地下，直到抵达不透水岩石或黏土。潜水含水层中的水直接通过其上面的地表水进行补充。在承压含水层中，地下水储存在两个不透水的岩层之间，常常是有压力的。正是由于这种压力，自流井往往不需要水泵就可以从承压含水层中向外排水。

地下水：储存在地下含水层中的淡水。
含水层：储存地下水的地下洞穴和透水砂岩、砾石或岩石。
地下水位：地下水的上端水面。

承压含水层（confined aquifer）或者是自留含水层（artesian aquifer），是指两个不透水层之间的蓄水区域。承压含水层中的水是被封闭的，常常有着压力。承压含水层的水量补给区（为地下水提供补充水量的地区）可能是在数百公里以外。

多数地下水被认为是不可再生资源，因为需要数百年或者数千年进行累积，常常每年只有很少的水通过地下渗透得到补充。承压含水层的补充量非常低。

复习题

1. 相邻水分子之间的氢键是怎样形成的?
2. 什么是地表水? 什么是地下水?

水利用和资源问题

学习目标

- 描述世界水消费中灌溉的作用。
- 解释“河漫滩”，并以密西西比河流域为例评估防洪措施。
- 列举一些过度开采地表水和含水层疏干所引起的问题。

不同的国家水消费有很大的不同，从极度缺水的国家每人每天几升水到水资源相对丰富的国家每人每天几百升水不等。水消费涉及农业和工业用水以及个人用水。全世界用水量最大的是农业。水利灌溉用水占全世界用水的70%，工业占19%，家用和城市用水占11%，这一比率在很大程度上是由用水多的国家决定的。

水资源问题有三类：太多、太少、水质量差/污染。（第二十一章讨论第三类问题。）我们无法阻止洪涝和干旱，因为它们是自然气候变化的一部分。但是，人类行动可以加剧这些自然现象的严重性，气候变化能够影响它们发生的频率、严重性以及发生的地点。如果人类做出了从环境角度看不理智的决策，比如在易于发生洪涝的地区建房子，那么就会常常受到灾害的侵袭。

水太多

很多早期的文明，比如古埃及，都是在周期性发生洪涝灾害的大河流域发展起来的，这些大河由于洪涝淹没了河两岸的土地。洪水退去后，一层薄薄的沉积物留在被淹没的土地上，这些沉积物由于富含有机物质，因此滋养了土壤。这些文明走向繁荣，部分原因是农村生产力的提高，而生产力的提高则是洪水补充增加土壤营养的结果。

人类的活动与自然现象之间的系统互动可以导致洪水的发生。现代发生的洪水在造成财产损失上要大于以前的洪水，原因是现代的人常常把吸水性植物从土地上砍伐掉了，而且在**河漫滩**（floodplain）上建筑房屋。这些活动增加了洪涝以及洪涝损害的可能性。

森林，特别是山坡和山峦上的森林，拦蓄和吸收着降雨，从而为附近的低地提供一定的保护，防止洪水的发生。如果森林受到砍伐，特别是树木砍伐殆尽的时候，被改变的地貌就几乎不能涵养水源了。一旦暴雨发生，裸露的土地、光秃秃的山坡会使得径流迅猛，从而导致土壤侵蚀，给低地带来洪水淹没的极大风险。

如果一个自然地区，也就是一个未被人类活动所影响的地区，受到大暴雨的侵袭，那么受到植被保护的土壤就会吸收很多过量的雨水。没有被吸收的雨水流进河里，河里的水可能因此溢过堤岸，冲进泄洪区。由于河道蜿蜒曲折，河水的流速会减慢，涨满的河水极少对附近地区造成严重的损失。

如果一个地区被开发，为人所用，那么很多吸水的植被就会被清除。建筑物和柏油路面不会吸水，因此径流，通常指在暴雨排水管道里流淌的径流，就会大得多（图13.6）。在河漫滩上建房筑屋或开办工厂的人，在这个时候最有可能遭遇洪水的侵袭。

世界上越来越多的地方政府对河漫滩的建设开发制

河漫滩：靠着河道的可能被洪水淹没的地区。

（a）城市化以前加拿大安大略市降水的去处。

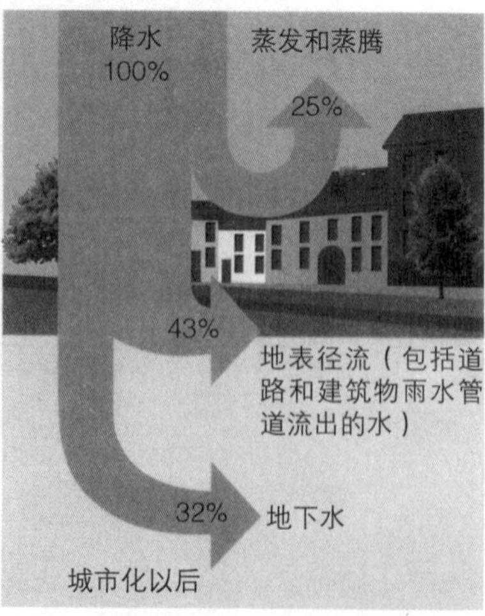

（b）安大略市开发建设以后地表径流从10%增加到43%。

图13.6　开发建设如何影响了水的自然流动。

定了限制性措施。2006年，加利福尼亚州洪水期间，很多造价不菲的堤坝溃决（图13.7a）。在防洪方面（图13.7b），治河专家不建议在河道附近重新修筑堤坝，而是向加州建议采取另外的方法，允许河流在洪水爆发之际淹没一部分河漫滩（图13.7c）。在离河流有一段距离的地方修筑了一些较矮的堤坝。新的解决方案投入小，洪水到来之际造成的损害小，而且提供了洪涝爆发带来的一些自然利益，比如改善了水禽和其他野生动物的栖息地，补充了河漫滩的土壤。

（a）2006年，一个堤坝决口，洪水灌入加州莫塞德（Merced）的河漫滩。

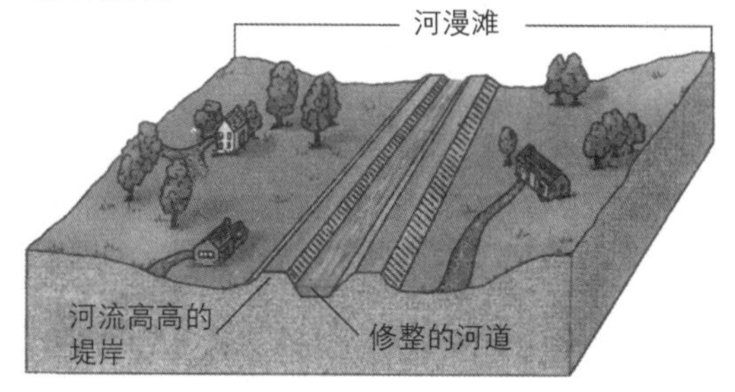

（b）为了控制洪涝，很多河流被修整（取直、加深），为河流修筑了很高的堤岸。这种防洪措施造价高，可能会防洪，也可能防不了洪。

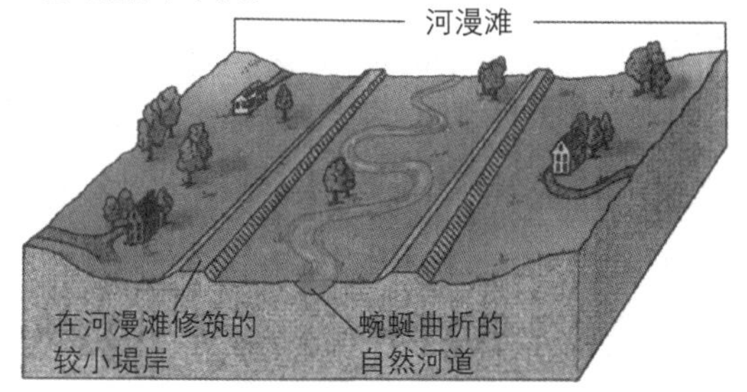

（c）科学家现在建议让河水自然地流动，使之通过一些河漫滩，在离河道有一段距离的地方修筑较小的堤岸。河漫滩会吸收很多河水，在河道与开发建设的地区之间形成缓冲地带。如果洪水满溢堤岸，就会形成湿地，成为重要的野生动物栖息地。

图13.7　洪水管理。

案例聚焦

2011年的洪水

美国中部地区周期性地爆发大洪水。密西西比河流经美国31个州和加拿大2个省，经常发生洪涝。1993年，密西西比河的洪水淹没了9个中西部州的农场和乡镇，淹没土地930万公顷（2300万英亩），造成财产损失120多亿美元。2001年和2008年，密西西比河也发生了大洪水。

2011年春末，密西西比河上游地区下了罕见的暴雨，再加上大量的积雪融化，引发了接近历史记录的洪峰，在数周内袭击整个密西西比河流域。根据美国统计局（U. S. Census Bureau）的数据，伊利诺伊、密苏里、肯塔基、阿肯色、田纳西、密西西比和路易斯安那等州43,000多人受到洪水的影响，50万公顷（120万英亩）的农田被淹没，21, 000多个家庭和企业遭受财产损失28亿美元（图13.8）。

密西西比河沿岸建立了完善的防洪体系，是由美国陆军工程兵团（Army Corps of Engineers）建设和管理的，是世界上最大的防洪系统，包括堤坝、分洪河道、泄洪道、泵站和水库等，但也一直是争议的焦点。尽管在2011年大洪水中有很多堤坝溃决，但是这一系统的确防止了洪涝危害的进一步加剧。洪涝发生时，这一系统的第一应急响应是分流洪峰，通过位于密苏里州的1个分洪道和路易斯安那州的2个分洪道，将洪峰进行分流，成功地阻止了洪水淹没城市地区，比如伊利诺伊州的开罗市（Cairo）以及路易斯安那州的巴吞鲁日市（Baton Rouge）和新奥尔良市（New Orleans）。但是，农村地区却受到了洪水的巨大冲击（图13.9）。

不是每一个人都认为对密西西比河的巨大改变和控制是可取的。生态学家建议尽可能地去掉防洪控制设施，让河水在更宽广的河道、以更加自然的方式流淌，而不是像目前这样形成因堤坝溃决而发生的汹涌洪水。自然的河漫滩可以更好地吸收周期性泛滥的洪水，提供更多的野生动物栖息地，通过吸收洪水而不是导入河道从而实现污染控制。另外，在密西西比河流域，洪水的自然泛滥还可以为农田提供丰富的营养，而这些营养现在则是通过河道流入了墨西哥湾。

在过去大约百年的时间里，中西部的人们没有意识到湿地对于调节洪涝的作用，因而将湿地的水排干，将它们变成了农田，或者在上面建设了房屋。修筑的堤坝给人一种安全的假象，使得人们在河漫滩上建设了农场和生活社区。

目前，密西西比河沿岸的防洪解决方案依旧是模糊不清的。1993年洪水以后，美国河漫滩管理指导小组发布了一个报告，建议在防洪方面更加智慧地使用河漫滩，减少对堤坝的依赖，将河漫滩恢复到其自然状态，把一些城镇搬迁到地势更高的地方，促进湿地开发等措施，将进一步完善这一建议。不过，面临企业和居民保留更多防洪措施的要求，推进这一建议还缺乏政治上的坚定性。尽管投入巨大，高达20亿美元，但是陆军工程兵团还是对2011年洪涝中受损的堤坝进行重建和整修。

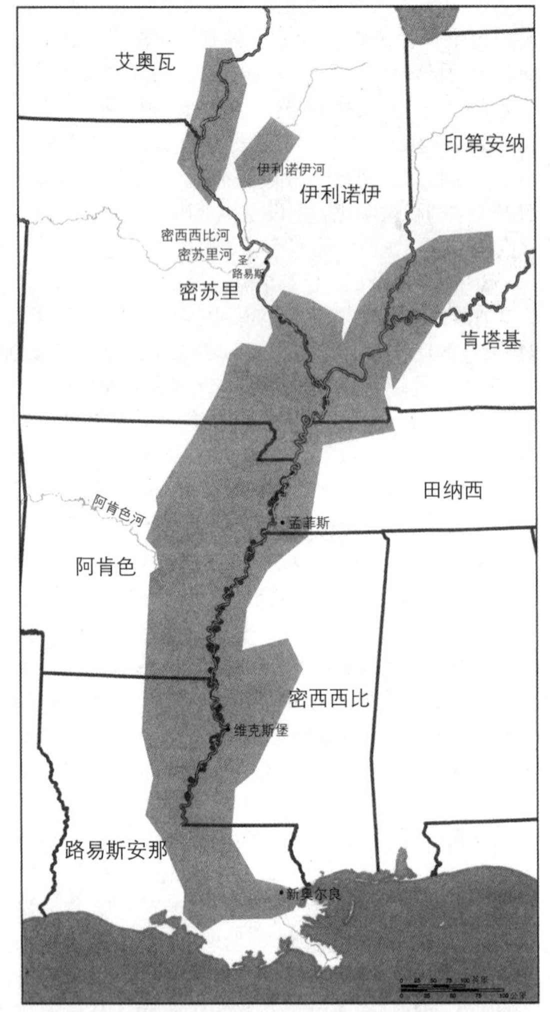

图13.8　2011年5月9日至13日密西西比河沿岸洪水淹没情况。（引自美国统计局）

图13.9　2011年6月密苏里河洪水淹没的密苏里州洛克港（Rock Port）附近的一家农场的鸟瞰图。

水太少

干旱地区（arid land）或沙漠，是脆弱的生态系统，由于缺水，植物的生长受到限制。半干旱地区（semiarid land）的降水比沙漠地区多，但依然经常遭受干旱，而且干旱持续时间很长。比如，美国西部从2000年开始的干旱持续了多年，截至2014年春天，还在影响着美国的干旱和半干旱地区。加利福尼亚州中部和西部的大部分地区被认为是遭受了前所未有的干旱，城市的水供应快速减少。没有人知道这次干旱将持续多久，亚利桑那州以前曾发生过干旱，持续了20多年。很多科学家认为现在的这场干旱与气候变化有关，可能代表着美国西部地区水资源的长期变化。

水利灌溉提高了干旱和半干旱地区的农业生产力，在保障全球不断增长的人口的食物供应方面变得越来越重要（图13.10）。从1955年开始，土地灌溉面积增加了两倍，亚洲的农业灌溉面积比其他洲多，其中中国、印度和巴基斯坦占大部分。在21世纪，农业灌溉用水可能会继续增长，特别是在亚洲，但是增长的速度会比20世纪下半叶慢一些。

干旱和半干旱地区的人口增长加剧了水短缺问题。越来越多的人需要食物，因此越来越多的水资源被用来灌溉农田。另外，对食物的迫切需求使得人们除掉自然植被，在易于遭受干旱和作物损失的脆弱土地上种植农作物。过度放牧破坏了自然草原上本来就不多的植被。造成的结果是土地裸露，因此下雨的时候，这些土地就不能吸收雨水，形成了更大的径流。由于降水不能为土壤带来营养和水分的补充，因此作物产量就低，人们被迫在另外脆弱的土地上进行新的粮食作物耕种。

如果从河流或湖泊里引水太多，就会给生态系统带来灾难性的影响。人们可以抽引一条河流30%的水而不会严重影响自然生态系统，但是，在有些地区，人们引取的水太多了。在美国干旱的西南地区，70%甚至以上的地表水常常被人们挪用。

如果地表水被过度开采，那么湿地就会干涸。自然湿地发挥着很多作用，比如是很多鸟类和其他动物的繁殖地。入海口是河流进入海洋的地方，如果地表水被过度截留，那么入海口的水就会变得更咸，这种盐度上的变化会降低与入海口相关的生产力。

过度地开采地下水会引起**含水层疏干**（aquifer

含水层疏干：以高于降水或融雪补充的速度开采利用地下水。

depletion），从而导致地下水位的下降。长时间的含水层疏干会使得含水层枯竭，造成水资源的彻底丧失。另外，有孔沉积层的含水层疏干会引起含水层上面土地的塌陷（subsidence）或下沉。过去50年里，加利福尼亚州圣华金河谷（San Joaquin Valley）的一些地区已经下沉了将近10米（33英尺）。

图13.10　农业用水。圆形喷灌系统产生出巨大的绿色圆圈。每个圆圈都是很长的灌溉管子的结果，这个管子从圆圈的中心沿着半径慢慢转动，给庄稼喷洒水。本图摄于得克萨斯。

随着地下水的穿过，佛罗里达的石灰岩基岩开始遭受侵蚀，有时会形成落水洞（sinkhole），即大面积的地表洞穴或塌陷；或者由于地下洞穴顶端的坍塌而形成一个低洼地带。如果干旱或者过量地抽取地下水导致地下水位的下降，就会更加经常地出现落水洞。

如果地下水开采的速度大于自然补充的速度，那么海岸地区就会发生**海水入侵**（saltwater intrusion）（图13.11）。随着气候变化导致海平面的升高，世界上地势低的地区也会发生海水入侵。这些地区的井水最终会变得太咸，以至人不能饮用或作其他用途。海水入侵一旦发生就很难逆转。

复习题

1. 哪一种人类活动消费了全球70%的淡水?
2. 允许密西西比河更多的自然洪水泛滥可能有着怎样的好处?
3. 过度开采使用地表水会带来哪些问题? 含水层疏干会带来什么问题?

美国和加拿大的水问题

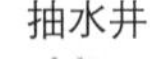

学习目标

- 简述美国下列水问题的背景：莫诺湖、科罗拉多河流域、得克萨斯干旱、奥加拉拉含水层。

与其他国家相比，美国有着充足的淡水供应。尽管总体上淡水资源丰富，但是由于地理和季节的不同，美国很多地区的淡水严重短缺。（图13.12显示了北美的年均降水情况。）

地表水

20世纪60年代以来，美国农业、工业和个人对地表水的消费不断增加，导致了很多水问题。在这期间，美国很多地区的人口出现了增长，特别是在美国西南地区和佛罗里达，人口增长得特别快。如果这些地区和其他地区的水消费继续增长，那么地表水的可用性将变成一个严重的区域性问题，即便是那些从来没出现过水短缺的地区也会遇到这一问题。

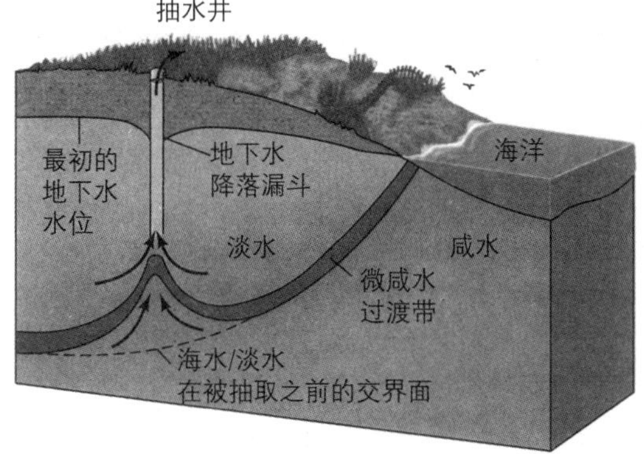

（a）正常情况下，地下淡水在地下咸水的上面。只要抽水不过量，水井里就会补充淡水。

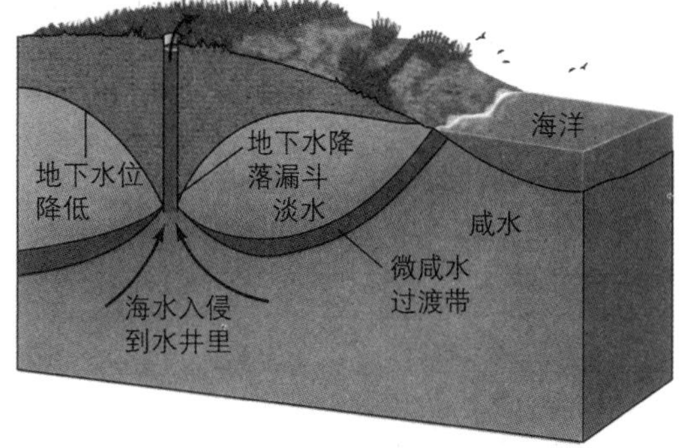

（b）但是，大量的地下淡水开采导致了微咸水过渡带的移动。水井里进入了不适合饮用的地下咸水。

图13.11　海水入侵。

海水入侵：由于含水层疏干而导致的海水向海岸附近淡水含水层的侵入。

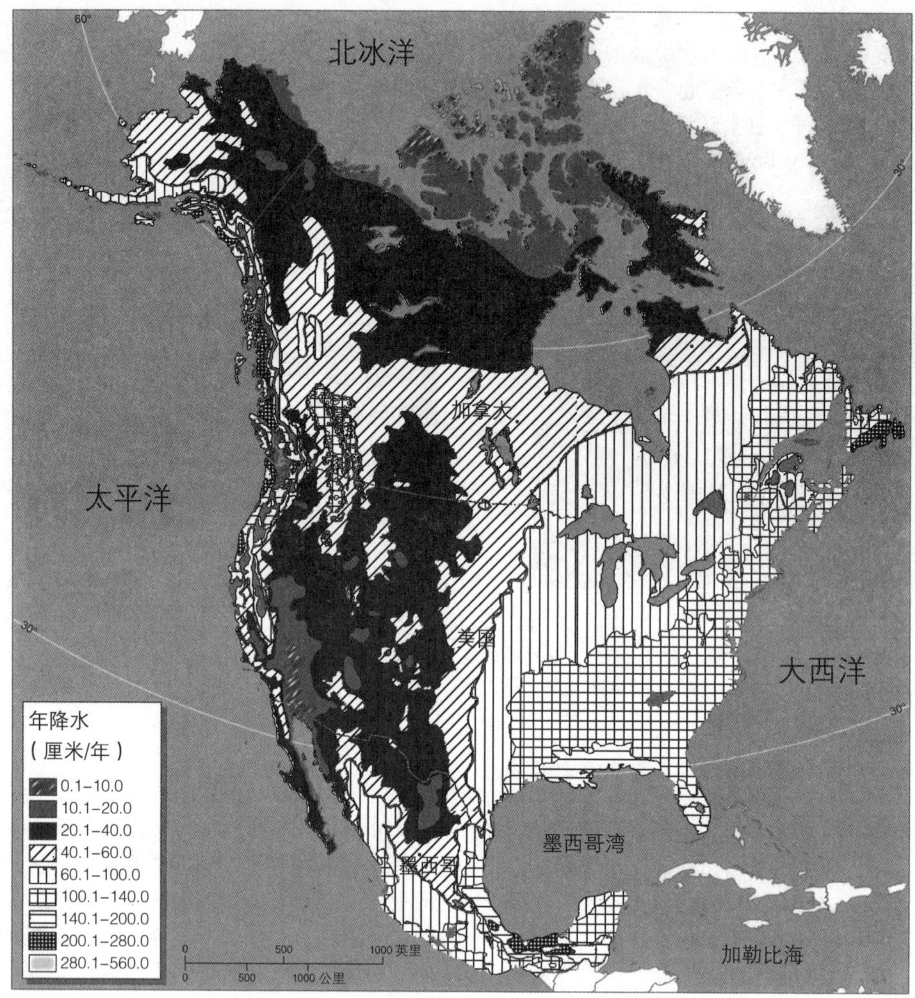

图13.12 北美的年均降水。气候变化可能会减少美国西部的降水。这会影响湿润的地区或已经相对干燥的地区吗？

美国西部和西南部地区的水问题尤其严重。这一广袤地区的很多地方都是干旱或半干旱气候，年均降水量不足50厘米（大约20英寸）。从历史上看，西部地区的水主要用来灌溉，但是现在的城市、商业和工业用水越来越多地使用淡水。美国西部和西南部地区的很多淡水源自落基山脉（Rocky Mountains）和内华达山脉（Sierra Nevada）的积雪融化，气候变化似乎导致了降雪的减少，因此尽管人口在增加，但总体可用的水资源在减少。

美国西部和西南部地区持续开发新的水源，以便满足不断扩大的水需求，从遥远的地方进行调水并通过引水渠（aqueduct）（大型导水管道）将水引来（图13.13）。早在1913年，洛杉矶已经开始从距离加州以北400公里（250英里）的欧文斯山谷（Owens Valley）沿着内华达山脉引水了，修建了大坝和蓄水的水库，以保证全年的水供应。然而，现在这个最近的、最实际的水源已经开发殆尽，莫诺湖（Mono Lake）的教训显示，引水会极大地损害当前的生态系统。2006年，根据法律规定，水开始回流至欧文斯河，这条河现在必须保持在最低的流量水平。

莫诺湖 太多地抽引地表水有着严重的环境影响。莫诺湖是加利福尼亚州东部的一个咸水湖，就是大规模引水造成的典型案例。内华达山脉的雪水在很大程度上形成了河流与溪流，并流向莫诺湖，给莫诺湖补充水源。蒸发是莫诺湖湖水自然流失的唯一渠道。随着时间的推移，由于河水溶解了盐（淡水中含有一些盐），而蒸发带走了水分，留下了盐，因此莫诺湖变得越来越咸。

从1941年开始，流向莫诺湖的河水很多被引到442公里（275公里）之外的洛杉矶。这一水流的变化导致了整个莫诺湖生态系统的变化。随着水位的下降（大约14米，46英尺），越来越高的盐度对卤虫和碱蝇种群产生

图13.13　加利福尼亚州莫哈维沙漠（Mojave Desert）上的引水渠。渠水流经近400公里后抵达洛杉矶。

了不利的影响，并进而对以卤虫和碱蝇为食的80多种水鸟产生了影响。从裸露的湖床掀起的尘暴开始危害人的健康，导致违反了联邦的空气污染标准。

1989年，法院判决停止从莫诺湖引水。1994年，加利福尼亚州政府在洛杉矶水务局（Los Angeles water authority）和环境社团之间就莫诺湖湖水的利用达成协议，洛杉矶减少从莫诺湖的引水，到2015年前后，莫诺湖恢复到原有蓄水量的72%左右。国家奥杜邦协会（National Audubon Society）预期，数十万只候鸟将返回到莫诺湖岸筑巢栖息。

洛杉矶市正在使用州政府基金实施水资源保护和**水的再利用**（reclaimed water）工程，以便替代来自莫诺湖的水供应。到2015年，加利福尼亚州的水再利用项目有望生产足够的水，从而弥补莫诺湖水源的缺失。

科罗拉多河流域　美国最严重的水供应问题之一发生在科罗拉多河流域。这条河流的源头形成于科罗拉多、犹他、怀俄明的积雪融化以及主要的支流，这些支流通称为上科罗拉多河，全部流经这些州。科罗拉多河下游流经亚利桑那州一部分，然后沿着亚利桑那州和内华达州以及加利福尼亚州之间的边界进入墨西哥，最后从加利福尼亚湾入海。

科罗拉多河为3000多万人提供水源，包括丹佛、拉斯维加斯、阿尔伯克基、凤凰城、洛杉矶和圣地亚哥等城市，犹他州还计划从科罗拉多河引水进入盐湖城。科罗拉多河灌溉面积达140万公顷（350万英亩）的水果、蔬菜和田间作物，每年产值150亿美元。这条河上修筑了49座大坝，其中11座进行水力发电。30多个美国土著部落生活在科罗拉多河沿岸，对部分河水拥有自己的权利。科罗拉多河旅游观光人数每年将近3000万人，带来12.5亿美元的收入。

管理科罗拉多河水使用的全部规定中，最重要的是1922年的科罗拉多河协议（Colorado River Compact），该协议规定，每年分配到科罗拉多河下游（加利福尼亚州、内华达州、亚利桑那州和新墨西哥州）的河水为750万**英亩英尺**（acre-foot）。然而，“科罗拉多河协议”过高地估计了科罗拉多河的年均流量，那时认为河水流量达到1500万英亩英尺。享有这一水资源的分配额在各州的协议中被视为神圣的权利。

根据1944年协议，墨西哥也有科罗拉多河水的使用份额。经常出现的情况是：科罗拉多河还没到达太平洋就已经被完全消费殆尽了，这给科罗拉多河三角洲的生态系统和居民带来了严重的问题（图13.14）。使问题更为复杂的是：随着越来越多的水被利用，科罗拉多河下游河水在流向墨西哥时变得越来越咸，在有些地方，科罗拉多河的河水盐度甚至比海水还高。

2003年，加利福尼亚州同意从科罗拉多河引的水不再超过“科罗拉多河协议”规定的配额。为了弥补由此而减少的用水量，加利福尼亚州帝国山谷（Imperial

图13.14　墨西哥加利福尼亚湾的科罗拉多河三角洲。由于美国引水灌溉和其他用途，科罗拉多河常常在还没有到达墨西哥的加利福尼亚湾就已经干涸了。

水的再利用：以某种方式被重新使用处理过的废水，比如再次用于灌溉、需要水冷却的制造过程、湿地恢复或地下水补充等。

英亩英尺：灌溉1英亩土地1英尺深所需要的水量。1英亩英尺等于326,000加仑，这些水可以提供给8个美国人使用1年。

Valley）的农民同意将他们正常用来灌溉的一些水卖给圣地亚哥、洛杉矶等缺水的城市。帝国山谷以前是一片沙漠，现在则是20万公顷（大约50万英亩）的农业灌溉土地。农民可以用卖水的钱来对水利灌溉系统进行更新换代，从而更加有效地利用水资源。

斯克里普斯海洋研究所（Scripps Institution of Oceanography）和加州大学圣地亚哥分校的研究人员在2008年进行了一项研究，认为在50年里，气候变化将导致科罗拉多河的径流减少10%到30%。如果发生这种情况，米德湖的水位将很快下降，使得胡夫大坝不能发电。美国垦务局（Bureau of Reclamation）预测，到2016年5月，水力发电将减少将近50%。大坝的工程师正安装在低水位能够更加有效工作的涡轮机。

得克萨斯的干旱 得克萨斯州历史上最严重的干旱发生于2011年，97%的地区，包括所有的县，经历了极度的或前所未有的干旱袭击。尽管后来下了雨，得克萨斯州也度过了干旱最严重的时候，但是还没有完全从这次事件中恢复过来。2014年初，得克萨斯州一半的地区仍处于某种程度的干旱状态，很多湖泊，特别是得克萨斯州中部的湖泊，湖水还不到一半。得克萨斯州人口的快速增加扩大了对水的需求，从而进一步加剧了全州的干旱状况。科学家相信，持续的干旱状态将成为气候变化影响的一个典型案例。

地下水

美国将近一半人口的饮用水来自地下水。很多大城市，包括图森、迈阿密、圣安东尼奥和孟菲斯等，都建有城市供水井，全部或几乎全部依赖地下水作为饮用水。另外，很多农村家庭自己打井，满足自我需要。地下水还被用在工业和农业中。美国大约40%的灌溉用水来自地下水。自20世纪50年代起，越来越多的地下水开采降低了美国很多地区的地下水位。在干旱和半干旱地区，因为灌溉，地下水被过度开采。

在路易斯安那和得克萨斯州的一些海岸地带，由于地下水的过分开采，出现了墨西哥湾海水入侵现象。加利福尼亚州海岸部分地区、华盛顿州皮吉特湾以及夏威夷的部分地区也发生了海水入侵。受到海水入侵的还有佛罗里达和美国东北部以及中大西洋州的很多海岸地区。

奥加拉拉含水层 根据美国地质调查局，美国高平原（High Plains）覆盖6%的国土面积，但是生产了15%以上的小麦、玉米、高粱和棉花，养殖的家畜几乎占全美的40%。为了实现这个产量，高平原地区需要占美国全部灌溉用水的30%左右。高平原农民的用水主要依赖奥加拉拉含水层（Ogallala Aquifer），这是世界上储量最大的地下水（图13.15）。

在有些地区，农民从奥加拉拉含水层抽水的速度是自然水源补充速度的40倍，按照目前的使用速度，这个含水层的水到2060年将会被用掉70%。地下水使用已经使得地下水位下降了30多米（100英尺），随着地下水的减少和抽水费用的不断增加，农业灌溉用水已经用不起了。如果农民重新回到这些半干旱地区的旱作农业，那么就会面临着干旱带来的经济和生态损失的风险（见第十四章关于尘暴的讨论）。奥加拉拉含水层最浅的地区近年来人口已经开始下降，因为那里的农民在干旱期农业得不到丰收。奥加拉拉含水层最深的地区在21世纪也许不会出现水短缺问题。水文学家（研究水供应的科学家）预测，地下水最终会在所有奥加拉拉含水层地区下降，使得抽水不再具有经济效益。科学家的目的是通过水资源保护延迟那一天的到来，包括使用节水灌溉系统。

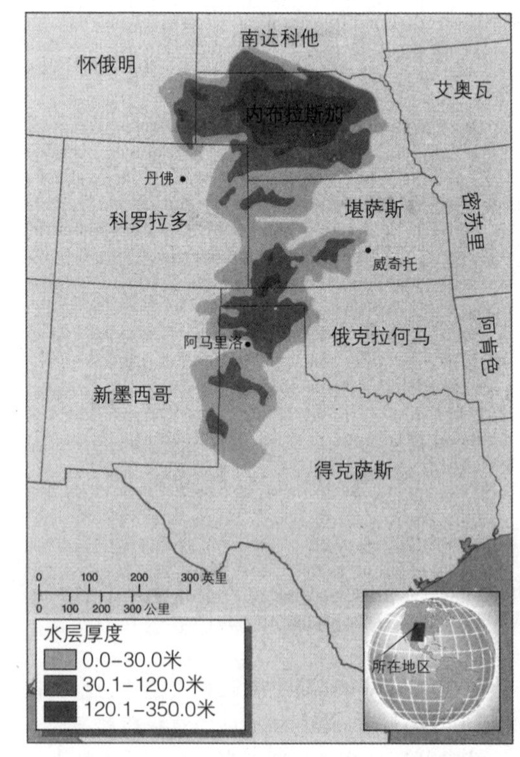

图13.15 奥加拉拉含水层。这一巨大的地下水资源蕴藏在8个中西部州的地下，其中大部分位于得克萨斯、堪萨斯、内布拉斯加。奥加拉拉含水层中的水被抽取用于种植庄稼和养牛后，需要数百年甚至数千年的时间进行恢复补充。（USGS）

复习题

1. 美国哪些地区的水短缺问题最严重？

全球水问题

学习目标

- 解释气候变化和可用水之间的关系。
- 简述下列国际水问题：饮用水问题、人口增长与水问题、莱茵河流域、咸海、关于水权利的潜在国际冲突。

关于全球可用水及其使用的数据表明，即便将人口增长的因素考虑在内，地球上的淡水数量也是能够满足人的需要的。不过，这些数据没有考虑与人口相关的水资源的分配情况。比如，巴林是波斯湾的一个小国，它的国民没有淡水资源，必须依赖海水淡化。不同的国家、不同的大陆，人均用水有着很大的差异，这是由人口大小和可用水数量所决定的。南美和亚洲的可再生淡水资源（通过降水）占世界的一半以上。尽管南美人均可用淡水比亚洲多，但是并不像水资源供应所显示的那样能够支持亚洲那么多的人口。南美地区的降水多数降落在亚马孙河流域，这一流域的土地贫瘠，不适合大规模的农业发展。与此相反，由于亚洲多数降水降落在适合农业发展的土地上，因此水供应支持了更多的人口。

人们需要全年都有适当的淡水供应。全年都有水的来自降水的径流称为**稳定径流**（stable runoff）。在有些地区，虽然全部径流量很大，但是稳定径流量却很小。印度湿季是6月到9月，降水量占全年的90%。印度雨季期间的大部分降雨很快随河水流走，不适合其他时间使用。因此，印度的稳定径流量很小。

年水资源供应的变化是世界某些地区的重要因素。非洲萨赫勒地区（见图4.22）湿季和旱季都持续数年，旱季期间的水资源缺乏限制了人们在湿季期间的行为。自20世纪60年代末以来，萨赫勒地区经历了长期的干旱，对生活在当地的人们和野生动物产生了毁灭性的影响。

水和气候变化

气候变化在未来的淡水可使用性上发挥着重要的作用，因为今后有些地区的降水将增多，有些地区的降水将减少。降雨的变化可能导致可用地表水的突然变化，因为径流深受土壤渗透性等地质因素和植被数量等生物因素的影响。一项最近的研究显示，如果非洲一个地区的降水下降10%，那么将导致径流减少17%，而另一个地区同样数量降水的下降可能导致径流减少50%。这就意味着气候变化对一些地区水资源供应的影响比对另一些地区的影响更为严重。研究认为，到2100年，由于气候变化而产生的降水波动将会影响1/4非洲大陆的可使用地表水。

气候变化还会以其他方式影响可使用淡水。降水的类型很重要，我们前面已经注意到落基山脉和内华达山脉降雪的减少如何影响美国西部和西南部水的可使用性。由于受热膨胀和地表冰的融化，海平面出现升高，已经对某些低地岛国的饮用水资源产生了海水入侵。

饮用水问题

发展中国家的很多居民没有充足的淡水来满足最基本的饮用和家庭需求。水是有的，仅仅1%左右的地球淡水就足够世界上所有人口的使用。但是，很多人依然没有可使用的水，他们不得不花费大量的钱或走很远的路才能得到所需要的水。部分政府、联合国、世界银行[①]、非政府组织（NGOs）以及地方组织等，都在支持实施发展中国家的水项目。

世界卫生组织估计，有7.48亿人缺乏安全的饮用水，有大约25亿人没有处理废水和废物的完善措施。这些人面临着疾病的风险，因为废水或工业废物污染了他们使

> **环境信息**
>
> **气候变化与南部非洲的作物**
>
> 为了预测气候变化对南部非洲农业的影响，研究者进行了广泛的建模和分析，研究结果已经由国际食品政策研究所（International Food Policy Research Institute）发布。不断升高的气温和变化多样的降水都与气候变化有关，被认为是对该地区粮食生产的真正威胁。酷热、干燥的气候状况减少了土壤中的水分含量，影响了庄稼的生长季节，这些影响会导致玉米、高粱等主要作物平均产量的下降。降水量的不确定性越来越大，对粮食生产造成严重的威胁。非洲南部地区的多数农场规模小，农民主要依靠降水来浇灌他们的庄稼。如果要适应不断变化的气候条件，就要采取新的措施，包括种植不同的、更加耐寒的作物。

稳定径流：每个月都可以依赖的、来自降水的那部分径流。

① 世界银行向发展中国家贷款，实施减少贫困和鼓励发展的项目。

用的水。WHO估计，人类80%的疾病源自缺乏充足的水供应和因为不卫生而导致的水质低劣。尽管很多受到影响的国家已经安装或正在安装公共供水系统，但是人口的增长似乎抵消了改善水资源供应的努力。

人口增长与水问题

随着世界人口的持续增长，全球水问题将变得更加严重。亚洲有着世界最大的可用水资源，占全球的36%。但是，亚洲也是世界60%人口的家园，而且人和水并不总是在同一个地方。印度的人口占全世界的20%，但只有世界淡水的4%，大约有8000个村庄缺水。印度一些城市的水供应，比如马德拉斯（Madras），极度匮乏，水是通过公共水龙头定量供应的。开采地下水资源的速度比水自然补充的速度快，导致旁遮普（Punjab）和哈里亚纳邦（Haryana）一些地区的地下水位每年下降1米到3米（3到10英尺）。

由于人口的压力，中国很多地区的水供应很不稳定。华北平原的人口是美国的两倍，那里很多地方的地下水位每年下降2米到3米（6到10英尺）。黄河水被大量用于农业灌溉，使得下游地区的水量变得很少或根本没有。过去的几十年里，黄河多次发生断流，在流入黄河之前就断流了数百公里。

伊拉克面临着严峻的地理挑战，底格里斯河和幼发拉底河的源头都来自国境之外。目前伊拉克的冲突给水问题带来了阴影，但是水的质量和数量这两方面的缺乏在伊拉克依然是一个挑战。水供应将继续影响伊拉克与周边国家的关系，特别是与那些上游国家的关系，包括土耳其、叙利亚、约旦、沙特阿拉伯以及数年来有着军事冲突的伊朗。

在20世纪90年代和21世纪初，巴基斯坦就面临着持续不断的干旱。2001年，水短缺导致了来自某些对立省份之间的示威抗议和骚乱，这些省份在水资源使用，特别是印度河使用问题上意见不一。印度河是巴基斯坦的生命线，由于巴基斯坦农业地区不能生产充足的食物，导致贫困加剧。

墨西哥是西半球国家中水短缺最严重的国家。供应墨西哥城的主要含水层水位每年下降3.5米（大约11英尺）。墨西哥农业州瓜纳华托州（Guanajuato）的地下水位每年下降3米。截至2012年，墨西哥大约有200万人缺乏可使用的淡水资源。

不同国家之间的水资源共享

地表水常常是一种国际资源。世界上大约有260个主要流域至少是两个国家共享的。管理跨国河流需要国际合作。

莱茵河流域 欧洲的莱茵河流域主要流经五个经济高度发达和人口密集的国家，包括瑞士、德国、法国、卢森堡和荷兰（图13.16）。从传统上看，瑞士、德国和法国利用莱茵河的水发展工业，然后再将被污染的废水排回到河里。荷兰在2010年所用的水有82%来自国外，因此不得不对水进行净化，国民才能饮用。今天，这些国家认识到国际合作对于维持和保护莱茵河水的供应和质量至关重要。

1950年，这五个国家成立了莱茵河保护国际委员会（ICPR），处理与莱茵河有关的问题，但是几十年里收效颇微。在20世纪70年代中期，莱茵河的水质开始有所改进，在很大程度上是由关于莱茵河状况恶化的国际报告所推动的。

1986年，瑞士发生严重的化学品泄漏，向莱茵河中倾倒了30吨的染料、灭草剂、杀真菌剂、杀虫剂和汞。这一事件震惊了ICPR，促进该组织实施了一项历时15年的莱茵河行动计划。这一计划消除了一些主要的污染源，今天莱茵河的河水几乎达到可以直接饮用的程度。长期难觅踪影的鱼类再次回到莱茵河，包括大西洋鲑，这一物种在时隔30年后于1990年又出现在莱茵河中。ICPR目前正在进行堤岸修复、洪涝防治和剩余污染物清理等工作。

图13.16 莱茵河流域。莱茵河流经五个欧洲国家的大片区域，包括瑞士、德国、法国、卢森堡和荷兰。（阴影线地区代表的是莱茵河流域。）这样一条河的管理需要国际合作。

咸海　咸海（Aral Sea）横跨哈萨克斯坦和乌兹别克斯坦（这两个国家都曾是苏联的一部分），遇到的问题和加利福尼亚州的莫诺湖（图13.17）相同。在20世纪50年代，苏联开始从阿姆河（Amu Darya）与锡尔河（Syr Darya）引水灌溉周围的沙漠地区。阿姆河与锡尔河是两条注入咸海的河流。截至20世纪80年代初，由于棉花种植面积扩大，灌溉引水达到咸海河水注入量的95%以上。

（a）1976年

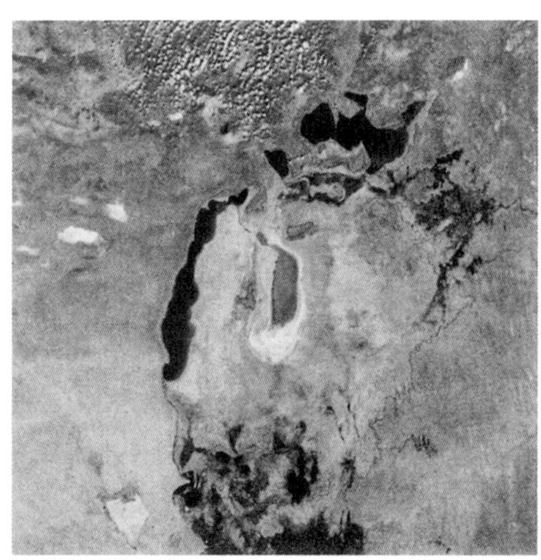

（b）2013年

图13.17　咸海。卫星图像显示了咸海将近40年的变化。随着河水被用来灌溉，海平面持续下降。

咸海曾经是世界第四大淡水湖，从1960年到2000年，咸海的面积减少了50%以上，其湖水容量减少了80%，很多的生物多样性丧失，湖中原生的29种鱼类荡然无存。

咸海流域生活着3500万人左右，数百人遭受了健康问题，从肺结核到严重的贫血症，呼吸道疾病的致死率是世界最高的。肾病和各种各样的癌症发病率在增加。国际健康专家已经开始调查哪些疾病是由咸海的环境问题引起的。有毒的盐风暴将裸露在不断后退的湖岸线上的盐刮到空中，这可能是造成很多慢性病的元凶。20世纪50年代以来，这样的风暴增加了60倍。风暴将盐携带到距离咸海几百公里以外的地方，在那里累积，削弱了土地的生产力。

苏联1991年解体以后，拯救咸海的责任就从莫斯科转向了共享咸海的五个中亚国家：乌兹别克斯坦、哈萨克斯坦、吉尔吉斯斯坦、土库曼斯坦和塔吉克斯坦。1994年，这五个国家成立了一个基金，防止咸海的彻底消失。世界银行和联合国环境规划署向这五个国家提供资助，解决咸海地区的环境问题。

这一时期，咸海的恢复工作齐头并进。世界银行实施了锡尔河控制与北咸海项目（Syr Darya Control and Northern Aral Sea Project），目的是修复咸海的生态和恢复咸海的商业捕鱼。从2003年到2010年，北咸海的水面面积增加了30%以上；湖水含盐量已减至1991年的一半，一些鱼类重新回到湖里，这在某种程度上要归功于咸海大坝（Kok-Aral Dam）的建设。不过，南咸海继续缩小，变得更咸，人们也没有采取什么修复措施。

变化无常的国际水状况　关于水的冲突一点也不新鲜。2009年，美国太平洋研究所（Pacific Institute）从事发展、环境与安全研究的皮特·格雷克（Peter Gleick）绘制了一幅起始于公元前3500年的水冲突年表，并进行定期更新（见表13.2）。这些水冲突从肆意破坏大坝到有意污染水源，再到刀枪争夺。由于两个或更多国家共享的流域和含水层很多，因此在21世纪国家之间可能会就水权利等问题兵戎相见，发生军事冲突。

人类从阿姆河、恒河、印度河、尼罗河、黄河、科罗拉多河引取的河水太多，以至这些河的河道至少在一年的某个时段发生干涸断流。在老挝、泰国、越南共享的湄公河流域、巴基斯坦和印度共享的印度河流域，局势都是非常紧张的。印度和孟加拉国就恒河问题聚讼不休。斯洛伐克和匈牙利都依赖多瑙河。围绕共享水资源制定国际合作协议是一个紧迫的全球性问题。

约旦河向以色列、约旦、约旦河西岸、加沙地带提供水源，从1960年到2010年，约旦河的水流量减少了90%。由于人口增加以及工农业的发展，水使用量继续增长。美国国家科学院、以色列科学和人文学院、巴勒斯坦科学与技术学院以及约旦皇家科学学会联合进行的一项研究认为，约旦河流域未来的问题是严重的水紧张。这项研究的参加人员敦促各自的政府合作实施水资源保护措施，比如废水再利用。尽管如此，由于取水的便利程度不同，生活在西岸的以色列人使用的水是其邻居巴勒斯坦人的4到5倍，这可能是主要的冲突来源。

非洲东北部地区即尼罗河流域的水利用也出现严峻的局面。虽然有10个国家共享尼罗河流域，但是埃及使用了尼罗河大部分的水（千年来一直这样）。为了满足人口快速增长对水的需求，埃塞俄比亚和苏丹扩大了对尼罗河水的利用，这就可能危及埃及的淡水供应，因为埃及的人口也在增长。联合国召集尼罗河沿岸国家，策划制定国际水利用协议，以帮助解决这一危险的水利用局面。目前，尼罗河流域的10个国家形成了尼罗河流域计划（Nile Basin Initiative），评估过去的协议，签署新的协议。

复习题

1. 气候变化和全球水问题之间的关系是什么?
2. 什么样的国际水问题最容易管理? 什么样的国际水问题最不容易管理?

水管理

学习目标

- 解释可持续水利用。
- 以哥伦比亚河为例，对比大坝和水库的好处和不足。
- 简述两种海水淡化方法。

人们一直认为水与其他的资源不同。煤炭和金子由私人拥有，并作为自由商品进行买卖，但是人们对水的看法是有差异的，有人把水当作一种公共资源，有人则把水当作私有资源。从历史上看，在美国很多地区和其他很多国家，水权和土地所有权是连在一起的。由于越来越多的用户竞争使用同一水资源，因此州政府或省政府更多地对水资源进行分配。有些国家将土地所有权和水权分开，从而使水权可以分开来出售。

由于河流通常流经不止一个行政管辖区域，因此所有相关各方必须就水资源管理或共享达成协议。这样的跨州或跨境合作一般采取综合管理，而不是零散管理。而且，这些管理在行政管辖区域各方进行公平的水资源分配，各行政管辖机构再根据已确定的优先重点，将各自的水资源共享份额分配给不同的使用者。

表13.2 历史上和最近的水冲突

日期	冲突	描述
公元前2500	军事工具	拉格什 （Lagash）国王乌拉玛截断乌玛王国的水（拉格什和乌玛是位于现在伊拉克地区的两个王国）。
公元1187	军事工具	萨拉丁击败欧洲十字军，部分原因是切断了十字军的水源，包括用垃圾填上水井和摧毁支持十字军的村庄。
1672	军事工具	荷兰人扒开他们的防护大堤，阻止西班牙军队从陆地入侵。阿姆斯特丹和其他荷兰城市的大堤在设计上既能在和平时期阻止海水，又能在战时抵御侵略者。
1850年代	开发争议/恐怖主义	新罕布什尔州修筑大坝为工厂提供水源，当地人认为大坝影响了他们的水供应，因此袭击大坝。
1907—1913	恐怖主义/开发争议	从欧文斯到洛杉矶的引水渠多次被炸，因为人们反对水资源分配的大幅度改变。
1969	军事目标	以色列攻击约旦的东古尔运河，防止从亚尔木克河引水。
1991	军事目标	第一次海外战争期间，伊拉克破坏科威特的海水淡化设施。
2003—2007	军事工具、目标/恐怖主义	苏丹和达尔富尔的水井被摧毁、放毒，是内战暴力冲突的一部分。
2009	开发争议	由于意见不同，埃塞俄比亚的村庄攻击水管。
2010	开发争议	巴基斯坦部落的水争议导致100多人死亡。
2012	军事目标	叙利亚内战期间，通向阿勒颇市的水管被严重损坏，300万居民严重缺水。

来源：皮特·格雷克（2011），《水冲突年表》，太平洋研究所，发展、环境与安全研究项目，以及太平洋研究所的网上年表更新。

地下水管理要复杂得多，部分原因是当地地下水的供应量常常是不清楚的。地下水管理包括发放打井许可证、限定某一区域井的数量、限制每口井抽水的数量。

水的价格根据用途的不同也是不同的。从历史上看，家庭用水最贵，农业用水最便宜。消费者很少直接支付用水的全部费用，这些费用包括水的运输、储存和处理。联邦政府和州政府大量补贴水的支出，因此我们是通过税收等间接手段支付一些水费的。州政府和地方政府越来越多地利用水价调节这一机制来保证水的供应。提高水价以反映真正的成本一般会促进水的更加有效利用。

可持续水供应

水管理的主要目标是实现可持续地提供高质量的水。**可持续水利用**（sustainable water use）的意思是人们精心利用水资源，以便人类后代与现有生物的水需求能够得到满足。

水坝和水库 水坝能够确保季节性降雨或积雪融化地区的全年水供应。水坝将水固定在水库里，管理水的流动（图13.18）。水坝还有其他的用处，特别是可以进行发电（参见第十二章关于大坝和水电的讨论）。不过，很多人认为水坝的缺点，包括环境代价，大于它们能带来的利益。

近年来，科学家逐渐了解了水坝对河流生态系统，包括水坝上游和下游生态系统的影响。大量的泥沙沉积在水坝后面的水库中，通过水坝的水已经失去了通常含有的泥沙。由此，水坝下游的河床受到冲刷，形成了被水切得很深的河道，这不利于水生生物的栖息。

葛兰峡谷大坝（Glen Canyon Dam）修建于1963年，对于流经大峡谷国家公园的科罗拉多河产生了极大影响。水坝建设前，强大的春汛裹挟的泥沙形成了沙滩和沙洲，为鸟类提供了栖息地，也为鱼类繁殖提供了浅水。葛兰峡谷大坝修建以后，水流受到控制，同时也改变了生态系统，对大峡谷的部分野生动物造成了伤害。为了矫正河流发生的一些变化，垦务局从1996年开始几次放水淹没了大峡谷。与过去的自然洪水相比，这几次淹没规模小，尽管如此，携带泥沙的河水重建了不断受到侵蚀的沙滩和沙洲（图13.19）。

哥伦比亚河 哥伦比亚河是北美第四大河，体现了水坝对自然鱼类种群的影响。哥伦比亚河流域的面积有法国那么大，跨越七个州和两个加拿大省份。在哥伦比亚河上修建的100多座水坝中，有19个主要用来发电。哥伦比亚河为几个主要城市地区提供城市和工业用水，

可持续水利用：不损害水循环或当代和后代人类依赖的生态系统基本功能的水资源使用。

图13.18 哥伦比亚河上的大古力水坝（Grand Coulee Dam）。 图中显示的是水坝与水库的一部分，富兰克林·D. 罗斯福湖。水坝有助于控制水流、在降水丰富的时候蓄水以备旱时需要。水坝有很多好处，包括发电和防洪，但是它们会摧毁河流的自然状态，而且建设成本高。

包括博伊西（Boise）、波特兰（Portland）、西雅图（Seattle）和斯波坎（Spokane）。哥伦比亚河水（哥伦比亚河及其支流）还为300多万公顷（780万英亩）的农田提供灌溉用水，其800公里（500英里）的河道为商船提供通航便利。

几个利益方对哥伦比亚河水的使用展开竞争。保护主义者认为应该在春季积雪融化的时候实行季节性放水。农民希望储存丰富的雪水，以便在夏季用于农业灌溉。水电工业希望蓄水，以便在用电需求高峰的冬季进行水力发电。

正如自然资源管理所经常出现的情况，哥伦比亚河的某一个特定用途可能会对其他用途产生负面影响。水坝能够发电和防洪，但是会给鱼群带来不利影响，特别是对洄游到河流上游产卵的迁徙性鲑鱼产生不利影响。幼小的鲑鱼（二龄鲑）游向海洋，数年后再返回到出生地进行产卵繁殖和死亡。

图13.19 大峡谷的周期性开闸放水如何有助于恢复河堤。（USGS）

哥伦比亚河中的鲑鱼种群目前只占水坝等水利设施建设前的一小部分。水坝以及泥沙沉积和森林砍伐造成的林荫丧失对于鲑鱼产卵孵化产生了不利的影响。实施的重建鲑鱼种群的项目也不是特别有效。

为了保护现存的自然鲑鱼栖息地，哥伦比亚河水系中的几个溪流禁止修筑水坝，已有的水坝安装了水下保护网和通道，引导小鲑鱼躲避开涡轮叶片。卡车和驳船将一些小鲑鱼运送过水坝，其他小鲑鱼也可以安全通过水坝，因为水电站会定期关闭，从而使得鲑鱼游过水坝。另外，很多水坝修建了鱼梯，一些成年鲑鱼能安全通过水坝，继续它们的上游迁徙（图13.20）。

1999年，美国国家海洋渔业服务局（NMFS）将《濒危物种法》（ESA）的保护范围扩大到从加拿大边界到加利福尼亚北部、从东部到蒙大拿的西北河流中被发现的所有鲑鱼种类和硬头鳟。这一行动是ESA历史上所采取的规模最大的措施，对公共土地和私有土地都产生了影响，既包括农村地区，也包括俄勒冈的波特兰等主要城市。

图13.20 鱼梯。这个鱼梯位于俄勒冈哥伦比亚河上的邦纳维尔大坝（Bonneville dam）。鱼梯有助于迁徙鱼群在往上游迁徙时通过大坝。

密苏里河 密苏里河（Missouri River）从蒙大拿流向密苏里的圣路易斯（St. Louis），并在那里与密西西比河交汇，流入墨西哥湾。美国陆军工程兵团在密苏里河上修建了6座大坝，这些大坝对生活在沿河的人们既提供了福利，也带来了问题。从1987年起，工程兵团为了保护下游的航运增加了通过北部水坝的水流，使得每年航运吨位达到400万吨。生活在下游的人们依靠河水进行农业灌溉、发电和满足生活用水需求。

对密苏里河的用水要求和用水重点不仅头绪多，而且复杂，甚至有的时候是有冲突的。密苏里河的北部地区依赖河水发展了数百万美元的捕鱼和旅游业。农民希望修建更多的堤坝以保护他们种植在漫滩区的庄稼，而环境保护主义者则希望尽可能地将河流恢复到自然状态。拥有河水使用权的美国土著人要求以不同的方式使用河水，包括水力发电和作物灌溉等。

密苏里河相关州和部落协会（Missouri River Association of States and Tribes）是一个由沿河流域相关州和土著部落组成的团体，承担着与工程兵团沟通协商的艰难任务，以满足不同利益方的诉求。这个协会认识到，密苏里河不属于任何一个团体和组织，在密苏里河的使用重点方面必须考虑各方的利益，至少部分解决环保组织、农民、水力发电厂、美国土著人、捕鱼和旅游产业等各方的需求和关切。

调水项目　提高对特定地区自然水供应的一个方式是从水资源丰富的地区通过引水渠等进行调水。加利福尼亚州南部的很多地方都是从加利福尼亚州北部通过引水渠获得水供应的（图13.21）。科罗拉多河的水也通过引水渠被引到加利福尼亚州南部地区。

图13.21　**加利福尼亚南部地区的调水工程。**加利福尼亚州南部大多是沙漠地区，主要依赖引水以满足数百万居民的用水需求。加利福尼亚州调水工程包括1042公里（648英里）的引水渠，将大量的水引到加利福尼亚州南部地区。本图还显示了加利福尼亚州调水工程中的一些主要水库。

大型调水工程项目倍受争议，投入也大。中部亚利桑那项目，旨在从科罗拉多河向540公里（336英里）外的凤凰城和图森引水，完工成本将近40亿美元。如前所述，如果大部分水被引作他用，那么一条河流或一个水体就被损害了。当大量水流被引作他用的时候，正常河流流速情况下可以被稀释的污染物就会沉积下来，造成浓度升高。鱼类和其他生物的数量和多样性可能会下降。尽管没有人否认人必须要有水，但是调水工程项目的反对者认为，如果切实加强节水，就会减少新建大型调水工程项目的需求。

咸水淡化　海水和地下咸水通过**咸水淡化**（desalination）或脱盐（desalinization）可以达到饮用的标准。咸水淡化有两种方式：蒸馏和膜/过滤。在蒸馏（distillation）过程中，咸水被加热，直到水蒸发，将咸水中的盐析出。然后，对水蒸气进行冷凝，生产出淡水。反向渗透（reverse osmosis）是最常见的膜/过滤系统，使得咸水通过一层水可穿透、盐不可穿透的膜。反向渗透可以去除咸水中97%的盐。

尽管现在咸水淡化成本大大降低，但是依然很高，因为咸水淡化需要投入大量的能量。反向渗透技术最近取得的进展提高了工作效率，所需要的能量要比蒸馏法淡化少得多。咸水淡化项目所涉及的其他投入还包括将经过淡化的水从生产地运输到使用地点的成本。如果不含运输成本，由于采用的技术和咸水的含盐量不同，咸水淡化的成本从每立方0.25美元到3美元不等（自来水每立方成本在0.10美元到0.15美元之间）。从海水中去除盐分的成本比从微咸水中去除盐分的成本高3至5倍。

如何处理咸水淡化中产生的盐分也是一个问题，因为如果将盐分倾倒进附近的海洋里，就会对海洋生物产生危害。另外，海水淡化需要大量的水。这些水可能包含大量的微生物和鱼类，从而导致严重的地方性生态破坏。

2011年，全球150个国家有将近16,000个咸水淡化厂，全部淡化能力每天为6650万立方，是2000年生产能力的2倍多。由于其他淡水资源的稀缺，咸水淡化在北非和中东是一个巨大的产业。沙特阿拉伯有着世界上最大的海水淡化工厂，海水淡化的水占其饮用水的60%。美国最大的海水淡化厂位于佛罗里达州的坦帕湾（Tampa Bay）。

复习题

1. 什么是可持续水利用？
2. 哥伦比亚河上的大坝引起的主要问题及其解决方法有哪些？
3. 什么是咸水淡化？什么是反向渗透？

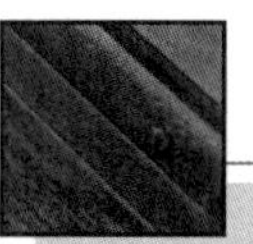

节水

学习目标

- 列举农业、工业和家庭以及建筑节水的例子。

咸水淡化：将盐从海水或微咸水（有点咸的水）中去除的过程。

人口和经济增长对地球水供应提出了更大的需求。今天，不同的用户有着不同的用水诉求，水的竞争比以往更为激烈，节水措施对于保证水供应非常必要。不论是农业、工业还是个人直接消费，大多数的水用户使用的水比实际需要的多。如果实施激励措施，这些用户会降低水消费。很多研究显示，如果把提高水价、改进技术和教育培训等措施结合起来，将会鼓励消费者节水。

减少农业用水浪费

一般来说，灌溉的用水效率不高。传统的灌溉方法已经实行了5000多年，主要包括大水漫灌和用灌渠将水引到农田。利用传统方法的水利灌溉，植物吸收的水分占40%左右，其他的通常被蒸发或者渗透到地下。

农业节水最重要的创新之一是**微灌**（microirrigation），也称滴灌（drip or trickle irrigation），管道上有细微的小孔，直接将水送到每一株植物的根上（图13.22）。微灌技术大大降低了作物灌溉所需要的水，与中心支轴式喷灌和大水漫灌相比，通常节约40%到60%的水，同时也减少了灌溉用水所留在土壤中的盐分。

图13.22　微灌。土壤剖面图显示出植物根部的一个小管子。管子上细小的孔精准地将水直接喷洒到植物的根上，杜绝了传统灌溉造成的水浪费。本图摄于加利福尼亚州的弗雷斯诺（Fresno）。

另一项重要的节水措施是激光平地技术，使得灌溉用水得到更加均衡的分布。随着激光束扫过一片土地，土地平地机接收到激光束，然后对土壤进行铲运平整。由于农民必须使用过量的水才能保证长在高处的庄稼也能得到足够的水，因此激光控制平地技术减少了农业灌溉所需要的水。

过去几年里获得很大进展的一项技术是低压精准灌溉（low-energy precision application, LEPA）与地理信息系统（geographic information system, GIS）的融合。LEPA涉及利用计算机控制模式，在田地里拖拉灌溉水龙头，只是在需要的时间和地点才向作物供水。抽取和喷洒的水少就意味着使用的能量少、蒸发的水分少、浪费的水少。GIS使用卫星信号确认需要灌溉的地点，精度达到距离目标灌溉作物20厘米（8英寸）或更近。得克萨斯州部分地区的LEPA和GIS灌溉技术使得农业灌溉用水降低了8倍。

农业生产中通过应用科学的水管理原则，减少了水消费。传统上，西方的农民在特定的时期被分配到特定数量的水，有着“不用白不用”的心态，这种做法纵容了浪费。与此相反，农田的水需求应该仔细监测（通过测量降雨和土壤湿度），确定何时灌溉以及灌溉多少水。这些水管理策略有效地减少了总体水消费。

尽管灌溉技术的改进提高了用水效率，但是依然存在很多挑战。比如，复杂的灌溉技术很昂贵，高度发达国家的农民很少能用得起，更不用说发展中国家还在为温饱而挣扎的农民了。另一个挑战是灌溉需要更多地利用循环废水，而不是利用人能够直接消费的淡水。

减少工业用水浪费

发电厂和很多工业需要水（见第十章和十二章关于发电厂加热水，产生蒸汽和转动涡轮机的内容）。在美国，化工、造纸、石化和煤炭、冶金、食品加工等五大行业的用水占全部工业用水的将近90%。这些工业的水利用还不包括冷却用水。

更为严格的污染控制法律为工业节水提供了一些激励政策。为了减少用水量和降低水处理成本，工业通常回收废水，将之净化，然后进行再利用。比如，2010年，加利福尼亚州的杰克逊家庭酒庄（Jackson Family Wines）安装了一套水循环系统，估计最终将为酒庄每年节水600万加仑，极大地减少了能源使用。

水资源的缺乏，再加上更为严厉的污染控制要求，有可能鼓励工业领域更多地将水循环使用。通过循环用水，工业节水的潜力非常大。

微灌：通过封闭系统用输水管道将水送给植物的一种节水灌溉方法。

减少城市用水浪费

与工业一样，地区和城市的水循环或再利用也能减少水消费。家庭和建筑物可以进行改造，将不同质量的水都利用起来，比如，收集和储存**灰水**（gray water）。①灰水指的是水池、浴室、洗衣机、洗碗机等用过的水。循环的灰水可以用来冲马桶、洗车或喷洒草坪（图13.23）。

与水循环不同，废水再利用指的是将收集的水进行处理，然后再进行利用。以色列可能是拥有世界上处理和再利用城市废水最发达系统的国家。以色列之所以这样做，是因为所有可能的水源都已经被利用。再生水（reclaimed water）被用来灌溉，从而为城市节省出高质量的淡水。已经使用过的水含有污染物，但是这些污染物大部分是被处理的废水中的营养物质，对作物有好处。

除了循环和再利用，城市通过其他节水措施减少水消费，包括向儿童和成年进行消费教育、使用节水的家用设施、实施经济奖励措施（见“你可以有所作为：家庭节水”）。这些措施成功地使城市度过了干旱季节，之所以有效，是因为消费者都愿意在水危机期间为了共同的利益而节约用水。

城市越来越多地鼓励个人节水。博尔德（Boulder）和纽约市的居民家里安装了水表，使水消费降低了1/3。水表安装以前，家庭用水都是收取一定的费用，而不管具体使用了多少水。对于很多公寓租住人员来说，水费是包含在房租里面，对每个住户根据用水多少来收费提供了更加有效的用水激励措施。城市还可以通过对安装节水设施的家庭给予折扣来鼓励节水，比如安装节水马桶、水龙头或淋浴喷头。建筑标准把安装这类节水设施的要求考虑在内，也有助于减少城市水消费。

有些城市投入资金，建立收集和储存雨水的系统。比如，从屋顶收集雨水的系统可以提供大量的水，而这些水如果不收集就会在正常情况下流入城市的污水处理系统。加利福尼亚州的太阳谷公园（Sun Valley Park）开发了一个项目，收集暴雨期间的雨水，并进行净化，再注入到洛杉矶的含水层，以便日后使用。

灰水：已经使用过的、相对没有污染的水，比如洗浴、清洗碗盘和洗衣的水；灰水不能饮用，但是可以用来冲刷马桶、浇灌植物、洗车。

① 安装灰水系统的许可规定，不同的州有不同的要求。亚利桑那州和其他严重水短缺的州在允许安装灰水系统方面更为宽松。

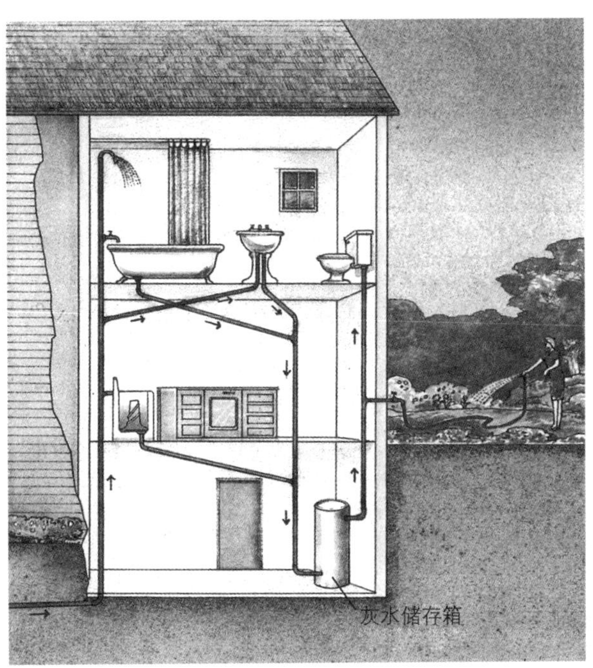

图13.23　循环水。居家住宅和建筑物可以进行改造，以便收集和储存灰水，即已经用作洗浴或洗衣或洗碗盘的水。如果不需要洁净水，比如冲马桶、洗车或浇草坪，就可以使用这种灰水。

提高水价以反映水的真实成本可以促进节水。随着水价的提高，人们就会很快地学会节水。比如，干旱缺水季节提高水价就会鼓励个人节水。尽管20世纪90年代和21世纪初消费者支付的平均水价有所提高，但是很多美国城市还没有按照水的实际成本向消费者收取费用。不过，水的成本也在上升，很大原因是要对城市供水系统进行检修。

很多城市地区的供水系统（管道和给水干管）已经陈旧、漏水。事实上，由于管道滴漏，美国的城市平均损失了1/4的管道水。修复给水干管和管道可以改善水利用的效率。马塞诸塞州水资源管理局从20世纪80年代末就开始积极实施提高水利用效率的计划，检测和修复大波士顿地区的水管滴漏现象。节水措施为纳税人节省了数百万美元的支出。

复习题

1. 农业、工业和家庭以及商业最有前景的节水措施有哪些？

你可以有所作为

家庭节水

美国人平均在家里每天使用265升（70加仑）水，大约27%用于冲洗马桶，22%用于洗衣服，19%用于洗澡，16%用于做饭、洗菜和洗涮等，14%由于滴漏而流失。很多电器，比如洗碗机、垃圾处理机和洗衣机，都需要水。

作为水使用者，你有责任精细、智慧地用水。如果很多人都自己采取节水措施，那么形成的累积效应就会对整个水消费产生深远的影响。你自己可以采取下列措施。最好从浴室开始，因为家庭用水多数是用来淋浴、洗澡、冲洗马桶（见卡通画）：

1. 安装节水喷头和节水水龙头，降低水的流速。比如，低流速的喷头将每分钟5到9加仑的水流减少到每分钟2.5加仑。更换一个旧的喷头每年通过节水和节能可以节省30到50美元。你还可以通过更换漏水的水龙头来节水。
2. 安装节水马桶或在传统马桶水箱里安装水替换设置。节水马桶每次冲洗只需要2加仑或更少的水，而传统马桶则需要5到9加仑。为了节水，在传统马桶的水箱里放置一个装满水的洗涤瓶，以便置换出一些水。如果影响了冲水，那么就不要放置瓶子。不要在水箱里放置砖头，因为砖头会随着时间进行溶解，从而带来昂贵的管道修理费用。
3. 家里节水的一个重要方法是修理漏水的设施。比如，马桶无声滴漏每天会损失30到50加仑水。为了检验是否有无声滴漏，你可以在水箱中放一些食品染色剂。如果冲水之前马桶里的水变了颜色，那就证明你的马桶有漏水现象。
4. 如果你到市场上买洗衣机，高效洗衣机要比传统洗衣机用的水少，而且还节能、节省洗涤剂。永远根据衣服的多少来调整洗衣机的水位。
5. 调整你个人的节水习惯。避免在不用时让水龙头流水。刮胡子时让水龙头流淌平均耗水20加仑，如果你用洗脸盆接水使用，或者如果仅仅用水冲洗刮胡刀，仅需要1加仑水。如果你冲湿牙刷后就在刷牙期间关闭水龙头，那么要比一直让水流着每天节水10加仑。另外，我们淋浴的时候冲洗的时间太长，如果是10分钟或更长，那么减少淋浴时间。
6. 你可能感到惊讶，使用洗碗机会比边让水龙头流着水边用手洗碗更加节水，洗碗机每次一般用水12加仑左右。当然，洗碗机只有装满以后才能实现节水，因为不管是装满还是一半，洗碗机都需要使用12加仑的水。

记住，浪费水花的是你的钱。在家里节水会减少你的水费和加热费。如果你用的水少，你用的加热水的能量就少。

“这是你父亲的主意。他想要你洗得快点。”

非常规的节水办法。在浴室中，你会采取哪些更为实际的办法来减少个人的水消费？在厨房呢？

能源与气候变化

对水资源的影响

在气候变化和水电之间存在着一个明显而麻烦的正反馈曲线。随着温室气体导致的气候变化，我们观察到降水模式的变化，而且这种变化可能还要继续。在有些地方，降水减少就意味着水力发电减少，米德湖是这样，科罗拉多河流域也是这样（见图）。水电并不产生温室气体，但是水电的一些替代能源（煤炭、石油和天然气）产生温室气体。如果因为干旱我们需要将水引到更远的地方，那么抽水所需要的一些能量可能来自化石能源。在这种情况下，气候变化可能间接地导致温室气体排放的增加。

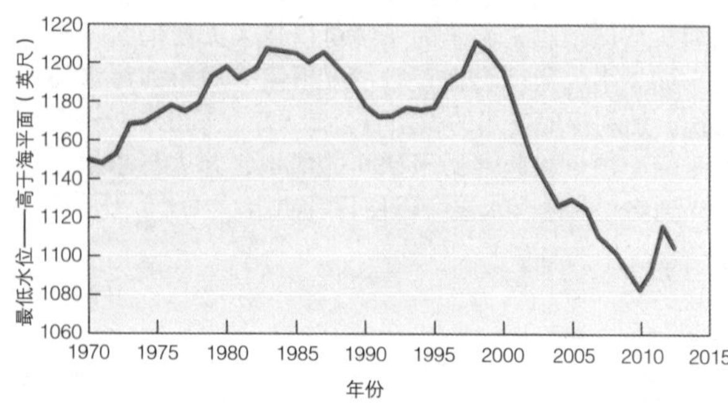

米德湖的最低水位。过去的15年里，干旱和水需求降低了米德湖的水位。这对农业用水可能产生怎样的影响？对水力发电呢？（来源：美国垦务局）

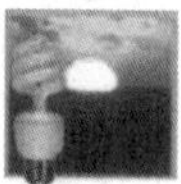

通过重点术语复习学习目标

- **描述水分子的结构并解释氢键是怎样在相邻水分子之间形成的。**

水的很多性质，比如热容量高、溶解能力强，都是其极性的结果，即分子的一端带正电，另一端带负电。一个水分子的负电端被吸引到另一个分子的正电端，从而在分子之间形成氢键。

- **描述地表水和地下水。**

地表水是以径流形式留在地球陆地表面、没有渗透到土壤中的降水。地下水是储存在地下含水层中的淡水。地下水位是地下水的上端水面。

- **描述世界水消费中灌溉的作用。**

全世界用水量最大的是农业灌溉。水利灌溉用水占全世界用水的70%。

- **解释“河漫滩”，并以密西西比河流域为例评估防洪措施。**

河漫滩是靠着河道的、可能被洪水淹没的地区。山坡和山峦上的森林砍伐以及河漫滩的开发加剧了洪水的危害。密西西比河流域周期性地发生大洪水，包括2011年发生的那次，河上完备的防洪体系受到严峻考验。很多生态学家认为，如果允许洪水更多一点地自然流动，那么将会更好地恢复河漫滩，促进湿地发展。

- **列举一些过度开采地表水和含水层疏干所引起的问题。**

如果地表水过度开采，那么淡水生态系统中生物就会受到损害，而且，自然湿地就会干涸，入海口地区就会变得更咸。含水层疏干是指以高于降水或融雪补充的速度开采利用地下水。多孔岩石含水层疏干会导致陷落，或土地下沉。在有些地区，如果干旱或者过量地抽取地下水导致地下水位的下降，就会形成落水洞。含水层疏干会导致海水入侵，即海水侵入海岸附近的淡水含水层。

- **简述美国下列水问题的背景：莫诺湖、科罗拉多河流域、得克萨斯干旱、奥加拉拉含水层。**

莫诺湖的湖水被引到洛杉矶，导致水位降低、盐度增加。1994年，加利福尼亚州决定，莫诺湖应该恢复到原有的状态。科罗拉多河流域为美国西南部很多地区以及墨西哥西北地区提供水源。用水需求，特别是城市化发展产生的用水需求，适应或超过了科罗拉多河的水供应，气候变化减少了补充科罗拉多河的降水。得克萨斯州在历史上就干旱，人口的快速增长加剧了干旱状态。高平原上奥加拉拉含水层的疏干使得有些地区的地下水位下降了30多米，专家预测奥加拉拉含水层的水位将最终下降到抽水不再具有经济效益的地步。这些案例显示，如何平衡有限的水供应和现有水用户、新的水用户以及生态系统的水需求之间的关系，是一个很大的挑战。

- **解释气候变化和可用水之间的关系。**

气候变化可能会导致降水的变化，由于生物和地质因素，降水变化可能会对一些地区产生严重的影响。气候变化对淡水的其他影响包括积雪减少、海平面上升带来的海水入侵。

- **简述下列国际水问题：饮用水问题、人口增长与水问题、莱茵河流域、咸海、关于水权利的潜在国际冲突。**

很多发展中国家的人缺乏安全的饮用水，没有废水处理设施。有些国家的人口增长速度超过了水供应的速度，比如印度、中国和墨西哥。莱茵河流域横跨五个欧洲国家，这些国家通过合作保护莱茵河水的供应。几十年来，流入咸海的水被过度用于农田灌溉，干涸的湖底随风刮向空中的盐可能损害了生活在附近的人的健康。过去十年来，咸海的一部分已经有所改善，而其他地方依旧持续恶化。关于跨国河流水权利的国际争端可能会引发军事冲突，比如湄公河、印度河、恒河、底格里斯河、幼发拉底河、约旦河、尼罗河等。

- **解释可持续水利用。**

可持续水利用是指不损害水循环或当代和后代人类依赖的生态系统基本功能的水资源使用。

- **以哥伦比亚河为例，对比大坝和水库的好处与不足。**

水坝保证了季节性降水或积雪融化地区的全年水供应。哥伦比亚河上兴建了100多座水坝，用来航运、发电和满足城市以及工业用水。哥伦比亚河上的大坝对鲑鱼种群产生了不利影响。

- **简述两种海水淡化方法。**

咸水淡化是指将盐从海水或微咸水（有点咸的水）中去除的过程。咸水淡化的一个方法是蒸馏，咸水被加热，直到水分蒸发，将咸水中的盐析出。然后，对水蒸气进行冷凝，生产出淡水。与蒸馏相比，膜/过滤方法更为节能，主要的咸水淡化方法是反向渗透，使得咸水通过一层水可穿透、盐不可穿透的膜。

- **列举农业、工业和家庭以及商业节水的例子。**

某些农业技术可以大幅减少农业水消费。微灌是一种节水灌溉技术，用管道通过封闭系统将水输送给作物。节水包括水循环和再利用，可以减少工业和城市用水。灰水是已经使用过的相对没有污染的水，可以用来替代不需要达到饮用标准的淡水。

重点思考和复习题

1. 解释为什么很多国家的穷人支付的水费用要比富人支付的水费高。
2. 这幅图说明了什么？解释这一过程是如何影响水的性质的？

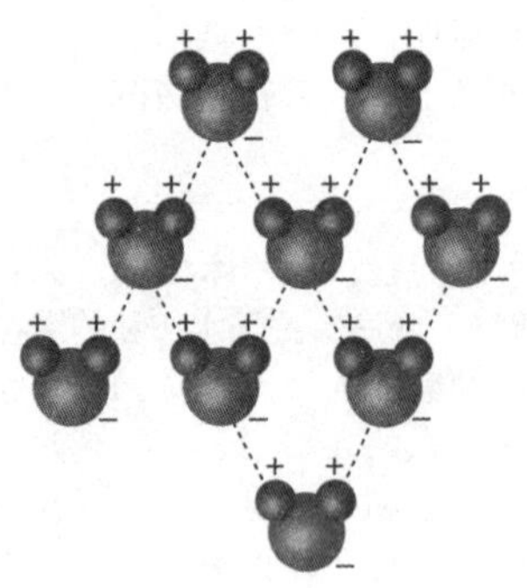

3. 描述几种对地表水和地下水供应的威胁。
4. 讨论水的溶解能力与海洋盐度及水污染的联系。
5. 我们应该在河漫滩上建造房屋吗？纳税人是否应该向那些选择居住在河漫滩上的人提供联邦灾难救助？请解释你的回答。
6. 生态学家为什么认为堤坝、泄洪道和其他防洪措施会对水系产生危害？
7. 解释全球气候变化与淡水之间的关系。
8. 水供应问题是因为人口太多，还是因为美国人均水消费太多？在不富裕的国家呢？请解释两者之间的差别（如果有）。
9. 以莱茵河、咸海或伊拉克为例，简述国际水利用的复杂性。
10. 解释水资源问题是怎样导致经济或政治不稳定的。
11. 大坝的好处有哪些？不足呢？
12. 描述几种减少水利用的灌溉方法。既然有这些技术，为什么农民还在使用传统的灌溉方法？
13. 哪些工业消费的水最多？讨论一种更加可持续的工业用水方法。
14. 根据一项研究报告，使用下图比较美国、瑞典、荷兰的居民用水情况。这些国家的水利用习惯有何不同？每个国家如果节水可以带来怎样特别的变化？

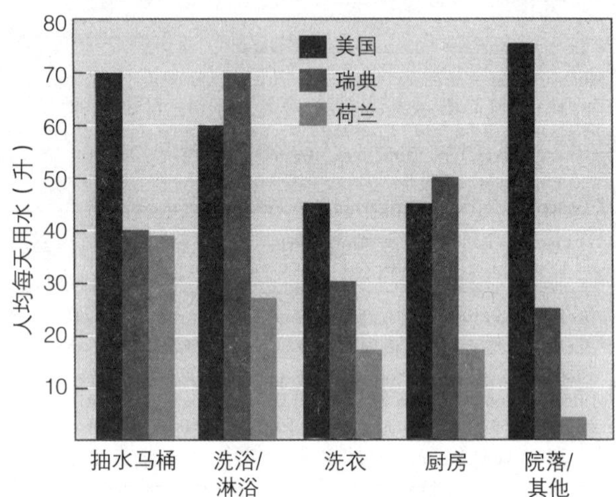

拥有先进水系统的三个国家居民用水情况。（数据引自J. Kindler and C. S. Russell, *Modeling Water Demands*［《水需求建模》］, Toronto: Academic Press, 1984. 亦参见P. H. Gleick, "Basic Water Requirements for Human Activities: Meeting Basic Needs"［《人类活动的基本水需求：满足基本需要》］, *Water International*, Vol. 21, 1996.）

15. 丹佛或凤凰城等内陆城市提高水供应的一个策略可能是资助在数百英里外的加利福尼亚州建立海水淡化厂，以此换取科罗拉多河水更多的份额。解释为什么这可能是一个节约成本的方案，讨论这个方案是否是公平的或者政治上具有可行性。
16. 围绕你本人每天的用水量制定一个简略的节水计划。

食物思考

水可用性问题影响着世界各地的食品生产。比较非洲、北美和中东地区水问题和农业之间的联系，有哪些相同点？有哪些不同点？如果一个新的农民希望限制或避免水约束，他/她会考虑哪些问题？讨论让农民更加可持续地用水的两种方法。

第十四章

土壤资源

清除雨季发生在从加德满都到博卡拉的普里特维公路上的泥石流。

2014年3月，华盛顿州的一个小镇奥索（Oso）被泥石流吞噬，20多名居民消失在该区域土壤、水、树和垃圾的混合泥石流中。这次特别的泥石流是由暴雨引起的，多年的森林砍伐加剧了土壤侵蚀，位于山脚下支撑山坡的河堤脆弱松动。地震、飓风、火山爆发、暴雨（见图片）以及其他自然事件都可能导致泥石流。2013年，科罗拉多发生森林大火，植被烧光后使山峰再无遮拦，形成了发生泥石流的条件。伐木、采矿、建筑等人类活动也使得土壤对于侵蚀事件变得异常脆弱。

露天采矿，比如山顶剥离采煤，在好几个方面增加了泥石流的风险。山顶剥离采煤技术是将煤层上面的山体（树木、土壤和岩层）移走，树木、土壤和岩石顺着山坡被倾倒进山谷和溪流里。第一，植被的消失使得土壤裸露在暴雨之下，去除了能够固定土壤的树根。第二，山顶剥离淹没了现有的河床，以不可预见的方式改变了河道。被改变的山坡没有原来的山坡稳固。与原始山顶状态的土壤不同的是，采矿设备堆积的土壤和岩石废弃物（称为岩石覆盖）没有稳定的、扎实的结构。在采矿的决策方面，生活在山顶下面河流下游的人极少能表达自己的声音，也没有权力参与决策或投票。如果这些地方发生泥石流或煤废物散落，人们就用自然灾害来描述，转移对人的行动的指责，而正是人的采矿活动导致了土壤侵蚀，才可能产生了这些后果。

泥石流是由于水的流动导致土壤侵蚀的有力的例证。风也可能导致土壤侵蚀，20世纪30年代的大尘暴（见本章的案例聚焦）将地表土吹向空中，甚至降低了欧洲的空气质量。那个时代，美国中西部发生持续干旱，农业生产恶化，导致了严重的土壤流失。一般来说，土壤并不被认为是一个致命武器，但是一旦移动，人就常常处于危险之中。

同时，农业生产力最高的地区很多是土壤在漫长时间里积聚的区域。河谷和三角洲都有着深厚的、肥沃的土壤，这些土壤是从上游被侵蚀的土地冲刷而来的。世界上很多大城市都坐落在这些地方，土壤随水流经长途跋涉而来，河道提供交通运输便利，肥沃的土壤促进食物生长。土壤结构是人类活动和文明发展的基础。即便是不发生泥石流，土壤的不稳定也会威胁人居群落的基础。

在本章中，我们将讨论土壤这一宝贵的自然资源，人类和其他生物都依赖土壤而生存。很多人类活动导致或加剧了土壤问题，比如侵蚀和营养矿物质耗尽。土壤保护的目的是最大限度地减少土壤侵蚀，维持土壤的肥力，以便土壤这一资源能够得到可持续的利用。保护土壤资源对于人类的生存至关重要，因为99%以上的食物都来自土地。

身边的环境

登录http://websoilsurvey.nrcs.usda.gov/app/homepage.htm，点击“archived soil surveys”，可查看美国各州土地调查表。点击你感兴趣的州，然后点击你感兴趣的县。选择pdf文件，下拉至“physiography”。这个县有着怎样的地质历史？

土壤系统

学习目标

- 掌握土壤的定义，明确土壤系统形成中所涉及的因素。
- 列出土壤系统的四个组成部分，并解释每个部分的生态重要性。
- 描述不同的土壤发生层。
- 至少列举两个土壤生物提供的生态系统服务，并简要讨论营养循环。

土壤（soil）是地壳中相对较薄的表层，含有受天气、风、水、生物等自然力量作用的矿物质和有机物质。人们很容易对土壤想当然。我们终生在土壤上行走，但是极少停下来思考一下土壤对我们的生存有多么重要。

土壤几乎为所有的陆地食物网提供支持。巨大数量和众多种类的生物，主要是微生物，栖息在土壤中，依赖土壤获得栖息地、食物和水。植物自己扎根在土壤中，并从土壤里汲取必需的营养矿物质和水。我们依赖植物获得所需要的食物，因此人们没有土壤就不能生存（图14.1）。

土壤代表着一个进化系统，很多生物和物理过程在这个系统中交互发生作用。下面将描述土壤系统。

成土因素：土壤形成的因素

成土因素（state factor）决定着土壤系统的状态。土壤系统的五大成土因素是母质、气候、地形、生物和年龄。土壤是从母质（parent material）中形成的，母质是通过自然界中生物、化学和物理风化过程（weathering process）慢慢分解或破裂成越来越细小的颗粒的岩石。从岩石分化成越来越细微的矿物颗粒需要很长时间，有时需要数千年。形成2.5厘米（1英寸）的表土可能需要200年到1000年的时间。有机物在土壤中累积也需要时间。土壤的形成是一个持续的过程，涉及地球的固体地壳与生物圈之间的相互作用。在已经形成的土壤下面，母质风化依然在进行，不断增加着新的土壤。土壤的厚度变化很大，从北极和南极以及山顶附近斜坡上幼年土地上的薄薄一层，到大草原上古老土地上的3米（10英尺）多厚。

图14.1 农业土壤。这片土壤位于中国东川的一个山坡上，生长着很多庄稼。土壤是人类和陆地生物赖以生存的重要自然资源。

土壤：地壳中最外边的一层，为陆地植物、动物和微生物提供支持。

生物和气候在风化过程中都发挥着重要作用，有时是共同发挥作用。当植物的根和其他土壤生物呼吸时，它们会产生二氧化碳CO_2，并释放到土壤里，与土壤中的水分发生作用，形成碳酸H_2CO_3。地衣等生物产生其他种类的酸。这些酸在岩石上腐蚀出细小的裂孔，然后水渗透进这些裂缝里。如果母质位于温带气候，那么冬季水的冰冻和融化的交替使得裂缝变大，分裂出小片的岩石。小的植物将它们的根扎进越来越大的裂缝中，进一步造成岩石的裂解。

地形（topography）是一个地区的表面特征，比如是否有山峦、山谷，也参与土壤形成的过程。陡峭的山坡上面一般来说很少或根本没有土壤，因为土壤和岩石会在重力作用下随着山坡持续不断地滑落。径流有助于扩大陡峭山坡的侵蚀。另一方面，缓的山坡和山谷可能有利于深厚土壤的形成。

由于人类对碳循环和氮循环等环境过程（见第四章）有着全球性的影响，因此也常常被认为是一种成土因素。影响土壤系统的人类活动包括农业、城市化、采矿、污染、森林砍伐和植树造林。

土壤构成

土壤系统是由四个明显的部分组成的：矿物颗粒，构成一块“典型”土壤的45%左右；有机质（5%以下）；水（大约25%）；空气（大约25%）。土壤是分层的，每层土壤都有其特定的构成和特殊的性质。栖息于土壤中的植物、动物、真菌和微生物，与土壤发生相互作用，营养矿物从土壤到生物进行循环，生物在其生物过程中利用矿物。如果生物死亡，那么细菌和其他土壤中的生物会将其残体进行分解，把营养矿物返回到土壤中。

矿物部分来自风化的岩石，构成了土壤的大部分，既为植物提供了栖息地和营养物质，也为水和空气提供了孔隙。因为不同的岩石是由不同的矿物构成的，因此土壤的矿物构成和化学特性也有着变化。富含铝的岩石形成酸性土壤，而含有镁硅酸盐和铁硅酸盐的岩石所形成的土壤可能缺乏钙、氮和磷。即便是同一种母质形成的土壤也可能具有不同的性质，因为参与土壤形成的气候、地形和生物等其他因素是不同的。

土壤的年龄影响着矿物的构成。总体来说，土壤越老，风化的就越厉害，某些必需矿物质的含量就低。澳大利亚、非洲、南美和印度的大部分地区土壤古老，营养贫瘠。与此相反，在最近的地质年代，冰川运动穿过了北半球的很多地区，挤压破碎了基岩，形成了含有富饶土壤的母质。以最大面积计算，这些冰原覆盖的土壤面积大约有1000万平方千米（400万平方英里），一直向南延伸到俄亥俄与密苏里河。在这些地质上年轻的土壤里和火山活动地区形成的年轻的土壤里，有着充足的、必需的营养矿物质。

枯枝落叶、动物粪便以及植物、动物残体和处于不同分解阶段的微生物构成了土壤有机质（soil organic material）。微生物，特别是细菌、线虫纲动物和真菌，逐渐地分解着这些物质。在有机质分解过程中，必需营养矿物离子被释放到土壤中，并与土壤颗粒结合在一起，被植物的根茎吸收，或者被水从土壤中淋洗掉。有机质在很大程度上像海绵一样提高了土壤的持水能力，还提高了土壤的透气性。由于这些原因，园丁们常常向土壤里施加有机质，因为有机质可以为植物根部生长创造最适宜的空气和水条件。

在多次分解后依然留下的黑色或暗褐色的有机质是腐殖质（humus）。腐殖质不是一种化合物，而是很多有机化合物的混合，粘附着营养矿物离子，保持着水分。平均来看，腐殖质可以在农田里存在20年左右。不过，某些腐殖质的元素可能在土壤里存在数百年甚至几千年。尽管腐殖质在一定程度上抗拒进一步的腐坏，但是连续不断的微生物会逐渐地将它分解成二氧化碳、水和营养矿物。蚯蚓、白蚁和蚂蚁等食碎屑动物也有助于分解腐殖质。

土壤颗粒周围和之间有无数的孔隙。土壤孔隙占据大约50%的土壤体积，里面充满着不同数量的水（称为土壤水[soil water]）和空气（称为土壤空气[soil air]）（图14.2），水和空气对于形成潮湿而通气的土壤非常必要，从而维持植物和其他栖居土壤中的生物的生存。一般来说，水储存于更小的孔隙中（小于直径0.05毫米），而空气则充斥在更大的孔隙里。连绵多日阴雨后，几乎所有的孔隙都会充满水，但是水会从较大的孔隙中流走，并从大气中将空气吸收到那些孔隙中。

土壤水源自降水，从地表渗透下来；或来自地下水，从地下水位中上升（见第十三章）。土壤水含有低浓度的溶解性营养矿物质盐，这些盐随着植物对水分的吸收进入植物的根。没有粘附于土壤颗粒或被植物根吸收的水分，就携带着溶解的矿物通过不同层的土壤淋洗（leach）下来，或渗透下去。在低层土壤中被淋洗的矿物的形成被称为淀积作用（illuviation）。铁和铝化合物、腐殖质和黏土是一些聚集在土壤下层的淀积物质。有些物质被完全从土壤中淋洗掉，因为它们非常容易发

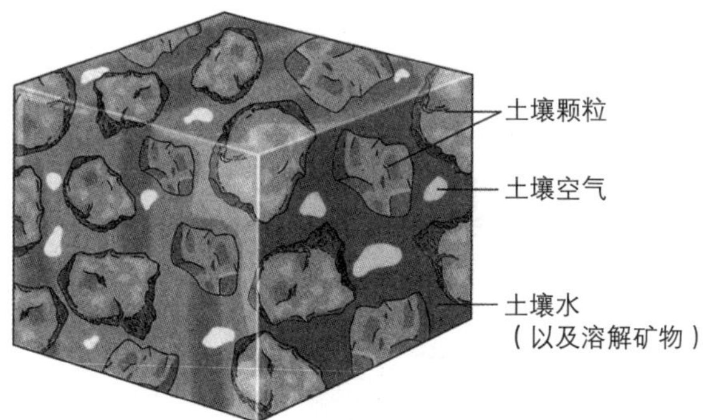

（a）在湿润的土壤中，孔隙中多数空间充满着水。

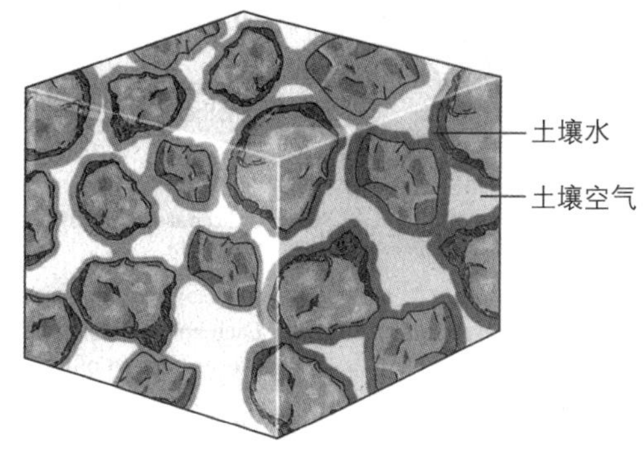

（b）在干燥的土壤中，一层薄薄的水紧紧地粘附在颗粒周围，土壤空气占据着大部分孔隙空间。

图14.2　孔隙。

生溶解，以至进入地下水。当地下水位上升时，水还可以携带着所溶解的矿物向土壤的上层移动。

土壤空气含有的气体与大气空气含有的气体是一样的，尽管这些气体所占的比例通常有所不同。由于土壤生物的细胞呼吸，土壤一般来说含有的二氧化碳比大气中的二氧化碳多，含有的氧气比大气中的氧气少。（见第三章，细胞呼吸利用氧气，产生二氧化碳。）土壤空气含有的重要气体中有土壤生物细胞呼吸所需要的氧气、固氮细菌所需要的氮气（见第四章）以及涉及土壤风化的二氧化碳。

土壤发生层

穿过很多层土壤的纵深切面显示出这些土壤分为不同的特色鲜明的水平层面，称为**土壤发生层**（soil horizons）。土壤剖面（soil profile）就是从地表面到母质的垂直切面，显示出土壤发生的层面（图14.3）。土壤发

土壤发生层：从地表到最下面母质之间形成的很多层土壤的水平层面。

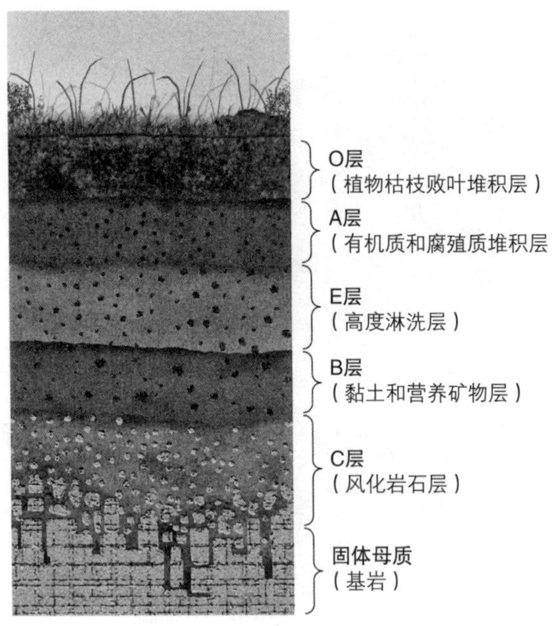

图14.3 普遍的土壤剖面。每一层都有自己的化学和物理特性，每层土壤都有着自己的平面。

生层常常有着一般的模式，但是各个具体层面都是在土壤发育或人类干扰期间不同成土因素相互作用的结果。

土壤最上面的一层叫O层（O-horizon），富含有机物质，植物枯枝烂叶都堆积在O层，并逐渐腐烂。在沙漠土壤中，O层经常是完全没有的，但是在有些有机物丰富的土壤中，O层可能是土壤中的主导层。

O层下面就是表土，或者是A层（A-horizon），这一层是暗色的，富含堆积的有机质和腐殖质。植物的根和土壤生物在这一层非常多。在有些土壤中，在A层和B层之间会形成高度淋洗的E层（E-horizon）。

B层（B-horizon）是A层下面浅颜色的地下土壤，常常是从表土和枯枝败叶堆积中淋洗下来的营养矿物的聚集区，含有丰富的铁铝化合物和黏土。

B层下面是C层（C-horizon），这一层含有风化的岩石，与未风化的固体母质相连。C层在多数根系的下面，常常浸透着地下水。

土壤生物

尽管土壤生物通常隐蔽在地下，但是它们的数量巨大。数百万个微生物，包括细菌、真菌、藻类、线虫纲动物和原生动物，可能生活在仅仅一茶匙那么大的肥沃农业土壤中。很多其他的生物栖息在土壤生态系统中，包括植物的根、白蚁和蚂蚁等昆虫、蚯蚓、鼹鼠、蛇、土拨鼠（图14.4）。土壤中数量最多的是细菌，每克土壤中有数亿个细菌。科学家已经区分出大约17万个种类的土壤生物，但是还有几千个依然没有得到辨识。而且，科学家对大多数土壤生物的作用知之甚少，部分原因是多数土壤生物在实验室中不能很好地生长，但是只有在实验室里才能对它们进行全面的研究。

土壤生物提供几种必要的**生态系统服务**，比如通过使有机物质腐烂和循环维持土壤的肥力，防止土壤侵蚀，分解有毒污染物，净化水，影响大气的构成。

蠕虫是生活在土壤中的重要生物。在人们最熟悉的土壤居民中，蚯蚓取食土壤，通过消化组成腐殖质的某些化合物来获得能量和原材料。蚯蚓排泄物（castings）是穿过蚯蚓腔肠的土壤，堆积在地表附近。通过这种方式，深层土壤中的营养矿物被带到浅层土壤。蚯蚓的通道可以给土壤透气，蚯蚓的粪便和残体可以增加土壤的有机物质。

生活在土壤中的蚂蚁数量巨大，在土壤中挖掘通道，建立巢穴，给土壤通气。栖居在土壤中的蚂蚁集群在地表上觅食，将捕获到的食物带到地下巢穴。这些食物不一定都能吃完，但是最终都被分解，这有助于增加土壤中的有机质。很多蚂蚁还是植物繁殖不可或缺的帮手，因为蚂蚁将植物种子埋在土壤里。有些蚂蚁在地下促进真菌生长，这有助于保护土壤湿度，增加有机质。

土壤的特性影响植物生长，尽管多数植物可以适应

环境信息

土壤真菌和植物群落

科学家还没有发现影响植物多样性的特别因素，但是两个研究团队强调了土壤真菌在塑造植物群落中的重要性。瑞典和安大略的研究人员发表报告，认为某一个地区的植物多样性深受当地菌根数量的影响。在模仿欧洲和北美景观的控制性试验中，对同一种植物群落进行了复制，每一个群落里有1到14种不同的菌根物种。科学家发现，有着8个或以上菌根物种的植物群落维持了最大的生物多样性。如果与植物共生的真菌种类减少，那么植物群落的结构和组成就会有很大的波动，这与菌根物种的数量和构成有着紧密的关系。研究人员认为，菌根多样性在决定植物多样性和生态多样性以及生产力方面，发挥着重要的作用。

生态系统服务：生态系统向人提供的重要环境福利，包括呼吸的清新空气、饮用的洁净水、种植作物的肥沃土壤。

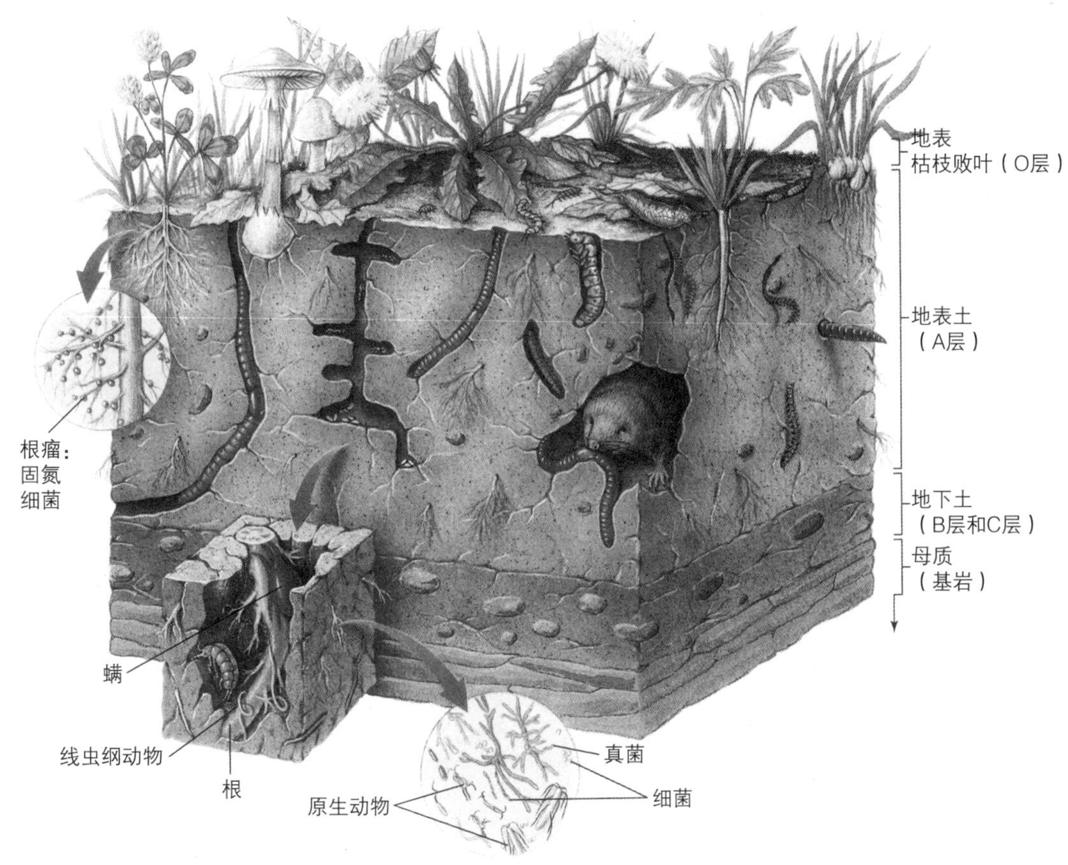

图14.4　土壤生物。肥沃土壤中的生物多样性包括植物、藻类、真菌、蚯蚓、线虫纲动物、昆虫、蜘蛛、螨、细菌以及洞穴动物，比如鼹鼠、蛇、土拨鼠。

很多种类的土壤。反过来，植物种类也影响其生活的土壤。生活在某些地区的植物是因为当地的土壤，还是那些植物决定了当地的土壤类型？在不同的土壤系统中，这两种情况都有。

土壤中一种重要的共生关系发生于真菌和维管植物的根之间。这些真菌称为菌根（mycorrhizae），有助于植物从土壤里吸收充分的必要营养矿物质。植物的真菌伙伴有着线状的身体，称为菌丝体（mycelium），比植物根能够更深地扎入到土壤里。真菌从土壤中吸收的营养矿物质被转换到植物里，植物把光合作用产生的食物馈赠给真菌。菌根真菌促进了植物生长（见图5.17）。如果由于自然和人为因素导致菌根真菌缺乏，那么就会延缓很多树种和兰花等其他植物的生长。

营养循环

在正常发挥功能作用的生态系统中，土壤以及生活在土壤里和土壤上的生物之间的关系确保了土壤的肥力。氮和磷等必要的营养矿物质实现着从土壤到生物，然后再回到土壤的循环（图14.5；另见第四章关于氮和磷循环的讨论）。分解是**营养循环**（nutrient cycling）的一部分。细菌和真菌分解植物、动物的残骸和废物，将大的有机分子转换成小的有机分子，包括二氧化碳、水和营养矿物，营养矿物被释放到土壤中实现再次利用。

营养循环还涉及非生物过程。尽管淋洗导致一些营养矿物从土壤生态系统中流失到地下水里，但是母质的风化会弥补大部分或全部的损失。而且，大气中携带的尘埃会飘浮数百或数千公里，会补充某些土壤中的营养矿物。比如，夏威夷的森林土壤会得到来自6000多公里（大约4000英里）以外的中亚的尘埃补充。

复习题

1. 风化过程是怎样影响土壤形成的？
2. 土壤的4个组成部分有哪些？每一个部分的重要性是什么？
3. 什么是土壤发生层？区分O层和A层。
4. 列举土壤生物提供的2种生态系统服务。

营养循环：来自环境的各种营养矿物质进入生物，然后再返回到环境中的路径。

图14.5 营养循环。在功能正常的生态系统中，营养矿物质实现从土壤到生物，然后再回到土壤的循环。

土壤特性和主要的土壤类型

学习目标

- 简述土壤质地和土壤酸度。
- 区分灰土、淋溶土、软土、旱成土、氧化土。

质地和酸度是显示土壤特性的两个参数。土壤质地（texture）指的是土壤中所含砂土、粉土、黏土等不同大小的无机矿物颗粒的相对比例。土壤质地不包括土壤中的有机矿物质，只包括无机矿物质。土壤科学家根据砂土、粉土、黏土的大小对土壤质地进行分类。直径大约2毫米的颗粒被称为石砾或者石头，不是土壤颗粒，因为它们对植物没有任何直接的价值。土壤颗粒最大的（直径从0.05到2毫米）是砂土（sand），中等大小的（直径在0.002到0.05毫米之间）是粉土（silt），较小的（直径小于0.002毫米）是黏土（clay）（图14.6）。砂土颗粒可以用肉眼很容易地看到；粉土颗粒和面粉颗粒大小相当，肉眼一般看不到；黏土颗粒只有在电子显微镜下才可以看到。土壤的质地影响着土壤的很多特性，这些特性又影响着植物的生长。黏土在决定很多土壤特征方面非常重要，因为黏土颗粒在所有土壤颗粒中占据的表面积最大。如果500克（大约1磅）的黏土颗粒一个挨着一个地在地上摆放，那么占据的表面积可达1公顷（2.5英亩）。

土壤矿物常常以带电的形式或离子形式出现。矿物离子可能带正电（比如，K^+），也可能带负电（比如，OH^-）。每个黏土颗粒在它的外层表面都带有强有力的负电，吸引并与带正电的矿物离子结合在一起（图14.7）。很多矿物离子，比如钾（K^+）和镁（Mg^{2+}），都是植物生长所必需的元素，它们被土壤“吸住”，通过植物与黏土颗粒之间的相互作用被植物利用。与此相反，带负电的矿物离子通常不被土壤紧紧吸住，因此就常常从根区被冲走了。

土壤总是含有不同大小的颗粒，但是不同的土壤所含各种颗粒的比例是不同的。壤土（loam）是最理想的农业土壤，有着不同大小土壤颗粒的最佳组合，含有大约40%的砂土和粉土，含有大约20%的黏土。一般说来，大的土壤颗粒为土壤提供结构支撑、透气和可渗透性，而小的颗粒则黏合在一起，或形成土块，从而保持营养矿物和水分（表14.1）。含有大量砂土的土壤对于多数植物不合适，因为这类土壤不能吸附矿物离子或水。生长在这类土壤中的植物对于矿物缺乏和干旱更为敏感。含有大量黏土的土壤对于多数植物也不合适，因为这类土壤透水功能差，常常缺乏足够的氧气。用于农业的黏土土壤会变得更加密实，这会减少可以蕴藏水和空气的孔隙数量。

土壤酸度

土壤酸度（soil acidity）是用pH值来测量的，取值范

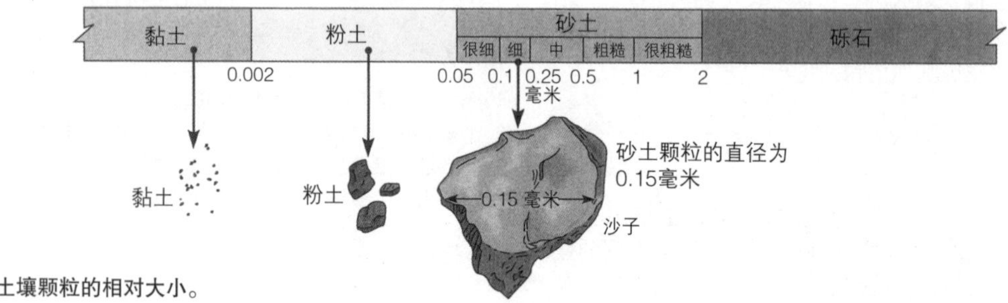

图14.6 土壤颗粒的相对大小。

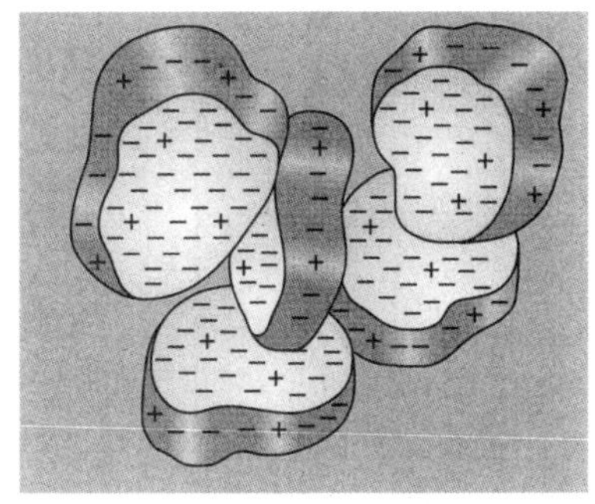

（a）黏土颗粒的外层表面主要是带负电。

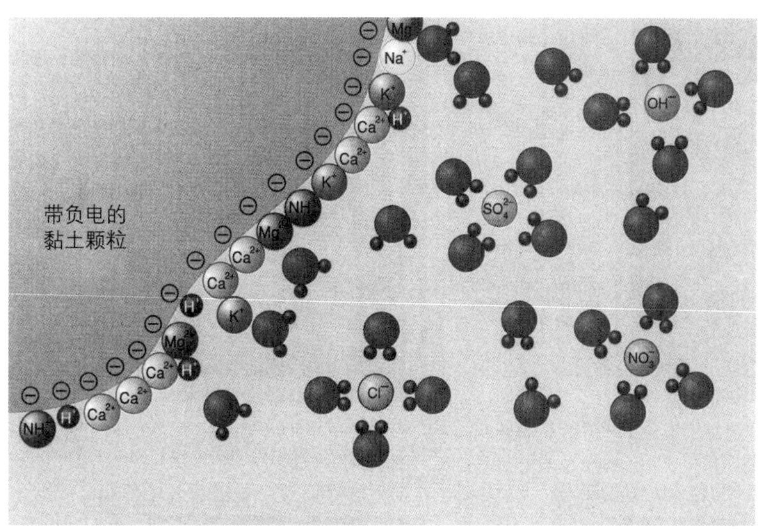

（b）在这个特写镜头中，有一个黏土颗粒和外面环绕着的薄薄一层水（红色的氧附着着两个蓝色的氢），注意看大量的带正电的矿物离子被吸引到黏土颗粒的表面。同时还要注意看水分子的正电（蓝色）端如何围绕着被溶解的带负电的离子。

图14.7 营养矿物的摄取

表14.1 受土壤质地影响的土壤特性

土壤特性	土壤质地类型		
	砂土土壤	壤土	黏土土壤
透气	很好	好	差
透水	很好	好	差
保持营养矿物能力	低	中	高
持水能力	低	中	高
可使用性（耕作）	容易	中等	困难

围从0（极酸）到7（中等酸度）到14（极碱）。（见附录I关于pH值的讨论。）多数土壤的pH值范围是从4到8，但是有些土壤不在这个范围之内。土壤的pH值影响着植物，部分原因是某些营养矿物在不同的pH值中有着不同的溶解度，也就是说，土壤中的营养能否被植物吸收要取决于pH值。植物可以吸收被溶解的矿物元素，但不能吸收没有溶解的矿物元素。如果pH值低，那么铝和锰在土壤水分中更容易溶解，植物的根有时会吸收很多，达到有毒的浓度。植物生长所必需的某些矿物盐，比如磷酸钙，pH值越高，就越不易溶解，也越不易被植物吸收。

土壤pH值极大地影响营养矿物的淋洗。土壤越酸，黏合正电离子的能力就越弱。因此，某些植物生长所必需的营养矿物离子，比如钾（K^+），就更容易从酸性土壤中淋洗出去。多数植物生长最适宜的pH值在6.0和7.0之间，因为植物生长所需要的多数营养矿物质适应那个范围。

土壤pH值影响植物，同时也受到植物和其他土壤生物的影响。含有针叶树松针的枯枝落叶层里面有酸，会淋洗到土壤中，从而降低土壤的pH值。腐殖质的分解和土壤生物的呼吸也会降低土壤的pH值。

酸性降水（acid precipitation）是一种空气污染，人类产生的硫酸和硝酸以酸雨、酸雨夹雪、酸雪或酸雾的形式降落到地面。酸性降水改变了土壤的化学特性，损害了植物，导致了一些地区的森林锐减（见第十九章）。新罕布什尔州哈伯德布鲁克（Hubbard Brook）的酸雨研究显示，通过向土壤中施加钙，就可以扭转酸雨的影响，因为钙可以恢复pH值的平衡。

主要土壤类别

气候、当地植被、母质、基本地质构造、地形和土壤年龄的不同造成了全世界的数千种土壤类型。这些土壤在颜色、深度、矿物含量、酸度、孔隙和其他特性方面都有着差异。根据美国的土壤分类系统（soil taxonomy），这些土壤可以分为12个特色鲜明的土纲（order），每个纲可以再分为很多不同的土系（series）。仅在美国，已知的土系就有2万多种。

下面我们重点介绍五个常见的土纲：灰土、淋溶土、软土、旱成土、氧化土。气候寒冷、降水丰沛、排水顺畅地区的土壤通常是灰土（spodosol），这种类型的土层级分明（图14.8a）。灰土一般是在落叶林下面形成的，有着由酸性枯枝落叶组成的O层，里面主要是松针；有着灰色、酸性、淋洗的E层；有着淀积的B层。灰土不会成为好的农田，因为这些土壤太酸了，在淋洗的作用下缺乏营养物质。

温带落叶林生长在淋溶土（alfisol）上，这种土壤

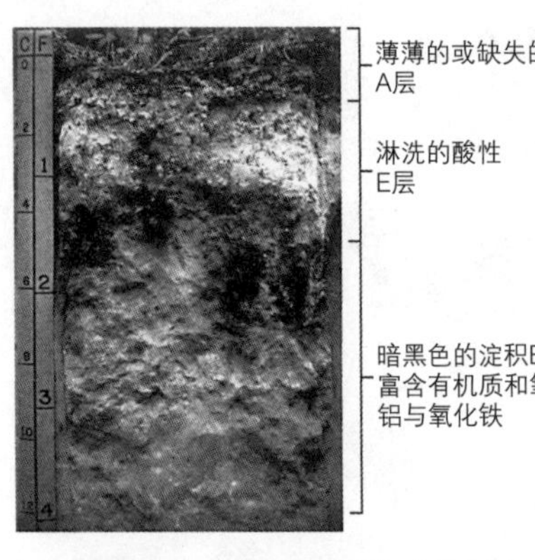

（a）寒冷气候（亚北极地区）中的灰土，生长着常绿森林。

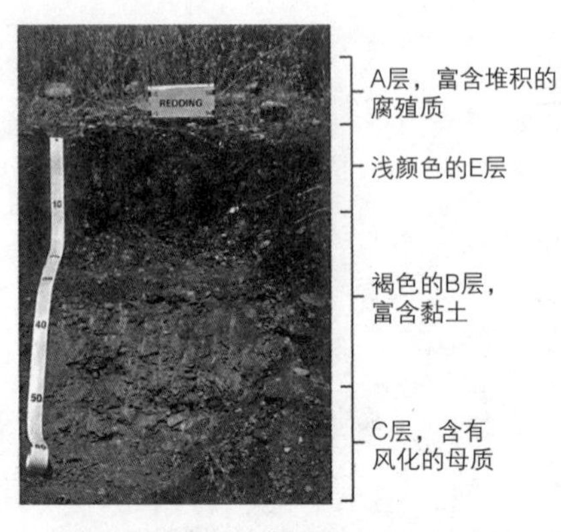

（b）寒潮湿气候中的淋溶土，冬冷夏热，生长着温带落叶林。

（c）半干旱气候中的软土，冬冷夏热，生长着温带草原。

（d）干旱气候中的旱成土，有着沙漠。

（e）温暖、湿润气候中的氧化土，有着热带雨林。

图14.8　五种有代表性的土纲。随着气候发生变化，每种土壤中的植物都将变化。植物生命的变化会怎样影响土纲的特征呢？

有一个从褐色到黑褐色的A层（图14.8b）。由于降水量大，很多黏土和可溶性营养矿物质从A层和E层冲走，进入到B层。如果落叶林是完整的，那么土壤的肥力可以通过持续不断的植物枯枝落叶腐烂得到维持。这类土壤被开垦成农田的话，如果得不到有机肥或无机肥的补养，土壤的肥力就会下降。

软土（mollisol）主要位于温带半干旱草原，是肥沃的土壤（图14.8c）。这类土壤有着厚厚的、暗褐色到黑色的A层，富含腐殖质。一些可溶性营养矿物质停留在土壤上层，是因为降水量不是很大，不至于将它们淋洗到土壤的下层。世界上大多数庄稼是在软土上种植的。这些土壤提供了生物参与土壤形成的范例，如果没有深扎根的草，就不会形成软土。

旱成土（aridisol）出现于干旱地区，各个洲都有。在这些沙漠中，丰沛降水的缺乏杜绝了很多淋洗，茂密植被的缺乏杜绝了很多有机质的堆积。由此造成的结果是，旱成土通常没有明显的淋洗层和淀积层。有些旱成土有一个硅铝质（咸的）A层（图14.8d）。有些旱成土提供着放牧动物的牧场，如果保证水利灌溉，旱成土可以种植庄稼。

氧化土（oxisols）中的营养矿物质含量少，存在于热带和亚热带地区，有着充足的降水（图14.8e）。在酷热、潮湿的气候里，由于树叶和细枝很快被分解，因此枯枝落叶这些有机物质都累积在森林地被物（O层）之上。A层富含由快速腐烂的植物形成的腐殖质。B层很厚，具有高度的淋洗性，是酸性的，营养贫瘠。非常奇怪的是，茂密的热带雨林生长在氧化土上。热带雨林中大多数营养矿物质被锁闭在植被中，而不是存在于土壤中。植物和动物残体一旦降落到地被物，很快就开始腐烂，植物的根很快就重新吸收里面的营养矿物质。即便是在温带土壤中需要数年才能分解的树木，在热带雨林中只需几个月就可以分解，主要是被地下蚁分解的。

复习题

1. 什么是土壤质地？
2. 多数土壤的最佳pH值是多少？如果土壤pH值不在这个范围，会发生什么？
3. 在五个土纲中（灰土、淋溶土、软土、旱成土、氧化土），哪一个和沙漠相关？哪一个和热带雨林相关？哪一个和半干旱草原相关？

与土壤有关的环境问题

学习目标

- 解释可持续土壤利用。
- 解释土壤侵蚀、矿物耗竭、土壤盐渍化、植物生长的沙漠化。
- 描述美国大尘暴，解释自然因素和人为因素是怎样共同导致这场灾难的。

土壤系统在自然状态下会实现平衡（即在功能正常的情况下），但是人类的活动破坏了土壤系统，常常导致或加剧土壤问题，包括侵蚀、土壤矿物耗竭、土壤盐渍化、沙漠化，所有这一切在全世界都有发生（图14.9）。了解土壤系统是如何运行的，对于减少这些破坏性影响和促进**可持续土壤利用**（sustainable soil use），是非常必要的。如果采用可持续的方式进行利用，那么土壤就会通过自然过程一年又一年地进行恢复，这种恢复有时会通过人的管理实现加速。

土壤侵蚀

水、风、冰和其他因素促进**土壤侵蚀**（soil erosion）。水和风在将土壤从一个地方移动到另一个地方方面特别有效（图14.10）。降雨会疏松土壤颗粒，然后这些颗粒被流水冲走。风会使土壤疏松，然后将土壤颗粒吹走，特别是在土壤裸露和干燥的时候。土壤侵蚀是一个自然过程，在人的活动作用下得到加速。

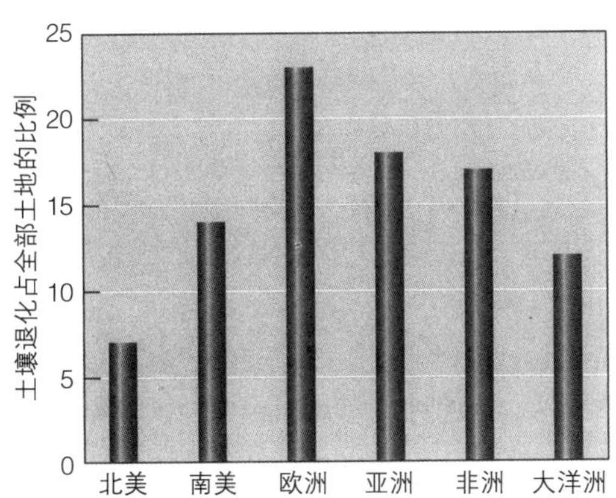

图14.9　土壤退化。这幅图显示了各大洲土壤退化的程度（侵蚀、沙漠化或盐渍化）。（《世界沙漠化地图》，联合国环境规划署，2002年。）

（a）加利福尼亚圣西蒙（San Simeon）一块土地的水蚀。除非进行某种形式的侵蚀控制，这些分叉的沟壑将继续加深。

（b）马里兰州北部一个农场的风蚀。土壤干燥的时候，风就会刮起表土，并吹到很远的地方。开车或步行都会加剧风蚀。

图14.10　土壤侵蚀

土壤侵蚀减少了一个地区土壤的数量，因此会限制植物的生长。土壤侵蚀导致土壤肥力的损失，因为土壤中的必要营养矿物和有机质被剥离了。由于这些损失，被侵蚀的农业土壤的生产力就会下降。

人类常常由于不科学的土壤管理实践而加速土壤侵蚀。尽管土壤侵蚀常常是不科学的农业实践造成的，但是农业不是唯一的原因。消除自然的植物群落，比如为了道路和楼房建设，以及疯狂的森林砍伐，比如砍伐殆尽大片森林，都会加剧土壤侵蚀。

土壤侵蚀对于其他自然资源也有着影响。进入溪流、江河、湖泊的泥沙会影响水质和鱼类的栖息地。如果泥沙含有农药和化肥残留，那么还会污染水质。如果水力发电站所在流域的森林被砍伐，那么就会加速土壤侵蚀，从而导致水坝后面的水库泥沙淤积速度比正常情况快。这会造成发电站水力发电的减少。

可持续土壤利用：土壤资源的明智利用，不减少土壤肥力，土壤为后代保持生产力。

土壤侵蚀：将土壤特别是表土从土地上剥蚀或剥离。

茂密的植被会限制土壤侵蚀的程度。树叶和树干会缓冲降雨的影响，根茎有助于固土。尽管土壤侵蚀是自然过程，但是丰富的植被可以使得土壤侵蚀在很多自然生态系统中变得忽略不计。

美国和世界的土壤侵蚀 每隔5年，前身是国家土壤保护管理局的国家资源保护局（NRCS）都会对美国几千个地方的土壤侵蚀速度进行测量，还利用卫星数据和模型预测年度土壤侵蚀情况。这些测量和估计表明，土壤侵蚀依然是美国很多地区耕作农田的一个严重威胁，特别是对艾奥瓦南部、密苏里北部、得克萨斯西部和南部以及田纳西东部地区。好消息是美国所有农田的土壤侵蚀从1982年到2007年期间下降了55%左右，但是，环境工作组认为，2007年以前和以后的土壤侵蚀被低估了。

水蚀在密西西比河、密苏里河沿岸地区以及加利福尼亚中部山谷和太平洋西南地区的帕卢斯河（Palouse River）流域特别严重。NRCS估计，美国大约25%的农业土地表土流失速度比自然土壤形成再生的速度快。这种表土流失常常是渐进的，农民甚至都注意不到。一场严重的暴雨可能冲刷1毫米（0.04英寸）厚的土壤，这种厚度的土壤简直是微不足道的，只有很多次暴雨积累起来的影响才会引起注意。20年的土壤侵蚀会造成2.5厘米（1英寸）左右的土壤流失，这些流失需要几百年的时间才能通过自然成土过程进行修复。

土壤侵蚀是一个严重的世界性问题。由于预测的侧重点不同，因此关于土壤侵蚀的认识有着很大差异。尽管如此，全世界土壤侵蚀每年造成的表土损失高达750亿公吨（830亿吨）。土壤侵蚀最严重的地区是亚洲、非洲、中美洲和南美洲的一些地方。土壤专家估计，在印度和中国，土壤侵蚀每年造成的表土流失分别是45亿公吨和55亿公吨。这两个国家有着世界13%的陆地，要养活占世界35%以上的人口，也就是26亿人。

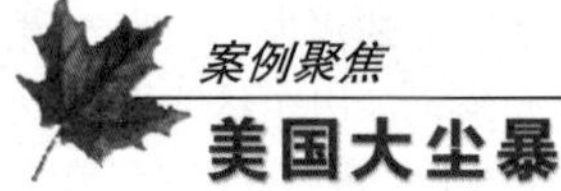

案例聚焦

美国大尘暴

半干旱陆地，比如北美大平原，年降水量少，易于发生周期性干旱。北美大草原的草是最适于半干旱地区生长的植物，适合在干旱地区生存。尽管这种植物地面上的部分会枯死，但是地下面的根系在几年干旱后依然能存活。一旦下雨，这些植物的根系便会再度吐露新芽。土壤侵蚀之所以很小，是因为这些蛰伏且有着生命力的根底保护了土壤，抵御了风和水的侵蚀。

由于数百年积累的一层厚厚的、肥沃的腐殖质，半干旱陆地的土壤常常质量很高。这些土地最适合放牧和小规模种植作物。如果大面积开垦土地进行农业种植或过度放牧，那么就会出现问题。自然植被的清除会为气候条件“进攻”土壤打开一个通道，土壤会在夏季烈日和不时发生的强暴雨以及风的肆虐下逐渐恶化。如果在这样的条件下长期发生干旱，那就可能造成灾难。

在20世纪30年代，美国中部辽阔地区经历了严重的风对土壤侵蚀的影响（图14.11）。从19世纪晚期到20世纪初期，美国大草原土生土长的草被毁掉，改种麦子。接着，从1930年到1937年，从俄克拉何马和得克萨斯以至延伸到加拿大的半干旱陆地年降水比正常情况减少了65%。顽强的本地生的草可以度过这些年的干旱，但是小麦不行。长期的干旱导致作物死亡，使得农田裸露，对于风的侵蚀特别脆弱。

来自西边的风吹过荒芜、裸露的土壤，形成了难以想象的尘暴。科罗拉多、得克萨斯、俄克拉何马和其他草原州的表土被风吹到了东边数百公里远的地方。佐治亚州在外面晾晒衣服的妇女后来发现衣服上满是尘土。纽约市和华盛顿的烘焙店只好将新烤的面包远离打开的窗户，以免弄脏。扬起的尘土甚至使得离海岸几百公里的大西洋变了颜色。1937年4月14日被称为黑色星期天，美国历史上最严重的尘暴遮蔽了天空，挡住了太阳。

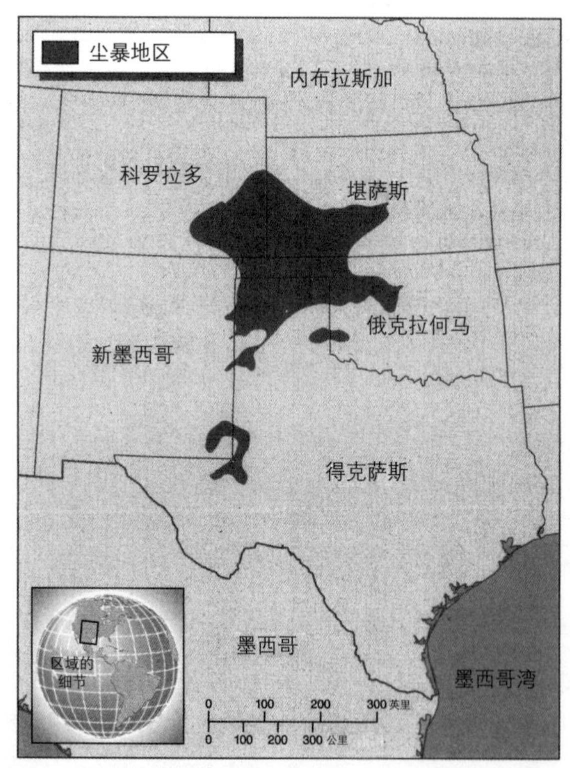

图14.11 美国大尘暴造成的损害最严重的地区。美国大平原3000多万公顷（7400万英亩）的土地在大尘暴的岁月中受到损害。阴影部分的科罗拉多、堪萨斯、俄克拉何马、得克萨斯和新墨西哥地区受害最为严重。我们可以注意到大尘暴侵蚀和奥加拉拉含水层有着很大的重合。

大尘暴发生于大萧条时期，农场主和农民很快破产。很多人放弃了他们被尘暴肆虐的土地和死亡的家畜，向西迁移到充满希望的加利福尼亚（图14.12）。这些失去家园的农民的困境在约翰·斯坦贝克（John Steinbeck）1937所写的《愤怒的葡萄》（*The Grapes of Wrath*）中有形象生动的描述，他也因此获得1940年的普利策奖（Pulitzer Prize）。

当大平原地区最后终于下雨的时候，很多地区已经侵蚀得太厉害，不再适宜发展农业了。大尘暴以后的岁月里，美国土壤保护管理局种植了灌木和树林防护带（延缓风的侵蚀），在很多侵蚀严重的地区播撒了大草原本地生的草种子。农业之所以能够恢复，在很大程度上是因为水利灌溉保护庄稼免于干旱的损失。但是，为这片广袤地区提供灌溉用水的奥加拉拉含水层抽水的速度高于水源补充的速度（见第十三章）。如果农民被迫放弃灌溉，重新改回旱作农业，那么只有通过精心管理才能避免在下一个干旱时期再度发生大尘暴那样的事件。

尽管美国再没有发生大尘暴，但是大平原依然遭受干旱和土壤侵蚀。比如，21世纪初期发生的长达5年的严重干旱摧毁了蒙大拿、怀俄明、科罗拉多、堪萨斯、得克萨斯和新墨西哥部分地区的庄稼。美国高平原地区再次发生的沙尘暴不断提醒着人们那个“肮脏的30年代”（Dirty Thirties）。

营养矿物质耗竭

在自然生态系统中，必需营养矿物质实现着从土壤到生物特别是植物的循环，这些植物用根系吸收土壤中的营养。当生物死亡和微生物分解后，这些必需营养矿物质再次释放到土壤里，继续为生物所利用。农作物收获后，农业系统就破坏了这种营养循环的模式。含有营养矿物质的很多植物材料被从这个循环中转移，因此就不能通过腐烂而再度把营养矿物质释放到土壤。随着时间的推移，农业土壤就失掉了肥力（图14.13）。

图14.12　大尘暴残留物。图中的汽车和房子标志和记录着大尘暴期间被废弃的农场。

在全球范围内，10多亿人赖以生活的农田生产力低下，不能为他们提供温饱的生活。不科学的耕作方法、严重的土壤侵蚀、沙漠化都促进了营养矿物质的耗竭。而且，快速增长的人口对土壤的需求加剧了世界范围内的土壤问题。

在热带雨林，气候、典型的土壤类型（氧化土）、人类对自然森林的砍伐导致了非常严重的矿物质耗竭。热带雨林的土壤都有一定程度的营养缺乏，因为营养矿物质主要储存在植被中。死亡生物腐烂向土壤释放的任何营养矿物质立刻就会被植物根系和共生的菌根所吸收，如果不这样，暴雨很快就会把营养矿物质冲走。植物对营养的再吸收非常有效，因此尽管热带雨林的土壤相对贫瘠，但是只要热带雨林保持完整，就能支撑茂盛的森林生长。

如果森林被砍伐殆尽或者毁林造田，那么森林高效率的营养循环就会被破坏。森林植被有效地储存营养矿物质，一旦清除，这些营养矿物质就会从系统中被淋洗掉。在这样的土壤里种植作物，用不了几年，土壤里菲薄的矿物含量就会耗尽。如果放弃农业耕作，如果附近的森林能够提供种子来源，那么被损毁的森林最终会恢复到原始状态。但是，这种森林的再生长是一个缓慢的过程，而且，不是所有的森林系统在损坏后都能得到恢复。（第十七章详细讨论森林砍伐。）

土壤盐渍化

干旱和半干旱地区的土壤常常含有无机化合物的大量自然累积，比如矿物质盐（见图14.8d）。在这些地区，流入深层地下土壤的水极少，因为天上下的一点降雨很快就蒸发了，将盐分留了下来。与此相反的是，湿润气候降雨充沛，将盐从土壤中淋洗出去，冲进水道和地下水中。

农田水利灌溉常常导致土壤盐度升高（变咸），这种情况称为**盐渍化**（salinization）（图14.14）。灌溉用水含有少量的溶解盐（淡水总是含有一些盐）。年复一年不停地浇灌这样的水就导致土壤中的盐分逐渐积累。水蒸发后，盐分就留了下来，特别是留在上层土壤，而这层土壤对农业生产来说又是最重要的。长此以往，土壤盐度会升高到毒死植物或使得植物根系脱水的地步。另外，如果被灌溉的土壤发生涝灾、被洪水浸泡，那么毛管移动会将地下水中的盐分带到土壤表面，结成一层盐分外壳。

盐渍化：土壤中盐分的逐渐累积，通常是不适当的灌溉方法造成的。

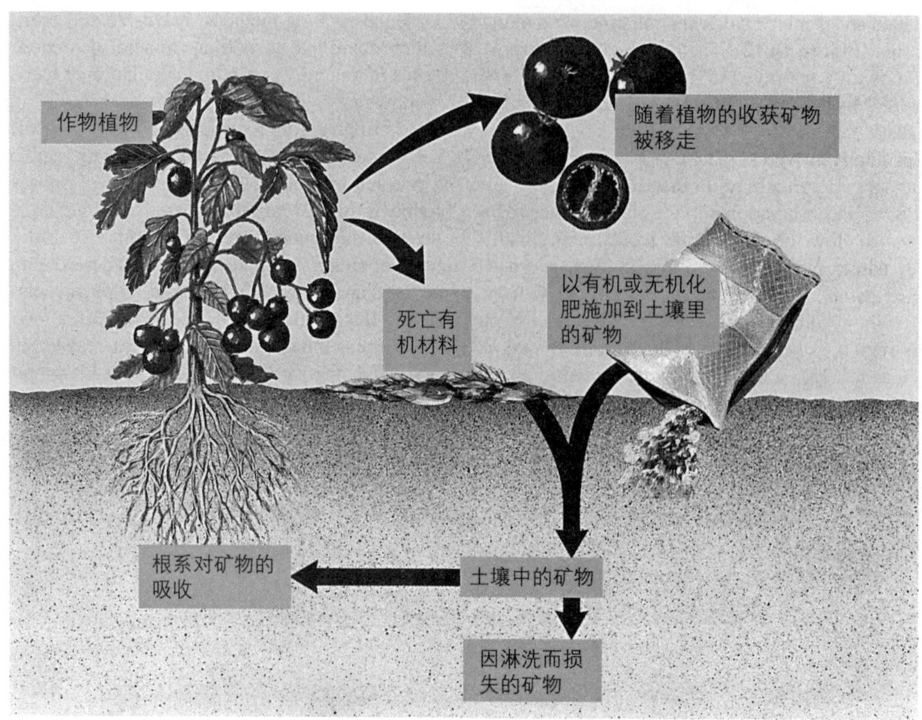

图14.13 农业土壤中的矿物耗竭。在农业中，很多植物果实会被收获。由于收获的果实中的营养矿物不能回到土壤中，因此营养循环被破坏，必须把化肥周期性地补充到土壤中。

图14.14 土壤盐渍化。科罗拉多的一个农场，因为灌溉，土壤中含有白花花的盐分残留。

图14.15 沙漠化。非洲马里（Mali）的牲畜啃食了所有的植被。枯树的树枝被砍伐去喂养牲畜，提供柴火。极度贫困的人们的过度开发利用，再加上长期的干旱，使得萨赫勒的沙漠地区不断扩大。

沙漠化

亚洲和非洲有大片的土地受到很大的损坏，在这两个大陆，人口增长使这一问题变得更加复杂。以萨赫勒为例，这片辽阔的半沙漠地带从撒哈拉沙漠以南横穿非洲，包括很多国家的全部或部分地区（见图4.22），萨赫勒荒漠草原发生周期性的干旱，但是在过去的40年里，降雨持续偏少，也就是说，降雨比正常情况下少。在干旱时期，土壤支撑不了那么多的庄稼或食草动物。尽管干旱，萨赫勒人必须耕种土地，种植庄稼，养殖动物，从而获得食物，否则就会饿死。在这样的状况下，土壤被过度开垦使用，能够供养的人越来越少。萨赫勒草原变成完全没有生产力的沙漠的日子正在逼近（图14.15）。

曾经肥沃的农场或茂密的森林退化成不毛之地的沙漠，部分原因是土壤侵蚀、森林砍伐、过度垦殖、过度放牧，这种现象称为**沙漠化**（desertification）。要想重新恢复这些土地，必须在很多年里严格限制土地的使用。如果采取措施不耕种土地，那么萨赫勒人将没有办法获得食物。土地退化，包括荒漠化，将在第十七章和十八章进行详细讨论。

复习题

1. 什么是可持续土壤利用?
2. 你怎样区分土壤侵蚀和营养矿物质耗竭?
3. 什么是美国大尘暴?

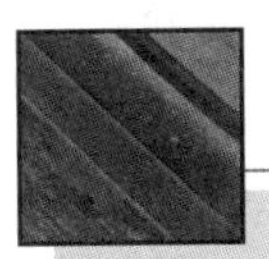

土壤保护和修复

学习目标

- 总结保护性耕作、作物轮作、等高耕作、带状间作、梯田、覆盖作物、保护带、混农林业是怎样将土壤侵蚀和矿物质耗竭最小化的。
- 简述土壤资源保护计划。

尽管农业会造成或加剧土壤退化，但是好的土壤保护措施能够促进土壤的可持续利用。保护性耕作、作物轮作、等高耕作、带状间作。梯田、覆盖作物、保护带、混农林业有助于最大限度地减少土壤侵蚀和矿物质耗竭。被土壤侵蚀和矿物质耗竭严重损害的土地可以成功地进行恢复，但这是一个成本高、耗时长的过程。

保护性耕作

传统的耕作方法或种地，包括春耕和播种，其中春耕是指犁地翻土和平整土地，为播种做准备，播种是指播下种子并覆盖上土壤，除掉杂草。传统的耕作需要平整土地，种植庄稼，但要除掉所有的植被，大大增加了土壤侵蚀的可能性。被传统耕作方式耕种过的土地含有的有机物质少，因此一般来说比未耕作过的土地含水量少。

越来越多的农民开始采用**保护性耕作**（conservation tillage），给土壤带来的破坏很小（图14.16）。在播种时期，使用特制的农机在土壤里犁开一条窄窄的垄，

图14.16　保护性耕作。在艾奥瓦州的一个农田里，上一年作物（黑麦）干枯腐烂的残留物保护着大豆幼苗。保护性耕作可以使土壤侵蚀减少70%，因为上一季的作物残留物保护土壤不受风蚀和水蚀。

进行播种。不同地区的农田和不同的作物使用不同的保护性耕作方式。最极端的保护性耕作方式是免耕（no-tillage），一点都不涉及耕田（也就是没有犁地或平整）。保护性耕作是美国发展最快的农业耕作趋势之一。美国60%以上的大豆目前采用保护性耕作，其他作物依然采用传统的耕种方式。与此形成对照的是，全世界使用保护性耕作的农业种植不到7%。

除了减少土壤侵蚀，保护性耕作还可以增加土壤的有机物质，从而进一步提高土壤的持水能力。与传统耕作方式相比，保护性耕作使得有机物质分解并向土壤中更为持续地释放营养矿物质。采用免耕方式的农民节省了燃料费用、机械的磨损和使用以及劳力时间，因为土地不再需要犁耙。然而，采用保护性耕作方式需要新的设备、新的技术，需要更多地使用控制杂草的除草剂。研究开发与保护性耕作配套的替代性杂草控制技术正在进行。（第十八章讨论可持续农业，包括保护性耕作和其他本章介绍的土壤保护措施。）

作物轮作

采取有效土壤保护措施的农民常常使用保护性耕作与**作物轮作**（crop rotation）相结合的方法。如果持续不断地种植同一种作物，那么那种作物的害虫可能会累积到破坏性的程度，因此作物轮作将减少虫害和疾病。很多研究显示，多年持续种植同一种作物会更快地耗尽某些必需营养矿物质，使得土壤更加容易受到侵蚀。因此，作物轮作在保持土地肥力和减少土壤侵蚀方面非常有效。

沙漠化：曾经肥沃的农场、农田或热带干森林退化成不毛之地的沙漠。

保护性耕作：一种耕作方法，上一季作物的残留会留在土壤里，覆盖部分土壤，并有助于保护土壤不受侵蚀，直到播种新的作物。

作物轮作：在同一个地块上几年里种植不同的作物。

典型的作物轮作是玉米→大豆→燕麦→苜蓿。大豆和苜蓿都是豆科植物家族的成员，通过与固氮细菌的关系提高土壤肥力。因此，大豆和苜蓿为与其轮作的粮食作物提供营养。从事有机农业的农民常常在一个轮作循环中种植7种或以上的作物，从而进一步打破害虫的循环，减少对同一类作物营养的需求。

等高耕作、带状间作和梯田

丘陵山地的种植必须精心，因为这些土地比平地更易发生土壤侵蚀。等高耕作、带状间作和梯田有助于控制不同地形农田的侵蚀。

在**等高耕作**（contour plowing）中，作物垄环绕山坡沿等高线分布，而不是直线分布。**带状间作**（strip cropping）是一种特殊的等高耕作，用不同的庄稼形成不同的作物带状（14.17a）。比如，用小麦等密植播种的作物与玉米等中耕作物进行间隔套种，从而减少土壤侵蚀。如果带状间作与保护性耕作联合进行，就可以实现对土壤侵蚀更为有效的控制。**覆盖作物**（cover crop）是不同农作物生长季节之间种植的作物（14.17b），在没有农作物种植的期间有助于保护土壤。

在陡峭的山坡上，农业耕作是很难的，但是如果必须进行，那么**梯田**（terracing）可以形成水平地块，从而减少土壤侵蚀（14.17c）。营养矿物质和土壤被保留在水平的平台上，而不是被雨水冲走。这种保持土壤的方式有点像在地势低的地方筑堤种植水稻。水形成浅浅的水池，保持了淤泥和营养矿物质。

保持土壤肥力

两种主要的肥料是有机肥和商业性无机肥。有机肥料（organic fertilizers）包括动物粪便、作物残留、骨粉和堆肥等自然物质。有机肥料化学性复杂，具体的组成成分有差异。只有在有机材料被分解以后，有机肥料中的营养矿物质才能被植物吸收。由于这一原因，有机肥料见效慢，但效力持久。（关于堆肥的讨论，见“你可以有所作为：堆肥和覆盖”。另见第二十三章关于城市固体废物堆肥的讨论。）

等高耕作：顺着土地的自然形状种植作物。

带状间作：像山坡一样沿着自然形状将不同的作物以间隔、窄条的形式进行种植。

覆盖作物：一种作物收获后与下一季作物种植前种植的主要用来保护土壤不受侵蚀的作物。

梯田：一种土壤保护方式，涉及在山坡上垒坝，以便形成水平的农田。

（a）这个农场的带状间作很明显。这类条状性的作物间作常常包括一种豆科植物，从而为以后的作物提供氮。本图摄于威斯康星州。

（b）秋天作物收获后的葡萄架，加利福尼亚纳帕山谷。

（c）丘陵或山区地带兴建的梯田，中国广西像这样的稻田减少了土壤侵蚀。但是，有些山坡很陡，如果没有自然植被覆盖，就很脆弱，很容易发生土壤侵蚀。

图14.17　带状间作、梯田和覆盖作物。这些技术有助于控制山地农田的土壤侵蚀。

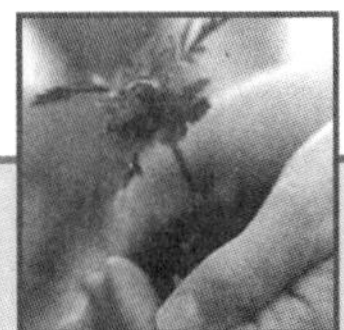

你可以有所作为

堆肥和覆盖

园丁常常把剪掉的草、树叶和其他植物废弃物用袋子装起来，作为垃圾进行收集或燃烧。但是，这些物质是制造堆肥（compost）的宝贵资源。堆肥是一种自然土壤和腐殖质混合体，能够改善土壤肥力和土壤结构。剪掉的草、树叶、杂草、锯末、咖啡渣、炉膛或烤炉里的灰、碎报纸、土豆皮、蛋壳等，就是一些可以制造堆肥的材料，或者通过微生物的分解转化为堆肥。

制造堆肥需要在阴凉地方铺上15到30厘米（6到12英寸）厚的碎草、树叶或其他植物物质，然后撒上一种有机园艺肥料或薄薄的一层动物粪便，最后盖上几英寸厚的土壤。继续在上面添加更多的有机废物，浇透水，每个月用杈子翻一翻给它透气。尽管在开阔地带可以制作堆肥，但是封闭的地方更有利于微生物分解产生的热量聚集起来。（堆肥堆中有机物质的有效分解产生一个很热的堆芯。）封闭的堆肥堆还不容易吸引动物。封闭的堆肥堆要有一定程度的空气流动，还要使水能够排出。

堆肥在颜色上全部变黑、碎裂并散发一股怡人的、“树林”的味道以后，就可以使用了。根据气候、堆肥材料的不同和翻动、浇水的次数不同，堆肥制作的时间从1个月到6个月不等。

堆肥施加到土壤中可以改善土壤肥力，同时还可以在土壤表面围绕植物根部进行覆盖（mulch）（见图片）。覆盖有助于控制杂草，通过减少蒸发来提高上层土壤的水分。覆盖可以降低夏天里土壤的温度，通过抵御深秋的寒冷稍微延长生长时间。覆盖通过减少降水径流降低土壤侵蚀。

尽管覆盖物中包括塑料片或砂砾等无机物，但是堆肥、剪掉的草、秸秆、剁碎的穗轴或切碎的树皮等有机覆盖物，有助于提高土壤的有机物含量。修剪下来的草对于草坪来说是很好的覆盖物。有些园丁更愿意用较为昂贵的材料，比如切碎的树皮，因为这类覆盖物分解所需要的时间长，而且看起来更为养眼。

覆盖。覆盖物阻止杂草的生长，有助于保持土壤水分。像这种切碎的树皮有机覆盖物在慢慢腐烂的过程中可以提高土壤的肥力。

商业性无机肥（commercial inorganic fertilizers）是用化学物质生产制造的，其确切成分构成是已知的。由于无机肥可以溶解，它们可以立即被植物吸收。但是，商业性无机肥只能使土壤肥力持续较短的时间，因为它们很快就被淋洗或挥发到空气中。在可持续土壤管理中，是避免或限制人造肥料使用的。第一，由于高度溶解性，商业性无机肥是流动性的，常常淋洗到地下水或地表径流中，从而对水产生污染。第二，人造肥料不像有机肥料那样能够提高土壤的持水能力。有机肥料的另一个优势是：它们可以改变生活在土壤中的生物的类别，有时甚至会遏制导致某些植物疾病的微生物的生长，有机肥料的这些机制还没有被人完全了解。商业性无机肥料是含氮气体（一氧化二氮和一氧化氮）的来源，这些气体是空气污染物和温室气体。最后，商业性无机肥的生产需要大量的能量，而这些能量主要来自日益减少的化石燃料。

土壤改良

土壤改良有两个步骤：1. 稳定土壤，防止进一步侵蚀。2. 将土壤恢复到以前的肥力。美国已经在很大程度上扭转了20世纪30年代大尘暴的影响，中国对内蒙古（中国北部）侵蚀严重的土地进行了修复改良。为了稳定土壤，需要在裸露的地面上种植植物，在植物长成以后覆盖土壤，发挥固土的作用。随着枯枝落叶转化成腐殖质，植物几乎是立刻就可以改善土壤的质量。腐殖质可以固定营养矿物质，并一点点向外释放，腐殖质还可以改善土壤的持水能力。

减少风蚀影响最有效的方法之一是种植**防护林**（shelterbelt）（图14.18）。把土壤肥力恢复到最初的水平是一个缓慢的过程。土壤恢复期间，土地使用必须有所限制。如果在土壤还没有完全恢复之前就将土地重新用于农业生产，那么就可能造成灾难。但是在好几年里限制土地使用有点困难。农场主常常反对政府对他们如何管理土地指手画脚，世界贫困地区的土壤侵蚀常常是农民努力生产更多食物以满足基本需要而加剧的。

混农林业

设立在肯尼亚内罗毕（Nairobi）的国际混农林业研究中心（International Center for Research in Agroforestry）这类的组织，积极研发减少萨赫勒以及其他热带地区

防护林：作为防风墙的一排树林，可以减少农业土地的土壤侵蚀。

图14.18 围绕中耕作物防护林的鸟瞰图。树木保护土地不受侵蚀，同时还保护庄稼。本图摄于新西兰的南岛。

的环境退化技术，研究目标之一是开发利用**混农林业**（agroforestry），即在土地上同时种树和种植作物，改善退化土壤的肥力。

比如，固氮的金合欢属植物和其他树木可以和小米、高粱等传统作物进行间作。混农林业中种植的其他作物还包括树荫咖啡、可可树、麻风树（一种生物燃料作物）和香蕉。树木生长很多年，带来几种环境福利，比如减少土壤侵蚀、控制雨水向地下水和地表水的流动、提供作物虫害天敌的栖息地。金合欢属植物固氮，因此可以改善土壤肥力。树叶落下后，慢慢分解，将矿物质营养返回到土壤。树叶层还会提高土壤保持水分的能力（树叶覆盖的土壤水分蒸发少）。随着时间的推移，退化的土地会慢慢改善，从而会提高作物产量。树木长高以后会遮蔽作物，不能再种植作物，但是森林会为农民提供食物（比如水果和坚果）、薪材、木材和其他林业产品。

美国的土壤保护政策

在20世纪20年代末和30年代初，美国农业部的土壤科学家休·本耐特（Hugh H. Bennett）就谈到土壤侵蚀的危险，他在1928年发表的报告一直没有引起很多重视，直到美国大尘暴产生灾难性影响才使人们关注土壤，把土壤看作宝贵的自然资源。根据1935年的《土壤保护法》（Soil Conservation Act），美国成立了土壤保护管理局（现称为自然资源保护服务局，或NRCS），其职责是与美国人民一道共同保护私有土地上的自然资源。为了这一目标，NRCS评估了土壤损害情况，制定了改善和保护土壤资源的政策。

1985年《食品安全法（农场法）》（Food Security Act [Farm Bill]）含有两个重大的土壤保护计划条款：土壤保护服从计划（conservation compliance program）和土壤资源保护计划（Conservation Reserve Program, CRP）。土壤保护服从计划要求拥有高度侵蚀土地的农民制定实施5年农场保护计划，包括侵蚀控制措施。如果不遵从规定，农民就会失去价格支持等联邦政府的农业补贴。

土壤资源保护计划（CRP）是一个自愿性的补贴类计划，如果农民在高度侵蚀的农田里停止种植庄稼，就会从政府那里获得一定的补贴。这一计划要求农民种植本地生的草或树，然后让土地“退休”10到15年，不再用作其他用途。在此期间，这片土地不能放牧，也不能收割草。CRP计划促进了环境的改善，1985年实施以来，CRP土地由于种植了草或树，年均土壤损失从每公顷7.7公吨（每英亩8.5吨）减少到每公顷0.6公吨（每英亩0.7吨）。由于植被建立起来就不再破坏，因此为野生动物提供了栖息地。在CRP土地上，大小哺乳动物、猛禽以及鸭子等地面筑巢的禽类在数量和种类上都有了增加。土壤侵蚀的减少改善了水质，促进了周围河流与溪流里鱼群数量的增加。

土壤资源保护计划的未来还不清楚。从历史上看，农民更愿意在经济困难和农业剩余时期实行土壤保护，因为这两种时期，农产品价格就会降低。如果价格高，农产品市场紧俏，农民种地的积极性就高，每一片土地都会用于农业生产，包括生态边缘土地、高度侵蚀的土地。由于食品价格近年来一直在增加，联邦政府也支持将玉米作物转为乙醇燃料，因此农民开始在以前的CRP土地上种植作物。

复习题

1. 什么是作物轮作？什么是带状间作？
2. 怎样改良退化土壤？什么是土壤资源保护计划？

通过重点术语复习学习目标

- **掌握土壤的定义，明确土壤系统形成中所涉及的因素。**

土壤是地壳中最外边的一层，为陆地植物、动物和微生物提供支持。土壤的形成涉及五大成土因素：母质、气候、地形、生物和年龄。生物、化学和物理风化过程慢慢地将母质分解或破裂成越来越细小的岩石颗粒。

混农林业：在同一片土地上林业和农业技术的同时使用，可以改善退化的土壤，带来经济效益。

- **列出土壤系统的四个组成部分，并解释每个部分的生态重要性。**

土壤系统是由无机营养矿物质、有机质、土壤水和土壤空气组成的。无机部分来自风化的母质，既为植物提供栖息地和必要营养矿物质，也为水和空气提供孔隙。有机物质分解后将必需营养矿物质离子释放到土壤中，在那里可能被植物吸收（P289）。土壤空气和土壤水分产生湿润而透气的土壤，为植物和其他土壤生物提供支持。

- **描述不同的土壤发生层。**

土壤发生层是从地表到最下面母质之间形成的很多层土壤的水平层面。土壤最上面的一层叫O层，含有逐渐腐烂的植物枯枝落叶。O层下面就是表土，或者是A层。在有些土壤中，在A层和B层之间会形成高度淋洗的E层。B层在A层下面，常常是从表土和枯枝败叶堆积中淋洗下来的营养矿物的聚集区。B层下面是C层，这一层含有风化的岩石，与未风化的固体母质相连。

- **至少列举两个土壤生物提供的生态系统服务，并简要讨论营养循环。**

土壤生物在两种生态系统服务方面很重要：土壤形成和营养矿物质循环。营养循环是来自环境的各种营养矿物质进入生物，然后再返回到环境中的路径。在营养循环中，植物从土壤中吸收营养矿物质，植物和动物死亡并被土壤微生物分解后，营养矿物质再度回到土壤。

- **简述土壤质地和土壤酸度。**

土壤质地指的是土壤中所含砂土、粉土、黏土等不同大小的无机矿物颗粒的相对比例。多数土壤的pH值范围是从4（酸）到8（弱碱），但是有些土壤不在这个范围之内。土壤的质地和酸度特性影响着土壤的持水能力和营养可用性，并进而影响着植物的生长。

- **区分灰土、淋溶土、软土、旱成土、氧化土。**

气候寒冷、降水丰沛、排水顺畅地区的土壤通常是灰土，土的层级分明。温带落叶林生长在淋溶土上，这种土壤有着一个从褐色到黑褐色的A层。软土主要位于温带半干旱草原，是肥沃的土壤。旱成土出现于干旱地区，每个洲都有。氧化土中的营养矿物质含量少，存在于热带和亚热带地区，有着充足的降水。

- **解释可持续土壤利用。**

可持续土壤利用指的是对土壤资源的明智利用，不减少土壤肥力，为后代保持土壤生产力。

- **解释土壤侵蚀、矿物耗竭、土壤盐渍化、植物生长的沙漠化。**

土壤侵蚀指的是将土壤，特别是表土从土地上剥蚀或剥离。所有被耕作的土壤都发生矿物耗竭。盐渍化指的是土壤中盐分的逐渐累积，常常是不适当的灌溉方法造成的。沙漠化指的是曾经肥沃的农场、农田或热带干森林的退化。土壤侵蚀、矿物质耗竭、盐渍化、沙漠化限制了植物的生长。

- **描述美国大尘暴，解释自然因素和人为因素是怎样共同导致这场灾难的。**

20世纪30年代美国西部发生的大尘暴是利用生态脆弱土地种植作物而导致风蚀加剧的一个例子。很多土生土长的草被清除掉，然后种植了小麦。接着，在好几年里，半干旱的土地年降水量比正常情况下减少。长期的干旱导致了作物歉收。从西边刮来的风席卷起裸露的、荒芜的土壤，造成了大尘暴。

- **总结保护性耕作、作物轮作、等高耕作、带状间作、梯田、覆盖作物、保护带、混农林业是怎样将土壤侵蚀和矿物质耗竭最小化的。**

保护性耕作是一种耕作方法，上一季作物的残留会留在土壤里，覆盖部分土壤，并有助于保护土壤不受侵蚀，直到播种新的作物。作物轮作指的是在同一个地块上几年里种植不同的作物，从而保持肥力。等高耕作减少土壤侵蚀，因为这种耕作方式顺着土地的自然形状种植作物。带状间作是一种特殊形式的等高耕作，像山坡一样沿着自然形状将不同的作物以间隔、窄条的形式进行种植。覆盖作物是其他作物生长季节之间种植的作物，在没有植物种植期间有助于保护土壤。梯田是一种山地土壤的保护方式，涉及在山坡上垒坝，以便形成水平的农田。防护林是作为防风墙的一排树林，可以减少农业土地的土壤侵蚀。混农林业指的是在同一片土地上林业和农业技术的同时使用，可以改善退化的土壤，带来经济效益。

- **简述土壤资源保护计划。**

土壤资源保护计划是一个自愿性的补贴类计划，如果农民在高度侵蚀的农田里停止种植庄稼，就会从政府那里获得一定的补贴。

重点思考和复习题

1. 我们为什么把土壤看作是一个系统？
2. 解释风化、生物、气候、地形在土壤形成过程中的作用。
3. 土壤系统的四个主要组成部分是什么？
4. 哪一个土壤发生层最容易受到侵蚀？你怎样回答才能引起农民的重视？
5. 生物是怎样促进土壤系统中的营养循环的？
6. 各种大小的颗粒（砂土、粉土、黏土）是怎样影响土壤特性的？
7. 举例说明植物是怎样影响土壤的pH值的。举例说明土壤pH值是怎样影响植物的。
8. 哪两种土纲最适合农业：灰土、淋溶土、软土、旱成土、氧化土？
9. 这个饼图显示了世界全部陆地面积及其农业适用性。不适于农业的干旱土壤如何转换成农田？不适于农业的太湿的土壤如何转换成农田？解释饼图中剩下的土壤类别为什么不能转换成农业用地。

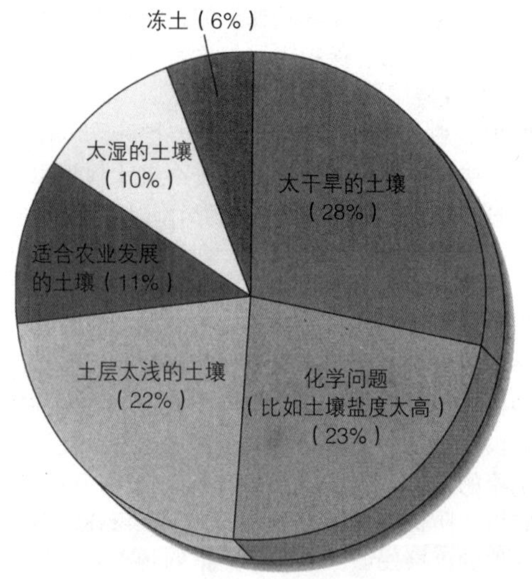

《一个星球，众多人口：我们变化着的环境地图》（*One Planet, Many People: Atlas of Our Changing Environment*），联合国环境规划署，2005年。

10. 可持续土壤利用是怎样保护农业土壤系统的？
11. 描述营养矿物质从土壤中流失的两种途径。
12. 受侵蚀的土壤被水、风或冰带到了哪里？
13. 人口过剩与世界土壤问题有着怎样的联系？
14. 美国大尘暴有时被描述为干旱和大风造成的“自然”灾难。举例说明这次灾难更多的是人类造成的观点。
15. 区分下列可持续土壤利用的方法：保护性耕作、作物轮作、等高耕作、带状间作、梯田、覆盖作物、保护带、混农林业。
16. 富兰克林·D. 罗斯福曾给州长们写过一封信，信中说，“摧毁土壤的国家，就会摧毁它自己。”他会不会支持土壤资源保护计划？请解释你的回答。
17. 将原始土地开垦成农田是否会影响全球碳循环和气候变化？请解释你的回答。

食物思考

哲学和科学都提出了生物动力农业的发展，这一系统是鲁道夫·斯坦纳（Rudolf Steiner）提出的。兰花、葡萄园、花园、庄稼和牲畜都可以在一种生物动力系统中生存发展。土壤营养是生物动力管理的关键要素。

生物动力农业致力于尽可能地重建自然生态系统，利用特别的植物作为有机肥料，与动物粪便一起使用，使植物发酵并成为堆肥。你所在地区最近的生物动力农业在哪里？那里种植着什么产品？

第十五章

矿产资源

科罗拉多州萨米特维尔（Summitville）金矿鸟瞰图。

美国1872年颁布实施《通用采矿法》（General Mining Law），积极鼓励人们到人烟稀少的西部地区定居，允许企业或个人，不管是美国人还是外国人，在联邦土地上进行采矿。采矿者用远低于土地价值的价格购买土地，开采贵重的硬岩矿物，比如金、银、铜、铅或锌，获取所有的利润。作为回报，他们将从联邦土地上获得的木材、煤炭、石油和天然气的一部分利润支付给政府。

《通用采矿法》没有关于环境保护的条款，比如更新表土和植被或重建生态栖息地。由此造成的结果是：硬岩采矿导致西部地区出现了满目疮痍的土地、被污染的水、毫无生机的生态系统。采矿期间从疏松岩石中排出的酸水使得很多河流和溪流完全没有一点生命的迹象。

在美国大约50万个废弃的矿井中，有50多个被列为超级基金污染场地。美国政府，也就是说，纳税人必须支付资金清理修复这些场地。比如，一家采矿公司从科罗拉多州萨米特维尔的一个金矿中开采了价值1.05亿美元的金子（见上图），然后宣布破产，留下环境被严重破坏的局面。EPA把萨米特维尔金矿列入超级资金污染场地目录，为环境清理修复提供了2.1亿多美元的经费，集中清除土壤中的污染物，防止进一步污染溪流河流，保护当地的农田。超级基金所有采矿污染场地的清理修复将花费数十亿美元。

1872年，也就是尤里塞斯•格兰特（Ulysses S. Grant）总统签署《通用采矿法》的那一年，黄石公园被列为美国第一个国家公园。在20世纪90年代，距离黄石公园不到5公里（3英里）位于蒙大拿的一个计划要开采的矿井，对黄石公园的自然环境形成了威胁。这块土地归加拿大一家公司（诺兰达，Noranda Inc.）所有，周围都是联邦的荒野土地。这家公司计划在这片土地上兴建一个开采金、银和铜的矿井。采矿的反对者，包括黄石公园的管理人员，担心采矿会污染黄石河与黄石公园。当时的总统克林顿以总统令的形式制止了开矿，并要求与加拿大公司进行协商。1997年，诺兰达公司同意将资产卖给美国政府。

21世纪初期，矿业改革是国会争论的一个主题。2005年，有一项法案建议美国和外国采矿公司可以在国家公园、国家荒野地区和其他联邦土地上购买采矿权。公众的反对意见致使这项提案没有通过。2007年和2009年，美国通过立法要求采矿公司缴纳矿产使用费，主要用来清理修复没有通过立法检查的污染场地。

在这一章，你会了解矿物的分布和丰富储量，以及采矿与加工所造成的环境危害。你还会了解未来矿物枯竭后我们可能采取的其他措施。

身边的环境

选择你日常生活中使用的一种矿物（比如钢、铝、镍或金子），研究它是怎样开采的，在哪里开采的。

矿物介绍

学习目标

- 掌握矿物的定义，了解富矿和贫矿以及金属和非金属矿物之间的区别。
- 描述地壳中矿物富集的几种自然过程。
- 区分露天采矿和地下采矿。
- 简述矿藏是如何发现、开采和加工的。

矿物（mineral）是我们生活中必不可少的一部分，以至于我们想当然地认为它们就应该存在。钢是一种必需的建筑材料，是铁和其他金属合成的。饮料罐、飞机、汽车和大楼都含有铝。电力和通讯线路含有铜，这种材料具有很好的导电性能。建筑和道路中使用的混凝土是由沙子、砾石和水泥制成的，含有粉碎的石灰岩。硫是硫酸的组成成分，是化学工业很多应用中不可缺少的工业原料，被用来制造塑料、化肥和炼制石油。钽是一种稀有硬金属，抗腐蚀，在很多电子设备的电容生产中变得非常重要。其他重要的矿物包括白金、汞、锰和钛。

人类对矿物的需求和欲望影响了历史的进程。腓尼基人和罗马人到英国就是为了寻找锡。锡是人类最早使用的金属之一，在青铜时代（公元前3500年到1000年）受到人类的青睐，人们将锡和铜结合在一起制成更加坚硬、更加耐用的合金青铜。对于金、银的欲望直接导致了西班牙对新大陆（New World）的占领。1849年，加利福尼亚州淘金热吸引了大量来自美国东部的淘金者。近来，对亚马孙河和印度尼西亚热带雨林中金子的追逐使得土著家园和生态系统受到破坏。

地球上的矿物是有着精确化学结构的元素或（通常是）元素组成的化合物。比如，硫化物（sulfide）就是某些元素与硫通过化学反应而形成的化合物，氧化物（oxide）就是某些元素与氧通过化学反应形成的化合物。

岩石（rock）是一种或多种矿物的聚集或混合，根据形成方式的不同，分为三类：火成岩（igneous rock）、沉积岩（sedimentary rock）、变质岩（metamorphic rock）。火成岩是岩浆从地幔喷发出来冷却后形成的。沉积岩是碎小的风化、侵蚀的岩石（或海洋生物）堆积、紧实、粘附而形成的。变质岩是高温、高压改变火成岩、沉积岩或其他变质岩而形成的。

在**岩石循环**（rock cycle）中，岩石从一种物理状态或地点转化到另一种状态或地点（图15.1）。岩石循环持续形成、改变、搬运和摧毁着火成岩、沉积岩以及变质岩。比如，火成岩是在地壳深处形成的，被抬高到地表。风化和侵蚀将这些岩石磨损为沉积物，最终硬化为沉积岩。岩石循环与其他物质的循环类似，比如碳循环和水循环（见第四章）。但是，岩石的形成和在环境中的运动要比其他元素的循环慢得多。

岩石有着不同的化学结构。矿石（ore）是含有大量某种矿物的岩石，可以通过开采获得利润。富矿（high-grade ore）的矿物含有量相对大，而贫矿（low-grade ore）的矿物含有量相对小。

矿物可以是金属，也可以是非金属（表15.1），金属（metal）矿物有铁、铝和铜等，具有可锻造性，有光泽，具有很好的导热和导电性能。非金属矿物（nonmetallic mineral）有沙、石、盐和磷酸盐，不具有金属矿物的那些特性。

矿产分布和形成

某些矿物，比如铝和铁，在地壳中蕴藏量相对丰富。其他的矿物，包括铜、铬、钼等，蕴藏量相对稀少。含量丰富并不必然意味着开采容易或者有盈利。很有可能你家的后院里就有金子和其他贵重矿物。但是，除非含量大，开采有盈利，否则，这项矿藏将一直留在那儿。

与其他自然资源一样，地壳中的矿藏分布很不均衡。有些国家有着极为丰富的矿藏，而其他国家则很少或没有。尽管铁矿分布很广，但是非洲的铁矿藏比其他大陆少。很多铜矿藏集中位于北美和南美，特别是智利和美国，而多数亚洲国家（印度尼西亚除外）的铜矿藏则相对较少。世界上很多的锡分布于中国和印度尼西亚，大多数铬则蕴藏于南非。我们在本章将讨论重要矿物分布不均衡的国际影响。

矿藏的形成 地壳中矿藏的形成是几种自然过程的结果，包括岩浆富集、热液作用、沉积和蒸发。随着岩浆（融化的岩石）在地壳深处的冷却和硬化，它常常分为不同的层，较重的含铁的岩石处于底部，而较轻的硅酸盐（含有硅的岩石）则上升到顶部。不同的岩石层有着不同的矿藏分布。这种分层称为岩浆富集（magmatic concentration），产生了一些矿藏，比如铁矿、铜矿、镍矿、铬矿和其他金属矿藏。

热液过程（hydrothermal process）涉及地壳深处被加热的水，这种水从岩石的裂缝和缝隙中渗透，并溶解了岩石中的某些矿物。这些被溶解的矿物随着热水而流动。如果水中含有氯或者氟，那么水的溶解能力就更强，因为这些元素与很多金属（比如铜）都发生反应，形成可溶于水的盐（比如氯化铜）。当热液遇到地壳中

矿物：一种无机固体，在地壳中或上面自然存在，有特定的化学和物理特性。

岩石循环：涉及地壳所有部分的岩石转化循环。

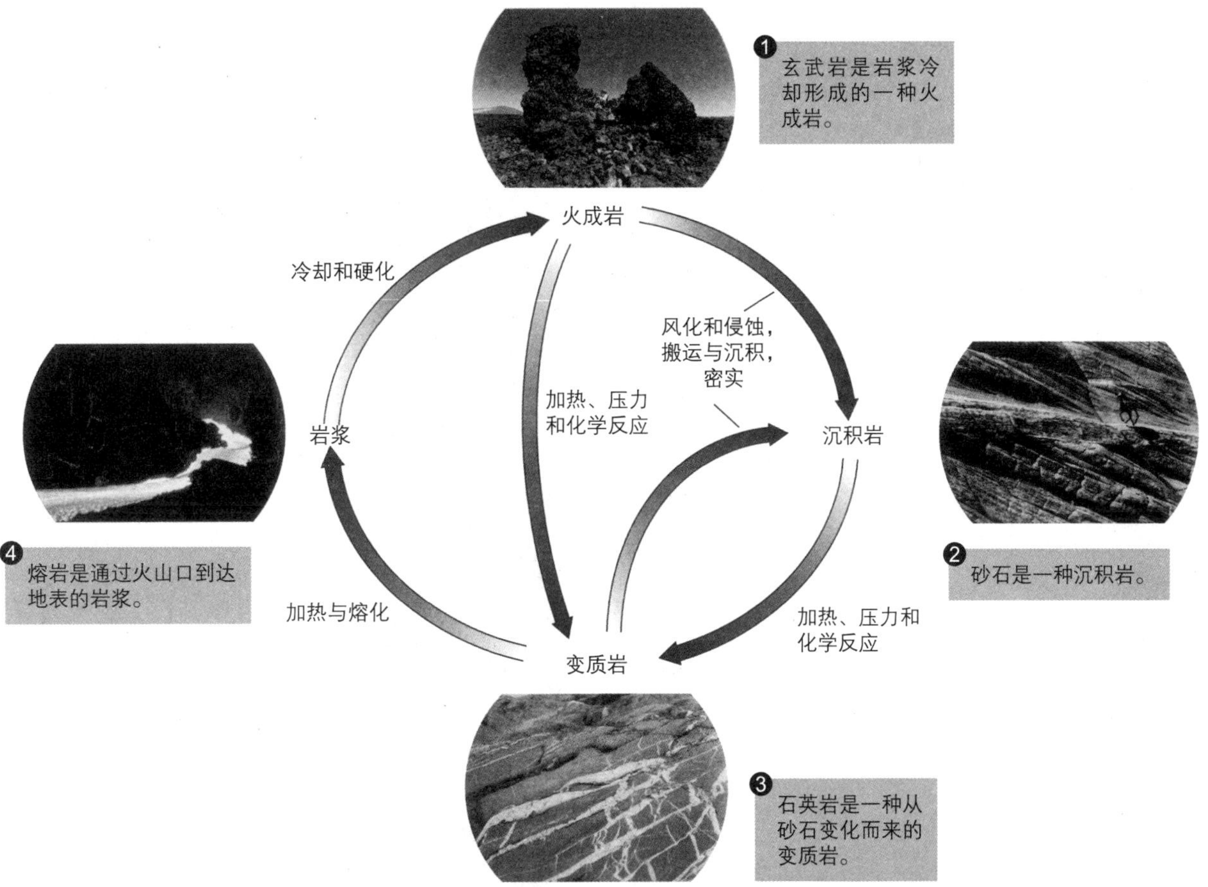

图15.1 岩石循环。*岩石不是永久地保持其最初的形式。这幅高度简化的图表显示了岩石是如何从一种形式向另一种形式循环的。*

的常见元素硫时，金属盐和硫之间就会发生化学反应，产生金属硫化物。由于金属硫化物不溶于水，因此就会从水溶剂中沉淀出来，形成沉积物。热液作用形成的矿藏有金矿、银矿、铜矿、铅矿和锡矿。

将岩石碎裂成越来越细的颗粒的化学过程和物理风化过程不仅对于土壤形成十分重要（见第十四章），而且对于矿藏的形成也很重要。风化的颗粒被水携带，作为沉积物累积在河岸、三角洲和海底，这一过程称为沉积（sedimentation）。在运动过程中，风化颗粒中某些矿物在水中溶解。这些矿物以后会从溶液中析出。比如，当河流中的温水遇到大海里的冷水时，就会发生这种析出，因为冷水溶解的物质比温水溶解的物质少。沉积现象就形成了重要的铁矿、锰矿、磷矿、硫矿、铜矿和其他矿藏。

大量的溶解物质累积在内湖和大海里，它们没有出口，或者只有一个很小的进入海洋的入口。如果这些水体因为蒸发（evaporation）而干涸，就会留下大量的盐。随着时间的推移，这些盐的上面会覆盖上沉积物，形成岩石层的一部分。蒸发会形成大量的普通食盐矿藏、硼砂矿、钾盐矿和石膏矿。

矿物是如何发现、开采和加工的

矿藏为人所用的过程有这样几个步骤。第一，找到某种矿藏。第二，通过开矿从地下开采矿物。第三，通过对矿物的富集和提纯，实现对矿物的加工或提炼。第四和最后的步骤是：使用矿物生产商品。你会看到，每个步骤中都有环境问题。

发现矿藏 地质学家使用很多仪器设备和测量工具来帮助寻找有价值的矿藏。航空或卫星图像有时会揭示与某种矿藏相关的地质构造。测量地球磁场和重力的仪器设备显示某种矿藏信息。用来监测地震的地震仪也能提供有关矿藏的线索。地质学家分析这些数据并根据他们对地壳以及矿藏形成的认识推测矿藏可能的地点。一旦这些矿藏被探明确认，那么矿业公司就会钻井或钻探取样，分析矿物构成情况。

表15.1　一些重要的矿物及其用途*

铝

飞机、汽车、包装（罐、袋）、水处理。

铬

镀铬压平板、染料和漆、钢合金（刀具）。

钴

抗腐蚀和抗磨损合金、颜料（钴蓝）。

金

珠宝、货币、牙科修复。

铁

钢（铁合金）建筑和机械。

镁

饮料罐、电子设备、烟花、闪光器材。

汞

工业化学材料、电子和电力应用、电池。

钼

飞机高温合金、工业发动机。

镍

硬币、金属电镀、各种用途的合金。

钾

化肥、摄像。

银

珠宝、银器、摄像、电子。

钛

钢合金与其他工业合金、染料、塑料。

锌

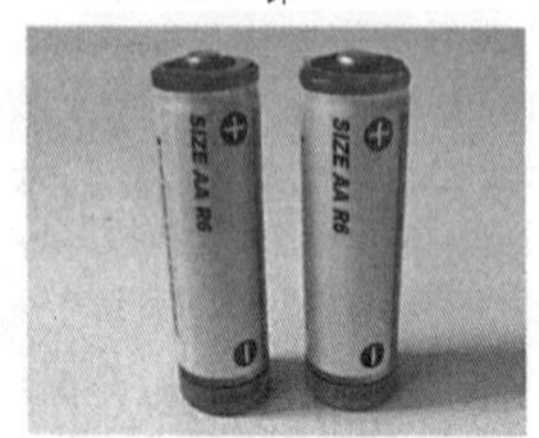

镀锌钢、合金（黄铜）、碱性电池中的阳极。

石膏

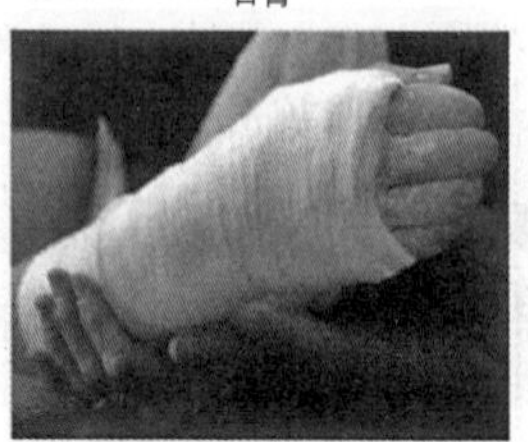

灰泥板、熟石膏、土壤调节剂。

硅

电子设备、半导体、天然石、玻璃、混凝土。

硫

工业化学品、杀虫剂、火药、硫化轮胎。

*钾、硅和硫是非金属。图中其他的矿物都是金属。

地质学家利用深度测量设备测出的数据制定出海底详细的三维图像。通过对这些图像进行复杂的计算分析，地质学家能够预测海底矿藏的种类和数量。

矿物开采　某个特定矿藏的深度决定了是采用**露天开采**还是**地下开采**。在露天开采中，矿物从距离地表附近的矿藏中开采，而在地下开采中，矿物深藏在地下，用露天开采方法开采不出来。露天开采更为常见，因为比地下开采投入小。即便是矿藏就位于地表下，也必须首先清除掉上面的土壤和岩石层以及土壤中生长的植被，这些土壤和岩石层称为**剥离物**（overburden）。然后，才能用巨大的动力铲将矿物开采出来。

矿业公司在露天采矿方面有两个方法：凹陷露天开采（open-pit surface mining）和条带露天开采（strip mining）。铁矿、铜矿、宝石矿和砾石矿通常采用凹陷露天开采方式，挖掘一个巨大的洞坑（图15.2a）。凹陷露天开采形成的大坑称为矿坑。在条带露天开采中，需要挖一条沟开采矿物（图15.2b），然后在与旧的开采沟平行的地方再挖一条新的开采沟，将新的开采沟上面的剥离物倾倒进旧的开采沟里，形成了疏松的岩石山，称为**废石堆**（spoil bank）。

地下开采可以采用立井开采或斜坡开采。立井采矿（shaft mine）就是挖一个垂直的井，直接通向矿脉（图15.2c）。矿石在地下爆破，然后用载斗通过立井提升上来。斜坡开采（slope mine）是指用运货车通过一个倾斜的通道将开采的矿物拉出来，而不是用载斗从立井里提升上来（图15.2 d）。井底水窝水泵保持地下开采面的干燥，一般要再开凿一口井用来通风。

地下采矿对土地的破坏比露天采矿小，但是投入大，危险大。矿工面临着爆炸或矿面坍塌而造成的死亡或受伤的危险，在地下矿井中长期呼吸灰尘会导致肺病。（第十一章讨论了采煤及其危害。）

矿物加工　金属矿物加工常常涉及熔炼（smelting）。铜、锡、铅、铁、锰、钴或镍的提纯熔炼是在一个像烟囱似的高炉（blast furnace）中完成的。图15.3显示了用来熔化铁的高炉，将铁矿石、石灰岩石、焦炭（用作一种工业燃料的改性煤）从高炉的顶部加进去，将热空气或氧气从底部加进去。随着矿石从高炉中向下流动，就发生化学反应：铁矿石与焦炭发生反应形成熔融铁和二氧化碳，石灰石与铁矿石中的杂质发生反应，形成熔融

（a）犹他州的这座露天坑铜矿是世界上最大的人造坑。

（b）条带开采将剥离物沿着窄窄的条带挖走，以便抵达下面的矿石。

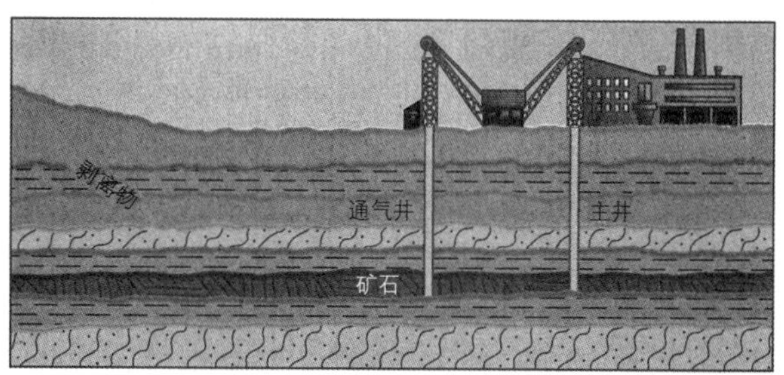

（c）在直井开采中，穿过剥离物直线开凿一口井，到达矿石，然后用载斗通过立井将矿石提升上来。

（d）在斜坡开采中，以某种倾角开凿一个通往矿石的通道，以便用运货车将矿石牵拉出来。

图15.2　采矿的种类

露天开采：首先将土壤、底土以及覆盖岩石层（即岩石覆盖层）除掉，然后对地表附近矿物质和能源资源的开采。

地下开采：从深埋在地下的矿藏中对矿物质和能源资源的开采。

剥离物：覆盖在有用矿藏上面的土壤和岩石。

废石堆：条带露天开采中将新壕沟的剥离物倾倒进已有壕沟中而形成的疏松的岩石山。

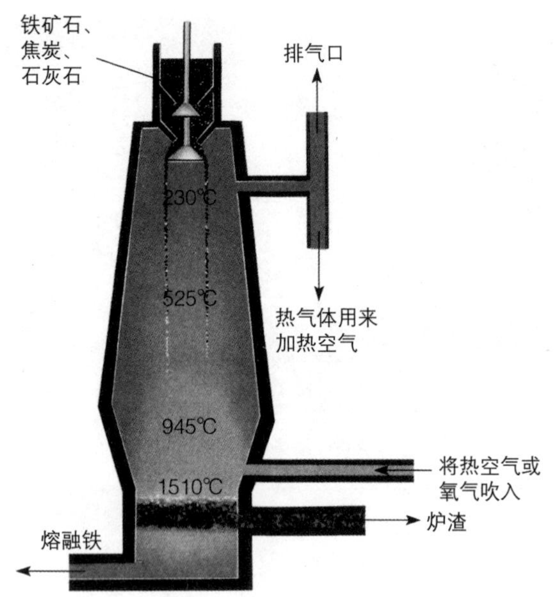

图15.3　高炉。 这种塔状的高炉被用来将金属与矿石中的杂质分离。熔炼的能量来自热空气。

混合物炉渣。熔融铁和炉渣都在炉底生成，但是炉渣浮在熔融铁上面，因为它的密度比铁低。炉渣冷却后被处理。图15.3中，铁熔化炉的顶端安装着排气口。如果不安装空气污染控制设备，熔炼过程中就会排放出硫氧化物等有毒气体。

复习题

1. 富矿和贫矿的不同是什么？
2. 露天开采和地下开采哪一种方式对环境更有害？哪一种投入更大？
3. 岩浆富集是如何形成矿藏的？
4. 矿藏是怎样被发现的？

与采矿相关的环境影响

学习目标

- 解释采矿和矿物精炼对环境的影响，包括简述酸性矿山废水。
- 解释怎样才能恢复矿区土地。

毫无疑问，矿物的开采、加工和处理会危害环境。采矿会影响和损害土地，加工和处理会污染空气、土壤和水。正如在第十一章关于煤的讨论中所指出的，污染是可以控制的，损害的土地可以完全或部分得到恢复，但是修复的成本很高。从历史上看，矿物开采、加工和处理的环境成本并没有计算到消费者使用的矿产品的实际价格中。

多数高度发达国家制定了管理机制，将矿物消费的环境危害最小化，很多发展中国家正处于制定管理规定的过程中。这样的机制包括防止或减少污染、恢复采矿场地、禁止在某些休闲或荒野土地开采矿物的政策。

采矿与环境

采矿特别是露天采矿会对大片的土地产生破坏。在美国，目前开采和废弃的金属及煤炭矿区占地大约900万公顷（2200万英亩）。由于采矿破坏了已有的植被，这些土地非常容易发生侵蚀，其中风蚀会造成空气污染，水蚀会污染附近的河流，危害水生栖息地。

金矿和其他矿物的露天开采需要巨量的水。矿工为了开采矿石会越挖越深，直到最终挖到地下水，为了使矿坑干燥，就不得不进行抽水。在内华达州北部，美国地质调查局的科学家测量了几口矿井，发现地下水位下降了305米（1000英尺）之多。这次水位下降发生于20世纪90年代，与该地区的金矿开采有着联系。（内华达州有大量的金矿，占美国金矿的一半。）同时，生活在该地区的西肖肖尼土著部落（Western Shoshone tribe）也发现对他们的生存至关重要的泉水开始干涸。这些地区的农民和农场主担心金矿开采会耗尽他们农业灌溉需要的地下水。沙漠生态系统中地下水位的下降也会对鱼类和其他生物产生影响，因为这种上升到地表的地下水所形成的水塘是它们赖以生存的珍稀水源。农场主、农民、环保主义者和其他人都希望采矿公司将地下水抽出来后再注入到地下。

采矿会影响水质。根据世界观察研究所，采矿至少造成美国19,000公里（11,800英里）长的溪流和河流污染。富含矿物的岩石一般含有高浓度重金属，比如砷和铅。当雨水渗透穿过矿石废物中裸露的硫化物矿物时，就会生产出硫酸，并进而溶解废石煤堆以及金属矿石堆中的其他有毒物质，比如铅、砷和镉。含有这些酸和高毒性物质的水被称为**酸性矿山废水**，会被降水径流冲进土壤和水里，包括地下水（图15.4）。如果这样的酸水和有毒化合物进入到附近的湖泊和河流中，就会对水生生物的物种和种群造成不利影响。暴雨或春天积雪融化期间的湍流会形成有害水流的“毒脉冲”，对流域中的水禽、鱼类和其他野生动物造成很大的危害。北美有很多酸性矿山废水污染的场地，其中两个例子是蒙大拿州巴特（Butte）附近的伯克利矿坑超级基金场地和加拿大英

酸性矿山废水： 从煤矿和金属矿中将硫酸和铅、砷以及镉等可溶物质冲刷到附近湖泊和溪流中所造成的污染。

图15.4　酸性矿山废水污染溪流。图中显示的是具有鲜明特征的橘黄色酸性径流，含有硫酸，有着铅、砷、镉、银和锌等污染物。本图摄于西弗吉尼亚州的普雷斯顿县（Preston County）。

属哥伦比亚的不列颠海滩矿区。

矿山开发的成本—效益分析　环境经济学家建议，在做出开发矿山的决定以前应该进行成本—效益分析，包括对采矿所带来的效益与为野生动物栖息地、农场主、农民、土著居民、流域保护、休闲观光等保护土地完整所带来的效益进行对比分析。这种经济分析还应该包括开采和加工矿物所造成的环境危害的成本。同时，还应该考虑这样的事实，随着矿藏的耗竭，采矿的效益是下降的，而自然环境的效益是上升的，部分原因是随着开发的地区越来越多，自然区域变得越来越少。如果开展了这样的成本—效益分析，那么就可能显示保护这片土地的当前和未来效益，比开发矿山的当前和未来效益大。

矿物精炼造成的环境影响

平均来说，大约80%或以上的矿石都含有杂质，杂质在加工后就变成废物（表15.2），这些废物被称为尾矿（tailings），通常被堆在加工厂附近的地矿场，形成巨大的尾矿堆，或者被堆放到加工厂附近的尾矿库中（图15.5a）。尾矿含有有毒物质，比如氰化物、汞、铀以及硫酸。如果以这种方式将尾矿裸露在外，这些有毒物质

表15.2　部分矿物的矿石与废物生产

矿物	矿石量（百万吨）	精炼过程中成为废物的百分比*
铁矿石	2958	60
铜	1663	99
金	745	99.99
铅	267	97.5
铝	128	81

*数据不包括最初覆盖矿石的岩石和土壤覆盖物。

来源：根据G. Gardner. et al. *State of the World*［《世界概况》］, New York: W. W. Norton & Company, 2003, p117, Table 6.4编制，并参考了美国地质调查局和世界观察研究所的数据。

（a）这幅鸟瞰图显示了位于犹他州的矿石废物的尾矿库。

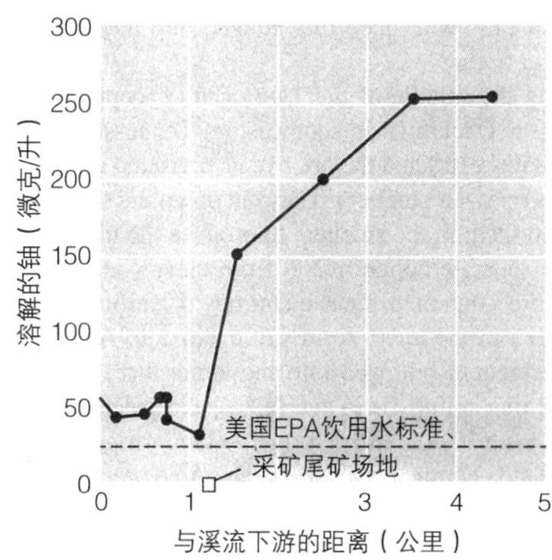

（b）尾矿中溶解的铀污染了犹他州东南地区一个先前铀和铜矿的下游溪流。

图15.5　尾矿对环境的影响。

Otton, J. K., Zielinski, R. A., and Horton, R. J. Geology, Geochemistry, and Geophysics of the Fry Canyon Uranium/Copper Projects Site, Southeastern Utah—Indications of Contaminant Migration[《犹他州东南地区弗里峡谷铀/铜项目场地的地质、地球化学和地球物理：污染物迁徙情况》], U. S. Geological Survey Scientific Investigation Report 2010-5075 [《美国地质调查局科学调查报告2010-5075》], 2010.

就会污染空气、土壤和水（图15.5b）。比如，位于爱达荷州北部的邦克山（Bunker Hill）超级基金场地的矿山尾矿含有重金属，已经被淋洗（冲刷）到科达伦河（Coeur d' Alene River）向南的支流中，毒死了鱼类和水禽。

矿物熔炼厂在矿物加工过程中可能会排放大量的空气污染物。除非在熔炉中安装昂贵的污染控制设备，熔炼厂会把硫排放到大气中，形成酸雨。酸雨对环境的影响将在第十九章进行讨论。熔炉的污染控制设备与燃烧含硫的煤所使用的净化器和静电沉淀器是一样的（见图19.9）。

很多矿石中的其他污染物还包括重金属铅、镉、砷和锌。这些元素在熔炉过程中可能会污染空气。比如，镉是在锌矿石中发现的，锌熔炉的排放是镉环境污染的一个主要来源。对于人来说，镉与高血压、肝、肾、心脏等病以及某些癌症有着关联。除了空气污染物，熔炉还排放有毒液体和固体废物，会造成土壤与水污染。有毒物质必须进行安全处理，否则仍然会造成环境污染。尽管如此，污染控制设备可以防止这类有毒物质的排放。

案例聚焦

田纳西州的铜盆地

田纳西州的铜盆地位于田纳西州的东南角，与佐治亚州和北卡罗来纳州接壤，是一个矿物熔炼导致环境退化的历史遗迹。直到近代，铜盆地还是茂密的森林，但现在已全部变成红色的、寸草不生的山峦，被太阳灼热照射（图15.6a）。在这片只有130平方千米（50平方英里）的山峦中几乎看不到植物或动物物种，但有着深深的沟壑。这种环境退化是怎样发生的？

在19世纪中期，田纳西州东南地区的鸭镇（Ducktown）附近发现了铜矿。铜矿开采公司从地下开采出铜矿石，并挖掘巨大的坑作为露天熔炉。采矿人员砍伐周围的树木，用它们烧熔炉，从而达到必需的高温，并将铜从铜矿石中与其他杂质分离出来。矿石含有大量的硫，与空气中的氧发生反应，形成二氧化硫。二氧化硫从熔炉中进入大气，与水发生反应，形成了硫酸，并以酸雨的形式降落到地面。

森林砍伐和酸雨在短短几年内就引发了当地生态的毁灭。酸性降水很快地杀死任何一种森林砍伐后试图再生的植物。由于土壤再没有植被覆盖，因此就发生了土壤侵蚀，在坡度趋缓的丘陵连绵地带上切割出深深的沟壑。当然，森林动物与植物一同消失了，那些植物一直为动物提供居所和食物。危害还不止如此。铜盆地的土壤侵蚀和酸雨一直延伸到奥科伊河（Ocoee River），杀死了整条河里的水生群落。

从20世纪20年代和30年代开始，田纳西流域管理局、美国土壤保护管理局等几家政府部门试图在这一区域的部分地区恢复植被，种植了数百万颗耐酸的厚皮刺果松和洋槐树以及较矮的覆地草与豆科植物，但是多数都死了。直到20世纪70年代，这些努力才取得一点效果，土地复垦专家开始使用新技术，比如用直升机进行撒种和及时施肥。这些植物成活率较高，随着植物的成材，它们的根系固定了土壤，落在地上的叶子为土壤增加了有机物质。植物又为鸟类、田鼠等提供庇荫和食物，因此动物开始慢慢回归。

今天，根据田纳西州和美国环保署2001年达成的协议，铜盆地的复垦将继续进行，其目标是实现全地区的植物覆盖（图15.6b）。（当然，森林生态系统的完全恢复至少需要1到2个世纪。）水处理措施也在恢复奥科伊河的生态，鱼类和无脊椎动物正在回归。

（a）田纳西州铜熔炉造成的空气污染杀死了植被，接着水蚀在山坡切割出一道道深沟。这幅图显示了生态未恢复时的铜盆地部分地区，摄于1973年。

（b）铜盆地重新栽上树木的一个区域。

图15.6　田纳西州鸭镇附近被破坏的环境。

采矿土地的恢复

如果矿区不再具有开采的经济价值，其占用的土地可以复垦，或者像田纳西州铜盆地的大部分区域一样恢复成半自然的状态。土地复垦的目标包括防止土地进一步退化和侵蚀、去除或中和有毒污染物的当地来源、使土地用于生产而不是采矿。土地恢复还使得这类地区在视觉上更加具有吸引力（图15.7）。

因采矿而退化的土地被称为弃耕地（derelict land），关于弃耕地恢复技术，人们已经进行了很多研究。土地恢复涉及回填以及将弃耕地提升到自然状态，然后再种植植被，从而固定土壤。植被的建立不是像在地上撒种子那样简单。常常是所有的表土都没有了，或者含有有毒的金属，因此需要种植特殊的植物，才能够适应这样具有挑战性的环境。根据专家意见，弃耕地恢复的主要制约因素不是缺少技术，而是缺少资金。

1977年颁布实施的《露天采矿控制与复垦法》（Surface Mining Control and Reclamation Act）要求对露天采煤的矿区进行复垦（见第十一章）。但是，没有联邦法律要求其他种类的采矿造成的弃耕地进行复垦。本章开始介绍部分提到的《通用采矿法》没有制定关于复垦的条款。

矿区清理修复的创新措施　尽管人们大多知道湿地可以为野生动物提供适宜的栖息地，但是很少有人知道湿地在清理修复已有矿区土地中的潜力。湿地能够捕获从上游地区来的沉积物和污染物，从而使位于湿地下游的水资源质量得到改善。尽管一块湿地就能提供这些福利，但是如果在环境受损地区建设一系列的湿地，那么效果会更加好。

图15.7　复垦的开采煤矿的土地。复垦以前，肯塔基这片68英亩的土地是因为采煤而被荒废的不毛之地。

以蒙大拿州巴特附近的一个地区为例，那里的铜矿开采有着100年的历史。这片地区是美国最大的超级基金场地，其土壤和水都被铜、锌、镍、镉和砷污染了。巴特地区研发和试验了很多清理修复技术，包括设计和修建人造湿地。随着被污染的水进入湿地，细菌摄取采矿废水中的硫，降低了水的酸度。随着水的酸度降低，锌和铜被析出（从溶剂中沉积），进入到沉积层。兴建的湿地一般需要50到100年才能对酸进行足够的中和，水生生物才能回到被酸性矿区废水污染过的下游河流与溪流。这个时间推测是基于对阿巴拉契亚地区采煤矿区兴建的800多个湿地系统得出的，这一地区在美国东部，横跨阿巴拉契亚山脉的中部和南部。

与使用石灰降低水的酸度相比，兴建和维护湿地更加经济，但是投入依然很高。最近，巴特的科学家试图研究一种廉价的方法，这种方法要使用牛粪，而牛粪在蒙大拿州是丰富的“资源”。随着细菌对牛粪的消费，牛粪有助于提高矿区废水的pH值。有毒物质就会从被污染的水中析出，就像在人造湿地上那样，从而改善水质。

科学家还使用植物从以前的采矿土地中清除重金属。植物修复（phytoremediation）就是指用特殊的植物从土壤里吸收和累积有毒物质，比如镍。尽管多数植物并不适应富含镍的土壤，但有些植物，比如十字花科植物（Streptanthus polygaloides），可以在这种土地上旺盛地生长。这个物种是一种超积累植物，能够吸收大量的金属并储存在它的细胞里。这种植物可以种植在被镍污染的土地上，并在收获后运送到有害废物处理场地。还有一种办法是将植物燃烧，然后从灰烬中获取镍。植物修复在清除采矿和其他有毒废物中的有毒物质方面具有很大的潜力，可以用环境友好的方法从土壤里获取宝贵的金属。（见第二十三章关于植物修复的更多讨论。）

复习题

1. 矿物开采与加工对环境造成的三个有害影响是什么？
2. 矿区不再开采后，矿区土地通常都恢复了吗？为什么？

矿物：国际的视野

学习目标

- 描述一个国家的工业化水平及其与矿物消费之间的关系。
- 区分矿物储量与矿物资源之间的不同。

工业化国家的经济需要开采和加工大量的矿物，从而生产产品。这些高度发达国家多数依赖发展中国家的矿藏，因为它们自己的矿藏供应早就开采殆尽了。随着发展中国家工业化程度的提高，它们自己的矿物需求也相应增加，使得不可再生资源面临更大的压力。事实上，二战以来，人类消费的矿物比之前从青铜时代到20世纪中叶的5000年消费的还多（图15.8）。

美国的矿业开采已经很明显地造成了很多严重的环境问题。依赖矿业并作为重要经济组成部分的发展中国家面临的问题与高度发达国家面临的问题一样多，甚至更多。发展中国家的政府缺乏资金和基础设施来治理硬岩采矿造成的酸性矿区废水以及其他严重的环境问题。使得问题更为复杂的是，外国公司往往对发展中国家的矿产开采有着浓烈的兴趣。比如，法国、德国、英国、日本、俄罗斯、西班牙和美国在过去两个世纪的不同时期都热衷于开发（有人说是掠夺）玻利维亚的锡矿、锌矿、铜矿和铅矿。由于数十年的滥采，玻利维亚的矿区目前面临着灾难性的环境噩梦。但是玻利维亚政府并没有解决这一问题，因为矿业是玻利维亚的支柱性产业。

世界矿物生产和消费

曾有一个时期，多数高度发达国家都有着丰富的资源基础，包括充足的矿藏，使得它们实现了工业化的进程。在工业化进程中，这些国家在很大程度上耗尽了它们自己国内的矿藏，从而导致越来越多地转向发展中国家。欧洲国家和日本尤其如此，美国也是这样。

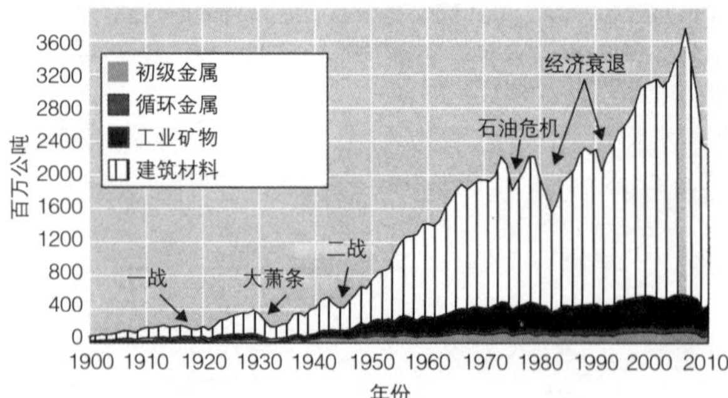

图15.8 1900年到2010年美国年度使用非燃料矿物原料情况。
来源：USGS国家矿物信息中心，2012年。

高度发达国家和发展中国家之间矿物消费水平差异很大。美国和加拿大的人口不到世界人口的5%，但是消费的很多金属占世界金属消费的25%左右。不过，如果只是将世界分为矿物消费者（高度发达国家）和矿物生产者（发展中国家），那未免太简单化了。尽管很多发展中国家的确是缺乏大量的矿藏，但是就金属和矿石储备的价值来看，世界矿物资源最丰富的10个国家并不是最富有的国家：南非、俄罗斯、澳大利亚、加拿大、巴西、中国、智利、美国、乌克兰和秘鲁。

中国的矿物生产和消费随着工业化而大幅增加。比如，中国2013年生产的原铝（从矿石中获得的铝，不是从循环中得到的）占世界产量的44%。中国将这些铝几乎全部消费掉，成为世界上最大的铝生产国和最大的铝消费国。

由于工业化增加了对矿物的需求，曾经一度能够自己满足国内矿物需要的发展中国家越来越多地依赖国外供应，以促进国内经济的发展。韩国就是这样一个国家。在20世纪50年代，韩国出口铁、铜和其他矿物。从20世纪60年代到现在，韩国实现了经济的快速发展，因此必须进口铁和铜，才能满足自己的需要。

矿物分布和消费

金属元素铬是一个说明矿物在全球和国内分布与消费的典型例子。铬用于制作鲜艳的红色、橙色、黄色、绿色等漆染料以及镀铬压平板和与其他金属合成生产某种特型硬钢。在很多应用方面，比如喷气发动机零部件，就目前所知，还没有可以替代铬的材料。像美国这样缺乏铬储量的工业化国家所需要的铬必须全部进口。南非是大量拥有铬矿藏的为数不多的国家之一。津巴布韦和土耳其也出口铬。尽管世界上的铬储量足够近期使用，但是美国和一些其他工业化国家要全部依赖仅有的几个国家获得铬供应。

很多工业化国家对重要战略性的矿物进行储备，以减少对不稳定原料供应的依赖。美国和其他国家储备了战略性矿物，比如钛、锡、锰、铬、白金和钴，主要是因为这些金属对于工业和国防具有极其重要的战略作用。就美国而言，从1994年开始，矿物的战略储备开始下降。

最近，中国开始储备稀土金属（*rare earth metal*），稀土金属包括17种元素，比如镝和铽，是混合动力汽车电池、风能涡轮机、激光制导导弹等高技术应用中重要的材料。中国控制了大约80%的全球稀土金属供应，也减少了对其他国家的稀土出口。中国对稀土金属供应的控制导致了2010—2011年间价格的陡涨，但是最近由于全球需求下降和新来源的开拓使得其价格有所下降。尽管有着稀土的名字，有些稀土金属并不稀有，但是高技术工业需要的那些金属却是相当稀有。

评估我们的矿物供应

我们会不会用完重要的矿物？为了回答这一问题，我们必须首先分析全球各种矿物储量和矿物资源供应到底有多大。**矿物储量**（mineral reserve）是目前可以开采并能带来利润的矿物，而**矿物资源**（mineral resource）是指未来开采可能带来利润的矿物。矿物储量和矿物资源这两者的和就是全部资源（total resources）或世界储量基础（world reserve base）。

对矿物储量和矿物资源的估计随着经济、技术和政治的变化而变化。如果世界市场上某种矿物的价格下降，那么这种矿物的分类可能就从矿物储量转到矿物资源的类别里；如果价格上涨，那么就可能再度转到矿物储量的类别里。如果新的技术方法降低了开采矿石的成本，那么被列入矿物资源类别的矿藏就会被重新分类为矿物储量。如果一个国家的政治状况不稳定，矿物储量不能开采，那么也会被列入矿物资源的类别；政治状况稳定以后，这种矿物还会再度被列入矿物储量的名录。

环境信息

应对冲突矿物

钽是一种暗灰的、非常坚硬的金属，具有抗热、抗腐蚀和导电能力。钽被誉为是电子电容器的源材料，用于手机、计算机集成电路、数码相机、游戏硬件，甚至武器系统中。在民主刚果（DRC），钽是以钶钽（coltan）铁矿的形式开采的，这种开采出来的矿石含有氧化钽和矿物铌。在最近DRC灾难性的战争期间，有数百万人死于战乱，武装叛乱分子控制了钶钽铁矿和金刚石等其他“带血”矿物的开采和出售。这些武装分子迫使DRC居民进行没有安全防护措施的开采，造成了严重的环境灾难。钶钽铁矿的贸易支持了军事冲突。尽管和平协议在磋商，但是战争一直在继续，钶钽铁矿依旧是黑市商品。这种钽矿石在委内瑞拉和哥伦比亚的交界地区也有储量，也被非法地控制着。

世界对钽的依赖造成了高技术商品生产者的困境，如何避免这种金属的冲突来源？消费者怎样才能知道使用的矿物来自哪里？2010年，美国国会通过法律，防止电子制造者通过购买钽等冲突矿物来支持战争。遗憾的是，合法的矿产开采常常是在非法的矿井附近，那些非法矿井由武装分子控制，那些资源的来源很难进行追踪分辨。

矿物储量： 被探明的目前具有经济开采价值的矿藏。

矿物资源： 未被探明或已被探明的目前不具有经济开采价值的矿藏。

预测未来矿物的供应情况极其困难。20世纪70年代，人们普遍预测很多重要矿物的需求会大大增加，将很快引起供应的极大短缺。事实上，这些短缺没有一个发生，原因有三个方面。第一，最近几十年发现了新的大矿藏，比如，在巴西和澳大利亚发现了铁矿和铝矿。第二，塑料、合成聚合物、陶瓷和其他材料替代了很多产品中的金属。第三，全球经济衰退减少了对矿物的消费。不过，世界经济状况的变化，比如中国经济的快速发展，总是有可能导致未来矿物短缺的。

除了经济因素，预测未来矿物需求的困难还在于不可能知道什么时候或是否能发现新的矿藏或者是否有替代的材料（比如塑料）。我们不可能知道什么时候或是否新的技术进步能够使得贫矿的开采具有经济可行性。

通过充分考虑这些因素，多数专家目前认为不管是金属还是非金属矿物，都会满足21世纪的矿物供应。但是，几种重要的矿物，比如汞、钨和锡，可能在21世纪变得更为稀少。另一个合理的推测是，即便是储量相对丰富的矿物，比如铁和铝，其价格都会在你的一生中不断上涨。大型的、富含的、容易开采的矿藏最终会耗竭，这意味着我们不得不开采和炼制贫矿，而这样的投入将会更大。

复习题

1. 一个国家的矿物消费随着工业化程度的提高会发生怎样的变化？
2. 矿物专家如何区分矿物储量和矿物资源？

提高矿物供应

学习目标

- 简要讨论新矿藏的发现。

随着某种资源的稀缺，人们就会更加努力地寻找新矿藏、节约现有的供应以及开发替代材料。尽管已经发现和开采了很多矿藏，但是还是有可能找到未被发现的矿藏。而且，先进开采技术的进步可能使得利用现有技术不能开采的已知矿藏具有开采价值。

寻找和开采新的矿藏

很多已知矿藏还没有开采。尽管印度尼西亚有着很多富矿，但是茂密的森林和携带传播疟疾寄生虫的蚊子使得矿物开采非常困难。阿富汗有着很大的铁矿、铜矿、钴矿、金矿和锂矿储量，这些矿藏足以改变阿富汗的经济。然而，数年的战争使得阿富汗不可能得到投资，至少在短期内不可能有投资。北极和南极地区的矿产开发很少，部分原因是缺乏在冰雪环境中开采矿物的技术。正常的海上钻井技术不能被用于南极的水域，因为严寒冬季形成的浮冰会把钻井架撞裂。随着新技术的发展，加拿大北部、西伯利亚和南极面临着越来越大的开采压力。

尽管必须首先研发新的技术，但是对西伯利亚丰富矿藏的开采已经进行了规划。西伯利亚的一些矿藏有着不同寻常的矿物组合（比如钾与铝组合），这些组合型矿物用现有技术是不能将它们分开的。

有没有可能今后会发现目前所不知道的矿藏？美国地质调查局认为，未探明的矿藏可能会存在，特别是在没有进行过详尽地质调查的发展中国家。如果沿南美安第斯山脉西麓进行详尽的地质调查，可能会发现大量的矿藏。地质学家认为亚马逊流域蕴含着地下矿藏，显然，亚马孙河流域的雨林和厚厚的冲积层覆盖会使得开采难以进行，就和在南极一样。交通问题使得深入雨林的勘探寸步难行，很难确定那里是否可能存在着矿藏。与其他地区一样，亚马孙河流域的开采会造成严重的环境威胁。

地质学家认为深埋在地下10公里（6.2英里）或以上的矿藏将来会被发现和开采。但是，开采那么深的矿藏的技术现在还不具备。

南极的矿物

截至目前，尽管发现了少量的贵金属，但是南极还没有发现大量的矿藏。地质学家认为南极是可能存在大量的贵金属和石油储量的，将来会被发现。南极不属于任何国家，很多国家参与磋商南极大陆的未来及其可能的矿物财富。

《南极条约》（*The Antarctic Treaty*）是一项国际协议，生效于1961年，主要是将南极的活动限制为和平用途，比如科学研究。《南极条约》的投票成员国有26个。在20世纪80年代，经过将近10年的磋商，制定了一个允许开采南极矿产的协定，但是这个协定需要得到所有成员国家的同意才能得以实施。1989年，有几个国家拒绝支持这项协定，因为这些国家担心任何矿物开采都会危害南极的环境。由于这些顾虑，国际间达成了《南极条约环境保护议定书》（*The Environmental Protection Protocol to the Antarctic Treaty*），或称《马德里议定书》（*The Madrid Protocol*）。这个议定书于1990年生效，包括至少在50年内禁止在南极进行矿物勘探和开采，将南极及其海洋生态系统指定为“致力于和平与社会的自然保护区”。

为什么担忧南极的环境？就举一点来说，极地环境极易受人类活动的影响。即便是科学考察和旅游，由此而带来的垃圾、污染和噪音都会对南极海岸的野生动物产生负面的影响，比如帝企鹅、豹海豹和蓝鲸。没有人怀疑，大规模的矿产开采会对这样脆弱的环境产生毁灭性的影响。

保护南极的原生自然状态非常重要，因为这个大陆在很多方面发挥着全球环境管理的中枢性作用，比如海平面的全球变化。研究南极自然环境为科学家探讨全球气候变化和平流层臭氧耗竭等重要的环境问题提供了宝贵的知识（图15.9）。

海洋里的矿物

海水覆盖着我们地球3/4左右的表面，含有很多溶解性的矿物。海水中矿物的总量极高，但是富集度很低。目前，从海水中提取氯化钠（通用食盐）、溴、镁具有经济效益。从将来看，是有可能从海水中开采其他矿物并获得经济效益的，但是，目前的矿物价格和技术使得这种开采不具可能性。

海底有储量巨大的矿藏。锰结核（manganese nodule）是土豆大小的岩石，含有锰和其他矿物，比如

图15.9 南极科学考察。科学家在南极西部搭建起GPS接收器，作为南极西部GPS网络（WAGN）项目的一部分。WAGN项目的目的是测量环绕南极西部冰层的表面运动情况。这些岩石圈中的运动会影响冰层的未来并对海平面产生相应的作用。这种研究和全球气候变化有着怎样的联系？

铜、钴和镍，在海底大面积分布，特别是在太平洋海底（图15.10）。据估计，锰结核储量很大。太平洋的锰结核可能含有60亿公吨（66亿吨）锰，比陆地上发现的所有锰储量都多。从海底打捞这些锰结核会对海洋生物产生不利的影响，这些矿物目前的市场价格还不能支付利用现有技术打捞它们的费用。尽管有这些问题，但是很多专家认为再过几十年深海采矿是可行的，美国等几个工业化国家已经在太平洋里有着大量锰结核的地区标明了位置。截至目前，还没有任何一个国家进行开采。

对于这类可能的海底矿物开采，还存在着争议。很多人认为从深海海底进行矿物开采是必然会发生的，而其他人则认为应该禁止在海底开采矿物，因为会对栖息在海底的多种生命形式造成生态破坏。比如，在底栖环境中生活的有海胆、海参、海星、囊舌虫、海鞘、海百合和腕足动物等。

（a）这些多金属结核是含有大约20%的锰以及铁、铜、钴、镍和其他金属的凝结物。图中的凝结物是从太平洋4公里左右（2.4英里）深的海底取出的。

20世纪60年代，工业化国家首先表达了将锰结核从海底开采出来的兴趣，从那以后，人们就考虑这些生态环境问题。这些国家的兴趣引发了一个国际公约的形成，即《联合国海洋法公约》（*U.N. Convention on the Law of the Sea, UNCLOS*）。UNCLOS于1994年生效，一般被认为是保护海洋资源的“海洋宪法”，截至2013年，有166个国家加入了该公约。（美国还没有加入UNCLOS，但是自愿遵守该公约的条款。）

UNCLOS的条款对于领海没有约束力，只对国际海域适用，因此海底采矿在领海里不受限制。比如，巴布亚新几内亚领海深处的热液口含有金矿、锌矿、铜矿和银矿，其富集度比陆地矿藏还高。看起来在今后几年里海洋采矿在技术上会具有可行性，经济上也会具有效益。鹦鹉螺矿业公司（Nautilus Minerals, Inc.）计划很快就开采巴布亚新几内亚的一个热液口。

先进的采矿与加工技术

我们已经提到在极地等难以接近的地区以及深层地下开采矿物需要特殊的技术。在全世界大规模开发利用贫矿也需要研发专门的技术。随着矿物越来越稀少，开采贫矿的经济和政治压力会加大。从贫矿中获得高品质的金属耗资大，部分原因是需要大量的能量才能获得足够的矿石。未来的技术可能使得贫矿开采更加节能，从

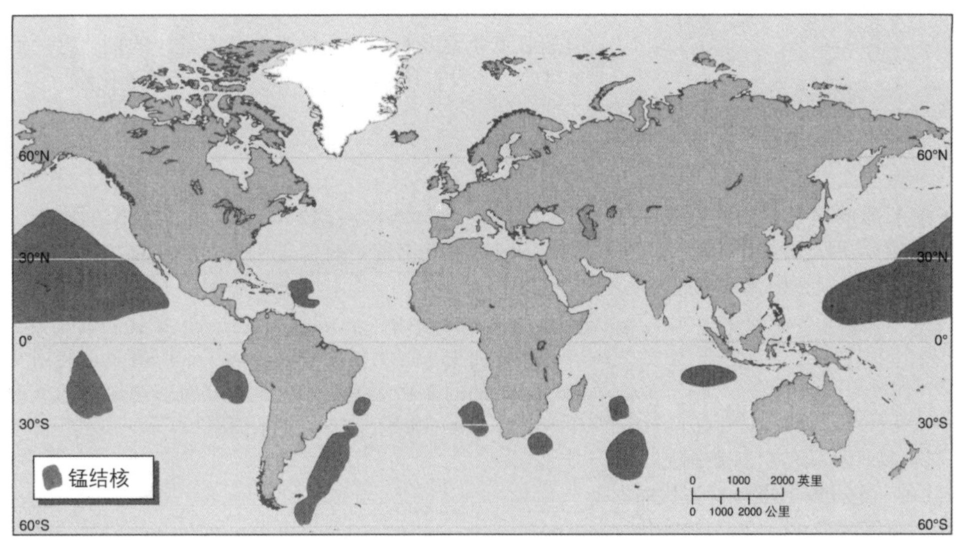

（b）海洋中已知锰结核储量的探明位置。尽管这些土豆大小的结核引起了采矿公司的关注，但是目前还不具有商业开采可行性。（引自P. A. Rona, “Resources of the Sea Floor”[《海底的资源》], *Science*, Vol. 299, January 31, 2003。）

图15.10　锰结核。

而降低成本。

即使技术进步使得贫矿开采具有可行性，其他因素（比如缺乏开采和加工矿物的水）也会限制这种资源的开采。环境成本可能太高，因为从贫矿中开采矿物比富矿对土地造成的破坏大，产生的污染也多得多。

生物冶金（biomining） 微生物可以用来从一些贫矿中提取矿物。在铜矿开采中，微生物已经证明是有效的，这使得美国铜矿业在国际上更有竞争力。如果与硫酸混合，一种细菌（氧化铁硫杆菌）会促进化学反应，将铜淋滤到酸溶剂中，从而可以开采大量的金属，这种生物冶金比传统方法还要有效。

生物冶金在其他方面的重要应用也在兴起。尽管还处于发展阶段，但是利用硫杆菌等细菌处理低品位金矿可以提取出90%的金，而用传统方法提取的金只有75%，且投入成本更高，能量的消耗更多。磷酸盐主要用来生产化肥和一些制造业产品中的添加剂，传统方法是通过高温提取或通过酸处理过程，效率低，浪费大。新的生物过程是在正常室温下提取磷酸盐。有些研究者正在研发生物冶金技术，用于从废水中提炼和循环磷酸盐。

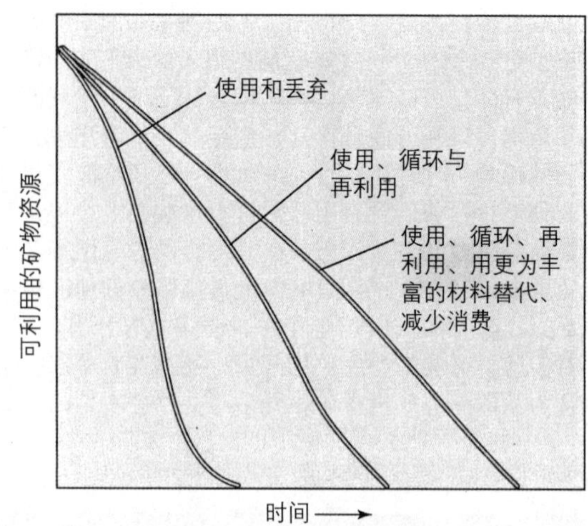

图15.11 像铜这样的不可再生资源的耗尽时间。图中作了三种预测。在每种情况下，我们开始的时候用于生产的矿藏储量是一样的。随着资源的减少和成本高企，剩余的矿藏使用就会停止，这幅图没有考虑新矿藏储量的发现或采矿技术的改进。

复习题

1. 限制开采印度尼西亚已知矿藏的问题是什么？在西伯利亚进行矿藏开采的问题呢？

使用替代品和资源保护，扩展矿物供应

学习目标

- 综述再利用、循环利用和改变我们矿物需求等矿物保护的方式。
- 介绍可持续制造和去材料化是怎样促进矿物保护的。

世界文明时代的很多技术都依赖于矿物，而某些矿物将来可能会耗尽或非常有限。因此，我们必须通过寻找替代品和矿物保护来尽可能地延长现有矿物的供应（图15.11）。

寻找矿物替代品

用储量更为丰富的材料来替代稀缺的材料是制造业的重要目标之一。经济效益在一定程度上推动了替代品的研发，降低生产成本的一个有效途径就是用一种廉价或丰富的材料来替代一种昂贵或稀缺的材料。近年来，塑料、陶瓷复合材料和高强度玻璃纤维已经在很多工业领域替代了稀缺材料。

早在20世纪初，锡就是罐头制造和包装的关键材料，从那时起，其他材料已经替代了锡，包括塑料、玻璃和铝。电信电缆中使用的铅和钢的数量在过去35年中也大为减少，塑料的数量就随之相应地增加。另外，玻璃纤维在电话电缆中也替代了铜线。

尽管替代延长了矿物供应，但终究不是解决资源减少问题的万能良药。某些矿物还没有替代材料。比如，铂是对工业发展非常重要的很多化学反应的催化剂。截至目前，还没有什么替代材料能够具有铂的催化能力。

矿物保护

矿物保护包括再利用和循环，可以延长矿物的供应。饮料瓶等物品通过收集、清洗和再次灌装可以实现**再利用**（reuse），是延长矿物资源的一个方式。在**循环利用**（recycling）中，饮料罐和废铁等废旧物品被收集、熔炼和再加工，成为新的产品。除了推广普及再利用和循环等特别的矿物保护技术外，公众对资源保护的认识和态度对于减少废物也有一定的作用。

再利用：保护资源，反复多次使用已用过的物品。
循环利用：保护资源，将已用过的物品改造成新的产品。

再利用 如果同一个产品被反复使用，那么就会减少矿物消费和污染。再利用的好处比循环利用的好处大（见第二十三章）。循环利用一个玻璃瓶需要粉碎、熔化，然后再制造一个新的玻璃瓶。再使用一个玻璃瓶则仅仅需要冲洗干净，一般来说比循环利用花费的能量少。再利用是丹麦的一项国策，但不能再利用的饮料容器是禁止使用的。

有几个国家和省州制定实施了饮料容器押金的法律，要求消费者支付押金，通常是每购买一瓶或一罐饮料支付押金5美分或10美分。饮料容器退回到零售商或专门的回收中心时押金被返回。消费者未兑换的押金通常被用来支持环保项目，比如有害废物的清理。除了鼓励再利用和循环利用外，减少矿物资源消费，饮料容器押金法律还由于减少垃圾和固体废物节省了财政资金。实行饮料容器押金法律的国家包括荷兰、德国、挪威、瑞典、瑞士以及加拿大和美国的一些地区。

循环利用 利用矿物制造的很多产品，比如罐、瓶、化学产品、电子设备、电池等，在使用过后一般就被丢弃掉了。有些产品中的矿物，比如电池和电子设备，很难循环。其他产品中的矿物，比如含有铅、锌或铬的油漆，在正常使用过程中都损失掉了。不过，依然有技术可以对很多其他矿产品进行循环利用。循环使用某些矿物已经是工业化国家通行的做法，包括美国，但是还有改进的空间（表15.3）。

除了延长矿物资源，循环利用还有几个其他好处，可以保护完整的自然土地不被采矿破坏，减少必须要处理的固体废物，降低能源消费和污染。循环利用一个铝制饮料罐可以节省大约180毫升（6盎司）汽油的能量。循环使用铝可减少氟化铝的排放，氟化铝是铝矿加工过程中产生的一种有毒空气污染物。

表15.3 2011年美国金属的循环利用率

矿物	循环百分比
铝	60
铜	34
铁和钢	63
铅	73
镁	53
镍	42
锌	29

来源：USGS《2011年矿物年报》。

2012年美国的铝制罐有大约67%得到了循环利用，根据专业和循环组织的报告，循环率有了很大的提高。铝业、地方政府和民间组织在全国建立了几千个循环中心。熔化、重新成型、灌装一个已经使用的罐并将它摆放到超市货架上需要大约6周的时间。很明显，即便是更多的循环利用，也是可能的。今天的卫生填埋场可能会变成明天的矿藏，从里面可以提取出宝贵的矿物和其他物质。（在很多国家，卫生填埋场已经被当作矿藏。）

改变我们的矿物需求 我们可以通过建设一个低废物排放的社会来减少矿物消费。美国人已经形成了“扔掉”的思维模式，坏了的或不需要的东西就扔掉。寻求短期经济效益的企业鼓励这种消费态度，即便是长期的经济和环境成本很高。如果产品经久耐用和可以修理，我们消费的资源就少。那些要求购买瓶装或灌装饮料支付押金的法律通过鼓励再利用和循环利用减少了消费。

“扔掉”的思维模式在工业界也很明显。传统的做法是：工业通过消费原材料生产出产品，大量的废物就被简单地丢弃了（图15.12a）。现在，越来越多的制造企业发现，一种制造过程所产生的废物可能是另一种工业的原材料。通过出售这些“废物”，企业可以获得额外的利润，减少必须丢弃的材料数量。

化学和石化工业是最早通过将废物转化为有用产品从而使得废物最小化的产业之一。比如，一些化工企业从其他企业购买铝废品，将废品中的铝转化成硫酸铝，并用来净化城市用水，保障城市用水供应。这样的废物最小化被称为**可持续制造**（sustainable manufacturing）（图15.12b，另见“迎接挑战：工业生态系统”）。可持续制造要求企业向其他企业提供有关废物的信息。但是，很多企业不愿意披露废物的种类信息，因为其竞争对手可以从废物的材料中推测出商业机密。如果全面实施可持续制造，必须首先解决这一困难。

去材料化 随着不断的演化，产品一般是越来越轻，也越来越小。20世纪60年代生产的洗衣机要比今天同类型的洗衣机重得多。其他家用电器、汽车和电子产品也是这样。这种随着时间推移而发生的产品重量减轻就称为去材料化（dematerialization）。在理想状态下，去材料化有利于环境，因为在生产和消费过程中减少了废物数量。

尽管去材料化给人的印象是减少了矿物和其他材料的消费，但是有时会产生相反的效果。越来越细小、越

可持续制造：基于实现工业废物最小化的制造系统。

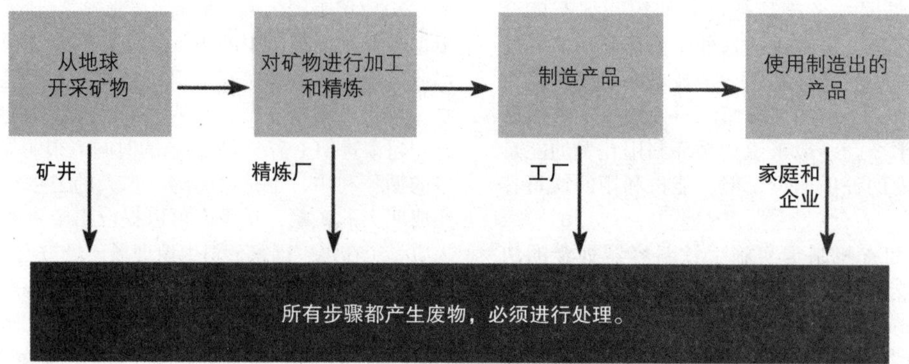

（a）在传统的矿物流动过程中，即从矿物开采到丢弃使用过的产品，要产生大量的固体废物。

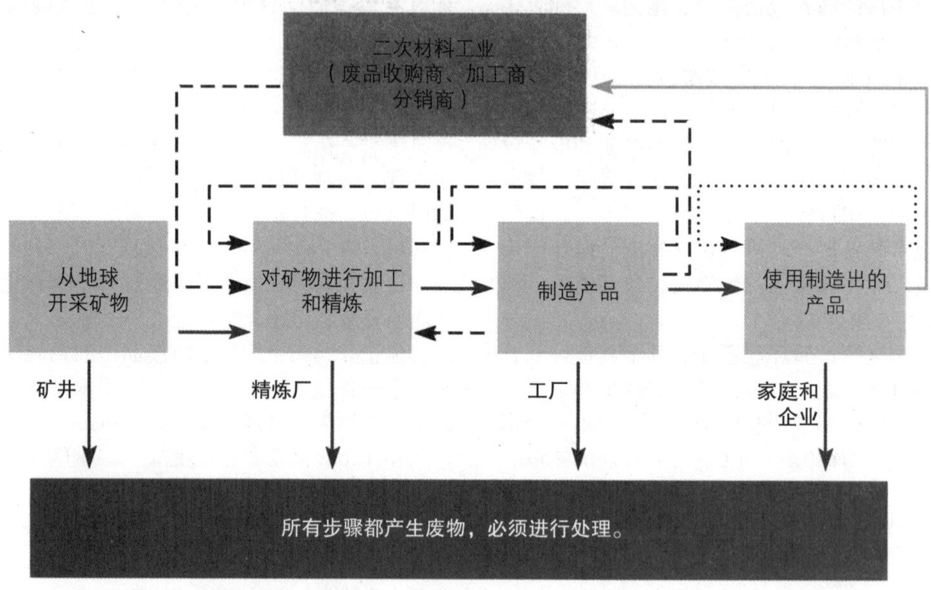

（b）低废物社会的矿物流动更为复杂，在中间环节还有可持续制造、消费者再利用和消费者循环利用。

箭头示例：-------- 可持续制造
········ 消费者再利用
——— 消费者循环利用

图15.12 工业社会中的矿物流动。

来越轻的产品可能质量差。由于修理损坏的轻型产品困难大，甚至比买个新的还要贵，因此零售商和生产商就鼓励消费者更换新的，而不是修理旧的。尽管生产单个产品所用材料的重量有所降低，但是在某个特定时期，这种材料实际使用的数量可能会增加。

复习题

1. 解释再利用和循环利用之间的不同。
2. 什么是可持续制造？

迎接挑战

工业生态系统

传统工业是以单向的、线性的形式运作的，即从环境中获取自然资源，然后制造产品，最后将废物堆放回环境。然而，矿物和化石燃料等现有的自然资源数量是有限的，环境对废物进行吸纳的能力也是有限的。为解决这些问题，工业生态学（industry ecology）应运而生。工业生态学是可持续制造概念的延伸，力求有效地利用资源，把“废物”看作潜在的产品。工业生态学试图建立工业生态系统（industrial ecosystem），在很多方面与自然生态系统相似。

以丹麦城市凯隆堡（Kalundborg）的工业生态系统为例，这个生态系统包括一个发电厂、一个炼油厂、一个药厂、一个墙板厂、一个硫酸厂、一个水泥厂、一个养鱼场、一个园艺场（暖房）以及家庭和农场。乍一看来，这些单位之间没有什么共同之处，但是它们就像自然系统的食物网一样彼此联系着（见下图）。在这个工业生态系统中，一个公司生产出的废物被当作原材料卖给另一个公司，就和自然界中营养循环一样。

火电厂从前是将废弃的蒸汽进行冷却，然后排放到当地的峡湾中。现在，蒸汽被提供给炼油厂和药厂，发电厂多余的热量用来提供给暖房、养鱼场和当地的家庭，从而节省了3500个烧油家用供暖系统。

炼油厂多余的天然气被卖给发电厂和墙板厂。发电厂每年通过燃烧廉价的天然气而节省数吨煤。在出售天然气之前，炼油厂根据空气污染控制法律对天然气进行脱硫。这些硫被卖给一家公司，用来生产硫酸。

为了符合环境规定，发电厂安装了污染控制设备，对煤烟进行脱硫。这种硫的存在方式是硫酸钙，被卖给墙板厂，用来替代石膏，也就是自然状态下形成的硫酸钙。火电厂产生的烟灰卖给水泥厂，用来修筑道路。

当地的农民使用养鱼场的淤泥作为农田的肥料。药厂的发酵罐也产生高营养的废物，当地农民可以用作肥料。多数药厂将这些废物丢弃掉，因为里面含有活性微生物，但是凯隆堡发电厂通过加热杀死了这些废物中的微生物，从而将废物转化成了商品。

这些相互的利用并不是同时进行的，每个过程都是一个单独的经济协作。形成这一整个的工业生态系统花费了几年时间。尽管这些工业合作最初是基于经济方面的考虑，但是从能源保护到减少污染，每个合作都有环境方面的效益。

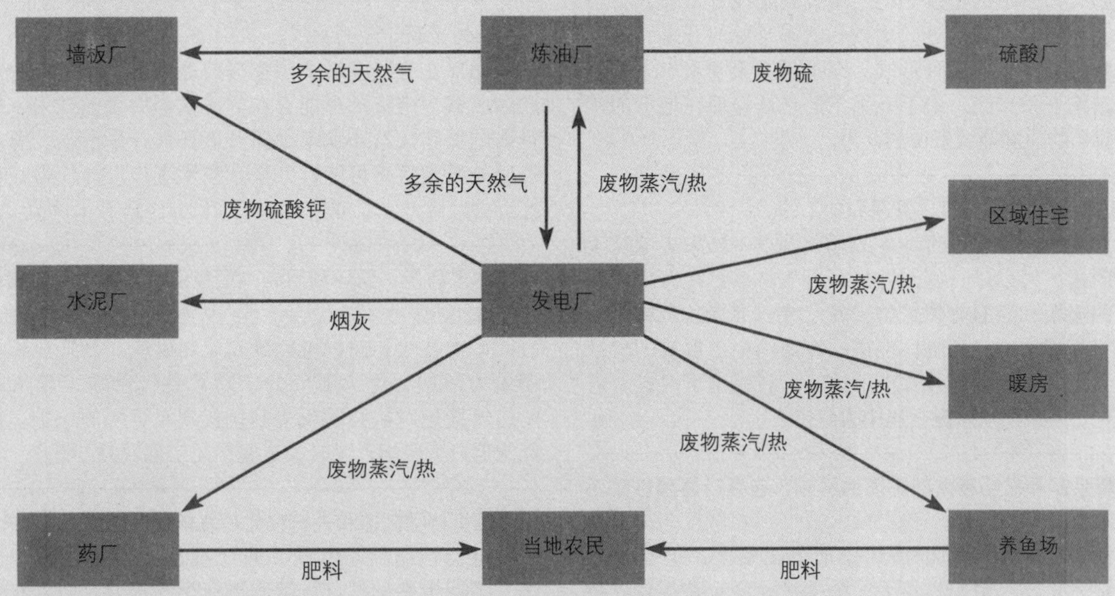

丹麦城市凯隆堡的工业生态系统。在能源、食物和其他产品生产中，资源恢复利用得到最大化，废物生产实现最小化。

通过重点术语复习学习目标

- **掌握矿物的定义，了解富矿和贫矿以及金属矿物和非金属矿物之间的区别。**

矿物是一种无机固体，在地壳中或上面自然存在，有着特定的化学和物理特性。富矿的矿物含有量相对大，而贫矿的矿物含有量相对小。矿物可以是金属，比如铁、铝和铜；也可以是非金属，比如磷酸盐、盐、砂石。

- **描述地壳中矿物富集的几种自然过程。**

随着岩浆的分层、冷却和硬化，岩浆富集形成了矿藏。热液过程也形成矿藏，热水溶解岩石里的矿物，并携带着矿物从岩石缝隙中渗透，直到遇到硫并发生反应，产生金属硫化物，在冷却后从溶液中析出。在沉积过程中，某些矿物溶于水，然后在河岸、三角洲和海底中沉淀，从溶液中析出。在蒸发过程中，没有出口的湖泊溶解了矿物，在湖水蒸发后，矿物留在湖底，从而形成了矿藏。

- **区分露天采矿和地下采矿。**

露天开采指的是首先将土壤、底土以及覆盖岩石层除掉，然后对地表附近矿物质和能源资源的开采。条带开采是露天开采的一种形式，在条带露天开采中，需要挖一条沟开采矿物。地下开采指的是从深埋在地下的矿藏中对矿物质和能源资源的开采。

- **简述矿藏是如何发现、开采和加工的。**

发现矿藏需要进行详尽的地质调查。如果矿藏位于地表附近，可以进行露天开采，首先将覆盖在有用矿藏上面的土壤和岩石等覆盖物去除。废石堆是条带露天开采中将新壕沟的剥离物倾倒进已有壕沟中而形成的疏松的岩石山。矿物加工往往涉及熔炼，在高温下对矿石进行熔化，将杂质从熔融金属中去除出去。

- **解释采矿和矿物精炼对环境的影响，包括简述酸性矿山废水。**

露天开采对土地的破坏比地下开采大，但是地下开采成本更高，危险性更大。酸性矿山废水是从煤矿和金属矿中将硫酸和铅、砷以及镉等可溶物质冲刷到附近湖泊和溪流中所造成的污染。尾矿是占矿石大约80%的杂质，通常被堆放在加工厂附近，形成巨大的尾矿堆。汞、氰化物、铀以及硫酸会从尾矿中淋滤到土壤和水中。除非使用污染控制设备，熔炼厂会在矿物加工过程中排放大量的空气污染物。

- **解释矿区土地怎样才能恢复。**

弃耕地由于采矿受到严重的破坏，但是可以恢复，从而避免进一步的土地退化，使得土地在其他用途方面具有生产力。土地复垦投入高，除了联邦法律规定的煤矿废弃地必须恢复外，其他矿产开发造成的废弃地没有法律方面的要求。

- **描述一个国家的工业化水平及其与矿物消费之间的关系。**

高度发达国家在世界矿物消费方面占据了大量的份额，但是随着发展中国家的工业化，矿物需求也在增加。中国的矿物生产和消费都在快速增长。

- **区分矿物储量与矿物资源之间的不同。**

矿物储量是被探明的目前具有经济开采价值的矿藏。矿物资源是未被探明或已被探明的但目前不具有经济开采价值的矿藏。

- **简要讨论新矿藏的发现。**

如果在一些发展中国家进行地质调查，可能会发现新的矿藏。南极洲可能存在的矿藏今后会被开采，但是目前的国际法禁止在南极洲开展任何开采活动。海水和海底的矿藏将来可能被开采。技术进步可能使得在难以接近的地区开采，或使贫矿开采具有经济开采价值。

- **综述再利用、循环利用和改变我们矿物需求等矿物保护的方式。**

矿物替代和保护可以延长矿物供应。制造业积极利用更为常见、更为廉价的矿物来替代稀缺、昂贵的矿物，再通过对矿物的反复利用实现对资源的保护。循环利用通过将废旧产品转换成新产品实现资源的保护。

- **介绍可持续制造和去材料化是怎样促进矿物保护的。**

可持续制造是基于实现工业废物最小化的制造系统。工业生态学是可持续制造概念的延伸，力求有效地利用资源，把“废物”看作潜在的产品。去材料化指的是产品大小和重量的减少，是随着时间的推移而发生的技术进步的结果。只有在产品经久耐用以及修理简单、廉价的时候，去材料化才能降低矿物消费。

重点思考和复习题

1. 岩石和矿物之间的区别是什么？金属矿物和非金属矿物之间的区别是什么？
2. 区分地上开采和地下开采、露天坑开采和条带开采、立井开采和斜坡开采之间的区别。
3. 这幅漫画与1872年的《通用采矿法》有着怎样的关联？怎样反映了条带开采与地下开采对环境的不同影响？

4. 什么是覆盖物？什么是废石堆？什么是熔炼？什么是尾矿？
5. 解释贫矿开采为什么比富矿开采的环境危害大？
6. 从历史上看，采矿和矿物加工造成的环境危害没有计算到消费产品的价格中。你认为应该吗？为什么？
7. 田纳西铜盆地是怎样演变成环境灾难的？哪些措施有助于该地区的恢复？
8. 比较美国、中国和一个更穷的国家比如尼日利亚的矿物消费。近年来，哪个国家矿物消费增加得最快？为什么？
9. 我们在预测某种矿物能使用多久的时候，为什么要区分矿物资源和矿物储量？为什么准确评估某个特定矿物的全部资源很困难？
10. 什么是锰结核？这些已知的矿藏为什么没有开采？
11. 南极洲的矿藏开采了吗？为什么？
12. 画一幅传统工业化社会的矿物流动图，里面包括采矿厂、加工厂、工厂、家庭和企业。再画一幅低废物工业化社会的矿物流动图。哪幅图更为复杂？为什么？
13. 有些产业界的人认为，有计划地进行产品更换，也就是说经常进行产品更新，可以创造就业岗位。其他人认为生产少量的经久耐用的、可以修理的产品将创造就业岗位，刺激经济发展。请解释这两个观点。
14. 丹麦城市凯隆堡的工业生态系统在哪些方面与自然生态系统相似？与传统工业方法相比，如果生产同样的能量和产品，这种方法产生的温室气体多还是少？请解释。 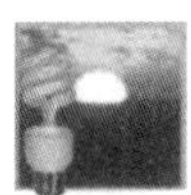
15. 阅读下图。该图显示了20世纪50年代以来世界开采和精炼原铝所使用的电量。如果铝生产更为节能，目前铝生产中电使用量的全球增长会发生怎样的变化？ 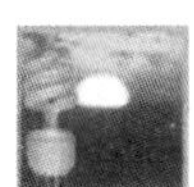

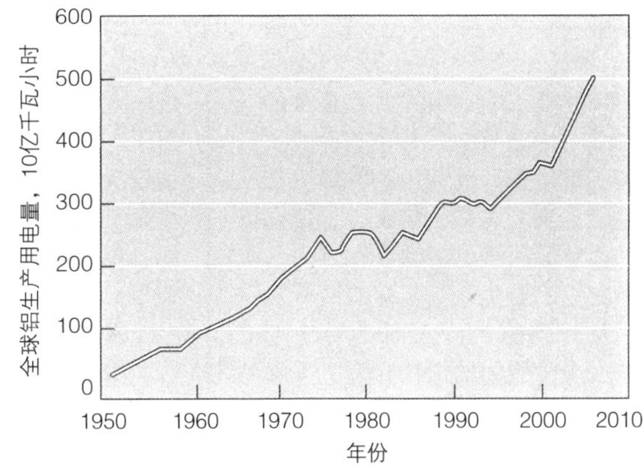

（引自Vital Signs 2007-2008 [《重要的迹象2007-2008》], New York: W. W. Norton & Company, 2007。）

食物思考

采矿和农业常常联系在一起。请思考一些对于食品生产和牲畜养殖来说重要的矿物开采例子。如果不进行科学开采，可能会对农业产生怎样的环境影响？

第十六章

生物资源

印度班达迦国家公园的老虎幼崽。

老虎是猫科动物中体型最大的，生活在印度、印度尼西亚、泰国、俄罗斯和其他一些亚洲国家。尽管是大型凶猛的猎食者，老虎依然面临着灭绝的威胁。在过去一个世纪里，野生老虎生存的区域减少到历史上的7%。目前，野生老虎从一个世纪前的大约10万头下降到3200头左右。

世界上一半以上的野生老虎生活在印度破碎化的小片栖息地上。印度有几百个老虎保护区，包括班达迦国家公园（Bandhavgarh National Park）（见上图）。然而，在2005年，公园管理人员发现，印度沙里斯卡老虎保护区（Sariska Tiger Reserve）的全部20头老虎都不见了。（后来又向该保护区引来了几只老虎。）班达迦国家公园和印度其他老虎保护区的老虎数量也出现大幅下降。

尽管老虎受到法律保护，但是它们依然被非法猎杀，满足不断增长的对虎皮、虎骨、虎鞭和虎肉的需求。在亚洲传统医药中，虎骨酒被认为是强身健体的滋补品，是把虎骨长时间浸泡在酒里制成的。同样，虎鞭汤被认为可以提高人的性能力，虎眼有助于防止惊厥。

很多禁止偷猎老虎和贩运虎皮以及身体其他部分的法律没有得到实施。在老虎保护区巡逻防止偷猎的看护员人数少，没有抓住几个偷猎者。恰恰相反，偷猎者反而在很多情况下袭击甚至打死保护区巡查人员。如果偷猎者被抓住并判刑，对他们的罚款也非常少，形成不了威慑力量。

老虎数量下降的另一个因素是栖息地的丧失。随着人口的增长，越来越多的荒野被人的需求改变，使得老虎的栖息地越来越碎片化。人类还猎杀老虎的猎物，现存的老虎在它们破碎化的栖息地中可以捕食的猎物日渐减少。

很明显，如果要拯救野生老虎种群，需要地方、国家和国际上采取统一的措施。就像很多环境问题一样，老虎保护的挑战也很复杂，科学、经济、社会标准、文化信仰和传统、政治因素、人口增长、国内和国际政策等都会对野生老虎种群的命运产生影响。

在本章，我们将首先考察所有生命形式的重要性，然后考察对于老虎和很多其他生物威胁越来越大的种群灭绝，最后我们将探讨如何保护生物资源，至少保护一些濒危物种不要永久消失。

身边的环境

登录www.fws.gov/endangered/，了解美国濒危物种的情况。然后，下拉查看所有州的濒危物种情况。有多少濒危动物物种？有多少濒危植物？

生物多样性

学习目标

- 解释生物多样性，区分基因多样性、物种丰富度和生态系统多样性。
- 描述生态多样性提供的几种重要的生态系统服务。

一个物种（species）是具有或多或少明显特征的一群生物，能够在自然界中进行彼此交配，并繁殖后代，但是不与其他生物交配繁殖。我们不能准确得知现在到底有多少物种。事实上，生物学家现在意识到我们对地球上众多的生物了解得那么少。科学家估计，可能至少有500万个物种，至多有1亿个物种。根据国际自然保护联盟（IUCN）的数据，截至目前，大约有170万个物种得到科学命名和描述，其中有将近31万种植物、6.5万种脊椎动物和100万种昆虫。每年发现10,000种左右的新物种（图16.1）。

生物的不同称为生物的多样性（biological diversity）或**生物多样性**（biodiversity），但是这一概念不只是单纯的物种数量，也就是比物种丰富度（species richness）的含义要大得多。生物多样性在所有生物组织层级上都有发生，从种群到生态系统都有生物多样性。生物多样性考虑基因多样性（genetic diversity）的因素，基因多样性是指某一物种所有种群里的基因差异。生物多样性还包括生态系统多样性（ecosystem diversity），即地球上所发现的不同的生态系统，比如森林、草原、沙漠、珊瑚礁、湖泊、海岸带和我们星球的其他生态系统。生态系统多样性还涉及自然群落中生物间不同的相互作用。比如森林群落里有树木、灌木、藤树、草本植物、昆虫、虫、脊椎动物、真菌、细菌和其他微生物，比麦田的生态系统多样性更为丰富。

图16.1　一个新发现的物种。这个沙袋鼠（*Dorcopsulus sp.nov.*）是世界上最小的袋鼠，发现于印度尼西亚，60厘米（大约2英尺）长。国际自然保护联盟2010年宣布了这一发现。

生物多样性：地球上生物的数量、种类和变异性，包括基因多样性、物种多样性和生态系统多样性三个部分。

我们为什么需要生物

人类生存依赖数千个物种的贡献。在传统（非现代）社会里，这些贡献是直接的，植物、动物和其他生物是人类食物、衣物和居住的来源。在工业化社会，多数人不需要为早饭而去打猎，也不需要为建房和薪柴而伐树。不管怎样，我们仍然依赖生物。

尽管所有的社会都需要使用很多种植物、动物、真菌和微生物，但是多数物种的潜在用途还不为人所知。在31万种已知植物物种中，至少有25万个物种在工业、医药和农业方面的潜在用途还没有得到人们的评估。在数百万种微生物、真菌和动物物种中，大多数也是这样。

多数人不认为昆虫是重要的生物资源，但是昆虫在好几种重要的生态和农业过程中起着基础性的工具作用，包括植物花粉授粉、杂草控制、害虫控制。而且，很多昆虫产生独特的化学物质，对人类社会有着重要的用途。细菌和真菌向我们提供食物、抗生素和其他药物以及固氮等重要的生物过程（见第四章）。生物多样性代表着可为将来使用并带来福利的丰富的、未被开发的资源，很多未知的生物物种可能今后会为我们提供产品。生物多样性的降低会过早地、永久地减少这一宝贵的财富。

生态系统服务和物种丰富度　生物世界是一个复杂的系统。每个生态系统都包括很多不同的部分，这些不同部分的功能被有机地组织在一起，从而维持生态系统的总体效能。所有生物的活动都是相互联系的，我们是彼此联系的，相互之间彼此依赖，我们也依赖物理环境，这些联系常常是采用微妙的方式。如果一个物种式微了，那么与其相联系的其他物种可能在数量上减少，也可能在数量上增加。

以自然环境中鳄鱼的作用为例（图16.2）。雀鳝以小鱼为生，美洲短吻鳄通过捕食雀鳝从而维持小鱼的种群数量。鳄鱼在水下挖洞，其他的水生生物在水位低的干旱时期才得以生存。鳄鱼堆砌的巢丘每年都扩大，最后形成了小岛，上面生长了树木和其他植物。相应地，这些小岛上的树为苍鹭和白鹭种群提供了栖息地。鳄鱼栖息地保持的部分功劳要归功于水下“鳄鱼通道”，这些通道有助于清除水生植物，因为这些水生植物可能最终形成一个沼泽。

植物、动物、真菌和微生物在对人类生存至关重要

图16.2 鳄鱼在环境中的作用。美洲短吻鳄（*Alligator missippiensis*）在自然生态系统中发挥着不可缺少而又微妙的作用。摄于大沼泽地。

的很多环境过程中发挥着工具性作用。森林不仅是木材的来源，还为我们获得淡水涵养水源，森林控制地方洪涝的发生次数和严重程度，森林减少土壤侵蚀。（见第十四章开头部分关于华盛顿州一次泥石流影响土壤侵蚀的生动介绍。）很多有花植物物种依赖昆虫传播花粉，实现繁殖。动物、真菌和微生物有助于促进不同物种的平衡，以便一个物种的数量不至于由于增长太多而损害整个生态系统的稳定。土壤生物，从蚯蚓到细菌，促进和维持植物生长所需要的土壤肥力。细菌和真菌承担着分解的关键任务，使得营养在生态系统中的循环得以进行。所有这些过程都是生态系统服务，是生态系统向人提供的重要环境福利，比如呼吸的清洁空气、饮用的清洁水源、种植作物的肥沃土地。生态系统服务维持了整个生命世界，包括人类社会，我们的生存完全依赖于生态系统服务。（表5.1总结了一些重要的生态系统服务。）

生态系统中即便只损失几个物种，也会以难以预测的方式危及其他生物。正如一辆汽车一样，如果缺少了几个零件，汽车的行驶就不会顺畅，从生态系统中去掉一些物种也会使得生态系统的运转不顺畅。如果损失的物种多了，那么整个生态系统就会发生变化。生态系统中的物种丰富度为生态系统提供恢复力，也就是说，提供从环境变化或灾难中的恢复能力（见第五章关于物种丰富度和群落稳定的讨论）。

基因保护 维持广泛的基因基础对于每个物种的长期健康和生存都至关重要。以经济上重要的农作物为例。在20世纪，植物科学家在重要粮食作物方面研发了基因单一、高产的品种，比如小麦。然而，人们很快就发现，这种基因单一性导致了对虫害和病害抵抗力的下降。

通过使用基因更为多样化的亲本对“超级种”的杂交，抗病和抗虫基因可以再次导入这类植物。1970年，一种玉米枯萎真菌毁灭了美国的玉米作物，通过采用来自墨西哥的基因多样化的古老品种和美国培育的基因单一的玉米品种的杂交，才控制了这种枯萎病。如果墨西哥玉米的某些基因被导入美国的品种之中，那么美国的玉米品种就会对玉米枯萎真菌具有抵抗力。（驯化植物和动物品种的全球性退化将在第十八章讨论。）

基因多样性的科学重要性 基因工程（genetic engineering）就是将基因从一种生物导入到另一种不同的物种之中（见图18.11），使得在更宽的范围内使用生物基因资源成为可能。比如，人的胰岛素基因被导入细菌中，这些细菌随即就变成微小的化学工厂，以非常低的成本生产糖尿病患者所需要的大量胰岛素。尽管存在争议，但从20世纪70年代中期发展起来的基因工程，已经研制出了新的疫苗，提供了出栏率更高的动物和抗病能力更强的农业植物。

尽管我们具有将基因从一种生物转到另一种生物的技术，但是我们没有制造能够携带特别遗传密码的基因的能力。基因工程依赖基因多样性的广泛基础，从这个基础中获得基因。我们地球上生活的生物所形成的基因多样性是经过亿万年的演化（evolution）才形成的。这种多样性可能蕴含着解决今天存在的问题以及明天我们还想象不出的问题的方案。如果让我们遗产中这一重要的部分消失掉，那就是不明智的。

生物在医药、农业和工业领域的重要性 生物的基因资源对于制药业非常重要，因为制药业将从生物中提取的数百种化学物质应用到药物中。从治疗咳嗽的樱桃和苦薄荷提取物，到治疗癌症的长春花和盾叶鬼臼中的某些成分，植物衍生物在治疗疾病方面发挥着重要作用（图16.3）。很多从被囊动物、红藻、软体动物、珊瑚、

图16.3 玫瑰色长春花的药用价值。紫长春花（*Catharanthus roseus*）产生抵抗某种癌症的化学物质。从紫长春花中制成的药物（比如长春花新碱）可以将儿童白血病患者的存活率从5%左右提高到95%以上。

海绵动物等海洋生物中直接提取的天然产品是富有前景的抗癌或抗病毒药物。比如，获得性免疫功能丧失综合征（AIDS）药物叠氮胸苷（AZT）就是从海绵动物中提取合成的化合物。美国销量最好的20种处方药要么是天然药物，即稍作化学修饰的天然药品；要么是化学结构最初是来自生物的合成药物。

植物和动物对于农业的重要性无容置疑，因为我们必须吃饭才能生存。不过，与可以吃的所有物种相比，我们吃的食物仅占有限的一部分，可能还存在很多营养比我们的食物更为优等的物种。四棱豆是东南亚和巴布亚新几内亚的一个热带豆科植物。由于四棱豆的种子里含有大量的蛋白质和油脂，所以可看作是热带的大豆。这个植物几乎所有的部分都可以吃，从幼苗、绿色的果实到富含淀粉的根茎。

现代工业技术依赖于大量的生物产品。植物提供植物油和润滑油、香水和芳香剂、染料、纸浆、木材、蜡、橡胶和其他弹性橡胶、树脂、抑制剂、软木塞、纤维质。动物提供的羊毛、丝绸、皮毛、皮革、润滑油、蜂蜡和交通，在医学研究上也很重要。

昆虫分泌大量的化学物质，表现出丰富的产品潜力。某些甲虫产生类固醇，具有控制出生的潜力。萤火虫产生一种化合物，可能用来治疗病毒感染。有些双翅目物种在作为新的抗生素来源方面显示出很大的前景。蜈蚣分泌出一种杀真菌剂，可以帮助作物生长。由于生物学家估计可能90%的昆虫还没有被认识，因此昆虫代表着一种重要的生物资源。

生物在美学的、道德的和精神方面的价值　生物不仅为人类的生存和身体舒适做出贡献，而且还为人类提供精神健康福利、休闲、灵感和心灵慰藉。我们的自然界是一个美的世界，在很大程度上是因为这个世界里生物形式的多样性。艺术家努力通过素描、油画、雕塑和摄影捕捉大自然的美，诗人、作家、建筑师和音乐家创作作品，反映和歌颂自然世界。有几项关于城市居民的研究表明，公园和绿地能促进心理健康，包括帮助提高集中注意力，降低焦虑情绪。

关于生物的价值，最有冲击力的伦理道德思考是，人类如何从与其他物种的关系中来认识自己。传统上，很多人类文化认为自己是超级动物，为了自己的利益可以征服和掠夺其他形式的生命。另一种看法是：生物都有着自己内在的价值，作为地球上所有生命形式的管家，人类应该管理好、保护好这些生物的生存（见第二章关于环境道德伦理的讨论）。

复习题

1. 什么是生物多样性?
2. 列举出三个生物多样性提供的生态系统服务例子。

物种灭绝和物种濒危

学习目标

- 解释物种灭绝，区分背景灭绝和集群灭绝。
- 对比受威胁物种和濒危物种，列举很多濒危物种共有的四个特征。
- 解释生物多样性热点，说明世界上多数生物多样性热点的位置。
- 描述物种濒危和灭绝的四个人为原因，解释哪一种原因最为重要。
- 解释入侵物种如何危及本地物种。

灭绝（extinction）是生命形式的停止，一旦某个物种的最后一个个体死亡，那么就发生了生物物种的灭绝。灭绝是不可逆的，如果一个物种灭绝，就不可能再出现。生物灭绝似乎是所有物种的最终命运，就像死亡是所有个体的最终命运一样。生物学家估计，在生存过的每2000个物种中，有1999个今天都已经灭绝了。

在生物出现在地球上的时间跨度里，一直发生着不间断的、低水平的物种灭绝，或者叫背景灭绝（background extinction）。在历史上的某个时期，可能有5次或6次，地球上发生了第二种形式的灭绝，即集群灭绝（mass extinction），众多的物种在相对短的地质时期内消失了。集群灭绝的这一过程可能会花数百年时间，但是与生命在这个星球上存在的历史来说，仍然是一个短暂的瞬间，地球上的生命已经存在了大约35亿年。

过去集群灭绝的原因还没有得到很好的认识，但是可能存在生物和环境方面的原因。大的气候变化可能引发了物种的集群灭绝。海洋生物对于温度变化特别敏感脆弱，即使地球温度仅发生几度的变化，也有可能引起很多海洋物种的灭绝。过去的集群灭绝可能是由灾难性事件引起的，比如一颗大的小行星或彗星与地球相撞。由此造成的影响可能会使大量的尘土进入大气，阻隔了太阳光线，造成地球温度下降。

尽管灭绝是自然的生物过程，但是人类活动大大加速了这一过程。不断增长的人口已经占据了世界上几乎每一个角落。只要有人进入，那里很多生物的栖息地就要受到打扰或摧毁，从而导致生物灭绝。

目前，地球生物多样性正以前所未有的速度消失（图16.4），生物保护学家估计，物种正在以自然背景灭绝速度的100倍到1000倍走向灭绝。比如，IUCN列举了2012年将近20,000个受到灭绝威胁的物种，其中13%是鸟类，25%是哺乳动物，41%是两栖类动物。大约有9400个

灭绝：某个物种最后一个个体的死亡。

图16.4 有代表性的濒危或灭绝物种。美国鱼类和野生动植物管理局估计，在过去200年里，美国有500多个物种灭绝，其中大约250个物种是1980年后灭绝的。

植物物种目前遭受灭绝的危险（见“你可以有所作为：应对生物多样性减少”）。

濒危和受威胁的物种

根据《濒危物种法》（The Endangered Species Act），**濒危物种**（endangered species）的法律定义是：在物种的全部或主要生活区域内处于即刻灭绝危险的物种。（可以发现某种特定物种生活的地方称为生活区域。）如果某个物种的种群数量严重减少，在没有人类干预的情况下就有灭绝的危险，那么，这个物种就是濒危物种。

如果物种的灭绝危险不那么急切但是种群数量又很少，那么这个物种就被认为是**受威胁物种**（threatened species）。受威胁物种在法律上的定义是：物种的全部或主要生活区域内在可预见的将来有可能濒危的物种。

受威胁物种和濒危物种代表着生物多样性的下降，因为随着这些物种种群数量的减少，它们的基因多样性严重萎缩。长久的生存和演变依赖于基因多样性，因此，与基因多样性更加丰富的物种相比，基因多样性的下降增加了受威胁物种和濒危物种灭绝的风险。

濒危物种：面临危险并可能导致在短时间内灭绝的物种。

受威胁物种：种群数量下降并可能处于灭绝风险的的物种。

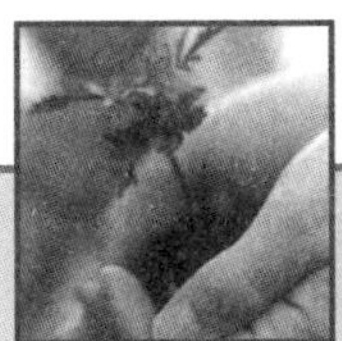

你可以有所作为

应对生物多样性下降

你的子孙后代面临着继承一种生物枯竭的世界的局面，但是致力于保护我们生物遗产的人能够改变生物灭绝的趋势。你虽然不是生物学家，但一样可以为此做出贡献，有些最为重要的贡献就来自科学界以外。下面是一些行动列表，可以有助于保护生物多样性，这是我们留给后代的遗产。

1. 保护生物的政治承诺很有必要，因为保护物种不会带来立刻的或短期的利益。这种承诺必须是所有层面上的，包括从地方到国际各个层面。如果没有公众的支持，法律也不能保证生物的保护。越来越多的公众了解了生物多样性的极端重要性。作为个人，我们可以教育自己，认识到生物多样性对于我们的地区具有特别重要的意义。
2. 向公众宣传物种保护需要经费。塞拉俱乐部、自然保护协会、世界野生动物保护基金等组织募集的私人基金支持这类行为，但是还需要更多的钱。作为个人，我们可以加入并积极支持这类保护组织。
3. 濒危物种拯救以前，必须了解它的数量、领地、生态、生物特征以及对环境变化的脆弱性。基础性的研究会提供这类信息。如果我们不知道需要建立多大的保护性栖息地以及在设计建设上必须具有什么特色，那么我们就不能有效地保护一个特定物种。作为个人，我们可以向州政府和联邦政府反映我们的要求，希望用税收来支持物种保护的研究。
4. 必须在全球范围内建立生物保护公园和保护区，包括所有主要的生态系统。除了保护生物多样性，生物保护区还要具备其他的功能，包括保护提供水源的流域、成为具有多种用途的重要生物产品的可再生来源、向人们提供具有美学和娱乐休闲功能的未被破坏的土地。作为个人，我们可以向国家立法者写信，促进建立保护公园。
5. 如果我们继续污染我们的星球，那么建设保护区不会防止生物枯竭，因为在全球气候变化的威胁下，生物多样性保护公园和保护区不可能得到保护。为了人类的健康福祉，为了对于生态系统非常重要的生物物种的健康福祉，必须采取强有力的措施控制将CO_2和其他污染物排放到空气、土壤和水中的行为。作为个人，我们可以减少污染，具体的建议将在第十九章到二十三章讨论。
6. 热带地区的发展中国家具有地球最丰富的基因多样性，但没有多少钱用于生物保护。那里的政府疲于应付人口过多、疾病、外债等问题。参加生态旅游是帮助这些国家的一种方式，使它们认识到所拥有的生物资源的重要性。游客们支付费用，去参观自然环境，观看当地物种。良性发展的旅游业能够保护自然地区，改善当地人们的生活。另外，发达国家可以向发展中国家实行经济激励措施，比如免除或减少债务，以换取它们对地方生物的保护，包括保护濒危物种。

我们的选择以及我们对所有层面政府政策的支持，能够对全世界的生态系统和物种产生影响。

濒危物种的特点 很多濒危物种有某些共同的特点，似乎使得它们更加易于灭绝。这些特点包括有着极小的（本地化的）生活区域；需要有一个大的领地；生活在岛上；繁殖成功率低，常常造成种群数量小或繁殖率低；需要特殊的繁育区域；有着特殊的饮食习惯。

很多濒危物种有一个受限的自然生活区域，使得它们在栖息地改变的时候特别容易灭绝。提布龙蝴蝶百合（Tiburon mariposa lily）就只有一个种群，生长在旧金山附近的一个山顶上。那个区域的开发无疑会导致该物种的灭绝。

有些物种常常因为是第三级消费者，处于食物链的顶端，因此需要很大的领地才能生存，这些物种在其所有或主要领地被人类活动影响的时候就可能受到灭绝的威胁。加利福尼亚秃鹫是一种猛禽，以动物腐肉为生，需要有数百平方千米大的、不被影响的领地，才能觅到足够的食物，目前，这一种群正在慢慢从灭绝的边缘恢复过来。1983年，加利福尼亚秃鹫的数量下降到22只，从1987年到1992年，大自然中再没有发现过这种鸟（图16.5）。1992年，美国开始实施一项计划，对动物园饲养的加利福尼亚秃鹫进行野外驯化并放归自然。到2013年底，秃鹫数量上升到412只，其中一半以上生活在加利福尼亚野外（包括尖峰国家公园[Pinnacles National Park]；见第十七章）和墨西哥与亚利桑那州附近的地区。然

图16.5 加利福尼亚秃鹫。加利福尼亚秃鹫（*Gymnogyps californianus*）翼展可宽达3米，处于严重濒危的境地，很大原因是区域开发缩小了它们野外栖息地的范围。秃鹫还面临着其他环境问题的威胁。本图摄于加州大苏尔（Big Sur）。

而，秃鹫的故事还不能算是成功，因为秃鹫还没有成为一个自我生存的种群，如果没有人工养殖来增加它们的数量，秃鹫种群还不能实行自我更替。目前，秃鹫种群恢复最大的威胁是铅毒物，秃鹫在吃掉捕猎者射杀的猎物时同时吞下了铅弹。

很多局限于某些岛屿的物种（也就是说，在世界其他地方都没有发现）也有着灭绝的危险。这些生物常常是种群数量小，如果被毁灭，就不能从其他地方通过种群迁徙来恢复物种。由于是在隔绝状态下进化的，没有竞争者、猎食者和疾病生物，岛屿物种往往在人类带去的竞争者、猎食者和疾病生物面前没有防御能力。过去几个世纪里，在已经灭绝的171个物种中，有155个生活在岛屿上。这就一点也不令人奇怪。

在生态学术语中，岛（island）这个词不仅是指水环绕的陆地，而且还包括任何被不适宜生存的区域环绕的任何孤立的栖息地。因此，被农业和郊区土地环绕的一小片树林被认为是一个岛。栖息地破碎化（habitat fragmentation）指的是大片栖息地被分割为小片的、孤立的碎片（即岛），是很多物种长期生存面临的主要威胁。（国家公园被看作岛，将在第十七章讨论。）对一个需要生存的物种来说，其生活区域内的种群数量必须足够多，这样雄性和雌性才能交配繁殖。生物物种不同，确保繁殖成功所需要的最小种群密度和大小也不同。对于所有生物而言，如果种群密度和大小低于必要的最低水平，那么种群数量就会下降，非常容易趋于灭绝。

濒危物种常常还有其他的共同特征。有些物种的繁殖率低，雌性蓝鲸每隔一年才产一个崽。沼红花（Swamp pink）是一种小的有花植物，每年开花的不超过6%（图16.6）。有些濒危物种只是在特定区域繁殖，比如，肯普的里德利海龟只在墨西哥的一个海滩上产卵。

高度专门化的饮食习惯也会危及一个物种。在大自然中，大熊猫只吃竹子。在一个特定地区，所有的竹子都会周期性地开花和死亡，在这种情况下，大熊猫就会面临饿死的危险。与很多其他濒危物种一样，大熊猫也面临着灭绝的危险，因为它们的栖息地被分割成很小的岛。中国大概有1600只野生大熊猫，生活在孤立的栖息地上，仅占它们历史上生活区域的一小部分。中国与世界野生动物基金（WWF）合作建立了大约40个大熊猫保护区。

哪里生物多样性减少的问题最大

生物多样性减少在整个美国都是个问题，但是问题最严重的地方是夏威夷（63%的物种处于危险境地）和加利福尼亚州（大约29%的物种处于危险境地）。夏威夷已经丧失了数百个物种，比其他州的濒危物种都多。夏威夷至少2/3的原生森林都没有了。

图16.6 沼红花。这个濒危物种生活在美国东部的沼泽里。摄于特拉华州基伦斯湖州立公园（Killens Pond State Park）。这个物种为什么对于气候变化特别脆弱？（提示：这个物种的栖息地会随着气候变化而发生怎样的变化？）

美国的生物多样性下降很严重，但是其他国家更严重，特别是在热带地区。尽管南美洲、中美洲、中非和东南亚的热带雨林只占地球表面积的7%，但是上面栖息着全世界50%的物种。通过使用遥感观测，科学家发现每年大约有1%的热带雨林被砍伐或严重退化。森林正在让位于人的居住、橡胶和油料作物的种植、石油和矿物的开采以及其他人类活动。（热带雨林在第六章和第十七章讨论。）

地球生物多样性热点 1998年，牛津大学生态学家诺曼·迈尔斯（Norman Myers）提出了**生物多样性热点**（biodiversity hotspot）概念。2000年，迈尔斯和保护

生物多样性热点：含有大量当地物种并处于人类活动高度危险之下的相对较小的区域。

国际（Conservation International）组织的生态学家共同标识了世界上的25个生物多样性热点，此后通过进一步的分析，目前已整理确定了34个热点。50%以上的维管植物位于热点中。在这些热点中，还有占世界总数42%的陆地脊椎动物、29%的淡水鱼类。很多人口，将近世界人口的20%，也生活在这些热点。很多热点是热带森林，其中有10个大部分或全部是岛，其他的热点被沙漠或山脉所阻隔。

很多生物学家建议生物保护规划者应该集中于这些热点中的土地保护，以减少目前正在发生的集群灭绝。不是所有生物学家都同意这样做。有些批评者认为，将注意力集中于这34个生物多样性热点会使我们忽视生活在其他栖息地的物种，比如沙漠、草原、冻原和温带森林，所有这些地方的物种也都处于风险之中。

物种濒危中的人类因素

2001年，联合国提出开展千年生态系统评价（Millennium Ecosystem Assessment），收集生态系统变化以及这些变化对人类影响的科学信息。根据来自95个国家1300多名科学家的工作，联合国在2005年出版了几个报告，其中一个是《生物多样性综合报告》（*Biodiversity Synthesis Report*），分析了生态系统健康与生物多样性之间的重要联系。这份报告说，由于几个因素，生物多样性正在快速下降。

总起来说，科学家认为，生物多样性面临的最大威胁是土地使用的变化，因为它造成栖息地的丧失。入侵物种的扩张、过度开采、污染（包括CO_2污染带来的气候变化）也很重要。在这些导致生物多样性减少的直接原因背后是人口的增长、经济活动的增加、技术的更多利用以及社会、政治、文化因素（图16.7）。所有这些直接和间接的因素以复杂的方式相互影响，因此，使用系统的观点来解决生物多样性下降的问题最为有效。仅仅应对单一的因素，比如过度开发利用，而不考虑其他加速生物多样性下降的因素，可能注定是要失败的。

土地利用的变化　多数今天面临灭绝的物种处于濒危境地的原因是人类活动造成的栖息地破坏、破碎或退化。我们修建道路、停车场、桥梁、大楼的时候，我们

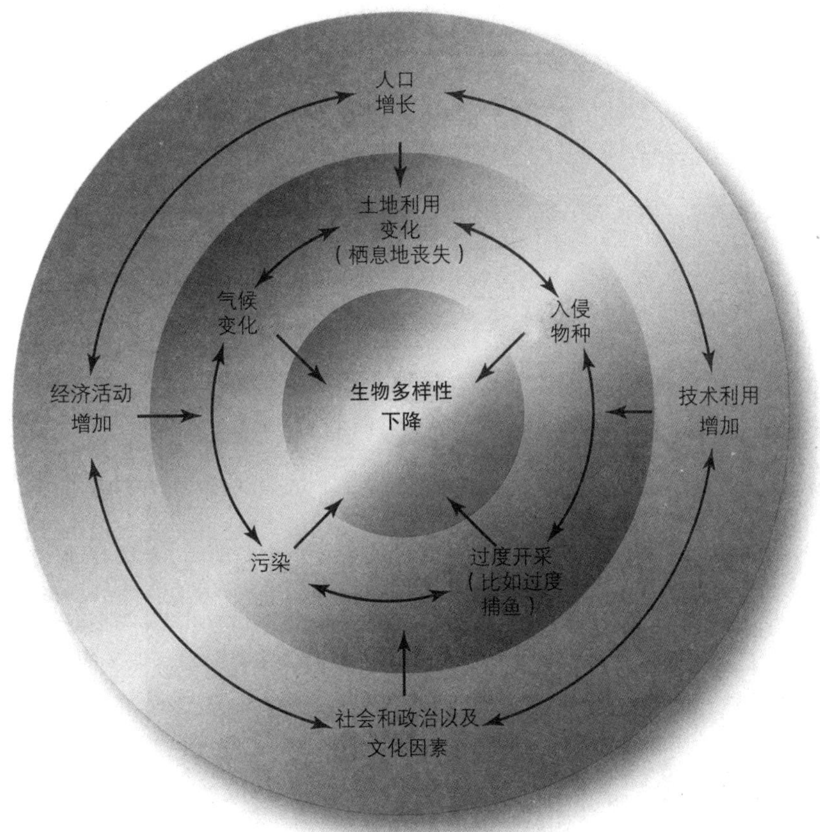

图16.7　生物多样性下降的原因。在这幅高度简化的图中，间接原因之间相互发生作用并放大彼此之间以及与直接原因之间的影响。

砍伐森林获取木材的时候，我们清除森林以放牧或种植庄稼的时候，就破坏或改变了栖息地（图16.8；另见图17.11）。我们排干沼泽并在水生栖息地上进行建设，从而将沼泽变成了陆地；我们修筑大坝和水库，从而淹没了陆地栖息地。矿物的勘探和开采，包括化石能源，破坏了土地，摧毁了栖息地。户外休闲娱乐活动，包括越野汽车、户外野营、打高尔夫球、滑雪、野外徒步等也会改变栖息地。由于多数生物完全依赖于某种特定的环境，因此栖息地的破坏会减少它们的生物领地，降低它们生存的能力。

随着人口的增长，人们对食物的需求增加，从而导致了更多的森林以及其他自然土地被转换成农田和永久的草原。根据联合国粮农组织的统计，目前全部农业用地占地球陆地面积的36%（见图17.1）。农业对水生生态系统也有着重要的影响，因为农业需要引水灌溉。

很多濒危物种已经没有多少栖息地了。比如，灰熊在美国48个州的栖息地目前只有其最初的2%。人口增长以及资源开采已经摧毁了灰熊的多数野外栖息地。

栖息地破坏、破碎以及退化在全世界都在发生。随着全部栖息地被人所使用，很多物种正在走向灭绝，很多现存物种的基因多样性正在下降。

非洲在生态系统方面提供着鲜活的例子，人和其他物种比如大象之间存在着关于土地利用的冲突。非洲大象是草原游牧动物，需要大片的自然土地，以便觅食每天需要的数百千克食物。在非洲，人们越来越多地进入大象的领地去种植庄稼，放牧牲畜。有一项研究对25个荒野地区和人类居住地区进行了分析，结果发现，随着某一地区人口密度达到某个水平，大象就从那个区域迁徙出去。问题是，大象可以迁徙的荒野地区在不断缩小。巨大的挑战之一是找到一种方式，使得人类和大象在这个越来越拥挤的世界里能够和平共处。

图16.8 土地利用变化。这些大豆田环绕着一小片热带雨林。本图摄于巴西的马托·格罗索州（Mato Grosso）。

入侵物种 生物污染（biotic pollution）指的是外来物种对一个生态系统的入侵，常常会破坏生活在那个地区的生物之间的平衡，影响那个生态系统正常的功能作用。与其他形式的污染不同，生物污染通常是永久性的，而其他污染则是可能清除掉的。外来物种会与本地物种争夺食物或栖息地，或者可能捕食本地物种。一般来说，外来的竞争者或捕食者对当地生物的负面影响要比本地的竞争者或捕食者大。给经济或环境带来伤害的外来引进物种就称为**入侵物种**（invasive species）（图16.9）。

尽管入侵物种可能是通过自然方式被引进到新地区的，但是通常情况下是人无意或有意带进来的。水葫芦就是被人有意从南美带到美国的，因为这种植物有着可爱的花朵。现在，水葫芦已经成为佛罗里达河里的一害，大量地堵塞河道，以至船只不能很好地通行，排挤了其他本地物种。

岛屿特别容易受到外来物种的入侵。二战以后不久，棕树蛇被无意中带到西太平洋岛关岛。这种蛇可能是美国海军舰船从所罗门岛带过去的，现在已有200万条左右，大量地吃掉雨林里的鸟，以至关岛的12个本地雨林鸟类物种中有9个已经在自然界中灭绝了。棕树蛇还大量消灭了关岛的小型爬行动物和哺乳动物。2013年，美国农业部开始尝试控制棕树蛇种群，通过降落伞空降配有醋氨酚的死老鼠，这种醋氨酚对蛇有毒，对人无害。

过度开发利用 有时候，物种的濒危或灭绝是有意消灭它们或控制它们的种群造成的。这些物种很多捕食狩猎动物或家畜。农场主、猎人和政府有关部门减少了狼、灰熊等大型猎食动物的数量。被人类控制的还不只是猎食狩猎动物和家畜的食肉动物。有些动物被杀死，原因是它们的生活方式给人带来了麻烦。卡罗莱纳长尾鹦鹉是生活在美国南部地区的一种鸟，有着美丽的绿色、红色和黄色羽毛，在1920年灭绝，被农民捕杀的原因是：这种鸟吃水果和庄稼。

入侵物种：在一个新地区迅速蔓延的外来物种，在新地区没有其原生栖息地控制其种群的捕食者、寄生虫或资源限制。

图16.9 入侵物种。有意或无意中引到美国的外来物种有6500多种，图中是其中一部分。

不受管理的狩猎或过度捕猎是过去导致某些物种灭绝的一个原因，但是现在多数国家对此都是禁止的。在19世纪初期，候鸽是北美最为常见的鸟之一，但是经过一个世纪的过度捕杀，再加上栖息地的丧失，候鸽在20世纪初期就灭绝了。不受管理的捕猎是导致美洲野牛灭绝的原因之一。美国军方大量猎杀野牛，破坏了大平原印第安人的食物供应，同时，商业性猎人也猎杀野牛，主要是要野牛的皮、舌头（被认为是美味佳肴）和牛肉，这些肉是卖给铁路公司的工人吃的。

非法商业性狩猎，或者偷猎，使得很多大型动物处于濒危境地，比如老虎、猎豹和雪豹，这些动物的皮毛非常美丽，价值昂贵（图16.10）。犀牛被猎杀的主要原因是它们的角，犀牛角可以用来制作中东地区礼仪短剑的手柄以及亚洲传说中的药。熊被猎杀是为了获得它们的胆，熊胆在亚洲的药典里被用来治疗从消化不良到心脏病等疾病。濒危的美洲海龟被捕杀后贩运到中国，被当

图16.10 用濒危物种制作的非法产品。本图摄于缅甸。

作食物来消费。短吻鼍（像鳄鱼那样的爬行动物）被捕杀是为了它们的皮，短吻鼍的皮被用来制作皮鞋和手提包。尽管这些动物都有法律保护，但是黑市上对这些产品的需求依然导致它们被非法猎杀。

在西非，偷猎导致了低地大猩猩和黑猩猩种群数量的减少。这些珍稀灵长目动物和食蚁兽、大象、山魈狒狒等其他受保护物种的肉（丛林肉）是土著人重要的蛋白质来源（见图7.3），丛林肉还被卖给城市里的餐馆。

商业性捕获（commercial harvest）指的是从大自然中获取和售卖活体生物。商业性捕获的生物最后卖给动物园、水族馆、生物医学研究实验室、马戏团和宠物商店。每年的宠物贸易市场上就有几百万只鸟，但是遗憾的是，很多鸟在运输过程中死掉了，更多的鸟在主人家里由于照顾不周而死亡。尽管从大自然中捕获濒危动物是非法的，但是黑市依然很繁荣，主要原因是美国、加拿大、欧洲和日本的收藏者愿意付高价购买各种物种，特别是那些珍稀的热带鸟类（图16.11）。美国1992年颁布实施的《野生鸟类保护法》（U. S. Wild Bird Conservation Act）禁止进口稀有鸟类物种。1992年前后收集的偷猎数据显示，这个法律生效后偷猎现象有所下降。

受过度商业捕获威胁的不只是动物，很多珍奇、稀有的植物也被从大自然中收集，以至达到濒危的地步。这些植物包括肉食植物、野花球茎、某些仙人掌和兰花。

污染 人类活动造成的酸雨、平流层臭氧损耗以及气候变化使得荒野栖息地发生退化，否则这些地方都是自然的、未被干扰的。酸雨被认为导致了大片森林的减少和很多淡水湖生物的死亡。由于上层大气中的臭氧可以阻止大量有害的太阳紫外线（UV）照射到地面，因此上层大气中臭氧的损耗代表着对所有陆地生命的威胁。

气候变暖是另一种威胁，气候变暖的部分原因是大气中CO_2的增加，这些CO_2是化石燃料燃烧释放的。有大量充分的证据证明最近的气候变化已经影响了生物多样性。进一步的气候变化会加快物种灭绝的速度，特别是在极地地区和高山地区。这种对生物栖息地的影响会特别地减少那些有着极度狭小、苛刻环境要求的物种的生物多样性（第二十章进一步讨论）。

过量的化肥使用增加了土壤和水生生态系统中的营养含量。影响生物的其他污染物包括工业化学物质、农业农药、废水中的有机污染物、农业和人使用药物中的抗生素和激素、矿井中渗透出来的酸性矿井废水、工业厂房中热废水中的热污染、塑料（图16.12）。这些不同形式的污染对生物多样性的影响将在本章进行讨论。

案例聚焦

正在消失的蛙

在本章列举的所有处于困境的物种中，蛙和其他两栖类动物应该得到特别的关注。很多科学家认为两栖动物是指示物种（indicator species），可以提供环境危害及其对其他物种影响的早期预警。两栖动物还应该得到重视的原因是：两栖动物种群数量在全世界正在大幅下降。这些动物面临着很多威胁，其中有些威胁对于受威胁物种来说极为严峻（图16.13a）。

两栖动物包括大约7000种蛙、蟾蜍和蝾螈，作为一种生物种群在这个世界上已经生存了3.5亿年以上。尽管两栖动物具有演化适应力，但是其对水生和陆生生态系统中的环境指标变化非常敏感。一般来说，两栖动物在

图16.11 **非法动物贸易。**这些鹦鹉是在南美丛林中非法捕获的，在秘鲁一个动物黑市上被没收。

图16.12 **塑料污染危害野生动物。**一个破旧渔网的塑料缠住了一个北海狮（Stella sea lion），部分渔网已经勒进海狮的脖子里。本图摄于阿拉斯加。

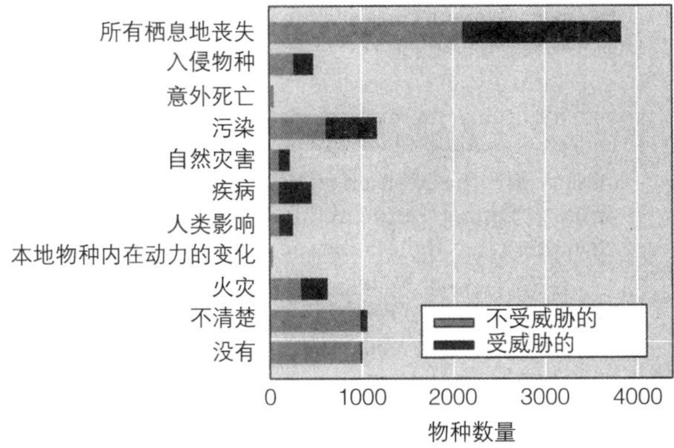

（a）IUCN已经确定的对全球两栖动物物种的威胁。

（b）污染和寄生虫导致了蛙畸形，出现了生长发育异常情况，比如这只大平原豹蛙（*Rana blairi*）多长了一条腿。摄于堪萨斯的莱文沃思县（Leavenworth County）。

图16.13　处于困境中的蛙。

水中和陆地上生活。多数蛙将胶状的、没有任何保护的卵产在池塘和其他静水水体中，蝌蚪（未成年的蛙）在水中完成外形的转变，待成熟长大成蛙后再到陆地上生活。成熟以后，蛙主要通过它们透气的皮肤进行呼吸。这种湿润的、可呼吸的皮使得蛙对于环境污染物特别敏感。

20世纪70年代以来，世界上很多蛙的种群数量在减少或消失。至少42%的已知两栖动物物种在减少，大约有165个物种灭绝。栖息地丧失是两栖动物最大的威胁，但是研究人员发现，种群数量的减少不只是发生在有着明显栖息地破坏的地方。有些遥远的、具有原生条件的地方也显示了两栖动物数量的下降。生物学家不清楚是什么原因导致了下降，看起来不只是一种因素。具有科学支持根据的影响因素包括污染物、传染病、气候变化。

农业化学物质导致了加利福尼亚内华达山脉中两栖动物数量的减少。山脉东麓的蛙群相对健康，而西麓的种群有大约8个物种数量在下降，那里的盛行风将中部山谷大片的农业地区里的农药残留刮到了山脉西麓上。农业化学物质还可能导致了马里兰州以及加拿大安大略省两栖动物数量的下降。

壶菌（一种真菌）导致了世界上100多种两栖动物的大量死亡。气候变化可能会加剧这种壶菌引起的两栖动物死亡。在某些海拔和温度情况下，壶菌可以感染并导致85%的两栖动物死亡。

两栖动物畸形。有些地方发现蛙和其他两栖动物出现畸形，给两栖动物危机又增加了新的一层复杂性。畸形的蛙长着多余的腿、多余的脚趾，眼睛长在肩上或背上，长着变形的颚、弯曲的脊背，或者缺腿、缺脚趾、缺眼睛，通常在具备繁殖能力之前就死掉了（图16.14b）。捕食动物可以很容易地猎获长着多余的腿或缺腿的蛙。1995年在明尼苏达州发现畸形蛙以来，美国多数州和四个大陆都发现了两栖动物畸形现象。

有几个因素可能会引起两栖动物畸形。有些农药影响了蛙卵的正常繁育。而且，感染吸虫（一种寄生性扁虫）的蝌蚪导致成年过程中出现肢体畸形。多种环境应激物，比如栖息地丧失、疾病、空气和水污染，可能彼此间相互发生作用，导致畸形。比如，受到农药或干旱影响的两栖动物可能更加容易受到寄生虫的感染。2008年，科学家确认在水样中的阿特拉津（一种除草剂）含量与生活在该水体中感染吸虫的北方豹蛙之间有着正相关的联系。

复习题

1. 你如何区分背景灭绝和集群灭绝事件?
2. 什么是濒危物种? 什么是受威胁物种?
3. 什么是生物多样性热点? 多数生物多样性热点位于什么地方?
4. 造成物种濒危和灭绝最重要的原因是什么?
5. 入侵物种会怎样危及本地物种?

保护生物学

学习目标

- 解释保护生物学，比较就地保护与迁地保护的不同。
- 描述恢复生态学。

我们应该采取什么策略来应对生物多样性下降问题？**保护生物学**（conservation biology）有着广泛的研究领域，解决生物多样性下降等问题，涉及从研究影响生物多样性下降的过程到保护和恢复濒危物种的种群，到保护整个生态系统和景观。保护生物学家通过建立模型、设计试验、开展田野工作来应对这些领域的问题。

保护生物学家已经证明，一个大的栖息地在支持大型种群方面有着很大的潜力，一般来说在保护濒危物种方面比几个分别具有支持小型种群的破碎化栖息地更有效。与几个破碎化栖息地相比，大片栖息地支持的物种丰富度更高。

某一物种的不同栖息地之间的距离近比远好。如果一个栖息地与其他栖息地相隔离，那么这个物种的个体可能不会方便地从一个栖息地扩散到另一个栖息地。由于人的出现会对很多物种产生不利影响，因此不通道路或人们不能接近的区域，要比人们能进入的地区好。

事实上，所有保护生物学家都认为，保护生活着很多物种的整个生态系统比一次保护一个物种更加有效，也更加经济。保护生物学家一般优先保护那些更具生态多样性的地区（前面曾讨论生物多样性热点）。

保护生物学采取两类解决问题的技术，以挽救生物免于灭绝：就地保护（in situ conservation）和迁地保护（ex situ conservation）。就地保护（现场保护）包括建立公园和保护区，聚焦于在野外保护大自然的生物多样性。就地保护的优先重点是明确具有高度生物多样性的地点并实施保护。随着土地需求的增长，就地保护不能保证保护所有形式的生物多样性。有时候，只有采用迁地保护才能挽救一个物种。

迁地保护（场外保护）涉及在人控制的环境中保护生物多样性。在动物园里进行人工繁育（比如本章前面讨论过的秃鹫）和基因多样性作物种子储存是迁地保护的例子。

就地保护：保护栖息地

保护动物和植物栖息地，也就是说，从整体上保护和管理生态系统，是保护生物多样性的最好办法。因为人类活动对很多生态系统的可持续性产生不利的影响，因此就常常需要对保护区直接进行保护性管理（图16.14）。

很多国家认识到保护生物遗产的必要性，划定了一

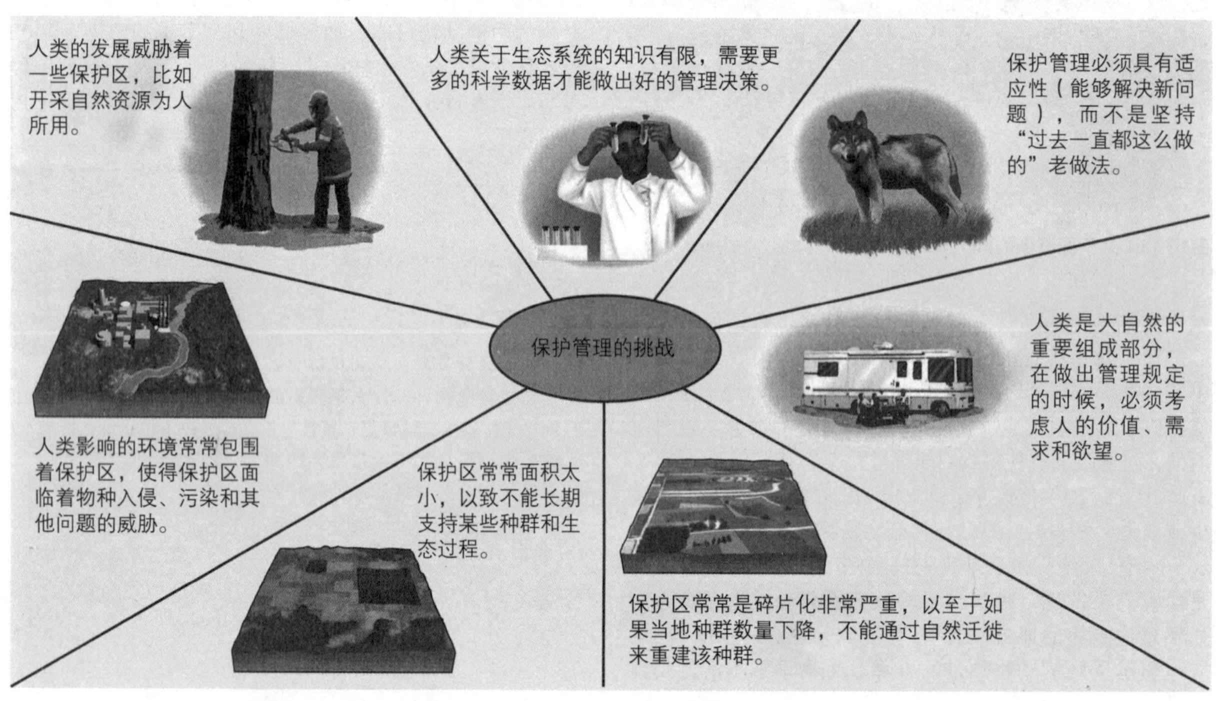

图16.14 保护管理的一些挑战

保护生物学：对人类如何影响生物以及制定保护生物多样性措施的科学研究。

些区域作为生物栖息地。厄瓜多尔、委内瑞拉、丹麦和多米尼加共和国建立了保护区，占地面积超过国土面积的30%。奥地利、德国、新西兰、斯洛伐克、不丹、伯利兹等国家20%以上的国土面积受到了保护。

目前，全世界建立了10多万个国家公园、海洋保护区、野生动物保护区、森林保护区和其他保护区，保护区总面积几乎与加拿大的面积一样大。有些保护区的目的是保护特定的濒危物种。世界上第一个保护区建立于1903年，位于佛罗里达的鹈鹕岛，目的是保护那里的褐鹈鹕。今天，美国国家野生动物保护体系包括560多个保护区。尽管保护区的主要区域位于阿拉斯加，但是所有50个州都有保护区。

很多保护区具有综合用途，有时会与物种保护的目的发生冲突。国家公园提供休闲娱乐，国家森林保护区可能允许砍伐、放牧和开采矿物。很多野生动物保护区中的矿产权是私有的，有些野生动物保护区还担负着军事训练的职责。

在保护生物多样性方面，特别是在较为贫困的国家，保护区并不总是有效的，因为没有钱或人对保护区进行管理。那些贫困国家又往往是生物多样性最大的国家。这样的保护区由于政府不能实施法律保护，因此非常容易发生森林砍伐、土地开垦、矿业开采和偷猎。

世界生物保护区的另一个缺陷是，很多保护区位于生物物种稀少的山区、冻原、最干旱的沙漠，这些地区有着壮丽的景致，但是生物物种相对较少。这样偏远的地区常常被设定为保护区，原因是不适于商业开发。与此形成对照的是，生物多样性大的生态系统常常得不到保护。热带雨林、热带草原、巴西和澳大利亚的大草原、广泛分布在世界各地的干森林等都极其需要保护。沙漠生物在非洲北部和阿根廷保护不力。很多岛屿和温带江河流域需要保护。

在全世界，大约11.5%的地球陆地面积，将近1900万平方千米（730万平方英里），被划定为生物多样性保护区。不过，很多现有保护区面积太小，或者相互之间隔绝不通，不能有效地保护物种。另外，有700多个高度濒危的哺乳动物、鸟类、爬行动物和两栖动物的栖息地，没有包括在全球保护区网络之内。

连接破碎化的栖息地　保护生物学家建议设立栖息走廊（habitat corridor），作为连接孤立破碎栖息地的条带。栖息走廊也叫野生动物走廊（*wildlife corridor*），使得野生动物能够从一个破碎化栖息地迁徙到另一个破碎化栖息地觅食、求偶交配，一旦某个碎片化栖息地发生物种灭绝，另一个地方的生物可以过来重新建群。有些栖息走廊很小，只是一个地下通道或天桥，使得野生动物能够安全地通过一条道路（图16.15a）。有些栖息走廊很大（比如几公里的森林），将不同的野生动物保护区连接在一起（见“迎接挑战：有效应对破碎化栖息地”；另见图16.15b所示栖息走廊）。

（a）野生动物天桥的特写照片。如果高速公路上面或下面没有栖息走廊，那么灰熊和其他野生动物必须穿过危险的公路，或者避免迁移到新的地区。摄于加拿大阿尔伯塔班芙国家公园（Banff National Park）。

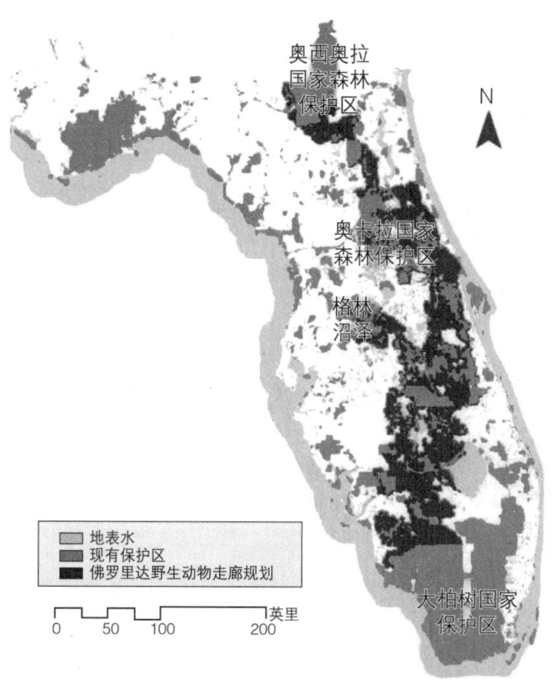

（b）建议设立的栖息走廊将佛罗里达荒野土地连接在一起，由筹建中的佛罗里达野生动物走廊项目设计。

图16.15　栖息走廊

恢复被破坏或被摧毁的栖息地

尽管栖息地保护是保护生物学的重要组成部分，但是我们世界的现实，包括缺乏土地的人口不断增长，主导、影响着很多其他的保护措施。科学家可以修复被干扰破坏的土地，并把它们转换成具有高度生物多样性的地区。**恢复生态学**（restoration ecology）就是使用生态学的原则帮助将退化的生境恢复到功能更健全、更可持续的生境，是就地保护的重要部分。（图16.16）

从1934年起，威斯康星大学麦迪逊植物园开展了恢复生物学项目，成为世界上最著名的恢复生物学项目之一。项目期间，在威斯康星被破坏的农田上，精心规划形成了几个特色鲜明的自然区域。这些区域包括一个高杆草草原、一个干旱草原、几个松树和枫树林。今天，在被修复的土地上，生活着数百种本地植物、鸟类、哺乳动物和昆虫。

图16.16　草原恢复。恢复生态学的原则被用于恢复一个中西部地区的农场，过去生长着树木，现在要恢复成草原栖息地。

动物园、水族馆、植物园和种子库

动物园、水族馆、植物园在保护处于灭绝边缘的个别物种方面发挥着关键作用。可以从大自然中收集蛋或卵，也可以将野外仅存的野生动物捕获并在动物园、水族馆以及其他研究环境中进行喂养。

人工授精和胚胎移植等专门技术被用来提高野生动物繁殖后代的数量。在人工授精（artificial insemination）中，从珍稀物种雄性动物中采集精液，然后通过人工方法使雌性动物受孕，这个雌性动物可能是在另一个城市的动物园，也可能是在另一个国家。在胚胎移植（embryo transfer）中，给珍稀物种的雌性动物注射生育药物，促进产卵，然后将这些卵收集，和精子放在一起使其受孕，再手术植入到一个相关但不是稀有物种的雌性动物体内。另一项技术是使用激素贴来促进濒危鸟类的繁殖，将激素贴粘贴在雌性鸟的翅膀之下。

迎接挑战

有效应对破碎化栖息地

设计和实施将破碎化栖息地连接起来的栖息走廊系统是一个极大的挑战，为此，需要不同方面的通力合作。最近，有两个走廊规划案例展示了成功合作的原则，这两个案例来自不同的大陆。中部美洲生物走廊（Mesoamerican Biological Corridor）将墨西哥到巴拿马之间的热带森林碎片连接在一起，波索—尼姆巴绿色走廊项目（Bossou-Nimba Green Corridor Project）位于非洲的几内亚（Guinea）。

这些走廊项目涉及不同政府间的合作，将保护生态学、公民教育与生态经济学整合在一起。两个走廊项目都是围绕着大型哺乳动物物种的栖息地需要建立起来的。对于中部美洲生物走廊来说，重要的是建立大面积的栖息地网络，使得美洲虎具有足够大的活动空间；对于绿色走廊来说，重点是保持相互隔绝的大猩猩种群之间的基因流动。因此，两个走廊项目都致力于一个旗舰物种（flagship species），旗舰物种是能够抓住公众想象力的生物。

因为连接热带森林栖息地碎片需要种树，因此两个项目都涉及到生态恢复。有几种措施可以促进公众对走廊建设的接受。在哥斯达黎加，中部美洲生物走廊项目被广泛用于推动生态旅游，但是土地业主还可以通过再植树木得到补偿，给予税收优惠，这又和减少全球二氧化碳与提高水质有着密切的联系。在几内亚，森林恢复促进了当地的经济发展，因为种植的树木产出了水果（橙子、橘子、芒果）和坚果。

监测美洲虎、大猩猩和其他野生动物如何使用这些走廊也是一个挑战，解决的办法是进行环境教育。每个走廊项目都开发了促进公民科学（citizen science）教育的体系，培训生活在走廊附近的人们，让他们负责在走廊保护区内进行年度生物多样性调查。这些人还报告走廊土地上发生的环境破坏等情况。因此，执行法律规定禁止偷猎和树木砍伐的是当地居民，而不是警察、军方人员或国际组织。

恢复生态学：关于被人类破坏的生态系统历史状况的研究，目的是尽可能地将生态系统恢复到以前的状态。

校园环境信息

德鲁大学恢复森林保护区

新泽西州德鲁大学（Drew University）环境科学专业的学生通过自我学习开展生态系统恢复活动。该校园的森林生态系统由于植物外来物种入侵、鹿群未加控制、栖息地破碎化而退化。经过认真的规划和实施，这个恢复项目激发学生团队和其他自愿者搭建了一个专门防护鹿的篱笆，清除掉外来入侵植物，重新栽植本地植物物种。

这一项目开展了合作，合作对象包括美国鱼类和野生动植物管理局、新泽西奥杜邦协会、私有企业和当地自然主义者。随着本地植物种群的建立，校园保护区的生物多样性大大提高，已经成为大学和当地社区的主要教育工具，也是很多生态研究的焦点。

德鲁大学的学生将他们的生态恢复工作延伸到森林保护区以外。在一年一度的地球周期间，举办“蕨类植物日”活动，用本地的蕨类植物和野花来替代一部分校园草坪，目的是提高生物多样性，进一步恢复过去的森林生态系统。一个雨水花园和本地草地也建立了起来，全校都积极使用本地物种来替代其他植物。

科学家已经成功地对濒危的鸣鹤进行人工繁殖。人工繁殖的鸣鹤数量已达到157只。目前，有四个野生鸣鹤种群，分别位于佛罗里达（非迁徙）、路易斯安那（非迁徙）、得克萨斯—加拿大（迁徙）、威斯康星—佛罗里达（迁徙）。在2013年末，野生鸣鹤的数量达到454只。科学家正在试图扩大现有的种群，并通过鸣鹤软释放（非迁徙种群）或者用超轻飞机在后面放飞（迁徙种群）在野外建立新的种群。（在软释放[*soft release*]中，一开始把鸟放在特制的环境中，帮助它们在被放飞前适应野外环境。）通过2011年的软释放，路易斯安那建立了鸣鹤种群，鸣鹤群2014年开始产蛋，这是该州75年来的第一次。

拯救处于灭绝边缘的物种投入大，因而只有一小部分濒危物种能够得到拯救。由于动物园、水族馆和植物园没有空间，也没有资金来挽救所有的濒危物种，因此保护生物学家必须提出优先拯救的重点濒危物种。很明显，保护现有的自然栖息地在经济上更为合算，因为在那里首先不会再出现新的濒危物种。

向大自然中重新引进濒危物种 人工繁殖的最终目的是将人工繁殖的动物放回到大自然里，以便恢复野生种群。但是，使用人工繁殖饲养的动物每10次放归大自然，只有1次是成功的。如何才能保证放归大自然的种群生存下来?

对人工繁殖生物放归自然是否成功进行评价是在近年来才开始的。20世纪60年代，夏威夷雁的种群数量只有30只。从20世纪70年代开始，夏威夷雁（Hawaiian goose）被引入夏威夷岛（大岛）和毛伊岛（Maui），但是，尽管放归了数百只，夏威夷雁的种群数量依然很少，繁衍速度很慢。很明显，最初导致夏威夷雁在自然界中灭绝的因素，有些依然存在，而且导致了重新引进夏威夷雁的努力失败，这些因素包括栖息地破坏、印度猫鼬等外来捕食性动物的入侵。在考爱岛（Kauai），一批人工繁育的夏威夷雁在一次飓风中逃脱，成功地重建了自己的种群，2011年达到1400—1600只。与大岛或毛伊岛相比，考爱岛的开发程度低，也没有印度猫鼬。2011年，在夏威夷州，夏威夷雁的种群数量估计为2500只，包括考爱岛上相对稳定的种群，但是这依旧依赖人工繁育夏威夷雁的定期放归自然。

重新向大自然引进物种以前，保护生态学家要进行可行性研究，包括确定最初导致物种在大自然灭绝的因素，这些因素是否还存在，是否有适宜的栖息地。

如果被引入的动物是群居动物，那么放归自然的通常是一个小群体，一般是先将它们放归到一个大的、半封闭的环境中，使它们免于猎食性动物的捕杀，但是需要它们自己寻找食物。当这个动物群体的行为开始具有野外群体的行为时，就将它们放归大自然。

人们有时无法将关键的生存技能教给人工饲养的动物。1993年，向亚利桑那奇里卡瓦山脉（Chiricahua Mountains）再引入人工繁育厚嘴鹦鹉（thick-billed Parrot）的行动被取消，因为从1986年到1993年期间放飞的88只鸟全都死了或消失了。野生的厚嘴鹦鹉是大声鸣叫的群居鸟类，它们成群活动的本能促进了它们的生存，因为有的鸟在发现鹰或其他猛禽的时候会向种群大声鸣叫，警告危险的存在。这些人工繁育的鹦鹉缺乏这样的社会群居行为，虽然教它们集体行动，但是一旦放飞大自然，就各自分开了。

一旦将动物放归自然，就必须对它们进行监控。如果发现动物死亡，科学家会找出它们的死因，从而研究应对措施，避免将来再放归自然时造成不必要的死亡。

种子库 世界上目前建有100多个种子库（seed bank），或称基因库（*gene bank*），它们在低温状态下共保存了300多万个样本。斯瓦尔巴德全球种子库（Svalbard Global Vault），有时被称为世界末日种子库，储存了150个广泛种植作物的知名品种（图16.17）。英国皇家植物园邱园（Royal Botanic Gardens, Kew）建立的千年种子库（The Millennium Seed Bank）保存了世界已知野生植物10%的物种。种子库的优势在于利用一个小的空

图16.17 斯瓦尔巴德全球种子库。位于挪威的斯瓦尔巴德，这个种子库保存了150个最重要作物品种的大约150万份种子。气候变化会怎样影响用这个种子库里的种子来替代当地灭绝物种的成功率？

间保存大量的植物基因材料资源。保存在种子库里的种子不受栖息地破坏、气候变化、普遍忽视的影响，实现了种子资源的安全。已经有一些案例，利用种子库里的种子将已经灭绝的植物物种再引入到大自然。

种子不能无限期地保存，必须定期使之发芽生长，从而收集储存新种子。种植、收获、回收种子并保存，是种子库保存植物材料中投入最大的部分。（对于某些种子，目前正在实行低温保存，即在液氮-160℃或-256°F的温度下保存。在这个温度下，种子存活的时间要比温度高的情况下长。）由于火灾或断电等意外事件会导致种子基因多样性的永久丧失，因此生物学家一般要将种子样本分别保存在几个不同的种子库中。

可能种子库最重要的不足是：用这种方式保存的种子没有进化，从进化的角度看停滞不前。这些种子不会像在自然环境里一样可以适应气候变暖等变化而发生进化。由此造成的结果是，这些种子在重新引入大自然以后可能生存能力要差一点。尽管有这些缺点，种子库还是越来越多地被看作是保护未来种子的重要方法。

很多个人、小企业和组织（比如，位于肯塔基伯里亚的可持续山地农业中心）依赖自己的力量保存种子，繁育那些农场里不再广泛种植的传统蔬菜品种。这些自然授粉的物种往往被称为传家宝蔬菜（heirloom vegetable），它们比杂交蔬菜更受人们的青睐。

生物保护组织

生物保护组织是维持生物多样性工作的一个必要部分。这些团体向政策制定者和公众宣传生物多样性的重要性。在有些情况下，这些团体充当鼓动者的角色，号召公众支持重要的生物多样性保护措施。这些团体还为保护项目提供经费支持，资助的项目涉及从基础研究到购买土地，这片土地是某一特别物种或一群物种重要的栖息地。

IUCN协助有关国家实施数百项保护生物学项目。IUCN和其他保护组织目前正在评估已建立的野生动物保护区在保持生物多样性方面的有效性。比如，研究者正在调查保护区避免周围区域物种侵犯所需要的最小种群数量。WWF和巴西的国家亚马逊生物动力学研究所（National Institute for Amazon Research Biological Dynamics）联合开展一项长期项目，研究栖息地破碎化对亚马逊雨林的影响，研究的森林碎片分别是1公顷、10公顷和100公顷，并与原始森林中相应面积的环境进行对照。前期的数据表明，面积较小的森林碎片不能保持它们的生态完整，比如，很多生活在亚马逊中部的鸟类物种在小的栖息地碎片中没有发现。

另外，IUCN和WWF已经明确了主要的优先保护领域，确定了哪些生物群落区和生态系统还没有保护。IUCN建立了一个关于世界物种状态的数据库，出版了《世界自然保护联盟红皮书》（*IUCN Red Data Books*），介绍有关生物及其栖息地的情况。

复习题

1. 什么是保护生物学?
2. 恢复生态学是就地保护的重要内容还是迁地保护的重要内容?

保护政策和法律

学习目标

- 简要描述美国《濒危物种法》。

1973年，美国通过《濒危物种法》（Endangered Species Act, ESA），授权美国鱼类和野生动植物管理局（FWS）负责保护美国和海外的濒危以及受威胁物种。很多其他国家现在也有类似的法律。ESA要求对物种进行详细研究，然后确定其是否应该列入濒危物种目录或受威胁物种目录。目前，美国有1500多个物种被列入濒危或受威胁物种目录。ESA对列入目录的物种提供法律保护，从而减少它们灭绝的危险。根据这个法律，买卖濒危或受威胁物种制成的产品是非法的。

ESA要求FWS选择重要的栖息地，制定濒危和受威胁目录中每个物种的详细恢复计划。这个物种恢复计划包括目前种群大小估计、危险因素分析、恢复种群活动目录。目前，美国对1145个濒危或受威胁物种制定了恢复计划。

ESA分别在1982年、1985年和1988年进行了修订，被认为是美国最严厉的环境法律之一，部分原因是濒危或受威胁物种的确定完全是依据其生物状况。目前，经济方面的考虑不能影响濒危或受威胁物种的确定。生物学家一般认为，由于1973年ESA的颁布实施，物种灭绝大大减少。

ESA是最受争议的环境法律之一。如果私有土地上有濒危或受威胁物种，那么就不能进行开发利用，政府对于遭受经济损失的私有财产所有者不给予补偿。ESA还干预、制止一些联邦投资的开发项目。

ESA原定在1992年需要国会进行再授权，但是由于生物保护支持者和私有财产权利支持者之间的政治分歧，这部法律从那以后就一直搁置。生物保护支持者认为ESA在保护濒危物种方面做得还不够，而那些拥有生活着稀有物种土地的人认为这部法律管得太宽，侵犯了私有财产权。另一个倍受争议的问题是法律的经济成本。批评者认为，联邦政府和州政府投入太大，而ESA获得的环境回报太少。有些批评者，主要是商业利益集团和私有财产所有者，认为ESA阻碍了经济发展。

为ESA辩护的人指出，在过去34,000个濒危物种与经济发展案例中，只有21个案例没有通过某些和解妥协进行解决。和解妥协对于成功挽救濒危物种非常关键，因为根据美国审计署（U. S. General Accounting Office）的数据，90%以上的濒危物种生活在至少一部分为私人所有的土地上。有些ESA批评者认为，应该修改这部法律，对土地私有者给予经济激励措施，帮助挽救生活在他们土地上的濒危物种。比如，对那些表现好的土地所有者进行减税，那么生活在私人土地上的濒危物种就会被看作财产，而不是负担。

ESA的辩护者承认这个法律不完美。有些濒危物种还没有完全恢复就被从名单上删除了，也就是说，不再受到ESA的保护。但是，FWS报告说，几百个列入目录的物种很稳定或是有所改进，今后10年左右将有几十个物种从名单中移除出去（图16.18）。不过，很多物种被认为是具有保护依赖性（conservation reliant），也就是说，它们可能永远也不会恢复并从名单中移除。

图16.18　从濒危目录中移除的褐鹈鹕。褐鹈鹕种群曾一度因为捕杀、栖息地破坏和DDT农药而濒危，现在已经恢复，2009年从受威胁和濒危目录中移除。

ESA更多地是拯救几个广受社会关注的或珍稀濒危物种，而不是大量不甚光鲜的物种，比如真菌和昆虫，这些生物都提供着宝贵的生态系统服务。事实上，正是这些不甚光鲜的物种在生态系统中发挥核心作用，对生态系统功能做出的贡献最大。

生物保护主义者希望ESA进一步强化，对整个生态系统进行综合管理，保持完整的生物多样性，而不是孤立地挽救那些濒危物种。这种方法要求对很多种群数量下降的物种提供综合保护，而不是只保护个别物种。

栖息地保护计划

1982年，ESA修正案为解决濒危物种保护和私有财产利益之间的冲突提供了一个方案，即栖息地保护计划（HCPs）。HCPs差异很大，既有小项目，也有区域性保护和发展规划。

栖息地保护计划允许土地拥有者“除掉”（伤害、捕杀或改变其栖息地）稀有物种，前提是这种“除掉”不会对那个受威胁或濒危物种的生存或恢复造成危害。如果土地拥有者给稀有物种划出一片栖息地，那么在不危害FWS法律行动的前提下就有权利开发利用部分土地财产。保护主义者指出，HCPs并没有为稀有物种恢复提供任何期望。在有些情况下，保护主义者甚至担心，HCPs可能会在实际上造成某个物种的灭绝。

国际保护政策和法律

“世界保护战略”（World Conservation Strategy）是一个旨在保护全世界生物多样性的规划，由IUCN、WWF和联合国环境规划署在1980年共同制定。除了提供生物多样性保护的指导原则外，“世界保护战略”致力于保护所有生命赖以生存的重要生态系统服务，实现对生物和生物所组成的生态系统的可持续利用。

1992年地球峰会提出了《生物多样性公约》（*Convention on Biological Diversity*），旨在降低世界濒危物种的灭绝速度，要求每个签约国家制定自己国内的生物多样性目录，研究各自的国家保护战略（national conservation strategy），对管理和保护自己的生物多样性进行详细规划。地球峰会以后，尽管保护措施不断强化，但是生物多样性的丧失并没有减少。

在国际层面上，濒危物种的开发利用在某种程度上受到1975年生效的《濒危物种国际贸易公约》（*Convention on International Trade in Endangered Species of Wild Flora and Fauna,* CITES）的制约。CITES最初是为了保护在国际野生动物贸易中有着高额利润的濒危动植物，禁止濒危或受威胁物种的猎杀、捕获和买卖，管理可能受威胁的生物的贸易。遗憾的是，这一公约在不同国家的执行有着很大差异。即便是执行公约的国家，处罚也不重。因此，珍稀、商业价值高的物种非法物种贸易仍在继续。

本章前面讨论过的大象就存在着这类问题。大象1989年被列入濒危物种目录，就是为了制止象牙贸易所推动的大象猎杀，非洲南部的大象种群数量有所恢复。但是，21世纪以来，大象偷猎再度反弹，从2002年到2013年，大约65%的森林大象被猎杀。根据野生动物保护专家的估计，截至2013年，每年因象牙贸易被捕杀的大象占非洲大象的9%左右。这种屠杀行为比1989年禁止大象捕杀公约生效时还严重。很多非法获得的象牙在网上销售。

CITES的目标常常引起对一些问题的争议，比如谁拥有世界野生动物、全球野生动物保护是否应该凌驾于当地利益之上等。这些冲突常常反映着富裕的CITES产品消费者和贫困的濒危生物交易者之间的社会经济差异。

复习题

1. 什么是《濒危物种法》？它取得了哪些进展？

野生动物管理

学习目标

- 区分保护生物学和野生动物管理的不同。

野生动物管理（wildlife management）是保护生物学的一个应用领域，集中于植物和动物保持持续的生产力。与保护生物学相比，野生动物管理项目通常有着不同的重点。保护生物学常常聚焦于受威胁或濒危物种，与此相对照的是，野生动物管理的注意力多数集中于普通生物。野生动物管理包括捕猎和捕鱼的规定以及食物、水和栖息地的管理。

很多狩猎动物的天敌在美国大多已销声匿迹。由于狼等猎杀动物几近消失，松鼠、鸭子和鹿的种群数量有时就超出了它们所在环境的承载力（见第五章）。一旦发生这种情况，栖息地就会恶化，很多动物就会饿死。如果严格执行防止过度猎杀的限制，那么狩猎运动可以有效地控制狩猎动物的过度增长。美国的法律规定了不同物种狩猎季节的年份起始时间以及每个物种可以猎杀的数量、性别、大小等。

野生动物管理者负责某一特定物种栖息地的植被、食物和水资源供应。由于不同的动物在生态演替的不同阶段发挥不同的主导作用，因此控制那个地区植被生态演进的进程，就可以鼓励某些动物繁殖，限制另一些动物繁殖（见第五章）。处于初期演进阶段的长满草的开阔地区往往生长着鹌鹑和环颈雉，而在森林附近的草地这种部分开放的树林中生活着驼鹿、鹿、麋鹿等，因为草地向它们提供食物，森林向它们提供保护。其他动物，比如灰熊和大角羊，需要没有被打扰的植被。野生动物管理者通过种植某种类型的植被、通过可控火势燃烧灌木丛、修建人工水塘等技术，控制生境的演进阶段。

迁徙动物的管理

国际社会就保护迁徙动物达成协议。鸭子、雁和滨鸟在加拿大度过夏天，冬天则去美国和中美洲。在每年的迁徙过程中，这些动物常常要沿着固定的线路，或候鸟迁飞途径（flyway）迁徙，因此需要有可以休息、觅食的地方。湿地是这些动物的栖息地，在冬天和夏天都必须保护好。

北极雪雁　对于野生动物管理者来说，雪雁已经成为一个很大的挑战，因为它们的种群数量从1980年开始有了快速的增加。这种雪雁在短短的北极夏季沿着北极海岸盐沼的大片地区繁衍孵化。到了秋天，雪雁开始向南迁徙，一般在得克萨斯和路易斯安那的盐沼中度过冬天。雪雁的冬季栖息地领地已经成功地扩展到阿肯色、密西西比、俄克拉何马、新墨西哥与墨西哥北部，主要原因是它们从农田里觅食种子和其他食物。由于雪雁成

图16.19　雪雁造成的损害。曾经繁茂的盐沼所留下的仅有一块从雪雁口中幸存的地方，这一小块地方被篱笆围了起来，防止雪雁的进入。盐沼的其他部分已经沦为废地。本图摄于沿哈德逊湾加拿大的马尼托巴省北部。

野生动物管理：为了人类利益或其他物种福利而应用生物保护原则来管理野生动物及其栖息地。

功地扩大了冬天的领地，因此更多的雪雁成活下来并在夏天飞回北极。雪雁对人造成的环境变化的适应性增强，竟然打破了密度依赖因素（比如冬天缺乏食物）的制约，使得种群数量没有得到正常的控制。雪雁巨大的种群对北极脆弱的海岸生态系统产生了很大危害，因为雪雁吃掉了那里大量的植物和昆虫（图16.19）。

野生动物管理者希望防止北极出现大规模的雪雁死亡，因为如果不控制雪雁的数量，这种灾难不可避免。为了减少雪雁种群数量，美国和加拿大的野生动物管理者通过狩猎运动增加了对雪雁的“猎杀”。不过，这种狩猎在种群数量上并没有带来预想的效果，因为雪雁的数量还在增长。野生动物管理者还在寻找其他的办法，以减少雪雁的数量，使之达到可持续的水平。比如，可以对雪雁采取商业性捕获，满足人的消费需求。

水生生物的管理

具有商业或运动价值的鱼类必须进行管理，以确保没有过度捕捞以至达到灭绝的边缘。鳟鱼和鲑鱼等淡水鱼的管理有几种方式。渔业法律规定了捕鱼时间、鱼的尺寸大小以及最大允许捕获量，保护自然栖息地以促进鱼群的最大化。水塘、湖泊和溪流可以放养鱼类孵化场的幼苗。

传统上，海洋的资源被认为是共同财产，谁先发现谁就去捕捞。因此，商业捕捞严重减少了海洋鱼类的种群数量（第十八章讨论这一日益减少的资源。）

在19世纪和20世纪，很多鲸鱼物种被捕捞到商业灭绝（commercial extinction）的地步，意思是剩下的鲸鱼很少，捕捞已不能带来利润。尽管处于商业性灭绝的物种依然还有存活的种群，但是已经大大减少，成为濒危物种。1946年，国际捕鲸委员会（International Whaling Commission）对每个鲸鱼物种每年的捕获量设定了限制，试图确保鲸鱼种群数量的可持续发展。遗憾的是，这些限制设定得太过宽松，导致了以后20年里鲸鱼数量的进一步下降（参考第八章关于可持续捕捞的理念）。保护主义者开始呼吁全球禁止捕鲸，这一禁捕令在1986年生效。

从那以后，科学家开始监测鲸鱼的数量，认为禁捕令总体上来说发挥了作用。多数鲸鱼的种群数量，比如驼背鲸和露脊鲸，都在增加。有一个物种，太平洋灰鲸，它的数量已经恢复到从濒危和受威胁目录中移除的程度。然而，北大西洋脊美鲸和南蓝鲸依然处于濒危状态。1994年，国际捕鲸委员会在大西洋水域设立了南大洋鲸鱼保护区（Southern Ocean Whale Sanctuary），世界上很多大的鲸鱼在那里觅食和繁殖。即便是解除了捕鲸禁令，这片禁止商业性捕捞的巨大保护区将继续存在。

尽管有着国际上的压力，但日本、挪威和冰岛既不执行全球商业性捕鲸禁令，也不认可南大洋鲸鱼保护区。日本一直进行着捕鲸活动，甚至说是为了“科学目的”，尽管被捕获的鲸鱼被卖到日本的市场和餐馆（图16.20）。

复习题

1. 什么是野生动物管理？野生动物管理与保护生物学的目标有何不同？

图16.20　死去的小须鲸。这些鲸鱼是在南大洋捕获的，以用于科学研究的名义而猎杀。它们在日本科研捕鲸船“日新丸”（Nisshin Maru）号上。

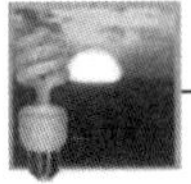

能源与气候变化

协助迁移

生物学家已经有充分的证据，认为气候变暖导致很多植物和动物物种向极地或高海拔地区迁徙自己的领地。其他物种的领地也在气候变化的影响下萎缩，有些物种已经出现地方性灭绝。全球气候在本世纪还将会快速变化，再加上物种栖息地的过度破碎化，这意味着物种甚至是整个生态系统将处于危险之中。现在还不清楚那些脆弱的物种还能在野外生存多久。

有些科学家正在考虑一个备受争议的干预方式，称为“协助迁移”（assisted colonization），将处于灭绝危险中的物种迁移到它们以前没有生活过的地方。这种方法必须慎重对待，因为被迁移的物种可能会给新的栖息地中的生物带来虫害或疾病。在有些情况下，协助迁移并不可行，因为根本就没有适合处于危险中的物种的栖息地。协助迁移的成本可能也太高，以至计划不可行。尽管存在问题，但协助迁移可能是降低因气候快速变化而导致生物多样性丧失的唯一选择。

通过重点术语复习学习目标

- **解释生物多样性，区分基因多样性、物种丰富度和生态系统多样性。**

生物多样性是地球上生物的数量、种类和变异性，包括三个部分：基因多样性（一个物种内的变异）、物种丰富度（物种的数量）和生态系统多样性（生态系统内部与生态系统之间的不同）。

- **描述生态多样性提供的几种重要的生态系统服务。**

生态系统服务是生态系统向人类提供的重要环境福利。细菌和真菌提供重要的生态系统服务"分解"。森林提供水源，我们从中获得淡水。昆虫传播花粉，实现植物繁殖。土壤生物保持土壤肥力。植物根固定土壤，减少土壤侵蚀。

- **解释物种灭绝，区分背景灭绝和集群灭绝。**

灭绝是物种从地球上的根除。背景灭绝是物种持续的、低水平的灭绝。集群灭绝在地球历史上发生过几次，即大量物种在相对较短的时间内灭绝。

- **对比受威胁物种和濒危物种，列举很多濒危物种共有的四个特征。**

受威胁物种指的是种群数量下降到可能面临灭绝危险的物种。濒危物种指的是在短期内可能灭绝的物种。濒危物种和受威胁物种常常有着有限的自然领地、低种群密度、低生育繁殖率，或有着特殊的食物或繁殖要求。

- **解释生物多样性热点，说明世界上多数生物多样性热点的位置。**

生物多样性热点是包含大量地方性物种并受人类活动威胁的相对小的地域。诺曼·迈尔斯和保护国际在全世界认定了34个生物多样性热点，很多在热带地区，其中有10个几乎或全部是岛屿。

- **描述物种濒危和灭绝的四个人为原因，解释哪一种原因最为重要。**

栖息地破坏是生物多样性降低最主要的原因，因为它减少了一个物种的生物领地。栖息地破碎化是一种栖息地破坏，大的栖息地被分割成小的、孤立的板块。其他原因还有外来物种入侵、过度开发利用和污染。

- **解释入侵物种如何危及本地物种。**

入侵物种是在一个新地区迅速蔓延的外来物种，在新地区没有其原生栖息地控制其种群的捕食者、寄生虫或资源限制。入侵物种常常打破其入侵地区生物的平衡，比如与本地生物争夺食物或栖息地，入侵物种还会阻碍生态系统正常功能作用的发挥。

- **解释保护生物学，比较就地保护与迁地保护的不同。**

保护生物学是对人类如何影响生物以及制定保护生物多样性措施的科学研究。保护大自然生物多样性的措施包括就地保护和迁地保护。就地保护包括建立公园、野生动物保护区以及其他保护区。迁地保护包括人工繁殖和保存基因材料，发生在人控制的环境中。

- **描述恢复生态学。**

恢复生态学是对被人类破坏的生态系统历史条件进行的研究，目的是尽可能地将其恢复到以前的状态。恢复生态学是就地保护的重要部分。

- **简要描述美国《濒危物种法》。**

《濒危物种法》（ESA）授权美国鱼类和野生动植物管理局（FWS）负责保护美国和海外的濒危以及受威胁物种。FWS选择重要的栖息地，制定濒危和受威胁目录中每个物种的详细恢复计划。栖息地保护计划（HCPs）帮助解决生物保护与开发私有土地利益之间的ESA冲突。

- **区分保护生物学和野生动物管理的不同。**

野生动物管理是为了人类的利益或其他物种的福利，而应用生物保护原则来管理野生动物及其栖息地。保护生物学常常聚焦于受威胁或濒危物种，与此相对照的是，野生动物管理的注意力多数集中于普通生物。

重点思考和复习题

1. 生物多样性是再生资源还是不可再生资源？为什么可以从两个方面进行分析？
2. 奥尔多·利奥波德曾写道："保全每一个齿轮和轮子是完美修补首先要记住的原则。"这句话和生物系统有着怎样的关联？（奥尔多·利奥波德，《沙乡年鉴》，牛津大学出版社，1991年。）
3. 描述生物所提供的五种重要生态系统服务。
4. 现在的集群灭绝与以前的集群灭绝有着怎样的不同？

5. 列举很多濒危物种所共同的四个特征。
6. 看下表，计算从2005年到2014年之间美国受威胁或濒危物种数量的变化比例，包括全部物种与每个物种。总的变化比例是多少？哪个物种的种群数量下降最大？就这些趋势进行解释。

美国2005年至2014年列入濒危或受威胁物种目录的生物

生物类型	2005年	2014年
哺乳动物	78	90
鸟类	90	97
爬行动物	36	36
两栖动物	21	31
鱼类	114	154
昆虫	44	70
蛤	70	88
有花植物	715	839
其他植物和动物	96	119
总数	1264	1524

数据来自美国鱼类和野生动植物管理局

7. 什么是生物多样性热点？为什么那么多的热点是孤立的？
8. 根据这幅漫画，陆地生态系统栖息地丧失的主要原因之一是什么？

9. 你所在地区有哪些物种入侵问题？如何影响本地生态系统，包括本地物种？入侵物种是如何受到控制的？
10. 列举就地保护和迁地保护的例子。
11. 下图显示了为期4周的捕捞对3个不同海草环境中幼年海湾扇贝的影响。栖息地破碎化怎样影响了由于捕捞而导致的幼年海湾扇贝丧失？对于这种影响，提出一个可能的理由。

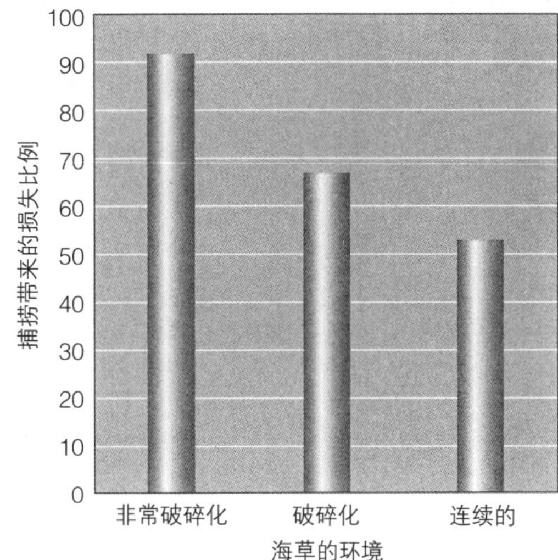

（数据来自E. A. Irlandi, W. G. Ambrose, B. A. Orando, “Landscape Ecology and the Marine Environment: How Spatial Configuration of Seagrass Habitat Influences Growth and Survival of the Bay Scallop” [《景观生态与海洋环境：海草栖息地空间格局对海湾扇贝生长和生存的影响》], *Oikos* 72, 1995。）

12. 如果你有地产并有权采取措施保护和保存生物多样性，但是只能采取一种措施，你会选择哪种措施？
13. 使用恢复生态学原则将退化的环境恢复成生态功能性更强的环境，带来的两个好处是什么？这些原则如何应用于小的、地方性的环境？
14. 美国法律在减少物种灭绝威胁方面提供哪些法律保护？在濒危或受威胁物种目录中，是否考量科学与经济的因素？请解释你的回答。
15. 北极雪雁为什么对美国野生动物管理者来说是个挑战？对加拿大野生动物管理者呢？
16. 人们讨论全球气候变化的时候常常提到北极熊或其他有感召力的动物。不过，根据国际保护植物园的科学家的估计，一半植物物种可能受到了气候变化的威胁。这些植物多数生长在岛屿或山地中。请解释为什么会是这样。

食物思考

在美国，对食物的追求导致我们的自然景观发生了很多、很大的变化。农业是如何促进物种濒危、栖息地破坏和损坏的？你所在城镇或地区的野生动物受到农业怎样的影响？思考一些方法，帮助食物生产者避免产生这些影响。后院花园会怎样保护物种和栖息地？

第十七章

土地资源

加利福尼亚秃鹫（*Gymnogyps californianus*），这一物种栖息在尖峰国家公园。

2013年，美国批准了一个新的国家公园——尖峰国家公园（Pinnacles National Park）。该公园位于加利福尼亚州灌木丛栖息地，新公园的设立也使得美国国家公园的总数达到59个。

尖峰国家公园是美国为数不多的可以看到加利福尼亚本地秃鹫栖息地的公园之一。这里的秃鹫曾一度仅剩下9只，它们被从野外捕获，通过人工饲养繁殖，然后再放归自然，以进行保护。这种鸟很多栖息在尖峰的火山岩石层。与一些其他新的国家公园（比如位于南卡罗莱纳州的坎格瑞国家公园）一样，尖峰国家公园以前也是国家保护区。（国家保护区与国家公园类似，只是联邦资助少，因此保护力度小一些。）尖峰国家公园里还生活着400多个蜜蜂物种，其中很多是独居的。蝾螈、蝴蝶、蟾蜍和其他很多鸟类一样也将巢穴筑在尖峰国家公园里。这个公园还为人提供休闲娱乐活动，比如徒步旅行、野营、岩石攀岩以及洞穴探察等。

建立国家公园非一夕之力。西奥多•罗斯福在1908年将尖峰地区划定为国家保护区，主要是因为它有着奇险的洞穴和独特的岩石构造。20世纪30年代，民间保护团（Civilian Conservation Corps）在该地区修建了小道，使游客可以走到洞穴。2013年1月，贝拉克•奥巴马（Barack Obama）批准该地区为国家公园。

坎格瑞国家公园（Congaree National Park）是2003年批准建立的，先是于1976年被批准为国家保护区。坎格瑞国家公园还是国际生物圈保护区，属于大约500个具有重要生态意义的国际保护区之一，这些保护区是由联合国教科文组织设立的。保护区所在的国家需要对此加强保护。

位于科罗拉多的美国大沙丘国家公园（Great Sand Dunes National Park）最初也是国家保护区，2004年被批准为国家公园。那里有北美最高的沙丘，它位于圣路易斯山谷东麓。有些沙丘高达230米（750英尺），是由雨蚀和风蚀周围的山地而形成的，盛行风将侵蚀的沙粒堆成沙丘。随着风的吹动，沙丘持续变化着形状，但是基本上保持在固定的位置。在休闲娱乐方面，人们可以在这个公园里漫步、短途旅行、徒步旅行、野营，甚至可以在沙丘中进行有限的野营。

国家公园尽可能地保护土地，以便人类后代可以欣赏和享受快速消失的大自然美景。尽管在高峰季节很多国家公园人满为患，但即使短短的徒步也能让游客得以领略这些景观的广袤、雄伟和静谧。

身边的环境

离你住的地方最近的国家公园有哪些？上网查找公园里有哪些活动，栖息着哪些物种，有什么景观。

土地利用

学习目标

- 至少列举自然区域提供的四种生态系统服务。
- 描述世界土地利用情况。

地球的陆地上很多地方人口稀少，这些鲜有人住的非城市地区或农村地区（rural land）包括森林、草地、沙漠和湿地。生活在农村地区的多数人所从事的工作与自然资源直接相关，比如农耕或伐木。农村地区提供的很多生态系统服务使得大多数人能够居住在较为集中的城市环境中。在靠近农业和城市附近的地方保护几块未受干扰的原始自然土地可以为人类和动植物提供关键的生态系统服务，比如野生动物栖息地、洪涝和侵蚀控制、地下水补充等。未干扰土地可以分解污染物，对废物进行循环。自然环境为生物提供家园。保持生物多样性和保护濒危以及受威胁物种最为有效的方法之一是保护或将环境恢复到生物所适应的自然状态。（表5.1总结了一些重要的生态系统服务。）

科学家把未干扰的农村土地当作对照物，或者是参考点，从而确定人类活动所带来的影响。地质学家、动物学家、植物学家、生态学家和土壤学家等利用未受影响的农村土地进行科学调查。这些地区为科学和历史研究提供了理想的教育背景，因为它们显示了人类最初定居时的土地状况。

未受破坏的自然区域在休闲娱乐方面具有重要意义，它向人们提供徒步旅行、野营、游泳、划船、筏流、观鸟、运动狩猎和钓鱼等场所。森林覆盖的山地、风吹草低的草原、裸露的沙漠以及其他没有开发的地区都给人带来美感，令人赏心悦目，这有助于减缓城市和郊区生活给人们所带来的压力。通过回归，哪怕是暂时地回归到大自然的静谧当中，也可以让人们避开文明世界中的紧张焦虑。

世界土地利用

人类对土地的使用越来越具有全球影响。目前，在全球土地资源中，约4%的土地为城市，36%的为农业，也就是说种植作物和养殖牲畜（图17.1）。另外30%的地球土地为岩石、冰雪、冻原和沙漠，这些地区不适于人类长期使用。最后剩下的30%土地是自然生态系统，包括森林和海洋，将来这有可能为人类所开发利用。正如我们所讨论的，这些自然生态系统提供很多宝贵的生态系统服务，对于人类生存起着重要的作用。但是，近几十年来，城市地区、农田和草原在全世界范围内都在扩展，主要是满足人口增长的需要。

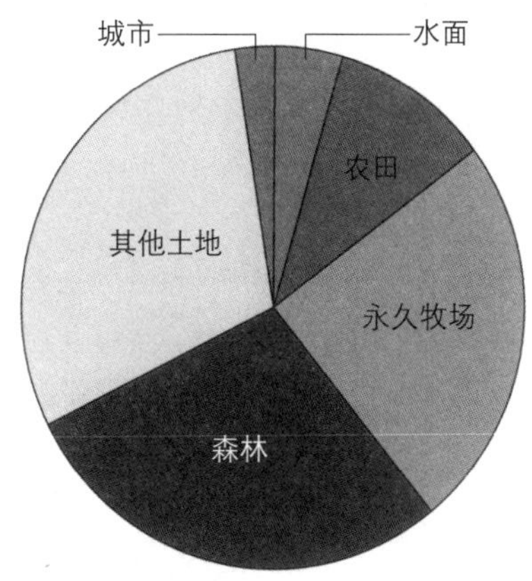

图17.1　**世界土地利用**。世界土地面积的3.5%用于城市，36%左右用于农业（农田和牧场）。（哥伦比亚大学社会经济数据与应用中心）

美国土地利用

美国大约55%的土地为私人所有，包括个人、企业和非营利组织，3%的土地为美国土著人所有，其他的土地为联邦政府（大约35%）和州、地方政府（大约7%）所有。政府拥有的土地包括所有类型的生态系统，从冻原到沙漠等，还包括蕴藏着重要资源的土地，比如矿物、化石燃料，有的土地具有历史或文化价值，有些土地为重要的生物栖息地。多数联邦土地位于阿拉斯加和11个西部州（图17.2），这些地区主要由4个联邦部门管理，其中3个是内政部下属的土地管理局（BLM）、鱼类和野生动植物管理局（FWS）、国家公园管理局（NPS），1个是美国农业部下属的美国林务局（USFS）（表17.1）。

私有土地管理　由于城市、郊区和农村的发展，美国的土地景观发生着快速变化。2007年，美国农业部和国家资源保护服务局在制定的国家资源清单中预测，到21世纪30年代，将有比新英格兰面积还要大的土地从未开发土地转为居民用地。快速的人口增长、不断增加的退休人员、人均用地的扩大，都是导致土地利用增长的因素。

很多环境问题都聚焦于土地利用。污染、人口问题、生物资源保护、矿物和能源需求、食品生产都与土地利用息息相关。经济因素常常主导人们土地利用的决策，包括对私有土地征税的措施。有时，位于城市和郊区附近的森林或农业用地被作为潜在的城市用地进行课税。由于土地税率提高，土地所有者卖掉土地的压力增加，最终加速了这片土地的开发。但是，如果这片土地按照森林或农田进行课税，那么税率就低，就会鼓励土地业主继续保持土地，使它处于不被开发的状态。因此，经济因素在很大程度上控制着土地利用。

土地利用的公共规划　很多城市中的人们可能生活

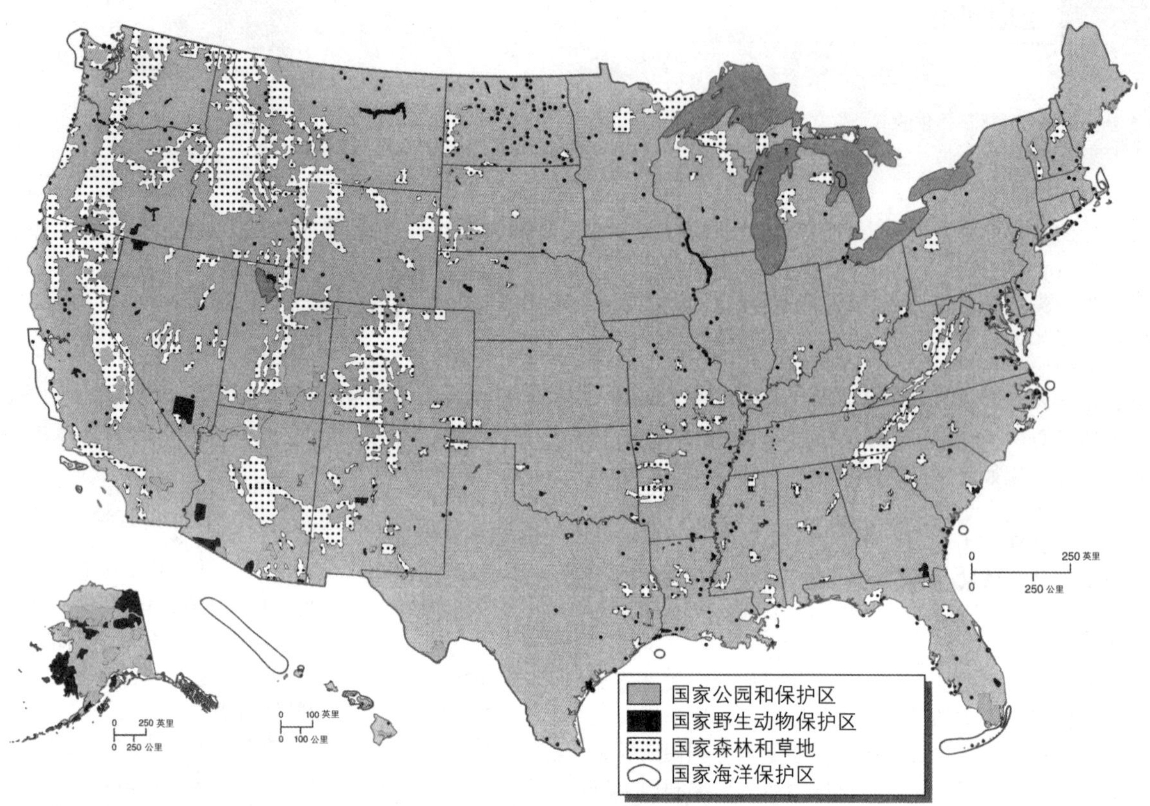

图17.2 部分联邦土地。图中显示的是美国的国家公园和保护区、国家野生动物保护区、国家森林和草地、国家海洋保护区。这些联邦土地保护区主要位于阿拉斯加和西部州。其他联邦土地，比如军事要地和研究设施，没有在图中标出，它们很多也是重要的野生动物保护区。（国家地理地图）

表17.1 联邦土地的行政管理

部门	土地	主要用途	面积：百万公顷（英亩）
土地管理局（内政部）	国家资源土地	矿业、放牧、石油和天然气开采	102（253）
美国森林管理局（农业部）	国家森林	伐木、休闲旅游、流域保护、野生动物栖息地、采矿、放牧、石油和天然气开采	78（193）
美国鱼类和野生动植物管理局（内政部）	国家野生动物保护区	野生动物栖息地以及伐木、捕猎、捕鱼、采矿、放牧、石油和天然气开采	38（93）
国家公园管理局（内政部）	国家公园系统	休闲旅游、野生动物栖息地	34（84）
其他，包括国防部、工程兵团（陆军）、垦务局（内政部）	其他联邦土地	军事用途，野生动物栖息地	23（57）

来源：美国内政部、农业部和国防部

在高楼和工厂的包围之中，或者生活的地区周围有着树荫婆娑的街道和开阔的公园。不管城市土地如何使用，城市官员可能制定了土地利用规划，对不同区域的功能进行划分。但是，在土地开发前和开发后，土地利用规划很少考虑到土地资源的所有方面。多数土地利用规划的理念是：土地开发利用是好的，因为可以增加税收，即便是这些税收带来的收入要用于为所开发的地区提供各种服务。

土地利用的决策是复杂的，因为它会带来不同的影响。如果一片土地用来开发房地产，那么就必须在附近建设道路、排水管道、医院和学校，以吸引人入住。另外，还需要一些服务功能，比如新建餐馆和购物区，这会需要更多的土地。

在理想状态下，土地利用的公共规划应该考虑被利用土地的所有后果，而不是只考虑眼前的影响。进行土地规划时，人们首先要做出土地利用一览表，包括土壤类型、地形图、生物类别、濒危或受威胁物种、历史或古迹遗迹等。有了这样的列表，公共规划委员会就可以了解这片土地的价值，以及开发利用后的潜在价值。

除了向人们提供休闲娱乐和精神健康的开阔空间外，未开发土地还可以提供生态系统服务，这一点必须给予重视。这些福利应该与开发后所带来的经济效益进行比较。从长远观点看，对土地最好的利用可能不是利用该土地去获得即刻的经济收益。

如果土地最终要开发利用，那么好的设计开发规划应该是综合的，要明确哪些区域应该是开阔空间，哪些区域发展农业，哪些区域被划为高密度、中密度以及低密度住宅区。（第九章里有更多的关于土地利用模式和分区的内容。）

复习题

1. 什么是生态系统服务？
2. 城市用地占全世界土地面积的比例是多少？有多少土地是用于农业的？

荒野、公园和野生动物保护区

学习目标

- 描述下列联邦土地和每种土地目前存在的问题：荒野、国家公园、国家野生动物保护区。

荒野（wilderness）指的是那些没有受到人类活动大量干扰的和虽然受到人类造访但不会永久居住的土地及其生物群落。美国1964年颁布的《荒野法》（Wilderness Act）授权政府在联邦土地上划出具有原生特征、持久缺乏环境改进或人类居住的地区，作为国家荒野保存系统（National Wilderness Preservation System）的一部分。这些联邦土地面积大小不等，从小的岛屿、国家公园的一部分（42%的荒野地区位于国家公园），到国家森林（33%的荒野地区），再到国家野生动物保护区（22%的荒野地区）。佛罗里达州的大胶树沼泽（Big Gum Swamp）荒野地区只有5528公顷（13,660英亩），而爱达荷州的塞尔威—比特卢特荒野（Selway-Bitterroot Wilderness）则超过53万公顷（130万英亩）。如果被设定为荒野，那么这片公共土地将获得最高水平的保护（图17.3）。荒野地区一般位于其他类型的联邦土地之内，因此管理那些土地的部门还负有管理荒野地区的责任。因此，美国四个政府部门负责管理总面积为4410万公顷（1090万英亩）土地的758个荒野地区。

在国家荒野保存系统中，最常见的被保护的土地是山峦，当然还有其他有代表性的生态系统，包括冻原、沙漠和湿地。国家荒野保存系统一半以上的土地位于阿拉斯加，其余的多数位于西部的州。由于东部的州几乎没有不被人类影响的地区，因此1975年美国政府对荒野的要求进行了修改，如果联邦土地上的森林已经从砍伐中得以恢复，那么可以申请列入荒野保存名单。

每年有数百万的人去荒野地区，有些地区甚至人满为患，破损的小道、土壤和水污染、汽车空气污染、垃圾和废物、拥挤的人潮等充斥着静谧的、处于原始状态的土地。政府部门现在开始限制每次到荒野地区的人数，以便不会对荒野地区产生严重的影响。有些最受欢迎的荒野地区将来可能需要进一步加强建设，比如修建小道、洗手间、小木屋、营地等。在真正的荒野中是没有这些附属便利设施的，因此，建设便利设施会在荒野保护与人们使用和享受荒野之间形成一个困境。

图17.3 位于爱达荷州的塞尔威—比特鲁特荒野区。

限制到荒野地区的人数并不能控制威胁荒野的一切因素。在荒野地区已经成功建群的入侵物种可能会破坏已有本地物种之间的平衡。松疱锈病就是由一种外来真菌引起的，它会杀死白松树，这种病已经蔓延到落基山脉北部的荒野地区。荒野管理者担心白松数量的减少会影响该地区灰熊的数量。（松子是灰熊的重要食物。）《荒野法》既强调保护自然状态，又强调避免人为干预生态。在这种情况下，尽可能保护原始荒野状态的唯一办法就是通过培育和繁殖抗菌树木来有意识地调节白松种群数量。

面积大的荒野很多在阿拉斯加州，已经根据1964年的《荒野法》列入了国家荒野保存系统。把荒野看作不可再生资源的人支持设立荒野保护区。扩大国家荒野保存系统中联邦土地的数量受到两类人的反对，一类是在公共土地上发展产业（比如木材业、开矿业、农场、能源公司）的人，另一类是这些人的政治代言人。

国家公园

1872年，美国国会在联邦土地上建立了世界上第一个国家公园黄石国家公园，位于蒙大拿和怀俄明州，目的是为当代和后代保护土地的壮丽美景和生物多样性，使自然状态不受破坏。国家公园系统（National Park System, NPS）最初管理区域包括美国西部这类大面积的风景地区，比如大峡谷、优胜美地山谷和黄石（图17.4），现在逐步扩展到更多的文化和历史遗迹，比如古战场以及历史上重要的建筑和城镇，这类保护区甚至比单纯的荒野风景地区还多。尽管美国总统有权在联邦土地上设立国家保护区，但是国家公园的设立和增加需要通过国会法律批准。

图17.4 黄石公园中的牵牛花池（Morning Glory Pool）。黄石公园中的木板人行道既保护热泉，也保护游人。除了有狼和野生动物，黄石国家公园还有着丰富的地质活动。

国家公园系统于1916年设立，它是设在内政部下面的一个新的联邦局，职责是管理国家公园和保护区。该系统目前管理着397个场地，其中59个是国家公园，管理的总面积为3420万公顷（8440万英亩）。

国家公园系统的主要作用之一是通过开设自然徒步小道和组织公园游览等方式，向人们宣传自然环境、自然资源管理、保护场地的历史等知识。宣传教育的其他方式还有在公园和保护区的道路与小径上设立展览标识、组织篝火野营、举办实物展览和讲座等。美国国家公园的声誉和成功使得很多其他国家纷纷效仿，也设立国家公园。目前，联合国环境规划署已经根据国际自然保护联盟（IUCN）的界定在将近100个国家命名了3500多个国家公园。与美国的国家公园一样，这些国家公园通常有多个方面的作用，包括提供生物栖息地、促进人类休闲娱乐等。

美国国家公园面临的威胁 所有困扰城市地区的问题都会在普遍受欢迎的国家公园的高峰季节中遇到，包括犯罪、肆意破坏、垃圾、交通拥堵以及土壤、水和空气污染等。另外，国家公园每年还调查处理几千个资源违法案例，包括砍伐树木、收集植物和矿物以及化石、由于乱写乱画和放火而破坏公园历史原貌等。由于游人太多，一些公园的生态发生退化，公园管理者不得不限制游人进入环境脆弱的公园。

有些面积大、深受欢迎的公园，比如优胜美地、大峡谷和黄石，最近的设施更新也是在30年前左右。美国国家公园每年的门票收入为1.32亿美元，而国家公园系统管理的花费则是22亿美元。尽管国家公园采取措施力求更多地实现自足，但是依然需要依靠国家税收来支付运转费用。

有些国家公园的野生动物种群分布不均衡，导致很多哺乳动物比如熊、白尾长耳大野兔、赤狐的数量减少。美国西部地区国家公园里的灰熊受到威胁。灰熊需要大片的荒野地区，国家公园的游人对它们产生了负面的影响。很多国家公园面积太小，不能为灰熊提供充足的领地。幸运的是，在阿拉斯加和加拿大，灰熊的数量较为稳定。

其他哺乳动物，比如广为人知的麋鹿，种群数量大为增加。黄石国家公园的麋鹿从1968年的3100只增长到1994年历史上记录数量最大的19,000只，从那以后开始下降，达到2012年的4000只左右。生态学家发现，麋鹿种群的扩大减少了当地植被的丰富性，比如柳树和山杨，使得河岸受到严重侵蚀。从1995年开始，黄石国家公园开始引进狼，以便减少麋鹿的数量，促进麋鹿种群数量的均衡（见第五章介绍部分），特别是防止麋鹿过度啃食河岸的植被。

污染并不因划定了公园界线就止步，国家公园越来越成为被人类开发所包围的自然栖息地孤岛。国家公园边界上的开发限制了野生动物的领地，迫使它们成为孤立的种群。生态学家发现，一旦出现环境应激物，几个小的“孤岛”种群要比一个占据较大领地的大种群更容易受到威胁（见第十六章）。

自然管理 公园管理政策称为**自然管理**（natural regulation），从1968年开始在黄石国家公园和很多其他国家公园中实行。根据自然管理规定，黄石国家公园里的麋鹿种群可以随气候、灰熊以及狼等猎食种群的变化而发生自然波动。公园管理者不需要通过优选或人工繁殖使麋鹿种群保持在一个稳定的水平。由于火是黄石生态系统中的不可或缺的一部分，因此国家公园里的野火除非威胁人的生命或建筑，不需要进行扑灭。公园管理者在其他情况下可以进行干预，比如控制入侵物种或恢复本地物种（比如狼）。

野生动物保护区

国家野生动物保护系统（National Wildlife Refuge System）是西奥多•罗斯福总统1903年批准建立的，是世界上致力于野生动物栖息地水土保护最大的网络。这个系统包含560个保护区，每州至少一个，土地保护面积达6007万公顷（1.5亿英亩）。这些不同的保护区代表着美国所有主要的生态系统，从冻原到温带雨林再到沙漠，它们是北美一些最濒危物种比如鸣鹤的家园。国家野生动物保护系统由美国鱼类和野生动植物管理局负责管理，主要目的是为美国的鱼类、野生动物和植物提供水土保护。与野生动物相关的活动，比如打猎、捕鱼、野生动物观察、摄像、环境教育等，只要遵守鱼类和野生动物管理的科学规定，是可以在一些野生动物保护区中进行的。

复习题

1. 什么是美国国家荒野保存系统？哪个州的荒野土地最多？
2. 国家公园系统目前存在的问题有哪些？
3. 国家野生动物保护系统的目的是什么？

森林

学习目标

- 解释可持续林业，说明纯林与林业有着怎样的联系。
- 描述国家森林及其目前存在的问题。
- 解释森林砍伐，包括皆伐，描述热带森林砍伐的主要原因。
- 解释保护地役权是怎样有助于私有土地业主保护森林不受开发的。

森林是重要的生态系统，为人类社会提供了很多产品和服务，占据地球陆地面积的1/4左右。从森林里砍伐的木材可以用作燃料、建筑材料和造纸。森林还提供坚果、蘑菇、水果、药材，为全世界数百万人提供就业岗位。在越来越拥挤的世界里，森林还提供休闲和精神静修的场所。

森林提供很多有益的生态系统服务。森林对当地和区域气候状况产生影响。如果你在炎热的夏天走进森林，会感到里面的空气比外面凉爽、湿润。这是生物降温过程的结果，称为蒸腾，树根吸收了土壤中的水分，再输送给树枝树叶并从那里蒸发出去。蒸腾作用提供了形成云彩的水汽，最后形成降水（图17.5）。因此，森林有助于保持当地和区域性的降水。

森林在管理碳、氮等全球生物地球化学循环方面发挥着非常重要的作用。地球上大约1万亿棵树的树冠通过

图17.5 水循环中森林的作用。森林通过蒸腾将多数降水（可达75%）返回到大气中。如果一个地区的森林砍伐殆尽，那么将近100%的降水会随着径流而流失。

自然管理：公园管理政策，多数情况下让大自然自行发展，只是在需要调节人类普遍活动带来的变化时才实行干预性行动。

光合作用从大气中捕获大量含热的二氧化碳，并将它固定在碳化合物中。根据千年生态系统评价，树木中储存的碳和大气中的碳基本上一样多。因此，森林发挥着碳“汇”的作用，帮助减缓全球气候变化。同时，几乎所有生物细胞呼吸所需要的氧气都是由植物释放到大气中的。

树根将大量的土壤固定在陆地上，减少了侵蚀和泥石流（第十四章提到的华盛顿州奥索2014年发生的泥石流可能就是森林砍伐引起的）。森林保护水域，因为它们将水从地下深处提拉到上层土壤，然后吸收、储存并慢慢释放水源。这种对水流的调节使得溪流拥有更加正常的水流，即便是在干旱季节也能保证水流，有助于防止洪涝和干旱。森林土壤可以除去水中的杂质，改善水的质量。另外，森林为很多生物提供了各种各样必需的栖息地，比如哺乳动物、爬行动物、两栖动物、鱼类、昆虫、地衣和真菌、苔藓、蕨类植物、针叶树以及众多的有花植物。

森林管理

如果森林的管理是用于生产木材，那么森林的种类和其他特征就需要发生改变，与自然状态有着不同。森林中会种植商业价值特别高的树，那些商业价值不高的树逐渐减少或被清除。传统森林管理（traditional forest management）常常会导致森林的多样性降低。在美国东南部，很多用于木材和造纸的幼龄松林是**纯林**（monoculture）（图17.6；另见第六章）。不过，植树造林对于其他的自然森林是有利的，当然，这些自然森林应该保存和保护好，而且植树造林不能替代自然森林。

很多森林管理人员认识到自然森林所提供的众多生态系统服务的重要性，现在人们开始发展**可持续林业**（sustainable forestry），或者是进行生态可持续森林管理（ecological sustainable forest management）。可持续林业是维持不同树龄、不同树种混杂的森林，而不是培育纯林。这种更宽泛的育林方式希望为长远的经济砍伐保护森林资源，从而提供木材或其他森林产品。可持续林业还试图通过改善物种栖息地来保持生物多样性、防止土壤侵蚀和改进土壤状况、保护产生清洁水的水域。有效的可持续森林管理涉及各方的合作，包括环境保护主义者、伐木工人、农民、土著居民以及当地机构、州和联邦政府。

如果森林砍伐遵循可持续林业发展的原则，那么未砍伐的地区与栖息走廊就会被当作生物保护区，栖息走廊是将未砍伐地区或未开发地区连接在一起的保护区

图17.6　植树造林。这片高密度种植的松林是个纯林，所有的树有着统一的尺寸和树龄。这种植树造林没有生物多样性，栖息地也有限，但是它们为野生森林的树木采伐提供了补充，为美国提供了所需要的木材。本图摄于佐治亚州。

（见图16.16）。栖息走廊的目的是在必要的时候提供逃生路线，使得动物进行迁徙，以便保持健康的、基因多样的种群。

与传统森林管理不同的生态可持续森林管理的具体方法是逐步形成的。为了适应不同的生态、文化和生态条件，这些办法随着不同的森林生态系统而有所变化。在墨西哥，很多可持续林业项目涉及经济上依赖森林的社区。由于树木的生长周期长，因此未来的科学家和森林管理者将会评判今天的管理措施。

森林采伐　根据联合国粮农组织（FAO）的数据，人类每年采伐大约340万立方的木材（薪柴、木材和其他产品）。采伐量最大的五个国家是美国、加拿大、俄罗斯、巴西和中国，这些国家目前生产的木材占世界的一半以上。采伐的树木大约一半被当作薪柴直接燃烧或制作木炭。（在隔绝空气的大窑中对木材进行不完全燃烧，从而将木材转换成木炭。）多数薪柴和木炭被用于发展中国家（稍后讨论）。在另外50%的被采伐木材中，高度发达国家消费3/4以上，它们被用来造纸和制作木制品。

伐木工人采伐树木的方式有择伐、间伐、下种伐（图17.7）几种。择伐（selective cutting）是对单株或小块的成熟林木进行采伐，森林的其他部分依旧保持完整，使得森林能够自然恢复。择伐后剩余的树木会提供种子，在择伐的地方发芽生长。与其他采伐方式相比，择伐对森林环境的负面影响最小，但是在短期内不会带来利润，因为这种森林采伐需要的劳力多。

纯林：生态物种的简化，在很大的区域内只种植一种树木。

可持续林业：在不影响后代使用森林的情况下，为满足当代人需求而对森林生态系统的使用和管理。

（a）在择伐中，不时地对树龄长的成熟林进行采伐，森林在自然状态下进行恢复。

（b）在间伐中，先砍伐那些不需要的树种和死亡的树木。随着幼龄树的成熟，它们会长出幼苗，当现在的成熟林木采伐以后，那些幼苗会继续生长。

（c）在下种伐中，只留下几颗树木，主要是为森林的自然更新提供种子。

（b）华盛顿州一大片森林皆伐后的鸟瞰图。图中的线条是拉运木头的道路。

图17.7　树木采伐。

在较长时间内采伐一个地区所有的成熟林木称为间伐（shelterwood cutting）。在采伐的第一年，先除掉不需要的树种和死掉的或有病害的树木。然后，让森林自然发展，可能会需要10年时间，在这期间，剩下的树木会继续生长，新的树苗也会长出。在第二次采伐中，很多成熟林木被采伐，但依然会留下一些最高大的树，以保护幼龄树木。森林会再度自然发展和重生，可能又需要10年时间。第三次采伐会砍伐所有成熟的树木，但是这个时候，那些曾经的幼龄树木也健康成长，已经可以替代成熟林了。即便是间伐的树木比择伐的多，也不会造成土壤侵蚀。

在下种伐（seed tree cutting）中，一片森林中的树木几乎全部采伐，只留下分散、少量高大壮实的树木，目的是为森林的更新提供种子。**皆伐**（clear cutting）指的是将一片森林中的所有树木都采伐掉。树木皆伐后，林地可以通过自然力量进行更新，也可以通过人工种植一种或多种特定的树种。伐木企业希望进行皆伐，因为这是森林采伐最经济有效的方式。皆伐摧毁了生态栖息地，增加了土壤侵蚀，尤其是山坡林地。有时，皆伐造成的林地退化非常严重，以至不可能再进行植树。海拔低的林地通常能够成功地更新，而海拔高的林地常常很难更新。

森林砍伐

世界森林面临的最严重问题是**森林砍伐**（deforestation）。根据联合国粮农组织编制的《2010年全球森林资源》（*The Global Forest Resources 2010*），

皆伐：一块林地所有的树木都被采伐，只留下树桩的伐木方式。

森林砍伐：为了农业或其他用途而暂时或永久地清除大片的森林。

从2000年到2010年，森林面积每年缩小1300多万公顷（3200万英亩），这10年的森林损失面积相当于哥斯达黎加那么大。这些森林损失还不包括那些因为过度采伐、生物多样性减少、土地肥力下降而导致的稀疏、退化的森林。

森林损毁的原因包括干旱引起的野火、矿业开采、土地清理、农业扩展、森林道路建设、树木采伐、昆虫和疾病。如果森林被转化用作其他用途，那么就不再对环境或依赖它们的人们做出宝贵的贡献。森林毁坏对那些文化和生存都依赖森林的人们带来威胁。

森林损毁导致土壤肥力下降，因为多数森林土壤中的必要矿物营养会被快速地淋洗掉。不加控制的土壤侵蚀，特别是陡峭山坡上的森林毁坏，对于水力发电会产生影响，因为泥沙堆积在大坝后面。土壤侵蚀造成的河道淤泥增高会危及下游的渔业发展。在更为干旱的地方，森林损毁会导致形成沙漠（接下来会讨论）。如果森林被砍伐殆尽，那么流入江河、溪流的地表水总量事实上会增加，有时会造成洪涝。由于森林不再调节水流量，受影响的地区会周期性地遭受洪涝和干旱。

森林砍伐将会导致很多物种灭绝，特别是大量热带物种，它们的领地局限于森林中，因此对于栖息地的变化和毁坏尤其脆弱。迁徙物种，包括鸟类和蝴蝶，也深受森林砍伐的影响。

森林砍伐加速区域气候变化。树木将大量的水汽释放到空气中，树根从土壤吸收的水分97%左右被直接蒸发进入大气中。这些水分通过水循环重新回到地球（见第四章）。如果一大片森林被清除，那么降雨会减少，那个地区的干旱会变得越来越常见。研究表明，在巴西一些大片雨林被烧毁的地区，当地气候变得越来越热、越来越干燥。随着森林的持续萎缩，很可能带来的区域气候变化将不再支持当地森林的发展。因此，曾经一度为热带雨林的大片地区可能会变成无树平原。

森林砍伐由于将原来储存在树木里的碳以二氧化碳的形式释放到大气中，还会导致全球气温升高、海洋酸化以及其他全球性气候变化。二氧化碳使得空气保持热量。如果树木燃烧，那么森林中的碳就会被立即释放；如果未燃烧的树木腐烂变质，那么碳就会缓慢释放。如果树木被采伐，原木被运走，那么大约一半的森林碳会作为死亡物质（树杈、细枝、树根、树叶）留下来，在分解的时候释放二氧化碳。研究人员估计，如果一个老龄林被砍伐殆尽，替代林需要200年才能累积到原来森林固含的碳量。

美国的森林趋势

近年来，落基山脉、大湖地区、新英格兰以及其他东部州的温带森林保持稳定，甚至有所扩展。森林扩展是废弃农场（见第五章）次生演替、私有土地和公共土地上商业性种植（植树）和政府保护的结果。尽管重生的森林没有原始森林那样的生物多样性，但是很多森林生物已经成功地在更新森林中再次建群定居。

美国一半以上的土地为个人和企业所私有（图17.8），很多土地私有者因为经济的压力，比如高财产税，会将土地分块开发，建设住房或购物中心（见“迎接挑战：东部州的森林保护”）。今后40年，森林地区向农业、城市和城郊地区的转变可能对南方产生最大的影响，因为那儿85%以上的森林都是私人拥有，森林砍伐大部分没有得到监管。

森林遗产项目（Forest Legacy Program）是美国1990年《农业法案》（Farm Bill）中设立的，主要是帮助私有土地业主保护具有重要环境作用的林地免于开发使用。这个项目由农业部负责管理，具体运作是：土地拥有者愿意将一部分权限，比如土地开发使用权，或全部土地权卖给美国政府，美国政府就拥有**保护地役权**（conservation easement）。土地拥有者通常会继续在那片土地上生活和（或）工作，也可以将没有卖给政府的那部分土地权利卖给其他人。所有未来的财产拥有者都必须遵守地役权的条款。2014年，根据森林遗产项目报告，有230多万公顷面临开发威胁的私人林地得到保护。

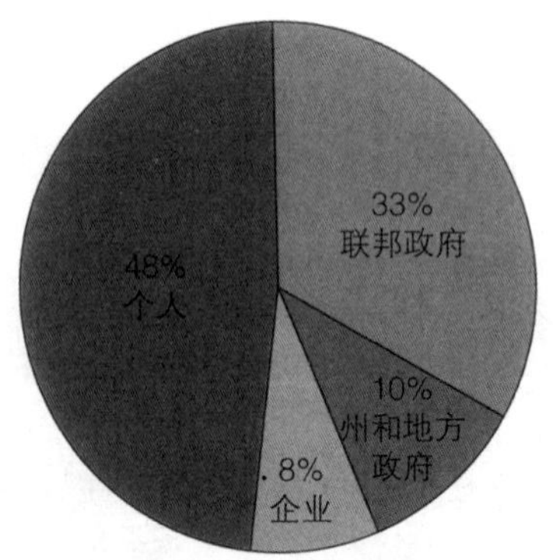

图17.8 美国森林拥有权。多数森林（56%）为私人拥有，或者是个人或者是企业。（数据来自USDA/US森林服务局，2006年）

保护地役权：保护私有林地或其他财产在特定年限内不被开发利用的法律协议。

迎接挑战

东部州的森林保护

在美国东部州，大片的森林多数为木材企业所拥有。这些温带落叶林很多可以进行买卖，因为开发商愿意为此支付巨额的费用。木材企业发现，出售土地比它们砍伐树木挣的钱还多。购买森林财产以后，开发商将树木砍伐掉，建设住宅区、高尔夫球场、狩猎俱乐部。一旦开发，这些森林就再也不能再生了。

为了保护森林，保护组织购买了一些这类地产。自然保护协会（Nature Conservancy）创立于1951年，主要任务是“通过保护地球生命生存所需要的土地和水域，来保护植物、动物以及能代表地球生命多样性的自然群落”。自然保护协会有会员100万左右，这些会员捐献资金购买土地和水生生态系统。这个组织与个人土地所有者、企业（比如木材公司）、州和地方政府以及愿意协作保护自然地区的土著居民有着积极的合作。本章开始时讨论的大沙丘国家公园的保护，在很大程度上是通过自然保护这个组织实现的。

自然保护协会和其他保护组织的经费只够购买东部地区今后几年要出售的一小部分森林（不到2%）。不过，自然保护的科学家提出了优先保护的“希望目录”，选择了最不常见、可能为濒危或受威胁物种提供栖息地的生态系统。包含这些生态系统的土地正是自然保护协会要获得的土地。通常的情况是：自然保护会与木材公司达成协议，木材公司继续采伐那些生态重要的森林，可以延续5年左右的时间。但是，采伐期结束以后，应该让土地进行次级演进，再转化为森林。更为重要的是，这片土地再不用于经济发展了。

自然保护协会阿巴拉契亚项目（Nature Conservancy Appalachian Initiative）将保护一大部分东部森林，这些森林曾被认为是世界上最健康、最具多样性的温带落叶林之一。拯救阿巴拉契亚中部地区的景观，不受剥离山顶以开采煤矿以及开发的破坏，不仅保护森林的生物多样性，而且还保护切萨皮克湾及其支流的水质和水生生物。（森林是海湾水源的一部分。）而且，这一计划将为巴尔的摩、哈里斯堡、里士满和华盛顿提供安全的饮用水。

美国国家森林 根据美国林务局的统计，美国有155个国家森林保护区，保护面积7800万公顷（1.93亿英亩），主要位于阿拉斯加和西部地区。美国林务局负责大多数森林保护区的管理，其余的由美国土地管理局负责。设立国家森林保护区的目的是为美国人民提供自然资源的最大利益，包括鱼、野生动物和木材。国家森林的多种用途包括木材采伐、牲畜饲料、水资源和水域保护、采矿、狩猎和钓鱼以及其他形式的室外休闲娱乐、鱼类和野生动物栖息地。在20世纪90年代和21世纪初期，国家森林保护区内的休闲旅游业大幅增加，人们到荒野中设立的野营地点去野营、远足等。游客们在保护区中游泳、划船、野炊、观察自然。伴随国家森林这么多用途而出现的是不可避免的冲突，特别是木材产业和希望保护森林用于其他目的的人之间的利益冲突。

道路建设是国家森林管理中一个备受争议的问题，部分原因是美国林务局用纳税人的钱修的路被私有伐木企业用来运输木材。美国林务局征收的木材特许费不够支付修路费用。纳税人还在美国土地管理局管理的土地上给予伐木企业补助。美国国家森林中兴建的伐木道路有大约69.7万公里长（43万英里），国家森林中的道路如果建设不当，会加速土壤侵蚀和泥石流（特别是陡峭山坡），导致溪流水污染，对环境造成破坏。生物学家担心，这么多的道路会使野生动物栖息地破碎化，导致疾病生物和外来物种的入侵。

国家森林的另一个问题是皆伐。我们下面来分析位于阿拉斯加东南海岸的汤加斯国家森林（Tongass National Forest）的皆伐争论问题。

案例聚焦

汤加斯国家森林

尽管地理位置靠北，汤加斯国家森林是世界上为数不多的温带雨林之一（图17.9；另见第六章关于温带雨林的描述）。这是美国湿度最大的地区之一，滋润着原始森林的生长，有巨大的西特喀云杉、黄桧和西部铁杉，有的树已经700多年。溪流两岸生长着垂柳、蕨类植物、苔藓和其他植被。这片森林是美国国家森林系统中最大的，也是众多野生动物的栖息地，包括灰熊和秃鹰。

汤加斯国家森林大约70%的原始森林已经被采伐。这是美国木材主产区，因为一棵大的西特喀云杉就可以产出很多木材。伐木业成为当地很多产业的基础。皆伐以后，成熟林的更新很慢，需要几个世纪。在汤加斯国家森林南边的温哥华岛上，1911年砍伐后的温带雨林树木只有最初的20%大小。

与多数国家森林一样，汤加斯国家森林的伐木成本很高。为了弥补木材业的高成本，木材企业，比如纸浆厂，通常以低于市场的价格从联邦政府那里获得木材。这一协议是1954年达成的，在20世纪90年代到期。1990

图17.9 汤加斯国家森林。这个温带雨林位于阿拉斯加东南太平洋沿岸。

年，一些国会议员试图通过汤加斯国家森林伐木改革法案，迫使木材企业以市场价格支付，但是这一提案受到其他议员的反对。双方在1997年达成协议，要求木材企业按照市场价格支付。在这个法案的影响下，尽管汤加斯国家森林的伐木继续进行，但是砍伐速度已比过去减慢。

1999年，经过几十次的上诉，“1997年汤加斯土地管理计划”（Tongass Land Management Plan of 1997）通过修订。1999年的这个决定被称为“1997年森林计划修正案”（Modified 1997 Forest Plan），这一方案新增加了10万公顷原始森林保护范围，不能进行砍伐，从而使得汤加斯的全部保护面积达到23.4万英亩。（汤加斯国家森林的全部面积是1700万英亩。）修订后的“计划”将野生动物特别指定地区的采伐轮伐期从100年提高到200年。这一变化减少了森林破碎化的影响，保护了西特喀黑尾鹿种群，这种鹿又是其他本地野生动物物种的猎物。1999年的这次决定，还要求减少道路建设密度，保护狼、熊和其他野生动物的栖息地。通过这次决定，木材可持续采伐最大量从2.67亿板英尺（按1997年数据）减少到1.87亿板英尺。这一数量可以足够满足当地木材产业发展的需要。

在克林顿政府期间，2000年，美国林务局正式实施《无道路地区保护规定》（*Roadless Area Conservation Rule*），随之而受到一系列诉讼，主要来自木材、矿业、天然气和石油利益集团。2001年，美国一个地方法院判决停止实施《无道路地区保护规定》，从而使得汤加斯国家森林没有修建道路的几个地区受到采伐。2005年，乔治·W. 布什政府发布新的规定，使得在国家森林里修建道路并进行森林采伐、采矿和其他开发变得更加容易，并将森林采伐的权力下放到州政府。

2008年，汤加斯国家森林管理计划增加了新的补充规定，要求收集5年的数据，了解公众的意见。截至2013年，公众的意见正在收集当中，汤加斯国家森林的林业采伐增加还是减少，取决于不同利益集团的投入和影响。

热带森林的趋势

热带森林主要有两种：热带雨林和热带干林。在全年气候温暖、湿润的地方，每年降水200厘米或以上（至少79英寸），主要是热带雨林（tropical rain forest）。中美洲、南美洲、非洲和东南亚都有热带雨林，但是将近半数的热带雨林位于巴西、刚果民主共和国和印度尼西亚这三个国家（图17.10）。

在年降水量少于热带雨林但依然有足够树木生长的地方，包括有着湿季节和较长干季节的地区，生长着热带干林（tropical dry forest）。在干旱季节，热带树木就像温带冬天的树一样，树叶卷起，保持蛰伏状态。肯尼亚、津巴布韦、埃及、巴西等国家都有热带干林。

现存的未被干扰的热带森林多数位于南美洲和非洲的亚马孙河流域与刚果河流域，它们正在以人类历史上前所未有的速度被砍伐和焚烧。南亚、印度尼西亚、中美洲和菲律宾等地区的热带森林也被以极快的速度破坏。

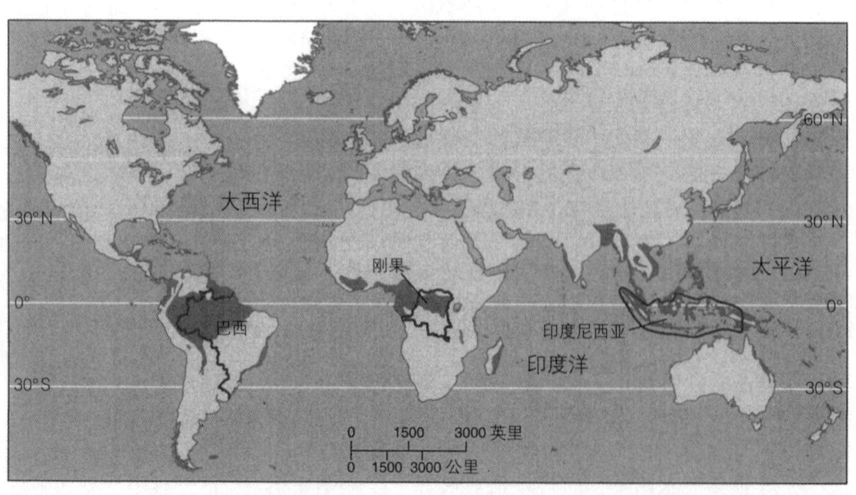

图17.10 热带雨林的分布。雨林（绿色地区）位于中美洲、南美洲、非洲和东南亚。现存的雨林很多都是高度碎片化的。

环境信息

热带雨林中的购物中心

连绵不断的巴西亚马逊雨林地区分布着5个亚马逊城市（贝伦、马瑙斯、波多韦柳、马卡帕、里奥布朗库），人口超过30万。这些城市居民要求与经济发展相关的基础设施，购物中心的建立满足了他们的要求。与世界上其他地区的购物中心一样，亚马逊购物中心有着现代化的建筑、空调、各种各样的当地和国际品牌商店。截至目前，这些购物中心都是建立在几十年前被采光森林的土地上，因此并没有导致森林减少。但是，将这些购物中心与亚马逊地区更小的城市和城镇连在一起的道路网络不断扩大，加快了森林减少的步伐。多数环境主义者认为，购物中心是经济全球化趋势的一部分。很多环境主义者不反对建设城市购物中心，而是集中推动雨林地区农村人口的可持续发展。

图17.11 巴西热带雨林中道路两旁人口居住情况卫星图。从主干道路垂直延伸出很多小路。随着农民沿路而居，他们为了种植庄稼和开发牧场（棕黄色和粉红色），砍伐了很多的森林树木（黑绿色）。道路建设以及随之而来的森林砍伐如何影响了气候变化?

热带雨林为什么消失? 一些研究表明，人口增长与森林砍伐之间有着强烈的相关性。人多，需要的食物就多，因此就砍伐森林，发展农业。然而，热带森林砍伐不能单纯归咎于人口的压力。不同地区森林砍伐的主要原因是不同的，经济、社会和政府等多方面因素的相互作用导致了森林砍伐（图17.11）。

热带地区森林减少的原因很复杂，最直接的三个因素是生存农业、商业采伐和牧场。热带雨林毁坏的其他原因还包括采矿、修建水力发电大坝等，修建大坝会淹没大片森林。

生存农业 生存农业（subsistence agriculture）指的是家庭靠农业产出的食物仅够生存，这种农业导致的热带森林减少占一半以上。在很多拥有热带雨林的发展中国家，大多数人并不是其生活与工作的土地的主人。除了进入森林，多数维持生计的农民无处可去，他们只有到森林里通过毁林来种植作物。

这些农民常常是沿着伐木的道路进入森林，直到发现一片适宜的地方，首先是砍倒树木，让树木干透，然后进行燃烧，并立即在烧荒的土地上种植庄稼，这被称为“刀耕火种”农业（slash-and-burn agriculture）（第十八章将继续讨论）。由于被烧掉的树木含有丰富的营养，土地较为肥沃，因此第一年的庄稼收成往往很好。但是，土壤生产力会快速下降，随后庄稼的产量越来越少，用不了多长时间，这些毁林种地的农民一定会再找一块新的森林，重复这一毁林造地过程。被农民废弃的土地虽然不适于再种庄稼，但是仍然可以放牧动物，因此牧场主会跟上发展放牧业。

刀耕火种农业规模小，在20年到100年的时间里耕作过的土地上就会生长出充足的树林，因此可能还是可持续的，几年耕作以后，森林会快速生长。但是，如果人口密度太高，土地就不能闲置太久，因此森林不会更新恢复。从全球看，至少有2亿农民依靠刀耕火种式的农业生存，而且这些传统农业人口还在增长。

商业采伐 大片的热带雨林，特别是在东南亚，被采伐的目的是为了出口。多数热带国家商业采伐的速度远远大于森林可持续恢复的速度。管理不善的热带森林砍伐不仅不能促进经济发展，而且以比森林可持续更新快得多的速度消耗着这一宝贵的自然资源。

牧场和农业出口 有些热带森林被砍伐后为养牛提供了开阔的牧场（图17.12）。养牛雇佣的当地人相对较少（放牧不需要很多劳动力），养牛业在拉丁美洲非常重要。这些牧场常常为外国公司所拥有，生产的牛肉出口到高度发达国家，当然在当地也会消费很多。森林砍伐以后，这片土地上可能会养殖20年的牛，然后土壤的肥力就会耗竭。土壤肥力耗竭后，土地上就可能长出灌木植物，于是形成热带稀树草原（scrub savanna）。

图17.12　巴西的森林砍伐。这片牧场本来是雨林，森林被砍伐后用来放牧牛群。地上还残存着一棵雨林的树，一棵巴西坚果树。

图17.13　加拿大北方森林的采伐。加拿大80%左右的森林产品出口到美国。摄于加拿大阿尔伯塔（Alberta）。

大量的森林土地被开垦成种植型的农业，生产用来出口的作物，比如柑橘、棕榈果（用于人造黄油）、香蕉、大豆（见图16.9）。

热带干森林为什么会消失？热带干森林被毁坏的速度很快，它们主要是被用作薪柴。全世界消费的薪柴一半左右被很多发展中国家用来取暖和做饭。木材的不可持续利用导致很多发展中国家出现了薪柴危机。联合国粮农组织预计，20亿左右的人没有足够的薪柴来满足基本的需要，比如烧水和煮饭，他们也面临着水源传播疾病的危险（见表21.1水污染传播的一些人类疾病目录）。砍伐用作燃料的木材常常是转化成木炭，然后再用来为钢厂、砖厂和水泥厂提供能量。木炭制作极度浪费，用4.5吨木材生产的木炭仅够中等铁炉燃烧6分钟。

北方森林与森林砍伐

尽管热带森林被大面积砍伐，但是处于危险状况的不只有热带森林。20世纪80年代末和90年代初，某些北方森林的大量砍伐也开始了，这一过程一直持续到现在。北方森林生长在阿拉斯加、加拿大、斯堪的纳维亚地区和俄罗斯北部，主要树种是针叶常青林，比如云杉、冷杉、雪松、铁杉。北方森林是世界上最大的生物圈，大约占地球陆地面积的11%。

北方森林在采伐方面主要是皆伐，是世界工业用木材和木材纤维的主要来源。北方森林每年损失的森林面积估计为巴西亚马逊雨林的两倍。

加拿大是世界最大的木材出口国（图17.13），每年采伐森林100万公顷左右（250万英亩），多数森林处于采伐许可期。（采伐许可期是森林所在省份政府与伐木公司之间的协议，授予公司采伐的权利。）根据采伐配额，加拿大的森林采伐被广泛认为是不可持续的，直到2010年，采伐企业和环保组织达成一项协议，森林采伐控制在30多万平方千米（大约11.6万平方英里）的北方森林林区内，面积有英国那么大。另外38.5万平方千米（大约14.9万平方英里）的森林需要坚持可持续原则进行有限制的采伐。

尽管还没有准确的数据，俄罗斯的西伯利亚森林也被大量地采伐了。由于美国政府可能会扩大公共土地上的采伐（前面曾讨论阿拉斯加温带雨林的采伐），阿拉斯加的北方森林也面临着威胁。

复习题

1. 什么是可持续林业？
2. 美国国家公园的设立要满足多种用途，这为什么常常会引起争议？
3. 什么是森林砍伐？
4. 保护地役权是如何保护土地免于开发的？

牧场和农业土地

学习目标

- 描述公共草地和目前存在的问题。
- 解释沙漠化及其与过度放牧的关系。
- 讨论美国农业土地的趋势，比如郊区扩展的侵占。

不论是温带气候，还是热带气候，牧场都是**草地**（rangeland），是人类重要的食物生产地区，它们为人类饲养牛、绵羊和山羊等牲畜提供草料（图17.14）。草

草地：没有精心管理、用来放牧牲畜的土地。

图17.14 **草地**。如果不超过草地的承载力，那么草地就是可再生资源，对于牧场主和野生动物都有用途，正如图中的叉角羚一样。摄于怀俄明州。

地可能被开采矿物和能源资源，可能被用来休闲旅游，也可能用来保护生物栖息地和水土资源。草地的植被主要包括草、阔叶草（小的草本植物）和灌木。草地和牧场不同，牧场植物是特地为放牧牲畜而栽种的，而草地植物是土生土长的，不是培育的，是适合动物吃的自然植物。

草地退化和沙漠化

草是草地的主要植物，有着须根系，很多根在土壤里形成漫散的网络，从而将草固定在草地土壤中。长着须根系的植物可以很好地固定土壤，因此减少土壤侵蚀。放牧牲畜啃食草的叶子，须根会继续发芽，使得植物不断恢复，长成以前的大小。

精心管理的放牧对于草地有好处。因为植被适应了放牧，食草动物对成熟牧草的啃食会刺激草的快速再生。同时，食草动物成群结队，它们的蹄子会松动土壤表面，使得雨水更有效地到达牧草的根系和新植物的种子。世界上的几项研究报告说，适当的啃食有助于提高植物多样性。草地健康可以通过草食动物数量和放牧的管理进行维持。

如果放牧超出了草地的承载能力（见第五章），放牧以后草地不能够实现健康再生，那么就可以说，草或其他植物被**过度放牧**（overgrazed）了。如果植物死去，裸露的土地很容易发生侵蚀。有时，能够适应贫瘠土壤的其他植物会入侵被过度放牧的土地。在得克萨斯山县（Hill County）一些被过度放牧的地区，桧属植物（不适于作牧草）就替代了繁盛的牧草。不能吃的或有毒的植物能够成功地入侵过度放牧的草地，原因是食草动物不啃食它们。

世界上多数草地位于半干旱地区，在自然状态下有着长时间的干旱。在干旱季节，草地的承载能力相对较弱，因为降雨的缺乏减少了植物的生产力。这些干旱地区的本地草能够度过严酷的旱季，虽然植物的地上部分死亡，但是地下的根系依然活着，并固定着土壤。一旦雨水降临，植物的根系会再度发出新芽。

长期的干旱会使植物恢复的时间延长，所支持的食草动物数量减少，如果不改变放牧模式，那么一度繁盛的草地就会变成沙漠。过度放牧会造成草地面积下降，从而使土壤受到风蚀，导致生态系统恢复所需要的有机质和土壤种子库减少。即便是再有降雨，由于**土地退化**（land degradation）得非常严重，草地也可能恢复不了。水蚀会冲刷掉仅存的那点表土，剩下的沙砾会形成沙丘。这种持续不断的退化会在曾经具有生产力的草地上（或者热带干森林）形成没有生产力的沙漠条件，从而导致**沙漠化**（desertification）。沙漠化使得具有很高经济价值的土地降低了农业生产力，迫使很多生物离开，威胁濒危物种。

从全世界看，沙漠化似乎在增加。从20世纪90年代中期开始，联合国推算每年有3560平方千米（1374平方英里）的、大致相当于罗德岛的土地变成了沙漠。但是，很多人正在积极扭转这种趋势。由肯尼亚旺加里•玛塔伊（Wangari Maathai）创立的绿带运动（Green Belt Movement）帮助人们在面临沙漠化危险的地区种植和栽培树木。印度的抱树运动（Chipko Movement）与绿带运动一样，特别鼓励和支持妇女参与防止沙漠化活动。

我们尚不知晓气候的自然波动、人口压力和人类活动在导致沙漠化上各占几何。目前，很多研究沙漠化的生态学家认为人类活动不是沙漠扩大的主要原因。比如，连续几年的卫星数据都支持自然气候波动是沙哈拉沙漠南部边缘在其与非洲萨赫勒之间移动的主要因素这一假说。生态学家承认人类活动和人口过多促进了萨赫勒的退化，但是他们认为气候波动导致了撒哈拉沙漠向南进入萨赫勒的深（在干旱年份）和浅（在下雨年份）程度。当然，气候变化也是一个可能的因素，因此草地的沙漠化就与森林砍伐有着直接的关联，因为森林砍伐导致了气候变化。

过度放牧：太多的动物啃食草根过于厉害，或者植物的根和叶没有完全再生就不断被啃食而造成的植被破坏。

土地退化：降低土地未来支持作物或牲畜能力的自然或人为过程。

沙漠化：曾经繁茂的草地、农田或热带干林向不毛之地沙漠的退化过程。

大约30%的人口生活在萨赫勒或与沙漠比邻的其他草原地区。沙漠化带来的影响之一是农业生产力下降，研究显示，如果一个地区不能为在那里生活的人提供食物，那么这些人就会迁移。比如，在法国一些地区生活的塞内加尔人要比他们在非洲老家生活的人还多。另一方面，沙漠化会迫使游牧民族，比如撒哈拉的图瓦雷克人（Tuareg），更多采用定居方式生活。他们会在牧草长成以前就不得不将牲畜赶到草地上放牧，从而可能加速沙漠化。根据联合国环境规划署的数据，全世界大约有1.35亿人由于沙漠化而面临着搬迁的危险。世界银行推测沙漠化每年造成423亿美元的经济损失，因而开始重视干旱地区的可持续农业项目。

美国的草地趋势

草地占美国全部陆地面积的30%左右，大部分位于美国西部，其中大约2/3为私人所有。很多私有草地面临着越来越大的开发压力，开发商希望将草地分为别墅和公寓。为了保护开阔的陆地，保护组织常常向牧场主支付保护地役权费用，防止未来的所有者对土地进行开发。通过保护地役权这种形式，大约有40万公顷（100万英亩）的私有草地受到保护。

除去阿拉斯加，美国至少还有8900万公顷（2200万英亩）的公共草地。根据1934年《泰勒放牧法》（Taylor Grazing Act）、1976年《联邦土地政策与管理法》（Federal Land Policy and Management Act）和1978年《公共草场改良法》（Public Rangelands Improvement Act），美国土地管理局负责管理着大约6900万公顷（1.7亿英亩）的公共草地。美国林务局负责管理另外的2000万公顷（5000万英亩）公共草地。

总起来说，自从20世纪30年代大尘暴以后（见第十四章），美国公共草地的状况已经慢慢改善，很多改善要归功于1934年《泰勒放牧法》颁布以后放牧的牲畜数量减少。越来越好的牲畜管理措施，比如通过篱笆或看管以及科学监测等控制草地上放牧动物的分布，促进了草地的恢复。但是草地的恢复很慢，成本也很高，而且需要更多的草地进行恢复。草地管理包括在植被稀疏或没有植被的地方撒下种子、实施可控的燃烧以压制灌木植物、控制入侵杂草、保护濒危物种栖息地。多数牲畜放牧者今天都采取有利于草地改善的方式使用公共草地。

公共草地放牧费 联邦政府向私有牲畜放牧者发放许可证，允许他们在公共草地上放牧，但要收取一定的费用。（2012年，美国土地管理局和美国林务局管理的土地每月放牧费用是每个动物1.35美元。私有土地上每月费用是15美元左右。）许可证可以使用很多年，但是不能到市场上进行公开买卖，也就是说，只有当地的牧场主才能获得放牧许可证。

一些环境组织担忧在公共草地过度放牧会造成生态损害，希望减少允许在草地上放牧牲畜的数量。他们希望公共草地用于其他用途，比如生物栖息地、休闲娱乐、风景规划，而不是只用作放牧牲畜。为了实现这一目标，他们提出购买放牧许可证，然后保护草地免于动物啃食。一些组织，比如生物多样性中心，最低的要求是提高放牧许可证费用，达到接近公开市场的水平。

有些经济学家与环境保护主义者一道批评联邦草地的管理。根据“纳税人常识”（Taxpayers for Common Sense）的分析家指出，2010年，纳税人交的税至少比公共草地许可证费用多了1.15亿美元，这些钱被用来管理和维护草地，包括安装水箱和篱笆、修理过度放牧造成的损害。纳税人常识以及其他奉行自由市场的机构，希望放牧许可费能够支付公共草地上维持放牧所需要的一切费用。

农业土地

美国有基本农田（prime farmland）1.2亿多公顷（3亿英亩），这些土地有着可以种植的土壤、生长的条件、所需的水，从而生产食物、饲料、纤维和含油种子作物。某些地区有着大片的基本农田，比如涉及6个州部分区域的中西部玉米种植地区的玉米带（Corn Belt），90%的土地都是基本农田。不是所有的基本农田都用来种植庄稼，大概1/3的基本农田包含道路、草原、农场、森林、饲养场和农场建筑。

在传统上，农场是家庭产业。不过，需要劳动力更少的大型农业企业集团正在替代家庭农场。截至2010年，美国有220万个农场，而1920年只有640万个农场。同时，农场平均规模从60公顷（148英亩）增加到169公顷（418英亩）。

图17.15 宾夕法尼亚州约克县郊区向农田延伸。住宅区和企业占据了曾是玉米地的农田。

美国很多基本农田正在沦为城市化和郊区蔓延的牺牲品，被改变为停车场、住宅区、购物中心，这类开发同样威胁着私有草地。自然生态系统和濒临城市的农业土地正在被开发（图17.15），在美国有些地区，农村土地的丧失是一个严重问题。根据美国农田信托（American Farmland Trust）的信息，受到人口增长和城市/郊区扩展威胁的美国农业地区前5名是加利福尼亚州的中心山谷、南佛罗里达、加利福尼亚州海岸地区、中大西洋切萨皮克湾地区（从马里兰到新泽西）、北卡罗来纳州皮埃蒙特（Piedmont）地区。美国每年损失基本农田面积达16万公顷（40万英亩）以上。

1996年的《农业法》包含投资设立一个全国农田保护计划（Farmland Protection Program）。（很多州和地方也有农田保护计划。）这种自愿性计划有助于农民保护农业用地，农民出售保护地役权，以防止土地或未来土地所有者将农田转化为非农业用途。在那些优先鼓励产业开发的地区，这种保护地役权计划可以保护农田。保护地役权的有效期从至少30年到永久。和其他保护地役权一样，农民享有使用他们财产的所有权利，当然，就这点来说，适用于农业发展。农业保护计划的经费被国会列入年度预算。

复习题

1. 草地和牧草有着怎样的不同？什么是草地的承载力？
2. 沙漠化与草地管理有着怎样的联系？
3. 哪些人类活动在威胁着基本农田？

湿地和海岸地区

学习目标

- 描述淡水和海岸湿地目前面临的威胁。

湿地（wetland）是水生生态系统和陆地生态系统之间的过渡地带（见图6.16）。人们通常认为，湿地的好处只是为迁徙水禽和其他野生动物提供栖息地。近年来，湿地所提供的很多生态系统服务已经为人们所认识，对它们经济价值的评估也大大增加。湿地补充地下水，减少洪涝灾害，因为当河水泛滥决堤的时候，湿地会承担泄洪功能。湿地通过过滤、保持化肥中的氮和磷可以改善水质，有助于净化含有废物、农药和其他污染物的水。湿地为列入濒危和受威胁物种目录的很多生物提供栖息地，其中一半是鱼类，1/3是鸟类，1/6是哺乳动物。淡水湿地生产很多商业价值高的产品，比如野生稻、黑莓、越橘、蓝莓和泥炭藓。湿地还是钓鱼、狩猎、划船、观鸟、摄影和自然研究的场所。

很多人类活动威胁着湿地，包括排水造田、控制蚊子、疏浚航道等。其他威胁包括开沟挖渠、兴建堤坝或防洪海堤；倾倒固体废物垃圾、修建道路、开发住宅区、发展产业；发展海水养殖（养鱼）；开采砂石、磷酸盐和化石燃料；树木采伐。在美国，从1985年以来，每年减少湿地面积大约24,300公顷（60,000英亩），湿地丧失的速度已经比1985年前减慢了。在美国本土的48个州中，殖民时期就有的8940万公顷（2.21亿英亩）湿地，其中有一半以上已经消失了。20世纪50年代以来，多数湿地消失是农民将湿地改造成农田造成的。湿地下降比例最大的州是俄亥俄、印第安纳、艾奥瓦和加利福尼亚等农业州，湿地面积减少最多的州是佛罗里达、路易斯安那和得克萨斯。

1972年美国颁布实施的《清洁水法》（Clean Water Act）开始从法律上控制湿地的流失。这部法律从1997年就应该延期，在保护海岸湿地方面取得了较好成效，但是在保护内陆湿地方面差强人意，而多数湿地都是位于内陆。1986年的《应急湿地资源法》（Emergency Wetlands Resources Act）授权鱼类和野生动植物管理局制定美国湿地目录和湿地地图。这些地图用途广泛，比如规划保护饮用水设施、搁置开发项目、制定濒危物种恢复计划。

1989年以来，美国积极保护现有湿地，恢复已经丧失的湿地，力求实现湿地零损失。只有将以前的湿地恢复，才能开发利用现有相应规模的湿地。不过，不是所有的湿地恢复都能成功。比如，加利福尼亚州交通厅1984年沿圣地亚哥湾修建了甜水沼泽（Sweetwater Marsh），这是因为在道路建设中毁坏了一个类似的沼泽，因此根据法律要求必须建一个同等规模的沼泽。新建沼泽的一个主要目的是为一种濒危物种——轻脚秧鸡提供栖息地（图17.16），但是轻脚秧鸡一直没有能够在

图17.16　轻脚秧鸡。这个濒危物种只在加利福尼亚某些盐沼和微咸沼泽中被发现。

湿地：一年中至少部分时间里被浅水覆盖的土地，有着独特的土壤和耐水植物。

新建沼泽中建立种群。生物学家认为甜水沼泽中的草太矮，这种鸟不能用来做窝。在自然沼泽中，那种草长得很高，因为自然沼泽淤积了大量的氮，滋养草的生长。而新建的沼泽，淤泥是从圣地亚哥湾水运航道和一个旧的城市垃圾堆中运来的，含沙量太大，不能固氮。

因此，防止湿地损失的政策只是部分获得了成功，湿地损失依旧持续，尽管损失的速度减慢。有两个因素使得湿地政策越发复杂：第一，关于湿地定义的模糊与争议，最初的《清洁水法》中并没有给出湿地的定义。第二，谁拥有湿地的问题。1989年，一个由政府科学家组成的小组就湿地给出了综合的、科学上准确的定义。（定义是技术上的，不在本文范围之内。）这一定义引发了农场主和房地产开发商的不满，他们认为这对他们的财产价值形成了经济威胁。为了回应这些批评，政治家们在20世纪90年代有几次试图缩小湿地的定义范围，将含水量不如沼泽那样多的边缘湿地排除在湿地之外。这一定义修改忽视了数十年的湿地研究成果，将美国现存1/3左右的湿地排除在保护之外。

1992年，美国国会要求国家研究理事会帮助解决，因为这一问题已经造成广泛的争议。理事会于1995年发表了关于湿地的研究报告，敦促国会将湿地争议建立在更为科学的基础之上。理事会建议，因为浅水和间歇性湿地与沼泽一样提供同样的生态系统服务，因此应该同等对待。理事会的研究结果在国会引起了更大的争论，显示出更为完全的科学信息并不一定能帮助解决问题，因为利害关系太大，各方经济分歧大。在20世纪90年代末和21世纪初，一系列关于湿地保护的联邦法院案件出现了相互冲突的判决。使问题更加复杂的是：最高法院在2006年要求由美国陆军工程兵团来决定哪些湿地根据《清洁水法》应该受到联邦政府的保护。2014年，EPA规定，为了支持湿地健康，上游河水必须进行保护。

在48个州中，联邦政府拥有的湿地占全国的比例不到25%，其余的75%为私有，这就意味着，保存、保护湿地还是开发、毁坏湿地，都是由私人控制着的。由于美国传统的土地私有权制度，土地拥有者对联邦政府要求他们如何处置自己的财产很反感。国会里支持私有财产权的议员站在土地拥有者一边，认为政府对湿地实行了过度保护，这些支持私有财产权的议员很多人与那些土地开发和采矿集团有着经济联系。

美国国会授权政府根据1985年的《食品安全法》（Food Security Act）实施湿地保护计划（WRP）。该计划是自愿性的，目的是恢复和保护私有业主拥有的已经干涸的淡水湿地，比如有些湿地被改造成了农田。如果参加，政府会提供财政激励措施，支持恢复湿地，私有业主也可以通过保护地役权来保护这些土地。如果私有业主同意永久性保护地役权，那么联邦政府会支付所有的保护费用以及土地生产同等农业价值的费用。与其他保护地役权一样，土地所有者继续享有控制土地的权利。国家资源保护服务局负责管理湿地保护计划，该计划列入国会年度批准预算，将根据预算削减而调整。

洪涝区中的建筑洪涝保险费用高，因此私有土地业主的土地开发和其他行为可能受到洪涝区地图的影响，这些洪涝区地图是由联邦应急管理局（Federal Emergency Management Agency, FEMA）2013年绘制的。洪涝区的土地开发应用可能会受到制约，但是可能有助于保护很多湿地，既包括陆地上的湿地，也包括海岸地区的湿地。

海岸线

海岸湿地，也称咸水湿地，为很多水生动物提供食物和保护栖息地。这些湿地可以看作是海洋的“幼儿园”，因为很多海洋鱼类和贝壳类动物在湿地上度过自己的幼年。除了具有很高的生产力，海岸湿地还保护海岸线不受侵蚀、改善水质、减少飓风和其他自然事件的损害。完整的海岸湿地是调节海潮和风暴影响的缓冲地带。完整海岸湿地上的沙滩被海浪周而复始地冲刷、堆积。

从历史上看，潮沼和其他海岸湿地主要是被看作蚊子的繁育场地。全世界的海岸湿地都已经被排干、填埋或疏浚，变得更具“生产力”，比如成为工业园、住宅开发区、游艇船坞等。农业开发也促进了海岸湿地的消亡，将水排干后在肥沃的土壤里种植庄稼。导致海岸湿地毁灭的其他人类因素还包括木材砍伐和海水养殖（见图18.19）。在美国，人们很晚才认识到海岸湿地在保护海岸线不受侵蚀方面的重要性，国会通过了一些法律来延缓海岸湿地的丧失。2012年桑迪飓风爆发以后，很多人更愿意保护海岸湿地，不再对湿地进行开发（或再开发），那场飓风毁灭了美国东部很多人口密集地区。

海堤和沙丘 在过去100年里，海岸线侵蚀在很多海岸有增无减。很多财产所有者为了保护他们的海岸线，就建造了阻隔堤或重建沙丘。但是，如果海堤与沙滩平行，沙滩会很快地侵蚀，包括与海堤临近的沙滩。多数法律通过“滚动地役权”（rolling easements）来保护海岸线上的沙滩，禁止修建海堤。根据“滚动地役权”，公众使用海岸的权利优先于业主建造海堤的权利。但是，没有法律保护海湾和海峡上的海岸线，因而在美国很多地区，海堤很快地替代了这些海潮海岸线。不过，沙丘在减少海岸洪涝方面显示了极大的潜力（图17.17），海潮和海浪的力量可以被沙丘削弱，因此降低了对内陆的影响。因为海平面已经由于全球气候变化而开始升高，而且随着21世纪的推进，可能会出现更快的升高，所以保护和建设沙丘在保护海岸地区方面能够发挥重要的作用。

图17.17 风暴对海岸沙丘的破坏。这个海滨木板人行道位于法国大西洋海岸的一个沙滩，显示了海岸暴风的力量。如果没有沙丘，风暴的力量会直接冲向内陆，通常是人口生活的地区。

海岸人口 很多海岸地区开发过度，污染严重，捕捞过度。尽管50多个国家都有海岸管理战略，但是关注范围很窄，通常仅注重与海洋直接相连的一小块土地的经济开发。海岸管理计划通常不与陆地管理和近岸水域管理相融合，也不考虑海岸退化的主要原因，即人口的数量。可能有大约38亿人，占世界人口总数的一半以上，生活在离海岸线150公里（93英里）以内的地区。人口学家预测，到2025年，将有3/4的世界人口，可能会是60亿人，生活在海岸地区。世界最大的城市很多都位于海岸地区，这些城市目前比非海岸城市发展得更快。

美国海岸也没有幸免于环境毁坏。事实上，在美国的20个最大城市和20个人口最密集的县中，有14个城市和19个县位于海岸地区。这些人口数据还没有考虑季节性到海岸旅游度假的游客数量。截至1997年，美国14%的海岸被开发，到2025年，这一比例可能升至25%。

制定海岸管理战略必须考虑气候变化、人口增长以及人口分布等因素。制定和实施这样综合的管理计划难度很大，因为必须管理海岸开发，防止资源退化，既要包括陆地资源，也要包括近海资源。成功规划的关键是地方参与。如果公众认识到自然海岸地区的重要性，那么人们就会致力海岸线的可持续发展。

复习题

1. 至少列举导致湿地破坏的五个原因。

校园环境信息

恢复被破坏的栖息地

不管你大学学的是什么专业，设想你获得了辅修恢复生态学的机会，会在大四时与一个学生—老师小组共同恢复一个附近的退化场地。华盛顿大学（UW）的学生就有这样的机会，该大学在1999年成立了跨专业的华盛顿大学恢复生态学网络。负责这个项目的教授每年都会与地方政府、学校、水电公司或社区组织等不同的单位进行交流，选择一个合适的地点进行为期一年的顶石项目（capstone project）。参与项目的学生必须选修过恢复生态学的课程，熟悉该课程与其专业的关联。每个学生团队由来自不同专业的学生组成，以便提供不同的专业视角。过去的项目涉及恢复河岸地区（溪流河岸）、控制土壤侵蚀、开发鸟类栖息地等。这些顶石项目使得学生获得了一些与他们专业相联系的实际经验。

陆地资源保护

学习目标

- 至少列举三个美国最濒危的生态系统。

当荒野丰富广袤时，人们并没有认识到或欣赏森林、草原、草地和湿地所提供的众多生态系统服务。我们的祖先把大自然看作是可以利用的无限资源，他们把草原看作是宝贵的农业用地，把森林看作是木材的现成来源以及农田的最终来源。只要土地数量超过人类的需求，这种观点就很实用。但是随着人口数量的增加和可用土地的减少，我们必须把土地看作是一种有限的资源。逐渐地，随着我们对生态系统服务巨大价值的认识，我们的重点应该从开发利用转向保护和恢复剩余的自然地区。

尽管所有的生态系统都必须保护，但是有几种特别需要保护。美国地质勘探局生物资源规划和野生动物保护委员会通过研究对美国最濒危的生态系统进行了列表，他们所使用的四个标准是：

1. 自从欧洲人殖民美国以来所丧失或退化的土地；
2. 某一特定生态系统的现有分布区域数量或全部区域面积；
3. 今后10年某一特定生态系统损失大片面积或退化的可能性；
4. 生活在该生态系统中的濒危和受威胁物种的数量。

根据这些标准，表17.2列出了美国10个最濒危的生态系统，其中包括佛罗里达景观、南阿巴拉契亚地区云杉—冷杉森林、长叶松林和无树平原。随着这些生态系统的消失和退化，生活在其中的生物在种群数量和基因多样化方面就会下降。研究人员还发现，有些珍稀土壤受到威胁。土壤的形成需要数百年时间，如果受到破坏就会很快被侵蚀，从而对生活在那些特别土地上的物种造成威胁。因此，保护一个地区生物多样性（及其土壤）的最好方法是实施让生态系统处于自然状态的战略。

表17.2　美国10个最濒危的生态系统

生态系统（根据优先重要性排列）
佛罗里达南部景观
南阿巴拉契亚地区云杉—冷杉森林
长叶松林和无树平原
东部草地、无树平原和贫瘠地
西北草地和无树平原
加利福尼亚原生草地
48个本土州和夏威夷的海岸区
西南海岸区
加利福尼亚州南部海岸灌木丛
夏威夷干森林

来源：R. F. Noss, M. A. O' Connell and D. D. Murphy, *The Science of Conservation Planning: Habitat Conservation Under the Endangered Species Act*（《保护规划科学：根据濒危物种法的栖息地保护》），Island Press: World Wildlife Fund, 1997. 根据许可重印。

正如本章所讨论的，政府部门、民间保护组织和个人已经开始划定自然区域，实行永久保护。这样的行动可以确保我们的子孙能够看到一个拥有荒野地区和其他自然生态系统的世界。

复习题

1. 美国需要保护的三个生态系统是哪些？

能源与气候变化

亚马逊雨林中的本地食物

在21世纪，森林砍伐和全球气候变化两者相互作用，将对亚马孙河流域的热带雨林产生影响。随着巴西和其他亚马孙河流域国家的经济发展，更多的森林将被转化为草地和农田。这种森林砍伐将把储存在树木里的大量碳释放到大气中。很多植物和动物物种在传统上一直被用作食物来源，它们将从野外消失。

通过重点术语复习学习目标

- **至少列举四种自然区域提供的生态系统服务。**

自然地区提供很多生态系统服务，有流域管理、土壤侵蚀保护、气候调节、野生动物栖息地。

- **描述世界土地利用情况。**

世界土地的40%左右为人类使用（城市地区和农业），30%为岩石、冰雪、冻原和沙漠，29%的土地是自然生态系统，比如森林。

- **描述下列的联邦土地和每种土地目前存在的问题：荒野、国家公园、国家野生动物保护区。**

荒野是土地保护区，不允许人进行开发利用。国家荒野保存系统中的问题包括有些地区的过度使用和外来物种的引入。国家公园有多种用途，包括休闲娱乐和生态系统保护，问题主要有过度使用、运行成本高、野生动物种群数量失衡、公园濒临地区的土地开发利用。国家野生动物保护系统包括在美国为鱼类、野生动物和植物提供保护栖息地。

- **解释可持续林业，说明纯林与林业有着怎样的联系。**

可持续林业指的是以环境均衡和持久的方式对森林生态系统的使用和管理。可持续林业致力为木材采伐保护森林、维持生物多样性、防止土壤侵蚀、保护流域，纯林代表着生态的简单化，在一个大的区域仅种植一种植物。单一栽培的森林植被物种丰富度低，不是可持续林业所追求的做法。

- **描述国家森林及其目前存在的问题。**

国家森林有着多种用途，包括采伐林木、牲畜饲料、水资源和水流域保护、采矿、休闲娱乐、鱼类和野生动物栖息地。国家森林存在的问题包括多种用途的冲突、使用财税经费建设采伐道路、原始森林砍伐。

- **解释森林砍伐，包括皆伐，描述热带森林砍伐的主要原因。**

森林砍伐指的是暂时或永久性地砍伐掉大片森林，用来发展农业或其他用途。森林砍伐造成土壤肥力下降和土壤侵蚀增加，破坏流域功能，促使物种灭绝，推动地区和全球气候变化。皆伐指的是将一个地方的森林里树木全部砍伐掉，只留下树桩。热带雨林和热带干林被砍伐，主要是为了获得暂时的农田以及获取木材、牧牛场、薪柴和木炭。

- **解释保护地役权是怎样有助于私有土地业主保护森林不受开发的。**

保护地役权是保护私有林地或其他财产在特定年限内不被开发利用的法律协议。在森林遗产项目中，土地所有者将保护地役权让渡给美国政府。

- **描述公共草地和目前存在的问题。**

草地是没有精心管理、用来放牧牲畜的土地。如果放牧动物的管理与草地承载力之间实现均衡，那么草地就是一个可再生资源。美国大约2/3的草地为私人所有，其他的大多为联邦政府所有。联邦政府允许牲畜私有者使用公共草地进行放牧，环境组织希望将公共草地作为其他用途，比如野生动物栖息地、休闲娱乐、风景规划。

- **解释沙漠化及其与过度放牧的关系。**

沙漠化指的是曾经繁茂的草地、农田或热带干林向不毛之地沙漠的退化过程。过度放牧指的是太多食草动物啃食某一特定区域的植物从而造成植被的破坏，以致土地不能恢复。过度放牧会导致土地荒芜、土壤因裸露而被侵蚀，如果土地退化持续，就会导致沙漠化。

- **讨论美国农业用地的趋势，比如郊区扩展的侵占。**

农田就是从前的森林或草地，那些林地或草地通过耕作被用来种植作物。逐渐地，农业企业集团耕种大片土地，比家庭农场的小规模种植效率更高。在某些地区，农田受到城市和郊区扩张的威胁。

- **描述淡水和海岸湿地目前面临的威胁。**

湿地是一年中至少部分时间里被浅水覆盖的土地，有着独特的土壤和耐水植物。淡水湿地为很多生物提供栖息地、净化自然水体、补充地下水。尽管湿地提供很多生态系统服务，但是常常被排干水或者被疏浚以用作其他目的，比如转化成农业用地。海岸线含有潮沼和其他海岸湿地。海岸湿地提供的生态系统服务包括为很多野生动物提供食物和栖息地、保护海岸减少侵蚀和风暴损害。由于海岸湿地的重要性没有被充分认识，因而导致了湿地的毁坏，被用来进行住宅和产业开发。

- **至少列举三个美国最濒危的生态系统。**

根据生物资源规划和野生动物保护委员会，美国三个最濒危的生态系统是佛罗里达南部景观、南阿巴拉契亚地区云杉—冷杉森林、长叶松林及无树平原。

重点思考和复习题

1. 至少列举四个非城市土地提供的生态系统服务。为什么很难评估这些生态系统服务的经济价值？
2. 美国联邦拥有的土地主要有哪些类型？每种土地可作为什么用途？每种土地目前的问题是什么？
3. 你认为荒野保护系统中应该包括更多的联邦土地吗？为什么？
4. 假设一个山谷中有一个小城市，周围是农田。这个山谷被山地荒野所环绕。请解释为什么保护山地生态系统会支持山谷中的城市和农田。
5. 你认为一位坚持自然调节的国家公园管理者应该如何应对一场闪电引起的森林大火？如何应对有害入侵杂草物种在公园的建群？
6. 健康的森林如何影响一个地区的水循环？如何影响一个地区的碳循环？
7. 森林砍伐为什么是严重的全球环境问题？
8. 热带森林砍伐的四个重要原因是什么？
9. 山坡森林皆伐对环境的影响是什么？热带雨林地区的森林皆伐对环境的影响是什么？
10. 描述森林遗产项目。
11. 区分草地退化和沙漠化的不同。
12. 解释税收和分区法规是如何促进基本农田转化为城市和郊区开发的。
13. 什么是湿地？为什么湿地的科学定义存在争议？
14. 湿地能提供的三项生态系统服务是什么？
15. 描述美国的现行湿地保护政策，解释它们的优点和不足。
16. 私有土地所有者应该随意开发利用他们的土地吗？如果你是土地拥有者，你如何对待那些影响公众的土地利用决定？就这个问题，提出两个方面的理由。

17. 请解释下面漫画中的讽刺含义。

“我们相信我们会以环境友好的方式摧毁掉所有的生态系统。”

食物思考

亚马逊雨林中的食用植物包括我们已经熟悉的几种：巴西莓、鳄梨、香蕉、椰子、无花果、葡萄、柠檬、芒果、橘子、凤梨。其他的还不为外人所知，比如古布阿苏果，这是一种多汁的、长着毛茸茸褐色外皮的白色水果。我们通过消费亚马逊食物如何支持了雨林里的人们？如果热带雨林的食物市场扩大，那么可能会导致出现什么问题？

采摘巴西莓

第十八章

粮食资源

屋顶花园。在屋顶花园学习种植蔬菜的芝加哥年轻人。

尽管人口在增长，但是土地和水的数量并没有增加。事实上，用于粮食生产的土地反而在减少，因为很多城市地区，比如芝加哥，是建设在适于农业发展的理想土地上。城市农业可以同时应对两个方面的挑战：农业土地的丧失和城市居民面临的食物减少。

屋顶花园是一种绿色房顶，对城市地区有着额外的福利。许多城市地区遭遇洪涝，因为建筑物和水泥地面覆盖，水不能渗透到地下。绿色房顶的土壤会暂时保持雨水，促进植物根系吸收水分，减小暴雨储存和管理的难度。如果在绿色房顶上种植食物，城市居民就可以安全地从事园艺，不受交通拥挤之苦，也会远离发生不虞之灾。

过去，美国有大量的人口参与农业生产。随着城市地区人口的增长，从事农业的人越来越少。城市农业为精细食品生产和食品生产教学提供机会，为城市居民增加食品供给（food access）。食品供给是为自己种植、获取或购买食物的能力。在位于芝加哥的加里•卡莫青少年中心（the Gary Comer Youth Center）（见图片），通过培训青少年在屋顶花园种植蔬菜以及在下面房子的厨房里准备菜肴，增强了食品供给能力。

城市花园可以为一些青少年提供工作实习和就业机会。其他学生通过与附近的大学合作，学习土壤科学的知识。更小的孩子通过与花园的接触了解而变得更加愿意尝试新的食物，特别是他们自己种植的水果和蔬菜。在有些城市花园，学生通过摆摊设点出售剩余的产品而学习了关于市场的知识。这些农产品摊点常常设立在附近社区里，那里没有其他的农贸市场或新鲜的农产品。

粮食的生产与分配，不论从本地，还是从全球来看，都是我们面临的最大挑战之一。如果我们要应对这一挑战，就需要在新的地方、由新的种植者来探索实践农业技术。在本章，我们将讨论粮食安全、营养质量、农业生产和技术、可持续农业等。

身边的环境

你能获得多少营养食物？如果主要是在校园就餐，你选择吃本地生产的食物吗，比如新鲜的食品和植物蛋白质？

世界粮食安全

学习目标

- 解释饥荒和长期饥饿的不同。
- 解释世界粮食储备及其如何显示了世界的粮食安全。
- 说明饥饿的主要原因。

联合国粮农组织2013年报告说，全球有8.42亿人缺乏健康、富裕生活所需要的食物。这些营养不良的人大多生活在最不发达国家的农村地区。不过，即便是在美国，粮食不安全（*food insecurity*），也就是担忧挨饿的生活状况，仍是一个普遍存在的问题，美国有4900万人生活在粮食不安全的家庭中。

全世界大约有1.82亿5岁以下的儿童体重严重不足。人们能够从饮食中获得足够多的卡路里，但是依然是营养不良的，原因是没有获得足够的特定必需营养，比如蛋白质或维生素A。成年人如果营养不良就会比那些营养充足的人更容易患病。除了身体发育慢和容易患病外，营养不良的儿童还不能够正常成长。由于营养不良影响认知发育，因此营养不良的孩子通常在学校学习不好。

如果人们吃的食物或摄取的营养超过身体所需要的，那么就会出现饮食过度问题。饮食过度并不总是表示营养过剩，常常是饮食中饱和脂肪（动物脂肪）、糖、盐过高而水果和蔬菜过低所造成的。过度饱食可以造成肥胖症、高血压，增加患糖尿病和心脏病等疾病的几率。很多研究已经显示了饮食中动物脂肪和红肉比例高与某些癌症（比如结肠癌和前列腺癌）之间的相关性。尽管过度饮食是发达国家中非常常见的现象，但是发展中国家也出现了这类问题，特别是在采用西方饮食方式的城市人口中。在普遍存在饥饿状态的国家出现过度饮食的问题，这种情况称为营养转变（nutrition transition）。

生产足够的粮食以满足世界人口的饮食需要，是当今农业面临的最大挑战，而且随着人口数量的持续增长，这一挑战越来越严峻。正如图18.1所显示的，从1961年到2013年，粮食产量每年都在增长。但是，世界人口在这期间增加了40多亿，因此人均粮食数量并没有多大增加。而且，人均粮食数量在不同的国家还有着很大的差异。在美国，人均粮食是1.3吨左右，其余粮食大多是用来饲养牲畜，而津巴布韦的人均粮食只有90千克左右。

全球粮食产量可以在短期内增加，尽管这种增加的可持续性是令人存疑的。长期解决粮食供应问题的部分措施是稳定人口数量。在这方面，最引人注目的是关于人口统计转型的研究成果，这一研究发现，似乎要在死亡率下降一代或两代以后（见图8.5）才能出现出生率的下降。减少人口出生率最有效的办法是教育妇女和女孩，一旦妇女受教育水平提高，出生率就会下降。因此，帮助发展中国家的人们获得充足的食物、接受教育、生活在安全的环境里、拥有好的医疗，可能是稳定人口数量的最好办法。

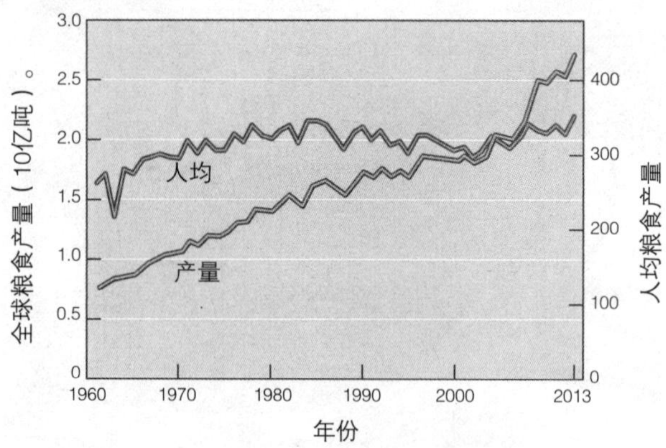

图18.1 1961年到2013年全球粮食生产总量和人均粮食产量。 全球粮食产量从1960年的7.5亿吨增长到2013年的27亿吨。在过去50年里，人均粮食产量没有很大的变化。

饥荒

干旱、战争、洪涝以及其他一些灾难性事件可能导致饥荒（famine），这是一种临时但严重的粮食短缺。在人类历史上，饥荒几乎每隔几年就会在世界的一个或多个地区发生。通常情况下，干旱或洪涝等自然灾害会伴随着政治动荡，比如军队会来抢掠农田。非洲和亚洲的发展中国家受这方面的威胁最大。非洲历史上最严重的饥荒发生于1983年到1985年期间，部分原因是由大面积的干旱引起的。受灾最严重的是埃塞俄比亚和苏丹，期间有150万人饿死。生活在这一地区的人们缺乏足够的钱购买粮食，也没有粮食储备来保护他们度过几年的粮食歉收。

20世纪90年代初，索马里的干旱和内乱导致200万索马里人处于饥荒之中。2005年，尼日尔发生干旱和蝗灾，使360万人处于饥荒的威胁之中。在2010年到2012年期间，索马里的饥荒导致20多万人死亡，包括全国5岁以下10%的儿童。

由于是巨大又显而易见的灾难，饥荒受到媒体的广泛关注。但是，每年死于长期营养不良的人要比死于饥荒的人多得多。

保持粮食储备

粮食安全（food security）是所有人的目标，它是指在任何时候都能获得健康、富裕生活所必需的数量充足、种类多样的粮食。尽管很难实现粮食安全，但是**世界粮食储备**（world grain stocks），也称为世界粮食结转储备（world grain carryover stocks），为我们的粮食安全提供了一种措施。世界粮食储备从20世纪80年代中期和90年代末期的最高点（图18.2）已经开始下降，2012年的粮食储备量估计可以供应72天的需要。

如果粮食短缺和价格上涨，那么政治动荡就成为贫困国家所真正担忧的问题，很多人的主要收入会用于粮食。世界粮食结转储备在2007年下降到64天，粮食价格在2008年上涨到历史最高水平，导致非洲、亚洲、中美洲和南美洲以及中东地区10多个国家出现粮食骚乱和街头抗议。后来，2011年初，粮食价格飞涨，尽管在2012年和2014年期间有所下降。这些价格波动有些是金融投机造成的，农业经济学家正在研究监管政策，减少价格波动对买不起粮食的贫困人口的影响。

世界粮食储备下降的原因有几个方面。温度升高、地下水位下降和干旱等环境因素造成粮食歉收。随着地球的气候变化，发生了很多严重的天气事件，比如史上温度最高的热浪、严重干旱、森林大火频繁发生，特别是热浪，减少了当地的粮食产量（单位土地所生产的粮食的数量），使得国内和国际粮食市场价格波动（比如，政策制定者决定限制向其他国家出口粮食，从而在

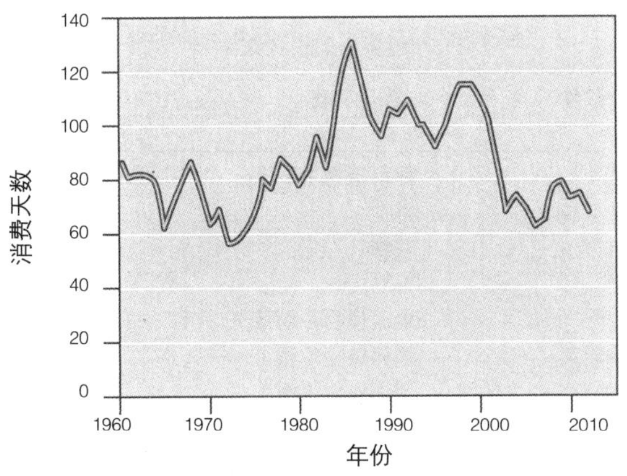

图18.2　世界粮食储备，1960—2012年。世界粮食储备至少应该达到满足70天需要，从而为应对歉年提供缓冲，促进世界粮食价格的稳定。（USDA数据，地球政策研究所）

粮食安全：所有人在任何时候都拥有充足、安全、富有营养的粮食。

世界粮食储备：政府从过去的粮食中储存的、抵御歉年和粮食价格上涨的大米、小麦、玉米和其他谷物的总量。

粮食收成不好的时候保证当地的粮食消费）。由于美国和其他国家寻求汽油替代品，减少对国外石油的依赖，越来越多的玉米被用来生产乙醇（与汽油混合使用），而不是用作口粮和动物饲料。世界粮食储备下降的原因还有中国和其他发展中国家对牛肉、猪肉、禽肉和鸡蛋消费的增加，这些国家的人有些越来越富裕，有钱来扩大他们饮食中的动物蛋白质含量。根据牛津大学科学家诺曼•迈尔斯，如果中国人每人每年多吃一只鸡，那么养鸡所需要的粮食等于加拿大出口粮食的总和。（加拿大是世界上第二大粮食出口国。）

过去几十年来，越来越多的粮食被用来饲养牲畜，而不是直接被人吃掉。用粮食饲养牲畜固然可以带来可观的经济收入，但是用粮食喂牛（以及饲养绵羊和山羊）来产肉需要更多的能量，而且多数能量来自化石燃料。另外，吃粮食的牛的肉饱和脂肪含量高，对于人类健康是有害的。吃草的牲畜的肉更为健康，用来产肉所需要的化石能源也少。

经济、政治和粮食安全

世界饥饿和饥荒的头号原因既不是粮食总体短缺，也不是粮食分配效率低下。印度经济学家阿玛蒂亚•森（Amartya Sen）认为，饥荒的头号原因是政府类别的不同：在粮食困难时期，民主政府比极权政府更有可能使人民有粮食吃，这一观察使得他获得1998年诺贝尔经济学奖。另外，政府效率低下和官僚作风使得粮食问题更为严重，有时都很难将粮食运送到最饥饿的人那里，难以保证需要粮食的人能够得到粮食，禁止不需要粮食的人得到粮食。（有时候，不守诚信的官员、军方人员或文职人员将救济灾民的粮食卖掉，以图个人私利。）因此，让真正需要粮食的人得到粮食在很大程度上是一个政治问题。

解决粮食问题的一个经常受到推荐的办法是：发展中国家更多地转向地方粮食生产和消费，即应该在粮食消费的地方来生产粮食。如果发展中国家的粮食生产满足了市场需要，那么，人们就有饭吃，经济就会实现增长，农业就会带来收入和就业机会。同时，发展中国家还可以参加粮食供应的**全球化**（globalization），种植高价值农作物，比如香料或咖啡，将它们出口到美国和其他富裕国家。实现地方粮食生产与参与全球经济之间的平衡可能很难实现，特别是在政府强迫生产出口产品而不是增加农业产量以满足自己粮食需求的时候，就更难实现这种均衡。

全球化：世界人民越来越多地通过经济、通讯、交通、政治和文化等联系在一起的过程。

贫困和粮食

全世界现在有充足的粮食能够满足人们虽不奢华但足以温饱的生活，不过，严酷的现实是，这些粮食并不是在所有人中平等分配。**粮食不安全**（food insecurity）的根本原因是贫困，而不是缺乏充足的粮食。那些生活在亚洲和非洲发展中国家里最贫穷的人很多没有自己的土地来种植粮食，也没有足够的钱来购买粮食。发展中国家中有13亿多人收入低，没有钱购买充足的粮食或购买好的健康食物。

在全球推进种植和分配粮食的努力中，妇女特别重要。在有些地区，妇女的农田劳作生产出80%的基本营养物质。如果妇女的薪水增加，那些钱一般会被直接用来为家里购买食物。因此，增加妇女的薪水和经济机会对于减少粮食不安全和饥饿有着重大的作用。妇女对整体粮食生产的贡献常常被低估，因为妇女生产的粮食常常被自己的家庭所用，而不是拿到市场上出售。

在全球范围内，农村地区的长期饥饿比城市地区更为常见。农村地区道路等基础设施的缺乏导致饥饿的发生。生活在道路不通的农村地区的人们生活贫困，没有就业机会来增加收入。针对中国和印度的研究显示，如果政府将农村地区的道路修通，那么贫困和长期饥饿就会减少，因为农村的人可以利用道路找到收入更高的工作。

婴儿、儿童、老年人特别容易陷入贫困和长期饥饿。长期饥饿人口比例最大的是在撒哈拉以南非洲地区，饥饿人口数量最多的是在亚洲（图18.3）。不过，贫困和饥饿并不仅限于发展中国家，美国、加拿大、欧洲和澳大利亚也有贫困和饥饿人口。

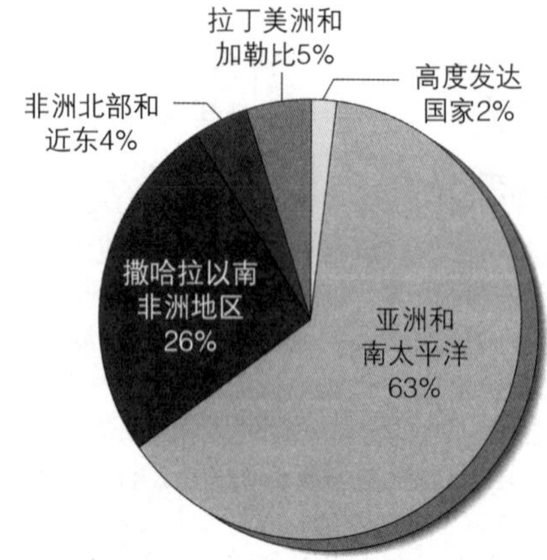

图18.3 世界营养不良人口分布。世界营养不良人口多数生活在亚洲，但是撒哈拉以南非洲地区的长期饥饿人口比例最高。（引自《自然》杂志的粮食板块“成长问题”，第466卷，2010年7月29日）

粮食不安全：担忧饥饿或者不能给自己和家庭获得充足食物的状态。

世界粮食问题有很多，不过解决的办法也很多。任何一个解决世界粮食问题的办法都必须包括增加粮食生产、促进经济发展、改善粮食分配。不过，解决饥饿的最终办法可能是确保妇女具有受教育的机会，确保小型农场具有获得金融支持的机会。

复习题

1. 饥荒和长期饥饿哪一个是更为普遍存在的全球性问题？请解释你的回答。
2. 什么是世界粮食储备？
3. 教育和政治结构如何影响一个地区的饥饿？

粮食生产

学习目标

- 列出三种最重要的粮食作物，解释为什么仅三种植物物种就可为人提供将近一半的卡路里是一个潜在的问题。
- 对比工厂化农业和传统农业，描述三种传统农业。

粮食来源

生物学家已经发现的植物物种有33多万，在这些物种中，100多个物种直接或间接地给我们人类提供所需的大约90%的食物。（谷物被用来喂养牲畜，人类吃牲畜的肉，因此是在间接地消费粮食。）为人类提供主要食物的有以下15个物种（表18.1）。

表18.1 从产量看15个最重要的粮食作物

粮食作物	作物种类	2012年世界产量*（1000吨）
甘蔗	糖科植物（茎）	2,020,031
玉米	谷物	961,289
稻米	谷物	793,376
小麦	谷物	739,513
土豆	地面作物（块茎）	402,133
糖用甜菜	糖科植物（根）	297,476
木薯	地面作物（根）	289,451
大豆	豆科植物	266,585
西红柿	水果（一年生草本植物）	178,347
大麦	谷物	146,482
西瓜	水果（藤本植物）	116,153
甘薯	地面作物（根）	113,698
香蕉	水果（树）	112,428
洋葱	地面作物（根）	91,328
苹果	水果（树）	84,193

*根据某一农产品在20个产量最高的国家统计。
来源：联合国粮农组织世界产量数据

在这些植物中，水稻、小麦和玉米这三种谷物提供了大约人类消费的一半卡路里。我们的生存依赖这么少的物种来作为主要的食物，这使我们处于脆弱的位置。一旦某个重要的粮食作物因为病害或其他因素不能提供食物，那么就会发生严重的粮食短缺。历史上，曾经有数万个植物物种被用作食物来源，它们中有很多可以被开发培育成重要的粮食来源。动物提供的食物蛋白质含量很高，如鱼、贝类、肉、蛋、奶和奶酪。牛、羊、猪、鸡、火鸡、鹅、鸭、山羊和水牛等是80种牲畜禽类中最重要的物种。美国不把虫子作为食物，但是在其他地方，虫子是重要的动物蛋白质来源，世界上有20亿人在正常生活中食用虫子。

在高度发达国家，动物产品提供的卡路里占人消费卡路里的40%，而在发展中国家，这一比例仅为5%。图18.4比较了印度、中国、非洲、西欧、中美洲和美国肉类消费的情况。从1961年到2012年，肉类消费有所增加，特别是在中国、中美洲和西欧，肉类消费的增加与农业温室气体的排放紧密相连。在大约20个最不发达国家，人均每年肉类消费不足10千克，而在一些更为发达的国家，人均每年肉类消费80千克。

牲畜禽类提供的食物尽管营养丰富，但它是一个昂贵的食物来源，因为动物在植物食物能量转换方面效率很低。牛每消费100个卡路里的植物物质，就会在正常新陈代谢功能中燃烧大约86个卡路里，这就意味着人只能消费储存在牛身体中的14%的卡路里。在经济富裕的社会里，肉类消费高，因此高度发达国家种植的农作物大量被用来饲养牲畜家禽，供人消费。在高度发达国家，将近一半的谷物被用来饲养牲畜家禽（见“你可以有所作为：素食”）。

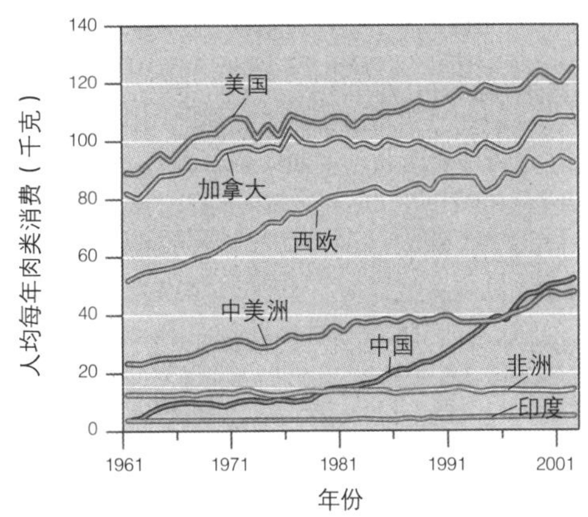

图18.4 部分地区每年肉类消费，1961—2002年。北美的肉类消费水平最高，在过去40年里有一定增长。在欧洲和中国，肉类消费水平增长很大，中美洲的肉类消费水平增加不太大。非洲和印度的肉类消费水平相对较为稳定。（联合国粮农组织，世界资源研究所）

农业的主要类型

农业可以粗略地分为两类：**工厂化农业**（industrialized agriculture）和**生存农业**（subsistence agriculture）。高度发达国家的多数农民和发展中国家的一些农民

工厂化农业：现代农业生产方式，需要大量的资金投入，与传统农业相比，需要的土地和劳动力少。

生存农业：维持生计的农业生产方式，依赖劳动力的投入来生产食物，养活自己和一家人。

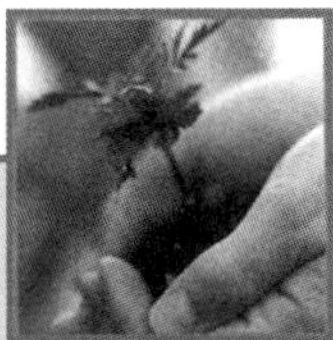

你可以有所作为

素食

素食主义者不吃任何动物的肉，包括不吃鱼肉和禽肉。人们奉行素食的原因有很多。均衡的素食能提供好的营养，而且饱和脂肪或胆固醇的含量不高，这两者都会带来心脏病和肥胖症等健康问题。美国的一些研究表明，素食主义者比非素食主义者寿命更长、身体更健康。

有些人成为素食主义者，是因为他们从道德或理念上反对屠杀动物，即便是为了食物也不行。一些宗教团体，知名的有印度教（Hindus）和基督复临安息日会（Seventh Day Adventist），在饮食中不吃动物制品。其他人崇尚素食是出于对土地利用及其严重后果的责任感。总起来说，素食主义者生存所需要的植物要比肉食者要少。①

在食物链中，如果再增加一个层级，也就是将我们所吃的动物加入食物链，那么食物链中的可用能量就会减少90%左右（见第三章关于能量金字塔的讨论）。实际的比例会有所不同，因为不是所有的动物在将食物转换成肉方面有着同样的效率。简而言之，如果每个人少吃些肉，那么这个世界上就会有更多的食物。有些人不愿意吃素食，原因是害怕没有足够的蛋白质。（植物食物一般来说蛋白质含量比肉类食物的蛋白质含量低。）不过，食用高蛋白植物可以解决这一担忧。

① 对于生活在半干旱草地等贫瘠土地上的人来说，土壤不可能支持精细作物生产，但是能够支持消费本地植物的牲畜。在这些地区，养殖牲畜获得食物要比种植作物获取食物更加有效。

实施的是工厂化农业，或高投入农业（*high-input agriculture*）。工厂化农业依赖资金和化石燃料能源的大量投入，以便制作和使用机械、浇灌作物、生产商业无机肥料和农药等农业化学物质（图18.5）。工厂化农业产量高，但是相对于生产的食物卡路里含量，需要投入大量的能量。工厂化农业的生产力不是没有成本的。工厂化农业导致出现一些问题，比如土壤退化和农业害虫抗药性的增强。我们将在本章后面和第二十二章讨论这些问题和其他问题。

多数农民实施的是生存农业，即生产的农产品仅够养活自己和一家人，没有余粮出卖或保存到困难时期食用。传统农业也需要大量的能量投入，但是这些能量多数来自人力和畜力，而不是来自化石燃料。

一些传统农业需要大片的土地。迁移农业是一种传统农业，主要是在森林中开发，先是进行短时间的垦殖，然后空闲很长时间，在空闲时间里，土地不进行耕种，而是任其恢复成森林。刀耕火种农业是一种特色鲜明的迁移农业，需要清理小片的热带森林，在土地上种植作物（见第十七章）。刀耕火种农业需要大量的土地投入，因为热带土壤一旦耕种就会很快丧失生产力，采用刀耕火种式农业的农民必须每隔3年左右就得从一块土地转移到另一块土地。有些地方气候太干旱，不能种植农作物，但可以发展游牧业，游牧业的发展需要干旱土地的支持，这是另一种形式的依靠土地大量投入的传统农业。游牧民必须持续不断地赶着牲畜给它们寻找充足的食物。只要在耕作或放牧周期之间有足够的更新时间，迁移农业和游牧业就是可持续的，就会拥有可用的土地。

间作（intercropping）是一种集约型传统农业，主要是在同一块地上同时种植不同的作物。某些作物如果种植在一起，产量会比单作（monoculture）高。产量高的原因是不同的作物有着不同的害虫，间作会避免某一种害虫的繁殖达到破坏性水平。美洲土著人实行的间作农

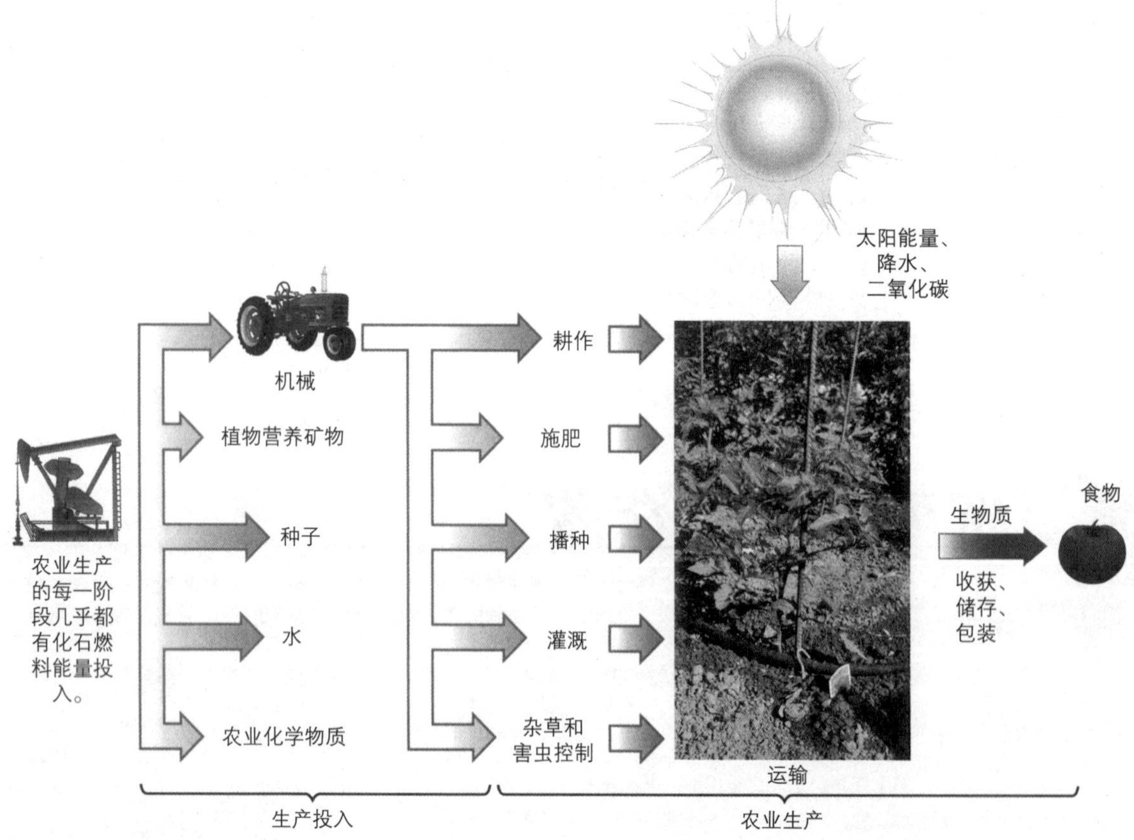

图18.5　工厂化农业的能量投入。工厂化农业中使用的大量化石燃料会如何影响气候？（引自G. H. Heichel, “Agricultural Production and Energy Resources”［《农业生产和能源资源》］, *American Scientist*, Vol. 64, January/Feburary 1976, 照片来自Biosphoto/NouN/Peter Arnold/Photolibrary。）

业模式称为“三个姐妹”（The Three Sisters），即在同一块土地上同时种植玉米、大豆和南瓜（图18.6）。由于这三种植物的根系长在不同深度的土层里，因此彼此之间并不争夺水分和必要的矿物。而且，富含蛋白质的豆科作物还有固氮作用，从而自然地为玉米和南瓜施加肥料。混作（polyculture）是间作的一种，同时种植的几种植物在不同的时间成熟。在热带地区的混作农业中，成熟快和成熟慢的作物常常同时种植，从而实现全年都可以收获庄稼。比如，先成熟的蔬菜和谷类可以和后成熟的木瓜、香蕉同时种植。

在发达国家，很多人开发小规模的传统农业，在花园里以混作的形式种植蔬菜，有时还养几只鸡或其他小型牲畜。一般来说，这些小规模的传统农业并不能完全满足一家人的食物需求，那些从事小规模传统农业种植的人有很多还要在其他地方工作（见“案例聚焦：种植阿巴拉契亚”）。

复习题

1. 最重要的三种农作物是什么?
2. 工厂化农业和生存农业的三个区别是什么?

图18.6　**“三个姐妹”种植模式。**在这种美洲本土人的作物种植模式中，每种作物都有营养和农艺方面的作用。玉米为人类提供高能量并为大豆提供生长框架，大豆为人类增加蛋白质并为其他植物提供氮元素，南瓜为人类提供维生素并覆盖地面从而防止杂草生长。

种植更多作物和饲养更多牲畜的挑战

学习目标

- 对照现代农业的选种目标和传统、留种式的选种目标。
- 解释激素和抗生素在工厂化畜牧业生产中的作用。
- 明确基因工程的潜在利益和问题。

在世界各地，我们发现有很多的农业类型，有很多种类的食物。尽管有这样的多样性，工厂化农业已经导致了我们所吃的植物和动物单一化的趋势。

驯化对基因多样性的影响

野生植物和动物种群通常有着很大的**基因多样性**（genetic diversity），也就是说，它们的基因发生了变异，携带着表明特定遗传特征的遗传信息。基因多样性使一个物种可以长期生存，因为每个种群的变异都适应了环境条件的变化。在动植物的**驯化**（domestication）过程中，这种基因多样性有很多丧失了，因为农牧民只选择繁殖那些农业特点最理想的动植物，包括口味、产量以及适于运输和储存的特征。现代农业生产的高产作物很多是基因单一的，美国目前只种植几种蔬菜作物。同样，美国的奶牛和家禽基因多样性也很低。人们所熟知的黑白花霍斯坦奶牛产奶量高，占美国奶牛总量的91%。美国消费的白皮鸡蛋几乎全部来自白色的来亨鸡。

驯化动植物种类的全球性下降

一般来说，与自然野外品种相比，驯化会导致基因多样性的减少，但是世界各地的农民都选育了具有特定性状的物种，就各种驯化的动植物培育了很多不同的地方品种。南方阿巴拉契亚的农民选育了数百个豆类物种，在很长的时间里保存了各自截然不同的物种特征。在整个美洲地区，本土农民选育了数百个适于不同气候的玉米品种（图18.7）。传统的品种有时称为传家宝（植物）或纯种（动物），适应其繁殖生长的气候，含有独特基因组合所呈现的独特性状组合。

在20世纪40年代以前，不管是发达国家还是发展中国家，农业产量基本上是一样的。从那以后，科学家的研究成果极大地提高了发达国家的农业产量（图18.8），

基因多样性：种群中携带特定遗传信息的基因变异。

驯化：驯服野生动物或栽培野生植物从而为人所用的过程，驯化会显著改变被驯化生物的特征。

图18.7 玉米的基因多样性。玉米粒的变异标志着玉米物种的基因多样性。这种变异在用现代农业方法种植的基因统一的玉米中就没有出现。

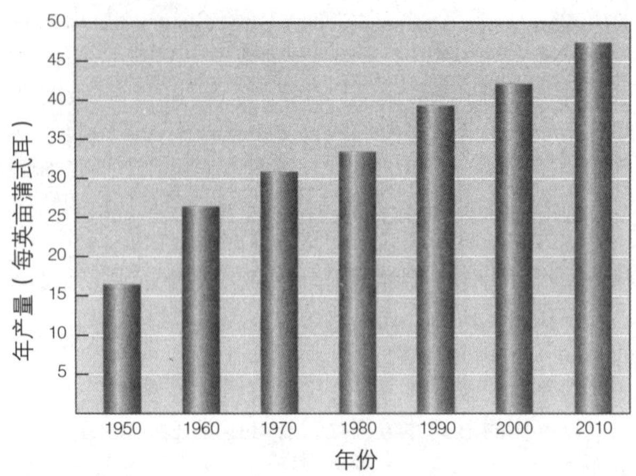

图18.8 美国平均小麦产量，1950年—2010年。图中显示的每年产量实际上是每三年的平均产量，主要是为了最大限度地减少恶劣气候条件对某一特定年份的影响。其他农作物中也出现了类似的增长。（USDA）

对植物营养知识的增加使人们研制了更多的肥料，促进了农业产量的增长。通过使用农药，虫害、病害和杂草受到了控制，作物产量有了增加。各类品种选育计划使得农业作物更加适合机械化种植，比如小麦的穗头更大、分量更重（产量更高）。由于麦穗的重量，小麦品种中会逐渐引入其他的基因性状，比如小麦秸秆更矮、更粗，这样可以防止在暴风雨中出现倒伏。

这些品种选育计划非常成功，在20世纪60年代农业产量提高了，这种变化称为绿色革命（Green Revolution）。在绿色革命期间，农艺学家鼓励粮食不安全地区的传统农民用高产品种替代其古老的粮食品种。不过，在传统农业系统中，新的作物品种有时不能满足当地人们的其他需要，比如为牲畜卧地睡眠提供秸秆稻草。最初，绿色革命看起来非常成功，但是随着我们认识到一些传统作物品种的潜在价值，有些成功已经被重新评估。

目前，很多人正在努力挽救传家宝作物品种，既储存和标记现有种子，又种植它们从而生产粮食和更多地制种。现代的品种具有基因统一性和产量最大化的特点，一般来说更容易遭受虫害和病害，适应气候变化等环境变化的能力弱。当农民和园艺人员放弃传统品种而选用现代品种时，过去的品种常常就处于灭绝的境地。这会造成基因多样性的极大损失，因为每个品种的基因组合特征使得它在营养价值、大小、颜色、味道、抗病性以及不同气候和土壤的适应性方面都具有明显的特点。

为了保护更古老的、更具多样性的植物和动物品种，很多国家收集**种质资源**（germplasm），包括种子、植物、传统作物品种的植物组织、传统牲畜的精子和卵子。设在意大利罗马的国际植物基因资源研究所（International Plant Genetics Resources Institute）监督管理世界各地植物种质资源的收集情况。各国种质资源收集规模不一，设在科罗拉多的美国国家植物种质资源系统（U. S. National Plant Germplasm System）拥有近50万份品种，非洲国家马拉维（Malawi）的国家基因库保存了大约8000份的当地作物和水果品种。（更多关于植物种质资源收集信息，见第十六章种子库部分。）

在收入低、粮食缺乏的国家，有关方面正在努力提高粮食安全。在20世纪90年代和21世纪的第一个10年里，联合国粮农组织在19个国家启动实施了农民项目，多数在非洲。参加项目的农民会收到基因改善的种子、无机肥、农药，并接受农业新技术的培训。然后这些农民向其他乡邻进行示范，达到这样几个目的：怎样提高和增加粮食产量、减少水利用、控制害虫、保护土壤和其他自然资源。粮食生产和环境保护的目标还促进国际小母牛组织（Heifer International）以及“九粒种子基金会”（Navdanya）等组织从不同角度的参与（见“环境信息，能力建设”）。这些组织帮助农民最大限度地保护他们的土地和传统牲畜及其种质资源，并提供机会将他们的技能传授给其他当地农民。

种质资源：品种繁育时可能利用到的任何植物或动物物质。

环境信息

能力建设

解决世界饥饿问题的部分方案涉及能力建设，主要是建立一个框架，使得人们努力改善健康和福利。在打破人类苦难的循环中，最重要的任务之一是使得当地人自立自强。比如，国际小母牛组织向贫困社区提供牲畜，从而使那里的人获得蛋、蛋白质、田间畜力和毛织品。获得牲畜的每个家庭都同意“让爱传出去”（pay it forward），把新出生的幼崽送给社区里另一户贫困的家庭。

“Navdany”的意思是9粒种子，是由范达娜·席娃（Vndana Shiva）在印度创立的一个组织。“九粒种子基金会”的组织者帮助建立了本地种子库，培训农民发展可持续农业，建设公平的贸易市场网络。通过复兴本地农业知识，“九粒种子基金会”帮助农民保护本地的纯种种子资源，保护粮食主权（food sovereignty），也就是人们为了本地利益控制和管理自己粮食资源的能力。

很多社区热衷于能力建设，支持农贸市场，提供各种机会，使消费者能够买到各种农产品，让农民直接从消费者那里听到和了解关于农产品的建议。在社区支持农贸市场方面，通过指定的公共场地、公共交通、市场开发等，帮助农民和消费者双方满足各自的需要。

能力建设还包括短期内减少世界范围内的饥饿。联合国世界粮食计划的目标之一就是应对突然的粮食紧急状况，比如，2011年发生地震和海啸后，募集了100多万美元，向日本提供粮食援助。这笔钱是在灾难发生后36个小时内募集的，随后的两天里，就向日本受灾严重的地区送去了粮食援助。

德雷克大学基思·萨默维尔（Keith S. Summerville）供稿。

案例聚焦

种植阿巴拉契亚

阿巴拉契亚地区是一个森林茂密的山地，有着丰富的自然资源（煤、森林、水、野生动物）和文化传统。与很多依赖化石能源发展经济的地区一样，这里的贫富差距也很大。根据阿巴拉契亚地区委员会的统计，当地失业率徘徊在10%以上，人均收入比全国水平低近15%，贫困率超过农村人口的20%。就小片土地来说，土壤很肥沃，生产力也高，但是由于山坡陡峭和土壤的漏水性，大规模的农业不适合发展。

历史上，阿巴拉契亚地区的人在生活上依赖家庭菜园、狩猎、小规模养殖牲畜以及采摘栗子、山核桃、蘑菇和人参等森林果实，在挣钱上依靠种植小片烟草以及出售多余的传统农产品。但是，大萧条时期的土地流失正好碰上了栗子树枯萎病的爆发，摧毁了当地的食物、饲料和收入来源。随着美国各地农场规模的扩大，小规模农场主不得不从事农场以外的工作。逐渐地，农业园艺、饲草种植和其他传统生计农业技术丧失殆尽，影响了家庭收入和个人健康。由于依赖廉价、加工的食品，很多阿巴拉契亚人患上了糖尿病、心脏病等疾病。阿巴拉契亚是数百个纯种种子和丰富的野生、本地粮食作物的家园，但也有很多食物沙漠，在那里用多高的价格也很难买到新鲜、健康的食品。

2009年，在约翰·保罗·德约里尔（John Paul DeJoria）的资助下，“种植阿巴拉契亚”（Grow Appalachia）这个组织宣告成立，目的是解决阿巴拉契亚的粮食安全问题。德约里尔是宝美奇（Paul Mitchell, JPMS）和佩特伦·龙舌兰（Patron Tequila）的联合创始人与老板。德约里尔的同事汤米·卡拉汉（Tommy Callahan）给他讲述了在肯塔基哈兰县（Harlan County）的成长经历，那里的粮食不安全情况普遍存在，经常买不到健康的食品。为了解决阿巴拉契亚地区的粮食不安全问题，德约里尔开始酝酿一个独特的规划，通过提供信息、种子、工具和技能培训，支持农民种植（图18.9）。农业发展既提供健康的食物，也促使身体锻炼，还可以获得额外的收入。

通过种植阿巴拉契亚，德约里尔开始与肯塔基的伯利尔学院（Berea College）合作，实施既能满足需要、又能开发现有社区优势的计划。这项计划的主任是大卫·

图18.9　种植阿巴拉契亚的农民。大规模园艺种植是解决粮食不安全问题、获得粮食的一个方法。这个种植者使用的耕作农具是“种植阿巴拉契亚”提供的，用来为他的家庭种植粮食，还有可能将剩余的粮食卖掉或与其他人分享。

库克（David Cooke），他是西弗吉尼亚人，一生从事园艺工作，他应召而来，负责开发“种植阿巴拉契亚”这个计划，领导其合作伙伴。2010年，在肯塔基的4个合作场地，种植阿巴拉契亚计划的参与者为2500多人提供粮食。到了2013年，种植阿巴拉契亚扩展到南部阿巴拉契亚的很多县，参加者有19,500人，生产粮食115.1万磅。这个计划在中部阿巴拉契亚促进了就业，参加者通过出售产品获得54,000美元的收入。2013年，这项计划增加了小型家畜家禽（下蛋母鸡和蜜蜂）的数量。仅几只母鸡下的新鲜鸡蛋就可以为整个家庭增加大量的高质量蛋白质，多余的鸡蛋还可以卖掉。蜜蜂带来的效益很大，当地产的蜂蜜能够卖个好价钱。通过提供最初的基础设施投入，种植阿巴拉契亚项目实现了该地区粮食生产的跨越发展，使农村的农业种植既有可能性，又有盈利性。

畜禽生长剂

使用激素和抗生素会促进动物生长。激素（hormone）通常由耳朵埋置剂进行控制，能调节牲畜的身体功能，促进更快生长。尽管美国和加拿大的农民使用激素，但是欧盟（EU）目前禁止进口任何使用激素的牛肉，因为担心消费者的健康问题。比如，发达国家的女孩青春发育期比20世纪60年代的女孩提前了1年。欧盟监管者援引一些研究结果，认为这些激素或其分解物，不管是在肉里面发现的，还是在肉制品中发现的，都有可能导致癌症或影响儿童的成长。1999年，联合国粮农组织和世界卫生组织（WHO）组织成立了一个国际科学委员会，详细考察了激素问题，认为牛肉中发现的激素痕量是安全的，因为与人体里正常的激素浓度相比，那些含量是很低的。

现代农业普遍在猪、鸡和牛的饲料中添加低剂量的抗生素（antibiotics）。这些动物的重量比不使用抗生素的动物的重量一般高4%到5%，主要原因是在抗感染方面消耗的能量少。根据《新英格兰药物杂志》（*New England Journal of Medicine*），美国每年生产的25,000吨抗生素中，有40%被用来添加到牲畜饲料中，特别是那些养殖在空间小的大量牲畜的饲料中。这些抗生素多数被持续用到健康动物身上。

一些研究发现，人类和牲畜身上抗生素的大量使用与细菌对抗生素的耐性提高之间有着联系。因此，美国食品药品管理局将很多用于牲畜的抗生素排除出去，禁止使用。细菌对抗生素的耐性是演化的结果。细菌不停地演化，即使在人和动物宿主的体内也在演化。如果一种抗生素被用来治疗细菌感染，有几个细菌可能最后存活下来，由于细菌在基因上对抗生素产生耐性，因此它们就会将这些基因遗传给下一代，结果导致细菌种群中的耐抗生素细菌越来越多（图18.10）。世界观察研究所的报告说，在20多种潜在有害的细菌中（比如肺结核细菌就是一个例子）都发现了抗生素耐性，有些细菌菌株对已知的每一种抗生素，总量超过100种药物，都有耐药性。

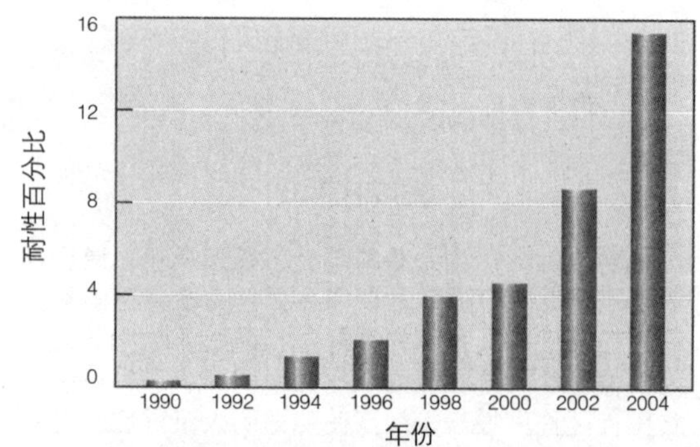

图18.10 抗生素耐性的演化。图中显示的是血液和脑脊髓感染中大肠杆菌（E.coli）对抗生素希普欣（Ciprofloxacin）耐性的增强。（数据来自D. Livermore, 健康保护署耐药性监测和指导实验室，英国。）

由于越来越多的证据表明农业上抗生素的使用减少了人类医学治疗上的有效性，2003年，世界卫生组织建议在畜禽饲养中取消使用抗生素。很多欧洲国家已经不再为了促进畜禽生长而低剂量使用抗生素。在美国，食品药品管理局在2013年规定，三年以后，在医学上重要的抗生素将不能再用于畜禽饲料中，不过畜禽养殖业是否遵循规定全凭自愿。

基因修饰

基因工程（genetic engineering）已经开始实现医药和农业的革命化，但该技术一直有争议。基因工程在农业上的目标并不新锐。利用传统育种方法，农民和科学家在几个世纪里为农作物和牲畜培育了所需要的特征。不过，这些技术需要15年或更长的时间才能将抗病基因植入到某个特定作物中，基因工厂却可以在很短的时间里实现同样的目标。

基因工程与传统育种方法不同的地方是：任何生物的理想基因都可以使用，而不是仅限于那些被改善的植物或动物的基因。如果大豆中发现的抗病基因对于西红柿有好处，那么基因工程师就可以将大豆基因拼接到西红柿的基因上（图18.11）。传统育种方法做不到这一点，因为大豆和西红柿属于不同的物种，不能相互杂交。

基因工程可能产生**转基因**（genetically modified, GM）粮食作物，其营养会更丰富，因为它们包含所有必

基因工程：对基因的控制，比如从一个物种的细胞中提取某个特定基因，然后将它植入另一个不相关物种的细胞中并得到表达。

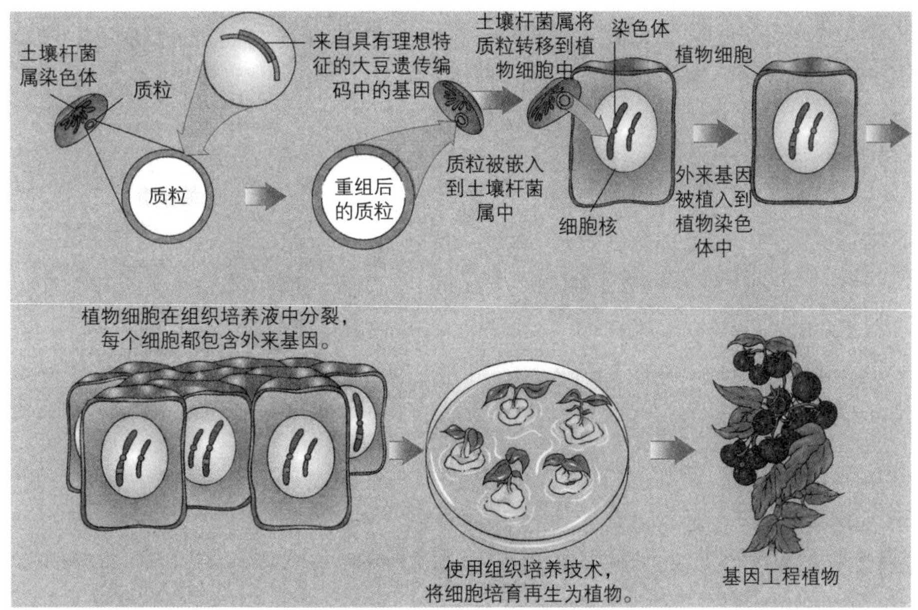

图18.11 基因工程。这个基因工程的例子使用了很多细菌中都能发现的一个染色体、一小段环形DNA分子（基因材料）。细菌土壤杆菌属的染色体将一种生物中的理想基因引入到另一个植物里。外来DNA拼接到染色体以后，将染色体植入到土壤杆菌属里，然后就感染营养液中的植物细胞。外来基因被植入到植物染色体中，通过培养的植物细胞，就可生产出基因修饰的植物。

要的氨基酸。基因工程可能培育出富含β-胡萝卜素的庄稼，人体用这种元素制造维生素A。根据世界卫生组织提供的数据，世界上有2.5亿儿童处于缺乏维生素A的风险之中。缺乏维生素A导致视力低下、蛋白质缺乏（维生素A帮助人体吸收和利用氨基酸）、免疫系统损害。

2000年，一个国际科学家团队发布报告，他们成功地利用基因技术使大米含有了β-胡萝卜素。这种所谓的黄金大米具有改善全世界人类健康的潜力，因为世界上大约一半的人食用大米作为主食。没有经过基因修饰的大米很多维生素含量都很低，包括维生素A。另一方面，治疗维生素A缺乏症最好的长远解决办法是更为均衡地饮食，多食用天然富含β-胡萝卜素的食物。

科学家致力于培育抗虫害、抗病毒疾病、抗热、抗寒、抗灭草剂、抗盐或抗酸性土壤、抗旱的农作物。比如，他们将一个病毒的基因植入到黄南瓜和夏南瓜中，使得它们具有抗病毒性疾病的特性，叶子不再变黄，产量不再下降。再如，美国农业部（USDA）在黑麦中发现了标记蛋白质的基因，这种基因可以防止植物根系吸收铝，而铝在酸性土壤中更加容易溶解。（铝是土壤无机矿物组成的一个自然元素，但是正常情况下不溶解，不会被植物根系吸收。）在酸性土壤中种植的作物含有的铝常常达到有毒水平。在热带地区，酸性土壤普遍存在；在拉丁美洲，51%的土壤呈酸性。将一种抗铝的基因植入到小麦等粮食作物中，会使它们能够在这类土壤里种植。有些作物称作制药作物，生产药物或疫苗。转基因作物的领域很宽，而且依然在扩大。

几百家私营基因工程公司以及成千上万来自世界高校、科研机构和政府研究实验室的科学家，都参与农业基因工程。全面了解基因工程的风险或利益还必须进行大量的研究，尽管如此，转基因作物已经改变了农业（图18.12）。20世纪90年代初，美国批准了第一批转基因作物，进行商业化种植。今天，美国是世界上最大的转基因生产国家。美国食品药品管理局对多数转基因作物进行管理。

对于种植转基因作物的长远成本和效益还没有进行全面的分析，部分原因是还需要对转基因作物的环境影响进行更多的研究。对此，基因工程研究遵循严格的原则，以避免对环境产生可能的影响。目前，很多研究正在对引入国外转基因作物带来的影响进行评估，这些国外基因可能感染到非转基因植物，从而被嵌入到它们的基因构造里。每一种转基因生物都有独特的性状，可能在某种状况下导致环境灾难。

《卡塔赫纳生物安全条约》（Cartagena Protocol on Biosafety）是1992年联合国生物多样性大会上提出的，在处理和使用转基因生物方面提供了严格的程序，减少了转基因生物的基因转移到野生近缘物种的威胁。这一公约在2003年生效。（尽管美国没有签署这一公约，一直作为观察国参加会议。阿根廷和加拿大等其他主要转基

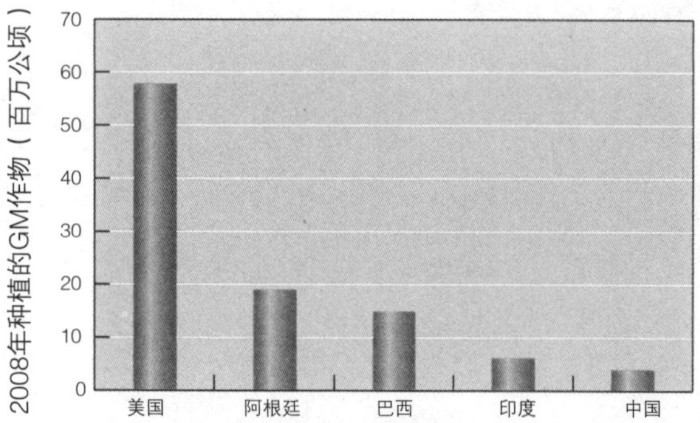

（a）世界主要转基因粮食生产国。目前，世界一半左右的转基因作物在美国种植。多数转基因作物是抗灭草剂的（63%），另一大部分转基因作物是抗虫的（18%）。（数据来自世界观察“2010年重要迹象”）

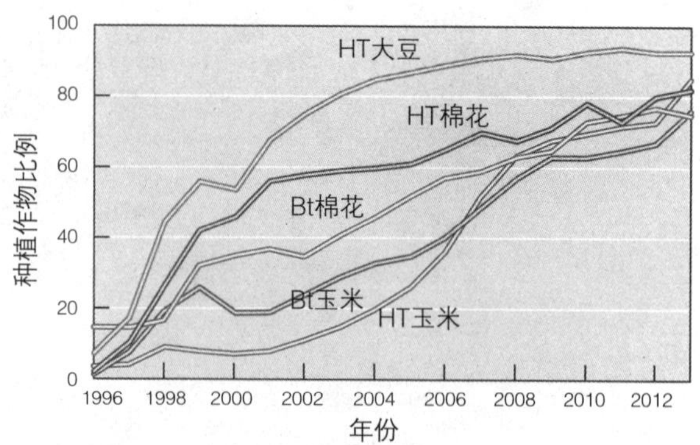

（b）自从1996年批准推出第一个转基因作物以来，美国转基因作物的比例大幅上升；美国种植的大多数玉米、棉花和大豆都是转基因作物。HT作物是抗草的，Bt作物是抗虫的，最初源于苏云金杆菌。（美国农业部经济研究服务中心）

图18.12 全球转基因作物生产情况

因作物出口国也没有签署该条约。）

人们对转基金食品的强烈反对 在20世纪90年代末和21世纪初，欧洲和非洲很多国家反对转基因作物的呼声越来越高。欧盟多数情况下都拒绝使用转基因作物，只是在2014年初才批准了1个转基因作物。有些反对意见可能是经济考虑的结果，比如通过禁止进口来保护本土生产的食物，有些反对是出于科学方面的担忧。一个担忧是被植入的基因会以失去控制的方式蔓延，从转基因作物蔓延到杂草或农作物的野生近缘种（图18.13）。基因进入自然系统后可能导致严重的破坏，在决定使用转基因作物时应该考虑到这一风险。对人类健康的风险还没有被证实，尽管动物研究显示，使用转基因食物有可能对消化系统产生影响。尽管科学家按规定检验新的转基因作物的变应原性，但是批评者还是担心有些消费者可能对转基因食品产生食物过敏。最后，那些不选择种植转基因作物的农民依然希望保护他们作物的基因完整性，去除花粉传播的可能性。

图18.13 作物和杂草之间可能的基因交叉。高粱是一种耐寒粮食作物，与石茅草（*Sorghum halapense*）可以自由地进行杂交，为转基因高粱的基因材料传播到野生植物种群打开了可能的通道。

复习题

1. 传家宝种子中可能会被发现哪些植物特征？现代农业种子中可能会被发现哪些植物特征？
2. 描述畜禽养殖过程中使用激素和抗生素的两个风险。
3. 列举转基因作物的一个好处和一种风险。

农业对环境的影响

学习目标

- 描述工厂化农业对环境的影响，包括土地退化和栖息地破碎化。

工厂化农业的发展导致出现了几个环境问题，损害了非农业的陆地和水生生态系统提供重要生态系统服务的能力（见表5.1）。工厂化农业的环境影响引发了对集约化农业长期可持续性的疑问（图18.14）。

工厂化农业增加了碳足迹，促进了全球气候变化。农业产生三种大量的温室气体：二氧化碳（来自化石燃料）、甲烷（来自动物消化）、一氧化二氮（来自化肥使用）。食物生产是食物循环中导致温室气体最大的单个因素（83%）。其他的因素所起作用较小，包括运输和包装。农业中化石燃料和农药的使用也产生了其他类型的空气污染。

未经处理的动物粪便和化肥、农药等农业化学物质导致水污染，减少生物多样性，危害鱼类，引起有害物种的爆发。根据环保署的评估，农业是导致美国地表水污染的首要原因。农业水污染在艾奥瓦、威斯康星、伊利诺伊等西部州尤为严重。有些污染物随着河水流入到密西西比河，进入墨西哥湾，极大地减少了海洋种群。

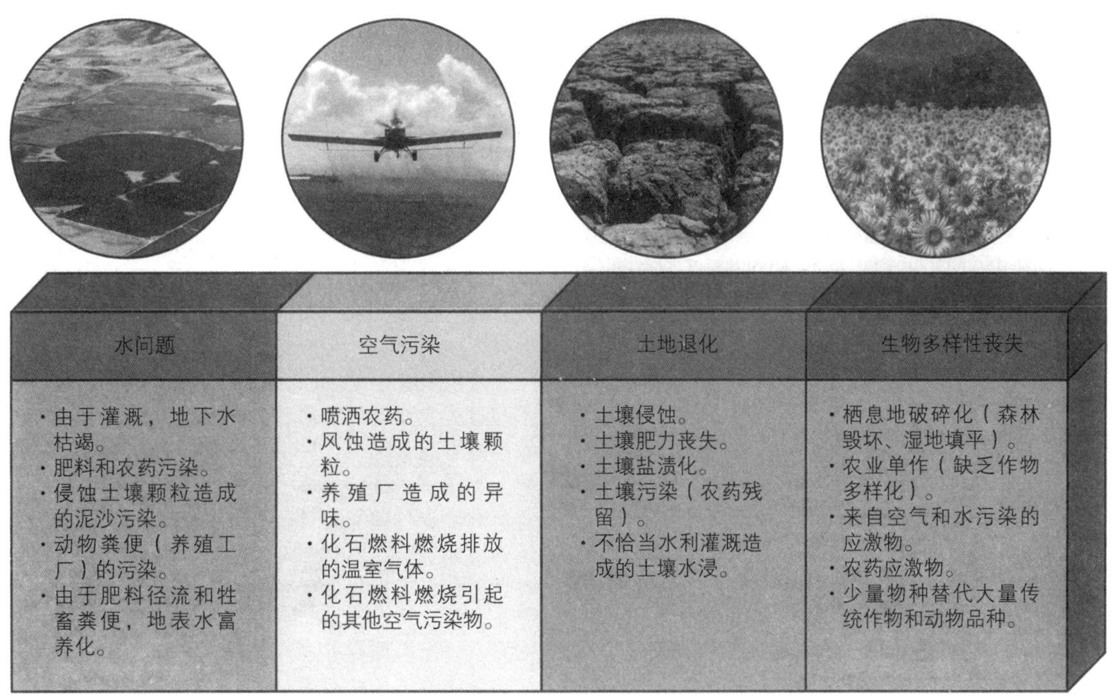

图18.14 工厂化农业对环境的部分影响

有些农业化学物质不仅在地表水中被发现，在地下深层水中也有发现。在农业领域，地下水污染物中最为常见的可能是动物粪便和无机化肥中的硝酸盐。

工厂化农业促进大型农业产业集团替代了传统的家庭农场。在美国，多数牛、猪和家禽现在是在饲养场和畜牧厂中养殖的。在畜牧厂，数千头动物被关在足球场大小的建筑里众多的小圈栏中。这样大的动物密度造成了很多环境问题，包括空气和水污染。在养猪厂，粪便常常储存在深深的贮留池里，有着污染土壤、地表水和地下水的风险。1996年，弗朗飓风（Fran）爆发时就出现了这种状况，北卡罗来纳州22个大型牲畜粪便贮留池中的粪便倾泻到漫滩与河流里，造成大量鱼的死亡。生活在养殖场附近的居民深受异味之苦，这些气味常常超过联邦和州政府废物排放的规定，致使附近居民的房地产贬值。

很多昆虫、杂草和致病生物已经或正在形成抗药性，使得农民不得不加大农药的使用量。农药残留污染了我们的食物供应，减少了土壤中有益生物的数量和多样性。鱼类和其他水生生物有时被随径流进入湖泊、江河和入海口的农药杀死。农场化学物质还对两栖动物产生危害（见第十六章案例聚焦）。

土地退化（land degradation）是土地潜在生产力的减少（见第五章承载力部分）。土壤侵蚀在大型机械化运作下会加剧，导致土壤肥力的下降，土壤侵蚀引起的泥沙流失会危害水质。美国农业部估计，美国大约1/5的农田在土壤侵蚀危害方面很脆弱，土壤侵蚀在有些发展中国家的问题甚至更为严重。其他类型的土壤侵蚀还有重型农业机械造成的土壤密实、不恰当水利灌溉造成的土壤水浸和盐渍化。

作物种植需要大量的水。根据世界观察研究所的数据，生产1吨粮食需要1000吨水。在世界范围内，水利灌溉用水占人类从地下含水层和地表水采用淡水总量的将近70%。有些农业地区从地下含水层抽水的速度比降水补充的速度快，因此造成了地下水位的下降。内布拉斯加、堪萨斯、得克萨斯和其他州地下巨大的奥加拉拉含水层就是农业发展造成地下水开采过度最为知名的一个例子（见图13.16）。奥加拉拉含水层中的水多数年代久远，是上个冰期末冰川融化留下来的。因此，奥加拉拉含水层在很大程度上是不可再生资源。缺水越来越影响非洲、澳大利亚、亚洲等部分地区的农业产量。由于水资源的管理失范，大量的灌溉土地已经水浸太严重或盐渍化太严重，以致不能种植作物。

土地退化：降低土地未来的支持作物或牲畜禽类能力的自然或人为过程。

毁林、毁草造田和填平湿地造田导致了**栖息地破碎化**，减少了生物多样性（见第十六章）。由于农业造成的栖息地丧失，很多物种成为濒危或受威胁物种。北美最为著名的栖息地丧失案例是高杆草原，90%以上的高杆草原被转换为农田。

美国在20世纪80年代出现农产品过剩，部分原因是农民将以前大量未使用的土地用于农业生产。遗憾的是，这些土地非常贫瘠，由于断断续续的洪水或经常发生的干旱，这些农田很容易发生土壤侵蚀（如果没有植被，就会发生风蚀）。农业向漫滩的扩展还可能带来更大的洪涝问题。在高度侵蚀的土地上种植作物从生态上是靠不住的，不可能持久。美国有些边际土地现在已经不再使用（见第十四章关于保护区计划的讨论）。

其他国家在开发种植非常容易发生土壤侵蚀的土地方面付出了高昂的代价。苏联在20世纪50年代开始耕种大片的边际土地。尽管一开始作物产量较高，但是很多土地在20世纪80年代不得不放弃。由于人口增长和侵蚀土壤生产力的下降，贫穷的加勒比国家海地的年人均粮食产量只有1950年的一半。

从20世纪60年代到21世纪，农业土地灌溉面积大幅增长。世界大约70%的灌溉土地在亚洲，土地灌溉面积每年都增加。不过，从1995年开始，世界其他地区的土地灌溉面积已经保持稳定。这种变化源于土地灌溉成本的提高、含水层的耗竭、盐渍化土壤的放弃以及灌溉用水向居民和工业用水的转变。

复习题

1. 与工厂化农业相关的主要环境问题有哪些？

农业问题的解决方案

学习目标

- 解释可持续农业，并与工厂化农业进行比较。

农业生产上目前有着确保可持续生产的方法和技术，其产量堪比工厂化农业。实行工厂化农业的农民可以采用这些新的农业方法，需要的化石燃料少，对环境的破坏小。可持续传统农业也取得了进展。

可持续农业（sustainable agriculture）将现代农业技术与过去农业的传统耕作方法整合起来。可持续农业仿效自然生态系统，保持高水平的生物多样性，实现物质的生物降解，维持土壤的肥力。为此，可持续农业依靠有益的生物过程和对环境友好的化学物质，这些化学物质会快速分解，不会在环境中长期残留。一个可持续的农场包括大田作物、生长水果和坚果的树木、小群牲畜家禽，甚至还有森林（图18.15）。这样的多样化可以保护农民不受市场异常变化的影响。种植耐病植物以及养殖不依赖抗生素的健康牲畜是可持续农业的重要组成部分。可持续农业加强水和能源的保护。

可持续农业不大量使用农药，而是通过促进形成自然捕食与被捕食关系来控制害虫。比如，马里兰州的苹果种植者在他们的果园中监测和支持瓢虫的生长，因为这些昆虫大量地捕食苹果的主要害虫欧洲红蚁。总的原则是，可持续农业积极保持农场上的生物多样性，以此最大限度地减少虫害。农田之间种植灌木篱墙可以为鸟类和其他昆虫捕食者提供栖息地。

图18.15 可持续农业的一些目标。自然生态系统提供可持续农业的模型。

栖息地破碎化：大片栖息地分割为小片、孤立的碎块。

可持续农业：保持土壤生产力和生态健康平衡而且对环境长远影响最小的农业方法。

作物选择有助于在不大量使用农药的情况下控制虫害。在俄勒冈的一些地区，苹果种植就没有出现严重的虫害问题，但是害虫常常滋生于梨树之中；而在西科罗拉多地区，苹果虫害很大，梨树却没有问题。因此，在俄勒冈的可持续农业发展中，应该选择种植苹果，而科罗拉多应该种植梨树。

可持续农业一个重要的目标是保护农业土壤的质量。作物轮作、保护性耕种和等高耕种有助于控制土壤侵蚀和保持土壤肥力（见图14.16和14.17a）。山地斜坡如果转化为混合草地，那么土壤侵蚀要比种植大田作物少，从而保护土壤和支持牲畜。

实行粪肥、轮作和种植豆科植物的结合，在环境上要优于使用无机化肥来提供氮元素的集约化农业方法。施加到土壤中的动物粪便减少了对无机化肥的大量需求，从而降低了成本。使用生物固氮（通过豆科植物）减少了氮肥需求量。

可持续农业不是单一的项目，而是适应特定土壤、气候和耕作需要的系列项目。有些农民，即使用综合害虫管理（integrated pest management, IPM）系统的人，通过采用作物轮作、持续监测潜在害虫、种植抗病品种和利用生物方法控制害虫等，减少使用不必要的农药（见第二十二章）。

其他可持续农民发展有机农业（organic agriculture），不使用无机化肥或农药。根据1990年《有机食物生产法》（Organic Food Production Act）的规定，有机食物（organic food）指的是至少三年内不使用化肥和农药而种植的农作物。如果种植作物的土地通过了检查，那么私有或政府有关部门会贴上有机认证（certified organic）的标签，以表明是最高标准。标有美国农业部有机认证的牛和其他牲畜不使用抗生素或激素，喂养的食物都是有机饲料，没有使用无机化肥或农药。标有“人道饲养和处理”（humanely raised and handled）认证的动物呼吸了新鲜的空气，可以自由地活动，没有圈养在拥挤的围栏里。有机种植食物的联邦认证标准于2002年生效，替代了各州不同的标准。有些农民实行有机种植和养殖，但是由于认证成本而没有寻求有机认证。

随着对工厂化农业引发环境问题的认识逐渐提高，越来越多的农场主开始试用一些可持续农业的方法（见“迎接挑战：农业的环境管理系统认证”）。与工厂化农业相比，这些方法给农业生态系统（agroecosystem）带来的环境问题少。英国皇家学会把聚焦农业高产的集约技术向聚焦土壤可持续性的转变描述为第二次绿色革命（second green revolution）。这一革命要求转变农业研究的优先领域，比如开发培育耐寒、耐热、抗虫的作物品种。

有些研究人员正在研究如何使森林转变的土地比通常的迁移农业保持更长久的生产力。以巴布亚新几内亚为例，这个小岛国大约80%的人是以农业为生计的传统农民。这个国家的科学家研究找到了一些方法，应对与迁移农业相关的最严重的问题，这些问题包括土壤侵蚀、肥力下降、病虫害侵扰。他们的研究帮助森林地块更长久地保持生产力。大量地铺设有机物质，比如杂草和碎草，缓解土壤肥力的丧失和侵蚀。堆肥覆盖物沿着土地的地势进行一排排堆积，进一步减少了侵蚀。通过同时种植几种作物，减少了虫害，其中一种作物永远是豆科植物（比如大豆），帮助土壤恢复氮肥含量。通过大规模的示范计划，农村的农民正在掌握这些方法。

复习题

1. 可持续农业的特色有哪些？

迎接挑战

农业环境管理系统认证

作物种植者、农业管理部门、农产品贸易商、环境主义者都对农业的管理产生影响。因此，农业景观是两种动力作用的结果：生产者—生态的相互作用和生产者—消费者的相互作用。生产者—生态的相互作用决定着土壤健康、作物产量、虫害和水质等因素的变化，生产者—消费者的相互作用决定着农产品带来的收入数量以及每年种植的作物种类。由于美国各地生态和经济对作物种植的不同限制，因此，在农业政策方面实行一刀切的办法可能是难以实施的，不能作为促进可持续农业发展的工具。

应对可持续农业挑战的另一个机制是农业环境管理系统认证（Certified Environmental Management Systems for Agriculture, CEMSA）项目。这一项目由艾奥瓦大豆协会率先实施，是对环境影响分析结果的特别应用。企业使用环境影响分析结果来决定采取哪些管理措施应对负环境影响和正环境影响。对农民来说，该系统认证就是农民在作物种植和收获中所消费使用和排放的所有东西的过程列表，包括能源使用、害虫和营养管理中的化学物质营养、土壤和水质量影响、野生动物的死亡量。参与该系统认证项目的农民使用他们的过程列表来找出无效率的工作和浪费的能量，实行最好的生产管理以减少侵蚀和污染来源，采取其他的土地利用措施以保护生物多样性。

农业环境管理系统认证项目的最终目标是达到两个并行的结果，即确保农民生产获得利润，同时减少负面的环境影响。该系统认证项目对所有农民开放，其严格的管理规划显示着对环境保护承诺的水平，这个管理规划强调保护艾奥瓦的土壤、水质、非农业生物多样性。从本质上，农业环境管理系统认证将每个农场作为一个生态系统来对待，这样做的目的是力图实现营养和能量循环的完整，从而使农场在生态上能够自给自足。

德雷克大学基思·萨默维尔（Keith S. Somerville）供稿。

世界上的渔业

学习目标

- 给出两个渔业资源过度开发的原因。
- 对比捕捞和水产养殖，描述这两类活动各自面临的环境挑战。

海洋蕴含着宝贵的食物资源。世界海洋捕捞的90%左右是鱼类，蛤、牡蛎、鱿鱼、章鱼和其他软体动物占6%，龙虾、虾和螃蟹等甲壳类动物占3%左右，海洋藻类占1%。

鱼类和其他海洋食物营养丰富，因为含有容易消化的、高质量的蛋白质（和必需的氨基酸形成很好平衡的完美蛋白质）。人类从鱼类和其他海洋食物中获得的蛋白质占总量的5%左右。在有些地区，特别是在濒临海洋的发展中国家，海洋食物在人类膳食中对蛋白质的贡献要大得多。

世界上多数海洋捕捞是由捕鱼船队完成的。另外，在浅海岸和内陆水域中也捕获各种各样的鱼。根据联合国粮农组织的数据，世界年捕鱼量从1950年（1920万吨）到2011年有了很大的增长，在2011年达到9960万吨。

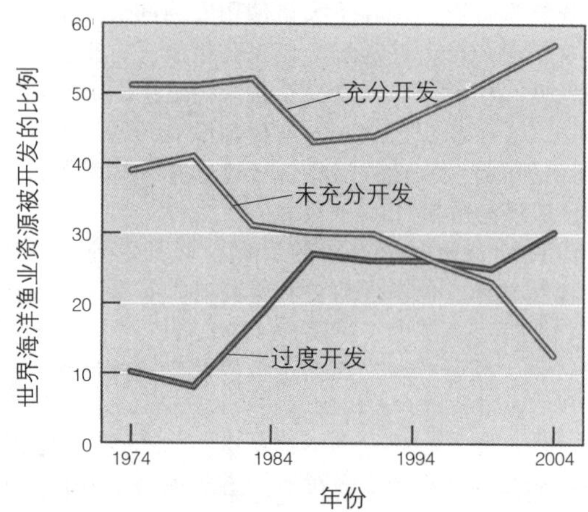

图18.16 世界海洋渔业资源被开发情况，1974—2009年。在20世纪70年代，世界海洋渔业资源只有10%被过度开发，但是到了2009年，被过度开发的海洋渔业资源占了将近1/3，未充分开发的海洋渔业资源不到15%。

渔业面临的问题和挑战

从法律上看，公海不属于任何一个国家。因此，与陆地资源相比，海洋里的资源就更容易过度使用和退化，因为陆地归不同国家所有，这些国家对自己的陆地资源负有保护的责任（见第一章关于公地悲剧的讨论）。水污染是渔业面临的另一个挑战，在第六章和第二十一章有所讨论。

海洋渔业最严重的问题是很多海洋物种已经被过度开发（overexploited），种群数量达到趋于枯竭的地步（图18.16）。根据加拿大研究人员对世界海洋和海岸地区数据的分析，自20世纪50年代以来，大型猎食鱼类，比如金枪鱼、青枪鱼、剑鱼，已经减少了90%。每种鱼类都有一个最大可持续捕捞量（见第五章），如果某个物种过度捕捞，种群数量就会下降，捕捞就不会再带来经济效益。

根据联合国粮农组织的数据，世界29.9%的渔业资源被过度开发，这些鱼类的捕捞水平已经低于生物和生态的潜能。鱼类资源枯竭最严重的三个地区是东大西洋、西北大西洋和地中海。渔业面临这样的压力，原因有两个：一是人口增长要求膳食中有更多的蛋白质，导致更大的需求；二是捕鱼设备中的技术进步提高了捕鱼效率，导致一个地区的最后一条鱼也能捕捞上来。

复杂的捕鱼设备包括声纳、雷达、计算机、飞机，甚至卫星，以确定鱼群位置（图18.17）。有些渔船放多钩长线（longlines），钓鱼线上挂有数千个钼钩，每条鱼线长达130公里（80英里）。围网（purse seine net）是巨大的渔网，有两公里（1英里以上）长，小的机动船下这种渔网主要是围捕大群金枪鱼和其他鱼群，一旦全部合围鱼群，渔网的底部就会关闭，从而将鱼群全部捕获。拖网（trawl bag）是一个加重的、漏斗形状的网，沿着海底拖行，捕获在海底活动的鱼类和虾，一网捕获的鱼类、虾和其他海洋生物量可达30吨。有些拖网很大，可以装下12架波音747飞机，以至摧毁海底栖息地。漂网（drift net）是一种塑料网，长达64公里（40英里），可以捕获数千条鱼和其他海洋生物。尽管多数国家禁止使用漂网，但漂网依然在非法使用。

渔民希望重点捕获几种经济价值高的鱼，比如鲱鱼、鲑鱼、金枪鱼和牙鲆，而其他无意中捕获上来的鱼，一般统称为**混获**（bycatch），捕上来后就丢弃了。尤其是海底拖网和海底围网，它们的混获量很大，造成了海底栖息地的极大破坏。不过，越来越多的混获规定和渔网技术改进在过去十年里极大地减少了混获量。

针对过度捕捞问题，很多国家将海洋管理权限延伸到距离海岸320公里（200英里）的地方，这一做法使得多数渔业资源不再适于国际捕捞，因为世界90%以上的渔业资源位于靠近陆地的相对浅的海里。这一政策允许有关国家管理从其专属经济区中捕获鱼类和其他海洋食物

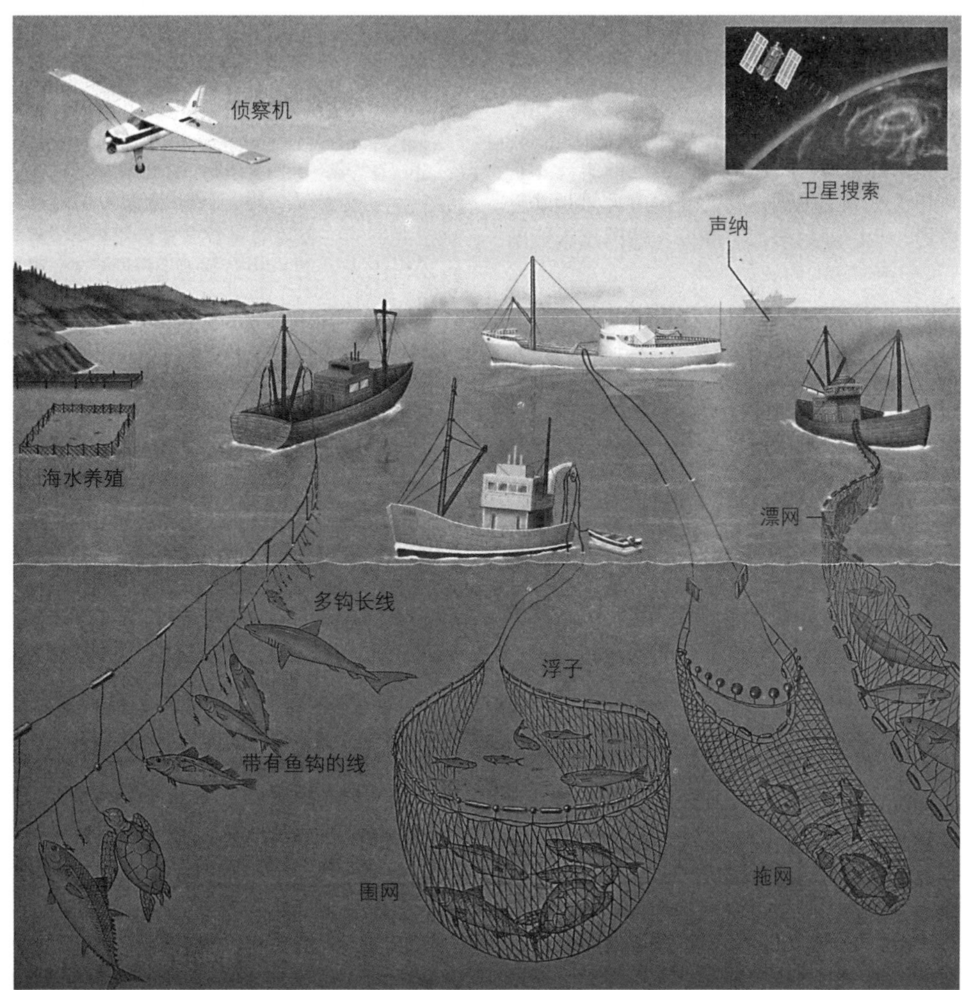

图18.17 现代商业捕鱼方法。现代捕鱼方法效率高，很多鱼类资源已经很稀少。多钩长线的深度可以调整，以捕获开阔水域中的鱼，比如鲨鱼和金枪鱼，或者捕获海底的鱼，比如鳕鱼和大比目鱼。围网捕获凤尾鱼、青鱼、鲭鱼、金枪鱼和其他在海水表面附近游动的鱼。拖网捕获鳕鱼、牙鲆、红鳍笛鲷、扇贝、虾和其他生活在海底或海底附近的鱼，拖网捕鱼近年来得到改进，以减少对海底栖息地的损害。漂网捕获鲑鱼、金枪鱼和其他在开阔水域游动的鱼。

的数量与种类，有助于防止过度捕捞。不过，很多国家实行开放管理（open management）政策，自己国家的所有渔船都可以无限制地在国家海域中捕鱼。

《麦格纽森渔业保护法案》（Magnuson Fishery Conservation Act）于1977年生效，对美国的海洋渔业进行管理。这部法律成立了8个地区渔业委员会，分别负责制定各自地区的管理计划。直到1996年，这个法律的实施都不是很成功，因为管理者常常迫于压力将捕捞配额定的很高，国家海洋渔业服务局估计，美国渔业资源的捕捞量有1/3以上是高于正常维持水平的。1996年，这一法律修订，为600多种鱼类物种提供“必要的鱼类栖息地”，减少过度捕捞，重建被过度捕捞的鱼类种群，最大限度地减少混获。用于减少过度捕捞的管理工具有捕捞配额、禁止使用某种捕鱼设备、限制捕鱼船的数量、产卵季节实行休渔等。2007年，该法律进一步修订，控制了在美国水域非法和未经批准的捕鱼行为。这一法律将美国渔业资源的可持续捕鱼水平提高到67%。

水产养殖：人工养育

水产养殖（aquaculture）与农业的关系，要比与刚刚介绍的捕鱼业还要密切。水产养殖既可以在淡水里进行，也可以在海水里进行，海洋生物的培育有时称为海

水产养殖：面向人类消费需要的水生生物养殖（鱼类、甲壳类水生动物和藻类）。

水养殖（mariculture）。为了实现“作物”质量和产量的优化，水产养殖的渔民控制饲料、繁育周期和鱼塘或水域的环境条件。水产养殖户努力减少可能危害所养殖生物的污染物，并保护它们的安全，不受潜在捕猎者的捕食。

尽管水产养殖具有古老的历史，可能起源于几千年前的中国，但是水产养殖提供食物的巨大潜力只是最近才被真正认识到。水产养殖增加了高度发达国家人们膳食的种类。发展中国家的人们从水产养殖中受益更多。水产养殖给人们提供了必需的蛋白质，甚至还成为获取外汇的来源，因为可以出口水产养殖的虾这类精美的食物。

根据联合国粮农组织统计，世界水产养殖产量在2010年达到5990万公吨（图18.18）。重要的水产包括鱼、虾、藻类、牡蛎、贻贝、蛤、龙虾和螃蟹。目前，水产养殖是世界上发展最快的食品生产行业，人类消费的每5条鱼就有3条来自养鱼场。水产养殖产量最大的国家是中国，占世界产量的60%左右。

美国的水产养殖产业每年达到9亿美元，最近，由于全球水产养殖产业的价格竞争，美国的水产养殖开始下降。美国零售市场上所有的条纹鲈鱼和虹鳟都是水产养殖的，美国一半以上的新鲜鲑鱼也是养殖的。在美国的水产养殖中，最重要的水产食物有鲶鱼、罗非鱼、鲑鱼、虾、牡蛎。

水产养殖和捕鱼有着几个方面的不同。比如，尽管高度发达国家从海洋中捕获的鱼多，但是发展中国家通过水产养殖生产的鱼多。出现这种现象的一个原因是：发展中国家有着充足的廉价劳动力，这是水产养殖的一个必要条件，因为水产养殖是劳动密集型的。海洋捕鱼和水产养殖的另一个不同是，海洋捕鱼量的限制是自然种群大小的限制，而水产养殖产量的限制主要是养殖区域大小的限制。

除了内陆可以进行水产养殖，入海口和大海里也可以进行水产养殖，既可以在海岸附近，也可以在海上。海岸线的其他用途与海水养殖出现了空间的竞争。发展中国家为了养殖虾，砍掉了海岸上的红树林，这些红树林可以提供多种重要的环境福利（图19.19；另见第六章）。很多海洋鱼类在红树林盘绕的根系中产卵繁殖，水产养虾的扩大可能导致海洋鱼类种群的下降。

海上水产养殖设施越来越常见，这些“海上牧场”越来越多地使用前沿技术，比如安装有机器人监视的深潜器，这可能会避免对海岸的损害，但是常常缺乏污染限制的法律监管。另外，病害已经成为海上水产养殖设施中一个重要的问题。

由于很多鱼群集中于一个相对小的区域，水产养殖产生的废物会污染相邻的水域，危害其他生物。比如，鲑鱼养殖场中的寄生虫可以侵扰野生鲑鱼种群。水产养殖造成野生鱼群的净损失，原因是很多养殖的鱼类是食肉性的。比如，黑鲈可能吃掉5千克野生鱼才能长1千克的重量。水产养殖中使用的抗生素会停留在水里，可能导致耐抗生素细菌的增加。

对水产养殖潜力最重要的限制之一是水生生物对驯化过程本身的接受性。牛、猪、羊等陆地动物的驯化经历了几千年的时间，在这期间，肯定有驯化其他动物不成功的案例，那些动物因为种种原因没有被驯化。水产养殖也是这样。那些群居的、没有显示出领地要求或攻击性行为的水生生物可能是被驯化的对象。

复习题

1. 渔业资源的过度开发如何导致食物可用性的减少？
2. 与水产养殖相关的环境危害有哪些？与捕鱼相关的环境危害有哪些？

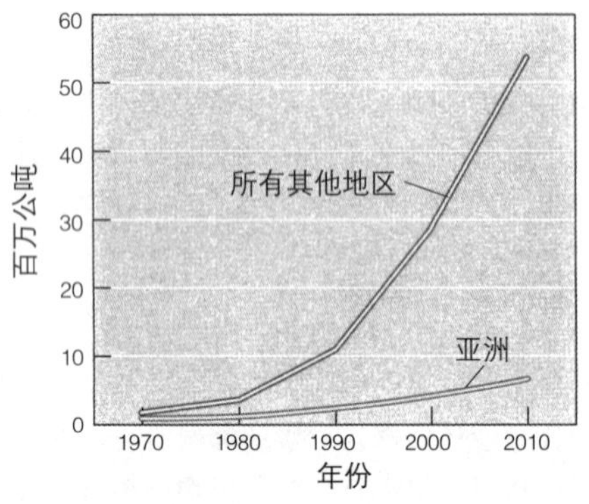

图18.18　全球水产养殖产量，1970—2010年。全球水产养殖产量增加，亚洲产量远远高于所有其他地区的全部产量。

图18.19　海岸红树林里的水产养殖。堤坝圈起了养虾池。水产养虾是导致世界范围内红树林栖息地丧失的最大因素。摄于泰国。

通过重点术语复习学习目标

- **解释饥荒和长期饥饿的不同。**

长期饥饿的人缺乏健康、富足生活所需要的食物。干旱、洪涝或其他灾害导致的作物歉收，再加上战争或政治不稳定，可能导致暂时的但是严重的食物短缺，这就叫饥荒。

- **解释世界粮食储备及其如何显示了世界的粮食安全。**

世界粮食储备是政府从过去收获的粮食中储存的、抵御歉年和粮食价格上涨的大米、小麦、玉米和其他谷物的总量。根据联合国的数据，世界粮食储备如果不少于70天的最低供应量，那么就提供了粮食安全的一种保障。

- **说明饥饿的主要原因。**

饥饿的主要原因是贫困，不是食物短缺。

- **列出三个最重要的粮食作物，解释为什么仅三个植物物种就可为人类提供将近一半的卡路里是一个潜在的问题。**

三种粮食作物为水稻、小麦和玉米，提供了人类消费卡路里总量的大约一半。一旦某个重要的粮食作物因为病害或其他因素不能提供食物，那么就会发生严重的粮食短缺。

- **对比工厂化农业和传统农业，描述三种传统农业。**

工厂化农业需要大量的资金投入（购买化石燃料、设备和农业化学物质），与传统农业方式相比，需要的土地和劳动力少。传统农业依赖劳动力（人力和畜力）和大量的土地生产食物，仅够养活自己和家人。迁移农业先是进行短时间的垦殖，然后空闲很长的时间。游牧业是一种传统农业，农牧民在草地上自由地放牧。混作是一种集约式的传统农业，在一块地上种植几种不同的植物，在不同的时间成熟。

- **对照现代农业选种的目标和传统、留种式的选种目标。**

传统的选种主要是根据口味和抗虫害，粮食储存不是更多考虑的因素。现代农业选种把品种纯、可运输性作为首要目标，同时还考虑其他市场因素。

- **解释激素和抗生素在工厂化畜牧业生产中的作用。**

激素调节牲畜禽类的身体功能，促进更快生长。在牲畜禽类饲料中正常添加低剂量的抗生素能使动物长得更快，但是在牲畜禽类中使用抗生素会为感染人类的细菌对抗生素产生耐性提供机会。

- **明确基因工程的潜在利益和问题。**

基因工程可能生产抗虫害和抗病毒的粮食作物以及抗旱、抗热、抗寒、抗灭草剂、抗盐或碱性土壤的农作物。转基因生物还可能跨越野生物种，增强昆虫或杂草对农药的抵抗力。

- **描述工厂化农业对环境的影响，包括土地退化和栖息地破碎化。**

土地退化是降低土地未来的支持作物或牲畜禽类能力的自然或人为过程。农药和无机化肥导致空气、水和土壤污染。土壤侵蚀导致土壤肥力下降和下游泥沙污染。很多昆虫、杂草、致病生物产生了对农药的耐性，迫使农民加大农药使用剂量。水利灌溉消费了大量的淡水。扩大农业土地面积已经导致出现栖息地破碎化，减少了生物多样性。

- **解释可持续农业，并与工厂化农业进行比较。**

可持续农业是指保持土壤生产力和生态健康平衡而且对环境长远影响最小的农业方法。与工厂化农业的单作不同，可持续农业包括大田庄稼、生长水果和坚果的树、小群牲畜禽类以及成片森林。可持续农业避免持续使用抗生素、大量使用化学农药和无机化肥。

- **给出渔业资源过度开发的两个原因。**

渔业资源过度开发的两个原因是：一是人口增长要求膳食中有更多的蛋白质，导致更大的需求；二是捕鱼设备中的技术进步提高了捕鱼效率，导致一个地区的最后一条鱼也能捕捞上来。每种鱼类都有一个最大的可持续捕捞量水平，如果某个物种过度捕捞，种群数量就会下降，捕捞就不会带来经济效益。

- **对比捕捞和水产养殖，描述这两类活动各自面临的环境挑战。**

由于人口的不断增长和捕鱼设施的技术进步，捕捞导致了世界上很多渔业资源的过度开采或枯竭。水产养殖是面向人类消费需要的水生生物养殖。尽管水产养殖在提供食物方面具有很大的潜力，但是容易导致环境问题，比如海岸线的丧失和水污染。

重点思考和复习题

1. 哪些人群（年龄、性别）通常最容易受到营养不良和饥荒的影响？为什么？
2. 为什么会发生粮食安全问题？贫困、粮食安全和人口问题之间的关联是什么？
3. 区分有机农业和可持续农业。
4. 与工厂化农业相关的两个环境问题是什么？
5. 描述消费者和农民可能期望的作物的一些特点（见图片）。
6. 描述下列土地上与农业相关的环境问题：热带雨林、山坡、半干旱地区、干旱地区。
7. 至少列举三个使得工厂化农业更加可持续的方法。
8. 海洋渔业开放管理的问题是什么？
9. 与传统捕鱼比较起来，为什么水产养殖更像农业。
10. 可持续农业系统在哪些方面与自然生态系统相似？
11. 气候科学家发现了土壤湿度的反应环：温度升高使得土壤干燥，干燥的土壤加速升温。这个反应环是正反应还是负反应？请解释你的回答。

食物思考

调查你学校餐厅食物的种类。那里有多少水果、蔬菜、碳水化合物、谷物、蛋白质？注意观察学生挑选食物的种类与餐厅提供食物之间的关系。学生挑选食物是根据数量（哪种食物多就选哪种）、营养价值（不管量多还是量少，只选营养最丰富的）、食物来源地（当地农场？学校农场？），还是根据什么其他标准？哪些食物最经常被浪费和被剩下？你学校的餐厅用食物垃圾制造堆肥吗？你怎么做才能帮助餐厅食物系统“可持续”？

第十九章

空气污染

2013年苏门答腊（Sumatra）森林大火。这次大火发生在2013年的苏门答腊雨林，那年发生了数千场火灾，其中很多是有意点燃的。

在过去的十年里，印度尼西亚、马来西亚、泰国和东南亚的其他地区遭受了严重的空气污染。尽管很多地方的空气污染与工业及交通有关，但是在东南亚，农业和林业（森林产品的商业化生产）常常是空气污染的元凶。农民放火烧林，从而毁林造田，这些大火没人控制，会烧数天或数周，使得烟雾弥漫，将整个国家都覆盖，造成了极度有害的状况。

在整个东南亚，1997年以后每年都发生严重的烟雾问题。2006年，由于能见度低，两艘货船在新加坡港相撞。2007年，马来西亚、新加坡和印度尼西亚达成协议，到2012年减少75%的火灾，到2025年减少90%的火灾。但是尽管执法力度加大，2012年的目标还是没有完成。2014年，在苏门答腊岛上，有3000多次火灾是人为点燃的（见图片）。这些火灾给印度尼西亚5万人的呼吸器官及财产造成了损害。放火烧林带来的农业收益是否超过烟雾带来的损失，目前还不清楚。

目前的气候变化，既包括温度提高，也包括降水转移，使得野火的烟雾越来越浓。在加利福尼亚州，野火对房屋产生威胁，烟雾蔓延至城市和郊区上空。同样，引起气候变化的极端温度摧毁了俄罗斯的森林，冲天烟柱蔓延数百英里，将莫斯科笼罩在浓雾之下。

不论是源自壁炉还是源自森林，烟都是有害的。细小的颗粒会沉积在肺部深处，导致感染，削弱呼吸的能力。含碳物质的不完全燃烧释放出易挥发的有机化学物质和一氧化碳，影响氧的摄入。烟可能含有致毒量的磷、钾、氮、硫和金属。而且，火还释放大量的二氧化碳，这是最主要的温室气体。

加利福尼亚州的旧金山是世界上空气质量管理最严格的地区，甚至也有烟的问题。在沉静的冬夜，数千个壁炉为在家里的人们提供着舒适温暖，同时也增加了外面烟雾和一氧化碳的浓度。在夏末，经法律允许，整个加利福尼亚中部山谷就会燃起农业废弃物的大火。

文献记录最早的环境法律之一可以追溯到13世纪的伦敦，当时伦敦禁止燃烧软煤，这种煤会导致浓厚的酸雾。但是，在随后的7个世纪里，伦敦的空气质量一直臭名昭著。不管是肯尼亚室内的木材烟雾，还是中国中部地区含氟的煤炭烟雾，抑或是加利福尼亚州含有农药的烟雾，都是主要的污染物。

在本章，我们将探讨包括烟雾在内的空气污染物的来源、种类和影响。我们会看到，虽然技术进步在有些地区大大减少了空气污染，但是化石燃料使用的增加和工业的发展继续对环境造成伤害，特别是在欠发达国家。

身边的环境

你生活的地方有农业烧荒现象吗？如果有，烧的是什么庄稼？

作为资源的大气

学习目标

- 描述大气的组成。

大气是环绕地球的一个气体覆盖层（图4.11），除了水汽，大气主要由四种气体组成：氮气（N_2，78.08%）、氧气（O_2，20.95%）、氩气（Ar，0.93%）、二氧化碳（CO_2，0.04%）。其他气体和颗粒，包括我们称为污染物的那些东西，在大气中的含量极少。对于人类和其他生物来说，最重要的两种大气气体是二氧化碳和氧气。在光合作用中，植物、藻类和某些细菌利用二氧化碳生产糖和其他有机分子，这一过程产生氧气。在细胞呼吸中，多数生物利用氧气分解食物分子，给自己提供化学能量，这一过程产生二氧化碳。氮气是氮循环重要的组成部分。大气还提供其他的生态系统服务，也就是说，大气会阻止很多来自太阳的紫外线（UV）辐射、调节气候、调整水循环中的水分配。

人类生活在地球表面和大气的连接区域，认为大气是一种无限的资源，但是我们应该重新进行认识。德国宇航员乌尔夫•默博尔德（Ulf Merbold）在太空中看到大气后有着不同的感受（图19.1），他说："生平第一次，我看到地平线是一条弧线，在薄薄的深蓝色光的映衬下更加鲜明，那个薄薄的深蓝色光就是我们的大气层。很明显，这不是我生平多次被告知的那个空气'海洋'，我被这脆弱的景象震惊了。"

复习题

1. 大气的主要组成成分是什么？

图19.1 大气。与地球大小相比，"空气海洋"是极薄的一层。在这个图片中，大气是一层薄薄的蓝色，将地球与黑暗的太空分开。

空气污染的种类和来源

学习目标

- 列举七种主要的空气污染物，包括臭氧和有害空气污染物，并描述它们的影响。
- 说明加利福尼亚州南部地区与臭氧相关的空气质量在过去半个世纪是怎样变化的。

空气污染（air pollution）包括大气中存在的危害人类、其他生物或物质的气体、液体和固体。尽管空气污染可能来自大自然，比如森林火灾和火山爆发，但是人类活动将很多物质排放到大气中，成为造成空气污染的主要原因。这些人类排放到大气中的物质如果降落（固体）并沉积在地面和地表水中，有些就会产生有害影响，另一些也会有害，因为它们会改变大气的化学性质。从人类健康的角度看，比人类造成空气污染更为严重的可能是这样的事实：人类造成的空气污染集中在人口密集的城市地区。

尽管有很多不同的空气污染物，我们将从管理的角度集中介绍最重要的七种：颗粒物、氮氧化物、硫氧化物、碳氧化物、碳氢化合物、臭氧、空气中的有毒物质（表19.1）。空气污染物常常分为两类：**一次空气污染物**（primary air pollutant）和**二次空气污染物**（secondary air pollutant）（图19.2）。一次空气污染物是直接进入大气中的有毒化学物质，主要的有碳氧化物、氮氧化物、硫氧化物、颗粒物和碳氢化合物。二次空气污染物是进入大气中的其他物质发生反应而形成的有害化学物质，臭氧和三氧化硫是二次空气污染物，因为这两种物质都是在大气中通过化学反应形成的。

主要的空气污染物

颗粒物（particulate matter）是由数千种悬浮在大气中不同的固体和液体颗粒组成的，包括固体颗粒物（尘）和液体悬浮物（雾）。颗粒物质包括土壤颗粒、烟尘、铅、石棉、海盐、硫酸雾滴，它会因为扩散和吸收阳光而降低能见度。城市地区接收的阳光比农业地区少，部分原因就是因为空气中含有更多的颗粒物。颗粒

空气污染：由于自然事件或人类活动排放到大气中的各种有害化学物质。

一次空气污染物：直接排放到大气中的烟尘或一氧化碳等有害物质。

二次空气污染物：一次空气污染物与空气中存在的正常物质或其他空气污染物发生反应而在大气中形成的有害物质。

表19.1　主要空气污染物

污染物	组成成分	一次或二次污染物	特点
颗粒物			
尘	多种	一次	固体颗粒
铅	Pb	一次	固体颗粒
硫酸	H_2SO_4	二次	液滴
氮氧化物			
二氧化氮	NO_2	一次	红褐色气体
硫氧化物			
二氧化硫	SO_2	一次	无色、刺鼻气体
碳氧化物			
一氧化碳	CO	一次	无色、无味气体
二氧化碳*	CO_2	一次	无色、无味气体
碳氢化合物			
甲烷	CH_4	一次	无色、无味气体
苯	C_6H_6	一次	甜味液体
臭氧	O_3	二次	带有酸味的淡蓝色气体
空气中有毒物质			
氯	Cl_2	一次	黄绿色气体

*在第二十章讨论。
来源：环保署。

图19.1　一次和二次空气污染物。一次空气污染物是从污染源中未加变化、直接排放到空气中的，而二次空气污染物是一次空气污染物或其他大气中正常存在的物质发生化学反应而在大气中产生的。

物会腐蚀金属，在空气湿润的时候侵蚀建筑物和雕塑，弄脏衣物和布帘。

颗粒物在两个方面对身体健康是危险的。第一，颗粒物中可能包含重金属、石棉或有机化学物质等有毒或致癌物质。这些有毒物质一旦接触人体或被吸收到体内，就会产生很大的影响。第二，极小的颗粒，即便是无毒的，也会损害肺组织和动脉。极细微的颗粒可以分为PM10（直径小于10μm的颗粒物）或PM2.5（直径小于2.5μm的颗粒物）。环保署（EPA）在美国大约1000个地方对极细微颗粒进行取样，以便能更好地了解其成分。由于地点和季节的不同，极细微颗粒的组成成分是有变化的。

铅（lead）是在工业和化学工艺中使用的一种软金属，对健康有着多方面的影响。室外接触很少会导致

环境信息

粉尘和史前艺术

空气污染可能以多种方式损害审美艺术。在英国的牛津，酸沉降使得数百年的石灰岩塑像出现麻点凹陷。在犹他州，粉尘已经使得岩画模糊不清，有些岩画的历史长达1000年。

粉尘常常被认为是沙漠中存在的自然问题，但是不受干扰的沙漠土壤是很稳定的。不过，如果人在沙漠上驾车或骑摩托车，车辆的轮胎就会干扰土壤，从而产生粉尘并松动土地，一旦发生暴风，粉尘就会被刮到空中。犹他州的一些地区，为了减少粉尘，在泥土路上撒上氯化镁。遗憾的是，氯化镁也会落在岩画上，从而腐蚀岩画。

急性铅中毒，但是慢性铅中毒会永久地降低人的认知能力，危害人的行为方式，减缓人的生长速度，引起听力和头疼等问题。空气中的铅也是个问题，因为它会被人吸入体内，或者降落在水里或物体表面上，包括食物。

氮氧化物（nitrogen oxides）是大气中的氮和氧在燃料燃烧等形成的高温状态下发生化学反应而产生的气体。氮氧化物通称为NO_X，主要包括一氧化氮（NO）、二氧化氮（NO_2）、一氧化二氮（N_2O）。氮氧化物阻碍作物生长，一旦被人体吸入就会带来健康问题，比如哮喘，这种疾病是呼吸道缩窄引起的呼吸吃力、气喘。这些物质会产生光化学烟雾和酸沉降（氮氧化物与水发生反应，形成硝酸、亚硝酸）。氮氧化物与全球变暖有关（氮氧化物在大气中捕获热量，因此是温室气体），损耗平流层里的臭氧。氮氧化物导致金属腐蚀，使得纺织品掉色和损坏。

硫氧化物（sulfur oxides）是硫和氧通过化学相互作用而产生的气体。二氧化硫（SO_2）是一种无色、不燃烧的气体，有着强烈的刺鼻味道，是主要的硫氧化物，是一次空气污染物。另一个主要的硫氧化物是三氧化硫（SO_3），这是二次空气污染物，是二氧化硫与空气中的氧发生化学反应而产生的。三氧化硫继而与水发生反应，形成另一种二次空气污染物硫酸。硫氧化物导致酸沉降，腐蚀金属，损害石头和其他材料。大气里硫氧化物产生的硫酸和硫酸盐损害植物，引起人和其他动物的呼吸道发炎。

碳氧化物（carbon oxides）是一氧化碳（CO）和二氧化碳（CO_2）气体。一氧化碳是无色、无嗅、无味的气体，在大气中，除了二氧化碳，没有其他空气污染物比它的数量大。一氧化碳有毒，妨害血液输氧的能力。二氧化碳也是无色、无嗅、无味的，是一种温室气体，大气中的二氧化碳促进全球气候变化。

碳氢化合物（hydrocarbons）虽然是多种有机化合物组合，但只含有氢和碳两种元素，最简单的碳氢化合物是甲烷（CH_4）。分子量小的碳氢化合物在常温下呈气态。甲烷是无色、无味气体，是天然气的主要成分。（天然气的味道来自有意添加的硫化物，以便人们通过嗅闻含硫化合物的味道来间接地发现易爆甲烷气体的泄露。）分子量中等的碳氢化合物，比如苯（C_6H_6），在常温状态下呈液态。不过，很多碳氢化合物性质不稳定，容易挥发。分子量最大的碳氢化合物包括蜡状物质石蜡，在常温状态下呈固态。这么多不同的碳氢化合物对人和动物健康有着多种影响。有些不造成不良影响，其他的损害呼吸道，还有一些会导致癌症。除了甲烷，所有碳氢化合物都会产生光化学烟雾。甲烷是主要的温室气体，促进全球气候变化。

臭氧（O_3）是氧气的一种形式，在大气的一部分是必要成分，而在另一部分则被视为污染物。在距离地球表面12公里到50公里（7.5英里到30英里）的平流层，氧气与来自太阳的紫外线发生反应生成臭氧。平流层的臭氧阻止大量的太阳紫外线到达地球表面。遗憾的是，某些人造污染物（含氯氟烃，或CFCs）与平流层的臭氧发生反应，将臭氧分解为氧分子O_2。

与平流层不同，紧靠地球表面的大气层对流层中的臭氧是人造的空气污染物。（地面上的臭氧不能补充平流层损失的臭氧，因为地面上的臭氧还未上升至平流层就分解形成氧气了。）对流层中的臭氧是二次空气污染物，是阳光促进氮氧化物和易挥发的碳氢化合物发生反应而形成的。臭氧是光化学烟雾中危害最大的成分，减少空气能见度，导致健康问题。臭氧对植物造成胁迫，减少植物的活力，作物长期暴露于臭氧中会降低产量（图19.3）。长期暴露于臭氧中可能会导致森林减少，地面上的臭氧是与全球气候变化相关的一种温室气体。

图19.3　臭氧危害。比较清洁的空气中种植的葡萄叶子（a）和被臭氧损害的葡萄叶子（b），被损害的葡萄叶子上有着黄/褐色和黑色的点。与此相反，健康的葡萄叶子是暗绿色或绿色的，表明有更多的叶绿素。暴露于臭氧污染下的植物还显示其他的特征，包括根部生长缓慢、产量降低。暴露于臭氧污染的葡萄产量大大降低。

臭氧：一种淡蓝色的气体，是屏蔽上层大气中（平流层）紫外线辐射的必要物质，也是下层大气中（对流层）中的污染物。

其他数百种空气污染物，比如氯、盐酸、甲醛、放射性物质和氟化物，多数浓度较低，尽管某种污染物在某些地方可能有较高的浓度。这些空气污染物，有的被称为**有害空气污染物**（HAPs）或空气毒物（air toxic），有着极大的危害。HAPs来源于很多的工业、商业和人类活动，包括烘焙、酿酒、干洗、家具厂、加油站、医院、汽车油漆店、打印室、烧烤等。

室外空气污染的来源

人类造成的主要空气污染物来自交通（移动源）和工业（固定源），当然有意的放火纵火也造成很大的空气污染（图19.4）。汽车和卡车是移动源（mobile source），燃烧汽油从而排放大量的氮氧化物、二氧化碳、颗粒物、碳氢化合物。尽管卡车、公交车、火车、轮船使用的柴油发动机比其他类型的燃油发动机耗油少，但是造成的空气污染更严重。一辆重型卡车排放的颗粒物相当于150辆小汽车。

发电厂和其他工业设施被称为固定源（stationary source），美国多数颗粒物和硫氧化物是这些固定源排放的，它们还排放大量的氮氧化物、碳氢化合物、碳氧化物。化石燃料的燃烧，特别是煤，是这些排放的主要来源。有毒空气污染物是排放到空气中对人的健康有致命影响的化学物质，最主要的3个工业来源是化工、冶金和造纸。

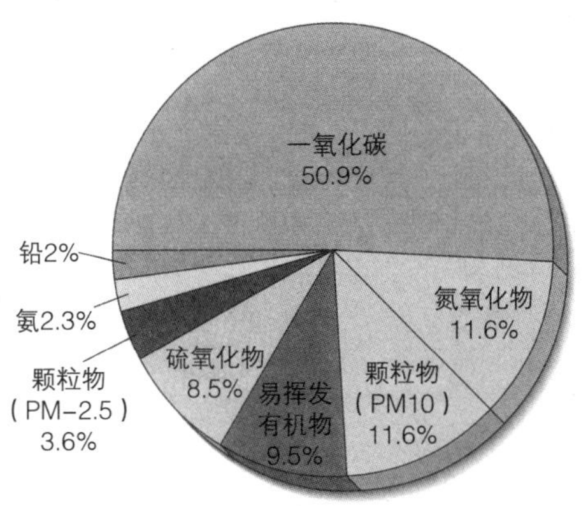

（a）空气污染物。氮氧化物和易挥发有机物的浓度是测量臭氧的间接指标，因为臭氧是氮氧化物和易挥发有机物发生反应而形成的二次污染物。

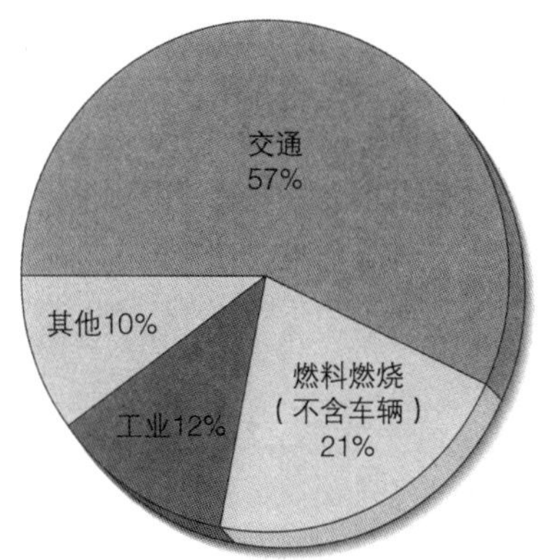

（b）空气污染物来源。交通和工业燃料燃烧（比如发电厂）是污染物的主要来源。

图19.4　美国的空气污染物。（环保署）

城市空气污染

城市中的空气污染减少能见度，常常被称为烟雾（smog），烟雾这个词是在20世纪初形成的，那个时候由于煤炭的燃烧，伦敦到处弥漫着氤氲的烟雾。烟污染有时也被称为工业烟雾（industrial smog）。工业烟雾中的主要污染物是硫氧化物和颗粒物。工业烟雾最严重的时候一般是冬天，那个时候家庭取暖燃烧的油或煤很多。

1952年12月，伦敦发生了世界上最严重的工业烟雾，4000人死亡，在其后的2个月里，又有8000人死亡，尽管这些人死亡的真正原因一直没有得到解释，但很可能是烟雾的慢性影响所致。

由于空气质量法律和污染控制措施，工业烟雾在今天的高度发达国家已经不是严重的问题，但是在发展中国家的很多社区和工业区依然严峻。

烟雾的另一个主要形式是**光化学烟雾**（photochemical smog）。这种褐橙色的烟雾之所以被称为光化学烟雾，原因是太阳光激发了几种化学反应，共同形成了烟雾的成分。洛杉矶最早的记录是在20世纪40年代，光化学烟雾在夏季尤为严重，主要污染物是氮氧化物和碳氢化合物。大气中的氮氧化物（主要是汽车尾气排放）、易挥发碳氢化合物、氧气发生光化学反应，产生地面上的臭氧，这一化学反应需要太阳能量（图19.5）。通过这种方式形成的臭氧再与其他空气污染物发生反应，包括碳氢化合物，形成了100多种不同的二次空气污染物，损害植物组织，造成眼部瘙痒，加重人的呼吸道疾病。

有害空气污染物：有着危害或潜在危害的空气污染物，对生活和工作在工厂、焚烧炉附近，以及生产、使用污染物的人造成长期的健康损害。

光化学烟雾：由阳光、氮氧化物、碳氢化合物发生化学反应而产生的褐橙色雾霾。

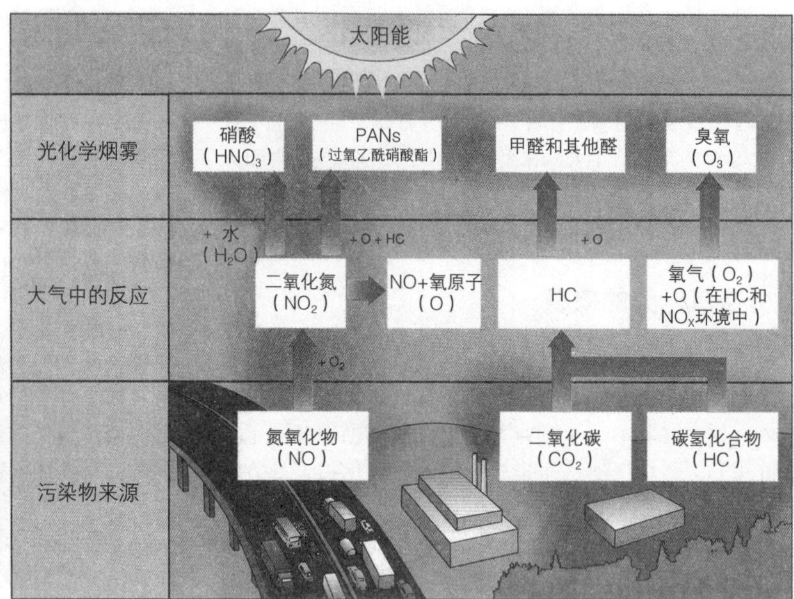

（a）洛杉矶的烟雾有时很严重，以至于遮蔽了太阳。

（b）在烟雾这种复杂的污染环境中发生几种化学反应，烟雾中的污染物包括臭氧、过氧乙酰硝酸酯（PANs）、硝酸以及甲醛等各种各样的有机化合物。

图19.5　光化学烟雾

案例聚焦

南加州地区减少臭氧的措施行动

很多人类活动造成光化学烟雾。虽然汽车以及加油站和炼油厂的排放是主要的污染源，但是任何释放挥发性有机化合物（VOCs）的行为都会产生烟雾。正是由于这个原因，很多发生臭氧问题的地方，都限制油漆、清洗剂、干洗机，甚至面包机（烘烤面包时，VOCs作为发酵的副产品排放到大气中）。

天气和地形都影响空气污染。白天气温的变化通常会形成空气流动模式，帮助冲淡和扩散空气污染物。随着太阳升高地表温度，地面附近的空气变热。这种热空气扩大并上升到大气的更高位置（热空气比冷空气轻，更容易流动），导致地表附近的气压变低，从而使周围的空气进入低压区域。因此，在正常条件下，空气流动模式会防止有毒污染物在地面上升到危险的水平。

在逆温（temperature inversion）天气期间，污染气体和颗粒物会停留在靠近人们生活和呼吸的地方，浓度很高。这种逆温现象通常只持续几个小时，然后被温暖地表附近空气的太阳热能所打破。不过，有的时候，失速高压气团导致的大气停滞会使得逆温持续好几天。

某些类型的地形（地表特征）增加逆温的可能性。位于山谷、海岸附近或处于山坡背风面（风吹的方向）的城市最容易发生逆温。洛杉矶盆地是一个坐落于太平洋和东面、北面山峦之间的平原。到了夏天，明媚的阳光在较高的位置形成了一层热的干空气，但是，太平洋海岸的一个地区地势高，将冰冷的海水带到表面，降低了海洋空气的温度。随着冷空气吹向内陆盆地的上方，群山阻止了冷风的继续前行。因此，一层热的干空气就覆盖在地表上的冷空气之上，产生了逆温现象。

二战后不久，一些政府组织开始改善洛杉矶周围地区历史上就一直很差的空气质量。1977年，当地政府创立了南部海岸空气质量管理区（South Coast Air Quality Management District, SCAQMD），这一特别机构非常有必要，因为空气污染物随着地势流动，而不是遵循行政划界。SCAQMD的边界代表着空气一般情况下从西边（太平洋）向东边（亚利桑那州和内华达州）移动的“空气盆地”，覆盖面积将近1.8万平方千米（7000平方英里），包括南加州四个县的部分或全部区域，涉及人口将近1500万人。

虽然SCAQMD的规章制度有厚厚的几大本，但是证据显示，在过去50年里，改善空气质量方面发挥重要作用的规定却不多（图19.6）。1976年，经过10年的改善，空气盆地中的臭氧含量依然超过联邦政府194天0.12ppm

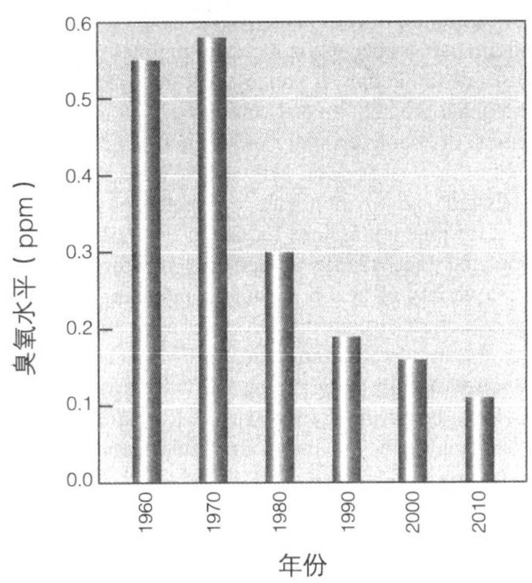

图19.6 **从1960年到2010年，南加州地区的臭氧最高浓度。**臭氧峰值是当年任何一天所记录的最高臭氧水平。平均每天臭氧水平、超过联邦和州政府标准的天数、其他指标，都显示了类似的模式。在过去半个世纪里，空气质量稳步改善，但是依然对健康有威胁。（南部海岸空气质量管理区）

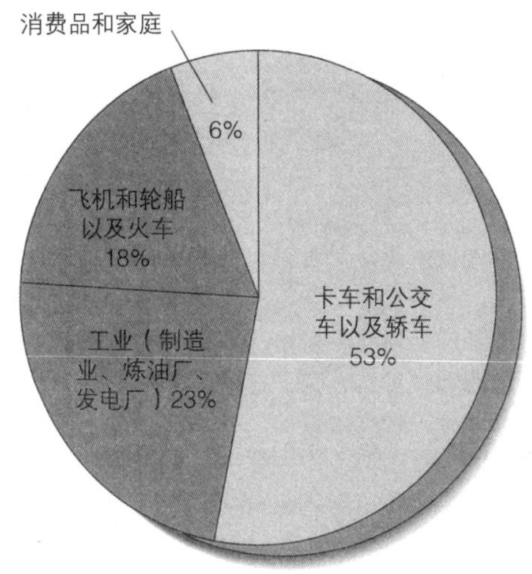

图19.7 **洛杉矶烟雾来源。**卡车、公交车以及轿车的排放占形成烟雾排放的一半以上。

的安全标准和州政府237天0.09ppm的标准。这意味着，在一年将近2/3的时间里，臭氧水平是不安全的。从1998年到2003年，臭氧水平似乎进入了稳定期，但是从2003年到2010年又有所下降。

由于臭氧是高温、阳光、碳氢化合物、水汽和氮氧化物组成的，因此必须对有些成分进行控制才能减少臭氧。在这些成分中，可以控制的只有碳氢化合物和氮氧化物两种。控制臭氧形成的管理规定对内燃机和炼油厂以及木炭点火液、喷漆等的使用提出了各方面的限制（图19.7）。

复习题

1. 七种主要的空气污染物都有哪些影响？
2. 二战以后，南加州地区对流层中臭氧水平发生了怎样的变化？为什么会发生那样的变化？

空气污染的影响

学习目标

- 描述特定空气污染物对健康的不利影响。
- 解释为什么孩子特别容易受空气污染的影响。

空气污染伤害生物，降低能见度，侵蚀和腐蚀金属、塑料、橡胶和纤维等材料。动物的呼吸道，包括人的呼吸道，特别容易受到空气污染物的伤害，这些污染物加重了慢性肺病、肺炎、心血管疾病等的症状（图19.8）。多数空气污染降低了作物的总体生产力，如果与极端温度或长期干旱等环境应激物结合在一起，那么空气污染会导致作物减产和绝产。空气污染还促进酸沉降、全球气候变化、平流层臭氧耗竭等。

空气污染和人类健康

一般来说，即便是暴露于低水平的污染物，比如臭氧、硫氧化物、氮氧化物和颗粒物，也会使眼睛瘙痒

图19.8 **小心：空气污染对你的健康有害。**这幅漫画如何描述了失衡的系统？

不适，使呼吸道发炎红肿（表19.2）。证据显示，很多空气污染物抑制免疫系统，增强感染的可能性。而且，越来越多的证据显示，在患呼吸道疾病期间，暴露于空气污染中可能会导致以后慢性呼吸道疾病的发生，比如**肺气肿**（emphysema）、**慢性支气管炎**（chronic bronchitis）。

特定空气污染物的健康影响 二氧化硫和颗粒物都会使呼吸道感染发炎，因为它们导致呼吸通道缩窄，实际上损害了肺交换空气的能力。患有肺气肿和哮喘的人对二氧化硫和颗粒物污染非常敏感。二氧化氮也能导致呼吸通道缩窄，使得患哮喘的病人更加容易对花粉和尘螨（家里尘土中发现的微生物）过敏。

围绕颗粒物污染对人类健康的影响开展的最大规模的一项研究是美国肺协会（American Lung Association）组织的，跟踪调查了50个州31.9万多人的死因，比较了死亡数据与所在地区的空气污染水平，特别是与PM2.5之间的关联。（火电厂和柴油发动机是细微空中烟尘颗粒的主要排放者。）由于研究对象中包括了非常多的人，因此科学家可以忽略抽烟、肥胖、饮食以及其他与死亡率相关的因素。研究发现，生活和工作在污染最严重地区的人比那些生活在最清洁空气的城市里的人更容易死于某些心脏病。烟尘被呼吸到肺里，并累积在肺部组织中，导致发炎，引发一系列的生理过程，阻塞与心脏连接的血管。

一氧化碳在血液血红素中不可逆地与铁黏合在一起，消除了其输氧的能力。在中等浓度下，一氧化碳导致头疼和乏力，随着浓度的增加，人的反应能力下降，发生昏厥，最终会导致死亡。最容易受到一氧化碳影响的人是孕妇、婴儿以及那些患心脏病或呼吸疾病的人。一项对芝加哥、底特律、休斯敦、洛杉矶、密尔沃基、纽约和费城等七个城市进行四年的研究发现，空气中一氧化碳的浓度与充血性心力衰竭病人的增加有着关联。

烟雾中的臭氧与挥发性化合物是导致很多健康问题的刺激物，会引起眼疼、咳嗽、胸部不适。臭氧引起哮喘发作，破坏免疫系统，甚至导致早死，尽管通常是发生在那些已经生病的人群中。美国国会研究服务局在2010年的一项研究中建议，如果将最大臭氧摄入标准从75ppb改变为60ppb，每年就会挽救1000多人的生命，将孩子因臭氧致病而失学的天数减少100万天。

尽管长期暴露于某种空气毒物与癌症有着关联，但是对机动车辆、商家、产业所产生的大约150种有害空气污染物的健康影响，还没有进行广泛的研究。尽管不同地方的癌症发病率差异很大，但是环境保护基金估计，每100万美国人中就有360人因为空气有毒物而罹患癌症。

儿童和空气污染 与所有环境应激物一样，空气污染对儿童的健康危害比对成年人大。肺在儿童时代发育，空气污染会限制肺的发育，使得儿童在未来的人生中更容易出现健康问题。而且，儿童比成年人新陈代谢快，需要更多的氧气。为了获得这些氧气，儿童会呼吸更多的空气，就每磅体重所呼吸的空气来说，大约是成年人的2倍。这就意味着，儿童将更多的空气污染物吸进了肺里。1990年的一项研究，对洛杉矶100名不明原因死亡的儿童进行尸体解剖，发现80%以上患有早期肺病。

表19.2 几种主要空气污染物的健康影响

污染物	来源	影响
颗粒物	工业、发电厂、机动车辆、建筑、农业	加重呼吸疾病；长期暴露会增加支气管炎等慢性疾病的发病率；与心脏病有关联；破坏免疫系统；有些颗粒，比如重金属和有机化学物质，可能导致癌症或其他组织损害。
氮氧化物	机动车辆、工业、化肥使用量大的农田	呼吸道发炎；加重呼吸疾病症状，比如哮喘和慢性支气管炎。
硫氧化物	发电厂和其他工业	呼吸道发炎；与颗粒物造成的健康损害一样。
一氧化碳	机动车辆、工业、壁炉	降低血液输氧能力；低浓度下引起头疼乏力；高浓度下造成神经损害或死亡。
臭氧	在大气中形成（二次空气污染物）	眼睛发炎；呼吸道发炎；导致胸部不适；加重呼吸疾病症状，比如哮喘和慢性支气管炎。

肺气肿：一种疾病，肺的气囊（肺泡）发生不可逆的肿胀，降低了肺部呼吸的效率，导致气绝和气喘。

慢性支气管炎：一种疾病，肺的呼吸通道（支气管）长期感染发炎，导致气绝和慢性咳嗽。

一个为期十年的项目对南加州12个社区大约5000个儿童进行了观察，研究长期暴露于空气污染对儿童肺部发育的影响。这项研究在2001年结束，结果表明，生活在臭氧浓度高并参加体育运动的儿童比生活在同一地区但不参加体育运动的儿童更容易患哮喘。而且，呼吸严重污染空气（二氧化氮、颗粒物、酸性蒸汽的浓度高）的儿童，比呼吸清洁空气的儿童肺发育慢。如果儿童搬到颗粒物空气污染少的地方居住，那么肺的发育会加快，但是如果搬到颗粒物空气污染更加严重的地方居住，那么肺的发育就减慢。

铅暴露也是幼儿发育中特别引起关注的问题，会减缓发育，导致智力的永久下降。在过去几十年里，铅水平已经大大降低，2008年，EPA根据铅对幼儿影响的证据，将铅可接受水平从每立方米1.5μg降低至每立方米0.15μg。

复习题

1. 空气污染对人体免疫系统的一般影响是什么?
2. 为什么儿童特别容易受到空气污染的影响?

美国的空气污染控制

学习目标

- 提供几个空气污染控制技术的例子。
- 总结《清洁空气法》对美国空气污染的影响。

美国的空气污染既有好消息，也有坏消息。坏消息是美国很多地区依然存在超过标准水平的一种或多种空气污染物。而且，多数健康专家认为，空气污染每年导致美国数千人过早死亡。好消息是总体来说，空气质量自20世纪70年以来已经改善，这种空气质量改善在很大程度上归功于美国《清洁空气法》和各州提高空气质量的措施。

空气污染物控制

历史上，“命令与控制”技术被用来减少污染物排放。通常，这就意味着污染排放以后才使用限制排放的设备。但是，这种技术解决方案要比其他措施造价高，比如其他措施可以是改变工艺，减少排放。

安装上静电除尘器（electrostatic precipitator）、织物过滤器、净化器（scrubber）或其他技术设备的大烟囱可以去除颗粒物（图19.9）。另外，在土方工程施工方面可以控制颗粒物，比如在道路建设期间先向干燥的土壤洒水然后再挖掘。

从烟囱中去除硫氧化物的方法有几种，但是成本低的方法常常是简单地将燃料更换为含硫量低的天然气或者非化石燃料能源，比如太阳能。和煤的气化一样（见图11.19），燃料燃烧使用前可以先进行脱硫。

汽油非常容易挥发，汽油挥发可能是VOCs的主要来源。为了减少这些排放，世界多数城市地区（以及很多农村地区）的汽油销售商要求某种形式的**油气回收**（vapor recovery）。阶段I油气回收涉及加油站的地下油罐（图19.10）。油罐车的一个油嘴往地下油库中输油的时候，另一个油嘴会将油库中的汽油蒸汽回收到油罐车中，否则这些蒸汽就会排放到大气中。然后油罐车回到储油仓库，在那里将汽油蒸汽燃烧或压缩进汽油。阶段II油气回收涉及在加油站加油的时候将汽车油箱中的蒸汽回收，这些汽油蒸汽通常被排入地下油罐，以便在阶段I过程中去除。

降低汽车发动机的燃烧温度可以减少氮氧化物的形成。公共交通减少汽车利用，因此减少氮氧化物排放。工业高温燃烧过程中产生的氮氧化物可以从通过烟囱的排气口去除。如果实行免耕技术，那么喷施氮肥的农田中氮氧化物的排放也会大大减少。

先进的壁炉和发动机的燃烧更为清洁，既减少一氧化碳，又减少碳氢化合物。催化转换器（catalytic converter）是安装在汽车上，在燃料燃烧后使用的排气净化系统，可以将多数未燃烧的汽油氧化，如果正常使用，能够将一氧化碳和易挥发碳氢化合物的排放减少85%左右。仔细处理石油和碳氢化合物，比如汽油、涂料稀释剂、打火机油，可以减少喷洒和挥发中的空气污染。

汽油中硫的含量为平均330ppm，减少硫含量就可以大大降低空气污染。（ppm是100万个空气、水或其他物质的分子中某个特定污染物分子的数量。）硫会阻塞催化转换器，以致转换器不能有效地清除汽车排气口中的排放。加利福尼亚州、加拿大和欧盟已经限制汽油中硫的含量。

小型面包车、SUV、轻型皮卡占新型客车数量的将近50%，目前不像汽车那样有着统一的联邦标准。这些大型汽车的污染物排放量是小汽车的2倍多。不过，从2009年开始，企业平均燃料经济性（corporate average fuel economy, CAFE）的标准要求一个公司销售的所有汽车的平均燃料效率达到27.5英里/加仑（mpg），这一平均标准每年都在提高。提高燃油里程效率的一个战略就是改用低碳燃料（见“迎接挑战：州政府采用低碳燃料标准”）。

油气回收：从汽油容器中将未燃烧的汽油蒸汽去除掉，包括加油站的地下油罐和汽车油箱，回收的油气或燃烧，或压缩。

很多州，比如加利福尼亚州、纽约州、新泽西州、康涅狄格州，现在要求柴油卡车和巴士实行排放检验，这与多年实行的汽车检验是一样的。柴油机排放废气，特别是颗粒物，被看作是有毒污染物。公共健康支持者坚持认为，呼吸柴油机排放的废气会导致哮喘、肺癌几率的增加和其他肺病。

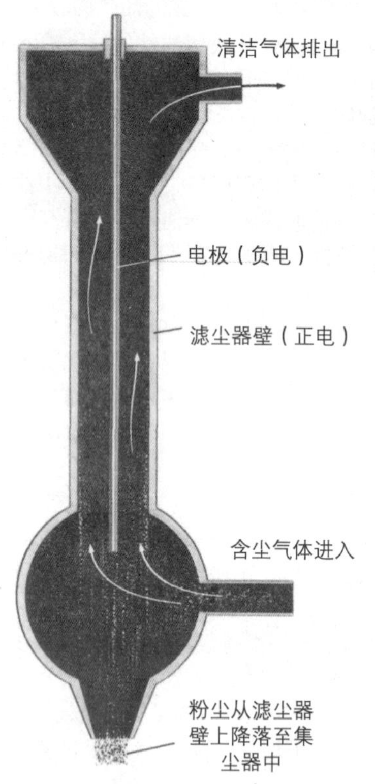

（a）在静电除尘器中，电极将负电赋予含尘气体中的颗粒物，这些颗粒物被吸引到带正电的滤尘器壁上，然后降落到集尘器中。

（b）如果不控制污染排放，像中国这种铝冶炼厂里的设施就会排放大量的颗粒物。

（c）如果安装净化器系统，多数颗粒物就会被清除，只留下蒸汽。摄于南卡罗来纳州南阿斯维尔（South Ashville）。

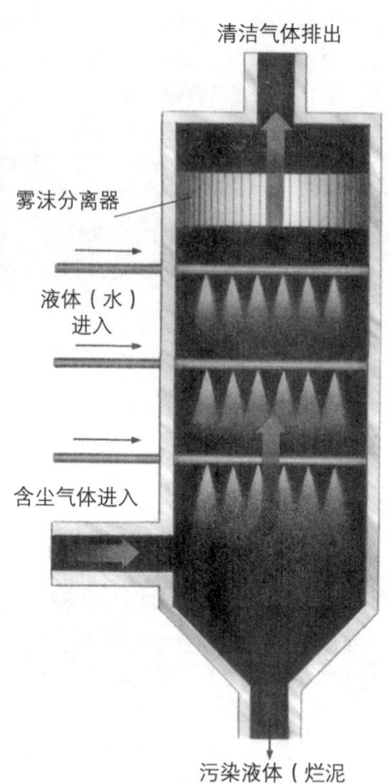

（d）在净化器中，水滴雾捕获含尘气体中的颗粒物。静电除尘器产生的有毒粉尘和净化器产生的污染烂泥状混合物必须进行安全处理，否则会造成土壤和水污染。（a和d引自M. D. Joesten and J. L. Wood, *World of Chemistry* [《化学世界》] 2nd ed., Philadelphia: Saunders College Publishing, 1996。）

图19.9　静电除尘器和净化器

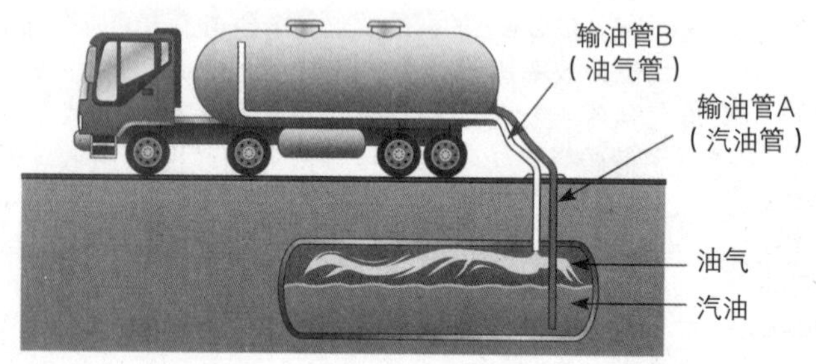

图19.10　阶段I油气回收。阶段I油气回收将地下汽油罐中汽油上面空间里的油气排出。

迎接挑战

州政府采用低碳燃料标准

历史上，世界上很多环境管理规定是从几个州或几个城市开始的，这些州或城市决定解决自己面临的环境问题，制定了解决方案，然后被其他州、全美国以及其他国家所采用。这种创新做法依旧在继续，加利福尼亚州决定从2020年开始对州内出售的燃料采用低碳燃料标准（low carbon fuel standard, LCFS）。其他几个州，包括佛罗里达和俄勒冈以及加拿大英属哥伦比亚，也采用了相同的措施。

加利福尼亚州的标准是通过州长行政令发布的，主要是基于两个原因：全球气候变化和对国外石油的依赖。目前，石油占加州交通运输能源来源的96%，占碳排放的40%。尽管加州出产石油，但大部分靠进口，是世界上最大的石油进口者之一。

LCFS的目标是减少碳强度（carbon intensity）或者是减少单位能源中的含碳量，到2020年使客车燃油碳强度或含碳量减少10%或以上。这意味着替代燃料，包括生物质、氢、电，将占据燃料供应中更大的份额。天然气是一种化石燃料，也会发挥作用，因为它比汽油的碳强度低。

减少燃料中的碳含量同时也会减少对当地或区域产生环境影响的其他空气污染物。地面臭氧、氮氧化物和颗粒物是减少幅度最大的，不过硫氧化物也能有一定的减少。减少碳对臭氧的影响是两个方面的。第一，碳排放少意味着臭氧的前质少，因为臭氧是二次污染物，是通过氮氧化物和含碳的挥发性有机化合物反应而产生的。第二，减少碳将减缓大气变暖。因为臭氧的形成不仅需要化学物质，还需要高温，热量少意味着形成臭氧的高温天数少。

《清洁空气法》

美国第一部空气质量法规是1955年的《空气污染控制法》（Air Pollution Control Act）。但是，确立现代空气质量管理标准的法律是1970年的《清洁空气法》（1977年和1990年修订）。这部法律授权EPA制定美国限制空气污染物排量的标准。各州负责达到空气污染标准的最低要求。各州可以制定比EPA标准更为严格的污染控制标准，但是不能比《清洁空气法》制定的标准低。

根据《清洁空气法》，EPA建立了有关物质可接受的最大浓度标准，包括铅、颗粒物、二氧化硫、一氧化碳、氮氧化物和臭氧。最大的改善是大气中铅的含量，在1970年到2006年期间降低了98%，主要是因为含铅汽油向无铅汽油的转变。大气中其他污染物的含量也有所减少（图19.11），比如，在1970年到2012年期间，二氧化硫排放降低了80%，同样在这个时期，能源消费增长了大约50%。

尽管空气质量不断改善，但是美国每年向空气中排放8000万公吨的污染物。尽管很多大都市地区通过加强空气质量管理，在过去几十年里空气质量有了很大的改善，但是也有很多城市地区的大气中依然含有很多的污染物，远超过健康标准建议的水平（表19.3）。在EPA的报告里，这些城市被定义为超标地区，有一种或多种污染物超标。超标地区的分类是根据受污染的程度，范围从轻污染（有某种污染，相对容易清理）到极端污染（污染严重，需要很多年进行清理）。EPA认为，目前美国有2亿多人生活在超标地区。

《清洁空气法》及其修正案要求对机动车排放实行更为严格的控制。1990年《清洁空气法》修正案的条款

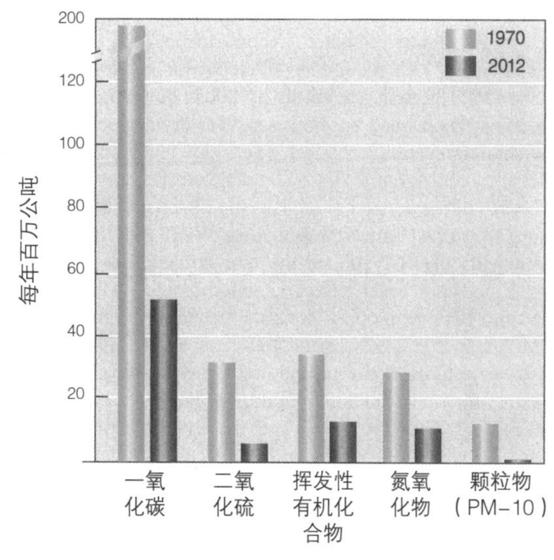

图19.11 美国1970年和2012年的污染排放。一氧化碳、二氧化硫、挥发性有机化合物（很多是碳氢化合物）、颗粒物、氮氧化物显示了下降。PM-10指的是小于或等于10μm（10微米）的颗粒物。1990年以来，EPA还监测PM-2.5，这是小于或等于2.5μm的细微颗粒物。（空气质量规划和标准，空气和辐射办公室，EPA）

包括开发氮氧化物和碳氢化合物排放更少的“超清洁”汽车、在美国污染最严重城市使用更为清洁的汽油。这些要求在2000年已经逐步实施到位。最近的新款汽车产生的污染物比老款汽车少。不过，尽管道路上新款汽车的比例不断增加，但是美国有些地区的空气质量并没有得到改善，原因是汽车数量有了很大增加。

表19.3 美国1999年空气质量最差的城市地区（臭氧超标地区）和2013年的状况

	1999	2013
加州洛杉矶南部海岸空气盆地	极端	极端
伊利诺伊—印第安纳的芝加哥、加利、湖县	很严重	轻度
得克萨斯休斯敦、加尔维斯敦、布拉佐里亚	很严重	轻度
威斯康星密尔沃基、拉辛	很严重	不再列为超标
纽约、新泽西和康涅狄格		
纽约市、北新泽西、长岛	很严重	轻度
马里兰州巴尔的摩	严重	中度
宾夕法尼亚、新泽西、特拉华和马里兰		
费城、威明顿、特伦顿	严重	轻度
加州萨克拉门托	严重	严重
加州圣华金河谷	严重	不再列为超标
加州文图拉县（圣芭芭拉和洛杉矶之间）	严重	严重

除了机动车污染排放，1990年的《清洁空气法》修正案还聚焦于工业空气有毒化学物质。在1970年到1990年期间，只有7种有毒化学物质的大气排放受到管理。与此相比，1990年的《清洁空气法》修正案要求到2003年，将189种有毒化学物质的大气排放减少90%。为了完成这一规定，干洗店等小企业和化工厂等大型制造企业如果以前没有污染控制就不得不安装污染控制设备。

即便后来这部法律没有再修订，EPA也在继续根据新的形势变化改变环境污染标准。1990年《清洁空气法》修正案限制PM-10排放，随着人们对细微颗粒影响健康的担忧，EPA提出对PM-2.5制定专门的控制标准。2007年，新的管理规定要求减少柴油卡车的烟尘排放，2012年，对柴油拖拉机、挖掘机、火车和其他柴油机动车实施同样的规定。EPA在2008年还修订了铅和臭氧排放标准，将铅的排放浓度限制标准提高了10倍，将臭氧的排放限制标准提高了5%左右。

复习题

1. 减少空气污染的技术有哪些?
2. 什么是美国《清洁空气法》? 这部法律是如何减少室外空气污染的?

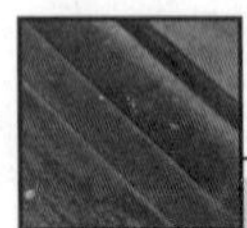

平流层的臭氧损耗

学习目标

- 解释平流层臭氧变薄，解释含氯氟烃和其他化学物质是如何减少平流层臭氧的。
- 描述臭氧损耗的一些有害影响。
- 解释应对损耗臭氧的化学物质的政策。

作为一种氧，臭氧（O_3）在对流层是人类行为造成的一种污染物，在平流层则是自然形成的平流层必要的组成部分，平流层在地表以上10到45公里（6到28英里）的上空环绕着我们的地球。平流层中浓度相对高的臭氧形成了臭氧层，保护地球不受来自太阳的大量**紫外线辐射（ultraviolet radiation）**（见图19.12）。

科学家将紫外线辐射分为三段：UA-A（波长为320到400nm）、UV-B（280到320nm）、UV-C（200到280nm）。（一纳米简称nm，是一米的十亿分之一。）紫外线辐射的波长越短，能量就越大，也越危险。幸运的是，平流层中的氧气和臭氧吸收了所有的UV-C射线（最致命的波长）。臭氧层吸收了多数的UV-B射线。UV-A射线不受臭氧的影响，多数射线抵达地表。

平流层臭氧变薄

南极上空的臭氧层每年都有几个月在自然状态下变薄。不过，1985年，人们第一次发现**平流层臭氧变薄**（stratospheric ozone thinning）的幅度比正常情况下严重。这种情况每年9月都发生，一般被称为臭氧洞（ozone hole）（图19.13）。在20世纪90年代，臭氧洞继续扩大。到了2000年，臭氧洞达到2920万平方千米（1140万平方英里）。北冰洋上空的平流层臭氧也发现了小幅变薄现象。而且，全世界平流层臭氧水平在过去几十年里出现了下降。根据国家大气研究中心，欧洲和北美上空的臭氧水平在20世纪70年代和21世纪初下降了将近10%。大约2005年以后，数据显示，平流层臭氧出现了缓慢但

紫外线（UV）辐射：波长比可见光短的电磁波谱部分。

平流层臭氧变薄：人类活动产生的含氯和含溴物质导致的平流层臭氧的加速破坏。

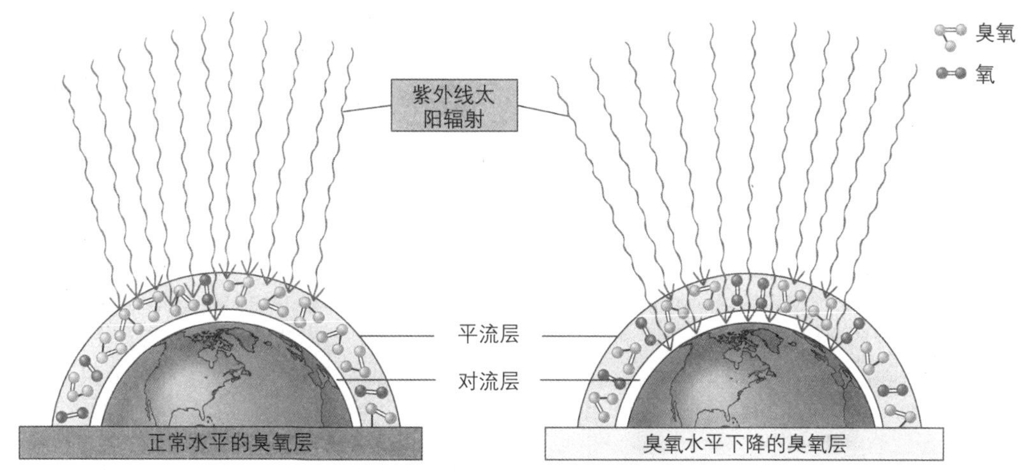

图19.12 平流层臭氧层

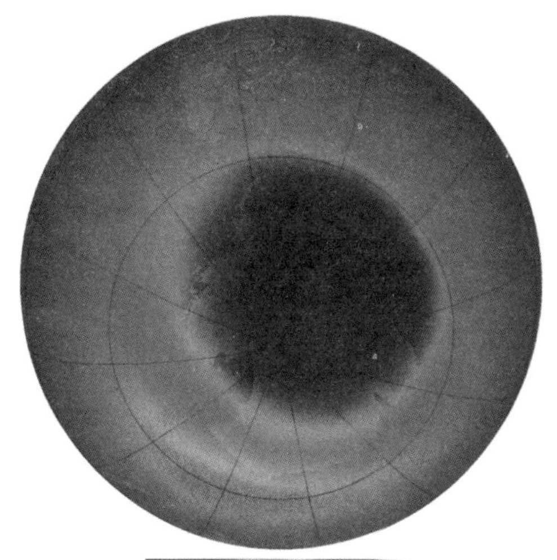

图19.13 臭氧洞。计算机生成的2013年10月部分南半球图像，显示出臭氧洞（南极洲上空的深色区域）。臭氧洞地区不是固定的，而是随着空气的流动而移动。

持续的增加。

含氯和含溴的物质加剧了臭氧的破坏。排放氯的主要化学物质是**含氯氟烃（CFCs）**，这种物质增加了平流层中的氯，从而导致臭氧的损耗。含氯氟烃被用作气溶胶罐的喷射剂、空调和冰箱的冷却剂（即氟利昂）、隔绝和包装中的发泡剂、溶剂等。

哈龙、甲基溴、甲基氯仿和四氯化碳也会释放氯和溴，从而导致臭氧损耗。哈龙被用作阻燃剂，甲基溴被用作农药，甲基氯仿和四氯化碳是工业溶剂。

将CFCs以及其他人造化合物与平流层臭氧破坏联系在一起的证据包括实验室测量、大气观测、计算模型计算分析。1995年，诺贝尔化学奖授予舍伍德•罗兰（Sherwood Rowland）、马里奥•莫利纳（Mario Molina）和保罗•克鲁岑（Paul Crutzen），这些科学家首次解释了臭氧层变薄与CFCs等化学物质之间的关联。

在地面排放的CFCs和其他含氯化合物慢慢上升到平流层，UV辐射将它们分解，释放出氯。同样，哈龙和甲基溴的分解释放出溴。南极上空发现的臭氧层空洞一般出现于每年的9月和12月之间（南半球的春天）。那个时候，有两个重要的条件，一是阳光回到极地地区，另一个是形成环极涡旋（circumpolar vortex），这是一团冷空气，环绕着南极地区，将南极地区与地球其他地区的热空气隔离开。

冷空气导致极地平流层云的形成，这些云中含有粘附着氯和溴的冰晶，从而通过它们破坏臭氧。阳光促进化学反应，通过化学反应，氯或溴将臭氧分子分离，转化为氧分子。摧毁臭氧的化学反应并不改变氯或溴，一个氯原子或一个溴原子可以分解数千个臭氧分子。随着环极涡旋的散开，破坏臭氧的空气向北移动，稀释南美洲、新西兰和澳大利亚上空平流层的臭氧。

臭氧损耗的影响

随着臭氧层的损耗，更多的UV辐射到达地球表面。多伦多从1989年到1993年开展的一项研究显示，由于臭氧水平的下降，冬天UV-B的水平每年增加5%以上。新西兰的研究表明，1998年到1999年期间夏天UV-B射线的最高水平比10年前同期高12%。

含氯氟烃（CFCs）：人造的含有碳、氯、氟的有机化合物，有着广泛的工业和商业应用，但是由于破坏平流层臭氧层而被禁止使用。

人类的几种健康问题，包括白内障、皮肤癌、免疫力减弱，与过量暴露于UV辐射相关。眼睛中的水晶体含有透明蛋白质，以很慢的速度更替。暴露于过量UV辐射会损害这些蛋白质，随着时间的推移，这些损害会累积，从而导致水晶体混浊，形成白内障。白内障可以通过手术治愈，但是发展中国家数百万的人付不起治疗费，因此变成半盲或完全失明。

过量地、长期地暴露于UV辐射导致了大部分的皮肤癌。UV-B射线导致皮肤细胞中脱氧核糖核酸（DNA）的变异或变化。这样的变化慢慢累积起来，就可能导致皮肤癌。从全球来看，每年发生皮肤癌约220万例。恶性黑素瘤是最危险的皮肤癌，比其他癌症增长得快（图19.14）。有些恶性黑素瘤会很快向全身转移，可能在诊断以后几个月就导致死亡。

UV辐射水平的提高还可能破坏生态系统。比如，南极洲浮游植物是细微的漂浮的藻类，是南极洲食物网的基础，由于过多地暴露于UV辐射，这些浮游植物的生产力已经下降。在南极洲，冰鱼卵和幼体（幼鱼）中DNA变异的增加是与UV辐射水平的增加相一致的。由于生物生存的生态系统是相互依存的，因此一个物种的负面影响会给整个系统带来后果。高水平的UV辐射还可能会损害作物和森林。比如，暴露于高水平的UV辐射会使黄瓜更容易遭受病害。

促进臭氧层的恢复

1978年，美国作为CFCs最大使用国，禁止在止汗剂、喷发定型剂等产品中使用CFC推进剂。尽管这一禁令在正确的方向走出了一步，但是并没有解决问题。多数国家都没有这么做，而且，在CFC使用方面，推进剂只是冰山一角。

1987年，很多国家的代表在蒙特利尔签署《蒙特利尔公约》（Montreal Protocol），这个协议最初要求到1998年减少CFC50%。科学家报告说，在北半球中纬度人口密集地区的上空所有季节里都出现平流层臭氧减少的情况。因此，《蒙特利尔公约》进行了修改，在限制CFC生产方面提出了更为严格的措施。

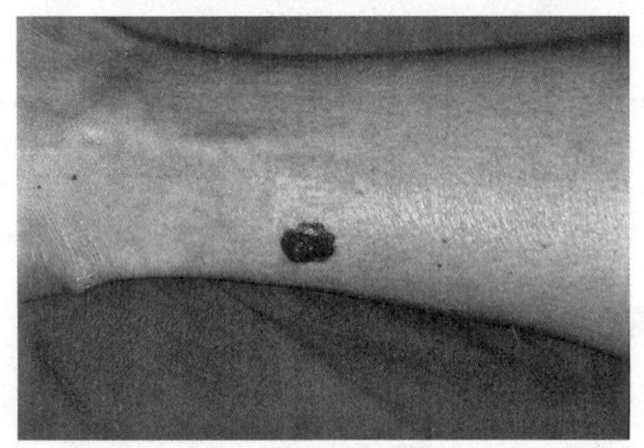

图19.14 **腿背面的恶性黑素瘤。**这些有颜色的肿瘤细胞有时是从以前就有的痣中长出来的，当然不总是这样。早期诊断很重要，因为这种形式的皮肤癌会蔓延到身体其他部位，而且会致命。

生产CFCs的工业企业很快开发出了替代产品，比如氢氟烃（HFCs）和氢氯氟烃（HCFCs）。尽管HFCs是强烈的温室气体，但是它们不破坏臭氧。HCFCs破坏臭氧，但破坏力没有它们所替代的化学物质对臭氧的破坏力大。HFCs和HCFCs都是过渡性替代物，直到工业界开发出新的替代产品。

除了向发展中国家出口少量产品，美国和其他高度发达国家在1996年就彻底停止生产CFCs、四氯化碳、甲基氯仿。发展中国家在2005年不再使用CFC。甲基溴在2005年被禁止。HCFCs将在2030年被禁止。

1997年的卫星图像提供了破坏臭氧的化学物质水平开始在平流层下降的第一个证据。在21世纪初，臭氧层恢复的最初迹象非常明显，通过测量，平流层臭氧减少的速度在下降。

两种化学物质，CFC-12和哈龙-1211，使用量可能增加，依然对臭氧恢复构成威胁。尽管高度发达国家不再生产CFC-12，但是这些国家废弃的汽车空调和旧的冰箱依旧向大气中泄露CFC-12。另外，中国、印度、墨西哥等发展中国家增加了CFC-12的产量。与此相对照，从2006年开始，全世界已经禁止哈龙的使用。遗憾的是，CFCs极度稳定，今天使用的CFCs对平流层臭氧的破坏可能持续至少50年。科学家预测，人类加剧形成的臭氧空洞每年还会在南极洲上空再出现，尽管随着时间的推移臭氧空洞的大小和变薄的速度会逐渐降低，直到2050年后臭氧层完全恢复。

复习题

1. 什么是平流层臭氧层?
2. 平流层臭氧洞是如何发生的?
3. 《蒙特利尔公约》是如何扭转臭氧损耗态势的?

酸沉降

学习目标

- 解释酸沉降是如何形成的，描述它的一些影响。
- 解释森林减少及其可能的原因。
- 描述与减少酸沉降相关的挑战。

阿迪隆代克山脉（Adirondack Mountains）中无鱼的湖、墨西哥南部地区最近遭损害的玛雅遗址、捷克共和国死亡的树林，它们有什么共同之处？答案是，这些损害都是酸性降水的后果，或者更准确些，是**酸沉降**（acid deposition）的后果。酸沉降包括降水中的硫酸和硝酸（湿沉降）及从空气中析出的硫酸和硝酸干颗粒（干沉降）。

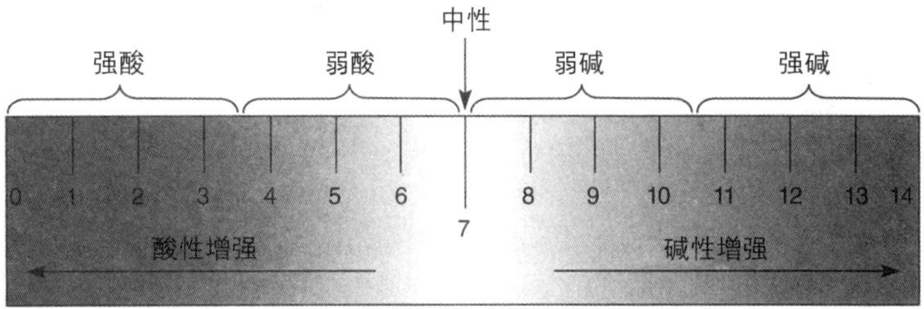

图19.15 pH值刻度。这个刻度的范围是从0到14，表示的是酸性和碱性溶液的浓度。纯净水是中性的，pH值为7。pH值每降低1个单位，就代表着酸度的10倍增加。

酸沉降是如何形成的

英国化学家罗伯特•安格斯•史密斯（Robert Angus Smith）发现，在重工业活动多的地区，建筑物被雨侵蚀磨损，因此就在1872年创造了酸雨（acid rain）这个词。直到最近，北半球的工业化国家遭受的最大损失还是来自酸沉降，特别是斯堪的纳维亚国家、中欧、俄罗斯和北美。近年来，酸雨已经成为中国的重要问题，在1995年和2005年期间，SO_2排放量翻了一番，这在很大程度上是使用含硫量高的煤造成的。尽管从2005年中国的SO_2排放有所下降，但是依然很高。

pH值的范围从0到14，表示一个物质的酸或碱的相对浓度（图19.15），pH值为7，就表示这个物质既不呈酸性，也不呈碱性，小于7则表示呈酸性。pH值是个对数，因此pH值为6的溶液要比pH值为7的溶液酸10倍。同样，pH值为5的溶液要比pH值为6的溶液酸10倍，比pH值为7的溶液酸100倍。如果溶液的pH值大于7，那么就呈碱性。

比较来说，蒸馏水的pH值为7，西红柿汁的pH值为4，醋的pH值为3，柠檬汁的pH值为2。正常情况下，雨水有点微酸（pH值在5到6之间），因为CO_2和空气中其他自然形成的化合物在雨水中溶解，形成了稀酸。不过，美国东北地区降雨的pH值平均是4，经常是3或更低。

如果二氧化硫和氮氧化物释放到大气中，就会和空气中的水分形成酸，然后通过降雨、降雪或冷凝（露水）沉积到土地上，于是形成酸沉降（图19.16）。机动车辆是氮氧化物的主要来源。火电厂、大型冶炼厂、工业锅炉是二氧化硫排放的主要来源，也产生大量的氮氧化物。从高大烟囱中排放到空气里的二氧化硫和氮氧化物能被风刮到很远的地区。高烟囱是控制当地空气污染的最初尝试，其逻辑是“解决污染的办法是稀释冲淡”。高烟囱使得英国将其酸沉降问题“出口”到斯堪的纳维亚半岛国家，使得美国中西部地区的酸性污染物排放“出口”到新英格兰和加拿大。

二氧化硫和氮氧化物在空气中停留期间与水发生反应，产生稀溶液硫酸（H_2SO_4）、硝酸（HNO_3）和亚硝酸（HNO_2）。酸沉降将这些酸带回地面，造成地表水和土壤pH值的下降。

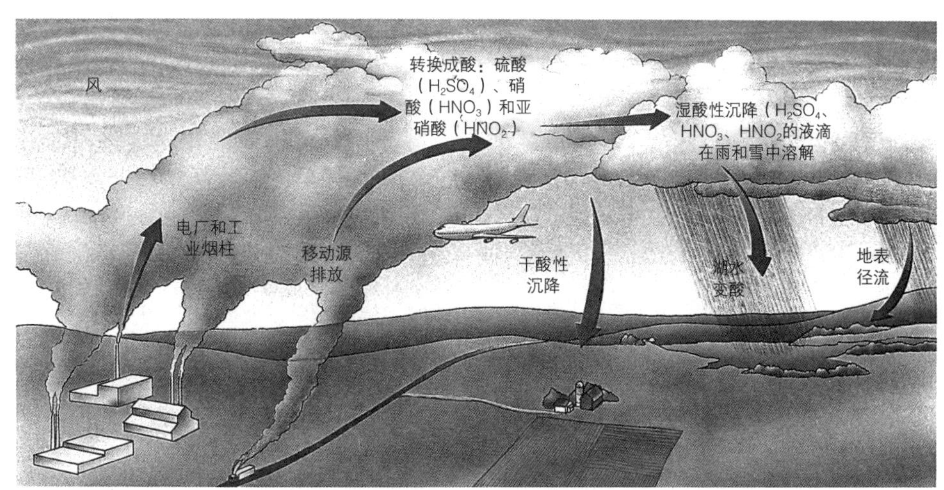

图19.16 酸沉降。二氧化硫和氮氧化物排放与大气中的水汽发生反应产生酸，然后通过干酸沉降和湿酸沉降回到地表。

酸沉降：硫氧化物和氧化一氮排放物与大气中的水汽发生反应形成酸，通过干沉降或湿沉降回到地表。

酸沉降的影响

酸沉降对生物和无生命物质都产生影响。它腐蚀金属和建筑材料，比如，华盛顿的纪念碑、威尼斯和罗马的历史遗迹、墨西哥南部的玛雅遗址。

酸沉降和水生动物种群下降有着密切的关联。阿迪隆代克湖调查集团（ALSC）是一个非营利组织，与很多大学、EPA、各种各样的州和地方组织合作，开展了田野调查。在调查的1469个阿迪隆代克湖泊和水塘中，有352个的pH值等于或小于5，其中346个被酸化的湖泊和水塘里没有鱼群。铝等有毒金属在酸性湖泊和溪流中溶解，进入食物网。这种有毒金属浓度的提高可能解释酸性水是如何对鱼类产生不利影响的。

关于酸沉降，尽管对鱼类的影响引起了最大的注意，但是其他动物也受到伤害。有几项研究发现，生活在有着明显酸沉降地区的鸟类更容易产下皮薄、壳脆的蛋，这些蛋在幼鸟孵化以前往往就破裂、变干。蛋壳之所以不坚硬，是因为鸟类的饮食中缺乏钙。钙的缺乏是因为，在酸性土壤中，钙变得可溶解，以致被冲刷，很少剩下来被植物根系吸收。植物组织中钙量的减少意味着以植物为食的昆虫和蜗牛体内钙量减少，因此那些捕食这些昆虫和蜗牛的鸟也就没有钙可吸收。

德国西南黑森林地区的森林调查显示，50%的森林已经死亡或严重受损。（根据对树木叶子和针叶的监测判定受损程度。）欧洲很多其他地区的森林树木也是这种情况。自从20世纪70年代中期以来，美国东北山区的红杉树一半以上已经死亡。加拿大东部和美国的糖枫也在死亡。从20世纪90年代末开始，北方硬木损害调查中心对从佐治亚到缅因州的高海拔阿巴拉契亚山区的树木死亡情况进行调查并绘制了树木死亡地图。

很多活着的树木显示了森林减少（forest decline）的迹象。森林减少的常见迹象是活力和生长力下降，但是有些植物显示出特别的征兆，比如针叶林的针叶变黄。森林减少在高海拔的地方更为明显，可能是因为生长在高海拔地区的多数树木处于正常生长区间的极限，任何形式的应激物，都会使得它们丧失活力（图19.17a）。

很多因素相互影响损害了树木的健康状况，没有任何单一的因素能够解释近年来的森林减少（图19.17b）。尽管酸沉降与树木损害有着密切的关系，但也只是起部分的作用，还有其他几种人类活动导致的空气污染物，比如对流层（地面）臭氧以及铅、铬、铜等有毒重金属，也导致了树木损害。发电厂、矿石冶炼厂、炼油厂、机动车除了产生通过相互作用形成酸沉降的硫氧化物和氮氧化物外，还产生这些污染物。另外，昆虫和干旱、严冬（严寒和风会损害脆弱植物）等天气因素也可能是造成树木损害的重要原因。

使问题更为复杂的是，导致森林减少的真正原因可能因为树木种类、生长地点的不同而不同。因此，森林减少看起来是多种应激物的结果，包括酸沉降、对流层臭氧、UV辐射（纬度越高辐射越强）、虫害破坏、干旱等等。如果已经有一个或多个应激物削弱了树的功能，那么再来一个应激物，比如空气污染，可能对其死亡发挥决定性作用。

酸沉降危害植物的一个模式已经研究清楚了，这就是：酸沉降改变土壤的化学特性，从而影响植物根系的发育及其对土壤溶解矿物质和水的吸收。钙和钾等必要植物矿物很容易从土壤中流失，而其他的元素，比如氮，在土壤中的含量大大增加。锰和铝等重金属在酸性土壤水分中发生溶解，含量达到有毒水平，被植物吸收。中欧1989年完成的一个研究发现，森林损害和酸沉降改变的土壤化学特性之间有着密切的联系。中欧的森林损害比北美还要严重。

酸沉降管理

酸沉降难以解决的一个原因是：它并不只是在排放污染气体的地区发生。酸沉降不遵循省州或国家的分界线，一个地方排放的硫氧化物和氮氧化物完全可能到达离排放源几百公里的地方。

美国就有这方面的问题。伊利诺伊、印第安纳、密苏里、俄亥俄、宾夕法尼亚、田纳西、西弗吉尼亚等几个中西部和东部州燃煤所产生的酸沉降占污染新英格兰和加拿大东南地区酸沉降的50%到75%。当制定法律解决这一问题时，就发生这样的争论，即谁应该支付安装减少硫氧化物、氮氧化物排放的昂贵空气污染控制设备的费用。尽管有这些困难，但由于实行“总量管制与交易制度”（Cap-and-Trade）机制，对硫氧化物和氮氧化物向大气的排放进行限制，美国产生的SO_2总量从20世纪80年代已经开始下降（图19.18）。

减少污染问题会在国际争端中放大。比如，英国火电厂的废气会随着盛行风向东移动，在瑞典和挪威返回地面，形成酸沉降。同样，中国大陆排放的废气会在日本、台湾和朝鲜以及韩国造成酸沉降。

酸沉降控制的基本理念是明确的，即减少二氧化硫和氮氧化物排放，控制酸沉降。简而言之，如果二氧化硫和氮氧化物不排放到大气里，它们就不会以酸沉降的形式落下来。在火电厂的烟囱里安装净化器（见图19.9）和使用洁净煤技术烧煤，由于不排放过量污染物，从而会有效地减少酸沉降（见第十一章）。相应的，酸沉降的减少会防止地表水和土壤的酸度高于正常水平。

（a）这些树木摄于德国的黑森林地区，展现了酸雨造成的森林减少现象。

尽管美国、加拿大和很多欧洲国家减少了硫排放，酸沉降依然是一个严重的问题。酸化的森林和水体没有像期望的那样很快恢复。很多东北地区的河流和湖泊，比如纽约州阿迪隆代克山区的湖泊，依然是酸性的。恢复慢的主要原因可能是，在过去30多年里，酸雨已经大大改变了很多地区的土壤化学特性。必要植物矿物，比如钙和镁，已经从森林和湖泊的土壤中被淋洗出去。由于土壤的形成需要数百年甚至数千年，因此从酸雨的影响中恢复过来可能需要数十年或数百年。

很多科学家相信，如果不大幅地减少氮氧化物排放，生态系统就不可能从酸雨损害中恢复过来，而这种趋势似乎已经出现。氮氧化物排放比二氧化硫排放更加难以控制，因为机动车辆产生大量的氮氧化物。虽然发动机改进可能减少氮氧化物排放，但是随着人口的增长，这些工程上的改善效果可能被机动车数量的增加所

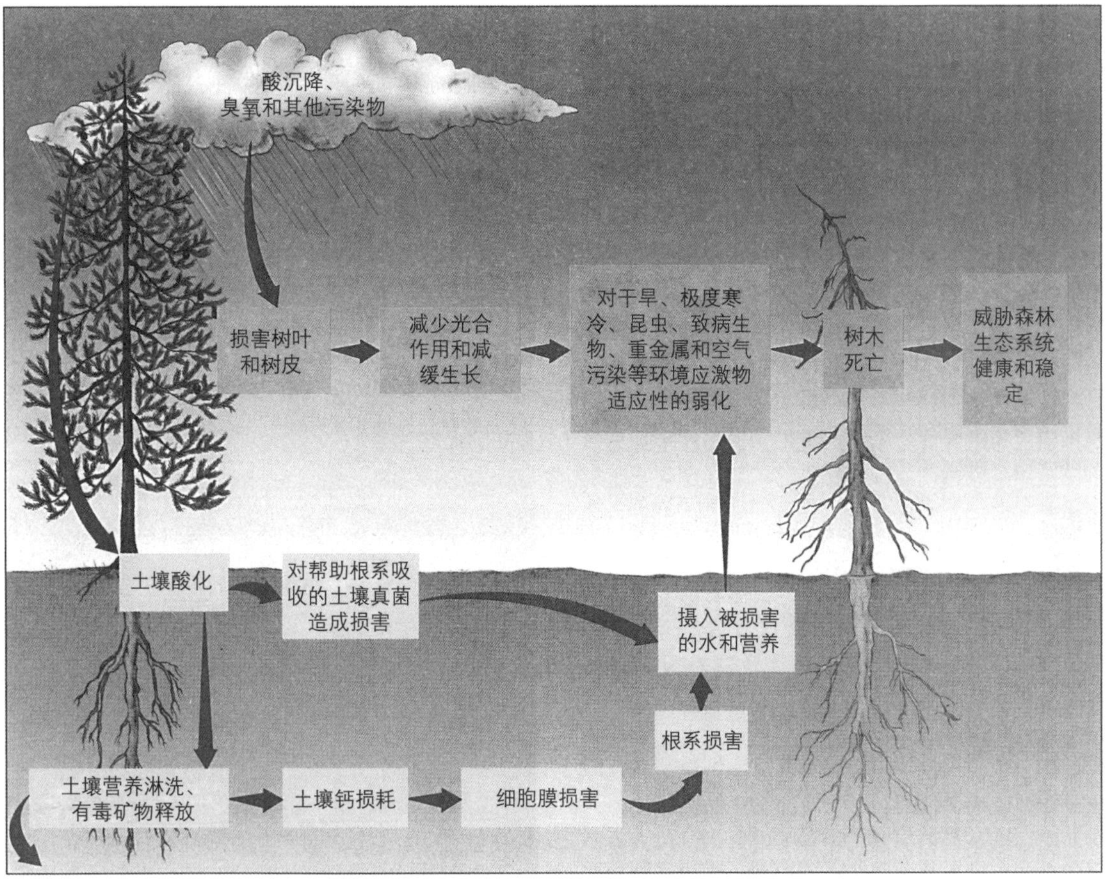

酸沉降、
臭氧和其他污染物
损害树叶和树皮
减少光合作用和减缓生长
对干旱、极度寒冷、昆虫、致病生物、重金属和空气污染等环境应激物适应性的弱化
树木死亡
威胁森林生态系统健康和稳定
土壤酸化
对帮助根系吸收的土壤真菌造成损害
摄入被损害的水和营养
根系损害
土壤营养淋洗、有毒矿物释放
土壤钙损耗
细胞膜损害

（b）酸沉降是相互作用的几种应激物之一，导致森林减少和死亡。酸沉降增加了土壤酸性，导致某些必要矿物离子，比如钙从土壤中被淋洗出去。

图19.17　森林减少。

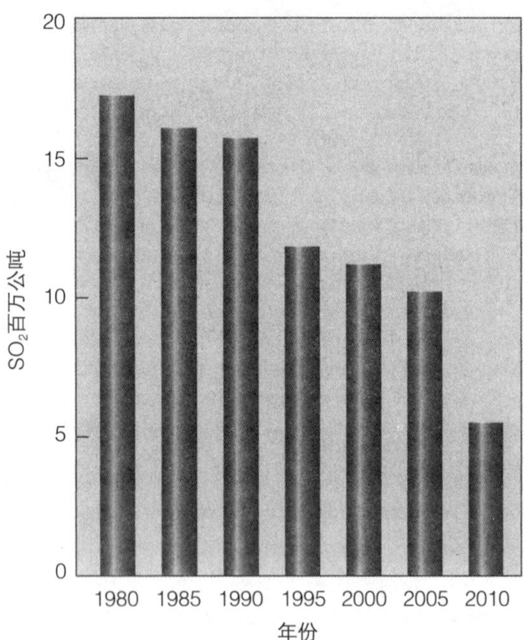

图19.18 美国1980—2010年的SO_2排放。二氧化硫（SO_2）是酸雨的主要因素。美国硫排放总量已经下降，一开始主要源于SO_2排放的严格控制管理，近年来主要源于总量管制与交易制度管理机制的实施。（美国DOE，2014年）

抵销。大量减少氮氧化物排放需要减少高温能量产生，特别是在汽油和柴油发动机中。

复习题

1. 什么是酸沉降？是什么导致了酸沉降？
2. 森林减少与酸沉降有着怎样的关系？
3. 为什么酸雨管理是一个国际挑战？

世界上的空气污染

学习目标

- 解释为什么发展中国家的空气污染一般来说比高度发达国家严重。
- 描述全球蒸馏效应及其通常发生的地方。

发展中国家的空气污染

随着发展中国家的工业化，它们产生更多的空气污染。多数发展中国家的领导人认为必须尽快地实现工业化，从而与高度发达国家进行经济竞争。在经济发展的竞赛中，环境质量通常不在优先考虑之列，因此常常采用更为廉价的、过时的技术，而空气污染法律尽管有，也不实施。因此，在很多发展中国家，空气质量很快地恶化。

中国的很多城市有非常多的排放煤烟的烟囱（煤用来家庭供暖），当地的居民每年只有几个星期才能看到太阳（图19.19），其余的时间里，都是在橙色煤尘的雾霾中生活。在印度和尼泊尔等其他发展中国家，生物质（木材或动物粪便）在室内燃烧，常常是燃烧的炉子少有或根本没有向外排烟的设施，因此给人们带来严重的室内污染。科学家认为，急性呼吸道感染是全世界普遍存在的严重健康威胁，主要原因之一是暴露于生物质燃料室内燃烧时排放的污染物。

发展中国家日益增加的汽车加剧了空气污染，特别是在城市地区。这些国家的很多汽车已使用10年或以上，没有污染控制设备。中美洲城市地区的空气污染物有大约60%到70%是机动车排放的，印度城市地区是50%到60%。自20世纪90年代中期以来，世界范围内机动车数量增长最快的地区是拉丁美洲、亚洲和东欧。

在发展中国家，含铅量高的汽油造成的铅污染是非常严重的问题。这些国家的汽油精炼厂一般来说没有安装设备去除汽油中的铅。（美国联邦政府立法规定炼油厂更新改进设备前也是这种情况。）在开罗，儿童的血铅水平比美国认定的威胁水平高两倍多。铅能够阻碍儿童的生长发育，导致脑损害。

根据世界卫生组织的研究，就儿童暴露于空气污染来说，世界上最严重的五个城市是中国北京、印度新德里（北京和新德里并列第一）、智利圣地亚哥、墨西哥墨西哥城、蒙古乌兰巴托。呼吸道疾病是世界范围内儿童死亡的首要原因，这些死亡80%以上发生在发展中国家的儿童身上（低于5岁）。

图19.19 中国辽宁省的空气污染。煤烟污染了中国辽宁省工人住房上空的空气。随着中国的工业化，各种形式的污染为中国带来了越来越多的威胁。世界污染最严重的城市有很多位于中国，包括北京。

案例聚焦

北京、新德里和墨西哥城的空气污染

加州洛杉矶曾一度以世界上烟雾最严重的城市而闻名。不过，尽管依然是美国烟雾最严重的城市之一，但是经过60年的治理，洛杉矶的烟雾已经大大减少。现在，北京和新德里并列为世界空气质量最差的城市。墨西哥城几年前有着世界上最差的空气，现在的空气质量问题依旧很严重。世界上空气污染最严重的城市有很多位于中国和印度。

在北京，汽车、建筑工地的扬尘、城外的火电厂是最大的污染源。为了准备举办2008年夏季奥运会，北京开始采取措施治理空气污染。不过，空气改善是暂时的，即便北京颁布实施了一些旨在改善空气质量的规定，但是其他的规章会抵销这些努力。比如，北京广为人知是一个骑自行车的城市，而现在为了改善交通状况，北京的某些地段禁止自行车通行。

新德里几年前甚至不在世界十大空气污染城市之列，但现在并列最差之首（图19.20）。世界卫生组织2014年的一份报告显示，除了其他污染物外，新德里居民呼吸的空气中年平均每立方米含有153微克细微颗粒。这一污染的主要来源是快速增长的机动车辆，而且这些车辆的发动机效率低，没有排放控制设施。印度官员辩称年平均数字引起了误读，因为印度季风气候模式意味着空气污染有着很大的季节差异。即便如此，空气污染每年还是会导致新德里数万人早死。

10年来，墨西哥城已经从世界最差空气城市列表中的第一位降为第四，这不是因为污染问题有了改善，而是因为其他城市的空气污染更为严重。20世纪40年代，墨西哥城的平均能见度为11公里（7英里），通常可以看到周围积雪覆盖的火山，现在的平均能见度则下降到1.6公里（1英里）。墨西哥城的空气污染部分原因是过去几十年里人口大幅增长（城市人口从1960年的540万增长到2014年的2120万），部分原因是其所在位置。墨西哥城位于一个碗状的山谷里，三面环山，从北面开阔地带吹来的风都积聚在山谷里。从10月到第二年1月，城市空气质量最差，主要是因为大气条件季节变化造成的逆温。

图19.20　印度新德里的烟雾。这是新德里一个交通繁忙的路口，路上行驶着各种各样的车辆，空气中的颗粒物造成了能见度的降低。

2014年，墨西哥城拥有轿车600多万辆（2000年的数字是其一半），有400多个加油站，还有大约3.6万家企业，根据墨西哥政府的报告，每年排放到空气中的污染物超过450万吨。墨西哥汽油含有很多污染物，车辆的平均车龄为10年，排放的污染物比新车多。空气中含有干燥废物杂质的颗粒，这些废物杂质来自倾倒在城市附近地面上的数百万加仑的废水。另外，液化石油气是做饭和供暖的主要能量来源，由于数千个泄露点，未燃烧的液化气进入到大气中，增加了城市空气中碳氢化合物的含量。仅仅是呼吸墨西哥城的空气就相当于每天抽两包烟。

在20世纪90年代，墨西哥启动了改善墨西哥城空气质量的宏大计划，投资50多亿美元，将公共汽车、出租车、运输卡车、小轿车更换为更加清洁的车辆，比如安装有催化转换器的车辆。墨西哥改用无铅汽油，在部分附近的山上植树造林，减少风蚀产生的颗粒物。如果空气质量特别差，就限制通行车辆，同时，定期检查车辆废气排放。

另外，墨西哥国家石油公司（Pemex）对其炼油厂进行换代升级，扩大了从美国的汽油进口，生产出更加清洁的燃料。城区的一个老旧的、产生污染的炼油厂被关闭，几个大的工业企业安装了污染控制设备。

空气污染的远距离影响

某些有害空气污染物在大气的运输下可以向全球扩散，这一过程称为**全球蒸馏效应**（global distillation）。全球蒸馏效应中的空气有毒物质是持久性化合物，比如多氯联苯（PCBs，工业化合物）、滴滴涕（DDT、一种农药），它们都不容易分解，会积累在环境中。这些持久性化合物很多被许多国家限制甚至禁止，但是，它们是易挥发的，因此会进入到大气中，运行的轨迹一般来说是从较温暖的依然使用这些化合物的发展中国家，传送到较寒冷的高度发达国家，并在那里冷凝，降落在土地和地表水上（图19.21）。最近的一项研究提出，与气候变化相关的海冰的减少将扩大极北部地区的空气污

全球蒸馏效应：挥发性化学物质从远在热带的地方蒸发，被空气流动带到更高纬度的地区，并在那里凝结、降落到地面。

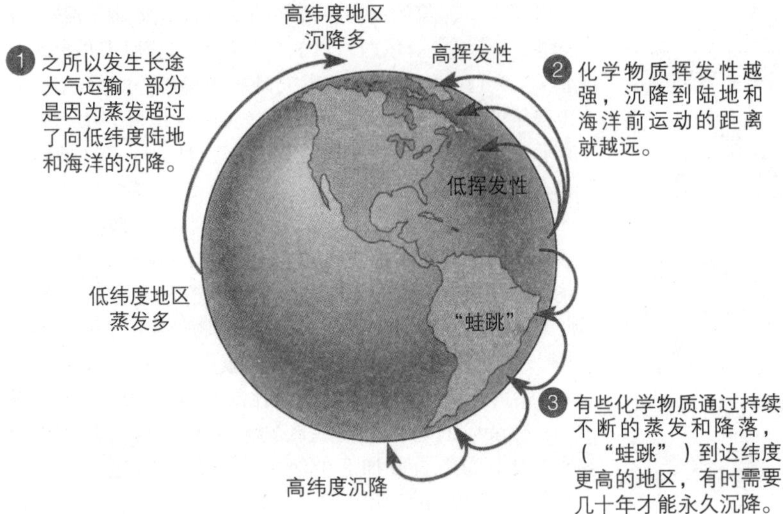

图19.21　全球蒸馏效应。（引自F. Wania, and D. Mackay, “Tracking the Distribution of Persistent Organic Pollutants”［《持久性有机污染物分布追踪》］, *Environrnental Science and Technology*, Vol. 30, 1996。）

染，这种现象被称为北极霾（arctic haze）。

尽管限制使用持久性化合物，但是很多工业化国家依然受到很大的污染，空气越寒冷的地方，即高海拔和高纬度地区，全球蒸馏效应越明显。人们对育空（Yukon）（加拿大西北地区）和其他北极原生地区某些持久性有毒化合物的危险水平进行了测量，发现这些化学物质进入了食物网，已经沉积在处于食物链顶端的动物脂肪里（见第七章关于生物放大效应的讨论）。鱼、海豹、北极熊和因纽特人等生活在北极的居民特别敏感脆弱。一个因纽特人食用一口生鲸鱼皮所摄入的PCBs含量比科学家认为一周可摄入的还多。因纽特哺乳妇女的奶水中PCBs含量比生活在加拿大南部的哺乳妇女奶水中的PCBs含量高5倍。

印度洋一般被认为是世界上最洁净的地区之一，因为印度洋周边的国家工业化程度还不高。通过1999年冬天为期6周的研究考察，国家科学基金和斯克里普斯海洋研究所的科学家报告说，印度洋的很大一部分被朦胧的、污染的空气所笼罩。污染区域达950万平方千米（380万平方英里），相当于美国的面积。研究人员认为，污染是冬季季风的盛行风吹过来的，含有来自印度次大陆、中国和东南亚的颗粒物和硫滴。随着这些地区工业的发展，朦胧污染区域还会扩大。

污染还从一个大陆向另一个大陆流动。某种大气条件（比如，阿留申群岛上空出现低气压系统和夏威夷附近出现高气压系统）会引起吹向北美的劲风，使得亚洲的空气污染穿过太平洋。1997年，华盛顿大学的科学家在美国西部地区的大气中发现了一氧化碳、颗粒物和PANs。计算模型分析认为，这些污染物是6天前在亚洲产生的。1998年，有更多的证据证明来自亚洲的污染影响了北美的空气质量，当时中国爆发了严重的沙尘暴，产生出显而易见的颗粒物云团，根据卫星追踪，这些尘土云团横跨太平洋。几天以后，污染空气到达美国，经过分析发现，里面含有砷、铜、铅、锌，来自中国东北的矿石冶炼厂。

复习题

1. 高度发达国家和发展中国家，哪里的空气污染更严重？
2. 什么是全球蒸馏效应？全球蒸馏效应涉及哪些空气污染物？

室内污染

学习目标

- 描述室内空气污染的主要来源。
- 解释为什么烟草的烟雾和氡被认为是主要的室内空气污染物。

汽车、住家、学校和办公室等封闭空间里的空气可能要比室外的空气污染物含量高很多。在拥挤的交通环境里，汽车里一氧化碳、苯和空气中的铅等有害污染物水平可能比室外高好几倍。某些室内空气污染物的浓度可能比室外高2至5倍，有时甚至高100倍。室内污染尤其引起城市居民的关注，因为他们90%到95%的时间是在室内度过的。EPA认为室内空气污染是美国最严重的五个环境健康风险之一。

室内空气污染的来源和影响

由于室内空气污染导致的疾病很像感冒、流感或肚子不适等常见病，因此常常没有引起重视。最常见的室内空气污染物是氡（后面讨论）、烟草的烟雾、一氧化碳、二氧化氮（来自煤气炉）、甲醛（来自地毯、织物和家具）、家用农药、铅、清洗剂、臭氧（来自复印机）、石棉（图19.22）。另外，尽管室内臭氧水平一般比室外低，但它可以与空气清新剂、香薰蜡烛、清洁剂等易挥发化学物质发生反应，产生二次空气污染物，比如甲醛。

病毒、细菌、真菌（酵母菌、霉菌、霉病）、尘螨、花粉和其他生物或其有毒部分是室内空气污染的重要类型，常常发现于供暖、空调或通风管道里。室内湿度过高加剧室内微生物的生长（特别是真菌生长）、尘螨种群扩大、蟑螂和啮齿动物的侵扰。美国医学研究所的一个报告显示，潮湿室内环境里如果有霉菌就会导致上呼吸道（鼻子和咽喉）出现症状，包括哮鸣和咳嗽，已经患有哮喘的人会出现哮喘症状。还有证据显示，霉菌、潮湿的室内环境同其他方面健康的儿童患下呼吸道疾病之间有着关联。

直到20世纪中叶，哮喘一直被认为是罕见疾病，工业化国家比发展中国家的发病率高。自1970年以来，美国患有哮喘病的人数翻了一番还多，达到2000多万；1100万哮喘患者是儿童。卫生官员对此态势较为关注，这在某种程度上是由室内空气污染引起的。室内暴露于不同的空气污染物促进了哮喘的感染和加剧。具体是哪个（些）污染物导致哮喘病的增加，还不清楚，尽管有些证据显示暴露于尘螨和蟑螂屎便等过敏原（促进过敏反应的物质）是一个主要原因。

有很多方法可以监测或减少室内空气污染。一氧化碳监测器越来越普遍，特别是在使用天然气的家庭。减少室内空气污染最好的办法之一是保持表面（特别是地板、墙和管道）清洁和干燥。过滤器，不管是独立的，还是与供暖、空调一体化的，都可以捕获颗粒物，但是必须定期清理或更换。

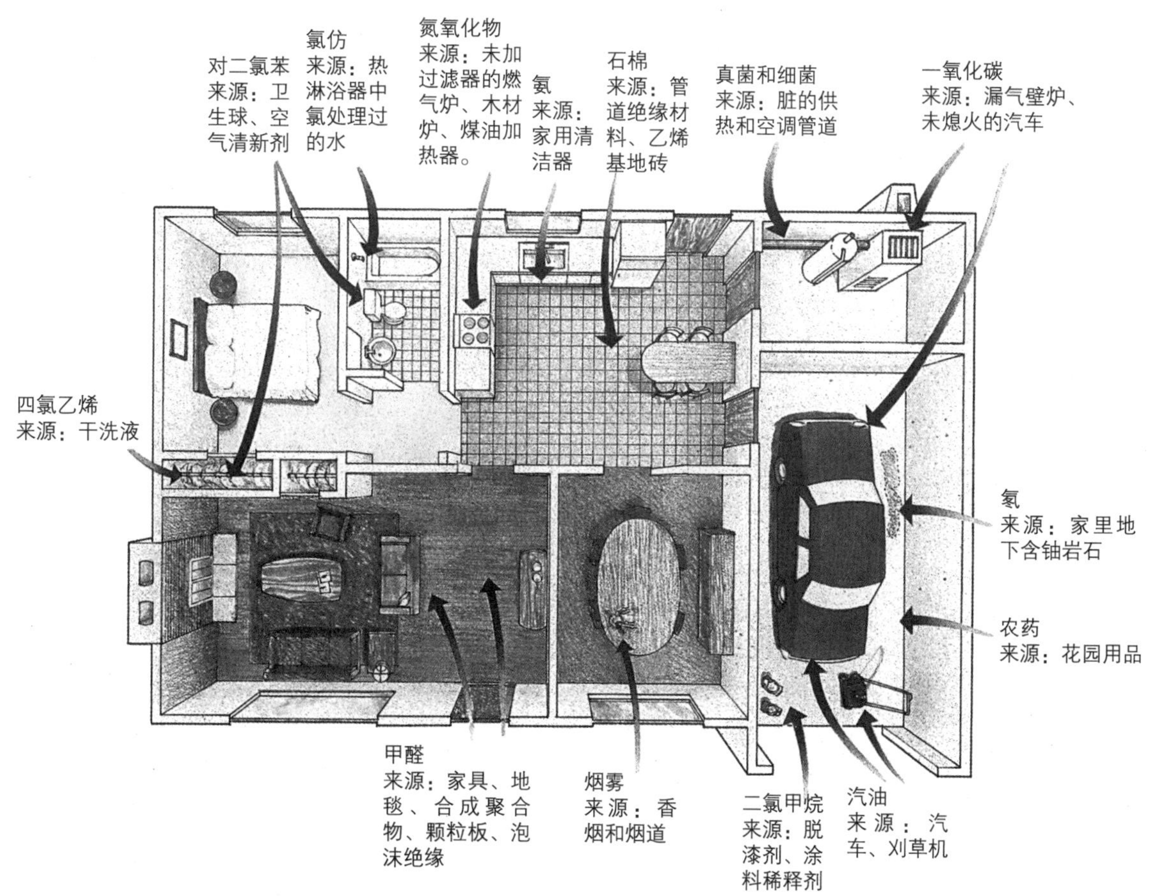

图19.22 家庭空气污染来源。家里的有毒污染物含量水平比室外高，即便是住在有污染的工业区。

环境信息

发展中国家的室内空气污染

世界卫生组织估计，每年有160万人死于燃烧木材、作物废料和动物粪便等传统做饭方式所产生的烟雾。全世界人口的一半，大约35亿人，依靠传统的做饭方式，通常情况下，妇女和儿童遭受的烟雾污染最大。这些火释放的烟包含高浓度的颗粒物、一氧化碳、苯、甲醛和其他有毒化学物质，导致急性（感染性、呼吸道疾病）和慢性（肺癌）疾病。如果转向更加清洁的技术，包括煤油、太阳能灶具、清洁炉灶，就会挽救数百万人的生命。不过，这种改变面临着文化和经济上的障碍。

烟草烟雾和氡

烟雾导致肺癌、肺气肿和心脏病等严重的疾病，每年造成美国将近50万人早死。在美国每年死于肺癌的14万人中，大约有12万人是抽烟导致的。抽烟还促发心脏病、气哽、阳痿以及膀胱癌、口腔癌、咽喉癌、胰腺癌、肾癌、胃癌、喉癌、食道癌。抽烟还会引起火灾、烧伤、烟味、褪色等，造成一定的财产损失。

烟草烟雾是空气污染物的混合体，包括碳氢化合物、二氧化碳、一氧化碳、颗粒物、氰化物和少量放射性物质，这些放射性物质来自种植烟草所使用的肥料。抽烟者将烟草烟雾喷吐到我们所有人呼吸的空气中。被动吸烟指的是不抽烟者长期呼吸抽烟者吐出的烟雾，也面临着越来越大的癌症危险，特别是在商业环境（酒吧、赌场和餐馆）和家里。由于这个原因，很多地方在工作地点禁止抽烟。被动抽烟者比其他不抽烟者患癌症、呼吸道感染、过敏和其他慢性呼吸道疾病的几率大。被动抽烟对于婴儿、儿童、孕妇、老人和患有慢性肺病的人危害尤其严重。如果婴儿的父母抽烟，那么孩子在一岁的时候患肺炎或支气管炎的几率要加倍。怀孕期间抽烟对于胎儿发育不利，导致婴儿出生重量轻和头围小。

从全世界的趋势看，发展中国家的抽烟人数在增加，高度发达国家的抽烟人数在减少。根据美国疾控中心的数据，2013年美国大约18%的成年人抽烟，而在20世纪70年代中期，这一比例达到高峰，为41%。抽烟人数在日本和多数欧洲国家也有了下降。不过，巴西、巴基斯坦和很多其他发展中国家越来越多的人又养成了抽烟的习惯。美国的烟草公司在海外发布烟草广告，我们国家大量的烟草出口到国外。从1990年起，发展中国家的香烟销售增加了80%。

世界卫生组织估计，全世界每年死于抽烟相关的疾病的人数超过500万人，希望对烟草广告实现全球禁止。为了实现这一目标，WHO制定了《烟草控制框架公约》，呼吁禁止烟草广告，对烟草生产征收更高的税，限制在公共场所吸烟。这一公约2005年对签署国生效。（本版印制时，美国还没有批准这一公约。）

在美国、加拿大和其他高度发达国家，很多公共场所禁烟，包括政府大楼、餐馆、大学校园、飞机上，已经大大减少了吸烟和烟雾暴露。尽管美国抽烟的公民减少，但是我们社会的某些人群中仍然有很多瘾君子，包括某些少数族裔和受教育程度最低的人群，还需要继续对这些人进行教育，同时教育所有的年轻人（每年有100多万美国儿童和青少年开始抽烟），在其成瘾前了解抽烟的危险。

氡（radon）是高度发达国家很多地方的另一个严重的室内空气污染物。氡可以渗透地面，进入建筑物，有时会积累到危险水平（图19.23）。尽管氡也被排入到大气里，但是它会稀释、扩散，在室外的影响很小。

氡及其衰变产品发出阿尔法粒子，这是一种电离辐射，会损害人的组织，但是不会进入体内很深。相应地，如果人将氡摄入或吸入到体内，身体就会受到伤害。放射性颗粒积存在肺部细微的通道里，损害周围的组织。根据对铀矿工人的几项研究，有越来越确凿的证

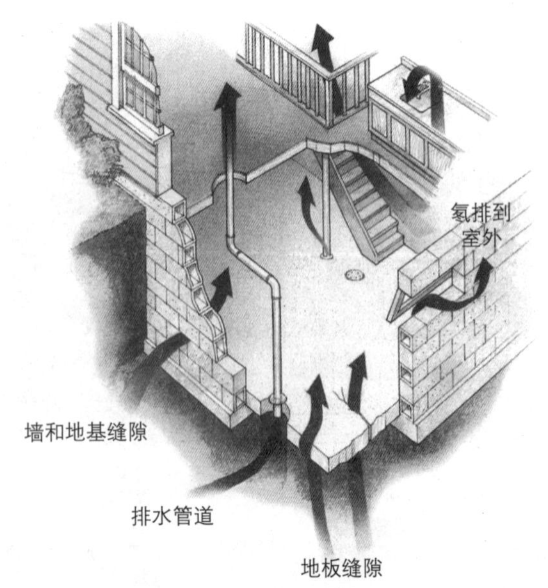

图19.23　氡向家里的渗透。地基墙或地板的缝隙、管道上的开口、水泥墙中的洞孔为氡向家里的渗透提供了通道。

据表明，吸入大量的氡会增加患肺癌的风险。其他的研究显示，长时间暴露于相对低剂量的氡环境下也会带来肺癌的风险。

1998年，国家科学院国家研究理事会发布了氡对人类健康影响的翔实评估，认为暴露于氡所造成的死亡占肺癌死亡的12%，每年大约有15,000人到22,000人死于肺癌。抽烟加剧氡暴露的危险，在与氡有关的癌症患者中，90%左右发生于目前或以前的抽烟者中。

根据EPA，有6%左右的美国家庭中的氡达到很高水平，需要进行更改行动，这就是说，那里的氡水平超过了4 pCi/L。（作为标准参考，室外氡含量值在0.1到0.15 pCi/L之间。）美国氡含量最高的地方是建设在中大西洋铁矿带（Reading Prong）上的家园，这是一个地质构造，穿过宾夕法尼亚东南地区，进入到新泽西州和纽约州。艾奥瓦州的氡渗透问题最严重，根据1989年的测试，71%的住家氡含量超过标准，需要进行更改行动。

具有讽刺意味的是，我们使住房更为节能的措施反而会增加室内空气污染的危害，包括氡。通风好的房子浪费能源，但是可以让氡排放到室外，因此就不会在室内累积。检测氡花费不高，更改行动价格也合理。住房里的氡含量可以通过密封地基混凝土地板和强化管道以及地下室的通风等措施实现最小化。

复习题

1. 室内空气污染的主要来源有哪些?
2. 为什么烟草烟雾和氡被认为是特别有害的室内空气污染物?

通过重点术语复习学习目标

- **描述大气的组成。**

除了水汽和包括空气污染物在内的痕量气体，大气中包括四种气体：氮气、氧气、氩气、二氧化碳。对生物来说最重要的两种气体是二氧化碳和氧气。氮气是氮循环的重要组成成分。

- **列举七种主要的空气污染物，包括臭氧和有害空气污染物，并描述它们的影响。**

人类活动产生的主要空气污染物包括颗粒物、氮氧化物、硫氧化物、碳氧化物、碳氢化合物、臭氧、空气中的有毒物质。颗粒物会腐蚀金属，侵蚀建筑物和土壤构造，弄脏织物。氮氧化物与光化学烟雾以及酸沉降有关，一氧化二氮与全球变暖有关，也与平流层的臭氧损耗有关。氮氧化物导致金属腐蚀，使得纺织品掉色。硫氧化物与酸沉降有关，腐蚀金属，损害石头和其他材料。碳氧化物包括有毒气体一氧化碳和温室气体二氧化碳。碳氢化合物包括温室气体甲烷，有些碳氢化合物对人类健康有害。臭氧是大气下层（对流层）中的污染物，是大气上层（平流层）中屏蔽UV射线的必要组成部分。在对流层，臭氧降低空气能见度，导致健康问题，给植物带来压力，是一种温室气体。有害空气污染物具有潜在的有害性，给生活和工作在化工厂、焚化炉以及其他生产或使用污染物的设施附近的人带来长期的危害。

- **说明加利福尼亚州南部地区与臭氧相关的空气质量在过去半个世纪是怎样变化的。**

自从上世纪下半叶中期，加利福尼亚州通过了从很多来源减少排放（包括挥发性有机化合物）的管理规定。到2012年，这些限制使臭氧地区的臭氧含量降低了超过三分之一。

- **描述特定空气污染物对健康的不利影响。**

空气污染物使得眼睛瘙痒发炎，感染呼吸道，破坏免疫系统。二氧化硫、颗粒物和二氧化氮导致呼吸通道缩窄，损害肺交换空气的能力。一氧化碳与血红素结合，降低血液的输氧能力。一氧化碳毒素可以导致死亡。受空气污染风险最大的人包括那些患有心脏病和呼吸道疾病的人。

- **解释为什么孩子特别容易受空气污染的影响。**

空气污染对孩子的危害比对成年人大，部分原因是空气污染阻碍肺的发育。肺功能弱的儿童更容易患呼吸道疾病，包括慢性呼吸道疾病。

- **提供几个空气污染控制技术的例子。**

静电除尘器使用电极向污染气体中的颗粒放出负电，这些颗粒被吸引到含有正电的静电除尘器壁上，然后降落到集尘器中。在净化器中，水雾滴捕获含尘气体中的颗粒物。静电除尘器产生的有毒粉尘和净化器产生的污染烂泥状混合物必须进行安全处理，否则会造成土壤和水污染。阶段Ⅰ和Ⅱ油气回收捕获汽油蒸汽，否则，这些气体就会排放到大气中。催化转换器减少汽车尾气中的碳氢化合物和一氧化碳。减少汽油中的硫含量、提高燃料效率、实施常规的排放检测可以降低汽车、卡车和公共汽车的污染。

- **总结《清洁空气法》对美国空气污染的影响。**

自1970年颁布实施《清洁空气法》以来，美国的空气质量已经慢慢改善。这部法律授权EPA制定美国限制空气污染物排量的标准。尽管大气中硫氧化物、氮氧化物、臭氧、一氧化碳、挥发性有机化合物（很多是碳氢化合物）和颗粒物有所减少，但是最大的空气改善是铅含量的降低。

- **解释平流层臭氧变薄，解释含氯氟烃和其他化学物质是如何减少平流层臭氧的。**

臭氧是一种自然形成的气体。平流层臭氧变薄是指人类活动产生含氯和含溴物质而导致平流层臭氧的加速破坏。随着臭氧层的损耗，更多的紫外线辐射到达地球表面。含氯氟烃（CFCs）是人造的有机化合物，包含碳、氯以及氟，这种化合物在很多工业和商业领域广泛应用。在阳光的催化下，含氯氟烃和其他化合物，包括哈龙、溴化甲烷、甲基氯仿、四氯化碳、一氧化二氮，可以将平流层中具有保护作用的臭氧分子分解，将其转化为氧分子。

- **描述臭氧损耗的一些有害影响。**

对人类来说，过度暴露于UV辐射造成白内障，降低免疫功能，造成皮肤癌。UV辐射水平的提高可能破坏生态系统，比如南极食物网，因为UV辐射对一个物种的负面影响会给整个生态系统带来影响。

- **解释应对损耗臭氧的化学物质的政策。**

美国从20世纪80年代开始禁止使用损耗臭氧的一些化学物质。但是，直到《蒙特利尔公约》，国际上才形成了分阶段禁止使用不同化学物质的战略，已取得一定进展。对臭氧破坏性最大的化学物质已经在全世界禁止，臭氧层在恢复。

- **解释酸沉降是如何形成的，描述它的一些影响。**

酸沉降是一种空气污染，包括从大气降雨中降落的酸或干酸性颗粒。如果硫氧化物和氮氧化物释放到大气中，就会形成酸沉降。这些污染物和水发生反应，生成硫酸、硝酸和亚硝酸。酸沉降能杀死水生生物，可能危害森林。酸沉降腐蚀金属和岩石等物质。

- **解释森林减少及其可能的原因。**

森林减少是一个渐进的退化过程，常常伴有森林中很多树木的死亡。空气污染和酸沉降引起很多地区森林的减少。森林减少不是单一因素造成的，看起来是多种应激物的结果，包括酸沉降、对流层臭氧、UV辐射（纬度高的地方更强）、虫害、干旱、气候变化等。

- **描述与减少酸沉降相关的挑战。**

减少酸沉降是个挑战，部分原因是有很多不同的污染源，包括静态的和动态的。而且，酸沉降常常发生在离污染物排放源很远的地方。

- **解释为什么发展中国家的空气污染一般来说比高度发达国家严重。**

发展中国家的空气质量在恶化。这些国家的快速工业化、汽车数量增加以及缺乏排放标准导致空气污染，特别是在城市地区。

- **描述全球蒸馏效应及其通常发生的地方。**

全球蒸馏效应是一个过程，在这个过程中，易挥发化学物质从遥远的热带地区蒸发，在风的运输下到达高纬度地区，然后在那里冷凝，降落到地面。由于全球蒸馏效应，易挥发化学物质会污染一些遥远的极地地区。

- **描述室内空气的主要来源。**

空气污染有很多来源，包括家用化学物质（包括洗涤剂和农药）、人和宠物毛发、家用电器和家具以及烟草制品、含氡岩石构造。

- **解释为什么抽烟和氡被认为是主要的室内空气污染物。**

烟草包含很多有害化学物质，导致很多抽烟者和被动抽烟者生病。室内烟草烟雾对于大量时间待在抽烟区的不抽烟者来说是个极大的危害。氡从周围的基岩中进入房屋，是一种致癌物。不同的地区，氡浓度有着很大的差异。

重点思考和复习题

1. 地球上的大气可以比作苹果的外皮。请解释这一比喻。
2. 列举七种主要的空气污染物，简述其来源和影响。
3. 区分一次和二次空气污染物。
4. 什么是工业烟雾和光化学烟雾？它们有什么区别？
5. 即便氮氧化物和易挥发有机化学物质保持稳定，为什么全球变暖还是可能会导致更多的光化学烟雾？
6. 热空气上的冷气层和冷空气上的热气层，哪个大气状况更稳定？请解释。哪种状况是逆温？

7. 世界上哪些城市地区的空气污染最严重？这种状况近期有可能改变吗？为什么？
8. 区分平流层中臭氧的好处以及地面臭氧的有害影响。

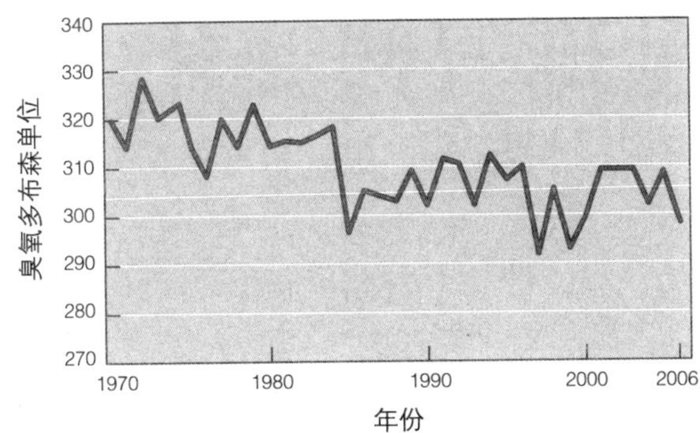

新西兰上空1970—2006年期间年均臭氧柱。
（新西兰国家水与大气研究所）

9. 左图描述的是新西兰上空平流层臭氧的厚度（单位是多布森）。新西兰上空的年均臭氧柱哪一年首次下降到300多布森单位以下？
10. 20世纪80年代末以来，臭氧损耗化学物质释放到大气中的量已经大大降低。为什么平流层中的臭氧浓度没有增加？还能增加吗？
11. 讨论酸沉降对森林、材料、水生生物和土壤的有害影响。
12. 为什么全球蒸馏效应将来可能会成为越来越大的挑战？
13. 减少氡导致的肺癌威胁的最有效措施之一是戒烟。请解释。
14. 减少室内和室外空气的交换可以节省能源、提高能源效率（较少的供暖和空调），但是可能导致室内空气污染。请解释在建筑设计中采用系统的方法可以怎样帮助解决这一问题。
15. 解释为什么不使用汽油动力的车辆可以减少本地、区域和全球环境问题，包括气候变化。

食物思考

本章开篇时讨论了东南亚国家因为农业烧荒而引起的空气污染问题。世界上很多地方都存在农业烧荒问题，包括清理土地、处理干枯的树木、消除秸秆和甘蔗等废弃物。调查你生活的附近地区的农业烧荒情况。限制这种做法的规定有哪些？谁暴露于农业烧荒烟雾污染中？什么时候？有多大程度？有何替代方式？

第二十章

全球气候变化

加纳的重新造林项目。没有森林的土壤不能像有成熟森林的土壤那样持水，因此加纳这些重新造林的工人必须对植物进行人工浇水，直到树木长大成林。

人类活动引起气候变化已经成为公认的现象。在科学界，问题已不再是是否会发生气候变化，而是气候变化的速度、影响以及如果可能我们能做些什么。气候变化最大的推动因素是大气中二氧化碳（CO_2）的增加，这种气体主要是通过化石燃料燃烧产生的。

普林斯顿大学碳减排计划的罗伯特·索科洛（Robert Socolow）和斯蒂芬·帕卡拉（Stephen Pacala）认为，大气中碳含量水平接近但低于工业前碳水平的两倍是一个“界限，这条界限将碳排放真正危险的影响与仅仅是不明智分开”。他们建议，将未来大气碳含量控制在工业前水平的两倍以下（在19世纪初期，大气中的碳为6000亿吨），到2056年前每年比现在预期的要减少碳排放70亿吨。

很多人面对这一巨大的挑战，对于找到解决方案表示绝望。但是，索科洛和帕卡拉提出，可以考虑用“楔子”方式来实现碳减排，也就是说，每个楔子部分到2056年实现每年减排10亿吨。7个楔子部分的组合就会使我们打开避免CO_2翻番的通道。他们提出了5个类别的15项技术，任何一种都可以成为7个楔子中的1个，其中的4个楔子是：

将20亿小汽车的燃油效率从30mpg（英里/加仑）提高到60mpg。到2056年，全世界将有20亿辆小汽车，每辆车平均每年行驶1万英里。如果每辆车的燃料效率达到60mpg，那么每年就会比燃料效率30mpg减少10亿吨碳。

在800个大型火电厂安装碳捕捉和储存设施。目前，火电厂产生的二氧化碳被排放到大气中。如果每年排放到大气中的二氧化碳有90%被捕获和储存，那么就会减少二氧化碳大气排放10亿吨。

全面停止森林砍伐。目前，全世界森林砍伐每年向大气中释放二氧化碳20亿吨。但是，如果没有森林砍伐，森林碳排放的速度可以减慢至每年10亿吨。因此，实现碳排放每年10亿吨的楔子目标就需要全面停止森林砍伐，或者达到森林砍伐和重新造林之间的平衡（见图片）。

将目前核能的发电能力提高两倍，替代煤。现在，核能发电占全世界电力的17%左右。只提高核能发电能力不会影响二氧化碳的产生量，但是，用核能来替代火电厂就会减少温室气体。同样，我们也可以用太阳能或风能来代替煤。

在本章，我们将考察气候变化，这是一个真正的全球挑战。气候变化可能是说明环境问题系统性特征的最好例子。经济、政治、能源、农业、人的价值观与自然界的相互作用导致了气候变化。在经济、政治、能源、农业和人类行为涉及这些楔子的方面做出改变，对于控制气候变化将是必要的。

身边的环境

为了减少对汽油动力车的依赖，很多社区准备建造电动车和（或）氢动力汽车充电站或加氢站。你所生活的地区有这些设施吗？

气候变化介绍

学习目标

- 解释辐射强迫、温室气体、温室效应增强。
- 解释气候模型是如何预测未来气候状况的。
- 描述极端和不可预测气候变化的重要性。

根据我们的了解，有几个因素使得地球具有适于生命的气候。这些包括地球从太阳接收到的能量、地球上水的分布、陆地的位置和地形、地球沿地轴的倾斜、地表的反射性、地球大气的组成成分等。在这些因素中，多数经历了数千年或数百万年的变迁。只有两个因素经历了数十年的变化，它们是太阳强度和大气成分的小幅变动，其中只有大气成分可以解释科学家所观察的过去几个世纪温度的变化。

地球的平均温度是根据世界上几千个路基气象站的每日测量数据和天气气球、在轨卫星、远洋船、数百个安装有温度传感器的海洋表面浮标的数据而测算的。2011年和2005年是19世纪80年代中期以来最热的年份，数据显示，历史上最热的20个年份是1990年以后发生的（图20.1）。根据国家海洋与大气局（NOAA），那些年的全球气温可能是过去一千年里最高的。（尽管大范围的温度记录只是在19世纪中叶温度计普及以后才有的，但是科学家使用树龄、湖泊和海洋沉积、石笋、古代冰川中小气泡和珊瑚礁中的间接气候证据重建了早期的温度模型。）

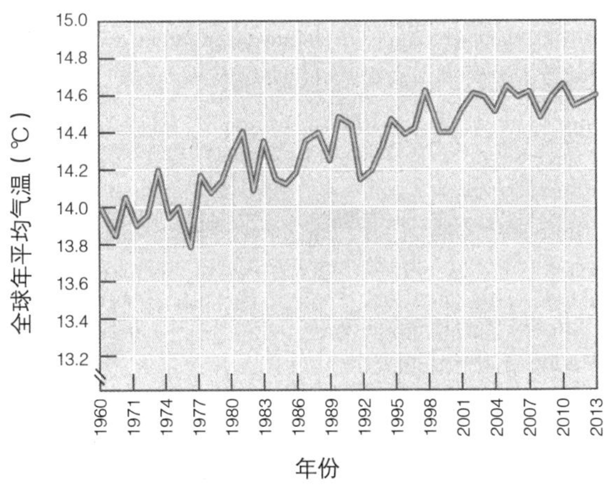

图20.1　全球1960—2013年年平均气温。数据显示的是从1960年到2013年的地表温度（°C）。这些数据有着自然波动，清晰地反映了过去几十年的变暖趋势。（20世纪90年代初的全球温度下降是由1991年皮纳图博火山[Mount Pinatubo]爆发引起的，本章后面将讨论。）（全球陆地—海洋温度指数，戈达德太空研究所，NASA）

其他证据也证实了全球温度的升高。一些研究认为，现在北半球的物候春季比1959年早来6天左右，秋季则延迟5天。（物候春季是特定植物开花时间决定的，秋天则是根据特定树木树叶变黄和掉落决定的。）从1949年开始，美国经历了越来越频繁的极热事件，夏季天气炎热、潮湿。医疗记录显示，当这些天气事件发生时，老年人和其他体弱人群中与热相关的死亡不断增加。过去几十年里，海平面上升的速度加快。在20世纪的大多数时间里，海平面上升的速度大约是10年1.5到2厘米，现在则是10年3厘米左右。世界上的冰川后退，极端天气事件，比如大暴雨，在某些地区越来越频繁。

世界上的科学家一个世纪以前就开始研究气候变化。随着证据的增多，那些最能胜任解决这一问题的科学家认为，过去一个世纪，温度一直在升高，绝对不可能是自然原因导致气候变暖的，人类活动产生温室气体是气候变暖最具可行性的解释。而且，这个世纪其他的时间将会经历更大的新的气候变化，人类活动在很大程度上是导致这一变化的原因。

针对科学界关于气候变化和人类因素的科学共识，世界各国政府通过联合国在1988年成立了政府间气候变化专门委员会（Intergovernmental Panel on Climate Change，IPCC）。根据数百个科学家的意见和建议，IPCC提出了关于全球气候变化的定义性的科学表述。IPCC查阅了所有发表的论文，特别是最近五年的论文，总结了关于全球气候变化情况和不确定性的认识。最新的IPCC报告（第五版）是2014年发布的，确认了过去50年所观察到的关于人为空气污染物导致多数气候变暖现象的早先发现。根据推定的排放情景（emissions scenario）（关于未来温室气体的量、排放速度、成分组合）和气候响应的程度，IPCC报告预测在其后20年里，每10年全球平均气温将升高0.2℃（0.4℉）。到2100年，根据我们是否能控制温室气体排放以及控制的程度，温度可能上升1.8到4.0℃（3.2到7.2℉）。根据对地球过去气候状况的重建，这种变暖将会使21世纪的温度比过去几千万年都高。

IPCC的第五版报告还预测，几乎所有的陆地都很有可能出现更高的最高温度和更多的炎热天气。同样的证据还预测，在很多地区会出现更高的最低温度、更少的霜冻天气、更少的寒冷天气、热度指数上升、更多的强降雨事件。

全球气候变化的原因

二氧化碳（CO_2）和其他一些痕量气体，包括甲烷（CH_4）、一氧化二氮（N_2O）、含氯氟烃（CFCs）和对流层臭氧（O_3），由于人类活动而在大气中累积（表20.1）。对流层臭氧也在增加，尽管各种推测有差异，但是自从18世纪中叶以来可能增长了50%左右。所有这些都是**温室气体**（greenhouse gas），或者说是吸收太阳的辐射热量进而提高大气温度的气体。另外的温室气体含量少，包括四氯化碳、甲基氯仿、氯二氟甲烷（HCFC-22）、六氟化硫、三氟甲基五氟化硫、三氟甲烷（HFC-23）、全氟乙烷。

大气中二氧化碳浓度从200年前的288ppm左右（工业革命开始前）增加到2014年的400ppm（图20.2）。煤炭、石油、天然气等含碳化石燃料的燃烧是人类活动导致二氧化碳排放的主要成因。土地转换，比如热带森林被砍伐或烧毁，也释放CO_2，促进大气中CO_2浓度的增加。

植被燃烧不仅向大气中释放CO_2，也降低生物圈通过光合作用清除碳以及在树根、树干储存碳的能力。科学界估计，如果不采取积极的治理措施，那么在21世纪下半叶，大气中CO_2的浓度将达到或超过18世纪的两倍。

这些气体吸收**红外辐射**（infrared radiation），也就是说，吸收太阳的辐射热，因此温室气体浓度的升高会导致气候变暖和全球气候变化。出现这种现象，是因为热量吸收减缓了热量最终向太空的再辐射，从而升高了下层大气的温度。

各种气体影响进入和离开大气的能量平衡的能力称为**辐射强迫**（radiative forcing）。被捕获吸收的热能大部分被转移到海洋，也会增加海洋的温度，不过海洋有着很大的热储能力，需要几十年、几百年才能将温度提高到一定程度并重建新的能量平衡。大气的这种保热现象是一种自然现象，使得地球成为数百万物种能够栖居的地方。不过，随着人类活动增加大气中温室气体的浓度，大气和海洋将继续升温，全球的总体温度将升高。二氧化碳占辐射强迫增加量和温室气体导致热量的60%。

玻璃空间减少温室中能量的损失，CO_2和其他气体也是这样，能够减缓太阳辐射产生的热的损失，因此大气中热量的自然捕获常常被称为温室效应（greenhouse effect），吸收红外辐射的气体被称为温室气体。由于人

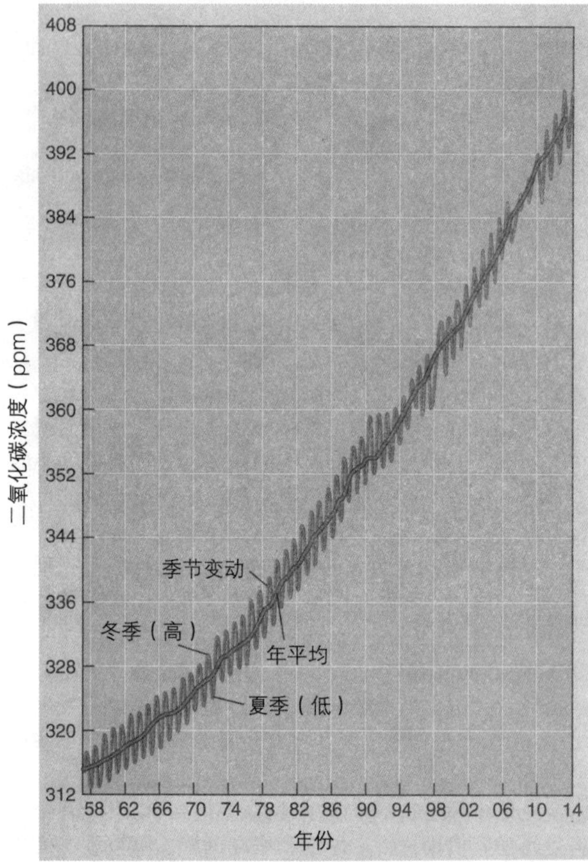

图20.2　1958—2014年间大气中的二氧化碳（CO_2）。位于夏威夷的莫纳罗亚观测站从1958年开始监测空气中的二氧化碳。从那以后，大气中的二氧化碳浓度稳定增加。之所以选择这个地方进行监测，是因为该地远离城市，工厂、电厂和汽车不会对数值产生大的影响。大气中二氧化碳的浓度在北半球的冬天最高，因为植物生命不旺盛，吸收二氧化碳的能力弱；在夏天最低，因为植物生机勃勃，吸收二氧化碳的能力强。二氧化碳从1960年到1970年升高的幅度与2004年到2014年升高的幅度一样大吗？（Dave Keeling and Tim Whorf. Scripps Institution of Oceanography, La Jolla, CA）

表20.1　部分大气温室气体从工业前时代到现在的增加情况

气体	工业化前浓度估计*	2014年浓度
二氧化碳	288ppm**	401ppm
甲烷	848ppb***	1874ppb
一氧化二氮	285ppb	324ppb
含氯氟烃-12	0ppt****	531ppt
含氯氟烃-11	0ppt	238ppt

* 工业化前数值为17世纪和18世纪。温室气体浓度有很大变化，比如在冰期时代。
** ppm为百万分比浓度。
*** ppb为十亿分比浓度。
*** ppt为万亿分比浓度。
来源：二氧化碳信息分析中心，环境科学处，橡树岭国家实验室（历史估计），NOAA年度温室气体指数（2014年数据）。

温室气体：吸收红外辐射的气体，二氧化碳、甲烷、一氧化二氮、含氯氟烃、对流层臭氧都是温室气体。

红外辐射：波长大于可见光但小于无线电波的辐射，地球吸收的能量多数是以红外辐射的形式辐射的，这种红外辐射温室气体能够吸收。

辐射强迫：气体影响进入和离开大气的能量平衡的能力，以单位面积能量为测量单位，通常是瓦每平方米（瓦/平方米）。

类活动而导致大气中的温室气体累积就被称为增强的温室效应（enhanced greenhouse effect）（图20.3）。

与全球气候变化相关的其他痕量气体的水平也在上升。你每次开车的时候，汽车发动机中汽油的燃烧都会释放CO_2和其他产生污染的气体。潮湿地方的厌氧细菌对含碳有机物质的分解是甲烷（CH_4）的主要来源，这些潮湿地点有很多，比如稻田、卫生填埋场、牛和其他大型动物（包括人类）的肠道等。各种各样的工业工程、土地利用转换、化肥使用都产生一氧化二氮。CFCs是从旧冰箱和空调中泄露到大气中的制冷剂。虽然CFC排放已经减少，但是过去排放的时间很长，而且来源多，包括气溶胶喷雾罐和泡沫绝缘材料等，这就意味着CFCs将继续影响未来的气候变化。在过去十年里，大气中CFC的浓度已经开始下降。水汽也是一种温室气体，对气候有正反馈作用，会扩大气候变暖。更高的气温导致海洋更大的蒸发和大气中水汽浓度的增加，水汽浓度的增加继而会导致空气和海洋温度的升高，进而产生更多的蒸汽。

尽管目前化石燃料燃烧以及森林砍伐的强度高，导致大气中的CO_2浓度大幅增长，但是科学家认为气候变暖的趋势将减缓，不会像CO_2浓度表示得那样快。原因是：与空气相比，海洋温度的升高需要更多的热量（水的热容量高）。另外，大气是充分融合的，而海洋是分层的，因此海洋吸收热量比大气吸收热量需要的时间长。正是这个原因，气候科学界认为在21世纪，海洋变暖要比20世纪更为明显，最近的海洋表面温度数据已经证实了这一预测。

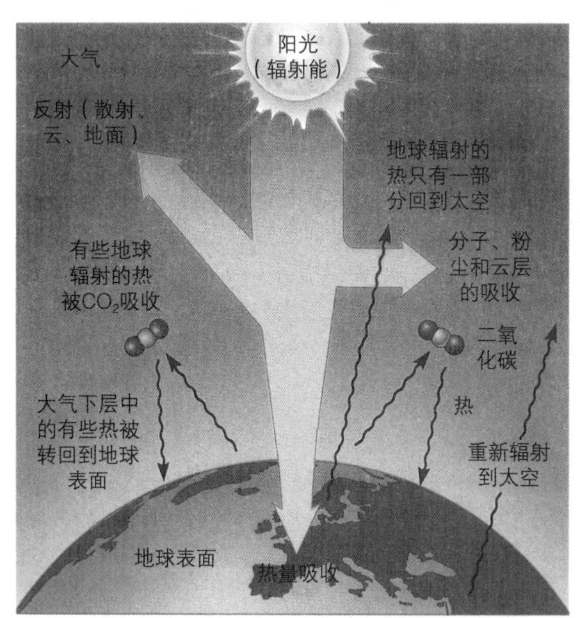

图20.3　增强的温室效应。二氧化碳（CO_2）和其他温室气体吸收一些散发的红外（热）辐射，使大气变暖。热空气中的部分热量被返回到地表，使陆地和海洋温度升高。吸收辐射进来的热量的比例不断增加，而反射回去的热量的比例在下降。

校园环境信息

校长气候承诺

本书付印的时候，684个大学和学院的行政官员签署了“校长气候承诺”。这份承诺内容在项目网页的“承诺全文”中可查阅，要求所有签约方采取几项措施，包括以下内容：

- 完成温室气体排放综合目录。
- 把气候中和与可持续性作为所有学生教育内容的一部分。
- 确定实现碳中和的日期。
- 提供正常的政策和信息更新。

很多学校在实现这些目标方面取得了很大进展。比如，缅因州新布朗斯维克（New Brunswick）的鲍登学院（Bowdoin College）可望到2020年实现碳中和。你可以查看一下你的学校是否签署了“校长气候承诺”，网址是presidentsclimatecommitment.org，如果是，学校取得了哪些进展。

导致空气变冷的污染物

全球气候变化的速度和广度难以预测的难题之一是：其他空气污染物，被称为大气气溶胶，会使得大气变冷，形成**气溶胶效应**（aerosol effect）。气溶胶既可以来自大自然，也可以来自人为因素，是非常细微的颗粒，可以在对流层悬浮数天、数周或数月。由于硫酸盐颗粒会扩散辐射，因此含有硫酸盐的烟雾就会将一些照射进来的太阳光反射回太空，使之不能到达地球，从而使地球变冷。

温度观察表明，含硫烟雾在世界上一些工业化国家和地区显著调节了气候变暖。相比之下，烟尘气溶胶一般会吸收辐射，因此会使得地球变暖。在大气中，气溶胶组成成分复杂，使得气溶胶对气候的真正影响相对不确定，尽管总体上会带来致冷的影响。

产生含硫烟雾的二氧化硫排放主要来自同样排放CO_2的电厂。另外，火山爆发将含硫颗粒喷发到大气中。

气溶胶效应：气溶胶污染最严重的地方和时候所产生的空气变冷现象。

1991年6月菲律宾皮纳图博火山爆发是20世纪最大的火山爆发。火山爆发的力量将大量的硫喷发到平流层中（对流层上面的大气层），这些颗粒在平流层停留的时间（可长达几年）比进入对流层的气溶胶停留的时间长。平流层中的含硫层减少了到达地球表面的阳光（尽管不是所有的阳光都到达地球），因此这次火山爆发导致了暂时的全球变冷现象。与20世纪90年代的其他时间相比，1992年和1993年的温度相对较冷（见图20.1）。

总体来说，温室气体增加的影响要比含硫烟雾的影响大。一些浓度高的温室气体将在大气层中停留数百年，而人类活动导致的硫排放只停留几天、几周或几个月。二氧化碳和其他温室气体一天24小时加温地球，而含硫烟雾只是在白天为地球降温。另外，由于硫排放引起呼吸道感染，导致酸沉降（见第十九章），所以大部分国家努力减少硫排放，而不是维持或增加硫排放。

为未来气候建模

很多相互作用的因素，比如风、云、洋流和反射率（反射性测量单位，冰的反射率比沥青高，见第四章），影响着复杂的气候系统，每个因素都对气候施加其影响。因为大气、海洋和陆地之间的相互作用太复杂，太大，不能在实验室中进行建构，因此气候科学界利用强大的计算机建立模型，测算地球系统的运转情况。这种模型利用广为人接受的物理规律来分析处理小规模气候的特点，反映相关气候过程的影响，从而描述地球的气候系统（图20.4）。模型可以用来探讨和分析过去的气候事件，最先进的模型可以预测未来的气候变暖情况，提出气候变暖对于生物圈及其生命支持系统的影响（如果发生什么、就会有什么样的前景）

气候模型只能代表物理规律和过程。全球气候变化模型近年来进行了完善，现在可以代表目前气候和过去几个世纪气候的很多特色。不过，局限性依然存在，特别是在分析云以及随着气候变化而发生的变化方面。如果全球气候变化导致更多的低云，它们就会反射部分的入射太阳光，降低热量，发挥负反馈的作用。

另一方面，如果全球气候变化导致更多的又高又薄的卷云，那么它们就只能反射一点太阳辐射，但是会捕获大量的红外辐射，增加热量（即发挥正反馈机制）。随着更多的案例研究和关于这些和其他不确定性了解的增加，气候模型的预测将获得更大的准确性。

多数气候模型用来预测从现在起几十年或一百年

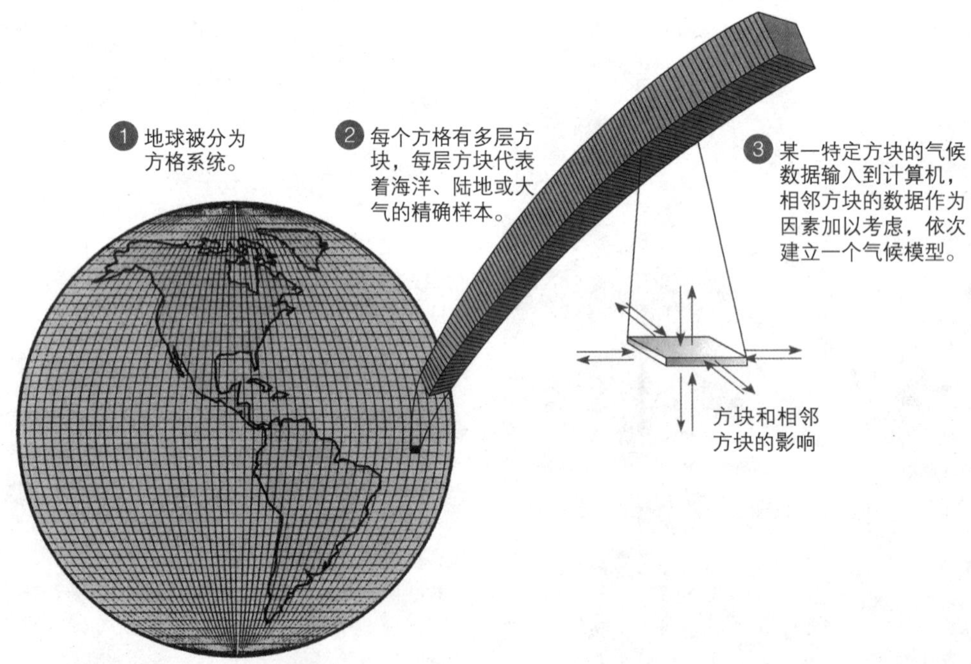

图20.4 **建立气候模型。**气候模型一般覆盖地球表面，有着数百到数千个经纬度方块，很像马赛克的瓷片拼图一样。在每个地点，各个方块上下叠加，形成几十个方块组成的堆积，涉及到上层大气空间和下层海洋深处。模型分析考虑一个方块中的太阳光、温度、气压、水流或风、水蒸气每小时的变化（甚至是每分钟）是如何影响每一个相邻方块的。计算机利用涉及质量守恒、动量守恒和能量守恒的基本定律，持续不断地进行着计算。这些计算可以延伸至上下几个世纪，在可能的情况下，具体说明温室气体浓度、太阳辐射或其他参数的任何变化。

后的气候会怎样。普林斯顿大学开发的一个模型被用来考察从现在起到5个世纪以后的气候变暖情况。模型模拟假定，排放限制将分步实施，到2050年将CO_2含量稳定在工业化前CO_2水平（preindustrial CO_2 level）的两倍。这一模型模拟给出了后代的生活将遇到更热气候的惊人图景。除了其他变化外，这个模型预测，海平面升高将淹没佛罗里达南部从吉拉格岛（Key Largo）到罗德岱堡（Fort Lauderdale）的地区。美国东南和中东部（向北直到宾夕法尼亚州）等州的平均夏季温度将从现在的27℃（80℉）上升到31℃（87℉），但是这种热空气会含有更多的水汽，因此平均气温让人感觉像是36℃（97℉）。

气候模型向人类呈现了潜在的理论困境。我们怎么能用气候变化速度和广度的科学不确定性，来平衡同样的减少温室气体排放对经济影响的另一种不确定性？IPCC建立了一个“一切如常”的图景机制，即如果经济如期望的那样发展，没有特别有意的大规模减少减排措施，那么就可以推测下个世纪二氧化碳排放的数量。这一图景推测，到大约2050年，大气中的碳含量将翻番。了解了这一底线，就会使我们思考采取哪些综合战略来最为有效地、最为高效地避免这种翻番。

模型还考虑太阳能量输出的变化。太阳是个动态系统，到达地球的能量随着时间的不同而变化。气候建模研究人员考虑了这一变化的影响，但是认为即使有所变化，也不会在过去几百年时间里对发生的气候变化产生很大作用。

不可预测和极端的气候变化

目前，我们对于全球气候的了解还很不完全，全球变暖的世界中无疑会发生难以想象的影响。这些影响有些是根本不可预测的，也就是说，完全是出乎意料的。其他的影响从理论上可以预测，但也只是给出阈值（就像珊瑚礁死亡一样，本章后面讨论）和临界点，我们并不知道何时会发生。

举一个临界点的例子，海洋传输带将热量输送到全球（见图4.16），但可能会有中断。海洋传输带将热量从热带传送到北大西洋的北部地区，有些热量会被转化到大气中，使得欧洲及相邻陆地的温度升高10℃（18℉）。随着温暖的大西洋海水将热量转化到大气中，海水会冷却、下沉并向南流动。寒冷的、下沉的海水将大气中一些CO_2带到海洋，在那里许多碳以我们不完全了解的机制被封存（储存）。

根据过去气候变暖事件中海洋传输带的作用，比如，紧随冰期后海洋传输带的行为，气候模型认为将会出现突然的气候变化。气候变暖以及与之相关的格陵兰冰原（Greenland ice sheet）淡水融化将会在短短10年的时间里削弱甚至切断海洋传输带。海洋传输带的变化可能导致欧洲温度的大幅下降，即使其他地区正发生更大的全球变暖事件。而且，功能弱化的海洋传输带会导致海洋不再封存那么多的碳，导致出现正反馈环：海洋中储存的CO_2少就意味着大气中的CO_2多，从而导致更多的大气变暖，由此进一步导致海洋传输带功能的弱化。

2014年，NASA的研究人员认为，大部分南极西部冰盖（West Antarctic ice sheet）正在经历断裂，看起来至少在今后几十年里不可逆转。升高冰盖边缘的水并不仅仅是融化冰盖，而是打破整个冰盖的稳定性。由于冰盖位于陆地之上，所以任何融化的冰都会导致全世界海平面的上升。

2013年到2014年期间，北美部分地区经历了罕见的冬天，很多气候学家解释为是气候变化所导致的。在冬季，两极的寒冷空气以不规则的模式向赤道移动，这种现象称为环极涡旋（polar vortex）。两极和赤道之间的温度差异决定着寒冷空气能移动多远。在过去几十年里，两极变暖的速度比赤道快，减少了温度差异。这就使得环极涡旋在中纬度大大降低了温度，比如美国北部很多地区在2014年1月和2月经历了严寒。

在这种情况下，地球气候的总体变暖导致某一大片地区短期内形成非同寻常的严寒天气。这些地区在环极涡旋所招致的严寒前后会经历比正常夏季温度还高的高温。美国北部在经历环极涡旋后不久，美国西部海岸就出现了历史上春天最高的高温。

气候模型预测了有望发生的或最有可能发生的结果以及可能结果的阈值。通常所报告的结果代表着建模者认为可能发生的一个区间，这个区间里包括实际的结果。有的时候，这些区间包括可能有些麻烦的最好情况和可能导致严重后果的最坏情况。比如，某些地方夏季平均温度升高0.5℃（0.9℉）可能不会带来很坏后果，但是升高4℃（7.2℉）肯定会。

另外，气候模型预测结果常常包括可能是极端的例子，比如全球年均气温增长6℃（11℉）或海平面上升6米（19英尺）。在阅读后面关于气候变化影响的内容时，记住有些影响不在这里的描述范围之内，还可能有我们现在不能预测的令人惊异的影响。

复习题

1. 什么是增强的温室效应？导致这种效应的五种主要的温室气体有哪些？
2. 气候模型如何预测未来气候状况？
3. 为什么不可预测的和极端的气候变化很重要？

全球气候变化的影响

学习目标

- 区分冰融化导致的海平面升高和水热胀导致的海平面升高。
- 描述气候变化是怎样影响物理环境的。
- 举例说明气候变化对包括人类在内的生物的影响。

全球气候变化直接或间接地影响很多物理和生物系统。很多影响已经被观察到，比如温度升高、动植物栖息地变迁、海平面上升等。气候研究人员认为这些变化将来还会继续，而且还会有新的变化。另外，研究人员认为还会有令人惊异的影响，也就是说，他们认为会发生预料不到的变化。

在本节，我们将介绍全球气候变化中一些已经被观察到的影响以及潜在的影响，包括海平面、降水模式（包括暴雨的频率和强度）、生态系统、人类健康、农业和野火等方面的变化（图20.5）。更加完善但依然不能穷尽的气候变化影响列表还包括森林（以及木材业）、旅游和休闲娱乐业、海岸基础设施的变化。

冰融化和海平面上升

IPCC预测到2100年海平面上升18到59厘米（0.6到1.9英尺），同时指出还可能升高更多。两个因素导致海平面上升。与其他物质一样，水温度升高就会膨胀。IPCC报告说，在20世纪，海平面上升了大约0.2米（8英尺），主要是由于热膨胀（thermal expansion）。海平面上升的幅度，有一半以上是热膨胀导致的。目前热膨胀的速度导致海平面每年升高大约3毫米，这一速度还在加快。另外，海平面上升还因为冰川的退化和南极冰的解冻。水比冰吸收的热量多，因为冰对光线的反射率更高。因此，融化的冰对于温度升高具有正反馈效应：水吸收的热量多，从而导致更多的冰融化。

图20.5 加利福尼亚州2014年9月的野火。虽然加利福尼亚州经常发生野火，但是像图中显示的这样的大火还很稀少。从20世纪80年代中期开始，美国西部地区的野火变得越来越频繁，持续的时间越来越久，发生火灾的季节越来越长。土地利用的变化可能有一些影响，但是主要的推动力似乎是温度升高和春季积雪融化提前所导致的气候变暖。

冰层覆盖的北极海洋地区在过去几十年里已经大大减少。北极冰南端的平均纬度（在20世纪70年代位于71°N和72°N之间）已经向北消退，退却到75°N。冰层下海洋深潜器的声纳监测表明，剩余的北极冰盖快速变薄，在不到30年的时间里减少了40%的冰容量。

世界上的高山冰川也在以越来越快的速度融化，导致海平面上升。库里卡里斯冰川（Qori Kalis Glacier）是秘鲁南端安第斯山脉最大的冰川，已经几乎融化殆尽，在过去25年里每年消退大约60米（200英尺）。印度根戈德里冰川（Gangotri Glacier）也在以同样的速度消退。根据国家公园管理局，冰川国家公园在1850年拥有冰川150个，现在具有冰川功能的只有25个（面积大于25英亩，图20.6）。冰川退却模型预测，这些冰川到2030年可能将消失。

格陵兰冰原（世界上第二大陆地冰盖）每年损失的冰从2002年预测消失的44立方千米（11立方英里）和1993年到1998年期间的8.3立方千米（2立方英里），增加到目前的250立方千米（57立方英里）以上。2014年，《自然气候变化》（*Nature Climate Change*）的一份报告表明，这种冰融化至少导致海平面每年上升0.5毫米（0.02英寸），甚至可能高达3.2毫米（0.13英寸）。如果格陵兰冰原融化一半，海平面将会上升几米。

案例聚焦

脆弱地区的影响

爱斯基摩因纽特人是生活在阿拉斯加州和加拿大遥远北部地区的土著人，他们追求一种严寒气候下的生活方式。全球气候变化的影响正在改变着因纽特人传统的生活方式。很多因纽特人赖以为生的野生动物种群越来越少或迁徙离开。其他威胁生计的变化包括雪盖减少、河冰季节缩短、永久冻土消融。温度升高增加了水供应污染的风险，因为细菌可以在解冻的土壤里更加自由地活动。如果解冻地区变大，会导致桥梁、建筑、道路和石油管道的坍塌。

对已发生变化和潜在变化的观察来自当地人，他们在报告中将变化与温度上升联系在一起：冻原干燥、海

（a）　（b）

（c）　（d）

图20.6　格林奈尔冰川（Grinnell Glacier），气候变化的见证者。与世界很多其他冰川一样，位于冰川国家公园的格林奈尔冰川由于温度的不断升高而快速减少。图中显示的冰川摄于1938年（a）、1981年（b）、1998年（c）和2005年（d）。

冰变薄和消退、一些野生动物的数量和分布以及迁徙的变化。气候变化数据支持因纽特人的观察结果。为探讨过去400年发生的气候变化，科学家分析湖泊沉积物，发现最大的变暖趋势发生于1840年到20世纪末。科学家预测温度在21世纪将升高得更快，警示人们相对未受干扰的北极可能在气候变化的影响下尤其脆弱。

冰融化后流进海洋，抬高了海平面，但是陆地上融化的冰呢？永久冻土（permafrost）是呈现冻原和北方森林特征的长久冰冻的地下土壤，位于阿拉斯加、加拿大、俄罗斯、中国和蒙古等，证据显示，这些永久冻土正在解冻。永久冻土提供冻原植物和森林树木生存以及房屋、道路建设的基础。随着永久冻土的消融，这一基础发生崩塌。在阿拉斯加州的费尔班克斯附近，数百家住房和电话杆以不同的角度陷入到地下（图20.7）。永久冻土解冻还释放出甲烷和其他温室气体，形成了又一个正反馈。

图20.7　解冻的永久冻土。由于下面永久冻土的解冻，这些房屋正在下沉。永久冻土解冻导致地面下陷、侵蚀和泥石流。

冰融化和冻土解冻在极北地区发生重要影响，海平面上升已经开始影响小的岛国了。1999年，南太平洋地区两个无人居住的岛（泰布阿塔拉瓦岛[Tebua Tarawa]和阿巴奴亚[Abanuea]）被升高的海水淹没。2001年，附近地区图瓦卢（Tuvalu）的11,000个居民宣布，他们不得不离开，因为海平面上升已经导致地势低的陆地被淹没，损害了他们的水供应和食物生产。新西兰允许每年有一些图瓦卢人移民。马尔代夫是印度洋里一个由1200个岛组成的小国，像这样的小岛国在海平面上升的威胁面前极其脆弱。80%左右的马尔代夫土地海拔不到1米（39英寸），国家的最高点海拔只有2米。随着海平面的升高，大风暴会很轻易地吞噬整个岛国。

降水模式的变化

计算模型显示，随着全球气候变化的发生，降水模式也发生变化，导致一些地区发生更频繁的干旱。同时，降雪和暴风雨强度加大，注定使得其他地区的洪涝更为频繁。最近发生的一些洪涝，包括英格兰的大洪水，很有可能是气候变化导致的。

降水模式的改变有可能影响很多地区淡水的供应和质量。干旱或半干旱地区，比如撒哈拉沙漠以南的萨赫勒地区（见图4.22），可能因为气候变化将出现最为严重的水短缺。回到国内，专家预测美国西部地区将发生水短缺，因为冬天温度升高将导致降雨增多，下雪减少，而积雪融化目前为西部地区夏季的河流提供70%的水流。联合国安理会在2007年开始举办会议，研究与气候变化相关的干旱带来的安全问题。

水面温度升高后发生暴雨的频率和强度似乎在增加。1998年，NOAA研发了一个计算模型，分析全球气候变化如何影响飓风。自从卡特里娜飓风2005年袭击新奥尔良后，人们对气候变化与飓风强度和频率之间关系的兴趣越来越浓。2010年末澳大利亚发生的严重洪涝是泰莎气旋引起的，提醒我们这是全球现象。

最近的研究显示，海平面温度比现在上升2.2℃（4.0℉）将导致形成携带最大风速的飓风，增加总体降水。之所以会出现风暴强度的变化，是因为随着地球温度上升，更多的水被蒸发，继而将更多的能量释放到大气中（回忆第十三章关于水蒸发热量的讨论）。这种能量会引发力量更大的风暴。尽管过去几十年里飓风数量似乎并没有因为气候变化而发生变化，但是风暴的平均强度和最大强度随着表层水面温度的升高而增加。

正如第四章所讨论的，厄尔尼诺-南方涛动（ENSO），也就是热带太平洋周期性变暖（厄尔尼诺）和变冷（拉尼娜），影响着整个全球气候系统的降水和其他方面。直到最近，气候科学家还不能预测人类导致的全球气候变化是否影响ENSO。IPCC最近的分析预测，在厄尔尼诺事件期间将发生更加极端的干旱和强大的降雨。科学家不清楚厄尔尼诺事件是否会随着全球气候变化而更加频繁地发生。

对生物的影响

越来越多的研究反映了气候变暖导致动植物出现的可测量的变化。这些影响涉及从植物物种花期提前到水生物种的迁徙模式。很多种群、群落和生态系统的变化也很明显。其他人类导致的因素，比如污染和土地使用的变化，加剧了气候变化引发的威胁程度。截至目前，关于这方面的研究有数千个，这里我们介绍几个研究成果。

研究人员确定，沿加州海岸从俄勒冈向南流的加利福尼亚洋流中的浮游动物种群自1951年以来下降了81%，原因很明显，是洋流温度的些微升高。加州洋流浮游动物的减少影响了那里的整个食物网，觅食浮游动物的鱼类和海鸟种群也下降了。

随着过去20年南极洲周围水域温度的升高，磷虾的种群也出现了类似的下降，已经导致了阿德利企鹅（Adélie penguin）种群的减少（见“案例聚焦：人类如何影响南极地区的食物网”，第三章）。由于磷虾数量减少，鸟类就得不到充足的食物。南极洲温度越来越高，过去50年里南极半岛年平均气温升高了2.6℃（4.5℉），导致阿德利企鹅的繁殖能力下降。通常情况下，企鹅把蛋下在没有雪的露头岩石里。但是，开阔的水域现在距离企鹅孵化地越来越近，导致空气湿度和降雪增加。当企鹅进行孵化时，这些雪就会融化成寒冷的雪水，杀死孵化中的胚胎蛋。

受全球气候变化的影响，有些物种转移了它们的领地。有一种西部蝴蝶（伊迪思格斑蝶）在其南部的领地中已经消失，而北部的领地则向北扩展了大约160公里（大约100英里），它们在那里建立新的栖息地。欧洲进行的同样的研究也发现，在被调查的35个蝴蝶物种中，有22个向北转移了它们的栖息地，移动距离从32公里到240公里（20英里到150英里）不等。英国研究鸟类的科学家也报告说，几十个物种的领地向北平均推移了19公里（12英里）。

有些物种的领地还会向高海拔转移。100多年来，加州大学伯克利分校的研究人员一直从优胜美地国家公园收集小的哺乳动物标本，所收集的样本清晰地显示，从前只在相对较低海拔发现的小型哺乳动物现在高海拔也有，这些样本记录了小型哺乳动物在这100多年里逐步向上转移栖息地的过程。

荷兰生物学家认为，在过去（就在1980年），树叶长出来，然后冬尺蠖蛾的毛虫进行孵化，然后大山雀蛋开始孵化，鸟的父母成功地喂养和哺育它们的幼鸟。对于气候变暖，物种的反应是不同的，有些反应是温度引发的，有些反应则是白天时间长短的季节变化引发的。“树叶/毛虫/鸟”之间相互依赖的系统已经解体，因为树木长出树叶的时候，毛虫数量就达到了高峰期，比幼鸟孵化的时间提前了（鸟类下蛋孵化的时间没有变化），从而对鸟群造成了破坏。

随着21世纪气候变暖的加速，很多物种无疑会灭绝，特别是那些对温度要求严格的物种、栖息地小的并专门化的物种以及生活在脆弱生态系统中的物种。其他物种可能生存下来，但是数量和栖息地面积将大大减少。短期内面临物种损失最大的生态系统是珊瑚礁、山地生态系统、海岸湿地、冻原和极地地区（图20.8）。

图20.8 在极地连绵冰层（未断裂冰层）越来越少的世界，北极熊遭遇生存困难。这幅漫画暗示人对其他动物有着怎样的义务？

（a）这幅图中的珊瑚是正常的、健康的。

（b）白化珊瑚。珊瑚研究人员认为，很多地球上的珊瑚在海洋变暖和酸化的综合影响下将死亡。

图20.9　气候变化对珊瑚礁的影响

珊瑚礁是包括珊瑚、生活在珊瑚里的共生生物以及鱼类等在珊瑚周围栖息、觅食、繁殖的其他生物的系统（图20.9a）。气候变化影响珊瑚的方式有两种：酸化和温度升高。海洋吸收了大约一半的人类活动排放到大气中的CO_2，对大气中的CO_2进行了调节，如果没有海洋这个CO_2汇，那么气候变暖将比现在严重得多。但是，CO_2与水发生反应，形成碳酸H_2CO_3。随着吸收的CO_2越来越多，海洋的酸性就会越来越强。很多生物，包括珊瑚、贝类动物、浮游生物，在它们起着防护作用的贝壳里生成$CaCO_3$，这一化学反应对酸度很敏感。

如果水温超过一定阈值，那么就会出现与温度相关的珊瑚白化现象，对珊瑚的共生生物产生影响，使得它们和珊瑚面对致病生物时更为脆弱，而健康的珊瑚正常情况下是具有抗病能力的（图20.9b）。酸度增强会加速这种影响，因为维持海洋系统微妙平衡的两个部分同时发生变化。IPCC预测，如果全球平均年气温提高2℃（3.6℉），那么世界上的多数珊瑚就会发生白化，如果提高3℃（5.4℉），就会造成全世界珊瑚的死亡。1998年，科学家发现了地理覆盖范围最广、流行最为严重的珊瑚白化现象。那年，世界上大约10%的珊瑚死亡，很多情况下死于病毒、细菌或真菌感染。（珊瑚白化在第六章也有讨论。）

生物学家总体上认为，全球气候变化将对植物产生尤其严重的影响，因为它们不能在环境条件变化的时候进行迁移。尽管风和动物会扩散种子，有时还能传播到很远的地方，但是种子扩散的局限性会限制迁移的速度。在过去的气候变暖过程中，比如在大约1.2万年前发生的冰层消退过程中，通过对树的花粉进行分析可以看到，物种迁移的速度每100年只有4到200公里（2.5到124英里）。

如果地球在21世纪温度上升1.8到4.0℃（3.2到7.2℉），一些温带树木物种的理想栖息地（即树木生长最适宜的环境）可能要向北迁移大约500公里（大约300英里）。美国农业部根据一个地区的平均低温制定了植物抗寒区，以此确定哪种植物在各地生长得最好。到了2006年，这些抗寒区发生了很大的转移，以至于不得不进行更新，这还是第一次必要的更新（图20.10）。而且，土壤特性、水可用性与其他植物物种的竞争以及栖息地破碎化都影响着植物迁移到新区域的速度。

有些物种在全球气候变化中会成为赢者，种群数量和栖息领地大幅扩展。这些最有可能兴旺繁衍的生物包括某些杂草、害虫以及环境中常见的携病生物。比如，地表平均温度升高3℃（5.4℉）就会使得地中海果蝇的生存领地扩展到北欧，这种果蝇是对经济发展有着重要影响的害虫。

1990年地图

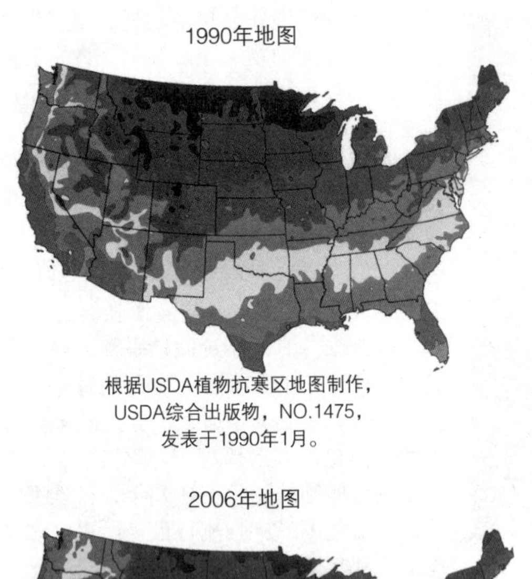

根据USDA植物抗寒区地图制作，
USDA综合出版物，NO.1475，
发表于1990年1月。

2006年地图

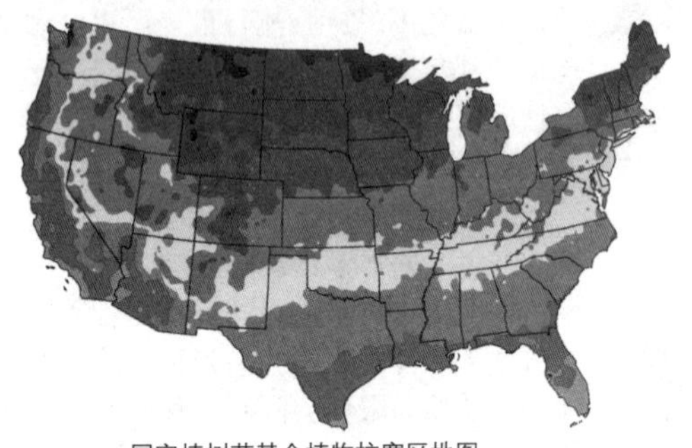

国家植树节基金植物抗寒区地图，
出版于2006年。

抗寒区

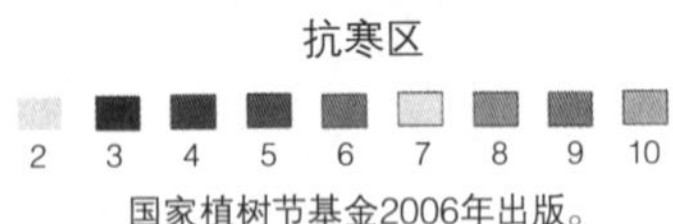

国家植树节基金2006年出版。

图20.10 美国农业部/国家植树节基金1990年和2006年植物抗寒区地图。1990年，美国农业部出版了“植物抗寒区地图”，供农民和园丁根据自己所在区域选择最适合生长的植物。气候变化使得这一地图在2006年进行更新。有些地方变得更冷，但是在很多其他地方需要种植更多的耐热植物。你所在地区的抗寒区改变了吗？（USDA和国家植树节基金提供）

对人类健康的影响

尽管气候变化对人类健康不良影响的精确程度还不清楚，但是清楚的是气候变化将大大影响人类的健康，而且将来还会产生更大的影响。人类健康与气候之间的关系是系统性的，既复杂又不可分割。有些即刻的健康影响是清楚的，比如俄罗斯2010年的热浪造成了大约15,000人死亡，GDP损失150亿美元。与气候变化相关的健康影响多数是间接的，有着多方面的、相互关联的原因。与内华达州和沙特阿拉伯的人相比，俄罗斯人在应对持续数天的极端热浪方面准备得不够。

气候变暖还间接影响着人类（和动物）的健康。蚊子和其他病菌携带者的领地已经扩展到新的温暖地区，会在没有其他限制性因素的情况下传播疟疾、登革热、血吸虫病和黄热以及牛传染性流产等牲畜疾病。温度和降水的变化会增加某些食物和水源性疾病（见第七章）。暖冬会减少一些呼吸性疾病（比如流感）的发病率，但是人口向城市的聚集转移会抵销这一影响。而且，当地土壤生态学、湿度和其他物理因素的变化可能影响真菌、霉菌和霉病的范围和流行。表20.2总结了一些气候变化对北美疾病可观察到的以及可能的影响。

对农业的影响

正如第十八章所显示的，农业是一个需要精心管理的生态系统。因此，全球气候变化对农业的影响很难预料。大气中CO_2含量的增加会提高光合作用的速度，因此农业生产力可能会增强。但是，有很多因素相互作用。种植季节会发生怎样的变化？某些害虫会成为一个怎样的问题？某个特定区域传统种植的作物品种有多少不得不改变？

海平面上升可能会导致河流淹没三角洲，这是世界上最好的农业土地。某些农业害虫和致病生物可能会大量繁殖，减少作物产量。科学家认为，全球气候变化将增加干旱的频率和持续时间，而干旱这一问题对于水资源有限的国家显得尤为严重。温度升高可能会导致很多农业土壤中水分的减少（温度高造成蒸发增加）。

气候变暖对农业的另一个影响涉及夜间温度。从1950年开始测量，夜间温度一般来说比白天温度增加得多。夜间气温变化对一些作物产生正面影响，但其他作物的生长可能会更加困难，比如，西红柿只是在夜间温度下降到一定水平以下时才坐果。其他需要凉爽夏季和（或）寒冷冬季的作物包括蓝莓、糖枫、苹果和椰菜。

1999年，国家科学基金设在科罗拉多的长期生态研究基地的一项研究显示了夜间气温升高与草原中草的种类和分布之间的关联性。最引人注目的是，杂草和非本地草极大地替代了作为牛和其他牲畜重要饲草的野牛草。牧草科学家指出，野牛草能够承受牲畜持续的啃食，但是替代野牛草的入侵植物可能对啃食压力更为敏感。生态学家认为，世界范围内牧场生态系统结构和活力的改变可能会对牲畜数量产生重大的影响。

表20.2　气候变化对人类疾病的一些已知和预期影响

疾病类型	已知影响	预期影响
虫媒病*（比如莱姆病，疟疾）	气候变暖会扩大或转移病原体的地理区域。 降水会扩大或转移病原体的地理区域。 与迁移有关的疾病扩散的风险。 气温和降水的变化可能导致主要生态系统的转移，影响疾病负担和发病率。	一些疾病从动物到人的加速传播。 出现新的进口传染性疾病。 变化的区域性差异，有些地区的影响比其他地区大。
水源和食源性疾病（比如大肠杆菌、沙门氏菌）	温度上升扩大病原生物的生存。 降水促进病原生物地理区域的转移。 温度升高会促进很多疾病在极北地区的发生。	水源和食源性疾病强度和频率增加，特别是美国和加拿大最北面的地区。
呼吸性疾病（比如流感、链球杆菌）	冬季变短、变暖减少疾病发病率和疾病负担。 非免疫人群迁移到传染病地区，增加发病率。 空气污染变化可能导致/加剧疾病。	寒冷天气减少呼吸性疾病。** 人口密度加大增加呼吸性疾病。** 空气质量降低增加呼吸性疾病。**
真菌疾病（比如皮炎芽生菌、加特隐球菌）	土壤生态学改变转移真菌种群栖息地。 温暖、干燥的夏季及随后温暖、潮湿的冬季增加真菌数量。 温度、降水和湿度变化扩大一些真菌的地理区域。	引发适应传染性真菌孢子生长的环境。 真菌数量和种类变化具有区域性差异。

* 病媒动物是携带生病生物的动物或者是生病生物的一个阶段。蚊子是常见的病媒动物，但是很多种疾病是哺乳动物传播的。
** 目前尚不清楚哪一种影响是主要的。
来源：Greer, Ny, and Fisman, "Climate Change and Infectious Diseases in North America: The Road ahead"，（《气候变化和北美传染病：前路漫漫》），*Canadian Medical Association Journal*, 2008.

在区域尺度上，目前的模型预测，如果有适度的温度上升，有些地方的农业生产力会增加，而另一些地方的农业生产力则要下降。气候温度上升以后，加拿大和俄罗斯可能提高其农业生产力，而热带和亚热带地区生活着世界上很多最为贫困的人，将受到农业生产力下降的重创。中美洲和东南亚的农业生产力可能遭受最大幅度的下降。

除了这些气候变化对农业的影响，现代的、能量密集型的农业方式可能不得不改变，以便更少地依赖产生CO_2的化石燃料（见十八章）。与现代农业设备的生产和使用一样，化肥、农药和其他农业化学物质的制造也需要巨量化石燃料的投入。

气候导致的农业变化需要文化、经济和基础设施方面的适应。有些农民适应得好，而其他农民则不再具有竞争力。有些国家农业领域的GDP会增加，而其他国家的GDP则会下降。适应性好的作物种类将会是很多人的膳食来源，也将会发生变化。这种适应性与气候变化保持怎样的一致性，还是个未知数。

全球气候变化的国际影响

由于不同国家的社会、经济和政治因素存在差异，因此应对全球气候变化问题非常复杂。国际社会如何解决全球气候变化的环境难民问题，比如那些受极端天气事件影响而农业失利的人？他们应该到哪儿去？谁来帮助他们重建家园？如果要所有国家在应对全球气候变化问题上达成一致，那会非常困难，部分原因是全球气候变化对有些国家的影响比对另一些国家的影响大。如果我们要有效地解决全球气候变化问题及其影响，所有的大国必须进行合作。

尽管高度发达国家是温室气体的主要排放者，但是某些发展中国家的排放速度在快速增加（即便其人均排放依然低于高度发达国家）。2007年，中国超过美国，成为最大的CO_2排放国，尽管美国的人均排放是中国的三倍。虽然高度发达国家大量的海岸基础设施处于危险之中，但是很多发展中国家可能受到的全球气候变化影响最大，因为发展中国家技术力量弱、经济资源少，最没有能力应对全球气候变化的挑战。

随着发展中国家经济的发展，它们可能会走工业化国家所走过的路子，消费更多的化石燃料，从而排放更多的温室气体。多数增加的温室气体排放都是为了给增长的人口提供基本人类生活需要而造成的直接结果。由于人口快速增长，发展中国家到2020年排放的温室气体将超过工业化国家。这一图景可能会与预测的不完全一样，因为有些发展中国家，比如中国、印度、墨西哥、沙特阿拉伯、南非和巴西，在控制温室气体排放方面正在取得进展。

减少碳排放的措施包括提高能效，限制化石燃料使用，开发替代能源。发展中国家对温室气体排放控制的强化可能不是特别气候变化政策的结果，而是这些国家为了满足自己社会、经济和健康需要所采取的措施的附带福利。化石燃料使用所产生的空气污染在发展中国家引发了严重的公共健康问题，因此控制化石燃料消费将为本地创造更为健康的生活条件，同时也改善全球空气质量。

高度发达国家和发展中国家有着不同的利益、需求和角度。多数发展中国家认为，增加化石燃料使用是工业发展的必由之路，反对来自高度发达国家要求减少化石燃料消费的压力。发展中国家常常问：富裕的工业化国家历史上造成的CO_2排放问题，为什么需要发展中国家采取行动来解决？20世纪50年代以来，生活在高度发达国家的占世界20%的人口产生了74%的CO_2排放。目前，

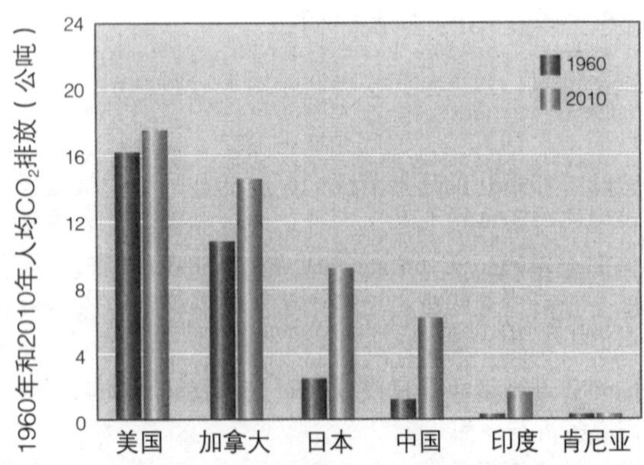

图20.11　部分国家1960年和2010年人均二氧化碳（CO_2）排放估计。就各个国家来说，左边的柱是1960年排放量，右边的柱是2010年排放量。除了肯尼亚，所有的国家人均CO_2排放都有增长。目前，工业化国家产生了不成比例的CO_2排放份额。但是，随着中国和印度等发展中国家的工业化，其人均CO_2排放会增加。过去50年里，中国的人均化石燃料使用增长了4倍多。（世界银行）

高度发达国家的人均CO_2排放是发展中国家的10倍左右（图20.11）。高度发达国家则反驳，发展中国家的经济高速增长和人口大量增加将在近期成为全球碳排放的主导因素。

全球气候变化、臭氧损耗和酸沉降之间的联系

环境研究常常考察单个问题，比如全球气候变化、酸沉降或臭氧耗竭（见第十九章）。设在加拿大安大略省的实验湖泊区（Experimental Lakes Area）的研究人员决定采取不同的研究方法，同时探讨所有这三种环境问题的相互作用。根据他们的报告，北美湖泊中的生物可能更容易受到紫外线辐射的伤害，而且大于臭氧层变薄所显示的伤害程度。酸沉降和气候变暖的共同影响可能会增加UV辐射进入湖水的深度。UV辐射增加造成的影响有些可能会破坏藻类和水生植物的光合作用，造成鱼类受到太阳灼伤的损害（鱼皮损伤）。

UV辐射照射进湖水的深度与有机化合物溶解情况有关。即便是最清澈、最没有污染的湖也有这种有机物质，它来自死亡生物的分解。溶解的有机物质就像防晒霜，吸收UV辐射，因此UV辐射只能照射进水里几英寸。

气候变暖增加蒸发，从而减少从周围水域流进湖泊的水量。湖泊里溶解性有机化合物多数是通过水流进来的，因此即便是气候出现些微的干燥也会减少湖泊里有机物质的含量。因此，如果气候变暖，UV辐射会照射到湖泊深处。

酸沉降也影响湖泊里溶解性有机化合物的数量。湖水中的酸导致有机质沉淀和堆积在湖底。由于湖水中没有有机物质，所以UV辐射会照射得更深。

复习题

1. 冰融化和水的热胀是怎样导致海平面上升的？
2. 气候变化是怎样影响降水的？以后还会有哪些降水方面的变化？
3. 气候变化已经对生物包括人类，产生了哪些影响？

应对全球气候挑战

学习目标

- 解释减缓和适应，并各提供一些例子。
- 解释为什么减少温室气体排放需要国际行动。

我们对全球气候变化及其对人类社会和其他物种影响的了解，给了我们很多理由去制定战略来应对这一问题。即便我们立即停止温室气体排放（由于其对于能源社会的重要性，我们根本做不到），全球气温也将在今后几十年里继续升高。随着地球气候系统适应过去两个世纪积累的温室气体的影响，海平面在今后的几个世纪里将继续上升。全球气候系统在响应温室气体浓度的增加方面较为缓慢，正是同样的原因，即便马上停止温室气体排放，全球气候系统的响应也会很慢。

虽然解决气候变化问题要求我们应对所有温室气体，但我们将聚焦于CO_2，因为在所有温室气体中它的排放量最大，影响最广（大约60%）。人类活动所导致的CO_2水平增加将会持续几个世纪，因为我们今天产生的排放到22世纪或更远的时间依然会存在。因此，留给后代的全球气候变化的程度和严重性与我们一生向大气中排放温室气体的数量有着直接的关系。

为了避免气候变化产生最危险的影响，很多研究指出，大气中的CO_2浓度需要稳定在550ppm，这差不多是科学家估计的工业化前的世界中大气CO_2浓度的两倍，只比现在的CO_2浓度高40%。

治理全球气候变化有两个基本的办法：减缓和适应（图20.12）。**减缓**（mitigation）致力于限制温室气体排放，从而调节或延迟全球气候变化，从而赢得时间寻求停止或改变气候变化的解决方案。**适应**（adaptation）致力于学会在全球气候变化带来的环境变化和社会影响的条件下生活。

有些人反对制定适应气候变化的战略，因为他们感觉到这就意味着接受全球气候变化，尽管如此，通过广泛观察，情况越来越清楚，适应气候变化是不可避免的。尚不清楚的是，面对气候变化，我们能够准备或应该准备什么，我们需要如何反应。我们如何应对气候变化的决定将影响到好几代人。

减缓：减少导致气候变化的行动，从而降低气候变化的速度。
适应：有助于人类接受气候变化影响的准备行动。

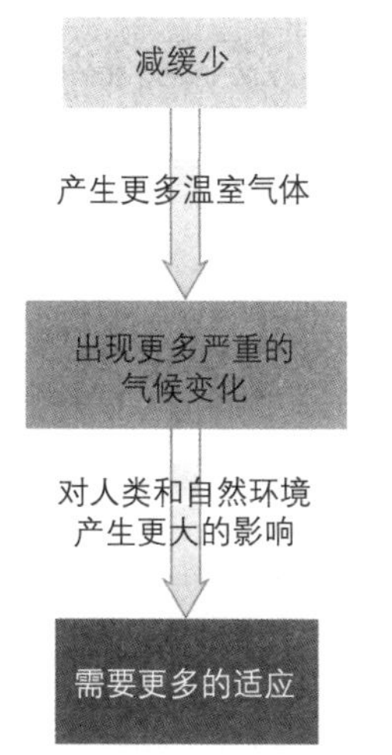

（a）如果我们在减缓气候变化方面采取的措施少，那么我们就不得不适应更多的影响食物和水资源、生物多样性、人类健康的严重问题。

（b）如果我们采取积极的减缓措施，那么气候的长远变化就会减少，对于人类和自然环境的严重影响就会变小。

图20.12 减缓和适应之间的关系

全球气候变化的减缓

全球变暖是在能源开发利用方面所做出的选择的必然结果，因此研发化石燃料的替代物对于最终停止CO_2排放造成的气候变暖具有很大的潜力。开发替代石油和天然气（但不是煤）的燃料在今后几十年里也会变得很必要，因为这些燃料的储量是有限的。能效和保护在第十章已经讨论过，有助于在很大程度上解决气候变化问题。很多化石燃料替代物，包括太阳能、核能、风能，在第十二章已经讨论过。

很多研究显示，如果采用目前最适宜的技术，实施鼓励利用替代能源的政策，那么全社会不用投入很多就可以大大减少能源利用和温室气体排放。比如提高汽车和家电能效就会减少化石燃料利用和CO_2产生。加利福尼亚州制定管理规章，提高家电和建筑物最低能效标准，使得人均电力使用降到美国人均电力使用的一半。汽油价格的升高使得消费者愿意购买使用油耗少的汽车，汽车厂家已证明这样的车也是有盈利的，目前混合动力汽车的销售量不断增加。

能源价格战略，比如实施碳税和减少能源补贴，是帮助减少温室气体排放的其他政策。根据燃料燃烧时产生单位热量所排放的CO_2比例，可以对化石燃料征收一定的碳税（见第二章）。由于煤的碳含量高，因此在所有化石燃料中，对煤征收的碳税可能就是最高的。另外，还有一个“总量管制与交易制度”机制，限制世界碳排放的总量，但是允许出售和购买碳排放的权利，这是一个基于经济手段的解决方案。

碳捕捉和储存 除了采取措施控制温室气体排放，很多国家开展碳管理（carbon management），研究捕捉和储存CO_2的方法。政府激励政策，比如为研发这类技术提供研究经费支持，是推动创新所最需要的。正如在第十一章所讨论的，碳可以从火电厂的废气中排除掉，尽管这项技术是新开发的，投入也很大。

碳捕捉和储存（CCS）也被称为碳封存（carbon sequestration），将会需要对化石燃料的利用实现很大的转变。从汽油发动机汽车或柴油火车中去除CO_2将会是一个巨大的挑战：捕捉CO_2很困难，以气体形式或碳酸钙（$CaCO_3$）的形式将CO_2运输到不同的地点还需要另外的能源。多数CCS建议涉及在最容易捕捉CO_2的固定地点进行发电或制氢。

树木中的碳封存 减缓全球气候变化的一个方式涉及通过植树造林和保护森林从空气中去除大气层中的二氧化碳（回顾本章开头介绍部分）。与其他绿色植物一样，树木通过光合作用将碳吸收到树叶、树干、树根的有机质里。由于树木一般能活100多年，所以树根和树干中的碳可以封存相当长的时间，不会进入到大气中。尽管估算的数据差异很大，但是植树造林可能清除大气中10%到15%的碳，实现这一目标需要大量的植物。研究树木封存碳的科学家认为，这一方法可以为气候带来短期的效益，尽管它不能代替减少温室气体排放。

地球工程 利用地球工程来减缓气候变化的理论受到很多的争议。地球工程（geoengineering）指的是在全球范围内实施的项目。具有可能性的项目包括向海洋中施加铁粉从而使得藻类吸收更多的碳、建造从大气中吸纳大量碳的工具、向大气中投放硫颗粒从而反射阳光。最大的问题之一是很难预测这类大规模工程项目的有效性。支持地球工程的人认为，温室气体的快速增加是人类造成的，这本身就是地球工程的一个案例，因此，同等规模的人类干预是适合的。

全球气候变化的适应

由于绝大多数的气候科学家认为人类导致的全球气候变化是不可避免的（唯一的问题是变化有多大），所以政府规划者和社会科学家正在制定战略，帮助不同的地区和社会各阶层适应气候变暖。最紧迫的问题之一是海平面上升。生活在海岸地区的人可以迁移到内陆，远离风暴的危险。这些人将成为气候变化难民（climate change refugee），因为气候变化而被迫放弃自己家园的人。这种解决方案需要很高的社会和经济成本，特别是生活在海边的人口越来越多。另一个解决方案是修筑海防堤坝，保护海岸陆地，这也是投入巨大的选择，但是可能比迁移这些人的费用要少一些。流入海洋的河流和运河必须疏通，从而防止海水倒灌，侵害淡水和农田。

我们还必须适应农业种植区的转换。很多温带气候国家正在评估半热带作物，从而决定最好的传统作物替代物，以适应气候变暖。大型木材公司目前正在培育抗旱树木的品系。今天栽种的树木将在21世纪下半叶进行采伐，那时的全球气候变化可能更大。

美国各地目前正在研究全球气候变化适应问题，研究人员一般包括科学家和来自市政府、州政府和联邦政府、当地企业、社区组织等各方面的代表。纽约市研究小组发现的潜在问题之一涉及废水排放系统。暴雨径流的水道通常会在潮水高潮的时候关闭，从而防止大西洋的海水倒灌进排水系统。随着全球气候变化导致的海平面升高，这些水道在很多潮水低潮的时候也不得不关闭，极大地增加了暴雨来临时发生洪涝的风险。（水道关闭时，多余的雨水不能排掉。）城市规划者将不得不重建雨水径流系统，这将需要很大的投入，或者采取其他的防洪办法。现在对这些问题进行评估并找到和实施解决方案将减轻未来气候变化带来的压力。

减少温室气体排放的国际行动

尽管都是姿态性的，但是国际社会认识到必须稳定CO_2的排放。至少有192个国家，包括美国，已经签署了1992年地球峰会上制定的《联合国气候变化框架公约》（*United Nations Framework Convention on Climate Change*，UNFCCC），其最终目的是将大气中温室气体的浓度稳定在较低的水平，防止人类对气候产生危险的影响。实现这一目标的详细措施留待后来的会议进行讨论解决。

在1996年于瑞士日内瓦举行的UNFCCC成员会议上，高度发达国家就建立法律约束性温室气体减排时间表达成共识。1997年，在日本东京召开的会议上，160个国家的代表参加，确定了减排时间表。截至2014年，有192个国家批准了那次会议形成的《京都议定书》（Kyoto Protocol）。这个国际条约具有法定约束力，为减少温室气体排放提供了操作性规定。

美国政府参与了目前国家和国际气候政策的制定，支持一系列UNFCCC磋商。在美国国内，政府减少温室气体排放的承诺推动着政策的制定和实施。2007年，最高法院在马萨诸塞州诉EPA案中裁定，温室气体包括在

《清洁空气法》管理之中，是一种空气污染物。2014年6月，奥巴马政府制定了所有火电厂温室气体排放的管理规定。

复习题

1. 减缓和适应的例子有哪些?
2. 高度发达国家对气候变化的观点与欠发达国家有着怎样的不同?

通过重点术语复习学习目标

- **解释辐射强迫、温室气体、温室效应增强。**

辐射强迫是某种气体影响进入和离开大气的能量平衡的能力。温室气体是吸收红外辐射的气体。温室效应增强指的是吸收红外辐射（热）的气体水平提高而产生的更大幅度变暖。2007年，政府间气候变化专门委员会认为，人类产生的温室气体最有可能是近来气候变暖的原因，几乎可以肯定地说，世界在21世纪将会大幅度变暖。

- **解释气候模型是如何预测未来气候状况的。**

气候模型是以系统形式描述全球气候的计算机模型。模型将大气和海洋分为小的、三维方格部分，进而评估一个方格部分的变化对临近方格部分带来的影响。这些模型包括那些影响温度、刮风模式、云层湿度、冰盖的反馈信息。根据不同CO_2水平的预测来使用这些模型将生成未来的气候状况。模型包括正反馈和负反馈，其中正反馈是某个条件的变化会引发一个反应，并进而强化已变化的条件；负反馈是某个条件的变化会引发一个反应，并进而调节已变化的条件。

- **描述极端和不可预测气候变化的重要性。**

虽然我们常常看到气候模型预期的结果，但是极端或最坏情况常常引起更多的注意。不可预测的变化可能是问题最严重的。几乎可以肯定的是，将会有令人惊异的现象出现，会有我们预测不到的东西。但是如果不知道惊异是什么，就不可能为减缓做出准备。避免这种惊异的唯一办法是消除气候变化。

- **区分冰融化导致的海平面升高和水热胀导致的海平面升高。**

最近和预测的海平面上升，一半以上与水温上升以后的膨胀有关，这种现象被称为热胀。海洋吸收大气增加热量的速度将会大大影响海平面上升的速度。冰川和陆地冰盖的融化是导致海平面上升的另外一个主要因素，因为以前“储存”在陆地上的水流进了海洋里。

- **描述气候变化是怎样影响物理环境的。**

从全球来看，海洋和地表平均气温正在升高，尽管具体到不同的地点有所差异。降水和其他天气模式已经开始转化，有些地区洪涝增加，有些地区热带风暴强度增加。冰盖和冰川在融化。所有这些现象将来都可能加剧。

- **举例说明气候变化对包括人类在内的生物的影响。**

从全球来看，温度、降水、海洋酸化、海平面上升和其他气候变化相关因素的变化影响着生物。生物还受其他种群变化的影响，比如有些生物对春天提前到来的反应比其他生物大，这就意味着食物网可能被破坏。人类受到热浪、洪涝、海平面上升和农业变化的影响。

- **解释减缓和适应并各提供一些例子。**

减缓是减少气候变化导致原因的行动，减缓行动的例子包括更少地燃烧石油和天然气、植树造林、二氧化碳封存。适应包括准备性的行动，旨在减少气候变化的影响，譬如将居住在海岸地区的人迁移到内陆、改变农业种植模式。

- **解释为什么减少温室气体排放需要国际行动。**

气候变化产生全球影响。如果只有几个国家参加，那么减少碳排放和适应气候变化就不可能成功。一个担忧是：如果一个国家实行严格的CO_2排放限制，那么与不实行排放限制的国家比起来，就会在短期内处于不利的竞争位置。因此，在任何地方，取得减少温室气体排放的成功都需要国际社会的承诺。

重点思考和复习题

1. 索科洛和帕卡拉的“楔子”之一（见本章介绍部分）涉及将车辆行驶里程减少50%（他们预测到2056年全世界将有20亿辆车）。思考你所了解的人们现在的开车情况，人们如何才能减少50%的驾车？这会怎样影响他们的生活？
2. 温室气体如何影响全球气候状况？
3. 什么是气候模型？建构模型需要输入哪些信息？气候模型可以告诉我们怎样的未来气候信息？
4. 哪两个因素导致海平面上升？
5. 气候变化导致的蒸发增加对区域天气模式产生了什么影响？
6. 奥地利生物学家研究生长在阿尔卑斯高山上的植物，发现适应山地寒冷条件的植物在20世纪每十年向山峰迁移3.7米（12英尺），很明显这是应对气候变暖而做出的反应。假定21世纪气候变暖持续，如果这些植物迁移到山顶，那么会发生什么？
7. 列举一些加拿大植物生长季节性变化可能影响墨西哥鸣鸟种群的方式。
8. 对于高度发达国家来说，哪些对全球气候变化的适应更容易？对于发展中国家呢？请解释。
9. 根据本章和第二章关于环境经济学的知识和信息，解释全球CO_2许可证市场怎样发挥作用。
10. 提供飓风和其他自然灾害保险的保险公司可能会将数千万的投资从化石燃料转移到太阳能。根据你在本章所了解到的，解释为什么保险公司认为这样的投资转移最符合它们的利益。
11. 有些环境主义者认为“使用”化石燃料最明智的方法是把它们留在地下。这会怎样影响空气污染？对全球气候变化的影响呢？对能源供应的影响呢？
12. 把环境作为一个系统进行思考很重要，在这方面，酸沉降、平流层臭氧和气候变化之间的关系告诉我们什么？
13. 约翰•霍尔德伦是奥巴马总统的科学顾问，他认为，对于气候变化，人类有三种可能的反应：减缓、适应和忍受。讨论这一观点对于今天的人们和50年后的人们的意义。
14. 到2100年，海平面可能上升0.4米左右（1.3英尺）（下图中的a线）。但是，这一预测是不确定的，不同的模型认为海平面上升幅度可能在0.2米（b线）到0.6米（c线）之间。如果出现海平面上升，我们应该为哪个上升幅度做准备？解释你的选择。

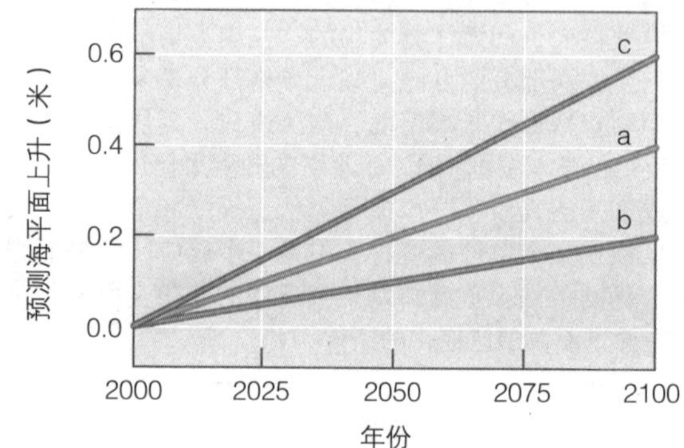

食物思考

美国农业部抗寒区地图可能不久就要修订完善，会出现更大的迁移。思考你所在地区小农场和家庭花园中目前生产的食物。这些作物种植的选择会发生怎样的改变？哪些食物可能从你所在地区的农贸市场上消失？哪些食物会替代它们？这会影响你的食物选择吗？

第二十一章

水污染

丹河里的煤灰污染。弗吉尼亚州丹威尔市的丹河里煤灰旋动，这是从北卡罗来纳州流过来的，主要来自2014年2月5日杜克能源公司（Duke Energy）煤灰池的煤灰泄漏。

化石燃料的消费和使用以多种方式对多个地方的水资源产生污染。煤炭、石油、天然气的开采都需要水，常常需要大量的水。石油和煤炭（以及数量少一些的液化天然气）在世界范围内需要利用河流与海洋进行运输。火电厂永远都建在靠水近的地方，从而方便取水进行冷却、加工和废物处理。所有这些活动都导致常规和意外排放，影响了人类和生态系统的健康。

很多种水污染与石油相关。海上石油泄漏污染大片的水域和海岸，产生长久的影响。道路石油泄漏导致大量污染物随着径流进入湖泊、海洋和江河。地下汽油罐泄漏污染地下水，开采和炼制石油不可避免地污染地下水和地表水。

煤炭也能造成大量的水污染。流经矿区的水会冲刷带走污染物，这些污染物包括从疏松的土壤到高度酸性的尾矿。煤灰（coal ash），也称飞灰（fly ash），是煤燃烧后剩下的固体物质，也能造成很大的生态系统破坏。煤灰一般含有有毒物质，包括镍、砷、汞等重金属和放射性元素铀、镭、钍。虽然有些煤灰被用在制造业上（比如，生产波特兰水泥），但是多数要么是在产生煤灰的地方就地堆放在废品库里，美国就有几百个煤灰库，要么是拉出去倾倒进填埋场。2014年初发生的两个和煤相关的事故显示了煤炭使用带来的水污染风险。MCHM是一种加工煤炭的化学物质，2014年1月，10,000加仑的MCHM从一个破裂的储蓄罐中直接泄漏到西弗吉尼亚的埃尔克河（Elk River）里，恰恰就在一个主要配水设施的上游。水供应被中断，影响了25万多人的生活，长远的影响还未可知。

2014年2月初，有3万加仑煤灰灌入北卡罗来纳州的丹河（Dan River）里，这些煤灰来自杜克能源公司一个废气发电厂的煤灰池，煤灰泄漏是由于管道缺陷导致的。这次事件是美国历史上第三起最严重的煤灰泄漏，往下游倾倒的煤灰和毒物污染带长达70英里（见图片）。美国最惨重的煤灰泄漏事件发生于2008年末，700万立方米（920万立方码）的煤灰，相当于10亿多加仑，从位于田纳西州东部地区田纳西山谷管理局的一个火电厂存储池泄漏。这次泄漏是暴雨引起的，暴雨冲垮储蓄池，将煤灰液冲刷进300英亩的田地和埃默里河（Emory River）中。泄漏发生后的水质检测显示铅和铊含量上升，众所周知，这两种元素都可以致病。有几幢房屋被损，很多植物和动物死亡。我们永远不会知道这次泄漏对下游的生态系统和人群造成多大的影响。

只要我们使用化石燃料获得能量，那么像开车这样的日常行为和石油以及煤灰泄漏这样的事故将会继续消费和污染水。技术改进能够起作用，但是污染将不可避免地发生。“清洁煤”技术可能会减少二氧化碳排放，但是对于煤炭开采和煤灰造成的不利影响不会产生大的作用。减少对化石燃料的依赖是减少环境影响的最好办法，包括石油和煤灰泄漏、气候变化和相关的水污染。

身边的环境

你所在的社区有哪些主要的地表水污染问题?

水污染类型

学习目标

- 列举并简述水污染物的8种类型。
- 讨论污水与富营养化、生化需氧量以及溶解氧有着怎样的联系。
- 解释死亡区。

水污染（water pollution）是个全球性问题，不同地区的水污染在污染的广度和类型上有所差异。在很多地方，特别是欠发达国家，水污染的主要问题是缺乏健康的饮用水。水污染物分为八种类型：污水、致病原、底泥污染、无机植物和藻类营养物质、有机化合物、无机化学物质、放射性物质、热污染。这八种水污染并不是相互排斥的，比如污水中可能含有致病原、无机植物和藻类营养物质、有机化合物。

污水

污水（sewage）向水中的排放导致好几个污染问题。第一，因为污水携带致病原，因此被污水污染的水对公共健康构成威胁（见下面关于“致病原”部分）。污水还产生两个重要的水环境问题：富集和需氧。富集（enrichment）指的是水体的富营养化，是由氮、磷等植物和藻类营养物质含量增加造成的。微生物将污水和其他有机物质分解成二氧化碳（CO_2）、水和相似的无害物质。这种降解过程就是细胞呼吸（cellular respiration），需要氧。生活在健康水生生态环境的鱼类和其他生物也需要氧。由于水里面溶解的氧是有限的，因此在含有大量污水或其他有机物质的水生生态系统里，分解物质的微生物会用完多数溶解氧。这就给鱼类或其他水生动物剩下少量的氧气。在氧含量极低的情况下，鱼类和其他动物就会离开或死亡。

污水和其他有机废物是以**生化需氧量**（biochemical oxygen demand, BOD）或生物需氧量（biological oxygen demand）的形式测量的。BOD通常用每升水在某个温度下特定时间内含有多少毫克溶解氧来表示。水里的废物多就会产生高的BOD，从而掠夺消耗水中的溶解氧（图21.1）。如果溶解氧水平低，那么厌氧（不含氧）微生物会产生带着异味的化合物，从而进一步恶化水的质量。

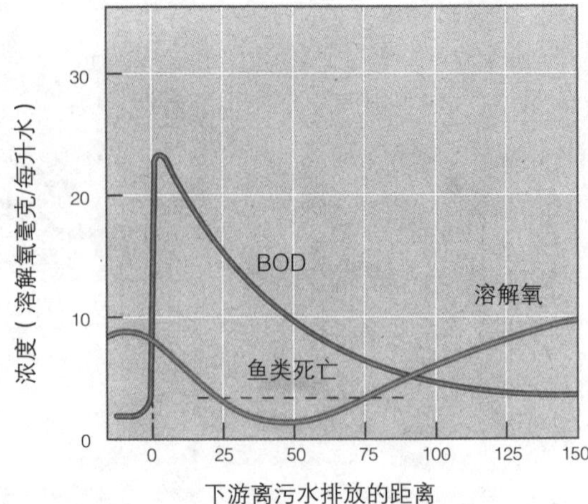

图21.1 污水对溶解氧和生化需氧量（BOD）的影响。注意一开始的氧耗竭和靠近污水泄漏点（0位置）BOD的升高。随着污水的稀释和降解，河流会逐渐恢复。正如本图所示，鱼类在每升水溶解氧低于4毫克的水中不能生存。

富营养化：营养富集问题 湖泊、入海口、缓慢流动的溪流如果营养水平低，那么就是营养不足，是贫营养的。贫营养湖（oligotrophic lake）的湖水清澈，支持的水生生物种群数量少（图21.2a）。富营养化（eutrophication）指的是湖泊、入海口或缓慢流动溪流中的无机植物和磷等藻类营养的富集，营养富集的水体就是富营养的。水的营养富集是逐渐发生的，能够导致光合作用生产力的提高。富营养湖（eutrophic lake）的湖水是混浊的，通常像豆汤，因为里面有大量的藻类和厌氧菌（图21.2a）。

尽管富营养湖泊含有大量的水生动物，但是这些生物与贫营养湖泊中的主要生物是不同的。比如，美国东北地区营养缺乏的湖泊中可能有狗鱼、鲟、白鲑（图21.2c）。这三种鱼生活在湖泊深处、冰冷的水中，那里的溶解氧含量高。而在富营养湖泊，深处、冰冷的水里溶解氧是耗尽的，因为随着大量藻类的死亡，它们会累积在湖底，形成大量的腐烂，分解这些死亡藻类的微生物会在分解过程中耗尽湖底的溶解氧。由于分解，湖底有着很高的BOD，狗鱼、鲟、白鲑等鱼类会死掉，被鲶鱼、鲤鱼等对溶解氧需求小的温水鱼所代替。（图21.2d）。

经过漫长的时间，贫营养湖泊、入海口和缓慢流动的溪流自然地变成富营养的水体。随着自然营养富集的发生，这些水体慢慢地增加营养，越来越浅，大量的死亡生物经过很长的时间累积在湖底的沉积物

水污染：对人类健康和其他生物产生有害影响的水的物理和化学变化。

污水：排水道或下水道（来自洗手间、洗衣机和淋浴）含有人类排泄物、肥皂和洗涤剂的废水。

生化需氧量（BOD）：微生物将生物废物分解成二氧化碳、水和矿物所需要的氧的数量。

（a）火山口湖，俄勒冈州的一个贫营养湖。

（b）纽约州卡茨基尔山（Catskill Mountains）的一个小型富营养湖。

（c）贫营养湖中无机植物和藻类营养物质含量低。

（d）富营养湖中营养物质含量高。

图21.2　贫营养湖和富营养湖。

中。逐渐地，睡莲、香蒲等植物在营养丰富的沉积物中生根发芽，开始在浅浅的湖水中生长，形成了沼泽。不过，有些人类活动极大地加速了富营养化过程。这种快速的、人类导致的过程通常称为人工富营养化（artificial eutrophication）或**人为富营养化**（cultural eutrophication），从而与自然富营养化区分开来。人工富营养化主要是由肥料径流和污水中营养物质进入水生生态系统而形成的。

致病原

致病原（disease-causing agents）是导致疾病的感染性生物，来自具有传染性个体的废物，进入到污水处理系统。城市废水通常包含很多细菌、病毒、原生动物、寄生虫和其他导致人类或动物生病的传染病原体（表21.1）。伤寒、霍乱、细菌性痢疾、小儿麻痹症、传染性肝炎等，就是一些通过食品和水污染传播的常见细菌或病毒性疾病。这些疾病多数在高度发达国家已经很罕见，但在欠发达国家是导致死亡的主要原因。不过，很多人类疾病，比如获得性免疫缺损综合症（AIDS），不是通过水传播的。

公共水供应对水源性致病原的脆弱性在1993年得到极大的展现，当时，一种微生物（隐孢子虫属，Cryptosporidium）污染了大密尔沃基地区的水供应。大约有37万人感染腹泻，造成美国历史上有记录的最大的水源疾病爆发，几个免疫系统功能弱的人死亡。密尔沃基事件之后，有几个城市和城镇还发生了几次小的沙门氏菌和其他细菌爆发。尽管如此，水源性疾病导致的死亡在高度发达国家还是很稀少，美国一年的死亡人数不足

人工富营养化：农业和污水处理厂排放等人类活动所导致的硝酸盐和磷酸盐等营养物质在水生生态系统中的富集。

表21.1 水污染传播的部分人类疾病

疾病	传染原	生物类别	症状
霍乱	霍乱弧菌	细菌	严重腹泻、呕吐；每天损失液体20夸脱，导致痉挛和昏倒。
痢疾	痢疾杆菌	细菌	结肠感染导致腹泻疼痛，大便中带脓血；腹部疼痛。
肠炎	产气荚膜梭菌，其他细菌	细菌	小肠发炎导致全身不适，没有食欲，腹部痉挛，出现腹泻。
伤寒	伤寒沙门氏菌	细菌	初期症状包括头痛、乏力、发烧，后期会出现绯红疹子，常常伴有肠道出血。
传染性肝炎	甲型肝炎病毒	病毒	肝脏发炎导致黄疸、发烧、头痛、恶心、呕吐、严重丧失食欲、肌肉痛、全身不适。
小儿麻痹症	脊髓灰质炎病毒	病毒	初期症状包括咽喉痛、发烧、腹泻、四肢和背部疼痛；随着病毒感染到脊髓，会发生瘫痪麻痹和肌肉萎缩。
隐孢子虫病	隐孢子虫属	原生动物	腹泻和痉挛，长达22天。
阿米巴痢疾	痢疾内变形虫	原生动物	结肠感染导致疼痛腹泻，便血便脓；腹部疼痛。
血吸虫病	血吸虫	吸虫	肝脏和膀胱功能紊乱，导致尿血、腹泻、体弱、乏力、反复腹部疼痛。
钩虫病	钩虫	钩虫	严重贫血，有时出现支气管炎症状。

10例。

污水疾病的监测 由于污染的水对公共健康是个威胁，因此需要对我们水供应中的水污染情况进行定期检测。尽管污水中含有很多不同的微生物，最常见的是检测肠道细菌大肠杆菌（E.coli），通过大肠杆菌含量来了解水中的污染情况，并间接地检测致病原的情况。对于污水监测来说，大肠杆菌是个理想的检测物，因为除了人和动物粪便中大量存在，其他环境中没有大肠杆菌。为了检测水中是否存在大肠杆菌，需要进行**粪大肠菌群检测**（fecal coliform test）（图21.3）。让一小部分水样透过一块滤膜，以捕获所有细菌，然后将滤膜放入一个含有营养物质的培养皿里。经过一段时间的培养，呈绿色的菌落数量就表明大肠杆菌的数量。安全饮用水应该是每100毫升水（大约半杯）的大肠杆菌含量不超过1个，安全游泳池中的水应该是每100毫升水的大肠杆菌含量不超过200个，一般休闲娱乐的水应该是每100毫升水的大肠杆菌含量不超过2000个。与此对照的是，未处理的污水可能每100毫升水含有几百万个大肠杆菌。尽管多数大肠杆菌不会致病，但是粪大肠菌群检测是检查水中是否有病原体或致病原的可靠方法。

如果河流或其他水体中的粪大肠菌群含量达到威胁水平，那么确定污染源就很重要。寻找污染源并不总是很容易，因为大肠杆菌生活在很多动物的肠道里。污染

粪大肠菌群检测：一种水质检测，主要是检测水中的粪细菌存在情况，了解病原生物存在的可能性。

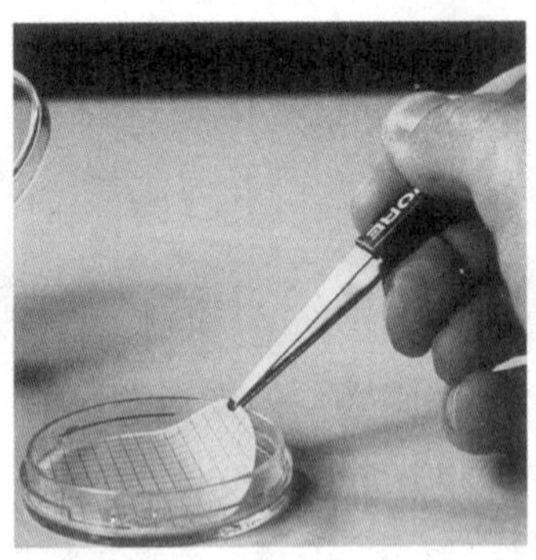

（a）一种水的样本首先穿过一个过滤工具。然后将滤片放置在培养基里，将大肠杆菌培养24个小时。

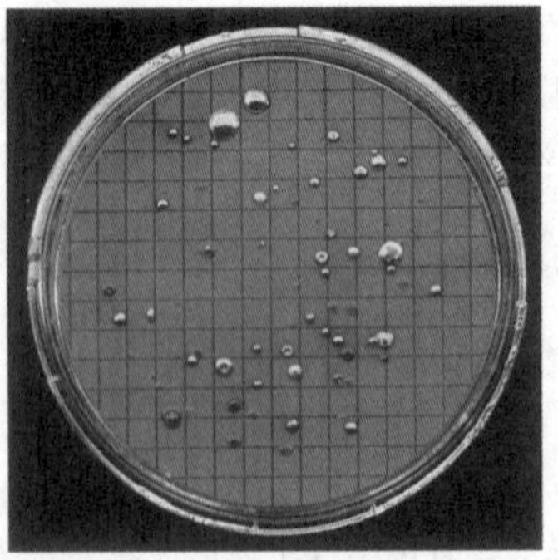

（b）细菌繁殖后，计算大肠杆菌的总数。每个埃希氏菌属菌群来自最初水样的一个大肠杆菌。

图21.3 粪大肠菌群检测

可能来自人排出的废物，比如来自没有正常有效运行的化粪池装置处理系统（后面将讨论）；可能来自动物养殖场；或者甚至来自浣熊、鸟和其他野生动物的粪便。细菌源追踪（bacterial source tracking, BST）使得调查人员根据其动物宿主来分辨不同大肠杆菌菌株的细微差别。

底泥污染

粘土、淤泥、沙石、砂砾可以在水中悬浮，被水携带。当河水流进湖泊或海洋的时候，水的流速会减慢，水中的泥沙常常会沉积。随着时间的推移，泥沙越积越多，从而形成新的土地。河流三角洲就是由沉积泥沙而形成的平坦、地势低的平原。河流三角洲有大量的野生动物，有便利的贸易水道，一直是人类重要的定居地。今天，河流三角洲是世界上人口最密集的地区。如果河流在洪涝发生时冲决堤岸，河里的泥沙也会淤积到陆地上。

沉积物并不一定是污染物，比如，它们对于农业地区土壤的更新非常重要，向湿地提供必要的营养物质。如果过量的悬浮土壤颗粒物最终从水中析出并沉积在水体底部，那么就发生底泥污染（sediment pollution）。底泥污染来自农业土地的侵蚀、森林砍伐而暴露出的土壤、退化的河流堤岸、过度放牧的牧场草地、露天煤矿和建筑。控制土壤侵蚀能够减少河道中的底泥污染。

底泥污染降低光穿透深度，覆盖水生生物，将不能溶解的有毒污染物带到水里，堵塞河道。当沉积颗粒物悬浮在水中的时候，它们使得水混浊，降低光穿透的深度（图21.4a）。水生生态系统中的食物网基础包括光合藻类和植物，由于光合作用需要阳光，因此混浊的水就减弱了生产者光合作用的能力。极度的混浊会减少光合生物的数量，进而导致捕食初级生产者的水生生物数量降低（图21.4b，c）。从水中沉积出来并在珊瑚礁上或贝壳动物栖息地上形成覆盖层的底泥会阻碍很多水生动物的鳃和饮食器官运作。

由于将无机和有机有毒化学物质带进水体，底泥对水质产生不利影响。沉积颗粒为那些不可溶的有毒化合物提供了附着面，因此当这些沉积物进入水中的时候，有毒化学物质也随之进入。致病原也在沉积物的携带下进入水中。

现在人们已经逐渐认识到，水中的多数有毒污染物是沉积物携带并释放到水里的。为此，环保署（EPA）对美国1363个流域中

（a）哥斯达黎加一条混浊的河流携带大量的泥沙。

（b）底泥水平低的溪流生态系统。

（c）底泥水平高的同一条溪流。

图21.4　底泥污染。

21,000多个样本站的数据进行分析评估，结果显示，7%的流域中的沉积物受到有毒污染物的严重污染，如果吃那些河道里的鱼，就给人的健康带来潜在的危害。

沉积物从水中沉降下来后会堵塞河道。这个问题在那些船舶必须通过的湖泊和河道里尤为严重。因此，底泥污染可能给航运业带来不利的影响。

无机植物和藻类营养物质

氮和磷等促进植物和藻类生长的化学物质被称为无机植物和藻类营养物质（inorganic plant and algal nutrients），是健康生态系统正常发挥功能的必要成分，但是如果数量太大就会造成危害。硝酸盐和磷酸盐的来源包括人和动物粪便、植物残留、大气沉积、农业和居住区肥料径流。无机植物和藻类营养物质促进藻类和水生植物的过度生长。尽管藻类和水生植物是水生生态系统食物网的基础，但是它们的过度生长会破坏生产者和消费者之间的平衡，导致其他问题，包括富营养化和臭味。而且，如果大量的藻类死亡并被细菌分解，就会发生BOD高的情况。

墨西哥湾的死亡区 每年春天和夏天，中西部农田的化肥径流和艾奥瓦、威斯康星、伊利诺伊等州养殖场的牲畜粪便径流最终都汇入密西西比河，然后流入墨西哥湾。美国养殖场产生的粪便和尿液是人的20倍左右，但是这些废物很多不在水质量法律的管理之下，没有排入污水处理厂进行处理（图21.5）。

密西西比河中的氮和磷在很大程度上是导致墨西哥湾形成巨大**死亡区**（dead zone）的元凶（图21.6），死亡区从海底往上延伸到水柱区（water column），有时达到距离海洋表面几米的地方。洪涝、干旱和温度影响着死亡区的大小和形状。死亡区一般会从积雪融化和密西西比河春汛流入墨西哥湾的3月或4月延续到9月，在6月、7月和8月最为严重。尽管死亡区随着天气条件而变化，但是总起来说在不断扩大。2013年，墨西哥湾死亡区达到15,100平方千米左右（5800平方英里），相当于康涅狄格州的面积那么大。

图21.5 来自牲畜养殖的水污染。威斯康星州的奶牛场如何导致路易斯安那州海岸的鱼类死亡？为什么这种影响是季节性的？

除了生活在无氧环境下的细菌，死亡区内没有其他生命。海水里的溶解氧不足以支持鱼类或其他水生生物。鱼、虾和其他游动性海洋生物都避开这片死亡区，而在海底生活的海星、海蛇尾、海虫类和蛤等出现窒息和死亡。

这种低氧条件称为环境缺氧（hypoxia），是由水中营养物质促进藻类快速生长所造成的。死亡的藻类下沉到海底，被细菌分解，从而耗尽了水中的氧，使得其他海洋生命缺乏生存的氧。2010年，世界上有400多个海岸地区出现环境缺氧。墨西哥湾的死亡区是海洋中最大的死亡区之一，但比黑海中的死亡区小。与全球气候变化相关的海洋变暖可能加速这些死亡区的形成。

2001年，EPA建议到2015年将密西西比河中的氮含量减少30%。但是，这首先需要农民减少使用化肥。（密西西比河流经美国31个州的全部或部分地区以及2个加拿大省，其流域覆盖美国一半以上的农场。）2004年，EPA将磷污染作为死亡区形成的原因之一，建议集中清理磷和氮。

其他潜在的无机营养物质来源，比如污水处理厂和汽车排放中的大气氮氧化物，也必须处理。恢复密西西比河流域中过去的湿地将减少进入墨西哥湾肥料径流中的硝酸盐和磷酸盐。EPA认为，死亡区问题涉及范围广，需要投入数十亿美元和几十年的时间进行治理。

有机化合物

有机化合物（organic compounds）是包含碳原子的化学物质，自然界中的有机化合物有糖、氨基酸、石油等。水里面发现的数千种有机化合物多数是人造的化学物质，这些合成化学物质包括药品、农药、溶剂、工业化学品和塑料。（水污染中的一些合成有机化合物在表21.2中被列举出来。）有些有机化合物从填埋场渗出来，进入地表水和地下水。其他的比如农药，通过土壤被淋溶到地下水或通过农场和居民区的径流流入地表水。有些工业企业直接将有机化合物倾倒进水道里。

死亡区：海洋或大海里氧缺乏以致多数动物和细菌都不能生存的区域，常常是由化肥或动植物废物随水流动所造成的。

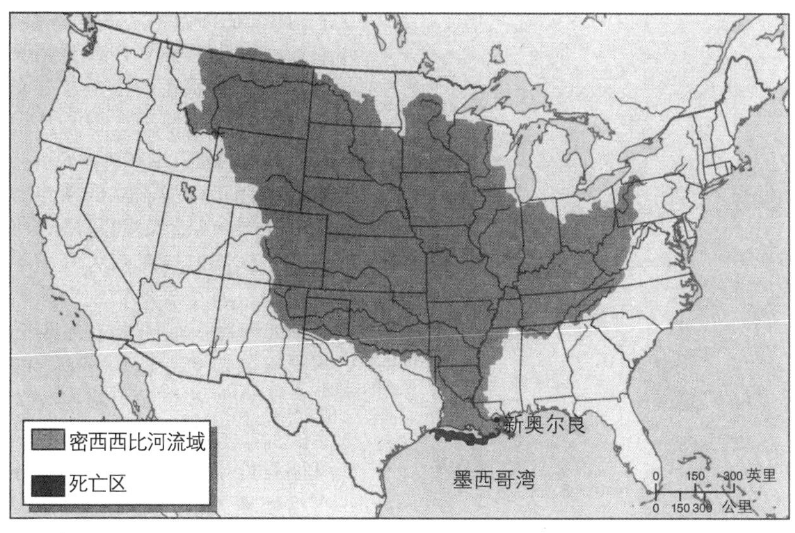

图21.6　墨西哥湾的死亡区。密西西比河流域的污染造成了死亡区。气候模型建模者认为今后几十年美国中部的降雨将增多。你认为这会影响死亡区吗？怎样影响？

2006年，美国地质调查局（USGS）围绕国家地下水中挥发性有机化合物（VOCs）开展了研究。这是截至目前最新的研究，研究人员发现，从家庭和公共水井中提取的3000多个样本中有20%含有一种或以上的VOCs，在1%以上的井中发现了15种VOCs，包括三卤甲烷（含有三氯甲烷和三溴甲烷）、制冷剂、MTBE（一种汽油添加剂）、甲苯（一种汽油组成成分）。图21.7显示了美国含水层中VOCs的分布情况。

2002年，USGS开展了类似的研究，对美国139条河流里95种不同的合成有机化合物进行了检测，包括抗生素、布洛芬、醋氨酚、驱虫剂、抗菌剂、香水、咖啡因以及避孕药、激素药物中的激素等类固醇。在被检测的河流中，80%的河流含有82种有机化合物，这些有机物的含量低，处于ppb（十亿分率）的级别。

总起来讲，饮用含有VOCs和合成有机化合物的水给人类健康带来的影响尚不清楚。但是，含有激素类的水导致很多水生生物中出现问题（见第七章）。在2002年研究发现的有机化学物质中，有33种被怀疑是内分泌干扰物（endocrine disrupters），影响荷尔蒙（见第七章）。

表21.2　水污染中发现的一些合成有机化合物

化合物	对健康的影响
碳醛（农药）	破坏神经系统。
苯（溶剂）	与血液紊乱（骨髓抑制）相关，与白血病相关。
四氯化碳（溶剂）	可能导致癌症，损害肝脏，可能破坏肾脏和视力。
三氯甲烷（溶剂）	可能导致癌症。
二噁英（TCDD）（化学污染物）	有些导致癌症，可能伤害生殖、免疫和神经系统。
二溴化乙烯（EDB）（薰剂）	可能导致癌症，破坏肝脏和肾脏。
多氯化联（二）苯（PCBs）（工业化学品）	破坏肝脏和肾脏，可能导致癌症。
三氯乙烯（TCE）（溶剂）	可能导致癌症，在白鼠中导致肝癌。
氯化乙烯（塑料工业）	导致癌症。

来源：引自世界卫生组织所属机构国际癌症研究所。

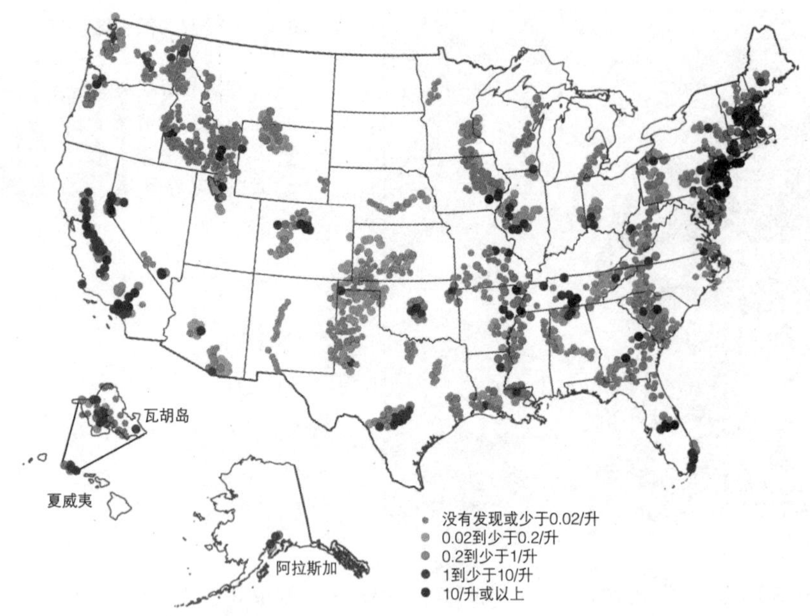

图21.7 美国地下水中的挥发性有机化合物。美国的地下水中发现了挥发性有机化合物（VOCs）。虽然常常含量很低（小于0.02微克/升），但是有些公共和家庭水井中的含量超过10微克/升。（“Volatile Organic Compounds in the Nation’s Ground Water and Drinking Water Supply Wells”［《美国地下水和饮用水供应水井中的挥发性有机化合物》］，U.S. Geological Survey Circular 1292，2006[USGS].）

控制水里面的有机化合物有几种方法。每个人，从家庭成员到在大型工厂工作的工人，都应该尽力防止将有机化合物排放到水里。可以开发和利用毒性小、降解快、不在环境中永久存在的有机化合物替代物。本章后面介绍的三级废水处理过程可以清除水中的很多合成有机化合物。

无机化学物质

无机化学物质（inorganic chemicals）是不含碳的其他污染物，包括酸、盐、重金属等。无机化学物质不容易降解或分解。进入水体以后，无机化学物质会在那儿停留很长时间。很多进入地表水和地下水的无机化学物质来自工业、矿山、灌溉、石油开采、雨水排水形成的城市径流等。这些无机污染物有些对水生生物有毒。无机化学物质进入水体后可能使得水不能饮用或用作其他目的。

这里我们来考察重金属铅和汞，这两种无机化学物质有时会污染水，并积累在人类和其他生物的组织里（见第七章关于生物累积和生物放大的讨论）。砷是另一种重金属，本章后面将讨论。

铅 人们通常认为铅中毒只发生在城市贫民窟里吃含铅漆块的儿童身上。美国从1978年就禁止使用铅基油漆，但是EPA估计，美国3/4以上的家庭仍然拥有一些含铅涂料。尽管铅基涂料是造成儿童铅中毒的主要原因，但是环境中很多其他地方也潜伏着铅。

1986年，美国立法禁止汽油中使用含铅抗爆剂。1986年以前，汽油燃烧时向大气中排放铅尘，所排放的铅现在依然污染着土壤，特别是在主要公路附近的市中心地区。生活在城市中心的儿童如果在室外的学校操场和家里院子里玩耍，可能就处于威胁之中。当固体废物处理厂中的焚化炉将灰烬倾倒入普通卫生填埋场以后，铅就会污染土壤、地表水、地下水。缺乏污染控制设备的工厂将铅排放到大气中，铅从大气中沉积到土壤或水里。我们可能从农药和农产品化肥残留中吸入铅，可能从用铅焊的食品罐中吸入铅，甚至还可能从一些装食物的餐具中吸入铅。少量的铅还可能源自大自然，比如火山和飞尘。

数百万美国居民体内的铅含量达到损害水平，其中很多是儿童。美国至少2%的1至5岁儿童每分升（dL）血含铅10微克（μg）以上。血铅含量超过10μg/ dL就被认为是危险的，最近的数据显示，即便是铅含量低，对大脑也有危害。

面临铅中毒危险最大的三类人群是中年男人、孕妇、儿童。含铅量高的中年男人更容易发生高血压（hypertension）。孕妇含铅量高会增加流产、早产和死胎的风险。儿童即便是血液里铅含量低也会受到很多心智和身体方面的损害，包括部分听力丧失、多动症、注意力缺乏、IQ降低、学习障碍等。男性少年犯罪和骨铅含量高之间有着联系，根据2001年美国医学协会的报告，谋杀案和空气中的铅含量有着关联性。

根据EPA，在20世纪90年代中期，在所有大中型城市水供应设备中，有10%以上的铅含量超过《安全饮用水法》所允许的最高值（本章后面讨论）。而且，自来水的铅含量常常比城市水供应设备中的铅含量还高，增加的铅含量来自老旧铅管道或新管道铅焊的腐蚀。有些对清洁水的处理可能带来意想不到的负面效果，导致更多的铅从管道和焊料中淋洗出来。

汞　汞是一种常温状态下会蒸发的金属，这种特性带来特别的环境挑战。大自然环境中存在少量的汞，但是多数汞污染来自人类活动。

根据EPA，火电厂排放到环境中的汞最多（40%）。煤里面含有汞，在煤燃烧的时候，汞就挥发，与烟道里的其他气体一同被排放到大气中。然后这种汞通过降水从大气进入水中。控制火电厂汞排放的技术不是没有，但成本高，而且捕获的汞还需要在有害固体填埋场进行恰当处理，否则就会再度污染环境。经过很多年的立法争论，EPA在2011年发布了汞和空气毒物标准，这是美国管理火电厂汞排放和气体有毒物排放的第一个国家标准。

城市废物和医疗废物焚烧炉也排放汞（当焚烧炉焚烧含有汞的材料时）。荧光灯和恒温器就是含有汞的城市废物，温度计和血压计则是含有汞的医疗废物。EPA现在负责管理城市和医疗焚烧炉的汞排放。很多医院认识到汞排放的危险，已经不再使用含汞的医疗设备。

熔炼铅、铜、锌等金属的时候会将大量的汞排放到环境中。很多工业过程中使用汞，比如生产制造氯和烧碱的化工厂。这些汞一部分会蒸发，进入到大气中。另外，当工业企业排放废水时，有些金属汞会随着废水进入到自然水体中。在焚烧炉焚烧含有电池、漆和塑料的家庭垃圾之后，汞有时候就通过降水进入水中。

汞一旦进入水体，就会沉积，细菌会将它转化为甲基汞，这种形式的汞毒性更强，而且容易进入食物网。汞会累积在长鳍金枪鱼、剑鱼、鲨鱼、大西洋马鲛和公海里顶级捕猎者海洋哺乳动物的肌肉里。人类暴露于汞主要是通过吃含有高含量汞的鱼和海洋哺乳动物。美国至少有48个州就人食用湖泊和水库中被汞污染的鱼类发布了健康建议（图21.8）。

甲基汞化合物会在环境中停留很长时间，对生物具有很高的毒性，包括对人。长时间地暴露于甲基汞化合物会造成肾脏功能紊乱，严重损害神经和心血管系统。发育中的胎儿如果暴露于汞就会出现很多状况，比如认知功能下降、脑瘫、发育迟缓。甲基汞化合物的不同寻常之处在于能够穿过血脑屏障（很多物质不能从血液中进入脑脊髓液和大脑）。大脑中低水平的汞会导致神经病学问题，比如头痛、抑郁以及狂躁行为。

图21.8　汞污染警示。汞是常见的鱼类污染物，像图中摄于佛罗里达州这样的警告在美国捕鱼区很常见。

放射性物质

放射性物质（radioactive substance）包含自发地放出射线的不稳定同位素的原子，它们进入水的来源有几个，有的是自然界存在的，有的是人为的。后者的例子包括铀和钍等放射性矿物质的开采与加工。很多工业使用放射性物质，虽然核电站和核武器工业使用的放射性物质数量最大，但是医学和科学研究也利用它们。辐射可能无意间从这些设施中发出，从而污染空气、水和土壤。来自大自然中的辐射，特别是发自氡的辐射，会污染地下水。

20世纪80年代中期以来，美国对几个废水处理厂废水中的放射性物质水平进行了测量。根据EPA的报告，放射性物质可能会在污泥中聚集（污泥是污水处理过程中形成的泥状的固体混合物）。EPA制定的指南有助于城市污水处理厂在废水处理后的污泥中找到放射性物质，一旦发现，就减少或消除污染物。

热污染

如果某些工业工程中产生的热水排放到水道里，就发生热污染（thermal pollution）。很多工业，比如蒸汽发电厂和核电厂（第十二章），使用水来释放生产过程中多余的热量。然后，对热水进行冷却并排放到水道里，但是依然比最初的时候温度高。造成的结果是，水道的温度出现些微上升。

湖泊、溪流或江河温度的升高导致几种化学、物理和生物影响。化学反应包括废物分解，发生得更快，从而消耗水中的氧。而且，温度高的水比温度低的水溶解的氧少，水中溶解氧的数量对水生生命有着重要的影响（图21.9）。如果由于热污染而导致溶解氧水平降低，那么鱼就会更多地鼓动鳃，以便获得充足的氧气。但是，鳃呼吸就需要消耗更多的氧。这种情况给鱼类带来很大的压力，因为鱼类要从供氧量不足的水中获得更多的氧气。

复习题

1. 水污染的八个主要类型是什么？每种类型各举一个例子。
2. 什么是生化需氧量（BOD）？BOD和废水有着怎样的联系？
3. 什么导致墨西哥湾出现了死亡区？

今天的水质量

学习目标

- 对比点源污染和非点源污染。
- 举出农业、城市和工业水污染的例子。

水污染物既来自大自然，也来自人类活动。比如，有些污染生物圈的汞来自地壳中的自然资源，其他的来自人类活动。硝酸盐污染的来源既包括大自然，也包括人类活动，土壤中有硝酸盐，给土壤施加的无机化肥中也有硝酸盐。尽管大自然中的污染源有时只产生地方性问题，但是人类产生的污染一般来说更为广泛。

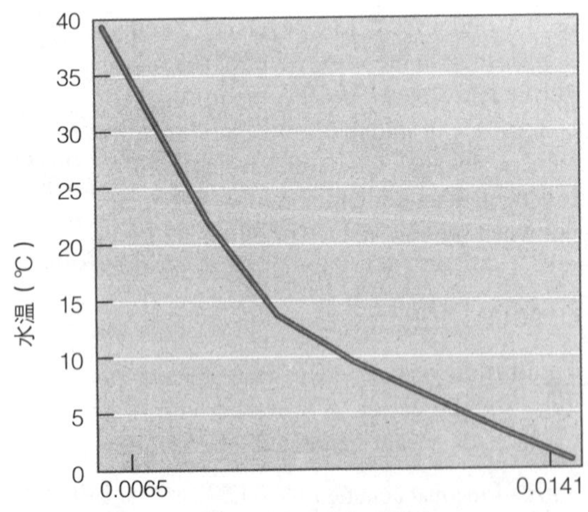

图21.9　不同温度下水溶解氧的能力。随着水温的升高，其含有的溶解氧的能力下降。这些数据是在760毫米汞压力情况下水的氧溶解能力。

水污染的来源分为两类：点源污染和非点源污染。**点源污染**（point source pollution）是指通过管道、排水道或沟渠将工厂或污水处理厂等特定地点的污水排放到环境中。点源污染依法控制相对容易，但是依然会发生事故（回顾本章一开始的介绍）。

2011年3月地震和海啸发生后，日本福岛核电站的一个核反应堆造成的巨大损害就是以反应堆水污染的形式形成了点源污染。灾难发生后，技术人员竭力防止泄漏反应堆化合物中放射性水的外流。

非点源污染（nonpoint source pollution）也称径流污染（polluted runoff），是由从大片地区而不是从单一点进入水体的污染物引起的。当降水流经土壤或渗入土壤时，就会携带和冲刷污染物，使它们最终沉积在湖泊、江河、湿地、地下水、入海口和海洋里，从而形成非点源污染。尽管非点源污染较分散，但是其累积效应往往很大。非点源污染包括农业地表径流（比如化肥、农药、牲畜粪便、灌溉中的盐）、采矿废物（比如酸性矿区的废水）、城市废物（比如无机植物和藻类营养物质）、建筑垃圾。田地、森林砍伐、河岸损害和建筑工地造成的土壤侵蚀是非点源污染的主要原因。

我们现在详细考察人类活动导致水污染的三个主要来源，分别是农业、城市（即居民活动）和工业。然后，我们考察其他国家的地下水污染和水污染。

来自农业的水污染

根据EPA，农业是全国地表水水质破坏的头号来源，河流72%的水污染是农业造成的。正如前面所介绍的，农业产生了几种污染物，造成非点源污染。化肥径流导致水富营养化，水道里的动物粪便和植物残留造成BOD高、悬浮固体物量大以及水的营养富集化。由于对动物粪便污染径流的关注，美国农业部制定了指南，帮助美国45万个养殖场实施综合营养管理计划（Comprehensive Nutrient Management Plans），集中于6个领域：饲料管理、粪便和废水处理/储存、营养肥料管理、土地处理、其他粪肥和废水管理、饲养档案管理。

点源污染：可以追溯特定来源的水污染。

非点源污染：从大片地区而不是从单个地点进入水体的污染物。

农业上使用的化学农药可能会淋溶到土壤里，并从那里进入水中。这些化学物质毒性高，对人类健康和水生生物健康有着不利的影响。国家水质评价项目是目前进行的一项关于农药及其降解产品的研究，该项目显示，农药在美国的江河、溪流、地下水中普遍存在，95%以上的河流水样和近50%的地下水水样中至少含有一种农药的痕量。50%以上的河流水样包含5种或以上农药，10%左右的河流水样中包含10种或以上农药。

农田和牧场的土壤侵蚀导致形成水道中的底泥污染。另外，有些农业化学物质在水中是不能溶解的，比如某些农药，它们会附着在沉积物颗粒上进入水道。因此，土壤保护措施既能保护土壤，还能减少水污染。

图21.10 **城市径流。**城市径流中最大的污染物是有机废物，这些有机废物在腐烂过程中会消耗溶解氧。化肥导致藻类的过快生长，进而耗尽水中的氧。其他的日常污染物包括使用过的机油和重金属，现在法律已经禁止将使用过的机油倒进雨水管道里。

城市水污染

尽管废水是城市和乡镇产生的主要污染物，但是城市水污染还有非点源：城市雨水废水径流（图21.10；见“你可以有所作为：防止水污染”）。来自城市街道的径流水质常常比废水还差。城市径流携带着盐，来自道路、未处理的垃圾、动物粪便（特别是狗的粪便）、建筑沉积物、交通排放（通过雨水冲刷空气中的污染物），还常常包括石棉、氯化物、铜、氰化物、油腻状物、碳氢化合物、铅、机油、有机废物、磷酸盐、硫酸、锌等污染物。

美国将近800个城市，包括纽约、旧金山、匹兹堡和波士顿，采用的是合流制排水系统（combined sewer systems），生活废物和工业废物与雨水废水的城市径流混合在一起，然后再进入城市污水处理厂。如果发生大暴雨或大的积雪融化，就会产生问题，因为即便是最大的污水处理厂，每天也只能处理一定量的污水。如果太多的水进入污水处理系统，那么，过量的污水，也就是合流制污水溢流（combined sewer overflow），会不经处理就进入附近的水道。合流制污水溢流含有未处理的污水，从1972年《清洁水法》实施以后就是非法的（后面讨论），但是城市只是在最近才开始应对这一问题。根据EPA，美国每年向水道排放的合流制污水溢流有1.2万亿加仑。

有些采用合流制排水系统的城市，比如明尼苏达的圣保罗，现在安装了两套独立的排水系统，一个用来排放居民和工业废水，另一个用来排放城市径流。不过，这样的装置投入大，需要每个街道都要挖开铺设。其他城市，比如密歇根的伯明翰，维持原有的合流制排水系统，但是挖掘了巨大的滞洪池，储存合流制污水溢流，然后再进入污水处理厂。伯明翰的蓄水池是1998年启用的，储水能力2100万升（550万加仑）。与安装分离的排水系统比起来，这样的蓄水池投入小，但是也有问题，如果连续几天发生暴雨或暴雪，蓄水池也会溢流。

水中的工业废物

不同的工业产生不同类型的污染。食品加工业产生有机废物，容易分解，但BOD高。纸浆和造纸厂产生的化合物和淤泥除了BOD高，而且还有毒。不过，造纸业已经开始采用新的制造方法，比如造纸时不使用氯作为漂白剂，就可以大大减少有毒物质。

美国很多工业使用先进的处理方法处理废水。电子工业产生的废水含有高水平的重金属，比如铜、铅和锰，但是这些工业采用离子交换和电解恢复等专门技术来回收那些重金属。用这些回收的金属可以制造具有商业价值的金属板，否则那些重金属就会成为有害淤泥的组成成分。尽管美国多数工业通常不把毒性高的废水排放到水里，但是意外泄漏依然是一个问题。

案例聚焦

绿色化学

对于很多产生水污染的工业、农业和居家生活来说，传统的解决方法是将污染物从废水中清除出去。这是一个困难大、花费高、消费能源多的过程，特别是在很多情况下，有些合成化学物质的含量常常很少。农药、药物、化妆品、染料和其他化学物质从许多不同的地方进入废水流（图21.11）。比如，皮吉特湾（华盛顿州西雅图市附近）的鱼身体内发现了咖啡因，米德湖（内华达州拉斯维加斯附近）中的鲶鱼身体内发现了为除臭剂、须后水和香水提供香味的麝香分子。没有使用过的药物，包括处方药和非处方药，被扔进抽水马桶，经过污水处理系统，既没有被改变，也没有被清除。最终，这些药物进入有着植物和动物的江河与湖泊里。

这些化学物质有数千种，与我们常常担忧的石油、有机质和氮等污染物相比，数量相对较少。那么，我们为什么还那么担忧？首先，它们很难清除。多数有机质最终会分解为二氧化碳，但是，合成分子不容易分解。其实，以染料为例，耐久性是生产者希望其产品具有的特质。第二，即便这些化学物质含量低，它们对环境也有很大的影响。合成化学物质会破坏很多物种的生长，特别是对其生殖系统发育产生影响。即便是含量低，这些化学物质也是内分泌破坏者，影响雌鱼和雄鱼的比例，造成发育危害，包括出生缺陷和癌症。

从系统的角度，解决这一问题有多种方法。有几种方法可以统称为绿色化学（green chemistry）（也称为可持续化学），或旨在减少和停止使用以及生产有害物质的化学。有一种绿色化学的办法是寻找从废水流中清除化学物质的新路径。卡耐基梅隆大学绿色氧化化学研究所（Institute for Green Oxidation Chemistry）的研究人员为此问题已经研究了数年。一个很有前景的解决方案是被称为TAMLs（四氨基大环配体）的一类化学物质，可以用作加速合成化学物质分解的催化剂。

绿色化学的另一个办法是改变化学工艺，更少地使用合成化学物质。目前全世界都在实验室中研究这一绿色化学领域。比如，塑料容器的生产涉及很多复杂化学物质的释放。可替代的做法是利用糖来生产生物降解容器，基本不产生化学副产品。这种容器的寿命足够人们使用，但是不像塑料容器那样可以在环境里停留几十年。

全氯乙烯是一种碳氢化合物，产生干洗衣物中的浓烈味道，它也是一种常见的水和空气污染物，给健康带来很多的问题。在南加州的一些地区，新的或更新的干洗设备中已经根据法律规定不再使用全氯乙烯。有几家公司开始生产替代品，包括损害作用小的碳氢化合物、硅基清洁设备，甚至采取一种新的“湿洗”办法，使用水和替代肥皂清洗那些精美的纺织物，没有任何的伤害。

绿色化学在改变或替代很多毒性强的工业或家用化学物质方面有着一定的潜力。所面临的挑战是，所开发的替代品在功能和价格上能否比传统的化学物质都更有优势。

图21.11　水中合成污染物的来源。含有少量合成化学物质的水污染有很多来源：工业（比如纸浆厂）、农业和城市（比如污水排放）。

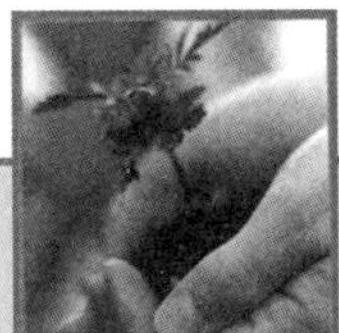

你可以有所作为

防止水污染

尽管个人产生的水污染很少，但是城市水污染的集体效应很大，即便是在小的社区也是如此。你可以做很多事情来防止地表水和地下水污染。

1. 很多家用化学物质，比如炉灶清洗剂、卫生球、排水道清洗剂、涂料稀释剂，毒性很强。尽可能少使用这些产品，努力使用有害性弱的替代化学物质。如果处理这些化学物质，请联系你所在县的固体废物管理办公室，了解当地有害废物收集中心的信息。不要把它们放到排水道或抽水马桶里，因为它们会破坏你的排水系统或污染城市污水处理厂产生的污泥。不要将这些化学物质倒在地上，因为它们会在下雨的时候污染径流。下面是一些更为安全的替代品（注意这些化学物质不是没有毒性，只是比很多商业产品的毒性小）：
   - 氨，清理家具、家电和窗户。
   - 漂白剂，消毒。不要将氨和漂白剂混合，因为混合以后会释放有毒氯气。
   - 硼砂，清除污点和霉点。
   - 小苏打，清除污渍、除味、清洗家用器皿。
   - 醋，清洗表面，抛光金属，清除污点和霉点。
2. 不要将不用的药物扔进抽水马桶里。一些研究显示，很多药物痕量出现在自来水里。在有些地方，药店收集没有使用过的药，并将它们返回给药厂。
3. 不要将使用过的机油或防冻液倒进雨水管道里或倒在地上。将它们放在服务站或当地有害废物收集中心，从而实现这些化学物质的循环。
4. 捡起宠物粪便，丢到垃圾箱或抽水马桶里。如果丢在地上，最终会冲刷到水道里，增加那里的BOD量和粪便大肠杆菌水平。
5. 少开车。汽车空气污染排放最终进入地表水和地下水。汽车沉积在路上的有毒金属和油副产品会被降水冲刷到地表水中。
6. 如果你有房子，那么用树木、灌木和地被植物替代草坪，它们的吸水能力比草坪大14倍，几乎不需要化肥。为了减少侵蚀，使用覆盖物遮盖裸露的地面（见第十四章）。
7. 少使用化肥，因为过量的化肥会淋溶到地下水或水道里。如果你雇佣专业草坪服务机构喷施化肥，那么要求其检测土壤肥力情况，只在需要的时候才施肥。
8. 不要在水体附近使用化肥。永远留一个至少20到40英尺的缓冲地带。
9. 确定水槽和水落管将水排到吸水的草地上或砂石地面，不要落在水泥地面。
10. 清理泄漏的油、制动液、防冻液，清扫人行道和车道，不要用水冲。恰当处理垃圾，不要丢进水槽或雨水管道里。
11. 同样，不要让碎草或树叶堵塞水槽或雨水管道。
12. 少使用农药，不管是室内还是室外，采用综合害虫治理技术（见第十八章）。将不需要的农药放在有害废物收集中心。
13. 用有缝隙的路面替代水泥车道和人行道，比如用砖或石子铺地。用木头而不是水泥搭建露台。这些措施使得降水渗入地下，减少径流。

地下水污染

美国大约一半的人口从地下水中获得饮用水，地下水还被用来农业灌溉和工业发展。最常见的地下水污染物，比如农药、化肥、有机化合物，从城市卫生填埋场、地下储存罐、后院、高尔夫球场以及精耕细作的农田渗入地下水中（图21.12）。美国加油站的25万多个地下油罐可能有泄漏现象。清理泄漏的油罐费用高，每个罐需要50万美元或更多，但是有些州（比如加利福尼亚州）的汽油税可以帮助支付这些清理费用。

硝酸盐有时会污染浅表地下水，即距离地表30米（100英尺）或以内的地下水，化肥是其最常见的来源。硝酸盐含量高是一些农村地区存在的问题，那里80%到90%的居民都饮用浅表地下水。如果硝酸盐进入人体，就会转化成亚硝酸盐，降低血液的输氧能力。这种情况是引发青紫症的原因之一，严重影响儿童健康。城市供水系统会检测饮用水中硝酸盐的含量，因此城市饮用水一般来说不是问题。如果使用井水，就需要定期检查硝酸盐含量。

地下水污染相对来说是最近才关注的环境问题。人们通常认为地表水必须渗透土壤和岩石才能成为地下水，这一过程必定过滤掉所有的污染物质，因而保证了地下水的纯净。这种猜测是错误的，因为一些组织开始检测地下水的质量，在某些地方发现了污染物。看起来，土壤和岩石从地下水中清除污染物的能力在不同的地方是有差异的。

水裂解技术也称裂解，是一种需要大量水的工艺，用来从地下岩石构造中析出天然气和石油（见第十一章）。随着近年来水裂解工艺的推广，人们对地下水安全的忧虑越来越强烈。围绕裂解化学物质对饮用水的潜在污染，很多地方出现了冲突。

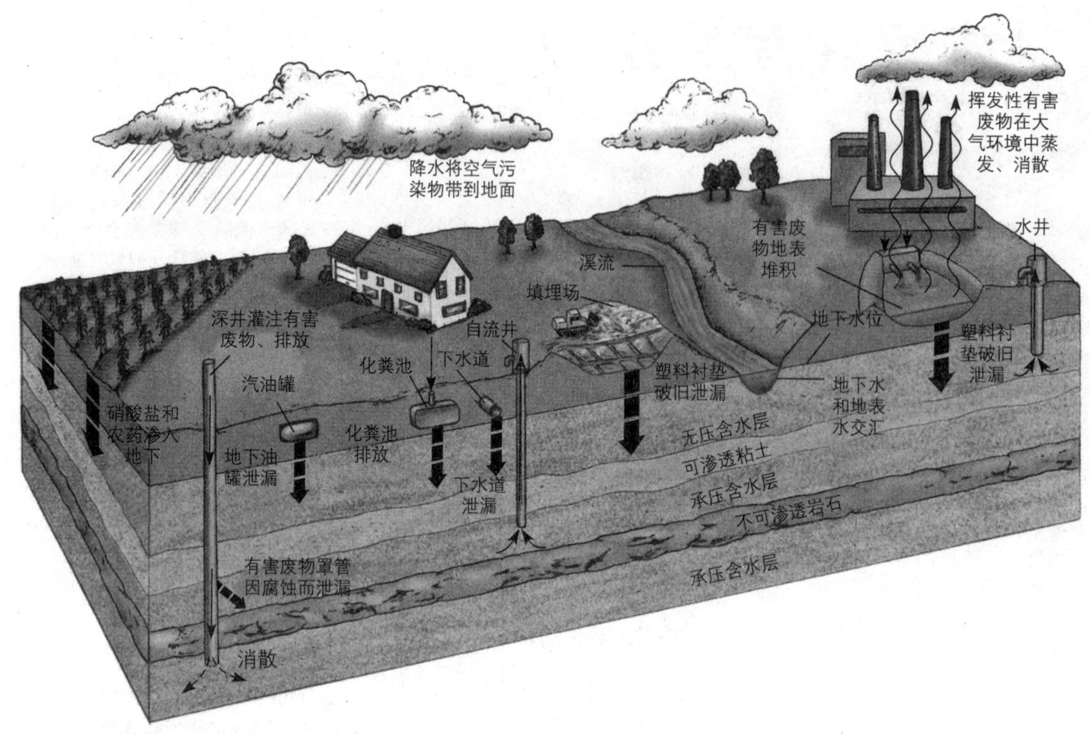

图21.12 地下水污染来源。农业生产、废水（包括处理的和未处理的）、填埋场、工业活动、化粪池排水系统是地下水污染的来源。一旦地下水被污染，就很难通过自然过程进行自我清洁。我们不知道地下水污染的程度，因为获得地下水不容易，因为污染物不会很快消散（地下水移动非常缓慢）。（图没有按比例绘制。）

目前，美国多数地下水供应质量好，没有违反保护人类健康的标准。不过，也有一些地方性问题，导致了一些水井的关闭，引起了公众的忧虑。比如，1996年，加利福尼亚州的圣塔莫妮卡市关闭了11口城市用水井中的7口井，当时在地下水中发现了减少汽车尾气排放的汽油添加剂甲基叔丁基醚（MTBE）。地下水污染主要是因为地下储油罐的泄漏。MTBE可能致癌，会在地下水中滞留数年。USGS在2006年的一项研究发现，美国地下水的样本中检测出MTBE。现在，有些州禁止在汽油中添加MTBE。

地下水污染的清理花费高、耗时长，有时还不具有技术可行性。使污染清理更为复杂的是如何对从地下水中清除出来的有毒物质进行安全处理，这是很大的挑战，因为如果不妥善处理，可能再次造成对地下水的污染。

其他国家的水污染

根据世界卫生组织的数据，大约7.68亿人缺少安全饮用水，大约25亿人缺少合适的卫生系统，这些人多数生活在发展中国家的农村地区。全世界每年有340多万人死于水相关的疾病，其中大约80万为5岁以下患腹泻疾病的儿童。

在发展中国家，城市下水道水污染的问题比高度发达国家严重，因为很多发展中国家没有污水处理设施。亚洲、拉丁美洲和非洲很多人口密集的城市直接将污水排放到河流或海港里。

几乎世界上每一个国家都面临着水污染问题。为了考察国际上水污染的情况，我们分析一些南美洲、欧洲、亚洲和非洲的具体案例。

委内瑞拉的马拉开波湖 位于委内瑞拉的马拉开波湖（Lake Maracaibo）是南美最大的湖（图21.13），其淡水来源来自几条河，湖水流入加勒比海。马拉开波湖的面积比康涅狄格州还大，遭受着石油污染、人类废物以及农场和工厂污染的影响。大约有1万个油井开采这个浅湖下面的石油和天然气资源。湖水下面的老旧管道网络大约有15,400公里（9600英里）长，将石油泄漏到湖里。

图21.13 委内瑞拉的马拉开波湖。湖中遍布开采平台，管道将油井和陆地上的炼油厂连接起来。图中显示的是最近的以及背景中卡比纳斯镇的储存和输出设施。最左边的码头上是一个油罐。

附近的农场将化肥和其他农业化学物质排放到湖里，为藻类的过度生长提供营养物。直到近年来，马拉开波市210万人以及很多小的社区都是直接将未处理的污水排放到湖水中，导致了营养的过剩。在20世纪90年代，马拉开波市建设了现代化的污水处理设施，处理人产生的废物，但是马拉开波湖的其他问题依然没有得到解决。

意大利的波河 波河（Po River）流经意大利北部，注入亚得里亚海。波河就是意大利的密西西比河，受到严重污染。很多城市，包括有着400多万城市居民的米兰，历史上都是把处理过的以及未处理的污水排放到波河里。波河里的污染物有一半来自工业。意大利农业，包括大型杨树种植园，非常依赖化学物质，产生了大量的非点源污染。土壤侵蚀在波河入海口造成了大量的泥沙淤积，以至波河三角洲每年往亚得里亚海推进81公顷（200英亩）左右。

生活在波河流域的人口大约1700万人，几乎占意大利人口的1/3。很多意大利人的健康受到威胁，因为波河是他们饮用水的来源。另外，波河的污染危害了亚得里亚海的旅游业和捕捞业。因为污染，有几处沙滩被暂时关闭，禁止游泳。从2009年开始，波河流域水管理局（Po Basin Water Board）开始根据综合治理计划对波河进行管理。波河的清理将需要几十年的时间。

印度的恒河 恒河是印度的圣河，象征着印度人的精神和文化。这条河被广泛用于洗浴和洗衣（图21.14），污染特别严重。生活在恒河流域的4亿人产生的污水和工业废水很少进行处理。恒河污染的另一个主要来源是每年在印度圣城瓦拉纳西（Varanasi）露天火化的35,000具尸体。（印度人火化尸体是为了放飞灵魂，将骨灰倒进恒河里增加灵魂进入天堂的机会。）没有完全焚烧的尸骨被倾倒进恒河里，其分解会增加河里的BOD。另外，付不起火化费用的人直接将尸体倒入恒河里。

1985年，印度政府启动恒河行动计划，这是一项宏大的清理工程，包括在29个大城市兴建水处理厂，在恒河沿岸兴建32个电火化场。尽管政府在恒河两岸的主要城市投入1亿美元修建污水处理厂，但是多数都没有完成或不能有效运行。恒河流域的多数城市依然将未经处理的污水排放到河里。治理费用攀升，恒河行动计划多有延迟。根据批评人士分析，政府计划没有达到预期效果，部分原因是没有让当地的人参与。

图21.14 恒河。在恒河里洗浴和洗衣是印度很常见的行为。很多地方将未处理过的污水直接排放到河里，造成河水污染。

津巴布韦 2008年至2010年，津巴布韦爆发霍乱，感染人数将近10万人，有4000多人丧生。极度贫困和食物短缺加速了这个传染病的传播。另外，很多津巴布韦人不了解霍乱的病因，这是被人或动物粪便污染的水中的一种细菌。霍乱病菌感染小肠，造成严重的腹泻和脱水，病人感染短短18个小时就会死亡。津巴布韦总统罗伯特·穆加比（Robert Mugabe）指责西方国家有意造成2008年霍乱爆发，抗议政府不响应的医生和护士被津巴布韦首都哈拉雷的防暴警察制止。

孟加拉国的砷中毒 20世纪80年代，世界卫生组织关注孟加拉国地表饮用水污染所造成的疾病，资助打了250多万个压水井。令人预想不到的是，很多井的地下水被自然存在的砷严重污染，水的砷含量水平高。大约有57,000人现在患有慢性砷中毒，一开始出现皮肤病变，特别是手和脚。最后，当砷含量累积一定程度时，砷中毒就导致癌症死亡。卫生部门不知道有多少人处于威胁之中，估计有数十万到700万人。

国际组织目前正提供资金对所有的水井进行检验。同时，孟加拉国人还在继续饮用地下水，因为没有别的选择。科学家开发了廉价的水桶过滤系统，用铁屑清除井水中的砷。不过，如果广泛采用这种方法，过滤系统所产生的富含砷的沉积物还必须进行安全处置。

孟加拉国不是世界上发生地下水自然砷污染的唯一国家。其他国家和地区的浅层含水层中也发现了砷，包括阿根廷、智利、中国、匈牙利、印度、墨西哥、蒙古、罗马尼亚、台湾、泰国、美国西部和越南。

复习题

1. 点源污染和非点源污染有怎样的不同?
2. 农业、工业和城市的主要水污染物有哪些?

改善水质

学习目标

- 描述美国多数饮用水是怎样净化的，讨论氯困境。
- 区分一级、二级和三级废水处理。

水利用前和利用后将水供应中的污染物清除掉可以改善水质。在这两个过程中都可以使用技术实现水质改善。

饮用水净化

美国有将近6万个城市水供应站，为3亿多人服务。城市水供应的地表水来源包括溪流、江河与湖泊。常常是在一条河或溪流上修建一个水坝，形成一个人工湖或水库。水量充足的时候，水库就积累水并储存起来以备干旱时使用。

在美国，多数城市水供应站提供用水之前对水进行处理，从而保证水的安全饮用（图21.15）。在处理混浊的水方面，使用一种化学促凝剂（硫酸铝），使得水中的悬浮颗粒凝聚、沉降。然后，用沙对水进行过滤，清除剩下的悬浮物质和很多微生物。有几个城市，比如辛辛那提，将水泵压穿过活性炭颗粒，以清除很多溶解有机化合物。

在将水送入供水系统前的最后净化过程中，对水进行杀毒，从而杀死剩余的所有致病原。水消毒最常见的方法是加氯。在水中放置少量的氯就可以为通过数百公里管道的水输送提供保护。其他消毒系统使用臭氧或紫外线（UV）辐射替代氯。

氯困境 在19世纪，水源致病生物常常污染美国饮用水供应。自从发现氯能够杀死这些生物后，20世纪的美国人在饮水方面不再担心传染上伤寒、霍乱或痢疾。在我们的饮用水里加氯无疑挽救了数百万人的生命。

同时，在处理废水时，氯会与有机质发生反应并使有机质氧化，形成氯副产品，被怀疑与几种癌症（直肠癌、胰腺癌、膀胱癌）、流产风险增加和一些罕见的出生缺陷等有关。由此造成的结果是，使用氯对饮用水消毒引起了关于氯化水得失的争论，人们关注的是饮用水中低水平的氯是否形成长远的危害。

由于没有其他可行的办法来替代氯化，因此EPA一开始不愿意降低饮用水中氯含量水平，尽管有证据显示其潜在的风险。EPA不希望秘鲁的悲剧在美国重演。1991年，一场可怕的霍乱席卷秘鲁大部分地区，感染了30多万人，造成至少3500人死亡。为了响应水氯化导致的癌症风险的些微增加，秘鲁官员决定停止使用氯给饮用水消毒，而这次传染病暴发就是在禁令之后不久发生的。从那以后，秘鲁又开始用氯为饮用水消毒。

经过对目前氯和癌症之间相关性证据的详细研究，EPA在1994年建议水处理厂降低饮用水中氯的最大允许使用量。替代氯化的一个办法是使用氯胺，这是一种通过氯和氨结合而形成的消毒剂。尽管前期研究显示，使用氯胺可能导致饮用水系统中铅含量的升高，但是氯胺不会形成具有潜在有害作用的副产品。（氯胺可能使得粘附于水管的铅原子更容易溶于水。）另一个替代办法就是像辛辛那提市那样，用活性炭颗粒对水进行过滤，这样最后阶段消毒的时候氯的使用量就会减少1/3。欧洲很多国家采用了另一种方式，即UV消毒，来代替氯化，美国城市也开始采用这种方法对氯没有消除的微生物进行另外层次的处理。2013年，纽约市开始建设世界上最大的UV处理厂。

（a）如图所示，城镇的水供应水源可能储存于水库里，也可能取自地下水。

（b）使用前对水进行处理，从而达到安全饮用。

（d）在排放到附近水体前，通过污水处理完全或部分恢复废水的质量。

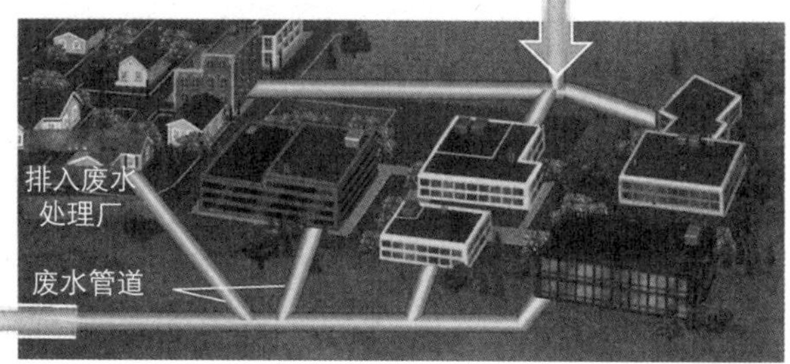

（c）使用后，城市废水管道收集废水。

图21.15 城市用水的水处理。

饮用水加氟 从20世纪40年代中期开始，城市饮用水中加入少量的氟以减少蛀牙。（正是由于同一原因，很多牙膏中加了氟。）这种做法也有一定的争议，反对者质疑氟的安全性和有效性，而支持者则认为是绝对安全的，在防止蛀牙方面也是有效的。经过40多年的研究，没有发现美国饮用水中加氟与癌症、肾病、出生缺陷或任何其他严重医学状况之间有关联。多数牙科卫生官员认为，根据对城市饮用加氟水和不加氟水的学校儿童蛀牙的对比，氟是过去几十年里儿童蛀牙减少50%到60%的主要原因。

截至2012年，美国将近72%的人口通过公共水供应饮用加氟水。目前，加氟在美国东半部比在西半部更为常见，尽管加利福尼亚州和内华达州分别在1995年和2002年就要求使用。

城市污水处理

废水包括污水，通常在污水处理厂经过几次处理，从而防止环境和公共健康问题。处理过的废水被排放到江河、湖泊或海洋里。

一级处理（primary treatment）是通过格栅和重力沉淀等机械过程去除悬浮和漂浮颗粒，比如沙和淤泥（图21.16，左边）。在这一阶段沉淀的固体物质称为**初次污泥**（primary sludge）。一级处理基本不去除依然悬浮在废水中的无机和有机化合物。美国有大约11%的生活废水处理设施仅进行一级处理。

二级处理（secondary treatment）使用微生物（需氧细菌）分解废水中的悬浮有机物质（图21.16，右边）。二级处理中一种方式是生物滤池（tricling filters），废水从含有细菌和微生物的充气岩石床中缓慢流过，从而降解水中的有机物质。另一种二级处理方法是活性污泥法（activated sludge process），对废水进行加气并使之流经含有细菌的颗粒，这些细菌对悬浮有机物质进行降解。几个小时以后，颗粒物和微生物沉淀出来，形成**二次污泥**（secondary sludge），这是一种粘乎乎的充满细菌的固体混合物。经过一级和二级处理的水变得清澈，不含有机废物。美国大约62%的人口的废水处理设施可以进行一级和二级处理。

即便是经过一级和二级处理，废水中依然含有污染物，比如溶解矿物、重金属、病毒、有机化合物（包括药物、香水、农药）（图21.17）。先进的废水处理方法，或**三级处理**（tertiary treatment），包括很多生物、化学和物理过程。三级处理减少磷和氮，这些是与富营养

一级处理：通过机械过程清除悬浮和漂浮颗粒的废水处理。

初次和二次污泥：污水处理完成后所剩下的固体物。

二级处理：使用生物法降解悬浮有机物质的废水处理，二级处理减少废水的生化需氧量。

三级处理：一级处理和二级处理后有时需要采用的先进废水处理方法。

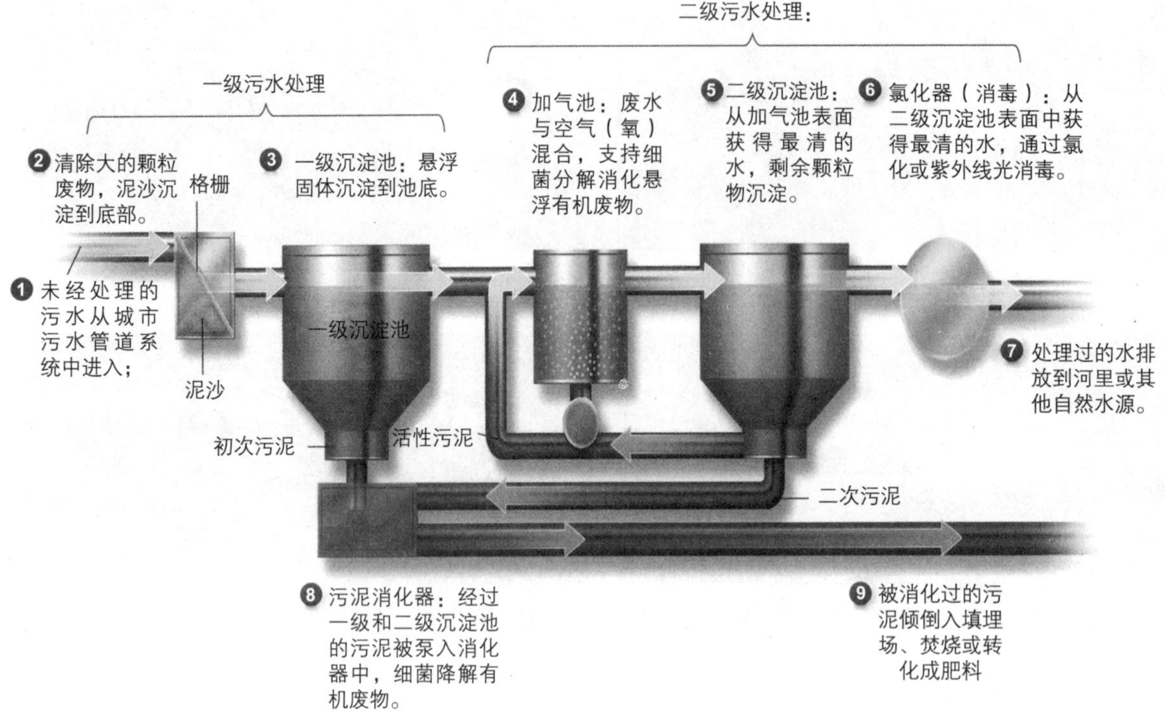

图21.16　一级和二级污水处理。这种污水处理系统是高度发达国家里城市的标准配置，但是欠发达国家常常没有。

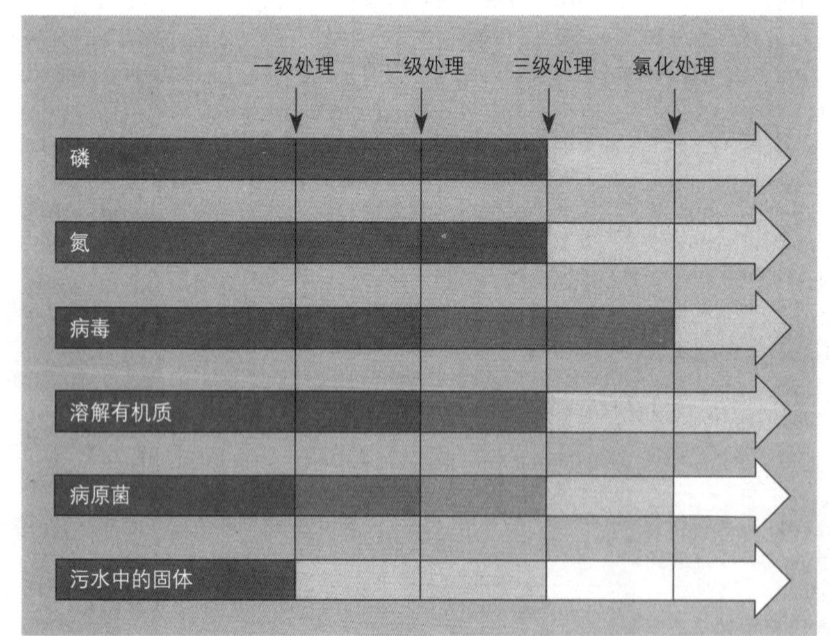

图21.17　一级、二级和三级污水处理的效果。这幅图显示了每次污水处理后各种水污染物的相对含量。颜色越深代表着某一污染物的含量越高，而白色意味着所有特定污染物都被去除了。注意二级处理不能清除某些污染物，比如磷和氮。另外，即便是经过三级处理，依然可以检测出一些污染物，尽管含量已经大大降低。

化联系最密切的营养物。三级处理将废水净化后提供给缺水的地方进行再利用。美国大约27%的人口的废水处理设施可以进行三级处理。

污泥处理　与废水处理相关的一个重要问题是如何处置一级和二级处理过程中形成的初次和二次污泥。有五种可能的办法：厌氧消化、作为肥料施加到土壤里、焚烧、海洋倾倒、卫生填埋。在厌氧消化中，污泥被放置进大的、环形消化器中并保持一定的温度（大约35℃或者95℉），以便厌氧细菌将有机物质分解成甲烷、CO_2等气体。甲烷可以回收，并用以燃烧加热消化器。

经过几周的消化，污泥看起来像是腐殖质，可以用作营养丰富的肥料。不是所有的污泥都能这样用，特别是污水系统中将工业废物和家庭废物混在一起的时候，那里面会包含有毒物质。农民长期使用污泥给饲草和饲料作物施肥。不过，很多农民不

环境信息

废水中的药物

很多国家出台政策促进将未使用的药品回收到药店，禁止将它们扔进垃圾中或下水道里。不过，美国消费者处理未使用药品的选择很少，很多这类药品被倒进抽水马桶中冲走了。美国70%的人现在服用处方药，而2009年这一比例只有48%，在这种情况下，美国水供应的潜在威胁在增加。为了减少药物滥用和环境危害，药品处理方式在增加。美国主要药品连锁店提供专门的信封，让人们将未使用的药品寄到焚烧中心，还与执法部门联合设立丢弃药物的盒子。社区还支持设立药品回收日。2014年，加利福尼亚州立法者积极推动一项法案，呼吁药品工业自愿加入到收集和处理未使用药品的行动中来。

愿意用它给人直接食用的庄稼施肥，因为消费者不买用污泥施肥的粮食，担心可能对人的健康造成威胁。尽管如此，美国一半以上的城市污泥在变干后被用来施肥。

尽管污泥可以用来调节土壤，但是一般来说是作为固体废物处理的。晒干的污泥大多进行焚烧，可能导致空气污染，尽管所产生的热量有时可以实现建设性的使用，比如发电。过去，纽约等沿海城市将污泥倾倒入海里。1988年，国会通过《海洋倾倒禁止法》（Ocean Dumping Ban Act），从1991年开始禁止向海洋中倾倒污泥和工业废物。另一种方式是将污泥进行卫生填埋（见第二十三章）。随着卫生填埋费用的升高，很多城市正在寻找其他的污泥处理方法。

单个化粪池系统

很多居民，特别是农村地区的居民，使用自建化粪池系统进行污水处理，而不是使用城市污水处理系统。家庭污水被泵入化粪池，颗粒物会沉积到底部（图21.18a）。油脂和油膏会在顶部形成浮渣层，细菌会将它们大部分分解。包含悬浮有机和无机物质的废水通过铺设在砂砾或碎石壕沟里小的、带孔的管道网络流到排放田中（图21.18b）。污水排放田的位置刚刚低于土壤表面，细菌对透气好的土壤里的有机物质进行分解。然后被净化的水渗入地下水中或从土壤中蒸发。

化粪池系统需要小心使用。漂白剂和下水道清洗剂等家庭化学物质必须少用，因为它们可能杀死分解有机废物的细菌。厨房垃圾排放可能会超过系统的负荷。根据使用情况，每隔2—5年，就需要对化粪池底部积累的污泥进行清除并运到城市污水处理厂。如果化粪池系统没有很好地维护，可能会出现故障或溢流，将细菌和营养物排放到地下水或水道里。

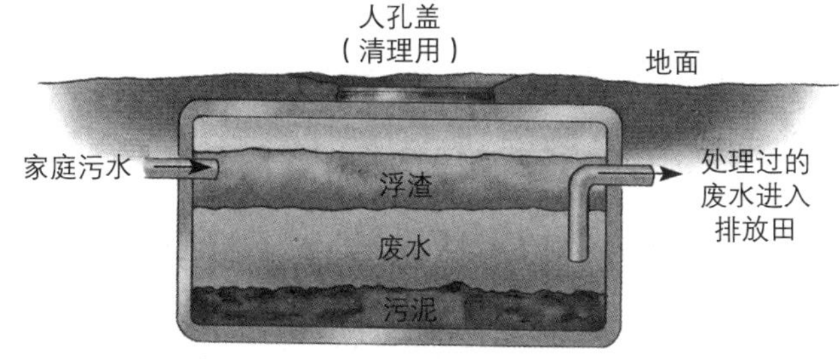

（a）化粪池的处理方式很像城市污水处理厂的一级处理。家里的污水通过管道进入化粪池，颗粒物沉积到底部。

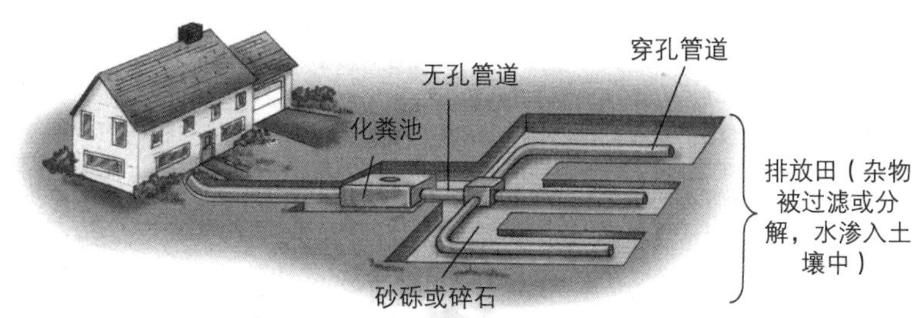

（b）含有悬浮有机和无机物质的废水流入排放田，逐渐地渗入土壤里。

图21.18　化粪池系统。农村地区的很多私人住宅使用化粪池和排放田。两个都在地下。

其他废水处理系统

很多创新型废水处理系统设计模拟自然过程，对一些废水特别是污水，进行管理。人工湿地（constructed wetlands）将被污染的水导入，穿过一系列的沙床和植物。沙床对水进行过滤，而植物则吸收很多营养物。流经人工湿地的水可以像很多三级处理系统处理过的水那样清澈，植物可以用作生物燃料或覆盖物（但是通常不是给人消费的）。另外，堆肥式厕所（composting toilets）提供让人的粪便慢慢分解成有用肥料的条件，同时又去除病菌和异味。

复习题

1. 美国多数饮用水是怎样净化的?
2. 为什么向饮用水中加氯? 向饮用水中加氯有什么潜在的问题?
3. 区分一级污水处理、二级污水处理、三级污水处理和化粪池的不同。

控制水污染的法律

学习目标

- 比较《安全饮用水法》和《清洁水法》目标的不同。
- 解释最高污染水平和国家排放限制，指出各自所适用的水法。

很多政府通过了控制水污染的法律。点源污染物的控制比非点源污染物更容易。政府控制点源污染的方法一般有两种：对污染者罚款（美国常见的方法）和对污染者征税，以支付清理费用（日本的常见方法）。

尽管多数国家颁布实施了控制水污染的法律，但是监管和执法很困难，即便是在高度发达国家（见“迎接挑战：让公民监督水污染”）。美国于1899年通过了《废物法》（Refuse Act），目的是减少航道河里的污染物，从那以后，美国就一直努力通过立法来控制水污染。对于今天水质影响最大的两部联邦法律是《安全饮用水法》和《清洁水法》。

《安全饮用水法》

1974年以前，有些州制定了本州的饮用水标准，当然不同的州差异很大。1974年，美国通过《安全饮用水法》（Safe Drinking Water Act, SDWA），制定了统一的饮用水联邦标准，保证全美国公共水供应的安全。这部法律要求EPA确定**最高污染水平**（maximum contaminant level），也就是说可能对人类健康产生不利影响的任何水污染物的最大允许量。EPA监管各州，确保遵守特定水污染物最高污染水平的规定。私人用水井大约提供10%的美国居民用水，不在SDWA的管辖之内，尽管有些州的规定也要对这些井进行管理。

最高污染水平：人的水消费中某种特定水污染物浓度的上限。

迎接挑战

让公民监督水污染

人力不足和资金缺乏使得那些希望有所作为的政府部门不能有效地监管和执行《安全饮用水法》等法律。比如，旧金山海湾保护和发展委员会是联邦指定的加利福尼亚州管理机构，负责巡查1600公里（1000英里）的海岸线和1500平方千米（600平方英里）的水域，以确保没有非法污染旧金山湾的行为。另外，这个部门还负责处理监督活动中所发现的数百个案件。这个部门严重缺乏人手，不能有效地保护海湾。与多数其他水生生态系统一样，旧金山湾受到很多不同污染源综合影响的威胁。因此，持续不断的监测对于确保很多小规模的污染者不共同对海湾造成不可恢复的伤害非常必要。

为了保护社区的水道，越来越多的公民开始积极参与环境监测和执行环境法律。如果政府不执行法律，那么《安全饮用水法》《清洁水法》和其他重要环境法律的条款会令公民上诉。公民行动组织也向企业施压，要求清理环境污染。

在旧金山，数百个被称为海湾守护者的公民监督者从轮船、飞机和直升机上监测海湾。当地大学法律系的学生在污染减缓问题上给这些守护者提供咨询建议。

旧金山海湾保护者项目是借鉴纽约河流保护项目模式运行的，纽约河流保护者项目最早成立于1966年，是一个商业和休闲渔民的联合体，希望哈德森河不受到污染。1983年，纽约河流保护者项目利用对污染者成功诉讼获得的经费雇佣了第一位全职河流守护者。当地渔民和环境保护主义者组成的网络会将河上的可疑行动告知河流守护者。守护者驾船监测水的质量，参加管理会议，对公众进行普及教育，把打官司诉讼作为最后的办法。河流守护者的定位被描述为集调查者、科学家、律师、游说者、公共关系代言人于一身。

美国各地成立了100多个河流、海湾、海峡、河口、河道、海岸保护者组织，从阿拉斯加的库克河口保护者到佛罗里达海岸的翡翠海湾保护者。这些保护者组织的上层保护组织是水保护者联盟（Waterkeeper Alliance），成立于1992年，其主要理念是：一个地区自然资源的保护需要公民每天保持警惕。不仅在美国，而且在其他国家，水保护者联盟帮助成立新的保护者项目。目前，在六个大陆已经成立了200多个保护者项目，包括玻利维亚、加拿大、墨西哥、塞内加尔、捷克共和国、英国、伊拉克、印度、中国、俄罗斯和澳大利亚等国家。

大多数水供应者很少或没有采取任何措施防止他们所抽取的流域水或地下水不被污染。多数供水公司不使用现代水处理技术，比如活性炭颗粒或UV消毒技术，从而减少农药、砷、氯消毒副产品等化学污染。而且，美国输水管道的平均使用100年或以上才进行更换。很多年老失修的管道出现裂痕，使得被污染的水渗透到管道里，增加了水源疾病的风险。

《安全饮用水法》在1986年修订，1996年再次修订。1996年修订版要求城市水供应公司告知消费者城市用水中含有哪些污染物以及这些污染物是否对健康构成风险。该法还要求EPA负责法律的正常修订，上一次修订是在2002年。

《清洁水法》

《清洁水法》（Clean Water Act）影响美国水的质量，包括河流、湖泊、含水层、入海口和近海。这部法律的前身是最初在1972年通过的《水污染控制法》，后来在1977年修订并更名为《清洁水法》，1981年和1987年分别进行了修订。《清洁水法》有两个基本目标：根除污染物向美国水道中的排放，保证水的质量以便这些水道能够安全捕鱼和游泳。根据这部法律的条款，EPA负责制定并监管**国家排放限制**（national emission limitations）。

总体来说，尽管对污染者的罚款相对较少，但是《清洁水法》有效地改善了点源的水质。搞清楚点源不难，那些污染源必须获得国家污染排放清除系统（NPDES）的许可证才能排放未处理的废水。

根据环保署的分析，非点源污染是水污染的主要原因。但是，非点源污染比点源污染更难控制，费用也更高。1987年《清洁水法》修正案扩大了NPDES的范围，将非点源包括在内，比如建筑工地的沉积侵蚀。

截至目前，美国的环境政策还没有有效地解决很多非点源污染问题，这需要管理土地利用、采矿、农业生产以及很多其他活动。这样的规定需要很多政府部门、环境组织和公民个人之间的交流与合作，具有极大的挑战性。

美国在过去几十年里改善了水质，因此昭示，一旦去除污染物，环境就会恢复。不过，需要做的还有很多。EPA国家水质统计最近的数据（从2006年到2012年期间收集）显示，全国29%的河流、43%的湖泊、38%的入海口污染严重，不能游泳、捕鱼或饮用。

保护地下水的法律

有几部联邦法律希望控制地下水污染。《安全饮用水法》的条款要求保护作为饮用水重要来源的地下含水层。另外，《安全饮用水法》控制往地下灌注废物，目的是保护地下水不受污染。《资源保护和恢复法案》（the Resource Conservation and Recovery Act）管理有害废物的储存和处理，有助于防止地下水污染（见第二十三章）。还有几部有关农业、露天采矿、清理废弃有害废物场地等的法律间接保护地下水。直接或间接影响地下水质量的很多法律是在不同时间、为了不同目的而通过的。这些法律对地下水提供了不连贯的，有时是前后不一致的保护。EPA在整合这些法律方面做出了努力，但是地下水污染依然发生。

复习题

1.《安全饮用水法》的主要目标是什么？《清洁水法》的呢？
2. 最高污染水平和国家排放限制有着怎样的不同？

国家排放限制：污水处理厂、工厂或其他点源可以排放的水污染物最大允许数量。

能源与气候变化

死亡区

随着水温升高，水中含有的氧一般来说会减少，由于气候变化，有些地方的死亡区看起来在增加。遗憾的是，解决气候变化的一个潜在方案，也就是更多地使用生物燃料乙醇（见第十二章），看起来还会导致形成新的死亡区。在过去30年里，美国的乙醇使用大大增加（见图）。中西部地区种植的玉米被用来生产乙醇，产生的废物流入密西西比河，研究人员认为这些废物至少部分造成了墨西哥湾大块死亡区的形成。与此形成对照的是，科学家认为2008年的多利飓风翻腾搅动该水域，减少了同一块死亡区的面积，减少到2007年和2009年的一半大。气候科学家希望飓风更猛烈些，这就意味着海浪的旋涡更大，死亡区就会变得更小。生物燃料废物和更强烈的飓风提醒我们，人类活动会对大规模的环境系统产生复杂的影响。

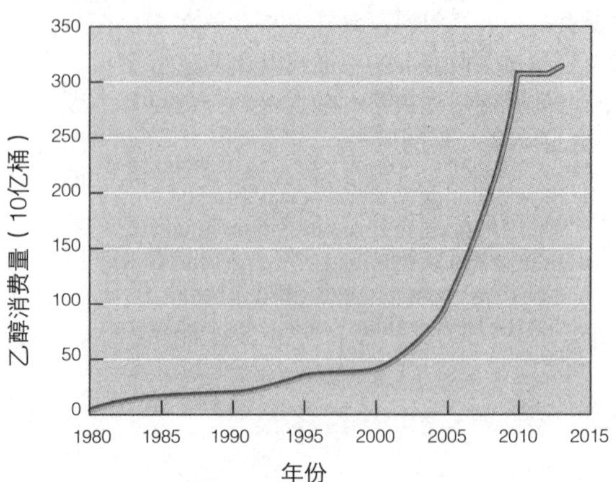

美国1980—2014年期间的乙醇消费。过去35年里，美国乙醇消费大大增加。乙醇使用是呈线性增长还是指数增长？（《能源评论月报》，能源信息署，2014年4月）

通过重点术语复习学习目标

- **列举并简述水污染物的八个类型。**

水污染包括对人类健康和其他生物产生有害影响的水的物理和化学变化。污水指的是排水道或下水道（比如抽水马桶、洗衣机和淋浴）排放的废水，含有人的粪便、肥皂和洗涤剂。致病原在污水中传播，比如细菌、病毒、原生动物和寄生虫。底泥污染主要来自土壤侵蚀，增加了水的浑浊度，因此减少了水里的光合生产力。无机植物和藻类营养物包括氮和磷等，促进营养富集，也就是水体中营养物质的增加。很多有机化合物，比如农药、药物、溶剂和工业化学物质，对生物有很大的毒性。无机化学物质包括铅和汞等毒素。放射性物质包括来自采矿、提炼和使用放射性金属中的废物。很多工业过程中产生的热水排放到水道后发生热污染。

- **讨论污水与富营养化、生化需氧量以及溶解氧有着怎样的联系。**

污水中提供的营养物质导致营养富集和生化需氧量高。富营养化是湖泊、入海口和缓慢溪流中的营养富集，导致光合生产力高，支持藻类的过度生长。随着藻类的死亡和分解，富营养化杀死鱼类，导致水质下降。生化需氧量（BOD）是微生物将生物废物分解成二氧化碳、水和矿物所需要的氧。大量的污水产生高BOD，从而降低水中溶解氧的水平。

- **解释死亡区**

死亡区是海洋或大海中氧损耗到多数动物和细菌不能生存的一片水域，常常是由化肥或动植物废物随水流动造成的。

- **对比点源污染和非点源污染。**

点源污染是能够追溯特定地点的水污染。非点源污染包括从不止一个地点的大片区域进入水体的污染物。

- **举出农业、城市和工业水污染的例子。**

农业是地表水污染最大的因素，包括化肥、农药、动植物废物、侵蚀的土壤。城市废物包括含有多种化学物质和有机污染物以及污水的地表径流。根据不同的工业类型，工业废物多种多样，包括化学物质、有机材料、放射性物质。

- **描述美国多数饮用水是怎样净化的，讨论氯困境。**

多数城市用水在供应前进行处理，以便保证饮用安全。通常用硫酸铝对水进行处理，使得悬浮颗粒凝结、沉淀，并用沙过滤，然后加氯消毒。有一种担心是：饮用水中的氯会形成健康危害，因此开发了替代技术，比如UV辐射和臭氧处理。

- **区分一级、二级和三级废水处理**

一级处理指的是通过机械过程去除悬浮和漂浮颗粒对废水进行处理。二次处理指的是利用生物方法分解悬浮有机物质对废水进行处理，二级处理减少水的生化需氧量。一级处理和二级处理产生初次和二次污泥，包含污水处理完成后剩下的固体。有些污泥可以安全地用作肥料，有些则必须进行填埋处理。三级处理是先进的废水处理方法，有时在一级和二级处理后采用。

- **比较《安全饮用水法》和《清洁水法》目标的不同。**

《安全饮用水法》确定联邦统一的饮用水标准，保证全国公共用水安全供应。《清洁水法》有两个基本目标：根除污染物向美国水道中的排放和保证水的质量，以便这些水道能够安全捕鱼和游泳。

- **解释最高污染水平和国家排放限制，指出各自所适用的水法。**

最高污染水平指的是人的水消费中某种特定水污染物浓度的上限。根据《安全饮用水法》授权，EPA确定可能影响人类健康的最高污染水平。国家排放限制指的是污水处理厂、工厂或其他点源可以排放的水污染物最大允许数量。《清洁水法》要求EPA制定并监管国家排放限制。

重点思考和复习题

1. 什么是可持续水利用？
2. 什么是水污染？为什么废水处理是可持续水利用的重要组成部分？
3. 描述生化需氧量和鱼类可用溶解氧之间的关系。
4. 区分贫营养湖和富营养湖之间的不同。
5. 中西部农民怎样影响了墨西哥湾渔民的生活？
6. 热污染一般来说是怎样影响生物的？是什么导致了这种影响？
7. 从水污染类型的角度对比有机化合物和无机化学物。
8. 说出下列哪些情况属于点源污染，哪些属于非点源污染：农场化肥径流、发电厂热污染、城市径流、轮船污水、森林砍伐造成的侵蚀沉积物。
9. 孟加拉国地下水砷污染的来源是什么？
10. 饮用水中为什么要加氯？环保署为什么建议公共水处理机构寻找氯替代物？
11. 废水处理中一级、二级和三级这三个阶段每个阶段都去除什么？你认为在哪个阶段可能找到不慎冲走的珠宝或硬币等东西？
12. 什么是污泥？如何处理？
13. 从系统的角度，提出防止牛奶场动物废物和牛奶加工中的BOD进入附近河流的建议。
14. 气候变化以什么方式使得海洋中的死亡区变得更严重？如何变得好一些？
15. 哪一部水污染法律管理工业废物向河流中的排放？
16. 下图反映了一条河流上六个监测站溶解氧含量的监测情况。这些监测站之间相隔20米，最上游的是A，最下游的是F。河流的哪个地方发生了污水泄漏？你认为最有可能在哪个监测站发现死鱼？

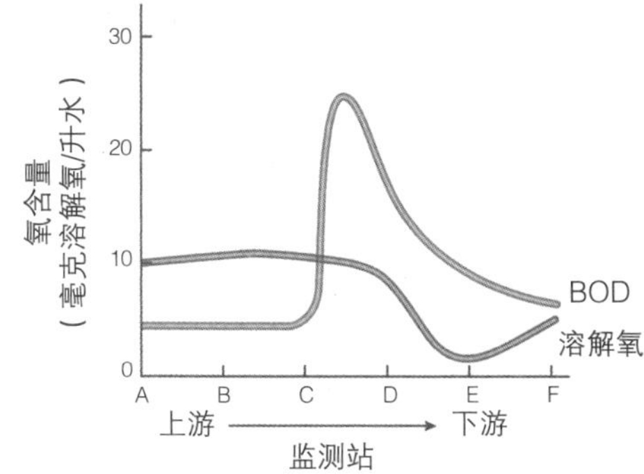

食物思考

农业会受到水污染的影响，但也会造成水污染。哪一种水污染最有可能影响食物生产，特别是你所在地区的食物生产？哪一种水污染至少部分是农业所造成的？可持续食物生产会怎样减少污染水源的风险？

第二十二章

病虫害管理

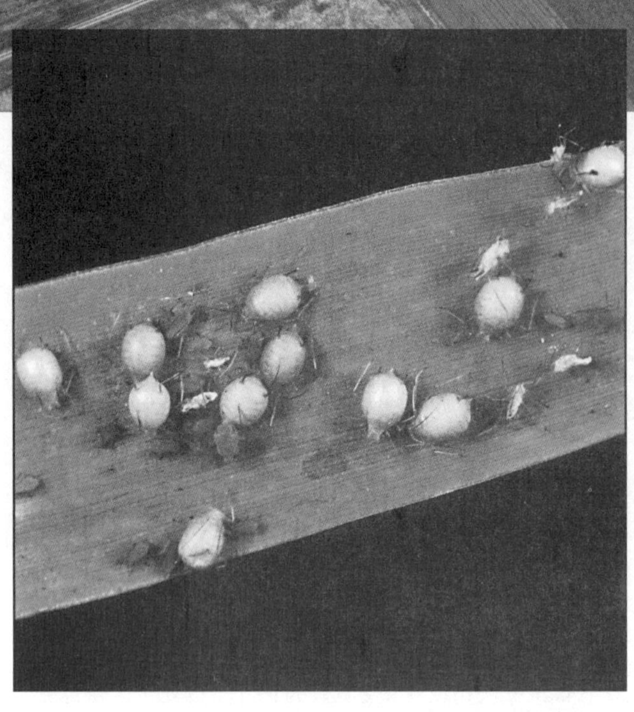

寄生的害虫。麦长管蚜（*Sitobion avenae*）被一种拟寄生物黄蜂（*Aphidius*）所寄生、蚕食。用农药控制虫害时，害虫的天敌也被杀死。控制害虫措施可能会扩大或损害益虫种群。

多数人认为黄蜂是害虫。黄蜂的确是捕食者，但很多黄蜂是我们的敌人害虫的天敌。很多黄蜂，比如蚜茧蜂（见图片），将它们的卵产在危害作物的害虫体内，幼虫从里面吃掉害虫。尽管害虫会存活一段时间，而且一直活到小黄蜂成年，但是害虫会在具有繁殖能力前死掉。黄蜂控制了害虫种群，使其不至于扩大到损害作物的水平。

当使用农药杀死作物害虫时，像黄蜂这样的益虫也被杀死。由于黄蜂种群比害虫种群生长得慢，因此，害虫种群实际上比喷洒农药前反弹的程度更高，有时是在喷洒农药后的几周内就达到比使用农药前还高的水平。很多鸟类、蝙蝠和两栖动物都是重要的害虫猎食者。农民和研究人员发现，扩大这些有益生物的栖息地有助于减少害虫的危害。

我们是消费者，吃生产者（植物）和其他消费者（动物）。我们与其他消费者竞争，而且常常称它们为害虫。我们与蜜蜂和苹果树之间有着互利共生关系，我们吃苹果和蜂蜜，同时为蜜蜂和苹果提供家园，我们种植苹果树并浇水、施肥，保护它们不受其他消费者（害虫、鸟类）和竞争植物（杂草）的侵害。

但是，尽管我们与蜜蜂和苹果之间的关系与自然系统中的其他关系很相似，但是在具体细节上有着一些重大的差异。我们常常在大块的土地上种植一种作物，比如苹果园。在没有人类参与的系统中，我们会发现苹果和其他植物以及很多吃苹果的动物混生在一起。我们必须依靠能量投入和化学物质保持"非自然"的农业系统，我们通过长距离的运输将农产品卖给消费者，他们离得太远，不能自己采摘苹果。苹果园里的寄生黄蜂有助于控制损害苹果树和果实的蚜虫。更为常见的是，我们使用化学农药来杀死杂草和害虫。

世界上，农业是使用农药量最大的领域，大约占每年使用农药总量290万吨的85%。高度发达国家使用的农药占全部使用量的2/3左右，但是发展中国家使用的农药在快速增加。

我们这儿将讨论农药的种类和用途、它们的好处及不足。农药杀死了携带病菌的害虫，提高了我们种植的作物产量，从而挽救了数百万的生命。现代农业依靠农药生产出没有虫斑的水果和蔬菜，降低了劳动成本。不过，农药导致了环境和健康问题，其有害影响可能大于所带来的好处。农药很少只影响目标害虫物种，一个自然系统的平衡，比如捕食与被捕食的关系，被打破了。某些农药会大量地累积在食物链中。使用和生产农药的人可能面临着农药中毒（短期）和癌症（长期）的风险，人们吃那些带有农药痕量的食物，会担忧农药的长期影响。在本章，我们将讨论农药的一些替代方法，考察保护我们健康和环境的关于农药的法律。

身边的环境

多数家庭处理过有害生物，从草坪上的蒲公英到老鼠和蚂蚁。你生活的地区采用哪些病虫害管理办法？

什么是农药

学习目标

- 区分窄谱性农药和广谱性农药的不同，描述不同种类的农药，比如杀虫剂和除草剂。

任何影响人类福利或行动的生物都称为有害生物（pest）。有些植物、昆虫、啮齿目动物、细菌、真菌、线虫纲动物（微生物）以及其他生物等与人争夺食物，其他有害生物还导致或传播疾病。有害生物这个词的定义有主观性。比如，蒲公英对草坪主人来说可能是有害生物，但是对于另外的人可能是一种食物来源。人类控制有害生物，通常是减少其种群的数量。农药（pesticide）是控制有害生物的常见方法，特别是在农业方面。根据目标生物，也就是要清除的有害生物的不同，可以对农药进行分类。杀虫剂（insecticide）杀死害虫，除草剂（herbicide）除掉植物，杀菌剂（fungicide）杀死真菌，灭鼠剂（rodenticide）杀死啮齿目动物，比如老鼠。抗生素（antibiotics）尽管可以用作药物，但也可以看作一种农药，因为它杀死细菌。

理想的农药是窄谱性农药（narrow-spectrum pesticide），只杀死那些目标生物，而不危害其他物种。完美的农药可以很容易地通过自然化学过程或生物过程分解成水、二氧化碳和氧等安全的物质。理想的农药会停留在所喷洒的地方，不会在自然环境中移动。

遗憾的是，这种理想、完美的农药是没有的。多数农药是**广谱性农药**（broad-spectrum pesticide）。有些农药不能容易地降解，要么就是分解成和农药一样有威胁的化合物，甚至毒性还要大。多数农药通过空气、土壤，特别是水在环境中流动。

第一代和第二代农药

20世纪40年代以前，农药主要有两类：无机化合物（也称矿物）和有机化合物。包含铅、汞和砷的无机化合物对害虫有剧毒，但现在不怎么使用了，部分原因是它们在环境中的化学稳定性。自然过程不降解无机化合物，它们会停留并累积在土壤和水里。这种累积对人类和其他生物造成威胁，就像目标有害生物一样，人和其他生物也会因无机化合物而中毒。

很多植物与害虫抗争的历史比人类与害虫抗争的历史还长，已经进化出了对于害虫有毒性或抑制其他植物生长的自然有机化合物。这种植物演进的农药称为植物制剂（botanicals），比如烟草中的尼古丁、菊花中的除虫菊酯、鱼藤根中鱼藤酮，这些都可以用来杀死害虫（图22.1）。胡桃是一种源自黑胡桃的植物除草剂。植物制剂很容易被微生物降解，不会在环境中停留很长时间。不过，它们对水生生物和蜜蜂（为作物传授花粉的益虫）有着很高的毒性。

图22.1 源自植物进化的农药。图中显示的是卢旺达种植收获的菊花，是农药除虫菊酯的来源。植物制剂是用作农药的植物化学物质。

合成植物制剂（synthetic botanicals）是通过化学方式修饰自然植物制剂的结构而生产的人造农药。合成植物制剂中的一个重要类别是合成除虫菊酯，与除虫菊酯的化学性质相似。合成除虫菊酯不在环境中持久存在，对哺乳动物和蜜蜂来说毒性小，但是对于鱼类来说毒性很大。丙烯除虫菊酯是合成除虫菊酯的一个例子。不过，作为合成植物农药家族中的新烟碱，尽管在化学性质上与一种自然植物制剂（来自烟草的尼古丁）类似，但是对于蜜蜂有着很高的毒性。

20世纪40年代，化学公司开始生产很多合成有机农药。早期的农药包括无机化合物和植物制剂，被称为第一代农药（first-generation pesticide），以便与今天使用的被称为第二代农药（second-generation pesticide）的大量合成农药区分。二氯二苯三氯乙烷（DDT）是第二代农药中首先开发出来的，它的致死性是在1939年被认识到的（图22.2）。目前，经过注册的商业性农药产品大约有20,000种，包括大约675种活性化学成分。

杀虫剂的主要类型

杀虫剂是农药中最大的类别，通常根据其化学结构进行分类。第二代杀虫剂中最重要的三类是氯化烃类农药、有机磷酸酯农药、氨基甲酸酯类农药。

DDT是一种氯化碳氢化合物（chlorinated

广谱性农药：除了目标害虫，还杀死包括有益生物在内的大量生物的农药。

图22.2 1945年喷洒DDT。图中显示的是1945年在纽约琼斯海滩州立公园（Jones Beach State Park）喷洒DDT，以控制蚊子。卡车的牌子上写着，“D. D. T. 威力强大，对人无毒。”直到很多年以后，公众才知道DDT对环境的有害影响。

hydrocarbon），这是一种包含氯的有机化合物。人们发现DDT的杀虫性能后，开发合成了很多氯化烃类农药。一般来说，氯化烃类农药是广谱性农药。多数降解缓慢，可能会停留在环境中（甚至是生物体内）数月甚至数年。这类农药在20世纪40年代和60年代期间被广泛使用，但是从那以后很多此类农药被禁用或限制使用，主要原因是它们长期在自然中停留所引起的问题以及对人类和野生动物的影响。目前美国依然使用的3种氯化烃类农药是硫丹、林丹和甲氧氯。雷切尔•卡森出版《寂静的春天》以后（见第二章），很多人在1963年第一次了解到农药的问题。

有机磷酸酯农药（organophosphate）是包含磷的有机化合物，比其他农药的毒性大，很多对鸟类、蜜蜂和水生生物也有很高的毒性。很多有机磷酸酯农药对于包括人类在内的哺乳动物的毒性可以和砷、士的宁、氰化物等最危险的有毒物质的毒性相比。有机磷酸酯农药在环境中停留的时间没有氯化烃类农药那么长。因此，尽管有着很高的毒性，很不适合消费者，但是有机磷酸酯农药依然在农业中得到大规模的利用，从总体上替代了氯化烃类农药。多灭磷、乐果、马拉息昂是三种有机磷酸酯农药。由于毒性强，这些产品有的最近被限制使用。

氨基甲酸酯类农药（carbamate）作为第三类农药，是从氨基甲酸中开发的广谱性农药。氨基甲酸酯类农药对于哺乳动物的毒性不像有机磷酸酯农药那么强，尽管也显示出很广泛的、非目标性的毒性。常见的两种氨基甲酸酯类农药是胺甲萘和涕天威。

除草剂的主要类型

除草剂是用来杀死或抑制作物或草坪上杂草植物生长的化学物质。与杀虫剂一样，除草剂也是根据化学结构分类的，但是由于至少有12种不同的化学成分可以用作除草剂，因此这种分类方法非常繁杂。简而言之，选择性除草剂（selective herbicide）只杀死某些植物，而非选择性除草剂（nonselective herbicide）杀死所有或多数植物。选择性除草剂可以根据所影响的植物的不同再进行细分。阔叶除草剂（broad-leaf herbicide）杀死宽片叶的植物，但不杀死草；草类除草剂（grass herbicide）杀死草，但对多数其他植物是安全的。

两种常见的、结构类似的除草剂是二氯苯氧乙酸（2, 4-D）和三氯苯氧乙酸（2, 4, 5-T）。这两种除草剂都是美国在20世纪40年代研发的。这些宽叶除草剂破坏植物的自然增长过程，杀死蒲公英等植物，但不伤害禾本植物。世界上很多重要的作物，比如小麦、玉米、水稻，是谷类作物（见第十八章），它们是禾本植物。2, 4-D和2, 4, 5-T都杀死与作物竞争肥料的杂草，尽管美国现在已不再使用2, 4, 5-T。环保署（EPA）在1979年下令禁止使用2, 4, 5-T，因为在越南战争中使用后发现它对人类产生明显的危害性副作用。由于对使用者毒性大，商业性草坪公司也不再使用2, 4-D，但仍然是草坪除草剂中最为常见的添加剂之一。

由于其非选择性和对哺乳动物的低毒性，镇草宁目前是常用的除草剂。但是，镇草宁除草剂对于两栖动物有很高的毒性，转基因作物中大量使用镇草宁（比如农达除草剂）引起了人们的忧虑，人们怀疑是否真的像除草剂公司测试结果所显示的那样安全。镇草宁比很多除草剂更安全，但是“更安全”和“安全”是不一样的。

复习题

1. 窄谱性农药和广谱性农药有着怎样的不同？

农药的好处与问题

学习目标

- 描述农药在疾病控制和作物保护方面的好处。
- 解释为什么单一耕作容易受到虫害。
- 总结与农药使用有关的问题，包括基因抗性、失衡、持久性、生物累积和生物放大，在环境中的流动。
- 描述抗药性和抗药性管理。

农民每天都处于战争之中，为了获得好的收成，与害虫和杂草作战。同样，卫生官员也在进行着战争，消灭害虫传播的人类疾病。

尽管农药带来了好处，但也带来了几个问题。第一，很多有害生物在反复暴露于农药之后进化了抗药性。第二，农药对大量物种产生了影响，除了目标有害生物，还包括有益的生物，造成了生态系统（包括农田）的失衡，形成了对人类健康的威胁。最后，有些农药抗分解和在环境中容易流动的特质，给人类和其他生物带来了更多的问题。

好处：病害控制

害虫传播几种对人类危害很大的疾病。跳蚤和虱子携带致人感染斑疹伤寒的微生物。疟疾也是一种微生物导致的，每年由雌性按蚊携带，感染数百万人（图22.3）。根据世界卫生组织的统计，2012年大约有2.07亿人感染疟疾，导致62万多人死亡。非洲20%以上的儿童死亡与疟疾有关。因为抗疟疾的药物不多（多数是植物制剂），控制疟疾的重点就放在减少携带病菌的蚊子上。控制蚊子的重要措施包括限制蚊子繁殖生长的静水数量和面积以及喷洒农药。

农药，特别是DDT，有助于控制蚊子种群，从而减少疟疾的发病率。以斯里兰卡为例，在20世纪50年代初，每年发生疟疾病例200多万人。喷洒DDT控制蚊子以后，疟疾发病率几乎降到零。1964年中断喷洒DDT后，疟疾几乎立即再度出现。截至1968年，斯里兰卡每年疟疾发病率上升到100多万。从那以后，很多地方再度使用DDT，但是使用的量和范围不像20世纪60年代那样大，造成的损害也没有那么大。今天，用DDT浸泡的蚊帐被用来保护人们不受蚊虫的叮咬，室内的墙上也喷洒DDT。

好处：作物保护

尽管很难做出精确的评价，但是普遍认为虫害吃掉或破坏全世界作物的1/3以上。饶有趣味的是，这一比例在几百年的人类农业发展中一直都是这样，尽管采取了不同的虫害控制措施。考虑到人口增长和世界范围内的饥饿，很多人希望采取更好的农业虫害控制措施。

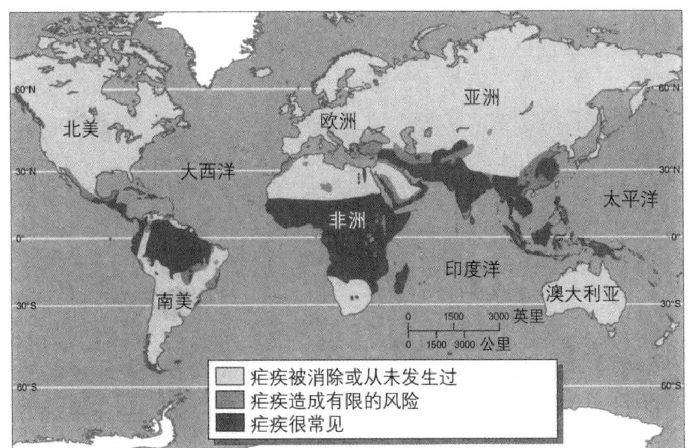

图22.3　疟疾发生的地点。在这些地方，通过喷洒杀虫剂来控制蚊子挽救了数百万人的生命。如果杀虫剂在灭蚊方面不像农业那样广泛使用，那么蚊子也就不会很快地进化出对这些杀虫剂的抗药性。

通过与杂草、害虫和植物病原体（造成植物病害的微生物，比如真菌和细菌）造成的病害的竞争，农药减少了作物损失。尽管从人类的角度看很多昆虫是益虫（比如，蜜蜂帮助作物授粉，瓢虫捕食那些吃作物的害虫），但是也有很多被认为是害虫。在这些害虫中，大约有200个物种可能会造成农业上重大的经济损失。比如，科罗拉多薯虫就是众多的害虫之一，疯狂啃食土豆的叶子，降低了土豆的生产能力。

农药使用通常被认定为具有经济效益，农民在农药上每花费1美元就可以带来作物3到5美元的回报。在那些没有适当使用农药、作物管理不善的国家，农业虫害造成的损失是相当大的。

我们的农田里为什么有那么多的虫害呢？部分原因是农业通常是单一耕作，在大片的土地上只种植一种作物（在第六章中，这个术语还用来指树木的单一栽种）。农田可以看作是一个生态系统，只是人类将这一“系统”中的很多因素都清除掉了。作为对照，森林、湿地和其他自然生态系统也很复杂，包含很多不同的物种，比如控制害虫种群的捕食者和寄生虫以及害虫不作为食物使用的植物种类。单一种植减少了某一害虫寻找食物所面临的威胁和灾难。如果是在森林里，科罗拉多薯虫要想找到吃的就会非常困难，但是一块500英亩大的农田对于科罗拉多薯虫来说无异于一场盛宴。它吃啊、长啊、繁殖啊。在没有很多天敌却有着丰盛食物的情况下，这个种群就会兴旺、壮大，这种作物的损害也就更严重。

问题：基因抗性的进化

长期使用某一种农药会造成害虫种群对农药进化出**基因抗性**（genetic resistance）。在过去农药广泛使用的60年里，至少有520种昆虫和螨类对某些农药进化出了基因抗性。很多害虫对多种农药有抗性，其中至少有17种，包括小菜蛾和棕榈蓟马，对于法律允许农民使用的所有主要农药都具有抗药性。进化出基因抗性的不只有害虫，将近200种植物对除草剂也具有抗药性。有些杂草，比如一年生黑麦草和金黄草，可能对所有的除草剂都具有抗药性。

基因抗性：降低农药对有害生物效果的遗传特征。

环境信息

从农药跑步机上下来

在20世纪90年代末，巴克内尔大学（Bucknell University）的温室收集种植了很多植物，用于研究和教学，为了防治粉虱和水蜡虫，进行正常的农药喷洒。遗憾的是，这方面的投入较大，而且使得研究人员和参观者暴露于农药残留。

1999年，温室经理决定采取系统的方法来管理，培育害虫的天敌，实现生物防治。到2001年，温室就不再使用农药了，在2005年被认为是温室管理的示范项目。这并不意味着温室就没有害虫了，而是说害虫被其他昆虫控制在很小的数量。维持生态系统的平衡还意味着管理其他非生物因素，比如温度和湿度。

其他学校的校园农药减少项目包括下面几种：

- 校园里的所有草坪禁止使用农药，包括位于肯塔基的伯利尔学院。
- 位于博尔德的科罗拉多大学使用山羊啃食杂草，以替代除草剂。
- 康奈尔大学合作扩展项目为东北地区的学校制定校园农药管理详细指南。

对农药的基因抗性是怎样发生的？每次喷洒农药控制一种害虫时，都会有一些害虫存活下来。由于它们已经具有的某些基因，这些存活者就对农药形成基因抗性，并把这一基因遗传给下一代。因此，就出现了进化，也就是生物种群中的累积基因变化，以后的害虫种群中具有抗药性的个体数量比上一代更多。昆虫和其他

图22.4 蚊子进食。南美疟疾病菌携带者蚊子（*Anopheles albimanus*）在进食。蚊子生命周期短，从而使得具有抗药性的蚊子能够在农药使用后很快繁殖。

害虫不停地进化。代际时间（两代出生之间的时间段）短以及种群数量大是多数害虫的特点，它们进化速度快，从而能够很快地适应向它们喷洒的农药（图22.4）。由此而形成的结果是：在长期使用后，能杀死多数害虫种群的农药效果会越来越差，因为害虫存活者及其后代具有了基因抗性。比如，多年向墙上喷洒DDT以杀死落在上面的蚊子后，蚊子的行为发生了基因进化，有些蚊子除非觅食不会在墙上降落。

抗性管理（resistance management）是应对基因抗性的有效方法，涉及延迟害虫或杂草基因抗性的进化。由于害虫物种不同，抗性管理战略也不同。

害虫抗药性管理的一个战略是：在附近保持一个未打药植物的“避难所”，有些害虫在那里可以避免暴露于农药。那些在避难所里生活和成长的害虫或杂草依旧对农药敏感。当这些敏感的害虫迁徙到被农药喷洒过的地方后，就会与具有基因抗性的害虫种群交配。处于避难所的杂草继续向更大的杂草种群授粉。这种相互交配会延迟一个种群总体上的基因抗性演化。

用过除草剂以后，检查地上是否还有存活的杂草。这些存活的杂草对除草剂具有抗药性，应该在它们开花前清除掉。延长除草剂使用的人工方法包括机械化除草、播种不含杂草种子的植物、避免将杂草田地上的肥料用在没有杂草的土地上、实行轮作以便控制杂草不会轻易发展。所有这些方法都有助于管理者避免农药跑步机困境（pesticide treadmill），也就是说，为了应对害虫种群的抗药性，农药的种类和使用频率必须不断提高。

问题：生态系统中的失衡

使用农药后，一个新的、强有力的限制性因素进入一个常常是微妙平衡的系统中。与害虫比起来，益虫常常遭受更大的损害。通过研究喷洒杀虫剂狄氏剂灭杀日本金龟子所带来的影响，科学家发现在农药喷洒地区留下了大量的动物尸体，包括鸟类、兔子、地松鼠、猫和益虫。（美国已经禁止使用狄氏剂。）

同样，在佛蒙特州和纽约州，七鳃鳗攻击当地鳟鱼和大西洋鲑鱼。美国鱼类和野生动植物管理局批准使用农药在12条溪流和尚普兰湖（Lake Champlain）中捕杀七鳃鳗。但是，这一办法和其他七鳃鳗控制措施的效果如何，目前尚不清楚，生物多样性中心认为，农药与其说是灭除七鳃鳗，不如说是更多地破坏了生态系统。减少某些种群可以使用农药，但使用农药不一定非要杀死它们。更为常见的是，农药暴露的压力会使得某种生物在捕食者、疾病或环境中其他应激物面前更加脆弱。

抗性管理：管理基因抗性、最大限度地扩大农药使用期限的战略。

一个地区喷洒农药后，害虫的天敌常常是饿死或迁徙他处以寻找食物，因此农药间接地造成了这些害虫天敌种群的大量减少。农药也直接地杀死天敌，因为捕食者在吃害虫的时候会吃进去很多农药。不用多长时间，害虫种群就会反弹，而且比以前的数量更大，部分原因是没有天敌了。与害虫种群相比，天敌种群数量的成长要慢得多（见第五章）。

尽管美国自20世纪40年代的以来农药使用增加了33倍，但是因为害虫、疾病和杂草而造成的作物损失没有大的变化（表22.1）。害虫对农药的基因抗性的增强和农药对天敌的破坏可以提供部分解释。农业生产方式的变化也难辞其咎，比如作物轮作是一种控制某些害虫的有效方法，但是现在不如几十年前采用的多了（见第十四章）。

造出新害虫 有的时候，使用农药会导致出现以前没有的虫害问题。所谓造出新害虫，就是将过去不起眼的害虫变成主要的害虫，之所以出现这种情况，是因为农药将那个害虫的多数天敌、寄生虫和竞争者都杀死了，使得不起眼的害虫很快做大。使用DDT控制柠檬树上的某种害虫导致介壳虫（一种攻击植物的吸啜昆虫）的爆发，而在DDT喷洒以前这根本就不是个问题（图22.5）。同样，在使用农药后，欧洲红蜘蛛在美国东北成为苹果树的重要害虫，甜菜夜蛾（beet armyworm）成为棉花的主要害虫。

问题：持久性、生物累积和生物放大

正如在第七章所讨论的，有些农药在环境中具有极端的持久性，可能需要数年才能分解成毒性弱的形式。如果吸入一种具有持久性的农药，它通常会储存在脂肪组织里。随着时间的推移，生物体就会积累大量的农药，形成所谓的**生物累积**（bioaccumulation）现象。

处于食物网高水平的生物要比处于低水平的生物在身体里累积的农药多。随着农药通过不同层级食物网而发生的农药浓度增加被称为**生物放大**（biomagnifications）（图22.6，另见图7.6）。

表22.1 美国每年害虫造成作物损失的比例

时间	害虫	病害	杂草
2006	13.0	12.5	12.0
1989–1999	13.0	12.0	12.0
1974	13.0	12.0	8.0
1951–1960	13.0	12.2	8.5
1942–1951	7.1	10.5	13.8

来源：USDA农业研究服务局

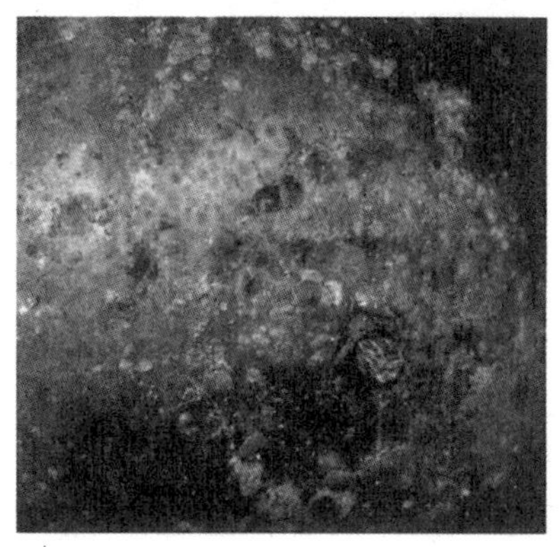

（a）橘子上的红蚌质蚧。

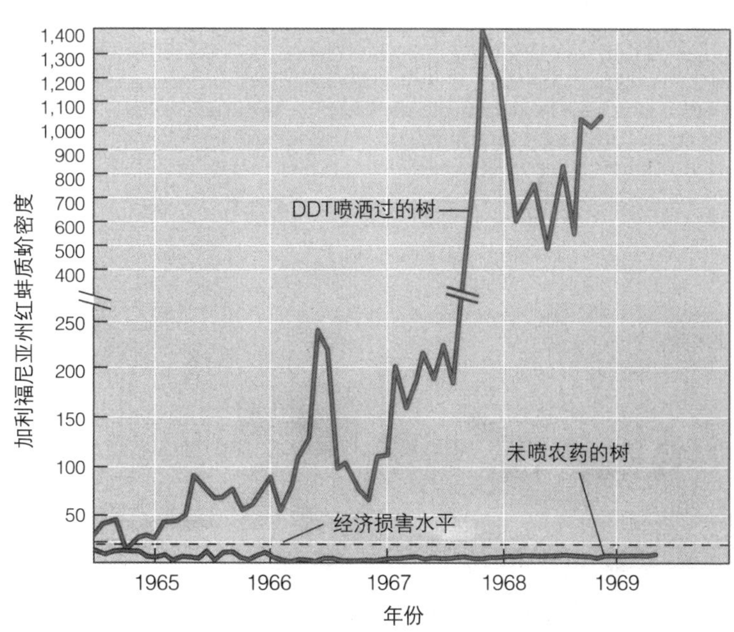

（b）喷洒DDT和不喷农药而是利用生物防治控制红蚌质蚧种群数量的对比。

图22.5 农药使用和新害虫物种。柠檬树喷洒DDT控制一种不同的害虫后，红蚌质蚧开始泛滥成灾。DDT使用前，红蚌质蚧对橘子并没有造成很大的经济损失。

生物累积：持续性农药或其他有毒物质在有机体内的沉积。

生物放大：某些农药等有毒化学物质在处于食物网高层级生物的组织里浓度增加。

图22.6 游隼喂食幼鸟。DDT在鹰隼和其他猛禽组织中的生物放大导致20世纪60年代到70年代美国鹰隼等猛禽的繁殖率下降。DDT导致这些鸟下的蛋壳极薄，极脆，致使幼鸟死亡。（美国从1972年开始禁止使用DDT。）

问题：在环境中的移动

与农药相关的另一个问题是农药并不是停留在喷洒的地方，而是通过土壤、水和空气进行流动（图22.7）。喷洒到农田或草坪上的农药会在下雨的时候被冲到江河和溪流里，从而危害水生生命。如果水生生态系统中农药浓度太高，就会杀死鱼类和两栖动物。如果农药水平还不至于致命（即不到致死的水平），动物依然会遭受不良的影响，比如骨质退化。这些影响可能会降低动物的适应性，增加被捕食的风险。

农药的移动性对于人类来说也是一个问题。环保署和美国地质调查局最近开展的综合性研究报告说，美国多数地表水中全年都发现有农药。该项研究还发现，80%的城市河流中至少有一种农药超过水质基准（water quality benchmark）（水生生物受到威胁以上的水平）。一个民间组织环境工作组（EWG）的一项研究显示，美国1400多万人的饮用水中含有5种被广泛使用的除草剂（草不绿、甲草胺、莠去津、氰草津、西玛津）。该研究认为，美国中西部种植的玉米和大豆中使用这些除草剂，生活在那里的350万人面临着癌症高发的风险。这项研究发布以后，EPA要求减少使用这些除草剂。

加利福尼亚州的另一个EWG研究显示了农药在大气中流动的距离。加州100个空气样本中将近2/3含有少量的从农田漂浮过来的农药。空气和水流可以将农药带到全世界，2008年开展的一项研究对南极生态系统中的关键物种南极磷虾进行取样（见第三章的“案例聚焦”），在12个取样的地方，发现了多种有机氯杀虫剂。

复习题

1. 使用农药带来的两个重要的好处是什么?
2. 为什么单一耕作容易发生虫害问题?
3. 什么是持久性、生物累积和生物放大?
4. 描述农药抗性，讨论防止这一问题的一些方法。

（a）在加利福尼亚州，直升机将农药喷洒在农作物以及沿途所有其他东西上。

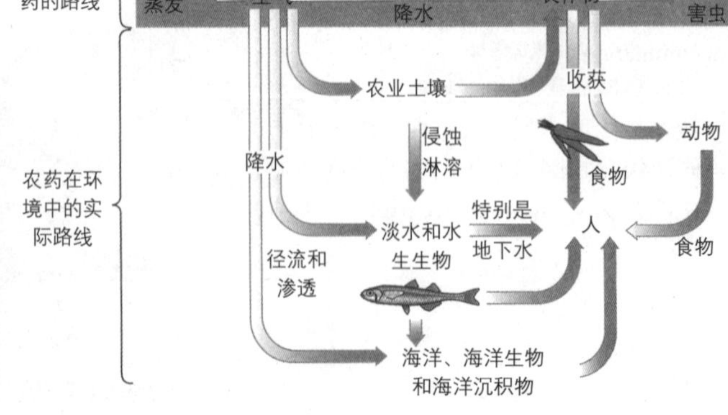

（b）环境中希望喷洒农药的路线和实际的路线很不同。

图22.7 希望喷洒农药的路线与农药实际的路线。

农药对人类健康的风险

学习目标

- 讨论农药对人类健康的风险，包括短期和长期的影响。
- 解释内分泌干扰。

农药暴露危害人类健康。短期暴露于高浓度的农药造成农药中毒，损害人的器官，甚至致人死亡，长期暴露于低浓度的农药导致某种形式的癌症或新陈代谢及生殖问题。而且，暴露于微量的农药会导致人的内分泌（荷尔蒙）系统失调。第七章讨论了农药对儿童产生的很大风险（见图7.10）。

农药的短期影响

农药每年造成美国数万人中毒。多数中毒发生在农场工人或其他职业每天接触大量农药的工人身上。微量农药中毒的人可能会出现恶心、呕吐和头痛等症状，严重的中毒，特别是有机磷酸酯中毒，会造成对神经系统和其他身体器官的永久性伤害。如果剂量大，几乎每一种农药都可致命。令人欣慰的是，自20世纪90年代中期，在农药应用、包装和运输等管理规定的约束下，中毒事件已经降低。

WHO估计，全球每年有400多万人发生农药中毒，其中至少有100万人需要入院治疗，大约3000人死亡。在农业管理规定不健全的国家，农药中毒事件发生率很高。很多国家的农药使用者没有经过安全培训，不知道如何安全处置和储存农药，那些国家的安全规定一般来说较为松懈。

农药的长期影响

农场工人和农药工厂的工人多年来暴露于低剂量的农药之下，对他们的很多研究显示了癌症和长期农药暴露之间的联系（图22.8）。有一种淋巴癌（淋巴系统的癌症）与除草剂2, 4-D有关。其他农药与很多癌症有关，比如白血病和脑癌、肺癌、睾丸癌。研究人员指出，乳腺癌和乳腺脂肪组织中一种或多种农药的含量高之间有着联系。

长期暴露于至少一种农药可能已经导致数千个香蕉和菠萝农场工人出现不孕不育症。有12个县的26,000多名工人对他们的雇主或农药生产企业提起诉讼，多数被告支付了赔偿金，但是不承认负有法律责任。证据显示，生活在农药使用附近地区的孕妇流产的几率高。其他研究表明，农场工人的孩子出生缺陷风险大，特别是四肢发育不良。

图22.8 喷洒农药的农场工人。患有与农药相关疾病的人多数是农场工人或那些在工作中每天接触农药的工人。

长期暴露于农药可能增加患帕金森病的风险，美国受此病困扰的人有100万左右。研究人员将一种植物农药鱼藤酮多次注入小白鼠体内以后，小白鼠就出现帕金森的症状，包括走路困难、颤抖、大脑中蛋白质含量不正常。很多农药的化学结构与鱼藤酮相同，这就意味着农药也像鱼藤酮一样，会扩大患帕金森病的风险。这种农药暴露与帕金森疾病之间的联系还只是初步的，需要更多的研究加以证明或证伪。截至目前，还没有研究将人类帕金森与某一具体的农药联系起来。

农药是内分泌干扰物

在20世纪90年代，有很多发表的论文将某些农药和其他持久性有毒化学物质与动物的繁殖问题联系起来。这些化学物质被称为内分泌干扰物（endocrine disrupter），干扰或模仿人或其他动物的激素（表22.2；见第七章关于内分泌干扰物的讨论）。水獭暴露于合成化学污染物后出现生殖器异常变小。南加州的雌性海鸥在交配季节出现异常行为，与其他雌性交欢，而不理会雄性海鸥。在佛罗里达州，暴露于常见除草剂的鳄鱼睾丸里竟产卵。在很多情况下，科学家都在实验室发现了同样的异常症状，从而为某些持久性化学物质导致出生缺陷提供了支持。

表22.2　已知为内分泌干扰物的部分农药*

农药	基本信息
莠去津	除草剂，仍在使用。
氯丹	杀虫剂，美国1988年禁用。
DDT（二氯二苯三氯乙烷）	杀虫剂，美国1972年禁用。
硫丹	杀虫剂，仍在使用。
开蓬	杀虫剂，美国1977年禁用。
甲氧氯	杀虫剂，仍在使用。

西奥•科尔伯恩（Theo Colborn）、黛安•杜马诺斯基（Dianne Dumanoski）、约翰•皮特森•迈尔斯（John Peterson Myers）于1996年出版的《我们被偷走的未来》（*Our Stolen Future*）认为，环境中的持久性有毒化学物质正在破坏人类的激素系统，引发了媒体的强烈关注。西奥•科尔伯恩那个时候是世界自然基金会（World Wildlife Fund）的高级科学家，他推断，环境中无处不在的化学物质与人类健康的干扰破坏之间存在着关联。这些状况包括乳腺癌和睾丸癌的增加、男性出生缺陷的增加以及精子数量的下降。

很多研究显示，环境中的某些化学物质可能影响人类的健康，但是这些化学物质及其对人类不利影响之间的直接的因果关系还没有广泛地建立起来。有些科学家认为，潜在的威胁很大，DDT等持久性化学物质应该立即在全世界禁止使用。其他科学家在评价这方面的危险时较为谨慎，但是没有人认为可以忽略这个问题。同时，国际社会目前正在努力禁止生产和使用九种被怀疑是内分泌干扰物的农药（见本章后面关于全球禁止持久性有机污染物的讨论）。

复习题

1. 农药对人类健康的长期影响是什么?
2. 为什么干扰内分泌的农药受到特别的关注?

农药替代品

学习目标

- 描述控制虫害的替代方法，包括耕作方式、生物防治、信息素和激素、生殖控制、基因控制、检疫、综合虫害管理、食品辐照。

幸运的是，农药不是我们与虫害作战的弹药库中唯一的武器。虫害控制的其他方法还有耕作方式、生物防治、信息素和激素、生殖控制、基因控制、隔离检疫、综合虫害管理、食品辐照。使用多种方法，常常包括在最后阶段使用少量农药，被称为综合虫害管理（IPM）。IPM是控制虫害最有效的方法。（另见第十八章关于有机农业的讨论，通过种植粮食来替代农药和商业性化肥。）

使用耕作方式控制虫害

有时，改变农业耕作方式就可以解决虫害的不利影响，或防止造成伤害。尽管有些技术相对较新，比如使用真空吸尘器清除害虫，但是其他防治虫害的耕作方法已经使用了几百年。

比如，减少作物虫害的一个方法是间作，大田里每垄种植不同的作物。肯尼亚通过实行玉米和高粱间作，使玉米作物受到的损害降低到5%左右，而单一种植玉米受到的损害则在39%左右。高粱驱赶一些害虫，吸引黄蜂前来，黄蜂将卵产在玉米螟里，卵成长的过程中将玉米螟吃掉，而玉米螟是啃食并破坏成熟玉米秸秆的害虫。高粱和玉米间作在非洲部分地区现在很普遍。

苜蓿种植中一项成功的技术是带伐（strip cutting），一次只收获庄稼的一部分，未收获的庄稼为害虫天敌和寄生虫提供没有受到干扰的栖息地。如果在田间地头留下一些植物（比如，野生植物，包括杂草），也能收到同样的效果。一项德国的研究发现，与没有田间地头植物的农田相比，在有田间地头植物的油菜田里，害虫的死亡率要高50%左右。花粉甲虫是油菜植物的主要害虫，田间地头的植物为花粉甲虫的三种寄生虫提供了避难所。

恰当时间的种植、施肥和灌溉促进植物健康和有活力地生长，从而对虫害具有更大的抵抗力，因为它们不再受到其他环境因素的影响。作物轮作可以控制虫害，比如玉米根虫。

生物防治

为了说明**生物防治**（biological control），假设一个昆虫物种无意间被带入另一个国家，成为一种害虫，而这个国家以前没有这个物种。控制这种害虫的可能办法是，到这个物种的原产地，了解它在当地生态系统中的情况。通常情况下，有些其他生物，比如黄蜂或病原生物，是那种害虫的天敌或寄生虫。如果这种天敌或寄生物被引进，那么就可能减少害虫的种群。

有害生物一般不会像对农药那样对生物防治进化出基因抗性，因为害虫和捕食者都是生物体，都会对自然选择做出反应。如果害虫对生物防治作用物进化出抗性，那么生物防治作用物可能会进化出针对害虫的反抗性。（回顾第五章关于捕食者—猎物“军备竞赛”的讨论，在害虫及其生物防治作用物之间也会发生类似的军备竞赛）。

生物防治：使用自然发生的病原生物、寄生虫或捕食者来控制虫害的方法。

吹绵蚧提供了一个利用一种生物来防治另一种生物的成功案例。吹绵蚧是一种小的害虫，吮吸很多果树枝干和树皮的汁液，包括柑橘属植物。吹绵蚧原产于澳大利亚，在19世纪80年代被无意间带到美国。美国一名昆虫学家去澳大利亚，带回了几种可能的生物防治剂，其中一个是澳洲瓢虫（图22.9），在控制吹绵蚧方面很有效，大量且专门捕食吹绵蚧。澳洲瓢虫引进两年的时间里，就大大减少了柑橘果园中的吹绵蚧种群数量。现在，澳洲瓢虫和吹绵蚧的种群数量都较低，吹绵蚧不再被认为是产生经济损失的害虫。

有300多个物种被作为生物防治剂引进到北美。美国农业部（USDA）农业研究服务局不断地调研针对害虫和杂草的生物防治剂。尽管一些生物防治的案例很令人振奋，但是找到一个有效的寄生虫或捕食者通常很困难。仅仅是找到那个寄生虫或捕食者，并不意味着就能成功地在一个新的环境里建群。环境条件的略微变化，比如温度和湿度，都会改变生物防治剂在新的栖息地中的有效性。

必须注意，要确保引进的生物防治剂不会攻击其他的生物，从而自己成为一种害虫。如果防治剂是一种昆虫，为了避免这种可能性，科学家会把这种昆虫放置到笼子里，里面有重要作物、点缀植物和原生植物的样本，从而确定这种防治剂在饥饿的时候是否会吃那些植物。尽管有这样的测试，但是那些被作为生物防治剂的生物有时在新环境里会导致预料不到的问题，这些防治剂一旦被引进，就不能召回。比如，为了控制19世纪中叶进入北美的一种毒草欧亚飞廉，1968年引进了象鼻虫。自那以后，象鼻虫就扩大了其宿主范围，使得美国蓟属植物成为受威胁物种。象鼻虫大大减少了美国本土蓟属植物的种子生产。

澳大利亚在生物防治方面有很多特别有效的例子，但也有很多造成灾难性影响的例子。引进兔子是为了扩大肉类生产，但是给当地的植物群落带来了灾难，因此就引进一种兔子疾病多发性黏液瘤病来控制兔子种群。蔗蟾蜍是作为生物防治剂被引进澳大利亚的，目的是对付甘蔗甲虫，但是在控制甘蔗甲虫方面完全失败，而且蔗蟾蜍本身现在已成为澳大利亚昆士兰地区普遍存在的虫害。所有非本地物种的引进都必须慎重，特别是向岛上引进物种。在农业和景观方面，依赖本地物种可以避免出现很多问题。

图22.9 澳洲瓢虫。从澳大利亚引进，以减少吹绵蚧的泛滥。澳洲瓢虫是生物防治的成功案例。

生物防治剂 昆虫不是仅有的生物防治剂（的确，长久以来，人们饲养猫来控制老鼠）。美国禁止DDT以后，就开始研发解决蚊子问题的替代性方案。一个办法是喷洒线虫纲动物（微小的虫），这些小动物攻击蚊子幼虫。玉米上也常常喷洒线虫纲动物来杀死玉米的害虫螟虫。线虫纲动物（以及细菌，后面讨论）可以用来控制草坪上的甲虫幼虫。虽然线虫纲动物可以像化学杀虫剂那样来喷洒，但是它有着一个优点，即线虫纲动物通常只针对一种有害生物，对其他生物是无害的。有些线虫纲动物还会影响害虫的领地，比如象鼻虫、蚱蜢、蝗虫。

另一种非昆虫类生物防治剂是真菌孢子，被称为绿肌（Green Muscle），它的目标是沙漠蝗虫。在非洲萨赫勒，蝗虫在数量上周期性地增长，威胁1200万公顷（3000万英亩）的作物（见图4.22关于萨赫勒的地图）。在1988年蝗虫大爆发的时候，非洲农民花费3000万美元，向环境中喷洒了大量的杀虫剂，以便控制蝗虫种群数量。很多人担心这样大规模地使用杀虫剂会对生态和健康产生不利的影响。坦桑尼亚在2009年使用这种绿肌，解除了蝗虫肆虐爆发的巨大威胁，否则会影响1500万人赖以为生的庄稼。

细菌和病毒对害虫形成危害，因此也被成功地用来进行生物防治。日本金龟甲芽孢杆菌会导致害虫发生乳状病（milky spore disease），因此被喷洒在地上，用以控制日本金龟子的幼虫。常见的土壤细菌苏云金杆菌（Bacillus thuringiensis，或Bt）带有自然毒性，可以杀死一些害虫，比如甘蓝银纹夜蛾和棉铃虫，其中甘蓝银纹夜蛾是一种绿色的毛毛虫，给多种蔬菜造成很大伤害。害虫幼虫吃了Bt后，肠道就会被Bt毒素破坏，从而死亡。这种Bt毒素在环境中没有持久性，尚不知道是否会伤害哺乳动物、鸟类或其他非昆虫类物种。

信息素和激素

信息素（pheromones）通常被称为性引诱物，因为它们常常是分泌出来用以吸引异性进行交配的。每个昆

信息素：动物产生的一种自然物质，可以激发同一物种其他异性成员的反应。

虫物种都分泌属于自己的信息素，因此，一旦了解了其化学结构，就可以利用信息素来控制那个害虫物种。信息素诱惑日本金龟子等害虫，从而将其捕捉、杀死。相应地，信息素也可以释放到大气中，用以混淆害虫，使它们不能交配。

昆虫激素是昆虫产生的自然化学物质，用以调节自己的生长和变形，变形是昆虫成长需要经历的过程，身体要经历几个阶段才能成年。在昆虫生命周期的某个阶段，必须要有特定的激素，如果出现在错误的时间，昆虫就会发育异常，甚至死掉。很多这类的昆虫激素已为人所知，含有相同结构的合成激素也被生产出来。昆虫学家积极地探索利用这些物质来控制害虫种群的可能性。

有一种合成昆虫激素叫蜕皮激素，会导致蜕皮，是第一个被批准使用的激素。这种激素被称为MIMIC，会引发蛾和蝴蝶幼虫的异常蜕皮。由于MIMIC对一些益虫会产生影响，因此它的使用也有风险。

生殖控制

与生物控制一样，对害虫的生殖控制涉及使用生物。生殖控制战略不是用另一个物种来减少害虫种群，而是通过使得害虫种群的部分个体不孕不育来抑制害虫种群。在雄性不育技术（sterile male technique）中，通常使用辐射或化学物质在实验室中对大量的雄性进行绝育处理。之所以对雄性而不对雌性进行绝育处理，是因为雄性会交配很多次，而雌性只交配一次。因此，释放出一个被绝育处理的雄性就会成功防止几个雌性的生殖，而释放一个被绝育处理的雌性只能成功地防止那个雌性的生殖。

被绝育处理的雄性释放到野外，通过与雌性的正常交配，会降低害虫种群的繁殖能力，因为这样交配所产的卵是永远不会孵化的。因此，下一代的种群会变小。

雄性不育技术的一个不足是必须持续地进行才能确保效果。如果停止绝育处理，害虫种群用不了短短的几代就会反弹到一个很高的水平。这一处理过程花费大，因为一个生产设施必须养育大量的昆虫并需要对它们进行绝育处理。1990年，在加利福尼亚州地中海果蝇（medfly）爆发期间，每周释放的被绝育处理的雄性果蝇达4亿只。地中海果蝇在250种不同的水果和蔬菜上产卵，是破坏性极大的害虫。

对害虫进行不育处理的标准方法是辐射。不过，这种方法至少对威胁人类健康的主要害虫蚊子不起作用。牛津大学的一个研究人员研发了一种方法，对蚊子进行基因修饰，使它们的后代在幼虫阶段就死亡。这是一项很有前景的技术，但是由于是新研制的，尚不清楚其效果如何，也不清楚使用范围有多大。蚊子的生命周期短，大量分布在非农业区域（虫害防治困难），因此将继续挑战我们的害虫防治能力。

基因控制

传统的选育方法被用来培育很多作物变种，从而使它们对于病原生物或害虫具有基因抗性。作物植物的传统培育需要确认那些生长在虫害常见地区但不受损害的植物，将这些个体植物与标准作物品种进行杂交，从而培养出抗虫品种。培育一个具有抗性的作物品种可能需要10到20年的时间，但是通常来说，时间和投入是值得的。

尽管传统的选育方法培育了很多抗病作物，降低了农药使用量，但是也有潜在的问题。真菌、细菌和其他植物病原体进化迅速，很快就能适应抗病的宿主植物，意味着新的病原体能够导致过去抗病植物物种发生病患。植物培育者一直持续地进行竞赛，希望比植物病原体更快一步。

基因工程在更快地培育出抗虫植物方面提供了希望（见第十八章）。比如，来自土壤细菌Bt（在生物防治部分已经讨论过）的基因被导入几种作物中，比如玉米和棉花。吃这些转基因植物叶子的幼虫会死掉或出现生长异常。另一方面，当Bt毒素大规模出现于植物中时，幼虫更有可能进化出对毒素的抗性。

案例聚焦

Bt及其潜力和问题

自20世纪50年代开始，Bt就已进入市场，但是直到近几十年才大规模出售，主要是因为有很多不同种类的Bt细菌，而且每种都有细微不同的蛋白毒素。每一种Bt只对一小部分昆虫具有毒性。比如，对玉米螟起作用的Bt对于薯虫就无效。因此，Bt与其他化学农药比起来就不具有经济竞争力，因为化学农药可以杀死不同作物的很多不同害虫。

基因工程师通过修饰Bt毒素的基因编码大大提高了其天然杀虫剂的潜力，以至可以用于更大范围的害虫。他们将带有毒素编码的Bt基因导入至少18个作物物种，包括玉米、土豆和棉花。Bt玉米，是首批转基因作物之一，通过工程方式持续不断地产生毒素，在防治欧洲玉米螟等害虫方面提供了自然保护。同样，Bt西红柿和Bt棉花具有更强的抗虫性，比如西红柿蛲虫和螟蛉等害虫。在EPA批准使用之前，早期生态风险评价研究显示，转基因作物与通过选育生产的更为传统的作物基本上是一样的。转基因作物没有成为入侵物种，在环境中停留的时间也不比非转基因作物长。带有Bt基因的转基因作物需要的农药大大减少。

不过，作为化学农药的有效替代产品，Bt毒素的未来并不是完全确定的。从20世纪80年代末开始，农民就注意到，在防治菱纹背蛾方面，化学改性的Bt没有过去的效果好。所有报告使用效果减弱的农民都是经常而且大量地使用Bt。1996年，很多种植Bt棉花的农民报告，他们的作物受到棉螟蛉的攻击，而Bt本来是应该杀死这类害虫的。看起来，某些害虫，比如菱纹背蛾，或者可能还有棉螟蛉，已经进化出了对于这种自然毒素的抗性。如果越来越大量地使用Bt，可能更多的害虫会进化出对它的抗性，从而大大减少Bt作为一种天然农药的潜力。科学家正在研究抗性管理战略，以减缓害虫对于产生Bt的基因工程作物的抗性。

带有Bt基因的转基因作物造成了更多地方含有Bt毒素的状况。约翰•鲁瑟里（John Losey）是康奈尔大学的昆虫学家，他在1998年展示，Bt玉米花粉被风吹到乳草属植物（一种常见的玉米杂草）上，使得乳草属植物的叶子对于黑脉金斑蝶幼虫具有致死性。这项研究表明，通过花粉对Bt作物的传播，Bt毒素可能成为一种环境污染物。

检疫

政府通过实行检疫（quarantine）来防止外来害虫和疾病的进入，限制可能带有害虫的外国动植物材料的进口。如果外来害虫意外进入，对外来害虫出现的地方进行检疫隔离有助于防止它的传播。如果外来害虫是在农场上发现的，那么可能就会要求农场主销毁全部作物。

尽管不是万无一失，但检疫是有效的防治措施。USDA在100多个不同的地点阻止了地中海果蝇的意外进入。有几次检疫没有发现，这些害虫成功地进入美国，除了花费数百万美元消除这些害虫，光农作物损失就达到几百万美元。清除措施包括使用直升机在数百平方千米的面积上喷洒杀虫剂马拉息昂以及培育和释放数百万个经过不育处理的雄性果蝇，从而彻底消灭地中海果蝇。

专家曾担心，加利福尼亚州不断地发现地中海果蝇表明，地中海果蝇可能不是每年意外地引进，而是已经在加州建立了群落。其他国家可能会停止进口加利福尼亚州的产品，或者要求对所有的出口产品进行昂贵的检查和处理，从而防止地中海果蝇进入他们的国家。不过，到了2008年，地中海果蝇被彻底消除，因此检疫依然是未来最大限度地减少地中海果蝇爆发的重要战略。

系统方法：综合虫害管理

很多有害生物单用一种技术不能很有效地得到控制，如果将不同的防治方法结合起来，常常会更有效。**综合虫害管理**（integrated pest management, IPM）针对一个农场、学校、校园、城市或温室的具体条件将生物、耕作、农药控制等措施结合起来。图22.10提供了IPM防治玉米虫害的一些方法的案例。

生物和人工控制方法，包括抗虫转基因作物，在该系统方法中被尽可能多地使用，基本不使用传统农药或只在其他措施失效的情况下使用（见“你可以有所作为：家里避免使用农药”）。如果必须使用农药，就使

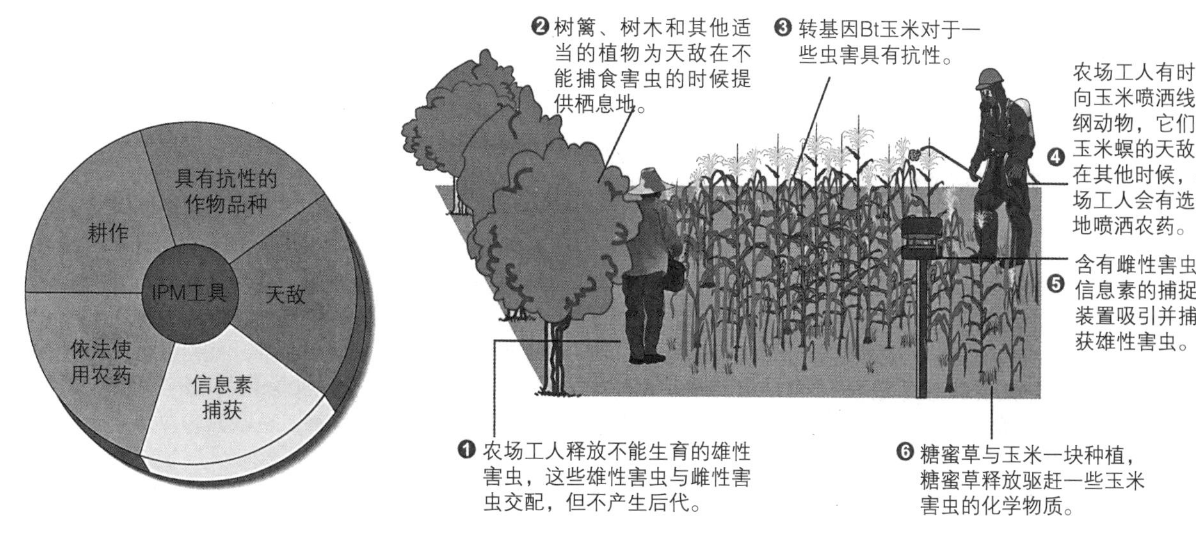

（a）IPM采取系统方法防治虫害，在有害生物生命周期的不同阶段进行干预。

（b）IPM战略控制玉米螟和其他玉米害虫的例子。

图22.10 综合虫害管理（IPM）工具。

综合虫害管理： 虫害控制措施的综合，如果在适当的时间采取适当的次序进行防治，可以将虫害控制在不造成大量经济损失的水平。

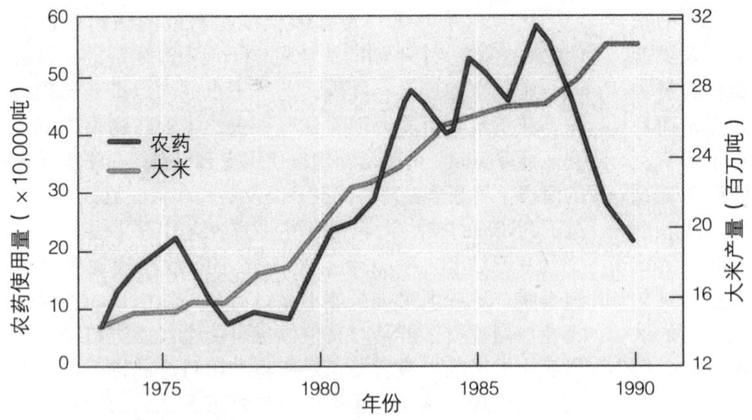

图22.11 印度尼西亚1972年到1990年期间大米产量和农药使用量。 20世纪80年代末和90年代初农药使用量的减少并没有降低大米的产量。相反，在新政策实施以后的4年里，大米产量反而上升。印度尼西亚是亚洲第一个广泛采用综合虫害管理的国家，取消了农药补贴，禁止在大米上使用几十种农药，培训20多万名农民掌握了IPM技术。

用毒性最弱的农药，使用量尽量减少，谨慎安排使用时间。因此，IPM使得农民对虫害的防治所产生的环境影响最小，费用也常常最小。

为了取得效果，IPM要求对该系统有全面的了解，包括害虫的生命周期、觅食习惯、迁徙流动、筑巢习性及其与宿主和其他生物之间的所有相互作用。植物的种植、耕作和生物防治管理之间的时机把握很关键，是根据仔细监测害虫密度来决定的。综合虫害管理实现自然防治最优化，使用农业技术清除虫害。综合虫害管理是可持续农业的重要组成部分（见第十八章）。

实行IPM有两个基本的前提。第一，IPM与其说是消灭虫害，不如说是管理。采用IPM管理原则的农民需要容忍农田里有少量的虫害和少量的经济损失。这些农民在第一眼看到害虫时不要喷洒农药。相反，他们需要定期对大田里的害虫种群进行采样，确定是否达到了经济损害的阈值，这个阈值就是采取行动（比如喷洒农药）的好处超过了行动的成本。

第二，IPM要求农民接受培训，从而能够了解在各自特定条件下采取哪种战略效果最好（图22.11）。管理害虫比消灭它们更加复杂。农民必须知道哪种作物上出现什么样的害虫以及如何最大限度地减少其影响。农民还必须知道什么样的益虫有助于防治害虫以及如何有利于这些益虫。

棉花受到很多害虫的侵袭，使用IPM具有好的效果。与其他作物相比，棉花施药量最大，尽管美国只有大约1%的农业用地种植棉花，但是棉花的用药量占农业用药总量的将近50%。使用简单的技术，比如在棉田附近种植一排苜蓿，就会减少化学农药的需求。草盲蝽是一种主要的棉花害虫，会从棉田里进入苜蓿丛，因为它们更喜欢苜蓿这种植物。因此棉花的损失就会降低。

IPM在校园里被普遍采用。比如，宾夕法尼亚州要求本州学校使用IPM方法防治学校和学校周围的虫害。IPM有助于减少孩子暴露于农药之下，也有助于减少对学校雇员的风险，特别是对清洁工人的风险。

20世纪60年代以后，美国农民越来越多地采用IPM，但是总体比例依然很低。IPM没有得到更广泛的推广普及，部分原因是使用IMP所需要的知识比使用农药所需要的知识复杂。而且，IPM作物的市场宣传也面临着挑战，因为没有办法向消费者保证这些农产品没有农药残留。

食品辐照

不使用农药也有可能防止昆虫和其他害虫损害已经收获的庄稼。庄稼收获以后，进行电离辐射，就可杀死很多微生物，比如导致食物中毒的细菌沙门氏菌。这种方法称为食品辐照（food irradiation）或低温巴氏杀菌（cold pasteurization）。很多国家，包括加拿大、多数西欧国家、日本、俄罗斯、以色列，使用辐照延长食品的存放时间。美国食品药品管理局（FDA）1986年批准使用这项技术，用于水果、蔬菜和新鲜禽肉，第一个辐照食物在1992年出售。2000年，USDA批准使用辐射，对生肉进行细菌杀灭，比如碎牛肉、牛排、猪排。

食品辐照存在一定的争议。有的消费者担心，因为他们害怕辐射的食物具有放射性，事实上，这些食物不具有放射性。辐射批评者忧虑，因为辐射会形成某些少量化学物质，称为自由基（free radical），其中有些在实验动物身上是致癌的。批评者还指出，我们不知道食用这些辐照食物的长期影响。其他人担心误用辐射源的潜在安全风险，这些辐射源通常是钴-60或铯-137。食品辐照的支持者认为，自由基通常存在于食物中，是由于煎炸和烤炙等烹饪方法造成的。他们坚持认为，过去30多年在世界范围内进行1000多次对辐照食物的调查显示，食品辐照是安全的。而且，食品辐照还减少了农药和食品添加剂。

复习题

1. 列举一个使用耕作方法防治害虫的例子。列举一个使用信息素和激素防治害虫的例子。
2. 什么是综合虫害管理？为什么IPM是一个系统的方法？

你可以有所作为

在家里避免使用农药

动物、植物和疾病不只是影响发展中国家农业和人类健康的有害生物，在多数家庭里也是持续存在的挑战。蚂蚁、飞蛾、蟑螂、老鼠会造成财产损失，引发疾病。杂草会蔓延花园、草坪，与室内植物争夺营养。霉菌和病菌也会造成财产损失，使食物变质。虽然喷洒药物和进行化学捕获便捷、容易，但是它们会成为家庭危害，而且它们不解决虫害发生的深层原因。

对于家庭主人来说，管理众多虫害还有替代的办法。以老鼠为例，老鼠不仅损坏家庭财产，啃咬木头、家具和设备，而且还传播疾病。老鼠和蟑螂屎便即便不传播病菌，也是一种吸入性危害。汉坦病毒（Hantavirus）虽然罕见但常常是致命的，可以通过鹿鼠的屎尿传播给人。消灭老鼠的一个方法是用药，但是鼠药在美国每年造成数万人中毒。

可以考虑采用下列防鼠措施（家庭综合虫害管理）：

- 食物不用时要封存、储藏，清除家中老鼠的生存条件。
- 堵塞墙洞，仔细、彻底地检查任何老鼠可能做窝的地方，减少老鼠可能的出入之地。
- 养只猫，这是千年来行之有效的生物防治形式。
- 在老鼠出没的地方放置捕鼠夹子。

温暖、潮湿的地方容易滋生霉菌，可以通过喷洒抗霉菌化学药物进行控制，但也有其他措施：

- 最好的措施是预防性的，定期清理容易滋生霉菌的地方，保持干燥。
- 增加易生霉菌地方的通风，在极端情况下考虑使用除湿剂或干燥剂（一种从空气中吸水的化学物质）。
- 将柠檬汁和盐混合，清除织物上的霉菌，但要注意颜色坚牢度，避免褪色。其他方法包括烘烤苏打糊和白醋。
- 漂白剂是一种很有效的霉菌控制剂，但是必须小心使用，因为它对人也是有害的，也会损坏材料。

在防治其他害虫方面，非农药控制措施很有效：

- 小心储藏食物，及时清理洒溢的食物，包括宠物食品。这是减少蟑螂、蚂蚁和家蝇的最好办法。
- 很多被认为是杂草的植物是可以食用的，而且很美丽（见图片）。恰当的刈割和补种可以培植健康的草坪，有助于减少出现最严重的杂草问题。
- 蚊子需要静水才能产卵，因此，如果你发现了问题，检查你的院子和周围，是否在废旧的轮胎、花盆、未使用的水塘以及其他容器中存有雨水。
- 防治蜘蛛的最好办法是消灭它们的猎物，一般是苍蝇和其他的小昆虫。另外，加强对蜘蛛的了解，因为有些对人类没有危险，而且像园蛛科蜘蛛那样，还可以帮助控制害虫。

黄花酢浆草（Oxalis stricta），一种可以食用的草坪杂草。

控制农药使用的法律

学习目标

- 简述美国管理农药的三部法律：《食品、药品和化妆品法》《联邦杀虫剂、杀菌剂和灭鼠剂法》《食品质量保护法》。

为了保护人的健康和环境，联邦政府通过了几项管理农药的法律，包括《食品、药品和化妆品法》《联邦杀虫剂、杀菌剂和灭鼠剂法》《食品质量保护法》。EPA负责这些法律的执行，FDA和USDA也在一定程度上参与。另外，如果农药违反了《濒危物种法》，EPA还有责任进行管理。

《食品、药品和化妆品法》

《食品、药品和化妆品法》（Food, Drug, and Cosmetics Act，FDCA）在1938年通过，该法认识到监管食品中农药含量的必要性，但是没有提供管理的手段。1954年通过《农药化学物质补充法案》（Pesticide Chemicals Amendment）后，FDCA的效果才更为明显。这个修正案也被称为《米勒修正案》（Miller Amendment），要求确立食品中农药的可接受水平和不可接受水平。

1958年通过的FDCA修正案包括一个重要的条款，即德莱尼条款（Delaney Clause），要求在加工类食品中不能含有可能致癌的物质。加工类食品在出售前需要以某种方式进行处理，比如冷冻、罐装、脱水或冷藏。德莱尼条款认识到农药可能在浓缩的加工类食品中聚集，比如番茄酱和苹果酱。

德莱尼条款尽管想法值得称赞，但是有两个不足。第一，没有考虑到新鲜水果和蔬菜、牛奶、肉、鱼、禽肉等原材料食品上的农药。举一个这种存在双重标准的例子，可以允许新鲜西红柿存在某种农药残留，但不允许西红柿酱里存在。第二，由于EPA缺乏长期使用农药导致癌症风险的数据，因此只是在1978年农药登记注册并严格检验后，德莱尼条款才能适用。有这样的情况：根据德莱尼条款，一种较新的农药由于产生些微的风险而被禁用，但是老的农药，也就是新的农药将要替代的农药，可能依然在使用，尽管其危险性比新的农药高很多倍。

德莱尼条款通过时，当时的技术只能检测出高剂量污染的农药残留。现代科学技术非常发达，任何加工类食品要想符合德莱尼条款标准几乎是不可能的。结果是，EPA发现很难实行德莱尼条款要求的严格标准。1988年，EPA开始实行例外制度，允许存在“可以忽视的风险”，即每百万人在70年里发生一次癌症病例。不过，由于没有遵照德莱尼条款，EPA被起诉，美国法院在1994年裁定，除非国会修改德莱尼条款，不应该有任何例外。（后面将讨论的1996年《食品质量保护法》中的重要条款之一，也是这样规定的。）

尽管2004年后FDCA没有修订，EPA继续根据新的农药和新认识到的风险，完善有关规定。比如，尽管很多规定侧重于癌症、出生缺陷或急性影响，但是最近更令人关注的是内分泌干扰物。EPA已经明确了73种化学物质，而且可能会将它们看作是内分泌干扰物。

《联邦杀虫剂、杀菌剂和灭鼠剂法》

《联邦杀虫剂、杀菌剂和灭鼠剂法》（Federal Insecticide, Fungicide, and Rodenticide Act，FIFRA）最初是在1947年通过的，目的是管理农药的有效性，也就是说，防止人们买到不起作用的农药。在随后的数年里，FIFRA得到修订，要求检测和注册农药中的活性成分。任何达不到FDCA规定标准的农药都不能依据FIFRA进行登记注册。

1972年，EPA被授权根据FDCA和FIFRA的条款管理农药的使用。从那以后，EPA禁止或限制很多氯代烃类农药的使用。1972年，EPA几乎全面禁止DDT。在发现80%的奶制品、鱼、肉、禽、水果中含有爱耳德林（aldrin）和狄氏剂（dieldrin）后，EPA在1974年取缔使用这些杀虫剂。禁用开蓬的规定发布于1977年，禁用氯丹和七氯的规定发布于1988年。

FIFRA在1988年的修订，要求对老的农药进行再注册，实行与新农药一样的毒性测试。尽管1988年修正案比以前的条款更严格，但是代表了包括农药生产者在内的农业从业者利益和所有农药反对者之间的妥协。新的法律并没有解决一个重要的问题，即农药对地下水的污染问题。新的法律也没有解决建立食品农药残留标准问题以及暴露于高剂量农药的农场工人的安全问题（职业安全与健康管理局负责工地农药暴露事宜）。

FIFRA也没有要求农药公司披露农药中的惰性成分。很多农药产品含有99%的惰性成分，这些惰性成分应该是没有活性的。国家农药替代联盟认为，在2500多种被列为“惰性”成分的化学物质中，有394种曾被列为活性成分。很多惰性成分一般认为是安全的（包括松树油、乙醇、硅酮和水）。其他的被认为是毒素（包括石棉、苯、甲醛、铅和镉）。有些除草剂中的惰性成分对于两栖动物特别有毒性。有200多种惰性成分被列为有害空气和水污染物，有21种已知或被怀疑会致癌。

《食品质量保护法》

1996年的《食品质量保护法》（Food Quality Protection Act）对FDCA和FIFRA都进行了修订，对德莱尼条款的修订是为原材料和加工类食品建立明确的农药残留限制标准。在为用在农作物上的9700种左右的农药建立农药残留标准时，法律要求考虑婴儿和儿童对于农药的敏感性。农药限制标准是针对所有健康风险的，不只是癌症。比如，EPA必须制定规划，检测农药干扰内分泌功能的特性。《食品质量保护法》的另一个关键条款是减少了做出危险农药禁用规定所需要的时间，从10年减少到14个月。

复习题

1. 美国管理农药的三部法律是哪些？

禁用农药的制造和使用

学习目标

- 解释持久性有机污染物，描述《关于持久性有机污染物的斯德哥尔摩公约》的目标。

很多农药毒害太大，以致美国和其他高度发达国家禁止任何形式的使用。联合国粮农组织（FAO）积极帮助发展中国家了解农药的的危险性，建立了一个“红色警告表”，上面有50多种农药在5个或更多国家禁止使用。FAO进一步要求这些农药的生产商向进口国家告知这些农药为什么被禁止。美国支持这些国际指南，只有在与进口国达成一致后才出口禁用农药。但是，这些信息常常不能到达地方层面，世界范围内很多农民在如何安全处理和应用农药方面没有得到任何的指南和培训。

另一种担忧是：不需要的、剩下的、变坏的农药堆积得越来越多，特别是在发展中国家。2008年，联合国估计全世界这些废弃不用的农药有50多万吨，仅在非洲就有12万吨。这些废弃农药常常被储存在农村废物场地的圆柱形容器里，因为发展中国家很少有或没有有害废物处理设施。随着时间的推移，化学物质会从这种废物场地中淋溶出来，进入土壤和地下水中（见第二十三章）。

被禁用农药污染的食品的进口

很多危险的农药在美国已经不再使用，但这并不能保证我们的食品中不存在那些农药的痕量。尽管很多农药在美国被禁用或限制使用，但是在世界其他地方却广泛使用。我们的很多食物，每年大约有120万个集装箱，是从其他国家特别是从拉丁美洲国家进口的。有些产品含有微量禁用农药，比如DDT、狄氏剂、氯丹、七氯。2007年，从中国进口的宠物食品和牙膏里发现了污染物，凸显了进口食品的风险。

FDA检测进口水果和蔬菜的毒药残留，但是每年检验的食物仅占进入美国食物的1%左右。另外，根据美国审计署的报告，即便是FDA发现有些公司违反法律，但是一些进口商依然出售被污染的食物。如果被抓住，这些公司所面临的也只是为数不多的罚款，不足以制止这种违法行为。

全球对持久性有机污染物的禁止

《关于持久性有机污染物的斯德哥尔摩公约》（Stockholm Convention on Persistent Organic Pollutants）于2004年生效，是一个重要的国际公约。该公约最近的修订是在2014年（有一些例外），积极保护人类健康和环境不受23种毒性最强的化学物质的危害，这些化学物质被分类为**持久性有机污染物**（POPs）（表22.3；另见第十九章关于空气污染长距离移动的讨论）。在这些POPs中，有9种是农药。有些POPs破坏内分泌系统，有些会导致癌症，还有其他的会对生物的发育过程产生不利的影响。

《斯德哥尔摩公约》要求各国制定计划，消除POPs的生产和使用。对于这一要求，众所周知的例外是DDT，有些国家支付不起其他的防治携带疟疾病原体的蚊子的措施，因此可以继续生产和使用DDT。（DDT廉价，这些国家很多支付不起更为安全的其他替代品。）

持久性有机污染物：在生物中累积的持久性有毒化学物质，能够通过空气和水等介质移动数千公里并造成污染。

表22.3 持久性有机污染物："肮脏一打"

《斯德哥尔摩公约》确定的持久性有机污染物（2014）	
阿尔德林，农药	六溴联苯，工业化学物质
氯丹，农药	林丹，农药
十氯酮，农药	灭蚁灵，农药
DDT，农药	五氯苯，工业化学物质，副产品
狄氏剂，农药	全氟辛基磺酸，工业化学物质
异狄氏剂，农药	多氯联苯，工业化学物质
硫丹，农药	多氯代二苯并二噁英，副产品
七氯，农药	多氯代二苯并呋喃，副产品
六氯苯，农药	四溴和五溴二苯醚，工业化学物质
六氯化苯*，农药，副产品	毒杀芬，农药

*含多种形式。

尽管《斯德哥尔摩公约》经历了很长的时间，希望达到全球禁用这些化学物质的目标，但是这个公约目前仅适用于批准该公约的179个国家。截至2014年，美国还没有加入该公约。为了取得更大的效果，美国需要批准该公约，并遵守公约规定，批准该公约的国家也要遵守公约的条款规定。

复习题

1. 什么是《关于持久性有机污染物的斯德哥尔摩公约》？

环境信息

家庭菜园中的虫害管理

小规模家庭菜园中的农药使用不会像农业大田使用农药那样影响很多土地。但是，就每英亩使用的农药量来说，郊区家庭菜园中使用的农药常常超过农田使用的农药。另外，家里使用农药往往没有培训如何处理或应用。商店和园艺中心向公众出售的农药与农民和商业应用者使用的农药具有一样的毒性。遗憾的是，很多购买农药的人认为，这些农药要更安全些，就像药店里售卖的止疼药一样，一般比处方药药性更温和或更安全。2012年，毒药控制中心接到3000多个电话，处理可能的农药中毒事件，这些电话多数是由家庭使用者打来的。

幸运的是，对于园丁和房屋主人来说，现在有很多有机农药或生物防治措施，县农业服务中心还提供关于IPM防治虫害技术的建议。拟寄生物黄蜂不蛰人，可以用来控制西红柿天蛾幼虫，这种害虫是很多菜园中最厉害的害虫之一。啤酒吸引蛞蝓，而蛞蝓一旦吮吸了啤酒就会死亡。覆盖物和报纸不能大规模用于农业，但是在家庭菜园中可以很好地防止杂草生长。

通过重点术语复习学习目标

- **区分窄谱性农药和广谱性农药的不同，描述不同种类的农药，比如杀虫剂和除草剂。**

农药是用来杀死有害生物的有毒化学物质，有害生物包括害虫（杀虫剂）、杂草（除草剂）、真菌（杀菌剂）和鼠类（灭鼠剂）。理想的农药是窄谱性农药，只杀死目标生物。多数农药是广谱性农药，杀死多种生物，除了目标害虫，还包括有益生物。

- **描述农药在疾病控制和作物保护方面的好处。**

农药有助于防止昆虫传播的疟疾和其他疾病。农药减少庄稼遭受虫害的损失，因此提高农业生产力。农药降低杂草的竞争、害虫对作物的破坏和植物病原体造成的疾病，比如某些真菌和细菌。

- **解释为什么单一耕作容易受到虫害。**

单一耕作指的是在大片土地上只种植一种作物。因此，与没有人类干预的系统相比，这种单一耕作代表着一个失衡的系统。农业土地的单一耕作为虫害提供了充足的食物。很多天敌不在单一耕作的农田里出现。

- **总结与农药使用有关的问题，包括基因抗性、失衡、持久性、生物累积和生物放大、在环境中的流动。**

基因抗性指的是降低农药对害虫效果的任何遗传特性。农药影响的物种不是那些需要消灭的害虫，从而造成生态系统的失衡，在有些情况下，使用农药造成以前不存在的虫害问题。有着持久性特质的农药需要很长时间才能分解成毒性弱的形式。生物累积指的是持久性农药或其他有毒物质在生物体内的积累。生物放大指的是有毒化学物质浓度，比如某些农药，在食物网中处于更高层级的生物组织中的增强。很多农药通过土壤、水和空气移动，有时会传播很远的距离。

- **描述抗药性和抗药性管理。**

农药跑步机是农药使用者面临的一个困境，农药应用成本提高（由于不得不更经常、更大量地使用），而农药效果却下降（由于目标生物基因抗性的增强）。抗药性管理指的是管理基因抗性、最大限度地扩大农药使用期限的战略。

- **解释农药对人类健康的风险，包括短期和长期的影响。**

短期暴露于高浓度的农药可能会致人农药中毒，长期暴露于低浓度的农药可能会带来长期的癌症危险。某些持久性农药可能会打乱自然激素的行动。

- **解释内分泌干扰。**

如果一种化学物质干扰或模仿与人或其他动物的生长发育相关的激素，那么就发生内分泌干扰。内分泌干扰物包括农药，比如莠去津和DDT，产生的问题包括身体异常，比如生殖器官畸形，以及行为异常。

- **描述控制虫害的替代方法，包括耕作方式、生物防治、信息素和激素、生殖控制、基因控制、检疫、综合虫害管理、食品辐照。**

带伐、间作和轮作等耕种技术在防治虫害方面是有效的。生物防治使用天然病原体、寄生虫或捕食者来控制虫害。信息素是动物分泌的自然物质，旨在刺激同物种其他异性个体的反应；信息素可以用来吸引捕获昆虫或造成昆虫混乱，从而使它们不能交配。昆虫激素是昆虫产生的自然物质，用以调节自己的生长和变形，在昆虫生命周期错误时间出现的激素会破坏干扰正常的发育。生殖控制包括利用个体不育技术（雄性不育技术）或对基因修饰从而不繁殖后代，减少害虫种群。害虫基因控制涉及培育多种多样的作物和牲畜，使它们对病虫害具有基因抗性，有些转基因（GM）作物含有苏云金杆菌（Bt）毒素的基因，达到抗虫的效果。检疫涉及限制可能带有虫害的外来植物和动物材料的进口，如果外来虫害意外引进，通过检疫检查来发现虫害的地方会有助于防治虫害的传播。综合虫害管理（IPM）是一个系统方法，综合了几种虫害防治措施，如果采取恰当的次序在恰当的时间采用，那么就会控制害虫种群的大小，不会造成大的经济损失。食品辐照在粮食收获后防治虫害。

- **简述美国管理农药的三部法律：《食品、药品和化妆品法》《联邦杀虫剂、杀菌剂和灭鼠剂法》《食品质量保护法》。**

《食品、药品和化妆品法》（FDCA）最初颁布实施时就认识到管理食物中所含有的农药的必要性，但是没有提供管理的措施；《米勒修正案》要求建立食品中农药的可接受水平和不可接受水平；德莱尼条款要求在加工类食品中不能含有可能导致实验动物或人癌症的物质。《联邦杀虫剂、杀菌剂和灭鼠剂法》（FIFRA）随着时间的推移进行修订，要求农业中活性成分的检验和注册，1988年修正案要求老的农药重新登记注册，实行与新农药一样的毒性测试。《食品质量保护法》对FDCA和FIFRA都进行了修订，对德莱尼条款进行修改，为原材料和加工类食品建立了明确的农药残留限制标准。

- **解释持久性有机污染物，描述《关于持久性有机污染物的斯德哥尔摩公约》的目标。**

持久性有机污染物（POPs）是在生物中累积的持久性有毒化学物质，能够通过空气和水等介质移动数千公里并造成污染。《关于持久性有机污染物的斯德哥尔摩公约》积极保护人类健康和环境不受地球上23种毒性最强的化学物质的危害。截至2014年，美国还没有批准这个公约。

重点思考和复习题

1. 区分杀虫剂、除草剂、杀菌剂和灭鼠剂的不同。
2. 描述下列每组杀虫剂的一般特征：氯代烃类、有机磷酸酯、氨基甲酸盐。
3. 总体来说，你认为农药的好处大于不足吗？在回答中至少给出两个原因。
4. 有时，农药使用增加了虫害造成的损失，请解释。
5. 广泛使用的农达除草剂开始丧失灭除某些杂草的有效性。为什么？
6. 害虫对杀虫剂抗性的累积与细菌对抗生素抗性的增强有着怎样的相同之处？
7. 适应生物防治剂的基因变化与对杀虫剂的基因抗性有着怎样的不同？
8. 生物防治在小岛上常常比大陆上更为成功。至少给出一个出现这种情况的原因。
9. 使用雄性不育技术，小种群比大种群的效果好。请解释。
10. 解释综合虫害管理（IPM）。列举IPM的五个工具并各举一个例子。
11. IPM与食物网和能量流动等生态概念有着怎样的联系？
12. 你认为下列农药使用哪个最重要？哪个最不重要？请解释你的回答。
    a. 清除路边杂草
    b. 防治疟疾
    c. 控制作物损害
    d. 生产无病虫害的水果和蔬菜
13. 为什么农药滥用越来越被看作是一个全球性环境问题？
14. 围绕控制花园中的兔子，提出一个综合虫害管理计划。你的计划中可以包括一种灭鼠剂。
15. 气候变化可能导致更大的农药需求，从而防治蚊子。随着下个世纪地球变暖和降水模式的变化，提出一些其他农药使用增加或减少的可能。
16. 你认为这个漫画合理地描述了减少农药使用带来的挑战吗？

“当然贵了。我们得用手挤死害虫啊。”

食物思考

很多家庭园丁引以为豪的是，他们的农产品不仅比买的新鲜，而且使用有机虫害防治技术还节省了钱，减少了农药暴露，最后，还减少了温室气体排放，因为食物运输会排放温室气体。调查你所在地区的虫害管理方法。大量使用农药吗？有效吗？探讨一些方法，在少使用化学物质的情况下，你可以取得同等或更好的虫害防治效果。

第二十三章

固体和危险废物

废弃的计算机设备。这个得克萨斯电子循环中心的计算机正在进行拆解。有用的电子管将被出口到泰国，在那儿用来制造廉价电视。破裂的电子管将在美国循环回收或被处理。

在美国、加拿大和其他高度发达国家，平均每18到24个月就要更新一台电脑，不是因为电脑坏了，而是因为技术的快速发展和新的软件开发使这台电脑过时落伍了。旧的电脑可能还能用，但是已没有再卖出的价值，甚至送人都困难。因此，这些电脑只好堆放在仓库、车库和地下室里，或者常常和垃圾一起扔掉，最终进入填埋场或焚烧炉。美国每年人均产生这类电子垃圾达30千克。

这种处理方式代表着制造电脑的高质量塑料和金属（比如铝、铜、锡、镍、钯、银和金）的巨大浪费。电脑还包含有毒重金属，比如铅、镉、汞、铬，它们可能会从填埋场淋溶出来，进入土壤和地下水。有25个州通过了法律，要求商家和居民循环使用消费类电子产品，也就是，循环使用PC、显示器、手机和电视等。

电子垃圾为某些公司提供了商业机会，可以从商家和个人那里回收旧电脑、显示器、传真机、打印机以及其他电子设备并进行拆卸（见图片）。这些电子产品循环回收企业从显示器中回收玻璃，从包装箱中回收塑料，从线圈和电路板中回收金属，然后将这些组件出售给制造商，从而对这些材料进行升级改造。（升级改造是一种循环方式，利用废弃材料制造新的产品，产生比原材料更高的价值。）

注重环保的消费者越来越多地购买能够循环利用的电子产品。有些电子制造商会回收它们的电子垃圾，并循环利用到新产品中；其他的制造商回收废旧的电子设备，交由另一个公司循环利用。处理和再利用废旧产品的责任被称为“从摇篮到摇篮”理念。

尽管美国很多公司会处理废旧电脑，但是数百万美国旧电脑还是被运到印度、巴基斯坦和中国等发展中国家，并在那儿拆卸，拆卸的方法常常对拆卸工人有着潜在的危险。比如，电路板常常是进行焚烧，然后获得少量的金，焚烧会向空气中释放有毒烟雾。

不管喜欢还是不喜欢，人类制造固体废物，采用安全、经济和环保的方式处理我们的垃圾是我们的责任。比如，从系统的角度看，我们可以设计能够进行更多再利用的电脑，特别是装有电脑器件的机箱。今天，我们应对固体废物处理的挑战没有单一的解决方案，只有将废物减少、再利用、循环、堆肥、焚烧以及卫生填埋场填埋等综合起来才是目前管理固体废物的最佳方案。在本章，你会了解与固体废物管理有关的问题和机遇，然后对那些有害废物进行思考，因为它们含有有毒物质，需要进行专门的处理。

身边的环境

你产生的固体废物主要有哪些？你怎样才能减少固体废物？

固体废物

学习目标

- 区分城市固体废物和非城市固体废物。
- 描述现代卫生填埋场的特色，解释与之相关的一些问题。
- 描述原生垃圾焚烧炉的特色，解释与之相关的一些问题。

美国人均产生的固体垃圾比其他任何一个国家都多。（加拿大紧随其后。）美国每人每天平均制造固体废物1.99千克（4.38磅），2012年全国固体废物总量达到2.51亿吨，比前些年略有增加。

固体废物问题现在已经非常明显，一些装满垃圾的船从一个港口开到另一个港口，从一个国家开到另一个国家，到处寻找可以倾倒垃圾的地方，这引起了公众的广泛关注，这样的例子已有好几个。比如，"黎明破晓"（Break of Dawn）号拖船1987年拖着一船垃圾从纽约开往北卡罗来纳州，北卡拒绝接受这船垃圾，"黎明破晓"号不得已又继续航行了数月，总共经过了6个州、3个国家，都拒绝接受那些垃圾。最后，"黎明破晓"号把垃圾拉回纽约并在纽约焚烧。

废物产生是繁荣的、高技术的、工业化的经济所不可避免的结果。这不仅是美国的问题，也是加拿大和其他高度发达国家存在的问题。很多产品可以进行修理、再利用或循环利用，但都被简单地丢弃了。其他的废物，包括纸巾和一次性尿布，生产的时候就是一次性的，用后就被扔掉。包装不仅能使产品更有吸引力、更好卖，也能保护产品、使产品保持卫生、防止被窃，但最终变成了废物。没有人愿意去思考固体废物的事，但事实是，固体废物已经成为现代社会的问题，我们不断地制造固体废物，安全处理固体废物的地方却是有限的。

固体废物的种类

城市固体废物（MSW）是各种各样东西的混杂（图23.1），主要包括纸和纸板、庭院废物、塑料、食品废物、金属、橡胶和皮革以及纺织物等材料、木材、玻璃，这些混杂物中主要固体废物的比例随着时间的不同而变化。现在的固体废物中含有的纸和塑料比过去多，而玻璃和钢铁的数量已经下降。

MSW在所有固体废物中占的比例相对较小（大约2%）。**非城市固体废物**（nonmunicipal solid waste）包括采矿废物（多数是废石，占全部固体废物的75%左右）、

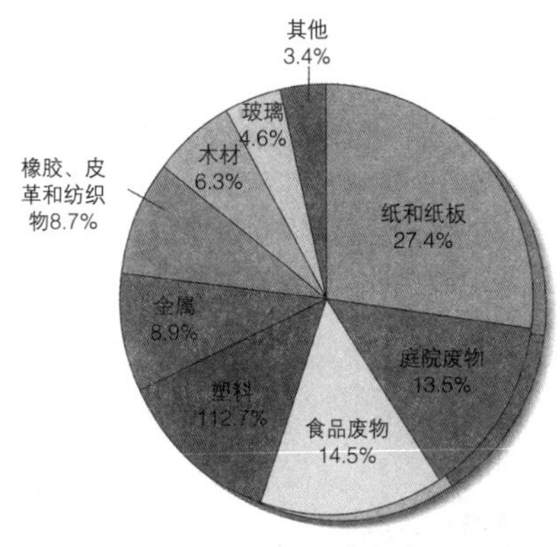

图23.1　2012年城市固体废物的构成。（环保署—美国城市固体废物的产生、循环和处理：2012年数据和图表）

农业废物（大约13%）、工业废物（大约10%），要比MSW的数量大得多。因此，美国产生的多数固体废物来自非城市部分。

露天垃圾场

传统上认为，固体废物是不再有用的物质，应该丢弃掉。处理固体废物的方式有四种：露天丢弃、掩埋、焚烧或堆肥。旧的固体废物处理方法是露天丢弃。露天垃圾场不卫生，恶臭难闻，滋生繁殖着老鼠和苍蝇等携带病菌病毒的有害生物。随着微生物对固体废物的分解，所产生的甲烷就会排放到周围的空气中；固体废物焚烧会释放出酸性烟雾，污染空气。固体废物中渗漏流出的液体最终会进入到土壤、地表水和地下水中，溶解到这些液体中的有害物质常常污染土壤和水。

卫生填埋场

露天垃圾场已经被**卫生填埋场**（sanitary landfill）所替代，卫生填埋场目前处理的固体废物占美国总数的54%左右（图23.2）。卫生填埋场与露天垃圾场不同的是将固体废物放置到洞坑中并压紧，每天覆盖上一层薄薄的土（图23.3）。这种方法减少了固体废物通常产生的老鼠和其他有害生物，降低了火灾的危险，减少了异味的排放。如果卫生填埋场根据经过批准的固体废物管理规定运行，不会污染当地的地表水和地下水。固体废物中的致密土层确保了安全，填埋场底部的塑料衬层防止废物中出现的液体渗入到地下水。更新的填埋场采用双层系统（即塑料—黏土—塑料—黏土）并使用复杂的系统收集分解过程中形成的沥出液（透过固体废物渗出的液体）和气体。

城市固体废物：家庭、办公楼、零售商店、餐馆、学校、医院、监狱、图书馆和其他商业以及组织机构丢弃的固体物质。

非城市固体废物：工业、农业和矿业产生的固体废物。

卫生填埋场：最常用的固体废物处理方法，将固体废物压紧压实并掩埋在浅层土壤之下。

卫生填埋场接受固体废物时，收取“服务费”。这部分费用用以支付填埋场的运行成本，而且让当地政府向靠近填埋场的居民和企业征收较低的财产税。不同的州收取的垃圾处理服务费有着很大的差异。有些地方处理不了所有的废物，因此就将他们的固体废物运送到垃圾处理费用更低的周边地区。比如，俄亥俄州和印第安纳州就接受来自纽约州和新泽西州的固体废物。

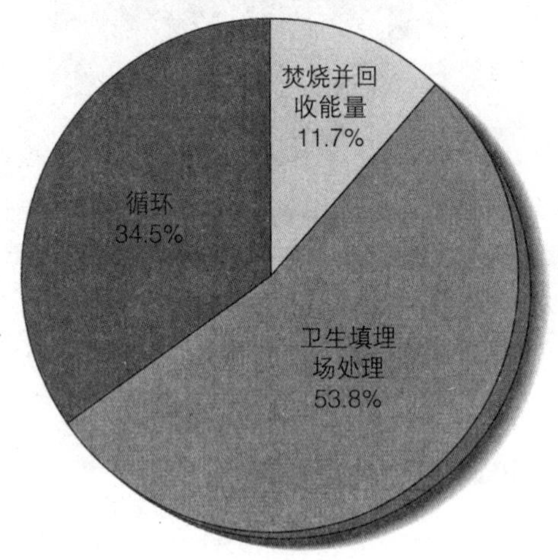

图23.2　美国2012年的城市固体废物处理。（环保署，美国城市固体废物的产生、循环和处理：2012年数据和图表）

“理想”的卫生填埋场的选址基于很多因素，包括当地的地质、土壤排水特性、与附近水体和湿地的距离等。卫生填埋场应该远离稠密人口的中心居住区，以便不对人造成伤害，但也不能太远，不需要支付太高的运输费用。填埋场设计应该考虑到当地的气候，比如降雨、融雪以及洪涝可能性。

与卫生填埋场相关的问题　这些年来，随着出台的规定越来越严格，卫生填埋场的运行大为改善，尽管如此，几乎没有完美的填埋场。今天运行的卫生填埋场多数达不到目前新的填埋场的法定标准。

与卫生填埋场相关的一个问题是微生物在厌氧状态下（没有氧）分解有机物质时所产生的甲烷气体。这种甲烷气体可能从固体废物中渗透出来，聚集于地下，造成爆炸的可能性。甚至还有可能，甲烷会渗入到附近住房的地下室里，那将是极度危险的状况。常规办法是，填埋场收集甲烷气体，并在燃烧系统中将其燃烧。越来越多的填埋场开始利用甲烷来实施燃气变能源项目。目前美国大约629个填埋场利用甲烷气体进行发电。

与卫生填埋场相关的另一个问题是，从未衬底的填埋场或衬底填埋场缝隙中渗出的液体会污染地表水和地下水。纽约的清泉垃圾填埋场（Fresh Kills）在2002年关闭之前是最大的填埋场，每天产生的沥出液大约有100万加仑。由于家庭垃圾中含有有毒化学物质，比如重金属、农药、有机化合物，它们会渗入到地下水和地表水中，因此，即便是这个卫生填埋场已经关闭并改造成一个公园，这些沥出液必须进行回收和处理。

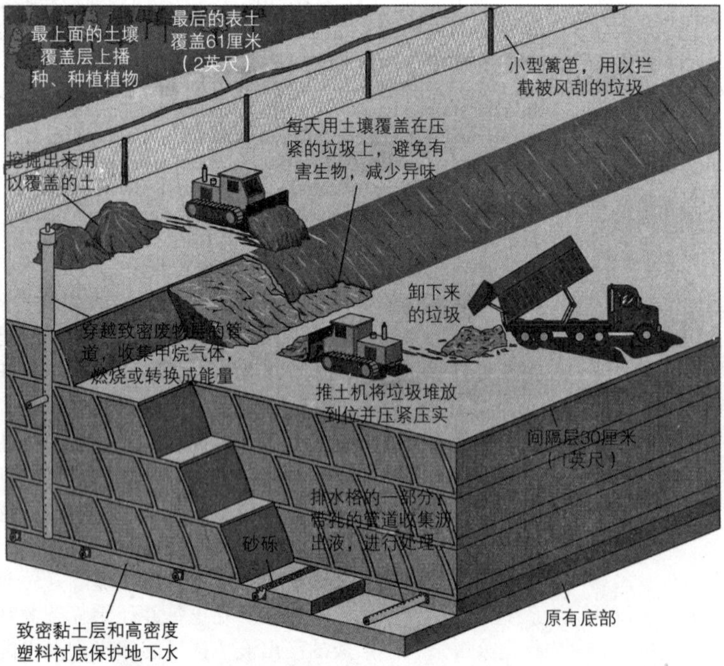

填埋场不是处理废物的永久办法，因为填埋场会填满。从1988年到2009年，美国运行的填埋场从7924个减少到1908个。很多填埋场的关闭是因为达到了填埋能力。其他填埋场的关闭是因为达不到联邦或州的环境标准。

尽管新的填埋场一般来说比过去的规模大，但是新建的卫生填埋场很少，不能替代已关闭的填埋场。新建填埋场少的原因很多，也很复杂。很多合适的场地被取消。而且，生活在拟建填埋场附近的居民通常会强烈反对。居民的这种态度部分是过去填埋场问题所造成的，这些问题涉及从臭味难闻到危险有毒物质污染饮用水。还有一个原因是，居民担心附近建有垃圾填埋场会使他们的财产贬值。

图23.3　卫生填埋场。今天建设的卫生填埋场具有致密黏土层和高密度塑料衬底保护层以及复杂的沥出液收集系统，最大限度地减少地下水污染等环境问题。固体废物分布于薄薄的一层，被压紧分成小的方格，上面覆盖土壤。

一旦卫生填埋场填满，关闭它就会需要大量的费用。因为地下水污染和燃气爆炸会在很长时间里存在可能性，因此环保署（EPA）目前要求填埋场负责单位在填埋场关闭后监测30年的时间。此外，在很长的时间里，关闭的填埋场上不能建造住宅或其他建筑物。

塑料的特别问题 我们废物中的塑料数量比MSW中其他任何东西增长得都快。这些塑料中，一半以上来自包装。比如，瓶装水是世界上增长最快的饮料。塑料是化学聚合物（polymer），是由多个碳化合物链条组成的。很多塑料的特性由于其化学组成成分的不同而不同，比如聚丙烯、聚乙烯、聚苯乙烯。

多数塑料化学性质稳定，不容易裂解或分解。这种特性在包装食品等某些产品方面很有必要，但会带来长期的问题。事实上，卫生填埋场处理的多数塑料废物可能会存留数百年。

针对塑料废物数量的担忧，有些地区已经禁止某些塑料的使用，比如包装中的聚氯乙烯。具有降解或裂解能力的塑料已经开发出来，其中一些是可光降解的（photodegradable），也就是说，只要暴露在阳光下，这些塑料就可降解。其他的塑料是可生物降解的（biodegradable），也就是说，可以被细菌等微生物所分解。在卫生填埋场条件下是否能分解可生物降解的塑料，目前还不清楚，尽管有几项研究显示可能降解不了。很多因素，比如温度、氧含量、微生物群落的组成等，都影响对塑料和其他有机物质的生物降解。（塑料的其他废物管理办法本章后面讨论。）

轮胎的特别问题 最难管理的材料之一是橡胶。废弃的轮胎在美国每年就有大约3亿只，这些轮胎是用硫化橡胶造的，既不能熔化，也不能再使用。数百万只旧轮胎堆积在轮胎垃圾场里、路边和空场地上。用卫生填埋场处理轮胎确实是个问题，因为轮胎相对较大又较轻，可能会在堆积的固体废物中向上泛起。一段时间过后，这些轮胎会上升到填埋场表层，成为火灾隐患，而引发的火灾很难扑灭。废旧轮胎还会积累雨水，为蚊子提供很好的繁殖地。因此，多数州要么禁止卫生填埋场处理轮胎，要么要求将轮胎破碎，从而节省空间，防止水在轮胎里积存。（关于轮胎废物的其他管理措施将在本章后面讨论。）

焚烧

如果焚烧固体废物，会产生两个好的效果。第一，固体废物的体积减少90%。当然，剩下的灰烬要比没有燃烧的固体废物体积小很多。第二，焚烧产生热量，可以用来制造蒸汽，为建筑供暖或发电。2014年，EPA登记了86个废物变能源的焚烧炉，焚烧的固体废物占全部的比例将近12%。而在1970年，美国固体废物焚烧的比例还不到1%。废物变能源的焚烧炉比相应火电厂排放的二氧化碳少。（回顾第二十章的内容，二氧化碳是主要的温室气体。）

有些材料最好是在焚烧前去除掉。玻璃不燃烧，熔化以后很难从焚烧炉中清除。尽管食品废物能燃烧，但是湿度大，降低了焚烧炉的效率，因此焚烧前最好去除掉。电池、温度计和荧光灯等也需要去除掉，因为这样在燃烧中就减少了多数汞排放。焚烧最好的材料是纸、塑料和橡胶。

纸之所以是好的焚烧材料，是因为它容易燃烧，产生大量的热。几项研究分析了各种废纸管理措施的成本和效益，认为废物变能源的焚烧比循环利用好，当然，循环利用比卫生填埋处理好。（研究的结论并不完全一致，因为经济学家对环境成本和效益的经济价值持不同意见。比如，排放1千克二氧化碳的经济成本被计算为从1美元到50多美元。）与焚烧纸相关的一个可能的环境问题是焚烧过程中可能会排放油墨和纸里含有的有毒化合物。有些类型的纸燃烧时向大气中排放二噁英，本章后面将对此进行讨论。

塑料焚烧时产生大量的热。事实上，1千克的塑料废物与1千克的燃料油产生的热几乎一样多。像纸焚烧的问题一样，塑料焚烧也可能排放污染物。聚氯乙烯是很多塑料的组成部分，可能在燃烧时释放二噁英和其他有毒化合物。

处理废旧轮胎的最好办法之一是焚烧，因为橡胶燃烧产生很多热量。美国和加拿大的一些电厂用轮胎替代煤炭或在煤炭中添加轮胎（图23.4）。轮胎产生的热量和煤炭一样多，产生的污染却少。每年废弃的轮胎大约有45%被焚烧。

焚烧炉的类型 焚烧炉有三种类型：原生垃圾焚烧炉、标准式焚化炉和垃圾衍生燃料焚烧炉。多数**原生垃圾焚烧炉**（mass burn incinerator）是大型的，在设计上要回收燃烧时产生的能量（图23.5）。标准式焚化炉（modular incinerator）是规模小的焚烧炉，焚烧所有的固体废物。它们一般安装在工厂里，因此建设费用较低。垃圾衍生燃料焚烧炉（refuse-derived fuel incinerator）只焚烧那些能够燃烧的固体废物。首先，玻璃和金属等不能燃烧的物质要用机器或手工筛选掉。剩下的固体废物，包括塑料和纸，被粉碎或切割成块状，进行焚烧。

原生垃圾焚烧炉：除了冰箱等不能燃烧的废物外，焚烧所有固体废物的大型焚烧炉。

图23.4 用于焚烧发电的轮胎。加利福尼亚州韦斯特利市堆积成山的废旧轮胎有400万到600万只。燃烧这些废旧轮胎的发电厂向3500个家庭提供电力。焚烧更多的轮胎会怎样影响气候变化?

与焚烧有关的问题。不管是煤炭还是MSW，任何燃料的燃烧都会产生一些空气污染。可能产生有害空气污染物是人们反对焚烧的主要原因。焚烧炉排放一氧化碳、颗粒物、汞等重金属、其他有害物质，如果不安装空气污染控制设施，就会污染空气。这些设施包括石灰净化器（lime scrubber）和静电除尘器（electrostatic precipitator），其中石灰净化器喷洒化学物质中和酸性气体，静电除尘器向烟灰发射正电荷，吸附带负电荷的颗粒，阻止其从烟囱中出去（见图19.9关于净化器和除尘器的图）。

焚烧炉产生大量的底灰和飞灰。底灰（bottom ash），也称炉渣，是燃烧完成后留在焚烧炉底部的灰烬。飞灰（fly ash）是从烟囱中出去的灰，可以被空气污染控制设备捕获。飞灰通常比底灰含有更多的有害物质，包括重金属，还可能有二噁英。

目前，这两种炉灰都是在经过专门认证的有害废物填埋场进行处理的（本章后面讨论）。如果放置在普通的卫生填埋场里，尚不知道这些炉灰中的有害物质会发生什么，这些有害物质有可能污染地下水。

和卫生填埋场一样，焚烧炉场的选址也有争议。人们可能认识到焚烧炉的必要性，但是不愿意自己家附近安装焚烧炉。焚烧炉的另一个缺点是投入大。由于现在要求安装昂贵的污染控制设备，焚烧炉的价格上涨了很多。

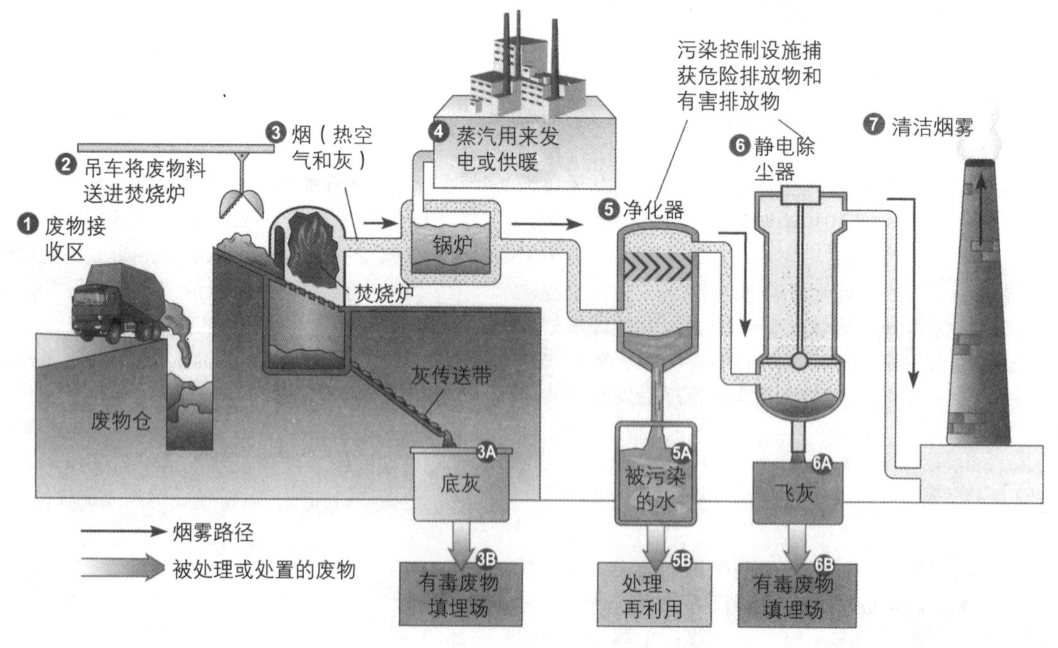

图23.5 原生垃圾、废物变能源焚烧炉。现代焚烧炉安装污染控制设备，比如石灰净化器和静电除尘器，用来捕获危险和有害的排放物。（从图中左边第一步开始。）

堆肥

庭院废物，比如碎草、树枝、树叶，是MSW的重要组成部分（见图23.1）。由于卫生填埋场的空间越来越受限制，目前正在采取处理庭院垃圾的其他措施。最好的措施之一是将有机废物转换成土壤调节剂，比如堆肥或覆盖物（见“你可以有所作为：堆肥和覆盖物”，第十四章）。根据EPA，2012年，美国大约58%的庭院废物被制成堆肥或以其他方式循环。食物废物、下水道污泥和其他农业粪肥是可以用作堆肥的其他形式的固体废物。堆肥和覆盖物可以用作公园和活动场所的景观美化，或者作为卫生填埋场每天使用的土壤覆盖。堆肥和覆盖物也可以卖给园丁。

作为管理固体废物的一种方法，堆肥首先在欧洲得到普及。2012年，美国3120个城市提供堆肥设施，作为其综合固体废物管理计划的一部分，很多州禁止卫生填埋场处理庭院废物。这一趋势可能会继续，使得堆肥更为普遍。

城市固体废物堆肥（municipal solid waste composting）是对一个社区全部有机废物的大规模堆肥。由于家庭垃圾的2/3左右是有机物（纸、庭院废物、食品废物和木头），MSW堆肥大大降低了对卫生填埋场的需求。很多市和县政府使用树叶和庭院废物进行堆肥，积极减少送到填埋场的废物数量。尽管这种做法毫无疑问是有益的，但是MSW堆肥包含的内容远不止庭院废物，还有食品废物、纸和固体废物中所有有机的物质。2012年，美国240多万个家庭参与了食品废物堆肥项目。

堆肥一开始进展快，用3到4天的时间，因为不断地监测和调整湿度及碳氮比例等条件（比如加水或肥料），实现最快的分解。腐烂过程是由几十亿个细菌和真菌完成的，将有机质转变成二氧化碳、水和腐殖质。那么多的分解者在物质加热的堆肥堆中觅食、繁殖、死亡，杀死了致病菌等有潜在危险的生物有机体（图23.6）。当堆肥形成后，再在外面放置几个月，继续发生新的分解。最后，将堆肥产品卖出。

堆肥的潜在市场是巨大的。专业苗圃、景观服务公司、温室、高尔夫球场都使用堆肥。而且，美国需要数吨的堆肥来修复严重侵蚀的1.67亿公顷（4.13亿英亩）农田。堆肥可以改善严重侵蚀的草地、林地、露天矿区的肥力。如果解决了某些技术问题，那么大规模堆肥可能在经济上具有可行性。

技术问题包括堆肥中的农药残留和重金属。喷洒在城市和郊区景观上的农药会自然地进入到用作堆肥材料的树叶、碎草和其他庭院废物中。有些除草剂在堆肥中具有高度的持久性，很多其他除草剂通过微生物和堆肥堆中的高温得到分解。

图23.6　城市固体废物堆肥。图中显示的是明尼苏达州的一个堆肥厂。在堆肥初期阶段，桨轮翻动MSW。生物分解产生的热会杀死有害的细菌。

最麻烦的是重金属问题，比如铅和镉。重金属可以从含有某些工业废水的下水道污泥或电池等其他消费者产品中进入到堆肥。（下水道污泥常常加到堆肥中，因为是微生物分解所需要的丰富的氮来源。）减少城市堆肥中重金属污染的方式有两种，一是在将废物堆放到堆放池前把重金属分拣出来，二是要求企业对工业废水进行预处理，然后再排放到污水处理厂。

复习题

1. 城市固体废物和非城市固体废物之间的不同是什么？
2. 卫生填埋场的三个特点是什么？
3. 原生垃圾焚烧炉的主要特色是什么？

废物防治

学习目标

- 总结源头减少、再利用和循环如何减少固体废物的数量。
- 解释综合废物管理。

由于卫生填埋场和焚烧炉都存在一定的问题，因此我们需要尽可能地减少使用这些废物处理的措施。废物防治有三个目标，根据重要程度，分别是尽可能多地减少废物数量、尽可能多地再利用产品，尽可能多地循环材料。

减少废物数量包括购买使用寿命长的产品、能维修的产品以及包装少的产品（图23.7）。消费者还可以降低产品消费，从而减少废物。在决定购买一件商品前，作为消费者应该问自己："我真的需要吗？或者我只是想要它？"美国很多消费者10多年来积极将用过就扔掉的习惯转变为防止废物的习惯。不过，个人的努力侧重于循环，在废物减少和再利用方面还有很多需要做的地方（见"迎接挑战：旧汽车的再利用和循环"）。

我们在第十五章已经从保护矿产资源的角度讨论了去材料化、再利用和循环。现在，我们来考察这些做法对固体废物的影响。

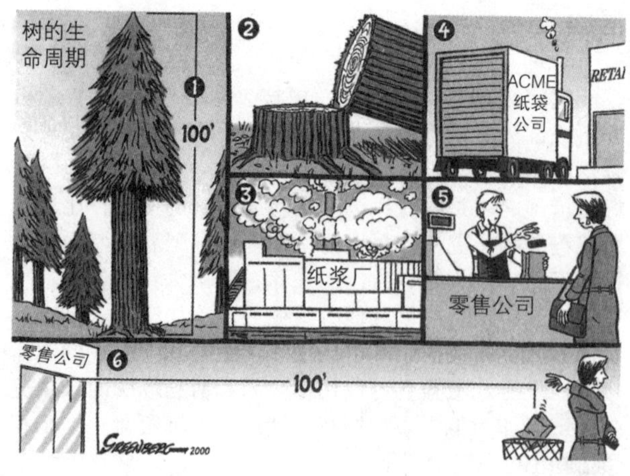

图23.7 包装浪费的六个步骤。图中描述的包装浪费对环境造成了哪些有害影响？

减少废物数量：源头减少

废物管理上采用最少的方法是**源头减少**（source reduction）。源头减少可以用很多方式实现，比如在生产制造过程中改用产生废物少的原材料，在产生废物的工厂进行再利用和循环。创新和产品改进可以减少消费者使用产品后产生的废物。比如，现在的干电池含有的汞比20世纪80年代初的干电池含得少。20世纪70年代以来，铝罐的重量减少了35%，也是源头减少的例子。

迎接挑战

旧汽车的再利用和循环

在美国，每年废弃的小汽车和卡车有1100万辆左右。尽管从重量上说一辆废弃汽车的75%左右可以较容易地以二手零部件的形式再利用或以废金属的形式循环，但是剩下的25%却很难循环，通常是进入卫生填埋场。由于汽车一般含有600种左右的材料，比如玻璃、金属、塑料、纤维、橡胶、泡沫材料、皮革等等，因此对废旧零部件进行再利用和循环是很复杂的。经济效益是这个问题的重要方面，因为再利用和循环公司在筛选和处理汽车零部件时必须要赚钱。汽车拆卸工厂是如何运作的？工人们在拆卸废旧汽车时首先排放掉所有液体，比如防冻液、汽油、传动液、机油、制动液等等，实现液体循环或加工处理。可利用的零部件，比如发动机、轮胎和电池，被拆卸、清洗、测试和登记，然后卖掉。车身修理厂、新车和旧车经销商、维修厂、汽车和卡车车队是二手零部件的主要买家。一些零部件拆除后要的是其材料。比如，催化式排气净化器拆卸的目的是获得里面高价值的白金和铑。

汽车循环厂然后把剩下的车"壳"送到废料处理厂。在废料处理厂，巨型机器将整辆车切割成小块。通过磁铁或其他机器将钢、铁、铜、铝和"松软"的东西进行分类成堆，这些松软的东西包括剩下的材料，比如塑料、橡胶、填充物和玻璃等。

美国进行再处理的废钢铁中有37%左右来自旧汽车。钢铁循环节省能源，减少污染。根据环保署的数据，循环废钢铁比开采和冶炼同等的铁矿石减少空气污染86%，减少水污染76%。

循环塑料是汽车循环中最大的挑战之一。塑料重量轻，因此，汽车制造商使用大量塑料来提高燃油效率。由于塑料零部件目前没有工业标准，因此汽车中塑料的种类和数量有着差异。就一些仪表板来说，可以有15种塑料之多，因为这些塑料的很多化学性质是不相容的，因此不能一起熔化进行循环。

世界上的汽车制造商已经开始应对旧汽车再利用和循环的挑战。日本和欧盟提出，到2015年，任何废弃汽车的95%必须达到可回收的要求。丰田公司已经研发了回收聚氨酯泡沫和其他碎片材料来制作隔音材料的方法。本田、奔驰、标致、大众、沃尔沃和其他汽车制造商已经开始设计每个零部件都可以再利用或循环的汽车。

源头减少：一种废物管理方法，在产品设计和制造中降低固体废物的数量和在固体废物中减少有害废物的数量。

1990年颁布实施的《污染防治法》（The Pollution Prevention Act）是美国第一部侧重于减少原地污染产生、而不是侧重减少污染物或修复污染物所造成伤害的法律。这部法律要求扩大采用具有成本效益的减少源污染的措施，要求EPA开发源污染减少模型，要求制造商每年向EPA报告源污染减少和循环活动的情况。

去材料化（dematerialization）指的是由于技术进步而不断减少产品的大小和重量，如果新产品和其替代的老产品一样耐用，那就是源污染减少的范例。如果更小的、更轻的产品寿命短，必须更加经常地更新，那么就没有达到源头污染减少的目的。

产品再利用

产品再利用的一个案例是可再灌装的玻璃饮料瓶。多年前，美国大量使用可再灌装的玻璃饮料瓶，今天已经很少使用了。玻璃瓶如果要再利用，就必须比一次性的瓶子更厚些（更重些）。因为重量增加，运输成本就高。过去，玻璃瓶再利用具有经济效益，是因为美国各地有很多小的灌装公司，最大限度地减少了运输成本。现在，灌装公司只有原来的1/10左右，再回到以前可再灌装的玻璃瓶时代从经济上看是很困难的。如果加上增加的运输成本和用来对废旧瓶子消毒的费用，那么饮料的价格可能要提高。

尽管美国可再利用玻璃瓶的数量已经下降，但是有些国家依然进行玻璃瓶再利用。在日本，几乎所有的啤酒瓶和清酒瓶要反复利用20次之多。厄瓜多尔的瓶子可能使用10年之久或更长。丹麦、芬兰、德国、荷兰、挪威、瑞典和瑞士等欧洲国家颁布法律，促进饮料罐的再利用。加拿大部分地区和美国11个州也有酒瓶押金的法律规定。

> **环 境 信 息**
>
> ### 美国与中国之间的循环关联
>
> 美国产生的一半以上的可循环废物，从废金属到旧纸板盒子到用过的苏打水瓶子，被美国进一步开发成了产品，但是其他的废物出口到国外，主要是中国。在21世纪初期，中国成为美国循环材料最大的进口国，这些循环材料统称为废旧物品。到达中国后，这些废旧物品成为中国工厂、造纸厂、钢厂的原材料。根据废品循环产业研究所，废品在美国向中国的出口中占居第三位。
>
> 中国没有美国那样的自然资源基地。为了促进经济增长，中国依赖废旧产品，用废纸制造纸浆，用废钢代替稀缺的铁矿石。有些从美国运到中国的废品转了个圈，以汽车零部件、聚酯纤维衬衣、玩具等形式又回到了美国。因为中国工人的工资比美国工人低，因此，对于美国消费者来说，中国制造的产品一般要比同样的国内产品便宜。美国废品—中国产品循环的经济缺点是：中国产品进口减少了美国国内的就业岗位；环境问题包括废品处理导致了中国生态系统的退化。

材料循环

从固体废物中可以收集到很多材料并进行再加工，开发成新的同类产品或不同类型的产品。与填埋处理相比，循环更受到重视，因为可以保护我们的自然资源，而且对环境更有好处。每循环1吨纸可以节省17棵树、7000加仑水、4100千瓦小时电、3立方码填埋场空间。循环还对经济有促进作用，可以创造就业和收入（通过出售循环材料）。但是，循环是有环境成本的，需要使用能源（就像任何的人类活动），产生污染（就像任何的人类活动）。比如，纸循环中的脱墨过程就需要能源，产生含有重金属的有毒污泥。

MSW中的许多材料必须在循环前分开。玻璃瓶和报纸分开容易，但是将复杂东西里面的材料分开就难了。有些食品容器是由薄的金属片、塑料、纸等多层组成的，将这些层分开是个棘手的活。

美国实施循环项目的社区的数量在20世纪90年代大幅增加，但是进入21世纪以后开始趋缓。循环项目是由EPA负责监管的，包括路边收集、回收中心、回购项目、押金机制。美国在2009年（最新数据）大约有9000个路边循环项目，2012年铝和钢罐、塑料瓶、玻璃容器、报纸、纸板和其他材料的年循环数量是每人189千克（416磅）。

循环的材料通常被送往材料回收中心（materials recovery facility），在那里通过人工或多种技术进行分选，包括磁铁、格栅、传送带，为再制造进行准备。目前，美国MSW的循环率为34.5%，包括庭院修剪物的堆肥，这一数字大于其他高度发达国家。（不过，注意美国产生的MSW比其他国家也多。）

多数人认为循环仅仅涉及将某些材料从固体废物中分开，但是那只是第一步。为了使循环得以进行，必须要有供循环材料交易的市场，与新产品相比，必须优先使用循环产品。循环产品加工者支付旧报纸、旧铝罐、旧玻璃瓶等等的价格这一年和上一年有着很大的不同，在很大程度上取决于对循环产品的需求。在有些地方，循环特别是路边收集，不具有经济可行性。

循环纸 美国目前的循环纸和纸板占64%以上。很多高度发达国家纸循环率更高。比如，丹麦的纸97%左右都是循环的。美国纸循环的比例没有那么大，部分原因是很多老的造纸厂没有安装处理废纸的设备。近年来，能够处理废纸的造纸厂数量增加，部分原因是消费者的需求。美国多数新的造纸厂建在城市附近，从而可以发挥就近利用当地废纸的优势。

其他国家对美国废纸的需求也在增加。中国、墨西哥、台湾、韩国从美国进口大量的废纸和纸板。

循环玻璃 玻璃是另一种适于循环的固体废物。美国目前的玻璃容器大约34%是循环使用的。循环玻璃比使用原材料制成的玻璃便宜，很大原因是节省能源（图23.8）。玻璃的食物和饮料容器被挤压成碎玻璃（cullet），玻璃制造商进行熔化，制成新产品。玻璃打碎前，如果将不同颜色的玻璃容器分开，那么碎玻璃价钱就高。不同颜色混合组成的碎玻璃有一些用途，比如可以用来制造玻璃沥青混凝土，这种物质含有玻璃和沥青，可以用来修建漂亮的道路。

循环铝和其他金属 铝循环是美国循环发展中最成功的案例之一，主要是经济的因素。从循环铝罐中制造一个新的铝罐所需要的能量只是用原材料制造新铝罐所需能量的一小部分（见图23.8）。因为新的铝罐能源成本高，循环铝的经济刺激就强烈。根据EPA的信息，2012年将近55%的废弃铝饮料罐得到循环，每循环1吨铝罐就能节省大约36桶（1665加仑）汽油。

其他可循环的金属包括铅、金、铁和钢、银、锌。

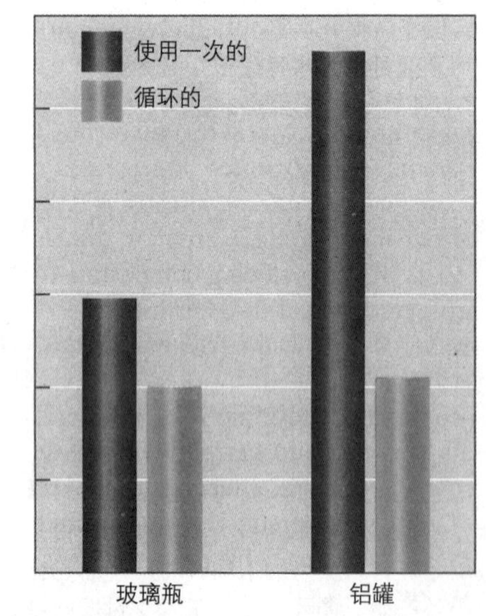

图23.8 循环瓶和罐的能量节省。制造一次性和循环用350毫升（12盎司）大小的玻璃瓶和铝罐所需能量比较。（阿贡国家实验室数据）

循环MSW中废弃金属产品的一个障碍是，这些废品中的金属构成成分不清楚。从炉子等产品中提取金属也很困难，因为除了金属外还有其他的材料（比如塑料、橡胶或玻璃）。与此形成对照的是，任何工厂产生的废金属都容易循环，因为它的构成成分是知道的。

经济对于金属的循环还是废弃有着很大的影响。如果金属矿石价格比金属循环价格高，那么一般来说就会有更多的循环。因此，尽管金属废物的供应是持续正常的，但是循环的数量每年都有变化。

这种一般性情况的例外是钢。20世纪70年代以前，几乎所有的钢都是大型钢厂冶炼原矿石而生产的。从20世纪70年代一直到现在，可以用100%的废钢生产钢产品的“微型钢厂”开始变得越来越重要。这些钢厂位于美国很多城市附近，因此可以在加工当地废钢方面获得更大的效益（因为没有远距离运输废钢的成本）。微型钢厂通常建有电弧炉，比过去钢厂的高炉能源效率高，产生的污染少。根据废品循环研究院的数据，新的钢产品中平均含有56%的循环废钢。

循环塑料 2012年，大约有14%的塑料容器和包装被循环使用。根据经济情况，有时用原材料（石油和天然气）制造塑料比循环还便宜。换句话说，塑料循环受到经济的影响，事实上，所有的循环都是这样。有些地方和州政府支持或要求循环利用塑料。

聚对苯二甲酸乙二醇酯（PET）是瓶装水和苏打瓶中使用的塑料，比任何其他塑料循环利用得都多。根据EPA，每年出售的PET软饮料瓶和水瓶有31%被循环利用，制成地毯、汽车零部件、网球、聚酯纤维布料等各种各样的产品（图23.9），制造一件聚酯纤维套衫需要大约25个塑料瓶。

聚苯乙烯（其中一种形式是聚苯乙烯泡沫塑料）是有着很大循环潜力、但目前没有很好循环利用的塑料。利用聚苯乙烯制造的杯子、餐具和包装材料可以循环利用制作成很多产品，比如衣架、花盆、泡沫绝缘材料、玩具。因为每年的聚苯乙烯产量大约为23亿千克（50亿磅），因此大规模的循环利用将大量减少需要填埋场处理的聚苯乙烯数量。

塑料的种类繁多给循环利用带来了挑战。消费产品中常见的塑料有50种左右，很多产品中包含不同的塑料。比如，一个番茄酱瓶子可能有6层不同的粘接在一起的塑料。为了高效地循环利用高质量的塑料，不同种类的塑料必须认真地分选或分开。如果同时循环两种或两种以上的树脂，那么得到的塑料就会质量低。

低质量的塑料混合物被用来制造和木头一样的建筑材料。因为耐久性，这种“塑料木材”对于户外产品特别有用，比如篱笆桩、花盆、公路挡土墙、露台、野餐桌、公园长椅。

图23.9 **循环塑料**。很多产品可以用循环聚对苯二甲酸乙二醇酯（PET）制造，如图，也可以用其他塑料制造。

循环轮胎 美国每年废弃的轮胎将近3亿只，2012年循环利用的占45%。用废旧轮胎制造的东西相对较少，这方面的产品包括翻新轮胎、运动场设备、垃圾箱、橡胶软管、铺路橡胶沥青。最近，废旧轮胎的橡胶还被用来制造地毯、屋面材料以及模制品。这方面的产品研发还在继续，几乎所有的州都有轮胎循环项目。

综合废物管理

处理固体废物最有效的方法是将技术结合起来。在**综合废物管理**（integrated waste management）中，有很多最大限度减少废物的技术被综合进一个总体的废物管理计划，包括3R防治（减少、再利用和循环）（图23.10）。即便是进行大规模循环和源头减少，也不能完全替代焚烧炉和填埋场等废物处理方式。不过，循环和源头减少将会大大减少需要焚烧炉和填埋场处理的废物数量。

复习题

1. 什么是源头减少?
2. 源头减少、再利用和循环是如何减少固体废物量的?
3. 什么是综合废物管理?

综合废物管理：将最好的废物管理技术整合为一个能够有效治理固体废物的综合、系统的计划。

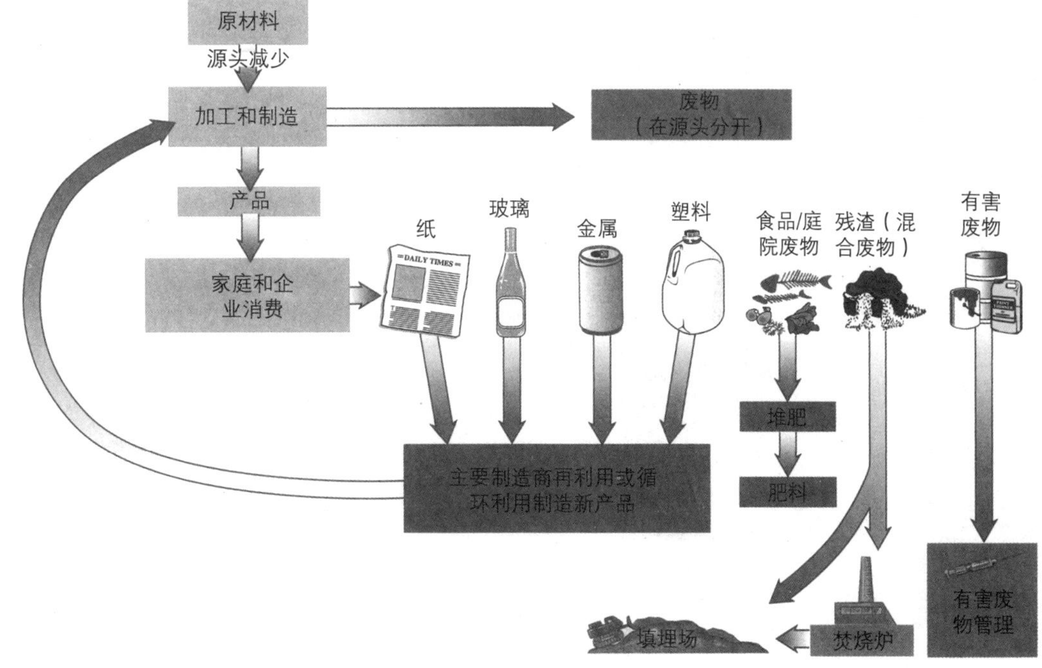

图23.10 **综合废物管理**。源头减少、再利用、循环和堆肥是综合系统废物管理的一部分，当然还有焚烧和填埋处理。

危险废物

学习目标

- 解释危险废物，简述有代表性的危险废物（二噁英、PCBs、放射性废物）。
- 对照《资源保护和恢复法案》与《综合环境响应、赔偿和责任法》（《超级基金法》）。
- 解释绿色化学与源头减少的关系。

在美国固体废物中，**危险废物**（hazardous waste）大约占1%。危险废物包括危险的放射性、腐蚀性、可燃性或有毒化学物质。化学物质可以是固态、液体或气态。

从1977年开始，危险废物引起了全国的注意，当时发现一个废弃化学物质掩埋场中的危险废物，污染了位于纽约州尼亚加拉大瀑布边缘的一个小居民区拉夫运河（Love Canal）小区（图23.11），可能对人造成了伤害。罗伊斯•吉布斯（Lois Gibbs）是拉夫运河小区一位家庭主妇，她发现小区的恶性疾病发病率高，特别是儿童，成功地领导促进了该小区居民的疏散。由于公众知名度高，拉夫运河已经成为危险废物管理忽视而导致化学污染的代名词。1978年，这个小区成为全国第一个危险废物应急灾难地区，疏散了大约700个家庭。

图23.11　20年代80年代初期拉夫运河有毒废物场地鸟瞰。照片中的所有居民都疏散出去，住房都被拆除。

危险废物：威胁人类健康或环境的废弃物质。

拉夫运河灾难是怎样发生的？从1942年到1953年，当地的一家企业胡克化学公司（Hooker Chemical Company）向914米长（3000英尺）的拉夫运河中倾倒了大约2.2万吨的有毒化学物质。运河填满后，胡克公司在上面覆盖了表土，并将该地捐赠给当地教育董事会，同时提供了运河里填埋废物的文件。在这个地方，后来建设了一所学校和居民区，几年后，该地开始慢慢渗出危险废物，多达300余种，其中很多是致癌物质。

此后的清理过程中，相关部门清除运走了数吨被污染的土壤，但是运河太大，联邦政府决定将废物封闭在那儿，修筑排水沟，防止危险废物的渗出。1990年，经过将近10年的清理，EPA和纽约卫生厅宣布周边地区是安全的，可以居住。今天，这个运河已经成为一个40英亩的小土丘，周围修筑了链式的篱笆，并竖起了警示牌。

污染导致居民出现什么样的健康问题，目前依然不清楚，因为人们对于这样复杂有毒混合物的影响所知甚少。平均来说，拉夫运河小区居民比一般人发生的健康问题更多，从流产到出生缺陷到心理疾病等。

拉夫运河事件导致了联邦《超级基金法》的出台，要求污染者负责承担清理的支出（稍后讨论）。拉夫运河还让我们产生了对危险废物的担忧。比如，加利福尼亚州1997年的研究报告显示，生活在未处理危险废物填埋场（超级基金场地）1/4英里之内的孕妇婴儿出生缺陷的风险更大，包括婴儿神经管畸形、心脏功能不健全。

其他国家也有着同样的危险废物管理问题。采矿、工业、焚烧、军事行动以及数千个小企业越来越多地产生并向环境中排放大量的危险废物，我们该怎样做呢？我们该怎样清理已经污染我们世界的危险物质呢？

危险废物的种类

现存已知的化学物质有70多万种。危险废物的数量不清楚，因为多数化学物质没有测试过毒性，但是，毫无疑问，危险物质的数量有数千种。根据EPA的报告《化学物质危害数据研究》（*Chemical Hazard Data Availability Study*），美国商业中大量使用（每年500多吨）的3000种化学物质只有7%进行了潜在健康和环境影响的综合性研究。危险废物包括各种各样的酸、二噁英、废弃爆炸物、重金属、传染性废物、神经毒气、有机溶剂、多氯联苯（PCBs）、农药和放射性废物（表23.1）。这些化学物质很多已经讨论过，特别是在第七、十一、十九、二十一和二十二章，讨论了内分泌干扰、放射性废物、空气污染、水污染和农药的问题。这里我们将讨论二噁英、PCBs以及冷战期间产生的放射性废物。

二噁英　二噁英（Dioxin），是一个集合，含有75种具有类似化学性质的化合物，是在氯化合物燃烧时形

表23.1 部分危险废物

危险废物	一些可能来源
酸	发电厂和焚烧炉中的灰，石油产品。
CFCs（含氯氟烃）	空调和冰箱制冷剂。
氰化物	金属冶炼，轮船、机车、仓库中的熏蒸剂。
二噁英	焚烧炉和纸浆厂以及造纸厂排放。
废弃爆炸物	废旧军事设施。
重金属：	
砷	工业过程，农药、玻璃添加剂、油漆、填埋场中的废弃电子。
镉	可充电电池、焚烧炉、油漆、塑料、废弃电子。
铅	铅酸蓄电池、染色剂和油漆、填埋场中的废弃TV显像管和电子。
汞	火电厂、油漆、家用清洗剂（消毒剂）、工业过程、药物、种子杀菌剂、废弃电子。
传染性废物	医院、研究实验室。
神经毒气	废旧军事设施。
有机溶剂	工业过程，家用清洗剂、皮革、塑料、宠物养护品（肥皂）、粘合剂、化妆品。
PCBs（多氯联苯）	老电器（1980年以前制造）、变压器、电容器。
农药	家庭用品。
放射性废物	核电厂、医院、武器生产/销毁设施。

成的有害副产品。目前已知的一些二噁英来源是医学废物、城市废物焚烧炉、铁矿石、铜熔炉、水泥窑、金属循环、煤燃烧、使用氯进行漂白的纸浆厂和造纸厂、化学事件。医学和城市废物焚烧占已知人类二噁英排放的70%到95%。在日本，将近75%的固体废物是在焚烧炉中焚烧的，空气中含有的二噁英是其他高度发达国家的近10倍。美国6000多个医院废物焚烧炉可能是最大的二噁英污染者，因为焚烧炉数量多，而且一般污染防治措施不完善。

二噁英随着烟尘排放到大气中，然后落到植物、土壤和水体上，进而进入食物网。人和其他动物吸收二噁英以后，就会将其储存和积累在脂肪组织里（见第七章生物累积和放大的讨论）。人类暴露于二噁英的主要方式是食用被污染的肉类、奶制品和鱼。由于二噁英在环境中广泛分布，因此，事实上每个人的身体脂肪中都含有二噁英。

至于二噁英对人类的具体危险性，还存在一定程度的争议。目前已知的是，二噁英会对实验动物导致几种癌症，但是导致人癌症的数据还不一致。1976年，意大利塞维索（Seveso）发生了一次化学品污染事故，释放出大量的二噁英。1997年一项对塞维索居民的研究显示，死于癌症的人数大量增加。另外一项2002年的研究显示，大剂量的二噁英暴露与生活在事故附近的意大利妇女乳腺癌发病率增加之间有着关联。根据EPA，二噁英可能会导致人类发生几种癌症。

其他的担忧集中在二噁英对人类生殖、免疫和神经系统的影响。二噁英可能会延迟胎儿发育，产生认知损害，导致妇女子宫内膜异位，致使男人精子数量下降。二噁英还可能与心脏病风险增加有关。因为母乳中含有二噁英，因此，哺乳期的婴儿尤其处于风险之中。

PCBs 多氯联苯（PCBs）是工业化学物质的集合，含有碳、氢和氯等209种化学物质。美国在1929年到1979年期间生产这些透明或淡黄色油性液体或蜡状固体。PCBs被用为变压器、电容器、真空泵、燃气轮机中的制冷剂，还被用在液压机液体、阻燃剂、粘合剂、润滑剂、农药延长剂、油墨和其他材料中。

PCBs被证明是危险物质的第一个证据出现于1968年，当时，吃了被PCBs污染的米糠油的日本人发生肝和肾脏损害。1979年，台湾也发生类似的因为PCBs污染米糠油而导致的大规模中毒事件。从那以后，利用动物开展的毒性试验表明，PCBs损害皮肤、眼睛、生殖器官、胃肠系统。PCBs是内分泌干扰素，因为它们妨碍甲状腺释放的激素。几项研究显示，出生前就暴露于PCBs的儿童出现某些智力损害，比如阅读能力低、记忆力差、集中注意困难。还有几项研究认为，PCBs可能是致癌物。

PCBs的化学性质稳定，不容易进行化学和生物降解。与二噁英一样，PCBs累积在脂肪组织里面，会在食物网中进行生物放大。人类暴露于PCBs的常见方式是吃那些通过生物放大而污染的食品。PCBs进入水生食物网的一个方式是通过那些生活在污染沉积层中的底栖无脊椎动物。（PCBs会附着在水中沉积物的有机颗粒上。）小鱼吃这些无脊柱动物，大鱼吃小鱼，因此PCBs就生物累积了下来。主要吃鱼类和海洋哺乳动物的人们，比如加拿大北部的因纽特人，就会暴露于大量的PCBs。

在环保署20世纪70年代禁止PCBs以前，有大量的PCBs被倾倒进填埋场、下水道和田地里。这种不恰当的处理是导致PCBs目前依然是威胁的原因之一。另外，如果被密封的变压器和电容器泄漏或着火，那么就会发生PCBs对环境的污染。

高温焚烧是摧毁PCBs最有效的方式之一。但是，焚烧不能够清除已经进入土壤和水中的PCBs，因为焚烧大量土壤的成本难以企及，当然还有其他的困难。

有几种细菌可以降解PCBs。不过，如果把分解PCBs的细菌喷洒到土壤表面，这些细菌也不能分解已经淋溶进土壤或地下水系统中的PCBs。这些微生物显示了从环境中清除PCBs的前景，但是对PCBs进行实际生物分解还需要更多的研究。（本章后面还将讨论使用细菌分解危险废物。）

案例聚焦

汉福德（Hanford）核保护区

美国核武器设施目前不再积极生产核武器，但是依然使我们面临更大的挑战，即从20世纪40年代以后如何减少和管理堆放在美国各地的放射性和有毒废物。核武器生产的每个阶段都产生放射性和化学废物。我们将集中讨论汉福德核保护区，这片区域位于华盛顿州中南部的哥伦比亚河上，占地1400平方千米（560平方英里）（图23.12）。汉福德是美国核武器中使用的钚的最大生产基地，也是美国核武器基础设施中污染最严重的地区。1989年，EPA、美国能源部（DOE）和华盛顿州政府生态厅就清理工作达成一致并启动。

汉福德的清理任务非常大。数吨的高放射性固体和液体废物被储存或倾倒进沟壕、坑穴、池、罐、地下沟槽中，共有1700个废物填埋场地。（这些处理方法在当时是符合标准的。）有两个水泥砌成的水池中储存了10万多个乏燃料棒。随着燃料棒的腐蚀，将高放射性的铀、钚、铯、锶释放到水中，污染了土壤和地下水，对哥伦比亚河产生了威胁。目前，燃料棒已经被移走，被放置在圆罐中储存，等待确定国家或地方乏燃料处理基地（见第十二章）。

哥伦比亚河还受到储存在地下177个大型罐中数百万加仑有毒化学物质和放射性液体废物的威胁。这些罐中的液体有的很活跃，由于自身放射性或化学活动所产生的热，已经沸腾了数年时间，但是多数罐现在有着半固体的硬层，这些硬层是罐内混合物发生化学反应而形成的。有的罐存在着潜在的爆炸风险，因为化学反应产生氢和其他危险气体。通风设施可以排放气体，减少爆炸危险。很多罐的设计寿命只有10年到20年，现在向地面泄漏有毒物质。

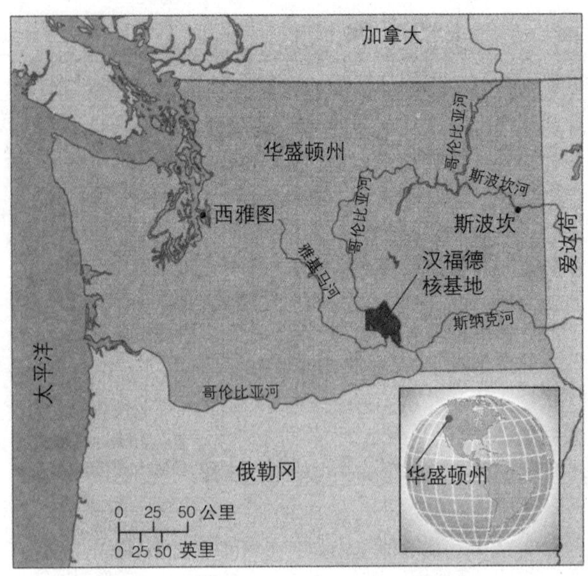

（a）位于华盛顿州哥伦比亚河沿岸的汉福德核基地。

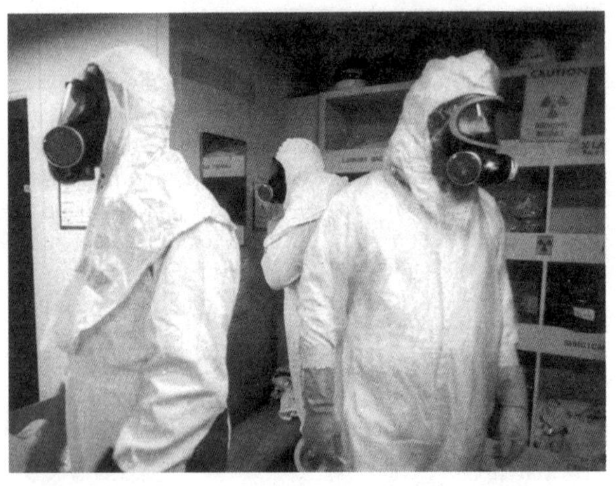

（b）穿着防护服的工人准备处理汉福德的高水平放射性废物。

图23.12 汉福德核保护区。

这种危险废物的清理很复杂，因为放射性污染的程度和危险混合污染物的种类不太清楚（危险废物的环境记录一般直到20世纪70年代以后才有）。科学家和工程师需要对危害程度进行评价，制定清除程序，决定采取处理每种污染的最好办法。这个清理工作由DOE负责，已经花费了300亿美元，落后于计划的时间，主要原因是预算紧张。按照预定计划，这项清理工作近期将完成，但现在看，可能还需要几十年时间和数百亿美元。

清理工作引发了关于环境问题和工人健康的法律争论。事实上，清理工作可能比在汉福德全负荷工作生产核武器更危险。有些清理工人已经感染了严重的慢性疾病，因为他们与有毒物质进行了亲密接触，比如铍，这是用来制造核弹头的。吸入铍颗粒物会造成难以治愈的肺病。

清理工作完成后，汉福德的危险性在未来数百年甚至数千年时间里将依然存在，部分原因是我们没有技术来解决广泛的土壤污染问题。另外，很多被焚烧的放射性废物可能要留在原地，因为没有别的地方可以储存它们。在这个地方，需要进行长期的监测，从而减少人对于剩余有害物质的暴露。

危险废物的管理

人类具有管理危险废物的环境友好型技术，但是投入极高。尽管我们在教育公众了解危险废物的问题方面取得了很大进展，但是才刚刚开始解决很多危险废物处理的问题。目前，还没有国家实施有效的危险废物管理计划，但是有几个欧洲国家率先行动，减少危险废物的产生，使用更少的危险物质。

化学事件　如果在美国发生化学事件，不管是在工厂还是在危险化学物质运输当中，都需要向国家应急响应中心报告。多数向国家应急响应中心报告的化学事故涉及石油、汽油或其他原油泄漏。其余的事故涉及1000多种其他的危险化学物质，比如氨、硫酸和氯等。

化学安全项目传统上强调减缓事故以及在现有程序上增加安全系统。最近，工业和政府部门侧重通过本质安全原理（Principle of inherent safety）防止事故发生，重新设计工业过程，减少使用危险材料，从而避免发生危险事故。本质安全原理是系统思维的范例，是源头污染减少的重要方面。

目前危险废物政策　目前，管理危险废物处理的联邦法律有两个：1.《资源保护和恢复法案》，管理现在生产的危险废物。2.《超级基金法》，要求对废弃或不用的危险废物场地进行清理。

《资源保护和恢复法案》（Resource Conservation and Recovery Act, RCRA）在1976年通过，1984年修订。RCRA要求EPA明确哪些废物是危险的，并为各州实施危险废物管理项目提供指导和标准。除非在处理后达到EPA减少毒性的标准，RCRA禁止危险废物进行土地掩埋。1992年，EPA实施了RCRA重大改革，加速清理进程，提高许可证系统效率，鼓励危险废物循环利用。

1980年，通常被称为《超级基金法》（Superfund Act）的《综合环境响应、赔偿和责任法》（Comprehensive Environmental Response, Compensation, and Liability Act, CERCLA）设立了一个在美国清除废弃和非法危险废物场地的计划。在很多场地，危险化学物质已经渗入到土壤深处，污染了地下水。危险废物场地对人类健康最大的威胁来自带有这类污染物的饮用水。

现有危险废物的清理：超级基金计划　联邦政府推测，美国现有40多万个危险废物场地，存在着化学储存罐和储存桶泄漏问题（既包括地上，也包括地下），堆积着农药以及采矿废物（图23.13a）。这一推测数据还不包括数百个或数千个军事基地和核武器设施中的危险废物场地。

CERCLA根据EPA设定的清理标准，列出一个清理名单，包括1万多个危险废物场地。这些场地不是按照某个特定标准认定的。有些场地是当地或州政府官员多年就知道的危险废物堆积场，有些场地是饱受担心的居民建议的。这个清理名单中的场地被评估，并根据危险严重程度进行排名，所依据的是前期评估的数据、实地考察、扩大的实地考察，包括对土壤和地下水的污染测试以及危险废物的取样。

对于公众健康和环境产生最大危险的场地被列入《超级基金国家优先目录》（*Superfund National Priorities List*），意味着联邦政府将资助场地的清理工作（图23.13b）。截至2014年，国家优先目录中有场地1326个，拥有场地数量最多的5个州是新泽西（114个场地）、加利福尼亚（97个场地）、宾夕法尼亚（95个场地）、纽约（86个场地）、密歇根（65个场地）。

截至2014年，有375个危险废物场地被完全清理，可以从国家优先目录中去除，另外还有60个场地得到部分矫正；有1158个场地进行了广泛的清理，但还在目录上，因为地下水还继续存在污染问题。每个场地的平均清理费用为2000万美元。

国家优先目录上危险废物场地需要紧急清理的一个原因是它们所在当地的位置。多数场地最初是建在城市边缘的农村地区。随着城市和郊区的发展，居民社区的开发现在包围了很多废物堆。每3个美国人就有1个生活在一个或多个超级基金场地的5公里（3英里）之内。

由于联邦政府不能负担起清理美国所有旧的废物场地的主要责任，因此CERCLA要求目前的土地所有者、以前的土地所有者以及倾倒废物或将废物运到某一特定场地的人，共担清理费用。对于有些场地来说，承担清理费用的有很多方。清理过程陷入诉讼之中，多数是被指控造成污染的公司，彼此之间相互指控。虽然《国家优先目录》中的场地清理任务非常紧迫，但是完成清理工作将需要很多年的时间。

尽管批评者谴责超级基金场地清理进度慢，清理费用高，但是CERCLA的存在对进一步污染起到了震慑作用。产生危险废物的公司现在完全了解了清理的责任和清理的代价，更愿意采取措施以适当的方式处理危险废物。

（a）华盛顿特区附近一个场地上日益损坏的储存桶中的危险废物。储存有很多废物的金属桶已经腐蚀，开始泄漏。美国到处都有这类老的危险废物堆。

（b）得克萨斯州休斯敦附近一个超级场地的清理。清除和销毁废物很复杂，因为常常没有人知道里面储存的是什么化学物质。

图23.13　清理危险废物。

危险污染物的生物处理　在清理被危险废物污染的土壤方面可以采取多种方法。由于这些过程多数投入大，因此正在研发生物修复和植物修复等创新性的方法来解决危险废物问题。生物修复（bioremediation）指的是使用细菌和其他微生物将危险废物分解成无害的成分。植物修复（phytoremediation）指的是利用植物吸收和累积土壤中的危险废物。（前缀*phyto*来自希腊词汇，意思是“植物”）。

有1000多种细菌和真菌显示出可以用来清理不同形式的有机污染。与传统的危险废物处理方法相比，生物修复需要的时间要长一些，但是其清理费用只是传统办法的一小部分。在生物修复中，被污染的场地要暴露于大量的微生物中，这些微生物会吞噬石油和其他碳氢化合物等有毒物质，留下二氧化碳、水和氯化物等无毒物质。生物修复促进自然过程，使得细菌消化碳氢化合物等有机分子。在生物修复过程中，危险废物场地上的条件会得到调节，从而有利于所需要细菌的大量繁殖并取得好的效果。环境工程师可能通过土壤泵入空气（提高氧含量水平），增加磷或氮等一些土壤营养物质，还会安装一个排水系统将土壤中淋溶出来的被污染的水排到地表，使其再一次暴露于细菌。

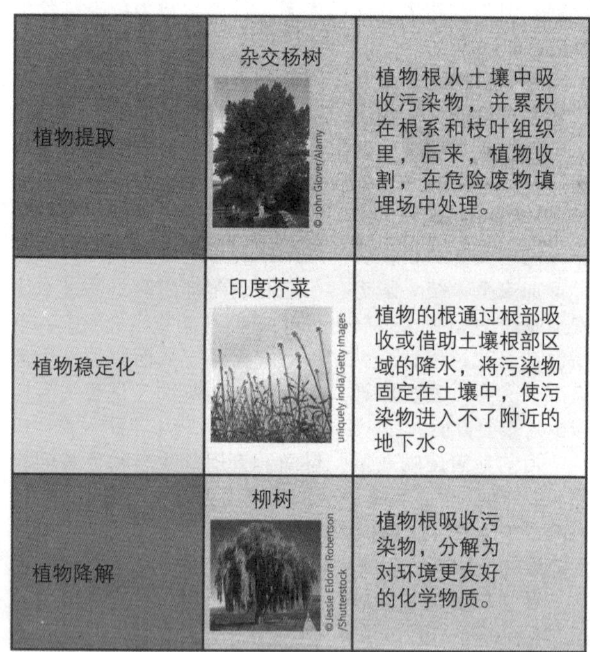

图23.14　植物修复的例子。

在植物修复中，将具有清除某类危险废物功能的植物种植在被污染的场地。植物修复包括几种植物清除污染物的不同的方法（图23.14）。在植物提取（phytoextraction）中，有些根从土壤中有选择地吸收有毒物质，将它们累积在根系和枝叶组织中，然后，人们将这些植物收割，并在危险废物填埋场处理。还有其他的情况，有些植物会将某种危险化学物质分解成更加无害的物质（植物降解）。在植物稳定化（phytostabilization）中，有些植物会将有毒物质固定在土壤中，使它们不会污染附近的地下水。

有些植物可以清除三硝基甲苯（TNT）、放射性物质锶和铀以及硒、铅以及其他重金属。比如，杂交杨树、柳树可以从地下水中清除氯化溶剂，印度芥菜可以从土壤中清除铅等重金属。

与传统方法相比，通过植物修复清理危险废物场地成本低，但是也有限制。植物清除不了比其正常根系更深的土壤中的污染物。而且，昆虫和其他动物可能会吃掉植物，从而导致有毒物质进入食物网。

我们现在产生的危险废物的管理 很多人错误地认为，建立超级基金已经解决了危险废物的问题。但超级基金处理的只是过去产生的危险废物，并不清除今天产生的大量危险废物。我们管理危险废物的方法是源头减少、转化成危险性小的物质以及长期储存。

对于MSW来说，这三种方法中最有效的是源头减少，也就是说，在工业过程中减少危险材料的使用，用危险性小或没有危险性的材料替代危险性材料。源头减少依赖于化学中越来越重要的化学分支的发展，即绿色化学（见第二十一章“案例聚焦：绿色化学”）。

比如，氯化溶剂广泛用于电子、干洗、泡沫绝缘和工业清洗。有时可以用危险性小的水溶剂来替代氯化溶剂，从而达到源头减少的目的。减少溶剂排放也能带来大量的源头氯化溶剂减少。多数氯化溶剂污染通过工业过程中的蒸发进入到环境中。安装溶剂节省设备对环境有利，还能带来经济效益，因为必须购买的氯化溶剂变少了。但是，不论源头减少多么有效，永远不会全部清除危险废物。

处理危险废物第二个最好的办法是根据危险废物特性的不同通过化学、物理或生物方式减少其毒性。去除有机混合物毒性的一个措施是高温焚烧。燃烧时的高热量减少了这些危险混合物，比如农药、PCBs以及有机溶剂，将它们转化成了安全产品，比如水和二氧化碳。不过，焚烧后的灰是危险的，必须填埋到专门设计处理危险物质的填埋场里。减少这种有毒副产品的措施是使用等离子体焰炬（plasma torch）进行焚烧，通过产生高温（达10,000° C，比常规焚烧炉的温度高5倍），几乎将全部危险废物转换成无害的气体。（不过，CO_2会影响气候，是等离子体焰炬的有害产品。）尽管经过源头减少，尽管经过毒性去除，仍然会产生危险废物，这些废物必须进行长期储存。

危险废物填埋有着严格的环境标准和设计特色，位于尽可能远离含水层、溪流、湿地和居民区的地方。这些填埋场有很多专门的设计，包括几层致密黏土以及底部高密度塑料衬层，防止危险物质淋溶到地表水和地下水中（图23.15）。沥出液必须进行收集和处理，清除其中的污染物。整个设施和附近的地下水储量严密进行监测，确认不发生泄漏。只有经过去毒处理的固体化学物质（不是液体）才能掩埋到危险废物填埋场里。这些化学物质在储存到危险废物填埋场之前被密封在桶里。

经过危险废物处理认证的填埋场没有几个。目前，美国具有商业性质的危险废物填埋场只有23个，尽管很多大型企业也有资质就地处理自己的危险废物。这样

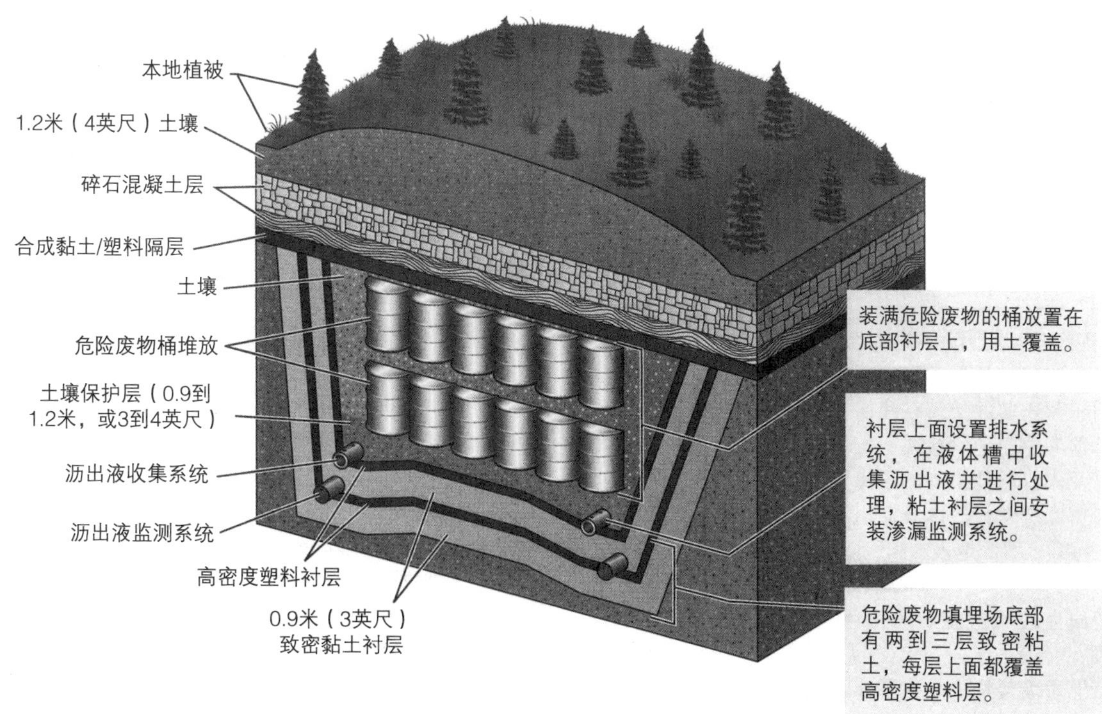

图23.15 危险废物填埋场剖面图。（引自落基山砷修复办公室）

造成的结果是，很多危险废物依然被放置在卫生填埋场里，被缺乏污染控制设施的焚烧炉焚烧，或者被排进下水道里。

有些液体危险废物，比如某些有机化合物、燃料、爆炸物、农药，通过深井灌注（deep well injection）被储存在地壳中。这些深井穿过不透水岩石层，渗入到地下几千英尺。《安全饮用水法》（The Safe Drinking Water Act）和地下灌注控制计划（Underground Injection Control Program）管理这类井的选址和数量，这类井只能位于对地下水污染危险最小的地方。

复习题

1. 什么是危险废物？
2. 《资源保护和恢复法案》和《综合环境响应、赔偿和责任法》有何相似之处？各自的侧重点是什么？
3. 绿色化学和源头污染减少有着怎样的联系？

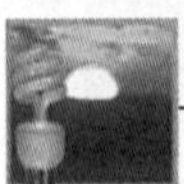

能源与气候变化

废旧轮胎的储存、再利用或焚烧

正如本章所讨论的，美国每年废弃的将近3亿只轮胎带来了很多健康和安全问题。不过，储存这些废旧轮胎也是碳封存的一种形式，也就是说，掩埋它们能够储存所包含的碳，而不是将其中的碳排放到大气中（见第二十章）。另外，还可以将轮胎破碎，用作其他目的，比如替代道路修建中使用的沥青和砂石。最后，轮胎可以进行焚烧，里面的能量可以转换成电能。燃烧轮胎发电所释放的碳是燃煤发电所释放碳的78%左右，但是比天然气燃烧所释放的碳要多一点（见图）。

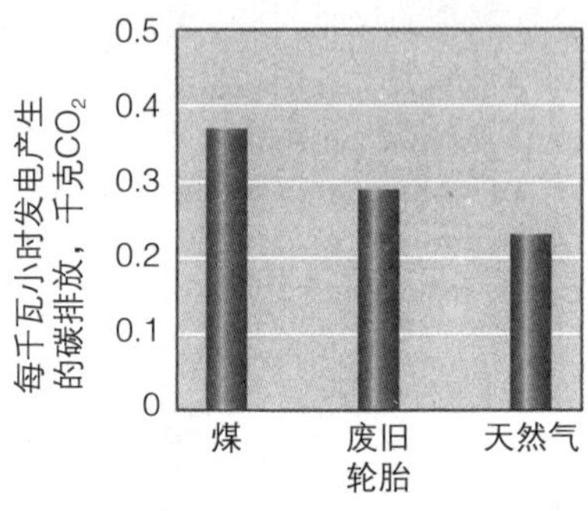

每单位能量产生所带来的二氧化碳。燃烧废旧轮胎产生能量所释放的CO_2比燃烧煤炭产生同等能量所释放的CO_2少，但是比天然气稍多些。你认为我们应该填埋废旧轮胎、将它们变为其他产品还是燃烧发电呢？（来源：能源信息署）

通过重点术语复习学习目标

- **区分城市固体废物和非城市固体废物。**

城市固体废物（MSW）包括家庭、办公楼、零售商店、餐馆、学校、医院、监狱、图书馆和其他商业以及组织机构丢弃的固体物质。非城市固体废物包括工业、农业和矿业产生的固体废物。

- **描述现代卫生填埋场的特色，解释与之相关的一些问题。**

卫生填埋场是最常用的固体废物处理方法，是将固体废物压紧压实并掩埋在浅层土壤之下。卫生填埋场的选址必须考虑当地的地质、土壤排水性能、与地表水和湿地以及人口居住中心的距离等因素。尽管卫生填埋场有着高密度塑料衬层以及沥出液收集系统，但是多数依然存在污染土壤、地表水和地下水的潜在可能性。

- **描述原生垃圾焚烧炉的特色，解释与之相关的一些问题。**

原生垃圾焚烧炉是除了冰箱等不能燃烧的废物外，可以焚烧所有固体废物的大型焚烧炉。多数原生垃圾焚烧炉回收燃烧时所产生的能量。这种焚烧的一个缺点是焚烧炉安装污染控制设施投入大。这些控制设施减少焚烧炉排放气体的毒性，但是使得剩下的灰烬毒性更大。

- **总结源头减少、再利用和循环如何减少固体废物的数量。**

废物防治的三个目标是尽可能地减少废物量、产品再利用、循环利用材料。源头减少是一种废物管理方法，指的是产品设计和制造时就考虑降低固体废物和危险废物的量。再利用的一个例子是可灌装玻璃饮料瓶。循环利用涉及将材料收集和再加工成新的产品。很多社区循环利用纸、玻璃、金属和塑料。

- **解释综合废物管理。**

综合废物管理指的是将最好的废物管理技术整合为一个能够有效治理固体废物的综合、系统的计划。

- **解释危险废物，简述有代表性的有害废物（二噁英、PCBs、放射性废物）。**

危险废物指的是威胁人类健康或环境的废弃化学物

质。二噁英是氯化合物燃烧时形成的有害副产品。多氯联苯（PCBs）是含有碳、氢和氯的危险、油性、工业化学物质。美国很多核武器设施基地堆积了放射性和化学废物，规模最大、污染最严重的场地是位于华盛顿州的汉福德核保护区。

- **对照《资源保护和恢复法案》与《综合环境响应、赔偿和责任法》（《超级基金法》）。**

《资源保护和恢复法案》（RCRA）要求EPA明确哪些废物是危险的，并为各州实施危险废物管理项目提供指导和标准。《综合环境响应、赔偿和责任法》（CERCLA）也被称为《超级基金法》，主要是应对清理美国废弃和非法危险废物场地的挑战。

- **解释绿色化学与源头减少的关系。**

绿色化学是化学的一个分支，主要是对商业上具有重要作用的化学过程进行再设计，大幅度减少环境危害。源头减少是减少危险废物的最好办法，因此绿色化学家在重新设计化学过程时考虑源头减少的因素。

重点思考和复习题

1. 什么是固体废物?
2. 比较卫生填埋场和焚烧这两种废物处理方法的优点和不足。
3. 列举你认为处理下列固体废物最好的方法，并解释你推荐的工艺的好处：纸、塑料、玻璃、金属、食品废物、庭院废物。
4. 大学校园或大学校园里的学生可以采取哪些措施减少产生各种各样的固体废物?
5. 创造对循环材料的需求为什么有时被称为“封闭循环”（closing the loop）?
6. 循环利用是怎样将世界上最大的经济体（美国）和世界上发展最快的经济体（中国）联系起来的?
7. 什么是二噁英？是怎样产生的？带来什么危害?
8. 假定你家附近的一个旧危险废物堆被疑泄漏危险化学物质，列出为了下列目标你会采取的步骤措施：（1）申请对该危险废物堆进行评估，确定是否存在危险；（2）动员组织当地社区对该废物堆进行清理。
9. 超级基金的目标、优势和劣势是什么?
10. 非洲统一组织强烈反对工业化国家把危险废物出口到发展中国家，称这种行为是“有毒的恐怖主义”（toxic terrorism）。请解释。
11. 什么是综合废物管理？为什么任何综合废物管理计划中总是含有一个卫生填埋场?
12. 比较第二十二章的综合虫害管理和本章综合废物管理。这两个方法是如何各自减少对环境的潜在危害的?
13. 图23.10中的综合废物管理系统与自然生态系统有何相似之处?

14. 三“R”废物防治如何能减少导致气候变化的气体CO_2向环境中排放?
15. 为了减少城市固体废物，有些社区要求顾客支付垃圾收集费，所依据的是产生垃圾的数量，被称为单位价格。下图显示了加利福尼亚州圣何塞的单位价格对填埋场垃圾和通过循环以及庭院废物分离转移废物的影响。单位价格对填埋场垃圾的数量有何影响？单位价格对材料循环数量有何影响？对庭院废物收集有何影响?

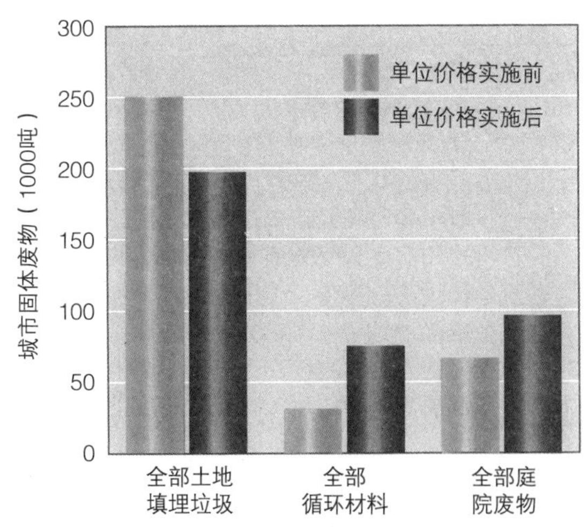

食物思考

了解你每天产生的食品废物数量，既包括食物本身，也包括包装材料。你扔掉的废物占多大比例？堆肥占多大比例？循环占多大比例？为了减少丢弃的包装材料数量，你会如何改变购物习惯？为了避免丢弃食物，你会如何改变饮食或做饭习惯？在不降低生活质量的情况下，你能减少食品废物吗？怎样做?

第二十四章

明天的世界

种树的孩子。这样的活动教育下一代认识到环境问题，比如森林的重要性。

我们，作为本书的作者，和我们的读者一样，都是环境科学的学习者。我们持续不断地学习了解新的挑战、新的解决方案以及为了社会公平、环境健康和可持续经济发展作出贡献的新的英雄。我们了解其他人做了哪些有益的事以及我们自己可以做哪些事。

从全球来看，每4个人中就有近1个人生活在极度贫困之中，每7人中就有1个人得不到充足或适当的食物。每年有数百万儿童死于营养不良和疾病，其中半数死亡源于环境因素。使贫困问题更为复杂的是，人口数量继续增长。热浪、干旱、风暴和其他事件破坏了个人和整个国家的稳定生活。森林被砍伐，但没有种植新的树木（见图片）。即便我们努力挽救个别物种和栖息地，但是我们推动世界植物、动物、真菌和微生物灭绝的速度要比过去6500万年里生物消亡的速度快数千倍。化石燃料开采需要更多的能量，随着这些资源的枯竭，更大的污染和事故风险出现。水质和分布受到水资源滥用和气候变化的威胁。

本章提出五点行动战略，来应对这些关键的全球问题。每个战略都有能力出众的人在实施，他们工作在很多不同的省州和国家。这项工作需要更多的人，需要富有活力、受过教育和怀有希望的人。

我们知道每个解决方案都是可能的，因为我们已经看到这些方案在全球很多地方是有效的。有些国家提供了减少贫困和稳定人口数量的案例。在瑞典，社会给予父母强有力的支持，从孩子们进游乐场和公园、父母休假，到为年轻家庭提供资金支持等。儿童和家庭不会挨饿或无家可归，每家平均孩子数量在两个以下。哥斯达黎加在保护自然资源方面走在前面，1/4以上的土地是保护地，其中很多位于国家公园里面。哥斯达黎加的电在很大程度上来自水电，很多经济是以保护为中心的。

尽管很多国家饥饿发生率相对较低，但是我们了解到减少农业土地拥有方面的性别不平等是进一步减少饥饿的有效办法。在本章，我们将讨论新的农业资助方式（见“迎接挑战：微贷款项目”）如何有助于减少饥饿，这些项目特别资助那些在很多国家达不到贷款资助要求的妇女。我们知道，农村的妇女更愿意通过她们的劳动种植粮食作物，而不是种植经济作物。

我们所需要的一些解决方案来自残酷的教训。桑迪飓风过后，新泽西的居民看到有着完整沙丘的社区遭受的损失少。而随着气候变化的继续，风暴将对很多地方产生更大的威胁，因此，保护和再造健康的沙丘有助于减少风暴损害。

最后，所有这些解决方案都可能使我们的生活更加美好。世界上的城市加入可持续城市网络，不是简单地因为可持续城市是个道德指令或责任，而是因为可持续城市更加令人愉悦：环境更清洁，树木更多，花园更多，交通更通畅，垃圾更少。可持续城市和可持续国家是人类、野生动物和栖息地共同繁荣发展的地方。

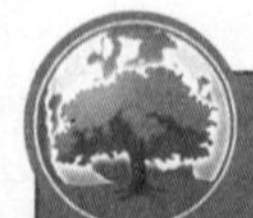

身边的环境

你学校里有哪些鼓励可持续发展的项目？这些项目哪些可以在学校以外的地方实施？

可持续地生活

学习目标

- 解释可持续性。
- 讨论自然环境与可持续发展有着怎样的联系。

可持续性（sustainability）是人们讨论了很多年的一个概念。世界环境与发展委员会（1987年）发表的《布伦特兰报告》（*The Brundtland Report*）即《我们共同的未来》（*Our Common Future*），提出了相近的**可持续发展**（sustainable development）的概念。可持续发展的目标是改善所有人的生活条件，同时维护健康的环境系统，不过度开发利用自然资源，不过度产生污染。可持续发展实现社会公平、经济增长和环境保护之间的平衡。

《我们共同的未来》还认为，满足当前和今后人类需求的环境能力与特定地点、特定时期存在的技术状况和社会组织有着直接的关系。人口数量、富裕程度（即他们的**消费**水平）、技术选择都相互作用，为特定社会或整个社会的环境可持续性带来总体影响。

即便是使用我们可以想象的最好技术，地球的生产力依然存在局限性。人口数量和自然资源利用都必须适应地球生产力的局限性。世界上的资源不足以支撑每个人都享受到多数发达国家的消费水平（图24.1）。

尽管我们不能准确地预测特定经济发展的影响，但是所有的经济发展都是在生态系统所能支持的**承载力（*K*）**（carrying capacity）以内进行的。特定生态系统的承载力最终是由吸收废物和更新的能力所决定的。在理解地球对于人口数量的承载力以及设计恰当的经济发展战略时，我们作者、学生和其他研究人员分析和质疑不同地区的生活标准和期待。

可持续性是一个可以持续数代的表示行为和文化的术语。我们有时很难预测我们技术的结果，即便是仅仅提前一代进行预测，就像我们在研究农业、塑料和化石燃料开采等问题时所看到的那样。我们极少看到单个行动对我们社区以外的大量人群的影响。因此，正如凯•N. 李（Kai N. Lee）在《罗盘和陀螺仪：为了环境整合科学和政治》（*Compass and Gyroscope: Integrating Science and Politics for the Environment*）中所说，可持续性“就像自由或公正，是我们前进的方向，在前进的路上我们追寻好的生活，实现我们的幸福”。可持续性不是一个可以抵达的目的地，而是提高人们幸福指数、促进地球健康的一个方向。

可持续性：满足人类现有需求、但不牺牲后代满足他们需求的能力。

可持续发展：满足当前需求、但不牺牲后代满足他们自己需求能力的经济发展。

消费：人类对物质材料和能源的利用。

承载力（*K*）：在环境不变的情况下，特定环境无限期支撑的某个物种的最大种群数量。

图24.1　马来西亚吉隆坡的一个购物中心。虽然美国的消费购买仍然高于世界上多数地区，但是购物中心显示，消费商品的市场化几乎在任何一种文化中都有效。

复习题

1. 什么是可持续性?
2. 作为地球上生命有机体和生态系统的自然环境如何成为可持续发展的必要组成部分?

可持续生活：一个行动计划

学习目标

- 掌握贫穷的定义，简述这个全球性问题。
- 讨论与森林丧失和生物多样性减少有关的问题，包括这些资源能提供的重要生态系统服务。
- 描述粮食不安全的内涵，至少列举两个扩大食物可持续生产的办法。
- 解释增强温室效应，解释气候稳定与能源利用有着怎样的联系。
- 至少描述城市面临的两个挑战，解释如何进行应对。

我们这一部分将分别介绍莱斯特•R. 布朗（Lester R. Brown）的《B模式2.0：拯救地球 延续文明》（*Plan B 2.0: Rescuing a Planet Under Stress and a Civilization in Trouble*）中所提出的五个可持续生活的建议。我们认为，如果人们，包括个人和政府，将重点和经费资助集中于布朗的计划，那么，人类生活的质量就会得到很大改善。布朗关于五个可持续生活的建议如下：

1. 消除贫困，稳定人口数量。
2. 保护和恢复地球资源。
3. 为所有人提供适当的食物。
4. 减缓气候变化。

5. 设计建设可持续城市。

严肃地考虑这些建议给我们提供了对未来的希望，那是我们所有人都希望我们的子孙后代能够拥有的未来。

建议一：消除贫困，稳定人口数量

经济发展的最终目标是提高人们生活的质量，使得全世界的人都过上长久、健康、富足的生活。但是，一个严酷的现实是，世界资源的分配并不均等。那些生活在高度发达国家的人占世界人口的18%，如果按照国内生产总值来计算，控制着全球79%左右的经济。2012年，那些人口发展程度很高的国家，人均GNI PPP（国民总收入购买力平价）大约是35, 390美元（最新数据），世界上其他82%的人均GNI PPP为9480美元左右。

对于世界上很多妇女和儿童来说，生活就是没有尽头的生存挣扎，每天的目标就是获得柴火、清洁水和食物。这样的**贫困**（poverty）是全球问题。如果不解决贫富之间的巨大不平等，既包括城市之内的，也包括国家之间的，这些问题就不可能解决。

我们生活在美国、加拿大和其他高度发达国家的人一般拥有着这个世界提供给我们的富足。从总体上来说，我们是有史以来最富裕的人，有着最高的生活标准。因为美国的人口占世界的比例不足5%，但是控制着世界上25%左右的经济财富，我们的繁荣依赖于很多其他国家。在我们的行为中，我们常常低估了我们对支持我们的环境的影响。

如果不能解决全球贫困问题，那么就不可能实现全球可持续性。比如，每天大约有18,000名5岁以下的婴儿和儿童死亡（2012年联合国儿童基金数据）。如果有适当的食物、清洁水和基本的医疗保健，这些死亡多数是可以避免的。美国总统富兰克林•德兰诺•罗斯福（Franklin Delano Roosevelt）1937年在他的第二次就职演说中讲得很好：“检验我们是否进步的标准，不是锦上添花，而是雪里送炭。”

提高低收入国家的生活质量需要加速这些国家的经济增长，从而解决健康、营养和教育等问题（见“迎接挑战：微贷款项目”）。妇女的作用应该给予特别的关注，因为改善妇女的地位对于那些社区的稳定和繁荣会作出重要的贡献。正如从1987年到2000年担任联合国人

贫困：人们不能够满足食物、衣物、住所、教育或健康等基本需要的状况。

迎接挑战

微贷款项目

“穷人依旧贫穷，不是因为他们懒惰，而是因为他们没有资本。”这句话是秘鲁经济学家赫尔南多·德·索托（Hernando de Soto）说的，为微贷款提供了哲学基础。这项金融服务用来帮助妇女战胜贫困。微贷款项目包括小额贷款（50到500美元的微贷款），即贷给非常贫困的人，帮助他们实施能够带来收入的自我就业项目。这些人缺乏资产，因此不能从商业银行获得贷款。

穷人用这些贷款实施多种项目。有人购置二手缝纫机，从而使得缝制衣服比手工快。有人购买二手冰箱，开一个小卖部，用冰箱储存食物，以免坏掉。还有人使用贷款烘烤面包、编织席垫，或者养鸡（见图片）。

国际社区援助基金会（FINCA）是一个非营利组织，管理着全球微贷款银行网络。FINCA使用乡村银行机制，穷困的邻里之间相互担保，管理集体贷款和存款活动，相互提供支持。因此，乡村银行使得当地人具有自治权。

FINCA主要针对妇女发放贷款，理由很充分，因为世界上最贫穷的人中大约70%是妇女。而且，在全球范围内，妇女独自抚养孩子的家庭数量在增加。FINCA相信消除贫困和饥饿对儿童影响的最好办法是给母亲提供一个自我就业的手段。随着妇女开始挣钱，她的社会地位也有了提高。

贷款帮助人们从贫困中站起来，因为贷款带来了更多收入，甚至还为未来存下了钱。很多从FINCA借贷的妇女将她们的收入用来改善孩子的营养和健康。对这些妇女来说，营养和健康改善后的下一个目标是孩子教育。

微贷款首先于20世纪70年代在孟加拉国试行，帮助孟加拉国数千名城市和农村人员成功创业。穆罕默德·尤努斯（Muhammad Yunus ）是孟加拉国经济学家，创立了乡村银行（Grameen Bank），开创了微贷款项目，2006年被授予诺贝尔和平奖。迄今为止，微贷款项目帮助了世界上大约9200万的穷人。但是，需求依然是巨大的，据推测，如果有更多的微贷款项目，那么世界上将有另外的2亿穷人受惠。

微贷款。这个孟加拉国妇女在她的养殖场喂鸡。她获得了第一笔微贷款，买了几只鸡，建了个农场，发展成很红火的事业。

口基金执行主任的纳菲丝•萨迪克（Nafis Sadik）所指出的，妇女在很多社会中扮演着相互矛盾的角色。作为母亲和妻子，妇女的部分传统责任是担负起抚养孩子的全部责任，同时，她们还常常被要求直接参加劳动来增加家庭收入（图24.2）。在很多发展中国家，妇女没有多少权利和法律能力来保护她们的财产、她们的孩子、她们的收入，甚至其他一切东西。改善妇女的地位是可持续发展的一个关键方面。

提高贫穷国家的生活水平需要将特别的关注给予那些最穷的人群，也就是说，关注那些没有多少希望的人。在这样的背景下，普及儿童教育和减少文盲在提高和维持每一个国家的适当生活标准方面具有非常重要的意义。

商品、服务和资金在全世界流动，极大地影响了所流经的国家。我们已经进入一个新的全球贸易时代，更加需要新的指南，来引导规范国家、企业和个人行为，即使我们对于全球系统的动力理解得还不全面。比如，很多年来，从发展中国家向高度发达国家的资金流动已经超过从高度发达国家向发展中国家的资金流动。前西德总理维利•勃兰特（Willy Brandt）称呼这种现象是“病人向健康人的输血”。

减免最穷国家的债务有助于增强环境可持续性和社会公正。高度多元化的、强劲的、以当地为中心的经济通常是摆脱贫困的最重要途径之一。富裕国家可以通过合作与发展援助以及通过实行支持邻国自给自足的政策，推动发展中国家的经济健康发展。

稳定人口数量　很明显，总的情况很不稳定，必须下决心采取所有地区都可接受的人口和消费水平来纠正。

世界人口从1950年的25亿增长到2014年的近72亿。2012年，联合国计算，世界人口到2050年将达到96亿左右。贫困最严重的地区往往人口增长速度最快。提高妇女和儿童的文化水平以及扩大家庭规划服务有助于降低不必要的出生（图24.3）。家庭规划在发展中国家和高度发达国家都很重要，高度发达国家尽管占的人口比例

图24.2　**东非乌干达的一个年轻母亲。**在非洲很多地区，妇女除了照顾孩子，还要在农田里劳动。

图24.3　**印度安哥拉的家庭规划。**一位卫生工作者向两名妇女提供家庭规划和计划生育方面的建议。

小，但是消费了世界多数资源。

移民、贫困和人口之间的联系　我们与发展中国家相联系的另一个重要方面是贫困人口从热带和亚热带地区大规模地向温带地区的工业化国家移民。美国海关和边境保护局估计，每年在美国边境或边境附近被拘捕的潜在移民超过110万，其他很多人成功地越境进入（见第八章）。美国政府和皮尤西班牙裔中心等组织估计，移民现在至少占美国人口增长的50%。

世界其他地方也有同样的模式，通过移民逃离贫困。根据设在开罗的自然资源与环境研究所的研究，2005年，大约有3000万环境难民背井离乡寻找食物，常常跨越国境线。这类希望进入美国、加拿大和其他高度发达国家的人可能会大大增长。这种模式是发展中国家人口增长、政治和伦理紧张、经济压力和环境退化的直接结果。这些移民每个人都代表着另一个国家个人或家庭的社会或经济失败。

建议二：保护和恢复地球资源

为了建设和维持一个可持续社会，必须善待森林、土壤、淡水和鱼类等可再生资源，确保它们具有长久的生产力。必须认识和尊重它们的更新能力，既是因为它们提供的生态系统服务，也是因为它们在人类食物供应中的直接作用。

世界森林　世界上的森林以令人惊恐的速度被砍伐、燃烧或严重地改变，正在消失。主要原因有两个：第一，森林被换成钱。与世界其他自然资源一样，森林被采伐和售卖。除非自然生产力和环境可持续性的核心作用变为经济核算的重要内容，在短期经济效益的推动下，脆弱的自然资源将继续被不可持续地消费。在很多地方，随着对现有森林价值认识的提高，植树造林和森林保护的意识增强。

世界上森林丧失的第二个原因是人口快速增长和大量贫困造成的压力。在很多发展中国家，森林在传统上是穷人的“安全阀”，这些穷人可以一次性地利用小片森林，然后再利用下一片森林，通过这种方式为自己和家人获得食物、住所和衣物。如果在植树造林和森林保护方面给全球穷人提供支持（图24.4），那么就会减缓这个贫困循环。支持穷人的方式既包括扩大经济资源，也包括增加食物、燃料和其他基于森林的资源。

从生物上来说，热带雨林是世界上最富有的陆地地区，其面积已经减少到不到最初的一半。我们对生产性农业和林业替代多数热带森林所知甚少。森林砍伐或皆伐（常常是燃烧）形式的短期性开采常常造成热带土壤生产力不可逆的毁坏。

图24.4　巴西蒙蒂斯•克拉鲁斯（Montes Clares）的植树造林项目。在全球范围内，很多个人和组织帮助植树造林。

环境信息

肯尼亚的植树造林

东非国家肯尼亚大部地区是干旱或半干旱的。在20世纪70年代，多数热带干森林被摧毁，残留下来的也在快速消失。一个名叫旺加里·马塔伊（Wangari Maathai）的年轻妇女对于自己国家自然资源的毁灭非常担心。马塔伊从内罗毕大学获得博士学位，创立了一个草根性质的非政府植树组织“绿带运动”（GBM）。GBM动员当地妇女持续不断地改善肯尼亚的环境。从1977年开始，这些妇女在东非和南非地区种植了大约3000万棵树。这些树提供了很多生态系统服务，包括保护肯尼亚免受沙漠迫近威胁的植被。2002年，马塔伊博士被推选进入肯尼亚内阁，担任环境助理部长。2004年，由于在环境方面的贡献，马塔伊博士被授予诺贝尔和平奖。诺贝尔委员会选择马塔伊女士，是因为“和平依赖于我们保护环境的能力”。

欧亚和北美通过毁林、毁草建设了生产性农场，因为土壤很肥沃。与此相对照，热带非洲或拉丁美洲在毁林后常常产生湿地。很多热带土壤肥力相对较弱、有机质表层薄而且容易受到干扰、高温多雨等因素结合在一起，常常使得发展可持续农业或建立林业体系非常困难。

热带森林被很快地清除和损毁，不仅是由于当地人的需求，而且是由于全球经济的需求。很多产品，比如牛肉、香蕉、咖啡、茶、药物、硬木等，都是从热带地区进口到工业化世界的。不过，随着木材被采伐或森林被损毁，仅有少量的植树造林活动在进行。很少有国家制定造林计划，他们在林业政策方面几乎没有合作。

生物多样性丧失 今后几十年，我们可以预想，物种灭绝的速度将从现在每天十几个物种增加到每天数百个物种，这些消失的物种大部分是科技界所不知道的。这种损失有多大？遗憾的是，我们对世界**生物多样性**的认知依然很有限。据估计，在所有生物中，有5/6的物种还没有被认识并给以科学的描述。地球上只有一种生物图书馆，里面的书人类阅读的没有几本，甚至还没有一个图书馆图书的完整目录，但是这个图书馆里的书籍还没有阅读就被烧毁了。通过图书馆类比可以看出，我们把生物多样性看作是闲暇时光消遣的东西，而没有把它看作基本的生命支持系统。

自然保护这样的组织既保护脆弱的栖息地，又与当地人一起努力并帮助他们了解完整栖息地的经济和健康价值，在保护我们剩余的生物多样性方面发挥极其重要的作用（图24.5）。从实用主义的角度，我们在保护地球生物多样性和对其进行可持续管理方面有着明确的利益。我们从生物中获取我们所有的食物、多数药物、很多建筑和衣物材料、生物质能源以及众多的其他产品。另外，生物群落和生态系统提供了大量的生态系统服务，没有这些服务我们就不能生存。这些必要的服务包括水域和土壤、肥沃的农业土地、当地清洁的空气、气候、有益动物和植物的全球栖息地。考虑到这些生态系统服务，保护地球上生命群落的最终目的有着自私的理由。

只有保持生物圈可持续生产力，经济发展才能成功。72亿人口每年使用的基于土地的净初级生产力占全部的32%左右（见第三章）。我们还使用了大约55%的可以利用的、可更新的淡水供应。这对大自然提供的生命支持系统和森林、土壤、淡水、鱼类和生物多样性等地球可再生资源的可持续性，造成了巨大的、前所未有的压力。保护地球生物多样性会使整个地球更加强大，生物保护的种类越多，这个世界就越有趣，越有生产力，越有抵抗力，越有魅力。

图24.5 非洲的濒危黑犀牛。这个物种的数量有所增加，但依然处于非常濒危的阶段，在很大程度上是因为亚洲传统药物中对犀牛角的需求。本图摄于津巴布韦。

生物多样性和人类文化多样性是相互交织的，事实上，它们是同一个硬币的两个面。文化多样性是地球上人类群落的类别，每个人群有着自己的语言、传统和身份（图24.6）。文化多样性（cultural diversity）丰富了人类的集体经验。遗憾的是，文化多样性有时会激发不信任，即“我们”对“他们”的感觉。由于这个原因，联合国教科文组织（UNESCO）支持保护少数族裔、和平以及文化多样性背景下的平等。

可持续发展和保护与恢复地球资源 可持续发展可以真正地改善人类生活的质量。地球生物和物理系统在促进经济发展方面是必要的。对一个地区来说，最适宜的经济发展战略依赖于那个地方的生物、物理和人力因素，如果我们了解我们的生态系统，那么我们的管理决定将会更加有效。

即便不是绝大多数，但也有很多环境问题是跨越国境的。保护我们赖以为生的生物、土地以及水域需要国际间的合作。在全世界，人们发现，可持续行动保护他们当地的环境，改善他们的生活质量。让农村了解最需要的信息对于帮助生活在那儿的人做出最适宜的选择非常必要。一旦个人和社区层面的态度改变，那么就可以制定国家战略，每个国家都可以为未来保卫自然资源。

生物多样性：地球上生物的数量和种类。

图24.6 **巴西亚马逊地区的人类文化多样性。**越来越多的人侵犯本地土著人的传统生活环境，图中是拿着宠物鹦鹉的印第安男孩。

建议三：为所有人提供充足的食物

目前存在着一个人道主义危机，但极少成为晚间新闻的报道。从全球来看，有10亿人缺乏健康、幸福生活所必需的食物。根据联合国粮农组织，这一推测包括大量的儿童。儿童尤其容易受到食物短缺的影响，因为没有恰当的营养，儿童的大脑和身体就不能得到正常发育。世界卫生组织推测，1.82亿5岁以下的儿童就其年龄来说体重严重过轻。多数营养不良的人生活在最穷的发展中国家的农村地区。贫困和**粮食不安全**之间的关联是确凿无疑的。

减少饥饿还需要我们重新思考在哪里、怎样以及由谁来生产粮食。农民已经利用了大部分适用于现代大规模一年生作物的土地。因此，未来的农业将来自不同状况下的种植，包括在以前没有开发的生态系统上种植庄稼或者饲养动物。另外，农民还可以在城市和郊区肥沃的土地上进行种植，这些地在历史上建造了房子、平整了地面或进行了景观装饰。这些转化需要新的技术、新的政策以及不同的种子和动物。了解如何在这些新的状况下耕作和保护健康的土壤将有助于保持我们农业土地的肥力（图24.7）。

用滴灌代替农民在庄稼垄之间挖小沟灌溉的畦灌可以减少灌溉用水大约50%。提高水利用效率非常关键，因为在很多地方，缺水是农业生产力降低至关重要的因素。种植更加节水的作物，比如用珍珠粟替代大米，也能帮助提高生产力。这些作物的产量没有大米或小麦那样高，但是在大米和小麦不能很好生长的地方却可以种植。

支持地方农业发展，使得农作物在被消费的地区种植，这将保护能源。据推测，美国食用的多数粮食要转运大约2400公里（1500英里）才能从农场到达百姓的餐桌，在这一运输过程中使用了大量的化石燃料。农贸市场、粮食合作以及社区支持的农业（CSA）都能帮助将人们与当地生产的食物联系起来。

可持续农业系统可以支持改善膳食标准，比如在发展中国家的饮食中包括高质量蛋白质。有几种动物蛋白质生产特别具有前景。印度通过用玉米秸秆、麦秸秆，甚至是从路边收割的草来喂牛极大地提高了奶制品产量。使用这些正常情况下“进入废物”的植物材料，比用高品质的粮食喂牛更加有效。中国扩大水产养殖是另一个增加蛋白质生产的例子。中国水产中饲养的鲤鱼在把食物转换成高品质蛋白方面非常有效。在中国，水产养殖的渔业产量现在已经超过了家禽产量。昆虫养殖以及鬣鳞蜥等森林栖居动物的养殖能够帮助那些不具有生态条件养牛的地区增加蛋白质生产。

图24.7 **在花园中收获胡萝卜的夫妻。**

粮食不安全：长期饥饿和营养不良的人的状况。

案例聚焦

宾夕法尼亚可持续农业协会

多数支持农民的组织所做的是帮助农民得到种子、信息、产品、主意和技术，提高他们种地的水平，但是极少帮助建立和加强农民与消费者之间的联系。不过，宾夕法尼亚可持续农业协会（PASA）却这样做，一方面向农民提供信息和机会，另一方面还吸引消费者，举办“骑行自行车”“观赏当地新鲜农产品”等活动，绘制了农村骑行地图并开设了通道，实行农场开放，为参与者提供新鲜制作的食物。PASA将这些活动以及当地的农产品等信息通知其会员。

每年冬天，PASA会举办持续几天的研讨会，面向生产者和消费者。与会的消费者希望更多地了解食品生产的信息，而与会的生产者也希望相互了解并与消费者也就是他们的市场建立联系。参加的学生希望了解农业的知识。

PASA帮助扩大经济机会，这就是农业旅游，不从事农业的人在家庭外出或假期中来参观以及参与一些农场活动。这种发展机会虽然早就有，但是极其有限，比如度假牧场、采摘南瓜、圣诞树农场、阿米什人（Amish）社区等。PASA帮助扩大了宾州的农业旅游业，使更多的农场和消费者参与其中。

农场节假日。农场主和食品消费者越来越多地通过农业旅游联系起来。简朴的住房和如画的农家乐风景帮助很多城市居民消闲，同时更多地了解食品的来源。农业旅游的收入帮助支持农场的发展。

建议四：减缓气候变化

在我们施加给全球环境的压力中，讨论最为广泛的一个是增强温室效应导致的气候变化。高度发达国家和发展中国家都推动了大气中CO_2含量的增加，扩大了甲烷、一氧化二氮、对流层臭氧以及含氯氟烃（CFCs）的数量。最重要的温室气体是CO_2，主要是我们燃烧化石燃料时产生的。

尽管地球气候在目前间冰期（过去10,000年）相对稳定，越来越多的证据显示，人类活动导致了气候的变化。根据联合国政府间气候变化专门委员会了解的数据，全球平均气温在20世纪增加了将近1℃，一半以上的变暖发生于过去的30年时间里。大量科学文献显示，地球气候在21世纪将继续发生快速变化。

这些可能变化的后果将是严重的，我们在第二十章已经讨论过，因为现代社会已经演化并适应了现在的条件。需要注意的是，从上个冰期到现在，全球气温只上升了5℃，而这样的气候变化是过去10,000年中变化最快的。

很多政策制定者说，我们应该等待，等到气候变化被完全科学了解的时候。这个逻辑是有问题的，因为地球系统极度复杂，我们预测气候变化影响的能力也有局限性。对于作为一个系统的地球，我们可能永远不会有完全的科学了解。

比如，我们常说，大气中CO_2的增加导致气候变暖。但是，就像所有人类影响一样，CO_2的增加不是单纯的原因—结果关系，而是一系列引起地球系统相互作用的反应的结果。大气中CO_2的增加还影响植物的生长，但是不同的物种以不同的方式应对CO_2的增加。我们可以期待植物群落中的变化，在新的条件下更具竞争力的植物会繁荣并替代那些竞争力弱的植物。我们还不能开始预测这些植物变化将怎样影响人类或者生物圈中的其他生物。

稳定气候需要综合能源计划　为了全世界，综合能源计划必须实施。这个计划涉及用可再生能源（比如太阳能、地热、风能）替代化石燃料、扩大能源保护、提高能源效率，核能和碳封存也会发挥有限的作用（图24.8）。很多国家和地方的政府以及企业和环境意识强的个人正在制定减少化石燃料碳排放的目标。不过，其他

增强温室效应：吸收红外线辐射的气体含量的增加所产生的加速变暖现象。

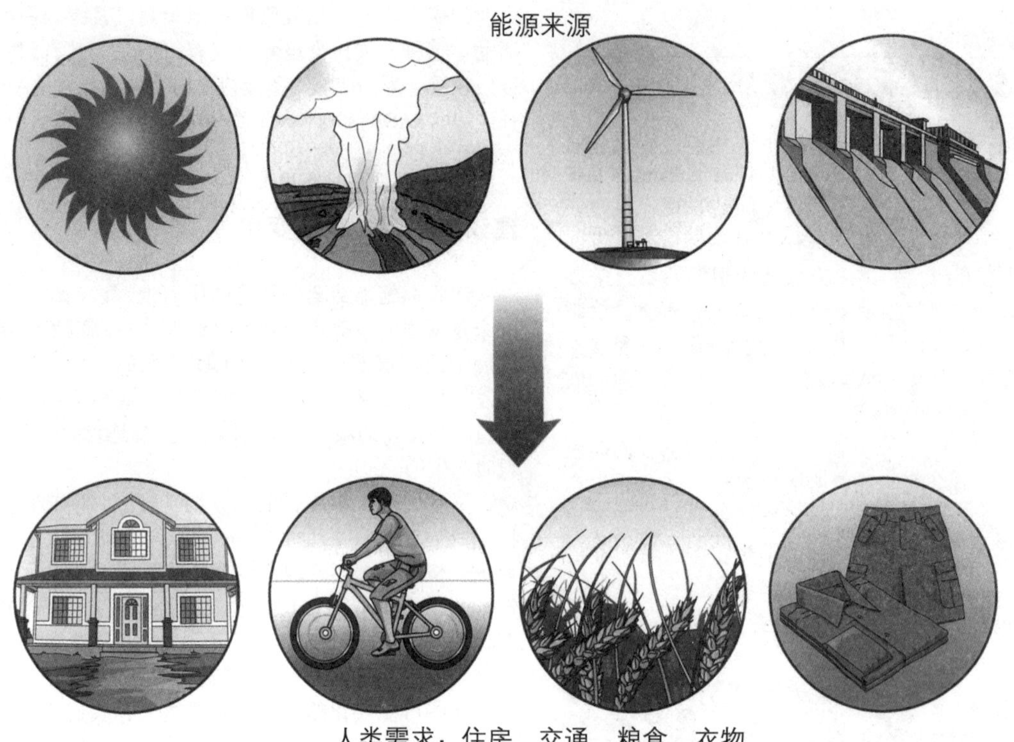

图24.8 综合能源计划。在综合能源计划中，太阳能、地热能、风能、水能等当地适合的能源来源与人类基本需求（住房、交通、粮食、衣物）相适应，同时又可以根据当地文化进行调整。

国家还没有认识到全球气候问题的紧迫性。我们需要全球在应对气候变化问题上达成一致，即各个国家实行适合各自国情、包括特定可再生能源资源的国家能源政策。

根据世界能源理事会2013年的调查，生活在发展中国家的占世界人口82%的人使用全世界商业能源的40%左右，而且主要是化石燃料。发展中国家的人口正在快速增长，即便是不提高生活标准，他们将来也会需要更多的能源。在这方面，中国的问题尤其突出，中国是正在工业化的国家，有13亿人口，是世界第二大经济体，有着丰富的煤炭储量。如果我们要在限制大气CO_2方面达到国际一致，那么生活在高度发达国家的我们就会要求发展中国家在实现工业化的进程中使用清洁的、可再生的能源来源。除非我们共同分担减少碳排放的成本，否则这样的战略似乎是不可能的。高度发达国家必须认识到发展中世界实施综合能源计划是我们未来安全以及全球气候稳定的必要因素。

随着世界各国找到各自的经济成功之路，清洁能源将越来越重要。清洁能源经济是完全可能的，能源生产可以去中心化（使用小的太阳能板或风能涡轮机或当地种植的生物燃料），从而使得能源的获取不再完全依赖于国家电网。

建议五：设计可持续城市

工业革命开始的时候，大约是1800年，世界人口只有3%生活在城市，97%的人在农村，生活在农场上或小镇里。从那时到现在的2个世纪里，人口分布发生很大变化，更多的人来到城市。现在生活在墨西哥城的人比200年前所有的城市人口还多。这是人们生活方式的巨大差异。

现在，生活在城市的人口占世界人口总数的比例刚刚过半，这个比例还要上升。比如，尽管巴西的人口快速增长到现在的2.02亿，但是巴西农村地区的人口实际上在下降。在美国、加拿大等工业化国家，将近80%的人口生活在城市里。

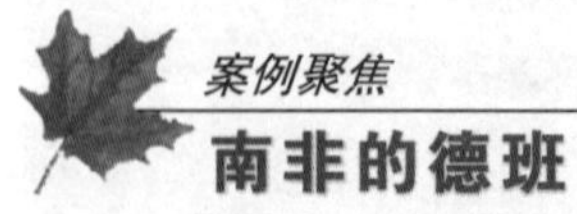

案例聚焦

南非的德班

南非城市德班是国际组织可持续城市网络的成员，在提高可持续性方面采取了很多的措施，制定了宏大的计划（图24.9）。社区参与有助于认识到努力的重要性以及共同向目标付出更多的努力。德班的居民从交通到公园方面都为创建绿色德班做出了贡献，这个具有绿色特

图24.9 南非的德班。德班的规划、废物管理、交通、食物系统使得这座城市成为迈向可持续性的一个范例。注意图中前部建筑物上的绿色屋顶。

点的德班在当地被称为潟湖湾（eThekwini）。开放的沟通和规划还发生在被称为“想象德班”的系列论坛上，这是借鉴加拿大卡尔加里一个相似项目而实施的。这两个案例反映出城市可持续性常常涉及相似的解决方案（交通、亲近自然、参与城市规划），并根据当地的文化和需要进行调整，比如加拿大或南非。

德班的学校和社区种植了菜园，扩大食物来源。白桦小学（Birches Pre-Primary）和西塞姆比尔初级中学（Sithembile Junior Primary）两个学校由于其成功地改善了学生的营养而得到国际上的认可。

纸板循环项目减少了废物。这个项目是阿斯伊城市纸板循环项目（Asiye eTafuleni’s Inner-City Cardboard Recycling Project），将产生废旧纸板的企业与循环利用这种材料的小型企业结合起来。这种促进材料和需求之间合作的对接是其他资源以及其他地方的样板。常常是，一个地方被当作“废物”的材料被其他地方的人看作是一种资源。

德班的很多人家安装有太阳能热水，这要归功于一个叫作西萨太阳能（Shisa Solar）的计划，帮助居民在太阳能热水板安装方面降低了价格（便宜10%）。这个项目是借鉴俄勒冈州波特兰市的太阳能发电项目并经过改进而实施的。

尽管每个城市的可持续性特色需要吻合那个城市的气候、地势、生态系统和文化，但是主题和理念可以在不同城市间实现共享，使得好的想法在全球得以传播。

如何设计一个可持续城市 世界上的城市规划者试图用各种不同的方式为城市居民设计更加宜居的城市。很多城市发展城市交通系统，减少汽车的使用以及与汽车相关的问题，比如道路拥挤、需要大片地区建设停车场、空气污染。城市交通可以像地铁和轻轨那样精巧和昂贵，也可以像自行车和人行道那样廉价。投资城市交通而不修建更多公路的目的是：鼓励人们使用公共交通，不要自己开车。为了鼓励公共交通，有些城市还对上班时间使用公路开车进出城市的人征税。

如果一个城市的建设是围绕人和自行车的，不是围绕小汽车的，那么城市居民的生活质量就高。公园和开阔地带就可以因为不建公路和停车场而得以建设。另外，乘公共交通比坐在堵塞的车中节省时间。空气污染包括导致气候变暖的CO_2，也会大大减少。骑自行车还提供健康的运动。荷兰为了鼓励使用自行车，在城市设立了专门的自行车道、专门的交通信号和很多停放自行车的地方（图24.10）。

有些城市鼓励居民在他们小区附近的空地上开发小型花园。其他居民在他们的院子里或房顶上种植一小片蔬菜。城市里小规模农业提供多方面的福利。城市农场向居民提供食物。比如，新加坡的城市农场主种植的蔬菜占全部消费的1/4左右。园艺提供了健康的锻炼，如果多人在空地上种植菜园，还会促进邻里之间的交流，避免成为陌生人。另外，培育照顾植物、观察植物生长和繁茂，可以使人的精神得到内在的满足感。

水稀缺是世界上很多城市面临的主要问题。有些城市规划者认为，在水资源稀缺的地方，必须采取创新的方法。这些方法将替代传统的水使用前净化、水使用后进行生活和工业废水处理、然后将处理过的水排放这样的一次性用水模式。有些城市，比如新加坡，在水处理后循环利用废水。安装灰水系统，利用水池或淋浴的水冲刷厕所，是为实现两次使用水而采取的容易做的第一步。

有的城市发展已经超出了处理自身污水的能力，在这些城市里，堆肥厕所（composting toilet）是替代污水

图24.10 停在荷兰阿姆斯特丹市中心火车站附近的自行车。荷兰的每个居民平均每年骑自行车917公里（573英里）。目前，荷兰大约30%的旅行是骑自行车完成的。

处理的富有前景的措施。堆肥厕所不用水就可以将人的排泄物和餐厨垃圾转换成堆肥。这种方式相对廉价，还有几个好处：堆肥厕所减少水使用，减少能源使用（需要泵水和处理废水的能源），减少需要处理的废水量（或在没有适当水处理的城市减少水污染），生产堆肥并将之作为改良剂施加到土壤里。

有效处理城市棚户区问题非常紧迫。一味拆除驱逐解决不了深层的赤贫问题。恰恰相反，城市应该将最终改善棚户区居住问题纳入某些计划。提供基本的服务，比如清洁的饮用水、交通（以便人们能离开住所找到适当的工作）、垃圾清理等，可以改善最穷的人的生活状况。

复习题

1. 全球范围内的贫困是怎样的？
2. 列举森林和生物多样性等自然资源提供的两个生态系统服务。
3. 全球范围内的粮食不安全是怎样的？
4. 稳定气候与能源利用有着怎样的关系？
5. 在发展中国家，城市存在的两个严重问题是什么？

改变个人的态度和实践

学习目标

- 解释不可持续消费如何威胁环境可持续性。
- 解释可持续消费。

与可持续发展一样，**可持续消费**（sustainable consumption）是一个概念，要求我们思考我们的行动是否削弱了环境满足后代需要的长远能力。影响可持续消费的因素包括人口、经济活动、技术选择、社会价值和政府政策。

在欠发达国家，生存常常是压倒一切的问题，可持续消费似乎不相关。可持续消费需要消除贫困，这就意味着穷人一定会增加对某些必要资源的消费。如果富人的生活方式和消费模式不改变，这种消费增加将是不可持续的。促进可持续消费的一些措施包括从开车到利用公共交通和骑自行车，以及开发耐用、可修理、可循环的产品。

教育的作用

如果需要人们采取新的生活方式，就必须教育他们了解改变根深蒂固的或传统的行为的理由。人们一般来说会关心环境，但是这种关心并不自然地转化为行动。另外，多数人相信个人行为不会起作用，但是，事实上，起作用的恰恰是个人行为。如果人们了解了自然系统运行的方式，就会明白自己在自然界中的位置，就能够重视可持续行动。正规的和非正规的教育在推动改变和促进资源可持续管理方面都很重要（图24.11）。必须广泛传播准确的信息，媒体在这方面发挥重要的作用。如果没有明确的战略目标，不开展教育活动，不宣传实现目标的重要性和基本理由以及个人如何行动才能帮助实现，那么任何国家计划都不会成功。

在一个民主社会中，很多需要环境知识的选择也是在地方、国家和全球层次上做出的。我们是否应该批准《生物多样性公约》（*The Convention on Biological Diversity*）或依旧当那个屈指可数的没有批准该公约的国家之一？我们是否应该支持像《京都议定书》（*The Kyoto Treaty*）那样的限制温室气体排放的国际承诺？我们是否应该促进世界贸易？如果应该，我们应该促进哪类贸易？减少火电厂的排放有多重要？回答这些以及类似的问题，我们需要阅读和学习。为了帮助我们的同胞了解这些问题，我们可以做以下事情：

1. 在初中、高中和大学里开设环境和可持续性方面的课程。
2. 鼓励并参与环境组织的活动。
3. 支持自然历史博物馆、动物园、水族馆和植物园等机构，促进开展环境保护和提高可持续性。
4. 鼓励教堂、社会团体以及其他组织等在其活动中增加有关环境的材料。

图24.11　纽约市布朗克斯区的环境教育项目。这些二年级的小学生正在学习关于循环和分解的知识。

可持续消费：满足人们基本需要、改善生活质量的产品和服务的使用，但同时最大限度地减少资源利用从而满足后代需要。

多数人以他们自己的方式对当地的环境感兴趣。我们必须创建一个民主社会，每个人都有机会学习并做出贡献。

复习题

1. 消费如何影响环境可持续性?
2. 什么是可持续消费?

我们想要什么样的世界?

学习目标

- 写一篇文章或博客，建一个网站，制作一个视频，或者用其他方式描述你想留给你的子孙后代一个什么样的世界。

高度发达国家消费了不成比例的资源，如果我们希望所有的人都实现可持续性的目标，那么我们必须切实行动起来，降低消费水平。我们高度发达国家继续提高我们生活的高水准，我们现在的生活水平在地球上多数人看来已经是乌托邦水平了。我们对我们的子孙后代负有责任，对世界上其他人的子孙后代也负有责任，唯有如此，这些后代才能享有我们现在所享有的安逸舒适。

在过去的50年时间里，我们已经认识到人类活动对生物圈影响的本质。基于这种认识，我们找到了应对很多环境问题的方法。我们需要种植粮食、更多地步行、利用太阳能和风能替代化石燃料为我们的家园提供能量。我们高度发达国家的人需要学会在生活中利用更少的能源，帮助食物、水和住房不足的人在不像我们使用那么多能源的情况下享受一些我们发达世界的利益。

这种变化要求与自然环境重新建立联系。这就意味着，在个人层面上，抓住机会走进大自然（即便是只到城市公园或后院），听一听风声，看一看丰富多彩的植物、昆虫和与我们共生的其他生命形式。人类是在自然中演化的，我们多维、复杂、精细的大脑是在与生物、天气模式以及其他动物的相互作用中演化的。我们创立的世界现在已经隔离了我们。我们设想和制造的复杂工具，比如智能手机、触摸屏、笔记本电脑、高科技的汽车，已经限制了我们的世界。我们的挑战将是把技术当作一种工具，而不是让技术限制我们与世界的交流。

新的环境革命将需要我们根据不同的理想和目标重新审视我们的价值观，要求我们重新构建经济体系，比如将环境影响和破坏的成本纳入我们的核算系统，这将使市场力量在促进环境保护方面发挥作用。商业行动必须包括与全世界的人建立合作伙伴关系，基于对环境的长远利益做出决定。

这种责任可能看起来令人畏惧，但不是不可能的，而且回报也是巨大的。我们今天做出的选择将比我们的先辈做出的选择对未来产生更大的影响。即便选择什么都不做也会对未来产生深远的影响。同时，这将是一个难得的机遇。玛格丽特·米德（Margaret Mead,1901—1978）是美国著名的人类学家，她曾说："永远不要怀疑一小部分有思想、有责任感的人能够改变这个世界，历史证明，只有这样的人才能改变世界！"现在已进入了历史性时刻，人类的最好品质，比如远见、勇气、想象、关怀等，将在建立明天的世界方面发挥关键的作用。

复习题

1. 你会怎样描述你希望你的子孙后代生活的世界？你期望的未来世界和今天的现实有着怎样的不同?

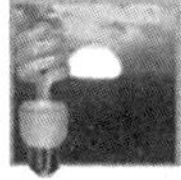

能源与气候变化

环境外交

政治学家理查德·安德鲁斯（Richard N. L. Andrews）认为，环境外交是任何有效气候政策的重要组成部分。这一思想代表着过去政策决策的重大转变，过去的政策主要是基于地方或国家层面做出的。外交在管理海洋资源、应对臭氧洞、限制酸雨方面发挥了一定作用。但是，在气候变化方面，每个人的行动都影响其他所有人。涉及的问题包括谁使用、使用了多少以及使用了什么种类的能源。地球气候的未来依赖于对气候科学的了解，也同样依赖于国际间的有效磋商。

通过重点术语复习学习目标

- **解释可持续性。**

可持续性是满足人类现有需求、但不牺牲后代满足他们需求的能力。目前，我们面临着严峻的环境问题，我们没有可持续地管理世界上的资源。

- **讨论自然环境与可持续发展有着怎样的联系。**

可持续发展是满足当前需求、但不牺牲后代满足自己需求能力的经济发展。地球的生产力是有限的。可持续发展必须确保维持我们的生活以及所有其他物种的生命所赖以生存的生命支持系统。

- **简述高度发达国家人们的消费习惯以及消费和承载力之间的关系。**

消费是人类对物质和能源的利用，一般来说，高度发达国家的人消费的东西多。在环境不发生变化的前提下，承载力（K）是某个特定环境无限期支持某个物种个体的最大数量。如果按照美国的消费水平，地球上没有足够的资源来维持60多亿人的生活。

- **掌握贫困的定义，简述这个全球性问题。**

贫困是人们不能够满足食物、衣物、住所、教育或健康等基本需要的状况。对于世界上很多妇女和儿童来说，生活就是没有尽头的生存挣扎，每天奔波于获得柴火、清洁水和食物等基本的生活需求用品。

- **讨论与森林丧失和生物多样性减少有关的问题，包括这些资源能提供的重要生态系统服务。**

为了全球经济发展所需要的木材和其他产品，世界上的森林被砍伐、燃烧或严重地改变。另外，很多发展中国家的人口快速增长以及普遍存在的贫困对森林造成了压力，因为穷人力求利用森林来谋生。生物多样性是地球上生物的数量和种类，正在以惊人的速度减少。人类是地球生命网中的一部分，完全依赖这个网以及与这个网的相互作用。生物及其生态系统提供重要的生态系统服务。

- **概述粮食不安全的内涵，至少列举两个扩大食物可持续生产的办法。**

粮食不安全指的是长期饥饿和营养不良的人的状况。从全球来看，有10亿人缺乏健康、幸福生活所必需的食物。用滴灌代替农民在庄稼垄之间挖小沟灌溉的畦灌可以减少灌溉用水，在很多地方，缺水是农业生产力降低至关重要的因素。在空地和房顶上发展的城市农业有助于为没有农田的人扩大食物供应。

- **解释增强温室效应，解释气候稳定与能源利用有着怎样的联系。**

增强温室效应是吸收红外线辐射的气体含量增加所产生的加速变暖现象。高度发达国家和发展中国家都推动了大气中CO_2含量的增加，扩大了甲烷、一氧化二氮、对流层臭氧以及含氯氟烃（CFCs）的数量。CO_2主要是我们燃烧化石燃料时产生的，大气中CO_2的增加导致了气候变暖和相关的气候变化。为了稳定气候，我们必须用可再生能源替代化石燃料，扩大能源保护，提高能源效率。

- **至少描述城市面临的两个挑战，解释如何进行应对。**

很多城市发展城市交通系统，减少汽车的使用以及与汽车相关的问题。非法棚户区在城市中扩大，最穷的居民使用所能找到的任何材料在空地上搭建起住所。棚户区存在着最严重的水、污水和固体废物问题。为了改善棚户区居民的生活质量，城市应该制定规划，提供基本的服务，比如清洁的饮用水、交通和垃圾清理等。

- **解释不可持续消费如何威胁环境可持续性。**

不可持续消费过度使用自然资源，增加污染，累积废物。另外，如果很多人的劳动被低估以及工资过低，就会发生不可持续消费。

- **解释可持续消费。**

可持续消费是满足人们基本需要、改善生活质量的产品和服务的使用，但同时最大限度地减少资源利用从而满足后代需要。

重点思考和复习题

1. 什么是环境可持续性？高度发达国家的人如何没有可持续地生活？发展中国家的人如何没有可持续地生活？
2. 自然环境和可持续发展有着怎样的联系？
3. 高度发达国家的人的消费习惯是什么？消费与人类承载力有着怎样的联系？
4. 本章讨论的关于可持续生活的五个建议是什么？
5. 世界各地的贫困状况是怎样的？

6. 生物多样性提供哪些重要的生态系统服务？
7. 世界上粮食不安全的状况是怎样的？
8. 描述发展中国家与城市有关的三个严重问题。
9. 解释不可持续消费如何威胁环境可持续性。
10. 什么是可持续消费？
11. 讨论四个你希望在你的一生中能够实现的特定环境目标。
12. 稳定气候与化石燃料利用有着怎样的联系？
13. 在家里的时候，把一个未破壳的鸡蛋放在小玻璃碗中，然后倒上醋，让鸡蛋在醋里泡24个小时。将鸡蛋取出，检查蛋壳。这个简单的实验显示大气中CO_2的增加对于有着碳酸钙贝壳的海洋生物产生了怎样的影响？
14. 解释为什么全球CO_2增加与气候变暖之间不是简单的原因—结果关系，而是一系列促进地球系统相互作用的反应的结果。

食物思考

调研一下，如果你生活在南非的德班或肯尼亚的内罗毕，你的食物选择会有怎样的不同？你现在的食物选择有着怎样的不同？你的食物选择和其他地方的食物选择有哪些共同之处？

术语表

无生命的（Abiotic）：没有生命的。比较有生命的（biotic）。比较超深渊底栖生物带（hadal benthic zone）。

酸（acid）：在水中释放氢离子（H^+）的物质，有着酸味，可以将蓝色的石蕊试纸变成红色。比较碱（base）。

酸沉降（acid deposition）：被排放的二氧化硫和二氧化氮与大气中的水蒸气发生反应，形成酸并以干沉积或湿沉积的形式返回地面。见酸雨（acid precipitation）。

酸性矿山废水（acid mine drainage）：从煤矿和金属矿中将硫酸和铅、砷以及镉等可溶物质冲刷到附近湖泊和溪流中所造成的污染。

酸雨（acid precipitation）：呈酸性的降水，是硫氧化物和氮氧化物与大气中的水反应产生酸而导致的结果，部分原因是煤炭燃烧造成的，包括酸雨、酸雪和酸雾。

英亩英尺（acre-foot）：灌溉1英亩土地1英尺深所需要的水量，等于1233立方（326,000加仑），这些水可以供8个美国人使用1年。

主动式太阳能采暖（active solar heating）：通过屋顶上和田野中系列集热器吸收太阳能并通过热泵和风机扩散热能而利用太阳能的系统。比较被动式太阳能采暖（passive solar heating）。

急性毒性（acute toxicity）：暴露于一个有毒物之后短时期内产生的不利影响。比较慢性毒性（chronic toxicity）。

适应（adaptation）：对种群的进化改进，从而提高每个个体在其生活的环境中成功生存和繁殖的机会。

相加作用（additivity）：两个或多个污染物相互作用的一种现象，混合物的毒性效应是各个组成成分的毒性效应的相加。比较拮抗作用（antagonism）和协同作用（synergism）。

气溶胶（aerosols）：自然形成的和人类空气污染的细微颗粒，由于非常细小，因而会在大气中悬浮停留数日或数周。

年龄结构（age structure）：人口中每个年龄段人的数量和比例。

农业生态系统（agroecosystem）：包含生物的农业群落，其中的生物相互之间发生作用，而且与环境也发生相互作用。

混农林业（agroforestry）：在同一片土地上林业和农业技术的同时使用，可以改善退化的土壤，带来经济效益。

A层（A-horizon）：表土层，就在O层土壤下面，富含各种有机质和腐殖质。

空气污染（air pollution）：由于自然事件或人类活动而排放到大气中的各种有害化学物质（气体、液体或固体），浓度高，对人和其他动物、植物甚至材料造成伤害。过量的噪音和热量也被认为是空气污染。

空气毒物（air toxic）：见有害空气污染物（air pollution）。

反射率（albedo）：地球表面对太阳能量的反照率。冰川和冰层的反射率很高，能将照射到其表面的多数太阳光反射回去，而海洋和森林的反射率很低。

酒精燃料（alcohol fuel）：甲醇或乙醇等液体燃料，可以用在内燃机中，汽油添加10%的酒精可以形成更为清洁的燃料混合物，被称为汽油和酒精混合燃料。

藻类（algae）：单细胞或简单多细胞的光合生物，是海洋生态系统中的重要生产者。

淋溶土（alfisol）：黏土土壤，是硬木森林生态系统的典型土壤。

高山冻原（alpine tundra）：位于高海拔山上、高于林木线的特征鲜明的生态系统，典型植被包括草、莎草和小的簇状植物。比较冻原（tundra）。

交流电（alternating current, AC）：周期性地改变电子移动方向的电流。比较直流电（direct current, DC）。

氨化（ammonification）：通过土壤里的某种细菌（氨化细菌）将含氮有机化合物转化为氨（NH_3）或铵离子（NH_4^+）的过程，是氮循环的一部分。

拮抗作用（antagonism）：两个或多个污染物相互作用的一种现象，混合物的毒性效应小于各个组成成分毒性效应的和。比较相加作用（additivity）和协同作用（synergism）。

抗生素（antibiotics）：防止或抵抗细菌、真菌或病毒性疾病的药物。

水产养殖（aquaculture）：面向人类消费需要的水生生物养殖（鱼类、藻类和甲壳类水生动物）。见海水养殖（mariculture）。

水生的（aquatic）：与水有关的。比较陆生的（terrestrial）。

引水渠（aqueduct）：大型导水管道或水渠，用来从遥远的水源地引水。

含水层（aquifer）：储存地下水的地下洞穴和透水砂岩、砾石或岩石。见承压含水层（confined aquifer）和潜水含水层（unconfined aquifer）。

含水层疏干（aquifer depletion）：人类以高于降水或融雪补充的速度开采利用地下水。也叫地下水耗尽（groundwater depletion）。

古细菌（archaea）：单细胞微生物，没有细胞核，但是与真核细胞共享一些酶。

北极冻原（arctic tundra）：见冻原（tundra）。

旱成土（aridisol）：富含钙的土壤，具有典型的沙漠特征。

干旱地区（arid land）：一种脆弱的生态系统，缺乏降水限制了植物生长。干旱地区一般位于温带和热带地区。也叫沙漠（desert）。比较半干旱地区（semiarid land）。

自留含水层（artesian aquifer）：见承压含水层（confined aquifer）。

人工富营养化（artificial eutrophication）：一个水生生态系统中硝酸盐和磷酸盐等营养成分的过度增加。在人工富营养化过程中，由于农业等人类活动和污水处理厂的排放，富营养化的进程大大加速。也叫人为富营养化（cultural eutrophication）。见富营养化（eutrophication）。

人工授精（artificial insemination）：一种繁育技术，从珍稀物种雄性动物中采集精液，然后通过人工方法使雌性动物受孕（这个雌性动物可能来自另一个动物园）。

消化（assimilation）：将某种物质吸收到生物细胞中的行为。

岩流圈（asthenosphere）：位于地幔区域，那里的岩石变得很热并软化。

大气圈（atmosphere）：环绕地球的气体层。

环礁（atoll）：由珊瑚形成的环形的礁或岛。

原子（atom）：保持某一元素化学性质的最小部分，由质子、中子和电子组成。

原子质量（atomic mass）：原子核中质子与中子质量的和。原子质量代表着一个原子的相对质量。比较原子序数（atomic number）。

原子序数（atomic number）：代表原子核中质子数量的数字。每个元素都有自己的原子序数。比较原子质量（atomic mass）。

自养者（autotroph）：见生产者（producer）。

婴儿潮（baby boom）：二战以后从1945年到1962年期间出现的出生高峰。

背景灭绝（background extinction）：在生命历史的大部分时间里发生的持续的、低水平的物种灭绝。比较集群灭绝（mass extinction）。

细菌（bacteria）：单细胞组成的原核微生物。多数细菌是分解者，但是有些是自养生物，有些是寄生虫。

细菌源追踪（bacterial source tracking, BST）：使用分子生物学技术确定河流与其他水体中危险细菌的来源。

堡礁（barrier reef）：与海岸平行的并被深水分开的珊瑚礁。

碱（base）：溶于水中释放氢氧化物离子（OH^-）的化合物，碱可以将红色的石蕊试纸变成蓝色。比较酸（acid）。

底栖生物（benthos）：栖息在海底的生物，固定在一个位置上、钻进泥沙中或者只是在海底走动。比较浮游生物（plankton）和自游生物（nekton）。

B层（B-horizon）：A层下面浅颜色的、部分风化的土壤层，是地下土壤，所含有的有机物质比A层土壤少很多。

生物累积（bioaccumalation）：某种持久性有毒物质在生物体内，通常是在脂肪组织中的积累，比如某些农药。比较生物富集（bioconcentration）。

以生物为中心的（biocentric）：认为所有生命形式都是同等重要的。对照以人类为中心的（anthropocentric）。

生物中心环境保护主义者（biocentric preservationist）：由于相信所有生命形式都值得尊敬和关爱而保护自然的人。

生化需氧量（biochemical oxygen demand, BOD）：在给定水体内，微生物分解（通过有氧呼吸）有机物质所需要的氧气量。也叫生物需氧量（biological oxygen demand）

生物富集（bioconcentration）：见生物累积（bioaccumalation）。

可生物降解的（biodegradable）：指的是可以通过生物或其他自然过程分解（裂解）化学污染物。比较不可降解的（nondegradable）。

生物多样性（biodiversity）：见生物的多样性（biological diversity）。

生物多样性热点（biodiversity hotspot）：含有大量当地物种并处于人类活动高度危险之下的相对较小的区域。

生物燃料（biofuels）：利用生物质生产的气体、液体和固体等各种形式的燃料，包括生物柴油、普通酒精、木炭、生物气。比较生物量（biomass）。

生物气（biogas）：一种清洁燃料，通常含有混合气体，燃烧时产生的污染物比煤和生物质要少。生物气是通过在厌氧条件下分解消化有机材料而产生的。

生物地球化学循环（biogeochemical cycle）：物质从生命世界到非生命物理世界的循环和再循环过程。生物地球化学循环的例子包括碳循环、氮循环、磷循环、硫循环等。

生物扩大（biological amplification）：见生物放大（biological magnification）。

生物防治（biological control）：使用自然发生的病原生物、寄生虫或捕食者来控制虫害的方法。

生物的多样性（biological diversity）：地球上生物的数量、种类和变化，包括基因多样性、物种丰富度和生态系统多样性三个方面。也叫生物多样性（biodiversity）。

生物放大（biological magnification）：有毒化学物质浓度在更高食物网层级的生物体内组织中的提高，比如PCBs、重金属、某些农药。又称生物扩大（biological amplification）。

生物需氧量（biological oxygen demand）：见生化需氧量（biochemical oxygen demand, BOD）。

生物量（biomass）：（1）是对生命物质总量的量度测算，通常表述为某个特定生态系统中组成生物的所有有机物质的干重。（2）用作燃料的植物和动物材料。比较生物燃料（biofuels）。

生物群落区（biome）：一个大的、界限相对分明的陆地区域，有着相似的气候、土壤、植物和动物，存在于世界上任何地方。由于面积大，一种生物群落区包括很多相互作用的生态系统。

生物冶金（biomining）：通过微生物从矿石中开采矿物的过程。

生物勘探（bioprospecting）：对森林、珊瑚礁或其他自然区域中的微生物的探测，旨在寻找药物、香料、香水和天然农药等化学产品的潜在来源。

生物修复（bioremediation）：使用微生物分解有毒污染物从而清理修复有毒废物场地的方法。比较植物修复（phytoremediation）。

生物圈（biosphere）：地球上包括所有生命有机体的大气、海洋、土地表面、土壤。

有生命的（biotic）：生物的。比较无生命的（abiotic）。

生物污染（biotic pollution）：外来物种对一个生态系统的入侵，常常会破坏已有生态系统。见入侵物种（invasive species）。

出生率（birth rate）：每年每1000人中出生的人数。也叫生产率（natality）。

双酚A（Bisphenol A, BPA）：用于生产很多硬塑料聚碳酸酯产品的有机化合物（包括塑料婴儿奶瓶、玩具），被认为是一种内分泌干扰物。

沥青（bitumen）：见沥青砂（tar sand）。

烟煤（bituminious coal）：是最常见的煤，产生大量的热，被广泛用于发电，也叫软煤（soft coal）。比较无烟煤（anthracite）、次烟煤（subbituminous coal）、褐煤（lignite）。

水华（bloom）：在水面大量营养物质（比如硝酸盐和磷）突然出现而导致的藻类种群爆发性增长。

体质指数（body mass index, BMI）：关于一个人体重与身高之间关系的测量，以此评估其肥胖程度和身体素质。

北方森林（boreal forest）：在北半球生长着针叶树林（比如松树、云杉、冷杉）的地区，就在冻原的南边。也叫泰加群落（taiga）。

植物制剂（botanical）：植物演进中形成的化学物质，被用作农药。见合成植物制剂（synthetic botanical）。

底灰（bottom ash）：燃烧完成后留在焚烧炉底部的灰烬。也叫炉渣（slag）。比较飞灰（fly ash）。

增殖核裂变（breeder nuclear fission）：将不能裂变的U-238转换成可以裂变为Pu-239的一种核裂变。

阔叶除草剂（broad-leaf herbicide）：杀死宽叶植物但不杀死禾本草类（比如玉米、小麦、水稻）的除草剂。

广谱性农药（broad-spectrum pesticide）：除了目标害虫，还杀死包括有益生物在内的大量生物的农药。也叫宽谱性农药（wide-spectrum pesticide）。比较窄谱性农药（narrow-spectrum pesticide）。

褐色地带（brownfield）：被废弃的、闲置的工厂、仓库和因为可能污染而影响再开发利用的城市居住区。

混获（bycatch）：商业性渔业捕捞中无意中捕获的鱼、海洋哺乳动物、海龟、海鸟和其他动物。

卡路里（calorie）：热量（热能）单位，指的是将1克水升高1℃所需要的热量。

癌症（cancer）：身体上出现的恶性肿瘤，可以扩散到全身。

致癌潜力（cancer potency）：与暴露于一定单位的某种化学物的增加相联系的预期癌症增加的估计。

氨基甲酸酯类农药（carbamates）：从氨基甲酸中开发的广谱性农药。

碳水化合物（carbohydrate）：按照1C：2H：1O的比例含有碳、氢和氧的有机化合物，包括糖和淀粉，其分子被生物进行新陈代谢，是能量的来源。

碳捕捉和储存（carbon capture and storage）：从化石能源燃烧中捕获碳，并通常将碳封存在地下。见碳封存（carbon sequestration）。

碳循环（carbon cycle）：碳从无生命环境到生物有机体然后再到环境的全球流动。

碳足迹（carbon footprint）：某个活动或某些人排放的碳量（以CO_2的形式），显示出化石燃料燃烧对地球气候的影响。

碳强度（carbon intensity）：在能源生产中，单位能量生产所排放到大气中二氧化碳的含量。

碳管理（carbon management）：在化石燃料燃烧期间将产生的二氧化碳进行分离和捕捉的措施，然后将其封存，不排放到大气中。

碳氧化物（carbon oxides）：含有一个碳原子和至少一个氧原子的分子化合物。

碳封存（carbon sequestration）：从化石能源燃烧中捕获碳，并进行长久储存。也叫碳捕捉和储存（carbon capture and storage）。

碳—硅酸盐循环（carbon-silicate cycle）：在数百万年的地质年代中碳循环和硅循环之间的相互作用。

致癌物（carcinogen）：导致癌症或加剧癌症发展的物质。

食肉动物（carnivore）：以其他动物为食的动物，吃肉的动物。见二级消费者（second consumer）。比较食草动物（herbivore）和杂食动物（omnivore）。

承载力（carrying capacity）：假定环境不发生变化的情况下，某一特定环境所能可持续支持（长期）某一物种种群个体增长的最大数量。

《卡塔赫纳生物安全条约》（Cartagena Protocol on Biosafety）：1992年联合国生物多样性大会上提出的管理规定，在处理和使用转基因生物方面提供了严格的程序，减少了转基因生物的基因转移到野生物种的威胁。

蚯蚓排泄物（castings）：穿过蚯蚓腔肠的土壤。

催化转换器（Catalytic Converter）：在燃料燃烧后被用来立即控制污染排放的设备，可以将多数未燃烧的燃料氧化。

细胞（cell）：生命的基本结构和功能单位。简单的生物是由单一细胞组成的，复杂的生物是由很多细胞组成的。

细胞呼吸（cellular respiration）：细胞内有机分子的能量被释放的过程。比较有氧呼吸（aerobic respiration）和厌氧呼吸（anaerobic respiration）。

CFCs：见含氯氟烃物质（chlorofluorocarbons）。

连锁反应（chain reaction）：由于一个反应产生的物质成为另一个反应所必需的反应物，因此形成了持续的反应。比如，在裂变过程中，中子与其他U-235原子发生撞击，随着原子的分裂会出现一系列的连锁反应，释放出更多的中子，又会与另外的U-235原子发生撞击。

灌木丛（chaparral）：有着温和、潮湿冬天和炎热、干燥夏天的地中海式气候的生物群落区，典型植被是小叶常绿灌木和小树。

化合作用（chemosynthesis）：一种生物过程，某些细菌从其所在的环境中利用无机化合物获得能量并制造碳水化合物分子，这一过程不需要光。比较光合作用（photosynthesis）。

氯化碳氢化合物（chlorinated hydrocarbon）：含有氯的合成有机化合物，可以用作农药（比如DDT）或工业化合物（比如PCBs）。

含氯氟烃（chlorofluorocarbons，CFCs）：人造的含有碳、氯、氟的有机化合物，有着广泛的工业和商业应用，但是由于其破坏平流层臭氧层而被禁止使用。也叫CFCs。

叶绿素（chlorophyll）：为光合作用吸收辐射能量的绿色色素。

C层（C-horizon）：B层下面被部分风化的土壤层，与未风化的固体母质相连。

慢性支气管炎（chronic bronchitis）：一种疾病，肺的呼吸通道（支气管）感染长期炎症，导致气绝和慢性咳嗽。

慢性毒性（chronic toxicity）：长期暴露于有毒物质所产生的不利影响。比较急性毒性（acute toxicity）。

环极涡旋（circumpolar vortex）：一团冷空气，环绕着南极地区，将南极地区与地球其他地区的热空气隔离开。

公民科学（citizen science）：由业余或非专业科学家（公民）开展的科学研究，通常通过众包实施。

黏土（clay）：尺寸最小的无机土壤颗粒。比较粉土（silt）和砂土（sand）

《清洁空气法》（Clean Air Act）：1970年颁布的法律，要求美国环保署根据关于健康的科学数据，建立常见污染物的国家空气质量标准，由州政府组织实施。

《清洁水法》（Clean Water Act）：1972年颁布的法律，要求美国环保署实施对废水的污染控制，在控制点源污染方面成效大，在控制非点源污染方面成效小。

皆伐（clear-cutting）：对一个地区所有成熟林木进行一次性采伐的森林管理技术。比较间伐（shelterwood cutting）、下种伐（seed tree cutting）、择伐（selective cutting）。

气候（climate）：几年时间内某个地方发生的典型天气模式，包括温度和降水。比较天气（weather）。

封闭系统（closed system）：不与周围环境进行能量交换的系统。比较开放系统（open system）。

煤炭（coal）：地壳中发现的黑色可燃性固体，主要成分是碳、水和痕量元素，形成于数百万年前生活的古代植物。见化石燃料（fossil fuel）。

煤灰（coal ash）：煤炭燃烧后残留的部分。

煤气（coal gas）：在无氧状态下通过加热煤而生产的一种与天然气相似的气体。

煤的气化（coal gasification）：利用固体煤生产一种合成气体燃料（比如甲烷）的技术。

煤的液化（coal liquefaction）：利用固体煤生产一种与石油相似的合成液体燃料的过程。

海岸湿地（coastal wetlands）：沿着海岸线的沼泽、海湾、潮汐滩地。见红树林（mangrove forest）、盐沼（salt marsh）和湿地（wetlands）。

共同进化（coevolution）：在两个或更多物种长期相互作用影响下而出现的相互依赖的进化。有花植物及其动物授粉者有着共生关系，是共同进化的典范，因为每个物种都影响了另外一方的特征。

联产（cogeneration）：涉及循环利用“废热”的一种能源技术，用同一种燃料生产两种形式的能源（电和蒸汽或者热水）。也叫热电联产（combined heat and power）。

人群（cohort）：有着共同经历的一批人，比如这些人都暴露于某种化学物质。

低温巴氏杀菌（cold pasteurization）：通过食品辐射来摧毁病原体的过程。

科罗拉多河协议（Colorado River Compact）：1922年科罗拉多河沿岸的七个州达成的关于河水利用和工农业用水配额的协议，为上科罗拉多河和下科罗拉多河流域分配了流量。

热电联产（combined heat and power）：见联产（cogeneration）。

合流制污水溢流（combined sewer overflow）：实施合流制排水系统所发生的问题，太多的水（由于大暴雨或积雪融化）进入到排水系统，因此会不经处理就流进附近的水道里。

合流制排水系统（combined sewer system）：一种城市污水处理系统，生活和工业废物与雨水废水城市径流混合在一起，然后再进入城市污水处理厂。

燃烧（combustion）：有机分子被迅速氧化的燃烧过程，转换成二氧化碳和水，同时释放出热和光。

命令与控制的规定（command and control regulation）：需要特别技术或限制的污染控制法律。比较基于激励措施的规定（incentive-based regulation）。

偏利共生（commensalism）：一种共生关系，其中一方受益，另一方既不受益也不受害。见共生现象（symbiosis），比较互利共生（mutualism）、寄生现象（parasitism）。

商业灭绝（commercial extinction）：商业上重要的鱼群数量减少，达到了捕获没有利润的地步。

商业性捕获（commercial harvest）：从大自然中获取和售卖商业上重要的活体生物，比如捕获鹦鹉（宠物贸易）和仙人掌（室内植物）。

商业无机化肥（commercial inorganic fertilizer）：见化肥（fertilizer）。

公共池塘资源（common-pool resources）：我们环境中所有人都可以使用但个人又不用负责任的资源。以前称为全球公地（global commons）。

群落（community）：包括同时生活在同一区域并在某种程度上相互依存的不同物种的所有种群的自然集合。比较生态系统（ecosystem）。

群落稳定性（community stability）：一个群落抵御环境干扰的能力。

紧凑型发展（compact development）：高层、多单元住宅楼毗邻商场和工作地点并通过公共交通相连的城市设计。

比较风险分析（comparative risk analysis）：对任何联邦、州、地区和当地项目的分析，从对人类健康和生态系统等不同方面来比较和分析项目的风险，进一步优化环境管理的决策。

竞争（competition）：在一个生态系统内争夺同一个资源（比如食物、生存空间或其他资源）的生物之间的相互作用。见种间竞争（interspecific competition）和种内竞争（intraspecific competition）。

竞争排他（competitive exclusion）：没有哪两个物种会无限地在同一个群落里占用同一个生态位的理论。由于对有限资源供应的种间竞争，一个物种最终排除掉另一个物种。

堆肥（compost）：一种自然的含有土壤和腐殖质的混合物，可以改善土壤的肥力和结构。

《综合环境响应、赔偿和责任法》（Comprehensive Environmental Response, Compensation, and Liability Act, CERCLA）：美国1980年通过的法律，对化学和石油工业开始征税，授权联邦部门对危险物质的排放进行响应。

压缩空气储能（compressed air energy storage）：通过空气压缩来储存能量的一种技术，后来可以通过释放空气来进行涡轮机发电。

冷凝器（condenser）：蒸汽涡轮发电系统的一部分，将低能量的蒸汽冷却，变为液体水。

承压含水层（confined aquifer）：两个不透水层之间的蓄水的地区。也叫自留含水层（artesian aquifer）。比较潜水含水层（unconfined aquifer）。

针叶树（conifer）：长着像针一样叶子并在球果上结种的树木或灌木（裸子植物）。

保护（conservation）：对自然资源悉心和认真的管理。比较保存（preservation）。

基于保护的定价（conservation-based pricing）：奖励用户少用水的水供应定价结构，常常是某个水量以下价格低，但是超过以后，水价会急速升高。

保护生物学（conservation biology）：对人类如何

影响生物以及制定保护生物多样性措施的跨学科科学研究，包括就地保护和迁地保护。

保护地役权（conservation easement）：保护私有林地或其他财产在特定年限内不被开发利用的法律协议。

土壤资源保护计划（Conservation Reserve Program, CRP）：美国实施的土壤保护计划，向农民支付年度租金，使得农民不种植对环境有不利影响的作物。

保护性耕作（conservation tillage）：一种耕作方法，上一季作物的残余会留在土壤里，覆盖部分土壤，并有助于保护土壤不受侵蚀，直到播种新的作物。见免耕（no-tillage）。比较传统耕作（conventional tillage）。

保护主义者（conservationist）：支持自然资源保护的人。

消费者（consumer）：不能从无机物质中合成自己所需要食物的生物，因此必须把其他生物的尸体作为食物能量和生长材料的来源。也叫异养生物（heterotroph）。比较生产者（producer）。

消费（consumption）：人对材料和能源的利用。总的来说，高度发达国家的人们是奢侈的消费者，他们使用的资源远远超过按人口比例所得的份额。

反应堆安全壳（containment building）：核电厂的安全设施，为避免发生放射性物质的意外泄漏提供另外的保护。

大陆架（continental shelf）：环绕大陆的被水淹没的、相对浅的海底。大陆架一直向海洋延伸，一直到达洋底开始陡峭下沉的地方。

等高耕作（contour plowing）：顺着土地的自然形状种植作物，也就是说作物垄环绕山坡，沿等高线分布，而不是直线分布。这种耕作方式可以减少侵蚀。见带状间作（strip cropping）。

避孕（contraceptive）：被人为用来防止怀孕的药物或工具。

控制组（control group）：在科学实验中不改变变量因素的实验对象组。控制组提供对照标准，验证实验的效果。比较实验组（experimental group）。

控制棒（control rod）：核电发电中用来吸收中子从而减少核裂变强度的石墨棒。

传统耕作（conventional tillage）：传统的耕作方式，在播种以前进行犁地翻土。比较保护性耕作（conservation tillage）。

《生物多样性公约》（Convention on Biological Diversity）：联合国环境规划署1992年制定的公约，为保护生物多样性行动提供了全球法律框架。

《濒危物种国际贸易公约》（Convention on International Trade in Endangered Species, CITES）：1975年生效的国际协议，确保野生动植物贸易不会威胁其生存。

会聚板块边界（convergent plate boundary）：两个板块碰撞时的地方，其中一个板块有时在俯冲过程中会下沉到另一个板块下面。

冷却塔（cooling tower）：发电厂的一部分，将热水进行冷却。

珊瑚礁（coral reef）：在累积的碳酸钙（$CaCO_3$）层上建造的结构，通常位于温暖的、浅的海水中，其中有生命的部分主要是由数百万小型珊瑚动物或红色的珊瑚藻组成的。

科里奥利效应（Coriolis effect）：流动的空气或水在北半球向右偏离，在南半球向左偏离。是由地球旋转的方向造成的。

企业平均燃料经济性（corporate average fuel economy, CAFE）：要求美国主要汽车制造商销售的所有汽车的平均燃料效率（英里/加仑）的标准。

走廊（corridor）：见栖息地走廊（habitat corridor）。

成本收益分析（cost-benefit analysis）：帮助政策制定者在环境问题上做出决策的机制。将某一特定行动的成本和该行动实施后带来的预期收益进行比较。

成本效益分析（cost-effectiveness analysis）：一种经济评价工具，对某一特定决策或活动相关的综合成本和收益赋予经济的价值。

环境质量委员会（Council on Environmental Quality）：美国政府机构之一，主要职责是协调联邦政府环境事宜并直接向总统报告。

覆盖作物（cover crop）：一种作物收获后与下一季作物种植前种植的主要用来保护土壤不受侵蚀的作物。

作物轮作（crop rotation）：在几年里同一个地块上种植不同的作物。由于每种作物需要的矿物质不同，因此作物轮作可以减少土壤中矿物质的消耗。

原油（crude oil）：见石油（petroleum）。

隐蔽色（cryptic coloration）：某些生物通过将自己混合进周围环境而躲避捕猎者的颜色或标识。

碎玻璃（cullet）：被粉碎的食品和饮料玻璃容器，玻璃制造商将之熔化并制造新的产品。

人为富营养化（cultural eutrophication）：见人工富营养化（artificial eutrophication）。

文化多样性（cultural diversity）：一个地区人类文化、种族和习俗的范围和数量。

文化（culture）：特定阶段某个人群的思想和习俗，会随着时间从一代传到下一代。

数据（data）：开展科学研究所需要的信息或事实，并从中得出结论。

DDT（dichloro diphenyl trichloroethane）：滴滴涕或二氯二苯三氯乙烷，含有氯的有机化合物，具有杀虫作用。由于分解慢，因此在环境和生物体中停留时间长，所以被美国和很多其他国家禁用。

死亡区（dead zone）：海洋或湖泊里氧缺乏致使多数动物和细菌都不能生存的区域，常常是由化肥或动植物废物径流污染所造成的。

死亡率（death rate）：每年每1000人中死亡的人数。也叫致死率（mortality）。

以债务换取自然资源（debt-for-nature swap）：取消一个国家的外债，从而换取该国同意保护某些土地（或其他资源）不被开发破坏。

退役（decommission）：废旧核电厂关闭停运后进行拆除。比较固封掩埋（entombment）。

分解者（decomposer）：分解有机物质的异养生物，使用分解的产品满足自己的能量需要。分解者是吃腐殖质的生物。也叫腐食营养者（saprotroph）。比较食碎屑动物（detritivore）。

演绎推理（deductive reasoning ）：根据一般规律得出具体结论的推理，使得数据之间的关系更为明显。比较归纳推理（inductive reasoning）

深层生态世界观（deep ecology worldview）：一种关于我们在世界上的位置的观念，认为人类应该与自然和谐相处，对生命给予精神上的尊重，相信人和所有其他物种具有同等的价值。

深井灌注（deep well injection）：在地表以下几千英尺深的地方处理液体危险废物。

森林砍伐（deforestation）：为了农业或其他用途而暂时或永久地清除大片的森林。

退化（degradation）：降低土地（或土壤）未来的支撑作物或牲畜能力的自然或人为过程。也叫土壤退化（soil degradation）。

德莱尼条款（Delaney Clause）：美国1958年的一部法律规定，在加工类食品中不能含有可能导致实验动物或人患上癌症的物质，近年来进行了修订，反映了致癌水平实验室标准的变化。

三角洲（delta）：在河流入海口地方形成的土壤或泥沙沉积。

需求侧管理（demand-side management）：电力公司满足未来发电需求的一个措施，帮助消费者节约能源，提高能源效率。

去材料化（dematerialization）：随着时间推移，由于技术进步而发生的产品尺寸变小、重量减轻。

人口转型（demographic transition）：工业化国家从相对高的人口出生率和死亡率转为相对低的出生率和死亡率的过程。

人口统计（demographics）：应用人口科学提供关于不同国家或人群的信息。

人口统计学（demography）：研究人口结构和增长的科学。

去氮（denitrification）：通过土壤里的某种细菌（脱氮细菌）将硝酸盐（NO_3^-）转换为氮气（N_2）的过程，是氮循环的一部分。

密度（density）：一种物质单位体积的质量。

密度制约因素（density-dependent factor）：随着种群密度变化而影响种群变化的环境因素；随着种群密度的增加，密度制约因素会阻碍种群的增长，而随着种群密度的降低，密度制约因素会促进种群的增长。

非密度制约因素（density-independent factor）：影响种群大小的环境因素，但是不受种群密度变化的影响。

弃耕地（derelict land）：因采矿而退化的土地。

咸水淡化（desalination）：见脱盐（desalinization）。

脱盐（desalinization）：将盐从海水或咸水（有时是微咸水）中去除。也叫咸水淡化（desalination）。

沙漠（desert）：见干旱地区（arid land）。

沙漠化（desertification）：曾经肥沃的牧场、农田或热带干森林向沙漠不毛之地的退化，部分原因是土壤侵蚀、森林砍伐和过度放牧造成的。

食碎屑动物（detritivore）：消费死亡生物残体的生物（比如蚯蚓或螃蟹）。还被称为腐食动物（detritus feeder）。比较分解者（decomposer）。

腐食质（detritus）：包括死亡生物（比如动物尸体和枯枝落叶）和废物（比如粪便）在内的有机质。

腐食动物（detritus feeder）：见食碎屑动物（detritivore）。

氘（deuterium）：氢的同位素，含有一个质子和一个中子。比较氚（tritium）。

发达国家（developed country）：见高度发达国家（highly developed country）。

发展中国家（developing country）：没有高度工业化的国家，一般生育率高、婴儿死亡率高、人均收入低。发展中国家分为两类，适度发达国家和欠发达国家。比较高度发达国家（highly developed country）。

二噁英（dioxin）：一种化合物集合，是某些工业过程中产生的氯代烃类化合物副产品，有着中等到极度高的毒性。

直流电（direct current, DC）：在电力供应中，电线中单一方向的电子移动。比较交流电（alternating current, AC）。

疾病（disease）：由于生物感染、环境应激物或其他内在孱弱而导致的身体正常健康状况的缺失。

致病原（disease-causing agents）：导致疾病的病毒、细菌、感染性蛋白质、真菌等。另见病原体（pathogens）。

扩散（dispersal）：种群个体从一个区域、一个国家向另一个区域、国家的流动。见迁入（immigration）和迁出（emigration）。

蒸馏（distillation）：一种脱盐过程，使水蒸发，然后再浓缩，使水净化或与复杂混合物的其他元素分开。咸水或微咸水可以通过蒸馏去除水中的盐分。比较反向渗透（reverse osmosis）。

DNA：脱氧核糖核酸，存在于细胞的染色体内，含有一种生物的所有遗传信息。

驯化（domestication）：驯服野生动物或栽培野生植物从而为人所用的过程，驯化会显著改变被驯化生物的特征。

剂量（dose）：在毒理学中，一种有毒物质进入一个暴露生物体内的数量。

剂量—反应曲线（dose-response curve）：在毒理学中，显示不同剂量对实验动物影响的图表或等式。

倍增时间（doubling time）：假设当前的增长率不改变的情况下，人口规模增加一倍所需时间。

流域盆地（drainage basin）：将水排放到溪流、江河系统的陆地区域。也称流域（watershed）。

漂网（drift net）：一种塑料网，长达64公里（40英里），可以捕获数千条鱼和其他海洋生物。

滴灌（drip irrigation）：见微灌（microirrigation）。

美国沙尘暴事件（Dust Bowl，American）：由于人类的管理失当，美国大平原的半干旱地区出现了沙漠化，扩大了干旱，导致在20世纪30年代发生严重的沙尘暴。

尘盖（dust dome）：环绕城市地区并包括很多空气污染的热空气盖。比较城市热岛（urban heat island）。

动态平衡（dynamic equilibrium）：一个方向变动的、幅度正好与相反方向变动的幅度相等的状态。

生态足迹（ecological footprint）：在持续的基础上向一个人提供食品、木材、能源、水、住房、衣服、交通以及废物处理所需要的具备生产力的土地、淡水和海洋的总和。

生态位（ecological niche）：一个物种与其生态系统的关系，主要描述食物或阳光需求、水、繁殖和竞争能力。

生态金字塔（ecological pyramid）：每一营养级相对能量价值的图形表示。见数量金字塔（pyramid of numbers）、生物量金字塔（pyramid of biomass）和能量金字塔（pyramid of energy）。

生态恢复（ecological restoration）：见恢复生态学（restoration ecology）。

生态风险评价（ecological risk assessment）：评价人类活动产生生态影响的过程。见风险评价（risk assessment）。

生态演替（ecological succession）：见演替（succession）。

生态可持续森林管理（ecologically sustainable forest management）：不仅保护商业性木材或非木材森林产品采伐，而且注重保持生物多样性、防止土壤侵蚀以及改进土壤状况、保护产生清洁水流域的森林管理。也叫可持续森林管理（sustainable forest management）或可持续林业（sustainable forestry）。

生态学（ecology）：关于生物之间以及生物与环境之间相互关系的系统研究。

经济发展（economic development）：一个国家经济的扩展，在很多人看来是提高生活水平的最好办法。

经济学（economics）：研究人和组织（个人、企业或国家）如何使用有限的资源满足无限的需求和欲望。经济学涉及商品的生产、消费和运输。

生态系统（ecosystem）：包括群落及其物理环境的相互作用的系统。在生态系统中，某地所有的生物、物理、化学成分组成一个复杂的、相互作用的能源流动和物质循环的网络。比较群落（community）。

生态系统多样性（ecosystem diversity）：涉及一个地区（或群落）生态系统里物种数量的生物多样性，比如森林、草地、沙漠、湖泊、入海口和海洋等生态系统。比较基因多样性（genetic diversity）和物种丰富度（species richness）。

生态系统管理（ecosystem management）：生态保护的重点聚焦于强调恢复和保持生态系统的质量，而不是保护单一的物种。

生态系统服务（ecosystem services）：生态系统向人类提供的重要的环境利益，包括呼吸的新鲜空气、饮用的清洁水和种植庄稼的肥沃土壤。

群落交错区（ecotone）：两个或多个群落、生物圈相连的过渡区域。

生态旅游（ecotourism）：一种旅游形式，游客支付费用，保护自然环境中的野生生物。

生态毒理学（ecotoxicology）：对生物圈中污染物及其对生态环境有害影响的研究。

有效剂量50%（effective dose-50%，ED_{50}）：在毒理学中，使50%的实验动物显示出实验中生物反应的剂量。

效率（efficiency）：经济学术语，用来描述从有限资源中获取最多的商品和服务。如果两个或多个个体或企业不愿意相互间进行资源贸易，那么资源就得到了有效的分配。

E层（E-horizon）：在A层和B层土壤之间形成的高度淋洗的土壤层。

厄尔尼诺南方涛动（El Niño-Southern Oscillation，ENSO）：赤道地区东太平洋表面水周期性的、大范围的变暖现象，对海洋和大气流动都产生影响。比较拉尼娜（La Niña）。

电（electricity）：电荷的存在和流动，通常表现为电线中电子的移动。

电解（electrolysis）：用电流将水分解为氢气（H_2）和氧气（O_2）。

电磁波谱（electromagnetic spectrum）：电磁能量波谱的持续范围，包括无线波、微波、红外线波、可见光、紫外线辐射、X光、伽马射线。

静电除尘器（electrostatic precipitator）：一种空气污染控制设备，向尘灰放出正电，吸附带有负电的颗粒物。

胚胎移植（embryo transfer）：一种人工养殖技术，给珍稀物种的雌性动物注射生育药物，促进产卵，然后将这些卵收集起来，通过精子使其受孕，再手术植入到一个相关但不是稀有物种的雌性动物体内，从而繁殖珍稀物种的后代。

《应急湿地资源法》（Emergency Wetlands Resources Act）：美国1986年颁布的法律，授权联邦政府部门购买湿地，在国家野生动物保护区收取门票费。

新发疾病（emerging disease）：人类以前没有发现的并在数量上快速传染的疾病。

迁出（emigration）：种群的一种扩散形式，个体离开一个种群，从而减少了种群数量。比较迁入（immigration）。

排放费（emission charge）：政府控制污染的政策，向污染者收取排放费用，也就是说，建立污染税。

排放情景（emissions scenarios）：在气候模型中，关于未来温室气体排放数量、排放速度、成分组合的预测。

肺气肿（emphysema）：一种疾病，肺的气囊（肺泡）发生不可逆的肿胀，降低了肺部呼吸的效率，导致气绝和气喘。

濒危物种（endangered species）：面临危险并可能导致在短时间内灭绝的物种。比较受威胁物种（threatened species）。

《濒危物种法》（Endangered Species Act，ESA）：美国1973年颁布的法律，要求联邦政府部门保护和支持濒危物种的栖息地，可以将物种列入"濒危物种目录"（处于灭绝危险的物种）和"受威胁物种目录"（处于濒危物种危险的物种）。

地方病（endemic disease）：在一个地区或国家持续存在的疾病。

地方物种（endemic species）：在世界上其他地区没有发现的地方性、当地的物种。

内分泌干扰物（endocrine disrupter）：影响和干扰内分泌系统（身体里的荷尔蒙）作用的化学物质，包括聚碳酸酯等塑料，含氯的工业化合物PCBs和二噁英，重金属铅和汞，DDT、开蓬、氯丹和硫丹等一些农药。

能量（energy）：做功的能力。

能源保护（energy conservation）：通过减少能源使用和降低废物来节能。拼车上班或上学是能源保护的例子。

能量密度（energy density）：某一固定能源来源中含有的能量数量。汽油的能量密度大于干柴，干柴的能量密度大于湿柴。

能源效率（energy efficiency）：某一能源来源中，相对于全部能源，对一部分所使用能源效果的测量。能效的区间在0到100%之间。使用天然气供暖的效率高，接近100%。而燃烧天然气发电的效率最大只有60%左右，能源效率通常要低很多。

能量流动（energy flow）：能量在生态系统中向一个方向的运动。

能源强度（energy intensity）：能源效率的数据评估，比如，一个国家或地区的全部能源消费除以其国民生产总值。

能源服务（energy service）：从各种能源来源中获得的福利。

增强的温室效应（enhanced greenhouse effect）：由于人造温室气体排放的影响而导致的地球大气中温度的累积增强。

富集化（enrichment）：（1）铀矿石开采以后的浓缩过程，目的是提高可裂变物质U-235的浓度。（2）一片水体的富营养化，是由植物和藻类中氮和磷等营养物质含量增加所导致的。见富营养化（eutrophication），这是富集化的一种。

固封掩埋（entombment）：关闭废旧核电厂的一种形式，将整个核电厂永久性地封闭在混凝土中。比较退役（decommission）。

熵（entropy）：对一个系统无序或混乱状态的测量。

环境（environment）：影响一种生物或一组生物的所有外部条件的总和，包括有生命和无生命条件。

环境伦理学（environmental ethics）：应用伦理学的一个分支，研究环境责任的道德基础和这种环境责任的合理程度；环境伦理学家力图确定我们人类与自然有着怎样的关系。

《环境影响报告书》（environmental impact statement, EIS）：分析项目实施或替代项目对环境潜在影响以及预期有害影响的综述性文件，法律特别规定公共和（或）私有项目都需要提供该文件。

环境公平（environmental justice）：不论年龄、种族、性别、社会阶层或其他因素，每个人享有环境保护、不受环境危害的权利。

环境运动（environment movement）：见环境运动主义者（environmentalist）。

环境绩效指数（Environmental Performance Index）：耶鲁大学开发的一个指数，用来表明一个国家对环境和自然资源管理的承诺。比较国民收入账户（national income account）。

环境保护署（Environmental Protection Agency, EPA）：美国联邦部门，成立于1970年，执行环保标准，开展环境研究，为抵制污染提供支持，在环境保护方面协助环境质量委员会为总统提供建议。

《南极条约环境保护议定书》（Environmental Protection Protocol to the Antarctic Treaty）：1988年达成的国际公约，禁止在南极进行矿产开采。

环境阻力（environmental resistance）：环境为阻止生物以内禀增长率进行无限繁殖而设定的限度，包括食物、水、栖息地和其他必要资源等的限制以及疾病与猎食所施加的限制。

环境风险评价（Environmental Risk Assessment, ERA）：预测人类或环境健康因为化学物质暴露而面临的风险的系统性程序。

环境科学（environmental science）：关于人类与其他生物和无生命物理环境之间关系的跨学科研究。

环境应激源（environmental stressor）：自然或人类导致的环境因素，影响生物的生长能力。

环境可持续性（environmental sustainability）：见可持续性（sustainability）。

环境世界观（environmental worldview）：帮助我们了解环境如何运行以及了解我们在环境中的位置和正确与错误环境行为的世界观。

环境保护主义者（environmentalist）：致力于解决人口过剩和地球空气污染、水污染、土壤污染以及自然资源枯竭等环境问题的人。环境保护主义者一般以环境运动（environmentalist movement）而知名。

震中（epicenter）：地震震源正上方的地表地点。

流行病学（epidemiology）：关于有毒化学物质和疾病对人类的影响的研究。

附生植物（epiphyte）：生活在另一生物上的小型生物，但不是一种寄生关系。依附在树枝、树皮上生长的小型植物是附生植物。

入海口（estuary）：与海洋相连的海岸水体，来自河流的淡水和来自海洋的咸水混合在一起。

乙醇（ethanol）：一种无色、易燃液体，C_2H_5OH，也叫酒精（ethyl alcohol）。

伦理学（ethics）：是哲学的一个分支，研究人类的价值问题。见环境伦理学（environmental ethics）。

酒精（ethyl alcohol）：见乙醇（ethanol）。

真核生物（eukarya）：细胞中含有细胞核和其他核膜包被的细胞器的生物。

光亮带（euphotic zone）：水层环境中的上层区域，从海洋表面最多延伸到水下150米（488英尺）处，有着最为清澈明亮的海水。充足的阳光照射透过光亮带，为光合作用提供支持。

富营养湖（eutrophic lake）：富含硝酸盐和磷酸盐等营养的湖泊，生长着过多的植物或藻类，富营养湖的水中溶解氧含量少。比较贫营养湖（oligotrophic lake）。

富营养化（eutrophication）：一个湖泊、入海口或者缓慢流动溪流的营养富集，导致光合作用的增加。自然状态下发生的富营养化是个缓慢的过程，随着流水的不断注入，水体会变成一个沼泽，富营养化最终会消失。见富集化（enrichment）和人工富营养化（artificial eutrophication）。

蒸发（evaporation）：水从液体向蒸汽的转变。也叫挥发（vaporization）。

进化（evolution）：在一种生物种群中随着代际演进而发生的累积基因变化，进化可以解释自然界中所有今天生存的或过去曾经生存的生物的起源。

迁地保护（ex situ conservation）：在人控制的环境中保护生物多样性的措施。见保护生物学（conservation biology）。比较就地保护（in situ conservation）。

实验组（experimental group）：在科学实验中通过已知方式改变变量因素的实验对象组。比较控制组（control group）。

指数式种群增长（exponential population growth）：最优条件下允许种群在一个时间内持续不断地繁殖而实现的加速增长。如果画一幅种群数量和时间对比图，可以得到一条J型增长曲线。

外部性（externality）：在经济学里，一个公司不需要支付与产品生产相关的所有费用所带来的影响（通常是负影响）。

灭绝（extinction）：某个物种最后一个个体的死亡。

推断（extrapolation）：在毒理学或流行病学中，从已知剂量的影响来估算假定剂量的预期影响。

秋季对流（fall turnover）：温带湖里湖水的混合，是由秋季温度降低引起的。比较春季对流（spring turnover）。

家庭规划（family planning）：提供生育控制方法等信息的服务，帮助人们按照自己意愿生育孩子的数量。

饥荒（famine）：一种临时但严重的粮食短缺。

《农业法案》（Farm Bill）：农业和粮食政策法案，每五年修订一次，资助很多项目，包括从作物补贴到学校午餐。

断裂带（fault）：地壳的破裂，引起岩石折断，出现或上或下、或前或后、或左或右的移动。断裂带通常位于板块边界。

粪大肠菌群检测（fecal coliform test）：一种水质监测，主要是监测水中大肠杆菌（人和动物肠道系统中的常见粪细菌）的存在情况，了解病原生物存在的可能性。水供应中的粪大肠菌群数量显示病原生物存在的可能性大小。

《联邦杀虫剂、杀菌剂和灭鼠剂法》（Federal Insecticide, Fungicide, and Rodenticide Act，FIFRA）：美国控制农药流通、出售、使用的法律，由EPA通过许可证实施管理。

《联邦土地政策与管理法》（Federal Land Policy and Management Act）：美国1976年颁布的法律，要求由土地管理局来管理公共土地。

化肥（fertilizer）：含有植物营养的物质，喷施到土壤里，促进作物生长，可以是有机的（动物粪便、作物残留、骨粉和堆肥），也可是是无机的（利用无机化学化合物制造的肥料）。

第一代农药（first-generation pesticides）：20世纪40年代以前的农药，一般是由铜、铅、砷等单一元素构成的，但也包括早期的有机化合物，通常毒性大。

热力学第一定律（first law of thermodynamics）：能量不能被创造，也不能被消灭，它可以从一种形式转换成另一种形式。见热力学（thermodynamics）。比较热力学第二定律（second law of thermodynamics）。

裂变（fission）：伴随着释放巨大能量的原子核向更小部分分裂的反应。也叫核裂变（nuclear fission）。比较聚变（fusion）。

旗舰物种（flagship species）：在保护生物学中，能够吸引公众高度注意的物种，可以用来促进某一特定地区或资源的生物多样性保护。

柔性燃料汽车（flexible fuel vehicles）：可以使用不止一种燃料作为动力的汽车，比如汽油和乙醇。

河漫滩（floodplain）：靠着河道的可能被洪水淹没的地区。

流水生态系统（flowing-water ecosystem）：像江河、溪流那样流动的淡水生态系统。比较静水生态系统（standing-water ecosystem）。

流化床燃烧（fluidized-bed combustion）：一种洁净煤技术，被粉碎的煤和石灰石颗粒混合，从而中和燃烧过程中产生的酸性硫化物。

飞灰（fly ash）：被静电除尘器从烟囱里捕获的灰。比较底灰（bottom ash）。

迁飞路线（flyway）：鸭子、雁、水鸟等每年迁徙所走的固定路线。

震源（focus）：地震开始的地方，通常远离地表，在地壳深处。

食物可用性（food access）：人们获得健康、新鲜食物的经济、环境和社会水平。

食物链（food chain）：生态系统中连续不断的生物序列，能量在其中流动。序列中的每个生物都吃或分解链条中排在它前面的生物。比较食物网（food web）。

食品沙漠（food desert）：由于交通、安全或来源方面的限制而购买不到新鲜食物的社区或区域。

《食品、药品和化妆品法》（Food, Drug, and Cosmetics Act, FDCA）：美国1938年通过的一部法律，明确了食品的定义，确定了食品、药品和化妆品的成分、检测以及责任的监管措施。

粮食不安全（food insecurity）：人们在慢性饥饿和缺乏营养状况下生活的情况。

食品辐照（food irradiation）：把食物暴露于电离辐射，从而实现长时间保存的目标。

《食品质量保护法》（Food Quality Protection Act, FQPA）：美国1996年颁布的法律，对FIFRA和FDCA进行了修订，减少农药对婴幼儿和儿童的暴露。

粮食安全（food security）：人们在生活中没有饥饿或担忧挨饿的状态，其目标是所有人在任何时候都能有充足的、安全的、有营养的粮食。

《食品安全法》（Food Security Act）：见《农业法案》（Farm Bill）。

粮食主权（food sovereignty）：人们通过种植可持续的、当地适宜的农业来生产文化认同的、食用健康的粮食的权利。

食物网（food web）：生态系统中所有食物链的复杂链接。比较食物链（food chain）。

森林减少（forest decline）：森林中很多树木逐渐退化（以及常常是死亡）的现象，可能是酸沉降、土壤中有毒重金属以及地表层臭氧等应激物综合导致的结果。

森林遗产项目（Forest Legacy Program, FLP）：美国联邦政府支持州政府保护森林土地的计划，是一个自愿性参与计划，通过实施保护地役权，限制土地开发，促进可持续林业发展。

森林管理（forest management）：见生态可持续森林管理（ecologically sustainable forest management）。

化石燃料（fossil fuel）：地壳中的可燃烧储藏，是由数百万年前史前生物的残骸（化石）构成的。煤炭、石油、天然气是化石能源的三种形式。

部分风险归因（fractional risk attribution）：就多种原因造成的伤害进行责任分配的方法，基于对造成伤害所起的相对作用，确定每个原因应该担负的部分责任或一定比例的责任。

破碎化（fragmentation）：见栖息地破碎化（habitat fragmentation）。

淡水湿地（fresh water wetland）：一年中至少几个月由浅层淡水覆盖的陆地，有着典型的土壤和耐水的植物，包括草本类沼泽和木本类沼泽。

岸礁（fringe reef）：直接连着海岸线而生长的珊瑚礁，在加勒比海和红海最为常见。

边疆态度（frontier attitude）：18世纪和19世纪多数美国人的态度，因为北美的自然资源似乎是无穷无尽的，因此没有理由不尽快征服和开发利用大自然。

燃料组件（fuel assemblies）：核反应堆中燃料棒的汇聚。

燃料电池（fuel cell）：不需要先生产蒸汽并用涡轮机和发电机等中间步骤就直接将化学能转换成电能的设备，燃料电池需要储存在储藏罐或其他来源的氢以及来自空气中的氧。

燃料棒（fuel rods）：含有二氧化铀元件的封闭的管子。

全成本核算（full-cost accounting）：评估并向决策者提供各种选择的相对效益和成本的过程。

基础生态位（fundamental niche）：在没有其他物种竞争的情况下，一种生物可能拥有的潜在生态位。见生态位（niche）。比较实际生态位（realized niche）。

杀菌剂（fungicide）：杀死真菌的有毒化学物质。

聚变（fusion）：伴随着释放巨大能量的两个较轻原子核向一个更重原子核的集合。也叫核聚变（nuclear fusion）。比较裂变（fission）。

天然气水合物（gas hydrates）：见甲烷水合物（methane hydrates）。

性别不平等（gender inequality）：导致妇女不能拥有和男人一样的权利、机会或待遇的社会建构。

性别平等（gender parity）：男人和女人享有同等教育水平的权利。

基因（gene）：是遗传信息的单位，是携带遗传信息的DNA片段。

《通用采矿法》（General Mining Law）：美国1872年制定的法律，规定了人们可以在联邦土地上开采贵金属和其他硬岩矿产的权利。

《一般修正法案》（General Revision Act）：美国1891年通过的法律，赋予美国国会保护公共森林土地以及在联邦土地上设立森林保护区的权力。

发电机（generator）：在电力工业中，用来将机械能转化为电能的设备。

基因多样性（genetic diversity）：种群中携带特定遗传信息的基因的变异。比较物种丰富度（species richness）和生态系统多样性（ecosystem diversity）。

基因工程（gene engineering）：对基因的控制，比如从一个物种的细胞中提取某个特定基因，然后将它植入到一个无相关物种的细胞中并得到表达。

基因抗性（genetic resistance）：降低农药对有害生物效果的遗传特征。随着时间的推移，害虫种群反复地暴露于某一种农药，会导致耐这种农药的害虫个体数量的增加。

转基因（GM）生物（genetically modified organism）：基因被有意修饰改变的生物。

中产阶级化（gentrification）：城市社区向更富有的个人和企业的回归，导致财产价值的增加，也可能增加了财产税。

地球工程（geoengineering）：减缓气候变化的、有广泛争议的技术，包括向海洋中施加铁粉从而使得藻类吸收更多的碳、向大气中投放硫颗粒从而反射阳光等。

地理信息系统（geographic information system, GIS）：对地图和其他地理信息的计算机储存和分析，GIS的用途之一是水利低压精准灌溉。

地热能（geothermal energy）：地球内部自然发生的热能，源自地核深处远古的热量，是大陆板块之间摩擦以及放射性元素衰变而引起的，可以用来供暖和发电。

地热泵（geothermal heat pump, GHP）：利用地表和地下（深度从1米到大约100米）温度的差而进行加热和冷却的设备。

种质资源（germplasm）：品种繁育时可能利用到的任何植物或动物物质，包括传统作物物种的种子、植物、组织以及传统牲畜动物的精子和卵子。

千兆焦耳（gigajoules）：10亿焦耳，大约等于278千瓦小时。

全球公地（global commons）：见公共池塘资源（common-pool resources）。

全球蒸馏效应（global distillation effect）：挥发性化学物质从远在热带的地方蒸发，被空气流动带到更高纬度的地区，并在那儿凝结、降落到地面。

全球化（globalization）：世界各地的人越来越多地通过经济、通讯、交通、政治和文化等联系在一起的过程。

粮食储备（grain stockpiles）：见世界粮食储备（world grain stocks）。

草类除草剂（grass herbicide）：主要杀死杂草的除草剂。

灰水（greywater）：已经使用过的相对没有污染的水，比如洗浴、洗碗盘和洗衣的水；灰水不能饮用，但是可以用来冲刷马桶、浇灌植物和洗车。

绿色建筑（green architecture）：充分考虑环境的家居设计和建造，比如注重能效、循环和自然资源保护等。

绿色化学 （green chemistry）：化学的分支之一，

通过重新设计重要的商业化学工艺，大幅减少对环境的伤害。

绿色电力（green power）：使用太阳能、风能、生物质能、地热能和小型水力发电厂等可再生能源发的电。

绿色革命（green revolution）：发生于20世纪，作物科学家研究开发了基因单一、产量高的稻米和小麦等重要粮食作物的品种。

温室效应（greenhouse effect）：一个系统中能量进入（常常以光的形式）并作为热量吸收，然后再释放能量而导致的热量增加，由于热量在系统中有一个停留时间，因此系统的总体温度会比周围的温度高。见增强的温室效应（enhanced greenhouse effect）。

温室气体（greenhouse gas）：吸收红外辐射的气体，二氧化碳、甲烷、一氧化二氮、含氯氟烃、对流层臭氧都是温室气体，都是因人类活动而产生并累积在大气中的，因此会提高地球的温度。

总初级生产力（gross primary productivity, GPP）：生态系统中通过光合作用捕获的能量（生物量）的大小。比较净初级生产力（net primary productivity）。

地下水（groundwater）：地表下供应的淡水。地下水储存于被称为含水层的地下洞穴以及地下岩石的缝隙层。比较地表水（surface water）。

地下水枯竭（groundwater depletion）：见含水层枯竭（aquifer depletion）。

增长率（growth rate，*r*）：种群大小变化的速度，以年百分比表示。在很少或没有种群个体迁移的种群中，增长率的计算方式是用出生率减去死亡率。也叫人口自然增长（natural increase in human populations）。

环流（gyre）：由盛行风导致形成的环绕整个海洋的大型洋流。

栖息地（habitat）：一种生物、种群或物种生活的当地环境。

栖息地保护计划（habitat conservation plan, HCP）：根据美国《物种保护法》，在人类活动有可能危害濒危或受威胁物种栖息地的时候所需要的一个规划文件。

栖息地走廊（habitat corridor）：连接未被砍伐森林或开发地区的保护带，野生动物走廊为动物提供迁徙通道，以便与其他地区的动物进行交配繁殖。也叫野生动物走廊（wildlife corridor）。

栖息地破碎化（habitat fragmentation）：曾经占据的大片、未被破坏的地区的栖息地被道路、农田、城市或其他活动分割为小片的、孤立的碎片。也叫破碎化（fragmentation）。

超深渊底栖带（hadal benthic zone）：海洋中从6000米一直延伸到最深海沟底部的底栖环境。比较深海底栖带（abyssal benthic zone）。

半衰期（half-life）：见放射性半衰期（radioactive half-life）。

硬煤（hard coal）：见无烟煤（anthracite）。

隐患（hazard）：具有导致潜在伤害的某种状况，与风险不同的是，隐患没有相关可能性。

有害空气污染物（hazardous air pollutant）：可能有害的空气污染物，对生活和工作在化工厂、焚烧炉或其他设施附近的人的健康带来长期的危害。也叫空气毒物（air toxic）。

危险废物（hazardous waste）：威胁人类健康或环境的废弃物质（固体、液体或气体），可能易燃易爆，具有化学活性、腐蚀性和（或）毒性。

热（heat）：由于温度不同变化而任意移动电子、离子或分子的动能，也就是说，热能的流动是从热的物体到冷的物体，单位是焦耳或卡路里。

除草剂（herbicide）：除掉植物的有毒化学物质。

食草动物（herbivore）：以植物或藻类为食的动物。见一级消费者（primary consumer）。比较食肉动物（carnivore）和杂食动物（omnivore）。

异养生物（heterotroph）：见消费者（consumer）。

富矿（high-grade ore）：矿物含有量相对大的矿石。比较贫矿（low-grade ore）。

高投入农业（high-input agriculture）：见工业化农业（industrialized agriculture）。

高水平放射性废物（high-level radioactive waste）：发出大量电离辐射的放射性固体、液体或气体。比较低水平放射性废物（low-level radioactive waste）。

高度发达国家（highly developed country）：人口出生率低、婴儿死亡率低、人均收入高的工业化国家。也叫发达国家（developed country）。比较发展中国家（developing country）。

发生层，土壤（horizons，soil）：见土壤发生层（soil horizons）。

毒物兴奋效应（hormesis）：低剂量毒物对生物体在物理、化学和生物上有好的影响，但是高剂量则产生不利的影响。

激素（hormone）：生物分泌的少量的化学信息物质，主要是调节生物的生长、繁殖和其他重要的生物功能。另见内分泌干扰物（endocrine disrupter）。

热点（hotspot）：（1）一股上升的岩浆从地球岩石地幔深处流出并经地壳的一个出口喷发出来。（2）主要物种多样性因人类活动影响而处于破坏危险的地区。

哈巴德·布鲁克实验林（Hubbard Brook Experimental Forest, BHEF）：位于新罕布什尔州白山国家森林中的一个保护区，围绕酸雨对森林、溪流和土壤健康的影响建立了一批长期生态研究基地之一。

哈伯特峰值（Hubbert's peak）：见石油峰值（peak oil）。

腐殖质（humus）：分解后依然留下的黑色或暗褐色的有机物质。

碳氢化合物（hydrocarbons）：仅含有氢和碳的多种有机化合物。

氢键（hydrogen bond）：两个水分子之间的键，是通过一个水分子带负电（氧）的一端被另一个水分子带正电（氢）的一端吸引而形成的。

氢燃料电池汽车（hydrogen fuel cell vehicles, HFCV）：以氢燃料电池为动力的汽车。

水循环（hydrological cycle）：水从无生命环境到生命有机体然后再回到环境的全球流动，包括蒸发、降水和径流，为陆地生物持续不断地提供淡水。

水文学（hydrology）：研究地球上水问题的科学，包括淡水的可用性和分布性。

水电（hydropower）：一种可再生能源，依赖水的落差或流动产生机械能或电能。

水圈（hydrosphere）：为地球提供水（包括液体水和固体水、淡水和咸水）的来源。

热液过程（hydrothermal process）：涉及地壳深处水加热的过程。

热液储层（hydrothermal reservoir）：大型地下热水库，可能还含有蒸汽，有些热水或蒸汽可能冲出地表，形成热泉或温泉。

热液口（hydrothermal vent）：海底的热泉，涌出热的、富含矿物质的水。很多热液口支持形成了生机勃勃的群落。

高血压（hypertension）：血压升高。

假设（hypothesis）：有根据的推测，可能是正确的，可以通过观察和实验进行验证。比较理论（theory）。

环境缺氧（hypoxia）：很多水体中出现的溶解氧含量低的状况，是由水中营养物质促进藻类快速生长所造成的，死亡的藻类下沉到海底，被细菌分解，从而耗尽了水中的氧，使得其他海洋生命缺乏生存所需要的氧。

火成岩（igneous rock）：因为火山活动而形成的岩石。

淀积作用（illuviation）：位于低层土壤中，由上层土壤而来的矿物，是由淋洗导致的。

迁入（immigration）：种群的一种扩散形式，个体进入一个种群，从而增加了种群数量。比较迁出（emigration）。

就地保护（in situ conservation）：侧重于在野外保护生物多样性的措施。见保护生物学（conservation biology）。比较迁地保护（ex situ conservation）。

基于激励措施的规定（incentive-based regulation）：通过建立排放指标、奖励企业减少排放的污染控制法律。比较命令与控制的规定（command and control regulation）。

指示物种（indicator species）：能够提供环境危害及其对其他物种影响的早期预警的生物，比如地衣，对于空气污染特别敏感；两栖动物，对于农药和其他环境污染物特别敏感。

归纳推理（inductive reasoning）：根据具体案例得出一般结论或发现一般规律的推理。比较演绎推理（deductive reasoning）。

工业生态学（industrial ecology）：研究能量和资源在工业系统中以及工业系统和其他系统之间流动的科学。

工业生态系统（industrial ecosystem）：不同工业间相互作用的复杂网络，其中某一工业产生的“废物”可以出售给其他工业，被当作原材料。发现公司的废物可以带来利润是可持续制造的延伸。见可持续制造（sustainable manufacturing）。

工业烟雾（industrial smog）：传统的、像伦敦那样的烟雾污染，主要包括硫氧化物和颗粒物。比较光化学烟雾（photochemical smog）。

工业阶段（industrial stage）：人口转型的第三个阶段，其特点是出生率下降，并在一个国家或地区的工业化进程中发生。

工厂化农业（industrialized agriculture）：使用大量能源（来自化石燃料）、机械、水和农业化学物质（化肥和农药）等投入的现代农业方式，从而生产大量的粮食和养殖大量的牲畜。 也叫高投入农业（high-input agriculture）。比较生存农业（subsistence agriculture）。

婴儿死亡率（infant mortality rate）：每出生1000个婴儿中死亡的婴儿数量。（婴儿指的是不超过一岁的孩子。）

传染病（infectious disease）：由微生物（比如病菌或真菌）或传染原（比如病毒）导致的疾病。传染病可以从一个个体向另一个个体传播。

红外辐射（infrared radiation）：波长大于可见光但小于无线电波的辐射，地球吸收的能量多数是以红外辐射的形式再进行辐射的，温室气体能够吸收这种红外辐射。人类以不可见的热波形式接受红外辐射。

本质安全（inherent safety）：见本质安全原理（principles of inherent safety）。

无机化学物质（inorganic chemical）：不含碳的、与生命没有关系的化学物质，无机化学污染物包括汞化合物、融雪盐、酸性矿山废水。

无机植物营养物质（inorganic plant nutrient）：促进植物和藻类生长的硝酸盐和磷酸盐等营养物质，如果数量太大（来自动物粪便、植物残留、肥料径流），就会造成土壤和水污染。

杀虫剂（insecticide）：杀死昆虫的有毒化学物质。

综合虫害管理（integrated pest management, IPM）：综合控制虫害的方法（生物的、化学的、农业的），如果使用恰当，时机合适，就会将虫害控制在很低的水平，不会造成大的经济损失。

综合废物管理（integrated waste management）：将最好的废物管理技术整合为一个能够有效治理固体废物的综合、系统的计划。

间作（intercropping）：一种集约型传统农业，主要是在同一块地上同时种植不同的作物。见混作（polyculture）。

种间竞争（interspecific competition）：不同物种成员之间的竞争。见竞争（competition）。比较种内竞争（intraspecific competition）。

潮间带（intertidal zone）：高潮和低潮之间的海岸线地区。

种内竞争（intraspecific competition）：同一物种成员之间的竞争。见竞争（competition）。比较种间竞争（interspecific competition）。

内禀增长率（intrinsic rate of increase）：一个种群在持续状态下的指数增长率。有时也称生物潜能（biotic potential）。

入侵物种（invasive species）：在一个新地区迅速蔓延的外来物种，造成经济或环境的伤害。

电离辐射（ionizing radiation）：含有足够能量并从原子中激发出电子的辐射，形成带正电的离子。电离辐射会损害生物组织。

***IPAT*模型**（*IPAT* equation）：揭示环境影响及其背后因素（人口数量、富裕程度、用来获得和消费资源技术所产生的环境影响）之间数学关系的模型。

同位素（isotope）：同一种元素的不同形式，具有不同的原子质量，同位素有着不同的中子数量，但是有着同样的质子和电子。

***K*选择**（*K* selection）：一种繁殖策略，该物种通常形体大、发育慢、生命长，不将大量的能量用于繁衍后代。比较*r*选择（*r* selection）。

海带（kelps）：沿着岩石海岸在相对浅的、冷的温带海洋水域中常见的大型褐色藻类。

油原（kerogen）：见油页岩（oil shales）。

关键种（keystone species）：对于决定大自然和整个生态系统的结构至关重要的物种，一个群落的其他物种依赖于关键种并受关键种的影响，关键种的多寡所产生的影响比人们所认识的大得多。

千卡（kilocalorie）：热能单位，1千卡热能等于将1千克水升温1℃所需的能量。

千焦（kilojoule）：能量单位；1千卡等于4.184千焦。

动能（kinetic energy）：由于运动而产生的能量。比较势能（potential energy）。

磷虾（krill）：形状像虾一样、在南极食物网中非常重要的微小动物。

《京都议定书》（Kyoto Protocol）：一项国际协议，要求高度发达国家到2012年必须将导致气候变化的CO_2和其他气体平均减少5.2%。

拉尼娜（La Niña）：东太平洋周期性的海洋温度事件，海面温度变得异常低，西向信风变得异常强，常常在厄尔尼诺事件之后发生。比较厄尔尼诺南方涛动（El Niño-Southern Oscillation, ENSO）。

土地退化（land degradation）：降低土地未来的支持作物或牲畜能力的自然或人为过程。又见退化（degradation）。

土地利用规划（landuse planning）：决定某一给定区域最有效利用土地的过程。

土地所有制（land tenure）：一个社会中使用土地的明确的、法定的财产权利。

景观（landscape）：包括几个相互作用的生态系统的区域。

景观生态学（landscape ecology）：生态学的一个分支，重点研究一个特定地区不同生态系统之间的联系。

山体滑坡（landslide）：泥土或岩石从陡峭山坡上的滑落。

纬度（latitude）：距离赤道的长度，以赤道以南或以北的度数表示。

熔岩（lava）：到达地球表面的岩浆（熔化的岩石）。比较岩浆（magma）。

沥出液（leachate）：卫生填埋场或其他废物处理场地中从固体废物中渗透出来的液体。

淋洗（leaching）：溶解物质（营养物或污染物）被冲走或通过不同的土壤层过滤。

欠发达国家（less-developed country）：工业化水平低、出生率高、婴儿死亡率高、人均收入低（相对于高度发达国家）的发展中国家。比较适度发达国家（moderately developed country）和高度发达国家家（highly developed country）。

致死剂量50%（lethal dose-50%，LD_{50}）：在毒理学中，致死50%实验动物的剂量。

寿命（life expectancy）：某个人群或地区中普通人生命持续的时间。

生命表（life table）：关于一个种群个体寿命和死亡率的数据表。

褐煤（lignite）：品级低的褐色或褐黑色的煤，

有着软的、木质的质地（比次烟煤软）。比较烟煤（bituminous coal）、无烟煤（anthracite）、次烟煤（subbituminous coal）。

石灰净化器（lime scrubber）：一种空气污染控制设备，通过喷洒一种化学物质来中和酸性气体。见净化器（scrubbers）。

限制性资源（limiting resource）：任何一种环境资源，由于它的稀缺或处于不利水平，限制了生物的生态位。

湖心带（limnetic zone）：沿岸带外的开阔地带，向下延伸到阳光照射最远、能够进行光合作用的地方（因此会发生光合作用）。比较沿岸带（littoral zone）和深底带（profundal zone）。

液化石油气（liquefied petroleum gas）：液化丙烷和丁烷的混合体，液化石油气储存在压力罐中。

岩石圈（lithosphere）：地球最外面的坚硬的岩石层，由7个大的板块和一些小的板块组成。

沿岸带（littoral zone）：沿着湖岸或池塘岸边水浅的区域。比较湖心带（limnetic zone）和深底带（profundal zone）。

壤土（loam）：最理想的农业土壤，有着不同大小土壤颗粒的最佳组合，含有大约40%的砂土和粉土，含有大约20%的黏土。

逻辑种群增长（logistic population growth）：受密度制约因素限制的种群增长，最终会达到那个种群的承载力。

多钩长线（longlines）：商业捕鱼的线，钓鱼线上挂有数千个铒钩，鱼线长达130公里（80英里）。

拉夫运河（Love Canal）：位于纽约州尼亚加拉瀑布市边缘上的一个小型社区，由于对掩埋在当地的工业废物的疏于管理，造成了大量的严重的疾病案例，特别是儿童的患病。拉夫运河已成为化学污染的代名词，与工业废物掩埋联系在一起。

低碳燃料标准（low-carbon fuel standard, LCFS）：减少二氧化碳排放的燃料使用标准。

低压精准灌溉（low-energy precision application, LEPA）：一种利用地理信息系统的农业节水技术。

贫矿（low-grade ore）：矿物含有量相对小的矿石。比较富矿（high-grade ore）。

低水平放射性废物（low-level radioactive waste）：发出小量电离辐射的放射性固体、液体或气体。比较高水平放射性废物（high-level radioactive waste）。

《马德里议定书》（Madrid Protocol）：即《南极条约环境保护议定书》，为南极及其海洋生态系统提供保护。

岩浆（magma）：地球内部形成的熔化的岩石。比较熔岩（lava）。

岩浆富集（magmatic concentration）：地壳中矿物的分层，是由岩浆的冷却和凝固造成的。

《麦格纽森渔业保护法案》（Magnuson Fishery Conservation Act）：美国1976年颁布、2006年修订的法律，旨在减少混获，支持实施国际渔业协议，促进海洋资源保护，保护栖息地，实施保护渔业资源的计划，建设海洋渔业资源管理机构。

营养不良（malnutrition）：营养差的状况，是营养摄入不足或过多造成的。比较营养不足（undernutrition）。

锰结核（manganese nodule）：含有锰和其他矿物的小块岩石，在海底的一些地区储量丰富。

红树林（mangrove forest）：在很多热带海岸生长着红树属植物的沼泽。

地幔（mantle）：环绕地心的致密岩石厚层。

消瘦（marasmus）：由于卡路里和蛋白质摄入量低而造成的持续虚弱、衰瘦。

污染减少边际成本（marginal cost of abatement）：减少单位污染量所需要的支出。

污染边际支出（marginal cost of pollution）：排放到环境中的单位污染量所造成的环境损害支出。

海水养殖（mariculture）：针对人类消费的海洋生物养殖（鱼类、海草和甲壳类动物），是水产养殖的一部分。

海雪（marine snow）：从海洋上层、有光的水域沉降到深海生物栖息地的有机絮凝物。

市场化废物排放许可证（marketable waste-discharge permit）：见交易许可证（tradable permit）。

草地沼泽（marsh）：主要生长着草的湿地，不生长树木。内陆湖泊和河流沿岸有着淡水沼泽，海湾、靠近海洋的河流以及海岸保护区有着咸水沼泽。见盐沼（salt marsh）。

原生垃圾焚烧炉（mass burn incinerator）：除了冰箱等不能燃烧的废物外，焚烧所有固体废物的大型焚烧炉。

集群灭绝（mass extinction）：在相对较短的地质时间里发生的众多物种的灭绝。比较背景灭绝（background extinction）。

材料回收中心（materials recovery facility）：循环材料处理机构，在那里通过人工或多种技术对循环材料进行分选，包括磁铁、格栅、传送带，为再制造进行准备。

最高污染水平（maximum contaminant level）：人的水消费中某种特定水污染物浓度的、法律允许的影响健康的最大数量。

地中海式气候（Mediterranean climate）：位于中纬度、冬天凉爽潮湿、夏天炎热干燥的气候。

大城市（megacity）：人口超过1000万人的城市。

熔毁（meltdown）：核反应堆容器的熔化，会导致大量放射性释放到环境中。见反应堆容器（reactor vessel）。

中间层（mesosphere）：位于平流层和热层之间的那层大气，拥有大气层中最低的温度。

金属（metal）：具有良好导热和导电性能的延展性的、有光泽的元素。见矿物（mineral）。比较非金属（nonmetal）。

变质岩（metamorphic rock）：高温、高压改变火成岩、沉积岩或其他变质岩而形成的岩石。

集合种群（metapolulation）：在一个景观格局中明显不同的斑块生境中分布的一组当地种群的集合。

甲烷（methane）：最简单的碳氢化合物，CH_4，是一种无味、无色和易燃气体。

甲烷水合物（methane hydrates）：在北极冻原（永久冻土之下）有孔岩石中以及大陆斜坡和海底深海沉积层中被冰覆盖的天然气。也叫天然气水合物（gas hydrates）。

甲醇（methanol）：无色、易燃液体，CH_3OH。也叫木精（methyl alcohol）。

木精（methyl alcohol）：见甲醇（methanol）。

小气候（microclimate）：由于海拔、山坡高度和方向以及盛行风的不同而导致的气候变化。

微贷款（microcredit）：向达不到担保或其他标准的借贷者发放的小额资金贷款。

微灌（microirrigation）：通过封闭系统用输水管道将水送到植物的一种节水灌溉方法。也称滴灌（drip or trickle irrigation）。

千年发展目标（Millennium Development Goals）：联合国提出的解决世界贫困人口需求问题的行动计划。

千年生态系统评价（Millennium Ecosystem Assessment）：联合国提出的生态系统评价，主要是收集生态系统变化以及这些变化对人类影响的科学信息。

矿物（mineral）：一种无机固体，在地壳中或上面自然存在，有着特定的化学和物理特性。见金属（metal）和非金属（nonmetal）。

矿物储量（mineral reserve）：目前可以开采并能带来利润的矿物。见全部资源（total resources）。比较矿物资源（mineral resource）。

矿物资源（mineral resource）：未被探明或已被探明的目前不具有经济开采价值的贫矿藏。矿物资源是未来开采可能带来利润的矿物。见全部资源（total resources）。比较矿物储量（mineral reserve）。

减缓（mitigation）：减少气候变化导致原因的行动，从而降低气候变化的速度。

混合氧化物燃料（mixed oxide fuel, MOX）：一种核反应堆燃料，包含有氧化铀和氧化钚。钚来自其他钚材料中的乏燃料，包括拆卸掉的核弹头。

移动源（mobile source）：在空气质量管理中，处于移动状态的污染源，比如汽车和火车。比较固定源（stationary source）。

模型（model）：（1）描述一个系统行为的正式语句，可以用来了解事件目前状况，或者预测事件的未来进程。（2）使用强大计算机的模拟，揭示竞争要素的总体影响，以数字术语的形式描述环境系统。

适度发达国家（moderately developed country）：具有中等工业化水平、高出生率和高婴儿死亡率以及人均收入低（所有方面都是相对于高度发达国家）的发展中国家。比较欠发达国家（less developed country）和高度发达国家（highly developed country）。

现代进化综合理论（modern synthesis）：对进化的统一解释。

标准式焚化炉（modular incinerator）：燃烧固体废物的小型的、相对廉价的焚烧炉。

软土（mollisol）：有着厚厚A层的草原土壤。

单作（monoculture）：在一个大片区域仅种植一个作物物种。比较混作（polyculture）。

《蒙特利尔公约》（Montreal Protocol）：确定禁止生产CFC的时间表的国际协议。

致死率（mortality）：见死亡率（death rate）。

山顶剥离法（mountaintop removal）：一种采煤技术，将山顶上的树木、草、土壤和岩石除掉，运到附近的山谷中，从而开采煤层。

覆盖物（mulch）：在土壤表面围绕植物根部放置的材料，有助于保持土壤湿度，减少土壤侵蚀。有机覆盖物随着时间而分解，因此滋养土壤。

城市固体废物（municipal solid waste, MSW）：家庭、办公楼、零售商店、餐馆、学校、医院、监狱、图书馆和其他商业以及组织机构丢弃的固体物质。比较非城市固体废物（nonmunicipal solid waste）。

城市固体废物堆肥（municipal solid waste composting）：对一个社区固体废物中有机材料的大规模堆肥。

突变（mutation）：生物DNA（也就是基因）的变化。繁殖细胞的突变可能会遗传给下一代，可能会导致出生缺陷或基因疾病，也可能导致出现更有利的遗传品质，只是这种情况不常见。

互利共生（mutualism）：不同物种两个或多个个体之间的任何亲密关系或联合。见共生现象（symbiosis）。比较偏利共生（commensalism）、寄生现象（parasitism）。

菌丝体（mycelium）：土壤里真菌中不具有生殖能力的部分，就像根系一样，是一个典型的细线组成的网络。

菌根（mycorrhiza）：真菌和植物的根之间的互利共生关系。多数植物与真菌形成菌根关系，使得植物从土壤里吸收充分的必要矿物质。

纳米材料（nanomaterials）：被设计生产的能够在纳米级发挥功能作用的任何材料。

纳米技术（nanotechnology）：生产直径为一个纳米（10^{-9}米）左右的材料的技术。

窄谱性农药（narrow-spectrum pesticide）：只杀死目标生物的"理想"农药，不危害其他物种。比较广谱性农药（broad-spectrum pesticide）。

产生率（natality）：见出生率（birth rate）。

国家保护战略（national conservation strategy）：协调减少交通运输、建筑、制造和其他领域的能源需求、实现最有效地管理资源的措施。

国家排放限制（national emission limitations）：污水处理厂、工厂或其他点源可以排放到河流、湖泊和海洋中的某个水污染物的最大允许数量（根据法律规定）。

《国家环境政策法》（National Environmental Policy Act, NEPA）：美国联邦法律，是美国环境政策的基石，要求联邦政府研究投资兴建的任何一个项目对环境的影响。

国民收入账户（national income account）：对一个国家特定年份全部收入的测算，其中包括国内生产总值和国内生产净值。比较环境绩效指数（Environmental Performance Index）。

国家海洋保护区（national marine sanctuary）：为了最大限度地减少人类影响、保护独特资源和历史遗迹而建立的海洋生态系统保护基地。

国家公园系统（National Park System, NPS）：美国1916年授权内政部负有管理国家公园和保护区的责任。

国家野生动物保护系统（National Wildlife Refuge System）：美国1966年颁布实施的法律，为保护鱼类、鸟类和其他野生动物提供管理指南。

自然资本（natural capital）：维持包括人类在内的生命有机物的地球资源与过程的总和，包括矿藏、森林、土壤、地下水、清洁空气、野生动物、鱼类等。

天然气（natural gas）：地壳中发现的富含能量的混合碳氢化合物气体（主要是甲烷），常常与石油储藏一起存在。见化石燃料（fossil fuel）。

自然增长（natural increase）：见增长率（growth rate）。

自然管理（natural regulation）：公园管理政策，多数情况下让大自然自行发展，只是在需要调节人类普遍活动带来的变化的时候才实行干预性行动。

自然资源（natural resources）：见资源（resources）。

物竞天择（natural selection）：环境适应性强的生物更能够生存和繁衍，如果自然选择带来种群的基因变化，就发生进化。物竞天择是达尔文第一次提出的进化理论。

自然保护（Nature Conservancy）：一个非营利组织，通过协商保护地役权、购买土地、洽谈合作协议等保护重要的生态栖息地。

负外部性（negative externality）：见外部性（externality）。

负反馈系统（negative feedback system）：一些条件的改变引发反应的系统，进而抵消或反转正在变化的条件。比较正反馈系统（positive feedback system）。

自游生物（nekton）：相对强壮的海洋游泳生物，比如鱼、龟。比较浮游生物（plankton）和底栖生物（benthos）。

浅海区（neritic province）：水层环境中覆盖从海岸线到200米（650英尺）深海底的水域。比较海洋区（oceanic province）。

净初级生产力（net primary productivity，NPP）。减去细胞呼吸能量损耗以后的生产力，也就是说，植物细胞呼吸以后还剩余的生物量。比较总初级生产力（gross primary productivity）。

位（niche）：一种生物的适应性、使用资源以及生活方式的总和，描述生物如何利用环境中的资源以及如何与其他生物发生相互作用。也叫生态位（ecological niche）。见基础生态位（fundamental niche）和实际生态位（realized niche）。

硝化（nitrification）：通过土壤里的某种细菌（硝化细菌）将氨（NH_3）和铵离子（NH_4^+）转换为硝酸盐（NO_3^-）的过程，是氮循环的一部分。

氮循环（nitrogen cycle）：氮从非生命环境到生命有机体以及再返回非生命环境的全球流动。

固氮（nitrogen fixation）：用固氮细菌和蓝细菌将大气中的氮（N_2）变成氨（NH_3），是氮循环的一部分。

氮氧化物（nitrogen oxides）：含有一个氮分子和一个或多个氧分子的化合物。

噪音污染（noise pollution）：很大或令人不适的声音，特别是能够导致物理或心理伤害的声音。

游牧业（nomadic herding）：传统的放牧方式，牧民在草原上自由地迁徙，为其牧群寻找好的牧场。

不可降解的（nondegradable）：指的是不能被生物或其他自然过程分解（裂解）的化学污染物（比如汞、铅等有毒元素）。比较可生物降解的（biodegradable）。

非金属（nonmetal）：导热和导电性能差的非延展性的、没有光泽的矿物。见矿物（mineral）。比较金属（metal）。

非城市固体废物（nonmunicipal solid waste）：工业、农业和矿业产生的固体废物。比较城市固体废物（municipal solid waste）。

非点源污染（nonpoint source pollution）：从大片地区而不是从单个地点进入水体的污染物。比如农业肥料径流以及建筑泥沙冲积。也叫污染径流。比较点源污染（point source pollution）。

不可再生资源（nonrenewable resources）：供应有限的自然资源，会因使用而殆尽，包括铜、锡等矿物质和石油以及天然气等化石燃料。比较可再生资源（renewable resources）。

非选择性除草剂（nonselective herbicide）：杀死所有或多数植物的除草剂。

非城市土地（nonurban land）：见农村土地（rural land）。

西北森林计划（Northwest Forest Plan）：美国1993年实施的一项联邦计划，旨在促进伐木者、环境保护主义者、当地社区在俄勒冈和华盛顿州联邦森林管理上的合作，解决存在的冲突。

免耕（no-tillage）：一种保护性耕作方式，一点都不进行耕田，不翻动地下和地表土壤，使用专用的机械在土地上打洞播下种子。见保护性耕作（conservation tillage）。比较传统耕作（conventional tillage）。

核能（nuclear energy）：核反应中（核裂变或核聚变）或放射性衰变中从原子核里释放的能量。

核裂变（nuclear fission）：见裂变（*fission*）。

核燃料循环（nuclear fuel cycle）：涉及从核反应堆燃料的生产到放射性废料（也叫核废料）的处理的全部过程。

核聚变（nuclear fusion）：见聚变（fusion）。

核反应堆（nuclear reactor）：用于启动和维持一个受控的核裂变链条反应从而产生能量的一种工具设置，通常是用来发电。

《核废物政策法》（Nuclear Waste Policy Act）：美国1992年通过的法律，设立了高放射性废物的处理项目。

营养循环（nutrient cycling）：各种营养矿物和元素从环境到生物然后再到环境的流动，营养循环的例子是生物地球化学循环。

营养转变（nutrition transition）：广泛存在营养不良的国家又出现营养过剩的状况。

海洋传输带（ocean conveyor belt）：浅海洋流和深海洋流的全球流动，将海洋深处的冷的咸水从高纬度输送到低纬度。

海洋区（oceanic province）：水层环境中覆盖水深超过200米（650英尺）海底的水域，构成海洋的大部分。比较浅海区（neritic province）。

海洋热能转换（ocean thermal energy conversion，OTEC）：一种间接形式的太阳能，利用海洋温差来发电或为建筑物降温。

海洋温度梯度（ocean temperature gradient）：不同海洋深度的温度差别。

奥加拉拉含水层（Ogallala Aquifer）：美国中西部8个州地下蕴藏的丰富的水层。

O层（O-horizon）：土壤最上面的一层，由枯枝烂叶和其他有机物质组成。

油（oil）：见石油（petroleum）。

《石油污染法》（Oil Pollution Act）：美国1990年通过的法律，是在超级油轮埃克森•瓦尔迪兹泄漏后制定的，促进石油泄漏后的资源保护和响应。

油砂（oil sand）：见砂岩（tar sand）。

油页岩（oil shales）：含有被称作油原的混合碳氢化合物的沉积型的“含油的岩石”，可以产出石油，但是必须粉碎并加热到很高的温度，开采后需要进行炼制。见油原（kerogen）。

贫营养湖（oligotrophic lake）：营养少的水深、清澈的湖，贫营养湖的水中溶解氧含量高。比较富营养湖（eutrophic lake）。

杂食动物（omnivore）：吃各种各样植物和动物的动物。比较草食动物（hervbivore）和肉食动物（carnivore）。

开放管理（open management）：渔业管理政策，允许本国的所有渔船无限制地在国家海域中捕鱼。

开放系统（open system）：与环境进行能量交换的系统。比较封闭系统（closed system）。

凹陷露天开采（open-pit mining）：一种露天采矿方式，开挖一个巨大的坑洞，开采铁、铜、宝石、砾石等矿石。见露天开采（surface mining）。比较条带露天开采（strip mining）。

最优污染量（optimal amount of pollution）：在经济学中，最优经济效用的污染量。由污染边际支出和减缓边际支出两条曲线所决定，两条曲线交叉的那个点就是最优污染量。

矿石（ore）：含有大量某种矿物的岩石，可以通过开采和精炼获得利润。

有机农业（organic agriculture）：种植庄稼和养殖牲畜时不使用合成农药和无机化肥。有机农业使用有机肥料（比如粪便和堆肥）以及不含化学物质的虫害控制措施。

有机化合物（organic compound）：包含碳元素的化合物，可以是自然存在的（在生物中），也可以是合成的（由人类制造的）。很多合成有机化合物在环境中停留很长时间，有些对生物是有毒的。

《有机食物生产法》（Organic Food Production

Act）：美国1990年颁布的法律，主要监管并进行有机食品认证。

有机磷酸酯（organophosphate）：一种合成有机化合物，含有磷，有毒，用作杀虫剂。

剥离物（overburden）：矿藏上面覆盖的土壤和岩石层。露天开采时要清除掉剥离物。

过度放牧（overgrazing）：太多的动物啃食草根过于厉害或植物的根和叶没有完全再生就不断被啃食而造成的植被破坏。

氧化物（oxide）：某些元素与氧通过化学反应而形成的化合物。

氧化土（oxisols）：高度风化的热带土壤，营养矿物质含量少，但是富含铁和铝。

臭氧（ozone）：一种淡蓝色的气体（O_3），是屏蔽上层大气中（平流层）UV射线的必要物质，也是下层大气中（对流层）中的污染物。

流行病（pandemic）：几乎可以传播到世界上任何一个地方、传染几乎每一个人的疾病。

程式（paradigm）：关于世界某些方面的运行规律被广泛接受的认知，比如进化是现代生物学的程式。

寄生现象（parasitism）：一种生物个体（寄生物）受益而另一种生物个体（宿主）受到不利影响的共生关系。见共生现象（symbiosis）。比较互利共生（mutualism）、偏利共生（commensalism）。

颗粒物（particulate matter）：悬浮在大气中的固体和液体颗粒。

十亿分比（parts per billion，ppb）：每10亿个空气、水或其他物质分子中所含有的分子数。

百万分比（parts per million，ppm）：每100万个空气、水或其他物质分子中所含有的分子数。

被动式太阳能采暖（passive solar heating）：不需要机械设备（泵或风扇）扩散而收集热能的利用太阳能的系统。比较主动式太阳能采暖（active solar heating）。

病原体（pathogen）：导致疾病的生物（通常是微生物）。见致病原（disease-causing agent）。

回收期（payback time）：通过节约支出而回收投资所需要的时间。

PCBs：氯化联苯，含有氯的有机化合物集合，在其危险性特征被认识之前已经被大量使用，这些物质降解慢，在环境中停留时间长。

用电高峰（peak demand）：在电力使用中，一天或一年内电网里多数电被使用的时候。

石油峰值（Peak Oil）：指的是全球石油生产达到最大数量的那个点，根据一些推测，石油峰值已经过去，但是有些预测认为，石油峰值会在2020年或以后出现。又被称为“哈伯特峰值”，是以美国地质学家哈伯特的名字命名的，他首次提出这一概念。

水层环境（pelagic environment）：不与海岸线和海底密切接触的海洋环境。

永久冻土（permafrost）：长久冰冻的底土，呈现冰冻地区的特点，比如冻原。

持久性（persistence）：某些化学物质极度稳定的特征，需要很多年才能被自然过程分解为更简单的形式。

持久性有机污染物（persistent organic pullutants，POPs）：在生物中累积的持久性有毒化学物质，能够通过空气和水等介质移动数千公里并造成污染，有些污染物破坏内分泌系统，造成癌症，或者对生物的发育产生有害影响。

有害生物（pest）：以某种方式妨碍人类福利或活动的生物。

农药（pesticide）：用来杀死有害生物的有毒化学物质。见杀虫剂（insecticide）、除草剂（herbicide）、杀菌剂（fungicide）、灭鼠剂（rodenticide）。

《农药化学物质补充法案》（Pesticide Chemicals Amendment）：美国1954年颁布的法律，对FDCA进行了修正，防止出售或运输任何含有不安全水平农药的农业商品。

农药跑步机困境（pesticide treadmill）：农药使用者面临的困境，由于农药使用更加频繁、使用量更大而造成农药成本增加，但是在目标害虫基因抗性增强的情况下，农药药效反而降低。

石油化学制品（petrochemicals）：从原油中制造的化学产品，被用来生产化肥、塑料、油漆、农药、药物、合成纤维等。

石油（petroleum）：地壳中发现的一种黏稠的、黄色到黑色的混合可燃性碳氢化合物液体，是由古代微小海洋生物的残体形成的。石油炼制后，可以分为各种不同的碳氢化合物，包括汽油、煤油、燃料油、润滑油、石蜡以及沥青等。也叫原油（crude oil）。见化石燃料（fossil fuel）。

pH值：表明某个物质酸度或碱度的数值，从0到14不等。

酸碱度（pH scale）：水溶液的酸度或碱度的刻值。

信息素（pheromone）：生物产生并分泌到环境中的一种自然物质，可以激发同一物种其他异性成员的发育或行为。

磷循环（phosphorus cycle）：磷从无生命环境到生命有机体然后再回到环境的全球流动。

光化学烟雾（photochemical smog）：一种呈棕褐色、橙色的烟雾，是由复杂的化学反应形成的，涉及阳光、氮氧化物和碳氢化合物。光化学烟雾中的有些污染物包括过氧酰基硝酸酯（PANs）、臭氧和乙醛。比较工业烟雾（industrial smog）。

光降解（photodegradable）：暴露于阳光下就能实现分解。

光合作用（photosynthesis）：是一种生物过程，从太阳中捕获光能并将之转换成有机分子（比如糖）的化学能，这种能量可以将二氧化碳和水制造成有机分子。光合作用是由植物、藻类和几种细菌进行的。比较化合作用（chemosynthesis）。

光伏太阳能电池（photovoltaic solar cell）：一种晶片或薄片固体材料，比如硅或者砷化镓，在通过与其他金属进行处理后，在吸收太阳能的时候可以发电，即实现电子的流动。

浮游植物（phytoplankton）：是自由浮动的微小藻类，形成了大多数水生食物链的基础。见浮游生物（plankton）。比较浮游动物（zooplankton）。

植物修复（phytoremediation）：用特殊的植物吸收和累积有毒物质从而清理修复有毒废物场地的方法。比较生物修复（bioremediation）。

先锋群落（pioneer community）：在一个区域最先生长的生物（比如地衣或苔藓），开启了生态演替的第一个阶段。见演替（succession）。

浮游生物（plankton）：一般是体型小的水生微生物，游泳移动能力相对较弱，在多数情况下，它们是随波逐流。包括浮游植物（phytoplankton）和浮游动物（zooplankton）。比较自游生物（nekton）和底栖生物（benthos）。

等离子体（plasma）：高温条件下形成的电离气体，电子从气体原子中被剥离。核聚变反应时会形成等离子体。

板块边界（plate boundary）：两个板块接触的区域，常常是地质活动密集强烈的地区。见断裂带（fault）。

板块构造学（plate tectonics）：对岩石圈板块在岩流圈之上运动过程的研究。

插入式混合电动汽车（plug-in hybrid electric vehicle, PHEV）：使用电能和另外一种能源作为动力的汽车。

点源污染（point source pollution）：可以追溯特定来源（比如工厂或污水处理厂）的水污染，这种污染是通过管道、排水道、沟渠等排放到环境中的。比较非点源污染（nonpoint source pollution）。

极地（polar）：指的是靠近北极或南极的地区，天气寒冷，冬季黑夜长，夏季白天长。

极地东风带（polar easterly）：从北极附近由东北或从南极附近由东南刮的盛行风。

污染物（pollutant）：由于人类活动产生并排放到环境中的物理、化学或生物物质，这种物质对包括人类在内的生物的健康产生有害的影响。

污染径流（polluted runoff）：见非点源污染（nonpoint source pollution）。

污染（pollution）：空气、水或土壤的有害变化，危害人类或其他生物的健康、生存或活动。

《污染防治法》（Pollution Prevention Act）：美国1990年颁布的法律，要求通过改变生产、操作和原材料利用等方式减少污染源。

多氯联苯（PCBs）：见PCBs。

混作（polyculture）：一种间作模式，同时种植几种成熟期不同的植物。见间作（intercropping）。比较单作（monoculture）。

聚合物（polymers）：碳化合物重复连接而成的材料，可以用来制造塑料。

种群（population）：一组同物种、同时生活在同一区域的生物。

种群崩溃（population crash）：突然从高的种群密度降到低的种群密度。

种群密度（population density）：特定时间单位面积或体积某个物种的个体数量。

种群生态学（population ecology）：生物学的分支，研究一个地区发现的某种特定物种的数量以及这些数量是怎样和为什么随着时间而变化（或者保持固定不变）的。

人口增长惯性（population growth momentum）：生育率下降后的人口持续增长，这是人口年龄结构所造成的；人口增长惯性可以是正的，也可以是负的，但通常是在正的增长背景下进行讨论。也叫人口惯性（population momentum）。

人口惯性（population momentum）：见人口增长惯性（population growth momentum）。

正反馈系统（positive feedback system）：一些条件的改变引发反应的系统，进而强化正在变化的条件。比较负反馈系统（negative feedback system）。

后工业阶段（postindustrial stage）：人口转型的第四个阶段，其特点是出生率低、死亡率低。

势能（potential energy）：由于物质的相对位置而储存的能量，不产生于运动。比较动能（kinetic energy）。

贫困（poverty）：人们不能满足食物、衣物、住所、教育或医疗等基本需求的状况。

预警原则（precautionary principle）：在科学无法确定但可能存在未知风险的情况下不采取行动或发布产品的理念。

捕食（predation）：一个物种（猎物）被另一个物种（捕猎者）的消费，包括动物吃其他动物和动物吃植物。

工业化前CO_2水平（preindustrial CO_2 level）：19世

纪开始大规模使用化石燃料前大气中的二氧化碳含量。

前工业化阶段（preindustrial stage）：人口转型发展的第一个阶段，主要特点是人口出生和死亡率高，人口以适度的速度增长。

保存（preservation）：设立未被干扰的自然区域，维持其自然的原始状况，防止其受到人的活动的影响，避免改变其自然状态。比较保护（conservation）。

盛行风（prevailing wind）：基本上持续不断地刮的主要地面风。

一次空气污染物（primary air pollutant）：由于人类活动或自然过程（比如火山爆发）而直接排放到大气中的有害化学物质。比较二次空气污染物（secondary air pollutant）。

一级消费者（primary consumer）：消费生产者的生物。也叫食草动物（herbivore）。比较二级消费者（secondary consumer）。

初级生产力（primary productivity）：一个生态系统内的植物和其他自养生物通过光合作用所捕获的全部能量。

初次污泥（primary sludge）：一级处理过程中从污水中沉积下来的含有多种细菌的黏稠固体物。

原生演替（primary succession）：在以前没有植物生长的陆地上发生的生态演替，那里一开始没有土壤。比较次级演替（secondary succession）。

一级处理（primary treatment）：通过机械过程（比如格栅和物理沉淀）清除悬浮和漂浮颗粒（比如泥沙和淤泥）的废水处理。比较二级处理（secondary treatment）和三级处理（tertiary treatment）。

基本农田（prime farmland）：具有理想的物理和化学特征、适于种植作物的土地。

本质安全原理（principle of inherent safety）：化学安全原则，强调通过重新设计工业过程来减少使用有毒材料，从而防止发生危险和安全事故。

生产者（producer）：从简单无机物质中制造复杂有机分子的生物（比如含有叶绿素的植物）。在多数生态系统中，生产者是光合生物。也叫自养者（autotroph）。比较消费者（consumer）。

深底带（profondal zone）：一个大湖最深的地方。比较沿岸带（littoral zone）和湖心带（limnetic zone）。

《公共草场改良法》（Public Rangelands Improvement Act）：1978年颁布的法律，承诺保护和改进草场条件，对于公共放牧收取使用费，保护和管理野生马科动物。

抽水水电储能（pumped hydroelectric storage）：将水从低处抽到高处，然后水流下来，通过涡轮机发电。

纯电动汽车（pure electric vehicle, PEV）：完全依靠电能而运行的汽车。

围网（purse seine net）：一种巨大的渔网，有两公里（1英里以上）长，小的机动船下这种渔网主要是围捕大群金枪鱼和其他鱼群。

生物量金字塔（pyramid of biomass）：表明生态系统中每一营养级全部生物量（比如，所有生物的全部干重）的生态金字塔。见生态金字塔（ecological pyramid）。比较数量金字塔（pyramid of numbers）和能量金字塔（pyramid of energy）。

能量金字塔（pyramid of energy）：显示生态系统中每个营养级中生物量能量流动的生态金字塔。见生态金字塔（ecological pyramid）。比较生物量金字塔（pyramid of biomass）和数量金字塔（pyramid of numbers）。

数量金字塔（pyramid of numbers）：显示特定生态系统中每一营养级生物数量的生态金字塔。见生态金字塔（ecological pyramid）。比较生物量金字塔（pyramid of biomass）和能量金字塔（pyramid of energy）。

检疫（quarantine）：限制可能带有害虫的外国动植物材料进口的措施，防止外来害虫和疾病的进入。

露天矿场（quarry）：见凹陷露天开采（open-pit mining）。

***r*选择**（*r* selection）：一种繁殖策略，该物种通常形体小、发育快、生命短，将大量的能量用于繁衍后代。比较*K*选择（*K* selection）。

放射（radiation）：从放射性原子的原子核中发射的快速移动粒子或能量射线。

辐射强迫（radiative forcing）：某种气体影响进入和离开大气的能量平衡的能力，以单位面积能量为测量单位，通常是瓦/平方米。

放射性原子（radioactive atoms）：自发地放出射线的不稳定同位素的原子。

放射性衰变（radioactive decay）：能量粒子或射线从不稳定的原子核中放射，包括带正电的α粒子、带负电的β粒子和高能、电磁伽玛射线。

放射性半衰期（radioactive half-life）：一半放射性物质变成另一种物质所需要的时间。也叫半衰期（half-life）。

放射性同位素（radioisotope）：自发地发出放射线的不稳定的同位素。

氡（radon）：地壳中铀元素放射性衰变期间产生的无色、无味的放射性气体。

雨影（rain shadow）：位于山峦下风口的降水稀少的区域。沙漠通常位于雨影里。

领地（range）：某一特定物种在地球上建群的区域。

草地（rangeland）：没有精心管理、用来放牧牲畜的土地。

稀土金属（rare earth metals）：包括17种元素，比如镝和铽，是混合动力汽车电池、风能涡轮机、激光制导导弹等高技术应用中重要的材料。

核反应堆芯（reactor core）：核反应堆中装有燃料（铀或钚）的部分。

核反应堆容器（reactor vessel）：核反应堆中装有铀燃料的像锅一样形状的巨大钢制结构。反应堆容器在设计上要具有安全性，防止发生辐射向环境的意外泄漏。

实际生态位（realized niche）：一种生物实际上所拥有的生活方式，包括实际上使用的资源。由于其他物种的竞争，生物的实际生态位比其基础生态位窄。见生态位（niche）。比较基础生态位（fundamental niche）。

水的再利用（reclaimed water）：以某种方式被重新使用的处理过的废水，比如再次用于灌溉、需要水冷却的制造过程、湿地恢复或地下水补充等。

循环利用（recycling）：资源保护的一种方式，将使用过的物品改造成新的产品。比如，饮料罐和废铁等废旧物品被收集、熔炼和再加工，成为新的产品。比较再利用（reuse）。

赤潮（red tide）：由于海洋藻类种群爆发性生长而将海水染成橙色、红色或褐色，很多赤潮引起严重的环境危害，损害人类和动物的健康。

垃圾衍生燃料焚烧炉（refuse-derived fuel incinerator）：只焚烧固体废物中可燃烧部分的焚烧炉，焚烧前要把玻璃、金属等不能燃烧的材料清除掉。

可再生资源（renewable resources）：通过自然过程可以补充更新的资源，只要不是在短时期过度开发，就可以永久地利用它们。可再生资源包括湖泊和江河里的淡水、肥沃的农业土壤、森林中的树木等。比较不可再生资源（nonrenewable resources）。

人口更替水平生育率（replacement-level fertility）：一对夫妇必须繁育从而“替代”他们的下一代的数量，通常为2.1个孩子。这一数字大于2，是因为有些婴儿与孩子还没有长到成熟繁育年龄就死去了。

水库（reservoir）：在河流或溪流上筑坝而形成的人工湖，可以蓄水以待日后使用。

抗性管理（resistance management）：管理基因抗性、最大限度地扩大农药使用期限的战略，包括延迟害虫基因抗性的发展。

《资源保护和恢复法案》（Resource Conservation and Recovery Act, RCRA）：美国1976年通过的法律，授权EPA对危险废物实行从摇篮到坟墓的控制，1986年修订案授权EPA解决地下化学物质和石油储存的问题。

资源分配（resource partitioning）：由于不同物种的生态位以一种或多种方式存在差异，因此产生了对环境资源竞争减少的现象，比如食物，导致了不同物种的共处。

资源回收（resource recovery）：从排放废气或固体废物中清除硫或金属等材料并作为市场产品进行出售的过程。

资源（resources）：（1）用来促进人类或其他物种福利的任何自然环境组成部分，比如清洁空气、淡水、土壤、森林、矿物、生物等。也叫自然资源（natural resources）。（2）环境中满足某一物种需要的任何东西。

呼吸（respiration）：见细胞呼吸（cellular respiration）。

反应（response）：在毒理学中，暴露于某一剂量所造成伤害的类型和数量。

恢复生态学（restoration ecology）：使用生态学的原则帮助将退化的生境尽可能地恢复到功能更健全、更可持续生境的科学。也叫生态恢复（ecological restoration）。

再利用（reuse）：资源保护的一种方式，多次、反复地使用已用过的物品。比如，玻璃瓶被收集、清洗和重新灌装。比较循环利用（recycling）。

反向渗透（reverse osmosis）：一种脱盐过程，使咸水通过可过滤渗透的膜，将盐分阻挡下来，将水过滤出去。咸水或微咸水可以通过蒸馏去除水中的盐分。比较蒸馏（distillation）。

河岸带（riparian area）：溪流或河流沿着堤岸的窄的植被带，将陆地和水生栖息地连接起来，保护鲑鱼、鳟鱼和其他水生生物不受土壤侵蚀造成的泥沙沉积的影响。也叫河岸缓冲区（riparian buffer）。

河岸缓冲区（riparian buffer）：见河岸带（riparian area）。

风险（risk）：因为某些暴露或条件所产生特别不利影响的可能性。

风险评价（risk assessment）：使用统计方法来量化暴露于某一特定危险对人类健康或环境的有害影响。风险评价提供系统的角度，与其他风险进行比较。见生态风险评价（ecological risk assessment）。

风险管理（risk management）：决定是否有需要减少或根除某一特定风险，如果需要，那么应该做什么？主要基于风险评价数据以及政治、经济和社会方面的考虑。

岩石（rock）：是一种或多种矿物的自然聚集或混合，不同的岩石有着不同的结构。

岩石循环（rock cycle）：涉及地壳所有部分的岩石转化循环。

灭鼠剂（rodenticide）：杀死啮齿目动物的有毒化学物质。

径流（runoff）：源于降水和积雪的淡水从陆地经江河、湖泊、湿地并最终到海洋的流动。

农村地区（rural land）：人口稀少的地区，比如森林、草地、沙漠和湿地。也叫非城市地区（nonurban land）。

盐化（salination）：见盐渍化（salinization）。

盐度（salinity）：水体中溶解盐（比如氯化钠）的浓度。

盐度梯度（salinity gradient）：海洋中不同深度以及入海口不同地点出现的盐度的不同。

盐渍化（salinization）：土壤中盐分的逐渐累积，常常是不适当灌溉方法造成的。多数植物不能在盐渍化土地上生长。也叫盐化（salination）。

盐沼（salt marsh）：一种耐盐草本植物主导定居的入海口浅水湿地。

海水入侵（saltwater intrusion）：由于含水层疏干而导致的海水向海岸附近的淡水含水层的侵入。由于海平面升高，地势低的地方也会发生海水入侵。

砂土（sand）：比粉土和黏土尺寸大的无机土壤颗粒。比较粉土（silt）和黏土（clay）。

卫生填埋场（sanitary landfill）：最常用的固体废物处理方法，将固体废物压紧压实并掩埋在浅层土壤之下。

腐食营养者（saprotroph）：见分解者（decomposer）。

稀树大草原（savanna）：稀疏分布着树木和树丛的热带草原，位于降雨少或季节性降雨、干旱时间长的地区。

血吸虫病（schistosomiasis）：寄生血吸虫导致的一种疾病，通过与未过滤的热带或亚热带淡水接触而传染。

科学（science）：人类努力减少自然界表面复杂性并将之总结为普遍规律的行为，这些规律可以用来进行预测、解决问题或提供新的认识视角。

科学方法（scientific method）：科学家解决问题的措施（通过提出假设并采取试验方式证明假设）。

净化器（scrubbers）：脱硫系统，在烟囱中安装并用来脱硫，能减少空气中90%以上的硫排放。有一种类型是石灰净化器。

稀树草原（scrub savanna）：杂生着灌木和小树，特别是热带树木的草原。

海草（sea grasses）：生活在温带、亚热带和热带水域中平静、浅层的海洋里的有花植物。

第二次绿色革命（second green revolution）：（1）提高稻米产量（主要是在亚洲）和抗旱、抗虫、抗涝和抗病害能力的措施，包括基因修饰。（2）通过城市农业、小规模农场、有机农业和当地农贸市场等提高农业生产力。

第二代农药（second-generation pesticide）：用作农药的合成化合物，毒性可能比第一代农药强，也可能弱。

热力学第二定律（second law of thermodynamics）：能量从一种形式转换到另一种形式的过程中，有些能量会退变成低质量的、低效的形式。因此，随着每一次能量的转换，做功的能量越来越少。见热力学（thermodynamics）。比较热力学第一定律（first law of thermodynamics）。

二次空气污染物（secondary air pollutant）：一次空气污染物与空气中正常存在的物质或其他空气污染物发生反应而在大气中形成的有害物质。比较一次空气污染物（primary air pollutant）。

二级消费者（secondary consumer）：消费一级消费者的生物。也叫食肉动物（carnivore）。比较一级消费者（primary consumer）。

二次污泥（secondary sludge）：二级处理过程中从污水中沉积下来的含有多种细菌的黏稠固体物。

次级演替（secondary succession）：一些干扰摧毁已有植被后发生的生态演替，土壤已经存在。比较原生演替（primary succession）。

二级处理（secondary treatment）：使用生物法降解悬浮有机物质的废水处理，二级处理减少废水的生化需氧量。比较一级处理（primary treatment）和三级处理（tertiary treatment）。

底泥污染（sediment pollution）：由于侵蚀作用而进入河道的过量的土壤颗粒物。

沉积岩（sedimentary rocks）：矿物质和有机物质在陆地或水里堆积而形成的岩石。

沉积（sedimentation）：（1）侵蚀颗粒被水携带，作为沉积物累积在河岸、三角洲和海底的过程。如果暴露于充足的热和压力，沉积物会变成沉积岩。（2）一级处理期间，通过重力将固体从废水中沉淀出来的过程。

种子库（seed bank）：（1）存在于土壤中的全部存活种子的总和，土壤中保存的多种类和数量丰富的休眠态种子的总和。（2）储存植物种子的地方，以备未来之需。

下种伐（seed tree cutting）：对一个地区的森林几乎一次性全部采伐的森林管理技术，只留下少数优良树木，目的是为森林的更新提供种子。比较皆伐（clear-cutting）、择伐（selective cutting）、间伐（shelterwood cutting）。

地震波（seismic waves）：在地震作用下穿过岩石的震动波。

择伐（selective cutting）：对单株或小块成熟林木进行采伐的森林管理技术，同时森林的其他部分依旧保持完整，以便森林能够很快（自然地）再生。比较皆伐（clear-cutting）、下种伐（seed tree cutting）、间伐（shelterwood cutting）。

选择性除草剂（selective herbicide）：只杀死某些植

物的除草剂，对其他植物没有影响。

半干旱地区（semiarid land）：比沙漠降水量大但是经常发生长时间干旱的地区。比较干旱地区（arid land）。

污水（sewage）：排水道或下水道（来自洗手间、洗衣机和淋浴）排放的含有人类排泄物、肥皂和洗涤剂的废水。

废水污泥（sewage sludge）：见初次污泥（primary sludge）和二次污泥（secondary sludge）。

立井采矿（shaft mine）：在煤矿和其他矿物开采中，在地下挖凿的一个垂直的井，直接通向矿脉，从而进行开采。

防护林（shelterbelt）：作为防风墙的一排树林，可以减少农业土地的土壤侵蚀。

间伐（shelterwood cutting）：在较长时间内采伐一个地区所有成熟林木的森林管理技术，一般来说10年内采伐两到三次。比较皆伐（clear-cutting）、下种伐（seed tree cutting）、择伐（selective cutting）。

游耕农业（shifting cultivation）：一种传统的农业生产形式，长时期撂荒（不耕作土地）以后进行短期的种植，在撂荒期间，自然生态系统可能会得以再恢复。见"刀耕火种"农业（slash-and-burn agriculture）。

病态建筑综合征（sick building syndrome）：建筑大楼里人们出现眼睛发炎瘙痒、恶心、头痛、呼吸感染、情绪低落、困乏等症状，是由空气污染造成的。

森林培育学（silviculture）：关于森林再生、构成、健康和质量的森林管理与实践，其中包括森林碳资源的管理。

粉土（silt）：中等尺寸大小的无机土壤颗粒。比较砂土（sand）和黏土（clay）。

汇（sink）：在环境科学中，接受物质输入的自然环境，经济发展依赖于汇来处理废物。比较源（source）。

落水洞（sinkhole）：由于地下洞穴顶端的坍塌而导致的大面积地表洞穴或塌陷，如果干旱或者过量地抽取地下水导致地下水位的下降，就会更加经常出现落水洞。

炉渣（slag）：见底灰（bottom ash）。

"刀耕火种"农业（slash-and-burn agriculture）：热带森林中的一种游耕农业，通过烧荒树林，开垦一片地，燃烧过的树林将营养矿物留在灰烬中，从而在这片地上种植几年作物，直到营养矿物耗尽，然后将这片地撂荒多年，使其自我恢复。见游耕农业（shifting cultivation）。

斜坡开采（slope mine）：在煤炭和其他矿物开采中，沿斜坡横向挖凿巷道，进行开采。

智能电网（Smart Grid）：电力公司和用户通过计算机网络进行协作、管理的电网。

智能增长（smart growth）：整合土地用途（商业、制造、娱乐、花园、各种住房）的城市规划和交通战略。

熔炼（smelting）：高温融化矿石的过程，将杂质从熔炼金属中清除出去。

烟雾（smog）：多种污染物导致的空气污染。见工业烟雾（industrial smog）和光化学烟雾（photochemical smog）。

软煤（soft coal）：见烟煤（bituminious coal）。

土壤（soil）：地壳中最外边的一层，为陆地植物、动物和微生物提供支持。土壤是无机矿物（来自母质）、有机材料、水、空气和生物的复杂混合物。

土壤空气（soil air）：沙子、淤泥和黏土颗粒中存在的空气。

《土壤保护法》（Soil Conservation Act）：美国1935年通过的法律，成立了土壤保护管理局，促进土壤管理，控制洪涝，减少土壤侵蚀，保持土壤肥力。

土壤退化（soil degradation）：见退化（degradation）。

土壤侵蚀（soil erosion）：将土壤特别是表土从土地上剥蚀或剥离，是由风和流水造成的。尽管降水和径流会自然造成侵蚀，但是开荒种地等人类活动会加速侵蚀。

土壤发生层（soil horizons）：从地表到最下面母质之间的很多土壤可以分类组织的水平层面，可能包括O层（枯枝落叶地表层）、A层（表土层）、E层、B层（地下土壤层）和C层（部分风化的母质）。

土壤污染（soil pollution）：给生活在土壤里和上面的植物以及其他生物健康带来不利影响的任何土壤物理或化学变化。

土壤剖面（soil profile）：从地表面到母质的垂直切面，显示出土壤发生层。

土壤修复（soil remediation）：使用一种或多种技术清除土壤中的污染物。

土壤盐渍化（soil salinization）：见盐渍化（salinization）。

土壤分类系统（soil taxonomy）：土壤的分类和命名。见成土因素（state factors）。

固体废物（solid waste）：作为垃圾而扔掉废弃的不需要的材料。见城市固体废物（municipal solid waste）和非城市固体废物（nonmunicipal solid waste）。

土壤水（soil water）：沙子、淤泥和黏土颗粒中存在的水。

太阳能电池（solar cell）：单一光伏电池，可以直接吸收太阳能进行发电。

太阳能量（solar energy）：来自太阳的能量。太阳能量包括直接的太阳能辐射和间接的太阳能量（比如风能、水能、生物质）。

太阳能热发电（solar thermal electric generation）：通过镜面或透镜集中太阳能加热液体管或转动斯特林发动机进行发电的一种方法。

源（source）：在环境科学中，物质的环境来源，经济发展依赖于原材料的来源。比较汇（sink）。

源头减少（source reduction）：一种废物管理方法，在产品设计和制造中降低固体废物的数量和在固体废物中减少有害废物的数量。

物种（species）：一组相类似的生物，其成员在自然状态下自由交配产子，实现繁衍生息；一个物种的成员一般来说不与另一个物种的成员交配产子。

物种丰富度（species richness）：涉及一个地区（或群落）里物种数量的生物多样性。比较基因多样性（genetic diversity）和生态系统多样性（ecosystem diversity）。

乏燃料（spent fuel）：在核反应堆中经受过辐射照射、使用过的核燃料。

灰土（spodosol）：酸性淋洗土壤，生长着针叶林和北方森林。

废石堆（spoil bank）：条带露天开采中将新壕沟的剥离物倾倒进已有壕沟中而形成的疏松的岩石山。

春季对流（spring turnover）：温带湖里湖水的混合，是随着春季冰雪融化、湖面水温度达到4℃时而发生的。温度在4℃时，水的密度最大。比较秋季对流（fall turnover）。

稳定径流（stable runoff）：每个月都可以依赖的、来自降水的那部分径流。多数地区在几个月里（比如春季）有着强径流，因为这期间的降水量和融雪量最大。

静水生态系统（standing-water ecosystem）：被陆地包围的一片淡水水体，其中的水不流动，比如湖泊和池塘。比较流水生态系统（flowing-water ecosystem）。

成土因素（state factor）：影响土壤形成的条件，包括母质、气候、地形、生物和年龄。

固定源（stationary source）：在空气质量管理中，处于不能移动状态的污染源，比如火电厂或锅炉。比较移动源（mobile source）。

雄性不育技术（sterile male technique）：昆虫控制方法，主要是繁育害虫物种的雄性个体并使之不育，然后大量释放到自然中。

参与性（stewardship）：人类在可持续地关怀和管理我们地球方面具有共同责任的理念。

斯特林发动机（Stirling engine）：通过气体膨胀和收缩产生动能的发动机。

《关于持久性有机污染物的斯德哥尔摩公约》（Stockholm Convention on Persistent Organic Pollutants）：国际公约（2001年签署，2004年生效），旨在消除或限制持久性有机污染物的使用和生产。

战略性石油储备（Strategic Petroleum Reserve）：墨西哥湾沿岸未开采的盐洞中储存着高达10亿桶的石油，由美国能源政策和节约法案授权。

平流层（stratosphere）：对流层和中间层之间的大气层，含有稀薄的臭氧层，通过过滤多数的太阳紫外线辐射而保护生命。

平流层臭氧变薄（stratospheric ozone thinning）：由于人类活动产生的含氯和含溴化学物质，导致平流层中的臭氧被加速破坏。

应激源（stressor）：见环境应激源（environmental stressor）。

带状间作（strip cropping）：像山坡一样沿着自然形状将不同的作物以间隔、窄条的形式进行种植。见等高耕作（contour plowing）。

条带露天开采（strip mining）：一种露天采矿方式，开挖一条壕沟，开采矿物，然后再挖一条与旧壕沟平行的新壕沟，将新壕沟的剥离物填放在旧壕沟里，形成疏松岩石堆砌的山，通称为弃土堆。见露天开采（surface mining）。比较凹陷露天开采（open-pit mining）。

构造圈闭（structural trap）：圈闭石油或天然气的地下地质构造。

次烟煤（subbituminous coal）：位于褐煤和烟煤之间的一个等级，含有较低的热值和硫。比较无烟煤（anthracite）、烟煤（bituminious coal）、褐煤（lignite）。

俯冲过程（subduction）：一个地球构造板块下沉到临近另一个板块下面的过程。

塌陷（subsidence）：含水层疏干（由于地下水供应的减少）引起的土地陷落或下沉。

补贴（subsidy）：政府对企业或机构的支持（比如公共财政投入或减税），从而促进其开展活动。

生存农业（subsistence agriculture）：依靠劳力和大量土地投入的传统农业，生产的粮食仅够养活自己和家人，没有多少剩余或储存以备灾荒。生存农业使用劳力和畜力作为其主要能量来源。比较工业化农业（industrialized agriculture）。

地下开采（subsurface mining）：从深埋在地下的矿藏中对矿物质和能源资源的开采。比较露天开采（surface mining）。

郊区蔓延（suburban sprawl）：城市边缘一片片空置的以及开发的土地，那里的人口密度低。

演替（succession）：植物群落随着时间而发生的系列变化。也叫作生态演替（ecological succession）。

硫化物（sulfide）：某些元素与硫通过化学反应而形成的化合物。

硫循环（sulfur cycle）：硫从无生命环境到生命有机体然后再回到环境的全球流动。

硫氧化物（sulfur oxides）：含有一个硫分子和一个或多个氧分子的化合物。

露天开采（surface mining）：首先将土壤、底土以及覆盖岩石层（即剥离物）除掉，然后对地表附近矿物质和能源资源的开采。见条带露天开采（strip mining）和凹陷露天开采（open-pit mining）。比较地下开采（subsurface mining）。

地表水（surface water）：地表江河、溪流、湖泊、池塘、水库和湿地中的淡水。比较地下水（groundwater）。

超导磁储能（superconducting magnetic energy storage）：在超导磁体中利用磁力现象储存能量，以便后来再转换成电能。

《超级基金国家优先目录》（Superfund National Priorities List）：美国污染最严重的超级基金（危险废物）场地列表。

《露天采矿控制与复垦法》（Surface Mining Control and Reclamation Act, SMCRA）：美国1977年颁布的法律，要求矿业开采商将土地恢复到开采前的状态，恢复土地的使用价值，而且使得恢复的场所保持环境的优美和生态系统的稳定。恢复后的土地可以支持各类开发利用，甚至是建设监狱、超级商场等要求更高、效果更好的开发利用。

存活率（survivorship）：某一种群中特定个体生存到某一年龄的可能性，通常用存活曲线来表示。

可持续性（sustainability）：在不牺牲环境支持未来人口能力的情况下满足当今人口经济和社会需求的能力，环境可以无限地发挥功能，不因人类社会对沃土、水和空气等自然系统造成的压力而下降。也叫环境可持续性（environmental sustainability）。

可持续农业（sustainable agriculture）：保持土壤生产力和生态健康平衡而且对环境长远影响最小的农业方法。

可持续城市（sustainable city）：有着宜居环境、经济发展强劲、社区的社会和文化意识强的城市，可持续发展城市促进现有城市居民及后代的福利和幸福。

可持续消费（sustainable consumption）：满足人们基本需要、改善生活质量的产品和服务的使用，但同时最大限度地减少资源利用从而满足后代需要。

可持续发展（sustainable development）：一种既能满足当代人的需要，又不对后代人满足其生存能力构成危害的新型社会发展模式。也叫可持续经济发展（sustainable economic development）。

可持续经济发展（sustainable economic development）：见可持续发展（sustainable development）。

可持续森林管理（sustainable forest management）：见生态可持续森林管理（ecologically sustainable forest management）。

可持续林业（sustainable forestry）：在不影响后代使用森林的情况下，为满足当代人需求而对森林生态系统的使用和管理。见生态可持续森林管理（ecologically sustainable forest management）。

可持续制造（sustainable manufacturing）：基于实现工业废物最小化的制造系统，包括再利用、循环和源头减少。见工业生态系统（industrial ecosystem）。

可持续土壤利用（sustainable soil use）：土壤资源的明智利用，不减少土壤肥力，土壤为后代保持生产力。

可持续水利用（sustainable water use）：不损害水循环或当代和后代人类依赖的生态系统的基本功能的水资源使用。

树木沼泽（swamp）：主要生长着树木的湿地，内陆湖泊和河流沿岸有着淡水沼泽，沿海地区有着咸水沼泽。见红树林（mangrove forest）。

共生生物（symbionts）：处于共生现象关系中的生物。

共生现象（symbiosis）：不同物种两个或多个个体之间的任何亲密关系或联合。见互利共生（mutualism）、偏利共生（commensalism）、寄生现象（parasitism）。

协同作用（synergism）：两个或多个污染物相互作用的一种现象，混合物的毒性效应大于各个组成成分毒性效应的和。比较拮抗作用（antagonism）和相加作用（additivity）。

合成燃料（synfuel）：从煤或其他自然资源中合成并可以替代石油或天然气的液体或气体燃料。也叫合成的燃料（synthetic fuel）。

合成植物制剂（synthetic botanical）：通过化学方式对自然植物制剂进行修饰而产生的人造农药。见植物制剂（botanical）。

合成的燃料（synthetic fuel）：见合成燃料（synfuel）。

锡尔河控制与北咸海项目（Syr Darya Control and Northern Aral Sea Project）：世界银行实施的项目，目的是修复咸海的生态和恢复咸海的商业捕鱼。

系统（system）：相互影响并以整体发挥作用的要素集合。

泰加群落（taiga）：见北方森林（boreal forest）。

尾矿（tailings）：铀等矿物开采和加工（从矿石中提炼和提纯）后所产生的疏松的矿石堆。

TAO/TRITON 浮标阵列（TAO/TRITON array）：用仪器设备监测海洋和天气数据的浮标系统，也预测ENSO事件。

沥青砂（tar sand）：渗透着浓稠的、像柏油一样的沥青的地下砂石矿藏，通过加热可以将沥青从砂石中分离出来。也叫沥青（bitumen）或油砂（oil sand）。

《泰勒放牧法》（Taylor Grazing Act）：1934年颁布，设立了放牧区域，建立了允许牲畜在美国联邦土地上放牧的许可体系。

温带落叶林（temperate deciduous forest）：发生在温带地区的森林生物群落区，年降水在大约70—150厘米。

温带草原（temperate grassland）：夏天热、冬天冷、降雨比温带落叶林少的生物群落区。

温带雨林（temperate rain forest）：针叶林生态群落区，天气凉爽，雾浓，降水量大。

逆温（temperature inversion）：大气中正常温度模式的变异，是由地面附近的冷空气层暂时被上面的热空气层笼罩而造成的。也叫热转化（thermal inversion）。

梯田（terracing）：一种土壤保护方式，涉及在山坡上垒坝，以便形成水平的农田。

陆生的（terrestrial）：和陆地相关的。比较水生的（aquatic）。

三级消费者（tertiary consumers）：捕食其他食肉动物（二级消费者）的食肉动物。

三级处理（tertiary treatment）：一级处理和二级处理后有时需要采用的先进废水处理，可能包括很多化学、生物和物理过程。比较一级处理（primary treatment）和二级处理（secondary treatment）。

理论（theory）：对无数假设的综合解释，每个假设都有大量的观察、实验所支持。比较假设（hypothesis）。

热膨胀（thermal expansion）：随着温度升高2℃（4℉）以上，水的体积扩大的现象。

热转化（thermal inversion）：见逆温（temperature inversion）。

热污染（thermal pollution）：很多工业过程中产生的热水被排放到水道中造成的水污染。

热分层（thermal stratification）：夏天温带湖温度的分层（分为温水和冷水层）。见温跃层（thermocline）。

温跃层（thermocline）：温带湖里表层暖温水和深层冷水之间的明显的、突然的温度转换。见热分层（thermal stratification）。

热力学（thermodynamics）：物理学的分支，研究能量及其不同的形式和能量转换的学问。见热力学第一定律（first law of thermodynamics）和热力学第二定律（second law of thermodynamics）。

热层（thermosphere）：大气中最外边的一层，由于吸收X射线和短波紫外线辐射，因此温度很高。

受威胁物种（threatened species）：种群数量少、面临濒危危险、在物种全部或主要生活区域内在可预见的将来有可能濒危的物种。比较濒危物种（endangered species）。

阈值（threshold）：在毒理学中，没有出现不良测试效应的最大剂量（或者出现有不良测试效应的最小剂量）。

潮汐能（tidal energy）：可再生能源的一种形式，依赖潮汐涨落和流动进行发电。

地形（topography）：一个地区的表面特征，比如是否有山峦、山谷。

全部资源（total resources）：矿物资源和矿物储量的总和。见矿物资源（mineral resource）和矿物储量（mineral reserve）。也叫世界储量基础（world reserve base）。

有毒物质（toxicant）：对人类健康有着不利影响的化学物质。

毒理学（toxicology）：关于有害化学物质（有毒物质）对人类健康影响以及应对毒性的研究。

交易许可证（tradable permit）：允许排放一定数量废物的许可证，该证允许持有者自己排放废物或将排放权利卖给其他人。也叫市场化废物排放许可证（marketable waste-discharge permit）。

信风（trade wind）：一般从东北（北半球）或东南（南半球）刮的赤道盛行风。

转换板块边界（transform plate boundary）：不同板块以相反方向相互摩擦平行移动而形成的断裂带。

过渡阶段（transitional stage）：人口转型发展的第二个阶段，主要特点是死亡率低和出生率高，因此导致人口快速增长。

蒸腾作用（transpiration）：陆地植物水汽的释放和流失。

拖网（trawl bag）：一个加重的、漏斗形状的网，沿着海底拖行，捕获在海底活动的鱼类和虾，一网捕获的鱼类、虾和其他海洋生物量可达30吨。

滴灌（trickle irrigation）：见微灌（microirrigation）。

氚（tritium）：氢的同位素，含有一个质子和二个中子。比较氘（deuterium）。

营养级（trophic level）：食物链中的层级。所有的生产者都属于第一营养级，所有的草食动物都属于第二营养级，以此类推。

热带气旋（tropical cyclone）：巨大的、风速迅疾的、旋转式热带风暴，风速至少达到每小时119公里（每小时74英里），最强大的热带气旋风速可达每小时250公里以上（每小时155英里）。这种天气现象在大西洋称为飓风，在太平洋称为台风，在印度洋称为气旋。

热带干森林（tropical dry forest）：降水足够支持树

木生长但不足以支持热带雨林繁茂植被的热带森林。很多热带干森林发生在雨季和旱季明显交替的地区。

热带雨林（tropical rain forest）：一个茂密、物种丰富的生物群落区，终年气候温暖湿润，一般有着古老的、贫瘠的土壤。

对流层（troposphere）：地球表面和平流层之间的大气层，出现云、飓风等自然现象，随着高度升高而温度下降。

海啸（tsunami）：水下地震、火山爆发或山体滑坡等引发的巨大的海浪。

冻原（tundra）：远在北方的无树生物群落区，包括地衣和苔藓等小植物覆盖的沼泽平原，有着严酷的、非常冷的冬天和极度短暂的夏天。也叫北极冻原（arctic tundra）。比较高山冻原（alpine tundra）。

涡轮机（turbine）：在电磁场内转动线圈或在线圈内转动磁铁从而产生电能的设备。

紫外线辐射（ultraviolet radiation）：波长比可见光短的电磁波谱部分，是一种高能辐射，如果暴露水平高，就会对生物造成致命影响。也叫UV辐射（UV radiation）。

《联合国海洋法公约》（UN Convention on the Law of the Sea, UNCLOS）：国际公约，对国家从海岸到海洋的领海提出规定，保护海洋环境，保护公海航行的自由。

潜水含水层（unconfined aquifer）：位于不透水岩石层之上的地下水储存区域。潜水含水层中的水得到其上面地表水的补充。比较承压含水层（confined aquifer）。

营养不足（undernutrition）：饮食中卡路里或营养摄入不足导致的营养不良，不能满足正常健康身体的需要。

无资金支持的指令（unfunded mandate）：联邦政府要求州政府和地方政府承担任务，但不提供经费支持。

翻涌（upwelling）：上升的洋流将冷的、营养丰富的海水输送到海洋表层。

城市群（urban agglomeration）：包括几个相邻城市或大城市以及周边发达郊区的城市化的核心区，一个例子是日本的东京—横滨—大阪—神户城市群。

城市生态学（urban ecology）：对城市环境中生命有机体及其栖息地的研究。

城市生态系统（urban ecosystem）：城市地区中楼房、草坪、公园、房顶、涵洞、溪流、树林以及生活或暂时停留（比如在迁徙期间）在这些空间中的人和其他生物的总和。

城市增长（urban growth）：城市人口增长的速度。

城市热岛（urban heat island）：在人口密度高的地区的当地热量聚集。比较尘盖（dust dome）。

城市化（urbanization）：越来越多的人从农村向人口密集的城市地区流动的过程，也涉及农村地区向城市地区的转型。

使用区（use zone）：城市中限制土地特殊使用的区域。

功利环境保护主义者（utilitarian conservationist）：由于自然资源实用性而重视并精心、理智开发利用自然资源的人。

效用（utility）：经济学术语，指的是个人从一些商品或服务中获得的利益。理性行为者努力使效用最大化。

UV辐射（UV radiation）：见紫外线辐射（ultraviolet radiation）。

价值（values）：个人或社会认为重要的或值得遵守的原则。

气相抽提（vapor extraction）：一种土壤修复技术，指的是将空气注入或泵入土壤中，清除挥发性（蒸发快的）有机化合物。

油气回收（vapor recovery）：从汽油容器中将未燃烧的汽油蒸汽去除掉，包括加油站的地下油罐和汽车油箱，回收的油气要么燃烧，要么压缩。

挥发（vaporization）：见蒸发（evaporation）。

变量（variable）：影响过程的一个因素。在科学实验中，除了一个因素，所有其他的因素都保持稳定。见控制组（control group）。

媒介（vector）：（1）将寄生虫从一个宿主传播到另一个宿主的生物。（2）在基因工程中，将基因信息从一个细胞转换到另一个细胞的载体。

玻璃固化（vitrification）：以巨型玻璃块等固体形式安全储存高水平放射性液体废物的一种方法。

挥发性有机化合物（volatile organic compound, VOC）：基于碳的、在常温下容易蒸发的化学物质。

自愿简朴化（voluntary simplicity）：需求少、花费少的生活方式。

警戒色（warning coloration）：猎物身上呈现的鲜艳、明亮的颜色，使得潜在的捕猎者感到有毒或不可食用。

水质基准（water quality benchmark）：水和沉积物中的化学物质浓度，如果超过这个浓度，生态系统中的动物或人类就会面临健康风险。

水污染（water pollution）：对人类健康和其他生物产生有害影响的水的物理和化学变化。

地下水位（water table）：地下水的上端水面，潜水含水层的最上层，下面都饱含着水。

流域（watershed）：见流域盆地（drainage basin）。

天气（weather）：特定地点、特定时间里大气（温度、湿度、云量）的总体状况。比较气候（climate）。

风化过程（weathering process）：一种生物、化学或物理过程，有助于促进岩石形成土壤。在风化过程中，岩石逐步被分解为越来越小的颗粒。

西风带（westerly）：一般从西南中纬度（北半球）或西北中纬度（南半球）刮的盛行风。

西部世界观（Western worldview）：一种关于我们在世界上的位置的观念，认为人类优越于自然，可以主导自然，对自然资源进行无限制的利用，促进经济增长，扩大工业基础，从而造福社会。

湿沉降（wet deposition）：一种酸沉降形式，指的是酸以降水的形式降落到地球上。比较干沉降（dry deposition）。

湿地（wetlands）：一年中至少部分时间里被浅水覆盖的土地，有着独特的土壤和耐水的植物，处于水生生态系统和陆生生态系统之间的过渡地带。

宽谱性农药（wide-spectrum pesticide）：见广谱性农药（broad-spectrum pesticide）。

《野生鸟类保护法》（Wild Bird Conservation Act）：美国1992年颁布的法律，禁止受保护鸟类的贸易，对于用于科学研究或捕获性保护或繁殖的鸟类交易实行限制许可证。

荒野（wilderness）：那些没有受到人类活动大量干扰的和虽然受到人类造访但不会永久居住的土地及其生物群落。

《荒野法》（Wilderness Act）：美国1964年颁布的法律，授权政府在联邦土地上划出不进行开发或人类居住的地区。

野火（wildfire）：旷野中因植被燃烧而发生的难以控制的大火。

野生动物走廊（wildlife corridor）：见栖息地走廊（habitat corridor）。

野生动物管理（wildlife management）：为了人类利益或其他物种福利而应用生物保护原则来管理野生动物及其栖息地，聚焦于提高植物和动物的生产力，包括狩猎和捕鱼以及粮食、水、野生动物栖息地的管理。

风（wind）：由于太阳加热空气而造成的地表空气的流动。

风能（wind energy）：由于太阳加热空气而造成的地表空气的流动所产生的电能或机械能。见风场（wind farm）。

风场（wind farm）：一排风涡轮机，利用捕获的风能转换成电能。

《世界保护战略》（World Conservation Strategy）：一个旨在保护全世界生物多样性的规划，由IUCN、WWF和联合国环境规划署在1980年共同制定。

世界粮食结转储备（world grain carryover stocks）：见世界粮食储备（world grain stocks）。

世界粮食储备（world grain stocks）：政府从过去的粮食中储存的、抵御歉年和粮食价格上涨的大米、小麦、玉米和其他谷物的总量。也叫粮食储备（grain stockpiles）和世界粮食结转储备（world grain carryover stocks）。

世界储量基础（world reserve base）：见全部资源（total resources）。

世界观（worldview）：基于我们根本价值的看法，世界观有助于我们认识世界，了解我们在世界上的位置，区分正确和错误的行为。见环境世界观（environmental worldview）。

产量（yield）：在农业中，单位土地中所生产的作物量。

尤卡山（Yucca Mountain）：内华达州南部的一座山，被建议在该地永久储存高水平的核废料。

零消耗建筑（zero-net-energy）：一座大楼或设备在一定的时间内（一般是一年）所使用的能源为零。

人口零增长（zero population growth）：人口出生率和死亡率相等，有着零增长率的人口数量保持不变。

浮游动物（zooplankton）：不能进行光合作用的生物，包括微小的像虾一样的甲壳动物、许多海洋哺乳动物的幼龄阶段和其他浮游动物，是浮游生物的一部分。见浮游生物（plankton）。比较浮游植物（phytoplankton）。

虫黄藻（zooxanthellae）：生活在珊瑚动物体内并与之有着互利共生关系的藻类。

译后记

近年来，我翻译了一些关于环境和水资源的学术著作，其中《一江黑水》《工程国家》是与江苏人民出版社合作的，我翻译的《美国的中国形象》也是由江苏人民出版社出版的。当江苏人民出版社的戴宁宁女士联系我是否愿意翻译一本关于环境的书时，我几乎是不假思索地就答应了，一是因为我越来越多地关注环境问题，二是与江苏人民出版社的合作一直是愉快的。

虽然有过翻译经历，但这一次的翻译对我来说是个很大的挑战。《环境概论》涉及生物学、生态学、物理学、化学、地质学、人口学、经济学等多个学科以及环境、能源、资源、污染、虫害、气候变化、废物处理等多个领域，而且介绍了关于环境科技和政策法规的最新进展。本书的有些内容是我熟悉的，有些内容则较为陌生。我一直以为，学术翻译，对两种语言的掌握固然重要，但最为关键的是知识。已之昏昏，岂能使人昭昭，再流畅的语言都不能掩盖知识的贫乏和苍白。

我在初步通读原著后没有立即着手翻译，而是根据本书的内容尽快完善提升自己的知识结构，了解相关领域的最新科技成果。《环境概论》共有二十四章，都与环境有关，但每章又是一个独立的专题，有着自己的术语体系和表达方式。每一章的翻译，我都要查阅大量资料，还咨询了相关领域的专家。同时，我要感谢江苏人民出版社的戴宁宁女士和强薇、金书羽两位编辑，她们的辛苦付出令本书的译文增色。尽管如此，限于水平和精力，翻译中难免有错漏舛误之处，这是我要负责的，敬请读者不吝指正。

我们生活的地球日益不堪重负。能源、资源日趋紧张，全球气候不断变暖，环境污染持续加剧。特别是，严重的雾霾一再地警醒着我们。本书的原作者说："我们都是环境科学的学生和公民。"希望本书能够更多地普及环境科学的知识，提高我们每一个人的环境意识，促进我们在改善环境方面尽快行动起来，使蓝天碧水更多一些，使发展更可持续一些，使人与自然更和谐一些。

姜智芹

2021年1月